Linear Algebra with Applications

Tenth Edition
Global Edition

Steven J. Leon
University of Massachusetts Dartmouth

Lisette G. de Pillis
Harvey Mudd College

Pearson

Harlow, England • London • New York • Boston • San Francisco • Toronto • Sydney
Dubai • Singapore • Hong Kong • Tokyo • Seoul • Taipei • New Delhi
Cape Town • São Paulo • Mexico City • Madrid • Amsterdam • Munich • Paris • Milan

제10판

선형대수학과 응용

LINEAR ALGEBRA with APPLICATIONS

Steven J. Leon • Lisette de Pillis 지음

이재진 • 강재영 • 유 훈 • 정하봉 옮김

(주)한티에듀

역자 소개

이재진(대표) zlee@ssu.ac.kr (서문, 1장, 부록)
연세대학교 전자공학과 졸업
미국 미시간대학교(EECS) 석사
미국 조지아공과대학교(ECE) 박사
현재 숭실대학교 전자정보공학부 교수

유 훈 hunie@smu.ac.kr (3장, 7장)
한양대학교 전자통신공학과 졸업
한양대학교 전자통신공학과 석사 · 박사
현재 상명대학교 지능IOT융합전공 교수

강재영 kangj@inha.ac.kr (4장, 5장, 8장)
인하대학교 기계공학과 졸업
미국 미시간대학교(ME) 석사
미국 퍼듀대학교(ME) 박사
현재 인하대학교 기계공학과 교수

정하봉 habchung@hongik.ac.kr (2장, 6장)
서울대학교 전자공학과 졸업
미국 남가주대학교 전기공학과 석사 · 박사
현재 홍익대학교 전자전기공학부 교수

선형대수학과 응용 제10판

발행일 2022년 2월 28일 초판 1쇄
지은이 Steven J. Leon, Lisette de Pillis
옮긴이 이재진 강재영 유 훈 정하봉
발행인 김준호
발행처 (주)한티에듀 | **주 소** 서울시 마포구 동교로 23길 67 Y빌딩 3층
등 록 제2018-000145호 2018년 5월 15일
전 화 02) 332-7993~4 | **팩 스** 02) 332-7995
ISBN 979-11-90017-18-3 (93410)
정 가 32,000원

마케팅 노호근 박재인 최상욱 김원국 김택성 | **관 리** 김지영 문지희
편 집 김은수 유채원 | **표지디자인** 유채원 | **내지디자인** 디자인드림
인쇄소 우일미디어

이 책에 대한 의견이나 잘못된 내용에 대한 수정정보는 한티미디어 홈페이지나 이메일로 알려주십시오.
독자님의 의견을 충분히 반영하도록 늘 노력하겠습니다.

홈페이지 www.hanteemedia.co.kr | **이메일** hantee@hanteemedia.co.kr

---

역자 서문

대수학의 한 분야인 선형대수는 대부분의 이공계 대학에서 전공과목을 이해하기 위한 기본적인 수학 교과목으로 개설되고 있고, 따라서 시중에 나와 있는 교재가 수십 종에 달한다. 이토록 다양한 교재 중에서 본 교재를 선택하여 번역하게 된 가장 큰 이유는 본 교재가 가지고 있는 많은 장점 때문이다. 본 교재는 선형대수 본래의 수학적인 체계를 유지하면서도 쉽고 다양한 '예제'를 통해 새로운 이론적인 내용을 독자들이 쉽게 체득할 수 있도록 하고 있다. 각 절마다 풍부한 '예제'와 '연습문제', 그리고 '응용 예' 등을 배치하였고, 각 장의 말미에는 'MATLAB 연습문제'까지 동원하여 대부분이 공학도인 독자들로 하여금 다양한 분야에서의 응용 예를 숙지토록 하고, 확실한 이론적 감각과 응용력을 갖추도록 도와주고 있다.

역자들은 주로 학부생을 대상으로 선형대수에 관한 수업을 해 오면서 여러 교재를 사용한 경험이 있다. 다양한 교재가 있었음에도 불구하고 보통 한 학기 수업으로 진행되는 이 강좌에 적합한 교재를 찾는 일이 그리 쉽지만은 않았다. 그러던 중, 본 역서의 원서를 접하게 되었다. 원서는 저자가 학부생을 대상으로 오랫동안 수업을 진행하면서 쌓인 강의록의 결과로 우리나라에서도 학부생 대상의 교재로 손색이 없을 것이라 생각하여 이렇게 번역서를 내기에 이르렀다.

번역에 있어 영어적 표현을 자연스러운 우리말로 바꾸는 데 주력하면서도 한편으로는 직역의 충실함을 지키기 위해 고심하였다. 이는 원 저자의 뜻에 충실한 편이 독자들에게 혼란을 주지 않고 차라리 도움이 될 것이라는 생각 때문이었다. 다만 원서에서 발견한 명백한 오류나 오자 등은 과감히 수정하였다. 마지막으로, 최종 출판본을 보고 읽기에 편하도록 단장해 준 한티미디어의 많은 교정 및 편집 관련 담당자들과 교재영업팀에게 고마움을 전한다.

2022년 2월

역자 일동

저자 서문

이 책이 10판까지 이르게 되어 매우 기쁘다. 많은 사용자들의 지속적인 지원과 열의가 가장 기분 좋은 일이었다. 선형대수는 과거의 어느 때보다도 지금 더 약동하고 있다. 이것의 응용은 더욱더 많은 분야에서 지속적으로 퍼져 나가고 있다. 지난 75년 동안의 컴퓨터 혁명으로 인하여, 선형대수는 미적분학과 맞먹을 정도로 수학 교과 과정에서 탁월한 역할로 떠오르고 있다. 또한 현대의 소프트웨어는 이 과정을 가르치는 방법을 극적으로 향상시켰다.

이 책은 1980년에 처음 출판되었다. 이어지는 매 판마다 포괄적인 MATLAB 컴퓨터 연습문제들의 추가, 응용 예 수의 확연한 증가, 교재의 여러 절들의 많은 교정 등을 포함한 중요한 변화를 보여 왔다. 우리는 뛰어난 감수자들을 가진 것을 행운이라 생각하며, 그들의 제안들이 본 교재의 많은 중요한 개선을 이끌었다.

10판에서 새로워진 점

여러분은 이 책의 표지에서 새로운 점을 발견하였을 것이다. 또 다른 저자! 그렇다. 거의 40년 동안 혼자였던 Steve Leon이 짝을 맞았다. 새로운 공저자 Lisette de Pillis는 Harvey Mudd College의 교수로서, 이번 개정판에 실세상의 문제들을 가르치고 해결하기 위한 그녀의 열정을 가져왔다.

이번 개정판에는 연습을 위한 150개 이상의 새롭고 개선된 연습문제들도 포함되어 있다.

이 책의 개요

이 책은 저학년 또는 고학년 선형대수 교과과정 모두에 적합하다. 학생들은 미분이나 적분학의 기본에 어느 정도 익숙해야 한다. 이 선수 과목들은 한 학기나 두 학기의 기본 대수학 강의로 충족될 수 있다.

만일 이 책이 저학년 과정으로 사용된다면, 강사는 아마도 앞부분의 장들에 더 많은 시간을 할애하고 뒷부분의 장들에서는 여러 절들을 생략해야만 할 것이다. 더 고급 과정을 위해서는 앞의 두 장에서 대부분의 주제를 빨리 복습하고 이후의 장들에서 더 자세하게 다루는 것이 적절할 것이다. 이 책은 시작하는 학생들이 내용을 읽고 이해하는 데 어려움이 없도록 충분히 자세하게 설명되어 있다. 학생들에게 더 많은 도움을 주기 위하여, 많은 예제들을 완벽하게 풀이하였다. 추가적으로, 각 장의 말미에 있는 컴퓨터 연습문제들은 수치적인 실험을 하거나 결과를 일반화할 수 있게 하는 기회를 학생들에게 제공할 것이다. 응용들은 책 전체를 통하여 제시되었다. 이 응용들은 새로운 내용에 대한 호기심을 유발하고 이미 다루었던 내용과의 연관성을 보여 주기 위해 사용될 수 있다.

이 책은 NSF(National Science Foundation)이 후원하는 선형대수 교과 과정 연구 모임(Linear Algebra Curriculum Study Group, LACSG)에서 추천하는 모든 주제들을 포함하고 있다. 비록 한 학기 과정으로 다룰 수 있는 것보다 더 많은 내용이 있지만, 강사가 다른 내용의 책으로 보충하는 것보다는 내용을 건너뛰거나 빼는 것이 더 쉬울 거라고 믿는다. 비록 많은 주제가 생략되더라도, 이 책은 학생들에게 전체적인 범위에 대한 주 내용의 느낌을 제공하고 있다. 더욱이, 많은 학생들이 나중에 이 책을 참고문헌으로 사용할지도 모르고 결과적으로 그들 스스로 생략되었던 주제들을 학습하게 될 수도 있다.

제안하는 과정의 개요

여기에 저학년 혹은 고학년 수준, 행렬 중심으로 강조되거나 좀 더 이론적으로 강조되거나 할 때 여러 가지 한 학기용 과정의 개요들을 소개한다.

1. 한 학기 저학년 과정

A. 기본적인 저학년 수준의 과정

1장	1-6절	7 강의
2장	1-2절	2 강의
3장	1-6절	9 강의
4장	1-3절	4 강의
5장	1-6절	9 강의
6장	1-3절	4 강의
		전체 35 강의

B. LACSG 행렬 위주의 과정

LACSG에서 추천하는 핵심 과정은 단지 유클리디언(Euclidean) 벡터공간만을 포함한다. 결과적으로 이 과정에서는 3장의 1절(일반적인 벡터공간에 대한)과 3장부터 6장까지에서 함수 공간에 관련된 모든 참고문헌과 연습문제들을 생략하여야만 한다. LACSG

핵심 강의계획서에 있는 모든 주제들은 본 교재에 포함되어 있다. 어떤 다른 보조적인 내용들을 소개할 필요가 없다. LACSG는 핵심 내용을 다루는데 28 강의를 추천했다. 만일 강좌가 추가적으로 일주일에 한 번의 연습문제 풀이 시간을 가지는 강의 형식으로 가르친다면 이것은 가능하다. 만일 연습시간이 없이 강좌를 가르친다면 저자가 느끼기에 다음과 같은 35 강의 일정이 더 알맞을 것이다.

1장	1-6절	7 강의
2장	1-2절	2 강의
3장	2-6절	7 강의
4장	1-3절	2 강의
5장	1-6절	9 강의
6장	1, 3-5절	8 강의
		전체 35 강의

2. 한 학기 고학년 수준의 과정

상급반 과정에서의 범위는 학생들의 배경 지식에 달려 있다. 아래는 가능한 두 가지 과정이다.

A. 선형대수에 대해 최소 지식인 경우

1장	1-6절	6 강의
2장	1-2절	2 강의
3장	1-6절	7 강의
5장	1-6절	9 강의
6장	1-7절, 8절*	10 강의
7장	4절	1 강의
		전체 35 강의

* 시간이 허락하면

B. 선형대수에 대해 어느 정도 기본이 있는 경우

1-3장에 있는 주제들 복습		5 강의
4장	1-3절	2 강의
5장	1-6절	10 강의
6장	1-7절, 8절*	11 강의
7장	1-3절*, 4-7절	7 강의
8장	1-2절*	2 강의
		전체 37 강의

* 시간이 허락하면

3. 두 학기 과정

비록 LACSG에서 두 학기 강의를 추천하지만, 다수의 대학교에서 실제로 그렇게 하지 못하고 있다. 현재까지, 두 번째 과정을 위한 핵심 강의 내용에 대한 전체적인 공감대는 없다. 두 학기 연속인 경우에는 이 책의 43개 절을 모두 다 다루는 것이 가능하다. 또한 MATLAB을 어떻게 사용하는지 보여 주기 위하여 한두 강의를 추가하는 것을 고려해 볼 수도 있다.

컴퓨터 연습문제

본 교재는 각 장의 끝부분에 컴퓨터 연습문제 절을 포함하고 있다. 이 연습문제들은 MATLAB 소프트웨어 패키지에 기반한다. 책에 있는 MATLAB 부록은 이 소프트웨어를 사용하는 기본을 설명한다. MATLAB은 행렬 계산을 위한 강력한 도구이며 심지어는 배우기도 쉽다는 장점을 가지고 있다. 부록을 읽은 후, 학생들은 다른 어떤 소프트웨어 서적이나 안내서를 참조하지 않아도 연습문제를 계산할 수 있게 될 것이다. 학생들이 시작하는데 도움을 주기 위하여 50분 정도의 소프트웨어 시연 강의를 추천한다. 과제들은 일반적인 숙제나 정해진 계획에 따른 컴퓨터 실습 과정의 일부로 해도 무방할 것이다.

강좌는 컴퓨터에 대한 아무런 참고 없이도 가르칠 수 있지만, 우리는 컴퓨터 연습문제들이 학생들의 배움을 대단히 향상시킬 수 있으며 선형대수 교육에 새로운 차원을 제시할 수 있으리라고 믿고 있다. LASCG의 한 가지 제안은 기술이 선형대수의 첫 번째 강좌로 사용되는 것이다. 이 제안은 광범위하게 받아들여졌으며, 이제는 선형대수 교과에서 수학적 소프트웨어 패키지를 보는 것이 일반적이게 되었다.

감사의 글

우리는 이 책의 모든 이전 판까지 너무도 많은 기여를 해 온 감수자들에게 심심한 감사의 뜻을 표하고 싶다. 또한 논평과 제안들을 보내 준 많은 독자들에게도 역시 감사를 드린다. 특별히 감사드리는 10판의 감수위원들이다.

- Stephen Adams, *Cabrini University*
- Kuzman Adzievski, *South Carolina State University*
- Mike Albanese, *Central Piedmont Community College*
- Alan Alewine, *McKendree University*
- John M. Alongi, *Northwestern University*
- Bonni Amende, *St. Martin's University*

- Scott Annin, *California State University Fullerton*
- Ioannis K. Argyros, *Cameron University*
- Mark Arnold, *University of Arkansas*
- Victor Barranca, *Swarthmore College*
- Richard Bastian, *Monmouth University*
- Hossein Behforooz, *Utica College*
- Kaddour Boukaaba, *California University of Pennsylvania*
- David Boyd, *Valdosta State University*
- Katherine Brandl, *Centenary College of Louisiana*
- Regina A. Buckley, *Villanova University*
- George Pete Caleodis, *Los Angeles Valley College*
- Gregory L. Cameron, *Brigham Young University, Idaho*
- Jeremy Case, *Taylor University*
- Scott Cook, *Tarleton State University*
- Joyati Debnath, *Winona State University*
- Geoffrey Dietz, *Gannon University*
- Paul Dostert, *Coker College*
- Kevin Farrell, *Lyndon State College*
- Jon Fassett, *Central Washington University*
- Adam C. Fletcher, *Bethany College*
- Lester French, *University of Maine at Augusta*
- Michael Gagliardo, *California Lutheran University*
- Benjamin Gaines, *Iona College*
- Mohammad Ganjizadeh, *Tarrant County College*
- Sanford Geraci, *Broward College*
- Nicholas L. Goins, *St. Clair County Community College*
- Raymond N. Greenwell, *Hofstra University*
- Mark Grinshpon, *Georgia State University*
- Mohammad Hailat, *University of South Carolina, Aiken*
- Maila Brucal Hallare, *Norfolk State University*
- Ryan Andrew Hass, *Oregon State University*
- Mary Juliano, SSJ, *Caldwell University*
- Christiann Ketelaar, *University of Delaware*
- Yang Kuang, *Arizona State University*
- Shinemin Lin, *Savannah State University*
- Dawn A. Lott, *Delaware State University*
- James E. Martin, *Christopher Newport University*
- Peter McNamara, *Bucknell University*

- Mariana Montiel, *Georgia State University*
- Robert G. Niemeyer, *University of the Incarnate Word*
- Phillip E. Parker, *Wichita State University*
- Katherine A. Porter, *St. Martin's University*
- Pantelimon Stanica, *Naval Postgraduate School*
- J. Varbalow, *Thomas Nelson Community College*
- Haidong Wu, *University of Mississippi*

편집, 출판, 기술, 판매를 위해 애쓰신 모든 피어슨 담당자들의 노고에 감사드린다.

우리는 Gene Golub과 Jim Wilkinson의 공헌에 감사드리고 싶다. 이 책 첫 판의 대부분은 저자가 스탠퍼드 대학교에 방문연구원으로 갔던 1977~1978년에 쓰였다. 그 시기에 저자는 Gene Golub과 J. H. Wilkinson에 의해 개설된 수치 선형대수에 대한 강좌와 강의를 들었다. 그 강의들은 이 책에 지대한 영향을 끼쳤다. 마지막으로 이 책의 초기 판들에 대하여 좋은 제안들을 해 준 Germund Dahlquist에게 감사를 표하고 싶다. 비록 Gene Golub, Jim Wilkinson, Germund Dahlquist은 더 이상 우리와 같이하고 있지 않지만, 그들은 친구들의 기억 속에 영원히 살아 있다.

Steven J. Leon
leonste@gmail.com

Lisette de Pillis
depillis@hmc.edu

Global Edition에 대한 감사의 글

Pearson은 Global Edition에 대한 다음 사항들에 대해 감사를 표합니다.

기여자

- José Luis Zuleta Estrugo, École Polytechnique Fédérale de Lausanne
- Ronald John Maartens, University of the Witwatersrand

감수자

- Dane Flannery, National University of Ireland Galway
- Sophie Marques, Stellenbosch University
- Londiwe Masinga, University of South Africa
- David Merand, University of the Witwatersrand
- Boitumelo Moletsane, University of the Witwatersrand

차례

4 선형 변환

5 직교

6 고윳값

7 수치 선형대수

CHAPTER

1

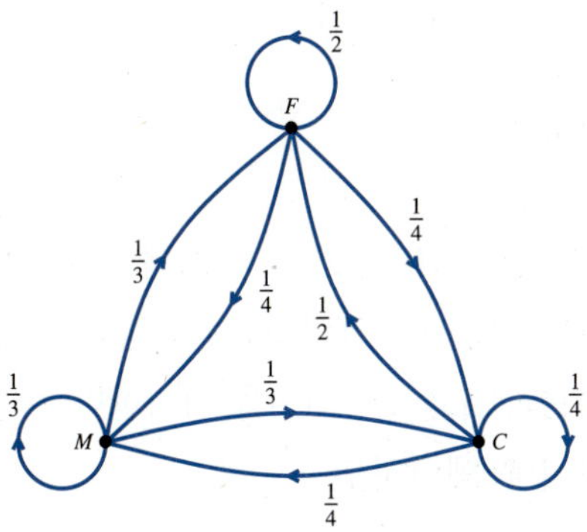

행렬과 방정식의 시스템

수학에서 가장 중요한 문제 가운데 하나는 선형 방정식들의 시스템을 푸는 일일 것이다. 과학적으로 또는 산업적인 응용들에서 마주치는 모든 수학 문제들의 75% 이상이 어느 단계에서 선형 시스템을 푸는 것과 관련된다. 현대 수학의 방법들을 사용하여, 어떤 복잡한 문제를 선형 방정식들의 한 시스템으로 줄일 수 있는 경우가 종종 있다. 선형 시스템들은 경영학, 경제학, 사회학, 생태학, 인구 통계학, 유전학, 전자, 공학, 물리학과 같은 분야의 응용들에 나타난다. 그러므로 선형 시스템에 관한 절로 이 책을 시작하는 것은 적절해 보인다.

1.1 선형 방정식의 시스템

n개의 미지수가 있는 선형 방정식은

$$a_1x_1 + a_2x_2 + \cdots + a_nx_n = b$$

와 같은 형태의 방정식이며, 여기서 $a_1, a_2, \cdots, a_n$과 b는 실수이고 $x_1, x_2, \cdots, x_n$은 변수들이다. n개의 미지수가 있는 m개의 방정식으로 된 하나의 선형 시스템(linear system)은 그러면

$$\begin{aligned} a_{11}x_1 + a_{12}x_2 + \cdots + a_{1n}x_n &= b_1 \\ a_{21}x_1 + a_{22}x_2 + \cdots + a_{2n}x_n &= b_2 \\ &\vdots \\ a_{m1}x_1 + a_{m2}x_2 + \cdots + a_{mn}x_n &= b_m \end{aligned} \tag{1}$$

과 같은 형태의 시스템이다. 여기서 a_{ij}와 b_i는 모두 실수이다. (1)과 같은 형태의 시스템들을 $m \times n$ 선형 시스템이라 한다. 다음은 선형 시스템의 예이다.

(a) $\begin{aligned} x_1 + 2x_2 &= 5 \\ 2x_1 + 3x_2 &= 8 \end{aligned}$ **(b)** $\begin{aligned} x_1 - x_2 + x_3 &= 2 \\ 2x_1 + x_2 - x_3 &= 4 \end{aligned}$ **(c)** $\begin{aligned} x_1 + x_2 &= 2 \\ x_1 - x_2 &= 1 \\ x_1 \quad &= 4 \end{aligned}$

시스템 **(a)**는 2×2 시스템이고, **(b)**는 2×3 시스템이며, **(c)**는 3×2 시스템이다.

$m \times n$ 시스템의 해는, 그 시스템의 모든 방정식들을 만족하는 하나의 정렬된 n개(ordered n-tuple)의 숫자들 $(x_1, x_2, \cdots, x_n)$을 의미한다. 예를 들면 순서쌍(ordered pair) (1, 2)는 시스템 **(a)**의 한 해이다. 왜냐하면

$$\begin{aligned} 1 \cdot (1) + 2 \cdot (2) &= 5 \\ 2 \cdot (1) + 3 \cdot (2) &= 8 \end{aligned}$$

정렬된 세 수 $(2, 0, 0)$은 시스템 **(b)**의 한 해이다. 왜냐하면

$$\begin{aligned} 1 \cdot (2) - 1 \cdot (0) + 1 \cdot (0) &= 2 \\ 2 \cdot (2) + 1 \cdot (0) - 1 \cdot (0) &= 4 \end{aligned}$$

실제로, 시스템 **(b)**는 여러 개의 해를 갖는다. 만일 α를 임의의 실수라고 하면, 정렬된 세 수 $(2, \alpha, \alpha)$는 시스템 **(b)**의 한 해임을 쉽게 알아볼 수 있다. 하지만 시스템 **(c)**는 해가 없다. **(c)**의 세 번째 식으로부터 모든 해의 첫 번째 원소는 4여야만 된다는 것을 알 수 있다. 처음 두 방정식에 $x_1 = 4$를 대입하면, 두 번째 원소는 다음의 두 식을 만족해야 한다.

$$\begin{aligned} 4 + x_2 &= 2 \\ 4 - x_2 &= 1 \end{aligned}$$

하지만 이들 두 식을 동시에 만족하는 실수는 없으므로 이 시스템은 해가 존재하지 않는다. 만일 어떤 선형 시스템이 해를 갖지 않는다면, 그 시스템은 **모순이다**(inconsistent)라고 한다. 만일 최소한 하나의 해를 갖는다면, **모순이 아니다**(consistent)라고 한다. 따라서 시스템 **(c)**는 모순인 반면, 시스템 **(a)**와 **(b)**는 둘 다 모순이 아니다.

한 선형 시스템에 대한 모든 해의 집합을 그 시스템의 **해집합**(solution set)이라 한다. 만일 한 시스템이 모순이라면, 그 해집합은 비어 있다. 모순이 아닌 시스템은 비지 않은 해집합을 가질 것이다. 모순이 아닌 시스템을 풀기 위해서는 그것의 해집합을 찾아내야 한다.

2 × 2 시스템

다음과 같은 형태의 시스템을 기하학적으로 조사해 보자.

$$\begin{aligned} a_{11}x_1 + a_{12}x_2 &= b_1 \\ a_{21}x_1 + a_{22}x_2 &= b_2 \end{aligned}$$

각 식은 평면에 있는 한 선으로서 그래프로 표현될 수 있다. 만일 순서쌍 (x_1, x_2)가 두 직선 위에 있다면 그것은 이 시스템의 해가 될 것이다(필요충분조건). 예를 들어 다음의 세 시스템들을 생각해 보자.

$$\textbf{(i)}\ \begin{aligned} x_1 + x_2 &= 2 \\ x_1 - x_2 &= 2 \end{aligned} \qquad \textbf{(ii)}\ \begin{aligned} x_1 + x_2 &= 2 \\ x_1 + x_2 &= 1 \end{aligned} \qquad \textbf{(iii)}\ \begin{aligned} x_1 + x_2 &= 2 \\ -x_1 - x_2 &= -2 \end{aligned}$$

시스템 (i)에서 두 직선이 점 $(2, 0)$에서 교차한다. 따라서 $\{(2, 0)\}$은 (i)에 대한 해집합이다. 시스템 (ii)에서는 두 직선이 평행이다. 그러므로 시스템 (ii)는 모순이며, 해집합은 비었다. 시스템 (iii)에서 두 직선 모두가 같은 직선을 나타낸다. 이 직선 위의 어느 점이라도 이 시스템의 해가 될 것이다(그림 1.1.1 참조).

일반적으로 세 가지 가능성이 있다. 직선들이 한 점에서 만나거나, 평행이거나, 혹은 식들이 똑같은 직선을 나타내는 것이다. 그러면 해집합은 하나, 영, 혹은 무한히 많은 점들을 포함한다.

상황은 $m \times n$ 시스템인 경우에도 똑같다. 하나의 $m \times n$ 시스템은 모순일 수도 아닐 수도 있다. 만일 모순이 아니라면, 정확히 하나의 해를 갖거나 또는 무한히 많은 해를 가져야 한다. 오직 이러한 것들만 가능하다. 1.2절에서 행 사다리꼴 형태(row echelon form)를 배울 때 그 이유를 알게 될 것이다. 좀 더 급한 관심사는 주어진 시스템에 대한 모든 해를 구하는 문제이다. 이 문제를 공략하기 위하여, **등가 시스템(equivalent system)**의 개념을 소개한다.

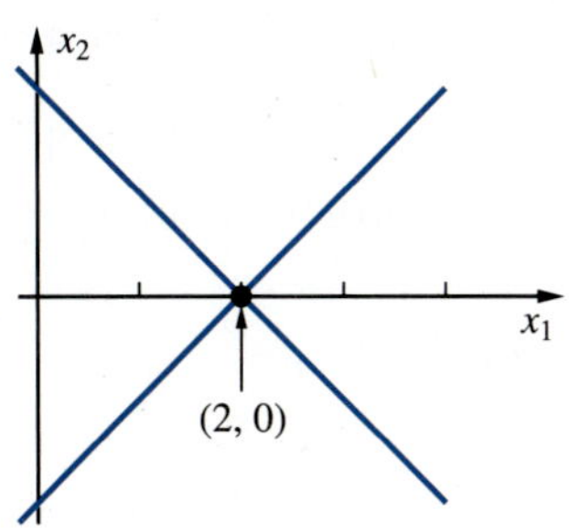

(i) 유일한 해: 교차하는 직선들 교차점 $(2, 0)$

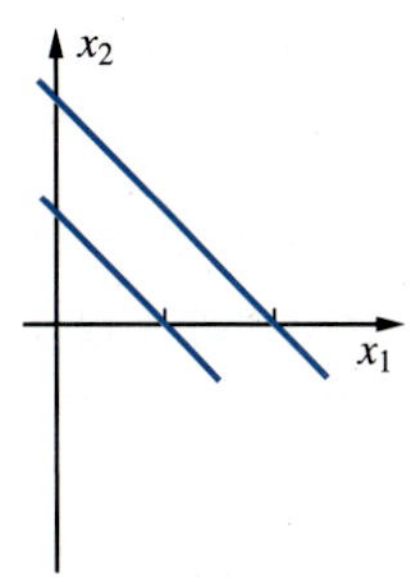

(ii) 해 없음: 평행한 직선들

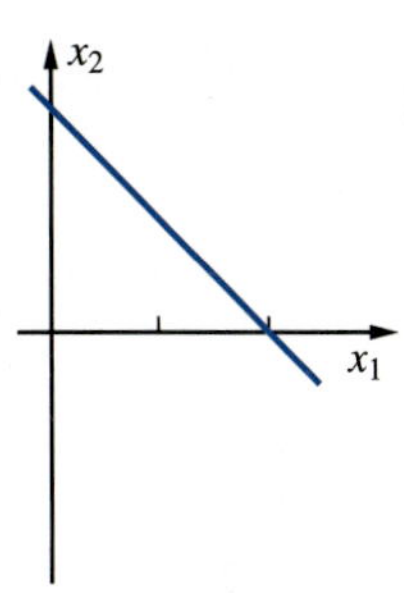

(iii) 무한히 많은 해: 동일한 직선

그림 1.1.1

등가 시스템

다음의 두 시스템을 생각해 보자.

$$\textbf{(a)}\quad \begin{aligned} 3x_1 + 2x_2 - x_3 &= -2 \\ x_2 &= 3 \\ 2x_3 &= 4 \end{aligned} \qquad\qquad \textbf{(b)}\quad \begin{aligned} 3x_1 + 2x_2 - x_3 &= -2 \\ -3x_1 - x_2 + x_3 &= 5 \\ 3x_1 + 2x_2 + x_3 &= 2 \end{aligned}$$

시스템 **(a)**는 마지막 두 식으로부터 $x_2 = 3$이고 $x_3 = 2$인 것이 확실하므로 쉽게 풀 수 있다. 이 값들을 첫 번째 식에 사용하면, 다음과 같다.

$$\begin{aligned} 3x_1 + 2 \cdot 3 - 2 &= -2 \\ x_1 &= -2 \end{aligned}$$

따라서 이 시스템의 해는 $(-2, 3, 2)$이다. 시스템 **(b)**는 풀기가 좀 더 어려워 보인다. 실제로 시스템 **(b)**는 시스템 **(a)**와 똑같은 해를 갖는다. 이를 보기 위하여 시스템의 첫 두 식들을 더한다.

$$\begin{array}{r} 3x_1 + 2x_2 - x_3 = -2 \\ -3x_1 - x_2 + x_3 = 5 \\ \hline x_2 = 3 \end{array}$$

만일 (x_1, x_2, x_3)가 **(b)**에 대한 해라면, 그것은 시스템의 모든 식들을 만족해야 한다. 따라서 그 식들 중의 둘을 더하여 생기는 어떤 새로운 식도 만족시켜야만 한다. 그러므로 x_2는 3과 같아야 한다. 마찬가지로 (x_1, x_2, x_3)는 세 번째로부터 첫 번째 식을 빼서 얻어지는 새로운 식을 만족시켜야 한다.

$$\begin{array}{r} 3x_1 + 2x_2 + x_3 = 2 \\ 3x_1 + 2x_2 - x_3 = -2 \\ \hline 2x_3 = 4 \end{array}$$

그러므로 시스템 (b)에 대한 임의의 해는 역시 시스템 (a)에 대한 해여야만 한다. 비슷한 논리에 따라, (a)에 대한 임의의 해 역시 (b)에 대한 해임을 보일 수 있다. 이것은 두 번째 식에서 첫 번째 식을 뺌으로써 할 수 있다.

$$\begin{array}{r} x_2 = 3 \\ 3x_1 + 2x_2 - x_3 = -2 \\ \hline -3x_1 - x_2 + x_3 = 5 \end{array}$$

그리고 첫 번째와 세 번째 식을 더한다.

$$\begin{array}{r} 3x_1 + 2x_2 - x_3 = -2 \\ 2x_3 = 4 \\ \hline 3x_1 + 2x_2 + x_3 = 2 \end{array}$$

따라서 (x_1, x_2, x_3)가 시스템 (a)의 해이면 시스템 (b)의 해이다. 그러므로 두 시스템은 같은 해집합 $\{(-2, 3, 2)\}$를 갖는다.

정의 같은 변수들에 관련된 식들의 두 시스템이 같은 해집합을 가지면 **등가**(equivalent)라고 한다.

당연히, 만일 한 시스템의 두 식이 적혀 있는 순서를 서로 바꾼다면, 이것은 해집합에는 아무 영향을 끼치지 못할 것이다. 재배열된 시스템은 원래의 시스템과 등가일 것이다. 예를 들어 다음과 같은 시스템들은 둘 다 똑같은 세 식들로 이루어져 있으며, 결과적으로 그들은 같은 해집합을 가져야만 한다.

$$\begin{aligned} x_1 + 2x_2 &= 4 \\ 3x_1 - x_2 &= 2 \\ 4x_1 + x_2 &= 6 \end{aligned} \qquad \text{그리고} \qquad \begin{aligned} 4x_1 + x_2 &= 6 \\ 3x_1 - x_2 &= 2 \\ x_1 + 2x_2 &= 4 \end{aligned}$$

만일 시스템의 한 식이 영이 아닌 실수로 곱해졌다면, 이것은 해집합에 대하여 아무런 영향을 끼치지 못할 것이며, 그 새로운 시스템은 원래의 시스템과 등가일 것이다. 예를 들어, 다음의 두 시스템은 등가이다.

$$\begin{aligned} x_1 + x_2 + x_3 &= 3 \\ -2x_1 - x_2 + 4x_3 &= 1 \end{aligned} \qquad \text{그리고} \qquad \begin{aligned} 2x_1 + 2x_2 + 2x_3 &= 6 \\ -2x_1 - x_2 + 4x_3 &= 1 \end{aligned}$$

만일 한 식의 어떤 곱이 다른 식에 더해진다면, 그 새로운 시스템은 원래 시스템과 등가일 것이다. 이것은 n-투플$(x_1, x_2, \cdots, x_n)$이 다음의 두 식을 만족하면

$$\begin{aligned} a_{i1}x_1 + \cdots + a_{in}x_n &= b_i \\ a_{j1}x_1 + \cdots + a_{jn}x_n &= b_j \end{aligned}$$

아래의 식들을 만족시키기 때문이다(필요충분조건).

$$\begin{aligned} a_{i1}x_1 + \cdots + a_{in}x_n &= b_i \\ (a_{j1} + \alpha a_{i1})x_1 + \cdots + (a_{jn} + \alpha a_{in})x_n &= b_j + \alpha b_i \end{aligned}$$

요약하면, 등가 시스템을 얻기 위하여 한 시스템에 사용될 수 있는 세 가지 연산이 있다.

I. 두 식이 쓰인 순서를 서로 바꿀 수도 있다.
II. 한 식의 양변에 영이 아닌 실수를 똑같이 곱할 수도 있다.
III. 한 식의 어떤 곱은 다른 식에 더해질(빼질) 수도 있다.

방정식들의 한 시스템이 주어지면, 풀기 쉬운 등가 시스템을 얻기 위하여 이 연산들을 사용할 수도 있다.

$n \times n$ 시스템

이 절의 나머지 부분에서는 $n \times n$ 시스템으로 한정하기로 하자. 만일 한 $n \times n$ 시스템이 정확히 하나의 해를 갖는다면 연산 I과 III이 등가의 "정확히 삼각형인 시스템"을 얻는 데 사용될 수 있음을 보일 것이다.

정의 만일 k번째 식에서 첫 $k-1$개 변수들의 계수가 모두 영이고 x_k의 계수가 영이 아니면 $(k = 1, \cdots, n)$ 그 시스템은 **정확한 삼각형 형태**(strict triangular form)라고 한다.

예제 1 다음 시스템은 정확한 삼각형 형태이다.

$$\begin{aligned} 3x_1 + 2x_2 + x_3 &= 1 \\ x_2 - x_3 &= 2 \\ 2x_3 &= 4 \end{aligned}$$

이것은 두 번째 식에서 계수들이 각각 0, 1, −1이고 세 번째 식에서 계수들이 각각 0, 0, 2이기 때문이다. 정확한 삼각형 형태이므로 이 시스템은 해를 구하기가 쉽다. 세 번째 식으로부터 $x_3 = 2$가 된다. 이 값을 두 번째 식에 적용하면 다음을 얻는다.

$$x_2 - 2 = 2 \quad 즉 \quad x_2 = 4$$

$x_2 = 4$와 $x_3 = 2$를 첫 번째 식에 적용하면, 다음과 같이 끝낼 수 있다.

$$\begin{aligned} 3x_1 + 2 \cdot 4 + 2 &= 1 \\ x_1 &= -3 \end{aligned}$$

따라서 이 시스템의 해는 $(-3, 4, 2)$이다. ■

어떠한 $n \times n$ 정확한 삼각형 시스템도 앞의 예제와 같은 방법으로 해를 구할 수 있다. 먼저 n번째 식은 x_n에 대하여 해를 구한다. 이 값은 $(n-1)$번째 식에 적용되어 x_{n-1}을 구한다. x_n과 x_{n-1} 값들은 x_{n-2}를 구하기 위하여 $(n-2)$번째 식에 적용되며 이를 계속한다. 정확히 삼각형인 시스템을 풀기 위한 이러한 방법을 역방향 대입(back substitution)이라 한다.

예제 2 다음 시스템의 해를 구하라.

$$\begin{aligned} 2x_1 - x_2 + 3x_3 - 2x_4 &= 1 \\ x_2 - 2x_3 + 3x_4 &= 2 \\ 4x_3 + 3x_4 &= 3 \\ 4x_4 &= 4 \end{aligned}$$

해답 역방향 대입을 사용하면,

$$\begin{aligned} 4x_4 &= 4 & x_4 &= 1 \\ 4x_3 + 3 \cdot 1 &= 3 & x_3 &= 0 \\ x_2 - 2 \cdot 0 + 3 \cdot 1 &= 2 & x_2 &= -1 \\ 2x_1 - (-1) + 3 \cdot 0 - 2 \cdot 1 &= 1 & x_1 &= 1 \end{aligned}$$

따라서 해는 $(1, -1, 0, 1)$이다. ■

일반적으로 n개의 선형 방정식과 n개의 미지수를 갖는 시스템이 주어지면, 정확히 삼각형인 등가 시스템을 얻기 위하여 연산 I과 III을 사용할 것이다(시스템이 유일한 해를 갖지 않는 경우에는 정확한 삼각형 형태의 시스템으로 줄일 수 없다는 것을 이 책의 다음 절에서 볼 것이다).

예제 3 다음 시스템의 해를 구하라.

$$\begin{aligned} x_1 + 2x_2 + x_3 &= 3 \\ 3x_1 - x_2 - 3x_3 &= -1 \\ 2x_1 + 3x_2 + x_3 &= 4 \end{aligned}$$

해답 두 번째로부터 첫 번째 행에 3을 곱한 것을 빼면 다음과 같다.

$$-7x_2 - 6x_3 = -10$$

세 번째로부터 첫 번째 행에 2를 곱한 것을 빼면 다음과 같다.

$$-x_2 - x_3 = -2$$

만일 시스템의 두 번째와 세 번째 식을 각각 이 새로운 식들로 대체하면, 다음과 같은 등가 시스템을 얻는다.

$$\begin{aligned} x_1 + 2x_2 + x_3 &= 3 \\ -7x_2 - 6x_3 &= -10 \\ -x_2 - x_3 &= -2 \end{aligned}$$

만일 이 시스템의 세 번째 식을 세 번째 식과 두 번째 식에 $-\frac{1}{7}$을 곱한 식의 합으로 대체하면, 다음과 같은 정확히 삼각형인 시스템으로 끝난다.

$$\begin{aligned} x_1 + 2x_2 + x_3 &= 3 \\ -7x_2 - 6x_3 &= -10 \\ -\tfrac{1}{7}x_3 &= -\tfrac{4}{7} \end{aligned}$$

역방향 대입을 사용하면, 다음을 얻는다.

$$x_3 = 4, \qquad x_2 = -2, \qquad x_1 = 3$$ ■

이제 마지막 예제에서 방정식들의 시스템을 되돌아보자. 그 시스템은 원소가 x_i의 계수인 숫자들의 3×3 배열과 관련지을 수 있다.

$$\begin{pmatrix} 1 & 2 & 1 \\ 3 & -1 & -3 \\ 2 & 3 & 1 \end{pmatrix}$$

이 배열을 시스템의 **계수 행렬**(coefficient matrix)이라 한다. **행렬**이란 단어는 단순히 숫자들의 직사각형 배열을 의미한다. m개의 행과 n개의 열을 갖는 행렬은 $m \times n$이라 한다. 만일 행과 열이 같은 수이면, 즉 $m = n$이면 이 행렬은 **정방형**(square)이라 부른다.

만일 계수 행렬에 시스템의 우변에 해당하는 숫자들을 원소로 하는 부가적인 열을 붙이면, 다음과 같은 새로운 행렬을 얻는다.

$$\left(\begin{array}{rrr|r} 1 & 2 & 1 & 3 \\ 3 & -1 & -3 & -1 \\ 2 & 3 & 1 & 4 \end{array}\right)$$

이 새로운 행렬을 **증가된 행렬**(augmented matrix)이라 한다. 일반적으로 $m \times r$ 행렬 B가 이런 방법으로 $m \times n$ 행렬 A에 덧붙여지면, 증가된 행렬은 $(A \mid B)$로 표기된다. 따라서 만일

$$A = \begin{pmatrix} a_{11} & a_{12} & \cdots & a_{1n} \\ a_{21} & a_{22} & \cdots & a_{2n} \\ \vdots & & & \\ a_{m1} & a_{m2} & \cdots & a_{mn} \end{pmatrix}, \qquad B = \begin{pmatrix} b_{11} & b_{12} & \cdots & b_{1r} \\ b_{21} & b_{22} & \cdots & b_{2r} \\ \vdots & & & \\ b_{m1} & b_{m2} & \cdots & b_{mr} \end{pmatrix}$$

이면,

$$(A|B) = \left(\begin{array}{ccc|ccc} a_{11} & \cdots & a_{1n} & b_{11} & \cdots & b_{1r} \\ \vdots & & & \vdots & & \\ a_{m1} & \cdots & a_{mn} & b_{m1} & \cdots & b_{mr} \end{array}\right)$$

이다. 각 방정식들의 시스템을 가지고 다음과 같은 형태의 증가된 행렬로 관계를 만들 수도 있다.

$$\left(\begin{array}{ccc|c} a_{11} & \cdots & a_{1n} & b_1 \\ \vdots & & & \vdots \\ a_{m1} & \cdots & a_{mn} & b_m \end{array}\right)$$

시스템은 증가된 행렬에 대하여 연산을 수행하여 풀 수도 있다. x_i들은 계산이 끝날 때까지 생략될 수 있는 위치 표시이다. 등가 시스템을 얻기 위하여 사용되는 세 연산들에 해당되는 다음의 행 연산(row operation)들이 증가된 행렬에 적용될 수도 있다.

기본 행 연산

I. 두 행을 서로 바꾼다.

II. 한 행을 영이 아닌 실수로 곱한다.

III. 한 행을 다른 행의 배수와 더한 것으로 대체한다.

예제로 다시 돌아가서, 첫 번째 행이 나머지 행들의 첫 번째 열에 있는 원소들을 제거하기 위하여 사용되는 것을 알 수 있다. 이 첫 번째 행을 **축의 행**(pivotal row)이라 한다. 강조하기 위하여, 축의 행에 있는 원소들은 모두 굵은 글씨체이고 전체 행에 색 배경이 있다. 축의 행에서 첫 번째 영이 아닌 원소를 **축**(pivot)이라 한다.

$$\left.\begin{matrix}(\text{축 } a_{11} = 1)\\ \text{소거될 원소들}\\ a_{21} = 3\text{과 } a_{31} = 2\end{matrix}\right\} \rightarrow \left(\begin{array}{ccc|c} \mathbf{1} & \mathbf{2} & \mathbf{1} & \mathbf{3} \\ 3 & -1 & -3 & -1 \\ 2 & 3 & 1 & 4 \end{array}\right) \leftarrow \text{축의 행}$$

행 연산 III을 사용하여, 첫 번째 행의 3배를 두 번째 행으로부터 빼고 첫 번째 행의 2배를 세 번째로부터 뺀다. 이것이 완료되면, 다음과 같은 행렬을 얻는다.

$$\left(\begin{array}{ccc|c} 1 & 2 & 1 & 3 \\ \mathbf{0} & \mathbf{-7} & \mathbf{-6} & \mathbf{-10} \\ 0 & -1 & -1 & -2 \end{array}\right) \leftarrow \text{축의 행}$$

이 단계에서는 새로운 축의 행으로 두 번째 행을 선택하고 두 번째 열에 있는 마지막 원소를 제거하기 위하여 행 연산 III을 적용한다. 이때 축은 -7이고 몫 $-\frac{-1}{-7} = \frac{1}{7}$은 세 번째 행으로부터 빼는 축의 행의 곱수이다. 그러면 다음과 같은 행렬을 얻는다.

$$\left(\begin{array}{ccc|c} 1 & 2 & 1 & 3 \\ 0 & -7 & -6 & -10 \\ 0 & 0 & -\frac{1}{7} & -\frac{4}{7} \end{array}\right)$$

이것은 정확한 삼각형 시스템에 대한 증가된 행렬이고, 이것은 원래 시스템과 등가이다. 이 시스템의 해는 역방향 대입을 사용하여 쉽게 구할 수 있다.

예제 4 다음 시스템의 해를 구하라.

$$\begin{aligned} -\ x_2 -\ x_3 +\ x_4 &= 0 \\ x_1 + x_2 + x_3 + x_4 &= 6 \\ 2x_1 + 4x_2 + x_3 - 2x_4 &= -1 \\ 3x_1 + x_2 - 2x_3 + 2x_4 &= 3 \end{aligned}$$

해답 이 시스템의 증가된 행렬은 다음과 같다.

$$\left[\begin{array}{rrrr|r} 0 & -1 & -1 & 1 & 0 \\ 1 & 1 & 1 & 1 & 6 \\ 2 & 4 & 1 & -2 & -1 \\ 3 & 1 & -2 & 2 & 3 \end{array}\right]$$

축 원소로 0을 사용하여 다른 원소들을 제거하는 것은 불가능하기 때문에, 증가된 행렬의 첫 두 행을 서로 바꾸기 위하여 행 연산 I을 사용할 것이다. 이 새로운 첫 번째 행이 축의 행이 될 것이며 축 원소는 1이 될 것이다.

$$(\text{축 } a_{11} = 1) \left[\begin{array}{rrrr|r} \mathbf{1} & \mathbf{1} & \mathbf{1} & \mathbf{1} & \mathbf{6} \\ 0 & -1 & -1 & 1 & 0 \\ 2 & 4 & 1 & -2 & -1 \\ 3 & 1 & -2 & 2 & 3 \end{array}\right] \leftarrow \text{축의 행}$$

그러면 행 연산 III이 첫 번째 열에 있는 두 개의 영 아닌 원소들을 제거하기 위하여 사용된다.

$$\left[\begin{array}{rrrr|r} 1 & 1 & 1 & 1 & 6 \\ \mathbf{0} & \mathbf{-1} & \mathbf{-1} & \mathbf{1} & \mathbf{0} \\ 0 & 2 & -1 & -4 & -13 \\ 0 & -2 & -5 & -1 & -15 \end{array}\right]$$

다음으로 두 번째 행이 축 원소 -1 아래의 두 번째 열에 있는 원소들을 제거하기 위하여 축의 행으로 사용된다.

$$\left[\begin{array}{rrrr|r} 1 & 1 & 1 & 1 & 6 \\ 0 & -1 & -1 & 1 & 0 \\ \mathbf{0} & \mathbf{0} & \mathbf{-3} & \mathbf{-2} & \mathbf{-13} \\ 0 & 0 & -3 & -3 & -15 \end{array}\right]$$

마지막으로 세 번째 행이 세 번째 열에 있는 마지막 원소를 제거하기 위하여 축의 행으로 사용된다.

$$\left[\begin{array}{rrrr|r} 1 & 1 & 1 & 1 & 6 \\ 0 & -1 & -1 & 1 & 0 \\ 0 & 0 & -3 & -2 & -13 \\ 0 & 0 & 0 & -1 & -2 \end{array}\right]$$

이 증가된 행렬은 정확한 삼각형 시스템을 나타낸다. 역방향 대입으로 풀면 해 $(2, -1, 3, 2)$를 얻는다. ■

일반적으로, 만일 $n \times n$ 선형 시스템을 정확한 삼각형 형태로 줄일 수 있다면 이 시스템은 하나의 유일한 해를 가지며 이 해는 삼각형 시스템에 역방향 대입을 수행하여 얻을 수

$$\text{1단계}\quad \left(\begin{array}{cccc|c} x & x & x & x & x \\ x & x & x & x & x \\ x & x & x & x & x \\ x & x & x & x & x \end{array}\right) \rightarrow \left(\begin{array}{cccc|c} x & x & x & x & x \\ 0 & x & x & x & x \\ 0 & x & x & x & x \\ 0 & x & x & x & x \end{array}\right)$$

$$\text{2단계}\quad \left(\begin{array}{cccc|c} x & x & x & x & x \\ 0 & x & x & x & x \\ 0 & x & x & x & x \\ 0 & x & x & x & x \end{array}\right) \rightarrow \left(\begin{array}{cccc|c} x & x & x & x & x \\ 0 & x & x & x & x \\ 0 & 0 & x & x & x \\ 0 & 0 & x & x & x \end{array}\right)$$

$$\text{3단계}\quad \left(\begin{array}{cccc|c} x & x & x & x & x \\ 0 & x & x & x & x \\ 0 & 0 & x & x & x \\ 0 & 0 & x & x & x \end{array}\right) \rightarrow \left(\begin{array}{cccc|c} x & x & x & x & x \\ 0 & x & x & x & x \\ 0 & 0 & x & x & x \\ 0 & 0 & 0 & x & x \end{array}\right)$$

그림 1.1.2

있다. 우리는 이 간소화 과정을 $n-1$단계인 하나의 알고리즘으로 생각할 수 있다. 첫 번째 단계에서, 축 원소가 행렬의 첫 번째 열에서 영이 아닌 원소들 중 선택된다. 축 원소를 포함하는 행을 **축의 행**(pivotal row)이라 한다. 축의 행이 새로운 첫 번째 행이 되도록 (필요하다면) 행들을 서로 교환한다. 그리고 축의 행의 배수가 두 번째부터 n번째 행에 있는 첫 번째 원소들에 0을 얻기 위하여 나머지 $n-1$행의 각각으로부터 빼진다. 두 번째 단계에서, 하나의 축 원소가 행렬의 2부터 n행까지 2열에 있는 영이 아닌 원소들로부터 선택된다. 그러면 축을 포함하는 행이 행렬의 두 번째 행과 서로 교환되고 새로운 축의 행으로 사용된다. 그리고 축의 행의 배수가 두 번째 열에 있는 축 아래의 모든 원소들을 제거하기 위하여 나머지 $n-2$행들로부터 빼진다. 같은 과정이 열 3부터 $n-1$까지 반복된다. 두 번째 단계에서 1행과 1열은 변하지 않고 남아 있고, 세 번째 단계에서 처음 두 행과 처음 두 열은 변하지 않고 남아 있음을 눈여겨보자. 각 단계에서 시스템의 전체적인 차원은 1씩 효과적으로 감소된다(그림 1.1.2 참조).

만일 이 제거 과정이 설명된 것처럼 수행될 수 있다면, $n-1$단계 후에는 정확히 삼각형인 하나의 등가 시스템에 도달할 것이다. 하지만 이 과정은 만일 어느 단계에서든 축 원소를 위하여 모든 가능한 선택들이 0이라면 망가질 것이다. 이런 상황이 발생할 때의 대안은 그 시스템을 어떤 특별한 사다리꼴이나 계단 모양 형태로 줄이는 것이다. 이 사다리꼴 형태들은 다음 절에서 살펴본다. 그것들은 $m \times n$ 시스템에도 역시 사용될 것이다. 여기서 $m \neq n$이다.

1.1 연습문제

1. 다음과 같은 각 방정식들의 시스템을 풀기 위하여 역방향 대입을 사용하라.

(a) $\begin{aligned} x_1 + x_2 &= 7 \\ 2x_2 &= 6 \end{aligned}$

(b) $\begin{aligned} x_1 + x_2 + x_3 &= 10 \\ 2x_2 + x_3 &= 11 \\ 2x_3 &= 14 \end{aligned}$

(c)
$$\begin{aligned} x_1 + 2x_2 + 3x_3 + 4x_4 &= 6 \\ 7x_2 - x_3 + 2x_4 &= 5 \\ x_3 - 4x_4 &= -9 \\ 4x_4 &= 8 \end{aligned}$$

(d)
$$\begin{aligned} x_1 + x_2 + 16x_3 + 3x_4 + x_5 &= 5 \\ 4x_2 + 4x_3 + 6x_4 + 3x_5 &= 1 \\ -8x_3 + 27x_4 - 7x_5 &= 7 \\ 3x_4 + 11x_5 &= 1 \\ x_5 &= 0 \end{aligned}$$

2. 연습문제 1에 있는 각 시스템에 대한 계수 행렬을 써라.

3. 다음과 같은 시스템에서, 평면에 있는 한 직선으로 각 방정식을 해석하라. 각 시스템에 대하여 직선들을 그리고 기하학적으로 해의 수를 결정하라.

(a) $\begin{aligned} x_1 + x_2 &= 4 \\ x_1 - x_2 &= 2 \end{aligned}$　(b) $\begin{aligned} x_1 + 2x_2 &= 4 \\ -2x_1 - 4x_2 &= 4 \end{aligned}$

(c) $\begin{aligned} 2x_1 - x_2 &= 3 \\ -4x_1 + 2x_2 &= -6 \end{aligned}$　(d) $\begin{aligned} x_1 + x_2 &= 1 \\ x_1 - x_2 &= 1 \\ -x_1 + 3x_2 &= 3 \end{aligned}$

4. 연습문제 3에 있는 각 시스템에 대하여 증가된 행렬을 써라.

5. 다음과 같은 증가된 행렬에 대응하는 방정식들의 시스템을 써라.

(a) $\left(\begin{array}{cc|c} 3 & 0 & 6 \\ 0 & 2 & 4 \end{array}\right)$　(b) $\left(\begin{array}{ccc|c} 1 & -1 & 5 & 8 \\ 3 & 0 & 2 & 0 \end{array}\right)$

(c) $\left(\begin{array}{ccc|c} 1 & -2 & 1 & 4 \\ 7 & 0 & 5 & 2 \\ -3 & 2 & 0 & 0 \end{array}\right)$

(d) $\left(\begin{array}{cccc|c} 1 & -2 & 0 & -8 & 5 \\ 2 & 1 & 3 & 4 & 6 \\ 0 & -3 & 1 & -1 & 7 \\ 8 & 4 & 1 & 1 & 9 \end{array}\right)$

6. 다음과 같은 각 시스템의 해를 구하라.

(a) $\begin{aligned} x_1 - x_2 &= 11 \\ x_1 + x_2 &= -1 \end{aligned}$　(b) $\begin{aligned} 3x_1 - 2x_2 &= -5 \\ 2x_1 + 3x_2 &= 27 \end{aligned}$

(c) $\begin{aligned} 4x_1 + \tfrac{1}{2}x_2 &= 2 \\ \tfrac{7}{3}x_1 + 14x_2 &= 9 \end{aligned}$　(d) $\begin{aligned} x_1 + 2x_2 - x_3 &= -6 \\ 2x_1 - x_2 + x_3 &= 7 \\ -x_1 + x_2 + 2x_3 &= 3 \end{aligned}$

(e)
$$\begin{aligned} x_1 + 3x_2 + 5x_3 &= 27 \\ 2x_1 + 4x_2 + 6x_3 &= 30 \\ 2x_1 + 2x_2 + 3x_3 &= 11 \end{aligned}$$

(f)
$$\begin{aligned} 2x_1 - x_2 + 4x_3 &= -4 \\ x_1 + 3x_2 - x_3 &= 8 \\ 3x_1 - x_2 - x_3 &= 2 \end{aligned}$$

(g)
$$\begin{aligned} \tfrac{3}{5}x_1 + \tfrac{1}{3}x_2 + \tfrac{2}{3}x_3 &= 1 \\ \tfrac{5}{7}x_1 - \tfrac{2}{5}x_2 - \tfrac{3}{5}x_3 &= -1 \\ \tfrac{1}{10}x_1 + \tfrac{2}{10}x_2 + \tfrac{3}{10}x_3 &= \tfrac{1}{2} \end{aligned}$$

(h)
$$\begin{aligned} x_1 + 2x_2 + 2x_3 + x_4 &= 7 \\ x_1 - 3x_2 + x_3 - x_4 &= 2 \\ 3x_1 - x_2 + x_3 + x_4 &= 0 \\ 2x_1 \quad + 2x_3 \quad &= 8 \end{aligned}$$

7. 다음의 두 시스템

$$\begin{aligned} x_1 + 2x_2 &= 8 \\ 4x_1 - 3x_2 &= -1 \end{aligned} \quad \text{그리고} \quad \begin{aligned} x_1 + 2x_2 &= 7 \\ 4x_1 - 3x_2 &= 6 \end{aligned}$$

은 계수 행렬은 같지만 우변이 다르다. 다음의 증가된 행렬의 두 번째 행에 있는 첫 번째 원소를 제거하고 우변에 해당하는 각 열들에 대하여 역방향 대입을 수행하여 두 시스템의 해를 동시에 구하라.

$$\left(\begin{array}{cc|cc} 1 & 2 & 8 & 7 \\ 4 & -3 & -1 & 6 \end{array}\right)$$

8. 다음 두 시스템의 해를 3 × 5 증가된 행렬에 대해 소거를 하고 역방향 대입을 두 번 시행하여 구하라.

$$\begin{aligned} x_1 + 2x_2 - x_3 &= 6 \\ 2x_1 - x_2 + 3x_3 &= -3 \\ x_1 + x_2 - 4x_3 &= 7 \end{aligned} \quad \text{그리고} \quad \begin{aligned} x_1 + 2x_2 - x_3 &= 9 \\ 2x_1 - x_2 + 3x_3 &= -2 \\ x_1 + x_2 - 4x_3 &= 9 \end{aligned}$$

9. 다음과 같은 형태의 시스템이 주어졌다.

$$\begin{aligned} -m_1x_1 + x_2 &= b_1 \\ -m_2x_1 + x_2 &= b_2 \end{aligned}$$

여기서 m_1, m_2, b_1, b_2는 상수이다.

(a) 만일 $m_1 \neq m_2$이면, 이 시스템은 하나의 해를 가짐을 보여라.

(b) 만일 $m_1 = m_2$이면, 이 시스템은 단지 $b_1 = b_2$인 경우에만 모순이 아님을 보여라.

(c) 위의 (a)와 (b)를 기하학적으로 해석하라.

10. 다음과 같은 형태의 시스템을 생각해 보자.

$$\begin{aligned} a_{11}x_1 + a_{12}x_2 &= 0 \\ a_{21}x_1 + a_{22}x_2 &= 0 \end{aligned}$$

여기서 $a_{11}, a_{12}, a_{21}, a_{22}$는 상수이다. 왜 이런 형태의 시스템은 모순이 아니어야만 하는지 설명하라.

11. 세 개의 미지수를 갖는 한 선형 방정식에 대한 기하학적 해석을 하라. 3×3 선형 시스템에 대한 가능한 해집합들의 기하학적 표현을 구하라.

1.2 행 사다리꼴 형태

1.1절에서는 $n \times n$ 선형 시스템을 정확한 삼각형 형태로 간소화하는 방법을 배웠다. 하지만 이 방법은 만일 간소화 과정 중 임의의 단계에서 주어진 열에 있어서 축 원소를 위한 모든 가능한 선택들이 0이라면 실패할 것이다.

예제 1 다음과 같은 증가된 행렬로 표현되는 시스템을 생각해 보자.

$$\left(\begin{array}{rrrrr|r} \mathbf{1} & \mathbf{1} & \mathbf{1} & \mathbf{1} & \mathbf{1} & \mathbf{1} \\ -1 & -1 & 0 & 0 & 1 & -1 \\ -2 & -2 & 0 & 0 & 3 & 1 \\ 0 & 0 & 1 & 1 & 3 & -1 \\ 1 & 1 & 2 & 2 & 4 & 1 \end{array}\right) \leftarrow \text{축의 행}$$

만일 행 연산 III이 첫 번째 열의 마지막 네 행에 있는 영이 아닌 원소들을 제거하기 위하여 사용된다면, 결과 행렬은 다음과 같을 것이다.

$$\left(\begin{array}{rrrrr|r} 1 & 1 & 1 & 1 & 1 & 1 \\ \mathbf{0} & \mathbf{0} & \mathbf{1} & \mathbf{1} & \mathbf{2} & \mathbf{0} \\ 0 & 0 & 2 & 2 & 5 & 3 \\ 0 & 0 & 1 & 1 & 3 & -1 \\ 0 & 0 & 1 & 1 & 3 & 0 \end{array}\right) \leftarrow \text{축의 행}$$

이 단계에서 정확한 삼각형 형태로 줄이기는 성립되지 않는다. 둘째 열에서 축 원소를 위하여 모든 네 가지 가능한 선택이 0이다. 여기서부터는 어떻게 진행해야 할까? 우리의 목적은 시스템을 가능한 한 단순화하는 것이기 때문에, 세 번째 열로 옮겨가서 마지막 세 원소들을 제거하는 것이 자연스러워 보인다.

$$\left(\begin{array}{rrrrr|r} 1 & 1 & 1 & 1 & 1 & 1 \\ 0 & 0 & 1 & 1 & 2 & 0 \\ \mathbf{0} & \mathbf{0} & \mathbf{0} & \mathbf{0} & \mathbf{1} & \mathbf{3} \\ 0 & 0 & 0 & 0 & 1 & -1 \\ 0 & 0 & 0 & 0 & 1 & 0 \end{array}\right)$$

네 번째 열에서, 축 원소를 위한 모든 선택들이 0이다. 따라서 다시 다음 열로 옮겨간다. 만일 우리가 세 번째 행을 축의 행으로 사용한다면, 다섯 번째 열에 있는 마지막 두 원소들이 제거된다.

$$\left[\begin{array}{ccccc|c} 1 & 1 & 1 & 1 & 1 & 1 \\ 0 & 0 & 1 & 1 & 2 & 0 \\ 0 & 0 & 0 & 0 & 1 & 3 \\ 0 & 0 & 0 & 0 & 0 & -4 \\ 0 & 0 & 0 & 0 & 0 & -3 \end{array}\right]$$

우리가 얻은 계수 행렬은 정확한 삼각형 형태가 아닌, 계단 혹은 사다리꼴 형태이다. 계수 행렬을 위한 배열에서 수평 및 수직 선 분할은 계단 형태의 구조를 나타낸다. 수직으로 떨어지는 것은 각 단계마다 1이지만, 한 단계에 대한 수평적 폭은 1보다 클 수도 있다.

마지막 두 행에 의해 표현되는 식들은 다음과 같다.

$$\begin{aligned} 0x_1 + 0x_2 + 0x_3 + 0x_4 + 0x_5 &= -4 \\ 0x_1 + 0x_2 + 0x_3 + 0x_4 + 0x_5 &= -3 \end{aligned}$$

이 식들을 만족하는 5-투플은 존재하지 않기 때문에, 이 시스템은 모순이다. ■

이제 모순이 아닌 시스템을 얻기 위하여 마지막 예제에서 시스템의 우변을 바꾼다고 가정하자. 예를 들어

$$\left[\begin{array}{ccccc|c} 1 & 1 & 1 & 1 & 1 & 1 \\ -1 & -1 & 0 & 0 & 1 & -1 \\ -2 & -2 & 0 & 0 & 3 & 1 \\ 0 & 0 & 1 & 1 & 3 & 3 \\ 1 & 1 & 2 & 2 & 4 & 4 \end{array}\right]$$

으로 시작한다면, 간소화 과정은 사다리꼴 형태의 증가된 행렬을 낳을 것이다.

$$\left[\begin{array}{ccccc|c} 1 & 1 & 1 & 1 & 1 & 1 \\ 0 & 0 & 1 & 1 & 2 & 0 \\ 0 & 0 & 0 & 0 & 1 & 3 \\ 0 & 0 & 0 & 0 & 0 & 0 \\ 0 & 0 & 0 & 0 & 0 & 0 \end{array}\right]$$

간소화된 시스템의 마지막 두 식은 임의의 5-투플에 대하여 만족될 것이다. 따라서 해집합은 첫 세 식을 만족하는 모든 5-투플들의 집합이 될 것이다.

$$\begin{aligned} x_1 + x_2 + x_3 + x_4 + x_5 &= 1 \\ x_3 + x_4 + 2x_5 &= 0 \\ x_5 &= 3 \end{aligned} \tag{1}$$

증가된 행렬의 각 행에서 영이 아닌 첫 번째 원소에 해당하는 변수들은 선도 변수(lead

variable)라고 한다. 따라서 x_1, x_3, x_5는 선도 변수이다. 간소화 과정에서 생략된 열들에 해당하는 나머지 변수들은 **자유 변수**(free variable)라고 한다. 따라서 x_2와 x_4는 자유 변수이다. 만일 자유 변수들을 식 (1)에서 우변으로 넘기면, 다음의 시스템을 얻는다.

$$\begin{aligned} x_1 + x_3 + \quad x_5 &= 1 - x_2 - x_4 \\ x_3 + 2x_5 &= -x_4 \\ x_5 &= 3 \end{aligned} \tag{2}$$

시스템 (2)는 미지수 x_1, x_3, x_5를 갖는 정확한 삼각형이다. 따라서 x_2와 x_4에 할당되는 각 값들의 쌍에 대하여 하나의 유일한 해가 존재할 것이다. 예를 들어 $x_2 = x_4 = 0$이면 $x_5 = 3$, $x_3 = -6, x_1 = 4$이며, 그러므로 $(4, 0, -6, 0, 3)$은 이 시스템에 대한 하나의 해이다.

정의 다음의 조건을 만족하는 행렬을 **행 사다리꼴 형태**(row echelon form)라고 한다.

(i) 각각의 영 아닌 행에 있는 영이 아닌 첫 번째 원소가 1이다.
(ii) k행이 모두 0으로 구성되어 있지 않은 경우, $k+1$행에 있는 선행하는 0 원소들의 수가 k행에 있는 선행하는 0 원소들의 수보다 많다.
(iii) 원소들이 모두 0인 행이 존재하는 경우, 그 행은 영 아닌 원소들을 갖는 행들의 아래에 있다.

예제 2 다음의 행렬들은 행 사다리꼴 형태이다.

$$\begin{bmatrix} 1 & 4 & 2 \\ 0 & 1 & 3 \\ 0 & 0 & 1 \end{bmatrix}, \quad \begin{bmatrix} 1 & 2 & 3 \\ 0 & 0 & 1 \\ 0 & 0 & 0 \end{bmatrix}, \quad \begin{bmatrix} 1 & 3 & 1 & 0 \\ 0 & 0 & 1 & 3 \\ 0 & 0 & 0 & 0 \end{bmatrix}$$ ■

예제 3 다음의 행렬들은 행 사다리꼴 형태가 아니다.

$$\begin{bmatrix} 2 & 4 & 6 \\ 0 & 3 & 5 \\ 0 & 0 & 4 \end{bmatrix}, \quad \begin{bmatrix} 0 & 0 & 0 \\ 0 & 1 & 0 \end{bmatrix}, \quad \begin{bmatrix} 0 & 1 \\ 1 & 0 \end{bmatrix}$$

첫 번째 행렬은 조건 (i)을 만족하지 않는다. 두 번째 행렬은 조건 (iii)을, 세 번째 행렬은 조건 (ii)를 만족하지 않는다. ■

정의 한 선형 시스템을 증가된 행렬이 행 사다리꼴 형태인 시스템으로 변환하기 위하여 행 연산 I, II, III을 사용하는 과정을 **가우스 소거법**(Gaussian elimination)이라 한다.

행 연산 II는 선도 계수들이 모두 1이 되도록 행을 조절하기 위하여 필요하다는 점에 유의하자. 만일 증가된 행렬의 행 사다리꼴 형태가 다음과 같은 모양의 행을 포함하면

$$\left[\begin{array}{cccc|c} 0 & 0 & \cdots & 0 & 1 \end{array}\right]$$

그 시스템은 모순이다. 그렇지 않으면, 시스템은 모순이 아닐 것이다. 만일 시스템이 모순이 아니고 행렬의 행 사다리꼴 형태의 영 아닌 행들이 정확한 삼각형 시스템을 형성한다면, 그 시스템은 하나의 유일한 해를 가질 것이다.

식이 남는 시스템

만일 미지수보다 더 많은 식이 있다면 선형 시스템은 식이 남는다(overdetermined)라고 한다. 식이 남는 시스템은 (항상은 아니지만) 대부분 모순이다.

예제 4 다음의 식이 남는 시스템의 해를 구하라.

(a)
$$\begin{aligned} x_1 + x_2 &= 1 \\ x_1 - x_2 &= 3 \\ -x_1 + 2x_2 &= -2 \end{aligned}$$

(b)
$$\begin{aligned} x_1 + 2x_2 + x_3 &= 1 \\ 2x_1 - x_2 + x_3 &= 2 \\ 4x_1 + 3x_2 + 3x_3 &= 4 \\ 2x_1 - x_2 + 3x_3 &= 5 \end{aligned}$$

(c)
$$\begin{aligned} x_1 + 2x_2 + x_3 &= 1 \\ 2x_1 - x_2 + x_3 &= 2 \\ 4x_1 + 3x_2 + 3x_3 &= 4 \\ 3x_1 + x_2 + 2x_3 &= 3 \end{aligned}$$

해답 지금부터 독자들은 각 시스템을 간소화할 때 중간 단계들을 생략할 수 있는 소거 과정에 충분히 익숙해져야 한다. 따라서 다음과 같이 쓸 수 있다.

$$\text{시스템 (a):}\quad \left[\begin{array}{rr|r} 1 & 1 & 1 \\ 1 & -1 & 3 \\ -1 & 2 & -2 \end{array}\right] \rightarrow \left[\begin{array}{rr|r} 1 & 1 & 1 \\ 0 & 1 & -1 \\ 0 & 0 & 1 \end{array}\right]$$

시스템이 모순이라는 것은 간소화된 행렬의 마지막 행으로부터 알 수 있다. 시스템 (a)에 있는 세 개의 방정식은 평면에서 직선을 나타낸다. 첫 두 직선은 점 $(2, -1)$에서 교차한다. 하지만 세 번째 직선은 이 점을 지나지 않는다. 따라서 세 직선 모두 위에 놓여 있는 점은 없다(그림 1.2.1 참조).

$$\text{시스템 (b):}\quad \left[\begin{array}{rrr|r} 1 & 2 & 1 & 1 \\ 2 & -1 & 1 & 2 \\ 4 & 3 & 3 & 4 \\ 2 & -1 & 3 & 5 \end{array}\right] \rightarrow \left[\begin{array}{rrr|r} 1 & 2 & 1 & 1 \\ 0 & 1 & \frac{1}{5} & 0 \\ 0 & 0 & 1 & \frac{3}{2} \\ 0 & 0 & 0 & 0 \end{array}\right]$$

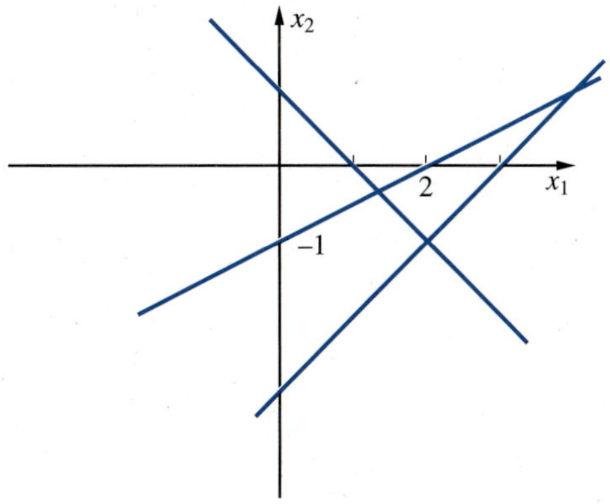

해 없음: 모순인 시스템

그림 1.2.1

역방향 대입을 적용하면, 시스템 (b)가 정확히 한 개의 해 (0.1, −0.3, 1.5)를 갖는 것을 볼 수 있다. 간소화된 행렬의 영 아닌 행들이 정확한 삼각형 시스템을 형성하기 때문에 이 해는 유일하다.

$$\text{시스템 (c):} \quad \left(\begin{array}{rrr|r} 1 & 2 & 1 & 1 \\ 2 & -1 & 1 & 2 \\ 4 & 3 & 3 & 4 \\ 3 & 1 & 2 & 3 \end{array}\right) \rightarrow \left(\begin{array}{ccc|c} 1 & 2 & 1 & 1 \\ 0 & 1 & \frac{1}{5} & 0 \\ 0 & 0 & 0 & 0 \\ 0 & 0 & 0 & 0 \end{array}\right)$$

x_3에 대하여 x_2와 x_1을 풀면, 다음을 얻는다.

$$\begin{aligned} x_2 &= -0.2x_3 \\ x_1 &= 1 - 2x_2 - x_3 = 1 - 0.6x_3 \end{aligned}$$

해집합은 $(1 - 0.6\alpha, -0.2\alpha, \alpha)$ 형태의 모든 정렬된 세 수들의 집합이 된다. 여기서 α는 실수이다. 이 시스템은 모순이 아니며, 자유 변수 x_3 때문에 무한히 많은 해들을 갖는다. ■

식이 모자란 시스템

n개의 미지수가 있는 m개의 선형 방정식들의 시스템은 만일 미지수보다 적은 수의 방정식 $(m < n)$이 있다면 **식이 모자라다**(underdetermined)고 한다. 비록 식이 모자란 시스템은 모순이 될 가능성이 있지만, 대부분의 경우 모순이 아니며 무한히 많은 해를 갖는다. 식이 모자란 시스템이 하나의 해를 갖는 것은 불가능하다. 그 이유는 계수 행렬의 어떤 행 사다리꼴 형태도 $r \leq m$인 영 아닌 행들이 있기 때문이다. 따라서 거기에는 r개의 선도 변수와 $n - r$개의 자유 변수가 있다. 여기서 $n - r \geq n - m \geq 0$이다. 만일 시스템이 모순이 아니면, 자유 변수들에 임의의 값을 할당하고 선도 변수들에 대하여 해를 구할 수 있다. 그러므로 모순이 아닌 식이 모자란 시스템은 무한히 많은 해들을 가질 것이다.

예제 5 다음의 식이 모자란 시스템의 해를 구하라.

(a)
$$\begin{aligned} x_1 + 2x_2 + x_3 &= 1 \\ 2x_1 + 4x_2 + 2x_3 &= 3 \end{aligned}$$

(b)
$$\begin{aligned} x_1 + x_2 + x_3 + x_4 + x_5 &= 2 \\ x_1 + x_2 + x_3 + 2x_4 + 2x_5 &= 3 \\ x_1 + x_2 + x_3 + 2x_4 + 3x_5 &= 2 \end{aligned}$$

해답

$$\text{시스템 (a):} \quad \left[\begin{array}{ccc|c} 1 & 2 & 1 & 1 \\ 2 & 4 & 2 & 3 \end{array}\right] \rightarrow \left[\begin{array}{ccc|c} 1 & 2 & 1 & 1 \\ 0 & 0 & 0 & 1 \end{array}\right]$$

당연히 시스템 (a)는 모순이다. 시스템 (a)에 있는 두 식을 3차원 공간에 있는 평면으로 표현하여 생각할 수 있다. 대개, 두 평면은 한 직선으로 교차한다. 하지만 이 경우에는 평면들이 평행이다.

$$\text{시스템 (b):} \quad \left[\begin{array}{ccccc|c} 1 & 1 & 1 & 1 & 1 & 2 \\ 1 & 1 & 1 & 2 & 2 & 3 \\ 1 & 1 & 1 & 2 & 3 & 2 \end{array}\right] \rightarrow \left[\begin{array}{ccccc|r} 1 & 1 & 1 & 1 & 1 & 2 \\ 0 & 0 & 0 & 1 & 1 & 1 \\ 0 & 0 & 0 & 0 & 1 & -1 \end{array}\right]$$

시스템 (b)는 모순이 아니며, 두 개의 자유 변수가 있기 때문에 이 시스템은 무한히 많은 해를 가질 것이다. 이와 같은 경우에 소거 과정을 계속하여 간소화된 행렬의 형태를 더 단순화하는 것이 편리하다. 우리는 각각의 선도하는 1 위의 모든 항들이 제거될 때까지 소거를 계속한다. 따라서 시스템 (b)에 대하여 계속하여 다섯 번째 열에 있는 처음 두 원소들을 제거하고 네 번째 열에 있는 첫 번째 원소를 제거할 것이다.

$$\left[\begin{array}{ccccc|r} 1 & 1 & 1 & 1 & 1 & 2 \\ 0 & 0 & 0 & 1 & 1 & 1 \\ \mathbf{0} & \mathbf{0} & \mathbf{0} & \mathbf{0} & \mathbf{1} & \mathbf{-1} \end{array}\right] \rightarrow \left[\begin{array}{ccccc|r} 1 & 1 & 1 & 1 & 0 & 3 \\ \mathbf{0} & \mathbf{0} & \mathbf{0} & \mathbf{1} & \mathbf{0} & \mathbf{2} \\ 0 & 0 & 0 & 0 & 1 & -1 \end{array}\right]$$
$$\rightarrow \left[\begin{array}{ccccc|r} 1 & 1 & 1 & 0 & 0 & 1 \\ 0 & 0 & 0 & 1 & 0 & 2 \\ 0 & 0 & 0 & 0 & 1 & -1 \end{array}\right]$$

만일 자유 변수들을 우변에 놓으면 다음과 같다.

$$\begin{aligned} x_1 &= 1 - x_2 - x_3 \\ x_4 &= 2 \\ x_5 &= -1 \end{aligned}$$

따라서 임의의 실수 α와 β에 대하여, 5-투플

$$(1 - \alpha - \beta, \alpha, \beta, 2, -1)$$

이 시스템의 해이다. ■

모순이 아닌 시스템의 행 사다리꼴 형태가 자유 변수를 갖는 경우에, 바로 전 예제의 시스템 (b)와 같이 각각의 선도 1 위의 모든 원소들이 제거될 때까지 소거 과정을 계속하는 것이 편리하다. 이 결과로 생성된 감소된 행렬을 감소된 행 사다리꼴 형태라고 한다.

감소된 행 사다리꼴 형태

정의 다음의 조건을 만족하는 행렬을 **감소된 행 사다리꼴 형태**(reduced row echelon form)라고 한다.

(i) 행렬은 행 사다리꼴 형태이다.
(ii) 각 행에서 영이 아닌 첫 번째 원소는 그 열에서 혼자 영이 아닌 원소이다.

다음의 행렬들은 감소된 행 사다리꼴 형태이다.

$$\begin{bmatrix} 1 & 0 \\ 0 & 1 \end{bmatrix}, \quad \begin{bmatrix} 1 & 0 & 0 & 3 \\ 0 & 1 & 0 & 2 \\ 0 & 0 & 1 & 1 \end{bmatrix}, \quad \begin{bmatrix} 0 & 1 & 2 & 0 \\ 0 & 0 & 0 & 1 \\ 0 & 0 & 0 & 0 \end{bmatrix}, \quad \begin{bmatrix} 1 & 2 & 0 & 1 \\ 0 & 0 & 1 & 3 \\ 0 & 0 & 0 & 0 \end{bmatrix}$$

한 행렬을 감소된 행 사다리꼴 형태로 변환하는 기본 행 연산들을 적용하는 과정을 **가우스-조르당 소거법**(Gauss-Jordan reduction)이라 한다.

예제 6 가우스-조르당 소거법을 사용하여 다음의 해를 구하라.

$$\begin{aligned} -x_1 + x_2 - x_3 + 3x_4 &= 0 \\ 3x_1 + x_2 - x_3 - x_4 &= 0 \\ 2x_1 - x_2 - 2x_3 - x_4 &= 0 \end{aligned}$$

해답

$$\left[\begin{array}{rrrr|r} \mathbf{-1} & \mathbf{1} & \mathbf{-1} & \mathbf{3} & \mathbf{0} \\ 3 & 1 & -1 & -1 & 0 \\ 2 & -1 & -2 & -1 & 0 \end{array}\right] \rightarrow \left[\begin{array}{rrrr|r} -1 & 1 & -1 & 3 & 0 \\ \mathbf{0} & \mathbf{4} & \mathbf{-4} & \mathbf{8} & \mathbf{0} \\ 0 & 1 & -4 & 5 & 0 \end{array}\right]$$

$$\rightarrow \left[\begin{array}{rrrr|r} -1 & 1 & -1 & 3 & 0 \\ 0 & 4 & -4 & 8 & 0 \\ 0 & 0 & -3 & 3 & 0 \end{array}\right] \rightarrow \left[\begin{array}{rrrr|r} 1 & -1 & 1 & -3 & 0 \\ 0 & 1 & -1 & 2 & 0 \\ \mathbf{0} & \mathbf{0} & \mathbf{1} & \mathbf{-1} & \mathbf{0} \end{array}\right] \text{ 행 사다리꼴 형태}$$

$$\rightarrow \left[\begin{array}{rrrr|r} 1 & -1 & 0 & -2 & 0 \\ \mathbf{0} & \mathbf{1} & \mathbf{0} & \mathbf{1} & \mathbf{0} \\ 0 & 0 & 1 & -1 & 0 \end{array}\right] \rightarrow \left[\begin{array}{rrrr|r} 1 & 0 & 0 & -1 & 0 \\ 0 & 1 & 0 & 1 & 0 \\ 0 & 0 & 1 & -1 & 0 \end{array}\right] \text{ 감소된 행 사다리꼴 형태}$$

만일 x_4를 임의의 실수 α라 하면, $x_1 = \alpha, x_2 = -\alpha, x_3 = \alpha$이다. 따라서 $(\alpha, -\alpha, \alpha, \alpha)$ 형태의 모든 정렬된 4-투플이 이 시스템의 해이다. ■

응용 1 교통 흐름

어떤 도시의 중심가에서, 그림 1.2.2와 같이 두 종류의 일방통행 거리들이 교차한다. 교통 혼잡 시간 동안 이 교차로에 들어오고 나가는 교통의 시간적인 평균 수요가 그림에 나타나 있다. 각각의 네 교차로 사이의 교통량을 측정하라.

해답 각 교차로에서 들어오는 자동차의 수는 나가는 수와 일치해야 한다. 예를 들면 교차로 A에서 들어오는 자동차의 수는 $x_1 + 450$이고 나가는 수는 $x_2 + 610$이다. 따라서

$$x_1 + 450 = x_2 + 610 \qquad (\text{교차로 } A)$$

마찬가지로

$$x_2 + 520 = x_3 + 480 \qquad (\text{교차로 } B)$$
$$x_3 + 390 = x_4 + 600 \qquad (\text{교차로 } C)$$
$$x_4 + 640 = x_1 + 310 \qquad (\text{교차로 } D)$$

이 시스템의 증가된 행렬은

$$\left(\begin{array}{rrrr|r} 1 & -1 & 0 & 0 & 160 \\ 0 & 1 & -1 & 0 & -40 \\ 0 & 0 & 1 & -1 & 210 \\ -1 & 0 & 0 & 1 & -330 \end{array}\right)$$

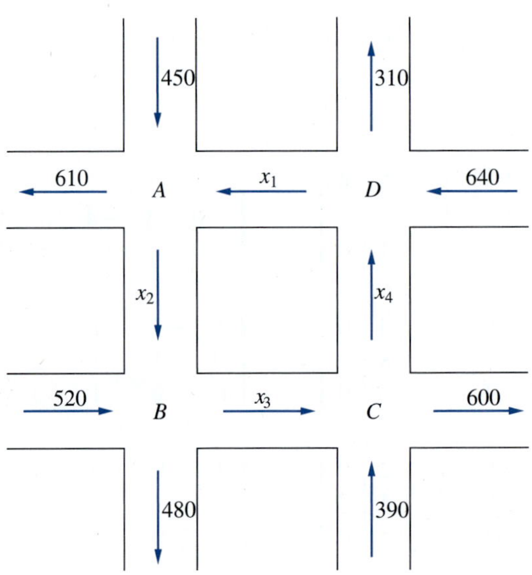

그림 1.2.2

이 행렬의 감소된 행 사다리꼴 형태는

$$\left[\begin{array}{cccc|c} 1 & 0 & 0 & -1 & 330 \\ 0 & 1 & 0 & -1 & 170 \\ 0 & 0 & 1 & -1 & 210 \\ 0 & 0 & 0 & 0 & 0 \end{array}\right]$$

이 시스템은 모순이 아니며 자유 변수가 있기 때문에, 가능한 해가 많이 있다. 이 교통 흐름도는 x_1, x_2, x_3, x_4를 유일하게 결정하기 위한 충분한 정보를 주지 않는다. 만일 임의의 교차로 쌍들 사이에서의 교통량이 알려졌다면, 나머지 간선에서의 교통은 쉽게 계산될 수 있을 것이다. 예를 들어 교차로 C와 D 사이의 교통량이 시간당 평균 200대라면, $x_4 = 200$이다. 이 값을 사용하여 x_1, x_2, x_3을 풀 수 있다.

$$\begin{aligned} x_1 &= x_4 + 330 = 530 \\ x_2 &= x_4 + 170 = 370 \\ x_3 &= x_4 + 210 = 410 \end{aligned}$$

응용 2 전기회로

전기회로에서 저항과 전압에 대하여 각 가지에 흐르는 전류의 양을 구할 수 있다. 전형적인 회로의 예가 그림 1.2.3에 주어져 있다.

그림에 나타난 기호들의 의미는 다음과 같다.

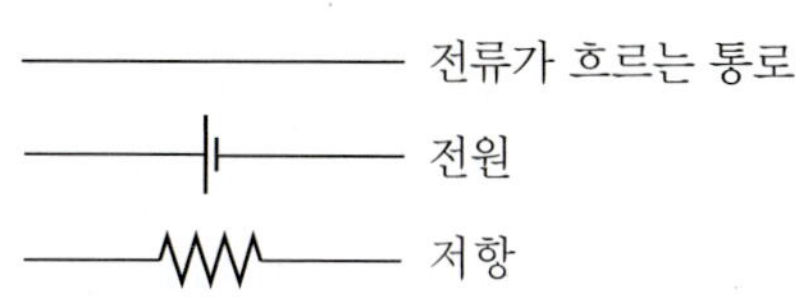

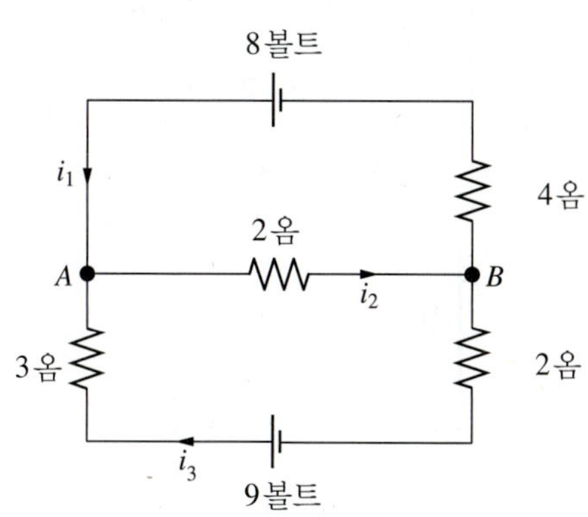

그림 1.2.3

전원은 대개 전하를 유도하여 전류를 만들어내는(볼트(volt) 단위로 측정되는) 배터리이다. 전류는 긴 세로줄로 표현되는 배터리의 단자로부터 흘러나온다. 저항은 옴(ohm)으로 측정된다. 글자들은 노드(node)를 나타내며 i는 노드 사이의 전류를 나타낸다. 전류는 암페어(ampere)로 측정된다. 화살표는 전류의 방향을 나타낸다. 하지만 전류 중 하나가(i_2라고 하자) 음수로 바뀌면, 이것은 그 가지를 따라 흐르는 전류는 화살표와 반대 방향에 있음을 의미한다.

전류를 구하기 위하여, 다음의 규칙이 사용된다.

키르히호프의 법칙(Kirchhoff's Law)

1. 각 노드에서 들어오는 전류의 합은 나가는 전류의 합과 같다.
2. 모든 폐루프(closed loop)에서 전체 전압 이득의 산술적 합은 전압 강하의 산술적 합과 같다.

각 저항에 대한 전압 강하는 옴의 법칙(Ohm's law)에 의해 주어진다.

$$E = iR$$

여기서 i는 암페어 단위의 전류를 나타내고, R은 옴 단위의 저항을 나타낸다. 그림 1.2.3의 회로에서 전류들을 구해 보자. 첫 번째 법칙으로부터,

$$\begin{aligned} i_1 - i_2 + i_3 &= 0 \qquad (\text{노드 } A) \\ -i_1 + i_2 - i_3 &= 0 \qquad (\text{노드 } B) \end{aligned}$$

두 번째 법칙으로부터,

$$\begin{aligned} 4i_1 + 2i_2 &= 8 \qquad (\text{위 루프}) \\ 2i_2 + 5i_3 &= 9 \qquad (\text{아래 루프}) \end{aligned}$$

이 회로는 증가된 행렬에 의해 다음과 같이 나타낼 수 있다.

$$\left(\begin{array}{rrr|r} 1 & -1 & 1 & 0 \\ -1 & 1 & -1 & 0 \\ 4 & 2 & 0 & 8 \\ 0 & 2 & 5 & 9 \end{array}\right)$$

이 행렬은 행 사다리꼴 형태로 쉽게 간소화할 수 있다.

$$\left(\begin{array}{rrr|r} 1 & -1 & 1 & 0 \\ 0 & 1 & -\frac{2}{3} & \frac{4}{3} \\ 0 & 0 & 1 & 1 \\ 0 & 0 & 0 & 0 \end{array}\right)$$

역방향 대입으로 풀면, $i_1 = 1, i_2 = 2, i_3 = 1$임을 알 수 있다.

동종 시스템

만일 한 선형 방정식들의 시스템에서 우변의 상수들이 모두 영이면 그 시스템은 **동종**(homogeneous)이라고 한다. 동종 시스템은 항상 모순이 아니다. 하나의 해를 찾는 일은 아주 쉬운 일이다. 모든 변수를 영으로 하면 된다. 따라서 $m \times n$ 동종 시스템이 유일한 해를 갖는다면, 그것은 자명한 해(trivial solution) $(0, 0, \cdots, 0)$이 틀림없다. 예제 6에 있는 동종 시스템은 $n = 4$개의 미지수와 $m = 3$개의 식으로 구성되어 있다. $n > m$인 경우에 항상 자유 변수가 존재할 것이며, 결과적으로 추가적인 자명하지 않은 해(nontrivial solution)가 있다. 이 결과는 식이 모자란 시스템의 논의에서 증명되었지만, 그 중요성 때문에 이것을 정리로 나타낸다.

정리 1.2.1 만일 $n > m$이라면, 선형 방정식들의 $m \times n$ 동종 시스템은 자명하지 않은 해를 갖는다.

증명 동종 시스템은 항상 모순이 아니다. 행렬의 행 사다리꼴 형태는 최대로 m개의 영이 아닌 행들을 가질 수 있다. 따라서 거기에는 최대 m개의 선도 변수들이 있다. 거기에는 모두 n개의 변수가 있고 $n > m$이므로, 몇 개의 자유 변수가 존재해야만 한다. 그 자유 변수들은 임의의 값들로 할당될 수 있다. 자유 변수들에 할당된 각 값들에 대하여, 시스템에 대한 해가 존재한다. ■

응용 3 화학 방정식

광합성 과정에서, 식물은 이산화탄소(CO_2)와 물(H_2O)을 포도당($C_6H_{12}O_6$)과 산소(O_2)로 변환시키기 위하여 태양으로부터 방사되는 에너지를 사용한다. 이 반응의 화학 방정식은 다음과 같은 형태이다.

$$x_1CO_2 + x_2H_2O \rightarrow x_3O_2 + x_4C_6H_{12}O_6$$

식의 균형을 맞추기 위해서는 탄소, 수소, 산소 원자들의 수가 식의 양변에서 같도록 x_1, x_2, x_3, x_4를 선택해야 한다. 이산화탄소는 하나의 탄소 원자를 포함하고 포도당은 여섯 개를 포함하기 때문에, 탄소 원자를 맞추기 위하여 다음을 필요로 한다.

$$x_1 = 6x_4$$

마찬가지로, 산소를 맞추기 위하여 다음이 필요하다.

$$2x_1 + x_2 = 2x_3 + 6x_4$$

그리고 마지막으로 수소를 맞추기 위하여 다음이 필요하다.

$$2x_2 = 12x_4$$

만일 모든 미지수를 세 식의 좌변으로 옮기면, 다음과 같은 동종의 선형 시스템을 얻는다.

$$\begin{aligned} x_1 \qquad\qquad\quad - \ \ 6x_4 &= 0 \\ 2x_1 + \ x_2 - 2x_3 - \ \ 6x_4 &= 0 \\ 2x_2 \qquad - 12x_4 &= 0 \end{aligned}$$

정리 1.2.1에 의해서, 이 시스템은 자명하지 않은 해를 갖는다. 식의 균형을 맞추기 위하여, 각 원소가 음이 아닌 정수인 (x_1, x_2, x_3, x_4) 해들을 구해야 한다. 만일 보통의 방법으로 시스템을 풀면, x_4는 자유 변수이고

$$x_1 = x_2 = x_3 = 6x_4$$

임을 알 수 있다. 특히 $x_4 = 1$을 택하면 $x_1 = x_2 = x_3 = 6$이 되고, 방정식은 다음과 같은 형태가 된다.

$$6CO_2 + 6H_2O \rightarrow 6O_2 + C_6H_{12}O_6$$

응용 4 상품의 교환을 위한 경제 모델

원시 사회에서 한 부족의 구성원들은 세 가지 직업(농사, 기구와 용품들의 제조, 옷을 깁고 짜는 일)에 종사한다고 가정한다. 처음에 그 부족은 화폐 제도가 없었고 모든 상품과 서비스가 교환되었다고 가정하자. 이 세 그룹을 F, M, C로 표기하고 실제 상황에서 어떻게 교환 시스템이 작동했는지를 나타내는 그림 1.2.4의 방향 그래프를 가정하자.

그림 1.2.4는 농부들이 그들의 생산량의 반을 가지고 $\frac{1}{4}$은 제조업자들에게 주고 $\frac{1}{4}$은 옷 생산자들에게 주는 것을 나타낸다. 제조업자들은 상품을 세 그룹에 똑같이 나누어 각 그룹

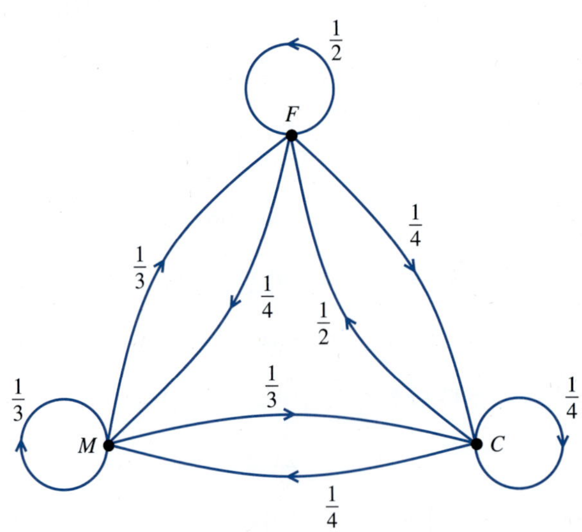

그림 1.2.4

에 $\frac{1}{3}$이 가도록 한다. 옷을 생산하는 그룹은 옷의 $\frac{1}{2}$을 농부들에게 주고 나머지 반을 똑같이 나누어 제조업자들과 자기들이 나눈다. 이 결과는 다음과 같은 표로 요약된다.

	F	M	C
F	$\frac{1}{2}$	$\frac{1}{3}$	$\frac{1}{2}$
M	$\frac{1}{4}$	$\frac{1}{3}$	$\frac{1}{4}$
C	$\frac{1}{4}$	$\frac{1}{3}$	$\frac{1}{4}$

이 표의 첫 번째 열은 농부들에 의해 생산된 상품의 분배를 나타내고, 두 번째 열은 제조된 상품들의 분배를 나타내고, 세 번째 열은 옷의 분배를 나타낸다.

부족의 규모가 커져서 교환 시스템이 불편해짐에 따라, 부족은 교역의 화폐 시스템을 만들기로 결정한다. 이 간단한 경제 시스템에서, 자본이나 빚을 축적하는 일은 없을 것이며 세 종류 상품들의 각각에 대한 가격은 현재 있는 교환 시스템의 가치를 반영할 것이라고 가정한다. 질문은 어떻게 현재의 교환 시스템을 올바르게 표현하는 세 종류의 상품들의 가격을 할당하느냐이다.

이 문제는 노벨상을 수상한 경제학자 바실리 레온티예프(Wassily Leontief)가 개발한 경제 모델을 사용하여 방정식들의 선형 시스템으로 바꿀 수 있다. 이 모델을 위하여 x_1을 농부들에 의해 생산된 상품의 화폐 가격이라 하고, x_2를 제조된 상품들의 가격, x_3를 생산된 모든 옷의 가격이라 할 것이다. 표의 첫 번째 행에 따르면, 농부들이 받은 상품의 가격은 생산된 농산물 가격의 반 더하기 제조된 생산품의 가격과 옷 $\frac{1}{3}$ 가격의 반이다. 따라서 농부들이 받은 상품들의 전체 가격은 $\frac{1}{2}x_1 + \frac{1}{3}x_2 + \frac{1}{2}x_3$이다. 만일 이 시스템이 정확하다면, 농부들이 받은 상품의 전체 가격은 생산된 농산품의 전체 가격인 x_1과 같아야만 할 것이다. 그러므로 다음의 선형 방정식을 얻는다.

$$\frac{1}{2}x_1 + \frac{1}{3}x_2 + \frac{1}{2}x_3 = x_1$$

표의 두 번째 행을 사용하고 제조업자들에 의해서 생산된 상품의 가격과 그들이 받은 상품의 가격을 같게 놓으면, 두 번째 식을 얻는다.

$$\frac{1}{4}x_1 + \frac{1}{3}x_2 + \frac{1}{4}x_3 = x_2$$

마지막으로, 표의 세 번째 행을 사용하여 다음 식을 얻는다.

$$\frac{1}{4}x_1 + \frac{1}{3}x_2 + \frac{1}{4}x_3 = x_3$$

이 식들은 하나의 동종 시스템으로 다시 쓸 수 있다.

$$\begin{aligned} -\tfrac{1}{2}x_1 + \tfrac{1}{3}x_2 + \tfrac{1}{2}x_3 &= 0 \\ \tfrac{1}{4}x_1 - \tfrac{2}{3}x_2 + \tfrac{1}{4}x_3 &= 0 \\ \tfrac{1}{4}x_1 + \tfrac{1}{3}x_2 - \tfrac{3}{4}x_3 &= 0 \end{aligned}$$

이 시스템에 대한 증가된 행렬의 감소된 행 사다리꼴은 다음과 같다.

$$\left[\begin{array}{ccc|c} 1 & 0 & -\frac{5}{3} & 0 \\ 0 & 1 & -1 & 0 \\ 0 & 0 & 0 & 0 \end{array}\right]$$

여기에는 하나의 자유 변수 x_3가 있다. $x_3 = 3$으로 정하면 해 (5, 3, 3)을 얻으며, 일반적인 해는 (5, 3, 3)의 모든 배수이다. 따라서 변수 x_1, x_2, x_3는 다음과 같은 비율로 가격을 할당해야 한다는 것을 알 수 있다.

$$x_1 : x_2 : x_3 = 5 : 3 : 3$$

이 단순한 시스템은 닫힌 레온티에프 입출력 모델(closed Leontief input-output model)이다. 레온티에프의 모델은 경제 시스템을 이해하기 위한 기초이다. 현대의 응용들은 수천 개의 산업에 관계할 것이며 이것은 아주 큰 선형 시스템으로 나타날 것이다. 레온티에프 모델은 6.8절에서 더 자세하게 살펴볼 것이다.

1.2 연습문제

1. 다음의 행렬들 중 행 사다리꼴 형태인 것은 무엇인가? 어느 것이 감소된 행 사다리꼴 형태인가?

(a) $\begin{bmatrix} 1 & 2 & 3 & 4 \\ 0 & 0 & 1 & 2 \end{bmatrix}$ **(b)** $\begin{bmatrix} 1 & 0 & 0 \\ 0 & 0 & 0 \\ 0 & 0 & 1 \end{bmatrix}$

(c) $\begin{bmatrix} 1 & 3 & 0 \\ 0 & 0 & 1 \\ 0 & 0 & 0 \end{bmatrix}$ **(d)** $\begin{bmatrix} 0 & 1 \\ 0 & 0 \\ 0 & 0 \end{bmatrix}$

(e) $\begin{bmatrix} 1 & 1 & 1 \\ 0 & 1 & 2 \\ 0 & 0 & 3 \end{bmatrix}$ **(f)** $\begin{bmatrix} 1 & 4 & 6 \\ 0 & 0 & 1 \\ 0 & 1 & 3 \end{bmatrix}$

(g) $\begin{bmatrix} 1 & 0 & 0 & 1 & 2 \\ 0 & 1 & 0 & 2 & 4 \\ 0 & 0 & 1 & 3 & 6 \end{bmatrix}$ **(h)** $\begin{bmatrix} 0 & 1 & 3 & 4 \\ 0 & 0 & 1 & 3 \\ 0 & 0 & 0 & 0 \end{bmatrix}$

2. 다음의 각각에서, 증가된 행렬이 행 사다리꼴 형태이다. 각 경우에 대하여, 대응하는 선형 시스템이 모순이 아닌지 표시하라. 만일 그 시스템이 유일한 해를 갖는다면 그 해를 구하라.

(a) $\left[\begin{array}{cc|c} 1 & -1 & 7 \\ 0 & 1 & 3 \\ 0 & 0 & 0 \end{array}\right]$ **(b)** $\left[\begin{array}{cc|c} 1 & 2 & 4 \\ 0 & 1 & 2 \\ 0 & 0 & -1 \end{array}\right]$

(c) $\left[\begin{array}{ccc|c} 1 & 7 & -3 & 9 \\ 0 & 1 & 2 & -4 \\ 0 & 0 & 1 & -2 \end{array}\right]$

(d) $\left[\begin{array}{ccc|c} 1 & 2 & 3 & 0 \\ 0 & 0 & 1 & 3 \\ 0 & 0 & 0 & 0 \end{array}\right]$

(e) $\left[\begin{array}{ccc|c} 1 & -5 & 3 & 5 \\ 0 & 0 & 1 & 2 \\ 0 & 0 & 0 & 1 \end{array}\right]$

(f) $\left[\begin{array}{ccc|c} 1 & 7 & 1 & 2 \\ 0 & 1 & 1 & 2 \\ 0 & 0 & 1 & 2 \\ 0 & 0 & 0 & 0 \end{array}\right]$

3. 다음의 각각에서, 증가된 행렬이 감소된 행 사다리꼴 형태이다. 각 경우에 대하여, 대응하는 선형 시스템의 해집합을 구하라.

(a) $\left(\begin{array}{ccc|c} 1 & 0 & 0 & 3 \\ 0 & 1 & 0 & -2 \\ 0 & 0 & 1 & 5 \end{array}\right)$

(b) $\left(\begin{array}{ccc|c} 0 & 1 & 0 & -3 \\ 0 & 0 & 1 & 15 \\ 0 & 0 & 0 & 0 \end{array}\right)$

(c) $\left(\begin{array}{ccc|c} 1 & 0 & 4 & 2 \\ 0 & 1 & 2 & 1 \\ 0 & 0 & 0 & -3 \end{array}\right)$

(d) $\left(\begin{array}{ccc|c} 1 & -2 & 0 & 5 \\ 0 & 0 & 1 & -1 \\ 0 & 0 & 0 & 0 \end{array}\right)$

(e) $\left(\begin{array}{cccc|c} 1 & -6 & 0 & -5 & 0 \\ 0 & 0 & 1 & 3 & -6 \end{array}\right)$

(f) $\left(\begin{array}{cccc|c} 1 & 2 & 1 & 0 & 0 \\ 0 & 0 & 0 & 1 & 3 \\ 0 & 0 & 0 & 0 & 0 \\ 0 & 0 & 0 & 0 & 0 \end{array}\right)$

4. 연습문제 3에 있는 각 시스템에 대하여, 선도 변수들의 목록을 만들고 자유 변수들의 두 번째 목록을 만들어라.

5. 다음과 같은 방정식들의 시스템 각각에 대하여, 계수 행렬이 행 사다리꼴 형태인 등가 시스템을 얻기 위하여 가우스 소거법을 사용하라. 시스템이 모순인지 아닌지 표시하라. 만일 시스템이 모순이 아니고 자유 변수가 없다면, 유일한 해를 구하기 위하여 역방향 대입을 사용하라. 만일 시스템이 모순이 아니고 자유 변수들이 있다면, 그것을 감소된 행 사다리꼴 형태로 바꾸고 모든 해를 구하라.

(a) $\begin{aligned} 2x_1 - 3x_2 &= 23 \\ 3x_1 + 7x_2 &= 0 \end{aligned}$

(b) $\begin{aligned} 3x_1 + 4x_2 &= 1 \\ 6x_1 + 8x_2 &= 5 \end{aligned}$

(c) $\begin{aligned} 2x_1 - 3x_2 &= 0 \\ x_1 + 7x_2 &= 0 \\ 3x_1 - 2x_2 &= 0 \end{aligned}$

(d) $\begin{aligned} 2x_1 + x_2 - 3x_3 &= 4 \\ -x_1 + 2x_2 + 2x_3 &= -1 \\ 4x_1 + 2x_2 - 6x_3 &= 8 \end{aligned}$

(e) $\begin{aligned} 2x_1 + 3x_2 + x_3 &= 4 \\ x_1 - 4x_2 + x_3 &= -9 \\ 4x_1 + 6x_2 + 2x_3 &= 8 \end{aligned}$

(f) $\begin{aligned} x_1 + 3x_2 - x_3 &= 4 \\ x_1 - 6x_2 + 2x_3 &= 8 \\ 2x_1 + 6x_2 - 2x_3 &= 0 \end{aligned}$

(g) $\begin{aligned} x_1 + x_2 + x_3 + x_4 &= 0 \\ x_1 + 2x_2 + 3x_3 + x_4 &= 3 \\ 2x_1 + 2x_2 + 3x_3 + x_4 &= 0 \\ 2x_1 + 2x_2 - 3x_3 + x_4 &= 3 \end{aligned}$

(h) $\begin{aligned} 2x_1 + 4x_2 &= 8 \\ x_1 + 2x_2 &= 6 \\ 3x_1 - x_2 &= 3 \end{aligned}$

(i) $\begin{aligned} x_1 + 2x_2 - x_3 &= 4 \\ -2x_1 - x_2 + x_3 &= -1 \\ x_1 - x_2 + 3x_3 &= -6 \\ -x_1 + 3x_2 - 2x_3 &= 9 \end{aligned}$

(j) $\begin{aligned} x_1 + 2x_2 + 4x_3 - x_4 &= 8 \\ x_1 + x_2 - 3x_3 - 3x_4 &= 2 \\ x_1 + x_2 + 2x_3 - x_4 &= 6 \end{aligned}$

(k) $\begin{aligned} x_1 + 3x_2 + 5x_3 - x_4 &= 27 \\ 2x_1 + 4x_2 + 6x_3 + x_4 &= 30 \\ 3x_1 + 5x_2 + 7x_3 - x_4 &= 33 \end{aligned}$

(l) $\begin{aligned} x_1 - x_2 + 3x_3 &= 1 \\ x_1 + 2x_2 - x_3 &= 2 \\ 2x_1 - 2x_2 + 6x_3 &= 2 \\ 2x_1 + 4x_2 - 2x_3 &= 4 \end{aligned}$

6. 다음의 시스템들을 풀기 위하여 가우스-조르당 소거법을 사용하라.

(a) $\begin{aligned} 2x + y &= 1 \\ 7x + 6y &= 1 \end{aligned}$

(b) $\begin{aligned} x_1 + x_2 - x_3 + x_4 &= 6 \\ 2x_1 - x_2 + x_3 - x_4 &= -3 \\ 3x_1 + x_2 - 2x_3 + x_4 &= 9 \end{aligned}$

(c) $\begin{aligned} x_1 - 10x_2 + 5x_3 &= -4 \\ x_1 + x_2 + x_3 &= 1 \end{aligned}$

(d) $\begin{aligned} x_1 - 2x_2 + 3x_3 + x_4 &= 4 \\ 2x_1 + x_2 - x_3 + x_4 &= 1 \\ x_1 + 3x_2 + x_3 + x_4 &= 3 \end{aligned}$

7. 세 개의 미지수와 두 개의 식으로 된 동종의 선형 시스템은 무한히 많은 해를 가져야만 하는 이유를 기하학적으로 설명하라. 동종이 아닌 2×3 선형 시스템에 대한 가능한 해의 수는 얼마인가? 당신의 답에 대해 기하학적으로 설명하라.

8. 증가된 행렬의 형태가 다음과 같은 선형 시스템을 생각해 보자.

$$\left(\begin{array}{rrr|r} 1 & -2 & 3 & 4 \\ 2 & 1 & -1 & 1 \\ 1 & 3 & a & 3 \end{array}\right)$$

a 값이 얼마이면 이 시스템이 유일한 해를 갖는가?

9. 증가된 행렬의 형태가 다음과 같은 선형 시스템을 생각해 보자.

$$\left(\begin{array}{rrr|r} 1 & 2 & 1 & 0 \\ 2 & 5 & 3 & 0 \\ -1 & 1 & \beta & 0 \end{array}\right)$$

(a) 이 시스템이 모순일 수 있는가? 설명하라.

(b) β 값이 얼마이면 이 시스템이 무한히 많은 해를 갖는가?

10. 증가된 행렬의 형태가 다음과 같은 선형 시스템을 생각해 보자.

$$\left(\begin{array}{rrr|r} 1 & 1 & 3 & 2 \\ 1 & 2 & 4 & 3 \\ 1 & 3 & a & b \end{array}\right)$$

(a) a와 b 값이 얼마이면 이 시스템이 무한히 많은 해를 갖는가?

(b) a와 b 값이 얼마이면 이 시스템이 모순이 되는가?

11. **(i)** $\begin{aligned} x_1 + 2x_2 &= 2 \\ 3x_1 + 7x_2 &= 8 \end{aligned}$ **(ii)** $\begin{aligned} x_1 + 2x_2 &= 1 \\ 3x_1 + 7x_2 &= 7 \end{aligned}$

각 선형 시스템에 대하여 우변들을 하나의 2×2 행렬 B로 통합하고 감소된 행 사다리꼴 형태를 계산하여 두 시스템의 해를 구하라.

$$(A|B) = \left(\begin{array}{rr|rr} 1 & 2 & 2 & 1 \\ 3 & 7 & 8 & 7 \end{array}\right)$$

12. **(i)** $\begin{aligned} x_1 + 2x_2 + x_3 &= 2 \\ -x_1 - x_2 + 2x_3 &= 3 \\ 2x_1 + 3x_2 &= 0 \end{aligned}$

(ii) $\begin{aligned} x_1 + 2x_2 + x_3 &= -1 \\ -x_1 - x_2 + 2x_3 &= 2 \\ 2x_1 + 3x_2 &= -2 \end{aligned}$

각 선형 시스템에 대하여 증가된 행렬$(A \mid B)$의 행 사다리꼴 형태를 계산하고 역방향 대입을 두 번 실행하여 두 시스템의 해를 구하라.

13. 선형 방정식들의 동종 시스템이 있다. 만일 이 시스템이 식이 남는다면, 해의 수에 대해서 어떤 가능성이 있는지 설명하라.

14. 선형 방정식들의 동종이 아닌(nonhomogeneous) 시스템이 있다. 만일 이 시스템이 식이 모자란다면, 해의 수에 대해서 어떤 가능성이 있는지 설명하라.

15. 다음과 같은 교통 흐름도에서 x_1, x_2, x_3, x_4의 값을 구하라.

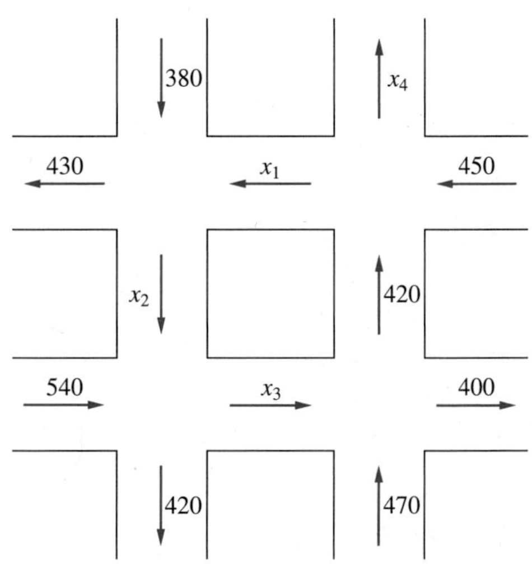

16. 다음과 같은 교통 흐름도를 생각해 보자. 여기서 a_1, $a_2, a_3, a_4, b_1, b_2, b_3, b_4$는 고정된 양의 정수이다. 미지수 x_1, x_2, x_3, x_4에 대한 선형 시스템을 만들고 이 시스템이 다음 식을 만족하면 모순이 아님을 보여라.

$$a_1 + a_2 + a_3 + a_4 = b_1 + b_2 + b_3 + b_4$$

교통 네트워크에 들어가고 나가는 자동차의 수에 관하여 당신은 어떤 결론을 내릴 것인가?

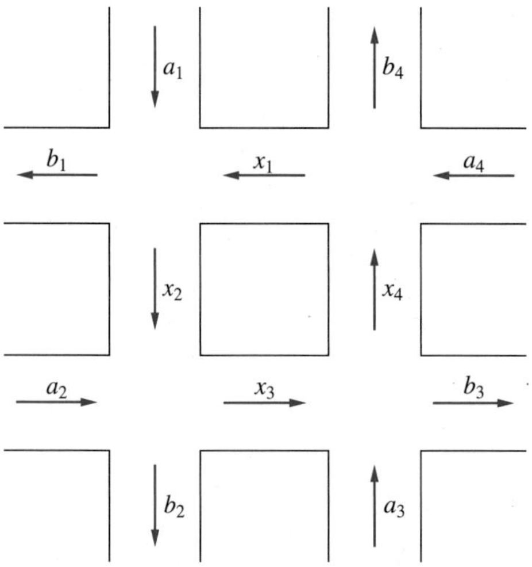

17. (c_1, c_2)를 아래의 2×2 시스템에 대한 해라고 하자.

$$a_{11}x_1 + a_{12}x_2 = 0$$
$$a_{21}x_1 + a_{22}x_2 = 0$$

임의의 실수 α에 대하여 순서쌍 $(\alpha c_1, \alpha c_2)$ 역시 해임을 보여라.

18. 응용 3에서 해 (6, 6, 6, 1)은 자유 변수 $x_4 = 1$로 정하면 얻어진다.

(a) $x_4 = 0$에 해당하는 해를 구하라. 만일 있다면, 이 해가 화학 반응에 관한 어떤 정보를 주는가? 이 경우에 있어서 '자명한 해'라는 표현이 적절한가?

(b) 예를 들어 2, 4, 5와 같은 x_4의 다른 값들을 선택하여 해당하는 해를 구하라. 이 자명하지 않은 해들은 어떻게 관계하는가?

19. 액체 벤젠은 대기 중에서 탄다. 만일 차가운 물체가 벤젠에 직접 놓이면, 그 물체에 물이 응축할 것이며 검댕의 침전물(탄소)도 역시 물체에 형성될 것이다. 이 반응에 대한 화학 방정식은 다음과 같은 형태이다.

$$x_1 C_6H_6 + x_2 O_2 \rightarrow x_3 C + x_4 H_2O$$

식의 균형을 맞추기 위하여 x_1, x_2, x_3, x_4의 값들을 구하라.

20. 질산은 연속한 세 화학 반응들에 의하여 상업적으로 만들어진다. 첫 번째 반응에서는, 질소(N_2)가 암모니아(NH_3)를 형성하기 위하여 수소(H_2)와 결합된다. 다음으로, 암모니아는 이산화질소(NO_2)와 물을 형성하기 위하여 산소(O_2)와 결합된다. 마지막으로, NO_2는 질산(HNO_3)과 산화질소(NO)를 형성하기 위하여 물의 일부와 반응한다. 이 반응들의 각 요소의 양은 몰(mole) 단위로 측정된다(화학 반응 측정의 표준 단위). 8몰의 질산을 생산하기 위하여 질소, 수소, 산소가 몇 몰 필요한가?

21. 응용 4에서, 만일 상품의 분배가 다음 표와 같이 묘사된다면 x_1, x_2, x_3의 상대적인 가격을 구하라.

	F	M	C
F	$\frac{1}{3}$	$\frac{1}{3}$	$\frac{1}{3}$
M	$\frac{1}{3}$	$\frac{1}{2}$	$\frac{1}{6}$
C	$\frac{1}{3}$	$\frac{1}{6}$	$\frac{1}{2}$

22. 다음의 각 회로에 대한 전류의 양을 구하라.

(a)

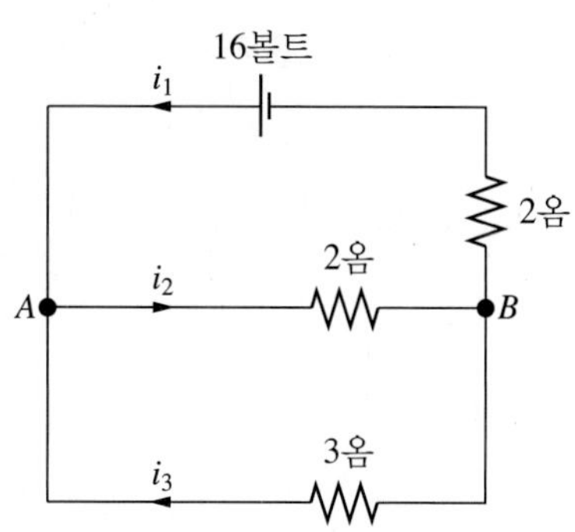

(b)

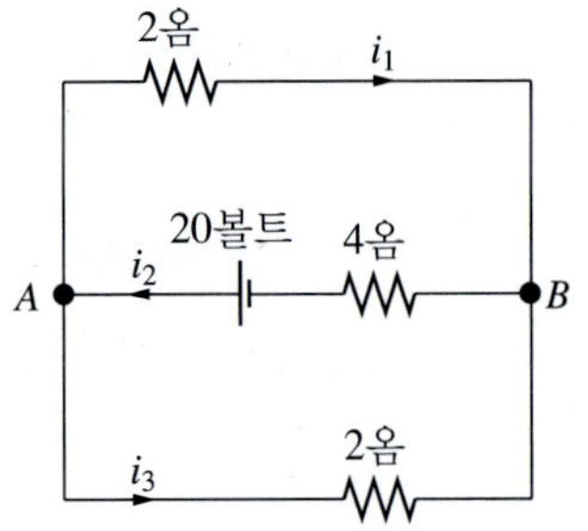

(c)

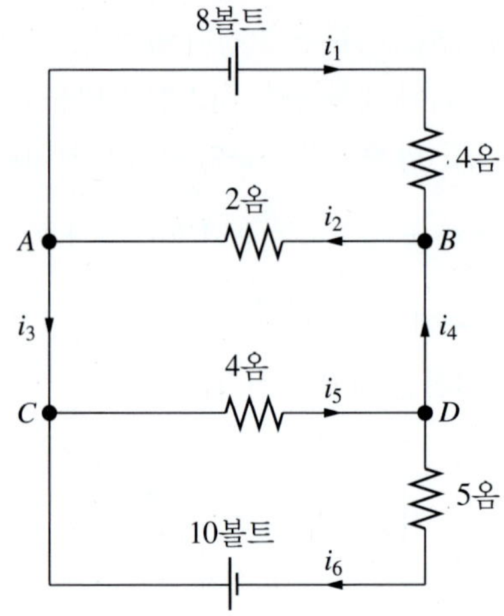

1.3 행렬 연산

이 절에서 우리는 행렬과 벡터에 사용되는 표준 표기법들을 소개하고 행렬들의 산술 연산들(더하기, 빼기, 곱하기)을 정의한다. 또 우리는 두 가지 추가 연산들: **스칼라 곱**(scalar multiplication)과 **전치**(transposition)를 소개할 것이다. 우리는 어떻게 선형 시스템들을 행렬과 벡터들을 관련시킨 식들로 표현하는지를 보고 한 선형 시스템이 언제 일치성(consistent)을 유지하는지를 결정짓는 정리를 유도할 것이다.

행렬의 원소들을 **스칼라**(scalar)라고 한다. 그들은 대개 실수 또는 복소수이다. 대부분 우리는 실수의 원소를 갖는 행렬들을 다룰 것이다. 이 책의 앞부분 다섯 개 장에서 독자들은 스칼라는 하나의 실수를 의미한다고 가정할 수도 있다. 하지만 6장에서는 스칼라 필드(scalar field)로서 복소수들의 집합을 사용할 경우가 있을 것이다.

행렬 표기

행렬의 모든 원소들을 쓰지 않고 행렬을 언급할 때는 A, B, C 등의 대문자를 사용한다. 일반적으로 a_{ij}는 i번째 행 j번째 열에 있는 행렬 A의 원소를 나타내는데, 이 원소를 A의 (i, j) 원소라고 한다. 따라서, 만일 A가 $m \times n$ 행렬이면

$$A = \begin{Bmatrix} a_{11} & a_{12} & \cdots & a_{1n} \\ a_{21} & a_{22} & \cdots & a_{2n} \\ \vdots & & & \\ a_{m1} & a_{m2} & \cdots & a_{mn} \end{Bmatrix}$$

때때로 이것을 $A = (a_{ij})$로 간략히 쓴다. 마찬가지로 행렬 B는 (b_{ij})로, 행렬 C는 (c_{ij}) 등으로

나타낼 수도 있다.

벡터

단지 한 행이나 한 열로 된 행렬들은 특별한 관심의 대상인데, 이것은 선형 시스템의 해들을 표현하기 위하여 사용되기 때문이다. n개의 미지수와 m개의 선형 방정식을 갖는 한 시스템의 해는 n-투플 실수들이다. n-투플 실수들을 **벡터**(vector)라고 한다. 만일 한 n-투플이 $1 \times n$ 행렬로 표현되었다면 이것을 **행 벡터**(row vector)라고 한다. 반면에, 한 n-투플이 $n \times 1$ 행렬로 표현되었다면 이것을 **열 벡터**(column vector)라고 한다. 예를 들면, 다음과 같은 선형 시스템에 대한 해는

$$\begin{aligned} x_1 + x_2 &= 3 \\ x_1 - x_2 &= 1 \end{aligned}$$

행 벡터 (2, 1) 혹은 열 벡터 $\begin{pmatrix} 2 \\ 1 \end{pmatrix}$로 표현될 수 있다.

행렬 방정식들을 다루고 있을 때는, 해를 열 벡터($n \times 1$ 행렬)로 표현하는 것이 일반적으로 더 편리하다. 실수들로 이루어진 모든 $n \times 1$ 행렬들의 집합을 **유클리디안 n-공간**(Euclidean n-space)이라고 하며, 대개 $\mathbb{R}^n$으로 표기한다. 앞으로 거의 대부분 열 벡터로 처리할 것이기 때문에, 일반적으로 '열' 자를 뺄 것이며 $\mathbb{R}^n$의 원소들을 열 벡터라고 하기보다는 간단히 벡터들이라 할 것이다. 열 벡터에 대한 표준 표기는 굵은 소문자이다.

$$\mathbf{x} = \begin{pmatrix} x_1 \\ x_2 \\ \vdots \\ x_n \end{pmatrix} \tag{1}$$

행 벡터에 대하여는 전반적인 표준 표기 방식이 없다. 이 책에서 우리는 행과 열 벡터 모두를 굵은 소문자로 표현할 것이며, 행 벡터와 열 벡터를 구분하기 위하여 글자 위에 수평 방향 화살표를 표시할 것이다. 따라서 수평 방향 화살표는 수직 배열(열 벡터)보다는 수평 배열(행 벡터)을 나타낸다.

예를 들면, 아래 식들은 각각 네 개의 원소를 갖는 행과 열 벡터이다.

$$\vec{\mathbf{x}} = (x_1, x_2, x_3, x_4) \quad \text{그리고} \quad \mathbf{y} = \begin{pmatrix} y_1 \\ y_2 \\ y_3 \\ y_4 \end{pmatrix}$$

$m \times n$ 행렬 A가 주어지면, 흔히 어떤 특정한 행이나 열을 언급할 필요가 있다. A의 j번째 열 벡터에 대한 표준 표기법은 $\mathbf{a}_j$이다. 행렬 A의 i번째 행 벡터에 대해 전반적으로 받아들

여지는 표준 표기법은 없다. 이 책에서 우리는 행 벡터를 나타내기 위해 수평 방향 화살표를 사용하기 때문에, A의 i번째 행 벡터를 $\vec{\mathbf{a}}_i$로 표기한다.

만일 A가 $m \times n$ 행렬이면, A의 행 벡터는 다음과 같이 주어진다.

$$\vec{\mathbf{a}}_i = (a_{i1}, a_{i2}, \ldots, a_{in}) \qquad i = 1, \ldots, m$$

그리고 열 벡터는 다음과 같다.

$$\mathbf{a}_j = \begin{bmatrix} a_{1j} \\ a_{2j} \\ \vdots \\ a_{mj} \end{bmatrix} \qquad j = 1, \ldots, n$$

행렬 A는 그것의 열 벡터 또는 행 벡터로 표현될 수 있다.

$$A = (\mathbf{a}_1, \mathbf{a}_2, \ldots, \mathbf{a}_n) \quad \text{또는} \quad A = \begin{bmatrix} \vec{\mathbf{a}}_1 \\ \vec{\mathbf{a}}_2 \\ \vdots \\ \vec{\mathbf{a}}_m \end{bmatrix}$$

마찬가지로, 만일 B가 $n \times r$ 행렬이면

$$B = (\mathbf{b}_1, \mathbf{b}_2, \ldots, \mathbf{b}_r) = \begin{bmatrix} \vec{\mathbf{b}}_1 \\ \vec{\mathbf{b}}_2 \\ \vdots \\ \vec{\mathbf{b}}_n \end{bmatrix}$$

예제 1 만일

$$A = \begin{bmatrix} 3 & 2 & 5 \\ -1 & 8 & 4 \end{bmatrix}$$

이면,

$$\mathbf{a}_1 = \begin{bmatrix} 3 \\ -1 \end{bmatrix}, \quad \mathbf{a}_2 = \begin{bmatrix} 2 \\ 8 \end{bmatrix}, \quad \mathbf{a}_3 = \begin{bmatrix} 5 \\ 4 \end{bmatrix}$$

이며

$$\vec{\mathbf{a}}_1 = (3, 2, 5), \quad \vec{\mathbf{a}}_2 = (-1, 8, 4)$$

이다. ■

등가

두 행렬이 같기 위해서는, 차원(dimension)이 똑같아야 하고 대응하는 원소들도 일치해야만 한다.

정의 만일 각각의 i, j에 대하여 $a_{ij} = b_{ij}$이면, 두 $m \times n$ 행렬 A, B는 **같다**(equal)고 한다.

스칼라 곱셈

만일 A가 행렬이고 α는 스칼라라고 하면, αA는 A의 모든 원소에 α를 곱하여 형성되는 행렬이다.

정의 만일 A가 $m \times n$ 행렬이고 α는 스칼라이면, αA는 (i, j) 원소가 αa_{ij}인 $m \times n$ 행렬이다.

예를 들어

$$A = \begin{bmatrix} 4 & 8 & 2 \\ 6 & 8 & 10 \end{bmatrix}$$

이면

$$\frac{1}{2}A = \begin{bmatrix} 2 & 4 & 1 \\ 3 & 4 & 5 \end{bmatrix} \quad \text{그리고} \quad 3A = \begin{bmatrix} 12 & 24 & 6 \\ 18 & 24 & 30 \end{bmatrix}$$

행렬 덧셈

차원이 같은 두 행렬은 대응하는 원소들을 덧셈하여 합을 구할 수 있다.

정의 만일 $A = (a_{ij})$와 $B = (b_{ij})$가 모두 $m \times n$ 행렬이라면, **합**(sum) $A + B$는 각 순서쌍 (i, j)에 대하여 (i, j) 원소가 $a_{ij} + b_{ij}$인 $m \times n$ 행렬이다.

예를 들면 다음과 같다.

$$\begin{bmatrix} 3 & 2 & 1 \\ 4 & 5 & 6 \end{bmatrix} + \begin{bmatrix} 2 & 2 & 2 \\ 1 & 2 & 3 \end{bmatrix} = \begin{bmatrix} 5 & 4 & 3 \\ 5 & 7 & 9 \end{bmatrix}$$

$$\begin{bmatrix} 2 \\ 1 \\ 8 \end{bmatrix} + \begin{bmatrix} -8 \\ 3 \\ 2 \end{bmatrix} = \begin{bmatrix} -6 \\ 4 \\ 10 \end{bmatrix}$$

만일 $A - B$를 $A + (-1)B$로 정의하면, $A - B$는 A의 각 원소들로부터 대응하는 B의 원소

들을 빼서 만들어지는 결과가 된다. 따라서

$$\begin{aligned}\begin{bmatrix} 2 & 4 \\ 3 & 1 \end{bmatrix} - \begin{bmatrix} 4 & 5 \\ 2 & 3 \end{bmatrix} &= \begin{bmatrix} 2 & 4 \\ 3 & 1 \end{bmatrix} + (-1)\begin{bmatrix} 4 & 5 \\ 2 & 3 \end{bmatrix} \\ &= \begin{bmatrix} 2 & 4 \\ 3 & 1 \end{bmatrix} + \begin{bmatrix} -4 & -5 \\ -2 & -3 \end{bmatrix} \\ &= \begin{bmatrix} 2-4 & 4-5 \\ 3-2 & 1-3 \end{bmatrix} \\ &= \begin{bmatrix} -2 & -1 \\ 1 & -2 \end{bmatrix}\end{aligned}$$

만일 O가 A와 차원이 같고 원소들이 모두 0인 행렬이라면

$$A + O = O + A = A$$

O를 영 행렬(zero matrix)이라고 한다. 이것은 모든 $m \times n$ 행렬들의 집합에 대한 덧셈 항등원(additive identity)과 같이 행동한다. 더구나 각 $m \times n$ 행렬 A는 하나의 덧셈 역원(additive inverse)을 갖는다. 실제로

$$A + (-1)A = O = (-1)A + A$$

통상적으로 덧셈 역원을 $-A$로 표기한다. 따라서

$$-A = (-1)A$$

행렬 곱셈과 선형 시스템

아직까지 두 행렬의 곱셈이라는 대단히 중요한 연산을 정의하지 않았다. 정의 속에 숨어 있는 동기의 대부분은 방정식들의 선형 시스템에 대한 응용으로부터 온다. 만일 미지수가 하나인 한 선형 방정식의 시스템이 있다면, 다음과 같은 형태로 쓸 수 있다.

$$ax = b \tag{2}$$

일반적으로 a, x, b를 스칼라로 생각한다. 하지만 이들은 1×1 행렬들로도 역시 취급될 수 있다. 우리의 목표는 이제 한 $m \times n$ 선형 시스템을 하나의 단일 행렬식으로 표현할 수 있도록 하기 위하여 식 (2)를 일반화하는 것이다.

$$A\mathbf{x} = \mathbf{b}$$

여기서 A는 $m \times n$ 행렬이고, x는 $\mathbb{R}^n$에 있는 한 미지수 벡터이며, $\mathbf{b}$는 $\mathbb{R}^m$에 있다. 먼저 미지수가 여러 개인 한 방정식의 경우를 생각해 보자.

경우 1. 미지수가 여러 개인 하나의 방정식

이제 미지수가 여러 개인 하나의 방정식인 경우를 살펴보면서 시작해 보자. 예를 들어 다

음 식을 생각해 보자.

$$3x_1 + 2x_2 + 5x_3 = 4$$

만일

$$A = \begin{bmatrix} 3 & 2 & 5 \end{bmatrix} \quad \text{그리고} \quad \mathbf{x} = \begin{bmatrix} x_1 \\ x_2 \\ x_3 \end{bmatrix}$$

으로 정하고, 곱셈 $A\mathbf{x}$를 다음과 같이 정의하면

$$A\mathbf{x} = \begin{bmatrix} 3 & 2 & 5 \end{bmatrix} \begin{bmatrix} x_1 \\ x_2 \\ x_3 \end{bmatrix} = 3x_1 + 2x_2 + 5x_3$$

식 $3x_1 + 2x_2 + 5x_3 = 4$는 다음과 같은 행렬식으로 쓸 수 있다.

$$A\mathbf{x} = 4$$

다음과 같은 형태의 n개의 미지수를 갖는 한 선형 방정식에 대하여

$$a_1x_1 + a_2x_2 + \cdots + a_nx_n = b$$

만일

$$A = \begin{bmatrix} a_1 & a_2 & \ldots & a_n \end{bmatrix} \quad \text{그리고} \quad \mathbf{x} = \begin{bmatrix} x_1 \\ x_2 \\ \vdots \\ x_n \end{bmatrix}$$

이라 하고, 곱셈 $A\mathbf{x}$를 다음과 같이 정의하면

$$A\mathbf{x} = a_1x_1 + a_2x_2 + \cdots + a_nx_n$$

이 시스템은 $A\mathbf{x} = \mathbf{b}$의 형태로 쓸 수 있다.

예를 들어

$$A = \begin{bmatrix} 2 & 1 & -3 & 4 \end{bmatrix} \quad \text{그리고} \quad \mathbf{x} = \begin{bmatrix} 3 \\ 2 \\ 1 \\ -2 \end{bmatrix}$$

이면,

$$A\mathbf{x} = 2 \cdot 3 + 1 \cdot 2 + (-3) \cdot 1 + 4 \cdot (-2) = -3$$

왼쪽에 행 벡터 곱하기 오른쪽에 열 벡터를 한 결과는 스칼라임을 명심하자. 결과적으로, 이런 형태의 곱셈은 흔히 스칼라 곱(scalar product)이라고 한다.

경우 2. N개의 미지수가 있는 M개의 방정식들

이제 $m \times n$ 선형 시스템을 생각해 보자.

$$\begin{aligned} a_{11}x_1 + a_{12}x_2 + \cdots + a_{1n}x_n &= b_1 \\ a_{21}x_1 + a_{22}x_2 + \cdots + a_{2n}x_n &= b_2 \\ &\vdots \\ a_{m1}x_1 + a_{m2}x_2 + \cdots + a_{mn}x_n &= b_m \end{aligned} \tag{3}$$

이 시스템 (3)을 (2)와 비슷한 형태, 즉 행렬식으로 쓰는 것이 바람직하다.

$$A\mathbf{x} = \mathbf{b} \tag{4}$$

여기서 $A = (a_{ij})$는 알고 있고, $\mathbf{x}$는 $n \times 1$ 미지수 행렬이며, $\mathbf{b}$는 시스템의 우변을 나타내는 $m \times 1$ 행렬이다. 따라서

$$A = \begin{bmatrix} a_{11} & a_{12} & \cdots & a_{1n} \\ a_{21} & a_{22} & \cdots & a_{2n} \\ \vdots & & & \\ a_{m1} & a_{m2} & \cdots & a_{mn} \end{bmatrix}, \qquad \mathbf{x} = \begin{bmatrix} x_1 \\ x_2 \\ \vdots \\ x_n \end{bmatrix}, \qquad \mathbf{b} = \begin{bmatrix} b_1 \\ b_2 \\ \vdots \\ b_m \end{bmatrix}$$

이라 하고, 곱셈 $A\mathbf{x}$를 다음과 같이 정의하면

$$A\mathbf{x} = \begin{bmatrix} a_{11}x_1 + a_{12}x_2 + \cdots + a_{1n}x_n \\ a_{21}x_1 + a_{22}x_2 + \cdots + a_{2n}x_n \\ \vdots \\ a_{m1}x_1 + a_{m2}x_2 + \cdots + a_{mn}x_n \end{bmatrix} \tag{5}$$

방정식들의 선형 시스템 (3)은 행렬식 (4)와 등가이다.

$m \times n$ 행렬 A와 $\mathbb{R}^n$에 있는 벡터 $\mathbf{x}$가 주어지면 (5)에 의해서 곱을 계산할 수 있다. 곱 $A\mathbf{x}$는 $m \times 1$ 행렬, 즉 $\mathbb{R}^m$에 있는 벡터일 것이다. $A\mathbf{x}$의 i번째 원소를 구하기 위한 규칙은 다음과 같다.

$$a_{i1}x_1 + a_{i2}x_2 + \cdots + a_{in}x_n$$

이것은 A의 i번째 행 벡터 곱하기 열 벡터 $\mathbf{x}$를 한 스칼라 곱 $\vec{\mathbf{a}}_i\mathbf{x}$와 같다. 따라서

$$A\mathbf{x} = \begin{bmatrix} \vec{\mathbf{a}}_1\mathbf{x} \\ \vec{\mathbf{a}}_2\mathbf{x} \\ \vdots \\ \vec{\mathbf{a}}_n\mathbf{x} \end{bmatrix}$$

예제 2

$$A = \begin{bmatrix} 4 & 2 & 1 \\ 5 & 3 & 7 \end{bmatrix}, \quad \mathbf{x} = \begin{bmatrix} x_1 \\ x_2 \\ x_3 \end{bmatrix}$$

$$A\mathbf{x} = \begin{bmatrix} 4x_1 + 2x_2 + \ \ x_3 \\ 5x_1 + 3x_2 + 7x_3 \end{bmatrix}$$

■

예제 3

$$A = \begin{bmatrix} -3 & 1 \\ 2 & 5 \\ 4 & 2 \end{bmatrix}, \quad \mathbf{x} = \begin{bmatrix} 2 \\ 4 \end{bmatrix}$$

$$A\mathbf{x} = \begin{bmatrix} -3 \cdot 2 + 1 \cdot 4 \\ 2 \cdot 2 + 5 \cdot 4 \\ 4 \cdot 2 + 2 \cdot 4 \end{bmatrix} = \begin{bmatrix} -2 \\ 24 \\ 16 \end{bmatrix}$$

■

예제 4 다음의 방정식 시스템을 행렬식 $A\mathbf{x} = \mathbf{b}$ 형태로 써라.

$$\begin{aligned} 3x_1 + 2x_2 + \ \ x_3 &= \ \ 5 \\ x_1 - 2x_2 + 5x_3 &= -2 \\ 2x_1 + \ \ x_2 - 3x_3 &= \ \ 1 \end{aligned}$$

해답

$$\begin{bmatrix} 3 & 2 & 1 \\ 1 & -2 & 5 \\ 2 & 1 & -3 \end{bmatrix} \begin{bmatrix} x_1 \\ x_2 \\ x_3 \end{bmatrix} = \begin{bmatrix} 5 \\ -2 \\ 1 \end{bmatrix}$$

■

선형 시스템 (3)을 행렬식으로 표현하는 다른 방법은 곱 $A\mathbf{x}$를 열 벡터들의 합으로 표현하는 것이다.

$$A\mathbf{x} = \begin{bmatrix} a_{11}x_1 + a_{12}x_2 + \cdots + a_{1n}x_n \\ a_{21}x_1 + a_{22}x_2 + \cdots + a_{2n}x_n \\ \vdots \\ a_{m1}x_1 + a_{m2}x_2 + \cdots + a_{mn}x_n \end{bmatrix}$$

$$= x_1 \begin{bmatrix} a_{11} \\ a_{21} \\ \vdots \\ a_{m1} \end{bmatrix} + x_2 \begin{bmatrix} a_{12} \\ a_{22} \\ \vdots \\ a_{m2} \end{bmatrix} + \cdots + x_n \begin{bmatrix} a_{1n} \\ a_{2n} \\ \vdots \\ a_{mn} \end{bmatrix}$$

따라서 다음을 얻는다.

$$A\mathbf{x} = x_1\mathbf{a}_1 + x_2\mathbf{a}_2 + \cdots + x_n\mathbf{a}_n \tag{6}$$

이 공식을 사용하여, 방정식들의 시스템 (3)을 다음과 같은 형태의 행렬식으로 표현할 수 있다.

$$x_1\mathbf{a}_1 + x_2\mathbf{a}_2 + \cdots + x_n\mathbf{a}_n = \mathbf{b} \tag{7}$$

예제 5 선형 시스템

$$\begin{aligned} 2x_1 + 3x_2 - 2x_3 &= 5 \\ 5x_1 - 4x_2 + 2x_3 &= 6 \end{aligned}$$

을 행렬식으로 쓸 수 있다.

$$x_1\begin{bmatrix} 2 \\ 5 \end{bmatrix} + x_2\begin{bmatrix} 3 \\ -4 \end{bmatrix} + x_3\begin{bmatrix} -2 \\ 2 \end{bmatrix} = \begin{bmatrix} 5 \\ 6 \end{bmatrix}$$

■

정의 만일 $\mathbf{a}_1, \mathbf{a}_2, \cdots, \mathbf{a}_n$이 $\mathbb{R}^m$에 있는 벡터이고 $c_1, c_2, \cdots, c_n$은 스칼라이면, 다음과 같은 형태의 합을

$$c_1\mathbf{a}_1 + c_2\mathbf{a}_2 + \cdots + c_n\mathbf{a}_n$$

벡터 $\mathbf{a}_1, \mathbf{a}_2, \cdots, \mathbf{a}_n$의 **선형 조합**(linear combination)이라 한다.

식 (6)으로부터 곱 $A\mathbf{x}$는 A의 열 벡터들의 선형 조합인 것을 알 수 있다. 어떤 책은 심지어 이 선형 조합 표현을 행렬 벡터 곱셈의 정의로 사용하기도 한다.

만일 A가 $m \times n$ 행렬이고 $\mathbf{x}$는 $\mathbb{R}^n$에 있는 벡터이면,

$$A\mathbf{x} = x_1\mathbf{a}_1 + x_2\mathbf{a}_2 + \cdots + x_n\mathbf{a}_n$$

예제 6 만일 예제 5에서 $x_1 = 2, x_2 = 3, x_3 = 4$를 선택한다면, 다음과 같다.

$$\begin{bmatrix} 5 \\ 6 \end{bmatrix} = 2\begin{bmatrix} 2 \\ 5 \end{bmatrix} + 3\begin{bmatrix} 3 \\ -4 \end{bmatrix} + 4\begin{bmatrix} -2 \\ 2 \end{bmatrix}$$

따라서 벡터 $\begin{bmatrix} 5 \\ 6 \end{bmatrix}$은 계수 행렬의 세 열 벡터들의 선형 조합이다. 이것은 예제 5에 있는 선형 시스템이 모순이 아니고 아래의 $\mathbf{x}$가 이 시스템의 해라는 사실로부터 나온다.

$$\mathbf{x} = \begin{bmatrix} 2 \\ 3 \\ 4 \end{bmatrix}$$

■

행렬식 (7)은 방정식들의 선형 시스템이 모순인지 아닌지를 특징짓는 좋은 방법을 제공한다. 실제로, 다음의 정리는 (7)의 직접적인 결론이다.

정리 1.3.1 **선형 시스템에 대한 일치성 정리**

선형 시스템 $A\mathbf{x} = \mathbf{b}$는 $\mathbf{b}$를 A의 열 벡터들의 선형 조합으로 쓸 수 있으면 모순이 아니다(필요충분조건).

예제 7 다음의 선형 시스템은 모순이다.

$$\begin{aligned} x_1 + 2x_2 &= 1 \\ 2x_1 + 4x_2 &= 1 \end{aligned}$$

이는 벡터 $\begin{bmatrix} 1 \\ 1 \end{bmatrix}$을 열 벡터 $\begin{bmatrix} 1 \\ 2 \end{bmatrix}$와 $\begin{bmatrix} 2 \\ 4 \end{bmatrix}$의 선형 조합으로 쓸 수 없기 때문이다. 이 벡터들의 임의의 선형 조합은 다음과 같은 형태일 것이다.

$$x_1 \begin{bmatrix} 1 \\ 2 \end{bmatrix} + x_2 \begin{bmatrix} 2 \\ 4 \end{bmatrix} = \begin{bmatrix} x_1 + 2x_2 \\ 2x_1 + 4x_2 \end{bmatrix}$$

따라서 벡터의 두 번째 원소는 첫 원소의 두 배가 된다. ■

행렬 곱셈

더 일반적으로, 만일 A의 열의 수와 B의 행의 수가 같다면 행렬 A 곱하기 행렬 B가 가능하다. 곱의 첫 번째 열은 B의 첫 번째 열에 의해 결정된다. 즉, AB의 첫 번째 열은 $A\mathbf{b}_1$, AB의 두 번째 열은 $A\mathbf{b}_2$ 등이다. 따라서 곱 AB는 열이 $A\mathbf{b}_1, A\mathbf{b}_2, \cdots, A\mathbf{b}_n$인 행렬이다.

$$AB = (A\mathbf{b}_1, A\mathbf{b}_2, \ldots, A\mathbf{b}_n)$$

AB의 (i, j) 원소는열 벡터 $A\mathbf{b}_j$의 i번째 원소이다. 이것은 A의 i번째 행에 B의 j번째 열을 곱하여 결정된다.

정의

만일 $A = (a_{ij})$는 $m \times n$ 행렬이고 $B = (b_{ij})$는 $n \times r$ 행렬이면, 곱 $AB = C = (c_{ij})$는 원소들이 다음과 같이 정의되는 $m \times r$ 행렬이다.

$$c_{ij} = \vec{\mathbf{a}}_i \mathbf{b}_j = \sum_{k=1}^{n} a_{ik} b_{kj}$$

예제 8 만일

$$A = \begin{pmatrix} 3 & -2 \\ 2 & 4 \\ 1 & -3 \end{pmatrix} \quad \text{그리고} \quad B = \begin{pmatrix} -2 & 1 & 3 \\ 4 & 1 & 6 \end{pmatrix}$$

이면

$$AB = \begin{pmatrix} 3 & -2 \\ \mathbf{2} & \mathbf{4} \\ 1 & -3 \end{pmatrix} \begin{pmatrix} -2 & 1 & \mathbf{3} \\ 4 & 1 & \mathbf{6} \end{pmatrix}$$

$$= \begin{pmatrix} 3\cdot(-2) - 2\cdot 4 & 3\cdot 1 - 2\cdot 1 & 3\cdot 3 - 2\cdot 6 \\ 2\cdot(-2) + 4\cdot 4 & 2\cdot 1 + 4\cdot 1 & \mathbf{2\cdot 3 + 4\cdot 6} \\ 1\cdot(-2) - 3\cdot 4 & 1\cdot 1 - 3\cdot 1 & 1\cdot 3 - 3\cdot 6 \end{pmatrix}$$

$$= \begin{pmatrix} -14 & 1 & -3 \\ 12 & 6 & \mathbf{30} \\ -14 & -2 & -15 \end{pmatrix}$$

그림자 부분은 곱의 (2, 3) 원소가 A의 두 번째 행과 B의 세 번째 열을 사용하여 계산되는 방법을 나타낸다. 곱셈 BA 역시 가능하다. 하지만 결과 행렬은 AB와 같지 않다. 실제로, 다음의 곱셈을 보면 AB와 BA는 심지어 차원이 같지 않을 수도 있다.

$$BA = \begin{pmatrix} -2\cdot 3 + 1\cdot 2 + 3\cdot 1 & -2\cdot(-2) + 1\cdot 4 + 3\cdot(-3) \\ 4\cdot 3 + 1\cdot 2 + 6\cdot 1 & 4\cdot(-2) + 1\cdot 4 + 6\cdot(-3) \end{pmatrix}$$

$$= \begin{pmatrix} -1 & -1 \\ 20 & -22 \end{pmatrix}$$

■

예제 9 만일

$$A = \begin{pmatrix} 3 & 4 \\ 1 & 2 \end{pmatrix} \quad \text{그리고} \quad B = \begin{pmatrix} 1 & 2 \\ 4 & 5 \\ 3 & 6 \end{pmatrix}$$

이면, A 곱하기 B는 불가능하다. 이것은 A의 열의 수가 B의 행의 수와 같지 않기 때문이다. 하지만 B 곱하기 A는 가능하다.

$$BA = \begin{pmatrix} 1 & 2 \\ 4 & 5 \\ 3 & 6 \end{pmatrix} \begin{pmatrix} 3 & 4 \\ 1 & 2 \end{pmatrix} = \begin{pmatrix} 5 & 8 \\ 17 & 26 \\ 15 & 24 \end{pmatrix}$$

■

만일 A와 B가 모두 $n \times n$ 행렬이면, AB와 BA 역시 $n \times n$ 행렬이 될 것이다. 그러나 일반적으로 그들은 같지 않다. **행렬의 곱셈은 교환법칙이 성립하지 않는다.**

예제 10 만일

$$A = \begin{bmatrix} 1 & 1 \\ 0 & 0 \end{bmatrix} \quad \text{그리고} \quad B = \begin{bmatrix} 1 & 1 \\ 2 & 2 \end{bmatrix}$$

이면

$$AB = \begin{bmatrix} 1 & 1 \\ 0 & 0 \end{bmatrix} \begin{bmatrix} 1 & 1 \\ 2 & 2 \end{bmatrix} = \begin{bmatrix} 3 & 3 \\ 0 & 0 \end{bmatrix}$$

이고

$$BA = \begin{bmatrix} 1 & 1 \\ 2 & 2 \end{bmatrix} \begin{bmatrix} 1 & 1 \\ 0 & 0 \end{bmatrix} = \begin{bmatrix} 1 & 1 \\ 2 & 2 \end{bmatrix}$$

이다. 따라서 $AB \neq BA$이다. ■

응용 1 생산 비용

한 회사가 세 가지의 품목을 생산한다. 이들의 생산 비용은 세 분류로 나뉜다. 각 분류에서, 각 품목의 한 항목을 생산하는 비용이 예측된다. 그리고 분기별로 생산되는 각 품목의 양 또한 예측된다. 이 예측들은 표 1.3.1과 표 1.3.2에 주어져 있다. 회사는 재료비, 인건비, 부대비용의 세 분류 각각에 대한 분기별 총 비용을 보여주는 하나의 표를 주주총회에서 발표하고 싶어 한다.

표 1.3.1 품목당 생산 비용(달러)

	생산 품목		
비용	**A**	**B**	**C**
재료비	0.10	0.30	0.15
인건비	0.30	0.40	0.25
부대비용	0.10	0.20	0.15

표 1.3.2 분기별 생산량

	계절			
품목	**여름**	**가을**	**겨울**	**봄**
A	4000	4500	4500	4000
B	2000	2600	2400	2200
C	5800	6200	6000	6000

해답 이 문제를 행렬로 생각해 보자. 각각의 표는 다음과 같은 행렬로 표현될 수 있다.

$$M = \begin{bmatrix} 0.10 & 0.30 & 0.15 \\ 0.30 & 0.40 & 0.25 \\ 0.10 & 0.20 & 0.15 \end{bmatrix}$$

그리고

$$P = \begin{bmatrix} 4000 & 4500 & 4500 & 4000 \\ 2000 & 2600 & 2400 & 2200 \\ 5800 & 6200 & 6000 & 6000 \end{bmatrix}$$

만일 M과 P를 곱하면, MP의 첫 번째 열은 여름 분기에 대한 비용을 나타낼 것이다.

$$\begin{aligned} &\text{재료비:} && (0.10)(4000) + (0.30)(2000) + (0.15)(5800) = 1870 \\ &\text{인건비:} && (0.30)(4000) + (0.40)(2000) + (0.25)(5800) = 3450 \\ &\text{부대비용:} && (0.10)(4000) + (0.20)(2000) + (0.15)(5800) = 1670 \end{aligned}$$

가을 분기에 대한 비용은 MP의 두 번째 열에 주어져 있다.

$$\begin{aligned} &\text{재료비:} && (0.10)(4500) + (0.30)(2600) + (0.15)(6200) = 2160 \\ &\text{인건비:} && (0.30)(4500) + (0.40)(2600) + (0.25)(6200) = 3940 \\ &\text{부대비용:} && (0.10)(4500) + (0.20)(2600) + (0.15)(6200) = 1900 \end{aligned}$$

MP의 세 번째, 네 번째 열은 겨울과 봄 분기에 대한 비용들을 나타낸다.

$$MP = \begin{bmatrix} 1870 & 2160 & 2070 & 1960 \\ 3450 & 3940 & 3810 & 3580 \\ 1670 & 1900 & 1830 & 1740 \end{bmatrix}$$

MP의 1행에 있는 원소들은 각 네 분기에 대한 재료비의 총 비용을 나타낸다. 2행과 3행의 원소들은 각 네 분기에 대한 인건비와 부대비용에 대한 총 비용을 나타낸다. 각 분류에 있는 연간 비용은 각 행에 있는 원소들을 더해서 얻을 수 있다. 각 열에 있는 숫자들은 각 분기에 대한 총 생산 비용을 얻기 위하여 더해진다. 표 1.3.3은 총 생산 비용을 요약하고 있다. ■

표 1.3.3

	계절				
	여름	가을	겨울	봄	년
재료비	1870	2160	2070	1960	8060
인건비	3450	3940	3810	3580	14,780
부대비용	1670	1900	1830	1740	7140
총 생산 비용	6990	8000	7710	7280	29,980

응용 2 경영과학 – 계층 분석법

계층 분석법(analytic hierarchy process, AHP)은 복잡한 결정과정을 분석하는 데 사용되는 일반적인 기법이다. 이 기법은 1970년대에 T. L. Saaty에 의해 발전되었다. AHP는 사업, 산업, 정부, 교육, 건강 등을 포함하는 다양한 분야에서 사용된다. 이 기법은 어느 특정한 목표나 어떤 목표를 달성하기 위해 몇 가지 선택이 가능한 문제에 응용된다. 어느 것을 고를지에 대한 결정은 평가 기준의 항목들에 따른다. 더 복잡한 결정들의 경우에는, 각 평가 기준이 하위 기준의 항목을 가질 수도 있으며, 결과적으로 이들은 더 하위의 기준을 가질 수도 있다. 따라서 복잡한 결정들에 대해서 다단계의 결정기준 계층을 가질 수 있다.

어떻게 AHP가 실제로 동작하는지 살펴보기 위하여, 간단한 예를 생각해 보자. 어느 대학교의 수학과에서 교수 초빙 위원회가 그 학과의 정교수를 뽑기 위한 작업을 하고 있다. 위원회는 최종 대상자 3명(Gauss 박사, O'Leary 박사, Taussky 박사)의 후보로 압축하기 위해 예비 검토 작업을 한다. 최종 후보자들을 면접한 후에 위원회는 해당 교수 자리에 제일 적합한 후보를 골라야 한다. 이를 위해, 그들은 각 후보들을 다음과 같은 기준들에 대하여 평가하여야 한다: 연구, 강의 능력, 전문가 활동. 이 결정과정의 계층적 구조가 그림 1.3.1에 나타나 있다.

AHP 과정의 첫 번째 단계는 평가하는 세 영역의 상대적 중요성을 결정하는 것이다. 이것은 짝비교(pairwise comparison)를 사용하여 할 수 있다. 예를 들어, 위원회가 연구와 강의능력은 같은 중요성을 가지며 이 두 항목은 전문가적 활동 항목에 비해 두 배의 중요성을 가진다고 결정했다고 가정하면, 이들의 상대적 비율을 각 항목에 대하여 0.4, 0.4, 0.2의 가중치를 할당하여 수학적으로 표현할 수 있다. 처음 두 평가기준의 가중치는 같고 세 번째 항목 가중치의 두 배임을 알 수 있다. 또 가중치들은 모두 더해서 1이 되도록 선택하였다. 다음의 가중치 벡터는 조사 기준의 상대적 중요도에 대한 수치적 표현을 제공한다.

$$\mathbf{w} = \begin{pmatrix} 0.40 \\ 0.40 \\ 0.20 \end{pmatrix}$$

다음 단계는 상대적 순위 또는 항목에 있는 각각의 기준에 대한 세 후보의 가중치를 할당하는 것이다. 이 가중치들을 할당하는 방법은 정량적이거나 정성적일 수 있다. 예를 들어, 연구잡지에 게재된 전체 쪽수에 근거한 가중치를 사용하여 연구의 정량적 평가를 할 수도 있다. 따라서 만일 Gauss 박사가 500쪽, O'Leary 박사는 250쪽, 그리고 Taussky 박사가 250쪽이면, 1000(세 사람의 총합)으로 각각을 나눠서 가중치들을 얻을 수 있다. 그러면, 이 방법으로 구한 정량적 가중치는 0.50, 0.25, 0.25가 된다. 정량적 방법은 출판물의 우수성에 대한 차이에는 관계가 없다. 정성적 결정을 위한 가중치는 어떤 판정들을 하는 것과 관련이 있지만, 그 과정이 전체적으로 주관적일 필요는 없다. 이 책의 후반부(5장과 6장)에

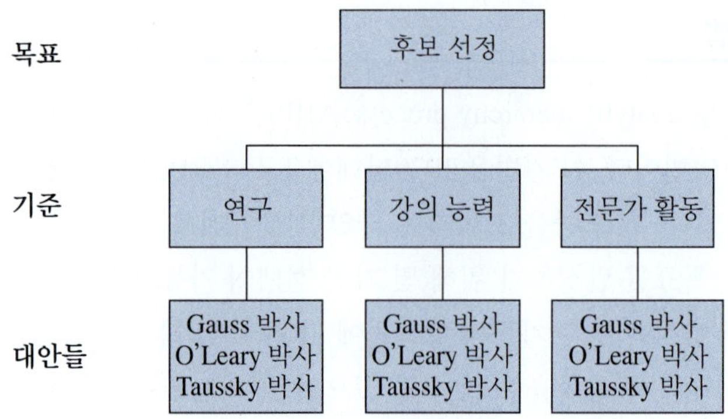

그림 1.3.1 계층 분석법

서 이 예제를 다시 다루면서 어떻게 정성적인 가중치를 결정할지를 논의한다. 우리가 생각하는 방법은 짝비교를 하는 것과 관련이 있으며 그 비교들을 기반으로 가중치들을 할당하는 진보된 행렬 기법을 사용한다.

위원회가 조사 과정을 개선할 수 있는 다른 방법은 연구 기준을 정량적 연구와 정성적 연구의 두 하위 기준으로 쪼개는 것이다. 이 경우에, 그림 1.3.1에서 기준 행 바로 밑에 하위 기준 행을 추가하면 된다. 이것은 5장 3절에서 AHP 응용을 다시 다룰 때 개선된 세부 사항들을 논의할 것이다.

이제 초빙 위원회가 세 기준에 대한 상대적 가중치를 그림 1.3.2에 있는 것처럼 결정했다고 가정하자. 연구, 강의 능력, 전문가 활동에 대한 세 후보의 상대적 비율은 다음의 벡터들로 주어진다.

$$\mathbf{a}_1 = \begin{bmatrix} 0.50 \\ 0.25 \\ 0.25 \end{bmatrix}, \quad \mathbf{a}_2 = \begin{bmatrix} 0.20 \\ 0.50 \\ 0.30 \end{bmatrix}, \quad \mathbf{a}_3 = \begin{bmatrix} 0.25 \\ 0.50 \\ 0.25 \end{bmatrix}$$

후보자들에 대한 전체적인 순위를 결정하기 위하여, 이 벡터들을 해당되는 가중치로 곱하여 모두 더한다.

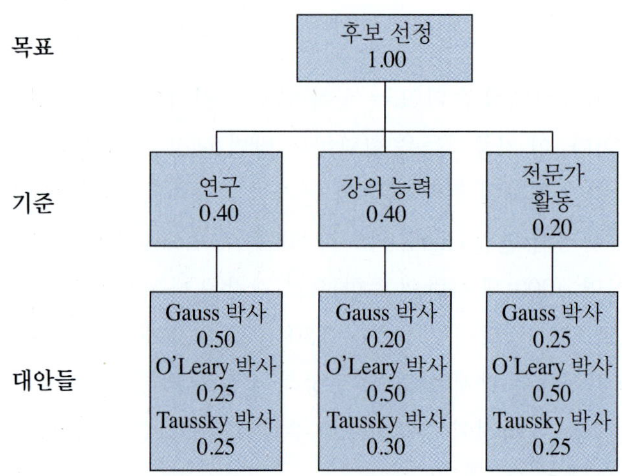

그림 1.3.2 계층 분석법

$$\mathbf{r} = w_1\mathbf{a}_1 + w_2\mathbf{a}_2 + w_3\mathbf{a}_3 = 0.40\begin{bmatrix} 0.50 \\ 0.25 \\ 0.25 \end{bmatrix} + 0.40\begin{bmatrix} 0.20 \\ 0.50 \\ 0.30 \end{bmatrix} + 0.20\begin{bmatrix} 0.25 \\ 0.50 \\ 0.25 \end{bmatrix} = \begin{bmatrix} 0.33 \\ 0.40 \\ 0.27 \end{bmatrix}$$

만일 $A = \begin{bmatrix} \mathbf{a}_1 & \mathbf{a}_2 & \mathbf{a}_3 \end{bmatrix}$이라면, 상대적 평점을 나타내는 벡터 $\mathbf{r}$은 행렬 A와 벡터 $\mathbf{w}$의 곱으로 결정된다.

$$\mathbf{r} = A\mathbf{w} = \begin{bmatrix} 0.50 & 0.20 & 0.25 \\ 0.25 & 0.50 & 0.50 \\ 0.25 & 0.30 & 0.25 \end{bmatrix}\begin{bmatrix} 0.40 \\ 0.40 \\ 0.20 \end{bmatrix} = \begin{bmatrix} 0.33 \\ 0.40 \\ 0.27 \end{bmatrix}$$

이 예제에서 두 번째 후보자가 최고의 상대적 평점을 받았다. 따라서 위원회는 Gauss 박사와 Taussky 박사를 제외하고 O'Leary 박사에게 자리를 제안한다. 만일 O'Leary 박사가 제안을 거절하면 두 번째로 높은 평점을 받은 Gauss 박사가 다음 차례이다.

참고문헌

1. Saaty, T. L., *The Analytic Hierarchy Proess*, McGraw-Hill, 1980

표기 규칙

일반 대수(algebra)에서와 같이, 만일 한 표현이 곱셈과 덧셈 모두 있고 연산의 순서를 표시하는 괄호가 없다면, 곱셈이 덧셈 전에 수행된다. 이것은 스칼라와 행렬 모두에 대하여 사실이다. 예를 들어

$$A = \begin{bmatrix} 3 & 4 \\ 1 & 2 \end{bmatrix}, \qquad B = \begin{bmatrix} 1 & 3 \\ 2 & 1 \end{bmatrix}, \qquad C = \begin{bmatrix} -2 & 1 \\ 3 & 2 \end{bmatrix}$$

이면

$$A + BC = \begin{bmatrix} 3 & 4 \\ 1 & 2 \end{bmatrix} + \begin{bmatrix} 7 & 7 \\ -1 & 4 \end{bmatrix} = \begin{bmatrix} 10 & 11 \\ 0 & 6 \end{bmatrix}$$

그리고

$$3A + B = \begin{bmatrix} 9 & 12 \\ 3 & 6 \end{bmatrix} + \begin{bmatrix} 1 & 3 \\ 2 & 1 \end{bmatrix} = \begin{bmatrix} 10 & 15 \\ 5 & 7 \end{bmatrix}$$

행렬의 전치

주어진 $m \times n$ 행렬 A에 대하여, 열들이 A의 행들로 된 새로운 $n \times m$ 행렬을 만드는 것이 간혹 유용할 때가 있다.

정의 $m \times n$ 행렬 A의 **전치**(transpose)는 다음과 같이 정의되는 $n \times m$ 행렬 B이다.

$$b_{ji} = a_{ij} \tag{8}$$

단, $j = 1, \cdots, n$이고 $i = 1, \cdots, m$이다. A의 전치는 A^T로 표기한다.

A^T의 j번째 행은 A의 j번째 열과 같은 원소들을 가지며, A^T의 i번째 열은 A의 i번째 행과 같은 원소들을 갖는 것을 식 (8)로부터 알 수 있다.

예제 11

(a) 만일 $A = \begin{bmatrix} 1 & 2 & 3 \\ 4 & 5 & 6 \end{bmatrix}$이면 $A^T = \begin{bmatrix} 1 & 4 \\ 2 & 5 \\ 3 & 6 \end{bmatrix}$이다.

(b) 만일 $B = \begin{bmatrix} -3 & 2 & 1 \\ 4 & 3 & 2 \\ 1 & 2 & 5 \end{bmatrix}$이면 $B^T = \begin{bmatrix} -3 & 4 & 1 \\ 2 & 3 & 2 \\ 1 & 2 & 5 \end{bmatrix}$이다.

(c) 만일 $C = \begin{bmatrix} 1 & 2 \\ 2 & 3 \end{bmatrix}$이면 $C^T = \begin{bmatrix} 1 & 2 \\ 2 & 3 \end{bmatrix}$이다. ■

예제 11의 행렬 C는 자기 스스로가 전치이다. 이것은 응용례에서 나오는 행렬들에서 흔히 발생한다.

정의 만일 $A^T = A$이면, $n \times n$ 행렬 A는 **대칭**(symmetric)이라 한다.

다음은 대칭 행렬의 몇 가지 예이다.

$$\begin{bmatrix} 1 & 0 \\ 0 & -4 \end{bmatrix} \qquad \begin{bmatrix} 2 & 3 & 4 \\ 3 & 1 & 5 \\ 4 & 5 & 3 \end{bmatrix} \qquad \begin{bmatrix} 0 & 1 & 2 \\ 1 & 1 & -2 \\ 2 & -2 & -3 \end{bmatrix}$$

응용 3 정보 추출

인터넷에서 디지털 도서관의 증가는 정보의 저장과 추출에 있어서 극적인 향상을 이끌어 왔다. 현대의 추출 방법들은 행렬 이론과 선형대수를 근간으로 한다.

일반적인 상황에서 데이터베이스는 수집된 문서들로 구성되며, 우리는 수집된 것을 검색하고 어떤 특정한 검색 조건과 제일 잘 맞는 문서를 찾기를 원한다. 데이터베이스의 종류에 따라서 논문지에서 연구 기사를, 인터넷에서 웹 페이지를, 도서관에서 책을, 혹은 필름 저장소에서 영화를 찾고 싶어 한다.

어떻게 이러한 검색들이 이루어지는지를 보기 위하여, 데이터베이스는 m개의 문서로 구성되고 검색을 위한 키워드로 사용될 수 있는 n개의 단어들이 있다고 가정하자. 관사 또는 조사와 같은 보통 단어들을 찾는 것은 실질적이지 않기 때문에 모든 단어들이 허용되지는 않는다. 만일 키워드들이 알파벳순으로 나열되어 있다면, 데이터베이스를 $m \times n$ 행렬 A로 나타낼 수 있다. 각 문서는 행렬의 열로 표현된다. A의 j번째 열에 있는 첫 번째 원소는 j번째 문서에 있는 첫 번째 키워드의 상대적 횟수, 원소 a_{2j}는 j번째 문서에 있는 두 번째 단어의 상대적 횟수 등을 나타낸다. 검색에서 사용된 키워드 목록은 $\mathbb{R}^m$에 있는 벡터 $\mathbf{x}$에 의하여 나타난다. $\mathbf{x}$의 i번째 원소는 만일 키워드 목록에 있는 i번째 단어가 우리의 조사 목록에 있다면 1을 취할 것이고, 그렇지 않으면 $x_i = 0$으로 한다. 검색을 수행하기 위해서는, 단순히 A^T 곱하기 $\mathbf{x}$를 하면 된다.

간단한 짝맞추기 검색

가장 간단한 형태의 검색은 각 문서에 얼마나 많은 검색 키워드들이 있는지를 결정한다. 이것은 단어의 상대빈도수(relative frequencies)를 고려하지 않는다. 예를 들어, 데이터베이스가 다음과 같은 제목의 책들로 구성되어 있다고 가정하자.

B1. *Applied Linear Algebra*
B2. *Elementary Linear Algebra*
B3. *Elementary Linear Algebra with Applications*
B4. *Linear Algebra and Its Applications*
B5. *Linear Algebra with Applications*
B6. *Matrix Algebra with Applications*
B7. *Matrix Theory*

키워드들의 모음은 다음과 같은 알파벳 순서로 나열되어 있다.

algebra, application, elementary, linear, matrix, theory

간단한 짝맞추기 검색을 위하여, 데이터베이스 행렬의 원소들로 상대빈도수보다는 0과 1을 사용한다. 따라서 행렬의 (i, j) 원소는 만일 i번째 단어가 j번째 책의 제목에 나타난다면 1이고, 그렇지 않으면 0이다. 검색 엔진은 한 단어의 여러 형태를 같다고 할 정도로 충분히 복잡하다고 가정한다. 그래서 예를 들어 제목 목록에서 *applied*와 *applications* 같은 단어들은 모두 *application*의 형태로 센다. 우리의 책 목록을 위한 데이터베이스 행렬은 표 1.3.4처럼 정의되는 배열이다.

만일 우리가 찾고자 하는 단어들이 *applied*, *linear*, *algebra*이면, 데이터베이스 행렬과 검색 벡터는 다음과 같다.

표 1.3.4 선형대수 책들의 데이터베이스를 위한 배열 표현

	책						
키워드	**B1**	**B2**	**B3**	**B4**	**B5**	**B6**	**B7**
algebra	1	1	1	1	1	1	0
application	1	0	1	1	1	1	0
elementary	0	1	1	0	0	0	0
linear	1	1	1	1	1	0	0
matrix	0	0	0	0	0	1	1
theory	0	0	0	0	0	0	1

$$A = \begin{pmatrix} 1 & 1 & 1 & 1 & 1 & 1 & 0 \\ 1 & 0 & 1 & 1 & 1 & 1 & 0 \\ 0 & 1 & 1 & 0 & 0 & 0 & 0 \\ 1 & 1 & 1 & 1 & 1 & 0 & 0 \\ 0 & 0 & 0 & 0 & 0 & 1 & 1 \\ 0 & 0 & 0 & 0 & 0 & 0 & 1 \end{pmatrix}, \qquad \mathbf{x} = \begin{pmatrix} 1 \\ 1 \\ 0 \\ 1 \\ 0 \\ 0 \end{pmatrix}$$

만일 $\mathbf{y} = A^T\mathbf{x}$라고 하면

$$\mathbf{y} = \begin{pmatrix} 1 & 1 & 0 & 1 & 0 & 0 \\ 1 & 0 & 1 & 1 & 0 & 0 \\ 1 & 1 & 1 & 1 & 0 & 0 \\ 1 & 1 & 0 & 1 & 0 & 0 \\ 1 & 1 & 0 & 1 & 0 & 0 \\ 1 & 1 & 0 & 0 & 1 & 0 \\ 0 & 0 & 0 & 0 & 1 & 1 \end{pmatrix} \begin{pmatrix} 1 \\ 1 \\ 0 \\ 1 \\ 0 \\ 0 \end{pmatrix} = \begin{pmatrix} 3 \\ 2 \\ 3 \\ 3 \\ 3 \\ 2 \\ 0 \end{pmatrix}$$

y_1의 값은 첫 번째 책 제목에 있는 검색 단어의 수이고, y_2의 값은 두 번째 책 제목에 있는 수이다. $y_1 = y_3 = y_4 = y_5 = 3$이므로, 책 B1, B3, B4, B5의 제목들은 모두 세 개의 검색어들을 포함해야만 한다. 만일 모든 검색 단어들에 맞는 제목들을 찾도록 정해졌다면, 검색 엔진은 첫째, 셋째, 넷째, 다섯째 책들의 제목들을 보고할 것이다.

상대빈도수 검색

비상업적인 데이터베이스들의 검색은 일반적으로 키 검색어를 포함하는 모든 문서들을 찾고 상대빈도수에 기반하여 문서들을 정렬한다. 이 경우에 데이터베이스 행렬의 원소들은 그 문서들에 있는 키워드들의 상대빈도수를 나타낸다. 예를 들어, 데이터베이스의 모든 키워드 사전에서 여섯 번째 단어가 *algebra*이고 여덟 번째 단어가 *applied*라고 가정하자. 여기서 모든 단어들은 알파벳 순서로 나열되어 있다. 만일 데이터베이스에 있는 문서 9가 사전에서 총 200번의 키워드를 포함하고, 단어 *algebra*가 문서에서 10번 나타나고, 단어 *applied*가 6번 나타난다면, 이 단어들에 대한 상대빈도수는 $\frac{10}{200}$과 $\frac{6}{200}$이 될 것이며, 데이터 베이스

행렬에 해당하는 원소들은

$$a_{69} = 0.05 \quad \text{그리고} \quad a_{89} = 0.03$$

이 된다. 이 두 단어를 검색하기 위하여, 검색 벡터 $\mathbf{x}$를 원소 x_6과 x_8은 1이 되게 하고 나머지는 모두 0으로 하는 벡터로 취한다. 그리고

$$\mathbf{y} = A^T\mathbf{x}$$

를 계산한다. 문서 9에 해당하는 $\mathbf{y}$의 원소는 다음과 같다.

$$y_9 = a_{69} \cdot 1 + a_{89} \cdot 1 = 0.08$$

문서 9에서 200단어 중 16개(단어의 8%)는 키 검색어임을 유의하자. 만일 y_j가 $\mathbf{y}$의 가장 큰 원소라면, 이것은 데이터베이스에 있는 j번째 문서가 가장 많은 상대빈도수를 갖는 키워드를 포함하는 것임을 나타낸다.

고급 검색 방법

*linear*와 *algebra*와 같은 키워드들을 검색하면 쉽게 수천 개의 문서들이 나타나고, 그중 일부분은 linear algebra(선형대수)와 전혀 상관이 없을 수도 있다. 만일 우리가 검색어의 수를 증가시키고 모든 검색어들이 맞아떨어지도록 요구한다면, 몇몇 중요한 선형대수 문서들을 배제시키는 위험에 직면할 것이다. 확장된 검색 목록의 모든 단어들이 맞도록 하기보다는 우리의 데이터베이스 검색이 가장 높은 상대빈도수를 갖는 대부분의 키워드들이 맞아떨어지도록 그 문서들에게 우선순위를 준다. 이를 위하여, 검색 벡터 $\mathbf{x}$에 가장 가까운 데이터베이스 행렬 A의 열들을 구할 필요가 있다. 두 벡터가 얼마나 가까운지를 측정하는 한 가지 방법은 두 벡터 간의 각을 정의하는 것이다. 이것은 5.1절에서 다룰 것이다.

또한 특이값 분해(singular value decomposition)에 관하여 배운 후 정보 추출 응용을 다시 다룰 것이다(6.5절). 이 분해는 데이터베이스 행렬에 대한 간단한 추정값을 구하는 데 사용될 것이고, 이것은 검색을 극적으로 빠르게 할 것이다. 흔히 이것은 잡음(noise)을 제거하는 부가적인 장점이 있다. 즉, 데이터베이스 행렬의 근사치를 사용하여 원치 않는 내용에 있는 키워드를 사용하는 문서들을 제거하는 효과를 자동적으로 가질 수도 있다. 예를 들어 치대 학생과 수학과 학생이 그들의 검색어 가운데 하나로 *calculus*를 사용한다고 하자. 수학 검색어 목록은 어떤 치과 용어도 포함하지 않기 때문에 근사치 데이터베이스 행렬을 사용하는 수학 검색은 치과와 관련된 모든 문서들을 거의 제거할 것이다. 마찬가지로, 수학 문서들은 치과 학생의 검색에서 걸러질 것이다.

웹 검색과 페이지 순위

현대의 웹 검색들은 손쉽게 수십만 개의 키워드들을 갖는 수백만 개의 문서들과 관련된다.

실제로 2008년 7월에 인터넷상에는 1조 개 이상의 웹 페이지가 있었고, 검색 엔진이 하루에 많게는 천만 개의 웹 페이지를 획득하고 갱신하는 것은 드문 일이 아니다. 비록 인터넷상의 페이지를 위한 데이터베이스 행렬이 대단히 크다고 하더라도, 행렬과 검색 벡터들이 드문드문(sparse)하기 때문에, 즉 어떤 열에서 대부분의 원소들이 0이기 때문에 검색은 극적으로 단순해진다.

인터넷을 검색할 때, 더 나은 검색 엔진은 키워드에 맞는 모든 페이지들을 찾기 위하여 간단한 짝맞추기 검색을 할 것이다. 그러나 그들은 키워드들의 상대빈도수에 기반하여 순서를 나열하지는 않을 것이다. 인터넷의 상업적인 속성 때문에, 물건을 팔고자 하는 사람들은 그들의 웹 사이트가 상대빈도수 검색에서 높은 순위를 나타내도록 하기 위하여 일부러 키워드의 사용을 반복할 것이다. 실제로 키워드를 수백 번씩 부정하게 나열하는 것은 아주 쉽다. 만일 단어의 글꼴색이 페이지의 배경색과 일치한다면, 보는 사람들은 그 단어가 반복되어 나열되었는지 알 수 없을 것이다.

웹 검색에서, 모든 키 검색어들을 포함하는 페이지들의 순위를 매기기 위하여 좀 더 복잡한 알고리즘이 필요하다. 6장에서는 임의의 랜덤 프로세스에서 확률을 할당하는 특별한 형태의 행렬 모델을 살펴볼 것이다. 이런 형태의 모델을 **마르코프 프로세스**(Markov process) 혹은 **마르코프 체인**(Markov chain)이라고 한다. 6.3절에서는 웹 서핑을 모델링하 고 웹 페이지의 순위를 얻기 위하여 마르코프 체인을 어떻게 사용하는지를 볼 것이다.

참고문헌

1. Barry, Michael W., and Murray Browne, *Understanding Search Engines: Mathematical Modeling and Text Retrieval*, SIAM, Philadelphia, 1999.

2. Langville, Amy N., and Carl D. Meyer, *Google's PageRank and Beyond: The Science of Search Rankings*, Princeton University Press, 2012.

1.3 연습문제

1. 만일

$$A = \begin{bmatrix} 3 & 1 & 4 \\ -2 & 0 & 1 \\ 1 & 2 & 2 \end{bmatrix} \quad \text{그리고} \quad B = \begin{bmatrix} 1 & 0 & 2 \\ -3 & 1 & 1 \\ 2 & -4 & 1 \end{bmatrix}$$

일 때, 다음을 계산하라.

(a) $2A$ **(b)** $A + B$

(c) $2A - 3B$ **(d)** $(2A)^T - (3B)^T$

(e) AB **(f)** BA

(g) $A^T B^T$ **(h)** $(BA)^T$

2. 다음의 각 행렬들의 쌍에 대하여, 첫 번째 행렬과 두 번째 행렬을 곱하는 것이 가능한가? 만일 가능하다면 곱셈을 수행하라.

(a) $\begin{bmatrix} 3 & 5 & 1 \\ -2 & 0 & 2 \end{bmatrix} \begin{bmatrix} 2 & 1 \\ 1 & 3 \\ 4 & 1 \end{bmatrix}$

(b) $\begin{bmatrix} 4 & -2 \\ 6 & -4 \\ 8 & -6 \end{bmatrix} \begin{bmatrix} 1 & 2 & 3 \end{bmatrix}$

(c) $\begin{pmatrix} 1 & 4 & 3 \\ 0 & 1 & 4 \\ 0 & 0 & 2 \end{pmatrix} \begin{pmatrix} 3 & 2 \\ 1 & 1 \\ 4 & 5 \end{pmatrix}$

(d) $\begin{pmatrix} 4 & 6 \\ 2 & 1 \end{pmatrix} \begin{pmatrix} 3 & 1 & 5 \\ 4 & 1 & 6 \end{pmatrix}$

(e) $\begin{pmatrix} 4 & 6 & 1 \\ 2 & 1 & 1 \end{pmatrix} \begin{pmatrix} 3 & 1 & 5 \\ 4 & 1 & 6 \end{pmatrix}$

(f) $\begin{pmatrix} 2 \\ -1 \\ 3 \end{pmatrix} \begin{pmatrix} 3 & 2 & 4 & 5 \end{pmatrix}$

3. 연습문제 2에 있는 어느 쌍들이 두 번째 행렬 곱하기 첫 번째가 가능한가? 그 곱의 차원은 얼마인가?

4. 다음의 각 방정식들의 시스템을 하나의 행렬식으로 써라.

(a) $\begin{aligned} x_1 - 2x_2 &= 3 \\ 2x_1 + 4x_2 &= -6 \end{aligned}$ **(b)** $\begin{aligned} 2x_1 + x_2 - x_3 &= -1 \\ x_1 + 2x_2 + 2x_3 &= 0 \\ x_1 \qquad - x_3 &= 2 \end{aligned}$

(c) $\begin{aligned} x_1 + x_2 - x_3 &= -1 \\ 2x_1 - x_2 + 3x_3 &= 1 \\ 3x_1 - 7x_2 + 9x_3 &= 2 \end{aligned}$

5. 만일

$$A = \begin{pmatrix} 1 & 5 \\ 0 & 7 \\ 2 & 4 \end{pmatrix}$$

일 때, 다음을 증명하라.

(a) $5A + 2A = 7A$ **(b)** $4(2A) = 8A$
(c) $(A^T)^T = A$

6. 만일

$$A = \begin{pmatrix} 1 & -2 & 4 \\ 0 & 1 & 3 \end{pmatrix} \text{ 그리고 } B = \begin{pmatrix} -1 & 2 & -3 \\ -1 & 4 & 0 \end{pmatrix}$$

일 때, 다음을 증명하라.

(a) $A + B = B + A$
(b) $2(A + B) = 2A + 2B$
(c) $(A + B)^T = A^T + B^T$

7. 만일

$$A = \begin{pmatrix} 4 & -1 \\ 6 & 2 \\ 2 & -3 \end{pmatrix} \quad \text{그리고} \quad B = \begin{pmatrix} 1 & -3 \\ 2 & 1 \end{pmatrix}$$

일 때, 다음을 증명하라.

(a) $-2(AB) = (-2A)B = A(-2B)$
(b) $(AB)^T = B^TA^T$

8. 만일

$$A = \begin{pmatrix} 1 & 2 \\ 0 & -1 \end{pmatrix}, \ B = \begin{pmatrix} 3 & -2 \\ 1 & 2 \end{pmatrix}, \ C = \begin{pmatrix} 5 & 7 \\ 6 & 4 \end{pmatrix}$$

일 때, 다음을 증명하라.

(a) $(A + B) + C = A + (B + C)$
(b) $(AB)C = A(BC)$
(c) $A(B + C) = AB + AC$
(d) $(A + B)C = AC + BC$

9. 다음 행렬에 대해

$$A = \begin{pmatrix} 1 & -2 \\ 2 & 1 \end{pmatrix}, \quad b = \begin{pmatrix} -4 \\ 7 \end{pmatrix}, \quad c = \begin{pmatrix} -1 \\ 5 \end{pmatrix}$$

(a) $\mathbf{b}$를 열 벡터 $\mathbf{a}_1$과 $\mathbf{a}_2$의 선형 조합으로 써라.
(b) 선형 시스템 $A\mathbf{x} = \mathbf{b}$의 해를 구하기 위하여 (a)의 결과를 사용하라. 이 시스템이 다른 해를 갖는지 설명하라.
(c) $\mathbf{c}$를 열 벡터 $\mathbf{a}_1$과 $\mathbf{a}_2$의 선형 조합으로 써라.

10. 다음과 같은 A와 $\mathbf{b}$의 각 선택에 대하여, $\mathbf{b}$가 A의 열 벡터들과 어떻게 연관되는지를 조사하여 시스템 $A\mathbf{x} = \mathbf{b}$가 모순이 아닌지를 결정하라. 각 경우에 대해 여러분의 답을 설명하라.

(a) $A = \begin{pmatrix} 2 & 1 \\ -2 & -1 \end{pmatrix}, \quad \mathbf{b} = \begin{pmatrix} 3 \\ 1 \end{pmatrix}$

(b) $A = \begin{pmatrix} 1 & 4 \\ 2 & 3 \end{pmatrix}, \quad \mathbf{b} = \begin{pmatrix} 5 \\ 5 \end{pmatrix}$

(c) $A = \begin{pmatrix} 3 & 2 & 1 \\ 3 & 2 & 1 \\ 3 & 2 & 1 \end{pmatrix}, \quad \mathbf{b} = \begin{pmatrix} 1 \\ 0 \\ -1 \end{pmatrix}$

11. A는 5×3 행렬이다. 만일

$$\mathbf{b} = \mathbf{a}_1 + \mathbf{a}_2 = \mathbf{a}_2 + \mathbf{a}_3$$

이면, 선형 시스템 $A\mathbf{x} = \mathbf{b}$에 대한 해의 수에 관하여 어떤 결론을 내릴 수 있는지 설명하라.

12. A는 3×4 행렬이다. 만일

$$\mathbf{b} = \mathbf{a}_1 + \mathbf{a}_2 + \mathbf{a}_3 + \mathbf{a}_4$$

이면, 선형 시스템 $A\mathbf{x} = \mathbf{b}$에 대한 해의 수에 관하여 어떤 결론을 내릴 수 있는지 설명하라.

13. $A\mathbf{x} = \mathbf{b}$는 증가된 행렬 $(A \mid \mathbf{b})$가

$$\left(\begin{array}{ccccc|c} 1 & 2 & 0 & 3 & 1 & -2 \\ 0 & 0 & 1 & 2 & 4 & 5 \\ 0 & 0 & 0 & 0 & 0 & 0 \\ 0 & 0 & 0 & 0 & 0 & 0 \end{array}\right)$$

인 감소된 행 사다리꼴 형태를 갖는 선형 시스템이다.

(a) 시스템의 모든 해를 구하라.

(b) 만일

$$\mathbf{a}_1 = \begin{pmatrix} 1 \\ 1 \\ 3 \\ 4 \end{pmatrix} \quad \text{그리고} \quad \mathbf{a}_3 = \begin{pmatrix} 2 \\ -1 \\ 1 \\ 3 \end{pmatrix}$$

일 때, $\mathbf{b}$를 구하라.

14. 응용 2의 예에서 교수 초빙 위원회가 연구를 교육의 1.5배, 전문가적 활동의 3배 중요하다고 결정한다고 하자. 위원회는 역시 교육을 전문가적 활동보다 2배 더 쳐 준다. 이럴 때 수정된 사항을 반영하는 새로운 가중치 벡터 w를 구하라. 그리고 새로운 비율 벡터 r을 구하라. 새로운 가중치가 후보들의 전반적인 순위에 영향을 미치는가?

15. A는 $m \times n$ 행렬이다. 왜 행렬 곱셈 A^TA와 AA^T가 가능한지 설명하라.

16. 만일 $A^T = -A$이면, 행렬 A는 반대칭(skew symmetric)이라 한다. 만일 어떤 행렬이 반대칭이라면 그 행렬의 대각선 원소들은 모두 0이어야 함을 보여라.

17. 응용 3에서, 검색어 *elementary*, *matrix*, *algebra*를 위하여 선형대수 책 일곱 권의 데이터베이스를 찾는다고 가정하자. 검색 벡터 $\mathbf{x}$를 만들고, 검색의 결과를 나타내는 벡터 $\mathbf{y}$를 계산하라.

18. A는 $a_{11} \neq 0$인 2×2 행렬이며, $\alpha = a_{21}/a_{11}$이라 하자. A가 다음과 같은 곱의 형태로 분해될 수 있음을 보여라.

$$\begin{pmatrix} 1 & 0 \\ \alpha & 1 \end{pmatrix} \begin{pmatrix} a_{11} & a_{12} \\ 0 & b \end{pmatrix}$$

b의 값은 얼마인가?

1.4 행렬 대수

실수들을 위한 대수 규칙들은 행렬에 사용할 때 동작할 수도 안 할 수도 있다. 예를 들면, 만일 a와 b가 실수라면,

$$a + b = b + a \text{이고} \qquad ab = ba$$

이다. 실수에 대해서 덧셈과 곱셈의 연산은 둘 다 교환법칙이 성립한다. 이 대수 규칙의 첫 번째는 a와 b를 정방행렬 A와 B로 대체하면 성립한다; 즉,

$$A + B = B + A$$

하지만, 행렬 곱셈은 교환법칙이 성립하지 않음을 이미 보았다. 이 사실은 특히 강조할 만하다.

경고: 일반적으로 $AB \neq BA$이다. 행렬 곱셈은 교환법칙이 성립하지 않는다.

이 절에서 우리는 어느 대수 규칙들이 동작하고 어느 것이 그렇지 않은지 살펴본다.

대수 규칙

다음의 정리는 행렬 대수를 위한 몇 가지 유용한 규칙들을 제공한다.

정리 1.4.1 다음의 각 문장은 임의의 스칼라 α와 β 그리고 임의의 행렬들 A, B, C에 대하여 유효하다.

1. $A+B=B+A$

2. $(A+B)+C=A+(B+C)$

3. $(AB)C=A(BC)$

4. $A(B+C)=AB+AC$

5. $(A+B)C=AC+BC$

6. $(\alpha\beta)A=\alpha(\beta A)$

7. $\alpha(AB)=(\alpha A)B=A(\alpha B)$

8. $(\alpha+\beta)A=\alpha A+\beta A$

9. $\alpha(A+B)=\alpha B+\alpha B$

여기서는 두 가지 규칙만 증명하고 나머지는 독자들이 증명하도록 남겨 둔다.

증명 (규칙 4) $A=(a_{ij})$는 $m\times n$ 행렬이고, $B=(b_{ij})$와 $C=(c_{ij})$는 둘 다 $n\times r$ 행렬이라고 가정하자. 여기서 $D=A(B+C)$이고 $E=AB+AC$라 하자. 그러면

$$d_{ij}=\sum_{k=1}^{n}a_{ik}(b_{kj}+c_{kj})$$

이고

$$e_{ij}=\sum_{k=1}^{n}a_{ik}b_{kj}+\sum_{k=1}^{n}a_{ik}c_{kj}$$

이다. 그러나 $d_{ij}=e_{ij}$이기 위하여

$$\sum_{k=1}^{n}a_{ik}(b_{kj}+c_{kj})=\sum_{k=1}^{n}a_{ik}b_{kj}+\sum_{k=1}^{n}a_{ik}c_{kj}$$

이며, 따라서 $A(B+C)=AB+AC$이다. ■

증명 (규칙 3) A는 $m\times n$ 행렬이고, B는 $n\times r$ 행렬, C는 $r\times s$ 행렬이라고 가정하자. 여기서 $D=AB$이고 $E=BC$라 하자. 우리는 $DC=AE$임을 보여야 한다. 행렬 곱셈의 정의에 의해

$$d_{il}=\sum_{k=1}^{n}a_{ik}b_{kl}\quad \text{그리고}\quad e_{kj}=\sum_{l=1}^{r}b_{kl}c_{lj}$$

DC의 (i, j)번째 항은

$$\sum_{l=1}^{r} d_{il}c_{lj} = \sum_{l=1}^{r}\left(\sum_{k=1}^{n} a_{ik}b_{kl}\right)c_{lj}$$

이며, AE의 (i, j) 원소는

$$\sum_{k=1}^{n} a_{ik}e_{kj} = \sum_{k=1}^{n} a_{ik}\left(\sum_{l=1}^{r} b_{kl}c_{lj}\right)$$

이다. 그리고

$$\sum_{l=1}^{r}\left(\sum_{k=1}^{n} a_{ik}b_{kl}\right)c_{lj} = \sum_{l=1}^{r}\left(\sum_{k=1}^{n} a_{ik}b_{kl}c_{lj}\right) = \sum_{k=1}^{n} a_{ik}\left(\sum_{l=1}^{r} b_{kl}c_{lj}\right)$$

이기 때문에 다음이 성립한다.

$$(AB)C = DC = AE = A(BC)$$ ■

정리 1.4.1에 주어진 대수 규칙들은 우리가 실수에 사용하는 규칙들과 유사하기 때문에 아주 자연스럽다. 하지만 행렬 대수를 위한 규칙들과 실수를 위한 대수 규칙 사이에는 몇 가지 중요한 차이가 있다. 이러한 몇몇 차이가 이 절의 끝에 있는 연습문제 1부터 5에서 보여진다.

예제 1 만일

$$A = \begin{bmatrix} 1 & 2 \\ 3 & 4 \end{bmatrix}, \quad B = \begin{bmatrix} 2 & 1 \\ -3 & 2 \end{bmatrix}, \quad \text{그리고} \quad C = \begin{bmatrix} 1 & 0 \\ 2 & 1 \end{bmatrix}$$

이면, $A(BC) = (AB)C$이고 $A(B + C) = AB + AC$임을 보여라.

해답

$$A(BC) = \begin{bmatrix} 1 & 2 \\ 3 & 4 \end{bmatrix}\begin{bmatrix} 4 & 1 \\ 1 & 2 \end{bmatrix} = \begin{bmatrix} 6 & 5 \\ 16 & 11 \end{bmatrix}$$

$$(AB)C = \begin{bmatrix} -4 & 5 \\ -6 & 11 \end{bmatrix}\begin{bmatrix} 1 & 0 \\ 2 & 1 \end{bmatrix} = \begin{bmatrix} 6 & 5 \\ 16 & 11 \end{bmatrix}$$

따라서

$$A(BC) = \begin{bmatrix} 6 & 5 \\ 16 & 11 \end{bmatrix} = (AB)C$$

$$A(B + C) = \begin{bmatrix} 1 & 2 \\ 3 & 4 \end{bmatrix}\begin{bmatrix} 3 & 1 \\ -1 & 3 \end{bmatrix} = \begin{bmatrix} 1 & 7 \\ 5 & 15 \end{bmatrix}$$

$$AB + AC = \begin{bmatrix} -4 & 5 \\ -6 & 11 \end{bmatrix} + \begin{bmatrix} 5 & 2 \\ 11 & 4 \end{bmatrix} = \begin{bmatrix} 1 & 7 \\ 5 & 15 \end{bmatrix}$$

그러므로

$$A(B+C) = AB + AC \qquad ■$$

표기법

$(AB)C = A(BC)$이므로, 괄호를 단순히 없애고 ABC라고 쓴다. 네 개나 그 이상의 행렬의 곱에 대해서도 같은 것이 사실이다. 하나의 $n \times n$ 행렬이 여러 번 스스로 곱해지는 경우에는, 지수 표기법을 사용하는 것이 편리하다. 따라서 k가 양의 정수라면,

$$A^k = \underbrace{AA \cdots A}_{k\text{번}}$$

예제 2 만일

$$A = \begin{bmatrix} 1 & 1 \\ 1 & 1 \end{bmatrix}$$

이면,

$$A^2 = \begin{bmatrix} 1 & 1 \\ 1 & 1 \end{bmatrix} \begin{bmatrix} 1 & 1 \\ 1 & 1 \end{bmatrix} = \begin{bmatrix} 2 & 2 \\ 2 & 2 \end{bmatrix}$$

$$A^3 = AAA = AA^2 = \begin{bmatrix} 1 & 1 \\ 1 & 1 \end{bmatrix} \begin{bmatrix} 2 & 2 \\ 2 & 2 \end{bmatrix} = \begin{bmatrix} 4 & 4 \\ 4 & 4 \end{bmatrix}$$

이며, 일반적으로

$$A^n = \begin{bmatrix} 2^{n-1} & 2^{n-1} \\ 2^{n-1} & 2^{n-1} \end{bmatrix} \qquad ■$$

응용 1 결혼 상태 계산을 위한 단순 모델

어느 한 마을에서 결혼한 여성의 30%가 매년 이혼을 하고 혼자인 여성의 20%가 매년 결혼을 한다. 마을에는 8000명의 결혼한 여성과 2000명의 혼자인 여성이 있다. 전체 여성의 수는 일정하다고 가정하면, 1년 후 결혼한 여성 및 혼자인 여성의 수는 몇 명일까? 2년 후에는?

해답 다음과 같은 행렬 A를 만들어 보자. A의 첫 번째 행에 있는 원소들은 각각 1년 후에 결혼한 여성과 혼자인 여성의 비율이 될 것이다. 두 번째 행에 있는 원소들은 1년 후에 혼자인 여성들의 비율이 될 것이다. 따라서

표 1.4.2 로거헤드 거북의 개체수 예측

단계	초기 개체수	10년	25년	50년	100년
1	200,000	115,403	75,768	37,623	9276
2	300,000	331,274	217,858	108,178	26,673
3	500	215	142	70	17
4	1500	1074	705	350	86

$$\mathbf{x}_1 = L\mathbf{x}_0 = \begin{bmatrix} 0 & 0 & 127 & 79 \\ 0.67 & 0.7394 & 0 & 0 \\ 0 & 0.0006 & 0 & 0 \\ 0 & 0 & 0.81 & 0.8097 \end{bmatrix} \begin{bmatrix} 200{,}000 \\ 300{,}000 \\ 500 \\ 1500 \end{bmatrix} = \begin{bmatrix} 182{,}000 \\ 355{,}820 \\ 180 \\ 1620 \end{bmatrix}$$

(계산은 가장 가까운 정수로 반올림했다). 2년 후의 개체수 벡터를 결정하기 위하여, 행렬 L을 다시 곱한다.

$$\mathbf{x}_2 = L\mathbf{x}_1 = L^2\mathbf{x}_0$$

일반적으로 k년 후의 개체수는 $\mathbf{x}_k = L^k\mathbf{x}_0$를 계산하여 결정된다. 장기적인 경향을 보기 위하여 $\mathbf{x}_{10}, \mathbf{x}_{25}, \mathbf{x}_{50}$을 계산해 보자. 결과는 표 1.4.2에 요약되어 있다. 이 모델은 부모 세대 거북들의 전체 수가 50년 동안에 80% 정도 감소할 것이라고 예측하고 있다.

개체수 역학을 설명하는 7단계 모델은 참고문헌 [1]에 있다. 이 7단계 모델을 이 장 맨 끝에 있는 컴퓨터 연습문제에서 이용할 것이다. 참고문헌 [2]는 레슬리가 쓴 원본 논문이다.

참고문헌

1. Crouse, Deborah T., Larry B. Crowder, and Hal Caswell, "A Stage-Based Population Model for Loggerhead Sea Turtles and Implications for Conservation," *Ecology*, 68(5), 1987.

2. Leslie, P. H., "On the Use of Matrices in Certain Population Mathematics," *Biometrika*, 33, 1945.

항등 행렬

실수의 곱에 대한 항등원으로서 숫자 1이 하는 것과 같이, 임의의 $n \times n$ 행렬에 대하여 행렬 곱셈을 위한 항등원으로 행동하는 특수한 행렬 I가 있다.

$$IA = AI = A \tag{4}$$

이것을 증명하는 것은 쉽다. 만일 I를 대각선에 1이 있고 나머지는 0인 $n \times n$ 행렬이라고 하면, 임의의 $n \times n$ 행렬에 대하여 행렬 I는 식 (4)를 만족한다. 좀 더 형식적으로 정의하면 다음과 같다.

정의 $n \times n$ **항등 행렬**(identity matrix)은 행렬 $I = (\delta_{ij})$이다. 단,

$$\delta_{ij} = \begin{cases} 1 & i = j\text{인 경우} \\ 0 & i \neq j\text{인 경우} \end{cases}$$

예로써 $n = 3$인 경우에서 식 (4)를 증명해 보자.

$$\begin{bmatrix} 1 & 0 & 0 \\ 0 & 1 & 0 \\ 0 & 0 & 1 \end{bmatrix} \begin{bmatrix} 3 & 4 & 1 \\ 2 & 6 & 3 \\ 0 & 1 & 8 \end{bmatrix} = \begin{bmatrix} 3 & 4 & 1 \\ 2 & 6 & 3 \\ 0 & 1 & 8 \end{bmatrix}$$

그리고

$$\begin{bmatrix} 3 & 4 & 1 \\ 2 & 6 & 3 \\ 0 & 1 & 8 \end{bmatrix} \begin{bmatrix} 1 & 0 & 0 \\ 0 & 1 & 0 \\ 0 & 0 & 1 \end{bmatrix} = \begin{bmatrix} 3 & 4 & 1 \\ 2 & 6 & 3 \\ 0 & 1 & 8 \end{bmatrix}$$

일반적으로 B가 $m \times n$ 행렬이고 C가 $n \times r$ 행렬이면,

$$BI = B \quad \text{그리고} \quad IC = C$$

$n \times n$ 항등 행렬 I의 열 벡터는 유클리디언 n-공간에서 좌표계(coordinate system)를 정의하는 데 사용되는 표준 벡터들이다. I의 j번째 열 벡터에 대한 표준 표기법은 통상적인 $\mathbf{i}_j$가 아니라 $\mathbf{e}_j$이다. 따라서 $n \times n$ 항등 행렬은 다음과 같이 쓸 수 있다.

$$I = (\mathbf{e}_1, \mathbf{e}_2, \ldots, \mathbf{e}_n)$$

역행렬

실수 a는 만일 $ab = 1$을 만족하는 하나의 숫자 b가 존재한다면 곱셈의 역을 갖는다고 말한다. 임의의 영이 아닌 숫자 a는 하나의 곱의 역 $b = \frac{1}{a}$을 갖는다. 다음과 같은 정의로 행렬들에 대한 곱셈의 역의 개념을 일반화한다.

정의 하나의 $n \times n$ 행렬 A는 만일 $AB = BA = I$와 같은 행렬 B가 존재한다면 **특이하지 않다**(nonsingular) 혹은 **역이 있다**(invertible)고 한다. 그리고 행렬 B는 A의 **곱셈의 역**(multiplicative inverse)이라고 한다.

만일 B와 C가 모두 A의 곱셈의 역이라고 한다면,

$$B = BI = B(AC) = (BA)C = IC = C$$

따라서 하나의 행렬은 기껏해야 하나의 곱셈의 역을 갖는다. 불특이 행렬 A의 곱셈의 역을 간단히 A의 역(inverse)이라 하고, A^{-1}로 표기한다.

예제 3 행렬

$$\begin{bmatrix} 2 & 4 \\ 3 & 1 \end{bmatrix} \quad \text{그리고} \quad \begin{bmatrix} -\frac{1}{10} & \frac{2}{5} \\ \frac{3}{10} & -\frac{1}{5} \end{bmatrix}$$

은 서로 서로 역이다. 왜냐하면

$$\begin{bmatrix} 2 & 4 \\ 3 & 1 \end{bmatrix} \begin{bmatrix} -\frac{1}{10} & \frac{2}{5} \\ \frac{3}{10} & -\frac{1}{5} \end{bmatrix} = \begin{bmatrix} 1 & 0 \\ 0 & 1 \end{bmatrix}$$

이고

$$\begin{bmatrix} -\frac{1}{10} & \frac{2}{5} \\ \frac{3}{10} & -\frac{1}{5} \end{bmatrix} \begin{bmatrix} 2 & 4 \\ 3 & 1 \end{bmatrix} = \begin{bmatrix} 1 & 0 \\ 0 & 1 \end{bmatrix}$$

이기 때문이다. ■

예제 4 3×3 행렬

$$\begin{bmatrix} 1 & 2 & 3 \\ 0 & 1 & 4 \\ 0 & 0 & 1 \end{bmatrix} \quad \text{그리고} \quad \begin{bmatrix} 1 & -2 & 5 \\ 0 & 1 & -4 \\ 0 & 0 & 1 \end{bmatrix}$$

은 역이다. 왜냐하면

$$\begin{bmatrix} 1 & 2 & 3 \\ 0 & 1 & 4 \\ 0 & 0 & 1 \end{bmatrix} \begin{bmatrix} 1 & -2 & 5 \\ 0 & 1 & -4 \\ 0 & 0 & 1 \end{bmatrix} = \begin{bmatrix} 1 & 0 & 0 \\ 0 & 1 & 0 \\ 0 & 0 & 1 \end{bmatrix}$$

이고

$$\begin{bmatrix} 1 & -2 & 5 \\ 0 & 1 & -4 \\ 0 & 0 & 1 \end{bmatrix} \begin{bmatrix} 1 & 2 & 3 \\ 0 & 1 & 4 \\ 0 & 0 & 1 \end{bmatrix} = \begin{bmatrix} 1 & 0 & 0 \\ 0 & 1 & 0 \\ 0 & 0 & 1 \end{bmatrix}$$

이기 때문이다. ■

예제 5 행렬

$$A = \begin{bmatrix} 1 & 0 \\ 0 & 0 \end{bmatrix}$$

은 역이 없다. 실제로, 만일 B가 2×2 행렬이면

$$BA = \begin{bmatrix} b_{11} & b_{12} \\ b_{21} & b_{22} \end{bmatrix} \begin{bmatrix} 1 & 0 \\ 0 & 0 \end{bmatrix} = \begin{bmatrix} b_{11} & 0 \\ b_{21} & 0 \end{bmatrix}$$

이다. 따라서 BA는 I가 될 수 없다. ■

정의 만일 어떤 $n \times n$ 행렬이 곱셈의 역을 갖지 못한다면, 그 행렬은 **특이하다**(singular)고 한다.

참고

오직 정방 행렬만이 곱셈의 역을 갖는다. 정방 행렬이 아닌 경우에는 특이하다(singular) 혹은 특이하지 않다(nonsingular)라는 용어를 사용하지 말아야 한다.

보통은 불특이 행렬들의 곱셈들로 작업을 하는데, 불특이 행렬들의 곱은 특이하지 않다는 것이 밝혀진다. 다음의 정리는 어떻게 한 쌍의 불특이 행렬 A와 B의 곱의 역이 A와 B의 역들과 관계되는지 알려 준다.

정리 1.4.2 만일 A와 B가 특이하지 않은 $n \times n$ 행렬이라면, AB 역시 특이하지 않으며 $(AB)^{-1} = B^{-1}A^{-1}$이다.

증명

$$(B^{-1}A^{-1})AB = B^{-1}(A^{-1}A)B = B^{-1}B = I$$
$$(AB)(B^{-1}A^{-1}) = A(BB^{-1})A^{-1} = AA^{-1} = I$$

■

이것은 귀납법에 의해 만일 $A_1, \cdots, A_k$가 모두 특이하지 않은 $n \times n$ 행렬이라면, 그 곱셈 $A_1A_2 \cdots A_k$도 특이하지 않으며 다음과 같다.

$$(A_1A_2 \cdots A_k)^{-1} = A_k^{-1} \cdots A_2^{-1}A_1^{-1}$$

다음 절에서는 행렬이 곱의 역을 갖는지를 결정하는 방법을 배울 것이다. 또한 불특이 행렬의 역을 구하는 방법도 배울 것이다.

전치의 대수 규칙

전치와 관련된 네 가지 기본적인 대수 규칙이 있다.

전치의 대수 규칙

1. $(A^T)^T = A$
2. $(\alpha A)^T = \alpha A^T$
3. $(A + B)^T = A^T + B^T$
4. $(AB)^T = B^T A^T$

첫 세 규칙들은 간단하다. 이들의 유효성을 증명하는 일은 독자들의 몫으로 남겨 둔다. 네 번째 규칙을 증명하기 위해서는, 단지 $(AB)^T$와 $B^T A^T$의 (i, j) 원소들이 같음을 보이기만 하면 된다. 만일 A가 $m \times n$ 행렬이라면, 곱셈이 가능하기 위하여 B는 n개의 행을 가져야만 한다. $(AB)^T$의 (i, j) 원소는 AB의 (j, i) 원소이다. 이것은 A의 j번째 행 벡터 곱하기 B의 i번째 열 벡터를 하여 계산된다.

$$\vec{\mathbf{a}}_j \mathbf{b}_i = (a_{j1}, a_{j2}, \ldots, a_{jn}) \begin{pmatrix} b_{1i} \\ b_{2i} \\ \vdots \\ b_{ni} \end{pmatrix} = a_{j1}b_{1i} + a_{j2}b_{2i} + \cdots + a_{jn}b_{ni} \tag{5}$$

$B^T A^T$의 (i, j) 원소는 B^T의 i번째 행 벡터와 A^T의 j번째 열 벡터를 곱하여 계산된다. B^T의 i번째 행은 B의 i번째 열을 전치한 것이고 A^T의 j번째 열은 A의 j번째 행을 전치한 것이기 때문에, $B^T A^T$의 (i, j) 원소는 다음과 같이 주어진다.

$$\mathbf{b}_i^T \vec{\mathbf{a}}_j^T = (b_{1i}, b_{2i}, \ldots, b_{ni}) \begin{pmatrix} a_{j1} \\ a_{j2} \\ \vdots \\ a_{jn} \end{pmatrix} = b_{1i}a_{j1} + b_{2i}a_{j2} + \cdots + b_{ni}a_{jn} \tag{6}$$

(5)와 (6)으로부터 $(AB)^T$와 $B^T A^T$의 (i, j) 원소들은 같음을 알 수 있다. 다음의 예들은 마지막 증명의 뒤에 숨은 아이디어를 보여준다.

예제 6 행렬 A, B가 다음과 같다.

$$A = \begin{pmatrix} 1 & 2 & 1 \\ 3 & 3 & 5 \\ 2 & 4 & 1 \end{pmatrix}, \qquad B = \begin{pmatrix} 1 & 0 & 2 \\ 2 & 1 & 1 \\ 5 & 4 & 1 \end{pmatrix}$$

AB의 $(3, 2)$ 원소는 A의 세 번째 행과 B의 두 번째 열을 사용하여 계산한다.

$$AB = \begin{pmatrix} 1 & 2 & 1 \\ 3 & 3 & 5 \\ \mathbf{2} & \mathbf{4} & \mathbf{1} \end{pmatrix} \begin{pmatrix} 1 & \mathbf{0} & 2 \\ 2 & \mathbf{1} & 1 \\ 5 & \mathbf{4} & 1 \end{pmatrix} = \begin{pmatrix} 10 & 6 & 5 \\ 34 & 23 & 14 \\ 15 & \mathbf{8} & 9 \end{pmatrix}$$

곱이 전치될 때, AB의 $(3, 2)$ 원소는 $(AB)^T$의 $(2, 3)$ 원소가 된다.

$$(AB)^T = \begin{bmatrix} 10 & 34 & 15 \\ 6 & 23 & \mathbf{8} \\ 5 & 14 & 9 \end{bmatrix}$$

반대로, B^TA^T의 $(2, 3)$ 원소는 B^T의 두 번째 행과 A^T의 세 번째 열을 사용하여 계산된다.

$$B^TA^T = \begin{bmatrix} 1 & 2 & 5 \\ \mathbf{0} & \mathbf{1} & \mathbf{4} \\ 2 & 1 & 1 \end{bmatrix} \begin{bmatrix} 1 & 3 & \mathbf{2} \\ 2 & 3 & \mathbf{4} \\ 1 & 5 & \mathbf{1} \end{bmatrix} = \begin{bmatrix} 10 & 34 & 15 \\ 6 & 23 & \mathbf{8} \\ 5 & 14 & 9 \end{bmatrix}$$

두 경우 모두에서 $(3, 2)$ 원소를 계산하기 위한 연산 결과는 똑같다. ■

대칭 행렬과 네트워크

만일 $A^T = A$이면 행렬 A는 대칭임을 기억하자. 대칭 행렬들이 생기게 하는 한 가지 형태의 응용은 네트워크와 관련된 문제들이다. 이런 문제들은 흔히 **그래프 이론(graph theory)**이라고 하는 수학 분야의 기법들을 사용하여 해결된다.

응용 3 네트워크와 그래프

그래프 이론은 응용 수학에서 중요한 분야 중 하나이다. 그것은 사실상 모든 응용 과학에서의 문제들을 모델링하기 위하여 사용된다. 그래프 이론은 통신 네트워크와 관련된 응용들에서 특히 유용하다.

그래프(graph)는 **꼭짓점(vertex)**이라고 하는 점들의 집합과 **가지(edge)**라고 하는 꼭짓점들의 순서 없는 쌍들의 집합으로 정의된다. 그림 1.4.2는 한 그래프의 기하학적 표현을 보여준다. 꼭짓점 V_1, V_2, V_3, V_4, V_5를 통신 네트워크의 노드(node)에 해당하는 것으로 생각할수 있다.

가지들에 대응하는 꼭짓점들을 연결하는 선분들은 다음과 같다.

$$\{V_1, V_2\},\ \{V_2, V_5\},\ \{V_3, V_4\},\ \{V_3, V_5\},\ \{V_4, V_5\}$$

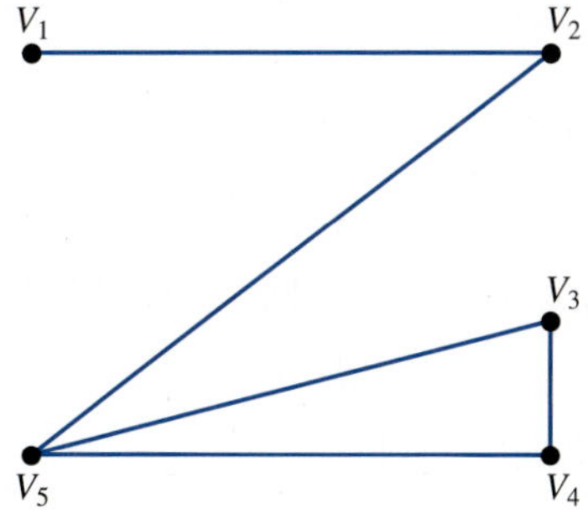

그림 1.4.2

각 가지는 네트워크의 두 노드 사이의 직접적인 통신 연결을 나타낸다.

실제의 통신 네트워크는 아주 많은 수의 꼭짓점과 가지들이 연관되어 있을 수 있다. 실제로, 만일 수백만 개의 꼭짓점들이 있다면 그 네트워크의 그림은 대단히 혼돈스러울 것이다. 다른 대안은 그 네트워크를 위하여 행렬 표현을 사용하는 것이다. 만일 그래프가 총 n개의 꼭짓점을 포함한다면, 다음과 같이 $n \times n$ 행렬 A를 정의할 수 있다.,

$$a_{ij} = \begin{cases} 1 & \{V_i, V_j\}\text{가 그래프의 가지인 경우} \\ 0 & V_i\text{와 } V_j\text{를 연결하는 가지가 없는 경우} \end{cases}$$

행렬 A는 그래프의 인접 행렬(adjacency matrix)이라고 한다. 그림 1.4.2에 있는 그래프의 인접 행렬은 다음과 같다.

$$A = \begin{pmatrix} 0 & 1 & 0 & 0 & 0 \\ 1 & 0 & 0 & 0 & 1 \\ 0 & 0 & 0 & 1 & 1 \\ 0 & 0 & 1 & 0 & 1 \\ 0 & 1 & 1 & 1 & 0 \end{pmatrix}$$

행렬 A는 대칭임을 유의하자. 실제로, 임의의 인접 행렬은 대칭이어야만 한다. 만일 $\{V_i, V_j\}$가 그래프의 가지라면 $a_{ij} = a_{ji} = 1$이고, 만일 V_i와 V_j를 연결하는 가지가 없다면 $a_{ij} = a_{ji} = 0$이다. 두 가지 경우 모두에서 $a_{ij} = a_{ji}$이다.

한 꼭짓점에서 다른 곳을 연결하는 가지들의 나열로서 그래프에서의 걸음(walk)을 생각할 수 있다. 예를 들면, 그림 1.4.2에서 가지들 $\{V_1, V_2\}$와 $\{V_2, V_5\}$는 꼭짓점 V_1부터 V_5까지의 걸음을 나타낸다. 걸음의 길이는 두 개의 가지로 구성되어 있기 때문에 2라고 말한다. 걸음을 설명하는 간단한 방법은 화살표를 사용하여 꼭짓점들 간의 움직임을 나타내는 것이다. 따라서 $V_1 \to V_2 \to V_5$는 V_1부터 V_5까지 길이 2인 걸음을 나타낸다. 마찬가지로, $V_4 \to V_5 \to V_2 \to V_1$은 V_4부터 V_1까지 길이 3인 걸음을 나타낸다. 하나의 걸음에서 똑같은 가지를 한 번 이상 지나갈 수 있다. 예를 들면, $V_5 \to V_3 \to V_5 \to V_3$는 V_5부터 V_3까지 길이 3인 걸음이다. 일반적으로 인접 행렬의 지수승을 취하여 두 꼭짓점 간의 어떤 지정된 길이의 걸음의 수를 결정할 수 있다.

정리 1.4.3 만일 A가 그래프의 $n \times n$ 인접 행렬이고 $a_{ij}^{(k)}$가 A^k의 (i, j) 원소를 나타낸다면, $a_{ij}^{(k)}$는 V_i부터 V_j까지 길이 k인 걸음 수와 같다.

증명 증명은 수학적 귀납법으로 한다. $k = 1$인 경우에, a_{ij}는 V_i부터 V_j까지 길이의 걸음의 수를 나타내는 인접 행렬의 정의로부터 알 수 있다. 임의의 m에 대하여 A^m의 각 원소는 해당되는 꼭짓점 간의 길이 m인 걸음 수와 같다고 가정하자. 그러면 $a_{il}^{(m)}$은 V_i부터 V_l까지 길이 m인 걸음의 수이다. 만일 가지 $\{V_l, V_j\}$가 있다면, $a_{il}^{(m)} = a_{lj} = a_{il}^{(m)}$은 다음과 같은 형태의 V_i부터 V_j까지 길이 $m + 1$인 걸음의 수이다.

$$V_i \to \cdots \to V_l \to V_j$$

반대로 만일 $\{V_l, V_j\}$가 가지가 아니라면, V_i부터 V_j까지 이런 형태의 길이 $m+1$인 걸음은 없으며

$$a_{il}^{(m)} a_{lj} = a_{il}^{(m)} \cdot 0 = 0$$

이다. V_i부터 V_j까지 길이 $m+1$인 전체 걸음의 수는 다음과 같아진다.

$$a_{i1}^{(m)} a_{1j} + a_{i2}^{(m)} a_{2j} + \cdots + a_{in}^{(m)} a_{nj}$$

그러나 이것은 바로 A^{m+1}의 (i, j) 원소이다. ■

예제 7 그림 1.4.2의 그래프에서 임의의 두 꼭짓점 간의 길이가 3인 걸음의 수를 결정하기 위해서는 다음을 계산하기만 하면 된다.

$$A^3 = \begin{pmatrix} 0 & 2 & 1 & 1 & 0 \\ 2 & 0 & 1 & 1 & 4 \\ 1 & 1 & 2 & 3 & 4 \\ 1 & 1 & 3 & 2 & 4 \\ 0 & 4 & 4 & 4 & 2 \end{pmatrix}$$

따라서 V_3부터 V_5까지의 길이 3인 걸음의 수는 $a_{35}^{(3)} = 4$이다. 행렬 A^3은 대칭임을 유의하자. 이것은 V_i부터 V_j까지 길이 3인 걸음의 수는 V_j부터 V_i까지와 같다는 사실을 반영한다. ■

1.4 연습문제

1. 다음의 대수 규칙들에서 실수 a, b를 $n \times n$ 행렬 A, B로 바꾸면 일반적으로 성립하지 않음을 설명하라.

(a) $(a+b)^2 = a^2 + 2ab + b^2$
(b) $(a+b)(a-b) = a^2 - b^2$

2. 연습문제 1에서 만일 a를 $n \times n$ 행렬 A로 바꾸고 b를 $n \times n$ 항등 행렬 I로 바꾸면 규칙들이 성립할까?

3. 둘 다 영 행렬이 아니면서 $AB = O$인 2×2 행렬 A, B를 구하라.

4. $AC = BC$이고 $A \neq B$인 영 아닌 행렬 A, B, C를 구하라.

5. 다음 행렬은 $A^2 = O$인 성질을 갖는다.

$$A = \begin{pmatrix} 1 & -1 \\ 1 & -1 \end{pmatrix}$$

영 아닌 2×2 대칭 행렬이 이 성질을 갖는 것이 가능한가? 여러분의 답을 증명하라.

6. 2×2 행렬에 대한 곱셈의 결합법칙을 증명하라. 즉,

$$A = \begin{pmatrix} a_{11} & a_{12} \\ a_{21} & a_{22} \end{pmatrix}, \quad B = \begin{pmatrix} b_{11} & b_{12} \\ b_{21} & b_{22} \end{pmatrix},$$

$$C = \begin{pmatrix} c_{11} & c_{12} \\ c_{21} & c_{22} \end{pmatrix}$$

이라 하고 다음을 보여라.

$$(AB)C = A(BC)$$

7. 만일

$$A = \begin{bmatrix} 2 & -1 \\ 2 & -1 \end{bmatrix}$$

일 때, A^2과 A^3을 계산하라. A^n은 어떻게 될까?

8. 만일

$$A = \begin{bmatrix} \frac{1}{2} & -\frac{1}{2} & -\frac{1}{2} & -\frac{1}{2} \\ -\frac{1}{2} & \frac{1}{2} & -\frac{1}{2} & -\frac{1}{2} \\ -\frac{1}{2} & -\frac{1}{2} & \frac{1}{2} & -\frac{1}{2} \\ -\frac{1}{2} & -\frac{1}{2} & -\frac{1}{2} & \frac{1}{2} \end{bmatrix}$$

일 때, A^2과 A^3을 계산하라. A^{2n}과 A^{2n+1}은 어떻게 될까?

9. 만일

$$A = \begin{bmatrix} 0 & 1 & 0 & 0 \\ 0 & 0 & 1 & 0 \\ 0 & 0 & 0 & 1 \\ 0 & 0 & 0 & 0 \end{bmatrix}$$

일 때, $n \geq 4$인 경우 $A^n = O$임을 보여라.

10. A와 B를 $n \times n$ 대칭 행렬이라 하자. 다음의 각각에 대하여 주어진 행렬이 대칭인지 비대칭인지를 결정하라.

(a) $C = A + B$ **(b)** $D = A^2$
(c) $E = AB$ **(d)** $F = ABA$
(e) $G = AB + BA$ **(f)** $H = AB - BA$

11. C를 $n \times n$ 비대칭 행렬이라 하자. 다음의 각각에 대하여 주어진 행렬이 대칭인지 비대칭인지를 결정하라.

(a) $A = C + C^T$ **(b)** $B = C - C^T$
(c) $D = C^TC$ **(d)** $E = C^TC - CC^T$
(e) $F = (I + C)(I + C^T)$
(f) $G = (I + C)(I - C^T)$

12.

$$A = \begin{bmatrix} a_{11} & a_{12} \\ a_{21} & a_{22} \end{bmatrix}$$

이라 하자. 만일 $d = a_{11}a_{22} - a_{21}a_{12} \neq 0$일 때, 다음을 보여라.

$$A^{-1} = \frac{1}{d}\begin{bmatrix} a_{22} & -a_{12} \\ -a_{21} & a_{11} \end{bmatrix}$$

13. 다음 행렬들의 역을 구하기 위해 연습문제 12의 결과를 이용하라.

(a) $\begin{bmatrix} 1 & 2 \\ 2 & 1 \end{bmatrix}$ **(b)** $\begin{bmatrix} 3 & 7 \\ 2 & 5 \end{bmatrix}$ **(c)** $\begin{bmatrix} 1 & 2 \\ 3 & 4 \end{bmatrix}$

14. A와 B를 $n \times n$ 행렬이라 하자. 만일 $AB = A$이고 $B \neq I$이면, A는 특이 행렬임을 보여라.

15. A는 불특이 행렬이라 하자. 그러면 A^{-1} 역시 특이하지 않으며 $(A^{-1})^{-1} = A$임을 보여라.

16. 만일 A가 불특이 행렬이면, A^T 역시 특이하지 않으며 $(A^T)^{-1} = (A^{-1})^T$임을 보여라[힌트: $(AB)^T = B^TA^T$].

17. A는 $n \times n$ 행렬이고 $\mathbf{x}$와 $\mathbf{y}$는 $\mathbb{R}^n$에 속한 벡터라고 하자. 만일 $A\mathbf{x} = A\mathbf{y}$이고 $\mathbf{x} \neq \mathbf{y}$이면 행렬 A는 특이한 행렬이어야 함을 보여라.

18. A를 특이하지 않은 $n \times n$ 행렬이라 하자. 수학적 귀납법을 사용하여 A^m은 특이하지 않으며 $m = 1, 2, 3, \cdots$에 대하여

$$(A^m)^{-1} = (A^{-1})^m$$

임을 증명하라.

19. A를 $n \times n$ 행렬이라 하자. 만일 $A^2 = O$이면, $I - A$는 불특이 행렬이고 $(I - A)^{-1} = I + A$임을 보여라.

20. A를 $n \times n$ 행렬이라 하자. 만일 $A^{k+1} = O$이면, $I - A$는 불특이 행렬이고

$$(I - A)^{-1} = I + A + A^2 + \cdots + A^k$$

임을 보여라.

21. 다음 식

$$R = \begin{bmatrix} \cos\theta & -\sin\theta \\ \sin\theta & \cos\theta \end{bmatrix}$$

일 때, R은 불특이 행렬이고 $R^{-1} = R^T$임을 보여라.

22. 만일 $A^2 = I$이면, $n \times n$ 행렬 A는 제곱이 항등 행렬(involution)이라 한다. 만일 G가 다음과 같은 형태라면

$$G = \begin{bmatrix} \cos\theta & \sin\theta \\ \sin\theta & -\cos\theta \end{bmatrix}$$

G는 제곱이 항등 행렬임을 보여라.

23. $\mathbf{u}$를 $\mathbb{R}^n$에 속한 단위 벡터이고(즉, $\mathbf{u}^T\mathbf{u}=1$), $H = I - 2\mathbf{u}\mathbf{u}^T$라 하자. H는 제곱이 항등 행렬임을 보여라.

24. 만일 $A^2 = A$이면, 행렬 A는 제곱이 같다(idempotent)고 한다. 다음의 행렬들이 제곱이 같은지 보여라.

(a) $\begin{bmatrix} \frac{3}{4} & \frac{1}{4} \\ \frac{3}{4} & \frac{1}{4} \end{bmatrix}$ **(b)** $\begin{bmatrix} 0.5 & -0.5 \\ -0.5 & 0.5 \end{bmatrix}$

(c) $\begin{bmatrix} 2 & -1 & 1 \\ -2 & 3 & -2 \\ -4 & 4 & -3 \end{bmatrix}$

25. A를 제곱이 같은 행렬이라 하자.

(a) $I - A$ 역시 제곱이 같음을 보여라.

(b) $I + A$는 불특이 행렬이고 $(I + A)^{-1} = I - \frac{1}{2}A$임을 보여라.

26. D를 대각선 원소가 0 또는 1인 $n \times n$ 대각행렬이라 하자.

(a) D가 제곱이 같음을 보여라.

(b) X가 불특이 행렬이고 $A = XDX^{-1}$이면, A는 제곱이 같음을 보여라.

27. A는 제곱이 같은 행렬이고 $B = \frac{1}{2}(I + A)$이고 $C = \frac{1}{2}(I - A)$라 하자. B와 C는 모두 제곱이 같으며 $BC = O$임을 보여라.

28. A를 $m \times n$ 행렬이라 하자. A^TA와 AA^T가 모두 대칭임을 보여라.

29. A와 B를 $n \times n$ 대칭 행렬이라 하자. $AB = BA$이면 AB가 또한 대칭임을 증명하라(필요충분조건).

30. A를 $n \times n$ 행렬이라 하고 $B = A + A^T$이고 $C = A - A^T$라 하자.

(a) B는 대칭이고 C는 뒤틀린 대칭임을 보여라.

(b) 모든 $n \times n$ 행렬은 대칭 행렬과 뒤틀린 대칭 행렬의 합으로 표현될 수 있음을 보여라.

31. 응용 1에서 3년 후에 결혼한 여성과 혼자인 여성의 수는 몇 명인가?

32. 다음 행렬에 대해

$$A = \begin{bmatrix} 0 & 1 & 0 & 1 & 1 \\ 1 & 0 & 1 & 1 & 0 \\ 0 & 1 & 0 & 0 & 1 \\ 1 & 1 & 0 & 0 & 1 \\ 1 & 0 & 1 & 1 & 0 \end{bmatrix}$$

(a) 인접 행렬로 A를 갖는 그래프를 그려라. 그래프의 꼭짓점을 반드시 붙여야 한다.

(b) 그래프를 따라서, V_2부터 V_3까지 그리고 V_2부터 V_5까지 길이 2인 걸음의 수를 결정하라.

(c) A_3의 두 번째 행을 계산하고 그것을 V_2부터 V_3까지 그리고 V_2부터 V_5까지 길이 3인 걸음의 수를 결정하는 데 사용하라.

33. 다음 그래프에 대해

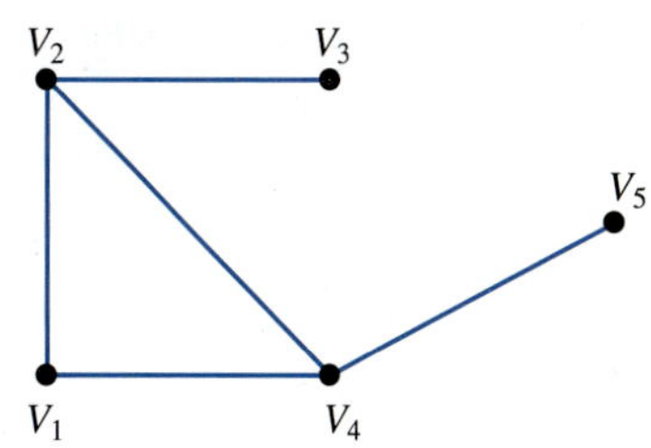

(a) 그래프의 인접 행렬 A를 구하라.

(b) A^2을 계산하라. A^2의 첫 번째 행에 있는 원소들이 여러분에게 V_1로부터 출발하여 길이 2인 걸음에 관하여 말하는 것은 무엇인가?

(c) A^3을 계산하라. V_2부터 V_4까지의 길이가 3인 걸음은 얼마나 있는가? V_2부터 V_4까지의 길이가 3 이하인 걸음은 얼마나 있는가?

다음에 나오는 조건문에 대하여, 문장이 항상 참이면 참이라 답하고 아니면 거짓이라 답하라. 참인 문장의 경우에, 여러분의 답을 증명하거나 설명하라. 거짓인 문장의 경우에는, 그 문장이 항상 참이 아니라는 것을 보이는 예를 하나 들라.

34. 만일 어떤 영이 아닌 벡터 $\mathbf{x}$에 대하여 $A\mathbf{x} = B\mathbf{x}$이면, 행렬 A와 B는 같아야만 한다.

35. 만일 A와 B가 $n \times n$ 특이 행렬이라면, $A+B$도 역시 특이 행렬이다.

36. 만일 A와 B가 $n \times n$ 불특이 행렬이라면, $(AB)^T$는 특이하지 않으며

$$((AB)^T)^{-1} = (A^{-1})^T(B^{-1})^T$$

이다.

1.5 기본 행렬

이 절에서는 하나의 선형 시스템을 푸는 과정을 행들의 연산이 아니라 행렬의 곱셈들로 보여준다. 선형 시스템 $A\mathbf{x}=\mathbf{b}$가 주어지면, 행 사다리꼴 형태와 등가인 시스템을 얻기 위하여 특별한 행렬들로 차례로 양변을 곱한다. 우리가 사용할 특별한 행렬들은 **기본 행렬**(elementary matrix)이라고 하는데, 불특이 행렬의 역을 어떻게 계산하고 또 중요한 행렬 분해를 얻는지를 보기 위하여 그것들을 사용할 것이다. 불특이 행렬로 선형 시스템의 양변을 곱한 효과들을 생각하면서 이 절을 시작한다.

등가 시스템

$m \times n$ 선형 시스템 $A\mathbf{x}=\mathbf{b}$가 주어지면, $m \times m$ 불특이 행렬 M을 식의 양변에 곱하여 등가 시스템을 얻을 수 있다.

$$A\mathbf{x} = \mathbf{b} \tag{1}$$
$$MA\mathbf{x} = M\mathbf{b} \tag{2}$$

분명히 (1)에 대한 해는 역시 (2)의 해가 될 것이다. 반면에 만일 $\hat{\mathbf{x}}$이 (2)의 해이면

$$M^{-1}(MA\hat{\mathbf{x}}) = M^{-1}(M\mathbf{b})$$
$$A\hat{\mathbf{x}} = \mathbf{b}$$

따라서 두 시스템은 등가이다.

해를 구하기 쉬운 등가 시스템을 얻기 위해서는, 단순한 시스템을 얻기 위해 식 $A\mathbf{x}=\mathbf{b}$의 양변에 불특이 행렬들 $E_1, E_2, \cdots, E_k$를 차례로 곱한다.

$$U\mathbf{x} = \mathbf{c}$$

여기서 $U=E_k \cdots E_1A$이고, $\mathbf{c}=E_k \cdots E_2E_1\mathbf{b}$이다. 새로운 시스템은 $M=E_k \cdots E_1$이 특이하지 않다고 하면 원래 시스템과 등가일 것이다. 하지만 M은 불특이 행렬들의 곱이므로 특이하지 않다.

다음으로 세 가지 기본적인 행 연산들이 불특이 행렬을 A에 곱함으로써 이루어질 수 있다는 것을 보일 것이다.

기본 행렬

만일 항등 행렬 I로 시작하고 정확히 하나의 기본 행 연산만을 수행한다면, 결과 행렬은 기본 행렬이라고 한다.

세 가지 형태의 기본 행 연산에 해당하는 세 가지 형태의 기본 행렬들이 있다.

형태 I 형태 I의 기본 행렬은 I의 두 행을 서로 교환하여 얻어지는 행렬이다.

예제 1

$$E_1 = \begin{pmatrix} 0 & 1 & 0 \\ 1 & 0 & 0 \\ 0 & 0 & 1 \end{pmatrix}$$

E_1은 형태 I의 기본 행렬이다. 이것은 I의 처음 두 행을 서로 교환하여 얻어지는 행렬이기 때문이다. A를 3×3 행렬이라 하면

$$E_1A = \begin{pmatrix} 0 & 1 & 0 \\ 1 & 0 & 0 \\ 0 & 0 & 1 \end{pmatrix} \begin{pmatrix} a_{11} & a_{12} & a_{13} \\ a_{21} & a_{22} & a_{23} \\ a_{31} & a_{32} & a_{33} \end{pmatrix} = \begin{pmatrix} a_{21} & a_{22} & a_{23} \\ a_{11} & a_{12} & a_{13} \\ a_{31} & a_{32} & a_{33} \end{pmatrix}$$

$$AE_1 = \begin{pmatrix} a_{11} & a_{12} & a_{13} \\ a_{21} & a_{22} & a_{23} \\ a_{31} & a_{32} & a_{33} \end{pmatrix} \begin{pmatrix} 0 & 1 & 0 \\ 1 & 0 & 0 \\ 0 & 0 & 1 \end{pmatrix} = \begin{pmatrix} a_{12} & a_{11} & a_{13} \\ a_{22} & a_{21} & a_{23} \\ a_{32} & a_{31} & a_{33} \end{pmatrix}$$

E_1으로 A의 왼쪽에 곱하면 A의 첫째와 둘째 행을 서로 교환하게 된다. E_1으로 A의 오른쪽에 곱하면 A의 첫째와 둘째 열을 서로 교환하는 기본 열 연산(elementary column operation)과 같아진다. ■

형태 II 형태 II의 기본 행렬은 I의 한 행에 영이 아닌 상수를 곱하여 얻어지는 행렬이다.

예제 2

$$E_2 = \begin{pmatrix} 1 & 0 & 0 \\ 0 & 1 & 0 \\ 0 & 0 & 3 \end{pmatrix}$$

E_2는 형태 II의 기본 행렬이다. 만약 A가 3×3 행렬이면,

$$E_2A = \begin{pmatrix} 1 & 0 & 0 \\ 0 & 1 & 0 \\ 0 & 0 & 3 \end{pmatrix} \begin{pmatrix} a_{11} & a_{12} & a_{13} \\ a_{21} & a_{22} & a_{23} \\ a_{31} & a_{32} & a_{33} \end{pmatrix} = \begin{pmatrix} a_{11} & a_{12} & a_{13} \\ a_{21} & a_{22} & a_{23} \\ 3a_{31} & 3a_{32} & 3a_{33} \end{pmatrix}$$

$$AE_2 = \begin{pmatrix} a_{11} & a_{12} & a_{13} \\ a_{21} & a_{22} & a_{23} \\ a_{31} & a_{32} & a_{33} \end{pmatrix} \begin{pmatrix} 1 & 0 & 0 \\ 0 & 1 & 0 \\ 0 & 0 & 3 \end{pmatrix} = \begin{pmatrix} a_{11} & a_{12} & 3a_{13} \\ a_{21} & a_{22} & 3a_{23} \\ a_{31} & a_{32} & 3a_{33} \end{pmatrix}$$

E_2를 왼쪽에 곱하면 세 번째 행에 3을 곱하는 기본 행 연산을 수행한다. 반면에 E_2를 오른

쪽에 곱하면 세 번째 열에 3을 곱하는 기본 열 연산을 수행한다. ■

형태 III 형태 III의 기본 행렬은 I의 한 행의 배수를 다른 행에 더하여 얻어지는 행렬이다.

예제 3

$$E_3 = \begin{bmatrix} 1 & 0 & 3 \\ 0 & 1 & 0 \\ 0 & 0 & 1 \end{bmatrix}$$

E_3은 형태 III의 기본 행렬이다. 만일 A가 3×3 행렬이면

$$E_3A = \begin{bmatrix} a_{11}+3a_{31} & a_{12}+3a_{32} & a_{13}+3a_{33} \\ a_{21} & a_{22} & a_{23} \\ a_{31} & a_{32} & a_{33} \end{bmatrix}$$

$$AE_3 = \begin{bmatrix} a_{11} & a_{12} & 3a_{11}+a_{13} \\ a_{21} & a_{22} & 3a_{21}+a_{23} \\ a_{31} & a_{32} & 3a_{31}+a_{33} \end{bmatrix}$$

E_3을 왼쪽에 곱하면 세 번째 행에 3을 곱하여 첫 번째 행에 더한다. E_3을 오른쪽에 곱하면 첫 번째 행에 3을 곱하여 세 번째 열에 더한다. ■

일반적으로 E는 $n \times n$ 기본 행렬이라고 가정한다. E를 행 연산이나 열 연산을 통하여 I로부터 얻어지는 것이라고 생각할 수 있다. 만일 A가 $n \times r$ 행렬이라면, E로 A를 미리 곱하는 것은 A에 똑같은 행 연산을 수행하는 효과를 갖는다. 만일 B가 $m \times n$ 행렬이라면, E로 B를 나중에 곱하는 것은 B에 똑같은 열 연산을 수행하는 효과를 갖는다.

정리 1.5.1 만일 E가 기본 행렬이라면, E는 특이하지 않으며 E^{-1}는 같은 형태의 기본 행렬이다.

증명 만일 E가 I의 i번째와 j번째 행을 서로 교환하여 얻어지는 형태 I의 기본 행렬이라면, E는 이 같은 행들을 다시 서로 교환하여 I로 다시 변환하여 돌아갈 수 있다. 따라서 $EE = I$이고, 그러므로 E는 자기 자신의 역이다. 만일 E가 I의 i번째 행에 영이 아닌 상수 α를 곱하여 만들어지는 형태 II의 기본 행렬이라면, E는 i번째 행이나 i번째 열에 $1/\alpha$를 곱하여 항등원으로 변환될 수 있다. 따라서

$$E^{-1} = \begin{bmatrix} 1 & & & & & & \\ & \ddots & & & & O & \\ & & 1 & & & & \\ & & & 1/\alpha & & & \\ & & & & 1 & & \\ & O & & & & \ddots & \\ & & & & & & 1 \end{bmatrix} \quad i\text{번째 행}$$

마지막으로 E는 I의 i번째 행에 m을 곱하여 j번째 행에 더하여 만들어지는 형태 III의 기본 행렬이라고 하자.

$$E = \begin{pmatrix} 1 & & & & & & \\ \vdots & \ddots & & & & O & \\ 0 & \cdots & 1 & & & & \\ \vdots & & & \ddots & 0 & & \\ 0 & \cdots & m & \cdots & 1 & & \\ \vdots & & & & & \ddots & \\ 0 & \cdots & 0 & \cdots & 0 & \cdots & 1 \end{pmatrix} \begin{matrix} \\ \\ i\text{번째 행} \\ \\ j\text{번째 행} \\ \\ \\ \end{matrix}$$

E는 i번째 행에 m을 곱하여 j번째 행으로부터 빼거나 j번째 열에 m을 곱하여 i번째 열로부터 빼서 I로 다시 변환하여 돌아갈 수 있다. 따라서

$$E^{-1} = \begin{pmatrix} 1 & & & & & & \\ \vdots & \ddots & & & & O & \\ 0 & \cdots & 1 & & & & \\ \vdots & & & \ddots & & & \\ 0 & \cdots & -m & \cdots & 1 & & \\ \vdots & & & & & \ddots & \\ 0 & \cdots & 0 & \cdots & 0 & \cdots & 1 \end{pmatrix}$$

■

정의 만일 다음을 만족하는 유한한 수열의 기본 행렬들 $E_1, E_2, \cdots, E_k$가 존재한다면, 행렬 B는 A와 **행으로 등가**(row equivalent)이다.

$$B = E_k E_{k-1} \cdots E_1 A$$

다시 말해, 만일 B가 유한한 수의 행 연산을 통하여 A로부터 얻어지면 B는 A와 행으로 등가이다. 특히, 두 증가된 행렬 $(A \mid \mathbf{b})$와 $(B \mid \mathbf{c})$는 $A\mathbf{x} = \mathbf{b}$와 $B\mathbf{x} = \mathbf{c}$가 등가 시스템이면 행으로 등가이다(필요충분조건).

다음과 같은 행으로 등가인 행렬들의 성질들은 쉽게 만들어진다.

I. 만일 A가 B와 행으로 등가이면, B는 A와 행으로 등가이다.

II. 만일 A가 B와 행으로 등가이고 B가 C와 행으로 등가이면, A는 C와 행으로 등가이다.

성질 (I)은 정리 1.5.1을 이용하여 증명할 수 있다. (I)과 (II)의 자세한 증명은 독자를 위하여 연습문제로 남겨 두었다.

정리 1.5.2 **불특이성을 등가 조건**

A를 $n \times n$ 행렬이라 하자. 다음은 등가이다.

(a) A는 특이하지 않다.

(b) $A\mathbf{x} = \mathbf{0}$은 오직 자명한 해인 $\mathbf{0}$만을 해로 갖는다.

(c) A는 I와 행으로 등가이다.

증명 먼저 문장 (a)가 문장 (b)를 의미하는 것을 증명한다. 만일 A가 특이하지 않고 $\hat{\mathbf{x}}$이 $A\mathbf{x} = 0$의 한 해라고 한다면,

$$\hat{\mathbf{x}} = I\hat{\mathbf{x}} = (A^{-1}A)\hat{\mathbf{x}} = A^{-1}(A\hat{\mathbf{x}}) = A^{-1}\mathbf{0} = \mathbf{0}$$

따라서 $A\mathbf{x} = \mathbf{0}$은 오직 자명한 해만 갖는다. 다음으로 문장 (b)가 문장 (c)를 의미함을 증명한다. 만일 기본 행 연산들을 사용한다면, 시스템은 $U\mathbf{x} = \mathbf{0}$의 형태로 변환될 수 있다. 여기서 U는 행 사다리꼴 형태이다. 만일 U의 대각선 원소들 가운데 하나가 0이면, U의 마지막 행은 모두 0으로 구성된다. 그러면 $A\mathbf{x} = \mathbf{0}$은 식보다 더 많은 미지수를 갖는 시스템과 등가가 되고, 따라서 정리 1.2.1에 의해 하나의 당연하지 않은 해를 가질 것이다. 그러므로 U는 정확하게 대각선 원소들이 모두 1인 대각 행렬이어야만 한다. 그러면 I는 A의 감소된 행 사다리꼴 형태이고, 따라서 A는 I와 행으로 등가이다.

마지막으로 문장 (c)가 문장 (a)를 의미함을 증명한다. 만일 A가 I와 행으로 등가이면, 다음을 만족하는 기본 행렬들 $E_1, E_2, \cdots, E_k$가 존재한다.

$$A = E_kE_{k-1}\cdots E_1I = E_kE_{k-1}\cdots E_1$$

그러나 $E_i(i = 1, \cdots, k)$는 역이 존재하기 때문에, 곱 $E_kE_{k-1} \cdots E_1$도 역시 역이 존재한다. 따라서 A는 특이하지 않으며 A^{-1}는 다음과 같다.

$$A^{-1} = (E_kE_{k-1}\cdots E_1)^{-1} = E_1^{-1}E_2^{-1}\cdots E_k^{-1}$$ ■

따름정리 1.5.3 n개의 방정식과 n개의 미지수를 갖는 시스템 $A\mathbf{x} = \mathbf{b}$는 A가 특이하지 않으면 하나의 유일한 해를 갖는다(필요충분조건).

증명 만일 A가 특이하지 않고 $\hat{\mathbf{x}}$가 $A\mathbf{x} = \mathbf{b}$의 어떤 해라고 한다면, $A\hat{\mathbf{x}} = \mathbf{b}$이다. 식의 양변에 A^{-1}를 곱할 수 있으며 $\hat{\mathbf{x}}$는 $A^{-1}\mathbf{b}$와 같음을 결론지을 수 있다.

역으로, 만일 $A\mathbf{x} = \mathbf{b}$가 유일한 해를 갖는다면, 우리는 A는 특이할 수 없다고 말한다. 실제로, 만일 A가 특이하면 식 $A\mathbf{x} = \mathbf{0}$은 $\mathbf{z} \neq \mathbf{0}$인 해를 가질 것이다. 그러나 이것은 $\mathbf{y} = \hat{\mathbf{x}} + \mathbf{z}$가 $A\mathbf{x} = \mathbf{b}$의 두 번째 해임을 의미한다. 이유는 다음과 같다.

$$A\mathbf{y} = A(\hat{\mathbf{x}} + \mathbf{z}) = A\hat{\mathbf{x}} + A\mathbf{z} = \mathbf{b} + \mathbf{0} = \mathbf{b}$$

그러므로 만일 $A\mathbf{x}=\mathbf{b}$가 하나의 유일한 해를 가지면, A는 특이하지 않아야만 한다. ■

만일 A가 특이하지 않으면 A는 I와 행으로 등가이고, 따라서 다음을 만족하는 기본 행렬들 $E_1, \cdots, E_k$가 존재한다.

$$E_k E_{k-1} \cdots E_1 A = I$$

이 식의 양변에 A^{-1}를 오른쪽으로 곱하면, 다음을 얻는다.

$$E_k E_{k-1} \cdots E_1 I = A^{-1}$$

그러므로 불특이 행렬 A를 I로 변환시키는 똑같은 순서의 기본 행 연산들은 I를 A^{-1}로 변환시킬 것이다. 이것은 A^{-1}를 계산하는 방법을 우리에게 준다. 우리가 A에 I를 증가시키고 증가된 행렬에 대해서 A를 I로 변환하는 기본 행 연산들을 수행하면, I는 A^{-1}로 변환될 것이다. 즉, 증가된 행렬 $(A\,|\,I)$의 감소된 행 사다리꼴 형태는 $(I\,|\,A^{-1})$가 될 것이다.

예제 4 A^{-1}를 계산하라.

$$A=\begin{pmatrix} 1 & 4 & 3 \\ -1 & -2 & 0 \\ 2 & 2 & 3 \end{pmatrix}$$

해답

$$\left(\begin{array}{rrr|rrr} 1 & 4 & 3 & 1 & 0 & 0 \\ -1 & -2 & 0 & 0 & 1 & 0 \\ 2 & 2 & 3 & 0 & 0 & 1 \end{array}\right) \rightarrow \left(\begin{array}{rrr|rrr} 1 & 4 & 3 & 1 & 0 & 0 \\ 0 & 2 & 3 & 1 & 1 & 0 \\ 0 & -6 & -3 & -2 & 0 & 1 \end{array}\right)$$

$$\rightarrow \left(\begin{array}{rrr|rrr} 1 & 4 & 3 & 1 & 0 & 0 \\ 0 & 2 & 3 & 1 & 1 & 0 \\ 0 & 0 & 6 & 1 & 3 & 1 \end{array}\right) \rightarrow \left(\begin{array}{rrr|rrr} 1 & 4 & 0 & \frac{1}{2} & -\frac{3}{2} & -\frac{1}{2} \\ 0 & 2 & 0 & \frac{1}{2} & -\frac{1}{2} & -\frac{1}{2} \\ 0 & 0 & 6 & 1 & 3 & 1 \end{array}\right)$$

$$\rightarrow \left(\begin{array}{rrr|rrr} 1 & 0 & 0 & -\frac{1}{2} & -\frac{1}{2} & \frac{1}{2} \\ 0 & 2 & 0 & \frac{1}{2} & -\frac{1}{2} & -\frac{1}{2} \\ 0 & 0 & 6 & 1 & 3 & 1 \end{array}\right) \rightarrow \left(\begin{array}{rrr|rrr} 1 & 0 & 0 & -\frac{1}{2} & -\frac{1}{2} & \frac{1}{2} \\ 0 & 1 & 0 & \frac{1}{4} & -\frac{1}{4} & -\frac{1}{4} \\ 0 & 0 & 1 & \frac{1}{6} & \frac{1}{2} & \frac{1}{6} \end{array}\right)$$

그러므로

$$A^{-1}=\begin{pmatrix} -\frac{1}{2} & -\frac{1}{2} & \frac{1}{2} \\ \frac{1}{4} & -\frac{1}{4} & -\frac{1}{4} \\ \frac{1}{6} & \frac{1}{2} & \frac{1}{6} \end{pmatrix}$$

■

예제 5 다음 시스템의 해를 구하라.

$$\begin{aligned} x_1 + 4x_2 + 3x_3 &= 12 \\ -x_1 - 2x_2 \quad\quad\; &= -12 \\ 2x_1 + 2x_2 + 3x_3 &= 8 \end{aligned}$$

해답 이 시스템의 계수 행렬은 마지막 예제의 행렬 A이다. 이 시스템의 해는 아래와 같다.

$$\mathbf{x} = A^{-1}\mathbf{b} = \begin{pmatrix} -\frac{1}{2} & -\frac{1}{2} & \frac{1}{2} \\ \frac{1}{4} & -\frac{1}{4} & -\frac{1}{4} \\ \frac{1}{6} & \frac{1}{2} & \frac{1}{6} \end{pmatrix} \begin{pmatrix} 12 \\ -12 \\ 8 \end{pmatrix} = \begin{pmatrix} 4 \\ 4 \\ -\frac{8}{3} \end{pmatrix}$$ ■

대각 및 삼각 행렬

만일 $i > j$에 대하여 $a_{ij} = 0$이면 $n \times n$ 행렬 A를 **위쪽 삼각형**(upper triangular)이라 하고, 만일 $i < j$에 대하여 $a_{ij} = 0$이면 **아래쪽 삼각형**(lower triangular)이라고 한다. 또한 그것이 위쪽 삼각형이거나 아래쪽 삼각형이면 모두 **삼각형**(triangular)이라고 한다. 예를 들면, 3×3 행렬

$$\begin{pmatrix} 3 & 2 & 1 \\ 0 & 2 & 1 \\ 0 & 0 & 5 \end{pmatrix} \quad \text{그리고} \quad \begin{pmatrix} 1 & 0 & 0 \\ 6 & 0 & 0 \\ 1 & 4 & 3 \end{pmatrix}$$

은 둘 다 삼각형이다. 첫 번째는 위쪽 삼각형이고 두 번째는 아래쪽 삼각형이다.

삼각 행렬은 대각선에 0을 가질 수도 있다. 하지만 선형 시스템 $A\mathbf{x} = \mathbf{b}$가 정확한 삼각형 형태가 되기 위하여, 계수 행렬 A는 영이 아닌 대각선 원소들을 가진 위쪽 삼각형이어야 한다.

만일 $i \neq j$일 때 $a_{ij} = 0$이면 $n \times n$ 행렬 A는 **대각선**이다. 다음의 행렬들은 모두 대각선이다.

$$\begin{pmatrix} 1 & 0 \\ 0 & 2 \end{pmatrix}, \quad \begin{pmatrix} 1 & 0 & 0 \\ 0 & 3 & 0 \\ 0 & 0 & 1 \end{pmatrix}, \quad \begin{pmatrix} 0 & 0 & 0 \\ 0 & 2 & 0 \\ 0 & 0 & 0 \end{pmatrix}$$

대각선 행렬은 위쪽 삼각형과 아래쪽 삼각형, 둘 다이다.

삼각 분해

만일 $n \times n$ 행렬 A가 단지 행 연산 III만을 사용하여 정확한 위쪽 삼각형 모양으로 간소화될 수 있다면, 간소화 과정을 행렬 분해로 표현할 수 있다. 어떻게 이것이 이루어지는지 다음의 예제를 통하여 살펴본다.

예제 6

$$A = \begin{bmatrix} 2 & 4 & 2 \\ 1 & 5 & 2 \\ 4 & -1 & 9 \end{bmatrix}$$

이것을 단지 행 연산 III만을 사용하여 간소화 과정을 수행한다고 하자. 첫 번째 단계에서는 둘째 행으로부터 첫째 행의 $\frac{1}{2}$배를 빼고 셋째 행으로부터 첫째 행의 두 배를 뺀다.

$$\begin{bmatrix} 2 & 4 & 2 \\ 1 & 5 & 2 \\ 4 & -1 & 9 \end{bmatrix} \rightarrow \begin{bmatrix} 2 & 4 & 2 \\ 0 & 3 & 1 \\ 0 & -9 & 5 \end{bmatrix}$$

빼진 첫째 행의 배수들을 기억하기 위하여, $l_{21} = \frac{1}{2}$이고 $l_{31} = 2$라고 정한다. 그리고 (3, 2) 위치에서 -9를 제거하여 제거 과정을 마무리한다.

$$\begin{bmatrix} 2 & 4 & 2 \\ 0 & 3 & 1 \\ 0 & -9 & 5 \end{bmatrix} \rightarrow \begin{bmatrix} 2 & 4 & 2 \\ 0 & 3 & 1 \\ 0 & 0 & 8 \end{bmatrix}$$

$l_{32} = -3$이라 하고, 이것은 셋째 행으로부터 뺀 둘째 행의 배수이다. 만일 결과 행렬을 U라 하고

$$L = \begin{bmatrix} 1 & 0 & 0 \\ l_{21} & 1 & 0 \\ l_{31} & l_{32} & 1 \end{bmatrix} = \begin{bmatrix} 1 & 0 & 0 \\ \frac{1}{2} & 1 & 0 \\ 2 & -3 & 1 \end{bmatrix}$$

이라 하면, 다음이 쉽게 증명된다.

$$LU = \begin{bmatrix} 1 & 0 & 0 \\ \frac{1}{2} & 1 & 0 \\ 2 & -3 & 1 \end{bmatrix} \begin{bmatrix} 2 & 4 & 2 \\ 0 & 3 & 1 \\ 0 & 0 & 8 \end{bmatrix} = \begin{bmatrix} 2 & 4 & 2 \\ 1 & 5 & 2 \\ 4 & -1 & 9 \end{bmatrix}$$

■

앞의 예제에서 행렬 L은 대각선에 1을 갖는 아래쪽 삼각 행렬이다. 이 L을 단위 아래쪽 삼각형(unit lower triangular)이라고 한다. 단위 아래쪽 삼각형 L과 정확한 위쪽 삼각형 U의 곱으로 행렬 A를 분해하는 것을 흔히 LU 분해(LU factorization)라고 한다.

예제 6에서 분해가 왜 되는지 보기 위하여, 간소화 과정을 기본 행렬들의 관점에서 살펴보자. 행렬 A에 적용한 세 행 연산들은 다음과 같은 기본 행렬들에 의해 곱해진 모양으로 표현될 수 있다.

$$E_3E_2E_1A = U \tag{3}$$

여기서 아래의 행렬들은 간소화 과정에서 행 연산에 해당한다.

$$E_1 = \begin{bmatrix} 1 & 0 & 0 \\ -\frac{1}{2} & 1 & 0 \\ 0 & 0 & 1 \end{bmatrix}, \quad E_2 = \begin{bmatrix} 1 & 0 & 0 \\ 0 & 1 & 0 \\ -2 & 0 & 1 \end{bmatrix}, \quad E_3 = \begin{bmatrix} 1 & 0 & 0 \\ 0 & 1 & 0 \\ 0 & 3 & 1 \end{bmatrix}$$

각각의 기본 행렬들은 특이하지 않기 때문에, 식 (3)에 그들의 역을 곱할 수 있다.

$$A = E_1^{-1}E_2^{-1}E_3^{-1}U$$

[$(E_3E_2E_1)^{-1} = E_1^{-1}E_2^{-1}E_3^{-1}$이므로, 역순으로 곱한다.] 하지만 역이 이 순서로 곱해지면, 곱하는 수 l_{21}, l_{31}, l_{32}는 곱에서 대각선 아래에 채워진다.

$$E_1^{-1}E_2^{-1}E_3^{-1} = \begin{bmatrix} 1 & 0 & 0 \\ \frac{1}{2} & 1 & 0 \\ 0 & 0 & 1 \end{bmatrix} \begin{bmatrix} 1 & 0 & 0 \\ 0 & 1 & 0 \\ 2 & 0 & 1 \end{bmatrix} \begin{bmatrix} 1 & 0 & 0 \\ 0 & 1 & 0 \\ 0 & -3 & 1 \end{bmatrix} = L$$

일반적으로, 만일 $n \times n$ 행렬 A가 단지 행 연산 III만을 사용하여 정확한 위쪽 삼각형 U로 간소화된다면 A는 LU 분해를 갖는다. 행렬 L은 아래쪽 삼각형이고, 만일 $i > j$이면 l_{ij}는 간소화 과정에서 i번째 행으로부터 빼는 j번째 행의 배수이다.

LU 분해는 소거 과정을 보기에 아주 유용한 방법이다. 우리는 선형 시스템을 풀기 위하여 컴퓨터 방법을 공부할 때 7장에서 특히 유용하다는 것을 발견할 것이다. 선형대수에 있는 많은 주요 주제들은 행렬 분해들로 볼 수 있다. 다른 재미있고 중요한 분해들을 5~7장에서 공부할 것이다.

1.5 연습문제

1. 다음 중 어느 것이 기본 행렬인가? 각 기본 행렬을 형태별로 구분하라.

(a) $\begin{bmatrix} 0 & 1 \\ 1 & 0 \end{bmatrix}$ **(b)** $\begin{bmatrix} 2 & 0 \\ 0 & 3 \end{bmatrix}$

(c) $\begin{bmatrix} 1 & 0 & 0 \\ 0 & 1 & 0 \\ 5 & 0 & 1 \end{bmatrix}$ **(d)** $\begin{bmatrix} 1 & 0 & 0 \\ 0 & 5 & 0 \\ 0 & 0 & 1 \end{bmatrix}$

2. 연습문제 1에서 각 행렬의 역을 구하라. 각 기본 행렬에 대하여, 그것의 역은 같은 형태의 기본 행렬임을 증명하라.

3. 다음의 각 행렬의 쌍에 대하여, $EA = B$가 되는 기본 행렬 E를 구하라.

(a) $A = \begin{bmatrix} 3 & -1 \\ 2 & 5 \end{bmatrix}$, $B = \begin{bmatrix} -6 & 2 \\ 4 & 10 \end{bmatrix}$

(b) $A = \begin{bmatrix} 2 & 5 & 4 \\ 3 & 4 & 1 \\ 4 & -1 & 0 \end{bmatrix}$, $B = \begin{bmatrix} 4 & -1 & 0 \\ 3 & 4 & 1 \\ 2 & 5 & 4 \end{bmatrix}$

(c) $A = \begin{bmatrix} 4 & -1 & 1 \\ 0 & 2 & 3 \\ 5 & 1 & 0 \end{bmatrix}$, $B = \begin{bmatrix} 4 & -1 & 1 \\ 10 & 4 & 3 \\ 5 & 1 & 0 \end{bmatrix}$

4. 다음의 각 행렬의 쌍에 대하여, $AE = B$가 되는 기본 행렬 E를 구하라.

(a) $A = \begin{bmatrix} 4 & -1 & 0 \\ 3 & 4 & 1 \\ 2 & 5 & 4 \end{bmatrix}$, $B = \begin{bmatrix} 4 & -2 & 0 \\ 3 & 8 & 1 \\ 2 & 10 & 4 \end{bmatrix}$

(b) $A = \begin{bmatrix} 3 & -1 \\ 2 & 5 \end{bmatrix}$, $B = \begin{bmatrix} 1 & -3 \\ -5 & -2 \end{bmatrix}$

(c) $A = \begin{bmatrix} 4 & -1 & 1 \\ 0 & 2 & 3 \\ 5 & 1 & 0 \end{bmatrix}$,

$B = \begin{bmatrix} -1 & 4 & 1 \\ 2 & 0 & 3 \\ 1 & 5 & 0 \end{bmatrix}$

5. 다음 행렬에 대해

$$A=\begin{bmatrix}2&1&3\\1&-2&-1\\3&0&8\end{bmatrix},\qquad B=\begin{bmatrix}2&1&3\\1&-2&-1\\5&1&11\end{bmatrix},$$
$$C=\begin{bmatrix}-3&0&-8\\1&-2&-1\\5&1&11\end{bmatrix}$$

(a) $EA=B$가 되는 기본 행렬 E를 구하라.

(b) $FB=C$가 되는 기본 행렬 F를 구하라.

(c) C는 A와 행으로 등가인가? 설명하라.

6. 다음 행렬에 대해

$$A=\begin{bmatrix}2&0&4\\-6&3&-9\\-4&3&2\end{bmatrix}$$

(a) 다음 식을 만족하는 기본 행렬 E_1, E_2, E_3를 구하라.

$$E_3E_2E_1A=U$$

여기서 U는 위쪽 삼각 행렬이다.

(b) E_1, E_2, E_3의 역을 구하고 $L=E_1^{-1}E_2^{-1}E_3^{-1}$이라 정한다. L은 어떤 형태의 행렬인가? $A=LU$임을 증명하라.

7. 다음 행렬에 대해

$$A=\begin{bmatrix}2&1\\6&4\end{bmatrix}$$

(a) A를 기본 행렬들의 곱으로 표현하라.

(b) A^{-1}를 기본 행렬들의 곱으로 표현하라.

8. 다음의 각 행렬에 대하여 LU 분해를 하라.

(a) $\begin{bmatrix}3&1\\9&5\end{bmatrix}$ **(b)** $\begin{bmatrix}2&4\\-2&1\end{bmatrix}$

(c) $\begin{bmatrix}1&1&1\\3&5&6\\-2&2&7\end{bmatrix}$ **(d)** $\begin{bmatrix}-2&1&2\\4&1&-2\\-6&-3&4\end{bmatrix}$

9. 다음 행렬에 대해

$$A=\begin{bmatrix}1&0&1\\3&3&4\\2&2&3\end{bmatrix}$$

(a) 다음을 증명하라.

$$A^{-1}=\begin{bmatrix}1&2&-3\\-1&1&-1\\0&-2&3\end{bmatrix}$$

(b) 다음의 각 $\mathbf{b}$에 대하여 A^{-1}를 사용하여 $A\mathbf{x}=\mathbf{b}$의 해를 구하라.

(i) $\mathbf{b}=(1,1,1)^T$ **(ii)** $\mathbf{b}=(1,2,3)^T$

(iii) $\mathbf{b}=(-2,1,0)^T$

10. 다음 각 행렬의 역을 구하라.

(a) $\begin{bmatrix}-1&1\\1&0\end{bmatrix}$ **(b)** $\begin{bmatrix}2&5\\1&3\end{bmatrix}$

(c) $\begin{bmatrix}2&6\\3&8\end{bmatrix}$ **(d)** $\begin{bmatrix}3&0\\9&3\end{bmatrix}$

(e) $\begin{bmatrix}1&1&1\\0&1&1\\0&0&1\end{bmatrix}$ **(f)** $\begin{bmatrix}2&0&5\\0&3&0\\1&0&3\end{bmatrix}$

(g) $\begin{bmatrix}-1&-3&-3\\2&6&1\\3&8&3\end{bmatrix}$ **(h)** $\begin{bmatrix}1&0&1\\-1&1&1\\-1&-2&-3\end{bmatrix}$

11. 다음 행렬에 대해

$$A=\begin{bmatrix}3&7\\1&4\end{bmatrix}\quad \text{그리고}\quad B=\begin{bmatrix}2&5\\1&0\end{bmatrix}$$

A^{-1}를 계산하고 다음에 사용하라.

(a) $AX=B$를 만족하는 2×2 행렬 X를 구하라.

(b) $YA=B$를 만족하는 2×2 행렬 Y를 구하라.

12. 행렬이 아래와 같이 주어질 때

$$A=\begin{bmatrix}5&3\\3&2\end{bmatrix},\ B=\begin{bmatrix}6&2\\2&4\end{bmatrix},\ C=\begin{bmatrix}4&-2\\-6&3\end{bmatrix}$$

다음의 행렬식들을 계산하라.

(a) $AX+B=C$ **(b)** $XA+B=C$

(c) $AX+B=X$ **(d)** $XA+C=X$

13. 어떤 기본 행렬의 전치는 똑같은 형태의 기본 행렬인가? 두 기본 행렬의 곱은 기본 행렬인가?

14. U와 R을 $n\times n$ 위쪽 삼각 행렬이라 하고 $T=UR$이라 하자. 그러면 T는 역시 위쪽 삼각형이고 $j=1,\cdots,n$에 대하여 $t_{jj}=u_{jj}r_{jj}$임을 보여라.

15. A를 3×3 행렬이라 하고 다음을 가정하자.

$$2\mathbf{a}_1 + \mathbf{a}_2 - 4\mathbf{a}_3 = \mathbf{0}$$

시스템 $A\mathbf{x} = \mathbf{0}$은 얼마나 많은 해를 가질 것인가? 설명하라. A는 특이하지 않은가? 설명하라.

16. A를 3×3 행렬이라 하고 다음을 가정하자.

$$\mathbf{a}_1 = 3\mathbf{a}_2 - 2\mathbf{a}_3$$

시스템 $A\mathbf{x} = \mathbf{0}$은 단순하지 않은 해를 가질 것인가? 설명하라. A는 특이하지 않은가? 여러분의 답을 설명하라.

17. A와 B를 $n \times n$ 행렬이라 하고 $C = A - B$라 하자. 만일 $A\mathbf{x}_0 = B\mathbf{x}_0$이고 $\mathbf{x}_0 \neq \mathbf{0}$이라면 C는 특이해야 함을 보여라.

18. A와 B를 $n \times n$ 행렬이라 하고 $C = AB$라 하자. 만일 B가 특이하면 C도 특이해야 함을 증명하라[힌트: 정리 1.5.2를 이용하라].

19. U를 영이 아닌 대각선 원소들을 갖는 $n \times n$ 위쪽 삼각 행렬이라 하자.

(a) 왜 U가 불특이 행렬이어야만 하는지 설명하라.

(b) 왜 U^{-1}가 위쪽 삼각형이어야만 하는지 설명하라.

20. A를 $n \times n$ 불특이 행렬이라 하고 B를 $n \times r$ 행렬이라 하자. $(A \mid B)$의 감소된 행 사다리꼴 형태는 $(I \mid C)$가 됨을 보여라. 여기서 $C = A^{-1}B$이다.

21. 일반적으로 행렬 곱셈은 교환법칙이 성립하지 않는다(즉, $AB \neq BA$). 하지만 어떤 특별한 경우에는 교환법칙이 성립한다. 다음을 보여라.

(a) 만일 D_1과 D_2가 $n \times n$ 대각 행렬이라면, $D_1D_2 = D_2D_1$이다.

(b) 만일 A가 $n \times n$ 행렬이고

$$B = a_0I + a_1A + a_2A^2 + \cdots + a_kA^k$$

이면, $AB = BA$이다. 여기서 $a_0, a_1, \cdots, a_k$는 상수이다.

22. 만일 A가 대칭이고 불특이 행렬이라면, A^{-1}도 대칭임을 보여라.

23. 만일 A가 B와 행으로 등가이면, B는 A와 행으로 등가임을 보여라.

24. (a) 만일 A가 B와 행으로 등가이고 B는 C와 행으로 등가이면, A가 C와 행으로 등가임을 증명하라.

(b) 임의의 두 $n \times n$ 불특이 행렬들은 행으로 등가임을 증명하라.

25. A와 B를 $m \times n$ 행렬이라 하자. 만일 B가 A와 행으로 등가이고 U는 A의 임의의 행 사다리꼴 형태라고 하면, B는 U와 행으로 등가임을 증명하라.

26. $B = MA$를 만족하는 불특이 행렬 M이 존재하면 B는 A와 행으로 등가임을 증명하라(필요충분조건).

27. 특이 행렬 B가 불특이 행렬 A와 행으로 등가인 것이 가능한가? 설명하라.

28. 벡터 $\mathbf{x} \in \mathbb{R}^{n+1}$가 주어지면, $(n+1) \times (n+1)$ 행렬 V는 다음과 같이 정의된다.

$$v_{ij} = \begin{cases} 1 & j = 1\text{인 경우} \\ x_i^{j-1} & j = 2, \cdots, n+1\text{인 경우} \end{cases}$$

이것을 반데르몬드 행렬(Vandermonde matrix)이라 한다.

(a) 만일

$$V\mathbf{c} = \mathbf{y}$$

이고

$$p(x) = c_1 + c_2x + \cdots + c_{n+1}x^n$$

이면

$$p(x_i) = y_i, \qquad i = 1, 2, \ldots, n+1$$

(b) $x_1, x_2, \cdots, x_{n+1}$은 모두 다르다고 가정하자. 만일 $\mathbf{c}$가 $V\mathbf{x} = \mathbf{0}$의 해라고 하면 계수 $c_1, c_2, \cdots, c_n$은 모두 영이어야 하고, 따라서 V는 특이하지 않다는 것을 보여라.

다음에 나오는 조건문에 대하여, 문장이 항상 참이면 참이라 답하고 아니면 거짓이라 답하라. 참인 문장의 경우에, 여러분의 답을 증명하거나 설명하라. 거짓인 문장의 경우

에는, 그 문장이 항상 참이 아니라는 것을 보이는 예를 하나 들라.

29. 만일 A가 I와 행으로 등가이고 $AB = AC$이면, B는 C와 같아야만 한다.

30. 만일 E와 F가 기본 행렬이고 $G = EF$이면, G는 특이하지 않다.

31. 만일 A가 4×4 행렬이고 $\mathbf{a}_1 + \mathbf{a}_2 = \mathbf{a}_3 + 2\mathbf{a}_4$라면, A는 특이함이 틀림없다.

32. 만일 A가 B, C 둘과 행으로 등가이면, A는 $B + C$와 행으로 등가이다.

1.6 분할된 행렬

흔히 하나의 행렬을 몇 개의 부분 행렬들로 구성된 것처럼 생각하는 것이 유용하다. 하나의 행렬 C는 행들 사이에 수평선을 긋고 열들 사이에 수직선을 그어서 작은 행렬들로 분할할 수 있다. 작은 행렬들은 흔히 **블록**(block)으로 간주된다. 예를 들어

$$C = \begin{pmatrix} 1 & -2 & 4 & 1 & 3 \\ 2 & 1 & 1 & 1 & 1 \\ 3 & 3 & 2 & -1 & 2 \\ 4 & 6 & 2 & 2 & 4 \end{pmatrix}$$

이 있다고 하자. 만일 둘째와 셋째 행 사이와 셋째와 넷째 열 사이에 선을 긋는다고 하면, C는 $C_{11}, C_{12}, C_{21}, C_{22}$의 네 개의 부분 행렬들로 나뉠 수 있다.

$$\begin{pmatrix} C_{11} & C_{12} \\ C_{21} & C_{22} \end{pmatrix} = \left(\begin{array}{ccc|cc} 1 & -2 & 4 & 1 & 3 \\ 2 & 1 & 1 & 1 & 1 \\ \hline 3 & 3 & 2 & -1 & 2 \\ 4 & 6 & 2 & 2 & 4 \end{array}\right)$$

행렬을 분할하는 한 가지 좋은 방법은 열들로 하는 것이다. 예를 들어

$$B = \begin{pmatrix} -1 & 2 & 1 \\ 2 & 3 & 1 \\ 1 & 4 & 1 \end{pmatrix}$$

이라면, B를 세 개의 열 부분 행렬들로 분할할 수 있다.

$$B = (\mathbf{b}_1\ \mathbf{b}_2\ \mathbf{b}_3) = \left(\begin{array}{c|c|c} -1 & 2 & 1 \\ 2 & 3 & 1 \\ 1 & 4 & 1 \end{array}\right)$$

세 개의 열을 가진 행렬 A가 있다고 가정하자. 그러면 곱 AB는 블록 곱셈으로 볼 수 있다. B의 각 블록은 A에 의해서 곱해지고 그 결과는 $A\mathbf{b}_1$, $A\mathbf{b}_2$, $A\mathbf{b}_3$의 세 블록을 가진 행렬이다. 즉,

$$AB = A(\mathbf{b}_1\ \mathbf{b}_2\ \mathbf{b}_3) = \begin{pmatrix} A\mathbf{b}_1 & A\mathbf{b}_2 & A\mathbf{b}_3 \end{pmatrix}$$

예를 들어

$$A = \begin{pmatrix} 1 & 3 & 1 \\ 2 & 1 & -2 \end{pmatrix}$$

이면

$$A\mathbf{b}_1 = \begin{pmatrix} 6 \\ -2 \end{pmatrix}, \quad A\mathbf{b}_2 = \begin{pmatrix} 15 \\ -1 \end{pmatrix}, \quad A\mathbf{b}_3 = \begin{pmatrix} 5 \\ 1 \end{pmatrix}$$

따라서

$$A(\mathbf{b}_1\ \mathbf{b}_2\ \mathbf{b}_3) = \left(\begin{array}{r|r|r} 6 & 15 & 5 \\ -2 & -1 & 1 \end{array}\right)$$

일반적으로 만일 A가 $m \times n$ 행렬이고 B는 열 $\begin{pmatrix} \mathbf{b}_1 & \cdots & \mathbf{b}_r \end{pmatrix}$로 분할된 $n \times r$ 행렬이면, A 곱하기 B의 블록 곱셈은 다음과 같이 주어진다.

$$AB = (A\mathbf{b}_1\ A\mathbf{b}_2\ \cdots\ A\mathbf{b}_r)$$

특히

$$(\mathbf{a}_1\ \cdots\ \mathbf{a}_n) = A = AI = (A\mathbf{e}_1\ \cdots\ A\mathbf{e}_n)$$

A를 $m \times n$ 행렬이라 하자. 만일 A를 행으로 분할한다면 다음과 같다.

$$A = \begin{pmatrix} \vec{\mathbf{a}}_1 \\ \vec{\mathbf{a}}_2 \\ \vdots \\ \vec{\mathbf{a}}_m \end{pmatrix}$$

만일 B가 $n \times r$ 행렬이면, 곱 AB의 i번째 행은 A의 i번째 행 곱하기 B로 결정된다. 그러므로 AB의 i번째 행은 $\mathbf{a}(i, :)B$이다. 일반적으로 곱 AB는 다음과 같이 행들로 분할될 수 있다.

$$AB = \begin{pmatrix} \vec{\mathbf{a}}_1 B \\ \vec{\mathbf{a}}_2 B \\ \vdots \\ \vec{\mathbf{a}}_m B \end{pmatrix}$$

이것을 보여주기 위하여, 하나의 예를 살펴보자. 만일

$$A = \begin{pmatrix} 2 & 5 \\ 3 & 4 \\ 1 & 7 \end{pmatrix} \quad \text{그리고} \quad B = \begin{pmatrix} 3 & 2 & -3 \\ -1 & 1 & 1 \end{pmatrix}$$

이면

$$\vec{\mathbf{a}}_1 B = \begin{bmatrix} 1 & 9 & -1 \end{bmatrix}$$

$$\vec{\mathbf{a}}_2 B = \begin{bmatrix} 5 & 10 & -5 \end{bmatrix}$$

$$\vec{\mathbf{a}}_3 B = \begin{bmatrix} -4 & 9 & 4 \end{bmatrix}$$

이다. 이들은 곱 AB의 행 벡터들이다.

$$AB = \begin{bmatrix} \vec{\mathbf{a}}_1 B \\ \vec{\mathbf{a}}_2 B \\ \vec{\mathbf{a}}_3 B \end{bmatrix} = \begin{bmatrix} 1 & 9 & -1 \\ \hline 5 & 10 & -5 \\ \hline -4 & 9 & 4 \end{bmatrix}$$

다음으로 곱 AB를 좀 더 일반적인 A와 B의 분할들로 계산하는 방법을 생각해 본다.

블록 곱셈

A를 $m \times n$ 행렬이라 하고 B를 $n \times r$ 행렬이라고 하자. A와 B를 분할하고 A와 B의 부분 행렬들로 곱을 표현하는 것이 흔히 유용하다. 다음의 네 가지 경우를 생각해 보자.

경우 1. $B = \begin{bmatrix} B_1 & B_2 \end{bmatrix}$, 여기서 B_1은 $n \times t$ 행렬이고, B_2는 $n \times (r-t)$ 행렬이다.

$$\begin{aligned} AB &= A(\mathbf{b}_1, \ldots, \mathbf{b}_t, \mathbf{b}_{t+1} \ldots \mathbf{b}_r) \\ &= (A\mathbf{b}_1, \ldots, A\mathbf{b}_t, A\mathbf{b}_{t+1}, \ldots, A\mathbf{b}_r) \\ &= (A(\mathbf{b}_1 \ldots \mathbf{b}_t), A(\mathbf{b}_{t+1} \cdots \mathbf{b}_r)) \\ &= \begin{bmatrix} AB_1 & AB_2 \end{bmatrix} \end{aligned}$$

따라서

$$A \begin{bmatrix} B_1 & B_2 \end{bmatrix} = \begin{bmatrix} AB_1 & AB_2 \end{bmatrix}$$

경우 2. $A = \begin{bmatrix} A_1 \\ A_2 \end{bmatrix}$, 여기서 A_1은 $k \times n$ 행렬이고, A_2는 $(m-k) \times n$ 행렬이다.

$$\begin{bmatrix} A_1 \\ A_2 \end{bmatrix} B = \begin{bmatrix} \vec{\mathbf{a}}_1 \\ \vdots \\ \vec{\mathbf{a}}_k \\ \hline \vec{\mathbf{a}}_{k+1} \\ \vdots \\ \vec{\mathbf{a}}_m \end{bmatrix} B = \begin{bmatrix} \vec{\mathbf{a}}_1 B \\ \vdots \\ \vec{\mathbf{a}}_k B \\ \hline \vec{\mathbf{a}}_{k+1} B \\ \vdots \\ \vec{\mathbf{a}}_m B \end{bmatrix}$$

$$= \begin{bmatrix} \begin{bmatrix} \vec{\mathbf{a}}_1 \\ \vdots \\ \vec{\mathbf{a}}_k \end{bmatrix} B \\ \begin{bmatrix} \vec{\mathbf{a}}_{k+1} \\ \vdots \\ \vec{\mathbf{a}}_m \end{bmatrix} B \end{bmatrix} = \begin{bmatrix} A_1B \\ A_2B \end{bmatrix}$$

따라서

$$\begin{bmatrix} A_1 \\ A_2 \end{bmatrix} B = \begin{bmatrix} A_1B \\ A_2B \end{bmatrix}$$

경우 3. $A = \begin{bmatrix} A_1 & A_2 \end{bmatrix}$이고 $B = \begin{bmatrix} B_1 \\ B_2 \end{bmatrix}$이다. 여기서 A_1은 $m \times s$ 행렬, A_2는 $m \times (n-s)$ 행렬, B_1은 $s \times r$ 행렬, B_2는 $(n-s) \times r$ 행렬이다. 만일 $C = AB$이면,

$$c_{ij} = \sum_{l=1}^{n} a_{il}b_{lj} = \sum_{l=1}^{s} a_{il}b_{lj} + \sum_{l=s+1}^{n} a_{il}b_{lj}$$

따라서 c_{ij}는 A_1B_1의 (i,j) 원소와 A_2B_2의 (i,j) 원소의 합이다. 그러므로

$$AB = C = A_1B_1 + A_2B_2$$

이고, 다음과 같다.

$$\begin{bmatrix} A_1 & A_2 \end{bmatrix} \begin{bmatrix} B_1 \\ B_2 \end{bmatrix} = A_1B_1 + A_2B_2$$

경우 4. A와 B는 모두 다음과 같이 분할된다고 하자.

$$A = \underset{\quad s \qquad n-s}{\left[\begin{array}{c|c} A_{11} & A_{12} \\ \hline A_{21} & A_{22} \end{array}\right]} \begin{array}{l} k \\ m-k \end{array}, \qquad B = \underset{\quad t \qquad r-t}{\left[\begin{array}{c|c} B_{11} & B_{12} \\ \hline B_{21} & B_{22} \end{array}\right]} \begin{array}{l} s \\ n-s \end{array}$$

여기서

$$A_1 = \begin{bmatrix} A_{11} \\ A_{21} \end{bmatrix}, \qquad A_2 = \begin{bmatrix} A_{12} \\ A_{22} \end{bmatrix},$$

$$B_1 = \begin{bmatrix} B_{11} & B_{12} \end{bmatrix}, \qquad B_2 = \begin{bmatrix} B_{21} & B_{22} \end{bmatrix}$$

이라 하자. 경우 3으로부터 다음이 성립한다.

$$AB = \begin{bmatrix} A_1 & A_2 \end{bmatrix} \begin{bmatrix} B_1 \\ B_2 \end{bmatrix} = A_1B_1 + A_2B_2$$

경우 1과 2로부터 다음과 같이 된다.

$$A_1B_1 = \begin{bmatrix} A_{11} \\ A_{21} \end{bmatrix} B_1 = \begin{bmatrix} A_{11}B_1 \\ A_{21}B_1 \end{bmatrix} = \begin{bmatrix} A_{11}B_{11} & A_{11}B_{12} \\ A_{21}B_{11} & A_{21}B_{12} \end{bmatrix}$$
$$A_2B_2 = \begin{bmatrix} A_{12} \\ A_{22} \end{bmatrix} B_2 = \begin{bmatrix} A_{12}B_2 \\ A_{22}B_2 \end{bmatrix} = \begin{bmatrix} A_{12}B_{21} & A_{12}B_{22} \\ A_{22}B_{21} & A_{22}B_{22} \end{bmatrix}$$

그러므로

$$\begin{bmatrix} A_{11} & A_{12} \\ A_{21} & A_{22} \end{bmatrix} \begin{bmatrix} B_{11} & B_{12} \\ B_{21} & B_{22} \end{bmatrix} = \begin{bmatrix} A_{11}B_{11} + A_{12}B_{21} & A_{11}B_{12} + A_{12}B_{22} \\ A_{21}B_{11} + A_{22}B_{21} & A_{21}B_{12} + A_{22}B_{22} \end{bmatrix}$$

일반적으로, 만일 블록들이 적절한 차원들을 갖는다면 블록 곱셈은 보통의 행렬 곱셈과 같은 방법으로 수행될 수 있다. 만일

$$A = \begin{bmatrix} A_{11} & \cdots & A_{1t} \\ \vdots & & \\ A_{s1} & \cdots & A_{st} \end{bmatrix} \quad \text{그리고} \quad B = \begin{bmatrix} B_{11} & \cdots & B_{1r} \\ \vdots & & \\ B_{t1} & \cdots & B_{tr} \end{bmatrix}$$

이면

$$AB = \begin{bmatrix} C_{11} & \cdots & C_{1r} \\ \vdots & & \\ C_{s1} & \cdots & C_{sr} \end{bmatrix}$$

여기서

$$C_{ij} = \sum_{k=1}^{t} A_{ik}B_{kj}$$

곱셈은 각 k에 대하여 A_{ik}의 열의 수가 B_{kj}의 행의 수와 같으면 이와 같은 방법으로 수행될 수 있다.

예제 1

$$A = \begin{bmatrix} 1 & 1 & 1 & 1 \\ 2 & 2 & 1 & 1 \\ 3 & 3 & 2 & 2 \end{bmatrix}$$

이고

$$B = \begin{bmatrix} B_{11} & B_{12} \\ B_{21} & B_{22} \end{bmatrix} = \left[\begin{array}{cc|cc} 1 & 1 & 1 & 1 \\ 1 & 2 & 1 & 1 \\ \hline 3 & 1 & 1 & 1 \\ 3 & 2 & 1 & 2 \end{array}\right]$$

이라 하자. A를 네 블록으로 분할하고 블록 곱셈을 수행하라.

해답 각각의 B_{kj}는 두 개의 행을 갖고 있기 때문에, A_{ik}들은 각각 두 개의 열을 가져야만 한다. 그러므로 두 가지 가능성이 있다.

$$\text{(i)} \qquad \begin{bmatrix} A_{11} & A_{12} \\ A_{21} & A_{22} \end{bmatrix} = \left[\begin{array}{cc|cc} 1 & 1 & 1 & 1 \\ \hline 2 & 2 & 1 & 1 \\ 3 & 3 & 2 & 2 \end{array}\right]$$

이런 경우 다음과 같다.

$$\left[\begin{array}{cc|cc} 1 & 1 & 1 & 1 \\ \hline 2 & 2 & 1 & 1 \\ 3 & 3 & 2 & 2 \end{array}\right] \left[\begin{array}{cc|cc} 1 & 1 & 1 & 1 \\ 1 & 2 & 1 & 1 \\ \hline 3 & 1 & 1 & 1 \\ 3 & 2 & 1 & 2 \end{array}\right] = \left[\begin{array}{cc|cc} 8 & 6 & 4 & 5 \\ \hline 10 & 9 & 6 & 7 \\ 18 & 15 & 10 & 12 \end{array}\right]$$

혹은

$$\text{(ii)} \qquad \begin{bmatrix} A_{11} & A_{12} \\ A_{21} & A_{22} \end{bmatrix} = \left[\begin{array}{cc|cc} 1 & 1 & 1 & 1 \\ 2 & 2 & 1 & 1 \\ \hline 3 & 3 & 2 & 2 \end{array}\right]$$

이런 경우는 다음과 같다.

$$\left[\begin{array}{cc|cc} 1 & 1 & 1 & 1 \\ 2 & 2 & 1 & 1 \\ \hline 3 & 3 & 2 & 2 \end{array}\right] \left[\begin{array}{cc|cc} 1 & 1 & 1 & 1 \\ 1 & 2 & 1 & 1 \\ \hline 3 & 1 & 1 & 1 \\ 3 & 2 & 1 & 2 \end{array}\right] = \left[\begin{array}{cc|cc} 8 & 6 & 4 & 5 \\ 10 & 9 & 6 & 7 \\ \hline 18 & 15 & 10 & 12 \end{array}\right]$$

■

예제 2 A를 다음과 같은 형태의 $n \times n$ 행렬이라 하자.

$$\begin{bmatrix} A_{11} & O \\ O & A_{22} \end{bmatrix}$$

여기서 A_{11}은 $k \times k$ 행렬이다($k < n$). A_{11}과 A_{22}가 특이하지 않으면 A는 특이하지 않음을 보

여라(필요충분조건).

해답 만일 A_{11}과 A_{22}가 특이하지 않다면,

$$\begin{bmatrix} A_{11}^{-1} & O \\ O & A_{22}^{-1} \end{bmatrix} \begin{bmatrix} A_{11} & O \\ O & A_{22} \end{bmatrix} = \begin{bmatrix} I_k & O \\ O & I_{n-k} \end{bmatrix} = I$$

이고

$$\begin{bmatrix} A_{11} & O \\ O & A_{22} \end{bmatrix} \begin{bmatrix} A_{11}^{-1} & O \\ O & A_{22}^{-1} \end{bmatrix} = \begin{bmatrix} I_k & O \\ O & I_{n-k} \end{bmatrix} = I$$

그래서 A는 특이하지 않고 A^{-1}는 다음과 같다.

$$A^{-1} = \begin{bmatrix} A_{11}^{-1} & O \\ O & A_{22}^{-1} \end{bmatrix}$$

역으로 만일 A가 특이하지 않으면 $B = A^{-1}$라고 하고 A와 같은 방법으로 B를 분할한다.

$$BA = I = AB$$

이기 때문에 다음이 성립한다.

$$\begin{bmatrix} B_{11} & B_{12} \\ B_{21} & B_{22} \end{bmatrix} \begin{bmatrix} A_{11} & O \\ O & A_{22} \end{bmatrix} = \begin{bmatrix} I_k & O \\ O & I_{n-k} \end{bmatrix} = \begin{bmatrix} A_{11} & O \\ O & A_{22} \end{bmatrix} \begin{bmatrix} B_{11} & B_{12} \\ B_{21} & B_{22} \end{bmatrix}$$

$$\begin{bmatrix} B_{11}A_{11} & B_{12}A_{22} \\ B_{21}A_{11} & B_{22}A_{22} \end{bmatrix} = \begin{bmatrix} I_k & O \\ O & I_{n-k} \end{bmatrix} = \begin{bmatrix} A_{11}B_{11} & A_{11}B_{12} \\ A_{22}B_{21} & A_{22}B_{22} \end{bmatrix}$$

따라서

$$\begin{aligned} B_{11}A_{11} &= I_k = A_{11}B_{11} \\ B_{22}A_{22} &= I_{n-k} = A_{22}B_{22} \end{aligned}$$

이고, 그러므로 A_{11}과 A_{22}는 모두 특이하지 않으며 각각 역 B_{11}과 B_{22}를 갖는다. ■

외적 전개

$\mathbb{R}^n$에 있는 두 벡터 $\mathbf{x}$와 $\mathbf{y}$가 주어질 때, 만일 그중 하나를 먼저 전치시키면 벡터들의 행렬 곱셈의 수행이 가능하다. 행렬 곱셈 $\mathbf{x}^T\mathbf{y}$는 행 벡터($1 \times n$ 행렬)와 열 벡터($n \times 1$ 행렬)의 곱이다. 그 결과는 1×1 행렬 또는 단순히 상수가 될 것이다.

$$\mathbf{x}^T\mathbf{y} = \begin{bmatrix} x_1 & x_2 & \cdots & x_n \end{bmatrix} \begin{bmatrix} y_1 \\ y_2 \\ \vdots \\ y_n \end{bmatrix} = x_1y_1 + x_2y_2 + \cdots + x_ny_n$$

이러한 형태의 곱을 스칼라 곱(scalar product) 혹은 내적(inner product)이라고 한다. 스칼라 곱은 가장 일반적으로 수행되는 연산들 중의 하나이다. 예를 들어 두 행렬을 곱할 때, 곱의 각 원소들은 스칼라 곱(행 벡터 곱하기 열 벡터)으로 계산된다.

열 벡터와 행 벡터를 곱하는 것 또한 유용하다. 행렬 곱 $\mathbf{x}\mathbf{y}^T$는 $n \times 1$ 행렬과 $1 \times n$ 행렬의 곱이다. 그 결과는 $n \times n$ 행렬이다.

$$\mathbf{x}\mathbf{y}^T = \begin{pmatrix} x_1 \\ x_2 \\ \vdots \\ x_n \end{pmatrix} \begin{pmatrix} y_1 & y_2 & \cdots & y_n \end{pmatrix} = \begin{pmatrix} x_1y_1 & x_1y_2 & \cdots & x_1y_n \\ x_2y_1 & x_2y_2 & \cdots & x_2y_n \\ \vdots & & & \\ x_ny_1 & x_ny_2 & \cdots & x_ny_n \end{pmatrix}$$

곱 $\mathbf{x}\mathbf{y}^T$는 $\mathbf{x}$와 $\mathbf{y}$의 외적(outer product)이라 한다. 외적 행렬은 그것의 각 행들이 $\mathbf{y}^T$의 배수이고 각 열 벡터들은 $\mathbf{x}$의 배수인 특별한 구조를 갖는다. 예를 들어

$$\mathbf{x} = \begin{pmatrix} 4 \\ 1 \\ 3 \end{pmatrix} \quad \text{그리고} \quad \mathbf{y} = \begin{pmatrix} 3 \\ 5 \\ 2 \end{pmatrix}$$

이면,

$$\mathbf{x}\mathbf{y}^T = \begin{pmatrix} 4 \\ 1 \\ 3 \end{pmatrix} \begin{pmatrix} 3 & 5 & 2 \end{pmatrix} = \begin{pmatrix} 12 & 20 & 8 \\ 3 & 5 & 2 \\ 9 & 15 & 6 \end{pmatrix}$$

각 행은 $(3, 5, 2)$의 배수이고, 각 열은 $\mathbf{x}$의 배수임을 유의하자.

이제 벡터부터 행렬까지 외적의 개념을 일반화할 준비가 되어 있다. $m \times n$ 행렬 X와 $k \times n$ 행렬 Y로 시작한다고 가정하자. 그러면 행렬 곱 XY^T를 만들 수 있다. 만일 우리가 X를 열로 분할하고 Y^T를 행으로 분할하여 블록 곱셈을 수행하면, XY^T는 벡터들의 외적들의 합으로 표현될 수 있다.

$$XY^T = \begin{pmatrix} \mathbf{x}_1 & \mathbf{x}_2 & \cdots & \mathbf{x}_n \end{pmatrix} \begin{pmatrix} \mathbf{y}_1^T \\ \mathbf{y}_2^T \\ \vdots \\ \mathbf{y}_n^T \end{pmatrix} = \mathbf{x}_1\mathbf{y}_1^T + \mathbf{x}_2\mathbf{y}_2^T + \cdots + \mathbf{x}_n\mathbf{y}_n^T$$

이 표현을 외적 전개(outer product expansion)라고 한다. 이러한 형태의 확장은 많은 응용에서 중요한 역할을 한다. 6.5절에서는 어떻게 외적 전개가 디지털 영상과 정보 추출 응용에 사용되는지 볼 것이다.

예제 3

$$X = \begin{bmatrix} 3 & 1 \\ 2 & 4 \\ 1 & 2 \end{bmatrix} \quad \text{그리고} \quad Y = \begin{bmatrix} 1 & 2 \\ 2 & 4 \\ 3 & 1 \end{bmatrix}$$

에서 XY^T의 외적 전개를 계산하라.

해답

$$\begin{aligned} XY^T &= \begin{bmatrix} 3 & 1 \\ 2 & 4 \\ 1 & 2 \end{bmatrix} \begin{bmatrix} 1 & 2 & 3 \\ 2 & 4 & 1 \end{bmatrix} \\ &= \begin{bmatrix} 3 \\ 2 \\ 1 \end{bmatrix} \begin{bmatrix} 1 & 2 & 3 \end{bmatrix} + \begin{bmatrix} 1 \\ 4 \\ 2 \end{bmatrix} \begin{bmatrix} 2 & 4 & 1 \end{bmatrix} \\ &= \begin{bmatrix} 3 & 6 & 9 \\ 2 & 4 & 6 \\ 1 & 2 & 3 \end{bmatrix} + \begin{bmatrix} 2 & 4 & 1 \\ 8 & 16 & 4 \\ 4 & 8 & 2 \end{bmatrix} \end{aligned}$$

■

1.6 연습문제

1. A를 특이하지 않은 $n \times n$ 행렬이라 하자. 다음의 곱셈들을 수행하라.

(a) $A^{-1}\begin{bmatrix} A & I \end{bmatrix}$

(b) $\begin{bmatrix} A \\ I \end{bmatrix} A^{-1}$

(c) $\begin{bmatrix} A & I \end{bmatrix}^T \begin{bmatrix} A & I \end{bmatrix}$

(d) $\begin{bmatrix} A & I \end{bmatrix} \begin{bmatrix} A & I \end{bmatrix}^T$

(e) $\begin{bmatrix} A^{-1} \\ I \end{bmatrix} \begin{bmatrix} A & I \end{bmatrix}$

2. $B = A^TA$라고 하자. $\mathbf{b}_{ij} = \mathbf{a}^T\mathbf{a}$임을 보여라.

3. 아래와 같이 주어질 때,

$$A = \begin{bmatrix} 2 & 1 \\ 1 & -2 \end{bmatrix} \quad \text{그리고} \quad B = \begin{bmatrix} 1 & 2 \\ 3 & -1 \end{bmatrix}$$

(a) $A\mathbf{b}_1$과 $A\mathbf{b}_2$를 계산하라.

(b) $\vec{\mathbf{a}_1}B$와 $\vec{\mathbf{a}_2}B$를 계산하라.

(c) 곱 AB를 구하고 그것의 열 벡터들은 (a)에 있는 벡터들이고 행 벡터들은 (b)에 있는 벡터들임을 증명하라.

4. 아래와 같이 주어질 때,

$$I = \begin{bmatrix} 1 & 0 \\ 0 & 1 \end{bmatrix}, \quad E = \begin{bmatrix} 0 & 1 \\ 1 & 0 \end{bmatrix}, O = \begin{bmatrix} 0 & 0 \\ 0 & 0 \end{bmatrix}$$

$$C = \begin{bmatrix} 1 & -1 \\ -1 & 1 \end{bmatrix}, \quad D = \begin{bmatrix} 3 & 0 \\ 0 & 3 \end{bmatrix}$$

그리고

$$B = \begin{bmatrix} B_{11} & B_{12} \\ B_{21} & B_{22} \end{bmatrix} = \left[\begin{array}{cc|cc} 1 & 2 & 3 & 1 \\ 1 & 2 & 0 & 0 \\ \hline 1 & 0 & 0 & 1 \\ 2 & 1 & 1 & 3 \end{array}\right]$$

다음의 각 블록 곱셈들을 수행하라.

(a) $\begin{bmatrix} O & I \\ I & O \end{bmatrix} \begin{bmatrix} B_{11} & B_{12} \\ B_{21} & B_{22} \end{bmatrix}$

(b) $\begin{bmatrix} C & O \\ O & C \end{bmatrix} \begin{bmatrix} B_{11} & B_{12} \\ B_{21} & B_{22} \end{bmatrix}$

(c) $\begin{bmatrix} D & O \\ O & I \end{bmatrix} \begin{bmatrix} B_{11} & B_{12} \\ B_{21} & B_{22} \end{bmatrix}$

(d) $\begin{bmatrix} E & O \\ O & E \end{bmatrix} \begin{bmatrix} B_{11} & B_{12} \\ B_{21} & B_{22} \end{bmatrix}$

5. 다음의 각 블록 곱셈들을 수행하라.

(a) $$\left(\begin{array}{ccc|c} 2 & -1 & 3 & 1 \\ 4 & -1 & 0 & 2 \end{array}\right)\left(\begin{array}{ccc} 1 & 2 & 4 \\ 2 & 1 & 1 \\ 4 & 0 & 1 \\ \hline 1 & 0 & 2 \end{array}\right)$$

(b) $$\left(\begin{array}{cc} 1 & 2 \\ 2 & 1 \\ 4 & 0 \\ \hline 1 & 0 \end{array}\right)\left(\begin{array}{ccc|c} 2 & -1 & 3 & 1 \\ 4 & -1 & 0 & 2 \end{array}\right)$$

(c) $$\left(\begin{array}{cc|cc} \frac{1}{4} & \frac{3}{4} & 0 & 0 \\ -\frac{3}{4} & \frac{1}{4} & 0 & 0 \\ \hline 0 & 0 & 1 & 1 \end{array}\right)\left(\begin{array}{cc|c} \frac{1}{4} & -\frac{3}{4} & 0 \\ \frac{3}{4} & \frac{1}{4} & 0 \\ \hline 0 & 0 & 1 \\ 0 & 0 & 1 \end{array}\right)$$

(d) $$\left(\begin{array}{ccc|cc} 0 & 0 & 1 & 0 & 0 \\ 0 & 1 & 0 & 0 & 0 \\ 1 & 0 & 0 & 0 & 0 \\ \hline 0 & 0 & 0 & 0 & 1 \\ 0 & 0 & 0 & 1 & 0 \end{array}\right)\left(\begin{array}{cc} 1 & 0 \\ 2 & -9 \\ 3 & -8 \\ \hline 4 & -7 \\ 5 & -6 \end{array}\right)$$

6. 다음 행렬에 대해

$$X = \begin{pmatrix} 2 & 1 & 4 \\ 1 & 0 & 1 \end{pmatrix}, \qquad Y = \begin{pmatrix} 1 & 3 & 1 \\ 4 & 1 & 4 \end{pmatrix}$$

(a) XY^T의 외적 전개를 계산하라.

(b) YX^T의 외적 전개를 계산하라. YX^T의 외적 전개가 XY^T의 외적 전개와 어떻게 관련이 되는가?

7. 다음 행렬에 대해

$$A = \begin{pmatrix} A_{11} & A_{12} \\ A_{21} & A_{22} \end{pmatrix} \quad \text{그리고} \quad A^T = \begin{pmatrix} A_{11}^T & A_{21}^T \\ A_{12}^T & A_{22}^T \end{pmatrix}$$

AA^T와 A^TA의 블록 곱셈을 수행하는 것이 가능한가? 설명하라.

8. A를 $m \times n$ 행렬, X를 $n \times r$ 행렬, B를 $m \times r$ 행렬이라 하자. 다음을 보여라.

$$AX = B$$

이면

$$A\mathbf{x}_j = \mathbf{b}_j, \quad j = 1, \ldots, r$$

이다(필요충분조건).

9. A를 $n \times n$ 행렬이라 하고 D를 $n \times n$ 대각 행렬이라 하자.

(a) $D = (d_{11}\mathbf{e}_1, d_{22}\mathbf{e}_2, \cdots, d_{nn}\mathbf{e}_n)$임을 보여라.

(b) $AD = (d_{11}\mathbf{a}_1, d_{22}\mathbf{a}_2, \cdots, d_{nn}\mathbf{a}_n)$임을 보여라.

10. U를 $m \times m$ 행렬, V를 $n \times n$ 행렬, 그리고

$$\Sigma = \begin{pmatrix} \Sigma_1 \\ O \end{pmatrix}$$

이라 하자. 여기서 Σ_1은 대각선 원소들 $\sigma_1, \sigma_2, \cdots, \sigma_n$을 갖는 $n \times n$ 대각 행렬이고, O는 $(m-n) \times n$ 영 행렬이다.

(a) 만일 $U = (U_1, U_2)$이면(여기서 U_1은 n개의 열을 갖는다), 다음을 보여라.

$$U\Sigma = U_1\Sigma_1$$

(b) 만일 $A = U\Sigma V^T$라면 A는 다음과 같은 형태의 외적 전개로 표현될 수 있음을 보여라.

$$A = \sigma_1\mathbf{u}_1\mathbf{v}_1^T + \sigma_2\mathbf{u}_2\mathbf{v}_2^T + \cdots + \sigma_n\mathbf{u}_n\mathbf{v}_n^T$$

11. 다음 행렬에서 네 블록 모두는 $n \times n$ 행렬이다.

$$A = \begin{pmatrix} A_{11} & A_{12} \\ O & A_{22} \end{pmatrix}$$

(a) 만일 A_{11}과 A_{22}가 특이하지 않다면, A 역시 특이하지 않아야 하며 A^{-1}는 다음과 같은 형태여야 한다.

$$\left(\begin{array}{c|c} A_{11}^{-1} & C \\ \hline O & A_{22}^{-1} \end{array}\right)$$

(b) C를 구하라.

12. A와 B를 $n \times n$ 행렬이라 하고, M을 다음과 같은 블록 행렬이라 하자.

$$M = \begin{pmatrix} A & O \\ O & B \end{pmatrix}$$

정리 1.5.2의 조건 (b)를 사용하여 만일 A 또는 B가 특이하면 M도 특이함을 보여라.

13. 다음 행렬에서 네 블록 모두는 $k \times k$ 행렬이다. A^2과 A^4을 구하라.

$$A = \begin{pmatrix} O & I \\ B & O \end{pmatrix}$$

14. I는 $n \times n$ 항등 행렬을 나타낸다고 하자. 다음의 각 $2n \times 2n$ 행렬들의 블록 형태의 역을 구하라.

(a) $\begin{pmatrix} O & I \\ I & O \end{pmatrix}$ **(b)** $\begin{pmatrix} I & O \\ B & I \end{pmatrix}$

15. O를 원소가 모두 0인 $k \times k$ 행렬이라 하고 I를 $k \times k$ 항등 행렬이라 하자. 그리고 B는 $B^2 = O$의 성질을 갖는 $k \times k$ 행렬이라 하자. 만일

$$A = \begin{pmatrix} O & I \\ I & B \end{pmatrix}$$

이라면, $A^{-1} + A^2 + A^3$의 블록 형태를 결정하라.

16. A와 B를 $n \times n$ 행렬이라 하고 $2n \times 2n$ 행렬 S와 M을 다음과 같이 정의하자.

$$S = \begin{pmatrix} I & A \\ O & I \end{pmatrix}, \qquad M = \begin{pmatrix} AB & O \\ B & O \end{pmatrix}$$

S^{-1}의 블록 형태를 구하고 이것을 곱 $S^{-1}MS$의 블록 형태를 계산하기 위하여 사용하라.

17. 다음 행렬에서 A_{11}은 특이하지 않은 $k \times k$ 행렬이다.

$$A = \begin{pmatrix} A_{11} & A_{12} \\ A_{21} & A_{22} \end{pmatrix}$$

A는 다음과 같은 곱으로 분해될 수 있음을 보여라.

$$\begin{pmatrix} I & O \\ B & I \end{pmatrix} \begin{pmatrix} A_{11} & A_{12} \\ O & C \end{pmatrix}$$

여기서

$$B = A_{21}A_{11}^{-1} \quad \text{그리고} \quad C = A_{22} - A_{21}A_{11}^{-1}A_{12}$$

(이 문제는 1.3절의 연습문제 18에서 블록 행렬 버전의 분해를 한다는 것을 유의하자.)

18. A, B, L, M, S, T는 $n \times n$ 행렬인데 A, B, M은 특이하지 않고 L, S, T는 특이하다고 하자. 다음을 만족하는 같은 행렬 X와 Y를 구하는 것이 가능한지 결정하라.

$$\begin{pmatrix} O & I & O & O & O & O \\ O & O & I & O & O & O \\ O & O & O & I & O & O \\ O & O & O & O & I & O \\ O & O & O & O & O & X \\ Y & O & O & O & O & O \end{pmatrix} \begin{pmatrix} M \\ A \\ T \\ L \\ A \\ B \end{pmatrix} = \begin{pmatrix} A \\ T \\ L \\ A \\ S \\ T \end{pmatrix}$$

만일 그렇다면 어떻게 그런지 보이고, 그렇지 않다면 왜 그런지 설명하라.

19. A를 $n \times n$ 행렬이라 하고 $x \in \mathbb{R}^n$이라 하자.

(a) 스칼라 c는 1×1 행렬 $C = (c)$로 생각할 수 있으며, 벡터 $\mathbf{b} \in \mathbb{R}^n$는 $n \times 1$ 행렬 B로 생각할 수 있다. 비록 행렬 곱셈 CB가 정의되지 않더라도 행렬 곱 BC는 스칼라 곱셈 c 곱하기 $\mathbf{b}$인 $c\mathbf{b}$와 같음을 보여라.

(b) A를 열로 $\mathbf{x}$를 행으로 분할하고 A 곱하기 $\mathbf{x}$의 블록 곱셈을 수행하라.

(c) 다음을 보여라.

$$A\mathbf{x} = x_1\mathbf{a}_1 + x_2\mathbf{a}_2 + \cdots + x_n\mathbf{a}_n$$

20. 만일 A가 모든 $\mathbf{x} \in \mathbb{R}^n$에 대하여 $A\mathbf{x} = 0$의 성질을 갖는 $n \times n$ 행렬이라면, $A = O$임을 보여라[힌트: $j = 1, \cdots, n$에 대하여 $\mathbf{x} = \mathbf{e}_j$라고 하자].

21. B와 C를 모든 $\mathbf{x} \in \mathbb{R}^n$에 대하여 $B\mathbf{x} = C\mathbf{x}$의 성질을 갖는 $n \times n$ 행렬이라 하자. $B = C$임을 보여라.

22. 다음과 같은 형태의 시스템을 생각해 보자.

$$\begin{pmatrix} A & \mathbf{a} \\ \mathbf{c}^T & \beta \end{pmatrix} \begin{pmatrix} \mathbf{x} \\ x_{n+1} \end{pmatrix} = \begin{pmatrix} \mathbf{b} \\ b_{n+1} \end{pmatrix}$$

여기서 A는 특이하지 않은 $n \times n$ 행렬이고 $\mathbf{a}, \mathbf{b}, \mathbf{c}$는 $\mathbb{R}^n$에 있는 벡터들이다.

(a) 등가의 삼각형 시스템을 얻기 위하여 시스템의 양변에 다음을 곱하라.

$$\begin{pmatrix} A^{-1} & \mathbf{0} \\ -\mathbf{c}^T A^{-1} & 1 \end{pmatrix}$$

(b) $\mathbf{y} = A^{-1}\mathbf{a}$이고 $\mathbf{z} = A^{-1}\mathbf{b}$라고 정한다. 만일 $\beta - \mathbf{c}^T\mathbf{y} \neq 0$이면 시스템의 해는 다음과 같이 하여 구할 수 있음을 보여라.

$$x_{n+1} = \frac{b_{n+1} - \mathbf{c}^T\mathbf{z}}{\beta - \mathbf{c}^T\mathbf{y}}$$

그리고

$$\mathbf{x} = \mathbf{z} - x_{n+1}\mathbf{y}$$

Chapter 1 연습문제

MATLAB 연습문제

다음의 연습문제들은 이 교재의 부록에 설명된 소프트웨어 패키지인 MATLAB으로 계산하여 풀 수 있다. 또한 연습문제들은 계산 과정에서 나타나는 수학적 원리들에 기반한 질문들을 포함한다. 풀이 과정의 기록을 파일에 저장하라. 파일을 편집하고 출력한 후, 여러분은 출력물에 바로 질문의 답을 적을 수 있다.

MATLAB은 관련된 모든 연산과 명령을 설명하는 도움말 기능을 갖고 있다. 예를 들면, MATLAB 명령인 **rand** *에 대한 정보를 얻으려면, 그냥* **help rand***라고 치면 된다. 이 장에 있는 MATLAB 연습문제에서 사용되는 명령들은* **inv**, **floor**, **rand**, **tic**, **toc**, **rref**, **abs**, **max**, **round**, **sum**, **eye**, **triu**, **ones**, **zeros**, **magic** *등이다. 소개되는 연산들은 +, −, *, ′, \ 등이다. 스칼라와 행렬에서 +와 −는 일반적인 더하기와 빼기를 나타낸다. *은 스칼라와 행렬에서 곱셈에 해당한다. 행렬에서 원소들이 모두 실수인 경우, ′ 연산은 전치(transpose) 연산이다. 만일 A가 특이하지 않은 $n \times n$ 행렬이고 B가 임의의 $n \times r$ 행렬이면, 연산 $A \backslash B$은 $A^{-1}B$를 계산한 것과 같다.*

1. MATLAB을 사용하여 랜덤한 5×5 행렬 A와 B를 생성하라. 다음의 각각에 대하여 $A1, A2, A3, A4$를 계산하고, 어느 행렬들이 같은지를 결정하라. (두 행렬의 차이를 계산하여 그들이 같은지를 검사하기 위해 MATLAB을 사용할 수 있다.)

(a) $A1 = A * B$, $A2 = B * A$, $A3 = (A' * B')'$, $A4 = (B' * A')'$

(b) $A1 = A * B'$, $A2 = A' * B$, $A3 = (B * A')'$, $A4 = (B' * A)'$

(c) $A1 = \mathbf{inv}(A * B)$, $A2 = \mathbf{inv}(A) * \mathbf{inv}(B)$, $A3 = \mathbf{inv}(B * A)$, $A4 = \mathbf{inv}(B) * \mathbf{inv}(A)$

(d) $A1 = \mathbf{inv}(A * B')$, $A2 = \mathbf{inv}(A) * \mathbf{inv}(B)'$, $A3 = \mathbf{inv}(B)' * \mathbf{inv}(A)$, $A4 = (\mathbf{inv}(A' * B))'$

2. $n = 200$이라 하고, $n \times n$ 행렬과 정수를 원소로 하는 n차원 벡터 두 개를 아래와 같이 하여 생성하라.

$$A = \mathbf{floor}(10 * \mathbf{rand}(n));$$
$$\mathbf{b} = \mathbf{sum}(A')';$$
$$\mathbf{z} = \mathbf{ones}(n, 1);$$

(행렬과 벡터의 크기가 크기 때문에, 결과가 프린트되는 것을 막기 위해 세미콜론을 사용한다.)

(a) 시스템 $A\mathbf{x} = \mathbf{b}$의 정확한 해는 벡터 $\mathbf{z}$이다. 이유를 설명하라. MATLAB에서 해를 "\" 연산을 사용하거나 A^{-1}를 계산하고 A^{-1}를 $\mathbf{b}$에 곱하여 구할 수 있다. 이 두 가지 계산 방법을 속도와 정확도 측면에서 비교해 보자. MATLAB의 **tic**과 **toc**을 사용하여 각 계산에 대한 경과 시간을 측정한다. 이를 위해 다음의 명령을 사용하라.

$$\mathbf{tic},\ \mathbf{x} = A\backslash\mathbf{b};\ \mathbf{toc}$$
$$\mathbf{tic},\ \mathbf{y} = \mathbf{inv}(A) * \mathbf{b};\ \mathbf{toc}$$

어느 것이 빠른가?

두 방법의 정확도를 비교하기 위하여, 계산된 결과 해인 $\mathbf{x}$와 $\mathbf{y}$가 정확한 해 $\mathbf{z}$와 얼마나 가까운지를 측정할 수 있다. 이를 위해 다음의 명령들을 실행하라.

$$\mathbf{max}(\mathbf{abs}(\mathbf{x} - \mathbf{z}))$$
$$\mathbf{max}(\mathbf{abs}(\mathbf{y} - \mathbf{z}))$$

어느 방법이 가장 정확한 해를 생성하는가?

(b) $n = 500$과 $n = 1000$을 사용하여 (a)를 다시 하라.

3. $A = \mathbf{floor}(10 * \mathbf{rand}(6))$로 하라. 행렬 A는 정수 원소들을 가질 것이다. 특이 행렬로 만들기 위해 A의 여섯 번째 열을 아래와 같이 하여 바꾼다.

$$B = A', \qquad A(:, 6) = -\,\mathbf{sum}(B(1:5, :))'$$

(a) $\mathbf{x} = \mathbf{ones}(6, 1)$로 하여 $A\mathbf{x}$를 MATLAB으로 계산한다. 왜 A가 특이 행렬인지를 설명하라. 감소된 행 사다리꼴 형태를 계산하여 A가 특이한지를 검사한다.

(b) $B = \mathbf{x} * [1 : 6]$로 하라. 두 행렬의 곱 AB는 영 행렬과 같아야 한다. 이유를 설명하라. MATLAB 연산 *로 AB를 계산하여 이것을 증명하라.

(c) $C = \mathbf{floor}(10 * \mathbf{rand}(6))$와 $D = B + C$로 하라. $C \neq D$라도 곱셈 AC와 AD는 같아야 한다. 이유를 설명

하라. $A * C$와 $A * D$를 계산하고 이들이 같음을 증명하라.

4. 행렬을 다음과 같이 구성하라.

$$B = \mathbf{eye}(9) - \mathbf{triu}(\mathbf{ones}(9), 1)$$

B가 특이 행렬이 아님을 어떻게 알 수 있는가? 아래와 같이 하라.

$$C = \mathbf{inv}(B) \qquad \text{and} \qquad \mathbf{x} = C(:, 9)$$

이제, $B(9, 1) = -1/128$로 하여 B를 살짝 바꿔준다. MATLAB으로 $B\mathbf{x}$를 계산하라. 이 계산 결과로부터 새로운 행렬 B에 대해 어떤 결론을 내릴 수 있는가? 아직도 특이 행렬이 아닌가? 설명하라. 이것의 감소된 행 사다리꼴 형태를 계산하기 위해 MATLAB을 사용하라.

5. 행렬 A를 다음과 같이 생성하라.

$$A = \mathbf{floor}(10 * \mathbf{rand}(6))$$

그리고 벡터 $\mathbf{b}$를 아래와 같이 생성하라.

$$\mathbf{b} = \mathbf{floor}(20 * \mathbf{rand}(6, 1)) - 10$$

(a) A는 랜덤하게 생성되었으므로, 이것은 특이하지 않다고 기대할 수 있다. 그러면 시스템 $A\mathbf{x} = \mathbf{b}$는 유일한 해를 가져야 한다. "\" 연산을 사용하여 해를 구하라. MATLAB을 사용하여 $[A \ \ \mathbf{b}]$의 감소된 행 사다리꼴 형태 U를 계산하라. U의 마지막 열과 해 $\mathbf{x}$를 어떻게 비교하겠는가? 정확한 산술이라면 그들은 같아야 한다. 이유를 설명하라. 둘을 비교하기 위해, $U(:, 7) - \mathbf{x}$를 계산하거나 `format long`을 사용하여 둘을 검사하라.

(b) 이제 A가 특이 행렬이 되도록 아래와 같이 변형한다.

$$A(:, 3) = A(:, 1:2) * [4 \ \ 3]'$$

MATLAB을 사용하여 $\mathbf{rref}([A \ \ \mathbf{b}])$를 계산하라. 시스템 $A\mathbf{x} = \mathbf{b}$가 얼마나 많은 해를 가지는가? 설명하라.

(c) 아래와 같이 하라.

$$\mathbf{y} = \mathbf{floor}(20 * \mathbf{rand}(6, 1)) - 10$$

그리고

$$\mathbf{c} = A * \mathbf{y}$$

어째서 시스템 $A\mathbf{x} = \mathbf{c}$는 일치해야(consistent) 하는지 설명하라. $[A \ \ \mathbf{c}]$의 감소된 행 사다리꼴 형태 U를 계산하라. 시스템 $A\mathbf{x} = \mathbf{c}$가 얼마나 많은 해를 가지는지 설명하라.

(d) 사다리꼴 형태에 의해 정해지는 자유변수는 x_3여야 한다. 행렬 U에 해당하는 시스템을 조사하여, $x_3 = 0$에 해당하는 해를 결정할 수 있어야 한다. MATLAB에서 이 해를 열 벡터 $\mathbf{w}$에 넣어라. $A\mathbf{w} = \mathbf{c}$인지 확인하기 위해 잔여벡터 $\mathbf{c} - A\mathbf{w}$를 계산하라.

(e) $U(:, 7) = \mathbf{zeros}(6, 1)$로 하라. 이제 행렬 U는 $(A \,|\, \mathbf{0})$의 감소된 행 사다리꼴 형태에 해당해야 한다. 자유변수 $x_3 = 1$(이것은 손으로 계산한다)일 때, U를 사용하여 동종 시스템의 해를 구하고 이것을 벡터 $\mathbf{z}$에 넣어라. $A * \mathbf{z}$를 계산하여 여러분의 답을 확인하라.

(f) $\mathbf{v} = \mathbf{w} + 3 * \mathbf{z}$로 하라. 벡터 $\mathbf{v}$는 시스템 $A\mathbf{x} = \mathbf{c}$의 해가 되어야 한다. 이유를 설명하라. MATLAB으로 잔여벡터 $\mathbf{c} - A\mathbf{v}$를 계산하여 $\mathbf{v}$가 해임을 증명하라. 이 해에 대한 자유변수 x_3의 값은 무엇인가? 벡터 $\mathbf{w}$와 $\mathbf{z}$에 대하여 이 시스템의 모든 가능한 해들을 어떻게 구하는지 설명하라.

6. 아래 그래프를 생각한다.

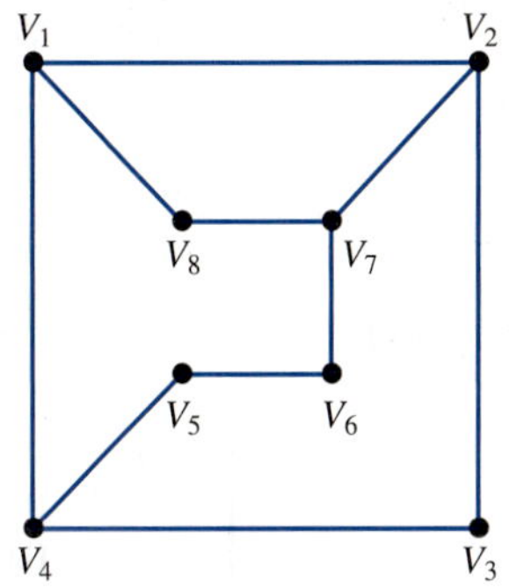

(a) 그래프에 대한 인접행렬 A를 구하여 MATLAB에 입력하라.

(b) A^2을 계산하고 (i) V_1에서 V_7까지, (ii) V_4에서 V_8까지, (iii) V_5에서 V_6까지, (iv) V_8에서 V_3까지 길이 2인 걸음의 수를 구하라.

$$E = B21 * C \quad \text{그리고} \quad F = B22 - B21 * C * B21'$$

MATLAB 함수 **eye**와 **zeros**를 사용하여 다음을 구성하라.

$$L = \begin{pmatrix} I & O \\ E & I \end{pmatrix}, \quad D = \begin{pmatrix} B11 & O \\ O & F \end{pmatrix}$$

$H = L * D * L'$를 계산하고, $H - B$를 계산하여 H를 B와 비교하라. 모든 계산이 정확히 됐다고 생각하고 LDL^T가 정확히 B와 같음을 증명하라.

CHAPTER TEST A 참 또는 거짓

문제는 참과 거짓으로 구성되어 있다. 각 경우에 문장이 항상 참이면 참으로 답하고 아니면 거짓으로 답하라. 참인 문장의 경우에는 여러분의 답을 증명하거나 설명하라. 거짓인 문장의 경우에는 그 문장이 항상 참이 아님을 보여주는 예를 하나 들라. 예를 들어, $n \times n$ 행렬 A, B에 관하여 다음과 같은 수식을 생각해 보자.

(i) $A + B = B + A$

(ii) $AB = BA$

수식 (i)은 항상 참이다. 설명: $A + B$의 (i, j) 원소는 $a_{ij} + b_{ij}$이고 $B + A$의 (i, j) 원소는 $b_{ij} + a_{ij}$이다. 모든 i, j에 대하여 $a_{ij} + b_{ij} = b_{ij} + a_{ij}$이므로 $A + B = B + A$가 된다.

수식 (ii)의 답은 거짓이다. 비록 표현이 어떤 경우에는 성립한다고 해도 항상 성립하지는 않는다. 이것을 보이기 위해, 등식이 성립하지 않도록 하는 한 가지 예를 보이기만 하면 된다. 예를 들어, 만일

$$A = \begin{pmatrix} 1 & 2 \\ 3 & 1 \end{pmatrix} \quad \text{그리고} \quad B = \begin{pmatrix} 2 & 3 \\ 1 & 1 \end{pmatrix}$$

그러면,

$$AB = \begin{pmatrix} 4 & 5 \\ 7 & 10 \end{pmatrix} \quad \text{그리고} \quad BA = \begin{pmatrix} 11 & 7 \\ 4 & 3 \end{pmatrix}$$

그러므로 (ii)는 거짓이다.

1. 만일 A의 감소된 행 사다리꼴 형태가 자유 변수와 관련이 있으면, 시스템 $A\mathbf{x} = \mathbf{b}$는 무한히 많은 해를 가질 것이다.

2. 모든 동종 선형 시스템은 일치한다(모순이 아니다).

3. 어느 $n \times n$ 행렬 A가 특이하지 않으면 A의 감소된 행 사다리꼴 형태는 I (항등 행렬)이다. (반대도 성립한다.)

4. 만일 행렬 A가 특이하지 않으면(nonsingular), A는 기본 행렬들(elementary matrices)의 곱으로 표현할 수 있다.

5. 만일 A와 B가 특이하지 않은(nonsingular) $n \times n$ 행렬이면, $A + B$도 특이하지 않으며 $(A + B)^{-1} = A^{-1} + B^{-1}$이다.

6. 만일 $A = A^{-1}$이면, A는 I 혹은 I^{-1}과 같아야만 한다.

7. 만일 A와 B가 $n \times n$ 행렬이면, $(A + B)(A - B) = A^2 - B^2$이다.

8. 만일 $AC = BC$이고 $C \neq O$(영 행렬)이면, $A = B$이다.

9. 만일 $AB = O$이면, $BA = O$이다.

10. 만일 A가 3×3 행렬이고 $\mathbf{a}_1 - 3\mathbf{a}_2 + 5\mathbf{a}_3 = 0$이면, A는 특이(singular)하여야 한다.

11. 만일 A가 5×4 행렬이고 $\mathbf{b} = \mathbf{a}_2 - \mathbf{a}_4$이면, 시스템 $A\mathbf{x} = b$는 일치해야만 한다.

12. A가 4×3 행렬이고 $\mathbf{a}_2 = \mathbf{a}_3$라 하자. 만일 $\mathbf{b} = \mathbf{a}_1 + \mathbf{a}_2 + \mathbf{a}_3$이면, 시스템 $A\mathbf{x} = \mathbf{b}$는 무한히 많은 해를 가질 것이다.

13. 만일 E가 기본 행렬이라면, E^T 역시 기본 행렬이다.

14. 두 기본 행렬의 곱은 기본 행렬이다.

15. 만일 $\mathbf{x}$와 $\mathbf{y}$가 영이 아닌 n차원 벡터이고 $A = \mathbf{x}\mathbf{y}^T$이면, A의 행 사다리꼴 형태는 정확히 하나의 영 아닌 행을 가질 것이다.

CHAPTER TEST B

1. 다음 시스템의 해를 구하라.

$$\begin{aligned} -x_1 + 2x_2 + x_3 - 2x_4 &= 0 \\ x_1 - x_2 + x_3 + x_4 &= 4 \\ 2x_1 - x_2 + 3x_3 + x_4 &= 9 \end{aligned}$$

2. **(a)** 두 개의 미지수를 갖는 선형 수식은 평면에서 선에 해당한다. 세 개의 미지수를 갖는 선형 수식에 대해 비슷한 기하학적 해석을 해보라.

(b) 세 개의 미지수를 갖는 두 개의 수식으로 구성되는 하나의 선형 시스템이 있다고 하면, 가능한 해의 수는 몇 개인가? 여러분의 답에 대해 기하학적 설명을 해보라.

(c) 세 개의 미지수를 갖는 두 개의 수식으로 구성되는 하나의 동종 선형 시스템이 있다면, 얼마나 많은 해를 가질 것인가? 설명하라.

3. $A\mathbf{x} = \mathbf{b}$는 n개의 미지수를 갖는 n개의 선형 수식으로 된 시스템이고 $\mathbf{x}_1$과 $\mathbf{x}_2$가 해이며 $\mathbf{x}_1 \neq \mathbf{x}_2$이다.

(a) 이 시스템은 얼마나 많은 해를 가지는지 설명하라.

(b) 행렬 A는 특이 행렬이 아닌지 설명하라.

4. A는 아래와 같은 모양의 행렬이다.

$$A = \begin{pmatrix} \alpha & \beta \\ 3\alpha & 3\beta \end{pmatrix}$$

여기서 α와 β는 모두 0이 아닌 상수이다.

(a) 아래의 시스템이 왜 일치하지 않는지 설명하라.

$$A\mathbf{x} = \begin{pmatrix} 3 \\ -1 \end{pmatrix}$$

(b) 시스템 $A\mathbf{x} = \mathbf{b}$가 일치하기 위해서는 영 아닌 벡터 $\mathbf{b}$를 어떻게 선택해야 하는지 설명하라.

5. 다음과 같은 행렬이 있다.

$$A = \begin{pmatrix} 2 & 4 & 3 \\ 1 & 1 & 7 \\ 3 & 1 & 9 \end{pmatrix}, \quad B = \begin{pmatrix} 1 & 1 & 7 \\ 3 & 1 & 9 \\ 2 & 4 & 3 \end{pmatrix},$$

$$C = \begin{pmatrix} 10 & 4 & 3 \\ 3 & 1 & 7 \\ 5 & 1 & 9 \end{pmatrix}$$

(a) $EA = B$가 되는 기본 행렬 E를 구하라.

(b) $AF = C$가 되는 기본 행렬 F를 구하라.

6. A는 4×4 행렬이고 $\mathbf{b} = 5\mathbf{a}_1 + \mathbf{a}_2 - 3\mathbf{a}_4$이다. 시스템 $A\mathbf{x} = \mathbf{b}$가 일치하는지 설명하라.

7. A는 3×3 행렬이고 $\mathbf{a}_1 - 4\mathbf{a}_2 - 7\mathbf{a}_3 = 0$이다. A가 특이하지 않은지(nonsingular) 설명하라.

8. 다음과 같은 벡터가 있다.

$$\mathbf{x}_0 = \begin{pmatrix} 1 \\ 1 \end{pmatrix}$$

$A \neq B$이고 $A\mathbf{x}_0 = B\mathbf{x}_0$가 되는 2×2 행렬 A와 B를 찾는 것이 가능한지 설명하라.

9. A와 B는 $n \times n$ 대칭 행렬이며 $C = AB$이다. C가 대칭인지 설명하라.

10. E와 F는 $n \times n$ 기본 행렬이며 $C = EF$이다. C가 특이하지 않은지 설명하라.

11. 아래에서 모든 부분 행렬들이 $n \times n$일 때 A^{-1}의 블록 형태를 구하라.

$$A = \begin{pmatrix} I & O & O \\ B & I & O \\ O & O & I \end{pmatrix}$$

12. A와 B는 10×10 행렬이며 아래와 같이 부분 행렬들로 구분된다.

$$A = \begin{pmatrix} A_{11} & A_{12} \\ A_{21} & A_{22} \end{pmatrix}, \quad B = \begin{pmatrix} B_{11} & B_{12} \\ B_{21} & B_{22} \end{pmatrix}$$

(a) 만일 A_{11}이 6×5 행렬이고 B_{11}이 $k \times r$ 행렬이라면, 두 행렬 A와 B의 블록 곱셈이 가능하도록 하는 k와 r의 조건은 무엇인가?

(b) 블록 곱셈이 가능하다고 가정하면, 곱셈의 (2, 2) 블록은 어떻게 결정되는가?

CHAPTER

2

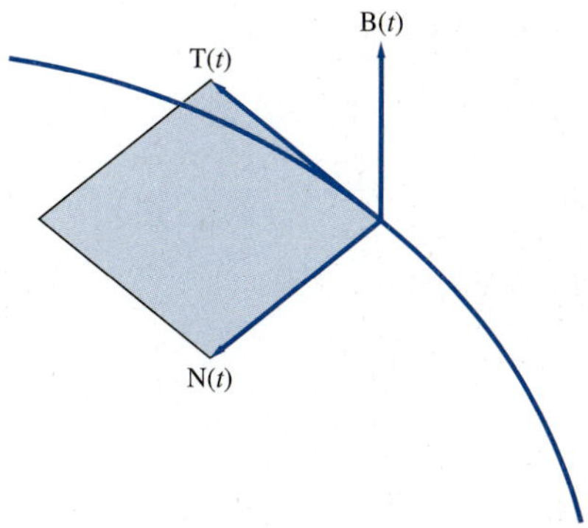

행렬식

정사각형 행렬마다 그 행렬의 행렬식(determinant)이라고 하는 실수를 연관시킬 수 있다. 행렬식의 값은 그 행렬이 특이 행렬인지의 여부를 알려 준다.

2.1절에서는 행렬식을 정의한다. 2.2절에서는 행렬식의 여러 성질을 알아보고 행렬식의 계산을 위한 소거법을 유도한다. 3보다 큰 n에 대해 $n \times n$ 행렬의 행렬식을 계산하기 위한 가장 간단한 방법이 소거법이다. 2.3절에서는 $n \times n$ 선형 시스템을 풀 때, 그리고 역행렬을 구할 때 어떻게 행렬식이 이용되는가를 살펴본다. 행렬식을 암호학과 뉴턴 역학에 응용한 예들 역시 2.3절에서 알아본다. 행렬식의 또 다른 응용들은 3장과 6장에서 다시 다루게 될 것이다.

2.1 행렬의 행렬식

$n \times n$ 행렬 A에 대해 그 행렬이 특이 행렬인가의 여부를 알려 주는 스칼라 값 $\det(A)$를 정의할 수 있다. 일반적인 정의를 알아보기 전에 다음의 경우를 살펴보자.

경우 1. 1 × 1 행렬 $A = (a)$를 1×1 행렬이라 본다면 A가 곱셈에 대한 역수를 갖기 위한 필요충분조건은 $a \neq 0$이다. 따라서

$$\det(A) = a$$

라고 정의하면, A가 비특이 행렬이기 위한 필요충분조건은 $\det(A) \neq 0$이라고 할 수 있다.

경우 2. 2 × 2 행렬

$$A = \begin{pmatrix} a_{11} & a_{12} \\ a_{21} & a_{22} \end{pmatrix}$$

라고 하자. 정의 1.5.2에 의해, A가 비특이 행렬이면 A가 항등 행렬 I와 행으로 등가여야 한다(필요충분조건). 만일 $a_{11} \neq 0$이면 다음의 과정을 통해 A와 I가 행으로 등가인지를 검사할 수 있다.

1. A의 두 번째 행에 a_{11}을 곱한다.

$$\begin{bmatrix} a_{11} & a_{12} \\ a_{11}a_{21} & a_{11}a_{22} \end{bmatrix}$$

2. 새로 만들어진 두 번째 행에서 첫 번째 행의 a_{21}배를 뺀다.

$$\begin{bmatrix} a_{11} & a_{12} \\ 0 & a_{11}a_{22} - a_{21}a_{12} \end{bmatrix}$$

$a_{11} \neq 0$이므로 위의 최종 행렬이 I와 행으로 등가이기 위한 필요충분조건은 다음과 같다.

$$a_{11}a_{22} - a_{21}a_{12} \neq 0 \tag{1}$$

만일 $a_{11} = 0$인 경우는 A의 두 행을 서로 바꾼다. 이 행렬

$$\begin{bmatrix} a_{21} & a_{22} \\ 0 & a_{12} \end{bmatrix}$$

이 I와 행으로 등가이기 위한 필요충분조건은 $a_{21}a_{12} \neq 0$이다. 이 조건은 위의 식 (1)에서 $a_{11} = 0$인 경우에 해당한다. 따라서 임의의 2×2 행렬 A에 대해

$$\det(A) = a_{11}a_{22} - a_{12}a_{21}$$

이라 정의하면, 행렬 A가 비특이 행렬이기 위한 필요충분조건은 $\det(A) \neq 0$이 된다.

표기법

주어진 행렬의 행렬식을 표시하기 위해 행렬의 앞뒤에 수직선을 그어 나타내기도 한다. 예를 들어

$$A = \begin{bmatrix} 3 & 4 \\ 2 & 1 \end{bmatrix}$$

일 경우, 다음과 같이 A의 행렬식을 표현할 수 있다.

$$\begin{vmatrix} 3 & 4 \\ 2 & 1 \end{vmatrix}$$

경우 3. 3×3 행렬 3×3 행렬의 경우에도 이 행렬이 비특이 행렬인가의 여부는 항등 행렬 I와 행으로 등가인가를 보기 위해 행 연산을 함으로써 알아낼 수 있다. 우선 임의의 3×3 행렬 A에서 $a_{11} \neq 0$이라고 가정하자. 첫 번째 열의 소거는 두 번째 행에서 첫 번째 행의

a_{21}/a_{11}배를 빼 주고, 세 번째 행에서 첫 번째 행의 a_{31}/a_{11}배를 빼 줌으로써 가능하다.

$$\begin{bmatrix} a_{11} & a_{12} & a_{13} \\ a_{21} & a_{22} & a_{23} \\ a_{31} & a_{32} & a_{33} \end{bmatrix} \to \begin{bmatrix} a_{11} & a_{12} & a_{13} \\ 0 & \dfrac{a_{11}a_{22}-a_{21}a_{12}}{a_{11}} & \dfrac{a_{11}a_{23}-a_{21}a_{13}}{a_{11}} \\ 0 & \dfrac{a_{11}a_{32}-a_{31}a_{12}}{a_{11}} & \dfrac{a_{11}a_{33}-a_{31}a_{13}}{a_{11}} \end{bmatrix}$$

오른쪽의 행렬이 I와 행으로 등가이기 위한 필요충분조건은 다음과 같다.

$$a_{11} \begin{vmatrix} \dfrac{a_{11}a_{22}-a_{21}a_{12}}{a_{11}} & \dfrac{a_{11}a_{23}-a_{21}a_{13}}{a_{11}} \\ \dfrac{a_{11}a_{32}-a_{31}a_{12}}{a_{11}} & \dfrac{a_{11}a_{33}-a_{31}a_{13}}{a_{11}} \end{vmatrix} \neq 0$$

약간의 계산을 통하면 이 조건은 다음과 같이 간단히 표현된다.

$$\begin{aligned} a_{11}a_{22}a_{33} &- a_{11}a_{32}a_{23} - a_{12}a_{21}a_{33} + a_{12}a_{31}a_{23} \\ &+ a_{13}a_{21}a_{32} - a_{13}a_{31}a_{22} \neq 0 \end{aligned} \tag{2}$$

따라서 만일 행렬식을 다음과 같이 정의하면

$$\begin{aligned} \det(A) &= a_{11}a_{22}a_{33} - a_{11}a_{32}a_{23} - a_{12}a_{21}a_{33} \\ &\quad + a_{12}a_{31}a_{23} + a_{13}a_{21}a_{32} - a_{13}a_{31}a_{22} \end{aligned} \tag{3}$$

$a_{11} \neq 0$인 경우에는 이 행렬이 비특이 행렬이기 위한 필요충분조건은 $\det(A) \neq 0$이 된다. 만일 $a_{11} = 0$이면 어떻게 될까? 이 경우 다음과 같은 세 가지 가능성이 있다.

(i) $a_{11} = 0, a_{21} \neq 0$
(ii) $a_{11} = a_{21} = 0, a_{31} \neq 0$
(iii) $a_{11} = a_{21} = a_{31} = 0$

(i)번 경우에는 어렵지 않게 A가 I와 행으로 등가이기 위한 필요충분조건이 다음과 같음을 알 수 있다.

$$-a_{12}a_{21}a_{33} + a_{12}a_{31}a_{23} + a_{13}a_{21}a_{32} - a_{13}a_{31}a_{22} \neq 0$$

실상 위의 조건은 $a_{11} = 0$일 때의 조건 (2)와 같다는 것을 알 수 있다. 독자를 위해 자세한 유도 과정은 연습문제로 남겨 둔다(연습문제 7 참조).

(ii)번 경우, 행렬 A는 다음과 같고

$$A = \begin{bmatrix} 0 & a_{12} & a_{13} \\ 0 & a_{22} & a_{23} \\ a_{31} & a_{32} & a_{33} \end{bmatrix}$$

이 행렬이 I와 행으로 등가이기 위한 필요충분조건은 다음과 같다.

$$a_{31}(a_{12}a_{23} - a_{22}a_{13}) \neq 0$$

이 역시 조건 (2)에서 $a_{11} = a_{21} = 0$인 특수한 경우에 해당한다.

(iii)번 경우에 행렬 A가 I와 행으로 등가일 수 없다는 것은 자명하고, 따라서 행렬 A는 특이 행렬이 된다. 이 경우 역시, 식 (3)에서 a_{11}, a_{21}, a_{31}을 각각 0으로 두면 그 결과 $\det(A) = 0$이 된다.

따라서 일반적으로 a_{11} 값과 무관하게 3×3 행렬 A가 비특이 행렬이 되기 위한 필요충분조건은 식 (2)가 됨을 알 수 있다.

이제 $n \times n$ 행렬의 행렬식을 정의할 차례이다. 2×2 행렬

$$A = \begin{pmatrix} a_{11} & a_{12} \\ a_{21} & a_{22} \end{pmatrix}$$

의 행렬식이 두 개의 1×1 행렬

$$M_{11} = (a_{22}) \quad \text{그리고} \quad M_{12} = (a_{21})$$

로 표현될 수 있다는 사실에 주목하자. 행렬 M_{11}은 A에서 첫 번째 행과 첫 번째 열을 제거함으로써 얻은 행렬이고, M_{12}는 첫 번째 행과 두 번째 열을 제거함으로써 얻은 행렬이다.

A의 행렬식은 다음의 형태로 표현할 수 있다.

$$\det(A) = a_{11}a_{22} - a_{12}a_{21} = a_{11}\det(M_{11}) - a_{12}\det(M_{12}) \tag{4}$$

3×3 행렬 A의 경우에도 식 (3)을 다음과 같이 정리할 수 있다.

$$\det(A) = a_{11}(a_{22}a_{33} - a_{32}a_{23}) - a_{12}(a_{21}a_{33} - a_{31}a_{23}) + a_{13}(a_{21}a_{32} - a_{31}a_{22})$$

이제 $j = 1, 2, 3$에 대해 M_{1j}를 A에서 첫 번째 행과 j번째 열을 제거함으로써 얻은 2×2 행렬들이라 하자. A의 행렬식은 다음과 같이 표현되며

$$\det(A) = a_{11}\det(M_{11}) - a_{12}\det(M_{12}) + a_{13}\det(M_{13}) \tag{5}$$

여기서 M_{1j}는 다음과 같다.

$$M_{11} = \begin{pmatrix} a_{22} & a_{23} \\ a_{32} & a_{33} \end{pmatrix}, \quad M_{12} = \begin{pmatrix} a_{21} & a_{23} \\ a_{31} & a_{33} \end{pmatrix}, \quad M_{13} = \begin{pmatrix} a_{21} & a_{22} \\ a_{31} & a_{32} \end{pmatrix}$$

$n > 3$인 경우에도 위의 (4)와 (5)를 일반화하기 위해 다음의 정의를 도입하자.

정의 $A = (a_{ij})$가 $n \times n$ 행렬일 때 M_{ij}를 A에서 a_{ij}가 소속된 행과 열을 제거하여 얻은 $(n-1) \times (n-1)$ 행렬이라고 하자. M_{ij}의 행렬식을 a_{ij}의 **소행렬식**(minor)이라고 한다. a_{ij}의 **여인수**(cofactor) A_{ij}는 다음과 같이 정의된다.

$$A_{ij} = (-1)^{i+j} \det(M_{ij})$$

앞의 정의를 이용하면 2×2 행렬 A의 경우, 식 (4)는 다음과 같이 다시 쓸 수 있다.

$$\det(A) = a_{11}A_{11} + a_{12}A_{12} \qquad (n = 2) \tag{6}$$

식 (6)은 A의 첫 번째 행을 따른 $\det(A)$의 여인수 전개(cofactor expansion)라고 한다. 식 (4)는 다음과 같이 쓸 수도 있는데

$$\det(A) = a_{21}(-a_{12}) + a_{22}a_{11} = a_{21}A_{21} + a_{22}A_{22} \tag{7}$$

식 (7)에서는 $\det(A)$를 A의 두 번째 행의 항들과 해당하는 여인수들로 표현하였다. 실제로 행렬식의 여인수 전개를 반드시 행을 따라서만 전개해야 하는 것은 아니고 열을 따라 전개할 수도 있다.

$$\begin{aligned} \det(A) &= a_{11}a_{22} + a_{21}(-a_{12}) \\ &= a_{11}A_{11} + a_{21}A_{21} && \text{(첫 번째 열)} \\ \det(A) &= a_{12}(-a_{21}) + a_{22}a_{11} \\ &= a_{12}A_{12} + a_{22}A_{22} && \text{(두 번째 열)} \end{aligned}$$

3×3 행렬 A의 경우도 다음과 같이 쓸 수 있다.

$$\det(A) = a_{11}A_{11} + a_{12}A_{12} + a_{13}A_{13} \tag{8}$$

따라서 3×3 행렬의 행렬식도 첫 번째 행의 항들과 해당하는 여인수들로 정의될 수 있다.

예제 1 만일

$$A = \begin{bmatrix} 2 & 5 & 4 \\ 3 & 1 & 2 \\ 5 & 4 & 6 \end{bmatrix}$$

이면, $\det(A)$는 다음과 같다.

$$\begin{aligned} \det(A) &= a_{11}A_{11} + a_{12}A_{12} + a_{13}A_{13} \\ &= (-1)^2 a_{11} \det(M_{11}) + (-1)^3 a_{12} \det(M_{12}) + (-1)^4 a_{13} \det(M_{13}) \\ &= 2\begin{vmatrix} 1 & 2 \\ 4 & 6 \end{vmatrix} - 5\begin{vmatrix} 3 & 2 \\ 5 & 6 \end{vmatrix} + 4\begin{vmatrix} 3 & 1 \\ 5 & 4 \end{vmatrix} \\ &= 2(6-8) - 5(18-10) + 4(12-5) \\ &= -16 \end{aligned}$$

■

2×2 행렬 때와 마찬가지로 3×3 행렬의 행렬식도 임의의 행 또는 열을 따른 여인수 전개가 가능하다. 예를 들어 식 (3)은 다음 형태로 쓸 수 있고

$$\begin{aligned}\det(A) &= a_{12}a_{31}a_{23} - a_{13}a_{31}a_{22} - a_{11}a_{32}a_{23} + a_{13}a_{21}a_{32} + a_{11}a_{22}a_{33} - a_{12}a_{21}a_{33} \\ &= a_{31}(a_{12}a_{23} - a_{13}a_{22}) - a_{32}(a_{11}a_{23} - a_{13}a_{21}) + a_{33}(a_{11}a_{22} - a_{12}a_{21}) \\ &= a_{31}A_{31} + a_{32}A_{32} + a_{33}A_{33}\end{aligned}$$

이는 A의 세 번째 행을 따른 여인수 전개이다.

예제 2 A를 예제 1의 행렬이라고 하자. 두 번째 행을 따른 $\det(A)$의 여인수 전개는 아래와 같다.

$$\begin{aligned}\det(A) &= -5\begin{vmatrix}3 & 2\\5 & 6\end{vmatrix} + 1\begin{vmatrix}2 & 4\\5 & 6\end{vmatrix} - 4\begin{vmatrix}2 & 4\\3 & 2\end{vmatrix} \\ &= -5(18-10) + 1(12-20) - 4(4-12) = -16\end{aligned}$$

■

4×4 행렬의 행렬식 또한 임의의 행이나 열을 따른 여인수 전개로 정의할 수 있다. 4×4 행렬의 행렬식을 계산하려면 4개의 3×3 행렬식 계산이 필요하다.

정의 $\det(A)$로 표기되는 $n \times n$ 행렬 A의 **행렬식**(determinant)은 다음과 같이 귀납적으로 정의되는 스칼라 값이다.

$$\det(A) = \begin{cases} a_{11} & (n = 1\text{인 경우}) \\ a_{11}A_{11} + a_{12}A_{12} + \cdots + a_{1n}A_{1n} & (n > 1\text{인 경우}) \end{cases}$$

여기서

$$A_{1j} = (-1)^{1+j}\det(M_{1j}) \qquad j = 1, \ldots, n$$

은 A의 첫 번째 행의 항들과 연관된 여인수들이다.

지금까지 본 것처럼 여인수 전개 시 첫 번째 행만을 고집할 이유는 없다. 이를 증명 없이 정리의 형태로 기술한다.

정리 2.1.1 A를 $n \times n$ 행렬($n \geq 2$)이라고 하면, $\det(A)$는 A의 임의의 행 또는 열을 따른 여인수 전개로 표현할 수 있다.

$$\begin{aligned}\det(A) &= a_{i1}A_{i1} + a_{i2}A_{i2} + \cdots + a_{in}A_{in} \\ &= a_{1j}A_{1j} + a_{2j}A_{2j} + \cdots + a_{nj}A_{nj}\end{aligned}$$

여기서 $i = 1, \cdots, n$이고, $j = 1, \cdots, n$이다.

4×4 행렬의 행렬식의 여인수 전개에는 4개의 3×3 행렬식 계산이 수반된다. 계산을 간단히 하기 위해서는 가능한 한 많은 개수의 영을 포함하는 행이나 열을 따라 전개하는 것

이 유리하다. 예를 들어 다음의 계산을 위해서는

$$\begin{vmatrix} 0 & 2 & 3 & 0 \\ 0 & 4 & 5 & 0 \\ 0 & 1 & 0 & 3 \\ 2 & 0 & 1 & 3 \end{vmatrix}$$

첫 번째 열을 이용한 전개가 유리하다. 처음 세 항은 사라지게 되고 다음과 같이 계산된다.

$$-2\begin{vmatrix} 2 & 3 & 0 \\ 4 & 5 & 0 \\ 1 & 0 & 3 \end{vmatrix} = -2 \cdot 3 \cdot \begin{vmatrix} 2 & 3 \\ 4 & 5 \end{vmatrix} = 12$$

$n \leq 3$인 경우 $n \times n$ 행렬 A가 비특이 행렬이기 위한 필요충분조건은 $\det(A) \neq 0$이었다. 다음 절에서는 이 결과가 모든 n에 대해 성립함을 보일 것이다. 또한 행 연산이 행렬식 값에 미치는 영향을 관찰하고 행 연산을 이용하여 좀 더 효율적으로 행렬식을 계산하는 방법을 살펴본다.

이제 여인수 전개의 정의로부터 간단히 유추될 수 있는 세 개의 정리들을 제시하면서 이 절을 마치겠다. 마지막 두 정리의 증명은 독자에게 맡긴다(연습문제 8, 9, 10 참조).

정리 2.1.2 A가 $n \times n$ 행렬이면, $\det(A^T) = \det(A)$이다.

증명 n에 대해 귀납적으로 증명하겠다. $n = 1$인 경우는 1×1 행렬이 자동적으로 대칭 행렬이라는 사실로부터 위 결과는 자명하다. 정리의 결과가 모든 $k \times k$ 행렬에 대해 사실이라고 하고 A를 $(k+1) \times (k+1)$ 행렬이라고 하자. A의 첫 번째 행을 따라 $\det(A)$를 전개하면 다음과 같다.

$$\det(A) = a_{11}\det(M_{11}) - a_{12}\det(M_{12}) + - \cdots \pm a_{1,k+1}\det(M_{1,k+1})$$

M_{ij}들은 모두 $k \times k$ 행렬이므로 가정에 의해

$$\det(A) = a_{11}\det(M_{11}^T) - a_{12}\det(M_{12}^T) + - \cdots \pm a_{1,k+1}\det(M_{1,k+1}^T) \tag{9}$$

이 성립한다. 식 (9)의 우변은 A^T의 첫 번째 열을 따라 $\det(A^T)$를 소행렬 전개한 것이다. 따라서

$$\det(A^T) = \det(A)$$

■

정리 2.1.3 A가 $n \times n$ 삼각형 행렬이면 A의 행렬식은 A의 대각선 원소들의 곱이 된다.

증명 정리 2.1.2에 의해 A를 아래쪽 삼각형 행렬이라고 가정해도 충분하다. 증명은 여인수 전개와 n에 대한 귀납법을 통해 가능하다. 자세한 증명은 독자에게 맡긴다(연습문제 8 참조).

■

정리 2.1.4 A를 $n \times n$ 행렬이라 하자.

(i) A에 영으로만 구성된 행이나 열이 있으면 $\det(A) = 0$이다.

(ii) A에 완전히 동일한 두 개의 행 또는 두 개의 열이 있으면 $\det(A) = 0$이다.

위 (i), (ii) 모두 여인수 전개를 이용하면 쉽게 증명할 수 있다. 증명은 독자에게 맡긴다 (연습문제 9와 10 참조). ■

다음 절에서는 행 연산이 행렬식 값에 미치는 영향을 분석한다. 정리 2.1.3을 이용하여 효율적으로 행렬식을 계산하는 방법을 배우게 될 것이다.

2.1 연습문제

1. 다음 행렬에 대해

$$A = \begin{bmatrix} 2 & 4 & 7 \\ 2 & 1 & 3 \\ -3 & 1 & -1 \end{bmatrix}$$

(a) $\det(M_{21}), \det(M_{22}), \det(M_{23})$을 구하라.

(b) A_{21}, A_{22}, A_{23}을 구하라.

(c) (b)의 결과를 이용하여 $\det(A)$를 구하라.

2. 행렬식을 이용하여 다음의 2×2 행렬들이 특이 행렬인지의 여부를 밝혀라.

(a) $\begin{bmatrix} 3 & 1 \\ 2 & 3 \end{bmatrix}$ **(b)** $\begin{bmatrix} 6 & 8 \\ 3 & 4 \end{bmatrix}$

(c) $\begin{bmatrix} 3 & 5 \\ -3 & 5 \end{bmatrix}$

3. 다음 행렬식들을 계산하라.

(a) $\begin{vmatrix} -4 & -5 \\ 2 & 3 \end{vmatrix}$ **(b)** $\begin{vmatrix} -5 & 4 \\ 3 & -8 \end{vmatrix}$

(c) $\begin{vmatrix} 1 & 2 & 3 \\ 1 & 2 & 3 \\ 1 & 2 & 3 \end{vmatrix}$ **(d)** $\begin{vmatrix} 2 & 5 & 3 \\ 0 & 1 & 0 \\ 4 & 10 & 6 \end{vmatrix}$

(e) $\begin{vmatrix} 4 & 5 & 1 \\ -1 & 4 & 2 \\ 2 & 3 & 1 \end{vmatrix}$ **(f)** $\begin{vmatrix} -1 & 5 & 4 \\ 2 & -2 & 1 \\ 2 & 3 & -3 \end{vmatrix}$

(g) $\begin{vmatrix} 3 & 1 & 3 & 1 \\ 1 & 0 & 1 & 0 \\ 0 & 2 & 0 & 2 \\ 2 & 3 & 2 & 3 \end{vmatrix}$

(h) $\begin{vmatrix} 3 & -3 & 5 & 4 \\ 2 & 4 & 1 & 1 \\ -2 & 4 & 0 & 0 \\ 4 & 1 & 3 & 0 \end{vmatrix}$

4. 다음 행렬식 값들을 관찰을 통해 밝혀라.

(a) $\begin{vmatrix} 2 & 5 \\ 7 & 4 \end{vmatrix}$ **(b)** $\begin{vmatrix} 2 & -1 & 3 \\ 5 & 0 & 2 \\ 0 & 0 & 2 \end{vmatrix}$

(c) $\begin{vmatrix} 1 & 0 & 1 \\ 0 & 1 & 0 \\ 1 & 0 & 1 \end{vmatrix}$ **(d)** $\begin{vmatrix} 6 & 1 & 0 & 3 \\ 4 & 1 & 0 & 0 \\ 2 & 5 & 0 & 2 \\ 1 & 7 & 0 & 1 \end{vmatrix}$

5. 다음 행렬식을 계산하라. 답을 x의 다항식으로 표현하라.

$$\begin{vmatrix} a-x & b & c \\ 1 & -x & 0 \\ 0 & 1 & -x \end{vmatrix}$$

6. 다음 행렬식이 0이 되는 λ값을 모두 찾아라.

$$\begin{vmatrix} 2-\lambda & 4 \\ 3 & 3-\lambda \end{vmatrix}$$

7. A는 3×3 행렬이고 $a_{11} = 0$, $a_{21} \neq 0$이다. A가 I와 행으로 등가이기 위한 필요충분조건이

$$\begin{aligned} &- a_{12}a_{21}a_{33} + a_{12}a_{31}a_{23} \\ &+ a_{13}a_{21}a_{32} - a_{13}a_{31}a_{22} \neq 0 \end{aligned}$$

임을 보여라.

8. 정리 2.1.3을 자세히 증명하라.

9. $n \times n$ 행렬 A의 한 행 또는 한 열이 완전히 영으로 구성되어 있으면 $\det(A) = 0$임을 증명하라.

10. A가 동일한 두 개의 행을 갖고 있는 $(n+1) \times (n+1)$ 행렬일 때 $\det(A) = 0$임을 수학적 귀납법으로 증명하라.

11. A와 B는 2×2 행렬이다. 다음 식들이 맞는지 밝혀라.

(a) $\det(A+B) = \det(A) + \det(B)$

(b) $\det(AB) = \det(A)\det(B)$

(c) $\det(AB) = \det(BA)$

12. A와 B는 2×2 행렬들이고 C, D, E는 다음과 같다.

$$C = \begin{bmatrix} a_{11} & a_{12} \\ b_{21} & b_{22} \end{bmatrix}, \qquad D = \begin{bmatrix} b_{11} & b_{12} \\ a_{21} & a_{22} \end{bmatrix},$$

$$E = \begin{bmatrix} 0 & \alpha \\ \beta & 0 \end{bmatrix}$$

(a) $\det(A+B) = \det(A) + \det(B) + \det(C) + \det(D)$임을 증명하라.

(b) 만일 $B = EA$이면 $\det(A+B) = \det(A) + \det(B)$임을 증명하라.

13. A가 대칭인 삼각형 행렬이라고 하자. 즉, A는 대칭 행렬이고 $|i-j| > 1$이면 $a_{ij} = 0$이다. A에서 처음 두 행과 두 열을 제거한 행렬을 B라고 할 때

$$\det(A) = a_{11}\det(M_{11}) - a_{12}^2 \det(B)$$

임을 증명하라.

2.2 행렬식의 성질

이 절에서는 행 연산이 행렬식에 미치는 영향을 알아본다. 이후 행렬 A가 특이 행렬이기 위한 필요충분조건이 A의 행렬식이 영이라는 사실을 증명하고, 나아가 행 연산을 이용하여 행렬식을 계산하는 방법을 알아본다. 또한 두 행렬의 곱의 행렬식에 관한 중요한 정리를 수립한다. 다음의 보조정리로부터 출발하자.

보조정리 2.2.1 A를 $n \times n$ 행렬이라 하자. A_{jk}를 $a_{jk}, k = 1, \cdots, n$의 여인수라고 하면 다음이 성립한다.

$$a_{i1}A_{j1} + a_{i2}A_{j2} + \cdots + a_{in}A_{jn} = \begin{cases} \det(A) & (i = j\text{인 경우}) \\ 0 & (i \neq j\text{인 경우}) \end{cases} \tag{1}$$

증명 만일 $i = j$이면 식 (1)은 A의 i번째 행에 따른 $\det(A)$의 여인수 전개이다. $i \neq j$인 경우에 식 (1)을 증명하기 위해 A의 j번째 행을 i번째 행으로 대체한 행렬을 A^*라고 하자.

$$A^* = \begin{bmatrix} a_{11} & a_{12} & \cdots & a_{1n} \\ \vdots & & & \\ a_{i1} & a_{i2} & \cdots & a_{in} \\ \vdots & & & \\ a_{i1} & a_{i2} & \cdots & a_{in} \\ \vdots & & & \\ a_{n1} & a_{n2} & \cdots & a_{nn} \end{bmatrix} \quad j\text{번째 행}$$

A^*는 두 개의 동일한 행을 가지고 있으므로 행렬식이 영이다. 따라서 j번째 행을 따른 $\det(A^*)$의 여인수 전개로부터 다음을 얻을 수 있다.

$$\begin{aligned} 0 = \det(A^*) &= a_{i1}A_{j1}^* + a_{i2}A_{j2}^* + \cdots + a_{in}A_{jn}^* \\ &= a_{i1}A_{j1} + a_{i2}A_{j2} + \cdots + a_{in}A_{jn} \end{aligned}$$

■

이제 세 가지 종류의 행 연산 각각이 행렬식 값에 미치는 영향을 알아보자.

행 연산 I

A의 두 행이 서로 자리를 바꾸는 경우

만일 A가 2×2 행렬이고 E가 다음과 같으면

$$E = \begin{bmatrix} 0 & 1 \\ 1 & 0 \end{bmatrix}$$

$\det(EA)$는 아래와 같다.

$$\det(EA) = \begin{vmatrix} a_{21} & a_{22} \\ a_{11} & a_{12} \end{vmatrix} = a_{21}a_{12} - a_{22}a_{11} = -\det(A)$$

$n > 2$인 경우, E_{ij}를 I의 i번째 행과 j번째 행을 자리바꿈한 기본 행렬이라고 하자. 간단한 귀납적 증명을 통해 $\det(E_{ij}A) = -\det(A)$임을 보일 수 있다. $n = 3$인 예를 통해 증명 안에 담긴 생각을 보자. 3×3 행렬 A의 첫 번째 행과 세 번째 행이 서로 자리바꿈했다고 하자. $\det(E_{13}A)$를 두 번째 행에 따라 여인수 전개하면 다음과 같다.

$$\begin{aligned} \det(E_{13}A) &= \begin{vmatrix} a_{31} & a_{32} & a_{33} \\ a_{21} & a_{22} & a_{23} \\ a_{11} & a_{12} & a_{13} \end{vmatrix} \\ &= -a_{21}\begin{vmatrix} a_{32} & a_{33} \\ a_{12} & a_{13} \end{vmatrix} + a_{22}\begin{vmatrix} a_{31} & a_{33} \\ a_{11} & a_{13} \end{vmatrix} - a_{23}\begin{vmatrix} a_{31} & a_{32} \\ a_{11} & a_{12} \end{vmatrix} \\ &= a_{21}\begin{vmatrix} a_{12} & a_{13} \\ a_{32} & a_{33} \end{vmatrix} - a_{22}\begin{vmatrix} a_{11} & a_{13} \\ a_{31} & a_{33} \end{vmatrix} + a_{23}\begin{vmatrix} a_{11} & a_{12} \\ a_{31} & a_{32} \end{vmatrix} \\ &= -\det(A) \end{aligned}$$

일반적으로 A가 $n \times n$ 행렬이고 E_{ij}를 I의 i번째 행과 j번째 행이 자리바꿈한 기본 행렬이라고 하면

$$\det(E_{ij}A) = -\det(A)$$

가 된다. 특히 $\det(E_{ij})$는 다음과 같다.

$$\det(E_{ij}) = \det(E_{ij}I) = -\det(I) = -1$$

따라서 두 행의 자리바꿈에 해당하는 (형태 I) 기본 행렬 E에 대해서는 다음이 성립한다.

$$\det(EA) = -\det(A) = \det(E)\det(A)$$

행 연산 II

A의 한 행에 0이 아닌 상수를 곱한 경우

I의 i번째 행에 0이 아닌 상수 α를 곱해서 얻어지는 형태 II의 기본 행렬을 E라 하자. $\det(EA)$를 i번째 행에 따른 여인수 전개를 하면 다음과 같다.

$$\begin{aligned}\det(EA) &= \alpha a_{i1}A_{i1} + \alpha a_{i2}A_{i2} + \cdots + \alpha a_{in}A_{in} \\ &= \alpha(a_{i1}A_{i1} + a_{i2}A_{i2} + \cdots + a_{in}A_{in}) \\ &= \alpha \det(A)\end{aligned}$$

특히

$$\det(E) = \det(EI) = \alpha \det(I) = \alpha$$

이므로, 다음이 성립한다.

$$\det(EA) = \alpha \det(A) = \det(E)\det(A)$$

행 연산 III

A의 한 행의 상수배를 다른 행에 더하는 경우

I의 i번째 행의 c배를 j번째 행에 더함으로써 얻어지는 형태 III의 기본 행렬을 E라 하자. E는 삼각형 행렬이고 대각선 원소들이 모두 1이므로 $\det(E) = 1$이 된다. 이제

$$\det(EA) = \det(A) = \det(E)\det(A)$$

임을 보이겠다. $\det(EA)$를 j번째 행에 따른 여인수 전개를 하면 보조정리 2.2.1에 의해 다음이 성립하고

$$\begin{aligned}\det(EA) &= (a_{j1} + ca_{i1})A_{j1} + (a_{j2} + ca_{i2})A_{j2} + \cdots + (a_{jn} + ca_{in})A_{jn} \\ &= (a_{j1}A_{j1} + \cdots + a_{jn}A_{jn}) + c(a_{i1}A_{j1} + \cdots + a_{in}A_{jn}) \\ &= \det(A)\end{aligned}$$

따라서

$$\det(EA) = \det(A) = \det(E)\det(A)$$

요약

지금까지를 종합하면 기본 행렬 E에 대해

$$\det(EA) = \det(E)\det(A)$$

이고, 이때 $\det(E)$는 각각 다음과 같다.

$$\det(E) = \begin{cases} -1 & (E\text{가 형태 I인 경우}) \\ \alpha \neq 0 & (E\text{가 형태 II인 경우}) \\ 1 & (E\text{가 형태 III인 경우}) \end{cases} \tag{2}$$

열 연산에 대해서도 비슷한 결과가 성립한다. E가 기본 행렬이면 E^T 역시 기본 행렬이 된다(연습문제 8 참조). 따라서 마찬가지로

$$\begin{aligned}\det(AE) &= \det\left((AE)^T\right) = \det\left(E^T A^T\right) \\ &= \det\left(E^T\right)\det\left(A^T\right) = \det(E)\det(A)\end{aligned}$$

행렬식에 미치는 행 연산 또는 열 연산의 영향은 다음과 같이 요약될 수 있다.

I. 행렬의 두 행을 자리 바꾸면 행렬식의 부호가 바뀐다.
II. 행렬의 한 행 또는 한 열에 스칼라를 곱하면 행렬식의 값도 같은 스칼라배 한 것이 된다.
III. 행렬의 한 행(또는 열)의 스칼라배를 다른 행(또는 열)에 더해도 행렬식은 변하지 않는다.

참고

III의 결과로 만일 한 행(또는 열)이 다른 행(또는 열)의 배수에 해당하면 그 행렬의 행렬식은 0이다.

주요 결과

이제 앞의 결과를 이용하여 두 개의 중요한 정리를 증명하고 행렬식 계산을 위한 간단한 방법을 제시하겠다. 식 (2)로부터 모든 기본 행렬은 영이 아닌 행렬식을 갖는다는 사실을 알았다. 이를 이용하여 다음의 정리를 증명하겠다.

정리 2.2.2 $n \times n$ 행렬 A가 특이 행렬이기 위한 필요충분조건은 다음과 같다.

$$\det(A) = 0$$

증명 행렬 A를 유한 횟수의 행 연산을 통해 행 사다리꼴 형태로 바꾸었다고 하자. 즉,

$$U = E_k E_{k-1} \cdots E_1 A$$

여기서 U는 행 사다리꼴 형태이고, E_i들은 모두 기본 행렬이다. $\det(U)$를 구하면 다음과 같다.

$$\begin{aligned}\det(U) &= \det(E_k E_{k-1} \cdots E_1 A) \\ &= \det(E_k)\det(E_{k-1}) \cdots \det(E_1)\det(A)\end{aligned}$$

E_i들의 행렬식은 모두 영이 아니므로 $\det(A)=0$이기 위한 필요충분조건은 $\det(U)=0$이 된다. A가 특이 행렬이라면 U는 영으로만 구성된 행을 갖게 되고, 따라서 $\det(U)=0$이다. 만일 A가 특이 행렬이 아니라면 U는 대각선 원소들이 전부 1인 삼각형 행렬이 되므로 $\det(U)=1$이다. ■

정리 2.2.2의 증명으로부터 $\det(A)$를 계산하는 방법을 얻을 수 있다. A를 행 사다리꼴 형태로 바꾼다.

$$U = E_k E_{k-1} \cdots E_1 A$$

만일 U의 마지막 행이 전부 영으로만 구성되어 있다면 A는 특이 행렬이 되고 $\det(A)=0$이다. 그렇지 않다면 A는 비특이 행렬이고

$$\det(A) = [\det(E_k)\det(E_{k-1})\cdots\det(E_1)]^{-1}$$

가 된다. 실제로 A가 비특이 행렬이라면 A를 삼각형 형태로 바꾸는 것이 더 간단하다. 이는 행 연산 I과 III만을 이용하면 된다. 이 경우

$$T = E_m E_{m-1} \cdots E_1 A$$

가 되고, 따라서

$$\det(A) = \pm\det(T) = \pm t_{11}t_{22}\cdots t_{nn}$$

이때 t_{ii}들은 T의 대각선 원소들이다. 부호는 사용된 행 연산 I의 개수가 짝수이면 +, 홀수이면 −가 된다.

예제 1 다음을 계산하라.

$$\begin{vmatrix} 2 & 1 & 3 \\ 4 & 2 & 1 \\ 6 & -3 & 4 \end{vmatrix}$$

해답

$$\begin{aligned}\begin{vmatrix} 2 & 1 & 3 \\ 4 & 2 & 1 \\ 6 & -3 & 4 \end{vmatrix} = \begin{vmatrix} 2 & 1 & 3 \\ 0 & 0 & -5 \\ 0 & -6 & -5 \end{vmatrix} &= (-1)\begin{vmatrix} 2 & 1 & 3 \\ 0 & -6 & -5 \\ 0 & 0 & -5 \end{vmatrix} \\ &= (-1)(2)(-6)(-5) \\ &= -60 \end{aligned}$$

■

이제까지 $n \times n$ 행렬 A의 행렬식을 계산하는 두 가지 방법을 보았다. $n > 3$인 경우는 일반적으로 소거법이 계산량이 작다는 점에서 좀 더 효율적인 방법이다. 표 2.2.1에 $n = 2, 3, 4, 5, 10$인 경우에 대해 두 방법의 연산의 개수를 비교하였다. 각 방법의 연산 수를 일반식

표 2.2.1 연산 횟수

	여인수 전개법		소거법	
n	덧셈	곱셈	덧셈	곱셈과 나눗셈
2	1	2	1	3
3	5	9	5	10
4	23	40	14	23
5	119	205	30	44
10	3,628,799	6,235,300	285	339

으로 표현하는 것은 어렵지 않다(연습문제 20 및 21 참조).

앞서 임의의 기본 행렬 E에 대해

$$\det(EA) = \det(E)\det(A) = \det(AE)$$

라는 사실을 보았다. 이는 다음 정리의 특별한 경우이다.

정리 2.2.3 A와 B가 $n \times n$ 행렬일 때

$$\det(AB) = \det(A)\det(B)$$

증명 만일 B가 특이 행렬이라면 정리 1.5.2에 의해 AB 역시 특이 행렬이 되고(1.5절의 연습문제 14 참조), 따라서

$$\det(AB) = 0 = \det(A)\det(B)$$

가 성립한다. 만일 B가 비특이 행렬이면 B는 기본 행렬들의 곱으로 쓸 수 있다. 따라서 다음이 성립한다.

$$\begin{aligned}\det(AB) &= \det(AE_kE_{k-1}\cdots E_1)\\ &= \det(A)\det(E_k)\det(E_{k-1})\cdots\det(E_1)\\ &= \det(A)\det(E_kE_{k-1}\cdots E_1)\\ &= \det(A)\det(B)\end{aligned}$$ ■

만일 A가 특이 행렬인 경우 $\det(A)$를 정확히 계산하면 그 값은 반드시 0일 것이다. 그러나 컴퓨터를 통한 계산에서는 정확히 0이 나오는 경우는 많지 않을 것이다. 컴퓨터는 유한 자릿수의 계산을 하기 때문에 반올림에 의한 오류를 피할 수 없다. 결과적으로 $\det(A)$의 계산된 값은 영에 아주 가까운 값이 되게 마련이다. 즉, 행렬의 특이 행렬 여부를 정확한 계산에 의해 결정한다는 것은 반올림에 따른 오류 때문에 불가능하다. 컴퓨터 응용 분야에서는 간혹 행렬이 특이 행렬에 가까운가를 묻는 것이 좀 더 의미 있을 수 있다. 일반적으로 행렬식의 값이 영에 가깝다고 해서 해당 행렬이 특이 행렬에 가깝다고 볼 수는 없다. 주어진 행렬이 특이 행렬에 가까운가를 알아내는 방법에 대해서는 6.5절에서 다루겠다.

2.2 연습문제

1. 관찰 및 검사를 통해 다음의 행렬식을 구하라.

(a) $\begin{vmatrix} 1 & 0 & 0 \\ 2 & 1 & 0 \\ 3 & 2 & 1 \end{vmatrix}$

(b) $\begin{vmatrix} 1 & 2 & 1 & 1 \\ 0 & 1 & 2 & 0 \\ 0 & 0 & 1 & 2 \\ 1 & 2 & 1 & 4 \end{vmatrix}$

(c) $\begin{vmatrix} 0 & 1 & 0 & 0 \\ 0 & 0 & 1 & 0 \\ 0 & 0 & 0 & 1 \\ 1 & 0 & 0 & 0 \end{vmatrix}$

2. 아래의 행렬에 대해

$$A = \begin{bmatrix} 2 & 1 & 2 & 2 \\ -3 & 3 & 1 & 3 \\ 2 & 1 & -1 & -4 \\ 1 & -3 & 2 & 0 \end{bmatrix}$$

(a) 소거법을 이용하여 $\det(A)$를 구하라.

(b) $\det(A)$를 이용하여 다음을 구하라.

$$\begin{vmatrix} 2 & 1 & 2 & 2 \\ 2 & 1 & -1 & -4 \\ 1 & -3 & 2 & 0 \\ -3 & 3 & 1 & 3 \end{vmatrix} + \begin{vmatrix} 2 & 1 & 2 & 2 \\ -3 & 3 & 1 & 3 \\ -1 & 4 & 0 & -1 \\ -2 & 0 & 3 & 3 \end{vmatrix}$$

3. 다음 각각의 행렬에 대해 행렬식을 구하고 특이 행렬인지 여부를 밝혀라.

(a) $\begin{bmatrix} 1 & 4 \\ 3 & 3 \end{bmatrix}$ **(b)** $\begin{bmatrix} 2 & 4 \\ 3 & 6 \end{bmatrix}$

(c) $\begin{bmatrix} 1 & 2 & 1 \\ 0 & 3 & 3 \\ 3 & 1 & 2 \end{bmatrix}$ **(d)** $\begin{bmatrix} 1 & 0 & 1 \\ 4 & 2 & 2 \\ 5 & 4 & 1 \end{bmatrix}$

(e) $\begin{bmatrix} -1 & 2 & 1 \\ 5 & -2 & 4 \\ 4 & 3 & -3 \end{bmatrix}$

(f) $\begin{bmatrix} 0 & 1 & 2 & 3 \\ 1 & 2 & 3 & 0 \\ 2 & 3 & 0 & 1 \\ 3 & 0 & 1 & 2 \end{bmatrix}$

4. 다음의 행렬이 특이 행렬이 되는 모든 c값을 구하라.

$$\begin{bmatrix} 1 & 1 & 1 \\ 4 & c & 1 \\ c & 4 & 1 \end{bmatrix}$$

5. A는 $n \times n$ 행렬이고 α는 스칼라이다. 다음을 증명하라.

$$\det(\alpha A) = \alpha^n \det(A)$$

6. A는 비특이 행렬이다. 다음을 증명하라.

$$\det(A^{-1}) = \frac{1}{\det(A)}$$

7. A와 B는 3×3 행렬로서 $\det(A) = 6$이고 $\det(B) = 4$이다. 다음을 구하라.

(a) $\det(AB)$ **(b)** $\det(3AB)$

(c) $\det(5A^T)$ **(d)** $\det(B^{-1}A^{-1})$

8. E가 기본 행렬이면 E 역시 E^T와 같은 타입의 기본 행렬임을 증명하라.

9. E_1, E_2, E_3는 각각 형태 I, 형태 II, 형태 III의 3×3 기본 행렬이라 하자. A는 행렬식 값이 6인 3×3 행렬이다. E_2가 I의 두 번째 행에 3을 곱하여 얻어진 기본 행렬이라 할 때 다음 값들을 구하라.

(a) $\det(E_1A)$ **(b)** $\det(E_2A)$

(c) $\det(E_3A)$ **(d)** $\det(AE_1)$

(e) $\det(E_1^2)$ **(f)** $\det(E_1E_2E_3)$

10. A와 B는 행으로 등가인 행렬이고 B는 A로부터 행 연산 I과 III만을 사용하여 얻은 행렬이라 하자. $\det(A)$와 $\det(B)$를 비교하라. 만일 B가 A로부터 행 연산 III만을 사용하여 얻은 행렬이라면 $\det(A)$와 $\det(B)$는 어떤 차이가 있을까?

11. A를 $n \times n$ 행렬이라고 하자. n이 홀수일 때 $A^2 + I = O$가 가능한가? n이 짝수일 때는 어떤가?

12. 다음의 3×3 반데르몬드 행렬을 보자.

$$V = \begin{bmatrix} 1 & x_1 & x_1^2 \\ 1 & x_2 & x_2^2 \\ 1 & x_3 & x_3^2 \end{bmatrix}$$

(a) $\det(V) = (x_2 - x_1)(x_3 - x_1)(x_3 - x_2)$임을 증명하라 [힌트: 행 연산 III을 이용하라].

(b) V가 비특이 행렬이 될 x_1, x_2, x_3의 조건은 무엇인가?

13. 3×3 행렬 A가 다음과 같이 두 행렬의 곱으로 표현된다고 하자.

$$\begin{bmatrix} 1 & 0 & 0 \\ l_{21} & 1 & 0 \\ l_{31} & l_{32} & 1 \end{bmatrix} \begin{bmatrix} u_{11} & u_{12} & u_{13} \\ 0 & u_{22} & u_{23} \\ 0 & 0 & u_{33} \end{bmatrix}$$

$\det(A)$를 구하라.

14. A와 B는 $n \times n$ 행렬들이다. 두 행렬의 곱 AB가 비특이 행렬이기 위한 필요충분조건이 두 행렬 A와 B 모두 비특이 행렬이라는 사실을 증명하라.

15. A와 B는 $n \times n$ 행렬들이다. $AB = I$이면 $BA = I$임을 증명하라. 비특이 행렬의 정의 관점에서 이 결과의 중요성을 언급하라.

16. 행렬 A가 $A^T = -A$를 만족하면 반대칭 행렬이라고 한다. 예를 들어

$$A = \begin{bmatrix} 0 & 1 \\ -1 & 0 \end{bmatrix}$$

는 다음의 이유로 반대칭 행렬이다.

$$A^T = \begin{bmatrix} 0 & -1 \\ 1 & 0 \end{bmatrix} = -A$$

A가 $n \times n$ 반대칭 행렬이고 n이 홀수라면, A는 반드시 특이 행렬임을 보여라.

17. A가 영이 아닌 여인수 A_{nn}을 갖는 비특이 $n \times n$ 행렬이라 하고

$$c = \frac{\det(A)}{A_{nn}}$$

이라 하자. a_{nn}에서 c를 뺀 행렬이 특이 행렬임을 보여라.

18. A는 $k \times k$ 행렬, B는 $(n-k) \times (n-k)$ 행렬이다. E, F, C를 다음과 같이 정의하자.

$$E = \begin{bmatrix} I_k & O \\ O & B \end{bmatrix}, \quad F = \begin{bmatrix} A & O \\ O & I_{n-k} \end{bmatrix},$$

$$C = \begin{bmatrix} A & O \\ O & B \end{bmatrix}$$

여기서 I_k와 I_{n-k}는 각각 $k \times k, (n-k) \times (n-k)$ 항등행렬이다.

(a) $\det(E) = \det(B)$임을 보여라.

(b) $\det(F) = \det(A)$임을 보여라.

(c) $\det(C) = \det(A)\det(B)$임을 보여라.

19. A와 B는 $k \times k$ 행렬들이고 M은 다음과 같다.

$$M = \begin{bmatrix} O & B \\ A & O \end{bmatrix}$$

$\det(M) = (-1)^k \det(A) \det(B)$임을 보여라.

20. 여인수 전개법에 의해 $n \times n$ 행렬의 행렬식을 계산하려면 $(n! - 1)$개의 덧셈과 $\displaystyle\sum_{k=1}^{n-1} n!/k!$개의 곱셈이 필요함을 보여라.

21. 소거법에 의해 $n \times n$ 행렬의 행렬식을 계산하려면 $[n(n-1)(2n-1)]/6$개의 덧셈과 $[(n-1)(n^2+n+3)]/3$개의 곱셈과 나눗셈이 필요함을 보여라[힌트: 소거 과정의 i번째 단계에서 축 아래의 행들에서 빼 줄 i번째 행의 배수를 계산하려면 $n-i$개의 나눗셈이 필요하다. 그런 다음 $i+1$번째 행에서 n번째 행까지와 $i+1$번째 열에서 n번째 열까지의 $(n-i)^2$개의 원소에 대한 새로운 값을 계산해야 한다].

2.3 추가적인 주제와 응용

이 절에서는 비특이 행렬 A의 역행렬을 행렬식을 써서 구하는 방법을 배운다. 또한 선형 시스템을 행렬식을 이용하여 푸는 방법을 배우게 된다. 두 방법 모두 보조정리 2.2.1에 기초

하고 있다. 또한 두 벡터의 외적을 정의함에 있어 행렬식이 어떻게 사용되는가를 보여준다. 벡터의 외적은 3차원 공간에서의 입자의 운동과 같은 물리학 문제에 유용하게 쓰인다.

행렬의 수반 행렬

A를 $n \times n$ 행렬이라고 하자. A의 수반 행렬(adjoint matrix)이라고 하는 새로운 행렬을 다음과 같이 정의한다.

$$\operatorname{adj} A = \begin{bmatrix} A_{11} & A_{21} & \cdots & A_{n1} \\ A_{12} & A_{22} & \cdots & A_{n2} \\ \vdots & & & \\ A_{1n} & A_{2n} & \cdots & A_{nn} \end{bmatrix}$$

즉, 수반 행렬을 만들려면 행렬의 각 항을 그 항의 여인수로 대체한 후 그 결과를 전치하면 된다. 보조정리 2.2.1에 의해,

$$a_{i1}A_{j1} + a_{i2}A_{j2} + \cdots + a_{in}A_{jn} = \begin{cases} \det(A) & (i = j\text{인 경우}) \\ 0 & (i \neq j\text{인 경우}) \end{cases}$$

이 성립하므로

$$A(\operatorname{adj} A) = \det(A)I$$

가 된다. 만일 A가 비특이 행렬이라면 $\det(A)$는 영이 아닌 스칼라 값이 되므로 다음과 같이 표현할 수 있다.

$$A\left(\frac{1}{\det(A)} \operatorname{adj} A\right) = I$$

따라서 다음이 성립한다.

$$\det(A) \neq 0\text{일 때} \quad A^{-1} = \frac{1}{\det(A)} \operatorname{adj} A$$

예제 1 2×2 행렬 A의 수반 행렬은 다음과 같다.

$$\operatorname{adj} A = \begin{bmatrix} a_{22} & -a_{12} \\ -a_{21} & a_{11} \end{bmatrix}$$

A가 비특이 행렬일 경우 A^{-1}는 다음과 같다.

$$A^{-1} = \frac{1}{a_{11}a_{22} - a_{12}a_{21}} \begin{bmatrix} a_{22} & -a_{12} \\ -a_{21} & a_{11} \end{bmatrix}$$ ■

예제 2 A가 다음과 같을 때

$$A = \begin{bmatrix} 2 & 1 & 2 \\ 3 & 2 & 2 \\ 1 & 2 & 3 \end{bmatrix}$$

adj A와 A^{-1}를 구하라.

해답

$$\text{adj}\, A = \begin{bmatrix} \begin{vmatrix} 2 & 2 \\ 2 & 3 \end{vmatrix} & -\begin{vmatrix} 3 & 2 \\ 1 & 3 \end{vmatrix} & \begin{vmatrix} 3 & 2 \\ 1 & 2 \end{vmatrix} \\ -\begin{vmatrix} 1 & 2 \\ 2 & 3 \end{vmatrix} & \begin{vmatrix} 2 & 2 \\ 1 & 3 \end{vmatrix} & -\begin{vmatrix} 2 & 1 \\ 1 & 2 \end{vmatrix} \\ \begin{vmatrix} 1 & 2 \\ 2 & 2 \end{vmatrix} & -\begin{vmatrix} 2 & 2 \\ 3 & 2 \end{vmatrix} & \begin{vmatrix} 2 & 1 \\ 3 & 2 \end{vmatrix} \end{bmatrix}^T = \begin{bmatrix} 2 & 1 & -2 \\ -7 & 4 & 2 \\ 4 & -3 & 1 \end{bmatrix}$$

$$A^{-1} = \frac{1}{\det(A)}\,\text{adj}\, A = \frac{1}{5}\begin{bmatrix} 2 & 1 & -2 \\ -7 & 4 & 2 \\ 4 & -3 & 1 \end{bmatrix}$$ ■

공식

$$A^{-1} = \frac{1}{\det(A)}\,\text{adj}\, A$$

를 사용하여 $A\mathbf{x} = \mathbf{b}$로 표현되는 시스템의 해를 행렬식을 이용하여 표현할 수 있다.

크래머 법칙

정리 2.3.1 **크래머 법칙(Cramer's rule)**

A를 $n \times n$ 비특이 행렬이라 하고 $b \in \mathbb{R}^n$이라고 하자. A의 i번째 열을 $\mathbf{b}$로 대체한 행렬을 A_i라고 하자. 만일 $\mathbf{x}$가 $A\mathbf{x} = \mathbf{b}$의 유일한 해라고 하면 $\mathbf{x}$의 각 성분들은 다음과 같다.

$$x_i = \frac{\det(A_i)}{\det(A)} \qquad i = 1, 2, \ldots, n$$

증명

$$\mathbf{x} = A^{-1}\mathbf{b} = \frac{1}{\det(A)}(\text{adj}\, A)\mathbf{b}$$

이므로, x_i는 다음과 같다.

$$\begin{aligned} x_i &= \frac{b_1 A_{1i} + b_2 A_{2i} + \cdots + b_n A_{ni}}{\det(A)} \\ &= \frac{\det(A_i)}{\det(A)} \end{aligned}$$ ■

예제 3 크래머 법칙을 사용하여 다음을 풀어라.

$$\begin{aligned} x_1 + 2x_2 + \ \ x_3 &= 5 \\ 2x_1 + 2x_2 + \ \ x_3 &= 6 \\ x_1 + 2x_2 + 3x_3 &= 9 \end{aligned}$$

해답

$$\det(A) = \begin{vmatrix} 1 & 2 & 1 \\ 2 & 2 & 1 \\ 1 & 2 & 3 \end{vmatrix} = -4 \qquad \det(A_1) = \begin{vmatrix} 5 & 2 & 1 \\ 6 & 2 & 1 \\ 9 & 2 & 3 \end{vmatrix} = -4$$

$$\det(A_2) = \begin{vmatrix} 1 & 5 & 1 \\ 2 & 6 & 1 \\ 1 & 9 & 3 \end{vmatrix} = -4 \qquad \det(A_3) = \begin{vmatrix} 1 & 2 & 5 \\ 2 & 2 & 6 \\ 1 & 2 & 9 \end{vmatrix} = -8$$

따라서

$$x_1 = \frac{-4}{-4} = 1, \qquad x_2 = \frac{-4}{-4} = 1, \qquad x_3 = \frac{-8}{-4} = 2$$

■

크래머 법칙은 행렬식을 이용하여 $n \times n$ 선형 시스템의 해를 구하는 편리한 방법이다. 그러나 해를 구하기 위해서는 $n \times n$ 행렬의 행렬식 $(n+1)$개를 구해야 한다. 행렬식 두 개만 구한다 하더라도 이 계산은 가우스 소거법을 통해 해를 구하는 것보다 더 많은 연산을 필요로 한다.

응용 1 암호화된 메시지

암호화된 메시지를 송신하는 일반적인 방법 중 하나는 알파벳의 각 문자마다 정수 값을 부여하여 정수 열을 송신하는 방법이다. 예를 들어 메시지가

SEND MONEY

라면, 암호화된 메시지는

5, 8, 10, 21, 7, 2, 10, 8, 3

이 된다. 여기서 S는 정수 5, E는 8 등으로 암호화되었다. 그러나 불행히도 이 방식의 암호는 깨지기 쉽다. 길이가 긴 메시지의 경우, 그 숫자가 얼마나 자주 발생하는가로부터 그 숫자에 해당되는 문자를 어렵지 않게 예측할 수 있다. 예를 들어, 8이 가장 자주 발생한 숫자라면 아마도 영어에서 가장 많이 나타나는 문자인 E에 해당될 확률이 높다.

이 암호화된 메시지를 행렬 곱을 이용하여 좀 더 감출 수 있다. 만일 A가 정수들로 구성된, 행렬식이 ± 1인 행렬이라면 $A^{-1} = \pm \text{adj}\, A$가 되어 A^{-1} 역시 정수로만 구성되게 된다. 이러한 행렬을 이용하여 메시지를 변형시킬 수 있다. 변형된 메시지는 해독이 훨씬 어렵

다. 이 방법을 자세히 살펴보자. A를 다음과 같다고 하고

$$A = \begin{bmatrix} 1 & 2 & 1 \\ 2 & 5 & 3 \\ 2 & 3 & 2 \end{bmatrix}$$

앞서 암호화된 메시지를 행렬 B의 열에 집어넣는다.

$$B = \begin{bmatrix} 5 & 21 & 10 \\ 8 & 7 & 8 \\ 10 & 2 & 3 \end{bmatrix}$$

두 행렬의 곱인 AB는

$$AB = \begin{bmatrix} 1 & 2 & 1 \\ 2 & 5 & 3 \\ 2 & 3 & 2 \end{bmatrix} \begin{bmatrix} 5 & 21 & 10 \\ 8 & 7 & 8 \\ 10 & 2 & 3 \end{bmatrix} = \begin{bmatrix} 31 & 37 & 29 \\ 80 & 83 & 69 \\ 54 & 67 & 50 \end{bmatrix}$$

이 되고, 결국 송신할 변형된 암호 메시지는 다음과 같다.

$$31, 80, 54, 37, 83, 67, 29, 69, 50$$

이 메시지를 수신한 사람은 A^{-1}를 곱함으로써 해독할 수 있다.

$$\begin{bmatrix} 1 & -1 & 1 \\ 2 & 0 & -1 \\ -4 & 1 & 1 \end{bmatrix} \begin{bmatrix} 31 & 37 & 29 \\ 80 & 83 & 69 \\ 54 & 67 & 50 \end{bmatrix} = \begin{bmatrix} 5 & 21 & 10 \\ 8 & 7 & 8 \\ 10 & 2 & 3 \end{bmatrix}$$

이 암호용 행렬 A는 항등 행렬 I로부터 한 행의 정수배를 다른 행에 더하는 행 연산 III을 연속적으로 적용하여 얻게 된다. 행 연산 I도 사용할 수 있다. 최종적으로 만들어진 행렬 A는 모두 정수로만 구성되고

$$\det(A) = \pm\det(I) = \pm 1$$

을 만족하기 때문에 A^{-1} 역시 정수로만 구성된다.

참고문헌

1. Hansen, Robert, "Integer Matrices Whose Inverses Contain Only Integers," *Two-Year College Mathematics Journal*, 13(1), 1982.

외적

$\mathbb{R}^3$상의 주어진 두 개의 벡터 $\mathbf{x}$와 $\mathbf{y}$가 있을 때 두 벡터의 외적(cross product)이라는 이름을 갖고 $\mathbf{x} \times \mathbf{y}$로 표현되는 제3의 벡터를 다음과 같이 정의할 수 있다.

$$\mathbf{x} \times \mathbf{y} = \begin{bmatrix} x_2y_3 - y_2x_3 \\ y_1x_3 - x_1y_3 \\ x_1y_2 - y_1x_2 \end{bmatrix} \tag{1}$$

이제 C를 다음 형태의 임의의 행렬이라고 하면

$$C = \begin{bmatrix} w_1 & w_2 & w_3 \\ x_1 & x_2 & x_3 \\ y_1 & y_2 & y_3 \end{bmatrix}$$

외적 $\mathbf{x} \times \mathbf{y}$는 다음과 같다.

$$\mathbf{x} \times \mathbf{y} = C_{11}\mathbf{e}_1 + C_{12}\mathbf{e}_2 + C_{13}\mathbf{e}_3 = \begin{bmatrix} C_{11} \\ C_{12} \\ C_{13} \end{bmatrix}$$

행렬 C의 첫 번째 행에 따라 $\det(C)$를 여인수 전개하면 다음과 같음을 알 수 있다.

$$\det(C) = w_1 C_{11} + w_2 C_{12} + w_3 C_{13} = \mathbf{w}^T(\mathbf{x} \times \mathbf{y})$$

만일 $\mathbf{w} = \mathbf{x}$ 또는 $\mathbf{w} = \mathbf{y}$로 선택하게 되면 행렬 C는 두 개의 동일한 행을 갖게 되어 행렬식이 0이 된다. 따라서 다음이 성립한다.

$$\mathbf{x}^T(\mathbf{x} \times \mathbf{y}) = \mathbf{y}^T(\mathbf{x} \times \mathbf{y}) = 0 \tag{2}$$

미적분학을 다루는 책에서는 다음처럼 행 벡터를 표준으로 사용하고

$$\mathbf{x} = (x_1, x_2, x_3) \quad \text{그리고} \quad \mathbf{y} = (y_1, y_2, y_3)$$

두 벡터의 외적 역시 행 벡터로 정의하게 된다.

$$\mathbf{x} \times \mathbf{y} = (x_2 y_3 - y_2 x_3)\mathbf{i} - (x_1 y_3 - y_1 x_3)\mathbf{j} + (x_1 y_2 - y_1 x_2)\mathbf{k}$$

여기서 $\mathbf{i}, \mathbf{j}$ 그리고 $\mathbf{k}$는 3×3 항등 행렬의 행 벡터들이다. 만일 행렬 M의 첫 번째 행의 w_1, w_2, w_3 자리에 각각 $\mathbf{i}$, $\mathbf{j}$, $\mathbf{k}$를 사용하게 된다면 외적은 다음과 같은 행렬식으로 표현할 수 있다.

$$\mathbf{x} \times \mathbf{y} = \begin{vmatrix} \mathbf{i} & \mathbf{j} & \mathbf{k} \\ x_1 & x_2 & x_3 \\ y_1 & y_2 & y_3 \end{vmatrix}$$

반면 선형대수 강좌에서는 $\mathbf{x}, \mathbf{y}$ 그리고 $\mathbf{x} \times \mathbf{y}$를 열 벡터로 간주하는 것이 좀 더 일반적이다. 이 경우 외적은 항등 행렬의 열 벡터인 $\mathbf{e}_1, \mathbf{e}_2, \mathbf{e}_3$를 첫 번째 행으로 가지고 있는 3×3 행렬의 행렬식으로 표현할 수 있다.

$$\mathbf{x} \times \mathbf{y} = \begin{vmatrix} \mathbf{e}_1 & \mathbf{e}_2 & \mathbf{e}_3 \\ x_1 & x_2 & x_3 \\ y_1 & y_2 & y_3 \end{vmatrix}$$

식 (2)로 주어지는 관계식은 뉴턴 역학에서 이용된다. 3차원 공간에서의 입자의 운동법칙을 유도함에 있어, 외적은 종법선(binormal) 방향을 정의할 때 사용될 수 있다.

응용 2 뉴턴 역학

만일 $\mathbf{x}$가 $\mathbb{R}^2$나 $\mathbb{R}^3$의 벡터일 경우, $\|\mathbf{x}\|$로 표기되는 벡터 $\mathbf{x}$의 길이는 다음처럼 정의할 수 있다.

$$\|\mathbf{x}\| = (\mathbf{x}^T\mathbf{x})^{\frac{1}{2}}$$

$\|\mathbf{x}\| = 1$인 벡터 $\mathbf{x}$를 단위 벡터라고 한다. 뉴턴은 평면이나 공간에서 입자의 운동법칙을 유도하는 데 단위 벡터들을 사용하였다. 만일 $\mathbf{x}$와 $\mathbf{y}$가 $\mathbb{R}^2$상의 영이 아닌 벡터라면 두 벡터 사이의 사잇각 θ는 그중 한 벡터가 시계방향으로 회전하여 나머지 다른 벡터와 같은 방향에 놓이기 위한 최소의 회전각으로 정의된다(그림 2.3.1 참조).

평면 위를 움직이는 입자는 평면상에 곡선궤적을 남긴다. 임의의 시간 t에서의 입자의 위치는 벡터 $(x_1(t), x_2(t))$로 나타낼 수 있다. 뉴턴은 입자의 운동을 설명함에 있어 시간 t에서의 벡터의 위치를 두 벡터 $\mathbf{T}(t)$와 $\mathbf{N}(t)$의 선형 조합으로 나타내는 것이 효과적이라는 사실을 알았다. 여기서 $\mathbf{T}(t)$는 점 $(x_1(t), x_2(t))$에서 궤적곡선의 접선방향의 단위 벡터를 의미하며, $\mathbf{N}(t)$는 그 점에서의 법선방향(즉, 접선에 수직인 방향)의 단위 벡터를 의미한다(그림 2.3.2 참조).

앞으로 5장에서 $\mathbf{x}$와 $\mathbf{y}$가 영이 아닌 벡터이고 두 벡터 사이의 사잇각이 θ일 경우,

$$\mathbf{x}^T\mathbf{y} = \|\mathbf{x}\|\|\mathbf{y}\|\cos\theta \tag{3}$$

가 됨을 공부하게 될 것이다. 이 식은 $\mathbb{R}^3$에서의 벡터 간의 사잇각을 정의할 때도 역시 사용될 수 있다. 식 (3)으로부터 두 벡터의 사잇각이 직각일 필요충분조건이 $\mathbf{x}^T\mathbf{y} = 0$임을 알 수

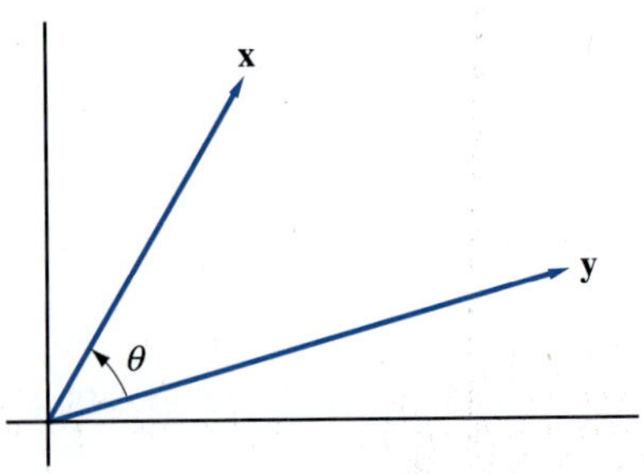

그림 2.3.1

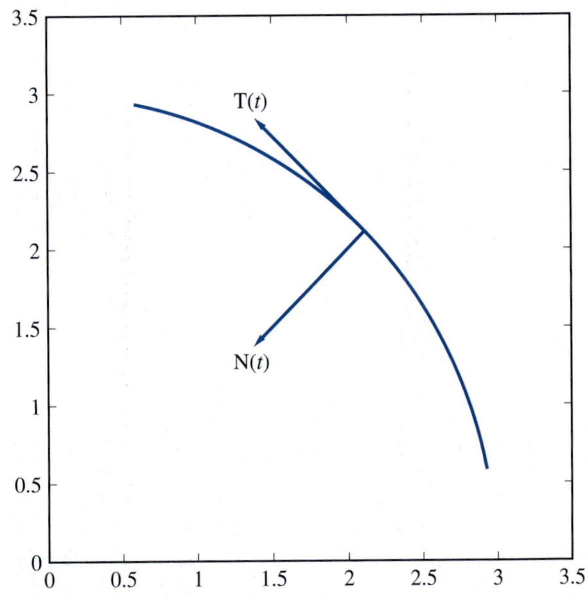

그림 2.3.2

있다. 이 경우 두 벡터 $\mathbf{x}$와 $\mathbf{y}$가 직교(orthogonal)한다고 한다. 앞서 언급한 $\mathbf{T}(t)$와 $\mathbf{N}(t)$는 $\mathbb{R}^2$ 상에서 직교하는 단위 벡터이므로 $\|\mathbf{T}(t)\| = \|\mathbf{N}(t)\| = 1$이고 두 벡터의 사잇각은 $\frac{\pi}{2}$가 된다. 즉,식 (3)에 의해

$$\mathbf{T}(t)^T\mathbf{N}(t) = 0$$

이다.

또한 5장에서, $\mathbf{x}$와 $\mathbf{y}$가 $\mathbb{R}^3$의 영이 아닌 벡터들이고 그 사잇각이 θ일 때

$$\|\mathbf{x} \times \mathbf{y}\| = \|\mathbf{x}\|\|\mathbf{y}\| \sin\theta \tag{4}$$

임을 공부하게 될 것이다. 3차원 공간에서 움직이는 입자는 공간상에 궤적곡선을 남기게 된다. 이 경우, 시간 t에서 곡선상의 점 $(x_1(t), x_2(t))$에서의 접선과 법선은 하나의 평면을 결정하게 된다. 그러나 3차원 공간에서의 입자의 운동이 평면상에서의 운동에 국한되지는 않는다. 따라서 운동법칙을 완전하게 유도하기 위해서 뉴턴은 $\mathbf{T}(t)$와 $\mathbf{N}(t)$로 결정된 평면에 수직인 방향의 제삼의 벡터를 사용하게 된다. 만일 $\mathbf{z}$를 이 평면에 수직인 방향의 영이 아닌 임의의 벡터라고 하면 $\mathbf{z}$와 $\mathbf{T}(t)$ 간의 사잇각과 $\mathbf{z}$와 $\mathbf{N}(t)$ 간의 사잇각이 모두 직각이 되어야 한다. 만일

$$\mathbf{B}(t) = \mathbf{T}(t) \times \mathbf{N}(t) \tag{5}$$

로 정의하면 식 (2)에 의해 $\mathbf{B}(t)$는 $\mathbf{T}(t)$와 $\mathbf{N}(t)$ 모두에 직교하게 되므로 해당 평면에 수직인 벡터가 된다. 또한 $\mathbf{B}(t)$는 식 (4)에 의해 다음을 만족하므로 단위 벡터가 된다.

$$\|\mathbf{B}(t)\| = \|\mathbf{T}(t) \times \mathbf{N}(t)\| = \|\mathbf{T}(t)\|\|\mathbf{N}(t)\| \sin\frac{\pi}{2} = 1$$

식 (5)로 정의된 벡터 $\mathbf{B}(t)$를 종법선 벡터라고 한다(그림 2.3.3 참조).

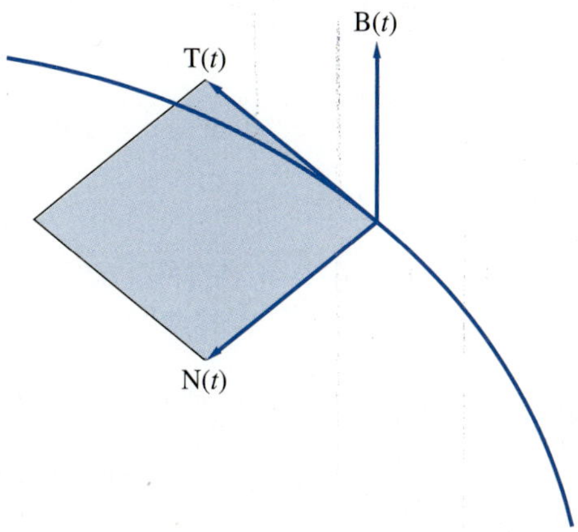

그림 2.3.3

2.3 연습문제

1. 다음의 각 행렬에 대해 (i) $\det(A)$, (ii) adj A, (iii) A^{-1}를 구하라.

(a) $A = \begin{bmatrix} -1 & 4 \\ 2 & -3 \end{bmatrix}$ **(b)** $A = \begin{bmatrix} 1 & 2 \\ 2 & -4 \end{bmatrix}$

(c) $A = \begin{bmatrix} 2 & 1 & 2 \\ 1 & 1 & 3 \\ -2 & 4 & -1 \end{bmatrix}$

(d) $A = \begin{bmatrix} 2 & 0 & 0 \\ 0 & 3 & 0 \\ 0 & 0 & 1 \end{bmatrix}$

2. 크래머 법칙을 사용하여 다음 시스템들을 풀어라.

(a) $\begin{aligned} 2x_1 + 3x_2 &= 2 \\ 8x_1 - 6x_2 &= 2 \end{aligned}$ **(b)** $\begin{aligned} 6x_1 + 3x_2 &= 5 \\ 5x_1 + 7x_2 &= 12 \end{aligned}$

(c) $\begin{aligned} 4x_1 \qquad\quad - 2x_3 &= 26 \\ 7x_1 + 7x_2 + 2x_3 &= -4 \\ 3x_1 - 2x_2 + 1x_3 &= -3 \end{aligned}$

(d) $\begin{aligned} 2x_1 - 2x_2 + 3x_3 &= 0 \\ x_1 + 2x_2 + 3x_3 &= 8 \\ -2x_1 + 4x_2 + x_3 &= 6 \end{aligned}$

(e) $\begin{aligned} -x_1 + 2x_2 + x_3 + x_4 &= 9 \\ 2x_1 + x_2 - 2x_3 + x_4 &= 3 \\ 3x_1 + 3x_2 + x_3 \qquad &= 6 \\ 2x_2 + x_3 - x_4 &= 2 \end{aligned}$

3. 다음 행렬에 대해

$$A = \begin{bmatrix} 2 & 1 & 2 \\ 0 & 3 & 4 \\ 1 & 1 & 2 \end{bmatrix}$$

A^{-1}의 (2, 2) 원소를 해당하는 두 행렬식의 비를 표현하라.

4. A는 연습문제 3의 행렬이다. 크래머 법칙에 의해 $A\mathbf{x} = \boldsymbol{e}_2$를 푸는 과정으로 A^{-1}의 두 번째 열을 구하라.

5. 다음 행렬에 대해

$$A = \begin{bmatrix} 1 & 4 & 1 \\ 5 & 1 & 3 \\ 1 & 2 & 1 \end{bmatrix}$$

(a) A의 행렬식을 구하라. A는 특이 행렬인가?

(b) adj A와 행렬 A의 곱인 A adj A를 구하라.

6. A가 특이 행렬일 때 A adj A는 어떻게 되는가?

7. B_j를 항등 행렬의 j번째 열을 벡터 $\mathbf{b} = (\mathbf{b}_1, \cdots \mathbf{b}_n)^T$로 대체한 행렬이라 하자. 크래머 법칙을 이용하여 다음을 보여라.

$$b_j = \det(B_j) \qquad j = 1, \ldots, n$$

8. A는 $n \times n$ 비특이 행렬이고 $n > 1$이라고 하자. 다음을 증명하라.

$$\det(\operatorname{adj} A) = (\det(A))^{n-1}$$

9. A는 4×4 행렬이다. 만일 adj A가 아래와 같다면

$$\operatorname{adj} A = \begin{bmatrix} 2 & 0 & 0 & 0 \\ 0 & 2 & 1 & 0 \\ 0 & 4 & 3 & 2 \\ 0 & -2 & -1 & 2 \end{bmatrix}$$

(a) det(adj A) 값을 계산하라. $\det(A)$의 값은 얼마여야 하는가[힌트: 연습문제 8의 결과를 이용하라]?

(b) A를 구하라.

10. A가 비특이 행렬이면 adj A 역시 비특이 행렬이라는 사실과

$$(\operatorname{adj} A)^{-1} = \det(A^{-1})A = \operatorname{adj} A^{-1}$$

을 증명하라.

11. A가 특이 행렬이면 adj A 역시 특이 행렬임을 증명하라.

12. $\det(A) = 1$일 때 다음을 보여라.

$$\operatorname{adj}(\operatorname{adj} A) = A$$

13. Q는 $Q^{-1} = Q^T$의 성질을 갖는 행렬이다. 다음을 보여라.

$$q_{ij} = \frac{Q_{ij}}{\det(Q)}$$

14. 메시지를 암호화할 때 빈칸은 0으로, A는 1로, B는 2로, C는 3으로, ⋯ 와 같은 식으로 표현한다고 하자. 메시지는 다음의 행렬을 이용하여 변환되어

$$A = \begin{pmatrix} -1 & -1 & 2 & 0 \\ 1 & 1 & -1 & 0 \\ 0 & 0 & -1 & 1 \\ 1 & 0 & 0 & -1 \end{pmatrix}$$

다음의 수열로 전송되었다.

$$-19, 19, 25, -21, 0, 18, -18, 15, 3, 10,$$
$$-8, 3, -2, 20, -7, 12$$

메시지는 무엇이었나?

15. $\mathbf{x}, \mathbf{y}, \mathbf{z}$는 모두 $\mathbb{R}^3$의 벡터들이다. 다음 각각을 보여라.

(a) $\mathbf{x} \times \mathbf{x} = \mathbf{0}$ **(b)** $\mathbf{y} \times \mathbf{x} = -(\mathbf{x} \times \mathbf{y})$

(c) $\mathbf{x} \times (\mathbf{y} + \mathbf{z}) = (\mathbf{x} \times \mathbf{y}) + (\mathbf{x} \times \mathbf{z})$

(d) $\mathbf{z}^T(\mathbf{x} \times \mathbf{y}) = \begin{vmatrix} x_1 & x_2 & x_3 \\ y_1 & y_2 & y_3 \\ z_1 & z_2 & z_3 \end{vmatrix}$

16. $\mathbf{x}$와 $\mathbf{y}$는 $\mathbb{R}^3$의 벡터들이고 다음과 같이 반대칭 행렬 A_x를 정의한다.

$$A_x = \begin{pmatrix} 0 & -x_3 & x_2 \\ x_3 & 0 & -x_1 \\ -x_2 & x_1 & 0 \end{pmatrix}$$

(a) $\mathbf{x} \times \mathbf{y} = A_x\mathbf{y}$임을 증명하라.

(b) $\mathbf{y} \times \mathbf{x} = A_x^T\mathbf{y}$임을 증명하라.

Chapter 2 연습문제

MATLAB 연습문제

처음 네 문제는 정수 행렬에 관한 문제로 본 장에서 배운 행렬식의 성질을 잘 보여주는 연습문제이다. 마지막 두 문제는 행렬식의 부동소수점(floating point) 계산에서 야기되는 오차들을 잘 보여주는 문제이다.

이론적으로 행렬식의 값으로부터 그 행렬의 특이 행렬 여부를 알 수 있다. 그러나 행렬이 특이 행렬이라 하더라도 행렬식의 계산이 유한 정밀도를 가진 계산에 의한다면 반올림으로 인한 오류 때문에 계산된 행렬식 값이 영이 아닐 수 있다. 계산된 행렬식 값이 영에 가깝다 하여 반드시 그 행렬이 특이 행렬이거나 또는 특이 행렬에 가까운 것은 아니다. 또한 행렬이 특이 행렬에 아주 가깝다 하더라도 행렬식 값은 영과 아주 동떨어진 경우도 있다(연습문제 6 참조).

1. 다음의 명령어에 의해

$$A = \texttt{round}(10 * \texttt{rand}(6))$$
$$B = \texttt{round}(20 * \texttt{rand}(6)) - 10$$

정수로 구성된 무작위의 5×5 행렬 A와 B를 생성하라. MATLAB을 써서 다음을 각각 구하라. 각 문제에서 첫 번째와 두 번째가 같은지를 확인하라.

(a) $\det(A)$ $\det(A^T)$

(b) $\det(A - B)$ $\det(A) - \det(B)$

(c) $\det(AB)$ $\det(A)\det(B)$

(d) $\det(A^TB)$ $\det(A^T)\det(B)$

(e) $\det(A^{-1})$ $1/\det(A)$

(f) $\det(AB^{-1})$ $\det(A)/\det(B)$

2. $n \times n$ 마방진(magic square)은 특이 행렬인가? MATLAB을 써서 **det(magic**(n)**)**을 $n = 3, 4, \cdots, 10$에 대해 계산하라. 어떤 현상이 관찰되는가? $n = 24$와 25를 비교하여 같은 패턴이 계속 유지되는지를 확인하라.

3. $A = \texttt{round}(10 * \texttt{rand}(5))$로 두어라. 다음의 각각에 대해 MATLAB을 써서 두 번째 행렬을 계산하라. 두 번째 행렬과 A와의 관계를 설명하고 두 행렬의 행렬식을 계산하라. 두 행렬의 행렬식 간의 관계는 무엇인가?

(a) $B = A;\quad B(5,:) = A(1,:);\quad B(1,:) = A(5,:)$

(b) $C = A;\quad C(2,:) = 5 * A(2,:)$

(c) $D = A;\quad D(4,:) = A(4,:) + 7 * A(3,:)$

4. 원소가 0과 1로만 구성되어 있는 6×6 무작위 행렬 A를 다음처럼 생성할 수 있다.

$$A = \mathbf{round}(\mathbf{rand}(6))$$

(a) 전체의 몇 % 정도가 특이 행렬이 될까? MATLAB을 써서 이 확률을 추정하려면 y를 다음과 같이 두고

$$\mathbf{y} = \mathbf{zeros}(1, 100);$$

100개의 테스트 행렬들을 생성한 후 j번째 검사 행렬이 특이 행렬이면 $y(j) = 1$로, 그렇지 않으면 0으로 두어라. 이를 MATLAB을 써서 하는 가장 쉬운 방법은 아래와 같이 *for loop*를 이용하는 것이다.

```
for   j = 1 : 100
      A = round(rand(6));
      y(j) = (det(A) == 0);
end
```

(참고: 각 줄의 끝에 있는 세미콜론은 인쇄하지 말라는 의미이다. for loop 내부에서 행해지는 계산의 각 줄 끝에 세미콜론을 붙이기를 권장한다.) 생성된 행렬 중 특이 행렬의 수를 알아내려면 MATLAB 명령어 **sum(y)**를 사용하라. 생성된 행렬 중 몇 %가 특이 행렬인가?

(b) 임의의 양의 정수 n에 대해 원소가 0부터 n 사이의 정수인 6×6 무작위 행렬 A는 다음처럼 생성할 수 있다.

$$A = \mathbf{round}(n * \mathbf{rand}(6))$$

$n = 3$이면 이렇게 생성된 행렬 중 전체의 몇 % 정도가 특이 행렬이 될까? $n = 6$일 때와 $n = 10$일 때도 계산하라. 답은 MATLAB을 써서 알아내라. 각각의 경우 100개의 테스트 행렬들을 생성하여 그중 몇 개가 특이 행렬인지를 알아보는 방법으로 답을 구하라.

5. 행렬이 반올림 오차에 민감한 경우, 행렬식의 계산 값은 정확한 행렬식 값과 엄청난 차이를 보일 수 있다. 그 예로, 다음과 같이 U와 U'를 생성하라.

$$U = \mathbf{round}(100 * \mathbf{rand}(10));$$
$$U = \mathbf{triu}(U, 1) + 0.1 * \mathbf{eye}(10)$$

이론적으로는 다음 두 식이 성립한다.

$$\det(U) = \det(U^T) = 10^{-10}$$
$$\det(UU^T) = \det(U)\det(U^T) = 10^{-20}$$

MATLAB을 써서 $\det(U)$, $\det(U')$, 그리고 $\det(U * U')$를 계산하라. 계산 값이 이론적인 값과 일치하는가?

6. MATLAB을 써서 다음에 의해 행렬 A를 생성하라.

$$A = \mathbf{vander}(1:6); \qquad A = A - \mathbf{diag}(\mathbf{sum}(A'))$$

(a) 생성 방법에 의하면 A의 각 행의 원소들의 합은 영이 되어야 한다. $\mathbf{x} = \mathbf{ones}(6, 1)$로 두고 MATLAB을 써서 $A\mathbf{x}$를 계산함으로써 그런지 확인하라. 행렬 A는 특이 행렬이어야 한다. 그 이유를 설명하라. MATLAB 함수 **det**와 **inv**를 써서 $\det(A)$와 A^{-1}를 계산하라. 특이 행렬 여부를 알려주는 지표로서 어느 함수가 더 신뢰성이 높은가?

(b) MATLAB을 써서 $\det(A^T)$를 계산하라. $\det(A)$와 $\det(A^T)$의 계산 값은 같은가? 행렬이 특이 행렬인가를 알아보는 또 다른 방법으로 감소된 행 사다리꼴 형태(reduced row echelon form)를 만들어 보는 방법이 있다. MATLAB을 써서 A와 A^T의 감소된 행 사다리꼴 형태를 구하라.

(c) MATLAB에서 행렬식을 어떻게 구하는지 알면 무엇이 잘못되었는가를 아는 데 도움이 될 수 있다. MATLAB에서 행렬식을 구할 때는 우선 행렬의 LU 분해를 한다. 행렬 L의 행렬식은 계산에서 행의 자리바꿈이 짝수 번 발생했는지 홀수 번 발생했는지에 따라 ± 1이 된다. 따라서 A의 행렬식의 계산된 값은 U의 대각선 원소들의 곱에 $\det(L) = \pm 1$을 곱함으로써 얻게 된다. 원래의 행렬이 정수들로만 구성된 경우라면 행렬식 값 역시 정수 값이어야 한다. 따라서 MATLAB에서는 계산된 값에 가장 가까운 정수 값으로 반올림한다. 이 과정을 자세히 보기 위해 다음의 명령어를 써서 U를 구하고 인쇄하도록 하라.

```
format short e
[L, U] = lu(A); U
```

정확한 연산에서는 U는 특이 행렬이 되어야 한다. 계산된 U가 특이 행렬인가? 만일 그렇지 않다면 무엇이 잘못된 것인가? 다음의 명령어를 써서 $d = \det(A)$의 이후 계산이 맞는지도 확인하라.

```
format short
d = prod(diag(U))
```

CHAPTER TEST A 참 또는 거짓

다음의 각각의 명제에 대해 항상 옳으면 참, 아니면 거짓이라고 답하라. 참인 명제에 대해서는 증명을 하고 거짓인 명제에 대해서는 반례를 들어라. 각 명제에서 모든 행렬의 크기는 $n \times n$으로 가정하라.

1. $\det(AB) = \det(BA)$
2. $\det(A - B) = \det(A) - \det(B)$
3. $\det(cA) = c\ \det(A)$
4. $\det(AB^T) = \det(A_T B)$
5. $\det(A - B) = 0$이면 $A = B$이다.
6. $\det(A^k) = \det(A)^k$
7. 삼각형 행렬이 특이하지 않은 행렬이기 위한 필요충분조건은 대각선 원소가 모두 영이 아니다.
8. $\mathbf{x}$와 $\mathbf{y}$가 $\mathbb{R}^n$에 속한 서로 다른 벡터이고 $A\mathbf{x} = A\mathbf{y}$이면 $\det(A) = 0$이다.
9. A와 B가 행으로 등가인 행렬이면 그들의 행렬식은 같다.
10. A는 영 행렬이 아니지만 어떤 양의 정수 k에 대해 A^k가 영 행렬이면 A는 반드시 특이 행렬이다.

CHAPTER TEST B

1. A와 B는 $\det(A) = 4$와 $\det(B) = 6$을 만족하는 3×3 행렬들이다. E를 타입 I의 기본 행렬이라고 하자. 다음 각각의 값을 구하라.

   (a) $\det(\frac{1}{2}A)$ **(b)** $\det(B^{-1}A^T)$ **(c)** $\det(EA^2)$

2. 주어진 행렬 A에 대해

$$A = \begin{bmatrix} x & 2 & 2 \\ 2 & x & -3 \\ -3 & -3 & x \end{bmatrix}$$

   (a) $\det(A)$를 구하라. (답은 반드시 $\mathbf{x}$의 함수가 되어야 한다.)

   (b) 위의 행령을 특이 행렬로 만드는 $\mathbf{x}$ 값을 구하고 설명하라.

3. 주어진 행렬 A에 대해

$$A = \begin{bmatrix} 1 & 2 & 3 & 4 \\ 2 & 5 & 8 & 11 \\ 3 & 8 & 14 & 20 \\ 4 & 11 & 20 & 30 \end{bmatrix}$$

   (a) A의 LU 인수분해를 구하라.

   (b) LU 인수분해의 결과를 이용하여 $\det(A)$를 구하라.

4. A가 $n \times n$ 비특이 행렬이면 AA^T 역시 비특이 행렬이고 $\det(AA^T) > 0$ 임을 보여라.
5. A를 $n \times n$ 행렬이라고 하자. 어떤 비특이 행렬 S에 대해 $B = S^{-1}AS$이면 $\det(B) = \det(A)$임을 보여라.
6. A와 B는 $n \times n$ 행렬들이고 $C = AB$라 하자. A 또는 B가 특이 행렬이면 C는 반드시 특이 행렬이라는 사실을 행렬식을 이용하여 증명하라.
7. A는 $n \times n$ 행렬이고 λ는 스칼라이다.

$$\det(A - \lambda I) = 0$$

   이기 위한 필요충분조건이 다음과 같음을 보여라.

8. $\mathbf{x}$와 $\mathbf{y}$는 $\mathbb{R}^n$ 상의 벡터이고 $n > 1$이다. $A = \mathbf{x}\mathbf{y}^T$이면 $\det(A) = 0$임을 증명하라.
9. x가 $\mathbb{R}^n$ 상의 0이 아닌 벡터이고, A는 $A\mathbf{x} = 0$를 만족하는 $n \times n$ 행렬이다. $\det(A) = 0$임을 증명하라.
10. A는 정수로 구성된 행렬이다. 만일 $|\det(A)| = 1$이라면 A^{-1}의 원소들에 대해 어떤 결론을 내릴 수 있는지 설명하라.

CHAPTER

3

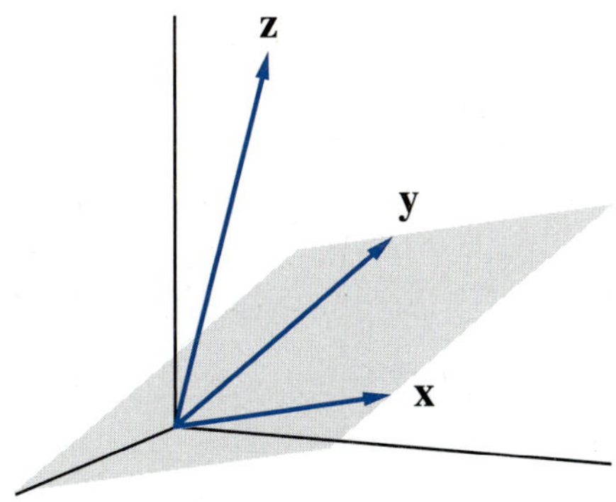

벡터공간

덧셈과 스칼라 곱셈 연산은 수학에서 매우 다양한 의미로 사용된다. 비록 이 연산들의 의미가 다르더라도 이들 연산은 일반적으로 공통된 대수 규칙을 따른다. 그러므로 덧셈과 스칼라 곱셈에 관련된 수학적 체계의 일반적인 이론은 수학의 다양한 분야에서 적용된다. 이러한 형태의 수학적 체계들을 벡터공간 또는 선형공간이라고 한다. 이 장에서는 벡터공간에 대한 정의 및 벡터공간들에 관한 일반 이론에 대하여 설명한다.

3.1 정의 및 예제

이 절에서는 먼저 벡터공간의 정의에 대한 이해를 돕기 위하여 많은 예제들을 살펴본 후, 벡터공간에 대한 보편적 정의를 제시한다. 그리고 유클리디안 벡터공간 $\mathbb{R}^n$을 대상으로 고찰을 시작한다.

유클리디안 벡터공간

가장 기본적인 벡터공간은 유클리디안 벡터공간 $\mathbb{R}^n$ $(n = 1, 2, \cdots)$일 것이다. 간단히 $\mathbb{R}^2$ 공간을 고려해 보자. $\mathbb{R}^2$ 공간에서 0이 아닌 벡터들은 기하학적으로 방향이 있는 선분으로 표현된다. 이러한 기하학적 표현은 $\mathbb{R}^2$ 공간에서 스칼라 곱셈과 덧셈의 시각화를 수월하게 한다. 임의의 영이 아닌 벡터 $\mathbf{x} = \begin{pmatrix} x_1 \\ x_2 \end{pmatrix}$는 평면상에서 점 $(0, 0)$으로부터 점 (x_1, x_2)를 향하는 선분으로 생각할 수 있다(그림 3.1.1 참조). 만약 길이와 방향이 동일한 선분들을 서로 동일하다고 한다면(그림 3.1.2 참조), $\mathbf{x}$는 점 (a, b)에서 점 $(a + x_1, b + x_2)$로의 선분으로 표현될 수 있다.

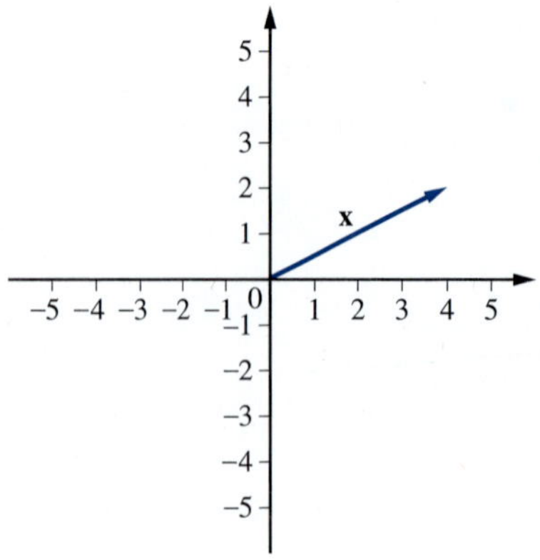

그림 3.1.1

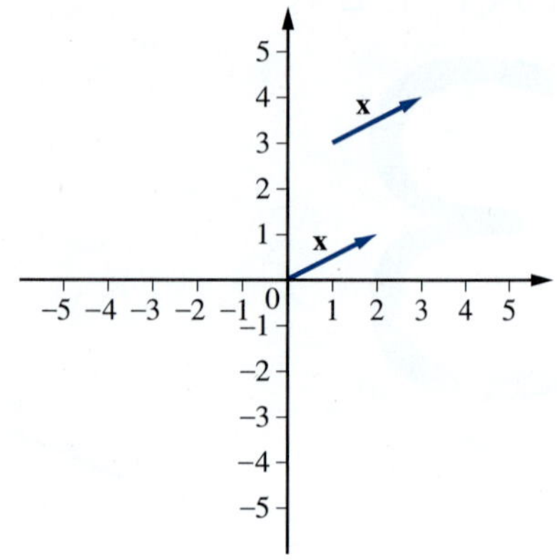

그림 3.1.2

예를 들어 공간에서 벡터 $\mathbf{x} = \begin{pmatrix} 2 \\ 1 \end{pmatrix}$은, 그림 3.1.3에 나타낸 것처럼, 점 (2, 2)에서 점 (4, 3)을 향하는 방향성 선분으로 표현될 수도 있고, 점 $(-1, -1)$에서 (1, 0)을 향하는 선분으로 표현될 수도 있다.

벡터 $\mathbf{x} = \begin{pmatrix} x_1 \\ x_2 \end{pmatrix}$의 유클리디안 길이는 벡터 $\mathbf{x}$를 나타내는 임의의 방향성 선분의 길이로 생각할 수 있다. 점 (0, 0)으로부터 점 (x_1, x_2)를 향하는 선분의 길이는 $\sqrt{x_1^2 + x_2^2}$이다(그림 3.1.4 참조). 각 벡터 $\mathbf{x} = \begin{pmatrix} x_1 \\ x_2 \end{pmatrix}$와 스칼라 α에 대하여, 곱 $\alpha\mathbf{x}$는 다음과 같이 정의된다.

$$\alpha \begin{pmatrix} x_1 \\ x_2 \end{pmatrix} = \begin{pmatrix} \alpha x_1 \\ \alpha x_2 \end{pmatrix}$$

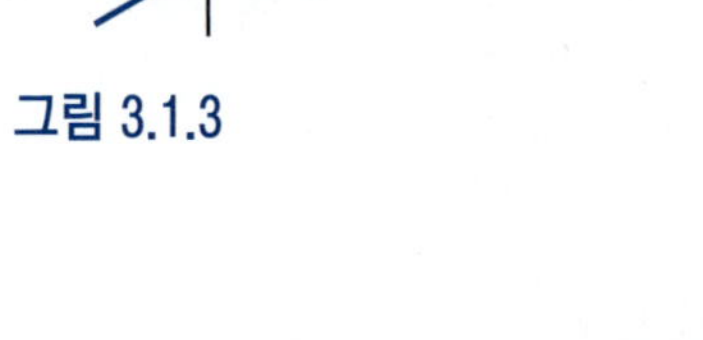

그림 3.1.3

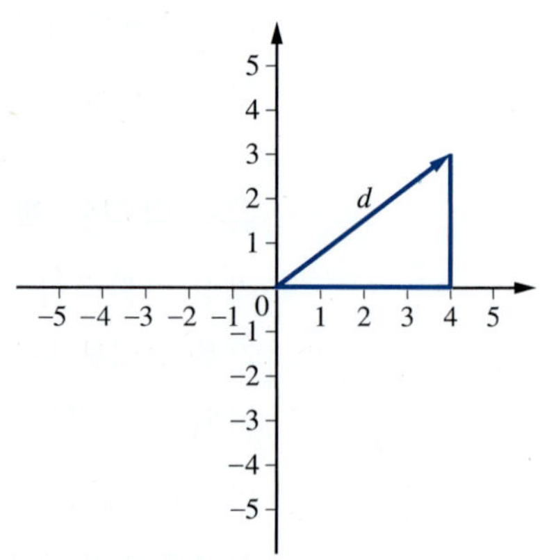

그림 3.1.4

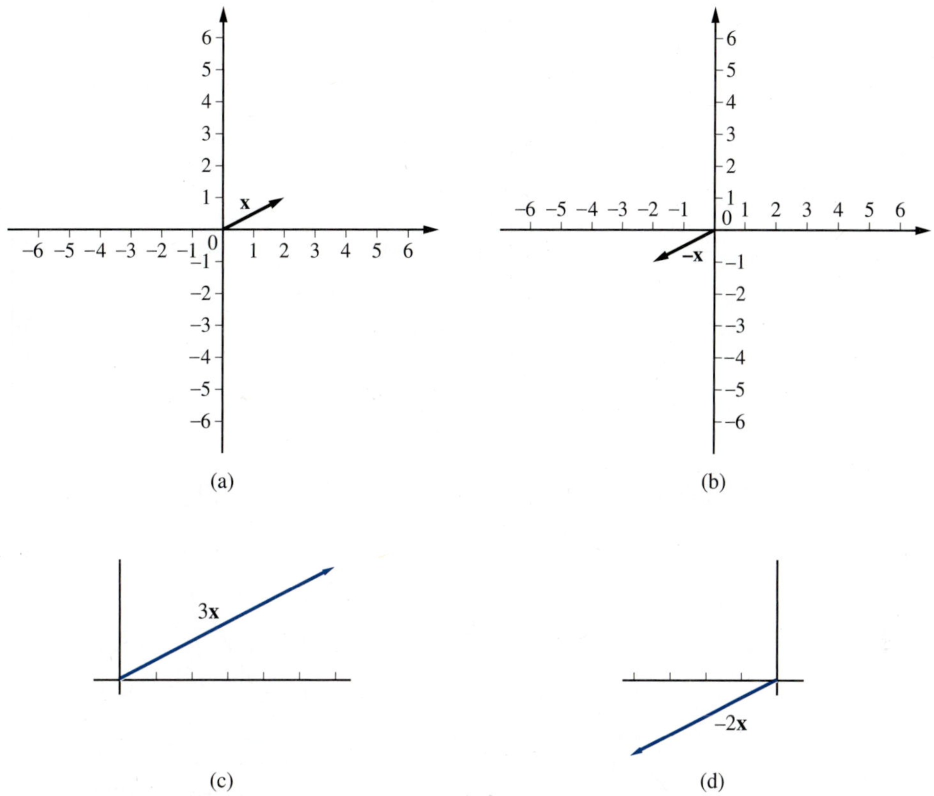

그림 3.1.5

예를 들어 그림 3.1.5에 나타낸 것처럼 벡터가 $\mathbf{x} = \begin{pmatrix} 2 \\ 1 \end{pmatrix}$이라면

$$-\mathbf{x} = \begin{pmatrix} -2 \\ -1 \end{pmatrix}, \qquad 3\mathbf{x} = \begin{pmatrix} 6 \\ 3 \end{pmatrix}, \qquad -2\mathbf{x} = \begin{pmatrix} -4 \\ -2 \end{pmatrix}$$

이다.

벡터 $3\mathbf{x}$는 벡터 $\mathbf{x}$와 방향은 같지만 길이는 $\mathbf{x}$의 세 배이다. $-\mathbf{x}$는 벡터 $\mathbf{x}$와 길이는 같지만 방향이 반대이다. 벡터 $-2\mathbf{x}$는 벡터 $\mathbf{x}$ 길이의 두 배이며 $-\mathbf{x}$와 방향이 같다. 두 벡터

$$\mathbf{u} = \begin{pmatrix} u_1 \\ u_2 \end{pmatrix} \quad \text{와} \quad \mathbf{v} = \begin{pmatrix} v_1 \\ v_2 \end{pmatrix}$$

의 합은 아래와 같이 정의된다.

$$\mathbf{u} + \mathbf{v} = \begin{pmatrix} u_1 + v_1 \\ u_2 + v_2 \end{pmatrix}$$

만약 벡터 $\mathbf{v}$를 벡터 $\mathbf{u}$의 끝점에 위치시킨다면, $\mathbf{u} + \mathbf{v}$는 $\mathbf{u}$의 시작점으로부터 $\mathbf{v}$의 끝점으로 향하는 방향성 벡터에 의하여 표현된다(그림 3.1.6 참조). 만약 두 벡터 $\mathbf{u}$, $\mathbf{v}$가 원점에 위치하고 있으며 그림 3.1.7과 같이 평행사변형이 형성된다면, 그 평행사변형의 대각선들은 벡

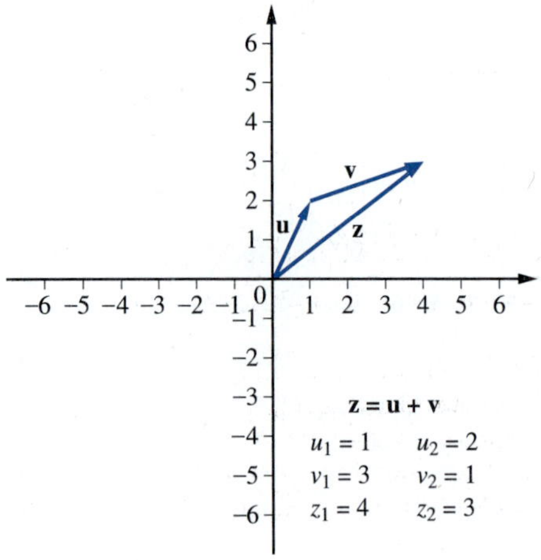

그림 3.1.6

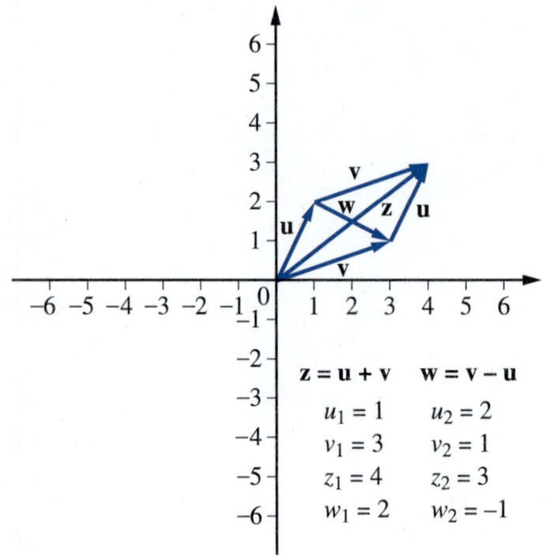

그림 3.1.7

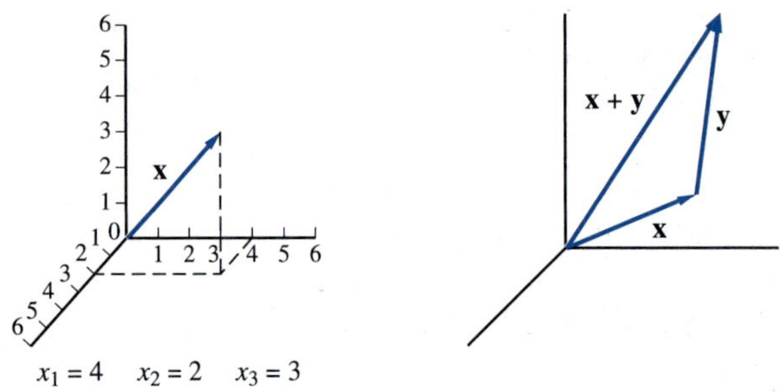

(a) (b)

그림 3.1.8

터합 $\mathbf{u} + \mathbf{v}$와 벡터차 $\mathbf{v} - \mathbf{u}$를 나타내게 된다. 같은 방식으로 $\mathbb{R}^3$ 공간에서의 벡터들도 삼차원 공간의 방향성 선분들로 표현된다.

일반적으로 $\mathbb{R}^n$ 공간에서 스칼라 곱셈과 덧셈은 임의의 $\mathbf{x}, \mathbf{y} \in \mathbb{R}^n$와 스칼라 α에 대하여

$$\alpha\mathbf{x} = \begin{bmatrix} \alpha x_1 \\ \alpha x_2 \\ \vdots \\ \alpha x_n \end{bmatrix} \quad \text{그리고} \quad \mathbf{x} + \mathbf{y} = \begin{bmatrix} x_1 + y_1 \\ x_2 + y_2 \\ \vdots \\ x_n + y_n \end{bmatrix}$$

와 같이 정의된다.

벡터공간 $\mathbb{R}^{m \times n}$

공간은 실수 원소를 갖는 $n \times 1$ 행렬들의 집합으로 간주할 수 있다. $\mathbb{R}^n$ 공간에서 스칼라 곱셈과 덧셈은 단지 행렬들의 덧셈과 스칼라 곱셈의 평범한 일례일 뿐이다. $\mathbb{R}^{m \times n}$이 실수 원

소를 갖는 모든 $m \times n$ 행렬의 집합을 의미한다고 하자. 행렬 A와 B를 $A = (a_{ij})$, $B = (b_{ij})$라고 한다면, 행렬 합 $A + B$는 $m \times n$ 행렬 $C = (c_{ij})$이고 $c_{ij} = a_{ij} + b_{ij}$이다. 주어진 스칼라 α에 대하여 αA는 ij번째 원소가 αa_{ij}인 $m \times n$ 행렬로 정의된다. 따라서 집합 $\mathbb{R}^{m\times n}$에 위와 같은 연산을 정의함으로써, 하나의 수학적 체계가 탄생한다. 집합 $\mathbb{R}^{m\times n}$에서 덧셈과 스칼라 곱셈이라는 연산은 특정한 대수적 규칙을 따른다. 이 규칙들은 벡터공간이라는 개념을 정의하기 위해 사용된 공리들을 구성하게 된다.

벡터공간의 공리들

정의 V를 덧셈과 스칼라 곱셈의 연산들이 정의된 집합이라고 하자. 이는 V에 속하는 원소 쌍 $\mathbf{x}$와 $\mathbf{y}$에 대하여 V에 속하는 유일한 원소 $\mathbf{x} + \mathbf{y}$를 대응시킬 수 있음을 의미한다. 또한 V에 속하는 각 원소 $\mathbf{x}$와 스칼라 α에 대하여 V의 원소인 유일한 $\alpha\mathbf{x}$를 대응할 수 있음을 의미한다. 다음 공리들이 만족될 때, 집합 V는 덧셈과 스칼라 곱셈의 연산과 더불어 **벡터공간**(vector space)을 형성한다고 일컫는다.

A1. V에 속하는 임의의 $\mathbf{x}$와 $\mathbf{y}$에 대하여 $\mathbf{x} + \mathbf{y} = \mathbf{y} + \mathbf{x}$이다.
A2. V에 속하는 임의의 $\mathbf{x}, \mathbf{y}, \mathbf{z}$에 대하여 $(\mathbf{x} + \mathbf{y}) + \mathbf{z} = \mathbf{x} + (\mathbf{y} + \mathbf{z})$이다.
A3. V의 모든 $\mathbf{x}$에 대하여 $\mathbf{x} + \mathbf{0} = \mathbf{x}$를 만족하는 원소 $\mathbf{0}$이 V에 존재한다.
A4. V의 임의의 $\mathbf{x}$에 대하여 $\mathbf{x} + (-\mathbf{x}) = \mathbf{0}$을 만족하는 $-\mathbf{x}$가 V에 존재한다.
A5. 모든 스칼라 α와, V에 속하는 임의의 $\mathbf{x}$와 $\mathbf{y}$에 대하여 $\alpha(\mathbf{x} + \mathbf{y}) = \alpha\mathbf{x} + \alpha\mathbf{y}$를 만족한다.
A6. 임의의 스칼라 α와 β, 그리고 V에 속하는 임의의 $\mathbf{x}$에 대하여 $(\alpha + \beta)\mathbf{x} = \alpha\mathbf{x} + \beta\mathbf{x}$를 만족한다.
A7. 임의의 스칼라 α와 β, 그리고 V에 속하는 임의의 $\mathbf{x}$에 대하여 $(\alpha\beta)\mathbf{x} = \alpha(\beta\mathbf{x})$를 만족한다.
A8. V의 모든 원소 $\mathbf{x}$에 대하여 $1 \cdot \mathbf{x} = \mathbf{x}$이다.

집합 V를 벡터공간을 표현하는 보편(universal) 집합이라 하고, 그 원소를 **벡터**(vector)라고 하며, 일반적으로 $\mathbf{u}, \mathbf{v}, \mathbf{w}, \mathbf{x}, \mathbf{y}, \mathbf{z}$와 같이 굵은 글씨체를 사용하여 표시한다. 그리고 용어 **스칼라**(scalar)는 (경우에 따라서는 복소수를 나타내기도 하지만) 보통 실수를 의미한다. 스칼라는 보통 a, b, c와 같이 영어 소문자 또는 α, β, γ와 같이 그리스 소문자 이탤릭체로 표현한다. 이 책의 첫 다섯 장에서 **스칼라**라는 용어는 언제나 실수만을 의미할 것이다. 종종 **실수 벡터공간**은 스칼라의 집합이 실수집합인 경우를 지칭한다. 공리 A3에서 사용된 굵은 글씨체 $\mathbf{0}$은 영 벡터를 스칼라 0과 구분하기 위하여 사용된다.

정의에서 중요한 부분은 두 연산들의 닫힘 성질에 관한 것이다. 이 성질들은 다음과 같이 요약된다.

C1. $\mathbf{x} \in V$와 스칼라 α에 대하여 $\alpha\mathbf{x} \in V$이다.
C2. $\mathbf{x}, \mathbf{y} \in V$라면, $\mathbf{x} + \mathbf{y} \in V$이다.

닫힘 성질이 왜 필요한가를 보기 위하여, 일반적인 방식으로 정의된 덧셈과 스칼라 곱셈을 갖는 다음 집합을 생각해 보자.

$$W = \{(a, 1) \mid a\text{는 실수}\}$$

원소 (3, 1)과 (5, 1)은 W에 속한다. 그렇지만 합

$$(3, 1) + (5, 1) = (8, 2)$$

는 W의 원소가 아니다. 성질 C2가 만족되지 않기 때문에 연산 + 는 집합 W에 대하여 실제로는 연산이라고 할 수 없다. 유사하게 성질 C1도 만족되지 않기 때문에, 스칼라 곱셈도 W상에서 정의되지 않는다. 그러므로 덧셈과 스칼라 곱셈을 갖는 집합 W는 벡터공간이 아니다.

한편, 스칼라 곱셈과 덧셈이 정의되고 성질 C1과 C2를 만족하는 집합 U가 주어져 있다면, U가 벡터공간인지를 결정하기 위하여 여덟 가지의 공리들이 만족되는지 점검해 보아야 한다. 행렬의 일상적인 덧셈과 스칼라 곱셈이 정의된 $\mathbb{R}^n$과 $\mathbb{R}^{m\times n}$이 벡터공간임을 독자들이 증명해 보기 바란다. 벡터공간들의 또 다른 중요한 예들을 살펴보자.

벡터공간 $C[a, b]$

닫힌 구간 $[a, b]$에서 정의되는 모든 실변수 연속함수의 집합을 $C[a, b]$라고 하자. 이 경우 보편집합은 함수들의 집합이다. 따라서 벡터들은 $C[a, b]$에 속하는 함수들이다. $C[a, b]$의 두 함수들의 합 $f + g$는 $[a, b]$에 있는 모든 x에 대하여

$$(f + g)(x) = f(x) + g(x)$$

로 정의된다. 새 함수 $f + g$는, 두 연속함수들의 합이 연속이기 때문에, $C[a, b]$의 원소이다. 만약 f가 $C[a, b]$의 함수이고 α가 실수라면 αf는 $[a, b]$에 있는 모든 x에 대하여

$$(\alpha f)(x) = \alpha f(x)$$

로 정의된다. 연속함수의 상수배는 항상 연속이기 때문에, 분명히 αf는 $C[a, b]$의 원소이다. 그러므로 $C[a, b]$에서 덧셈과 스칼라 곱셈이 잘 정의되었다. 첫 두 공리 $f + g = g + f$가 만족됨을 보이기 위하여, $[a, b]$에 존재하는 모든 x에 대하여

$$(f + g)(x) = (g + f)(x)$$

임을 보여야 한다. $[a, b]$에 존재하는 모든 x에 대하여

$$(f+g)(x) = f(x) + g(x) = g(x) + f(x) = (g+f)(x)$$

이기 때문에 공리 A1은 만족된다. 공리 A3는 $[a, b]$에 존재하는 모든 x에 대하여 함수

$$z(x) = 0$$

이 영 벡터와 같이 동작하기 때문에 만족된다. 즉 $C[a, b]$에 존재하는 모든 f에 대하여

$$f + z = f$$

이다. 나머지 모든 벡터공간 공리들이 만족됨은 독자들이 증명해 보기 바란다.

벡터공간 P_n

n보다 낮은 차수를 갖는 다항식 집합을 P_n이라고 하자. 덧셈 $p+q$와 αp를 모든 실수 x에 대하여 다음과 같이 정의하자.

$$(p+q)(x) = p(x) + q(x)$$
$$(\alpha p)(x) = \alpha p(x)$$

이 경우 영 벡터는 다음과 같은 영 다항식이다.

$$z(x) = 0x^{n-1} + 0x^{n-2} + \cdots + 0x + 0$$

모든 벡터공간 공리들이 만족됨을 쉽게 증명할 수 있다. 따라서 함수들의 표준 덧셈과 스칼라 곱셈이 정의된 P_n은 벡터공간이다.

벡터공간의 다른 성질들

벡터공간의 중요한 성질 세 가지를 추가로 설명하면서 이 절을 끝맺고자 한다. 또 다른 중요한 성질들은 연습문제 7, 8, 9에서 주어진다.

정리 3.1.1 V가 벡터공간이고 $\mathbf{x}$가 V의 임의의 원소라면, 다음이 만족된다.

(i) $0\mathbf{x} = \mathbf{0}$

(ii) $\mathbf{x} + \mathbf{y} = 0$은 $\mathbf{y} = -\mathbf{x}$임을 의미한다(즉 $\mathbf{x}$의 덧셈에 대한 역원은 유일하다).

(iii) $(-1)\mathbf{x} = -\mathbf{x}$

증명 공리 A6과 A8로부터 다음이 성립한다.

$$\mathbf{x} = 1\mathbf{x} = (1+0)\mathbf{x} = 1\mathbf{x} + 0\mathbf{x} = \mathbf{x} + 0\mathbf{x}$$

따라서

3.2 부분공간

주어진 벡터공간 V에 대하여 V의 부분집합 S와 V의 연산들을 사용하여 다른 벡터공간을 형성하는 것이 종종 가능하다. V가 벡터공간이기 때문에 덧셈과 스칼라 곱셈의 연산은 항상 V에 속한 다른 벡터를 생성한다. V의 부분집합 S가 새로운 벡터공간의 보편집합이 되기 위해서는 S가 덧셈과 스칼라 곱셈의 연산에 대해 닫혀 있어야 한다. 즉 S의 두 원소의 합은 항상 S의 원소여야 하며, 스칼라와 S의 원소의 곱은 항상 S의 원소여야 한다.

예제 1 $\mathbb{R}^2$의 부분집합인 S가 다음과 같다고 하자.

$$S = \left\{ \begin{bmatrix} x_1 \\ x_2 \end{bmatrix} \middle| \, x_2 = 2x_1 \right\}$$

만약 S의 임의의 원소가

$$\mathbf{x} = \begin{bmatrix} c \\ 2c \end{bmatrix}$$

이고 α가 임의의 스칼라라면,

$$\alpha\mathbf{x} = \alpha \begin{bmatrix} c \\ 2c \end{bmatrix} = \begin{bmatrix} \alpha c \\ 2\alpha c \end{bmatrix}$$

역시 S의 원소이다. 만약 S의 임의의 두 원소가

$$\begin{bmatrix} a \\ 2a \end{bmatrix} \quad \text{그리고} \quad \begin{bmatrix} b \\ 2b \end{bmatrix}$$

라면, 그들의 합은

$$\begin{bmatrix} a+b \\ 2a+2b \end{bmatrix} = \begin{bmatrix} a+b \\ 2(a+b) \end{bmatrix}$$

이고, 이는 또한 S의 원소이다. 집합 S는 $\mathbb{R}^2$로부터 도입된 연산들과 함께 벡터공간이 됨을 쉽게 증명할 수 있다. ■

정의 S가 벡터공간 V의 부분집합이고 S가 다음 조건들을 만족한다면, S는 V의 **부분공간**(subspace)이라고 한다.

(i) 임의의 스칼라 α와 $\mathbf{x} \in S$인 모든 $\mathbf{x}$에 대하여 $\mathbf{x} \in S$이다.
(ii) $\mathbf{x} \in S$이고 $\mathbf{y} \in S$라면 $\mathbf{x} + \mathbf{y} \in S$이다.

조건 (i)는 S가 스칼라 곱셈에 닫혀 있음을 말한다. 즉 S의 원소가 스칼라 값에 의해 곱해질 때마다, 그 결과는 S의 원소이다. 또한 조건 (ii)는 S가 덧셈에 대하여 닫혀 있음을 말한다. 다시 말해, S의 두 원소의 합은 항상 S의 원소이다. 그러므로 S의 원소들과 V로부터의 연산을 이용하여 계산을 한다면, S의 원소들만으로 계산이 이루어진다. 즉 V의 부분공간은 V의 연산들에 대하여 닫힌 부분집합 S이다.

S가 벡터공간 V의 부분공간이라고 하자. V에서 정의된 덧셈과 스칼라 곱셈의 연산을 이용하여 S를 보편집합으로 하는 새로운 수학적 체계를 만들 수 있다. 모든 여덟 가지의 공리들이 이 새로운 체계에서 자명함을 쉽게 보일 수 있다. 공리 A3과 A4는 정리 3.1.1과 부분공간 정의의 조건 (i)에 의하여 만족된다. 나머지 여섯 공리들은 임의의 V의 원소들에 대하여 자명하므로, S의 원소들에 대해서도 자명하다. 그러므로 전체집합 S와 벡터공간 V로부터 물려받은 두 연산들로 구성된 수학적 체계는 공간의 정의에서 보인 모든 조건들을 만족한다. 벡터공간의 모든 부분공간은 그 자체가 벡터공간이다.

주의

1. 벡터공간 V에서 $\{\mathbf{0}\}$과 V는 V의 부분공간임을 쉽게 증명할 수 있다. 그 이외의 모든 부분공간들을 진부분공간(proper subspace)이라고 한다. $\{\mathbf{0}\}$은 영부분공간(zero subspace)이라고 한다.
2. 벡터공간의 부분집합 S가 부분공간인가를 보여주려면 S가 공집합이 아니고 정의에서 나온 닫힘 성질 (i)과 (ii)가 만족됨을 보이면 된다. 모든 부분공간은 반드시 영 벡터를 가지고 있으므로 S가 공집합이 아님을 보이기 위해서는 $\mathbf{0} \in S$임을 보이면 된다.

예제 2 $S = \{(x_1, x_2, x_3)^T \mid x_1 = x_2\}$라고 하자. $\mathbf{0} = (0, 0, 0)^T \in S$이기 때문에, S는 공집합이 아니다. S가 $\mathbb{R}^3$의 부분공간임을 보이기 위하여, 다음과 같은 두 개의 닫힘 성질이 만족됨을 보일 필요가 있다.

(i) $\mathbf{x} = (a, a, b)^T$가 S의 임의의 벡터라면

$$\alpha\mathbf{x} = (\alpha a, \alpha a, \alpha b)^T \in S$$

(ii) $(a, a, b)^T$와 $(c, c, d)^T$가 S의 임의의 원소라면

$$(a, a, b)^T + (c, c, d)^T = (a + c, a + c, b + d)^T \in S$$

S가 공집합이 아니고 두 닫힘 조건을 만족하기 때문에 S는 $\mathbb{R}^3$의 부분공간이다. ■

예제 3

$$S = \left\{ \begin{pmatrix} x \\ 1 \end{pmatrix} \middle| \ x\text{는 실수} \right\}$$

라고 하자. 정의의 두 조건 중 어느 하나라도 만족되지 않는다면, S는 부분공간이 아닐 것이다. 이 경우

$$\alpha \begin{bmatrix} x \\ 1 \end{bmatrix} = \begin{bmatrix} \alpha x \\ \alpha \end{bmatrix} \notin S \quad \text{when } \alpha \neq 1$$

이기 때문에 첫 조건이 만족되지 않는다. 그러므로 S는 부분공간이 아니다. 실제 두 조건 모두 만족되지 않는다. 왜냐하면

$$\begin{bmatrix} x \\ 1 \end{bmatrix} + \begin{bmatrix} y \\ 1 \end{bmatrix} = \begin{bmatrix} x+y \\ 2 \end{bmatrix} \notin S$$

이기 때문이다. ■

예제 4 $S = \{A \in \mathbb{R}^{2\times 2} \mid a_{12} = -a_{21}\}$이다. 영 행렬이 S에 속해 있으므로 S는 공집합이 아니다. S가 부분공간임을 나타내기 위해서는 닫힘 성질이 만족됨을 보이면 된다.

(i) 만약 $A \in S$이면, A는

$$A = \begin{bmatrix} a & b \\ -b & c \end{bmatrix}$$

의 형태여야 하고, 따라서

$$\alpha A = \begin{bmatrix} \alpha a & \alpha b \\ -\alpha b & \alpha c \end{bmatrix}$$

이다. αA의 (2, 1) 성분은 (1, 2) 성분의 마이너스이기 때문에, $\alpha A \in S$이다.

(ii) 만약 $A, B \in S$라면, 다음과 같은 형태여야 한다.

$$A = \begin{bmatrix} a & b \\ -b & c \end{bmatrix} \quad \text{그리고} \quad B = \begin{bmatrix} d & e \\ -e & f \end{bmatrix}$$

이때

$$A + B = \begin{bmatrix} a+d & b+e \\ -(b+e) & c+f \end{bmatrix}$$

그러면 $A + B \in S$이다. ■

예제 5 $p(0) = 0$인 n차 미만의 모든 다항식들의 집합을 S라고 하자. 집합 S는 영인 다항식을 포함하고 있기 때문에 공집합이 아니다. S는 P_n의 부분공간이다. 그 이유는 다음과 같다.

(i) $p(x) \in S$이고 α가 스칼라라면

$$\alpha p(0) = \alpha \cdot 0 = 0$$

이고, 따라서 $\alpha p \in S$이다.

(ii) $p(x)$와 $q(x)$가 S의 원소라면

$$(p+q)(0) = p(0) + q(0) = 0 + 0 = 0$$

이고, 따라서 $p + q \in S$이다. ■

예제 6 $C^n[a, b]$는 정의 구역 $[a, b]$에서 n번째의 연속 미분을 갖는 모든 함수 f의 집합이다. 독자들은 $C^n[a, b]$가 $C[a, b]$의 부분공간임을 증명해 보기 바란다. ■

예제 7 함수 $f(x) = |x|$는 $C[-1, 1]$에 속하지만 $x = 0$에서 미분이 불가능하고, 따라서 $C^1[-1, 1]$에 속하지 않는다. 이는 $C^1[-1, 1]$이 $C[-1, 1]$의 진부분공간이라는 사실을 보인다. 함수 $g(x) = x|x|$는, 이 함수가 $[-1, 1]$에 있는 모든 점에서 미분 가능하고 $g'(x) = 2|x|$는 범위 내에서 연속이기 때문에, $C^1[-1, 1]$에 속한다. 그렇지만 $x = 0$에서 $g''(x)$가 정의되지 않기 때문에 $g \notin C^2[-1, 1]$이다. 그러므로 벡터공간 $C^2[-1, 1]$은 $C[-1, 1]$과 $C^1[-1, 1]$의 진부분공간이다. ■

예제 8 S가 $[a, b]$에 있는 모든 x에 대하여

$$f''(x) + f(x) = 0$$

인 $C^2[a, b]$에 속하는 모든 함수 f들의 집합이라고 하자. 영 함수가 S에 속하기 때문에 집합 S는 공집합이 아니다. $f \in S$이고 α가 임의의 스칼라이면 $[a, b]$에 있는 모든 x에 대하여

$$\begin{aligned}(\alpha f)''(x) + (\alpha f)(x) &= \alpha f''(x) + \alpha f(x) \\ &= \alpha(f''(x) + f(x)) = \alpha \cdot 0 = 0\end{aligned}$$

따라서 $\alpha f \in S$이다. f와 g가 모두 S에 속한다면

$$\begin{aligned}(f+g)''(x) + (f+g)(x) &= f''(x) + g''(x) + f(x) + g(x) \\ &= [f''(x) + f(x)] + [g''(x) + g(x)] \\ &= 0 + 0 = 0\end{aligned}$$

그러므로 $[a, b]$상에서 미분 방정식 $y'' + y = 0$을 만족하는 모든 해들의 집합은 $C^2[a, b]$의 부분공간을 형성한다. 만약 $f(x) = \sin x$와 $g(x) = \cos x$ 모두 S에 속함에 주의한다면, $c_1 \sin x + c_2 \cos x$ 형태의 임의의 함수 역시 S에 속해야만 한다. 이러한 형태의 함수들이 $y'' + y = 0$의 해임은 쉽게 증명될 수 있다. ■

행렬의 영공간

A를 $m \times n$ 행렬이라고 하자. 동차 연립방정식 $A\mathbf{x} = 0$의 모든 해의 집합을 $N(A)$라 표기하자. 즉,

$$N(A) = \{\mathbf{x} \in \mathbb{R}^n \mid A\mathbf{x} = \mathbf{0}\}$$

$N(A)$는 $\mathbb{R}^n$의 부분공간이다. $\mathbf{0} \in N(A)$는 자명하므로 $N(A)$는 공집합이 아니다. $\mathbf{x} \in N(A)$이고 α가 스칼라이면

$$A(\alpha\mathbf{x}) = \alpha A\mathbf{x} = \alpha\mathbf{0} = \mathbf{0}$$

이고, 따라서 $\alpha\mathbf{x} \in N(A)$이다. 만약 $\mathbf{x}$와 $\mathbf{y}$가 $N(A)$의 원소라면 다음과 같다.

$$A(\mathbf{x} + \mathbf{y}) = A\mathbf{x} + A\mathbf{y} = \mathbf{0} + \mathbf{0} = \mathbf{0}$$

그러므로 $\mathbf{x} + \mathbf{y} \in N(A)$이다. 결과적으로 $N(A)$는 $\mathbb{R}^n$의 부분공간이다. 동차 연립방정식 $A\mathbf{x} = \mathbf{0}$의 모든 해의 집합은 $\mathbb{R}^n$의 부분공간을 형성한다. 부분공간 $N(A)$를 A의 **영공간**이라고 한다.

예제 9 다음 행렬 A의 $N(A)$를 구하라.

$$A = \begin{pmatrix} 1 & 1 & 1 & 0 \\ 2 & 1 & 0 & 1 \end{pmatrix}$$

해답

$A\mathbf{x} = \mathbf{0}$을 풀기 위하여 가우스-조르당(Gauss-Jordan) 소거법을 이용하면,

$$\left(\begin{array}{cccc|c} 1 & 1 & 1 & 0 & 0 \\ 2 & 1 & 0 & 1 & 0 \end{array}\right) \rightarrow \left(\begin{array}{cccc|c} 1 & 1 & 1 & 0 & 0 \\ 0 & -1 & -2 & 1 & 0 \end{array}\right)$$

$$\rightarrow \left(\begin{array}{cccc|c} 1 & 0 & -1 & 1 & 0 \\ 0 & -1 & -2 & 1 & 0 \end{array}\right) \rightarrow \left(\begin{array}{cccc|c} 1 & 0 & -1 & 1 & 0 \\ 0 & 1 & 2 & -1 & 0 \end{array}\right)$$

을 얻는다. 감소된 행 사다리꼴 행렬은 두 개의 자유 변수 x_3, x_4와 연관되어 있다.

$$\begin{aligned} x_1 &= x_3 - x_4 \\ x_2 &= -2x_3 + x_4 \end{aligned}$$

따라서 $x_3 = \alpha$ 그리고 $x_4 = \beta$라 하면,

$$\mathbf{x} = \begin{pmatrix} \alpha - \beta \\ -2\alpha + \beta \\ \alpha \\ \beta \end{pmatrix} = \alpha \begin{pmatrix} 1 \\ -2 \\ 1 \\ 0 \end{pmatrix} + \beta \begin{pmatrix} -1 \\ 1 \\ 0 \\ 1 \end{pmatrix}$$

는 $A\mathbf{x} = \mathbf{0}$의 해이다. 벡터공간 $N(A)$는 다음과 같은 형태의 모든 벡터들로 구성된다.

$$\alpha\begin{bmatrix}1\\-2\\1\\0\end{bmatrix}+\beta\begin{bmatrix}-1\\1\\0\\1\end{bmatrix}$$

여기서 α와 β는 스칼라이다. ■

벡터들의 생성

정의 $\mathbf{v}_1, \mathbf{v}_2, \cdots, \mathbf{v}_n$이 벡터공간 V에 속한다고 하자. $\alpha_1, \cdots, \alpha_n$이 스칼라일 때 $\alpha_1\mathbf{v}_1+\alpha_2\mathbf{v}_2+\cdots+\alpha_n\mathbf{v}_n$을 $\mathbf{v}_1, \mathbf{v}_2, \cdots, \mathbf{v}_n$의 **선형 결합**(linear combination)이라 한다. $\mathbf{v}_1, \mathbf{v}_2, \cdots, \mathbf{v}_n$의 모든 선형 결합들의 집합을 $\mathbf{v}_1, \mathbf{v}_2, \cdots, \mathbf{v}_n$의 **생성**(span)이라고 하며, $\mathbf{v}_1, \mathbf{v}_2, \cdots, \mathbf{v}_n$의 생성은 $\text{Span}(\mathbf{v}_1, \cdots, \mathbf{v}_n)$으로 표시한다.

예제 9에서 A의 영공간은 벡터 $(1, -2, 1, 0)^T$와 $(-1, 1, 0, 1)^T$의 생성임을 알 수 있다.

예제 10 $\mathbb{R}^3$ 공간에서 $\mathbf{e}_1$과 $\mathbf{e}_2$의 생성은

$$\alpha\mathbf{e}_1+\beta\mathbf{e}_2=\begin{bmatrix}\alpha\\\beta\\0\end{bmatrix}$$

형태인 모든 벡터들의 집합이다. 독자들은 $\text{Span}(\mathbf{e}_1, \mathbf{e}_2)$가 $\mathbb{R}^3$의 부분공간임을 쉽게 증명할 수 있다. 이 부분공간은 기하학적으로 삼차원 공간에서 x_1x_2 평면상의 모든 벡터들의 집합으로 해석될 수 있다(그림 3.2.1 참조). $\mathbf{e}_1, \mathbf{e}_2, \mathbf{e}_3$의 생성은

$$\alpha_1\mathbf{e}_1+\alpha_2\mathbf{e}_2+\alpha_3\mathbf{e}_3=\begin{bmatrix}\alpha_1\\\alpha_2\\\alpha_3\end{bmatrix}$$

형태인 모든 벡터들의 집합이다. 그러므로 $\text{Span}(\mathbf{e}_1, \mathbf{e}_2, \mathbf{e}_3)=\mathbb{R}^3$이다. ■

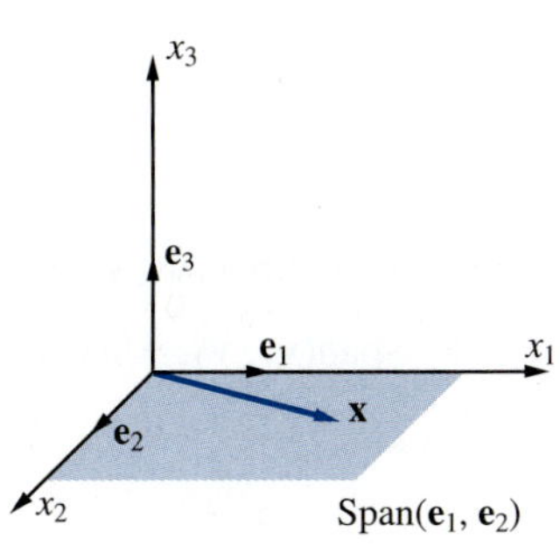

그림 3.2.1

정리 3.2.1 $\mathbf{v}_1, \mathbf{v}_2, \cdots, \mathbf{v}_n$이 벡터공간 V의 원소라면, $\text{Span}(\mathbf{v}_1, \mathbf{v}_2, \cdots, \mathbf{v}_n)$은 V의 부분공간이다.

증명 β가 스칼라이고 $\mathbf{v} = \alpha_1\mathbf{v}_1 + \alpha_2\mathbf{v}_2 + \cdots + \alpha_n\mathbf{v}_n$은 $\text{Span}(\mathbf{v}_1, \mathbf{v}_2, \cdots, \mathbf{v}_n)$의 임의의 원소라고 하자.

$$\beta\mathbf{v} = (\beta\alpha_1)\mathbf{v}_1 + (\beta\alpha_2)\mathbf{v}_2 + \cdots + (\beta\alpha_n)\mathbf{v}_n$$

이므로, $\beta\mathbf{v} \in \text{Span}(\mathbf{v}_1, \mathbf{v}_2, \cdots, \mathbf{v}_n)$이다. 다음으로 $\text{Span}(\mathbf{v}_1, \mathbf{v}_2, \cdots, \mathbf{v}_n)$의 원소들의 합이 $\text{Span}(\mathbf{v}_1, \mathbf{v}_2, \cdots, \mathbf{v}_n)$에 존재함을 보이자. 두 벡터 $\mathbf{v}$와 $\mathbf{w}$가 $\mathbf{v} = \alpha_1\mathbf{v}_1 + \alpha_2\mathbf{v}_2 + \cdots + \alpha_n\mathbf{v}_n$이고 $\mathbf{w} = \beta_1\mathbf{v}_1 + \beta_2\mathbf{v}_2 + \cdots + \beta_n\mathbf{v}_n$이라고 하자. 그러면

$$\mathbf{v} + \mathbf{w} = (\alpha_1 + \beta_1)\mathbf{v}_1 + \cdots + (\alpha_n + \beta_n)\mathbf{v}_n \in \text{Span}(\mathbf{v}_1, \ldots, \mathbf{v}_n)$$

그러므로 $\text{Span}(\mathbf{v}_1, \mathbf{v}_2, \cdots, \mathbf{v}_n)$은 V의 부분공간이다. ■

$\mathbb{R}^3$에 있는 벡터 $\mathbf{x}$는, 삼차원 공간에서 x_1x_2 평면에 있을 때만 $\text{Span}(\mathbf{e}_1, \mathbf{e}_2)$에 존재한다. 따라서 x_1x_2 평면을 부분공간 $\text{Span}(\mathbf{e}_1, \mathbf{e}_2)$의 기하학적 표현으로 생각할 수 있다(그림 3.2.1 참조). 마찬가지로, 주어진 두 벡터 $\mathbf{x}$와 $\mathbf{y}$에 대하여, $(0, 0, 0)$, (x_1, x_2, x_3)와 (y_1, y_2, y_3)가 서로 공선형(colinear, 평행이거나 일치)이 아니라면, 이 점들은 하나의 평면을 결정하게 된다. 만약 $\mathbf{z} = c_1\mathbf{x} + c_2\mathbf{y}$이면 z는 $\mathbf{x}$와 $\mathbf{y}$에 평행한 벡터들의 합이 되며, 두 벡터들에 의해 결정되는 평면 위에 존재해야 한다(그림 3.2.2 참조). 일반적으로 두 벡터 $\mathbf{x}$와 $\mathbf{y}$는 삼차원 공간에서 평면을 결정하기 위하여 사용된다. 그 평면은 $\text{Span}(\mathbf{x}, \mathbf{y})$의 기하학적 표현이다.

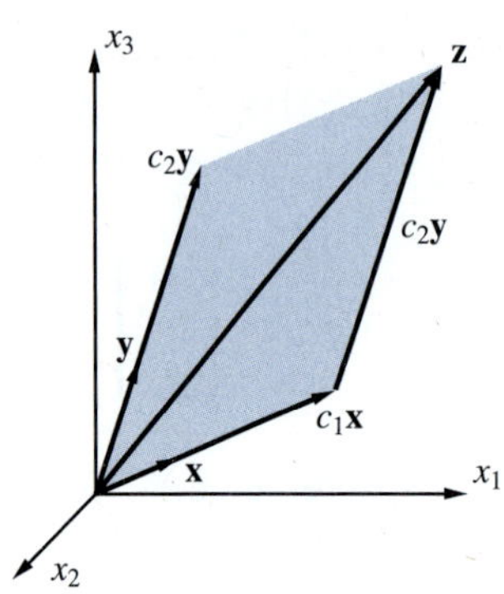

그림 3.2.2

벡터공간의 생성 집합

$\mathbf{v}_1, \mathbf{v}_2, \cdots, \mathbf{v}_n$을 벡터공간 V의 벡터들이라고 하자. $\text{Span}(\mathbf{v}_1, \mathbf{v}_2, \cdots, \mathbf{v}_n)$은 $\mathbf{v}_1, \mathbf{v}_2, \cdots, \mathbf{v}_n$에 의해 생성되는 V의 부분공간이라고 한다. 물론 $\text{Span}(\mathbf{v}_1, \mathbf{v}_2, \cdots, \mathbf{v}_n) = V$일 수도 있다. 이 경우 벡터 $\mathbf{v}_1, \mathbf{v}_2, \cdots, \mathbf{v}_n$은 V를 생성한다고 하거나, $\{\mathbf{v}_1, \mathbf{v}_2, \cdots, \mathbf{v}_n\}$은 V를 위한 생성 집합이라고 한다. 따라서 다음 정의가 도출된다.

정의 V에 속한 모든 벡터를 $\mathbf{v}_1, \mathbf{v}_2, \cdots, \mathbf{v}_n$의 선형 결합으로 표현할 수 있다면, 집합 $\{\mathbf{v}_1, \cdots, \mathbf{v}_n\}$은 V를 위한 **생성 집합**(spanning set)이다.

$\mathbb{R}^2$에서 벡터 집합의 범위를 쉽게 시각화할 수 있다. $\mathbf{v}_1$이 $\mathbb{R}^2$에서 0이 아닌 단일 벡터이면 span($\mathbf{v}_1$)은 $c_1\mathbf{v}_1$ 형태의 모든 벡터로 구성된다. c_1은 양수, 음수 또는 0일 수 있으므로 부분공간은 기하학적으로 원점을 통과하는 평면의 선에 대응한다는 것을 알 수 있다. 해당 선에 없는 점의 경우 해당 벡터는 span($\mathbf{v}_1$)에 존재하지 않는다. 0이 아닌 단일 벡터 $\mathbf{v}_1$은 $\mathbb{R}^2$의 적절한 부분공간을 생성하지만 전체공간은 생성하지 않는다. $\mathbb{R}^2$에 대한 생성 집합(spanning set)을 생성하기 위해서는 최소한 두 개의 벡터가 필요하다.

$\mathbb{R}^2$에 대한 생성 집합의 가장 간단한 선택은 벡터 $\mathbf{e}_1$과 $\mathbf{e}_2$를 사용하는 것이다. 그림 3.2.3은 벡터 $\mathbf{e}_1$, $\mathbf{e}_2$ 그리고 평면의 목표점을 나타내는 작은 원을 보여준다. 원점에서 시작하여 $\mathbf{e}_1$ 방향으로 2단위 이동하고 $\mathbf{e}_2$ 방향으로 3단위 이동하면 목표점에 도달할 수 있다. 결과 벡터 $\mathbf{v}(2, 3)^T$는 그림 3.2.4와 같다. 목표점은 다른 좌표 (a, b)로 변경하면 해당 벡터는 다음과 같다.

$$\mathbf{x} = a\mathbf{e}_1 + b\mathbf{e}_2 = \begin{bmatrix} a \\ b \end{bmatrix}$$

따라서, $\mathbb{R}^2$의 임의의 벡터 $\mathbf{x}$는 $\mathbf{e}_1$과 $\mathbf{e}_2$로 표현할 수 있으므로 $\{\mathbf{e}_1, \mathbf{e}_2\}$는 $\mathbb{R}^2$에 대한 생성 집합이다.

그림 3.2.5에서 벡터 $\mathbf{e}_1$과 $\mathbf{e}_2$는 벡터 $\mathbf{v}_1$과 $\mathbf{v}_2$를 형성하기 위해 회전하고 크기를 조정하였으며 목표점은 새로운 위치로 이동하였다. 원점에서 시작해서 $\mathbf{v}_1$, $-\mathbf{v}_1$, $\mathbf{v}_2$, 그리고 $-\mathbf{v}_2$의 방향으로만 움직이는 목표점에 도달할 수 있다면, 목표 벡터를 주어진 벡터의 선형 조합으

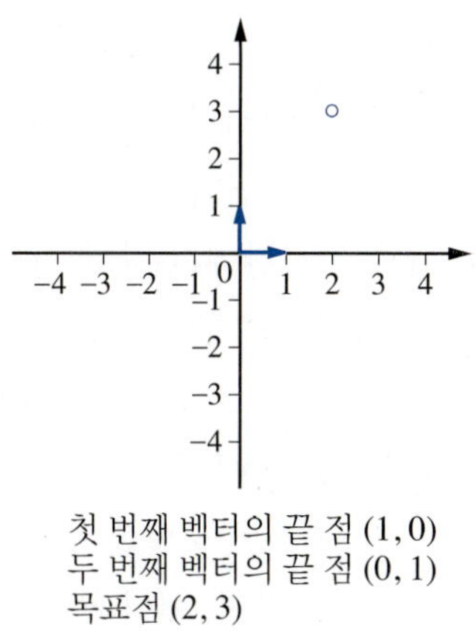

그림 3.2.3

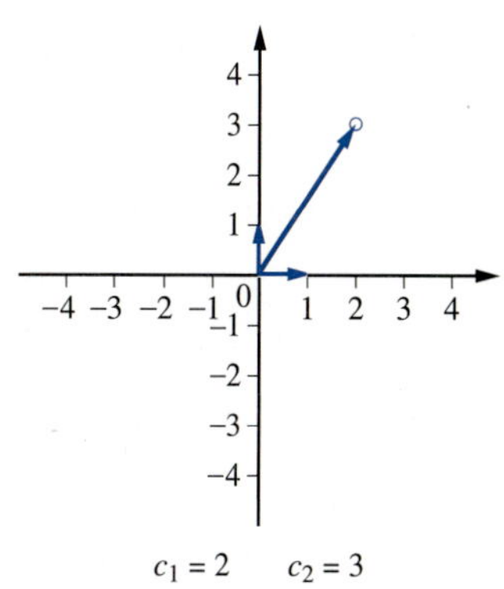

그림 3.2.4

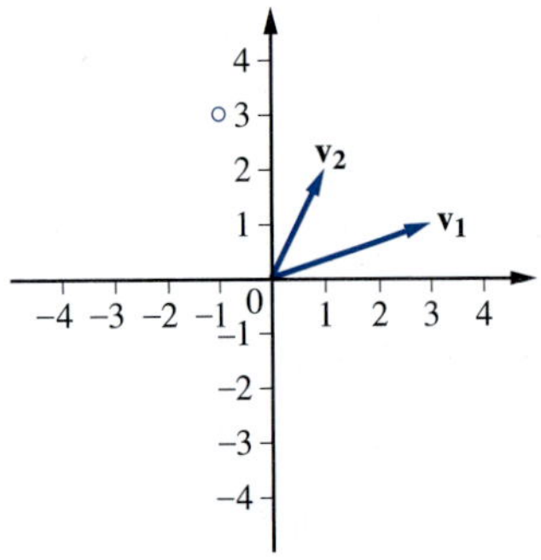

그림 3.2.5

로 표현할 수 있다. 이런 식으로 추론하면 종종 스칼라 c_1과 c_2의 정확한 값에 대한 좋은 근사치를 얻을 수 있다. 그러나 벡터 사이의 각도가 작을 때 이러한 유형의 기하학적 추론을 사용하여 스칼라를 근사화하는 것은 훨씬 더 어렵다. 실제로 주어진 벡터와 대상 벡터의 값을 알고 있다면 근사할 필요는 없다. 스칼라에 대해서는 직접 풀 수 있다. 예를 들어, 그림 3.2.5의 벡터가 다음과 같이 주어진다면

$$\mathbf{v}_1 = \begin{bmatrix} 3 \\ 1 \end{bmatrix}, \qquad \mathbf{v}_2 = \begin{bmatrix} 1 \\ 2 \end{bmatrix}, \qquad \mathbf{x} = \begin{bmatrix} -1 \\ 3 \end{bmatrix}$$

c_1과 c_2에 대한 식을 풀어 스칼라를 결정할 수 있다.

$$c_1\mathbf{v}_1 + c_2\mathbf{v}_2 = \begin{bmatrix} -1 \\ 3 \end{bmatrix}$$

이 벡터들을 이용하여 평면의 임의의 점 (a, b)에 도달할 수 있다면 벡터 $\mathbf{v}_1$과 $\mathbf{v}_2$는 $\mathbb{R}^2$를 생성할 것이다. 이것은 시스템이 a와 b의 모든 선택에 대해 일관된다면 가능하다.

$$c_1\mathbf{v}_1 + c_2\mathbf{v}_2 = \begin{bmatrix} a \\ b \end{bmatrix}$$

$\mathbb{R}^3$에 대한 생성 집합을 찾는 문제를 고려해 보자. $\mathbb{R}^2$의 경우와 마찬가지로 0이 아닌 단일 벡터 $\mathbf{x}$가 생성할 수 없다는 것을 알 수 있다. 기하학적으로 Span($\mathbf{x}$)는 3-공간에서 원점을 통과하는 선으로 표현될 수 있다. $\mathbb{R}^3$에서 0이 아닌 두 벡터 $\mathbf{x}$와 $\mathbf{y}$의 생성은 어떠한가? 만약 $\mathbf{y}$가 $\mathbf{x}$의 배수가 아니라면, 합 $\mathbf{z} = \mathbf{x} + \mathbf{y}$는 3-공간에서 평행사변형의 대각선에 해당하는 벡터로 기하학적으로 나타낼 수 있다. 원점에 모서리 한 개가 있는 평행사변형은 원점을 통과하는 평면을 형성하도록 확장될 수 있다[그림 3.2.6(a) 참조]. 임의의 선형 조합 $c_1\mathbf{x} + c_2\mathbf{y}$는 평면의 점에 해당된다. 원점에서 시작해서 $\mathbf{x}$와 $\mathbf{y}$의 방향으로 움직이거나, 만약 스칼라가 음수라면 $-\mathbf{x}$와 $-\mathbf{y}$의 방향으로 움직이면 그 점에 도달할 수 있다. 실제로는 만약 $\mathbf{x}$와 $\mathbf{y}$가 0이 아닌 벡터이고 한 평면에 있지 않은 점이라면, 벡터 $\mathbf{z} = (z_1, z_2, z_3)^T$는 span($\mathbf{x}$, $\mathbf{y}$)에 있지 않다[그림 3.2.6(b) 참조]. 일반적으로 한두 개의 벡터를 사용하여 $\mathbb{R}^3$를 생성할 수 없다.

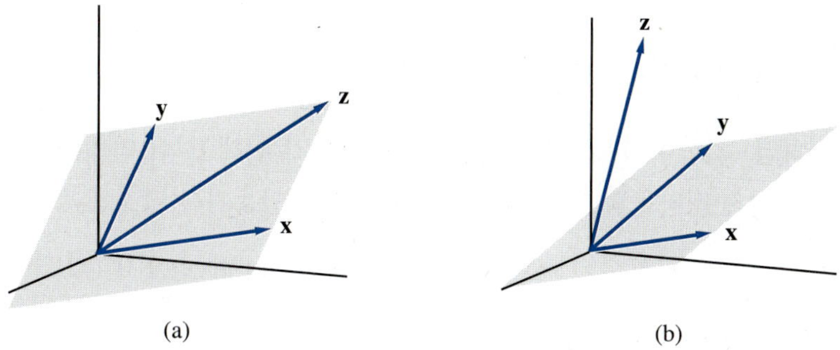

그림 3.2.6

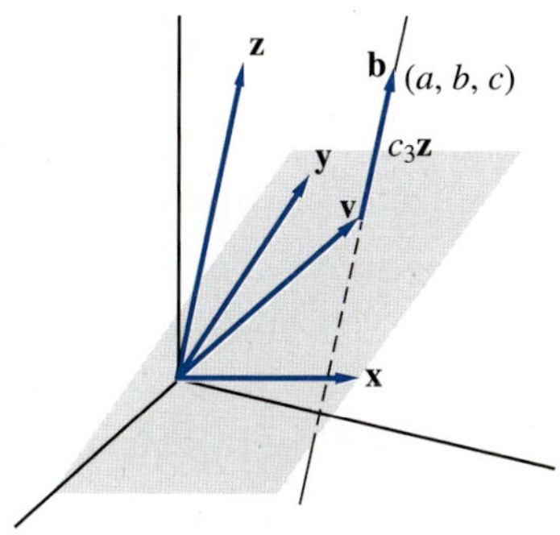

그림 3.2.7

$\mathbb{R}^3$를 생성하려면 적어도 3개의 벡터가 필요하고 처음 두 벡터의 생성이 원점을 통과하는 평면으로 표현된다면, 세 번째 벡터는 그 평면에 있지 않은 점이어야 한다[그림 3.2.6(b) 참조].

그림 3.2.6(a)의 $\mathbf{x}, \mathbf{y}, \mathbf{z}$가 생성 집합을 형성하지 않는 반면에 그림 3.2.6(b)의 벡터 세 개는 $\mathbb{R}^3$를 생성한다. 이것을 기하학적으로 보기 위해 (a, b, c)를 3-공간에서 임의의 점이라고 하자. $\mathbf{x}$와 $\mathbf{y}$의 범위에 해당하는 평면에 점이 있지 않다면, 벡터 $\mathbf{z}$에 평행한 방향으로 점을 통과하는 선을 그은 다음 원점에서 평면과 교차하는 점까지 벡터 $\mathbf{v}$를 그린다(그림 3.2.7 참조). 벡터 $\mathbf{v}$의 끝에서부터 $\mathbf{z}$ 또는 $-\mathbf{z}$의 방향으로 적절한 거리를 이동함으로써 점 (a, b, c)에 도달할 수 있다. 따라서 $\mathbf{b} = (a, b, c)^T$이면 일부 스칼라 c_3에 대해 $\mathbf{b} = \mathbf{v} + c_3\mathbf{z}$이다. $\mathbf{v} \in \text{Span}(\mathbf{x}, \mathbf{y})$이기 때문에 $\mathbf{v} = c_1\mathbf{x} + c_2\mathbf{y}$와 같은 스칼라 c_1과 c_2를 찾을 수 있다. 벡터 $\mathbf{b}$는 임의이고 $\mathbf{x}, \mathbf{y}, \mathbf{z}$는 $\mathbb{R}^3$를 생성한다.

$$\mathbf{b} = \mathbf{v} + c_3\mathbf{z} = c_1\mathbf{x} + c_2\mathbf{y} + c_3\mathbf{z}$$

예제 11 다음 중 어느 것이 $\mathbb{R}^3$의 생성 집합인가?

(a) $\{\mathbf{e}_1, \mathbf{e}_2, \mathbf{e}_3, (1, 2, 3)^T\}$

(b) $\{(1, 1, 1)^T, (1, 1, 0)^T, (1, 0, 0)^T\}$

(c) $\{(1,0,1)^T, (0,1,0)^T\}$

(d) $\{(1,2,4)^T, (2,1,3)^T, (4,-1,1)^T\}$

해답 집합이 $\mathbb{R}^3$를 생성하는지를 결정하기 위해 $\mathbb{R}^3$의 임의의 벡터 $(a,b,c)^T$가 그 집합에 주어진 벡터들의 선형 결합으로 표현될 수 있는지를 결정해야 한다. (a) 항에서 $(a,b,c)^T$가

$$(a,b,c)^T = a\mathbf{e}_1 + b\mathbf{e}_2 + c\mathbf{e}_3 + 0(1,2,3)^T$$

와 같이 표현될 수 있음을 쉽게 알 수 있다. (b) 항에 대해

$$\begin{bmatrix} a \\ b \\ c \end{bmatrix} = \alpha_1 \begin{bmatrix} 1 \\ 1 \\ 1 \end{bmatrix} + \alpha_2 \begin{bmatrix} 1 \\ 1 \\ 0 \end{bmatrix} + \alpha_3 \begin{bmatrix} 1 \\ 0 \\ 0 \end{bmatrix}$$

인 상수 $\alpha_1, \alpha_2, \alpha_3$를 찾을 수 있는지를 결정해야 한다. 이는 결국 다음과 같은 시스템 방정식이 된다.

$$\begin{aligned} \alpha_1 + \alpha_2 + \alpha_3 &= a \\ \alpha_1 + \alpha_2 \qquad &= b \\ \alpha_1 \qquad\qquad &= c \end{aligned}$$

이 시스템의 계수 행렬이 특이하지 않기 때문에 시스템은 유일한 해를 갖는다. 실제로

$$\begin{bmatrix} \alpha_1 \\ \alpha_2 \\ \alpha_3 \end{bmatrix} = \begin{bmatrix} c \\ b-c \\ a-b \end{bmatrix}$$

따라서

$$\begin{bmatrix} a \\ b \\ c \end{bmatrix} = c \begin{bmatrix} 1 \\ 1 \\ 1 \end{bmatrix} + (b-c) \begin{bmatrix} 1 \\ 1 \\ 0 \end{bmatrix} + (a-b) \begin{bmatrix} 1 \\ 0 \\ 0 \end{bmatrix}$$

이므로, 세 벡터들은 $\mathbb{R}^3$를 생성한다.

(c) 항에 대해서는 $(1,0,1)^T$와 $(0,1,0)^T$의 선형 결합이 $(\alpha, \beta, \alpha)^T$ 형태의 벡터를 만듦을 주목해야 한다. 따라서 $\mathbb{R}^3$의 임의의 벡터 $(a,b,c)^T$는 $a \neq c$일 때, 이 두 벡터들의 생성 안에 존재하지 않는다.

(d) 항은 (b) 항에서와 같은 방법으로 해결될 수 있다. 만약

$$\begin{bmatrix} a \\ b \\ c \end{bmatrix} = \alpha_1 \begin{bmatrix} 1 \\ 2 \\ 4 \end{bmatrix} + \alpha_2 \begin{bmatrix} 2 \\ 1 \\ 3 \end{bmatrix} + \alpha_3 \begin{bmatrix} 4 \\ -1 \\ 1 \end{bmatrix}$$

이라면

$$\begin{aligned} \alpha_1 + 2\alpha_2 + 4\alpha_3 &= a \\ 2\alpha_1 + \alpha_2 - \alpha_3 &= b \\ 4\alpha_1 + 3\alpha_2 + \alpha_3 &= c \end{aligned}$$

그러나 이 경우 계수 행렬이 특이하다. 가우스 소거법에 의해

$$\begin{aligned} \alpha_1 + 2\alpha_2 + 4\alpha_3 &= a \\ \alpha_2 + 3\alpha_3 &= \frac{2a - b}{3} \\ 0 &= 2a - 3c + 5b \end{aligned}$$

와 같은 모양의 시스템이 될 것이다. 만약

$$2a - 3c + 5b \neq 0$$

이라면, 이 시스템은 모순이다. 그러므로 대부분의 a, b, c에 대하여 $(a, b, c)^T$를 $(1, 2, 4)^T$, $(2, 1, 3)^T$, $(4, -1, 1)^T$의 선형 결합으로 표현할 수 없다. 이 벡터들은 $\mathbb{R}^3$를 생성하지 않는다. ■

예제 12 벡터 $1 - x_2, x + 2, x_2$은 P_3를 생성한다. 따라서 $ax_2 + bx + c$가 P_3의 임의의 다항식이라면,

$$ax^2 + bx + c = \alpha_1(1 - x^2) + \alpha_2(x + 2) + \alpha_3 x^2$$

을 만족하는 스칼라 $\alpha_1, \alpha_2, \alpha_3$를 찾을 수 있다. 실제

$$\alpha_1(1 - x^2) + \alpha_2(x + 2) + \alpha_3 x^2 = (\alpha_3 - \alpha_1)x^2 + \alpha_2 x + (\alpha_1 + 2\alpha_2)$$

이고,

$$\begin{aligned} \alpha_3 - \alpha_1 &= a \\ \alpha_2 &= b \\ \alpha_1 + 2\alpha_2 &= c \end{aligned}$$

라고 놓고 풀어 보면, $a_1 = c - 2b, a_2 = b, a_3 = a + c - 2b$이다. ■

예제 11(a)에서 벡터 $\mathbf{e}_1, \mathbf{e}_2, \mathbf{e}_3, (1, 2, 3)^T$는 $\mathbb{R}^3$를 생성함을 살펴보았다. 분명히 $\mathbb{R}^3$는 오직 벡터 $\mathbf{e}_1, \mathbf{e}_2, \mathbf{e}_3$만 가지고도 생성할 수 있다. 벡터 $(1, 2, 3)^T$는 필요하지 않다. 다음 절에서 벡터공간 V를 생성하기 위한 최소 생성 집합을 찾는 문제에 대하여 고찰할 것이다(즉 가능한 한 가장 작은 개수의 벡터를 포함하는 생성 집합).

선형 시스템 재검토

$m \times n$ 선형 시스템 $A\mathbf{x} = \mathbf{b}$이 모순이 아니게 하는 해집합을 S라 하자. $\mathbf{b} = \mathbf{0}$인 경우 $S = N(A)$이고 결과적으로 해집합은 $\mathbb{R}^n$의 부분공간을 형성한다. $\mathbf{b} \neq \mathbf{0}$이면 S는 $\mathbb{R}^n$의 부분공간을 형성하지 않는다. 그러나 특정 해 x_0을 찾을 수 있다면 $\mathbf{x}_0$과 A의 영 공간의 벡터 $\mathbf{z}$로 모든 해 벡터를 나타낼 수 있다.

$A\mathbf{x} = \mathbf{b}$를 모순이 아닌 선형 시스템이라고 하고 $\mathbf{x}_0$을 시스템에 대한 특정 해라고 하자. 시스템에 다른 솔루션 $\mathbf{x}_1$이 있는 경우 차이 벡터 $\mathbf{z} = \mathbf{x}_1 - \mathbf{x}_0$은 $A\mathbf{z} = A\mathbf{x}_1 - A\mathbf{x}_0 = \mathbf{b}$

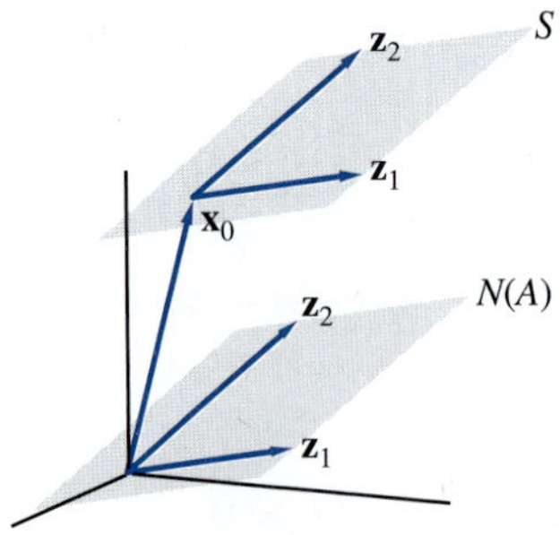

그림 3.2.8

$-\mathbf{b} = \mathbf{0}$이기 때문에 $N(A)$에 있어야 한다. 따라서 두 번째 해는 $\mathbf{x}_1 = \mathbf{x}_0 + \mathbf{z}$ 형식이어야 하며 여기서 $\mathbf{z} \in N(A)$이다.

일반적으로, $\mathbf{x}_0$이 $A\mathbf{x} = \mathbf{b}$에 대한 특정 해이고 $\mathbf{z}$가 $N(A)$의 벡터인 경우에 $\mathbf{y} = \mathbf{x}_0 + \mathbf{z}$를 설정하면 $A\mathbf{y} = A\mathbf{x}_0 + A\mathbf{z} = \mathbf{b} + \mathbf{0} = \mathbf{b}$가 된다. 따라서 $\mathbf{y} = \mathbf{x}_0 + \mathbf{z}$는 시스템 $A\mathbf{x} = \mathbf{b}$에 대한 해이기도 하다.

이러한 관찰은 다음 정리로 요약된다.

정리 3.2.2 선형 시스템 $A\mathbf{x} = \mathbf{b}$가 모순이 아니고 $\mathbf{x}_0$이 특정 해이면 벡터 $\mathbf{y}$는 $\mathbf{y} = \mathbf{x}_0 + \mathbf{z}$인 경우에만 해가 된다. 여기서 $\mathbf{z} \in N(A)$이다.

정리 3.2.2의 의미를 이해하는 데 도움이 되도록 0이 아닌 두 벡터 $\mathbf{z}_1$ 및 $\mathbf{z}_2$에 의해 영공간이 생성되는 $m \times 3$ 행렬의 경우를 보자. $\mathbf{z}_1$이 $\mathbf{z}_2$의 배수가 아니면 $\mathbf{z}_1$과 $\mathbf{z}_2$의 모든 선형 조합 집합은 3-공간에서 원점을 통과하는 평면에 해당한다(그림 3.2.8 참조). $\mathbf{x}_0$이 $\mathbb{R}^3$의 벡터이고 $\mathbf{b} = A\mathbf{x}_0$이 0이 아닌 벡터이면 $\mathbf{x}_0$은 비동차 시스템 $A\mathbf{x} = \mathbf{b}$에 대한 특정 해이다. 정리 3.2.2에서 해집합 S는

$$\mathbf{y} = \mathbf{x}_0 + c_1\mathbf{z}_1 + c_2\mathbf{z}_2$$

형식의 모든 벡터로 구성되며 여기서 c_1과 c_2는 임의의 상수이다. 해집합 S는 원점을 통과하지 않는 3-공간의 평면에 해당한다. 그림 3.2.8 참조.

3.2 연습문제

1. 다음 집합들이 $\mathbb{R}^2$의 부분공간인지를 결정하라.

(a) $\{(x_1, x_2)^T \mid x_1 + x_2 = 0\}$

(b) $\{(x_1, x_2)^T \mid x_1x_2 = 0\}$

(c) $\{(x_1, x_2)^T \mid x_1 = 3x_2\}$

(d) $\{(x_1, x_2)^T \mid |x_1| = |x_2|\}$

(e) $\{(x_1, x_2)^T \mid x_1^2 = x_2^2\}$

2. 다음 집합들이 $\mathbb{R}^3$의 부분공간인지를 결정하라.

(a) $\{(x_1, x_2, x_3)^T \mid x_1 + x_3 = 1\}$

(b) $\{(x_1, x_2, x_3)^T \mid x_1 = x_2 = x_3\}$

(c) $\{(x_1, x_2, x_3)^T \mid x_3 = x_1 + x_2\}$

(d) $\{(x_1, x_2, x_3)^T \mid x_3 = x_1 \text{ or } x_3 = x_2\}$

3. 다음이 $\mathbb{R}^{2\times 2}$의 부분공간인지 결정하라.

(a) 모든 2×2 대각 행렬의 집합

(b) 모든 2×2 삼각 행렬의 집합

(c) 모든 2×2 아래쪽 삼각 행렬의 집합

(d) $a_{12} = 1$인 모든 2×2 행렬 A들의 집합

(e) $b_{11} = 0$인 2×2 행렬 B들의 집합

(f) 모든 2×2 대칭 행렬의 집합

(g) 모든 2×2 특이 행렬의 집합

4. 다음 행렬들의 영공간을 각각 구하라.

(a) $\begin{bmatrix} 1 & 2 \\ 2 & 1 \end{bmatrix}$

(b) $\begin{bmatrix} 2 & 1 & 3 & -3 \\ 1 & 2 & -6 & 6 \end{bmatrix}$

(c) $\begin{bmatrix} 2 & 3 & 6 \\ 1 & 2 & -1 \\ -2 & -3 & -6 \end{bmatrix}$

(d) $\begin{bmatrix} 3 & 1 & -1 & -4 \\ -2 & -1 & 1 & 2 \\ -1 & -1 & 0 & 2 \end{bmatrix}$

5. 다음 집합이 P_4의 부분공간인지를 주의 깊게 결정하라.

(a) P_4에서 짝수 차수를 갖는 다항식들의 집합

(b) 차수가 3인 모든 다항식들의 집합

(c) $p(0) = 0$인 P_4에 속하는 모든 다항식 $p(x)$들의 집합

(d) 최소한 하나의 실근을 갖는 P_4에 속하는 모든 다항식들의 집합

6. 다음이 $C[-1, 1]$의 부분공간인지 결정하라.

(a) $C[-1, 1]$에서 $f(-1) = f(1)$인 함수 f의 집합

(b) $C[-1, 1]$에서 기함수들의 집합

(c) $[-1, 1]$에서 연속이고 감소하지 않는 함수의 집합

(d) $C[-1, 1]$에 속하는 $f(-1) = 0$이고 $f(1) = 0$인 함수들의 집합

(e) $C[-1, 1]$에 속하는 $f(-1) = 0$이거나 $f(1) = 0$인 함수들의 집합

7. $C^n[a, b]$가 $C[a, b]$의 부분공간임을 보여라.

8. A는 $\mathbb{R}^{n \times n}$에 속한 정해진 벡터이고 S는 A와 곱의 교환법칙이 성립되는 행렬의 집합이다. 즉,

$$S = \{B \mid AB = BA\}$$

이다. S가 $\mathbb{R}^{n \times n}$의 부분공간임을 보여라.

9. 다음의 각 경우의 주어진 행렬과 곱의 교환법칙이 성립되는 행렬들로 구성된 $\mathbb{R}^{2 \times 2}$의 부분공간을 밝혀라.

(a) $\begin{bmatrix} 1 & 0 \\ 0 & -1 \end{bmatrix}$ **(b)** $\begin{bmatrix} 0 & 0 \\ 1 & 0 \end{bmatrix}$

(c) $\begin{bmatrix} 1 & 1 \\ 0 & 1 \end{bmatrix}$ **(d)** $\begin{bmatrix} 1 & 1 \\ 1 & 1 \end{bmatrix}$

10. A가 $\mathbb{R}^{2 \times 2}$에 속하는 한 특정한 벡터라고 하자. 다음이 $\mathbb{R}^{2 \times 2}$의 부분공간인지 결정하라.

(a) $S_1 = \{B \in \mathbb{R}^{2 \times 2} \mid BA = O\}$

(b) $S_2 = \{B \in \mathbb{R}^{2 \times 2} \mid AB \neq BA\}$

(c) $S_3 = \{B \in \mathbb{R}^{2 \times 2} \mid AB + B = O\}$

11. 다음이 $\mathbb{R}^2$를 위한 생성 집합인지 결정하라.

(a) $\left\{ \begin{bmatrix} 1 \\ 2 \end{bmatrix}, \begin{bmatrix} -1 \\ -2 \end{bmatrix} \right\}$ **(b)** $\left\{ \begin{bmatrix} 1 \\ 2 \end{bmatrix}, \begin{bmatrix} 2 \\ 1 \end{bmatrix} \right\}$

(c) $\left\{ \begin{bmatrix} 3 \\ 1 \end{bmatrix}, \begin{bmatrix} -2 \\ 4 \end{bmatrix}, \begin{bmatrix} 0 \\ 1 \end{bmatrix} \right\}$

(d) $\left\{ \begin{bmatrix} 4 \\ 3 \end{bmatrix}, \begin{bmatrix} 2 \\ -1 \end{bmatrix}, \begin{bmatrix} 1 \\ 2 \end{bmatrix} \right\}$

(e) $\left\{ \begin{bmatrix} 1 \\ 1 \end{bmatrix}, \begin{bmatrix} 2 \\ -1 \end{bmatrix} \right\}$

12. 다음 중 어떤 것이 $\mathbb{R}^3$를 생성하는가? 그 이유를 설명하라.

(a) $\{(1, 0, 1)^T, (0, 0, 1)^T, (2, 0, -1)^T\}$

(b) $\{(1, 1, 0)^T, (1, 0, 1)^T, (0, 0, 1)^T, (3, 2, 1)^T\}$

(c) $\{(2, -1, 0)^T, (1, -2, -2)^T, (0, 1, -3)^T\}$

(d) $\{(1, 2, 4)^T, (2, 1, 4)^T, (0, 1, 0)^T\}$

(e) $\{(3, 0, 1)^T, (1, 2, 4)^T\}$

13. 다음 벡터들이 주어져 있다.

$$\mathbf{x}_1 = \begin{bmatrix} 1 \\ 2 \\ -1 \end{bmatrix}, \quad \mathbf{x}_2 = \begin{bmatrix} 1 \\ 3 \\ -2 \end{bmatrix},$$

$$\mathbf{x} = \begin{bmatrix} -1 \\ 2 \\ -1 \end{bmatrix}, \quad \mathbf{y} = \begin{bmatrix} -1 \\ 2 \\ -3 \end{bmatrix}$$

(a) $\mathbf{x} \in \mathrm{Span}(\mathbf{x}_1, \mathbf{x}_2)$인가?

(b) $\mathbf{y} \in \mathrm{Span}(\mathbf{x}_1, \mathbf{x}_2)$인가?

여러분의 답을 증명하라.

14. A는 4×3 행렬이고 $\mathbf{b} \in \mathbb{R}^4$라 하자. $N(A) = \{\mathbf{0}\}$인 경

우 시스템 $A\mathbf{x} = \mathbf{b}$가 가질 수 있는 답은 몇 개인가? $N(A) \neq \{\mathbf{0}\}$인 경우에도 동일한 질문에 답하라. 답에 대해 설명하라.

15. A는 4×3 행렬이고 $\mathbf{c} = 2\mathbf{a}_1 + \mathbf{a}_2 + \mathbf{a}_3$라 하자.
  (a) $N(A) = \{\mathbf{0}\}$이면 선형 시스템 $A\mathbf{x} = \mathbf{c}$의 답을 구하라.
  (b) $N(A) \neq \{\mathbf{0}\}$인 경우, $A\mathbf{x} = \mathbf{c}$의 답은 몇 개인가? 설명하라.

16. $\mathbf{x}_1$을 시스템 $A\mathbf{x} = \mathbf{b}$에 대한 답이고 $\{\mathbf{z}_1, \mathbf{z}_2, \mathbf{z}_3\}$을 $N(A)$에 대한 생성 집합이라 하자. $Z = \{\mathbf{z}_1 \quad \mathbf{z}_2 \quad \mathbf{z}_3\}$라면, 일부 $\mathbf{c} \in \mathbb{R}^3$에 대해 $A\mathbf{x} = \mathbf{b}$에 대한 답 $\mathbf{y}$가 $\mathbf{y} = \mathbf{x}_1 + Z\mathbf{c}$와 필요충분조건임을 보여라.

17. 그림 3.2.6은 시스템 $A\mathbf{x} = \mathbf{b}$에 대한 해집합 S의 기하학적 그림이다. 여기서, 일부 $\mathbf{x}_0 \notin N(A)$에 대해 A는 $m \times 3$ 행렬이고 $N(A) = \text{span}(\mathbf{z}_1, \mathbf{z}_2)$, $\mathbf{b} = A\mathbf{x}_0$이다. $\mathbf{b}$를 $A\mathbf{x}_1$와 동일하게 설정하여 $\mathbf{b}$를 변경한다고 가정하자. 여기서, $\mathbf{x}_1$은 $N(A)$에 없는 다른 벡터이다. 이 변화가 원래 그림에 미칠 영향에 대해 설명하여라. 기하학적으로 새로운 해집합 S_1은 원래 해집합 S 및 $N(A)$과 어떻게 비교되는가?

18. $\{\mathbf{x}_1, \mathbf{x}_2, \cdots, \mathbf{x}_k\}$는 벡터공간 V의 생성 집합이라고 하자.
  (a) 이 생성 집합에 $\mathbf{x}_{k+1}$을 추가하면, 이 집합은 여전히 생성 집합인가? 설명하라.
  (b) 벡터들 중 한 벡터 $\mathbf{x}_k$를 제거한다고 하자. 그러면 이 집합은 여전히 생성 집합인가? 설명하라.

19. $\mathbb{R}^{2\times 2}$에서 각각

$$E_{11} = \begin{bmatrix} 1 & 0 \\ 0 & 0 \end{bmatrix}, \quad E_{12} = \begin{bmatrix} 0 & 1 \\ 0 & 0 \end{bmatrix}$$

$$E_{21} = \begin{bmatrix} 0 & 0 \\ 1 & 0 \end{bmatrix}, \quad E_{22} = \begin{bmatrix} 0 & 0 \\ 0 & 1 \end{bmatrix}$$

이라고 하자. $E_{11}, E_{12}, E_{21}, E_{22}$가 $\mathbb{R}^{2\times 2}$를 생성함을 보여라.

20. 다음 중 어떤 것이 P_3를 생성하는가? 그 이유를 설명하라.
  (a) $\{x^2, 1, x^2 - 1\}$ **(b)** $\{3, x, x^2, x - 2\}$
  (c) $\{x + 1, x^2, x - 1\}$ **(d)** $\{x^2 + 2x, x + 1\}$

21. 3.1절의 연습문제 15에서 정의된 무한 수열의 벡터공간을 S라고 하자. S_0는 $a_n \to 0$이 $n \to \infty$의 속성을 갖는 $\{a_n\}$의 집합이라 하자. S_0가 S의 부분공간임을 보여라.

22. S가 $\mathbb{R}^1$의 부분공간이라면 $S = \{\mathbf{0}\}$이거나 $S = \mathbb{R}^1$임을 보여라.

23. A가 $n \times n$ 행렬이라고 하자. 다음 진술이 서로 동치임을 보여라.
  (a) $N(A) = \{\mathbf{0}\}$
  (b) A는 특이하지 않다.
  (c) 각 $\mathbf{b} \in \mathbb{R}^n$에 대하여 $A\mathbf{x} = \mathbf{b}$는 유일한 해를 갖는다.

24. U와 V가 벡터공간 W의 부분공간이라고 하자. 그들의 교집합 $U \cap V$가 또한 W의 부분공간임을 보여라.

25. S가 $\mathbf{e}_1$에 의해 생성되는 $\mathbb{R}^2$의 부분공간이라 하고, T가 $\mathbf{e}_2$에 의해 생성되는 $\mathbb{R}^2$의 부분공간이라 하자. $S \cup T$는 $\mathbb{R}^2$의 부분공간인가?

26. U와 V가 벡터공간 W의 부분공간이라고 하자. 부분공간의 합은 다음과 같이 정의된다.

$U + V = \{\mathbf{z} \mid \mathbf{z} = \mathbf{u} + \mathbf{v}$ 여기서 $\mathbf{u} \in U$ 그리고 $\mathbf{v} \in V\}$

$U + V$가 W의 부분공간임을 보여라.

27. S, T, U가 벡터공간 V의 부분공간이라고 하자. 연습문제 24, 26에서 정의된 연산 $\cap$과 $+$를 이용하여 새로운 부분공간을 만들 수 있다. 수를 가지고 연산을 할 때,

$$a(b + c) = ab + ac$$

덧셈 연산에 대해 곱셈 연산이 분배됨을 알고 있다. 유사한 분배법칙이 부분공간에서 두 연산들에 대하여 만족되는지를 알고자 한다.
  (a) 부분공간들에 대한 교집합 연산은 덧셈 연산에 대해 분배법칙이 성립하는가? 즉,

$$S \cap (T + U) = (S \cap T) + (S \cap U)?$$

  (b) 부분공간들에 대한 덧셈 연산은 교집합 연산에 대하여 분배법칙이 성립하는가? 즉,

$$S + (T \cap U) = (S + T) \cap (S + U)?$$

을 만족하는가?

3.3 선형 독립

이 절에서는 벡터공간의 구조에 대하여 좀 더 면밀하게 살펴본다. 우선, 유한 개의 원소에 의하여 생성되는 벡터공간으로만 논의를 제한하자. 벡터공간에 있는 각 벡터들은 덧셈과 스칼라 곱셈 연산만을 이용하여 이 유한 개의 원소들의 집합으로부터 얻을 수 있다. 이 집합을 보통 생성 집합이라고 한다. 특히 **최소 생성 집합**을 찾는 것은 바람직한데, 최소라는 말은 불필요한 원소들이 생성 집합에 들어 있지 않다는 것을 의미한다(즉 집합에 있는 모든 원소들은 벡터공간을 생성하기 위하여 필수적이다). 최소 생성 집합을 어떻게 구하는지를 이해하기 위하여 벡터들이 각각의 다른 벡터들에 어떻게 의존하는지를 생각해 볼 필요가 있다. 결과적으로 **선형 종속**과 **선형 독립**이라는 개념을 소개하게 된다. 이 간단한 개념들은 벡터공간의 구조를 이해하는 데 열쇠가 된다.

$\mathbb{R}^3$ 공간에 있는 다음 벡터들을 고려해 보자.

$$\mathbf{x}_1 = \begin{bmatrix} 1 \\ -1 \\ 2 \end{bmatrix}, \qquad \mathbf{x}_2 = \begin{bmatrix} -2 \\ 3 \\ 1 \end{bmatrix}, \qquad \mathbf{x}_3 = \begin{bmatrix} -1 \\ 3 \\ 8 \end{bmatrix}$$

S가 $\mathbf{x}_1, \mathbf{x}_2, \mathbf{x}_3$에 의해 생성되는 $\mathbb{R}^3$의 부분공간이라고 하자. 실질적으로 S는두 벡터 $\mathbf{x}_1$과 $\mathbf{x}_2$에 의해 표현될 수 있다. 왜냐하면 벡터 $\mathbf{x}_3$이 $\mathbf{x}_1$과 $\mathbf{x}_2$로부터 생성되었기 때문이다.

$$\mathbf{x}_3 = 3\mathbf{x}_1 + 2\mathbf{x}_2 \tag{1}$$

$\mathbf{x}_1, \mathbf{x}_2, \mathbf{x}_3$의 그 어떠한 선형 결합도 $\mathbf{x}_1$과 $\mathbf{x}_2$의 선형 결합으로 축약될 수 있다.

$$\begin{aligned} \alpha_1\mathbf{x}_1 + \alpha_2\mathbf{x}_2 + \alpha_3\mathbf{x}_3 &= \alpha_1\mathbf{x}_1 + \alpha_2\mathbf{x}_2 + \alpha_3(3\mathbf{x}_1 + 2\mathbf{x}_2) \\ &= (\alpha_1 + 3\alpha_3)\mathbf{x}_1 + (\alpha_2 + 2\alpha_3)\mathbf{x}_2 \end{aligned}$$

따라서

$$S = \operatorname{Span}(\mathbf{x}_1, \mathbf{x}_2, \mathbf{x}_3) = \operatorname{Span}(\mathbf{x}_1, \mathbf{x}_2)$$

식 (1)은 다음과 같이 다시 쓸 수 있다.

$$3\mathbf{x}_1 + 2\mathbf{x}_2 - 1\mathbf{x}_3 = \mathbf{0} \tag{2}$$

식 (2)의 세 계수들이 0이 아니기 때문에 한 벡터는 다른 두 벡터로 표현될 수 있다.

$$\mathbf{x}_1 = -\frac{2}{3}\mathbf{x}_2 + \frac{1}{3}\mathbf{x}_3, \qquad \mathbf{x}_2 = -\frac{3}{2}\mathbf{x}_1 + \frac{1}{2}\mathbf{x}_3, \qquad \mathbf{x}_3 = 3\mathbf{x}_1 + 2\mathbf{x}_2$$

그러므로

$$\operatorname{Span}(\mathbf{x}_1, \mathbf{x}_2, \mathbf{x}_3) = \operatorname{Span}(\mathbf{x}_2, \mathbf{x}_3) = \operatorname{Span}(\mathbf{x}_1, \mathbf{x}_3) = \operatorname{Span}(\mathbf{x}_1, \mathbf{x}_2)$$

식 (2)로 표현된 종속관계 때문에 부분공간 S는 주어진 벡터 중 임의의 두 벡터의 생성으로 표현될 수 있다.

한편 $\mathbf{x}_1$과 $\mathbf{x}_2$ 사이에는 이러한 종속관계가 존재하지 않는다. 실제 다음 식

$$c_1\mathbf{x}_1 + c_2\mathbf{x}_2 = \mathbf{0} \tag{3}$$

을 만족하는 0이 아닌 스칼라 c_1과 c_2가 존재한다면 한 벡터를 다른 벡터로 표현할 수 있다.

$$\mathbf{x}_1 = -\frac{c_2}{c_1}\mathbf{x}_2 \quad (c_1 \neq 0) \qquad \text{또는} \qquad \mathbf{x}_2 = -\frac{c_1}{c_2}\mathbf{x}_1 \quad (c_2 \neq 0)$$

그러나 두 벡터들 중 어느 하나도 다른 벡터의 배수가 아니다. 그러므로 Span($\mathbf{x}_1$)과 Span($\mathbf{x}_2$)는 Span($\mathbf{x}_1$, $\mathbf{x}_2$)의 진부분공간이다. 그러므로 식 (3)은 오직 $c_1 = c_2 = 0$일 때만 만족될 수 있다.

다음과 같은 관찰을 함으로써 이 예를 일반화시킬 수 있다.

(I) $\mathbf{v}_1, \mathbf{v}_2, \cdots, \mathbf{v}_n$이 벡터공간 V를 생성하고, 이 벡터들 중 어느 하나가 다른 $n-1$ 벡터들의 선형 결합으로 표현될 수 있다면, 이 $n-1$ 벡터들도 V를 생성한다.

(II) 주어진 n개의 벡터 $\mathbf{v}_1, \mathbf{v}_2, \cdots, \mathbf{v}_n$에 대하여,

$$\mathbf{v}_n = \beta_1\mathbf{v}_1 + \beta_2\mathbf{v}_2 + \cdots + \beta_{n-1}\mathbf{v}_{n-1}$$

인 스칼라 $c_1, c_2, \cdots, c_n$들이 모두 0인 경우를 제외하고는 그중 한 벡터를 다른 $n-1$ 벡터들의 선형 결합으로 표현할 수 있다.

(I)의 증명 $\mathbf{v}_n$이 벡터 $\mathbf{v}_1, \mathbf{v}_2, \cdots, \mathbf{v}_{n-1}$의 선형 결합으로 표현될 수 있다고 가정하자. 즉,

$$\mathbf{v} = \alpha_1\mathbf{v}_1 + \alpha_2\mathbf{v}_2 + \cdots + \alpha_{n-1}\mathbf{v}_{n-1} + \alpha_n\mathbf{v}_n$$

$\mathbf{v}$가 V의 임의의 원소라고 하자. $\mathbf{v}_1, \mathbf{v}_2, \cdots, \mathbf{v}_n$은 V를 생성하기 때문에

$$\begin{aligned}\mathbf{v} &= \alpha_1\mathbf{v}_1 + \alpha_2\mathbf{v}_2 + \cdots + \alpha_{n-1}\mathbf{v}_{n-1} + \alpha_n\mathbf{v}_n \\ &= \alpha_1\mathbf{v}_1 + \alpha_2\mathbf{v}_2 + \cdots + \alpha_{n-1}\mathbf{v}_{n-1} + \alpha_n(\beta_1\mathbf{v}_1 + \cdots + \beta_{n-1}\mathbf{v}_{n-1}) \\ &= (\alpha_1 + \alpha_n\beta_1)\mathbf{v}_1 + (\alpha_2 + \alpha_n\beta_2)\mathbf{v}_2 + \cdots + (\alpha_{n-1} + \alpha_n\beta_{n-1})\mathbf{v}_{n-1}\end{aligned}$$

과 같이 쓸 수 있다. 따라서 V의 임의의 벡터 $\mathbf{v}$는 $\mathbf{v}_1, \mathbf{v}_2, \cdots, \mathbf{v}_{n-1}$의 선형 결합으로 쓸 수 있으며, 따라서 이 벡터들은 V를 생성한다. ■

(II)의 증명 벡터 $\mathbf{v}_1, \mathbf{v}_2, \cdots, \mathbf{v}_n$ 중 어느 하나, 예컨대 $\mathbf{v}_n$이 다른 벡터들의 선형 결합으로 표현될 수 있다고 하자.

$$\mathbf{v}_n = \alpha_1\mathbf{v}_1 + \alpha_2\mathbf{v}_2 + \cdots + \alpha_{n-1}\mathbf{v}_{n-1}$$

$\mathbf{v}_n$을 이 식의 양변에서 빼 주면 다음을 얻는다.

$$\alpha_1\mathbf{v}_1 + \alpha_2\mathbf{v}_2 + \cdots + \alpha_{n-1}\mathbf{v}_{n-1} - \mathbf{v}_n = \mathbf{0}$$

만약 $i = 1, \cdots, n-1$에 대하여 $c_i = \alpha_i$라 놓고 $c_n = -1$이라면, 다음과 같다.

$$c_1\mathbf{v}_1 + c_2\mathbf{v}_2 + \cdots + c_n\mathbf{v}_n = \mathbf{0}$$

역으로, 만약

$$c_1\mathbf{v}_1 + c_2\mathbf{v}_2 + \cdots + c_n\mathbf{v}_n = \mathbf{0}$$

이라면 적어도 c_i들 중 하나(예를 들어 c_n)는 0이 아니고, 따라서

$$\mathbf{v}_n = \frac{-c_1}{c_n}\mathbf{v}_1 + \frac{-c_2}{c_n}\mathbf{v}_2 + \cdots + \frac{-c_{n-1}}{c_n}\mathbf{v}_{n-1}$$ ■

정의 벡터공간 V에 있는 벡터들 $\mathbf{v}_1, \mathbf{v}_2, \cdots, \mathbf{v}_n$이

$$c_1\mathbf{v}_1 + c_2\mathbf{v}_2 + \cdots + c_n\mathbf{v}_n = \mathbf{0}$$

을 만족하는 유일한 경우가 모든 스칼라 $c_1, c_2, \cdots, c_n$이 0인 경우일 때 벡터들 $\mathbf{v}_1, \mathbf{v}_2, \cdots, \mathbf{v}_n$이 **선형 독립**(linearly independent)이라고 한다.

$\{\mathbf{v}_1, \mathbf{v}_2, \cdots, \mathbf{v}_n\}$이 최소 생성 집합이라면 $\mathbf{v}_1, \mathbf{v}_2, \cdots, \mathbf{v}_n$이 선형 독립이라는 사실은 (I)과 (II)로부터 도출된다. 역으로 $\mathbf{v}_1, \mathbf{v}_2, \cdots, \mathbf{v}_n$이 선형 독립이고 V를 생성한다면 $\{\mathbf{v}_1, \mathbf{v}_2, \cdots, \mathbf{v}_n\}$은 V의 최소 생성 집합이다(연습문제 20 참조). 최소 생성 집합을 기저(basis)라고 한다. 기저의 개념은 다음 절에서 자세히 소개한다.

예제 1 벡터 $\begin{bmatrix} 1 \\ 1 \end{bmatrix}$과 $\begin{bmatrix} 1 \\ 2 \end{bmatrix}$는 선형 독립이다. 왜냐하면

$$c_1\begin{bmatrix} 1 \\ 1 \end{bmatrix} + c_2\begin{bmatrix} 1 \\ 2 \end{bmatrix} = \begin{bmatrix} 0 \\ 0 \end{bmatrix}$$

이라면

$$\begin{aligned} c_1 + c_2 &= 0 \\ c_1 + 2c_2 &= 0 \end{aligned}$$

이고, 이 시스템에 대한 유일한 해는 $c_1 = 0, c_2 = 0$이기 때문이다. ■

정의 벡터공간 V의 벡터들 $\mathbf{v}_1, \mathbf{v}_2, \cdots, \mathbf{v}_n$에 대해

$$c_1\mathbf{v}_1 + c_2\mathbf{v}_2 + \cdots + c_n\mathbf{v}_n = \mathbf{0}$$

을 만족하는, 전부가 0은 아닌 스칼라 $c_1, c_2, \cdots, c_n$이 존재하면, $\mathbf{v}_1, \mathbf{v}_2, \cdots, \mathbf{v}_n$은 **선형 종속**(linearly dependent)이라고 한다.

예제 2 $x=(1,2,3)^T$라고 하자. 벡터 $\mathbf{e}_1, \mathbf{e}_2, \mathbf{e}_3, \mathbf{x}$는 선형 종속이다. 왜냐하면

$$\mathbf{e}_1 + 2\mathbf{e}_2 + 3\mathbf{e}_3 - \mathbf{x} = \mathbf{0}$$

이기 때문이다(이 경우 $c_1=1, c_2=2, c_3=3, c_4=-1$이다). ■

벡터공간 V에서 주어진 벡터들의 집합 $\{\mathbf{v}_1, \mathbf{v}_2, \cdots, \mathbf{v}_n\}$에 대하여, 다음

$$c_1\mathbf{v}_1 + c_2\mathbf{v}_2 + \cdots + c_n\mathbf{v}_n = \mathbf{0}$$

을 만족하는 스칼라 $c_1, c_2, \cdots, c_n$을 구하는 것은 쉽다. 자명한 선택은

$$c_1 = c_2 = \cdots = c_n = 0$$

이다.

> 선형 결합 $c_1\mathbf{v}_1 + \cdots + c_n\mathbf{v}_n$이 영 벡터이기 위한 자명하지 않은 스칼라의 선택이 존재한다면, $\mathbf{v}_1, \mathbf{v}_2, \cdots, \mathbf{v}_n$은 선형 종속이다. 선형 결합 $c_1\mathbf{v}_1 + \cdots + c_n\mathbf{v}_n$이 영 벡터이기 위해 모든 스칼라 $c_1, c_2, \cdots, c_n$이 0이어야만 한다면 $\mathbf{v}_1, \mathbf{v}_2, \cdots, \mathbf{v}_n$은 선형 독립이다.

기하학적 해석

$\mathbb{R}^2$에서 $\mathbf{x}$와 $\mathbf{y}$가 선형 종속이라면

$$c_1\mathbf{x} + c_2\mathbf{y} = \mathbf{0}$$

이다. 여기서 c_1과 c_2가 모두 0은 아니다. 만약 $c_1 \neq 0$이라면

$$\mathbf{x} = -\frac{c_2}{c_1}\mathbf{y}$$

이라고 할 수 있다. 만약 $\mathbb{R}^2$에 존재하는 두 벡터가 선형 종속이라면, 두 벡터 중 하나는 다른 벡터의 스칼라 곱으로 표현할 수 있다. 따라서 두 벡터가 원점에 위치해 있다고 하면, 그 두 벡터들은 동일한 직선 위에 있을 것이다(그림 3.3.1 참조).

만약

$$\mathbf{x} = \begin{bmatrix} x_1 \\ x_2 \\ x_3 \end{bmatrix} \quad \text{그리고} \quad \mathbf{y} = \begin{bmatrix} y_1 \\ y_2 \\ y_3 \end{bmatrix}$$

가 $\mathbb{R}^3$에서 선형 독립이라면, 두 점 (x_1, x_2, x_3)와 (y_1, y_2, y_3)는 삼차원 공간에서 원점을 지나는 동일한 직선 위에 존재하지 않을 것이다. $(0,0,0)$, (x_1, x_2, x_3), (y_1, y_2, y_3)가 공선형(colinear)이 아니기 때문에, 세 점들은 하나의 평면을 결정한다. 만약 (z_1, z_2, z_3)가 이 평면 위에 존재한다면 벡터 $\mathbf{z}=(z_1, z_2, z_3)^T$는 $\mathbf{x}$와 $\mathbf{y}$의 선형 결합으로 표현될 수 있고, 따라서 $\mathbf{x}, \mathbf{y}$,

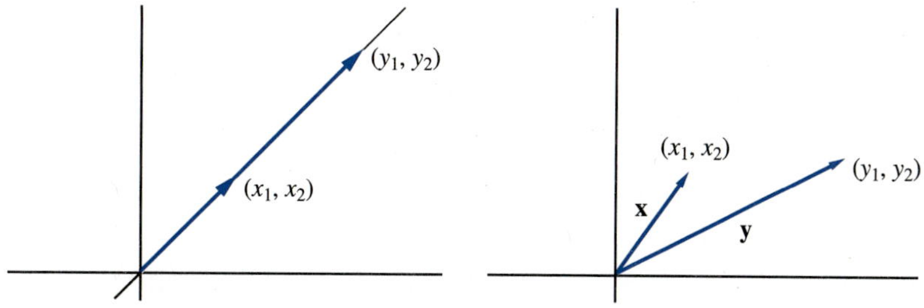

(a) 선형 종속인 $\mathbf{x}$와 $\mathbf{y}$ (a) 선형 독립인 $\mathbf{x}$와 $\mathbf{y}$

그림 3.3.1

$\mathbf{z}$는 선형 종속이다. 만약 (z_1, z_2, z_3)가 이 평면 위에 존재하지 않는다면, 세 벡터는 선형 독립일 것이다(그림 3.3.2 참조).

정리와 예제

예제 3 다음 벡터들의 모임 중 어떤 것이 $\mathbb{R}^3$에서 선형 독립인가?

(a) $(1, 1, 1)^T, (1, 1, 0)^T, (1, 0, 0)^T$

(b) $(1, 0, 1)^T, (0, 1, 0)^T$

(c) $(1, 2, 4)^T, (2, 1, 3)^T, (4, -1, 1)^T$

해답

(a) 이 세 벡터들은 선형 독립이다. 이를 보이기 위하여

$$c_1(1, 1, 1)^T + c_2(1, 1, 0)^T + c_3(1, 0, 0)^T = (0, 0, 0)^T \tag{4}$$

이기 위한 단 하나의 방법은 스칼라 c_1, c_2, c_3가 모두 0임을 보이는 것이다. 식 (4)는 미지수 c_1, c_2, c_3를 이용하여 선형 시스템으로 표현될 수 있다.

$$\begin{aligned} c_1 + c_2 + c_3 &= 0 \\ c_1 + c_2 \qquad &= 0 \\ c_1 \qquad\qquad &= 0 \end{aligned}$$

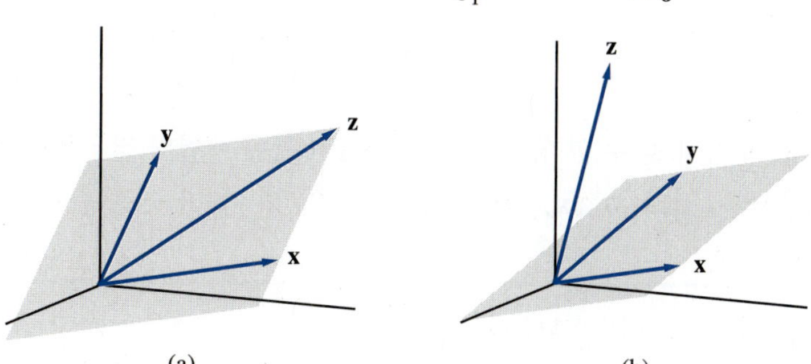

그림 3.3.2

이 시스템에 대한 유일한 해는 $c_1=0, c_2=0, c_3=0$이다.

(b) 만약

$$c_1(1,0,1)^T + c_2(0,1,0)^T = (0,0,0)^T$$

라면

$$(c_1, c_2, c_1)^T = (0,0,0)^T$$

이다. 따라서 $c_1=c_2=0$이다. 그러므로 두 벡터들은 선형 독립이다.

(c) 만약

$$c_1(1,2,4)^T + c_2(2,1,3)^T + c_3(4,-1,1)^T = (0,0,0)^T$$

라면

$$\begin{aligned} c_1 + 2c_2 + 4c_3 &= 0 \\ 2c_1 + c_2 - c_3 &= 0 \\ 4c_1 + 3c_2 + c_3 &= 0 \end{aligned}$$

이다. 이 시스템의 계수 행렬은 특이 행렬이다. 따라서 이 시스템은 자명하지 않은 해들을 갖는다. 그러므로 벡터들은 선형 종속이다. ■

예제 3의 (a)와 (c)에서 세 벡터들의 선형 독립성을 결정하기 위하여 3×3 시스템의 해를 구해야 함을 주목하라. (a)에서 계수 행렬이 비특이 행렬이었고, 벡터들은 선형 독립이었다. 반면 (c)에서는 계수 행렬이 특이 행렬이었으며, 벡터들은 선형 종속이다. 이는 다음 정리의 특별한 경우에 해당한다.

정리 3.3.1 $\mathbf{x}_1, \mathbf{x}_2, \cdots, \mathbf{x}_n$이 $\mathbb{R}^n$에 속하는 n개의 벡터들이라고 하자. 그리고 $X=(\mathbf{x}_1, \mathbf{x}_2, \cdots, \mathbf{x}_n)$이라고 하자. 벡터 $\mathbf{x}_1, \mathbf{x}_2, \cdots, \mathbf{x}_n$은 X가 특이 행렬일 때만 선형 종속이다.

증명 등식

$$c_1\mathbf{x}_1 + c_2\mathbf{x}_2 + \cdots + c_n\mathbf{x}_n = \mathbf{0}$$

은

$$X\mathbf{c} = \mathbf{0}$$

과 같이 다시 쓸 수 있다. 이 식은 오직 X가 특이 행렬일 경우에만 자명하지 않은 해를 갖는다. 따라서 $\mathbf{x}_1, \mathbf{x}_2, \cdots, \mathbf{x}_n$은 X가 특이 행렬일 경우에만 선형 종속일 것이다. ■

예제 4 다음 벡터는 그림 3.3.3과 같다.

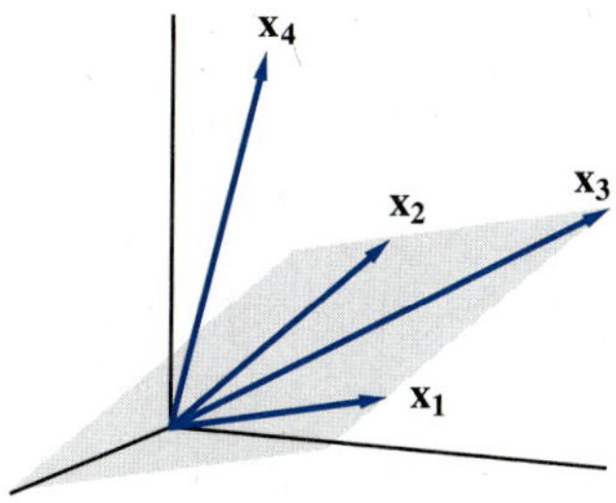

그림 3.3.3

$$\mathbf{x}_1 = \begin{pmatrix} 2 \\ 3 \\ 1 \end{pmatrix}, \quad \mathbf{x}_2 = \begin{pmatrix} 3 \\ 2 \\ 1 \end{pmatrix}, \quad \mathbf{x}_3 = \begin{pmatrix} 5 \\ 5 \\ 2 \end{pmatrix}, \quad \mathbf{x}_4 = \begin{pmatrix} 2 \\ 2 \\ 4 \end{pmatrix}$$

$\mathbf{x}_3 = \mathbf{x}_1 + \mathbf{x}_2$이기 때문에 벡터 $\mathbf{x}_1, \mathbf{x}_2, \mathbf{x}_3$ 사이의 종속 관계를 알 수 있다.

이 경우, 벡터 $\mathbf{x}_3$는 $\mathbf{x}_1$과 $\mathbf{x}_2$에 생성 평면에 놓여 있다. 그러면 $\mathbf{x}_1 + \mathbf{x}_2 - \mathbf{x}_3 + 0\mathbf{x}_4 = 0$이 된다.

스칼라 $c_1 = 1, c_2 = 1, c_3 = -1, c_4 = 0$이 모두 0은 아니므로 네 개의 벡터 집합은 선형 종속이어야 한다. ■

다음 장에서는 $\mathbb{R}^3$에 있는 세 개의 선형 독립 벡터 모임이 생성 집합을 형성하는 것에 대해 설명한다. 만약 네 번째 벡터를 모임에 추가한다면, 새로운 벡터는 세 개의 생성 벡터의 선형 조합으로 표현될 수 있다. 따라서 네 개의 벡터의 모임은 선형종속이어야 한다.

정리 3.3.1을 통해 n개의 벡터가 선형 독립인지 여부를 시험할 수 있다. 간단하게 시험할 열이 벡터인 행렬 X를 만들자. X가 특이 행렬인지 확인하려면 $\det(X)$의 값을 계산한다. $\det(X) = 0$이면 벡터는 선형 종속이다. $\det(X) \neq 0$이면 벡터는 선형 독립이다.

예제 5 벡터 $(4, 2, 3)^T, (2, 3, 1)^T, (2, -5, 3)^T$가 선형 종속인지 결정하라.

해답

$$\begin{vmatrix} 4 & 2 & 2 \\ 2 & 3 & -5 \\ 3 & 1 & 3 \end{vmatrix} = 0$$

이므로 벡터들은 선형 종속이다. ■

$\mathbb{R}^n$ 공간에 있는 k개의 벡터 $\mathbf{x}_1, \mathbf{x}_2, \cdots, \mathbf{x}_k$가 선형 독립인지를 결정하기 위하여 다음 식

$$c_1\mathbf{x}_1 + c_2\mathbf{x}_2 + \cdots + c_k\mathbf{x}_k = \mathbf{0}$$

을 선형 시스템 $X\mathbf{c} = \mathbf{0}$이라고 쓸 수 있다. 여기서 $X = (\mathbf{x}_1, \mathbf{x}_2, \cdots, \mathbf{x}_k)$이다. 만약 $k \neq n$이라면,

행렬 X는 정방 행렬이 아니다. 그러므로 벡터들이 선형 독립인지를 결정하기 위하여 행렬식을 사용할 수 없다. 이 시스템은 동차 방정식이다. 따라서 $\mathbf{c}=\mathbf{0}$의 자명한 해를 갖는다. 행렬 X의 행 사다리꼴이 자유 변수를 가질 때만 자명하지 않은 해를 가질 것이다. 만약 자명하지 않은 해를 갖는다면 벡터들은 선형 종속이다. 자유 변수들이 없다면, $\mathbf{c}=\mathbf{0}$은 유일한 해이고, 벡터들은 선형 독립이다.

예제 6 다음 벡터들이 주어져 있다.

$$\mathbf{x}_1=\begin{pmatrix}1\\-1\\2\\3\end{pmatrix},\quad \mathbf{x}_2=\begin{pmatrix}-2\\3\\1\\-2\end{pmatrix},\quad \mathbf{x}_3=\begin{pmatrix}1\\0\\7\\7\end{pmatrix}$$

벡터들이 선형 독립인지 결정하기 위하여 시스템 $X\mathbf{c}=\mathbf{0}$을 행 사다리꼴 형태로 축약하면 다음과 같다.

$$\left(\begin{array}{rrr|r}1&-2&1&0\\-1&3&0&0\\2&1&7&0\\3&-2&7&0\end{array}\right)\rightarrow\left(\begin{array}{rrr|r}1&-2&1&0\\0&1&1&0\\0&0&0&0\\0&0&0&0\end{array}\right)$$

사다리꼴 행렬은 자유 변수 c_3와 연계되어 있으므로 자명하지 않은 해를 갖고, 따라서 이 벡터들은 선형 종속이다. ■

이제 선형 독립 벡터들의 매우 중요한 성질을 살펴보겠다. 선형 독립 벡터들의 선형 결합은 모두 다르다. 좀 더 정확히 말하자면, 다음 정리를 따른다.

정리 3.3.2 벡터공간 V에 $\mathbf{v}_1, \mathbf{v}_2, \cdots, \mathbf{v}_n$이 있다고 하자. $\mathrm{Span}(\mathbf{v}_1, \mathbf{v}_2, \cdots, \mathbf{v}_n)$에 속하는 벡터 $\mathbf{v}$는 $\mathbf{v}_1, \mathbf{v}_2, \cdots, \mathbf{v}_n$이 선형 독립일 때만 $\mathbf{v}_1, \mathbf{v}_2, \cdots, \mathbf{v}_n$의 단 하나의 선형조합으로 표현된다.

증명 $\mathbf{v}\in\mathrm{Span}(\mathbf{v}_1, \mathbf{v}_2, \cdots, \mathbf{v}_n)$이라면 $\mathbf{v}$는 다음과 같이 선형 결합으로 나타낼 수 있다.

$$\mathbf{v}=\alpha_1\mathbf{v}_1+\alpha_2\mathbf{v}_2+\cdots+\alpha_n\mathbf{v}_n \tag{5}$$

$\mathbf{v}$가 또한 다음과 같은 선형 결합으로 표현될 수 있다고 가정하자.

$$\mathbf{v}=\beta_1\mathbf{v}_1+\beta_2\mathbf{v}_2+\cdots+\beta_n\mathbf{v}_n \tag{6}$$

$\mathbf{v}_1, \mathbf{v}_2, \cdots, \mathbf{v}_n$이 선형 독립이라면 모든 $\beta_i=\alpha_i(i=1,\cdots,n)$이 성립함을 보일 것이다. 또한 $\mathbf{v}_1, \mathbf{v}_2, \cdots, \mathbf{v}_n$이 선형 종속이라면, α_i들과는 다른 β_i들을 선택할 수 있음을 보일 것이다. 만약 $\mathbf{v}_1, \mathbf{v}_2, \cdots, \mathbf{v}_n$이 선형 독립이라면 식 (5)로부터 식 (6)을 빼면 다음과 같다.

$$(\alpha_1-\beta_1)\mathbf{v}_1+(\alpha_2-\beta_2)\mathbf{v}_2+\cdots+(\alpha_n-\beta_n)\mathbf{v}_n=\mathbf{0} \tag{7}$$

$\mathbf{v}_1, \mathbf{v}_2, \cdots, \mathbf{v}_n$의 선형 독립 성질에 의하여 식 (7)의 계수들은 모두 0이 되어야 한다. 그러므로

$$\alpha_1 = \beta_1,\ \alpha_2 = \beta_2,\ \ldots,\ \alpha_n = \beta_n$$

따라서 식 (5)는 $\mathbf{v}_1, \mathbf{v}_2, \cdots, \mathbf{v}_n$이 선형 독립일 때 유일하다.

한편 $\mathbf{v}_1, \mathbf{v}_2, \cdots, \mathbf{v}_n$이 선형 종속이라면 다음 식을 만족하는 0이 아닌 값을 갖는 $c_1, c_2, \cdots, c_n$이 존재한다.

$$\mathbf{0} = c_1\mathbf{v}_1 + c_2\mathbf{v}_2 + \cdots + c_n\mathbf{v}_n \tag{8}$$

만약

$$\beta_1 = \alpha_1 + c_1,\ \beta_2 = \alpha_2 + c_2,\ \ldots,\ \beta_n = \alpha_n + c_n$$

이라고 놓으면, 식 (5)와 (8)을 더하여

$$\begin{aligned}\mathbf{v} &= (\alpha_1 + c_1)\mathbf{v}_1 + (\alpha_2 + c_2)\mathbf{v}_2 + \cdots + (\alpha_n + c_n)\mathbf{v}_n \\ &= \beta_1\mathbf{v}_1 + \beta_2\mathbf{v}_2 + \cdots + \beta_n\mathbf{v}_n\end{aligned}$$

을 얻는다. 모든 c_i들이 0인 것은 아니기 때문에 적어도 i의 한 값에 대하여 $\beta_i \neq \alpha_i$이다. 따라서 $\mathbf{v}_1, \mathbf{v}_2, \cdots, \mathbf{v}_n$이 선형 종속이면, 이 벡터들 $\mathbf{v}_1, \mathbf{v}_2, \cdots, \mathbf{v}_n$의 선형 결합으로서 정의되는 벡터의 표현은 유일하지 않다. ■

함수들의 벡터공간

주어진 벡터들이 $\mathbb{R}^n$에서 선형 독립인지 결정하기 위하여 방정식들의 동차 선형 시스템을 풀어야 한다. 유사한 상황이 벡터공간 P_n에서도 발생한다.

벡터공간 P_n

다항식들 $p_1, p_2, \cdots, p_k$가 P_n에서 선형 독립인지 시험하기 위하여

$$c_1p_1 + c_2p_2 + \cdots + c_kp_k = z \tag{9}$$

과 같이 놓자. 여기서 z는 영 다항식을 의미한다. 즉,

$$z(x) = 0x^{n-1} + 0x^{n-2} + \cdots + 0x + 0$$

만약 식 (9) 좌변의 다항식을 $a_1x^{n-1} + a_2x^{n-2} + \cdots + a_{n-1}x + a_n$의 형태로 다시 쓸 수 있다면, 모든 계수 a_i가 0이어야 한다. 왜냐하면 두 다항식은 그들의 모든 계수가 같을 때만 동일하기 때문이다. 그러나 a_i들 각각은 c_j들의 선형 결합이다. 결국 미지수 $c_1, c_2, \cdots, c_k$를 갖는 동차 선형 시스템이 된다. 만약 이 시스템이 오직 자명한 해를 갖는다면 다항식들은 선형 독립이다. 그렇지 않으면 그들은 선형 종속이다.

예제 7 다음 벡터

$$p_1(x) = x^2 - 2x + 3, \quad p_2(x) = 2x^2 + x + 8, \quad p_3(x) = x^2 + 8x + 7$$

들이 선형 독립인지를 시험하기 위하여

$$c_1p_1(x) + c_2p_2(x) + c_3p_3(x) = 0x^2 + 0x + 0$$

이라고 놓자. x의 승수에 따라 정리하면

$$(c_1 + 2c_2 + c_3)x^2 + (-2c_1 + c_2 + 8c_3)x + (3c_1 + 8c_2 + 7c_3) = 0x^2 + 0x + 0$$

을 얻는다. 양쪽의 계수를 같다고 놓으면 다음과 같은 시스템이 된다.

$$\begin{aligned} c_1 + 2c_2 + c_3 &= 0 \\ -2c_1 + c_2 + 8c_3 &= 0 \\ 3c_1 + 8c_2 + 7c_3 &= 0 \end{aligned}$$

이 시스템의 계수 행렬은 특이 행렬이고, 따라서 자명하지 않은 해가 있다. 그러므로 p_1, p_2, p_3는 선형 종속이다. ■

벡터공간 $C^{(n-1)}[a, b]$

예제 5에서 세 벡터들이 $\mathbb{R}^3$에서 선형 독립임을 결정하기 위하여 행렬식이 사용되었다. 행렬식은 $C^{(n-1)}[a, b]$에서 n개의 벡터들이 선형 독립인지를 결정하는 데 도움이 된다. $f_1, f_2, \cdots, f_n$을 $C^{(n-1)}[a, b]$의 원소들이라고 하자. 만약 이 벡터들이 선형 종속이라면, $[a, b]$에 있는 각각의 x에 대해 다음

$$c_1f_1(x) + c_2f_2(x) + \cdots + c_nf_n(x) = 0 \tag{10}$$

을 만족하는, 모두가 0은 아닌 스칼라 $c_1, c_2, \cdots, c_n$이 존재한다. 위 식의 양변을 x에 대해 미분하면 다음과 같다.

$$c_1f_1'(x) + c_2f_2'(x) + \cdots + c_nf_n'(x) = 0$$

만약 양변을 연속적으로 미분한다면 다음과 같은 시스템이 된다.

$$\begin{aligned} c_1f_1(x) \quad + \quad c_2f_2(x) \quad + \cdots + \quad c_nf_n(x) \quad &= 0 \\ c_1f_1'(x) \quad + \quad c_2f_2'(x) \quad + \cdots + \quad c_nf_n'(x) \quad &= 0 \\ \vdots \qquad\qquad & \\ c_1f_1^{(n-1)}(x) + c_2f_2^{(n-1)}(x) + \cdots + c_nf_n^{(n-1)}(x) &= 0 \end{aligned}$$

$[a, b]$에 있는 각각의 고정된 값 x에 대하여, 다음 행렬 등식

$$\begin{bmatrix} f_1(x) & f_2(x) & \cdots & f_n(x) \\ f_1'(x) & f_2'(x) & \cdots & f_n'(x) \\ \vdots & & & \\ f_1^{(n-1)}(x) & f_2^{(n-1)}(x) & \cdots & f_n^{(n-1)}(x) \end{bmatrix} \begin{bmatrix} \alpha_1 \\ \alpha_2 \\ \vdots \\ \alpha_n \end{bmatrix} = \begin{bmatrix} 0 \\ 0 \\ \vdots \\ 0 \end{bmatrix} \tag{11}$$

은 동일한 자명하지 않은 해 $(c_1, c_2, \cdots, c_n)^T$를 가질 것이다. 따라서 $f_1, f_2, \cdots, f_n$이 $C^{(n-1)}[a, b]$에서 선형 종속이라면, $[a, b]$에 있는 각각의 고정값 x에 대하여 시스템 식 (11)의 계수 행렬은 특이 행렬이다. 만약 행렬이 특이 행렬이라면, 행렬식은 0이다.

정의 $f_1, f_2, \cdots, f_n$이 $C^{(n-1)}[a, b]$에 속한 함수들이라고 하자. $[a, b]$상에서 함수 $W[f_1, f_2, \cdots, f_n](x)$를 다음과 같이 정의하자.

$$W[f_1, f_2, \ldots, f_n](x) = \begin{vmatrix} f_1(x) & f_2(x) & \cdots & f_n(x) \\ f_1'(x) & f_2'(x) & \cdots & f_n'(x) \\ \vdots & & & \\ f_1^{(n-1)}(x) & f_2^{(n-1)}(x) & \cdots & f_n^{(n-1)}(x) \end{vmatrix}$$

함수 $W[f_1, f_2, \cdots, f_n]$을 $f_1, f_2, \cdots, f_n$의 **론스키안**(Wronskian)이라고 한다.

정리 3.3.3 $f_1, f_2, \cdots, f_n$을 $C^{(n-1)}[a, b]$의 원소들이라고 하자. $W[f_1, f_2, \cdots, f_n](x_0) \neq 0$인 x_0가 $[a, b]$에 존재한다면, $f_1, f_2, \cdots, f_n$은 선형 독립이다.

증명 $f_1, f_2, \cdots, f_n$이 선형 종속이라면, 앞의 토의에 의하여 식 (11)의 계수 행렬은 $[a, b]$에 있는 각각의 x에 대하여 특이 행렬이고, 따라서 $W[f_1, f_2, \cdots, f_n](x)$는 $[a, b]$에서 항상 0이다. ■

만약 $f_1, f_2, \cdots, f_n$이 $C^{(n-1)}[a, b]$에서 선형 독립이라면, 그들은 또한 $C[a, b]$에서 선형 독립이다.

예제 8 e^x과 e^{-x}이 $C(-\infty, \infty)$에서 선형 독립임을 보여라.

해답

$$W[e^x, e^{-x}] = \begin{vmatrix} e^x & e^{-x} \\ e^x & -e^{-x} \end{vmatrix} = -2$$

$W[e_x, e^{-x}]$이 항등적으로 0이 아니기 때문에 e^x과 e^{-x}은 선형 독립이다. ■

예제 9 $C[-1,1]$의 함수 x^2과 $x|x|$를 고려해 보자. 두 함수 모두 부분공간 $C^1[-1,1]$에 있다(3.2절의 예제 7 참조). 따라서 다음과 같이 론스키안을 계산할 수 있다.

$$W[x^2, x|x|] = \begin{vmatrix} x^2 & x|x| \\ 2x & 2|x| \end{vmatrix} \equiv 0$$

론스키안이 항등적으로 0이기 때문에 함수들이 선형 독립인지에 대한 아무런 정보도 주지 않는다. 질문에 답하기 위하여 $[-1,1]$상의 모든 x에 대하여

$$c_1x^2 + c_2x|x| = 0$$

이라고 가정하자. 그러면, 특히 $x=1$과 $x=-1$에 대하여

$$\begin{aligned} c_1 + c_2 &= 0 \\ c_1 - c_2 &= 0 \end{aligned}$$

이 시스템에 대한 유일한 해는 $c_1 = c_2 = 0$이다. 따라서 함수 x_2과 $x|x|$는 비록 $W[x_2, x|x|] \equiv 0$일지라도 선형 독립이다.

이 예는 정리 3.3.3의 역이 성립하지 않음을 보인다. ■

예제 10 $C((-\infty,\infty))$에서 $1, x, x^2, x^3$이 선형 독립임을 보여라.

해답

$$W[1,x,x^2,x^3] = \begin{vmatrix} 1 & x & x^2 & x^3 \\ 0 & 1 & 2x & 3x^2 \\ 0 & 0 & 2 & 6x \\ 0 & 0 & 0 & 6 \end{vmatrix} = 12$$

$W[1,x,x^2,x^3] \neq 0$이므로, 벡터들은 선형 독립이다. ■

3.3 연습문제

1. 다음 벡터들이 $\mathbb{R}^2$ 공간에서 선형 독립인지 결정하라.

(a) $\begin{bmatrix}1\\2\end{bmatrix}, \begin{bmatrix}-1\\-2\end{bmatrix}$ (b) $\begin{bmatrix}1\\2\end{bmatrix}, \begin{bmatrix}2\\1\end{bmatrix}$

(c) $\begin{bmatrix}3\\1\end{bmatrix}, \begin{bmatrix}-2\\4\end{bmatrix}, \begin{bmatrix}0\\1\end{bmatrix}$

(d) $\begin{bmatrix}4\\3\end{bmatrix}, \begin{bmatrix}2\\-1\end{bmatrix}, \begin{bmatrix}1\\2\end{bmatrix}$

(e) $\begin{bmatrix}1\\1\end{bmatrix}, \begin{bmatrix}2\\-1\end{bmatrix}$

2. 다음 벡터들이 $\mathbb{R}^3$ 공간에서 선형 독립인지 결정하라.

(a) $\begin{bmatrix}1\\0\\1\end{bmatrix}, \begin{bmatrix}0\\0\\1\end{bmatrix}, \begin{bmatrix}2\\0\\-1\end{bmatrix}$

(b) $\begin{bmatrix}1\\1\\0\end{bmatrix}, \begin{bmatrix}1\\0\\1\end{bmatrix}, \begin{bmatrix}0\\0\\1\end{bmatrix}, \begin{bmatrix}3\\2\\1\end{bmatrix}$

(c) $\begin{bmatrix}2\\-1\\0\end{bmatrix}, \begin{bmatrix}1\\-2\\-2\end{bmatrix}, \begin{bmatrix}0\\1\\-3\end{bmatrix}$

(d) $\begin{bmatrix} 1 \\ 2 \\ 4 \end{bmatrix}, \begin{bmatrix} 2 \\ 1 \\ 4 \end{bmatrix}, \begin{bmatrix} 0 \\ 1 \\ 0 \end{bmatrix}$

(e) $\begin{bmatrix} 3 \\ 0 \\ 1 \end{bmatrix}, \begin{bmatrix} 1 \\ 2 \\ 4 \end{bmatrix}$

3. 연습문제 2의 각 항에 대하여 주어진 벡터들의 생성을 기하학적으로 기술하라.

4. 다음 벡터들이 $\mathbb{R}^{2\times 2}$에서 선형 독립인지 판별하라.

(a) $\begin{bmatrix} 1 & 0 \\ 0 & 1 \end{bmatrix}, \begin{bmatrix} 0 & 1 \\ 1 & 0 \end{bmatrix}$

(b) $\begin{bmatrix} 1 & 0 \\ 0 & 0 \end{bmatrix}, \begin{bmatrix} 0 & 1 \\ 1 & 0 \end{bmatrix}, \begin{bmatrix} 0 & 0 \\ 0 & 1 \end{bmatrix}$

(c) $\begin{bmatrix} 4 & 2 \\ 6 & 0 \end{bmatrix}, \begin{bmatrix} 1 & -1 \\ 2 & 0 \end{bmatrix}, \begin{bmatrix} 2 & 1 \\ 3 & 0 \end{bmatrix}$

5. 벡터공간 V에서 $\mathbf{x}_1, \mathbf{x}_2, \cdots, \mathbf{x}_k$가 선형 독립인 벡터들이라고 하자.

(a) $\mathbf{x}_{k+1}$을 이 벡터 집합에 더하면 여전히 선형 독립인 벡터들인가? 그 이유를 설명하라.

(b) 한 벡터, 예를 들어 $\mathbf{x}_k$를 벡터들의 집합으로부터 제거하면, 여전히 선형 독립인 벡터들인가? 그 이유를 설명하라.

6. $\mathbf{x}_1, \mathbf{x}_2, \mathbf{x}_3$가 $\mathbb{R}^n$의 선형 독립인 벡터들이고

$$\mathbf{y}_1 = \mathbf{x}_1 + \mathbf{x}_2, \quad \mathbf{y}_2 = \mathbf{x}_2 + \mathbf{x}_3, \quad \mathbf{y}_3 = \mathbf{x}_3 + \mathbf{x}_1$$

이라고 하자. $\mathbf{y}_1, \mathbf{y}_2, \mathbf{y}_3$는 선형 독립인가? 증명과 함께 답하라.

7. $\mathbf{x}_1, \mathbf{x}_2, \mathbf{x}_3$가 $\mathbb{R}^n$의 선형 독립인 벡터들이고

$$\mathbf{y}_1 = \mathbf{x}_2 - \mathbf{x}_1, \quad \mathbf{y}_2 = \mathbf{x}_3 - \mathbf{x}_2, \quad \mathbf{y}_3 = \mathbf{x}_3 - \mathbf{x}_1$$

이라고 하자. $\mathbf{y}_1, \mathbf{y}_2, \mathbf{y}_3$는 선형 독립인가? 증명과 함께 답하라.

8. 다음 벡터들이 P_3 공간에서 선형 독립인지 판별하라.

(a) $x^2, 1, x^2 - 1$ **(b)** $3, x, x^2, x - 2$

(c) $x + 1, x^2, x - 1$ **(d)** $x^2 + 2x, x + 1$

9. 다음 각각의 벡터들에 대하여 $C[0, 1]$ 공간에서 선형 독립임을 보여라.

(a) $\cos \pi x,\ \sin \pi x$ **(b)** $x^{3/2},\ x^{5/2}$

(c) $1,\ e^x + e^{-x},\ e^x - e^{-x}$ **(d)** $e^x,\ e^{-x},\ e^{2x}$

10. 벡터들 $\cos x$, 1, $\sin^2(x/2)$가 $C[-\pi, \pi]$ 공간에서 선형 독립인지 결정하라.

11. $C[-\pi, \pi]$의 $\cos(x+\alpha)$와 $\sin x$를 고려하자. α가 어떤 값일 때 두 벡터들은 선형 종속인가? 도식적으로 해를 설명해 보라.

12. 함수 $2x$와 $|x|$가 있다. 다음을 보여라.

(a) 두 벡터들은 $C[-1, 1]$에서 선형 독립이다.

(b) 벡터들은 $C[0, 1]$에서 선형 종속이다.

13. 영 벡터를 포함하는 벡터들의 유한한 집합은 선형 종속이어야 함을 증명하라.

14. $\mathbf{v}_1, \mathbf{v}_2$가 벡터공간 V에 속한다고 하자. $\mathbf{v}_1$과 $\mathbf{v}_2$가, 한 벡터가 다른 벡터의 스칼라 곱으로 표현될 때만 선형 종속임을 보여라.

15. $\{\mathbf{v}_1, \mathbf{v}_2, \cdots, \mathbf{v}_n\}$의 선형 독립인 벡터 집합의 공집합이 아닌 부분집합은 선형 독립임을 보여라.

16. A가 $m \times n$ 행렬이라고 하자. A가 선형 독립인 열 벡터들을 갖고 있다고 하면, $N(A) = \{0\}$임을 보여라[힌트: 임의의 $\mathbf{x} \in \mathbb{R}^n$에 대하여 $A\mathbf{x} = x_1\mathbf{a}_1 + x_2\mathbf{a}_2 + \cdots + x_n\mathbf{a}_n$이다].

17. $\mathbf{x}_1, \mathbf{x}_2, \cdots, \mathbf{x}_k$가 $\mathbb{R}^n$ 공간에서 선형 독립이라고 하자. 그리고 A는 $n \times n$ 비특이 행렬이다. $i = 1, \cdots, k$에 대하여 $\mathbf{y}_i = A\mathbf{x}_i$라고 정의하자. $\mathbf{y}_1, \mathbf{y}_2, \cdots, \mathbf{y}_k$가 선형 독립임을 보여라.

18. A는 3×3 행렬이고 $\mathbf{x}_1, \mathbf{x}_2, \mathbf{x}_3$는 3의 벡터들이다. 다음의 벡터들

$$\mathbf{y}_1 = A\mathbf{x}_1, \quad \mathbf{y}_2 = A\mathbf{x}_2, \quad \mathbf{y}_3 = A\mathbf{x}_3$$

이 선형 독립이면 A는 반드시 비특이 행렬이고 벡터 $\mathbf{x}_1, \mathbf{x}_2, \mathbf{x}_3$ 역시 선형 독립이어야 함을 증명하라.

19. $\{\mathbf{v}_1, \mathbf{v}_2, \cdots, \mathbf{v}_n\}$이 벡터공간 V의 생성 집합이고, $\mathbf{v}$가 V의 임의의 다른 벡터라고 하면, $\mathbf{v}, \mathbf{v}_1, \mathbf{v}_2, \cdots, \mathbf{v}_n$이 선형 종속임을 보여라.

20. $\mathbf{v}_1, \mathbf{v}_2, \cdots, \mathbf{v}_n$이 벡터공간 V에서 선형 독립이라고 하자. $\mathbf{v}_2, \cdots, \mathbf{v}_n$이 V를 생성하지 못함을 증명하라.

3.4 기저와 차원

3.3절에서 벡터공간의 생성 집합은 그 집합의 원소들이 선형 독립일 때 최소임을 보았다. 최소 생성 집합의 원소들은 전체 벡터공간에 대한 기본 건축 뼈대와 같다. 이런 의미에서, 이 벡터들은 벡터공간의 기저를 이룬다고 한다.

정의 벡터들 $\mathbf{v}_1, \mathbf{v}_2, \cdots, \mathbf{v}_n$은 다음을 만족할 때만 벡터공간 V의 **기저**(basis)를 이룬다.

(i) $\mathbf{v}_1, \mathbf{v}_2, \cdots, \mathbf{v}_n$은 선형 독립이다.
(ii) $\mathbf{v}_1, \mathbf{v}_2, \cdots, \mathbf{v}_n$은 V를 생성한다.

예제 1 $\mathbb{R}^3$의 표준 기저는 $\{\mathbf{e}_1, \mathbf{e}_2, \mathbf{e}_3\}$이다. 그러나 $\mathbb{R}^3$에 대하여 선택할 수 있는 많은 기저들이 있다. 예를 들어

$$\left\{\begin{pmatrix}1\\1\\1\end{pmatrix}, \begin{pmatrix}0\\1\\1\end{pmatrix}, \begin{pmatrix}2\\0\\1\end{pmatrix}\right\} \quad \text{그리고} \quad \left\{\begin{pmatrix}1\\1\\1\end{pmatrix}, \begin{pmatrix}1\\1\\0\end{pmatrix}, \begin{pmatrix}1\\0\\1\end{pmatrix}\right\}$$

는 둘 다 $\mathbb{R}^3$의 기저이다. $\mathbb{R}^3$의 어떤 기저도 정확하게 세 원소들을 가져야 함을 보일 것이다. ■

예제 2 $\mathbb{R}^{2\times2}$에서 집합 $\{E_{11}, E_{12}, E_{21}, E_{22}\}$를 고려해 보자. 여기서

$$E_{11} = \begin{pmatrix}1 & 0\\0 & 0\end{pmatrix}, \qquad E_{12} = \begin{pmatrix}0 & 1\\0 & 0\end{pmatrix},$$
$$E_{21} = \begin{pmatrix}0 & 0\\1 & 0\end{pmatrix}, \qquad E_{22} = \begin{pmatrix}0 & 0\\0 & 1\end{pmatrix}$$

만약

$$c_1E_{11} + c_2E_{12} + c_3E_{21} + c_4E_{22} = O$$

이라면

$$\begin{pmatrix}c_1 & c_2\\c_3 & c_4\end{pmatrix} = \begin{pmatrix}0 & 0\\0 & 0\end{pmatrix}$$

이고, 따라서 $c_1 = c_2 = c_3 = c_4 = 0$이다. 그러므로 $E_{11}, E_{12}, E_{21}, E_{22}$는 선형 독립이다. 만약 A가 $\mathbb{R}^{2\times2}$에 속한다면 다음과 같이 표현된다.

$$A = a_{11}E_{11} + a_{12}E_{12} + a_{21}E_{21} + a_{22}E_{22}$$

그러므로 $E_{11}, E_{12}, E_{21}, E_{22}$는 $\mathbb{R}^{2\times2}$를 생성하고 $\mathbb{R}^{2\times2}$의 기저를 이룬다. ■

많은 응용들에서 벡터공간 V의 특정한 부분공간을 찾을 필요가 있다. 이는 부분공간의 기저 원소들의 집합을 구함으로써 해결된다. 예를 들어 시스템

$$\begin{aligned} x_1 + x_2 + x_3 &= 0 \\ 2x_1 + x_2 + x_4 &= 0 \end{aligned}$$

의 해를 구하기 위하여, 행렬

$$A = \begin{pmatrix} 1 & 1 & 1 & 0 \\ 2 & 1 & 0 & 1 \end{pmatrix}$$

의 영공간을 찾아야만 한다. 3.2절의 예제 9에서 $N(A)$는 다음 벡터들

$$\begin{pmatrix} 1 \\ -2 \\ 1 \\ 0 \end{pmatrix} \quad \text{그리고} \quad \begin{pmatrix} -1 \\ 1 \\ 0 \\ 1 \end{pmatrix}$$

에 의해서 생성된 $\mathbb{R}^4$의 부분공간임을 보았다. 이 벡터들은 선형 독립이기 때문에 $N(A)$의 기저를 이룬다.

정리 3.4.1 만일 $\{\mathbf{v}_1, \mathbf{v}_2, \cdots, \mathbf{v}_n\}$이 벡터공간 V의 생성 집합이라면, V에 속한 m개 벡터들의 어떤 모임도 $m > n$일 때 선형 종속이다.

증명 $\mathbf{u}_1, \mathbf{u}_2, \cdots, \mathbf{u}_m$을 V에 있는 m개의 벡터들이라고 하자. 단, $m > n$이다. 그러면 $\mathbf{v}_1, \mathbf{v}_2, \cdots, \mathbf{v}_n$이 V를 생성하기 때문에, $i = 1, 2, \cdots, m$에 대해 다음이 성립한다.

$$\mathbf{u}_i = a_{i1}\mathbf{v}_1 + a_{i2}\mathbf{v}_2 + \cdots + a_{in}\mathbf{v}_n \qquad i = 1, 2, \ldots, m$$

선형 결합 $c_1\mathbf{u}_1 + c_2\mathbf{u}_2 + \cdots + c_m\mathbf{u}_m$은 다음과 같이 표현될 수 있다.

$$c_1 \sum_{j=1}^{n} a_{1j}\mathbf{v}_j + c_2 \sum_{j=1}^{n} a_{2j}\mathbf{v}_j + \cdots + c_m \sum_{j=1}^{n} a_{mj}\mathbf{v}_j$$

각 항들을 다시 정렬하면

$$c_1\mathbf{u}_1 + c_2\mathbf{u}_2 + \cdots + c_m\mathbf{u}_m = \sum_{i=1}^{m} \left[c_i \left(\sum_{j=1}^{n} a_{ij}\mathbf{v}_j \right) \right] = \sum_{j=1}^{n} \left(\sum_{i=1}^{m} a_{ij}c_i \right) \mathbf{v}_j$$

이제 다음과 같은 방정식들의 시스템을 고려하자.

$$\sum_{i=1}^{m} a_{ij}c_i = 0 \qquad j = 1, 2, \ldots, n$$

이는 방정식의 수보다 더 많은 미지수를 갖는 동차 시스템이다. 그러므로 정리 1.2.1에 의하여 이 시스템은 $(\hat{c}_1, \hat{c}_2, \cdots, \hat{c}_m)^T$이라는 자명하지 않은 해를 갖는다. 그러나

$$\hat{c}_1\mathbf{u}_1 + \hat{c}_2\mathbf{u}_2 + \cdots + \hat{c}_m\mathbf{u}_m = \sum_{j=1}^{n} 0\mathbf{v}_j = \mathbf{0}$$

이므로 $\mathbf{u}_1, \mathbf{u}_2, \cdots, \mathbf{u}_m$은 선형 종속이다. ■

따름정리 3.4.2 $\{\mathbf{v}_1, \mathbf{v}_2, \cdots, \mathbf{v}_n\}$과 $\{\mathbf{u}_1, \mathbf{u}_2, \cdots, \mathbf{u}_m\}$ 둘 다 V의 기저라고 한다면 $n = m$이다.

증명 $\{\mathbf{v}_1, \mathbf{v}_2, \cdots, \mathbf{v}_n\}$과 $\{\mathbf{u}_1, \mathbf{u}_2, \cdots, \mathbf{u}_m\}$이 둘 다 V의 기저라고 하자. $\mathbf{v}_1, \mathbf{v}_2, \cdots, \mathbf{v}_n$이 V를 생성하고 $\mathbf{u}_1, \mathbf{u}_2, \cdots, \mathbf{u}_m$이 선형 독립이기 때문에, 정리 3.4.1로부터 $m \le n$이다. 똑같은 이유로 $\mathbf{u}_1, \mathbf{u}_2, \cdots, \mathbf{u}_m$은 V를 생성하고 $\mathbf{v}_1, \mathbf{v}_2, \cdots, \mathbf{v}_n$은 선형 독립이기 때문에 $n \le m$이다. ■

따름정리 3.4.2의 관점에서 보면 주어진 벡터공간의 기저의 원소의 개수를 언급할 필요가 있다. 이는 다음 정의를 도출한다.

정의 V를 벡터공간이라고 하자. V의 기저가 n개의 벡터로 구성되어 있을 때 V의 **차원**(dimension)이 n이라고 한다. 부분공간 $\{\mathbf{0}\}$의 차원은 **0**이다. V의 생성 집합이 유한 집합일 경우, V는 **유한차원**(finite dimension)을 갖는다고 하고, 그렇지 않은 경우, V는 **무한차원**(infinite dimension)을 갖는다고 한다.

$\mathbb{R}^3$에서 $\mathbf{x}$가 0이 아닌 벡터라면 $\mathbf{x}$는 일차원 부분공간 $\text{Span}(\mathbf{x}) = \{\alpha\mathbf{x} \mid \alpha\text{는 스칼라}\}$를 생성한다. 점 (a, b, c)가 $(0, 0, 0)$과 (x_1, x_2, x_3)에 의해 결정되는 직선 위에 있다면, 벡터 $(a, b, c)^T$는 $\text{Span}(\mathbf{x})$에 존재할 것이다. 그러므로 $\mathbb{R}^3$ 공간에서 일차원 부분공간은 기하학적으로 원점을 통과하는 직선으로 표현된다.

$\mathbf{x}$와 $\mathbf{y}$가 $\mathbb{R}^3$에서 선형 독립이라면

$$\text{Span}(\mathbf{x}, \mathbf{y}) = \{\alpha\mathbf{x} + \beta\mathbf{y} \mid \alpha\text{와 }\beta\text{는 스칼라}\}$$

는 $\mathbb{R}^3$의 이차원 부분공간이다. (a, b, c)가 $(0, 0, 0)$과 (x_1, x_2, x_3) 그리고 (y_1, y_2, y_3)에 의해 결정되는 평면상에 있을 때, 벡터 $(a, b, c)^T$는 $\text{Span}(\mathbf{x}, \mathbf{y})$에 속한다. 따라서 $\mathbb{R}^3$의 이차원 부분공간은 원점을 포함하는 평면이라고 생각할 수 있다. 만약 $\mathbf{x}, \mathbf{y}, \mathbf{z}$가 $\mathbb{R}^3$에서 선형 독립이라면, 이 벡터들은 $\mathbb{R}^3$의 기저를 형성하고 $\text{Span}(\mathbf{x}, \mathbf{y}, \mathbf{z}) = \mathbb{R}^3$이다. 따라서 그 어떤 네 번째 벡터 $(a, b, c)^T$도 $\text{Span}(\mathbf{x}, \mathbf{y}, \mathbf{z})$상에 있어야 한다(그림 3.4.1 참조).

예제 3 P를 모든 다항식들의 벡터공간이라고 하자. P는 무한차원 공간이라고 주장할 수 있다. 만

약 P가 유한차원이라면(n차원이라 하자), 그 어떤 $n+1$개 벡터들도 선형 종속일 것이다. 그러나 $1, x, x^2, \cdots, x^n$은 선형 독립이다. 왜냐하면 $W[1, x, x^2, \cdots, x^n] > 0$이기 때문이다. 그러므로 P는 n차원일 수 없다. n은 임의의 정수이므로 P는 무한차원이어야 한다. 동일한 방법으로 $C[a, b]$가 무한차원임을 보일 수 있다. ■

정리 3.4.3 V가 차원이 $n > 0$인 벡터공간이라고 하자.

(I) 어떤 n개의 선형 독립 벡터들도 V를 생성한다.

(II) 어떤 n개의 벡터들이 V를 생성한다면 그 벡터들은 선형 독립이다.

증명 (I)을 증명하기 위하여 $\mathbf{v}_1, \mathbf{v}_2, \cdots, \mathbf{v}_n$이 선형 독립이고 $\mathbf{v}$가 V의 임의의 다른 벡터라고 하자. V는 n차원이므로 n개의 벡터들로 구성된 기저를 가지며, 이 벡터들은 V를 생성한다. 정리 3.4.1로부터 $\mathbf{v}_1, \mathbf{v}_2, \cdots, \mathbf{v}_n, \mathbf{v}$는 선형 종속이어야 한다. 따라서 스칼라 값 $c_1, c_2, \cdots, c_n$, c_{n+1}이

$$c_1\mathbf{v}_1 + c_2\mathbf{v}_2 + \cdots + c_n\mathbf{v}_n + c_{n+1}\mathbf{v} = \mathbf{0} \tag{1}$$

이기 위하여 모두 영인 것은 아니다. c_{n+1}이 0이라면 식 (1)은 $\mathbf{v}_1, \mathbf{v}_2, \cdots, \mathbf{v}_n$이 선형 종속임을 의미하기 때문에 c_{n+1}은 0일 수 없다. 따라서 식 (1)은 $\mathbf{v}$에 대하여

$$\mathbf{v} = \alpha_1\mathbf{v}_1 + \alpha_2\mathbf{v}_2 + \cdots + \alpha_n\mathbf{v}_n$$

과 같이 풀린다. 여기서 $i = 1, 2, \cdots, n$에 대하여 $\alpha_i = -c_i/c_{n+1}$이다. $\mathbf{v}$는 V에 존재하는 임의의 벡터이기 때문에, $\mathbf{v}_1, \mathbf{v}_2, \cdots, \mathbf{v}_n$은 V를 생성한다.

(II)를 증명하기 위하여 $\mathbf{v}_1, \mathbf{v}_2, \cdots, \mathbf{v}_n$이 V를 생성한다고 가정하자. 만약 $\mathbf{v}_1, \mathbf{v}_2, \cdots, \mathbf{v}_n$이 선형 종속이라면 $\mathbf{v}_i$들 중 한 벡터, 말하자면 $\mathbf{v}_n$을 다른 벡터들의 선형 결합으로 쓸 수 있다. 즉, $\mathbf{v}_1, \mathbf{v}_2, \cdots, \mathbf{v}_{n-1}$은 여전히 V를 생성하게 될 것이다. 만약 $\mathbf{v}_1, \mathbf{v}_2, \cdots, \mathbf{v}_{n-1}$이 선형 종속이라면 또 다른 벡터를 제거할 수 있으며, 여전히 생성 집합일 것이다. 이러한 방법으로 연속

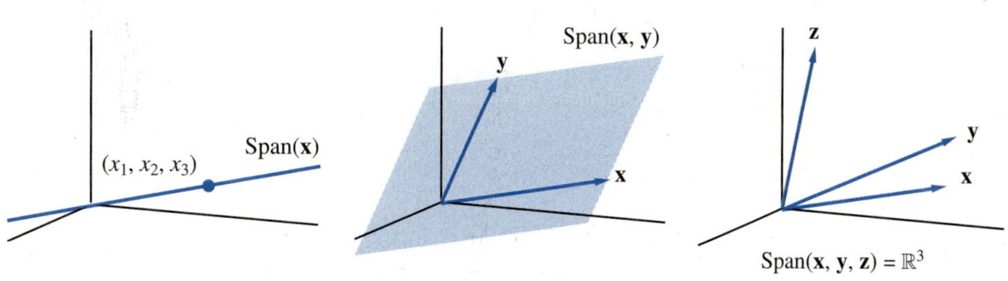

(a) (b) (c)

그림 3.4.1

적으로, $k < n$인 원소를 갖는 선형 독립의 생성 집합에 도달할 때까지 벡터들을 제거할 수 있다. 그러나 이는 $\dim V = n$과 모순된다. 그러므로 $\mathbf{v}_1, \mathbf{v}_2, \cdots, \mathbf{v}_n$은 선형 독립이다. ■

예제 4 $\left\{ \begin{bmatrix} 1 \\ 2 \\ 3 \end{bmatrix}, \begin{bmatrix} -2 \\ 1 \\ 0 \end{bmatrix}, \begin{bmatrix} 1 \\ 0 \\ 1 \end{bmatrix} \right\}$이 $\mathbb{R}^3$의 기저임을 보여라.

해답 $\dim \mathbb{R}^3 = 3$이기 때문에 이 세 벡터들이 선형 독립임을 보이기만 하면 된다.

$$\begin{vmatrix} 1 & -2 & 1 \\ 2 & 1 & 0 \\ 3 & 0 & 1 \end{vmatrix} = 2$$

이기 때문에 만족된다. ■

정리 3.4.4 V가 $n > 0$ 차원을 갖는 벡터공간이라고 하자. 그러면

(i) n보다 작은 개수의 벡터들은 V를 생성할 수 없다.

(ii) n보다 작은 수의 선형 독립 벡터들의 임의의 집합은 V의 기저가 되도록 확장될 수 있다.

(iii) n개의 벡터들보다 더 많은 원소를 갖는 어떠한 생성 집합도 V의 기저가 되도록 축소될 수 있다.

증명 진술 (i)은 정리 3.4.3의 (I)을 증명하기 위해 사용된 동일한 이유들에 의하여 성립한다. (ii)를 증명하기 위하여 $\mathbf{v}_1, \mathbf{v}_2, \cdots, \mathbf{v}_k$가 선형 독립이고, $k < n$이라고 하자. (i)로부터 $\text{Span}(\mathbf{v}_1, \mathbf{v}_2, \cdots, \mathbf{v}_k)$는 V의 진부분공간이다. 따라서 V 안에 $\text{Span}(\mathbf{v}_1, \mathbf{v}_2, \cdots, \mathbf{v}_k)$에 존재하지 않는 벡터 $\mathbf{v}_{k+1}$이 존재한다. 이는 $\mathbf{v}_1, \mathbf{v}_2, \cdots, \mathbf{v}_k, \mathbf{v}_{k+1}$이 선형 독립이어야 함을 말한다. 만약 $k+1 < n$이라면 같은 방식으로 $\{\mathbf{v}_1, \mathbf{v}_2, \cdots, \mathbf{v}_k, \mathbf{v}_{k+1}\}$은 $k+2$개의 선형 독립 벡터들의 집합으로 확장될 수 있다. n개의 선형 독립 벡터들의 집합 $\{\mathbf{v}_1, \mathbf{v}_2, \cdots, \mathbf{v}_k, \mathbf{v}_{k+1}, \cdots, \mathbf{v}_n\}$을 얻을 때까지 연속적으로 이러한 확장 과정은 지속된다.

(iii)을 증명하기 위하여 $\mathbf{v}_1, \mathbf{v}_2, \cdots, \mathbf{v}_m$이 V를 생성하고 $m > n$이라고 하자. 정리 3.4.1에 의하여 $\mathbf{v}_1, \mathbf{v}_2, \cdots, \mathbf{v}_m$은 선형 종속이다. 이는 벡터들 중 하나, 예를 들어 $\mathbf{v}_m$은 다른 벡터들의 선형 결합으로 표현될 수 있음을 말한다. 만약 이 집합으로부터 $\mathbf{v}_m$을 제거한다면 나머지 $m-1$개의 벡터들은 여전히 V를 생성할 것이다. 만약 $m-1 > n$이라면, n개의 원소를 포함하는 생성 집합에 도달할 때까지 연속적으로 이러한 방법을 통해 벡터들을 제거할 수 있다. ■

표준 기저

예제 1에서 $\{\mathbf{e}_1, \mathbf{e}_2, \mathbf{e}_3\}$를 $\mathbb{R}^3$를 위한 표준 기저라고 하였다. 이 기저를 표준 기저라고 하는 이유는 $\mathbb{R}^3$에서 벡터들을 표현하기 위하여 사용하는 가장 자연적인 기저이기 때문이다. 이를 일반화하면, $\mathbb{R}^n$을 위한 표준 기저는 집합 $\{\mathbf{e}_1, \mathbf{e}_2, \cdots, \mathbf{e}_n\}$이다.

$\mathbb{R}^{2\times2}$에서 행렬을 표현하는 가장 자연스러운 방법은 예제 2에서 주어진 기저 $\{E_{11}, E_{12}, E_{21}, E_{22}\}$의 항들로 표현하는 것이다. 그러면 이는 $\mathbb{R}^{2\times2}$의 표준 기저가 된다.

P_n에서 다항식을 표현하는 표준적인 방법은 함수들 $1, x, x^2, \cdots, x^{n-1}$의 항들로 표현하는 것이다. 결과적으로 P_n을 위한 표준 기저는 $\{1, x, x^2, \cdots, x^{n-1}\}$이다.

비록 표준 기저들이 간단하게 보이고 사용하기에 가장 자연스러워 보일지라도 표준 기저들이 여러 적용 문제에서 가장 적절한 기저들은 아니다(예로써, 5장의 최소제곱법 문제, 또는 6장의 고윳값 적용 문제를 참조하라). 실로 많은 적용 문제들을 풀기 위한 열쇠는 표준 기저로부터 특별한 응용문제를 위한 가장 적당한 기저로 옮겨 가는 것이다. 일단 응용문제가 새로운 기저를 사용하여 풀린다면, 해를 표준 기저로 되돌려 표현하는 것은 간단한 문제이다. 다음 절에서 한 기저를 다른 기저로 어떻게 변환하는지를 학습할 것이다.

3.4 연습문제

1. 3.3절의 연습문제 1에서 주어진 벡터들이 $\mathbb{R}^2$의 기저가 되는지 보여라.

2. 3.3절의 연습문제 2에서 주어진 벡터들이 $\mathbb{R}^3$의 기저가 되는지 보여라.

3. 다음과 같이 주어진 벡터들에 대해

$$\mathbf{x}_1 = \begin{pmatrix} 1 \\ 2 \end{pmatrix}, \quad \mathbf{x}_2 = \begin{pmatrix} 3 \\ 4 \end{pmatrix}, \quad \mathbf{x}_3 = \begin{pmatrix} 6 \\ -1 \end{pmatrix}$$

(a) $\mathbf{x}_1$과 $\mathbf{x}_2$가 $\mathbb{R}^2$의 기저임을 보여라.

(b) 왜 $\mathbf{x}_1, \mathbf{x}_2, \mathbf{x}_3$는 선형 독립이어야 하는가?

(c) $\text{Span}(\mathbf{x}_1, \mathbf{x}_2, \mathbf{x}_3)$의 차원은 얼마인가?

4. 다음과 같이 주어진 벡터들에 대하여 $\text{Span}(\mathbf{x}_1, \mathbf{x}_2, \mathbf{x}_3)$는 몇 차원인가?

$$\mathbf{x}_1 = \begin{pmatrix} -4 \\ 6 \\ -2 \end{pmatrix}, \quad \mathbf{x}_2 = \begin{pmatrix} 2 \\ -3 \\ 1 \end{pmatrix}, \quad \mathbf{x}_3 = \begin{pmatrix} 6 \\ -9 \\ 3 \end{pmatrix}$$

5. 다음과 같이 주어진 벡터들에 대해

$$\mathbf{x}_1 = \begin{pmatrix} 2 \\ 1 \\ 3 \end{pmatrix}, \quad \mathbf{x}_2 = \begin{pmatrix} 3 \\ -1 \\ 4 \end{pmatrix}, \quad \mathbf{x}_3 = \begin{pmatrix} 2 \\ 6 \\ 4 \end{pmatrix}$$

(a) $\mathbf{x}_1, \mathbf{x}_2, \mathbf{x}_3$이 선형 종속임을 보여라.

(b) $\mathbf{x}_1$과 $\mathbf{x}_2$가 선형 독립임을 보여라.

(c) $\text{Span}(\mathbf{x}_1, \mathbf{x}_2, \mathbf{x}_3)$는 몇 차원인가?

(d) $\text{Span}(\mathbf{x}_1, \mathbf{x}_2, \mathbf{x}_3)$를 기하학적으로 설명하라.

6. 3.2절의 연습문제 2에서 몇몇 집합들은 $\mathbb{R}^3$의 부분집합을 형성하였다. 이 경우들에 있어서 부분공간의 기저를 찾고, 차원을 구하라.

7. $(a+b, a-b+2c, b, c)^T$와 같은 형태로 표현되는 모든 벡터들로 구성되는 $\mathbb{R}^4$의 부분공간 S의 기저를 구하라. 단, a, b, c는 실수이다. S는 몇 차원인가?

8. $\mathbf{x}_1 = (1, 1, 1)^T$와 $\mathbf{x}_2 = (3, -1, 4)^T$에 대하여 다음 물음에 답하라.

(a) $\mathbf{x}_1$과 $\mathbf{x}_2$는 $\mathbb{R}^3$를 생성하는가? 그 이유를 설명하라.

(b) $\mathbb{R}^3$에 세 번째 벡터 $\mathbf{x}_3$가 있다고 하자. 그리고 $X = (\mathbf{x}_1\ \mathbf{x}_2\ \mathbf{x}_3)$라고 하자. $\mathbf{x}_1, \mathbf{x}_2, \mathbf{x}_3$가 $\mathbb{R}^3$의 기저가 되기 위해 X는 어떤 조건을 만족해야만 하는가?

(c) $\{\mathbf{x}_1, \mathbf{x}_2\}$를 $\mathbb{R}^3$의 기저로 확장하기 위한 세 번째 벡터 $\mathbf{x}_3$를 구하라.

9. $\mathbf{a}_1$과 $\mathbf{a}_2$가 $\mathbb{R}^3$에서 선형 독립이라고 하고, 벡터 $\mathbf{x}$가 $\mathbb{R}^2$에 존재한다고 하자.

(a) Span($\mathbf{a}_1, \mathbf{a}_2$)를 기하학적으로 기술하라.

(b) 만약 $A = (\mathbf{a}_1, \mathbf{a}_2)$라고 하고 $\mathbf{b} = A\mathbf{x}$라고 한다면 Span($\mathbf{a}_1, \mathbf{a}_2, \mathbf{b}$)는 몇 차원인가?

10. 다음 벡터들은 $\mathbb{R}^3$를 생성한다.

$$\mathbf{x}_1 = \begin{pmatrix} 1 \\ 0 \\ 3 \end{pmatrix}, \quad \mathbf{x}_2 = \begin{pmatrix} 2 \\ 2 \\ 1 \end{pmatrix},$$

$$\mathbf{x}_3 = \begin{pmatrix} 1 \\ 2 \\ -2 \end{pmatrix}, \quad \mathbf{x}_4 = \begin{pmatrix} 2 \\ 0 \\ 6 \end{pmatrix}, \quad \mathbf{x}_5 = \begin{pmatrix} 0 \\ 4 \\ 5 \end{pmatrix}$$

집합 $\{\mathbf{x}_1, \mathbf{x}_2, \mathbf{x}_3, \mathbf{x}_4, \mathbf{x}_5\}$가 $\mathbb{R}^3$의 기저가 되도록 감축하라.

11. S가 $ax^2 + bx + 2a + 3b$ 형태로 표현되는 모든 다항식으로 구성되는 P_3의 부분공간이라고 하자. S의 기저를 구하라.

12. 3.2절의 연습문제 3에서 몇몇 집합들은 $\mathbb{R}^{2\times2}$의 부분공간을 형성한다. 이들 각 경우에 대하여 부분공간의 기저와 차원을 구하라.

13. $C[-\pi, \pi]$에서 1, $\cos 2x$, $\cos^2 x$에 의하여 생성되는 부분공간의 차원을 구하라.

14. 다음 각각에 대하여 주어진 벡터들에 의해 생성되는 P_3의 부분공간의 차원을 구하라.

(a) $x^2 - 2x, x + 2, 2x - 3$

(b) $x^2 + 4, x^2 - 4, x + 2, 2x$

(c) $-x^2, x^2 + 5x + 6, 5x + 6$ **(d)** $4x, x + 1$

15. S를 $p(0) = 0$을 만족하는 모든 다항식 $p(x)$로 구성되는 P_3의 부분공간이라고 하자. 그리고 $q(1) = 0$인 모든 다항식 $q(x)$의 부분공간을 T라고 하자. 다음 공간들에 대한 기저를 구하라.

(a) S **(b)** T **(c)** $S \cap T$

16. $\mathbb{R}^4$에서 U를 $(u_1, u_2, 0, 0)^T$ 형태인 모든 벡터들의 부분공간이라 하고, V를 $(0, v_2, v_3, 0)^T$ 형태인 모든 벡터들의 부분공간이라고 하자. $U, V, U \cap V, U + V$들은 몇 차원인가? 이 각각의 네 부분공간들에 대한 기저를 구하라(3.2절의 연습문제 24, 26 참조).

17. $\mathbb{R}^3$의 이차원 부분공간들 U와 V에 대하여 교집합이 $\{\mathbf{0}\}$을 만족하는 U와 V를 구하는 것이 가능한가? 여러분의 답을 증명하라. 결론을 기하학적으로 해석해 보라[힌트: $\{\mathbf{u}_1, \mathbf{u}_2\}$와 $\{\mathbf{v}_1, \mathbf{v}_2\}$를 각각 U와 V의 기저라고 하자. $\mathbf{u}_1, \mathbf{u}_2, \mathbf{v}_1, \mathbf{v}_2$가 선형 종속임을 보여라].

18. U와 V가 $\mathbb{R}^n$의 부분공간이고 $U \cap V = \{\mathbf{0}\}$이라면

$$\dim(U + V) = \dim U + \dim V$$

임을 보여라.

3.5 기저의 변환

많은 응용문제들은 좌표계를 변환함으로써 간단해질 수 있다. 벡터공간에서 좌표계를 변환하는 것은 한 기저를 다른 기저로 변환하는 것과 본질적으로 같다. 예를 들어 특정한 시간에 평면상의 입자의 움직임을 기술할 때, 표준 기저 $\{\mathbf{e}_1, \mathbf{e}_2\}$ 대신에 단위 접선 벡터 $\mathbf{T}$와 단위 법선 벡터 $\mathbf{N}$으로 이루어지는 $\mathbb{R}^2$의 기저를 이용하는 것이 종종 편리하다.

이 절에서는 좌표계들을 교환하는 문제에 대하여 다룬다. 좌표계 교환이 비특이 행렬 S를 좌표 벡터 $\mathbf{x}$에 곱함으로써 수행됨을 보일 것이다. 곱 $\mathbf{y} = S\mathbf{x}$는 새로운 좌표계의 좌표 벡터가 될 것이다.

$\mathbb{R}^2$에서의 좌표 변환

$\mathbb{R}^2$의 표준 좌표는 $\{\mathbf{e}_1, \mathbf{e}_2\}$이다. $\mathbb{R}^2$ 안의 임의의 벡터 $\mathbf{x}$는 선형 결합

$$\mathbf{x} = x_1\mathbf{e}_1 + x_2\mathbf{e}_2$$

에 의하여 표현될 수 있다. 스칼라 x_1과 x_2는 표준 기저에 대한 $\mathbf{x}$의 좌표(coordinate)라고 생각될 수 있다. 실제, 정리 3.3.2에 의하여 $\mathbb{R}^2$의 임의의 기저 $\{\mathbf{y}, \mathbf{z}\}$에 대하여 주어진 벡터 $\mathbf{x}$는 선형 결합

$$\mathbf{x} = \alpha\mathbf{y} + \beta\mathbf{z}$$

로 유일하게 표현될 수 있다. 스칼라 α와 β는 기저 $\{\mathbf{y}, \mathbf{z}\}$에 대한 $\mathbf{x}$의 좌표이다. 기저 원소들의 순서를 정렬하여 $\mathbf{y}$를 첫 번째 기저 벡터로, 그리고 $\mathbf{z}$를 두 번째 기저 벡터로 하자. 이렇게 순서가 정해진 기저를 $[\mathbf{y}, \mathbf{z}]$라고 표기하자. 벡터 $(\alpha, \beta)^T$를 기저 $[\mathbf{y}, \mathbf{z}]$에 대한 **좌표 벡터(coordinate vector)**라고 한다. 만약 기저 벡터들의 순서가 역순, 즉 $[\mathbf{z}, \mathbf{y}]$라면 좌표 벡터의 순서를 재정렬해야 한다. $[\mathbf{z}, \mathbf{y}]$ 기준의 좌표 벡터는 $(\beta, \alpha)^T$가 될 것이다. $\{\mathbf{u}_1, \mathbf{u}_2\}$와 같이 첨자를 사용하여 기저를 표현한다면, 기저 벡터들이 첨자에 의해 순서가 부여된 것으로 생각하자.

예제 1 $\mathbf{y} = (2, 1)^T$와 $\mathbf{z} = (1, 4)^T$라고 하자. 벡터 $\mathbf{y}$와 $\mathbf{z}$는 선형 독립이므로 $\mathbb{R}^2$의 기저를 형성한다. 벡터 $\mathbf{x} = (7, 7)^T$는 선형 결합

$$\mathbf{x} = 3\mathbf{y} + \mathbf{z}$$

에 의하여 표현된다. 그러므로 벡터 $\mathbf{x}$의 기저 $[\mathbf{y}, \mathbf{z}]$에 대한 좌표는 $(3, 1)^T$이다. 기하학적으로 좌표 벡터는 먼저 $\mathbf{y}$ 방향으로 그리고 다음 $\mathbf{z}$ 방향으로 원점으로부터 점 $(7, 7)$로 움직임을 지정한다. 만일 $\mathbf{z}$를 첫 번째 기저 벡터, $\mathbf{y}$를 두 번째 기저 벡터로 본다면 $\mathbf{x} = \mathbf{z} + 3\mathbf{y}$가 된다. 따라서 $[\mathbf{z}, \mathbf{y}]$에 대한 $\mathbf{x}$의 좌표는 $(1, 3)^T$이다. 기하학적으로 이 벡터는 먼저 $\mathbf{z}$ 방향으로 다음 $\mathbf{y}$ 방향으로 원점에서 점 $(7, 7)$로 어떻게 움직이는지를 말해 준다(그림 3.5.1 참조). ■

좌표 변환의 이해를 돕기 위하여 다음의 응용문제를 고려해 보자.

응용 1 인구 이동

대도시의 총인구수가 상대적으로 고정되어 있다고 가정해 보자. 그렇지만, 매년 도심에 사는 인구의 6%가 교외로 이동하고, 교외에 사는 2%는 도심으로 이주한다. 만약 초기에 인구의 30%가 도심에 살고 70%가 교외에 살았다고 한다면, 10년 뒤에 이 비율은 어떻게 될 것인가? 30년, 50년 뒤 인구 비율은? 장기적으로 무엇을 의미하는가?

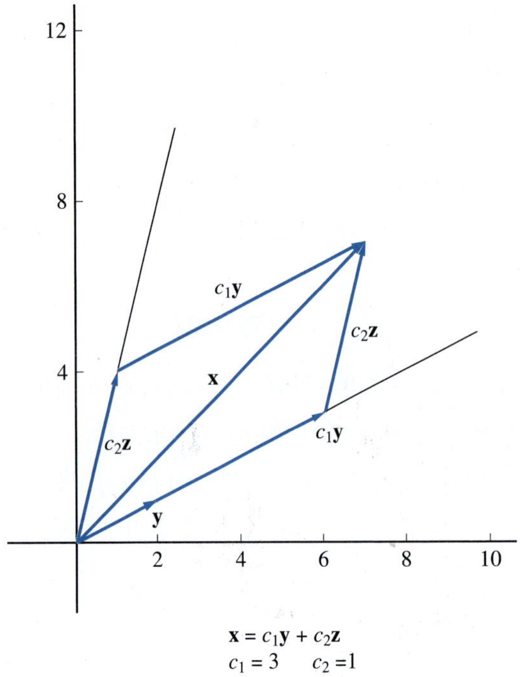

그림 3.5.1

인구 변화는 행렬 곱에 의하여 결정될 수 있다.

$$A = \begin{bmatrix} 0.94 & 0.02 \\ 0.06 & 0.98 \end{bmatrix} \quad \text{그리고} \quad \mathbf{x}_0 = \begin{bmatrix} 0.30 \\ 0.70 \end{bmatrix}$$

과 같이 놓는다면, 1년 뒤 도심과 교외에 사는 인구의 백분율은 $\mathbf{x}_1 = A\mathbf{x}_0$로서 결정된다. 2년 뒤 백분율은 $\mathbf{x}_2 = A\mathbf{x}_1 = A^2\mathbf{x}_0$와 같이 계산될 수 있다. 일반화하면 n년 뒤 인구의 백분율은 $\mathbf{x}_n = A^n\mathbf{x}_0$와 같이 주어진다. $n = 10, 30, 50$에 대해 백분율을 계산하면 근사적으로 다음과 같다.

$$\mathbf{x}_{10} = \begin{bmatrix} 0.27 \\ 0.73 \end{bmatrix} \qquad \mathbf{x}_{30} = \begin{bmatrix} 0.25 \\ 0.75 \end{bmatrix} \qquad \mathbf{x}_{50} = \begin{bmatrix} 0.25 \\ 0.75 \end{bmatrix}$$

사실 n이 증가함에 따라 벡터 수열 $\mathbf{x}_n = A^n\mathbf{x}_0$는 $\mathbf{x} = (0.25, 0.75)^T$로 수렴한다. 극한 벡터 $\mathbf{x}$를 과정(process)에 대한 **정상상태 벡터**(steady-state vector)라고 한다.

왜 과정이 정상상태에 도달하는지를 이해하기 위하여 다른 좌표계로 변화하는 것이 도움이 된다. 새로운 좌표계를 위하여 벡터 $\mathbf{u}_1$과 $\mathbf{u}_2$를 선택할 것이다. 이 벡터들을 이용하면, 행렬 곱의 효과를 쉽게 살펴볼 수 있을 것이다. 특별히 $\mathbf{u}_1$이 정상상태 벡터의 임의의 배수가 되도록 선택한다면, $A\mathbf{u}_1$은 $\mathbf{u}_1$과 같을 것이다. $\mathbf{u}_1 = (1\ 3)^T$라 하고 $\mathbf{u}_2 = (-1\ 1)^T$라고 하자. 두 번째 벡터는, A에 이 벡터를 곱할 경우 단지 그 벡터를 0.92만큼 스케일하는 것과 같아지기 때문에 선택되었다. 따라서 새로운 기저 벡터들은 다음을 만족한다.

$$A\mathbf{u}_1 = \begin{bmatrix} 0.94 & 0.02 \\ 0.06 & 0.98 \end{bmatrix} \begin{bmatrix} 1 \\ 3 \end{bmatrix} = \begin{bmatrix} 1 \\ 3 \end{bmatrix} = \mathbf{u}_1$$

$$A\mathbf{u}_2 = \begin{bmatrix} 0.94 & 0.02 \\ 0.06 & 0.98 \end{bmatrix} \begin{bmatrix} -1 \\ 1 \end{bmatrix} = \begin{bmatrix} -0.92 \\ 0.92 \end{bmatrix} = 0.92\mathbf{u}_2$$

초기 벡터 $\mathbf{x}_0$는 새로운 기저 벡터들의 선형 결합으로 다음과 같이 쓸 수 있다.

$$\mathbf{x}_0 = \begin{bmatrix} 0.30 \\ 0.70 \end{bmatrix} = 0.25 \begin{bmatrix} 1 \\ 3 \end{bmatrix} - 0.05 \begin{bmatrix} -1 \\ 1 \end{bmatrix} = 0.25\mathbf{u}_1 - 0.05\mathbf{u}_2$$

초기 벡터를 이용하면

$$\mathbf{x}_n = A^n\mathbf{x}_0 = 0.25\mathbf{u}_1 - 0.05(0.92)^n\mathbf{u}_2$$

두 번째 항은 n이 증가함에 따라서 0으로 수렴한다. 사실상 $n > 27$일 때 그 항은 반올림하여 $\mathbf{x}_n$이 아래와 같아지도록 충분히 작아질 것이다.

$$0.25\mathbf{u}_1 = \begin{bmatrix} 0.25 \\ 0.75 \end{bmatrix}$$

이 응용 예는 **마르코프 과정**(Markov process)이라고 하는 수학 모델의 한 유형이다. 벡터 수열 $\mathbf{x}_1, \mathbf{x}_2, \cdots$는 **마르코프 사슬**(Markov chain)이라고 한다. 행렬 A는 그것의 각 항들이 음수가 아니고, 열을 구성하는 항들의 합이 1이라는 점에서 특별한 구조를 갖는다. 이러한 행렬들은 **확률 행렬**(stochastic matrix)이라고 한다. 좀 더 정밀한 정의는 6장에서 이런 종류의 응용 예들을 다룰 때 주어질 것이다. 여기서 강조하고자 하는 것은 이러한 과정들에 대한 이해의 열쇠는 기저의 변화가 문제를 매우 간단하게 해 준다는 것이다. 특히 A가 $n \times n$ 행렬이라면, 각 기저 벡터 $\mathbf{u}_j$에 대한 행렬 A의 영향이 단지 인자 λ_j만큼 스케일되도록, 즉

$$A\mathbf{u}_j = \lambda_j\mathbf{u}_j \quad j = 1, 2, \ldots, n \tag{1}$$

기저 벡터들을 선택하길 원한다는 것이다.

$n \times n$ 행렬 A와 연관된 많은 응용문제에서 종종 문제를 푸는 열쇠는 식 (1)이 만족되도록 기저 벡터들 $\mathbf{u}_1, \cdots, \mathbf{u}_n$과 스칼라들 $\lambda_1, \cdots, \lambda_n$을 구하는 것이다. 새로운 기저 벡터들은 행렬 A와 함께 사용되는 고유 좌표계로, 스칼라들은 기저 벡터들에 대한 고유 주파수로 생각될 수 있다. 6장에서 이러한 유형의 응용문제들을 상세하게 다룰 것이다.

좌표 변환

일단 새로운 기저를 이용하기로 했다면, 문제는 이 기저에 대한 좌표들을 구하는 것이다. 예를 들어 $\mathbb{R}^2$에 대한 표준 기저 $\{\mathbf{e}_1, \mathbf{e}_2\}$ 대신 새로운 기저

$$\mathbf{u}_1 = \begin{bmatrix} 3 \\ 2 \end{bmatrix}, \qquad \mathbf{u}_2 = \begin{bmatrix} 1 \\ 1 \end{bmatrix}$$

을 사용한다고 하자. 두 좌표계들 간에 서로 변환하기를 원할 수도 있다. 다음 두 문제들을 고려해 보자.

I. 주어진 벡터 $\mathbf{x} = (\mathbf{x}_1, \mathbf{x}_2)^T$에 대하여, $\mathbf{u}_1$과 $\mathbf{u}_2$에 대한 좌표를 구하라.

II. 주어진 벡터 $c_1\mathbf{u}_1 + c_2\mathbf{u}_2$에 대하여, $\mathbf{e}_1$과 $\mathbf{e}_2$에 대한 좌표를 구하라.

문제 II가 훨씬 쉽기 때문에 먼저 풀어 보도록 하자. 기저를 $\{\mathbf{u}_1, \mathbf{u}_2\}$에서 $\{\mathbf{e}_1, \mathbf{e}_2\}$로 변환하기 위하여, 기존 기저 원소 $\mathbf{u}_1$과 $\mathbf{u}_2$를 새로운 기저 원소 $\mathbf{e}_1$과 $\mathbf{e}_2$로 표현해야 한다. 즉,

$$\begin{aligned} \mathbf{u}_1 &= 3\mathbf{e}_1 + 2\mathbf{e}_2 \\ \mathbf{u}_2 &= \ \ \mathbf{e}_1 + \mathbf{e}_2 \end{aligned}$$

이로부터

$$\begin{aligned} c_1\mathbf{u}_1 + c_2\mathbf{u}_2 &= (3c_1\mathbf{e}_1 + 2c_1\mathbf{e}_2) + (c_2\mathbf{e}_1 + c_2\mathbf{e}_2) \\ &= (3c_1 + c_2)\mathbf{e}_1 + (2c_1 + c_2)\mathbf{e}_2 \end{aligned}$$

따라서 $\{\mathbf{e}_1, \mathbf{e}_2\}$에 대한 $c_1\mathbf{u}_1 + c_2\mathbf{u}_2$의 좌표 벡터는 다음과 같다.

$$\mathbf{x} = \begin{pmatrix} 3c_1 + c_2 \\ 2c_1 + c_2 \end{pmatrix} = \begin{pmatrix} 3 & 1 \\ 2 & 1 \end{pmatrix} \begin{pmatrix} c_1 \\ c_2 \end{pmatrix}$$

$$U = (\mathbf{u}_1, \mathbf{u}_2) = \begin{pmatrix} 3 & 1 \\ 2 & 1 \end{pmatrix}$$

행렬 U를 위와 같이 두면, $\{\mathbf{u}_1, \mathbf{u}_2\}$에 대한 임의의 좌표 벡터 $\mathbf{c}$에 대하여 $\{\mathbf{e}_1, \mathbf{e}_2\}$에 대한 좌표 벡터 $\mathbf{x}$를 구하기 위하여 U를 $\mathbf{c}$에 곱하자.

$$\mathbf{x} = U\mathbf{c} \tag{2}$$

행렬 U를 순서 기저 $\{\mathbf{u}_1, \mathbf{u}_2\}$로부터 $\{\mathbf{e}_1, \mathbf{e}_2\}$로의 천이 행렬(transition matrix)이라고 한다.

문제 I을 풀기 위해서는 $\{\mathbf{e}_1, \mathbf{e}_2\}$로부터 $\{\mathbf{u}_1, \mathbf{u}_2\}$로의 천이 행렬을 구해야 한다. 식 (2)의 행렬 U는 비특이 행렬이다. 왜냐하면 열 벡터 $\mathbf{u}_1$과 $\mathbf{u}_2$가 서로 독립이기 때문이다. 식 (2)로부터

$$\mathbf{c} = U^{-1}\mathbf{x}$$

을 얻는다. 따라서 다음과 같이 주어진 벡터에 대하여

$$\mathbf{x} = (x_1, x_2)^T = x_1\mathbf{e}_1 + x_2\mathbf{e}_2$$

$\{\mathbf{u}_1, \mathbf{u}_2\}$에 대한 좌표 벡터를 구하기 위해서는 단지 U^{-1}를 곱하면 된다. U^{-1}는 $\{\mathbf{e}_1, \mathbf{e}_2\}$로부터 $\{\mathbf{u}_1, \mathbf{u}_2\}$로의 천이 행렬이다.

예제 2 $\mathbf{u}_1 = (3, 2)^T$, $\mathbf{u}_2 = (1, 1)^T$, $\mathbf{x} = (7, 4)^T$라고 하자. $\mathbf{u}_1$과 $\mathbf{u}_2$에 대한 $\mathbf{x}$의 좌표를 구하라.

해답 앞의 토의에 의해서 $\{\mathbf{e}_1, \mathbf{e}_2\}$로부터 $\{\mathbf{u}_1, \mathbf{u}_2\}$로의 천이 행렬은

$$U = (\mathbf{u}_1, \mathbf{u}_2) = \begin{pmatrix} 3 & 1 \\ 2 & 1 \end{pmatrix}$$

의 역행렬이다. 따라서

$$\mathbf{c} = U^{-1}\mathbf{x} = \begin{pmatrix} 1 & -1 \\ -2 & 3 \end{pmatrix} \begin{pmatrix} 7 \\ 4 \end{pmatrix} = \begin{pmatrix} 3 \\ -2 \end{pmatrix}$$

은 원하는 좌표 벡터이고

$$\mathbf{x} = 3\mathbf{u}_1 - 2\mathbf{u}_2$$

■

예제 3 $\mathbf{b}_1 = (1, -1)^T$, $b_2 = (-2, 3)^T$라고 하자. $\{\mathbf{e}_1, \mathbf{e}_2\}$로부터 $\{\mathbf{b}_1, \mathbf{b}_2\}$로 천이 행렬을 구하고 $\mathbf{x} = (1, 2)^T$의 $\{\mathbf{b}_1, \mathbf{b}_2\}$에 대한 좌표를 구하라.

해답 $\{\mathbf{b}_1, \mathbf{b}_2\}$로부터 $\{\mathbf{e}_1, \mathbf{e}_2\}$로의 천이 행렬은 다음과 같다.

$$B = (\mathbf{b}_1, \mathbf{b}_2) = \begin{pmatrix} 1 & -2 \\ -1 & 3 \end{pmatrix}$$

따라서 $\{\mathbf{e}_1, \mathbf{e}_2\}$로부터 $\{\mathbf{b}_1, \mathbf{b}_2\}$로 천이 행렬은 다음과 같다.

$$B^{-1} = \begin{pmatrix} 3 & 2 \\ 1 & 1 \end{pmatrix}$$

$\{\mathbf{b}_1, \mathbf{b}_2\}$에 대한 $\mathbf{x}$의 좌표 벡터는

$$\mathbf{c} = B^{-1}\mathbf{x} = \begin{pmatrix} 3 & 2 \\ 1 & 1 \end{pmatrix} \begin{pmatrix} 1 \\ 2 \end{pmatrix} = \begin{pmatrix} 7 \\ 3 \end{pmatrix}$$

이고, 따라서

$$\mathbf{x} = 7\mathbf{b}_1 + 3\mathbf{b}_2$$

■

이제 $\mathbb{R}^2$의 한 기저 $\{\mathbf{v}_1, \mathbf{v}_2\}$로부터 다른 기저 $\{\mathbf{u}_1, \mathbf{u}_2\}$로 변화하는 일반적인 문제를 고려해 보자. 이 경우에 있어 주어진 벡터 $\mathbf{x}$의 $\{\mathbf{v}_1, \mathbf{v}_2\}$에 대한 좌표를 알고 있다고 가정하자.

$$\mathbf{x} = c_1\mathbf{v}_1 + c_2\mathbf{v}_2$$

이제 $\mathbf{x}$를 $d_1\mathbf{u}_1 + d_2\mathbf{u}_2$의 형태로 표현하고자 한다. 따라서

$$c_1\mathbf{v}_1 + c_2\mathbf{v}_2 = d_1\mathbf{u}_1 + d_2\mathbf{u}_2 \tag{3}$$

을 만족하는 스칼라 d_1과 d_2를 구해야 한다. 만약 $V = (\mathbf{v}_1, \mathbf{v}_2)$, $U = (\mathbf{u}_1, \mathbf{u}_2)$라고 놓으면, 식 (3)을 다음과 같은 행렬식으로 쓸 수 있다.

$$V\mathbf{c} = U\mathbf{d}$$

그러므로

$$\mathbf{d} = U^{-1}V\mathbf{c}$$

따라서 $\mathbb{R}^2$의 벡터 $\mathbf{x}$와 순서 기저 $\{\mathbf{v}_1, \mathbf{v}_2\}$에 대한 좌표 벡터 $\mathbf{c}$가 주어져 있다면, 새로운 기저 $\{\mathbf{u}_1, \mathbf{u}_2\}$에 대한 $\mathbf{x}$의 좌표를 구하기 위하여 $\mathbf{c}$에 천이 행렬 $S = U^{-1}V$를 곱한다.

예제 4 기저 $\{\mathbf{v}_1, \mathbf{v}_2\}$를 $\{\mathbf{u}_1, \mathbf{u}_2\}$로 변환하기 위한 천이 행렬을 구하라. 여기서

$$\mathbf{v}_1 = \begin{pmatrix} 5 \\ 2 \end{pmatrix}, \quad \mathbf{v}_2 = \begin{pmatrix} 7 \\ 3 \end{pmatrix} \quad \text{그리고} \quad \mathbf{u}_1 = \begin{pmatrix} 3 \\ 2 \end{pmatrix}, \quad \mathbf{u}_2 = \begin{pmatrix} 1 \\ 1 \end{pmatrix}$$

해답 $\{\mathbf{v}_1, \mathbf{v}_2\}$로부터 $\{\mathbf{u}_1, \mathbf{u}_2\}$로의 천이 행렬은 다음과 같이 주어진다.

$$S = U^{-1}V = \begin{pmatrix} 1 & -1 \\ -2 & 3 \end{pmatrix} \begin{pmatrix} 5 & 7 \\ 2 & 3 \end{pmatrix} = \begin{pmatrix} 3 & 4 \\ -4 & -5 \end{pmatrix}$$ ■

$\{\mathbf{v}_1, \mathbf{v}_2\}$로부터 $\{\mathbf{u}_1, \mathbf{u}_2\}$로의 기저 변환은 두 단계 처리 과정으로 볼 수 있다. 먼저 $\{\mathbf{v}_1, \mathbf{v}_2\}$를 표준 기저 $\{\mathbf{e}_1, \mathbf{e}_2\}$로 변환하고, 표준 기저를 $\{\mathbf{u}_1, \mathbf{u}_2\}$로 변환한다. $\mathbb{R}^2$ 상의 주어진 벡터 $\mathbf{x}$에 대해 $\mathbf{c}$가 $\{\mathbf{v}_1, \mathbf{v}_2\}$에 대한 $\mathbf{x}$의 좌표, $\mathbf{d}$가 $\{\mathbf{u}_1, \mathbf{u}_2\}$에 대한 좌표라고 한다면,

$$c_1\mathbf{v}_1 + c_2\mathbf{v}_2 = x_1\mathbf{e}_1 + x_2\mathbf{e}_2 = d_1\mathbf{u}_1 + d_2\mathbf{u}_2$$

V가 $\{\mathbf{v}_1, \mathbf{v}_2\}$로부터 $\{\mathbf{e}_1, \mathbf{e}_2\}$로의 천이 행렬이고, U^{-1}가 $\{\mathbf{e}_1, \mathbf{e}_2\}$로부터 $\{\mathbf{u}_1, \mathbf{u}_2\}$로의 천이 행렬이기 때문에 다음과 같다.

$$V\mathbf{c} = \mathbf{x} \quad \text{그리고} \quad U^{-1}\mathbf{x} = \mathbf{d}$$

그러므로

$$U^{-1}V\mathbf{c} = U^{-1}\mathbf{x} = \mathbf{d}$$

(그림 3.5.2 참조)

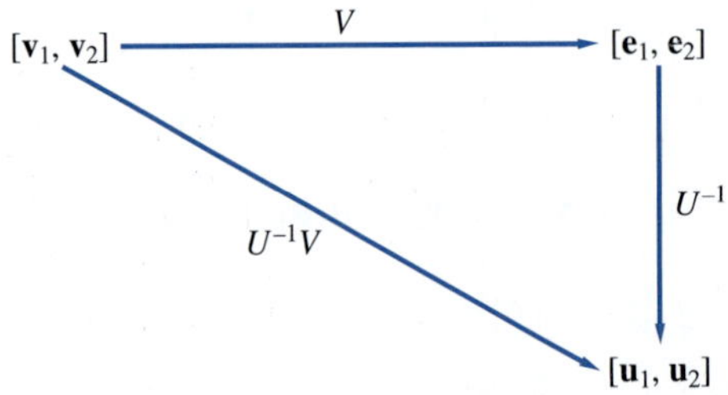

그림 3.5.2

일반 벡터공간을 위한 기저 변환

지금까지 전개해 온 과정은 임의의 유한차원 벡터공간에 적용되도록 쉽게 일반화될 수 있다. n차원 벡터공간을 위한 좌표 벡터를 정의함으로써 시작한다.

정의 V를 벡터공간이라 하고 $E=\{\mathbf{v}_1, \mathbf{v}_2, \cdots, \mathbf{v}_n\}$을 V의 순서 기저라고 하자. 만약 $\mathbf{v}$가 V의 임의의 원소라면, $\mathbf{v}$는 다음과 같은 형태로 표현될 수 있다.

$$\mathbf{v} = c_1\mathbf{v}_1 + c_2\mathbf{v}_2 + \cdots + c_n\mathbf{v}_n$$

여기서 $c_1, c_2, \cdots, c_n$은 스칼라들이다. 따라서 각 벡터 $\mathbf{v}$는 $\mathbb{R}^n$의 유일한 벡터 $\mathbf{c}=(c_1, c_2, \cdots, c_n)^T$와 대응된다. 이러한 방식으로 결정된 벡터 $\mathbf{c}$를 순서 기저 E에 대한 $\mathbf{v}$의 **좌표 벡터**(coordinate vector)라 하고, $[v]_E$라고 표기한다. c_i는 E에 대한 $\mathbf{v}$의 **좌표**(coordinate)라고 한다.

지금까지 살펴본 예제들은 $\mathbb{R}^2$에서의 기저 변환을 다루어 왔다. 유사한 기법들이 $\mathbb{R}^n$ 공간에 대해서도 사용된다. $\mathbb{R}^n$의 경우 천이 행렬은 $n \times n$이다.

예제 5 만약

$$\mathbf{v}_1 = \begin{bmatrix} 1 \\ 1 \\ 1 \end{bmatrix}, \mathbf{v}_2 = \begin{bmatrix} 2 \\ 3 \\ 2 \end{bmatrix}, \mathbf{v}_3 = \begin{bmatrix} 1 \\ 5 \\ 4 \end{bmatrix}$$

이고,

$$\mathbf{u}_1 = \begin{bmatrix} 1 \\ 1 \\ 0 \end{bmatrix}, \mathbf{u}_2 = \begin{bmatrix} 1 \\ 2 \\ 0 \end{bmatrix}, \mathbf{u}_3 = \begin{bmatrix} 1 \\ 2 \\ 1 \end{bmatrix}$$

라면, $E = \{\mathbf{v}_1, \mathbf{v}_2, \mathbf{v}_3\}$와 $F = \{\mathbf{u}_1, \mathbf{u}_2, \mathbf{u}_3\}$는 $\mathbb{R}^3$에 대한 순서 기저이다.

$$\mathbf{x} = 3\mathbf{v}_1 + 2\mathbf{v}_2 - \mathbf{v}_3 \quad \text{그리고} \quad \mathbf{y} = \mathbf{v}_1 - 3\mathbf{v}_2 + 2\mathbf{v}_3$$

라 하자. E에서 F로의 천이 형렬을 구하고 이를 사용하여 순서 기저 F에 대한 $\mathbf{x}$와 $\mathbf{y}$의 좌표를 구하라.

해답 예제 4에서와 같이 천이 행렬은 다음과 같이 주어진다.

$$U^{-1}V = \begin{bmatrix} 2 & -1 & 0 \\ -1 & 1 & -1 \\ 0 & 0 & 1 \end{bmatrix} \begin{bmatrix} 1 & 2 & 1 \\ 1 & 3 & 5 \\ 1 & 2 & 4 \end{bmatrix} = \begin{bmatrix} 1 & 1 & -3 \\ -1 & -1 & 0 \\ 1 & 2 & 4 \end{bmatrix}$$

F에 대한 $\mathbf{x}$와 $\mathbf{y}$의 좌표 벡터들은 다음과 같다.

$$[\mathbf{x}]_F = \begin{pmatrix} 1 & 1 & -3 \\ -1 & -1 & 0 \\ 1 & 2 & 4 \end{pmatrix} \begin{pmatrix} 3 \\ 2 \\ -1 \end{pmatrix} = \begin{pmatrix} 8 \\ -5 \\ 3 \end{pmatrix}$$

$$[\mathbf{y}]_F = \begin{pmatrix} 1 & 1 & -3 \\ -1 & -1 & 0 \\ 1 & 2 & 4 \end{pmatrix} \begin{pmatrix} 1 \\ -3 \\ 2 \end{pmatrix} = \begin{pmatrix} -8 \\ 2 \\ 3 \end{pmatrix}$$

독자들은

$$\begin{aligned} 8\mathbf{u}_1 - 5\mathbf{u}_2 + 3\mathbf{u}_3 &= 3\mathbf{v}_1 + 2\mathbf{v}_2 - \mathbf{v}_3 \\ -8\mathbf{u}_1 + 2\mathbf{u}_2 + 3\mathbf{u}_3 &= \mathbf{v}_1 - 3\mathbf{v}_2 + 2\mathbf{v}_3 \end{aligned}$$

을 증명할 수 있을 것이다. ■

만약 V가 임의의 n차원 벡터공간이라면 한 기저로부터 다른 기저로 $n \times n$ 천이 행렬에 의해 변환될 수 있다. 이러한 천이 행렬은 필연적으로 비특이 행렬임을 보일 것이다. 증명이 어떻게 되는지를 살피기 위하여 $E = \{\mathbf{w}_1, \mathbf{w}_2, \cdots, \mathbf{w}_n\}$ 그리고 $F = \{\mathbf{v}_1, \mathbf{v}_2, \cdots, \mathbf{v}_n\}$이 V를 위한 두 개의 순서 기저라고 하자. 각각의 기저 벡터 $\mathbf{w}_j$를 $\mathbf{v}_i$의 선형 결합으로 표현하는 것이 주요 단계이다.

$$\begin{aligned} \mathbf{w}_1 &= s_{11}\mathbf{v}_1 + s_{21}\mathbf{v}_2 + \cdots + s_{n1}\mathbf{v}_n \\ \mathbf{w}_2 &= s_{12}\mathbf{v}_1 + s_{22}\mathbf{v}_2 + \cdots + s_{n2}\mathbf{v}_n \\ &\ \vdots \\ \mathbf{w}_n &= s_{1n}\mathbf{v}_1 + s_{2n}\mathbf{v}_2 + \cdots + s_{nn}\mathbf{v}_n \end{aligned} \tag{4}$$

$\mathbf{v} \in V$라고 하자. 만약 $\mathbf{x} = [\mathbf{v}]_E$라면 식 (4)로부터

$$\begin{aligned} \mathbf{v} &= x_1\mathbf{w}_1 + x_2\mathbf{w}_2 + \cdots + x_n\mathbf{w}_n \\ &= \left(\sum_{j=1}^{n} s_{1j}x_j\right)\mathbf{v}_1 + \left(\sum_{j=1}^{n} s_{2j}x_j\right)\mathbf{v}_2 + \cdots + \left(\sum_{j=1}^{n} s_{nj}x_j\right)\mathbf{v}_n \end{aligned}$$

따라서 $\mathbf{y} = [\mathbf{v}]_F$라면

$$y_i = \sum_{j=1}^{n} s_{ij}x_j \qquad i = 1, \ldots, n$$

그러므로

$$\mathbf{y} = S\mathbf{x}$$

식 (4)에서 정의된 행렬 S는 천이 행렬이라 부른다. 일단 S가 정의되면, 좌표계를 수정하는 것은 간단하다. $\{\mathbf{v}_1, \mathbf{v}_2, \cdots, \mathbf{v}_n\}$에 대한 $\mathbf{v} = x_1\mathbf{w}_1 + \cdots + x_n\mathbf{w}_n$의 좌표들을 구하기 위하여 $\mathbf{y} = S\mathbf{x}$를 계산하면 된다.

$\{\mathbf{w}_1, \mathbf{w}_2, \cdots, \mathbf{w}_n\}$으로부터 $\{\mathbf{v}_1, \mathbf{v}_2, \cdots, \mathbf{v}_n\}$으로의 기저 변환에 상응하는 천이 행렬 S는

다음 조건에 의해서 특징지어진다.

$$\text{if and only if} \qquad x_1\mathbf{w}_1 + \cdots + x_n\mathbf{w}_n = y_1\mathbf{v}_1 + \cdots + y_n\mathbf{v}_n \tag{5}$$

식 (5)에서 $\mathbf{y} = \mathbf{0}$을 취하하면 $S\mathbf{x} = \mathbf{0}$은

$$x_1\mathbf{w}_1 + \cdots + x_n\mathbf{w}_n = \mathbf{0}$$

을 의미한다. $\mathbf{w}_i$가 선형 독립이므로 $\mathbf{x} = \mathbf{0}$이다. 따라서 등식 $S\mathbf{x} = \mathbf{0}$은 오직 자명한 해만을 갖고, 따라서 행렬 S는 비특이 행렬이다. 역행렬은 다음 조건에 의해서 특징지어진다.

$$S^{-1}\mathbf{y} = \mathbf{x} \qquad \text{if and only if} \qquad y_1\mathbf{v}_1 + \cdots + y_n\mathbf{v}_n = x_1\mathbf{w}_1 + \cdots + x_n\mathbf{w}_n$$

따라서 S^{-1}는 $\{\mathbf{v}_1, \mathbf{v}_2, \cdots, \mathbf{v}_n\}$으로부터 $\{\mathbf{w}_1, \mathbf{w}_2, \cdots, \mathbf{w}_n\}$으로의 기저를 변환하기 위해 사용된 천이 행렬이다.

예제 6 P_3에서 순서 기저 $[1, x, x^2]$을 순서 기저 $[1, 2x, 4x^2 - 2]$로 변환하고자 한다. $[1, x, x^2]$이 P_3의 표준 기저이기 때문에, $[1, 2x, 4x^2 - 2]$으로부터 $[1, x, x^2]$으로의 천이 행렬을 구하는 것은 쉽다.

$$\begin{aligned} 1 &= 1 \cdot 1 + 0x + 0x^2 \\ 2x &= 0 \cdot 1 + 2x + 0x^2 \\ 4x^2 - 2 &= -2 \cdot 1 + 0x + 4x^2 \end{aligned}$$

이므로 천이 행렬은 다음과 같다.

$$S = \begin{pmatrix} 1 & 0 & -2 \\ 0 & 2 & 0 \\ 0 & 0 & 4 \end{pmatrix}$$

S의 역행렬은 $[1, x, x^2]$으로부터 $[1, 2x, 4x^2 - 2]$로의 천이 행렬일 것이다.

$$S^{-1} = \begin{pmatrix} 1 & 0 & \frac{1}{2} \\ 0 & \frac{1}{2} & 0 \\ 0 & 0 & \frac{1}{4} \end{pmatrix}$$

P_3에서 $p(x) = a + bx + cx^2$이 주어져 있을 때 $[1, 2x, 4x^2 - 2]$에 대한 $p(x)$의 좌표들을 구하려면 다음 곱셈을 한다.

$$\begin{pmatrix} 1 & 0 & \frac{1}{2} \\ 0 & \frac{1}{2} & 0 \\ 0 & 0 & \frac{1}{4} \end{pmatrix} \begin{pmatrix} a \\ b \\ c \end{pmatrix} = \begin{pmatrix} a + \frac{1}{2}c \\ \frac{1}{2}b \\ \frac{1}{4}c \end{pmatrix}$$

따라서

$$p(x) = (a + \tfrac{1}{2}c) \cdot 1 + (\tfrac{1}{2}b) \cdot 2x + \tfrac{1}{4}c \cdot (4x^2 - 2)$$

■

각 천이 행렬은 비특이 행렬임을 보았다. 실질적으로 어떤 비특이 행렬도 천이 행렬로서 간주될 수 있다. 만약 S가 $n \times n$ 비특이 행렬이고 $\{\mathbf{v}_1, \mathbf{v}_2, \cdots, \mathbf{v}_n\}$이 V를 위한 순서 기저라면, 식 (4)에 의해 $\{\mathbf{w}_1, \mathbf{w}_2, \cdots, \mathbf{w}_n\}$을 정의한다. $\mathbf{w}_j$가 선형 독립임을 보이기 위하여

$$\sum_{j=1}^{n} x_j \mathbf{w}_j = \mathbf{0}$$

을 가정하자. 식 (4)로부터

$$\sum_{i=1}^{n} \left(\sum_{j=1}^{n} s_{ij} x_j \right) \mathbf{v}_j = \mathbf{0}$$

$\mathbf{v}_i$의 선형 독립성에 의해서

$$\sum_{j=1}^{n} s_{ij} x_j = 0 \qquad i = 1, \ldots, n$$

또는 등가적으로

$$S\mathbf{x} = \mathbf{0}$$

S는 비특이 행렬이므로 $\mathbf{x}$는 $\mathbf{0}$이 되어야 한다. 그러므로 $\mathbf{w}_1, \mathbf{w}_2, \cdots, \mathbf{w}_n$은 선형 독립이고, 따라서 V의 기저를 이룬다. 행렬 S는 순서 기저 $\{\mathbf{w}_1, \mathbf{w}_2, \cdots, \mathbf{w}_n\}$으로부터 $\{\mathbf{v}_1, \mathbf{v}_2, \cdots, \mathbf{v}_n\}$으로의 변환에 해당하는 천이 행렬이다.

많은 응용문제에서 개별 문제에 대한 적절한 기저를 사용하는 것이 중요하다. 5장에서 최소제곱법 문제를 풀기 위한 열쇠가 **정규직교**(orthonormal) 기저라고 하는 특수한 유형의 기저로 변환하는 것임을 살펴볼 것이다. 6장에서는 $n \times n$ 행렬 A의 **고윳값**과 **고유벡터**에 관련된 다수의 응용문제들을 고려해 볼 것이다. 이러한 유형의 문제를 푸는 단서는 $\mathbb{R}^n$에서 A의 고유벡터들로 구성된 기저 $\mathbb{R}^n$으로 변환하는 것이다.

3.5 연습문제

1. 다음의 각각에 대하여 기저를 $\{\mathbf{u}_1, \mathbf{u}_2\}$에서 $\{\mathbf{e}_1, \mathbf{e}_2\}$로 변환하기 위한 천이 행렬을 구하라.

(a) $\mathbf{u}_1 = (1, -1)^T, \quad \mathbf{u}_2 = (1, 2)^T$

(b) $\mathbf{u}_1 = (2, 3)^T, \quad \mathbf{u}_2 = (4, 7)^T$

(c) $\mathbf{u}_1 = (1, 0)^T, \quad \mathbf{u}_2 = (0, 1)^T$

2. 연습문제 1의 각각의 순서 기저 $\{\mathbf{u}_1, \mathbf{u}_2\}$에 대하여 기저를 $\{\mathbf{e}_1, \mathbf{e}_2\}$에서 $\{\mathbf{u}_1, \mathbf{u}_2\}$로 변환하기 위한 천이 행렬을 구하라.

3. $\mathbf{v}_1 = (5, 3)^T$이고 $\mathbf{v}_2 = (3, 1)^T$라고 하자. 연습문제 1의 각각의 순서 기저 $\{\mathbf{u}_1, \mathbf{u}_2\}$에 대하여 $\{\mathbf{v}_1, \mathbf{v}_2\}$로부터 $\{\mathbf{u}_1, \mathbf{u}_2\}$로의 천이 행렬을 구하라.

4. $E = [(4, 2)^T, (5, 3)^T]$라고 하자. $\mathbf{x} = (1, 1)^T$, $\mathbf{y} = (1, -1)^T$, $\mathbf{z} = (7, 5)^T$라고 하자. $[\mathbf{x}]_E$, $[\mathbf{y}]_E$, $[\mathbf{z}]_E$를 구하라.

5. $\mathbf{u}_1=(1,1,1)^T, \mathbf{u}_2=(1,2,2)^T, \mathbf{u}_3=(2,3,4)^T$라고 하자.

(a) $\{\mathbf{e}_1, \mathbf{e}_2, \mathbf{e}_3\}$로부터 $\{\mathbf{u}_1, \mathbf{u}_2, \mathbf{u}_3\}$로의 기저 변환에 해당하는 천이 행렬을 구하라.

(b) 기저 $\{\mathbf{u}_1, \mathbf{u}_2, \mathbf{u}_3\}$에 대한 다음 벡터들의 좌표를 구하라.

(i) $(3,2,5)^T$ **(ii)** $(1,1,2)^T$ **(iii)** $(2,3,2)^T$

6. $\mathbf{v}_1=(4,6,7)^T, \mathbf{v}_2=(0,1,1)^T, \mathbf{v}_3=(0,1,2)^T$라고 하자. 그리고 $\mathbf{u}_1, \mathbf{u}_2, \mathbf{u}_3$가 연습문제 5에 주어진 벡터들이라고 하자.

(a) $\{\mathbf{v}_1, \mathbf{v}_2, \mathbf{v}_3\}$로부터 $\{\mathbf{u}_1, \mathbf{u}_2, \mathbf{u}_3\}$로의 천이 행렬을 구하라.

(b) 만약 $\mathbf{x}=2\mathbf{v}_1+3\mathbf{v}_2-4\mathbf{v}_3$라면, 기저 $\{\mathbf{u}_1, \mathbf{u}_2, \mathbf{u}_3\}$에 대한 벡터 $\mathbf{x}$의 좌표들을 구하라.

7. 다음과 같이 주어진 벡터들에 대해

$$\mathbf{v}_1=\begin{pmatrix}3\\1\end{pmatrix},\quad \mathbf{v}_2=\begin{pmatrix}4\\2\end{pmatrix},\quad S=\begin{pmatrix}2&-5\\-1&3\end{pmatrix}$$

S가 $\{\mathbf{w}_1, \mathbf{w}_2\}$로부터 $\{\mathbf{v}_1, \mathbf{v}_2\}$로의 천이 행렬이기 위한 벡터 $\mathbf{w}_1$과 $\mathbf{w}_2$를 구하라.

8. 다음과 같이 주어진 벡터들에 대해

$$\mathbf{v}_1=\begin{pmatrix}2\\4\end{pmatrix},\quad \mathbf{v}_2=\begin{pmatrix}2\\3\end{pmatrix},\quad S=\begin{pmatrix}2&5\\2&6\end{pmatrix}$$

S가 $\{\mathbf{v}_1, \mathbf{v}_2\}$로부터 $\{\mathbf{u}_1, \mathbf{u}_2\}$로의 천이 행렬이기 위한 $\mathbf{u}_1$과 $\mathbf{u}_2$를 구하라.

9. $[x, 1]$과 $[2x-1, 2x+1]$이 P_2의 순서 기저들이라고 하자.

(a) $[2x-1, 2x+1]$로부터 $[x, 1]$로의 좌표 변환을 나타내는 천이 행렬을 구하라.

(b) $[x, 1]$로부터 $[2x-1, 2x+1]$로의 좌표 변환을 나타내는 천이 행렬을 구하라.

10. P_3에서 순서 기저 $[1, x, x_2]$으로부터 순서 기저 $[1+2x+x^2, 1+2x, 1]$로의 좌표 변환을 나타내는 천이 행렬을 구하라.

11. $E=\{\mathbf{u}_1, \mathbf{u}_2, \cdots, \mathbf{u}_n\}, F=\{\mathbf{v}_1, \mathbf{v}_2, \cdots, \mathbf{v}_n\}$이 $\mathbb{R}^n$의 두 순서 기저들이라 하고

$$U=(\mathbf{u}_1, \ldots, \mathbf{u}_n), \qquad V=(\mathbf{v}_1, \ldots, \mathbf{v}_n)$$

이라고 놓자. E로부터 F로의 천이 행렬이 $(V \mid U)$의 감소된 행 사다리꼴 행렬을 계산하여 결정될 수 있음을 보여라.

3.6 행 공간과 열 공간

만약 A가 $m \times n$ 행렬이라면, A의 각 행은 실수들의 n-투플이고 따라서 $\mathbb{R}^{1\times n}$의 벡터로서 간주될 수 있다. A의 행들에 해당하는 m개의 벡터들은 A의 행 벡터라고 칭한다. 비슷하게 A의 각 열은 $\mathbb{R}^m$에서의 벡터들로 간주될 수 있고, n개의 열 벡터들을 행렬 A와 연계시킬 수 있다.

정의 만약 A가 $m \times n$ 행렬이라면, A의 행 벡터들에 의하여 생성되는 $\mathbb{R}^{1\times n}$의 부분공간을 A의 **행 공간**(row space)이라고 한다. A의 열 벡터들에 의해 생성되는 $\mathbb{R}^m$의 부분공간은 A의 **열 공간**(column space)이라고 한다.

예제 1 다음과 같이 주어진 행렬 A에 대해

$$A = \begin{bmatrix} 1 & 0 & 0 \\ 0 & 1 & 0 \end{bmatrix}$$

A의 행 공간은

$$\alpha(1,0,0) + \beta(0,1,0) = (\alpha, \beta, 0)$$

형태인 모든 3-투플의 집합이다. A의 열 공간은

$$\alpha \begin{bmatrix} 1 \\ 0 \end{bmatrix} + \beta \begin{bmatrix} 0 \\ 1 \end{bmatrix} + \gamma \begin{bmatrix} 0 \\ 0 \end{bmatrix} = \begin{bmatrix} \alpha \\ \beta \end{bmatrix}$$

형태인 모든 벡터들의 집합이다. 따라서 A의 행 공간은 $\mathbb{R}^{1\times 3}$의 이차원 부분공간이고, A의 열 공간은 $\mathbb{R}^2$이다. ■

정리 3.6.1 행으로 등가인(row equivalent) 두 개의 행렬들은 동일한 행 공간을 갖는다.

증명 만약 B가 A와 행으로 등가라면 B는 유한한 일련의 행 연산에 의하여 A로부터 만들어질 수 있다. 따라서 B의 행 벡터들은 A의 행 벡터들의 선형 결합이어야만 한다. 결과적으로 B의 행 공간은 A의 행 공간의 부분공간이어야 한다. A가 B와 행으로 등가이기 때문에 똑같은 이유로 A의 행 공간은 B의 행 공간의 부분공간이다. ■

정의 행렬 A의 **랭크**(rank)는 rank(A)라 표기하고, A의 행 공간의 차원을 의미한다.

행렬의 랭크를 구하기 위하여 행렬은 행 사다리꼴 형태로 축약할 수 있다. 행 사다리꼴 행렬의 영이 아닌 행들은 행 공간의 기저를 이룬다.

예제 2 다음과 같이 주어진 행렬 A에 대해

$$A = \begin{bmatrix} 1 & -2 & 3 \\ 2 & -5 & 1 \\ 1 & -4 & -7 \end{bmatrix}$$

A를 행 사다리꼴로 축약하면 다음과 같다.

$$U = \begin{bmatrix} 1 & -2 & 3 \\ 0 & 1 & 5 \\ 0 & 0 & 0 \end{bmatrix}$$

명백히 $(1, -2, 3)$과 $(0, 1, 5)$는 행렬 U의 행 공간의 기저를 이룬다. U와 A가 행으로 등가이기 때문에 그들은 동일한 행 공간을 갖고, 따라서 A의 랭크는 2이다. ■

선형 시스템

행 공간 및 열 공간 개념은 선형 시스템을 공부할 때 유용하다. 선형 시스템 $A\mathbf{x}=\mathbf{b}$는 다음과 같은 형태로 쓸 수 있다.

$$x_1\begin{bmatrix}a_{11}\\a_{21}\\\vdots\\a_{m1}\end{bmatrix}+x_2\begin{bmatrix}a_{12}\\a_{22}\\\vdots\\a_{m2}\end{bmatrix}+\cdots+x_n\begin{bmatrix}a_{1n}\\a_{2n}\\\vdots\\a_{mn}\end{bmatrix}=\begin{bmatrix}b_1\\b_2\\\vdots\\b_m\end{bmatrix} \tag{1}$$

1장에서 선형 시스템이 해를 가짐을 보이기 위하여 이 표현을 사용한 바 있다. 정리 1.3.1의 결과는 행렬의 열 공간이라는 용어로 다시 기술될 수 있다.

정리 3.6.2 **선형 시스템의 일치성 정리**

선형 시스템 $A\mathbf{x}=\mathbf{b}$는 오직 $\mathbf{b}$가 A의 열 공간에 존재할 때만 해를 갖는다.

만약 $\mathbf{b}$를 영 벡터라고 하면 식 (1)은 다음과 같이 된다.

$$x_1\mathbf{a}_1+x_2\mathbf{a}_2\cdots+x_n\mathbf{a}_n=\mathbf{0} \tag{2}$$

A의 열 벡터들이 선형 독립일 때만, 식 (2)로부터 $\mathrm{A}\mathrm{x}=\mathbf{0}$은 오직 자명한 해 $\mathbf{x}=\mathbf{0}$만을 가질 것이다.

정리 3.6.3 A가 $m\times n$ 행렬이라고 하자. $A\mathbf{x}=\mathbf{b}$의 선형 시스템은, 오직 A의 열 벡터들이 $\mathbb{R}^m$ 공간을 생성할 때만, 모든 $\mathbf{b}\in\mathbb{R}^m$에 대하여 해를 갖는다. $A\mathbf{x}=\mathbf{b}$가 모든 $\mathbf{b}\in\mathbb{R}^m$에 대해 기껏해야 하나의 해를 갖기 위한 필요충분조건은 A의 열 벡터들이 선형 독립이라는 사실이다.

증명 $\mathbf{b}$가 A의 열 공간에 있을 경우에만 시스템 $A\mathbf{x}=\mathbf{b}$가 해를 가짐을 살펴보았다. 따라서 $A\mathbf{x}=\mathbf{b}$가 모든 $\mathrm{b}\in\mathbb{R}^m$에 대하여 해를 갖기 위해서는, A의 열 벡터들이 $\mathbb{R}^m$을 생성해 야 한다. 두 번째를 증명하기 위하여 $A\mathbf{x}=\mathbf{b}$가 모든 $\mathbf{b}$에 대하여 기껏해야 하나의 해를 갖는다면 특히 $A\mathbf{x}=\mathbf{0}$은 오직 자명한 해만을 가져야 하며, 따라서 A의 열 벡터들은 서로 독립이어야 함에 주목하자. 역으로 A의 열 벡터들이 선형 독립이라면 $A\mathbf{x}=\mathbf{0}$은 오직 자명한 해만을 갖는다. 이제, 만약 $\mathbf{x}_1$과 $\mathbf{x}_2$가 모두 $A\mathbf{x}=\mathbf{b}$의 해라면, $\mathbf{x}_1-\mathbf{x}_2$는 $A\mathbf{x}=\mathbf{0}$의 해가 되어야 한다.

$$A(\mathbf{x}_1-\mathbf{x}_2)=A\mathbf{x}_1-A\mathbf{x}_2=\mathbf{b}-\mathbf{b}=\mathbf{0}$$

따라서 $\mathbf{x}_1-\mathbf{x}_2=0$이고, $\mathbf{x}_1$과 $\mathbf{x}_2$는 같다. ■

A가 $m\times n$ 행렬이라고 하자. A의 열 벡터들이 $\mathbb{R}^m$을 생성한다면, n은 m보다 크거나 같아야 한다. 왜냐하면 m 벡터들보다 적은 개수의 원소를 갖는 집합은 $\mathbb{R}^m$을 생성할 수 없기 때문이다. A의 열들이 선형 독립이라면, $\mathbb{R}^m$에서 m보다 많은 개수의 벡터들은 선형 종속이

기 때문에 n은 m보다 작거나 같아야 한다. 따라서 A의 열 벡터들이 $\mathbb{R}^m$의 기저를 형성한다면 n과 m은 동일한 값이어야 한다.

따름정리 3.6.4 $n \times n$ 행렬 A는 A의 열 벡터들이 $\mathbb{R}^n$의 기저를 형성할 때만 비특이 행렬이다.

일반적으로 랭크와 영공간 차원의 합은 행렬의 열의 개수와 같아진다. 행렬의 영공간의 차원을 행렬의 영계수(nullity)라고 한다.

정리 3.6.5 **랭크-영계수 정리**

A가 $m \times n$ 행렬이라면 A의 랭크와 영계수의 합은 n과 같다.

증명 U가 A의 감소된 행 사다리꼴이라고 하자. 시스템 $A\mathbf{x} = \mathbf{0}$은 시스템 $U\mathbf{x} = \mathbf{0}$과 등가이다. A의 랭크가 r이라면, U는 r개의 영이 아닌 행들을 가질 것이다. 그리고 결과적으로 시스템 $U\mathbf{x} = \mathbf{0}$은 r개의 선행 변수들 및 $n - r$개의 자유 변수들과 연관될 것이다. $N(A)$의 차원은 자유 변수들의 개수와 동일하다. ■

예제 3 다음과 같이 주어진 행렬 A에 대해

$$A = \begin{bmatrix} 1 & 2 & -1 & 1 \\ 2 & 4 & -3 & 0 \\ 1 & 2 & 1 & 5 \end{bmatrix}$$

A의 행 공간의 기저와 $N(A)$의 기저를 구하라. $\dim N(A) = n - r$임을 보여라.

해답 A의 감소된 행 사다리꼴은 다음과 같다.

$$U = \begin{bmatrix} 1 & 2 & 0 & 3 \\ 0 & 0 & 1 & 2 \\ 0 & 0 & 0 & 0 \end{bmatrix}$$

따라서 $\{(1, 2, 0, 3), (0, 0, 1, 2)\}$는 A의 행 공간의 기저이고 A의 랭크는 2이다. 시스템 $A\mathbf{x} = \mathbf{0}$과 $U\mathbf{x} = \mathbf{0}$은 등가이기 때문에, $\mathbf{x}$는 오직

$$\begin{aligned} x_1 + 2x_2 + \qquad 3x_4 &= 0 \\ x_3 + 2x_4 &= 0 \end{aligned}$$

일 때만 $N(A)$에 존재한다. 선행 변수 x_1과 x_3는 자유 변수 x_2와 x_4로 풀릴 수 있다.

$$\begin{aligned} x_1 &= -2x_2 - 3x_4 \\ x_3 &= -2x_4 \end{aligned}$$

$x_2 = \alpha$이고 $x_4 = \beta$라고 하자. 따라서 $N(A)$는 다음과 같은 형태의 모든 벡터들로 구성된다.

$$\begin{bmatrix} x_1 \\ x_2 \\ x_3 \\ x_4 \end{bmatrix} = \begin{bmatrix} -2\alpha - 3\beta \\ \alpha \\ -2\beta \\ \beta \end{bmatrix} = \alpha \begin{bmatrix} -2 \\ 1 \\ 0 \\ 0 \end{bmatrix} + \beta \begin{bmatrix} -3 \\ 0 \\ -2 \\ 1 \end{bmatrix}$$

벡터 $(-2, 1, 0, 0)^T$와 $(-3, 0, -2, 1)^T$는 $N(A)$의 기저를 이룬다.

$$n - r = 4 - 2 = 2 = \dim N(A)$$

임을 주목하라. ■

열 공간

예제 3에서 행렬 A와 U는 다른 열 공간을 갖는다. 그러나 그들의 열 벡터들은 동일한 종속 관계를 만족한다. 행렬 U에 대하여 열 벡터 $\mathbf{u}_1$과 $\mathbf{u}_3$는 선형 독립이며,

$$\begin{aligned} \mathbf{u}_2 &= 2\mathbf{u}_1 \\ \mathbf{u}_4 &= 3\mathbf{u}_1 + 2\mathbf{u}_3 \end{aligned}$$

이다. 동일한 관계가 A의 열 벡터들에 대하여 유지된다. 벡터 $\mathbf{a}_1$과 $\mathbf{a}_3$는 선형 독립이고,

$$\begin{aligned} \mathbf{a}_2 &= 2\mathbf{a}_1 \\ \mathbf{a}_4 &= 3\mathbf{a}_1 + 2\mathbf{a}_3 \end{aligned}$$

이다.

일반적으로 A가 $m \times n$ 행렬이고, U가 A의 행 사다리꼴 행렬이라면, $U\mathbf{x} = \mathbf{0}$일 때만 $A\mathbf{x} = \mathbf{0}$이기 때문에 열 벡터들은 동일한 종속관계를 만족한다. 이러한 사실을 A의 행 공간의 차원과 A의 열 공간의 차원이 동일함을 보이기 위하여 사용할 것이다.

정리 3.6.6 A가 $m \times n$ 행렬이라면, A의 행 공간의 차원과 A의 열 공간의 차원은 동일하다.

증명 A가 랭크 r의 $m \times n$ 행렬이라면 A의 행 사다리꼴 U는 r개의 선행 1들을 가질 것이다. 선행 1들에 해당하는 U의 열들은 선형 독립일 것이다. 그러나 그들은 일반적으로 A와 U가 서로 다른 열 공간들을 갖기 때문에, A의 열 공간의 기저를 이루지 않는다. U_L을 U로부터 자유 변수에 해당하는 열들을 제거한 후 얻어진 행렬이라고 하자. A로부터 동일한 열들을 제거하고 이 새 행렬을 A_L이라고 하자. 행렬 U_L과 A_L은 행으로 등가이다. 따라서 $\mathbf{x}$가 $A_L\mathbf{x} = \mathbf{0}$의 해라면, $\mathbf{x}$는 $U_L\mathbf{x} = \mathbf{0}$의 해여야 한다. U_L의 행들은 서로 독립이기 때문에 $\mathbf{x}$는 $\mathbf{0}$이어야 한다. 따라서 정리 3.6.3으로부터 A_L의 행들은 선형 독립이다. A_L이 r개의 열들을 갖고 있기 때문에, A의 열 공간의 차원은 적어도 r이다.

임의의 행렬에 대하여 열 공간의 차원은 열 공간의 차원과 같거나 크다는 사실을 증명하였다. 이 결과를 행렬 A^T에 적용하여, 다음을 관찰한다.

$$\dim(A^T\text{의 행 공간}) = \dim(A^T\text{의 열 공간})$$

$$\geq \dim(A^T\text{의 행 공간})$$
$$= \dim(A\text{의 열 공간})$$

따라서 임의의 행렬 A에 대하여 열 공간의 차원은 행 공간의 차원과 동일해야 한다. 행렬 A의 열 공간의 기저를 구하기 위해 A의 행 사다리꼴 행렬인 U를 이용할 수 있다. 선행 1을 가진 U의 열들이 어떤 것인가만 확인하면 된다. 이때 A의 동일한 열들은 선형 독립이 되고 A의 열 공간의 기저를 이룬다. ■

참고

행 사다리꼴 U는 오직 A의 어떤 열들이 기저를 만들기 위하여 사용해야 하는지를 말해 줄 뿐이다. 일반적으로 U와 A는 다른 열 공간들을 갖기 때문에, U의 열 벡터들을 사용할 수는 없다.

예제 4 다음과 같이 주어진 행렬 A에 대해

$$A = \begin{pmatrix} 1 & -2 & 1 & 1 & 2 \\ -1 & 3 & 0 & 2 & -2 \\ 0 & 1 & 1 & 3 & 4 \\ 1 & 2 & 5 & 13 & 5 \end{pmatrix}$$

A의 행 사다리꼴 행렬은 다음과 같다.

$$U = \begin{pmatrix} 1 & -2 & 1 & 1 & 2 \\ 0 & 1 & 1 & 3 & 0 \\ 0 & 0 & 0 & 0 & 1 \\ 0 & 0 & 0 & 0 & 0 \end{pmatrix}$$

첫 번째, 두 번째 그리고 다섯 번째 열에 선행 1들이 있다. 따라서

$$\mathbf{a}_1 = \begin{pmatrix} 1 \\ -1 \\ 0 \\ 1 \end{pmatrix}, \quad \mathbf{a}_2 = \begin{pmatrix} -2 \\ 3 \\ 1 \\ 2 \end{pmatrix}, \quad \mathbf{a}_5 = \begin{pmatrix} 2 \\ -2 \\ 4 \\ 5 \end{pmatrix}$$

들은 A의 열 공간의 기저를 이룬다. ■

예제 5 다음과 같은 벡터들에 의해서 생성된 $\mathbb{R}^4$의 부분공간의 차원을 구하라.

$$\mathbf{x}_1 = \begin{pmatrix} 1 \\ 2 \\ -1 \\ 0 \end{pmatrix}, \quad \mathbf{x}_2 = \begin{pmatrix} 2 \\ 5 \\ -3 \\ 2 \end{pmatrix}, \quad \mathbf{x}_3 = \begin{pmatrix} 2 \\ 4 \\ -2 \\ 0 \end{pmatrix}, \quad \mathbf{x}_4 = \begin{pmatrix} 3 \\ 8 \\ -5 \\ 4 \end{pmatrix}$$

해답 부분공간 Span($\mathbf{x}_1, \mathbf{x}_2, \mathbf{x}_3, \mathbf{x}_4$)는 다음 행렬 X의 행 공간과 동일하다.

$$X = \begin{pmatrix} 1 & 2 & 2 & 3 \\ 2 & 5 & 4 & 8 \\ -1 & -3 & -2 & -5 \\ 0 & 2 & 0 & 4 \end{pmatrix}$$

X의 행 사다리꼴 행렬은 다음과 같다.

$$\begin{pmatrix} 1 & 2 & 2 & 3 \\ 0 & 1 & 0 & 2 \\ 0 & 0 & 0 & 0 \\ 0 & 0 & 0 & 0 \end{pmatrix}$$

X의 첫 두 열 $\mathbf{x}_1, \mathbf{x}_2$는 X의 열 공간의 기저가 될 것이다. 따라서 $\dim \text{Span}(\mathbf{x}_1, \mathbf{x}_2, \mathbf{x}_3, \mathbf{x}_4) = 2$이다. ■

3.6 연습문제

1. 다음 각 행렬들에 대하여 행 공간의 기저, 열 공간의 기저 및 영공간의 기저를 구하라.

(a) $\begin{pmatrix} 1 & 3 & 2 \\ 2 & 1 & 4 \\ 4 & 7 & 8 \end{pmatrix}$

(b) $\begin{pmatrix} -3 & 1 & 3 & 4 \\ 1 & 2 & -1 & -2 \\ -3 & 8 & 4 & 2 \end{pmatrix}$

(c) $\begin{pmatrix} 1 & 3 & -2 & 1 \\ 2 & 1 & 3 & 2 \\ 3 & 4 & 5 & 6 \end{pmatrix}$

2. 다음 각각에 대하여 주어진 벡터들로 생성되는 $\mathbb{R}^3$의 부분공간의 차원을 구하라.

(a) $\begin{pmatrix} 1 \\ 1 \\ 1 \end{pmatrix}, \begin{pmatrix} 1 \\ 2 \\ 2 \end{pmatrix}, \begin{pmatrix} 1 \\ 2 \\ 3 \end{pmatrix}$

(b) $\begin{pmatrix} 1 \\ 2 \\ 3 \end{pmatrix}, \begin{pmatrix} -1 \\ -2 \\ -3 \end{pmatrix}, \begin{pmatrix} 2 \\ 3 \\ -1 \end{pmatrix}$

(c) $\begin{pmatrix} -1 \\ 3 \\ 4 \end{pmatrix}, \begin{pmatrix} 2 \\ 5 \\ 5 \end{pmatrix}, \begin{pmatrix} 3 \\ 13 \\ 14 \end{pmatrix}, \begin{pmatrix} 3 \\ 2 \\ 1 \end{pmatrix}$

3. 다음과 같이 주어진 행렬 A에 대해

$$A = \begin{pmatrix} 1 & 2 & 2 & 3 & 1 & 4 \\ 2 & 4 & 5 & 5 & 4 & 9 \\ 3 & 6 & 7 & 8 & 5 & 9 \end{pmatrix}$$

(a) A의 감소된 행 사다리꼴 U를 계산하라. U의 어떤 열 벡터들이 자유 변수에 상등하는가? 선행 변수들에 해당하는 열 벡터들의 선형 결합으로 이들 벡터 각각을 표현하라.

(b) A의 어떤 행 벡터들이 U의 선행 변수들에 상응하는가? 이 열 벡터들은 A의 열 공간을 위한 기저를 형성한다. A의 남아 있는 열 벡터들 각각을 이 기저 벡터들의 선형 결합으로 표현하라.

4. 다음의 각 A와 $\mathbf{b}$에 대하여 $\mathbf{b}$가 A의 열 공간에 있는지를 결정하고, $A\mathbf{x} = \mathbf{b}$가 해를 갖는지 여부를 설명하라.

(a) $A = \begin{pmatrix} 1 & 2 \\ 2 & 4 \end{pmatrix}, \quad \mathbf{b} = \begin{pmatrix} 4 \\ 8 \end{pmatrix}$

(b) $A = \begin{pmatrix} 3 & 6 \\ 1 & 2 \end{pmatrix}, \quad \mathbf{b} = \begin{pmatrix} 1 \\ 1 \end{pmatrix}$

(c) $A = \begin{pmatrix} 2 & 1 \\ 3 & 4 \end{pmatrix}, \quad \mathbf{b} = \begin{pmatrix} 4 \\ 6 \end{pmatrix}$

(d) $A = \begin{pmatrix} 1 & 1 & 2 \\ 1 & 1 & 2 \\ 1 & 1 & 2 \end{pmatrix}, \quad \mathbf{b} = \begin{pmatrix} 1 \\ 2 \\ 3 \end{pmatrix}$

(e) $A = \begin{bmatrix} 0 & 1 \\ 1 & 0 \\ 0 & 1 \end{bmatrix}, \quad \mathbf{b} = \begin{bmatrix} 2 \\ 5 \\ 2 \end{bmatrix}$

(f) $A = \begin{bmatrix} 1 & 2 \\ 2 & 4 \\ 1 & 2 \end{bmatrix}, \quad \mathbf{b} = \begin{bmatrix} 5 \\ 10 \\ 5 \end{bmatrix}$

5. 연습문제 4에서 해를 갖는 시스템에 대하여 계수 행렬 A의 열 벡터들을 조사하여 무한히 많은 해를 갖는지 아니면 하나의 해를 갖는지 결정하라.

6. 만약 $\mathbf{b}$가 A의 열 공간에 존재하고 A의 열 벡터들이 선형 종속이라면, 선형 시스템 $A\mathbf{x} = \mathbf{b}$는 얼마나 많은 해를 갖는가?

7. A는 랭크가 r인 $6 \times n$ 행렬이고 $\mathbf{b}$는 $\mathbb{R}^6$의 벡터이다. 다음의 각 r과 n의 쌍에 대해, 선형 시스템 $A\mathbf{x} = \mathbf{b}$가 갖는 가능한 해의 개수에 관해 논하라.

(a) $n = 7, r = 5$ **(b)** $n = 7, r = 6$
(c) $n = 5, r = 5$ **(d)** $n = 5, r = 4$

8. A가 $m > n$인 $m \times n$ 행렬이라고 하자. $\mathbf{b} \in \mathbb{R}^m$이고 $N(A) = \{\mathbf{0}\}$이라고 하자.

(a) A의 열 벡터들에 대하여 어떠한 결론을 내릴 수 있는가? 그들은 선형 독립인가? 그들은 $\mathbb{R}^m$ 공간을 생성하는가? 설명하라.

(b) $\mathbf{b}$가 A의 열 공간에 존재하지 않는다고 한다면, $A\mathbf{x} = \mathbf{b}$는 얼마나 많은 해를 가질 것인가? $\mathbf{b}$가 A의 열 공간에 존재한다면, 얼마나 많은 해들이 있을 것인가? 설명하라.

9. A와 B가 6×5 행렬들이라고 하자. 만약 $N(A) = 2$라면, A의 랭크는 얼마인가? B의 랭크가 4라면, $N(B)$의 차원은 얼마인가?

10. A는 랭크가 n인 $m \times n$ 행렬이다. 만일 $A\mathbf{c} = A\mathbf{d}$라면 $\mathbf{c}$와 $\mathbf{d}$가 같다고 말할 수 있는가? A의 랭크가 n보다 작다면 어떤가? 설명하라.

11. A는 $m \times n$ 행렬이다. 다음을 증명하라.

$$\operatorname{rank}(A) \leq \min(m, n)$$

12. A와 B가 행으로 등가인 행렬이라고 하자.

(a) A의 열 공간의 차원은 B의 열 공간의 차원과 같음을 보여라.

(b) 두 행렬들의 열 공간들은 반드시 동일한가? 여러분의 답을 증명하라.

13. A는 4×3 행렬이고 다음의 두 벡터가,

$$\mathbf{z}_1 = \begin{bmatrix} 1 \\ 1 \\ 2 \end{bmatrix}, \quad \mathbf{z}_2 = \begin{bmatrix} 1 \\ 0 \\ -1 \end{bmatrix}$$

$N(A)$의 기저를 이룬다고 하자. $\mathbf{b} = \mathbf{a}_1 + 2\mathbf{a}_2 + \mathbf{a}_3$일 때 시스템 $A\mathbf{x} = \mathbf{b}$의 모든 해를 구하라.

14. A는 다음과 같은 감소된 사다리꼴을 갖는 4×4 행렬이라고 하자.

$$U = \begin{bmatrix} 1 & 0 & -1 & 1 \\ 0 & 1 & 3 & 2 \\ 0 & 0 & 0 & 0 \\ 0 & 0 & 0 & 0 \end{bmatrix}$$

만약

$$\mathbf{a}_1 = \begin{bmatrix} 3 \\ 2 \\ -1 \\ 2 \end{bmatrix} \quad \text{그리고} \quad \mathbf{a}_2 = \begin{bmatrix} 1 \\ 1 \\ -2 \\ 3 \end{bmatrix}$$

이라면 $\mathbf{a}_3$와 $\mathbf{a}_4$를 구하라.

15. A는 4×5 행렬이고 U는 A의 감소된 행 사다리꼴 행렬이다. $\mathbf{a}_1, \mathbf{a}_2$의 처음 두 열과 U가 다음과 같다고 하자.

$$\mathbf{a}_1 = \begin{bmatrix} 2 \\ 1 \\ -3 \\ -2 \end{bmatrix}, \quad \mathbf{a}_2 = \begin{bmatrix} -1 \\ 2 \\ 3 \\ 1 \end{bmatrix},$$

$$U = \begin{bmatrix} 1 & 0 & 2 & 0 & -1 \\ 0 & 1 & 3 & 0 & -2 \\ 0 & 0 & 0 & 1 & 5 \\ 0 & 0 & 0 & 0 & 0 \end{bmatrix}$$

(a) $N(A)$의 기저를 구하라.

(b) 다음의 $\mathbf{x}_0$는 $A\mathbf{x} = \mathbf{b}$의 해이다.

$$\mathbf{b} = \begin{bmatrix} 0 \\ 5 \\ 3 \\ 4 \end{bmatrix} \quad \text{그리고} \quad \mathbf{x}_0 = \begin{bmatrix} 3 \\ 2 \\ 0 \\ 2 \\ 0 \end{bmatrix}$$

(i) 이 시스템의 모든 해를 구하라.
(ii) 행렬 A의 나머지 열 벡터들을 구하라.

16. A를 랭크가 5인 5×8 행렬이라 하고, $\mathbf{b}$가 $\mathbb{R}^5$의 임의의 벡터라고 하자. 왜 시스템 $A\mathbf{x} = \mathbf{b}$는 무한히 많은 해를 갖는지 설명하라.

17. A가 4×5 행렬이라고 하자. 만약 $\mathbf{a}_1, \mathbf{a}_2, \mathbf{a}_4$가 선형 독립이고

$$\mathbf{a}_3 = \mathbf{a}_1 + 2\mathbf{a}_2, \quad \mathbf{a}_5 = 2\mathbf{a}_1 - \mathbf{a}_2 + 3\mathbf{a}_4$$

라면 A의 감소된 행 사다리꼴 행렬을 구하라.

18. A를 랭크가 3인 5×3 행렬이고 $\{\mathbf{x}_1, \mathbf{x}_2, \mathbf{x}_3\}$가 $\mathbb{R}^3$의 기저라고 하자.
(a) $N(A) = \{\mathbf{0}\}$임을 보여라.
(b) $\mathbf{y}_1 = A\mathbf{x}_1, \mathbf{y}_2 = A\mathbf{x}_2$이고 $\mathbf{y}_3 = A\mathbf{x}_3$라면, $\mathbf{y}_1, \mathbf{y}_2, \mathbf{y}_3$가 선형 독립임을 보여라.
(c) (b)의 벡터들 $\mathbf{y}_1, \mathbf{y}_2, \mathbf{y}_3$는 $\mathbb{R}^5$의 기저를 이루는가? 설명하라.

19. A는 랭크가 n인 $m \times n$ 행렬이라 하자. $\mathbf{x} \neq \mathbf{0}$이고 $\mathbf{y} = A\mathbf{x}$라면, $\mathbf{y} \neq \mathbf{0}$임을 보여라.

20. 선형 시스템 $A\mathbf{x} = \mathbf{b}$는 오직 $(A \mid \mathbf{b})$의 랭크가 A의 랭크와 같을 때만 해를 가짐을 보여라.

21. A와 B는 $m \times n$ 행렬들이다. 다음을 증명하라.

$$\text{rank}(A + B) \leq \text{rank}(A) + \text{rank}(B)$$

22. A가 $m \times n$ 행렬이라고 하자.
(a) B가 $m \times m$ 비특이 행렬이라면, BA와 A는 동일한 영공간을 갖고 따라서 랭크가 같음을 보여라.
(b) C가 $n \times n$ 비특이 행렬이라면, AC와 A는 랭크가 동일함을 보여라.

23. 따름정리 3.6.4를 증명하라.

24. A와 B가 $n \times n$ 행렬들이고 $N(A - B) = \mathbb{R}^n$일 때, $A = B$임을 보여라.

25. A와 B가 $n \times n$ 행렬이라고 하자.
(a) B의 열 공간이 A의 영공간의 부분공간일 때만 $AB = O$임을 보여라.
(b) $AB = O$라면 A와 B의 랭크들의 합이 n을 초과하지 않음을 보여라.

26. $A \in \mathbb{R}^{m \times n}$이고 $\mathbf{b} \in \mathbb{R}^m$이며, $\mathbf{x}_0$가 시스템 $A\mathbf{x} = \mathbf{b}$의 특별 해라고 하자. $N(A) = \{\mathbf{0}\}$이면, 해 $\mathbf{x}_0$는 유일한 해임을 보여라.

27. $\mathbf{x}$와 $\mathbf{y}$가 각기 $\mathbb{R}^m$과 $\mathbb{R}^n$의 영이 아닌 벡터들이라고 하자. 그리고 $A = \mathbf{x}\mathbf{y}^T$라고 하자.
(a) $\{\mathbf{x}\}$가 A의 열 공간의 기저이고 $\{\mathbf{y}^T\}$가 A의 행 공간의 기저임을 보여라.
(b) $N(A)$의 차원은 얼마인가?

28. $A \in \mathbb{R}^{m \times n}, B \in \mathbb{R}^{n \times r}, C = AB$라고 하자. 다음을 보여라.
(a) C의 열 공간은 A의 열 공간의 부분공간이다.
(b) C의 행 공간은 B의 행 공간의 부분공간이다.
(c) $\text{rank}(C) \leq \min\{\text{rank}(A), \text{rank}(B)\}$이다.

29. $A \in \mathbb{R}^{m \times n}, B \in \mathbb{R}^{n \times r}, C = AB$라고 하자. 다음을 보여라.
(a) 만약 A와 B가 모두 선형 독립인 열 벡터들을 갖는다면, C의 열 벡터들 또한 선형 독립임을 보여라.
(b) 만약 A와 B가 모두 선형 독립인 행 벡터들을 갖는다면, C의 행 벡터들 또한 선형 독립임을 보여라.
[힌트: C^T에 대해 (a)를 적용하라.]

30. $A \in \mathbb{R}^{m \times n}, B \in \mathbb{R}^{n \times r}, C = AB$라고 하자. 다음을 보여라.
(a) B의 열 벡터들이 선형 종속이라면, C의 열 벡터들이 선형 종속이다.
(b) A의 행 벡터들이 선형 종속이라면, C의 행 벡터들은 선형 종속이다.
[힌트: C^T에 대해 (a)를 적용하라.]

31. $m \times n$ 행렬 A는, $AC = I_m$인 $n \times m$ 행렬 C가 존재할 때 **우역(오른쪽 역행렬)**이라고 한다. 행렬 A는, $DA = I_n$인 $n \times m$ 행렬 D가 존재할 때 **좌역(왼쪽 역행렬)**이라고 한다.
(a) A가 우역이라면, A의 열 벡터들이 $\mathbb{R}^m$을 생성함을 보여라.

(b) $n < m$이라면, $m \times n$ 행렬이 우역을 가질 수 있는가? $n \geq m$이라면 어떠한가?

32. A가 $m \times n$ 행렬이고 A의 열 벡터들이 $\mathbb{R}^m$을 생성한다면, A는 우역을 가짐을 증명하라[힌트: I_m의 j번째 열을 $\mathbf{e}_j$라고 한 다음 $A\mathbf{x} = \mathbf{e}_j$(여기서 $j = 1, 2, \cdots, m$)를 풀어라].

33. 행렬 B는 B^T가 우역을 가질 경우에만 좌역을 가짐을 증명하라.

34. B가 열 벡터들이 서로 독립인 $n \times m$ 행렬이라고 하자. B는 좌역을 가짐을 증명하라.

35. B가 좌역을 갖는다면, B의 열 벡터들이 서로 독립임을 증명하라.

36. 행렬 U가 행 사다리꼴로 표현되어 있다고 하면, U의 영이 아닌 행 벡터들은 U의 행 공간에 대한 기저를 이룸을 증명하라.

Chapter 3 연습문제

MATLAB 연습문제

1. (기저의 변환)

$$U = \texttt{round}(20 * \texttt{rand}(4)) - 10,$$
$$V = \texttt{round}(10 * \texttt{rand}(4))$$

$\mathbf{b} = \textbf{ones}(4, 1)$라 하자.

(a) MATLAB 함수 **rank**를 사용하여 행렬의 열 벡터가 선형 독립인지 여부를 결정할 수 있다. U의 열 벡터가 선형 독립일 때 rank를 구하라. U의 rank를 계산하고, U의 열 벡터가 선형 독립이므로 $\mathbb{R}^4$의 기저를 형성하는지를 증명하라. V의 rank를 계산하고 열 벡터도 $\mathbb{R}^4$의 기저를 형성하는지를 증명하라.

(b) MATLAB을 사용하여 $\mathbb{R}^4$에 대한 표준 기저에서 rank가 정해진 기준 $E = \{\mathbf{u}_1, \mathbf{u}_2, \mathbf{u}_3, \mathbf{u}_4\}$로의 천이 행렬을 구하라. [참고: MATLAB에서 j번째 열 벡터 $\mathbf{u}_j$에 대한 표기법은 $U(:, j)$이다.] 이 천이 행렬을 사용하여 E에 대해 $\mathbf{b}$의 좌표 벡터 U를 구하라. 다음을 증명하라.

$$\mathbf{b} = c_1\mathbf{u}_1 + c_2\mathbf{u}_2 + c_3\mathbf{u}_3 + c_4\mathbf{u}_4 = U\mathbf{c}$$

(c) MATLAB을 사용하여 표준 기저에서 순서 기저 $F = \{\mathbf{v}_1, \mathbf{v}_2, \mathbf{v}_3, \mathbf{v}_4\}$로의 천이 행렬을 구하고 이 천이 행렬을 사용하여 F에 대한 $\mathbf{b}$의 좌표 벡터 $\mathbf{d}$를 구하라. 다음을 증명하라.

$$\mathbf{b} = d_1\mathbf{v}_1 + d_2\mathbf{v}_2 + d_3\mathbf{v}_3 + d_4\mathbf{v}_4 = V\mathbf{d}$$

(d) MATLAB을 사용하여 E에서 F로 천이 행렬 S를 구하고 F에서 E로 천이 행렬 T를 구하라. S와 T의 관계는 무엇인가? $S\mathbf{c} = \mathbf{d}$와 $T\mathbf{d} = \mathbf{c}$를 증명하라.

2. (rank 부족 행렬) 이 문제에서는 MATLAB을 사용하여 지정된 rank를 가진 행렬을 생성하는 방법을 생각해 보자.

(a) 일반적으로 A가 rank r을 갖는 $m \times n$ 행렬이라면 $r \leq \min(m, n)$이다. 이유를 설명하라. A의 입력이 난수이면 $r = \min(m, n)$일 것이다. 이유를 설명하라. 임의의 6×6, 8×6 및 5×8 행렬을 생성하고 MATLAB 명령어 **rank**를 사용하여 행렬들의 rank를 구하라. m × n 행렬의 rank가 $\min(m, n)$과 같을 때마다 행렬이 full rank를 갖는다고 한다. 그렇지 않으면, 행렬이 rank 부족이라 한다.

(b) MATLAB의 **rand** 및 **round** 명령어는 주어진 범위 $[a, b]$에 있는 정수를 무작위로 입력받아 $m \times n$ 행렬을 생성하는 데 사용할 수 있다. 다음과 같은 형식의 명령으로 수행 가능하다.

$$A = \texttt{round}((b - a) * \texttt{rand}(m, n)) + a$$

예를 들어, $A = \texttt{round}(4 * \texttt{rand}(6, 8)) + 3$ 명령은 3~7 범위의 임의의 정수인 6×8 행렬을 생성한다. $[1, 10]$ 범위를 사용하여 임의의 정수 10×7, 8×12 및 10×15 행렬을 생성하고 각 경우에 대한 행렬의 rank를 구하라. 이 정수 행렬들은 모두 full rank를

갖는가?

(c) MATLAB을 사용하여 full rank보다 작은 행렬을 생성한다고 가정하자. rank 1 행렬을 생성하는 것은 쉽다. 만약 각각 $\mathbb{R}^m$과 $\mathbb{R}^n$에서 x와 y가 0이 아닌 벡터라면, $A = \mathbf{x}\mathbf{y}^T$는 rank 1인 $m \times n$ 행렬이 될 것이다. 이유를 설명하라. MATLAB에서

$$\mathbf{x} = \texttt{round}(9 * \texttt{rand}(8,1)) + 1,$$
$$\mathbf{y} = \texttt{round}(9 * \texttt{rand}(6,1)) + 1$$

로 설정하고 이 벡터를 사용하여 8×6 행렬 A를 생성한다. MATLAB 명령어 rank를 사용하여 A의 **rank**를 확인하라.

(d) 일반적으로,

$$\text{rank}(AB) \le \min(\text{rank}(A), \text{rank}(B)) \qquad (1)$$

이다(3.6절 연습문제 28번 참조). A와 B가 정수가 아닌 랜덤 행렬이면 식 (1)은 같아야 한다.

$$X = \texttt{rand}(8,2), \quad Y = \texttt{rand}(6,2),$$
$$A = X * Y'$$

으로 설정하고 8×6 행렬 A를 생성하라.
A의 rank를 구하고 그 이유를 설명하라. MATLAB으로 A의 rank를 구하라.

(e) MATLAB을 사용하여 다음과 같은 행렬 A, B, C를 생성하라.

(i) A is 8×8 with rank 3.

(ii) B is 6×9 with rank 4.

(iii) C is 10×7 with rank 5.

3. (열 공간과 감소된 행 사다리꼴 형태)

$$B = \texttt{round}(10 * \texttt{rand}(6,3))$$
$$X = \texttt{round}(10 * \texttt{rand}(3,4))$$
$$C = B * X$$
$$A = [B \;\; C]$$

라고 하자.

(a) B와 C의 열 공간의 관계는 어떻게 볼 수 있는가(3.6절 연습문제 28번 참조)? A의 rank는 얼마인가? 설명하라. MATLAB을 사용하여 답을 확인하라.

(b) A의 어떤 열 벡터가 열 공간의 기초를 형성해야 하는가? 설명하라. U가 A의 감소된 행 사다리꼴 형태일 경우 처음 열 세 개는 어떻게 될 것으로 생각하는가? 설명하라. 마지막 행 세 개는 어떻게 될 것으로 생각하는가? 설명하라. U를 구하고 MATLAB을 사용하여 답을 확인하라.

(c) MATLAB을 사용하여 다른 행렬 $D = (E \quad EY)$를 생성하라. 여기서 E는 랜덤 7×5 행렬이고 Y는 랜덤 5×2 행렬이다. D의 감소된 행 사다리꼴 형태는 어떨 것으로 예상하는가? MATLAB으로 구하라. 일반적으로 B가 rank n의 $m \times n$ 행렬이고 X가 $n \times k$ 행렬이면 $(B \quad BX)$의 감소된 행 사다리꼴 형태는 다음 블록 구조를 가질 것이다:

$$(I \quad X) \text{ if } m = n \quad \text{or} \quad \begin{bmatrix} I & X \\ O & O \end{bmatrix} \text{ if } m > n$$

4. (rank-1 선형 시스템의 update)

$$A = \texttt{round}(10 * \texttt{rand}(7))$$
$$\mathbf{b} = \texttt{round}(10 * \texttt{rand}(7,1))$$
$$M = \texttt{inv}(A)$$

라고 하자.

행렬 M을 사용하여 $\mathbf{y}$에 대한 시스템 $A\mathbf{y} = \mathbf{b}$를 구하라.

(b) 이제 $C\mathbf{x} = \mathbf{b}$라는 새로운 시스템을 생각해 보자. 여기서 C는 다음과 같이 생성된다.

$$\mathbf{u} = \texttt{round}(10 * \texttt{rand}(7,1))$$
$$\mathbf{v} = \texttt{round}(10 * \texttt{rand}(7,1))$$
$$E = \mathbf{u} * \mathbf{v}'$$
$$C = A + E$$

C 행렬과 A 행렬은 rank-1 행렬 E와 다르다. MATLAB을 사용하여 E의 rank가 1인지 확인하여라. MATLAB의 "\" 연산을 사용하여 시스템 $C\mathbf{x} = \mathbf{b}$를 풀고 다음 잉여 벡터 $\mathbf{r} = \mathbf{b} - A\mathbf{x}$를 구하라.

(c) A와 C가 rank-1 행렬에 의해 다르다는 사실을 이용하여 $C\mathbf{x} = \mathbf{b}$를 새로운 방법으로 구하라. 이 새로운 방법을 rank-1 update method라 한다.

$$\mathbf{z} = M * \mathbf{u}, \quad c = \mathbf{v}' * \mathbf{y},$$
$$d = \mathbf{v}' * \mathbf{z}, \quad e = c/(1+d)$$

라고 하고 다음 식에 대한 답 $\mathbf{x}$를 구하라.

$$\mathbf{x} = \mathbf{y} - e * \mathbf{z}$$

잉여 벡터 $\mathbf{b} - C\mathbf{x}$를 구하고 (b) 일부인 잉여 벡터와 비교하라. 이 새로운 방법은 더 복잡해 보일 수 있지만, 실제로는 훨씬 더 효율적인 계산이다.

(d) rank-1 update method가 동작하는 이유를 보려면 MATLAB을 사용하여 $C\mathbf{y}$와 $\mathbf{b} + c\mathbf{u}$를 계산하고 비교하라. 모든 계산이 정확한 연산으로 수행되었다면, 이 두 벡터는 동일하다는 것을 증명하라. 이 항등식을 사용하여 $C\mathbf{x} = \mathbf{b}$임을 증명하라. A가 특이하지 않다고 가정하면 rank-1 update method는 항상 작동하는가? 어떤 조건에서 실패하는가? 설명하라.

CHAPTER TEST A 참 또는 거짓

다음 각 문장이 참인지 거짓인지 답하라. 각각의 경우에 대해 설명 혹은 증명하라.

1. 만약 S가 벡터공간 V의 부분공간이라면, S는 벡터공간이다.

2. $\mathbb{R}^2$는 $\mathbb{R}^4$의 부분공간이다.

3. $S \cap T = \{\mathbf{0}\}$인 $\mathbb{R}^3$의 2차원 부분공간 S와 T의 쌍을 찾을 수 있다.

4. S와 T가 벡터공간 V의 부분공간이면, $S \cup T$는 V의 부분공간이다.

5. S와 T가 벡터공간 V의 부분공간이면, $S \cap T$는 V의 부분공간이다.

6. $\mathbf{x}_1, \mathbf{x}_2, \ldots, \mathbf{x}_n$이 선형 독립이면 $\mathbb{R}^n$를 생성한다.

7. $\mathbf{x}_1, \mathbf{x}_2, \ldots, \mathbf{x}_n$이 벡터공간 V를 생성한다면 선형 독립이다.

8. $\mathbf{x}_1, \mathbf{x}_2, \ldots, \mathbf{x}_k$가 벡터공간 V에 있는 벡터고

$$\mathrm{Span}(\mathbf{x}_1, \mathbf{x}_2, \ldots, \mathbf{x}_k) = \mathrm{Span}(\mathbf{x}_1, \mathbf{x}_2, \ldots, \mathbf{x}_{k-1})$$

라면 $\mathbf{x}_1, \mathbf{x}_2, \ldots, \mathbf{x}_k$는 선형 종속이다.

9. A가 $m \times n$ 행렬이면 A와 A^T는 같은 rank를 갖는다.

10. A가 $m \times n$ 행렬이면 A와 A^T는 같은 영계수를 갖는다.

11. A가 B와 행으로 등가이면 A와 B는 같은 행 공간을 갖는다.

12. A가 B와 행으로 등가이면 A와 B는 같은 열 공간을 갖는다.

13. $\mathbf{x}_1, \mathbf{x}_2, \ldots, \mathbf{x}_k$를 $\mathbb{R}^n$에서의 선형 독립 벡터라고 하자. 만약 $k < n$이고 $\mathbf{x}_{k+1}$이 $\mathrm{Span}(\mathbf{x}_1, \mathbf{x}_2, \ldots, \mathbf{x}_k)$에 있지 않은 벡터이면 벡터 $\mathbf{x}_1, \mathbf{x}_2, \ldots, \mathbf{x}_k, \mathbf{x}_{k+1}$은 선형 독립이다.

14. $\{\mathbf{u}_1, \mathbf{u}_2\}$, $\{\mathbf{v}_1, \mathbf{v}_2\}$, $\{\mathbf{w}_1, \mathbf{w}_2\}$을 $\mathbb{R}^2$의 기저라고 하자. X가 $\{\mathbf{u}_1, \mathbf{u}_2\}$에서 $\{\mathbf{v}_1, \mathbf{v}_2\}$로의 기저 변환에 해당하는 천이 행렬이고 Y가 $\{\mathbf{v}_1, \mathbf{v}_2\}$에서 $\{\mathbf{w}_1, \mathbf{w}_2\}$로의 기저 변환에 해당하는 천이 행렬이라면, $Z = XY$는 $\{\mathbf{u}_1, \mathbf{u}_2\}$에서 $\{\mathbf{w}_1, \mathbf{w}_2\}$로의 천이 행렬이다.

15. A와 B가 같은 rank를 갖는 $n \times n$ 행렬일 경우 AB의 rank는 BA의 rank와 같아야 한다.

CHAPTER TEST B

1. $\mathbb{R}^3$에서 $\mathbf{x}_1$과 $\mathbf{x}_2$를 선형 독립 벡터고 $\mathbf{x}_3 = \mathbf{0}$(영 벡터)으로 하자. $\mathbf{x}_1, \mathbf{x}_2, \mathbf{x}_3$은 선형 독립인가? 증명하라.

2. 다음의 각 set에 대해 $\mathbb{R}^2$의 하위 공간인지 여부를 결정하라. 여러분의 답을 증명하라.

(a) $S_1 = \left\{ \mathbf{x} = \begin{pmatrix} x_1 \\ x_2 \end{pmatrix} \middle|\, x_1 + x_2 = 0 \right\}$

(b) $S_2 = \left\{ \mathbf{x} = \begin{pmatrix} x_1 \\ x_2 \end{pmatrix} \middle|\, x_1 x_2 = 0 \right\}$

3. $A = \begin{Bmatrix} 2 & 6 & 4 & 0 & 2 \\ 0 & 0 & 2 & 2 & 2 \\ 0 & 0 & 1 & 1 & 1 \\ 0 & 0 & 4 & 4 & 4 \end{Bmatrix}$라고 하자.

(a) $N(A)$ (A의 영공간)에 대한 기저를 구하라. $N(A)$의 차원은 무엇인가?

(b) A의 열 공간에 대한 기저를 구하라. A의 rank는 무엇인가?

4. 행렬의 영공간과 열 공간의 차원은 감소된 행 사다리꼴 형태의 행렬에서 선도(lead) 변수 수와 자유 변수 수는 어떤 관련이 있는가? 설명하라.

5. 다음 질문에 답하고, 각각의 경우에 대한 자신의 답을

기하학적으로 설명하라.

(a) $U_1 \cap U_2 = \{\mathbf{0}\}$인 $\mathbb{R}^3$의 한 쌍의 1차원 부분공간 U_1과 U_2를 가질 수 있는가?

(b) $V_1 \cap V_2 = \{\mathbf{0}\}$인 $\mathbb{R}^3$의 한 쌍의 2차원 부분공간 V_1과 V_2를 가질 수 있는가?

6. S를 실수 원소를 갖는 2×2 대칭 행렬의 집합이라 하자.

(a) S가 $\mathbb{R}^{2\times 2}$의 부분공간임을 보여라.

(b) S에 대한 기저를 구하라.

7. A를 rank 3의 5×3 행렬이라 하자.

(a) $N(A)$의 차원은 얼마인가? A의 열 공간의 차원은 얼마인가?

(b) A의 열 벡터가 $\mathbb{R}^5$를 생성하는가? A의 열 벡터는 선형 독립인가? 여러분의 답을 설명하라.

(c) $\mathbf{b}$가 A의 열 공간에 있는 경우 선형 시스템 $A\mathbf{x} = \mathbf{b}$의 해는 몇 개인가? 설명하라.

8. 다음과 같이 주어진 벡터들에 대해

$$\mathbf{x}_1 = \begin{bmatrix} 1 \\ 2 \\ 2 \end{bmatrix}, \quad \mathbf{x}_2 = \begin{bmatrix} 1 \\ 3 \\ 3 \end{bmatrix},$$

$$\mathbf{x}_3 = \begin{bmatrix} 1 \\ 5 \\ 5 \end{bmatrix}, \quad \mathbf{x}_4 = \begin{bmatrix} 1 \\ 2 \\ 3 \end{bmatrix}$$

(a) $\mathbf{x}_1, \mathbf{x}_2, \mathbf{x}_3, \mathbf{x}_4$는 $\mathbb{R}^3$에서 선형 독립인가? 설명하라.

(b) $\mathbf{x}_1, \mathbf{x}_2$가 $\mathbb{R}^3$를 생성하는가? 설명하라.

(c) $\mathbf{x}_1, \mathbf{x}_2, \mathbf{x}_3$이 $\mathbb{R}^3$를 생성하는가? 선형 독립인가? $\mathbb{R}^3$의 기저를 형성하는가? 설명하라.

(d) $\mathbf{x}_1, \mathbf{x}_2, \mathbf{x}_4$가 $\mathbb{R}^3$를 생성하는가? 선형 독립인가? $\mathbb{R}^3$의 기저를 형성하는가? 여러분의 답을 설명하거나 증명하라.

9. $\mathbb{R}^4$에서 $\mathbf{x}_1, \mathbf{x}_2, \mathbf{x}_3$는 선형 독립 벡터이고 A는 4×4 불특이 행렬이라 하자.

$$\mathbf{y}_1 = A\mathbf{x}_1, \quad \mathbf{y}_2 = A\mathbf{x}_2, \quad \mathbf{y}_3 = A\mathbf{x}_3$$

이면 $\mathbf{y}_1, \mathbf{y}_2, \mathbf{y}_3$가 선형 독립이라는 것을 증명하라.

10. A를 선형 독립 열 벡터 $\mathbf{a}_1, \mathbf{a}_2, \mathbf{a}_3$을 갖고 나머지 열 벡터가 다음을 만족하는 4×5 행렬이라고 하자.

$$\mathbf{a}_4 = \mathbf{a}_1 - 5\mathbf{a}_3, \quad \mathbf{a}_5 = 3\mathbf{a}_1 - 2\mathbf{a}_2 + 4\mathbf{a}_3$$

(a) $N(A)$의 차원은 얼마인가? 설명하라.

(b) A의 감소된 행 사다리꼴 형태를 결정하라.

11. $\{\mathbf{u}_1, \mathbf{u}_2\}$과 $\{\mathbf{v}_1, \mathbf{v}_2\}$를 $\mathbb{R}^2$에 대한 ordered 기저라고 하자.

$$\mathbf{u}_1 = \begin{bmatrix} 2 \\ 3 \end{bmatrix}, \quad \mathbf{u}_2 = \begin{bmatrix} 3 \\ 5 \end{bmatrix}$$

$$\mathbf{v}_1 = \begin{bmatrix} 4 \\ 7 \end{bmatrix}, \quad \mathbf{v}_2 = \begin{bmatrix} 2 \\ 6 \end{bmatrix}$$

(a) 표준 기저 $\{\mathbf{e}_1, \mathbf{e}_2\}$에서 ordered 기저 $\{\mathbf{u}_1, \mathbf{u}_2\}$로의 기저 변화에 해당하는 천이 행렬을 결정하라. 천이 행렬을 사용하여 $\{\mathbf{u}_1, \mathbf{u}_2\}$에 대한 $\mathbf{x} = (1, -1)^T$의 좌표를 구하라.

(b) ordered 기저 $\{\mathbf{v}_1, \mathbf{v}_2\}$에서 ordered 기저 $\{\mathbf{u}_1, \mathbf{u}_2\}$로의 기저 변화에 해당하는 천이 행렬을 결정하라. 천이 행렬을 사용하여 $\{\mathbf{u}_1, \mathbf{u}_2\}$에 대한 $\mathbf{z} = 3\mathbf{v}_1 - 4\mathbf{v}_2$의 좌표를 구하라.

CHAPTER

4

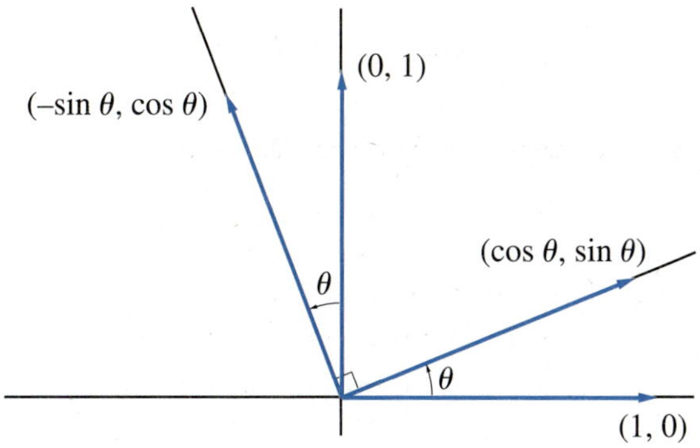

선형 변환

어떤 벡터공간에서 또 다른 벡터공간으로 가는 선형 함수는 수학 분야에서 매우 중요한 역할을 한다. 이 장에서는 이러한 함수의 이론에 대해 소개하겠다. 4.1절에서는 선형 변환을 정의하고 그 예를 살펴본다. 4.2절에서는 n차 공간 V에서 m차 공간 W로 가는 선형 변환 L은 $m \times n$ 행렬 A로 표현될 수 있음을 증명한다. 이는 선형 변환 L 대신에 행렬 A를 가지고 작업할 수 있게 해 준다. 선형 변환 L이 벡터공간 V에서 동일한 공간 V로 가는 함수인 경우에는 L을 표현하는 행렬은 V의 순서 기저를 어떻게 선택하느냐에 따라 달라진다. 그러므로 동일한 선형 변환 L이라 할지라도 V의 어떤 기저에 대해서는 행렬 A로 표현되지만 또 다른 기저에 대해서는 또 다른 행렬 B로 표현되기도 한다. 4.3절에서는 동일한 선형 변환을 표현하는 여러 가지의 서로 다른 행렬들의 관계에 대해서 논의하겠다. 많은 응용분야에서는 선형 변환을 표현하는 행렬이 대각이거나 혹은 그 밖의 간단한 형태가 되도록 만드는 V의 기저 선택이 중요하다.

4.1 정의 및 예제

벡터공간에 대한 이론에서 가장 중요한 형태의 함수는 선형 변환이다.

정의 벡터공간 V에서 벡터공간 W로 가는 함수 L이 임의의 벡터 $\mathbf{v}_1, \mathbf{v}_2 \in V$와 임의의 스칼라 α, β에 대해서 다음 조건을 만족하면 **선형 변환**(linear transformation)이라 한다.

$$L(\alpha\mathbf{v}_1 + \beta\mathbf{v}_2) = \alpha L(\mathbf{v}_1) + \beta L(\mathbf{v}_2) \tag{1}$$

만일 L이 벡터공간 V에서 W로 가는 선형 변환이라면, (1)로부터 다음의 (2)와 (3)을 만족하게 된다.

$$L(\mathbf{v}_1 + \mathbf{v}_2) = L(\mathbf{v}_1) + L(\mathbf{v}_2) \qquad (\alpha = \beta = 1) \tag{2}$$

$$L(\alpha\mathbf{v}) = \alpha L(\mathbf{v}) \qquad (\mathbf{v} = \mathbf{v}_1, \beta = 0) \tag{3}$$

반대로, 만일 벡터공간 V에서 W로 가는 함수 L이 (2)와 (3)을 만족한다면, 다음을 만족하게된다.

$$\begin{aligned} L(\alpha\mathbf{v}_1 + \beta\mathbf{v}_2) &= L(\alpha\mathbf{v}_1) + L(\beta\mathbf{v}_2) \\ &= \alpha L(\mathbf{v}_1) + \beta L(\mathbf{v}_2) \end{aligned}$$

그러므로 벡터공간 V에서 W로 가는 함수 L이 선형 변환이라는 사실은 (2)와 (3)을 만족한다는 사실과 필요충분조건이다.

표기법

벡터공간 V에서 벡터공간 W로 가는 선형 변환 L은 다음과 같이 표기된다.

$$L: V \to W$$

화살표가 사용되면 이는 V와 W가 벡터공간을 뜻하는 것으로 간주하겠다.

벡터공간 V와 W가 같은 경우라면 선형 변환 $L: V \to V$를 V 위의 선형 연산자(linear operator)라고 한다. 즉 선형 연산자는 벡터공간 V에서 V로 가는 선형 변환이다.

이제 선형 변환의 몇 가지 예를 살펴보자. $\mathbb{R}^2$ 위의 선형 연산자로부터 시작하겠다. 이 경우 선형 연산자의 기하학적인 효과를 이해하기가 쉬워진다.

$\mathbb{R}^2$ 위의 선형 연산자

예제 1 연산자 L이 임의의 $\mathbf{x} \in \mathbb{R}^2$에 대해서 다음과 같이 정의되었다.

$$L(\mathbf{x}) = 3\mathbf{x}$$

그러면 L은

$$L(\alpha\mathbf{x}) = 3(\alpha\mathbf{x}) = \alpha(3\mathbf{x}) = \alpha L(\mathbf{x})$$

를 만족할 뿐만 아니라

$$L(\mathbf{x} + \mathbf{y}) = 3(\mathbf{x} + \mathbf{y}) = 3\mathbf{x} + 3\mathbf{y} = L(\mathbf{x}) + L(\mathbf{y})$$

를 만족하므로 선형 연산자이다. 실제로 L은 3배로 늘리는 작용을 하는 것으로 생각할 수 있다(그림 4.1.1 참조). 일반적으로 α가 양의 스칼라라면 선형 연산 $F(\mathbf{x}) = \alpha\mathbf{x}$는 벡터 $\mathbf{x}$를 α배 늘리거나 줄이는 작용을 하는 연산으로 생각할 수 있다. ■

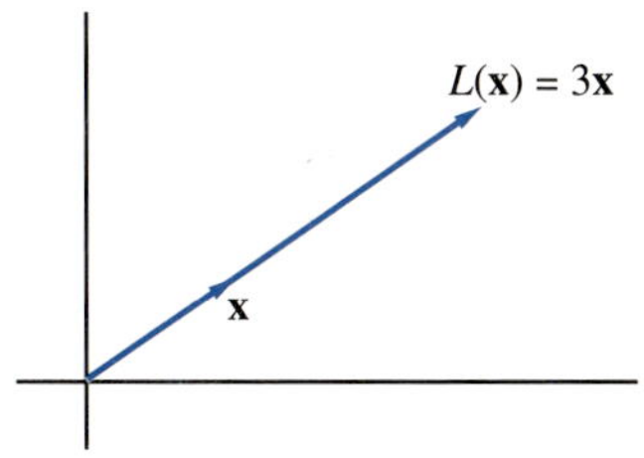

그림 4.1.1

예제 2 임의의 $\mathbf{x} \in \mathbb{R}^2$에 대해서 다음과 같이 정의된 연산자 L을 생각해 보자.

$$L(\mathbf{x}) = x_1\mathbf{e}_1$$

그러므로 만일 $\mathbf{x} = (x_1, x_2)^T$라면, $L(\mathbf{x}) = (x_1, 0)^T$가 된다. 만일 $\mathbf{y} = (y_1, y_2)^T$라면

$$\alpha\mathbf{x} + \beta\mathbf{y} = \begin{bmatrix} \alpha x_1 + \beta y_1 \\ \alpha x_2 + \beta y_2 \end{bmatrix}$$

이 되며, 그러므로 다음이 성립한다.

$$L(\alpha\mathbf{x} + \beta\mathbf{y}) = (\alpha x_1 + \beta y_1)\mathbf{e}_1 = \alpha(x_1\mathbf{e}_1) + \beta(y_1\mathbf{e}_1) = \alpha L(\mathbf{x}) + \beta L(\mathbf{y})$$

그러므로 L은 선형 연산자이다. 실제로 L은 x_1축으로의 투영(projection)이라 생각할 수 있다(그림 4.1.2 참조). ■

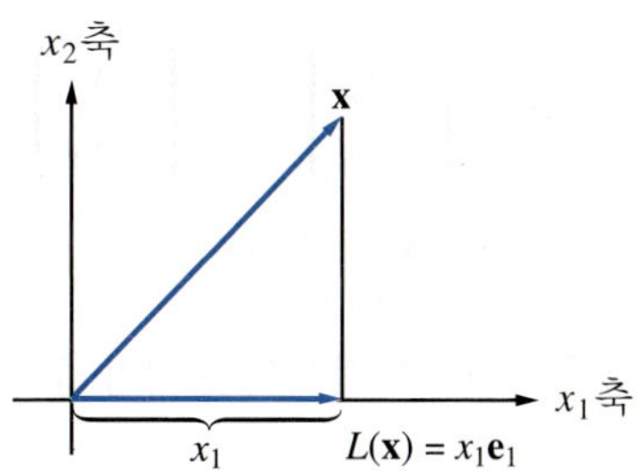

그림 4.1.2

예제 3 임의의 $\mathbf{x} = (x_1, x_2)^T \in \mathbb{R}^2$에 대해서 다음과 같이 정의된 연산자 L을 생각하자.

$$L(\mathbf{x}) = (x_1, -x_2)^T$$

이 연산자는 다음을 만족한다.

$$\begin{aligned} L(\alpha\mathbf{x} + \beta\mathbf{y}) &= \begin{bmatrix} \alpha x_1 + \beta y_1 \\ -(\alpha x_2 + \beta y_2) \end{bmatrix} \\ &= \alpha \begin{bmatrix} x_1 \\ -x_2 \end{bmatrix} + \beta \begin{bmatrix} y_1 \\ -y_2 \end{bmatrix} \\ &= \alpha L(\mathbf{x}) + \beta L(\mathbf{y}) \end{aligned}$$

$$L(\mathbf{x}) = \begin{bmatrix} x_2 \\ x_1 \\ x_1 + x_2 \end{bmatrix} = A\mathbf{x}$$

■

일반적으로, 만일 A가 $m \times n$ 행렬이라면 $\mathbb{R}^n$에서 $\mathbb{R}^m$으로의 선형 변환 L_A를 다음과 같이 정의할 수 있다.

$$L_A(\mathbf{x}) = A\mathbf{x}$$

여기서는 $\mathbf{x} \in \mathbb{R}^n$이다. 이러한 변환 L_A는 선형인데, 그 이유는 다음을 만족하기 때문이다.

$$\begin{aligned} L_A(\alpha\mathbf{x} + \beta\mathbf{y}) &= A(\alpha\mathbf{x} + \beta\mathbf{y}) \\ &= \alpha A\mathbf{x} + \beta A\mathbf{y} \\ &= \alpha L_A(\mathbf{x}) + \beta L_A(\mathbf{y}) \end{aligned}$$

그러므로 임의의 $m \times n$ 행렬 A는 $\mathbb{R}^n$에서 $\mathbb{R}^m$으로 가는 한 개의 선형 변환을 정의한다는 사실을 알 수 있다.

예제 7에서 선형 변환 L이 행렬 A로 표현될 수 있다는 사실을 보았다. 다음 절에서 이 사실이 일반적으로 $\mathbb{R}^n$에서 $\mathbb{R}^m$으로의 임의의 선형 변환에 대해서 성립한다는 사실을 증명하겠다.

V에서 W로의 선형 변환

만일 L이 벡터공간 V에서 벡터공간 W로의 선형 변환이라면 다음 세 가지 관계가 성립한다.

(i) $L(\mathbf{0}_V) = \mathbf{0}_W$(여기서 $\mathbf{0}_V$와 $\mathbf{0}_W$는 각각 벡터공간 V와 W의 영 벡터이다).

(ii) V의 임의의 벡터 $\mathbf{v}_1, \mathbf{v}_2, \cdots, \mathbf{v}_n$과 임의의 스칼라 $\alpha_1, \alpha_2, \cdots, \alpha_n$에 대해서

$$L(\alpha_1\mathbf{v}_1 + \alpha_2\mathbf{v}_2 + \cdots + \alpha_n\mathbf{v}_n) = \alpha_1 L(\mathbf{v}_1) + \alpha_2 L(\mathbf{v}_2) + \cdots + \alpha_n L(\mathbf{v}_n)$$

(iii) 모든 벡터 $\mathbf{v}$에 대해서 $L(-\mathbf{v}) = -L(\mathbf{v})$

관계 (i)은 L의 선형성으로부터, 즉 $L(\alpha\mathbf{v}) = \alpha L(\mathbf{v})$에 $\alpha = 0$을 대입하면 얻어진다. 관계 (ii)는 수학적 귀납법을 사용하면 쉽게 증명된다. 이는 독자에게 연습문제로 남기고 생략하겠다. 관계 (iii)을 증명하기 위해 다음을 생각하자.

$$\mathbf{0}_W = L(\mathbf{0}_V) = L(\mathbf{v} + (-\mathbf{v})) = L(\mathbf{v}) + L(-\mathbf{v})$$

그러므로 $L(-\mathbf{v})$는 $L(\mathbf{v})$의 덧셈에 관한 역원이다. 즉 다음이 성립한다.

$$L(-\mathbf{v}) = -L(\mathbf{v})$$

예제 8 임의의 벡터공간 V에 대해서 항등 연산자 $\mathcal{I}$는 모든 $\mathbf{v} \in V$에 대해서

$$\mathcal{I}(\mathbf{v}) = \mathbf{v}$$

로 정의된다. V에서 V로의 항등 연산자 $\mathcal{I}$는 다음을 만족하므로 선형 연산자이다.

$$\mathcal{I}(\alpha\mathbf{v}_1 + \beta\mathbf{v}_2) = \alpha\mathbf{v}_1 + \beta\mathbf{v}_2 = \alpha\mathcal{I}(\mathbf{v}_1) + \beta\mathcal{I}(\mathbf{v}_2)$$ ■

예제 9 $C[a,b]$로부터 $\mathbb{R}^1$으로의 함수 L이 다음과 같이 정의되었다.

$$L(f) = \int_a^b f(x)\,dx$$

만일 f와 g가 $C[a,b]$의 임의의 벡터라면, 다음을 만족한다.

$$\begin{aligned} L(\alpha f + \beta g) &= \int_a^b (\alpha f + \beta g)(x)\,dx \\ &= \alpha\int_a^b f(x)\,dx + \beta\int_a^b g(x)\,dx \\ &= \alpha L(f) + \beta L(g) \end{aligned}$$

그러므로 L은 선형 연산자이다. ■

예제 10 $C^1[a,b]$로부터 $C[a,b]$로의 선형 연산자 D가 다음과 같이 정의되었다.

$$D(f) = f' \qquad (f\text{의 미분})$$

D는 다음을 만족하므로 선형 연산자이다.

$$D(\alpha f + \beta g) = \alpha f' + \beta g' = \alpha D(f) + \beta D(g)$$ ■

상과 핵

선형 변환 $L: V \to W$를 생각하자. 이 절의 마지막 주제는 V의 부분공간에 미치는 L의 영향에 대해서이다. 그중에서도 특히 중요한 부분공간은 W의 영 벡터로 보내지는 V의 부분공간이다.

정의 선형 변환 $L: V \to W$를 생각하자. $\ker(L)$이라 표기되는 L의 **핵**(kernel)은 다음과 같이 정의된다.

$$\ker(L) = \{\mathbf{v} \in V \mid L(\mathbf{v}) = \mathbf{0}_W\}$$

정의 선형 변환 $L: V \to W$를 생각하고 S를 V의 임의의 부분공간이라 하자. $L(S)$라고 표기되는 ***S*의 상**(image)은 다음과 같이 정의된다.

$$L(S) = \{\mathbf{w} \in W \mid \mathbf{w} = L(\mathbf{v}) \quad \text{임의의 } \mathbf{v} \in S\text{에 대해서}$$

벡터공간 V 전체의 상 $L(V)$를 L의 **치역**(range)이라 한다.

선형 변환 $L: V \to W$를 생각하자. 그러면 $\ker(L)$은 V의 부분공간이고, 만일 S가 V의 부분공간이면 $L(S)$는 W의 부분공간임을 쉽게 증명할 수 있다. 특히 $L(V)$는 W의 부분공간이 된다. 이는 다음 정리의 내용이다.

정리 4.1.1 함수 $L: V \to W$가 선형 변환이고 S가 V의 임의의 부분공간이라 하자. 그러면 다음이 성립한다.

(i) $\ker(L)$은 V의 부분공간이다.
(ii) $L(S)$는 W의 부분공간이다.

증명 V의 영 벡터 $\mathbf{0}_V$는 항상 $\ker(L)$에 포함되므로 $\ker(L)$은 공집합이 아니다. (i)을 증명하기 위해서 $\ker(L)$이 벡터 합과 스칼라 곱에 대해 닫혀 있음을 보이겠다. 임의의 $\mathbf{v} \in \ker(L)$과 임의의 스칼라 α에 대해서 다음이 성립한다.

$$L(\alpha\mathbf{v}) = \alpha L(\mathbf{v}) = \alpha\mathbf{0}_W = \mathbf{0}_W$$

그러므로 $\alpha\mathbf{v} \in \ker(L)$이다.

만일 $\mathbf{v}_1, \mathbf{v}_2 \in \ker(L)$이면 다음이 성립함을 주목하라.

$$L(\mathbf{v}_1 + \mathbf{v}_2) = L(\mathbf{v}_1) + L(\mathbf{v}_2) = \mathbf{0}_W + \mathbf{0}_W = \mathbf{0}_W$$

그러므로 $\mathbf{v}_1 + \mathbf{v}_2 \in \ker(L)$이다. 그러므로 $\ker(L)$은 V의 부분공간이다.

(ii)의 증명도 비슷한 방법으로 가능하다. 우선 임의의 S는 항상 $\mathbf{0}_V$를 포함하고, $\mathbf{0}_W = L(\mathbf{0}_V) \in L(S)$이므로 $L(S)$는 공집합이 아니다. 만일 $\mathbf{w} \in L(S)$라면 $\mathbf{w} = L(\mathbf{v})$를 만족하는 $\mathbf{v}$가 반드시 S에 존재한다. 그렇다면 임의의 스칼라 α에 대하여 다음이 성립한다.

$$\alpha\mathbf{w} = \alpha L(\mathbf{v}) = L(\alpha\mathbf{v})$$

여기서 $\alpha\mathbf{v} \in S$이므로 이는 $\alpha\mathbf{w} \in L(S)$를 의미하며, 그러므로 $L(S)$는 스칼라 곱에 대해 닫혀 있다는 것을 증명한다. 만일 $\mathbf{w}_1, \mathbf{w}_2 \in L(S)$라면, $\mathbf{w}_1 = L(\mathbf{v}_1)$과 $\mathbf{w}_2 = L(\mathbf{v}_2)$를 만족하는 $\mathbf{v}_1, \mathbf{v}_2 \in S$가 반드시 존재하므로 다음이 성립한다.

$$\mathbf{w}_1 + \mathbf{w}_2 = L(\mathbf{v}_1) + L(\mathbf{v}_2) = L(\mathbf{v}_1 + \mathbf{v}_2)$$

그러므로 $L(S)$는 벡터 합에 대해서도 닫혀 있다. ■

예제 11 $\mathbb{R}^2$ 위의 선형 연산자 L이 다음과 같이 정의되었다.

$$L(\mathbf{x}) = \begin{bmatrix} x_1 \\ 0 \end{bmatrix}$$

어떤 벡터 $\mathbf{x}$가 $\ker(L)$에 포함되기 위한 필요충분조건은 $x_1 = 0$이다. 그러므로 $\ker(L)$은 $\mathbb{R}^2$의 1차원 부분공간으로서 $\mathbf{e}_2$에 의해 생성된 공간이다. 어떤 벡터 $\mathbf{y}$가 L의 치역에 포함되기 위한 필요충분조건은 $\mathbf{y}$가 $\mathbf{e}_1$의 스칼라배라는 것이다. 그러므로 $L(\mathbb{R}^2)$은 $\mathbb{R}^2$의 1차원 부분공간으로서 $\mathbf{e}_1$에 의해 생성된 공간이다. ■

예제 12 선형 변환 $L: \mathbb{R}^3 \to \mathbb{R}^2$가 다음과 같이 정의되었다.

$$L(\mathbf{x}) = (x_1 + x_2, x_2 + x_3)^T$$

그리고 S를 $\mathbb{R}^3$의 부분공간으로 $\mathbf{e}_1$과 $\mathbf{e}_3$에 의해 생성된 공간이라 하자.

만일 $\mathbf{x} \in \ker(L)$이라면,

$$x_1 + x_2 = 0 \quad \text{그리고} \quad x_2 + x_3 = 0$$

자유 변수 $x_3 = a$라 두면, 다음을 얻는다.

$$x_2 = -a, \qquad x_1 = a$$

또한 $\ker(L)$은 $\mathbb{R}^3$의 1차원 부분공간으로 $a(1, -1, 1)^T$ 형태의 모든 벡터를 포함한다.

만일 $\mathbf{x} \in S$라면, $\mathbf{x}$는 $(a, 0, b)^T$ 형태이고, 그러므로 $L(\mathbf{x}) = (a, b)^T$가 된다. 이는 명백히 $L(S) = \mathbb{R}^2$임을 뜻한다. 부분공간 S의 상이 $\mathbb{R}^2$ 전체이므로 L의 치역은 $\mathbb{R}^2$가 된다[즉 $L(\mathbb{R}^3) = \mathbb{R}^2$]. ■

예제 13 함수 $D: P_3 \to P_3$가 다음과 같이 정의된 미분 연산자라고 하자.

$$D(p(x)) = p'(x)$$

D의 핵은 0차의 모든 다항식을 포함한다. 그러므로 $\ker(D) = P_1$이다. P_3에 속하는 다항식의 미분은 1차 혹은 그 이하 차수의 다항식이다. 역으로, P_2에 속하는 어느 다항식이든지 그의 부정적분은 P_3에 속하는 다항식이 된다. 그러므로 연산자 D의 작용에 관한 한 P_2의 다항식은 P_3에 속한 다항식의 상이다. 그러므로 $D(P_3) = P_2$가 성립한다. ■

4.1 연습문제

1. 다음 각각의 연산자가 $\mathbb{R}^2$ 위에서 선형 연산자임을 증명하라. 각각의 선형 변환이 수행하는 내용을 기하학적으로 설명하라.

(a) $L(\mathbf{x}) = (-x_1, x_2)^T$ **(b)** $L(\mathbf{x}) = -\mathbf{x}$

(c) $L(\mathbf{x}) = (x_2, x_1)^T$ **(d)** $L(\mathbf{x}) = \frac{1}{2}\mathbf{x}$

(e) $L(\mathbf{x}) = x_2\mathbf{e}_2$

2. L은 $\mathbb{R}^2$ 위에서 다음과 같이 정의된 선형 연산자이다.

$$L(\mathbf{x}) = (x_1 \cos\alpha - x_2 \sin\alpha,\ x_1 \sin\alpha + x_2 \cos\alpha)^T$$

$x_1, x_2, L(\mathbf{x})$를 극좌표로 표현하라. 위 선형 변환이 수행하는 내용을 기하학적으로 설명하라.

3. 벡터 $\mathbf{a}$는 $\mathbb{R}^2$ 위에 주어진 고정된 벡터이다. 다음과 같이 정의된 함수를 생각하자.

$$L(\mathbf{x}) = \mathbf{x} + \mathbf{a}$$

이러한 함수를 이동(translation)이라 한다. 이동은 선형 연산이 아님을 증명하라. 이동의 효과를 기하학적으로 설명하라.

4. 선형 연산자 $L\colon \mathbb{R}^2 \to \mathbb{R}^2$를 생각하자. 만일 다음이 성립한다면

$$L((2,3)^T) = (3,-2)^T$$

그리고

$$L((-1,1)^T) = (1,4)^T$$

$L((8,7)^T)$의 값을 구하라.

5. 다음 변환이 $\mathbb{R}^3$에서 $\mathbb{R}^2$로 가는 선형 변환인지 결정하라.

(a) $L(\mathbf{x}) = (x_3, x_1)^T$ **(b)** $L(\mathbf{x}) = (0,0)^T$
(c) $L(\mathbf{x}) = (x_1 - 1, x_2 + 1)^T$
(d) $L(\mathbf{x}) = (x_1 + x_2, x_2x_3)^T$

6. 다음 변환이 $\mathbb{R}^2$에서 $\mathbb{R}^3$로 가는 선형 변환인지 결정하라.

(a) $L(\mathbf{x}) = (1,0,1)^T$
(b) $L(\mathbf{x}) = (0,x_2,0)^T$
(c) $L(\mathbf{x}) = (x_1^2, x_2^2, x_1)^T$
(d) $L(\mathbf{x}) = (x_1, x_1 + x_2, x_1 - x_2)^T$

7. 다음 변환이 $\mathbb{R}^{n\times n}$ 위의 선형 연산자인지 결정하라.

(a) $L(A) = 2A$ **(b)** $L(A) = A^T$
(c) $L(A) = A + I$ **(d)** $L(A) = A - A^T$

8. C는 고정된 $n \times n$ 행렬이다. 다음 변환이 $\mathbb{R}^{n\times n}$ 위의 선형 연산자인지 결정하라.

(a) $L(A) = CA + AC$ **(b)** $L(A) = C^2A$
(c) $L(A) = A^2C$

9. 다음 변환이 P_2에서 P_3로 가는 선형 변환인지 결정하라.

(a) $L(p(x)) = xp(x)$
(b) $L(p(x)) = x^2 + p(x)$
(c) $L(p(x)) = p(x) + xp(x) + x^2p'(x)$

10. 각각의 $f \in C[0,1]$에 대하여 $L(f) = F$로 정의하되, F는 다음과 같이 주어진다.

$$F(x) = \int_0^x f(t)\,dt \qquad 0 \le x \le 1$$

함수 L이 $C[0,1]$ 위에서 선형 연산자임을 증명하고 $L(e^x)$과 $L(x^2)$을 구하라.

11. 다음 변환이 $C[0,1]$에서 $\mathbb{R}^1$로 가는 선형 변환인지 결정하라.

(a) $L(f) = f(0)$ **(b)** $L(f) = |f(0)|$
(c) $L(f) = [f(0) + f(1)]/2$
(d) $L(f) = \left\{\int_0^1 [f(x)]^2\,dx\right\}^{1/2}$

12. L이 V에서 W로 가는 선형 변환이라면 수학적 귀납법을 이용하여 다음을 증명하라.

$$\begin{aligned} &L(\alpha_1\mathbf{v}_1 + \alpha_2\mathbf{v}_2 + \cdots + \alpha_n\mathbf{v}_n) \\ &\quad = \alpha_1L(\mathbf{v}_1) + \alpha_2L(\mathbf{v}_2) + \cdots + \alpha_nL(\mathbf{v}_n) \end{aligned}$$

13. $\{\mathbf{v}_1, \mathbf{v}_2, \cdots, \mathbf{v}_n\}$이 벡터공간 V의 기저이고, L_1과 L_2가 V에서 벡터공간 W로 가는 선형 변환이라고 하자. 만일 모든 $i = 1, 2, \cdots, n$에 대하여 다음이 성립한다면

$$L_1(\mathbf{v}_i) = L_2(\mathbf{v}_i)$$

$L_1 = L_2$임을 증명하라[즉 모든 $\mathbf{v} \in V$에 대하여 $L_1(\mathbf{v}) = L_2(\mathbf{v})$임을 증명하라.]

14. L이 $\mathbb{R}^1$ 위에서 선형 연산자이고 $a = L(1)$이라고 하자. 모든 $x \in \mathbb{R}^1$에 대해서 $L(x) = ax$임을 증명하라.

15. L이 벡터공간 V 위에서 선형 연산자라고 하자. 각각의 $n \ge 1$에 대하여 L^n을 다음과 같이 반복적으로 정의하자.

$$\begin{aligned} L^1 &= L \\ L^{k+1}(\mathbf{v}) &= L(L^k(\mathbf{v})) \quad (\text{모든 } \mathbf{v} \in V\text{에 대하여}) \end{aligned}$$

그러면 각각의 $n \ge 1$에 대하여 L^n은 V 위에서 선형 연산자임을 증명하라.

16. $L_1\colon U \to V$와 $L_2\colon V \to W$가 선형 변환이라 하고, 함수 $L = L_2 \circ L_1$이 각각의 $\mathbf{u} \in U$에 대하여 다음과 같이 정의되었다.

$$L(\mathbf{u}) = L_2(L_1(\mathbf{u}))$$

L이 U에서 W로 가는 선형 변환임을 증명하라.

17. $\mathbb{R}^3$ 위에서 정의된 다음 각각의 선형 연산자의 핵과 상을 구하라.

(a) $L(\mathbf{x}) = (x_3, x_2, x_1)^T$ **(b)** $L(\mathbf{x}) = (x_1, x_2, 0)^T$

(c) $L(\mathbf{x}) = (x_1, x_1, x_1)^T$

18. S는 $\mathbb{R}^3$의 부분공간으로 $\mathbf{e}_1$과 $\mathbf{e}_2$에 의해 생성된 공간이다. 연습문제 17에 있는 각각의 선형 연산자에 대하여 $L(S)$를 구하라.

19. P_3 위에서 정의된 다음 각각의 선형 연산자의 핵과 상을 구하라.

(a) $L(p(x)) = xp'(x)$ **(b)** $L(p(x)) = p(x) - p'(x)$

(c) $L(p(x)) = p(0)x + p(1)$

20. $L: V \to W$가 선형 변환이고 T는 W의 부분공간이라 하자. $L^{-1}(T)$라고 표기하는 T의 역상(inverse image)은 다음과 같이 정의된다.

$$L^{-1}(T) = \{\mathbf{v} \in V | L(\mathbf{v}) \in T\}$$

$L^{-1}(T)$는 V의 부분공간임을 증명하라.

21. 선형 변환 $L: V \to W$에 대해서 만일 $L(\mathbf{v}_1) = L(\mathbf{v}_2)$라는 사실이 항상 $\mathbf{v}_1 = \mathbf{v}_2$를 의미한다면 L은 일대일이라고 한다(즉 V의 어떤 서로 다른 벡터 $\mathbf{v}_1, \mathbf{v}_2$도 W의 하나의 벡터 $\mathbf{w}$로 대응되지 않는다). L이 일대일이기 위한 필요충분조건은 $\ker(L) = \{\mathbf{0}_V\}$임을 증명하라.

22. 선형 변환 $L: V \to W$는 만일 $L(V) = W$라면 V에서 W 위로 가는 함수라고 한다. 다음과 같이 정의된 선형 변환 L을 생각하자.

$$L(\mathbf{x}) = (x_1, x_1 + x_2, x_1 + x_2 + x_3)^T$$

L이 $\mathbb{R}^3$에서 $\mathbb{R}^3$ 위로 가는 선형 변환임을 증명하라.

23. 연습문제 17에서 다루어진 선형 연산자 중에서 어느 것이 일대일인가? 또 어느 것이 $\mathbb{R}^3$에서 $\mathbb{R}^3$ 위로 가는 선형 변환인가?

24. A는 2×2 행렬이고 L_A는 다음과 같이 정의된 선형 연산자이다.

$$L_A(\mathbf{x}) = A\mathbf{x}$$

다음을 증명하라.

(a) L_A는 $\mathbb{R}^2$에서 A의 열 공간 위로 가는 함수이다.

(b) 만일 A가 비특이 행렬이면 L_A는 $\mathbb{R}^2$에서 $\mathbb{R}^2$ 위로 가는 함수이다.

25. D는 P_3 위에서 도함수 연산자이고 다음과 같은 집합 S를 생각하자.

$$S = \{p \in P_3 \,|\, p(0) = 0\}$$

다음을 증명하라.

(a) D는 P_3에서 그 부분공간 P_2 위로 가는 함수이지만 $D: P_3 \to P_2$는 일대일이 아니다.

(b) $D: S \to P_3$는 일대일 함수지만 P_3 위로 가는 함수는 아니다.

4.2 선형 변환의 행렬 표현

4.1절에서 하나의 $m \times n$ 행렬 A가 $\mathbb{R}^n$에서 $\mathbb{R}^m$으로의 선형 변환 L_A를 표현하는 사실을 보았다. 여기서 $\mathbf{x} \in \mathbb{R}^n$에 대해서

$$L_A(\mathbf{x}) = A\mathbf{x}$$

이 절에서는 $\mathbb{R}^n$에서 $\mathbb{R}^m$으로의 각각의 선형 변환 L에 대해서 하나의 $m \times n$ 행렬 A가 존재하여 다음을 만족한다는 사실을 증명하겠다.

$$L(\mathbf{x}) = A\mathbf{x}$$

또한 유한차원 벡터공간들 사이의 어떠한 선형 변환이라도 행렬로 어떻게 표현되는지에 대해서 알게 될 것이다.

정리 4.2.1 만일 L이 $\mathbb{R}^n$에서 $\mathbb{R}^m$으로의 선형 변환이라면, 하나의 $m \times n$ 행렬 A가 존재하여 모든 $\mathbf{x} \in \mathbb{R}^n$에 대해서 다음을 만족한다.

$$L(\mathbf{x}) = A\mathbf{x}$$

실제로, 행렬 A의 j번째 열 벡터 j는 다음과 같이 주어진다.

$$\mathbf{a}_j = L(\mathbf{e}_j) \qquad j = 1, 2, \ldots, n$$

증명 열 번호 $j = 1, 2, \cdots, n$에 대해서 다음을 정의하자.

$$\mathbf{a}_j = L(\mathbf{e}_j)$$

그리고 행렬 A는 다음과 같은 형태이다.

$$A = (a_{ij}) = (\mathbf{a}_1, \mathbf{a}_2, \ldots, \mathbf{a}_n)$$

만일

$$\mathbf{x} = x_1\mathbf{e}_1 + x_2\mathbf{e}_2 + \cdots + x_n\mathbf{e}_n$$

이 $\mathbb{R}^n$의 임의의 벡터라고 하면, 다음이 성립한다.

$$\begin{aligned} L(\mathbf{x}) &= x_1L(\mathbf{e}_1) + x_2L(\mathbf{e}_2) + \cdots + x_nL(\mathbf{e}_n) \\ &= x_1\mathbf{a}_1 + x_2\mathbf{a}_2 + \cdots + x_n\mathbf{a}_n \\ &= (\mathbf{a}_1, \mathbf{a}_2, \ldots, \mathbf{a}_n)\begin{pmatrix} x_1 \\ x_2 \\ \vdots \\ x_n \end{pmatrix} \\ &= A\mathbf{x} \end{aligned}$$ ■

위의 정리가 뜻하는 바를 다시 설명하자면, $\mathbb{R}^n$에서 $\mathbb{R}^m$으로의 선형 변환은 반드시 $m \times n$ 행렬로 표현된다는 것이다. 특히 정리 4.2.1은 특정한 선형 변환 L에 대한 표현 행렬 A를 어떻게 구하는지를 알려 주고 있다. A의 첫째 열 벡터를 구하자면 $\mathbb{R}^n$의 첫째 기저 벡터인 $\mathbf{e}_1$에 대해서 L이 어떤 작용을 하는지 살펴봐야 한다. 그 결과로 $\mathbf{a}_1 = L(\mathbf{e}_1)$이라 두는 것이다. A의 둘째 열 벡터를 구하자면 $\mathbf{e}_2$에 대해서 L이 어떤 작용을 하는지 확인하고서 그 결과로 $\mathbf{a}_2 = L(\mathbf{e}_2)$라 두어야 한다. $n \times n$ 항등 행렬의 열 벡터를 순서대로 $\mathbf{e}_1, \mathbf{e}_2, \cdots, \mathbf{e}_n$이라 두고 이를 $\mathbb{R}^n$의 표준 기저라 하고, 또한 $m \times m$ 항등 행렬의 열 벡터를 순서대로 $\mathbb{R}^m$의 표준 기저라고 하기 때문에, 위와 같은 방법으로 생성된 행렬 A를 선형 변환 L의 **표준 행렬 표현**(standard matrix representation)이라고 한다. 곧이어서(정리 4.2.3) 하나의 선형 변환이 다른 기저에 대한 행렬 표현이 어떻게 이루어지는지 보게 될 것이다.

예제 1 선형 변환 $L: \mathbb{R}^3 \to \mathbb{R}^2$가 임의의 $\mathbf{x} = (x_1, x_2, x_3)^T \in \mathbb{R}^3$에 대해서 다음과 같이 정의되었다.

$$L(\mathbf{x}) = (x_1 + x_2, x_2 + x_3)^T$$

L이 사실상 선형 변환임은 쉽게 증명할 수 있다. 여기서 우리는 임의의 $\mathbf{x} \in \mathbb{R}^3$에 대해서 $L(\mathbf{x}) = A\mathbf{x}$를 만족하는 행렬 A를 구하고자 한다. 이를 위해서는 $L(\mathbf{e}_1)$, $L(\mathbf{e}_2)$, $L(\mathbf{e}_3)$를 구해야 한다.

$$L(\mathbf{e}_1) = L((1,0,0)^T) = \begin{bmatrix} 1 \\ 0 \end{bmatrix}$$

$$L(\mathbf{e}_2) = L((0,1,0)^T) = \begin{bmatrix} 1 \\ 1 \end{bmatrix}$$

$$L(\mathbf{e}_3) = L((0,0,1)^T) = \begin{bmatrix} 0 \\ 1 \end{bmatrix}$$

위에서 구한 세 벡터를 열 벡터로 갖는 행렬 A를 다음과 같이 구성하자.

$$A = \begin{bmatrix} 1 & 1 & 0 \\ 0 & 1 & 1 \end{bmatrix}$$

결과를 확인하려면, $A\mathbf{x}$를 계산하여 $L(\mathbf{x})$와 일치하는지 확인한다.

$$A\mathbf{x} = \begin{bmatrix} 1 & 1 & 0 \\ 0 & 1 & 1 \end{bmatrix} \begin{bmatrix} x_1 \\ x_2 \\ x_3 \end{bmatrix} = \begin{bmatrix} x_1 + x_2 \\ x_2 + x_3 \end{bmatrix}$$ ■

예제 2 L은 $\mathbb{R}^2$ 위의 선형 변환 연산자로서 임의의 벡터를 반시계 방향으로 θ만큼 회전시키는 작용을 하는 것으로 정의되었다. 그림 4.2.1(a)에서 보이듯이, $\mathbf{e}_1$은 L에 의해서 $(\cos\theta, \sin\theta)^T$로 대응되고, $\mathbf{e}_2$는 $(-\sin\theta, \cos\theta)^T$로 대응된다. 그러므로 L을 표현하는 행렬 A는 $(\cos\theta, \sin\theta)^T$를 첫째 열 벡터로 가지며 $(-\sin\theta, \cos\theta)^T$를 둘째 열 벡터로 갖는다.

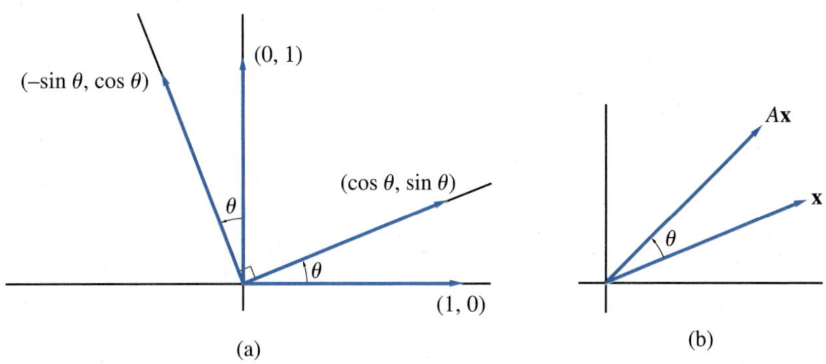

그림 4.2.1

$$A = \begin{bmatrix} \cos\theta & -\sin\theta \\ \sin\theta & \cos\theta \end{bmatrix}$$

임의의 벡터 $\mathbf{x} < \mathbb{R}^2$에 대해 이를 반시계 방향으로 θ만큼 회전시키기 위해서는 행렬 A를 곱해 주기만 하면 된다[그림 4.2.1(b) 참조]. ■

지금까지 $\mathbb{R}^n$에서 $\mathbb{R}^m$으로의 선형 변환이 어떻게 행렬로 표현되는지를 살펴보았다. 그렇다면 임의의 n차원 벡터공간 V에서 m차원 벡터공간 W로의 선형 변환도 과연 행렬로 표현할 수 있는지에 대해 궁금증을 갖게 될 것이다. 이를 알아보기 위해서 V의 순서 기저로서 $E=\{\mathbf{v}_1, \mathbf{v}_2, \cdots, \mathbf{v}_n\}$을 선택하고 W에 대해서는 $F=\{\mathbf{w}_1, \mathbf{w}_2, \cdots, \mathbf{w}_m\}$을 선택하자. 그리고 L을 V에서 W로의 선형 변환이라고 하자. $\mathbf{v}$가 V의 임의의 벡터라고 하면 기저 E를 이용하여 $\mathbf{v}$를 다음과 같이 표현할 수 있다.

$$\mathbf{v} = x_1\mathbf{v}_1 + x_2\mathbf{v}_2 + \cdots + x_n\mathbf{v}_n$$

이제 다음과 같은 맥락에서 선형 변환 L을 표현하는 $m \times n$ 행렬 A가 존재함을 증명하고자 한다.

$$A\mathbf{x} = \mathbf{y} \quad \text{if and only if} \quad L(\mathbf{v}) = y_1\mathbf{w}_1 + y_2\mathbf{w}_2 + \cdots + y_m\mathbf{w}_m$$

이러한 행렬 A는 바로 선형 변환 L의 특성을 잘 표현한다. 만일 $\mathbf{x}$가 E에 관해서 $\mathbf{v}$의 좌표 벡터라고 하면, F에 관한 $L(\mathbf{v})$의 좌표 벡터는 다음과 같이 주어진다.

$$[L(\mathbf{v})]_F = A\mathbf{x}$$

구체적으로, 행렬 A를 구하는 방법은 이전과 실질적으로 동일하다. $j=1, 2, \cdots, n$에 대하여 $\{\mathbf{w}_1, \mathbf{w}_2, \cdots, \mathbf{w}_m\}$에 관해서 $L(\mathbf{v}_j)$의 좌표 벡터를 $\mathbf{a}_j=(a_{1j}, a_{2j}, \cdots, a_{mj})^T$라 두자. 즉 다음의 관계가 성립한다고 하자.

$$L(\mathbf{v}_j) = a_{1j}\mathbf{w}_1 + a_{2j}\mathbf{w}_2 + \cdots + a_{mj}\mathbf{w}_m \qquad 1 \le j \le n$$

행렬 A는 $A=(a_{ij})=(\mathbf{a}_1, \mathbf{a}_2, \cdots, \mathbf{a}_n)$의 형태라고 두자. 만일

$$\mathbf{v} = x_1\mathbf{v}_1 + x_2\mathbf{v}_2 + \cdots + x_n\mathbf{v}_n$$

을 만족하면 다음이 성립한다.

$$\begin{aligned} L(\mathbf{v}) &= L\left(\sum_{j=1}^{n} x_j\mathbf{v}_j\right) \\ &= \sum_{j=1}^{n} x_j L(\mathbf{v}_j) \\ &= \sum_{j=1}^{n} x_j \left(\sum_{i=1}^{m} a_{ij}\mathbf{w}_i\right) \\ &= \sum_{i=1}^{m} \left(\sum_{j=1}^{n} a_{ij}x_j\right) \mathbf{w}_i \end{aligned}$$

$i = 1, 2, \cdots, m$에 대해서 다음을 가정하자.

$$y_i = \sum_{j=1}^{n} a_{ij} x_j$$

즉

$$\mathbf{y} = (y_1, y_2, \ldots, y_m)^T = A\mathbf{x}$$

가 $\{\mathbf{w}_1, \mathbf{w}_2, \cdots, w_m\}$에 관한 $L(\mathbf{v})$의 좌표 벡터이다. 이는 다음의 정리를 증명한 셈이다.

정리 4.2.2 **행렬 표현 정리**

$E = \{\mathbf{v}_1, \mathbf{v}_2, \cdots, \mathbf{v}_n\}$을 벡터공간 V의 순서 기저라 하고 $F = \{\mathbf{w}_1, \mathbf{w}_2, \cdots, \mathbf{w}_m\}$을 벡터공간 W의 순서 기저라 하자. 그러면 V에서 W로의 임의의 선형 변환 L에 대해 하나의 $m \times n$ 행렬 A가 존재하여 다음을 만족한다.

$$[L(\mathbf{v})]_F = A[\mathbf{v}]_E \quad (\text{각각의 } \mathbf{v} \in V\text{에 대하여})$$

A를 순서 기저 E와 F에 관해서 선형 변환 L을 표현하는 행렬이라고 한다. 구체적으로 다음을 만족한다.

$$\mathbf{a}_j = \left[L(\mathbf{v}_j)\right]_F \qquad j = 1, 2, \ldots, n$$

정리 4.2.2를 그림 4.2.2에서 도식적으로 설명하였다. 만일 A가 순서 기저 E와 F에 관해서 선형 변환 L을 표현하는 행렬이고, 또한 다음을 가정한다면

$$\begin{aligned} \mathbf{x} &= [\mathbf{v}]_E \quad (E\text{에 관한 } \mathbf{v}\text{의 좌표 벡터}) \\ \mathbf{y} &= [\mathbf{w}]_F \quad (F\text{에 관한 } \mathbf{w}\text{의 좌표 벡터}) \end{aligned}$$

함수 L이 $\mathbf{v}$를 $\mathbf{w}$로 대응시키는 것과 행렬 A가 $\mathbf{x}$를 $\mathbf{y}$로 대응시키는 것은 필요충분조건의 관계에 있다.

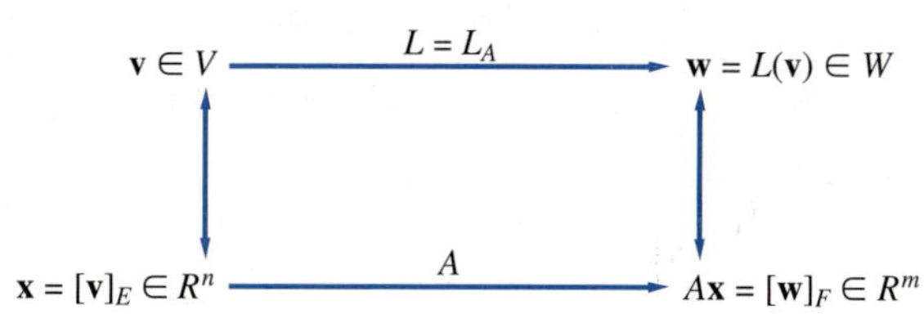

그림 4.2.2

예제 3 $\mathbb{R}^3$에서 $\mathbb{R}^2$으로의 선형 변환 L이 각각의 $\mathbf{x} \in \mathbb{R}^3$에 대해서 다음과 같이 정의되었다.

$$L(\mathbf{x}) = x_1\mathbf{b}_1 + (x_2 + x_3)\mathbf{b}_2$$

여기서

$$\mathbf{b}_1 = \begin{bmatrix} 1 \\ 1 \end{bmatrix} \quad \text{그리고} \quad \mathbf{b}_2 = \begin{bmatrix} -1 \\ 1 \end{bmatrix}$$

순서 기저 $\{\mathbf{e}_1, \mathbf{e}_2, \mathbf{e}_3\}$와 $\{\mathbf{b}_1, \mathbf{b}_2\}$에 관해서 L을 표현하는 행렬 A를 구하라.

해답

$$\begin{aligned} L(\mathbf{e}_1) &= 1\mathbf{b}_1 + 0\mathbf{b}_2 \\ L(\mathbf{e}_2) &= 0\mathbf{b}_1 + 1\mathbf{b}_2 \\ L(\mathbf{e}_3) &= 0\mathbf{b}_1 + 1\mathbf{b}_2 \end{aligned}$$

$i = 1, 2, 3$에 대해서, 행렬 A의 i번째 열 벡터는 $\{\mathbf{b}_1, \mathbf{b}_2\}$에 관한 $L(\mathbf{e}_i)$의 좌표로 결정된다. 그러므로

$$A = \begin{bmatrix} 1 & 0 & 0 \\ 0 & 1 & 1 \end{bmatrix}$$

■

예제 4 $\mathbb{R}^2$에서 $\mathbb{R}^2$로의 선형 변환 L이 다음과 같이 정의되었다.

$$L(\alpha\mathbf{b}_1 + \beta\mathbf{b}_2) = (\alpha + \beta)\mathbf{b}_1 + 2\beta\mathbf{b}_2$$

여기서 $\{\mathbf{b}_1, \mathbf{b}_2\}$는 예제 3에서 정의된 순서 기저이다. $\{\mathbf{b}_1, \mathbf{b}_2\}$에 관해서 L을 표현하는 행렬 A를 구하라.

해답

$$\begin{aligned} L(\mathbf{b}_1) &= 1\mathbf{b}_1 + 0\mathbf{b}_2 \\ L(\mathbf{b}_2) &= 1\mathbf{b}_1 + 2\mathbf{b}_2 \end{aligned}$$

그러므로

$$A = \begin{bmatrix} 1 & 1 \\ 0 & 2 \end{bmatrix}$$

■

예제 5 $D(p) = p'$로 정의된 선형 변환 D가 P_3에서 P_2로의 함수라 하자. P_3와 P_2의 각각의 순서 기저 $[x^2, x, 1]$과 $[x, 1]$에 대해서 D를 표현하는 행렬을 구하고자 한다. 이를 위해서 P_3의 기저 벡터 각각에 D를 적용시킨다.

$$\begin{aligned} D(x^2) &= 2x + 0 \cdot 1 \\ D(x) &= 0x + 1 \cdot 1 \\ D(1) &= 0x + 0 \cdot 1 \end{aligned}$$

P_2에서 $D(x^2), D(x), D(1)$의 좌표 벡터는 각각 $(2, 0)^T, (0, 1)^T, (0, 0)^T$이다. 구하고자 하는 행렬 A는 위의 벡터들을 열 벡터로 갖는 행렬이다.

$$A = \begin{bmatrix} 2 & 0 & 0 \\ 0 & 1 & 0 \end{bmatrix}$$

만일 $p(x)=ax^2+bx+c$이면, P_3의 순서 기저에 관한 p의 좌표 벡터는 $(a, b, c)^T$이다. $D(p)$의 좌표 벡터를 구하기 위해서 다음과 같이 단순히 곱해 주기만 하면 된다.

$$\begin{pmatrix} 2 & 0 & 0 \\ 0 & 1 & 0 \end{pmatrix} \begin{pmatrix} a \\ b \\ c \end{pmatrix} = \begin{pmatrix} 2a \\ b \end{pmatrix}$$

그러므로

$$D(ax^2+bx+c) = 2ax+b$$

■

$\mathbb{R}^n$과 $\mathbb{R}^m$의 순서 기저를 각각 $E=\{\mathbf{u}_1, \mathbf{u}_2, \cdots, \mathbf{u}_n\}$과 $F=\{\mathbf{b}_1, \mathbf{b}_2, \cdots, \mathbf{b}_m\}$이라 할 때, $\mathbb{R}^n$에서 $\mathbb{R}^m$으로의 선형 변환 L을 E와 F에 관해 표현하는 행렬 A를 구하기 위해서는 벡터 $L(\mathbf{u}_j)$를 $\mathbf{b}_1, \mathbf{b}_2, \cdots, \mathbf{b}_m$의 선형 결합으로 표현해야 한다. 다음 정리는 벡터 $L(\mathbf{u}_j)$에 대한 이러한 표현을 구하는 것이 선형 시스템 $B\mathbf{x}=L(\mathbf{u}_j)$의 해를 구하는 것과 등가임을 보인다.

정리 4.2.3 $\mathbb{R}^n$과 $\mathbb{R}^m$의 순서 기저를 각각 $E=\{\mathbf{u}_1, \mathbf{u}_2, \cdots, \mathbf{u}_n\}$과 $F=\{\mathbf{b}_1, \mathbf{b}_2, \cdots, \mathbf{b}_m\}$이라 하자. 만일 $L: \mathbb{R}^n \to \mathbb{R}^m$이 선형 변환이고, 행렬 A가 E와 F에 관해서 L을 표현하는 행렬이라면, 다음 관계를 만족한다.

$$\mathbf{a}_j = B^{-1}L(\mathbf{u}_j) \qquad \textit{for } j=1,\ldots,n$$

여기서 $B=(\mathbf{b}_1, \mathbf{b}_2, \cdots, \mathbf{b}_m)$이다.

증명 만일 A가 E와 F에 대해서 L을 표현한다면 $j=1, 2, \cdots, n$에 대해서 다음이 성립한다.

$$\begin{aligned} L(\mathbf{u}_j) &= a_{1j}\mathbf{b}_1 + a_{2j}\mathbf{b}_2 + \cdots + a_{mj}\mathbf{b}_m \\ &= B\mathbf{a}_j \end{aligned}$$

행렬 B는 특이 행렬이 아닌데 그 이유는 열 벡터들이 $\mathbb{R}^m$의 기저를 이루기 때문이다. 그러므로

$$\mathbf{a}_j = B^{-1}L(\mathbf{u}_j) \qquad j=1,\ldots,n$$

■

이 정리의 결과로서 알 수 있는 사실은 선형 변환의 표현 행렬이 가우스 소거법을 증가 행렬에 적용하여 행 사다리꼴 형태를 구하는 방법으로 얻어질 수 있다는 것이다. 다음의 따름정리는 이를 수행하는 방법을 논하고 있다.

따름정리 4.2.4 만일 행렬 A가 선형 변환 $L: \mathbb{R}^n \to \mathbb{R}^m$을 E와 F에 관해서 표현한다면

$$E=\{\mathbf{u}_1, \ldots, \mathbf{u}_n\} \quad \text{그리고} \quad F=\{\mathbf{b}_1, \ldots, \mathbf{b}_m\}$$

행렬 $(\mathbf{b}_1, \mathbf{b}_2, \cdots, \mathbf{b}_m \mid L(\mathbf{u}_1), L(\mathbf{u}_2), \cdots, L(\mathbf{u}_n))$의 감소된 행 사다리꼴 형태는 $(I \mid A)$이다.

증명 $B = (\mathbf{b}_1, \mathbf{b}_2, \cdots, \mathbf{b}_m)$이라고 표기하자. 그러면 행렬 $(B \mid L(\mathbf{u}_1), L(\mathbf{u}_2), \cdots, L(\mathbf{u}_n))$은 다음과 행으로 등가이다.

$$\begin{aligned} B^{-1}(B \mid L(\mathbf{u}_1), \ldots, L(\mathbf{u}_n)) &= (I \mid B^{-1}L(\mathbf{u}_1), \ldots, B^{-1}L(\mathbf{u}_n)) \\ &= (I \mid \mathbf{a}_1, \ldots, \mathbf{a}_n) \\ &= (I \mid A) \end{aligned}$$

■

예제 6 선형 변환 $L: \mathbb{R}^2 \to \mathbb{R}^3$가 다음과 같이 정의되었다.

$$L(\mathbf{x}) = (x_2, x_1 + x_2, x_1 - x_2)^T$$

순서 기저 $\{\mathbf{u}_1, \mathbf{u}_2\}$와 $\{\mathbf{b}_1, \mathbf{b}_2, \mathbf{b}_3\}$에 관해서 L을 표현하는 행렬을 구하라. 단, 여기서

$$\mathbf{u}_1 = (1, 2)^T, \qquad \mathbf{u}_2 = (3, 1)^T$$

그리고

$$\mathbf{b}_1 = (1, 0, 0)^T, \qquad \mathbf{b}_2 = (1, 1, 0)^T, \qquad \mathbf{b}_3 = (1, 1, 1)^T$$

해답 우선 $L(\mathbf{u}_1)$, $L(\mathbf{u}_2)$를 구한 다음, 행렬 $(\mathbf{b}_1, \mathbf{b}_2, \mathbf{b}_3 \mid L(\mathbf{u}_1), L(\mathbf{u}_2))$를 감소된 행 사다리꼴의 형태로 만들어야 한다.

$$L(\mathbf{u}_1) = (2, 3, -1)^T \quad \text{그리고} \quad L(\mathbf{u}_2) = (1, 4, 2)^T$$

$$\left(\begin{array}{ccc|cc} 1 & 1 & 1 & 2 & 1 \\ 0 & 1 & 1 & 3 & 4 \\ 0 & 0 & 1 & -1 & 2 \end{array}\right) \to \left(\begin{array}{ccc|cc} 1 & 0 & 0 & -1 & -3 \\ 0 & 1 & 0 & 4 & 2 \\ 0 & 0 & 1 & -1 & 2 \end{array}\right)$$

그러므로 주어진 순서 기저에 관해서 L을 표현하는 행렬은 다음과 같다.

$$A = \begin{pmatrix} -1 & -3 \\ 4 & 2 \\ -1 & 2 \end{pmatrix}$$

독자들은 다음의 관계로부터 위의 결과를 확인할 수 있을 것이다.

$$L(\mathbf{u}_1) = -\mathbf{b}_1 + 4\mathbf{b}_2 - \mathbf{b}_3$$

$$L(\mathbf{u}_2) = -3\mathbf{b}_1 + 2\mathbf{b}_2 + 2\mathbf{b}_3$$

■

응용 1 컴퓨터 그래픽스와 애니메이션

평면 위의 그림은 컴퓨터에서 꼭짓점들의 집합으로 표현된다. 이 꼭짓점들이 그려지고 이들을 연결하는 선을 그려서 그림을 그리게 된다. n개의 꼭짓점이 있는 그림이라면 $2 \times n$ 행렬을 사용하여 이를 저장한다. 즉 x축 좌표를 첫째 줄에, y축 좌표를 둘째 줄에 기록하는 것

이다. 모든 연속되는 두 꼭짓점이 선으로 연결된다.

예를 들어 $(0, 0), (1, 1), (1, -1)$로 표현되는 꼭짓점을 갖는 삼각형을 만들려면, 다음과 같은 행렬을 사용한다.

$$T = \begin{bmatrix} 0 & 1 & 1 & 0 \\ 0 & 1 & -1 & 0 \end{bmatrix}$$

맨 마지막에 추가로 $(0, 0)$이 사용된 이유는 바로 직전의 꼭짓점 $(1, -1)$이 다시 $(0, 0)$과 연결되어야 하기 때문이다[그림 4.2.3(a) 참조].

이러한 도형은 꼭짓점을 움직여 새로운 꼭짓점을 얻고 이를 다시 그려서 변환시킬 수 있다. 이러한 변환이 선형이라면 행렬의 곱으로 이를 수행할 수 있다. 이렇게 순차적으로 그려지는 그림들을 바라본다면 애니메이션 효과를 얻게 될 것이다.

컴퓨터 그래픽스에서 사용되는 기본적인 네 가지의 기하학적인 변환은 다음과 같다.

1. 확대와 축소. 다음과 같은 선형 변환을 생각하자.

$$L(\mathbf{x}) = c\mathbf{x}$$

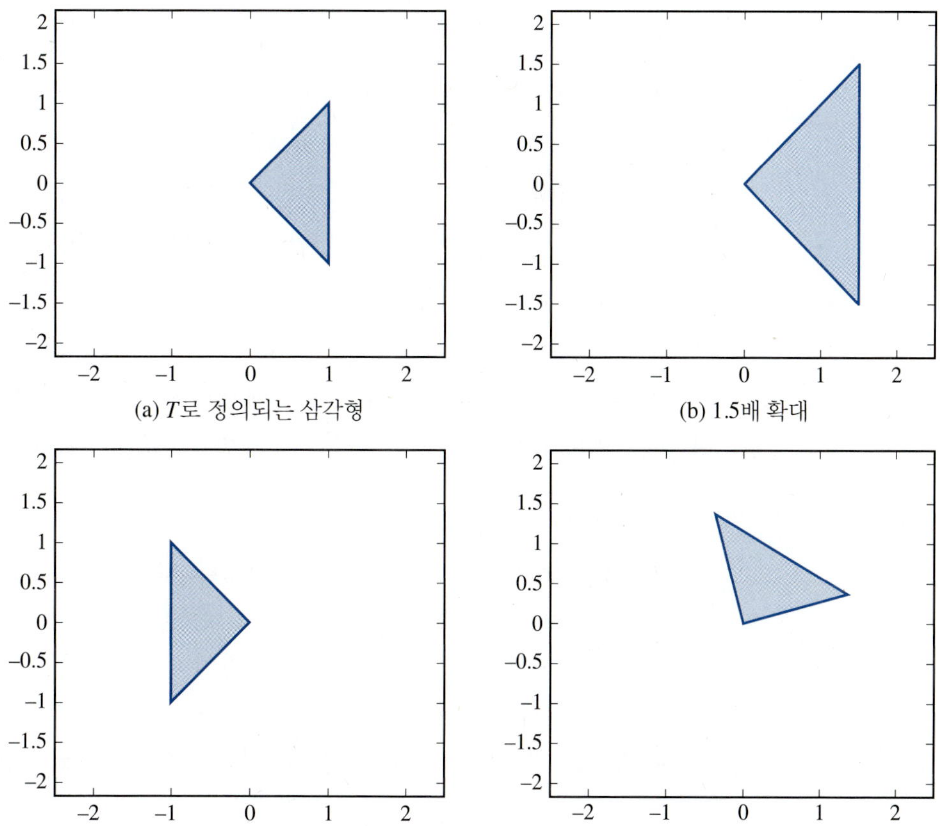

(a) T로 정의되는 삼각형 (b) 1.5배 확대 (c) y축에 대한 반사 (d) 60° 회전

그림 4.2.3

$c > 1$이면 이를 확대라 하고 $0 < c < 1$이면 축소라 한다. 연산자 L은 행렬 cI로 표현할 수 있다. 여기서 I는 2×2 항등 행렬이다. 확대는 말 그대로 주어진 도형을 $c > 1$배 확대시키며, 축소는 $c < 1$배로 축소시킨다. 그림 4.2.3(b)에 T로 주어진 삼각형을 1.5배 확대시킨 결과를 보여준다.

2. 축에 대한 반사. L_x가 주어진 벡터 $\mathbf{x}$를 x축에 대하여 반사시키는 변환이라면 이는 선형 변환이고, 그러므로 2×2 행렬 A로 표현할 수 있다. 다음의 관계

$$L_x(\mathbf{e}_1) = \mathbf{e}_1 \quad \text{그리고} \quad L_x(\mathbf{e}_2) = -\mathbf{e}_2$$

를 만족하므로 행렬 A는 다음과 같다.

$$A = \begin{bmatrix} 1 & 0 \\ 0 & -1 \end{bmatrix}$$

마찬가지로, L_y는 선형 변환으로서 주어진 벡터를 y축에 대하여 반사시킨다면 이를 나타내는 행렬은 다음과 같이 표현된다.

$$\begin{bmatrix} -1 & 0 \\ 0 & 1 \end{bmatrix}$$

그림 4.2.3(c)에 삼각형 T를 y축에 대하여 반사시킨 결과를 나타내었다. 7장에서 좀 더 일반적으로 원점을 지나는 임의의 직선에 대하여 반사시키는 선형 변환을 나타내는 행렬을 쉽게 구하는 방법을 살펴본다.

3. 회전. L이 벡터를 원점을 중심으로 반시계 방향으로 θ만큼 회전시키는 변환이라 하자. 예제 2에서 이러한 변환은 선형 변환이며 다음과 같은 행렬로 표현됨을 이미 보았다.

$$A = \begin{bmatrix} \cos\theta & -\sin\theta \\ \sin\theta & \cos\theta \end{bmatrix}$$

그림 4.2.3(d)에 원점을 중심으로 반시계 방향으로 60° 회전된 삼각형 T를 나타내었다.

4. 이동. 벡터 $\mathbf{a}$만큼의 이동은 다음과 같은 변환으로 설명된다.

$$L(\mathbf{x}) = \mathbf{x} + \mathbf{a}$$

만일 $\mathbf{a} \neq \mathbf{0}$이라면 L은 선형 변환이 아니다. 그러므로 2×2 행렬로 표현될 수 없다. 그렇지만 컴퓨터 그래픽스 분야에서는 모든 종류의 변환을 행렬의 곱으로 표현하는 것이 바람직하다. 이동 변환이 선형 변환이 아니어서 행렬의 곱으로 표현되지 않는 문제를 해결하는 방법은 동차 좌표를 도입하여 새로운 좌표계를 사용하는 것이다. 이 방법을 사용하면 이동 변환마저도 행렬의 곱으로 수행할 수 있게 된다.

동차 좌표

동차 좌표계(homogeneous coordinate system)는 $\mathbb{R}^2$의 벡터의 두 좌표와 1을 세 번째 좌표로 갖는 $\mathbb{R}^3$의 벡터에 $\mathbb{R}^2$의 각 벡터를 대응시킨 결과이다.

$$\begin{bmatrix} x_1 \\ x_2 \end{bmatrix} \leftrightarrow \begin{bmatrix} x_1 \\ x_2 \\ 1 \end{bmatrix}$$

동차 좌표 $(x_1, x_2, 1)^T$로 표현된 점을 그리려면 세 번째 좌표를 무시하고 처음 두 개의 좌표만을 사용하면 된다.

위에서 논의한 선형 변환은 이제 3×3 행렬로 표현해야 한다. 이를 위해서는 우선 실질적인 변환을 나타내는 2×2 행렬을 구하고 이를 3×3 항등 행렬의 왼쪽 위의 2×2 부분으로 대치한다. 예를 들어 다음과 같은 2×2 확대 행렬을 얻은 후

$$\begin{bmatrix} 3 & 0 \\ 0 & 3 \end{bmatrix}$$

이를 3×3 항등 행렬의 왼쪽 위의 2×2 부분으로 사용하여 다음과 같은 3×3 행렬을 얻는다.

$$\begin{bmatrix} 3 & 0 & 0 \\ 0 & 3 & 0 \\ 0 & 0 & 1 \end{bmatrix}$$

다음과 같은 관계가 성립함을 주목하라.

$$\begin{bmatrix} 3 & 0 & 0 \\ 0 & 3 & 0 \\ 0 & 0 & 1 \end{bmatrix} \begin{bmatrix} x_1 \\ x_2 \\ 1 \end{bmatrix} = \begin{bmatrix} 3x_1 \\ 3x_2 \\ 1 \end{bmatrix}$$

만일 변환 L이 $\mathbb{R}^2$의 벡터를 $\mathbf{a}$만큼 이동시키는 변환이면, 동차 좌표계에서 L을 표현하는 행렬을 구할 수 있다. 3×3 항등 행렬에서 셋째 열의 처음 두 좌표를 $\mathbf{a}$로 대치하면 된다. 이렇게 구한 행렬이 정말로 이동시키는 변환을 나타내는지 확인하기 위한 예로써 $\mathbf{a} = (6, 2)^T$만큼 이동시키는 변환을 생각하자. 이 변환은 동차 좌표계에서 다음과 같은 행렬의 곱으로 표현된다.

$$A\mathbf{x} = \begin{bmatrix} 1 & 0 & 6 \\ 0 & 1 & 2 \\ 0 & 0 & 1 \end{bmatrix} \begin{bmatrix} x_1 \\ x_2 \\ 1 \end{bmatrix} = \begin{bmatrix} x_1 + 6 \\ x_2 + 2 \\ 1 \end{bmatrix}$$

그림 4.2.4(a)에 우스꽝스러운 사람의 모습이 3×81 행렬 S로 표현되어 그려져 있다. 행렬 S에 위의 행렬 A를 곱하여 얻어진 결과인 그림 AS는 원 그림을 이동시킨 결과로서 그림 4.2.4(b)에 나타나 있다.

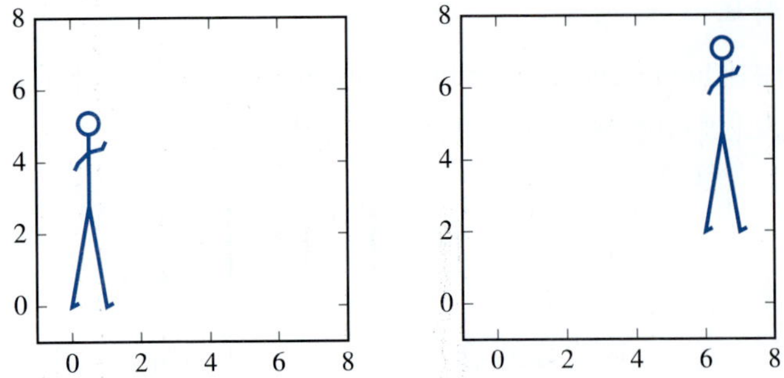

(a) 3 × 81 행렬 S로 표현된 그림 (b) 이동된 결과 AS로 표현된 그림 **그림 4.2.4**

응용 2 항공기의 요, 피치, 롤

요(yaw), 피치(pitch), 롤(roll)은 항공 산업에서 항공기의 조종을 설명하는 데 흔히 사용되는 용어이다. 그림 4.2.5(a)에 모형 항공기의 초기 기준 위치를 표시하였다. 요, 피치, 롤을 설명하기 위한 현재의 좌표계가 항공기 위치를 기준으로 주어졌다. 항공기는 항상 xy 평면에 놓여 있다고 가정하고, 코 방향(정면 앞 방향)은 양의 x축 방향이며 왼쪽 날개 끝은 양의 y축 방향을 가리킨다고 가정한다. 더 나아가, 항공기가 움직이게 되면 세 개의 좌표축은 항공기와 더불어 움직이게 된다(그림 4.2.5 참조).

요는 xy 평면 위에서의 회전이다. 그림 4.2.5(b)는 45° 요를 보여준다. 여기서 항공기는 우측으로(시계 방향) 45° 회전했다. 3차원 공간에서의 선형 변환으로 해석한다면 요는 z축을 중심으로 하는 회전 변환이다. 만일 항공기 코의 초기 위치가 벡터 $(1, 0, 0)$으로 표현된다면, 변환을 마치고 난 이후의 위치 벡터도 $(1, 0, 0)$으로 표현된다. 그 이유는 항공기가 회전함에 따라 좌표계도 따라서 회전하기 때문이다. 항공기의 초기 위치를 설명하는 좌표계는 전-후, 좌-우, 상-하 축 방향과 일치한다. 초기의 이러한 전-좌-상 좌표계를 FLT 좌표계라고 하자. 45° 요 변환 이후에 항공기는 초기 FLT 좌표계상의 코의 위치 $\left(\frac{1}{\sqrt{2}}, -\frac{1}{\sqrt{2}}, 0\right)$으로 표시된다.

요 변환 L을 FLT 좌표계에서 바라본다면, 이를 표현하는 행렬을 쉽게 구할 수 있다. L이 각도 u에 해당하는 요 변환이면 $(1, 0, 0)$과 $(0, 1, 0)$에 위치한 점을 각각 $(\cos u, -\sin u, 0)$과 $(\sin u, \cos u, 0)$으로 이동시킬 것이다. $(0, 0, 1)$에 위치한 점은 변하지 않는데 이는 그 점이 회전의 중심축에 있기 때문이다. 열 벡터로 이를 설명해 보자. 공간의 표준 기저 벡터에 대한 L의 상이 $\mathbf{y}_1, \mathbf{y}_2, \mathbf{y}_3$라면, 이들은 다음과 같다.

$$\mathbf{y}_1 = L(\mathbf{e}_1) = \begin{bmatrix} \cos u \\ -\sin u \\ 0 \end{bmatrix}, \quad \mathbf{y}_2 = L(\mathbf{e}_2) = \begin{bmatrix} \sin u \\ \cos u \\ 0 \end{bmatrix}, \quad \mathbf{y}_3 = L(\mathbf{e}_3) = \begin{bmatrix} 0 \\ 0 \\ 1 \end{bmatrix}$$

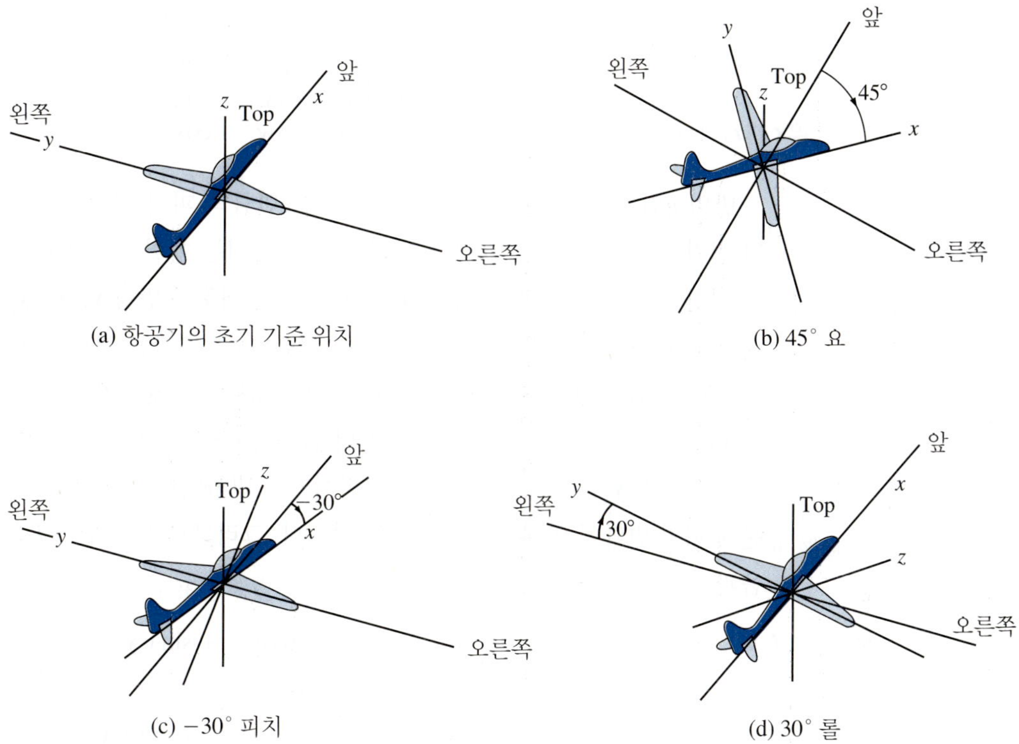

그림 4.2.5

그러므로 요 변환을 표현하는 행렬은 다음과 같다.

$$Y = \begin{bmatrix} \cos u & \sin u & 0 \\ -\sin u & \cos u & 0 \\ 0 & 0 & 1 \end{bmatrix} \tag{1}$$

피치는 항공기를 xz 평면 위에서 회전시키는 변환이다. 그림 4.2.5(c)에 -30° 피치를 나타내었다. 각도가 음수이므로 항공기의 코끝이 그림의 아래쪽으로 30° 회전한다. 3차원 공간에서의 선형 변환으로 해석한다면 피치는 y축을 중심으로 하는 회전 변환이다. 요의 경우와 마찬가지로 피치 변환을 표현하는 행렬을 FLT 좌표계 위에서 구할 수 있다. 변환 L이 v 각도만큼의 피치라면 이를 표현하는 행렬은 다음과 같다.

$$P = \begin{bmatrix} \cos v & 0 & -\sin v \\ 0 & 1 & 0 \\ \sin v & 0 & \cos v \end{bmatrix} \tag{2}$$

롤은 항공기를 yz 평면 위에서 회전하는 변환이다. 그림 4.2.5(d)에 30° 롤을 나타내었다. 이 경우 좌측 날개가 위쪽으로 30° 회전하고 우측 날개는 아래쪽으로 30° 회전한다. 3차원 공간에서의 선형 변환으로 해석한다면 롤은 x축을 중심으로 하는 회전 변환이다. 요나 피치와 마찬가지로 롤 변환을 표현하는 행렬을 FLT 좌표계 위에서 구할 수 있다. 변환 L

10. $\mathbb{R}^2$ 위에서 정의된 다음 각각의 선형 연산자를 생각하자. 동차 좌표계에 관해서 이를 표현하는 행렬을 구하라.

(a) 변환 L은 각각의 벡터를 120° 반시계 방향으로 회전시킨다.

(b) 변환 L은 각각의 점을 3단위만큼 왼쪽으로 이동시키고 5단위만큼 위로 이동시킨다.

(c) 변환 L은 각각의 벡터를 1/3의 길이로 축소시킨다.

(d) y축에 대하여 벡터를 반사시키고 그것을 2단위만큼 이동시키는 변환

11. 다음 각각의 합성 변환을 표현하는 행렬을 구하라.

(a) 90° 요를 수행하고 90° 피치를 수행한다.

(b) 90° 피치를 수행하고 90° 요를 수행한다.

(c) 45° 피치를 수행하고 -90° 롤을 수행한다.

(d) -90° 롤을 수행하고 45° 피치를 수행한다.

(e) 45° 요를 수행하고 -90° 피치를 수행하고 -45° 롤을 수행한다.

(f) -45° 롤을 수행하고 -90° 피치를 수행하고 45° 요를 수행한다.

12. 행렬 Y, P, R이 수식 (1), (2), (3)에 나타낸 요, 피치, 롤의 행렬이라고 하자. $Q = YPR$이다.

(a) 행렬 Y, P, R은 모두 행렬식이 1이다.

(b) 행렬 Y는 각도 u만큼의 요를 나타낸다. 이것의 역함수는 $-u$만큼의 요이다. 이 역함수를 표현하는 행렬은 Y^T이고 그래서 $Y^T = Y^{-1}$임을 증명하라.

(c) 행렬 Q는 비특이 행렬임을 증명하고, Y, P, R의 전치 행렬을 이용하여 Q^{-1}를 나타내어라.

13. P_2에서 $\mathbb{R}^2$로 가는 선형 변환 L이 다음과 같이 주어졌다.

$$L(p(x)) = \begin{bmatrix} \int_0^1 p(x)\,dx \\ p(0) \end{bmatrix}$$

다음을 만족하는 행렬 A를 구하라.

$$L(\alpha + \beta x) = A \begin{bmatrix} \alpha \\ \beta \end{bmatrix}$$

14. 다음과 같이 정의된 선형 변환 L은 P_3에서 P_2로 가는 함수이다.

$$L(p(x)) = p'(x) + p(0)$$

순서 기저 $[x^2, x, 1]$과 $[2, 1, -x]$에 관해서 L을 표현하는 행렬을 구하라. P_3에 있는 다음 각각의 벡터 $p(x)$에 대하여 순서 기저 벡터 $[2, 1, -x]$에 관한 $L(p(x))$의 좌표를 구하라.

(a) $x^2 + 2x - 3$ **(b)** $x^2 + 1$

(c) $3x$ **(d)** $4x^2 + 2x$

15. S는 $C[a, b]$의 부분공간으로서 e^x, xe^x, x^2ex에 의해 생성된 공간이다. D는 S 위에서 정의된 도함수 연산자이다. 기저 $[e^x, xe^x, x^2e^x]$에 관해서 D를 표현하는 행렬을 구하라.

16. L은 $\mathbb{R}^n$에서 정의된 선형 연산자이다. 어떤 $\mathbf{x} \neq \mathbf{0}$에 대해서 $L(\mathbf{x}) = \mathbf{0}$이라고 하자. A는 표준 기저 $\{\mathbf{e}_1, \mathbf{e}_2, \cdots, \mathbf{e}_n\}$에 관해서 L을 표현하는 행렬이라고 하자. A는 특이 행렬임을 증명하라.

17. L은 벡터공간 V 위에서 정의된 선형 연산자이다. A는 V의 순서 기저 $\{\mathbf{v}_1, \mathbf{v}_2, \cdots, \mathbf{v}_n\}$에 관해서 L을 표현하는 행렬이다[즉 $L(\mathbf{v}_j) = \sum_{i=1}^{n} a_{ij}\mathbf{v}_i, j = 1, \cdots, n$]. 행렬 A^m은 V의 순서 기저$\{\mathbf{v}_1, \mathbf{v}_2, \cdots, \mathbf{v}_n\}$에 관해서 L^m을 표현하는 행렬임을 증명하라.

18. $E = \{\mathbf{u}_1, \mathbf{u}_2, \mathbf{u}_3\}$이고 $F = \{\mathbf{b}_1, \mathbf{b}_2\}$라고 하는데 여기서 각각의 열 벡터는 다음과 같다.

$$\mathbf{u}_1 = \begin{bmatrix} 1 \\ 0 \\ -1 \end{bmatrix}, \quad \mathbf{u}_2 = \begin{bmatrix} 1 \\ 2 \\ 1 \end{bmatrix}, \quad \mathbf{u}_3 = \begin{bmatrix} -1 \\ 1 \\ 1 \end{bmatrix}$$

그리고

$$\mathbf{b}_1 = (1, -1)^T, \qquad \mathbf{b}_2 = (2, -1)^T$$

$\mathbb{R}^3$에서 $\mathbb{R}^2$로 가는 다음의 선형 변환 L에 대해서 순서 기저 E와 F에 관해서 L을 표현하는 행렬을 구하라.

(a) $L(\mathbf{x}) = (x_3, x_1)^T$

(b) $L(\mathbf{x}) = (x_1 + x_2, x_1 - x_3)^T$

(c) $L(\mathbf{x}) = (2x_2, -x_1)^T$

19. L_1: $V \to W$와 L_2: $W \to Z$가 선형 변환이고 E, F, G는 각각 V, W, Z의 기저이다. 만일 A가 E와 F에 관해서 L_1을 표현하는 행렬이고, B가 F와 G에 관해서 L_2를 표현하는 행렬이면, 행렬 $C = BA$는 E와 G에 관해서 $L_2 \circ L_1$: $V \to Z$를 표현하는 행렬임을 증명하라[힌트: 모든 $\mathbf{v} \in V$에 대하여 $BA[\mathbf{v}]_E = [(L_2 \circ L_1)(\mathbf{v})]_G$].

20. 벡터공간 V와 W는 각각 순서 기저 E와 F를 갖는다. L: $V \to W$가 선형 변환이고 A는 E와 F에 관해서 L을 표현하는 행렬이라 가정하고 다음을 증명하라.

(a) $\mathbf{v} \in \ker(L)$이기 위한 필요충분조건은 $[\mathbf{v}]_E \in N(A)$이다.

(b) $\mathbf{w} \in L(V)$이기 위한 필요충분조건은 $[\mathbf{w}]_F$가 A의 열 공간에 속하는 것이다.

4.3 닮음

n차원 벡터공간 V 위의 선형 변환 L을 표현하는 행렬은 V의 순서 기저 선택에 달려 있다. 기저를 달리 선택하면, L은 다른 형태의 $n \times n$ 행렬로 표현된다. 이 절에서는 선형 연산자를 여러 다른 행렬로 표현하는 방법에 대해 알아보고, 동일한 연산자를 표현하는 서로 다른 행렬들의 관계를 정립한다.

$\mathbb{R}^2$에서의 예로 시작해 보자. $\mathbb{R}^2$ 위의 선형 변환 L이 다음과 같이 정의되었다고 하자.

$$L(\mathbf{x}) = (2x_1, x_1 + x_2)^T$$

표준 기저 벡터 $\mathbf{e}_1, \mathbf{e}_2$는 다음과 같이 대응된다.

$$L(\mathbf{e}_1) = \begin{pmatrix} 2 \\ 1 \end{pmatrix} \quad \text{그리고} \quad L(\mathbf{e}_2) = \begin{pmatrix} 0 \\ 1 \end{pmatrix}$$

그러므로 $\{\mathbf{e}_1, \mathbf{e}_2\}$에 대하여 L을 표현하는 행렬은 다음과 같다.

$$A = \begin{pmatrix} 2 & 0 \\ 1 & 1 \end{pmatrix}$$

만일 $\mathbb{R}^2$의 다른 기저 벡터를 사용한다면 L을 표현하는 행렬은 달라질 것이다. 예를 들어 다음의 기저 벡터를 사용해 보자.

$$\mathbf{u}_1 = \begin{pmatrix} 1 \\ 1 \end{pmatrix} \quad \text{그리고} \quad \mathbf{u}_2 = \begin{pmatrix} -1 \\ 1 \end{pmatrix}$$

그러면 $\{\mathbf{u}_1, \mathbf{u}_2\}$에 대해서 L을 표현하는 행렬을 구하기 위해서는 $L(\mathbf{u}_1)$, $L(\mathbf{u}_2)$를 계산하고 나서 이들을 $\mathbf{u}_1, \mathbf{u}_2$의 선형 결합으로 표현해야 한다. 위에서 구한 행렬 A를 이용하여 $L(\mathbf{u}_1)$과 $L(\mathbf{u}_2)$를 다음과 같이 구할 수 있다.

$$L(\mathbf{u}_1) = A\mathbf{u}_1 = \begin{pmatrix} 2 & 0 \\ 1 & 1 \end{pmatrix}\begin{pmatrix} 1 \\ 1 \end{pmatrix} = \begin{pmatrix} 2 \\ 2 \end{pmatrix}$$

$$L(\mathbf{u}_2) = A\mathbf{u}_2 = \begin{pmatrix} 2 & 0 \\ 1 & 1 \end{pmatrix}\begin{pmatrix} -1 \\ 1 \end{pmatrix} = \begin{pmatrix} -2 \\ 0 \end{pmatrix}$$

바로 위에서 구한 벡터를 $\mathbf{u}_1, \mathbf{u}_2$의 선형 결합으로 표현하려면 순서 기저 $\{\mathbf{e}_1, \mathbf{e}_2\}$를 $\{\mathbf{u}_1, \mathbf{u}_2\}$로 변환시키는 천이 행렬을 사용해야 한다. 우선 $\{\mathbf{u}_1, \mathbf{u}_2\}$를 $\{\mathbf{e}_1, \mathbf{e}_2\}$로 변환시키는 천이 행렬을 구해 보자. 이는 다음과 같다.

$$U = (\mathbf{u}_1, \mathbf{u}_2) = \begin{bmatrix} 1 & -1 \\ 1 & 1 \end{bmatrix}$$

그러면 $\{\mathbf{e}_1, \mathbf{e}_2\}$를 $\{\mathbf{u}_1, \mathbf{u}_2\}$로 변환시키는 천이 행렬은 다음과 같아진다.

$$U^{-1} = \begin{bmatrix} \frac{1}{2} & \frac{1}{2} \\ -\frac{1}{2} & \frac{1}{2} \end{bmatrix}$$

이제 $\{\mathbf{u}_1, \mathbf{u}_2\}$에 대한 $L(\mathbf{u}_1), L(\mathbf{u}_2)$의 좌표값을 결정하려면 U^{-1}를 곱해 주면 된다.

$$U^{-1}L(\mathbf{u}_1) = U^{-1}A\mathbf{u}_1 = \begin{bmatrix} \frac{1}{2} & \frac{1}{2} \\ -\frac{1}{2} & \frac{1}{2} \end{bmatrix} \begin{bmatrix} 2 \\ 2 \end{bmatrix} = \begin{bmatrix} 2 \\ 0 \end{bmatrix}$$
$$U^{-1}L(\mathbf{u}_2) = U^{-1}A\mathbf{u}_2 = \begin{bmatrix} \frac{1}{2} & \frac{1}{2} \\ -\frac{1}{2} & \frac{1}{2} \end{bmatrix} \begin{bmatrix} -2 \\ 0 \end{bmatrix} = \begin{bmatrix} -1 \\ 1 \end{bmatrix}$$

그러므로

$$\begin{aligned} L(\mathbf{u}_1) &= 2\mathbf{u}_1 + 0\mathbf{u}_2 \\ L(\mathbf{u}_2) &= -1\mathbf{u}_1 + 1\mathbf{u}_2 \end{aligned}$$

그리고 $\{\mathbf{u}_1, \mathbf{u}_2\}$에 대해서 L을 표현하는 행렬은 다음과 같게 된다.

$$B = \begin{bmatrix} 2 & -1 \\ 0 & 1 \end{bmatrix}$$

행렬 A와 B는어떤 관계에 있는가? 행렬 B의 열 벡터는 다음과 같이 얻어졌음을 기억하라.

$$\begin{bmatrix} 2 \\ 0 \end{bmatrix} = U^{-1}A\mathbf{u}_1 \quad \text{그리고} \quad \begin{bmatrix} -1 \\ 1 \end{bmatrix} = U^{-1}A\mathbf{u}_2$$

그러므로

$$B = (U^{-1}A\mathbf{u}_1, U^{-1}A\mathbf{u}_2) = U^{-1}A(\mathbf{u}_1, \mathbf{u}_2) = U^{-1}AU$$

그래서, 만일

(i) 행렬 B가 $\{\mathbf{u}_1, \mathbf{u}_2\}$에 대해서 L을 표현하고
(ii) 행렬 A가 $\{\mathbf{e}_1, \mathbf{e}_2\}$에 대해서 L을 표현하고
(iii) 행렬 U가 기저 $\{\mathbf{u}_1, \mathbf{u}_2\}$를 $\{\mathbf{e}_1, \mathbf{e}_2\}$로 변환시키는 천이 행렬이면

다음의 관계가 성립한다.

$$B = U^{-1}AU \tag{1}$$

위에서 $\mathbb{R}^2$ 위의 특정한 선형 연산자에 대해서 확립한 관계는 훨씬 더 일반적인 상황에서 일어나는 관계의 전형적인 형태이다. 이제 우리는 (1)과 같은 종류의 관계가 일반적으로 n차원 공간 위의 선형 연산자를 표현하는 서로 다른 행렬들 간의 관계로서 성립함을 증명하고자 한다.

정리 4.3.1 주어진 벡터공간 V의 순서 기저 $E = \{\mathbf{v}_1, \mathbf{v}_2, \cdots, \mathbf{v}_n\}$과 $F = \{\mathbf{w}_1, \mathbf{w}_2, \cdots, \mathbf{w}_n\}$을 생각해 보자. 행렬 S를 기저 F를 E로 변환시키는 천이 행렬이라 하자. 기저 E에 대해서 L을 표현하는 행렬이 A이고, 기저 F에 대해서 L을 표현하는 행렬이 B이면, $B = S^{-1}AS$이다.

증명 $\mathbf{x}$를 $\mathbb{R}^n$ 위의 임의의 벡터라 하고 다음을 가정하자.

$$\mathbf{v} = x_1\mathbf{w}_1 + x_2\mathbf{w}_2 + \cdots + x_n\mathbf{w}_n$$

그리고 다음의 관계가 성립한다고 가정하자.

$$\mathbf{y} = S\mathbf{x}, \qquad \mathbf{t} = A\mathbf{y}, \qquad \mathbf{z} = B\mathbf{x} \tag{2}$$

그렇다면 행렬 S의 정의로부터 $\mathbf{y} = [\mathbf{v}]_E$이므로 다음이 성립한다.

$$\mathbf{v} = y_1\mathbf{v}_1 + \cdots + y_n\mathbf{v}_n$$

기저 E에 대해서 L을 표현하는 행렬이 A이고, 기저 F에 대해서 L을 표현하는 행렬이 B이므로, 다음이 성립한다.

$$\mathbf{t} = [L(\mathbf{v})]_E \quad \text{그리고} \quad \mathbf{z} = [L(\mathbf{v})]_F$$

E로부터 F로의 천이 행렬은 S^{-1}로 주어졌다. 그러므로

$$S^{-1}\mathbf{t} = \mathbf{z} \tag{3}$$

그러면 (2)와 (3)으로부터 다음을 얻는다(그림 4.3.1 참조).

$$S^{-1}AS\mathbf{x} = S^{-1}A\mathbf{y} = S^{-1}\mathbf{t} = \mathbf{z} = B\mathbf{x}$$

그러므로 임의의 $\mathbf{x} \in \mathbb{R}^n$에 대해서 다음을 만족한다.

$$S^{-1}AS\mathbf{x} = B\mathbf{x}$$

그러므로 $S^{-1}AS = B$이다. ■

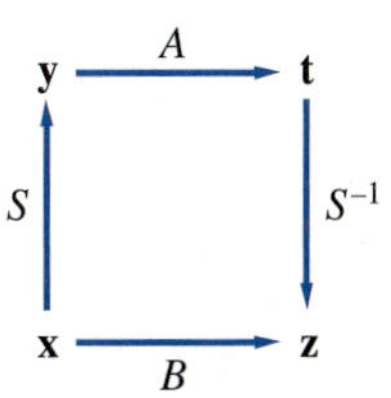

그림 4.3.1

행렬 S는 벡터공간의 순서 기저 F를 E로 변환시키는 천이 행렬이지만, 동일한 공간 위에서 기저를 바꾸는 일은 대상이 되는 벡터를 고정하고 표현을 바꾸는 일이나 마찬가지이므로, 순서 기저 F에서 E로의 변환에 관한 항등 변환 를 표현하는 행렬이라고 생각할 수 있다. 이렇게 생각해 보면, 정리 4.3.1에 대한 또 다른 해석을 쉽게 얻을 수 있다. 여기서 F, E는 다음과 같다.

$$F = \{\mathbf{w}_1, \dots, \mathbf{w}_n\} \quad \text{그리고} \quad E = \{\mathbf{v}_1, \dots, \mathbf{v}_n\}$$

만일

S가 F에서 E로의 변환에 대한 항등 변환 $\mathcal{I}$를 표현하고
A가 E에 대한 선형 변환 L을 표현하고
S^{-1}가 E에서 F로의 변환에 대한 항등 변환 $\mathcal{I}$를 표현한다면

선형 변환 L은 세 변환의 합성 변환 $\mathcal{I} \circ L \circ \mathcal{I}$라고 볼 수 있으며, 이러한 합성 변환을 표현하는 행렬은 각각을 표현하는 행렬의 곱으로 표현된다. 그러므로 F에 대해서 $\mathcal{I} \circ L \circ \mathcal{I}$를 표현하는 행렬은 $S^{-1}AS$이다. 만일 B가 F에 대해서 L을 표현하는 행렬이라면, B는 $S^{-1}AS$와 같아야 한다(그림 4.3.2 참조).

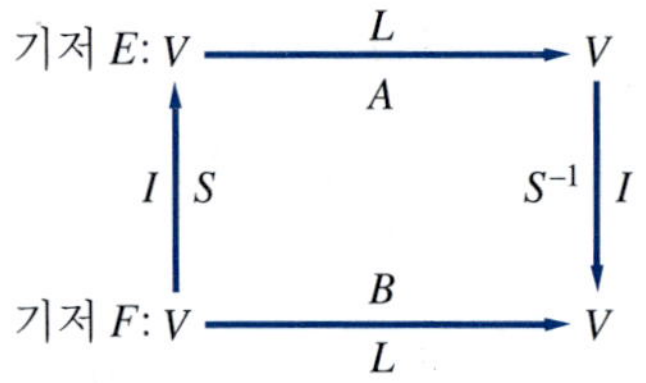

그림 4.3.2

정의 A와 B를 $n \times n$ 행렬이라 하자. 만일 비특이 행렬 S가 존재하여 $B = S^{-1}AS$를 만족하면, B는 A와 **닮음관계**(similar)에 있다고 한다.

만일 B가 A와 닮음관계에 있다면 $A = (S^{-1})^{-1}BS^{-1}$이므로 A가 B와 닮음관계에 있다고도 할 수 있다. 그러므로 이를 간단히 말해서, A와 B가 닮았다고 하기로 하자.

정리 4.3.1로부터 우리가 알 수 있는 사실은, 만일 $n \times n$ 행렬 A와 B가 동일한 선형 연산자 L을 표현한다면 닮았다는 것이다. 역으로, 행렬 A가 순서 기저 $\{\mathbf{v}_1, \mathbf{v}_2, \cdots, \mathbf{v}_n\}$에 대해서 L을 표현하고, 어떤 비특이 행렬 S에 대해서 $B = S^{-1}AS$라 하자. 만일 벡터 $\mathbf{w}_1, \mathbf{w}_2, \cdots, \mathbf{w}_n$이 다음과 같이 정의된다면

$$\begin{aligned}
\mathbf{w}_1 &= s_{11}\mathbf{v}_1 + s_{21}\mathbf{v}_2 + \cdots + s_{n1}\mathbf{v}_n \\
\mathbf{w}_2 &= s_{12}\mathbf{v}_1 + s_{22}\mathbf{v}_2 + \cdots + s_{n2}\mathbf{v}_n \\
&\vdots \\
\mathbf{w}_n &= s_{1n}\mathbf{v}_1 + s_{2n}\mathbf{v}_2 + \cdots + s_{nn}\mathbf{v}_n
\end{aligned}$$

$\{\mathbf{w}_1, \mathbf{w}_2, \cdots, \mathbf{w}_n\}$은 V의 순서 기저가 되고, B는 $\{\mathbf{w}_1, \mathbf{w}_2, \cdots, \mathbf{w}_n\}$에 대해서 L을 표현하는 행렬이다.

예제 1 D를 P_3 위의 미분 연산자라고 하자. $[1, x, x^2]$에 대해서 D를 표현하는 행렬 B를 구하고, $[1, 2x, 4x^2-2]$에 대해서 D를 표현하는 행렬 A를 구하라.

해답

$$\begin{aligned} D(1) &= 0\cdot 1 + 0\cdot x + 0\cdot x^2 \\ D(x) &= 1\cdot 1 + 0\cdot x + 0\cdot x^2 \\ D(x^2) &= 0\cdot 1 + 2\cdot x + 0\cdot x^2 \end{aligned}$$

그러므로 행렬 B는 다음과 같다.

$$B = \begin{bmatrix} 0 & 1 & 0 \\ 0 & 0 & 2 \\ 0 & 0 & 0 \end{bmatrix}$$

D를 $1, 2x, 4x^2-2$ 각각에 적용하면 다음을 얻는다.

$$\begin{aligned} D(1) &= 0\cdot 1 + 0\cdot 2x + 0\cdot(4x^2-2) \\ D(2x) &= 2\cdot 1 + 0\cdot 2x + 0\cdot(4x^2-2) \\ D(4x^2-2) &= 0\cdot 1 + 4\cdot 2x + 0\cdot(4x^2-2) \end{aligned}$$

그러므로 행렬 A는 다음과 같다.

$$A = \begin{bmatrix} 0 & 2 & 0 \\ 0 & 0 & 4 \\ 0 & 0 & 0 \end{bmatrix}$$

$[1, 2x, 4x^2-2]$에서 $[1, x, x^2]$으로 변환시키는 천이 행렬 S와 그 역은 다음과 같이 주어진다.

$$S = \begin{bmatrix} 1 & 0 & -2 \\ 0 & 2 & 0 \\ 0 & 0 & 4 \end{bmatrix} \quad \text{그리고} \quad S^{-1} = \begin{bmatrix} 1 & 0 & \frac{1}{2} \\ 0 & \frac{1}{2} & 0 \\ 0 & 0 & \frac{1}{4} \end{bmatrix}$$

(3.5절의 예제 6 참조). 여기서 $A = S^{-1}BS$임을 확인하는 작업은 독자들의 몫으로 남긴다. ■

예제 2 선형 연산자 L이 $\mathbb{R}^3$ 위에서 $L(\mathbf{x}) = A\mathbf{x}$로 정의되었다고 하자. 여기서

$$A = \begin{bmatrix} 2 & 2 & 0 \\ 1 & 1 & 2 \\ 1 & 1 & 2 \end{bmatrix}$$

그러므로 행렬 A는 $\{\mathbf{e}_1, \mathbf{e}_2, \mathbf{e}_3\}$에 대해서 L을 표현하는 행렬이다. $\{\mathbf{y}_1, \mathbf{y}_2, \mathbf{y}_3\}$가 다음과 같

이 주어질 때 $\{\mathbf{y}_1, \mathbf{y}_2, \mathbf{y}_3\}$에 대해서 L을 표현하는 행렬을 구하라.

$$\mathbf{y}_1 = \begin{pmatrix} 1 \\ -1 \\ 0 \end{pmatrix}, \quad \mathbf{y}_2 = \begin{pmatrix} -2 \\ 1 \\ 1 \end{pmatrix}, \quad \mathbf{y}_3 = \begin{pmatrix} 1 \\ 1 \\ 1 \end{pmatrix}$$

해답

$$\begin{aligned} L(\mathbf{y}_1) &= A\mathbf{y}_1 = \mathbf{0} = 0\mathbf{y}_1 + 0\mathbf{y}_2 + 0\mathbf{y}_3 \\ L(\mathbf{y}_2) &= A\mathbf{y}_2 = \mathbf{y}_2 = 0\mathbf{y}_1 + 1\mathbf{y}_2 + 0\mathbf{y}_3 \\ L(\mathbf{y}_3) &= A\mathbf{y}_3 = 4\mathbf{y}_3 = 0\mathbf{y}_1 + 0\mathbf{y}_2 + 4\mathbf{y}_3 \end{aligned}$$

그러므로 $\{\mathbf{y}_1, \mathbf{y}_2, \mathbf{y}_3\}$에 대해서 L을 표현하는 행렬은 다음과 같다.

$$D = \begin{pmatrix} 0 & 0 & 0 \\ 0 & 1 & 0 \\ 0 & 0 & 4 \end{pmatrix}$$

행렬 D는 천이 행렬 $Y = (\mathbf{y}_1, \mathbf{y}_2, \mathbf{y}_3)$를 이용해서 다음을 계산하여 구할 수도 있다.

$$D = Y^{-1}AY$$

그러나 이렇게 구할 필요는 없는데, 그 이유는 L이 기저 $\{\mathbf{y}_1, \mathbf{y}_2, \mathbf{y}_3\}$를 변환시키는 것이 너무 간단하기 때문이다. ■

예제 2에서 선형 연산자 L은 기저 $\{\mathbf{y}_1, \mathbf{y}_2, \mathbf{y}_3\}$에 대해서 대각 행렬 D로 표현되었다. 행렬 A보다는 행렬 D로 모든 그다음 작업을 수행하는 것이 훨씬 더 간단하다는 것은 당연해 보인다. 예를 들어 $D\mathbf{x}$나 $D^n\mathbf{x}$를 계산하는 것이 $A\mathbf{x}$나 $A^n\mathbf{x}$를 계산하는 것보다는 훨씬 더 간단하다. 일반적으로 선형 연산자는 가급적 간단한 형태의 행렬로 표현하는 것이 바람직하다. 특히 선형 연산자를 대각 행렬로 표현할 수 있다면 가장 바람직한 표현이 된다. 이처럼 선형 연산자를 표현하는 대각 행렬을 구하는 방법은 6장에서 다룰 것이다.

4.3 연습문제

1. $\mathbb{R}^2$ 위의 선형 연산자 L 각각에 대하여 $\{\mathbf{e}_1, \mathbf{e}_2\}$에 관해서 L을 표현하는 행렬 A를 구하고(1.2절의 연습문제 1 참조), $\{\mathbf{u}_1 = (1, 1)^T, \mathbf{u}_2 = (-1, 1)^T\}$에 관해서 L을 표현하는 행렬 B를 구하라.

(a) $L(\mathbf{x}) = (-x_1, x_2)^T$ **(b)** $L(\mathbf{x}) = -\mathbf{x}$
(c) $L(\mathbf{x}) = (x_2, x_1)^T$ **(d)** $L(\mathbf{x}) = \frac{1}{2}\mathbf{x}$
(e) $L(\mathbf{x}) = x_2\mathbf{e}_2$

2. $\mathbb{R}^2$의 순서 기저 $[\mathbf{u}_1, \mathbf{u}_2]$와 $[\mathbf{v}_1, \mathbf{v}_2]$가 다음과 같다.

$$\mathbf{u}_1 = \begin{pmatrix} 1 \\ 1 \end{pmatrix}, \quad \mathbf{u}_2 = \begin{pmatrix} -1 \\ 1 \end{pmatrix}$$

그리고

$$\mathbf{v}_1 = \begin{pmatrix} 2 \\ 3 \end{pmatrix}, \quad \mathbf{v}_2 = \begin{pmatrix} 1 \\ 2 \end{pmatrix}$$

선형 변환 L이 다음과 같이 정의되고

$$L(\mathbf{x}) = (-x_1, x_2)^T$$

B는 $\{\mathbf{u}_1, \mathbf{u}_2\}$에 관해서 L을 표현하는 행렬이라 하자[연습문제 1(a) 참조].

(a) $\{\mathbf{u}_1, \mathbf{u}_2\}$에서 $\{\mathbf{v}_1, \mathbf{v}_2\}$로 가는 기저 변환에 해당하는 천이 행렬 S를 구하라.

(b) SBS^{-1}를 계산하여 $\{\mathbf{v}_1, \mathbf{v}_2\}$에 관해서 L을 표현하는 행렬 A를 구하라.

(c) 다음이 성립함을 확인하라.

$$L(\mathbf{v}_1) = a_{11}\mathbf{v}_1 + a_{21}\mathbf{v}_2$$
$$L(\mathbf{v}_2) = a_{12}\mathbf{v}_1 + a_{22}\mathbf{v}_2$$

3. L은 $\mathbb{R}^3$ 위에서 다음과 같이 정의된 선형 변환이라 하자.

$$L(\mathbf{x}) = \begin{pmatrix} 2x_1 - x_2 - x_3 \\ 2x_2 - x_1 - x_3 \\ 2x_3 - x_1 - x_2 \end{pmatrix}$$

A는 L의 표준 행렬 표현이다(4.2절의 연습문제 4 참조). 만일 $\mathbf{u}_1 = (1, 1, 0)^T$, $\mathbf{u}_2 = (1, 0, 1)^T$, $\mathbf{u}_3 = (0, 1, 1)^T$이면 $\{\mathbf{u}_1, \mathbf{u}_2, \mathbf{u}_3\}$는 $\mathbb{R}^3$의 순서 기저이고 행렬 $U = (\mathbf{u}_1, \mathbf{u}_2, \mathbf{u}_3)$는 $\{\mathbf{u}_1, \mathbf{u}_2, \mathbf{u}_3\}$에서 $\{\mathbf{e}_1, \mathbf{e}_2, \mathbf{e}_3\}$로 가는 기저 변환을 나타내는 천이 행렬이 된다. $U^{-1}AU$를 계산하여 기저 $\{\mathbf{u}_1, \mathbf{u}_2, \mathbf{u}_3\}$에 관해서 L을 표현하는 행렬 B를 구하라.

4. L은 $\mathbb{R}^3$에서 $\mathbb{R}^3$ 위로 가는 선형 연산자로서 $L(\mathbf{x}) = A\mathbf{x}$로 정의되었다. 여기서 A는 다음과 같다.

$$A = \begin{pmatrix} 1 & 0 & 1 \\ -1 & -2 & 1 \\ 1 & 1 & -1 \end{pmatrix}$$

다음을 생각하자.

$$\mathbf{v}_1 = \begin{pmatrix} 1 \\ 2 \\ 0 \end{pmatrix}, \quad \mathbf{v}_2 = \begin{pmatrix} 0 \\ 3 \\ -1 \end{pmatrix}, \quad \mathbf{v}_3 = \begin{pmatrix} 1 \\ 0 \\ 1 \end{pmatrix}$$

$[\mathbf{v}_1, \mathbf{v}_2, \mathbf{v}_3]$에서 $[\mathbf{e}_1, \mathbf{e}_2, \mathbf{e}_3]$로 가는 기저 변환에 해당하는 천이 행렬 V를 구하고, 이를 이용하여 $[\mathbf{v}_1, \mathbf{v}_2, \mathbf{v}_3]$에 관해서 L을 표현하는 행렬 B를 구하라.

5. L은 P_3 위에서 다음과 같이 정의된 연산자이다.

$$L(p(x)) = xp'(x) + p''(x)$$

(a) $[1, x, x^2]$에 관해서 L을 표현하는 행렬 A를 구하라.

(b) $[1, x, 1 + x^2]$에 관해서 L을 표현하는 행렬 B를 구하라.

(c) $B = S^{-1}AS$를 만족하는 행렬 S를 구하라.

(d) 만일 $p(x) = a_0 + a_1x + a_2(1 + x^2)$이면 $L^n(p(x))$를 계산하라.

6. V는 $C[a, b]$의 부분공간으로서 $1, e^x, e^{-x}$에 의해 생성된 공간이고 D는 V 위의 도함수 연산자이다.

(a) 순서 기저 $[1, e^x, e^{-x}]$에서 순서 기저 $[1, \cosh x, \sinh x]$로 가는 기저 변환을 표현하는 천이행렬 S를 구하라[$\cosh x = \frac{1}{2}(e^x + e^{-x})$, $\sinh x = \frac{1}{2}(e^x - e^{-x})$].

(b) 순서 기저 $[1, \cosh x, \sinh x]$에 관해서 D를 표현하는 행렬 A를 구하라.

(c) 순서 기저 $[1, e^x, e^{-x}]$에 관해서 D를 표현하는 행렬 B를 구하라.

(d) $B = S^{-1}AS$임을 확인하라.

7. 만일 A가 B와 닮았고 B는 C와 닮았다면 A는 C와 닮음 관계에 있음을 증명하라.

8. 대각원소가 $\lambda_1, \lambda_2, \cdots, \lambda_n$으로 이루어진 대각행렬이 L이라 할 때, 행렬 A는 $A = S\Lambda S^{-1}$로 주어졌다.

(a) 모든 $i = 1, 2, \cdots, n$에 대해서 $As_i = \lambda_i s_i$임을 증명하라.

(b) 만일 $x = \alpha_1\mathbf{s}_1 + \alpha_2\mathbf{s}_2 + \cdots + \alpha_n\mathbf{s}_n$이면 다음이 성립함을 증명하라.

$$A^k\mathbf{x} = \alpha_1\lambda_1^k\mathbf{s}_1 + \alpha_2\lambda_2^k\mathbf{s}_2 + \cdots + \alpha_n\lambda_n^k\mathbf{s}_n$$

(c) 모든 $i = 1, 2, \cdots, n$에 대해서 $|\lambda_i| < 1$이라고 가정하자. 그러면 $k \to \infty$일 때 $A^k\mathbf{x}$는 어떻게 되는지 설명하라.

9. 비특이 행렬 S에 대해서 $A = ST$이고 $B = TS$이다. B가 A와 닮음을 증명하라.

10. A와 B는 $n \times n$ 행렬이다. 만일 A와 B가 서로 닮음이면 다음 조건을 만족하는 $n \times n$ 행렬 S와 T가 존재함을 증명하라. 단, 여기서 S는 비특이 행렬이다.

$$A = ST \quad \text{그리고} \quad B = TS$$

11. 만일 A와 B가 서로 닮음이면 $\det(A) = \det(B)$임을 증명하라.

12. A와 B가 서로 닮음이라고 하자. 다음을 증명하라.

(a) A^T와 B^T도 서로 닮음이다.

(b) 각각의 양의 정수 k에 대하여 A^k와 B^k도 서로 닮음이다.

13. 만일 A와 B가 서로 닮음이고 A가 비특이 행렬이면 B도 비특이 행렬이고 A^{-1}와 B^{-1}도 닮음임을 증명하라.

14. A와 B가 서로 닮음이고 λ는 임의의 스칼라라고 하자. 다음을 증명하라.

(a) $A-\lambda I$와 $B-\lambda I$도 서로 닮음이다.

(b) $\det(A-\lambda I)=\det(B-\lambda I)$이다.

15. $n\times n$ 행렬 A의 대각합(trace)은 tr(A)라고 표기하며 모든 대각 원소들의 합이다. 즉,

$$\operatorname{tr}(A)=a_{11}+a_{22}+\cdots+a_{nn}$$

다음을 증명하라.

(a) $\operatorname{tr}(AB)=\operatorname{tr}(BA)$

(b) 만일 A와 B가 서로 닮음이면 $\operatorname{tr}(A)=\operatorname{tr}(B)$이다.

Chapter 4 연습문제

MATLAB 연습문제

1. MATLAB을 사용하여 $W=$ **triu**(**ones**(4)) and $\mathbf{x}=[1:4]'$라고 두고 행렬 W와 벡터 $\mathbf{x}$를 구하라.

W의 열을 사용하여 정렬된 기저 $F=\{\mathbf{w}_1,\mathbf{w}_2,\mathbf{w}_3,\mathbf{w}_4\}$를 형성할 수 있다.

$L:\mathbb{R}^4\to\mathbb{R}^4$을 선형 연산자라고 하고,

$$L(\mathbf{w}_1)=\mathbf{w}_2,\qquad L(\mathbf{w}_2)=\mathbf{w}_3$$

$$L(\mathbf{w}_3)=5\mathbf{w}_1+4\mathbf{w}_2+3\mathbf{w}_3+2\mathbf{w}_4$$
$$L(\mathbf{w}_4)=\ \mathbf{w}_1+2\mathbf{w}_2+3\mathbf{w}_3+4\mathbf{w}_4$$

(a) F에 대해 L을 나타내는 행렬 A를 결정하고 MATLAB에 입력하라.

(b) MATLAB을 사용하여 F에 대한 $\mathbf{x}$의 좌표 벡터 $\mathbf{y}=W^{-1}\mathbf{x}$를 계산하라.

(c) A를 사용하여 F에 대한 $L(\mathbf{x})$의 좌표 벡터 $\mathbf{z}$를 계산하라.

(d) W는 F에서 $\mathbb{R}^4$에 대한 표준 기저로의 천이 행렬이다. W를 사용하여 표준 기저를 기준으로 $L(\mathbf{x})$의 좌표 벡터를 계산하라.

2. $A=$ **triu**(**ones**(5)) $*$ **tril**(**ones**(5))이라고 두자. L이 $\mathbb{R}^n$의 모든 $\mathbf{x}$에 대해 $L(\mathbf{x})=A\mathbf{x}$로 정의된 선형 연산자를 나타내는 경우 A는 $\mathbb{R}^5$의 표준 기저에 대해 L을 나타내는 행렬이다.

U를 $U=$ **hankel**(**ones**(5, 1), 1 : 5)로 설정하여 5×5행렬 U를 구하라. MATLAB 함수 순위를 사용하여 U의 열벡터가 선형 독립인지 확인한다. 따라서 $E=\{\mathbf{u}_1,\mathbf{u}_2,\mathbf{u}_3,\mathbf{u}_4,\mathbf{u}_5\}$는 $\mathbb{R}^5$에 대한 정렬된 기저이다. 행렬 U는 E에서 표준 기저로의 천이 행렬이다.

(a) MATLAB을 사용하여 E에 대해 L을 나타내는 행렬 B를 계산하라. (행렬 B는 A, U, U^{-1}로 계산해야 한다.)

(b) $V=$ **toeplitz**([1, 0, 1, 1, 1])라고 두자. MATLAB을 사용하여 V가 비특이(nonsingular)인지 확인하라. V의 열 벡터는 선형 독립이므로 $\mathbb{R}^5$에 대해 정렬된 기저 F를 형성한다. MATLAB을 사용하여 F에 대해 L을 나타내는 행렬 C를 계산하라. (행렬 C는 A, V 및 V^{-1}로 계산되어야 한다.)

(c) (a)와 (b) 부분의 행렬 B와 C는 닮음관계여야 한다. 그 이유를 설명하라. MATLAB을 사용하여 F에서 E로의 천이 행렬 S를 계산하라. B, S 및 S^{-1}의 관점에서 행렬 C를 계산하자. 결과를 (b) 부분의 결과와 비교하라.

3.

$$A=\textbf{toeplitz}(1:7),$$
$$S=\textbf{compan}(\textbf{ones}(8,1))$$

또한 $B=S^{-1}*A*S$로 두면, A와 B는 닮음관계이다. MATLAB을 사용하여 이 두 행렬에 대해 다음 속성이 유지되는지 확인하라.

(a) $\det(B)=\det(A)$

(b) $B^T=S^TA^T(S^T)^{-1}$

(c) $B^{-1} = S^{-1}A^{-1}S$

(d) $B^9 = S^{-1}A^9S$

(e) $B - 3I = S^{-1}(A - 3I)S$

(f) $\det(B - 3I) = \det(A - 3I)$

(g) (행렬 A의 대각합은 MATLAB 함수 `trace`로 계산할 수 있다.) 이러한 속성은 일반적으로 닮음관계인 행렬 쌍에 대해 유지된다(4.3절의 연습문제 11~15 참조).

CHAPTER TEST A 참 또는 거짓

이어지는 각 문장에 대해 문장이 항상 참이면 참, 그렇지 않으면 거짓으로 답하라. 참된 진술의 경우 답을 설명하거나 증명하라. 거짓 진술의 경우 그 진술이 항상 참이 아님을 보여주는 예를 제시하라.

1. $L\colon \mathbb{R}^n \to \mathbb{R}^n$를 선형 변환이라고 하자. $L(\mathbf{x}_1) = L(\mathbf{x}_2)$이면 벡터 $\mathbf{x}_1$과 $\mathbf{x}_2$는 동일하다.

2. L_1과 L_2가 벡터공간 V 상의 선형 연산자이면, $L_2 \circ L_1$ 역시 선형 연산자이다. 이때 $(L_2 \circ L_1)(\mathbf{v}) = L_2(L_1(\mathbf{v}))$ for all $\mathbf{v} \in V$로 정의된다.

3. $L\colon V \to V$를 선형 변환이고 $L(\mathbf{v}_1) = L(\mathbf{v}_2)$이면, $\mathbf{v}_1 - \mathbf{v}_2 \in \ker(L)$이다.

4. L_1이 $\mathbb{R}^2$의 각 벡터 $\mathbf{x}$를 시계 반대 방향으로 45° 회전한 다음 결과 벡터를 y축에 대해 반사(reflect)하자. L_2는 동일한 두 작업을 수행하지만 역순으로 수행하는 변환인 경우 $L_1 = L_2$이다.

5. 균질 좌표계에서 사용되는 모든 벡터 $\mathbf{x}$의 집합(4.2절의 컴퓨터 그래픽스와 애니메이션에 대한 응용 참조)은 $\mathbb{R}^3$의 부분공간을 형성한다.

6. $L\colon \mathbb{R}^2 \to \mathbb{R}^2$를 선형 변환이라고 하고 A를 L의 표준 행렬 표현이라고 하자. L^2가 모든 $\mathbf{x} \in \mathbb{R}^2$에 대해 $L^2(\mathbf{x}) = L(L(\mathbf{x}))$로 정의되면 L^2는 선형 변환이고, 표준 행렬 표현은 A^2이다.

7. $E = \{\mathbf{x}_1, \mathbf{x}_2, \cdots, \mathbf{x}_n\}$은 $\mathbb{R}^n$에 대한 정렬된 기저라고 하자. $L_1\colon \mathbb{R}^n \to \mathbb{R}^n$ 및 $L_2\colon \mathbb{R}^n \to \mathbb{R}^n$이 E에 대해 동일한 행렬 표현을 갖는 경우 $L_1 = L_2$이다.

8. $L\colon \mathbb{R}^n \to \mathbb{R}^n$을 선형 변환이라고 하자. A가 L의 표준 행렬 표현이면 B가 A와 닮음관계의 경우에만 $n \times n$ 행렬 B도 L의 행렬 표현이 된다.

9. A, B, C를 $n \times n$ 행렬이라고 하자. A가 B와 닮음관계이고 B가 C와 닮음관계이면 A는 C와 닮음관계이다.

10. 대각합(trace)이 동일한 두 행렬은 닮음관계이다[이는 4.3절의 연습문제 15의 (b) 부분의 반대이다].

CHAPTER TEST B

1. 다음이 $\mathbb{R}^2$의 선형 연산자인지 확인하라.

(a) L은 $L(\mathbf{x}) = (x_2, 2x_1)^T$로 정의된 연산자이다.

(b) L은 $L(\mathbf{x}) = (x_1 + x_2, x_1x_2)^T$로 정의된 연산자이다.

2. L이 $\mathbb{R}^2$ 상의 선형 연산자이면 $\mathbf{v}_1 = \begin{pmatrix} 1 \\ 3 \end{pmatrix}$, $\mathbf{v}_2 = \begin{pmatrix} -3 \\ 5 \end{pmatrix}$, $\mathbf{v}_3 = \begin{pmatrix} -9 \\ 1 \end{pmatrix}$이다. $L(\mathbf{v}_1) = \begin{pmatrix} 2 \\ 4 \end{pmatrix}$이고 $L(\mathbf{v}_2) = \begin{pmatrix} 3 \\ 5 \end{pmatrix}$일 때, $L(\mathbf{v}_3)$의 값을 구하라.

3. L을 $L(\mathbf{x}) = \begin{pmatrix} x_2 - x_1 \\ x_3 - x_2 \\ x_3 - x_1 \end{pmatrix}$로 정의된 $\mathbb{R}^3$ 상의 선형 연산자이고 $S = \text{Span}((1, 0, 1)^T)$라고 하자.

(a) L의 핵(kernel)을 구하라.

(b) $L(S)$를 구하라.

4. L이 $L(\mathbf{x}) = \begin{pmatrix} 3x_1 \\ x_2 - x_1 \\ -x_2 \end{pmatrix}$로 정의된 $\mathbb{R}^3$ 상의 선형 연산자라고 하면 L의 치역을 구하라.

5. $L\colon \mathbb{R}^2 \to \mathbb{R}^3$을 $L(\mathbf{x}) = \begin{pmatrix} 2x_1 + x_2 \\ x_1 + 2x_2 \\ x_1 - x_2 \end{pmatrix}$라고 정의할 때, $\mathbb{R}^2$의 각 $\mathbf{x}$에 대한 $L(\mathbf{x}) = A\mathbf{x}$의 행렬 A를 구하라.

6. L을 x축에 대한 벡터를 반영한 다음 결과 벡터를 반시계 방향으로 60° 회전하는 $\mathbb{R}^2$의 선형 연산자라고 가정하자. L의 표준 행렬 표현을 찾아라.

7. L을 $\mathbb{R}^2$ 상의 이동(translation) 연산자인 $L(\mathbf{x}) = \mathbf{x} + \mathbf{a}$, $\mathbf{a} = \begin{pmatrix} 2 \\ 5 \end{pmatrix}$라고 할 때, 균일 좌표계에 대한 L의 행렬 표현을 찾아라.

된다. 그러면 답이 되는 벡터 $\mathbf{p}$는 $\mathbf{p}$와 $\mathbf{v}-\mathbf{p}$가 직교한다는 사실로부터 결정된다(그림 5.0.1 참조). 내적이 정의된 벡터공간에서는 일반적인 **최소제곱**의 문제로 고려할 수 있다. 이러한 문제들의 특성은 주어진 벡터공간 V와 부분공간 W, 그리고 V에 속한 임의의 벡터 $\mathbf{v}$가 주어지고, W 내에서 $\mathbf{v}$와 가장 '가까운' 벡터를 찾는 것이다. 구하고자 하는 벡터 $\mathbf{p}$는 $\mathbf{v}-\mathbf{p}$와 직교하는 성질로 결정된다. 이러한 직교성은 최소제곱 문제를 해결하는 데 필수적인 해답을 제시한다. 최소제곱 문제는 데이터 추론(data fitting)을 비롯한 많은 통계응용 분야에서 다루어진다.

5.1 $\mathbb{R}^n$에서의 스칼라 곱

벡터 $\mathbf{x}$와 $\mathbf{y}$를 $\mathbb{R}^n$ 위의 임의의 $n \times 1$ 행렬이라고 하자. 이 행렬의 곱 $\mathbf{x}^T\mathbf{y}$를 생각해 보자. 그 결과는 1×1 행렬이며 $\mathbb{R}^1$의 벡터로 볼 수 있는데, 좀 더 간단하게 실수로 여겨도 아무런 문제가 없다. 이러한 곱 $\mathbf{x}^T\mathbf{y}$를 벡터 $\mathbf{x}$와 $\mathbf{y}$의 스칼라 곱(scalar product)이라 한다. 구체적으로, $\mathbf{x}=(x_1, \cdots, x_n)^T$이고 $\mathbf{y}=(y_1, \cdots, y_n)^T$라면 스칼라 곱은 다음과 같다.

$$\mathbf{x}^T\mathbf{y} = x_1y_1 + x_2y_2 + \cdots + x_ny_n$$

예제 1 만일 벡터 $\mathbf{x}$와 $\mathbf{y}$가 다음과 같다면

$$\mathbf{x} = \begin{pmatrix} 3 \\ -2 \\ 1 \end{pmatrix} \quad \text{그리고} \quad \mathbf{y} = \begin{pmatrix} 4 \\ 3 \\ 2 \end{pmatrix}$$

스칼라 곱은 다음과 같다.

$$\mathbf{x}^T\mathbf{y} = (3, -2, 1)\begin{pmatrix} 4 \\ 3 \\ 2 \end{pmatrix} = 3 \cdot 4 - 2 \cdot 3 + 1 \cdot 2 = 8$$ ■

$\mathbb{R}^2$와 $\mathbb{R}^3$에서의 스칼라 곱

스칼라 곱의 기하학적 의미를 살펴보기 위해서 $\mathbb{R}^2$와 $\mathbb{R}^3$에서의 경우로 한정지어 생각해 보자. $\mathbb{R}^2$와 $\mathbb{R}^3$의 벡터는 방향성이 있는 선분, 즉 화살표로 표시할 수 있다. $\mathbb{R}^2$ 또는 $\mathbb{R}^3$의 벡터 $\mathbf{x}$의 유클리디안 길이(Euclidean length)는 자기 자신과의 스칼라 곱으로 구할 수 있다.

$$\|\mathbf{x}\| = (\mathbf{x}^T\mathbf{x})^{1/2} = \begin{cases} \sqrt{x_1^2 + x_2^2} & \mathbf{x} \in \mathbb{R}^2\text{인 경우} \\ \sqrt{x_1^2 + x_2^2 + x_3^2} & \mathbf{x} \in \mathbb{R}^3\text{인 경우} \end{cases}$$

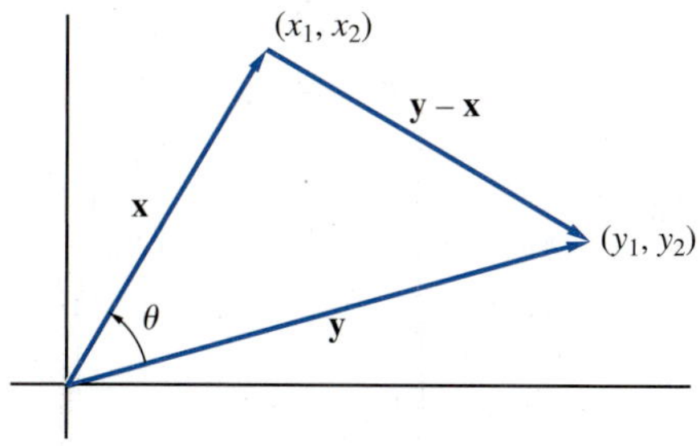

그림 5.1.1

주어진 0이 아닌 두 벡터 $\mathbf{x}$와 $\mathbf{y}$는 원점에서 시작하는 화살표로 생각할 수 있다. 두 벡터 $\mathbf{x}$와 $\mathbf{y}$의 사이각은 바로 이 두 화살표의 사이각 θ로 정의할 수 있다. 이 두 벡터의 거리는 $\mathbf{x}$를 표시하는 화살표의 종점과 $\mathbf{y}$를 표시하는 화살표의 종점을 연결하는 벡터의 길이로 정의할 수 있다(그림 5.1.1 참조). 이를 다음의 정의로 구체화한다.

정의 벡터 $\mathbf{x}$와 $\mathbf{y}$를 $\mathbb{R}^2$ 혹은 $\mathbb{R}^3$에 속한 벡터라 하자. $\mathbf{x}$와 $\mathbf{y}$의 거리는 $\|\mathbf{x}-\mathbf{y}\|$로 정의한다.

예제 2 만일 벡터 $\mathbf{x} = (3, 4)^T$이고 $\mathbf{y} = (-1, 7)^T$이면 이 두 벡터의 거리는 다음과 같다.

$$\|\mathbf{y}-\mathbf{x}\| = \sqrt{(-1-3)^2 + (7-4)^2} = 5$$

■

두 벡터의 사이각은 다음의 정리를 이용하여 구할 수 있다.

정리 5.1.1 $\mathbb{R}^2$ 혹은 $\mathbb{R}^3$에 속하며 0이 아닌 임의의 벡터 $\mathbf{x}$와 $\mathbf{y}$의 사이각 θ는 다음과 같은 관계를 만족한다.

$$\mathbf{x}^T\mathbf{y} = \|\mathbf{x}\|\,\|\mathbf{y}\|\cos\theta \tag{1}$$

증명 세 개의 벡터 $\mathbf{x}, \mathbf{y}, \mathbf{y}-\mathbf{x}$는 그림 5.1.1에 나타낸 것처럼 삼각형을 이룬다. 삼각형의 코사인 법칙을 적용하면 다음과 같다.

$$\|\mathbf{y}-\mathbf{x}\|^2 = \|\mathbf{x}\|^2 + \|\mathbf{y}\|^2 - 2\|\mathbf{x}\|\,\|\mathbf{y}\|\cos\theta$$

그러므로 다음을 얻는다.

$$\begin{aligned}\|\mathbf{x}\|\,\|\mathbf{y}\|\cos\theta &= \tfrac{1}{2}(\|\mathbf{x}\|^2 + \|\mathbf{y}\|^2 - \|\mathbf{y}-\mathbf{x}\|^2)\\ &= \tfrac{1}{2}(\|\mathbf{x}\|^2 + \|\mathbf{y}\|^2 - (\mathbf{y}-\mathbf{x})^T(\mathbf{y}-\mathbf{x}))\\ &= \tfrac{1}{2}(\|\mathbf{x}\|^2 + \|\mathbf{y}\|^2 - (\mathbf{y}^T\mathbf{y} - \mathbf{y}^T\mathbf{x} - \mathbf{x}^T\mathbf{y} + \mathbf{x}^T\mathbf{x}))\\ &= \mathbf{x}^T\mathbf{y}\end{aligned}$$

■

만일 $\mathbf{x}$와 $\mathbf{y}$가 0이 아닌 벡터라면 그들의 방향을 나타내기 위하여 다음과 같이 길이가 1인 단위 벡터(unit vector)를 구성할 수 있다. 이들을 방향 벡터라 하자.

$$\mathbf{u} = \frac{1}{\|\mathbf{x}\|}\mathbf{x} \quad \text{그리고} \quad \mathbf{v} = \frac{1}{\|\mathbf{y}\|}\mathbf{y}$$

만일 θ가 그들의 사이각이면 다음을 만족한다.

$$\cos\theta = \frac{\mathbf{x}^T\mathbf{y}}{\|\mathbf{x}\|\|\mathbf{y}\|} = \mathbf{u}^T\mathbf{v}$$

두 벡터 $\mathbf{x}, \mathbf{y}$의 사이각에 대한 코사인 값은 방향 벡터 $\mathbf{u}, \mathbf{v}$의 스칼라 곱이 된다.

예제 3 벡터 $\mathbf{x}$와 $\mathbf{y}$를 예제 2와 같다고 하자. 이들의 방향은 다음의 단위 벡터로 표현된다.

$$\mathbf{u} = \frac{1}{\|\mathbf{x}\|}\mathbf{x} = \begin{pmatrix} \frac{3}{5} \\ \frac{4}{5} \end{pmatrix} \quad \text{그리고} \quad \mathbf{v} = \frac{1}{\|\mathbf{y}\|}\mathbf{y} = \begin{pmatrix} -\frac{1}{5\sqrt{2}} \\ \frac{7}{5\sqrt{2}} \end{pmatrix}$$

이 벡터들의 사이각 θ에 대한 코사인 값은 다음과 같다.

$$\cos\theta = \mathbf{u}^T\mathbf{v} = \frac{1}{\sqrt{2}}$$

그러므로 사이각은 $\theta = \frac{\pi}{4}$이다. ■

따름정리 5.1.2 **코시-슈워츠(Cauchy-Schwarz) 부등식**

$\mathbb{R}^2$ 혹은 $\mathbb{R}^3$에 속하는 임의의 벡터 $\mathbf{x}$와 $\mathbf{y}$에 대해서 다음이 성립한다.

$$|\mathbf{x}^T\mathbf{y}| \leq \|\mathbf{x}\|\,\|\mathbf{y}\| \tag{2}$$

여기서 등호를 만족하기 위한 필요충분조건은 $\mathbf{x}$ 혹은 $\mathbf{y}$가 $\mathbf{0}$이거나 한 벡터가 다른 벡터의 스칼라 배수일 때이다.

증명 부등식은 식 (1)로부터 따라온다. 만일 x 혹은 y가 $\mathbf{0}$이면 (2)의 양변은 모두 0이다. 만일 둘 다 0이 아니라면 (1)로부터 등호가 성립할 때는 오직 $\cos\theta = \pm 1$일 때이다. 그런데 이는 두 벡터가 같은 방향이거나 반대 방향임을 뜻한다. 그러므로 한 벡터가 다른 하나의 스칼라 배수임을 뜻한다. ■

만일 $\mathbf{x}^T\mathbf{y} = 0$이면 정리 5.1.1로부터 하나의 벡터가 0이거나 $\cos\theta = 0$임을 알 수 있 다. 만일 $\cos\theta = 0$이면 두 벡터의 사이각이 직각이 된다.

정의 $\mathbb{R}^2$ 혹은 $\mathbb{R}^3$에 속하는 벡터 $\mathbf{x}$와 $\mathbf{y}$가 $\mathbf{x}^T\mathbf{y} = 0$을 만족하면 $\mathbf{x}$와 $\mathbf{y}$가 **직교한다**(orthogonal)고 한다.

예제 4 **(a)** $\mathbf{0}$은 $\mathbb{R}^2$의 모든 벡터와 직교한다.

(b) 다음의 두 벡터 $\begin{pmatrix} 3 \\ 2 \end{pmatrix}$와 $\begin{pmatrix} -4 \\ 6 \end{pmatrix}$은 $\mathbb{R}^2$에서 직교한다.

(c) 다음의 두 벡터 $\begin{pmatrix} 2 \\ -3 \\ 1 \end{pmatrix}$과 $\begin{pmatrix} 1 \\ 1 \\ 1 \end{pmatrix}$은 $\mathbb{R}^3$에서 직교한다. ■

스칼라 투영과 벡터 투영

스칼라 곱은 한 벡터의 또 다른 벡터 방향으로의 성분을 찾는 데 사용될 수 있다. $\mathbb{R}^2$ 혹은 $\mathbb{R}^3$에 속하는 0이 아닌 벡터 $\mathbf{x}$와 $\mathbf{y}$를 생각하자. 우리는 벡터 $\mathbf{x}$를 $\mathbf{p} + \mathbf{z}$와 같이 두 벡터의 합으로 표현하고자 한다. 여기서 $\mathbf{p}$는 $\mathbf{y}$와 같은 방향의 벡터이고 $\mathbf{z}$는 $\mathbf{p}$와(그러므로 $\mathbf{y}$와) 직교하는 방향의 벡터이다(그림 5.1.2 참조). 이를 위해서 벡터 $\mathbf{u}$를 $\mathbf{u} = (1/\|\mathbf{y}\|)\mathbf{y}$로 결정하자. 그러면 $\mathbf{u}$는 $\mathbf{y}$방향으로의 단위 벡터가 된다. 이제 우리는 $\mathbf{p} = \alpha\mathbf{u}$가 $\mathbf{z} = \mathbf{x} - \alpha\mathbf{u}$와 직교하도록 만드는 스칼라 α를 찾으면 그만이다. 그런데 $\mathbf{p}$와 $\mathbf{z}$가 직교하므로 스칼라 α는 다음을 만족해야 한다.

$$\begin{aligned} \alpha &= \|\mathbf{x}\| \cos\theta \\ &= \frac{\|\mathbf{x}\|\,\|\mathbf{y}\| \cos\theta}{\|\mathbf{y}\|} \\ &= \frac{\mathbf{x}^T\mathbf{y}}{\|\mathbf{y}\|} \end{aligned}$$

위의 스칼라 α를 $\mathbf{y}$ 위로 가는 $\mathbf{x}$의 스칼라 투영(scalar projection)이라 하며, 벡터 $\mathbf{p}$를 $\mathbf{y}$ 위로 가는 $\mathbf{x}$의 벡터 투영(vector projection)이라 한다.

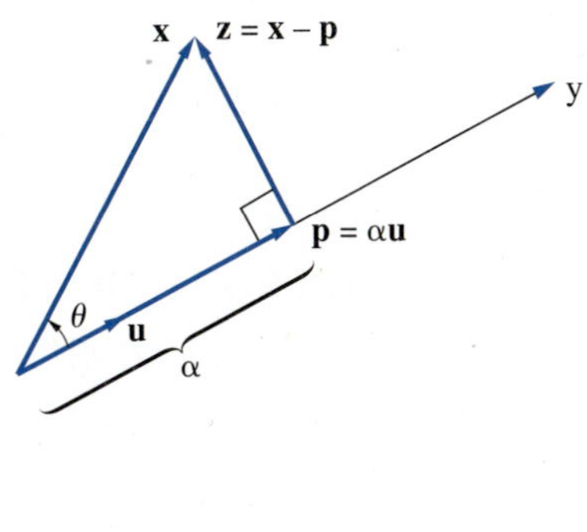

그림 5.1.2

> $\mathbf{y}$ 위로 가는 $\mathbf{x}$의 스칼라 투영:
>
> $$\alpha = \frac{\mathbf{x}^T\mathbf{y}}{\|\mathbf{y}\|}$$
>
> $\mathbf{y}$ 위로 가는 $\mathbf{x}$의 벡터 투영:
>
> $$\mathbf{p} = \alpha\mathbf{u} = \alpha\frac{1}{\|\mathbf{y}\|}\mathbf{y} = \frac{\mathbf{x}^T\mathbf{y}}{\mathbf{y}^T\mathbf{y}}\mathbf{y}$$

예제 5 그림 5.1.3의 점 Q는 직선 $y = \frac{1}{3}x$ 위의 점으로 점 $(1, 4)$에 가장 가까운 점이다. Q의 좌표를 구하라.

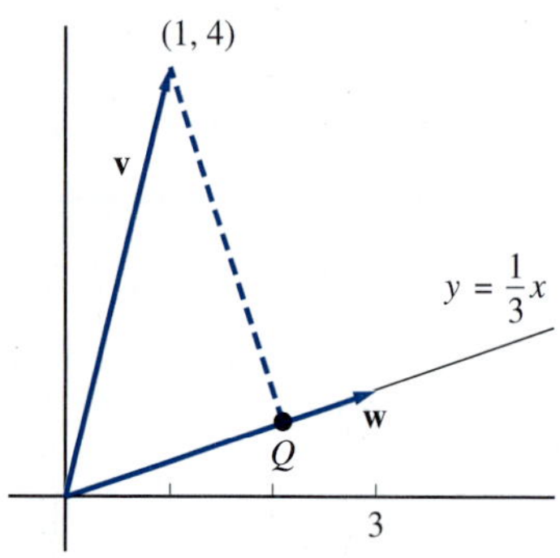

그림 5.1.3

해답 벡터 $\mathbf{w} = (3, 1)^T$는 직선 $y = \frac{1}{3}x$ 방향으로의 벡터이다. $\mathbf{v} = (1, 4)^T$라 하자. Q가 원하는 점이면 Q^T는 $\mathbf{w}$ 위로 가는 $\mathbf{v}$의 벡터 투영이다. 그러므로 다음이 성립한다.

$$Q^T = \left(\frac{\mathbf{v}^T\mathbf{w}}{\mathbf{w}^T\mathbf{w}}\right)\mathbf{w} = \frac{7}{10}\begin{bmatrix} 3 \\ 1 \end{bmatrix} = \begin{bmatrix} 2.1 \\ 0.7 \end{bmatrix}$$

그러므로 $Q = (2.1, 0.7)$이 가장 가까운 점이 된다. ■

표기법

만일 P_1과 P_2가 삼차원 공간의 두 점이라면 P_1에서 P_2로 가는 벡터를 $\overrightarrow{P_1P_2}$로 표기한다.

$\mathbf{N}$이 0이 아닌 벡터이고 P_0가 주어진 고정된 점이면, $\overrightarrow{P_0P}$가 $\mathbf{N}$과 직교하는 모든 점 P의 집합은 삼차원 공간에서 점 P_0를 지나는 평면 π를 이룬다. 이런 경우 벡터 $\mathbf{N}$과 평면 π는 서로에게 **정규적(normal)**이라고 한다. 하나의 점 $P = (x, y, z)$가 평면 π 위에 있기 위한 필요충분조건은 다음과 같다.

$$(\overrightarrow{P_0P})^T\mathbf{N} = 0$$

만일 $\mathbf{N} = (a, b, c)^T$이고 $P_0 = (x_0, y_0, z_0)$이면, 위의 식은 다음과 같이 구체적으로 기술된다.

$$a(x - x_0) + b(y - y_0) + c(z - z_0) = 0$$

예제 6 점 $(2, -1, 3)$을 지나고 벡터 $\mathbf{N} = (2, 3, 4)^T$와 정규적인 평면의 방정식을 구하라.

해답 $\overrightarrow{P_0P} = (x-2, y+1, z-3)^T$이다. 그러므로 구하는 평면의 방정식은 $(\overrightarrow{P_0P})^T\mathbf{N} = 0$이 된다. 이는 다음과 같다.

$$2(x - 2) + 3(y + 1) + 4(z - 3) = 0$$

■

$\mathbb{R}^3$ 공간에서 선형 독립적인 두 벡터 $\mathbf{x}, \mathbf{y}$의 생성(span)은 3차원 공간에서 원점을 지나는 평면으로 생각할 수 있다. 이러한 평면의 방정식을 결정하기 위해서는 그 평면에 직교하는 벡터를 반드시 찾아야 한다. 우리는 2.3절에서 두 벡터의 외적은 두 벡터에 직교한다는 사실을 보여주었다. 만일 $\mathbf{N} = \mathbf{x} \times \mathbf{y}$를 정규벡터(normal vector)로 생각하면, 평면의 방정식은 다음과 같다.

$$n_1x + n_2y + n_3z = 0$$

예제 7 다음 세 점을 지나는 평면의 방정식을 구하라.

$$P_1 = (1, 1, 2), \quad P_2 = (2, 3, 3), \quad P_3 = (3, -3, 3)$$

해답

$$\mathbf{x} = \overrightarrow{P_1P_2} = \begin{pmatrix} 1 \\ 2 \\ 1 \end{pmatrix} \quad \text{그리고} \quad \mathbf{y} = \overrightarrow{P_1P_3} = \begin{pmatrix} 2 \\ -4 \\ 1 \end{pmatrix}$$

라 하자. 정규벡터 $\mathbf{N}$은 반드시 벡터 $\mathbf{x}, \mathbf{y}$ 모두에 대하여 직교하여야 하므로, 만일

$$\mathbf{N} = \mathbf{x} \times \mathbf{y} = \begin{pmatrix} 6 \\ 1 \\ -8 \end{pmatrix}$$

로 두면, $\mathbf{N}$은 주어진 세 점을 지나는 평면에 직교하는 정규벡터가 된다. 평면의 방정식을 결정하기 위해 세 점 중 어느 한 점, 즉 여기서는 P_1을 이용하면 평면의 방정식은 다음과 같다.

$$6(x - 1) + (y - 1) - 8(z - 2) = 0$$

■

예제 8 점 $(2, 0, 0)$으로부터 평면 $x + 2y + 2z = 0$까지의 거리를 구하라.

해답 벡터 $\mathbf{N} = (1, 2, 2)^T$는 주어진 평면과 정규적이며 주어진 평면은 원점을 지난다. $\mathbf{v} = (2, 0, 0)^T$라고 하자. 점 $(2, 0, 0)$으로부터 평면까지의 거리 d는 $\mathbf{N}$ 위로 가는 $\mathbf{v}$의 스칼라 투영이다. 그러므로 다음과 같다.

$$d = \frac{|\mathbf{v}^T\mathbf{N}|}{\|\mathbf{N}\|} = \frac{2}{3}$$ ■

$\mathbf{x}, \mathbf{y}$가 $\mathbb{R}^3$ 내의 영이 아닌 벡터이고 θ가 두 벡터 간 각도이면 다음 식이 성립한다.

$$\cos\theta = \frac{\mathbf{x}^T\mathbf{y}}{\|\mathbf{x}\|\|\mathbf{y}\|}$$

$$\sin\theta = \sqrt{1 - \cos^2\theta} = \sqrt{1 - \frac{(\mathbf{x}^T\mathbf{y})^2}{\|\mathbf{x}\|^2\|\mathbf{y}\|^2}} = \frac{\sqrt{\|\mathbf{x}\|^2\|\mathbf{y}\|^2 - (\mathbf{x}^T\mathbf{y})^2}}{\|\mathbf{x}\|\|\mathbf{y}\|}$$

이를 이용하면, 다음과 같은 결과를 얻을 수 있다.

$$\begin{aligned}
\|\mathbf{x}\|\|\mathbf{y}\|\sin\theta &= \sqrt{\|\mathbf{x}\|^2\|\mathbf{y}\|^2 - (\mathbf{x}^T\mathbf{y})^2} \\
&= \sqrt{(x_1^2 + x_2^2 + x_3^2)(y_1^2 + y_2^2 + y_3^2) - (x_1y_1 + x_2y_2 + x_3y_3)^2} \\
&= \sqrt{(x_2y_3 - x_3y_2)^2 + (x_3y_1 - x_1y_3)^2 + (x_1y_2 - x_2y_1)^2} \\
&= \|\mathbf{x} \times \mathbf{y}\|
\end{aligned}$$

따라서, $\mathbb{R}^3$ 공간에서 0이 아닌 임의의 벡터 $\mathbf{x}, \mathbf{y}$에 대하여 다음과 같은 식이 성립한다.

$$\|\mathbf{x} \times \mathbf{y}\| = \|\mathbf{x}\|\|\mathbf{y}\|\sin\theta$$

만일 벡터 $\mathbf{x}$ 혹은 $\mathbf{y}$가 0이면, $\mathbf{x} \times \mathbf{y} = \mathbf{0}$이고, $\mathbf{x} \times \mathbf{y}$의 노옴(norm)은 0이다.

$\mathbb{R}^n$에서의 직교

$\mathbb{R}^2$ 혹은 $\mathbb{R}^3$에서 정의된 모든 개념은 $\mathbb{R}^n$으로 쉽게 일반화될 수 있다. 만일 벡터 $\mathbf{x}$가 $\mathbb{R}^n$에 속한다면 $\mathbf{x}$의 유클리디안 길이는 다음과 같이 정의된다.

$$\|\mathbf{x}\| = (\mathbf{x}^T\mathbf{x})^{1/2} = (x_1^2 + x_2^2 + \cdots + x_n^2)^{1/2}$$

만일 $\mathbf{x}$와 $\mathbf{y}$가 $\mathbb{R}^n$에 속한다면 이들 간의 거리는 $\|\mathbf{y} - \mathbf{x}\|$로 주어진다.

$\mathbb{R}^n$에서도 코시-슈워츠 부등식은 성립한다(5.4절에서 이를 증명할 예정이다). 그러므로 위의 0이 아닌 임의의 벡터 $\mathbf{x}$와 $\mathbf{y}$에 대해서 다음이 성립한다.

$$1 \le \frac{\mathbf{x}^T\mathbf{y}}{\|\mathbf{x}\|\ \|\mathbf{y}\|} \le 1 \tag{3}$$

위의 식 (3)으로부터 $\mathbb{R}^2$ 위의 벡터들 간의 사이각에 대한 정의도 $\mathbb{R}^n$ 위에서 동일하게 일반화됨을 알 수 있다. 그러므로 $\mathbb{R}^n$ 위의 0이 아닌 임의의 벡터 $\mathbf{x}$와 $\mathbf{y}$의 사이각은 다음과 같이 주어진다.

$$\cos\theta = \frac{\mathbf{x}^T\mathbf{y}}{\|\mathbf{x}\|\ \|\mathbf{y}\|}, \quad 0 \le \theta \le \pi$$

벡터들의 사이각을 이야기할 때는 이들의 단위 벡터를 가지고 따지는 게 편할 때가 많다. 다음과 같이 단위 벡터를 만들자.

$$\mathbf{u} = \frac{1}{\|\mathbf{x}\|}\mathbf{x} \quad \text{그리고} \quad \mathbf{v} = \frac{1}{\|\mathbf{y}\|}\mathbf{y}$$

그러면 벡터 θ와 $\mathbf{v}$의 사이각 $\mathbf{u}$는 벡터 $\mathbf{x}$와 $\mathbf{y}$의 사이각과 정확히 일치하며, 이 사이각의 코사인 값은 이들 단위 벡터의 스칼라 곱으로 다음과 같이 계산될 수 있다.

$$\cos\theta = \frac{\mathbf{x}^T\mathbf{y}}{\|\mathbf{x}\|\ \|\mathbf{y}\|} = \mathbf{u}^T\mathbf{v}$$

벡터 $\mathbf{x}$와 $\mathbf{y}$는 $\mathbf{x}^T\mathbf{y} = 0$을 만족할 때 직교한다고 한다. 이러한 직교성을 표시할 때 기호 $\perp$를 사용하기도 한다. 그래서 만일 $\mathbf{x}$와 $\mathbf{y}$가 직교한다면 $\mathbf{x} \perp \mathbf{y}$라고 표현한다. 벡터 투영과 스칼라 투영도 $\mathbb{R}^2$에서 정의된 것처럼 동일하게 $\mathbb{R}^n$에서 정의된다.

만일 $\mathbf{x}$와 $\mathbf{y}$가 $\mathbb{R}^n$에 속한다면 다음이 성립한다.

$$\|\mathbf{x}+\mathbf{y}\|^2 = (\mathbf{x}+\mathbf{y})^T(\mathbf{x}+\mathbf{y}) = \|\mathbf{x}\|^2 + 2\mathbf{x}^T\mathbf{y} + \|\mathbf{y}\|^2 \tag{4}$$

만일 $\mathbf{x}$와 $\mathbf{y}$가 직교한다면 식 (4)는 다음과 같은 피타고라스 법칙(Pythagorean Law)이 된다.

$$\|\mathbf{x}+\mathbf{y}\|^2 = \|\mathbf{x}\|^2 + \|\mathbf{y}\|^2$$

피타고라스 법칙은 피타고라스 정리의 일반적인 경우이다. 만일 $\mathbf{x}$와 $\mathbf{y}$가 $\mathbb{R}^2$에서 직교한다면 그림 5.1.4에 보인 것처럼 $\mathbf{x}, \mathbf{y}, \mathbf{x}+\mathbf{y}$를 이용하여 직각삼각형을 구성할 수 있다. 피타고라스의 법칙은 이 삼각형의 세 변의 관계를 나타낸다. 즉 이 세 변의 길이를 다음과 같이 둔다면

$$a = \|\mathbf{x}\|, \ b = \|\mathbf{y}\|, \ c = \|\mathbf{x}+\mathbf{y}\|$$

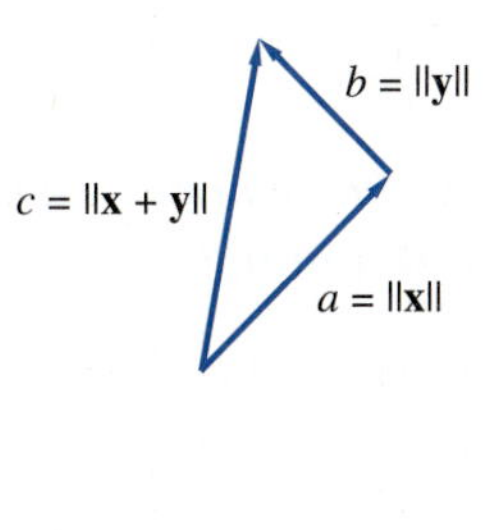

그림 5.1.4

다음이 성립한다.

$$c^2 = a^2 + b^2 \quad \text{(피타고라스 정리)}$$

많은 응용분야에서 0이 아닌 두 벡터의 사이각의 코사인 값은 그 두 벡터의 방향이 얼마나 일치하는지 측정하는 척도로 사용된다. 그 값이 거의 1이면 사이각은 매우 작아서 거의 같은 방향이라고 볼 수 있다. 그 값이 거의 0이면 두 벡터의 방향은 거의 직교한다는 뜻이 된다.

응용 1 정보 검색(재검토)

1.3절에서 어떤 키워드를 포함하는 문서들을 포함하는 데이터베이스를 검색하는 문제에 대해서 알아보았다. m개의 키워드가 존재하고 n개의 문서가 존재하면 그 데이터베이스는 $m \times n$ 행렬로 표시되었다. 그 행렬의 j번째 열은 j번째 문서의 키워드에 대한 상대도수를 표시한다.

좀 더 개선된 검색 방법들은 언어의 복잡함과 단어의 불일치를 모두 고려해야 한다. 중요한 두 가지 문제는 다의성(polysemy)과 동의성(synonymy)이다. 다의성이란 두 개 이상의 뜻을 갖는 단어의 문제이고, 동의성이란 동일한 의미를 갖는 두 개 이상의 단어에 대한 문제이다. 여러분이 검색하는 어떤 단어는 여러 가지 의미를 가질 수 있으며 여러분이 검색하고자 하는 특정한 문맥과는 전혀 상관없는 문장에 나타날 수도 있다. 예를 들어 *calculus*라는 단어는 수학 논문과 치의학 논문에 자주 나타난다. 반면 대부분의 단어는 동의어를 가지며, 여러 문서에 여러분이 검색하는 단어가 아닌 동의어가 사용될 수도 있다. 예를 들어 키워드 *dogs*를 이용하여 광견병(rabies)에 관한 문서를 검색하는 경우를 생각해 보자. 그 문서의 저자가 *dogs* 대신에 *canines*를 주로 사용했다면 검색이 불가능할 수도 있다. 이러한 문제를 해결하기 위해서는 검색목록의 모든 단어와 정확히 일치하는 문서가 없다고 결론짓기보다는 비슷하게라도 뜻이 일치하는 문서를 찾아내는 기술이 필요하게 된다. 즉 주어진 데이터베이스 행렬로부터 우리의 검색 벡터와 최대한 일치하는(정확히 일치하지는 않더라도) 열 벡터를 찾아내야 하는 것이다. 이 두 벡터가 얼마나 가까운지를 측정하는 척도로 사이각의 코사인 값을 이용한다.

실제로는 m과 n은 매우 큰 값이다. 대개 키워드와 문서의 수는 매우 많기 때문이다. 간단히 예를 들기 위하여 $m = 10$과 $n = 8$인 경우를 생각해 보자. 웹페이지는 선형대수학을 공부하기 위한 8개의 모듈을 갖고 있으며 각각의 모듈은 서로 다른 웹페이지에 존재한다고 하자. 가능한 검색 단어는 다음과 같다.

determinants, eigenvalues, linear, matrices, numerical,
orthogonality, spaces, systems, transformations, vector

(위의 검색 단어는 이 책의 장 제목에서 가져왔다.) 각각의 모듈에서 위의 검색어에 대한

표 5.1.1 키워드의 상대도수 분포

키워드	모듈							
	M1	**M2**	**M3**	**M4**	**M5**	**M6**	**M7**	**M8**
determinants	0	6	3	0	1	0	1	1
eigenvalues	0	0	0	0	0	5	3	2
linear	5	4	4	5	4	0	3	3
matrices	6	5	3	3	4	4	3	2
numerical	0	0	0	0	3	0	4	3
orthogonality	0	0	0	0	4	6	0	2
spaces	0	0	5	2	3	3	0	1
systems	5	3	3	2	4	2	1	1
transformations	0	0	0	5	1	3	1	0
vector	0	4	4	3	4	1	0	3

상대 도수를 표 5.1.1에 나타내었다. 표의 (2, 6)번째 항목은 5이다. 이는 두 번째 검색어인 *eigenvalues*가 여섯 번째 모듈에 5회 나타난다는 뜻이다.

데이터베이스 행렬은 표 5.1.1의 각각의 열 벡터에 정규화 상수를 곱하여 모든 열 벡터를 단위 벡터로 조정한 결과이다. 그러므로 행렬 A가 표 5.1.1을 나타내는 행렬이라면 이에 해당하는 데이터베이스 행렬 Q의 j번째 열 벡터는 다음과 같이 주어진다.

$$\mathbf{q}_j = \frac{1}{\|\mathbf{a}_j\|}\mathbf{a}_j \quad j = 1, \ldots, 8$$

키워드 *orthogonality*, *spaces*, *vector*를 검색하려면, 검색 벡터 $\mathbf{x}$를 구성하는 데 검색하고자 하는 단어를 제외한 성분은 0으로 두어야 한다. 단위 검색 벡터를 구성하기 위해서 검색 단어에 해당하는 성분에는 $\frac{1}{\sqrt{3}}$을 곱해야 한다. 이제 데이터베이스 행렬 Q와 검색 벡터 $\mathbf{x}$는 (소수점 이하 3자리까지 표시하여) 다음과 같이 주어진다.

$$Q = \begin{pmatrix} 0.000 & 0.594 & 0.327 & 0.000 & 0.100 & 0.000 & 0.147 & 0.154 \\ 0.000 & 0.000 & 0.000 & 0.000 & 0.000 & 0.500 & 0.442 & 0.309 \\ 0.539 & 0.396 & 0.436 & 0.574 & 0.400 & 0.000 & 0.442 & 0.463 \\ 0.647 & 0.495 & 0.327 & 0.344 & 0.400 & 0.400 & 0.442 & 0.309 \\ 0.000 & 0.000 & 0.000 & 0.000 & 0.300 & 0.000 & 0.590 & 0.463 \\ 0.000 & 0.000 & 0.000 & 0.000 & 0.400 & 0.600 & 0.000 & 0.309 \\ 0.000 & 0.000 & 0.546 & 0.229 & 0.300 & 0.300 & 0.000 & 0.154 \\ 0.539 & 0.297 & 0.327 & 0.229 & 0.400 & 0.200 & 0.147 & 0.154 \\ 0.000 & 0.000 & 0.000 & 0.574 & 0.100 & 0.300 & 0.147 & 0.000 \\ 0.000 & 0.396 & 0.436 & 0.344 & 0.400 & 0.100 & 0.000 & 0.463 \end{pmatrix}, \quad \mathbf{x} = \begin{pmatrix} 0.000 \\ 0.000 \\ 0.000 \\ 0.000 \\ 0.000 \\ 0.577 \\ 0.577 \\ 0.000 \\ 0.000 \\ 0.577 \end{pmatrix}$$

만일 $\mathbf{y} = Q^T\mathbf{x}$라 두면, 다음과 같다.

$$y_i = \mathbf{q}_i^T\mathbf{x} = \cos\theta_i$$

여기서 θ_i는 벡터 $\mathbf{x}$와 $\mathbf{q}_i$와의 사이각이다. 우리의 예에서 $\mathbf{y}$는 다음과 같다.

$$\mathbf{y} = (0.000,\ 0.229,\ 0.567,\ 0.331,\ 0.635,\ 0.577,\ 0.000,\ 0.535)^T$$

여기서 $y_5 = 0.635$가 y의 성분 중 1에 가장 가까운 값이므로 검색 벡터 $\mathbf{x}$는 $\mathbf{q}_5$의 방향으로 가장 가까이 비슷한 방향임을 알 수 있고, 그러므로 다섯 번째 모듈이 우리의 검색 기준에 가장 일치한다는 결론을 얻는다. 그다음으로 일치하는 모듈은 모듈 6($y_6 = 0.577$)과 모듈 3($y_3 = 0.567$)이다. 만일 어떤 문서가 검색 단어 중 단 한 개도 포함하고 있지 않다면 데이터베이스 행렬에서 그 문서에 해당하는 열 벡터는 검색 벡터와 직교할 것이다. 위에서 모듈 1과 모듈 7은 위의 세 개의 검색 단어 중 어떤 것도 갖고 있지 않기 때문에 다음이 성립하게 된다.

$$y_1 = \mathbf{q}_1^T\mathbf{x} = 0 \quad \text{그리고} \quad y_7 = \mathbf{q}_7^T\mathbf{x} = 0$$

이 응용문제에서는 데이터베이스 검색과 관련된 기초적인 개념을 설명했다. 오늘날 행렬과 관련된 기술을 이용하면 위의 검색 과정을 상당히 개선할 수 있다. 검색 속도를 빠르게 할 수 있을 뿐만 아니라 다의성과 동의성으로 인한 오류를 상당 부분 수정할 수도 있다. 이러한 고급 검색 기술을 LSI(latent semantic indexing)라고 하며, 이 기술은 6.5절에서 다룰 행렬의 **특이값 분해**(singular value decomposition)와 관련이 깊다.

벡터들의 사이각을 다루는 중요한 응용은 많이 있다. 특히 통계학자들은 두 벡터의 사이각의 코사인 값을 사용하여 두 벡터가 얼마나 가까이 상관되어 있는지를 측정한다.

응용 2 통계학—상관 행렬과 공분산 행렬

시험 성적과 숙제 점수가 얼마나 가까이 상관이 있는지 비교해 보기로 하자. 예를 들어 매사추세츠 대학 다트마우스 캠퍼스의 어느 수학 수업에서 숙제 점수 총합과 시험 점수 총합을 생각하자. 한 학기 동안 숙제 점수의 총합을 표 5.1.2의 두 번째 열에 표시한다. 한 학기 동안 치른 두 번의 중간 시험 점수의 합을 세 번째 열에 표시한다. 네 번째 열에는 기말 시험 점수를 표시한다. 이 세 개의 열에서 모든 점수의 만점은 200점이다. 마지막 행은 평균을 보여준다.

여기서 우리는 각각의 시험과 숙제 점수 간의 비교를 통해, 학생의 성취도를 측정하고자 한다. 두 개의 성적이 얼마나 상관이 있는지를 알아보며 난이도에 따른 편차를 허용하기 위하여, 각각의 열 벡터의 점수 평균이 0이 되도록 조정할 필요가 있다. 각각의 열 벡터에

표 5.1.2 1996년 수학 수업 점수표

학생	점수		
	숙제	중간 시험	기말 시험
S1	198	200	196
S2	160	165	165
S3	158	158	133
S4	150	165	91
S5	175	182	151
S6	134	135	101
S7	152	136	80
평균	161	163	131

서 평균값을 빼면 조정된 점수들의 평균은 0이 될 것이다. 이를 행렬 X로 저장하자.

$$X = \begin{pmatrix} 37 & 37 & 65 \\ -1 & 2 & 34 \\ -3 & -5 & 2 \\ -11 & 2 & -40 \\ 14 & 19 & 20 \\ -27 & -28 & -30 \\ -9 & -27 & -51 \end{pmatrix}$$

행렬 X의 열 벡터는 평균값으로부터 얼마나 떨어져 있는지를 보여준다. 세 개의 점수 집합은 모두 평균값이 이제 0이며, 각각의 점수의 합도 0이다. 이 중 두 개의 점수 집합을 비교하기 위해 두 벡터의 사이각의 코사인 값을 계산한다. 그 값이 1에 가까우면 크게 상관이 있다는 뜻이다. 예를 들어 중간 시험 점수와 숙제 점수의 상관값은 다음과 같이 주어진다.

$$\cos\theta = \frac{\mathbf{x}_1^T\mathbf{x}_2}{\|\mathbf{x}_1\|\,\|\mathbf{x}_2\|} \approx 0.92$$

완벽한 상관값 1이 나오면 이는 두 점수 집합이 완벽하게 동일한 방향을 갖는다는 뜻으로 한 벡터가 다른 벡터의 스칼라 배수 관계에 있게 된다. 즉 완벽한 상관관계는 다음을 만족한다.

$$\mathbf{x}_2 = \alpha\mathbf{x}_1 \qquad (\alpha > 0)$$

더 나아가 벡터 $\mathbf{x}_1$과 $\mathbf{x}_2$의 성분들은 대응하는 것들끼리 짝을 지어 직선 $y = \alpha x$ 위의 점을 표현할 것이다. 우리의 예에서 벡터 $\mathbf{x}_1$과 $\mathbf{x}_2$는 완벽한 상관관계는 아니지만 상관값 0.92를 가지므로 상당히 상관있는 관계라고 볼 수 있다. 그림 5.1.5는 실제로 벡터 $\mathbf{x}_1$과 $\mathbf{x}_2$의 성분들로 이루어진 순서쌍이 직선 $y = \alpha x$와 얼마나 비슷한 위치에 놓이는가를 보여준다. 그 그림에 보인 직선의 기울기는 다음으로 계산된다.

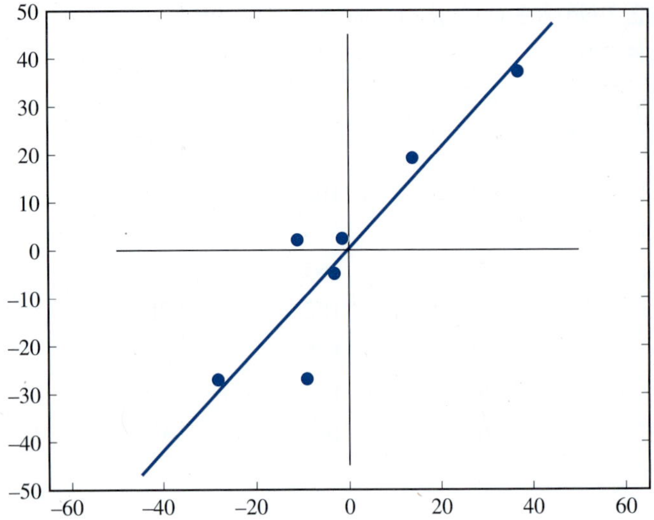

그림 5.1.5

$$\alpha = \frac{\mathbf{x}_1^T\mathbf{x}_2}{\mathbf{x}_1^T\mathbf{x}_1} = \frac{2625}{2506} \approx 1.05$$

위의 기울기는 데이터 점들을 이어 주는 최적의 최소제곱 추론을 나타내는 직선의 기울기가 된다(5.3절의 연습문제 7 참조).

벡터 $\mathbf{x}_1$과 $\mathbf{x}_2$를 다음과 같이 단위 벡터로 만들어 보자.

$$\mathbf{u}_1 = \frac{1}{\|\mathbf{x}_1\|}\mathbf{x}_1 \quad \text{그리고} \quad \mathbf{u}_2 = \frac{1}{\|\mathbf{x}_2\|}\mathbf{x}_2$$

이 두 단위 벡터의 사이각은 벡터 $\mathbf{x}_1$과 $\mathbf{x}_2$의 사이각과 일치하며 이제 단순히 $\mathbf{u}_1^T\mathbf{u}_2$를 계산하여 그 사이각의 코사인 값을 구할 수 있다. 이처럼 세 열 벡터를 모두 조정하여 단위 벡터가 되도록 하고, 이를 행렬 U로 저장하자.

$$U = \begin{pmatrix} 0.74 & 0.65 & 0.62 \\ -0.02 & 0.03 & 0.33 \\ -0.06 & -0.09 & 0.02 \\ -0.22 & 0.03 & -0.38 \\ 0.28 & 0.33 & 0.19 \\ -0.54 & -0.49 & -0.29 \\ -0.18 & -0.47 & -0.49 \end{pmatrix}$$

만일 $C = U^TU$라 두면 행렬 C는 다음과 같게 된다.

$$C = \begin{pmatrix} 1 & 0.92 & 0.83 \\ 0.92 & 1 & 0.83 \\ 0.83 & 0.83 & 1 \end{pmatrix}$$

여기서 행렬 C의 (i, j)번째 성분은 i번째와 j번째 성적 집합의 상관값을 나타낸다. 이러한 행렬 C를 상관 행렬(correlation matrix)이라고 한다.

위의 예에서 세 개의 점수 집합들은 모두 양의 상관값(positively correlated)을 갖는다. 행렬 C의 성분들이 모두 양의 실수이기 때문이다. 음수인 성분을 갖는 경우 해당하는 점수 집합 간에 음의 상관값(negatively correlated)을 갖는다고 한다. 만일 성분이 0이라면 상관 없음(uncorrelated)이라고 한다. 그러므로 평균값으로부터 떨어져 있는 정도를 나타내도록 조정된 두 벡터가 직교하면 두 점수 집합은 상관없는 관계가 된다.

상관 행렬과 밀접하게 관련 있는 또 하나의 중요한 통계학적 개념은 공분산 행렬(covariance matrix)이다. 변수 x의 값을 나타내는 n개의 데이터 값이 주어졌을 때 이 값들의 평균 $\bar{x}$를 계산하고 평균값과의 편차를 나타내는 벡터 $\mathbf{x}$를 구할 수 있다. 그러면 분산(variance) s^2은 다음과 같이 정의된다.

$$s^2 = \frac{1}{n-1}\sum_{1}^{n} x_i^2 = \frac{\mathbf{x}^T\mathbf{x}}{n-1}$$

그리고 표준편차(standard deviation) s는 분산의 제곱근이다. 만일 두 개의 데이터 값의 집합 X_1과 X_2가 주어지는데 이 집합이 어떤 n개의 변수값이라면, 각각에 대해서 평균으로부터의 편차를 나타내는 벡터 $\mathbf{x}_1$과 $\mathbf{x}_2$를 구할 수 있다. 그러면 공분산은 다음과 같이 정의된다.

$$\text{cov}(X_1, X_2) = \frac{\mathbf{x}_1^T\mathbf{x}_2}{n-1}$$

두 개 이상의 데이터 값의 집합이 주어진다면 이들 각각에 대해서 평균값과의 편차를 나타내는 벡터를 열 벡터로 갖는 행렬을 구성할 수 있고 공분산 행렬 S를 다음과 같이 구할 수 있다.

$$S = \frac{1}{n-1}X^TX$$

위에서 논의한 수학 수업의 세 가지 점수들의 공분산 행렬은 다음과 같다.

$$S = \frac{1}{6}\begin{bmatrix} 37 & -1 & -3 & -11 & 14 & -27 & -9 \\ 37 & 2 & -5 & 2 & 19 & -28 & -27 \\ 65 & 34 & 2 & -40 & 20 & -30 & -51 \end{bmatrix}\begin{bmatrix} 37 & 37 & 65 \\ -1 & 2 & 34 \\ -3 & -5 & 2 \\ -11 & 2 & -40 \\ 14 & 19 & 20 \\ -27 & -28 & -30 \\ -9 & -27 & -51 \end{bmatrix}$$

$$= \begin{bmatrix} 417.7 & 437.5 & 725.7 \\ 437.5 & 546.0 & 830.0 \\ 725.7 & 830.0 & 1814.3 \end{bmatrix}$$

행렬 S의 대각선 성분은 세 개의 각각의 점수 집합에 대한 분산이고 그 외의 성분은 공분산이다.

상관 행렬과 공분산 행렬의 중요성을 설명하기 위하여 심리학 분야의 응용 예제를 생각해 보겠다.

응용 3 심리학—요소 분석 및 주성분 분석

요소 분석 기법은 20세기 초부터 심리학자들이 지적 능력을 구성하는 요소 혹은 요소들을 파악하기 위한 노력의 일환으로 사용되기 시작하였다. 요소 분석 기법의 창시자는 심리학자 찰스 스페어만(Charles Spearman)이다. 1904년의 논문에서 스페어만은 한 고등학교의 몇 개의 시험 성적을 분석했다. 시험은 23명으로 이루어진 한 분반에서 치러졌고 몇 개의 표준 과목에 대해서 그리고 난이도를 달리하여 치러졌다. 표 5.1.3에 스페어만이 보고한 상관 행렬을 나타내었다.

이 행렬과 그리고 또 다른 종류의 데이터를 이용하여 스페어만은 여러 과목들의 점수 분포에 대한 상관값에도 차이가 있으며 그 차이가 어떤 구조적인 형태를 띠고 있음을 주목했다. 이로부터 그는 "모든 종류의 지적 활동은 하나의(혹은 여러 개의) 근본적인 기능으로 설명되는 공통적인 면이 있다…"고 결론지었다. 스페어만이 이런 기능을 비록 이름 짓지는 않았지만 그 이후 다른 학자들은 이를 여러 가지 이름으로 불렀다. 즉 그 공통적인 가설의 요소를 설명하기 위한 방편으로 구두 이해, 공감각적 연관 기억 등의 이름으로 부른 것이다.

위 가설의 요소는 **주성분 분석**(principal component analysis)이라는 수학적 기법으로 추출할 수 있다. 기본적인 방법은 우선 평균으로부터의 편차를 나타내는 행렬 X를 구성하고 이를 두 행렬의 곱 UW로 인수분해하는 것이다. 여기서 U의 열 벡터가 바로 가설 요소가 된다. 실제로 X의 열 벡터들은 양의 상관값을 갖지만 가설의 요소들은 상관없는 관계여야 한다. 그러므로 행렬 U의 열 벡터들은 상호 직교해야 한다(즉 i와 j가 다르다면 $\mathbf{u}_i^T\mathbf{u}_j = 0$을 만족해야 한다). 행렬 U의 각각의 열 벡터의 성분들은 학생들이 그 열 벡터가 나타내는 특정한 지적 능력 면에서 어느 정도인지를 나타낸다. 행렬 W는 각각의 시험이 가설 요소들과

표 5.1.3 스페어만의 상관 행렬

	고전	불어	영어	수학	변별법	음악
고전	1	0.83	0.78	0.70	0.66	0.63
불어	0.83	1	0.67	0.67	0.65	0.57
영어	0.78	0.67	1	0.64	0.54	0.51
수학	0.70	0.67	0.64	1	0.45	0.51
변별법	0.66	0.65	0.54	0.45	1	0.40
음악	0.63	0.57	0.51	0.51	0.40	1

얼마나 관련 있는지를 측정한다.

주성분 벡터를 구성하려면 공분산 행렬 $S = \frac{1}{n-1}X^TX$를 구해야 한다. 주성분 벡터는 행렬 S의 고윳값과 고유벡터로 구성되기 때문이다. 구체적인 방법은 6장에서 다루기로 한다. 6.5절에서 이 응용문제를 다시 다루면서 **특이값 분해**라는 중요한 인수분해에 대해서 살펴볼 것이다. 이는 주성분 분석에 필요한 가장 주요한 도구이다.

참고문헌

1. Spearman, C., "'General Intelligence', Objectively Determined and Measured," *American Journal of Psychology*, **15**, 1904.
2. Hotelling, H., "Analysis of a Complex of Statistical Variales in Principal Components", *Journal of Educational Psychology*, **26**, 1933.
3. Maxwell, A. E., *Multivariate Analysis in Behavioral Research*, Chapman and Hall, London, 1977.

5.1 연습문제

1. 다음에서 벡터 **v**와 **w**의 사이각을 구하라.

(a) $\mathbf{v} = (1, 3, 4)^T$, $\mathbf{w} = (2, 6, 8)^T$

(b) $\mathbf{v} = (3, 1)^T$, $\mathbf{w} = (1, 3)^T$

(c) $\mathbf{v} = (3, -2)^T$, $\mathbf{w} = (4, 6)^T$

(d) $\mathbf{v} = (2, 1, 3)^T$, $\mathbf{w} = (3, 4, 1)^T$

2. 문제 1의 벡터에 대해서 **w** 위로 가는 **v**의 스칼라 투영과 벡터 투영을 구하라.

3. 다음에 주어진 벡터 **x**와 **y**에 대하여 **y** 위로 가는 **x**의 벡터 투영 **p**를 구하고 **p**와 $\mathbf{x} - \mathbf{p}$가 직교하는지 확인하라.

(a) $\mathbf{x} = (3, 4)^T$, $\mathbf{y} = (1, 0)^T$

(b) $\mathbf{x} = (3, 5)^T$, $\mathbf{y} = (1, 1)^T$

(c) $\mathbf{x} = (2, 4, 3)^T$, $\mathbf{y} = (1, 1, 1)^T$

(d) $\mathbf{x} = (2, -5, 4)^T$, $\mathbf{y} = (1, 2, -1)^T$

4. $\mathbb{R}^2$ 위의 벡터 **x**와 **y**가 선형 독립이라 하자. 만일 $\|\mathbf{x}\| = 2$이고 $\|\mathbf{y}\| = 3$이면, $|\mathbf{x}^T\mathbf{y}|$의 가능한 값에 대한 범위를 결정하라.

5. 직선 $y = 2x$ 위에서 점 $(5, 2)$와 가장 가까운 점을 구하라.

6. 직선 $y = 2x + 1$ 위에서 점 $(5, 2)$와 가장 가까운 점을 구하라.

7. 점 $(1, 2)$와 직선 $4x - 3y = 0$의 거리를 구하라.

8. 다음 각각에 대해서 주어진 벡터 **N**과 정규적 관계에 있으면서 점 P_0를 지나는 평면의 방정식을 구하라.

(a) $\mathbf{N} = (2, 4, 3)^T$, $P_0 = (0, 0, 0)$

(b) $\mathbf{N} = (-3, 6, 2)^T$, $P_0 = (4, 2, -5)$

(c) $\mathbf{N} = (0, 0, 1)^T$, $P_0 = (3, 2, 4)$

9. 다음 세 점을 지나는 평면의 방정식을 구하라.

$$P_1 = (2, 4, 1), \quad P_2 = (4, 3, 5), \quad P_3 = (7, 2, 3)$$

10. 점 $(1, 1, 1)$과 평면 $2x + 2y + z = 0$과의 거리를 구하라.

11. 점 $(2, -3, 4)$와 다음 평면과의 거리를 구하라.

$$8(x - 2) + 6(y + 2) - (z - 4) = 0$$

12. $\mathbf{x} = (x_1, x_2)^T$, $\mathbf{y} = (y_1, y_2)^T$, $\mathbf{z} = (z_1, z_2)^T$가 $\mathbb{R}^2$ 위의 임의의 벡터라 하면 다음이 성립함을 증명하라.

(a) $\mathbf{x}^T\mathbf{x} \geq 0$ (b) $\mathbf{x}^T\mathbf{y} = \mathbf{y}^T\mathbf{x}$
(c) $\mathbf{x}^T(\mathbf{y}+\mathbf{z}) = \mathbf{x}^T\mathbf{y} + \mathbf{x}^T\mathbf{z}$

13. $\mathbf{u}$와 $\mathbf{v}$가 $\mathbb{R}^2$ 위의 임의의 벡터라면 $\|\mathbf{u}+\mathbf{v}\|^2 \leq (\|\mathbf{u}\| + \|\mathbf{v}\|)^2$임을 증명하고 그래서 $\|\mathbf{u}+\mathbf{v}\| \leq \|\mathbf{u}\| + \|\mathbf{v}\|$임을 증명하라. 언제 등호가 성립하는가? 위 부등식을 기하학적으로 설명하라.

14. $\mathbf{x}_1, \mathbf{x}_2, \mathbf{x}_3$가 $\mathbb{R}^3$ 위의 벡터이다. 만일 $\mathbf{x}_1 \perp \mathbf{x}_2$이고 $\mathbf{x}_2 \perp \mathbf{x}_3$이면 이는 $\mathbf{x}_1 \perp \mathbf{x}_3$임을 의미하는가? 여러분의 답을 증명하라.

15. 행렬 A는 2×2이고 선형 독립인 열 벡터 $\mathbf{a}_1$과 $\mathbf{a}_2$를 가졌다고 하자. 만일 $\mathbf{a}_1$과 $\mathbf{a}_2$가 높이 h인 평행사변형 P를 구성하는 데 사용되었다면(그림 참조) 다음을 증명하라.

(a) $h^2\|\mathbf{a}_2\|^2 = \|\mathbf{a}_1\|^2\|\mathbf{a}_2\|^2 - (\mathbf{a}_1^T\mathbf{a}_2)^2$

(b) P의 면적 $= |\det(A)|$

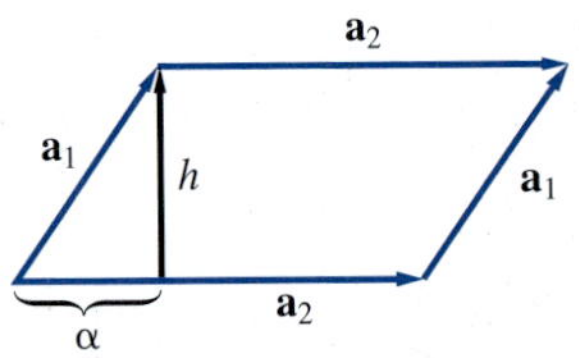

16. 벡터 $\mathbf{x}, \mathbf{y}$가 $\mathbb{R}^3$ 공간에서 선형 독립이면, 두 벡터를 이용하여 평행사변형 P를 원점을 지나는 평면 위에 구성할 수 있으며, 이 평면은 Span($\mathbf{x}, \mathbf{y}$)와 같다. 이때 다음을 증명하라.

$$\text{Area of } P = \|\mathbf{x} \times \mathbf{y}\|$$

17. 다음과 같은 벡터 $\mathbf{x}$와 $\mathbf{y}$가 주어졌다.

$$\mathbf{x} = \begin{pmatrix} 3 \\ -3 \\ 3 \\ -3 \end{pmatrix} \quad \text{그리고} \quad \mathbf{y} = \begin{pmatrix} 1 \\ 2 \\ 5 \\ 4 \end{pmatrix}$$

(a) $\mathbf{x}$와 $\mathbf{y}$의 사이각을 구하라.

(b) $\mathbf{x}$와 $\mathbf{y}$의 거리를 구하라.

18. $\mathbb{R}^n$ 위에 있는 벡터 $\mathbf{x}$와 $\mathbf{y}$에 대해 다음을 정의하자.

$$\mathbf{p} = \frac{\mathbf{x}^T\mathbf{y}}{\mathbf{y}^T\mathbf{y}}\mathbf{y} \quad \text{그리고} \quad \mathbf{z} = \mathbf{x} - \mathbf{p}$$

(a) $\mathbf{p} \perp \mathbf{z}$임을 증명하라. 즉 $\mathbf{p}$는 $\mathbf{y}$ 위로 가는 $\mathbf{x}$의 벡터 투영임을 증명하라. 즉 $\mathbf{x} = \mathbf{p} + \mathbf{z}$인데 여기서 $\mathbf{p}$와 $\mathbf{z}$는 $\mathbf{x}$의 직교 성분이고, $\mathbf{p}$는 $\mathbf{y}$의 스칼라 배수임을 증명하라.

(b) $\|\mathbf{p}\| = 6$이고 $\|\mathbf{z}\| = 8$일 때 $\|\mathbf{x}\|$를 구하라.

19. 응용 1의 데이터베이스 행렬 U를 이용하여 키워드 *orthogonality*, *spaces*, *vector*를 검색하되 이번에는 *orthogonality*의 무게를 다른 두 개의 키워드에 비해 두 배로 주어라. 이 검색 벡터에 최적으로 일치하는 모듈은 무엇인가? [힌트: 검색 벡터를 해당되는 위치에 무게 2, 1, 1로 구성한 후 이를 단위 벡터가 되도록 스칼라 값을 정하여 조정하라.]

20. 어느 초등학교에서 다섯 명의 학생이 영어, 수학, 과학 과목의 적성검사 시험을 치렀다. 이들의 성적을 다음 표에 나타내었다. 이들의 상관 행렬을 구하고 이 점수 집합들이 어떤 상관관계에 있는지 설명하라.

	점수		
학생	영어	수학	과학
S1	61	53	53
S2	63	73	78
S3	78	61	82
S4	65	84	96
S5	63	59	71
평균	66	66	76

21. t를 고정된 실수,

$$c = \cos t, \quad s = \sin t,$$
$$\mathbf{x} = (c, cs, cs^2, \ldots, cs^{n-1}, s^n)^T$$

로 두면

$\mathbf{x}$는 $\mathbb{R}^{n+1}$ 공간의 단위 벡터임을 증명하라.

힌트 :

$$1 + s^2 + s^4 + \cdots + s^{2n-2} = \frac{1 - s^{2n}}{1 - s^2}$$

5.2 직교 부분공간

A를 $m \times n$ 행렬이라 하고 $\mathbf{x}$가 A의 영공간 $N(A)$에 속한다고 하자. 그러면 $A\mathbf{x}=\mathbf{0}$이므로 $i=1, 2, \cdots, m$에 대하여 다음이 성립한다.

$$a_{i1}x_1 + a_{i2}x_2 + \cdots + a_{in}x_n = 0 \tag{1}$$

식 (1)은 $\mathbf{x}$가 $i=1, 2, \cdots, m$에 대하여 A^T의 i번째 열 벡터와 직교함을 뜻한다. $\mathbf{x}$가 A^T의 모든 열 벡터와 직교하므로 열 벡터들의 어떠한 가능한 선형 결합과도 직교한다. 그러므로 $\mathbf{y}$가 A^T의 열 공간에 속한다면 $\mathbf{x}^T\mathbf{y}=0$이다. 그러므로 $N(A)$에 속하는 모든 벡터는 A^T의 열공간에 속해 있는 모든 벡터와 직교한다. $\mathbb{R}^n$의 두 개의 부분공간이 이러한 성질을 가졌다면 이러한 두 부분공간이 직교한다고 한다.

정의 $\mathbb{R}^n$의 두 부분공간 X와 Y에 각각 속하는 임의의 벡터 $\mathbf{x}$와 $\mathbf{y}$가 $\mathbf{x}^T\mathbf{y}=0$을 만족하면 부분공간 X와 Y가 **직교한다**고 한다. 부분공간 X와 Y가 직교하면 $X \perp Y$라고 쓴다.

예제 1 X는 $\mathbb{R}^3$에서 $\mathbf{e}_1$에 의해 생성된 부분공간이라 하고, Y는 $\mathbf{e}_2$에 의해 생성된 부분공간이라 하자. 만일 $\mathbf{x} \in X$이고 $\mathbf{y} \in Y$이면, 이 벡터들은 다음과 같은 형태여야 한다.

$$\mathbf{x} = \begin{bmatrix} x_1 \\ 0 \\ 0 \end{bmatrix} \quad \text{그리고} \quad \mathbf{y} = \begin{bmatrix} 0 \\ y_2 \\ 0 \end{bmatrix}$$

그러므로 다음을 만족한다.

$$\mathbf{x}^T\mathbf{y} = x_1 \cdot 0 + 0 \cdot y_2 + 0 \cdot 0 = 0$$

따라서 $X \perp Y$이다. ■

부분공간들이 직교한다는 개념은 직관적인 수직의 개념과 항상 일치하지는 않는다. 예를 들어 교실의 바닥면과 벽면은 직교인 것처럼 보이지만, 삼차원 공간에서 xy평면과 yz평면은 직교하는 부분공간이 아니다. 그 이유를 한 개의 반례로 설명해 보자. $\mathbf{x}_1=(1, 1, 0)^T$라 하고 $\mathbf{x}_2=(0, 1, 1)^T$라 하면 이들은 각각 xy평면과 yz평면에 존재한다. 그런데 이들의 스칼라 곱은 다음과 같다.

$$\mathbf{x}_1^T\mathbf{x}_2 = 1 \cdot 0 + 1 \cdot 1 + 0 \cdot 1 = 1$$

그러므로 이들을 포함하는 부분공간들은 직교하지 않는다. 다음 예제에서 z축에 해당하는 부 분공간은 xy평면에 해당하는 부분공간과 직교함을 보이려고 한다.

예제 2 X는 $\mathbb{R}^3$에서 $\mathbf{e}_1$과 $\mathbf{e}_2$에 의해 생성된 부분공간이라 하고, Y는 $\mathbf{e}_3$에 의해 생성된 부분공간이라 하자. 만일 $\mathbf{x} \in X$이고 $\mathbf{y} \in Y$이면, 이 벡터들의 스칼라 곱은 다음과 같다.

$$\mathbf{x}^T\mathbf{y} = x_1 \cdot 0 + x_2 \cdot 0 + 0 \cdot y_3 = 0$$

그러므로 $X \perp Y$이다. 더 나아가, 만일 $\mathbb{R}^3$ 위의 임의의 벡터 $\mathbf{z}$가 Y의 모든 벡터와 직교한다면 $\mathbf{z} \perp \mathbf{e}_3$이고, 그러므로 다음을 만족한다.

$$z_3 = \mathbf{z}^T\mathbf{e}_3 = 0$$

그러나 만일 $z_3 = 0$이면 $\mathbf{z} \in X$가 되어, 결국 X는 $\mathbb{R}^3$에서 Y의 모든 벡터와 직교하는 벡터로 이루어진 집합임을 뜻하게 된다(그림 5.2.1 참조). ■

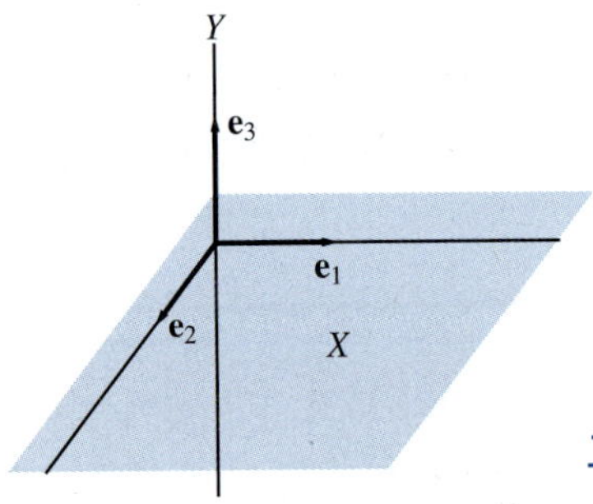

그림 5.2.1

정의 Y가 $\mathbb{R}^n$의 임의의 부분공간이라 하자. $\mathbb{R}^n$에서 Y의 모든 벡터와 직교하는 모든 벡터의 집합을 $Y^\perp$라고 표기하자. 즉,

$$Y^\perp = \{\mathbf{x} \in \mathbb{R}^n \mid \mathbf{x}^T\mathbf{y} = 0 \quad \text{모든 } \mathbf{y} \in Y\text{에 대하여}\}$$

집합 $Y^\perp$를 Y의 **직교여공간**(orthogonal complement)이라고 한다.

참고

예제 1에서 주어진 $\mathbb{R}^3$의 부분공간 $X = \text{Span}(\mathbf{e}_1)$과 $Y = \text{Span}(\mathbf{e}_2)$는 서로 직교하지만 직교 여공간은 아니다. 이들의 직교여공간은 다음과 같다.

$$X^\perp = \text{Span}(\mathbf{e}_2, \mathbf{e}_3) \quad \text{그리고} \quad Y^\perp = \text{Span}(\mathbf{e}_1, \mathbf{e}_3)$$

주의

1. 만일 X와 Y가 $\mathbb{R}^n$의 직교하는 부분공간이라면 $X \cap Y = \{\mathbf{0}\}$이다.

2. 만일 Y가 $\mathbb{R}^n$의 부분공간이라면 $Y^\perp$도 $\mathbb{R}^n$의 부분공간이다.

증명 1 만일 $\mathbf{x} \in X \cap Y$이고 $X \perp Y$이면, $\|\mathbf{x}\|^2 = \mathbf{x}^T\mathbf{x} = 0$이므로 $\mathbf{x} = 0$이다. ■

증명 2 만일 $\mathbf{x} \in \mathbf{Y}^\perp$이고 α가 스칼라이면 임의의 $\mathbf{y} \in Y$에 대해서 다음을 만족한다.

$$(\alpha\mathbf{x})^T\mathbf{y} = \alpha(\mathbf{x}^T\mathbf{y}) = \alpha \cdot 0 = 0$$

그러므로 $\alpha\mathbf{x} \in Y^\perp$이다. 만일 $\mathbf{x}_1 \in Y^\perp$이고 $\mathbf{x}_2 \in Y^\perp$이면, 임의의 $\mathbf{y} \in Y$에 대해서 다음을 만족한다.

$$(\mathbf{x}_1 + \mathbf{x}_2)^T\mathbf{y} = \mathbf{x}_1^T\mathbf{y} + \mathbf{x}_2^T\mathbf{y} = 0 + 0 = 0$$

그러므로 $\mathbf{x}_1 + \mathbf{x}_2 \in Y^\perp$이다. 그러므로 $Y^\perp$는 $\mathbb{R}^n$의 부분공간이다. ■

기본 부분공간

A를 $m \times n$ 행렬이라 하자. 3장에서 벡터 $\mathbf{b} \in \mathbb{R}^m$가 A의 열 공간에 속하기 위한 필요충분조건은 어떤 $\mathbf{x} \in \mathbb{R}^n$가 존재하여 $\mathbf{b} = A\mathbf{x}$를 만족하는 것이라고 했다. 행렬 A를 $\mathbb{R}^n$에서 $\mathbb{R}^m$으로 가는 선형 변환으로 생각한다면, A의 열 공간은 이 변환 A의 치역이 된다. A의 치역을 $R(A)$라 하자. 이는 다음과 같다.

$$\begin{aligned} R(A) &= \{\mathbf{b} \in \mathbb{R}^m \mid \mathbf{b} = A\mathbf{x} \quad \text{임의의 } \mathbf{x} \in \mathbb{R}^n\text{에 대하여}\} \\ &= A\text{의 열 공간} \end{aligned}$$

A^T의 열 공간 $R(A^T)$는 $\mathbb{R}^n$의 부분공간이다.

$$R(A^T) = \{\mathbf{y} \in \mathbb{R}^n \mid \mathbf{y} = A^T\mathbf{x} \quad \text{임의의 } \mathbf{x} \in \mathbb{R}^n\text{에 대하여}\}$$

A^T의 열 공간은 실제로 A의 행 공간과 정확히 일치하는데, 오직 벡터의 모양이 $\mathbb{R}^n$에 속한 $n \times 1$ 형태이지 n-투플의 형태가 아니라는 점만 다르다. 그러므로 $\mathbf{y} \in R(A^T)$이면 필요충분적으로 y^T는 A의 행 공간에 속한다. 우리는 이미 $R(A^T) \perp N(A)$임을 공부했다. 다음 정리는 더 나아가 $N(A)$가 심지어 $R(A^T)$의 직교여공간임을 말한다.

정리 5.2.1 **기본 부분공간 정리**

A를 $m \times n$ 행렬이라 하면, $N(A) = R(A^T)^\perp$이고 $N(A^T) = R(A)^\perp$이다.

증명 $N(A) \perp R(A^T)$임은 이미 주지의 사실이다. 그러므로 이는 $N(A) \subset R(A^T)^\perp$임을 뜻한다. 반면에, 만일 $\mathbf{x}$가 $R(A^T)^\perp$에 속한 임의의 벡터라면 $\mathbf{x}$는 A^T의 모든 열 벡터와 직교한다. 그러므로 $A\mathbf{x} = 0$이다. 그러므로 $\mathbf{x}$는 $N(A)$의 원소여야 하며 이는 $N(A) = R(A^T)^\perp$임을 뜻한다. 위의 증명은 A의 차원과는 무관하므로 $B = A^T$라 두면 동일한 방법으로 다음이 성립한다.

$$N(A^T) = N(B) = R(B^T)^\perp = R(A)^\perp$$ ■

예제 3 행렬 A는 다음과 같다.

$$A = \begin{pmatrix} 1 & 0 \\ 2 & 0 \end{pmatrix}$$

A의 열 공간은 다음과 같은 형태의 벡터들로 이루어져 있다.

$$\begin{pmatrix} \alpha \\ 2\alpha \end{pmatrix} = \alpha \begin{pmatrix} 1 \\ 2 \end{pmatrix}$$

만일 임의의 $\mathbf{x}$가 $\mathbb{R}^2$에서 $\mathbf{b} = A\mathbf{x}$를 만족한다면 다음이 성립한다.

$$\mathbf{b} = \begin{pmatrix} 1 & 0 \\ 2 & 0 \end{pmatrix} \begin{pmatrix} x_1 \\ x_2 \end{pmatrix} = \begin{pmatrix} 1x_1 \\ 2x_1 \end{pmatrix} = x_1 \begin{pmatrix} 1 \\ 2 \end{pmatrix}$$

A^T의 영공간은 $\beta(-2, 1)^T$의 형태를 가진 벡터들로 이루어져 있다. 벡터 $(1, 2)^T$와 $(-2, 1)^T$는 서로 직교하므로 $R(A)$에 속한 모든 벡터는 $N(A^T)$에 속한 모든 벡터와 직교한다. 이와 동일한 관계가 $R(A^T)$와 $N(A)$ 사이에도 성립한다. $R(A^T)$는 $\alpha\mathbf{e}_1$의 형태를 지닌 벡터들로 이루어졌고 $N(A)$는 $\beta\mathbf{e}_2$의 형태를 지닌 벡터들로 이루어졌다. $\mathbf{e}_1$과 $\mathbf{e}_2$가 서로 직교하므로 $R(A^T)$에 속한 모든 벡터는 $N(A)$에 속한 모든 벡터와 직교한다. ■

정리 5.2.1은 이 장에서 가장 중요한 정리 중 하나이다. 5.3절에서 $N(A^T) = R(A)^\perp$라는 결과가 최소제곱 문제를 해결하는 매우 중요한 관건임을 보게 될 것이다. 여기서는 정리 5.2.1을 이용하여 다음 정리를 증명하고자 하는데, 이 정리는 직교하는 부분공간들에 대한 매우 중요한 두 가지의 결과를 확립할 것이다.

정리 5.2.2 만일 S가 $\mathbb{R}^n$의 부분공간이라면 $\dim S + \dim S^\perp = n$이다. 더 나아가 만일 $\{\mathbf{x}_1, \cdots, \mathbf{x}_r\}$이 S의 기저이고 $\{\mathbf{x}_{r+1}, \cdots, \mathbf{x}_n\}$이 $S^\perp$의 기저라면 $\{\mathbf{x}_1, \cdots, \mathbf{x}_r, \mathbf{x}_{r+1}, \cdots, \mathbf{x}_n\}$이 $\mathbb{R}^n$의 기저가 된다.

증명 만일 $S = \{\mathbf{0}\}$이면 $S^\perp = \mathbb{R}^n$이고 다음이 성립한다.

$$\dim S + \dim S^\perp = 0 + n = n$$

만일 $S \neq \{\mathbf{0}\}$이면 $\{\mathbf{x}_1, \cdots, x_r\}$을 S의 기저라 하고 $r \times n$ 행렬 X를 정의하는데 모든 i에 대해서 i번째 행이 $\mathbf{x}_i^T$가 되도록 하자. 그러면 X는 랭크가 r이 되며 $R(X^T) = S$이다. 정리 5.2.1에 의하여 다음이 성립한다.

$$S^\perp = R(X^T)^\perp = N(X)$$

이제 정리 3.6.5에 의하여 다음이 성립한다.

$$\dim S^\perp = \dim N(X) = n - r$$

이제 $\{\mathbf{x}_1, \cdots, \mathbf{x}_r, \mathbf{x}_{r+1}, \cdots, \mathbf{x}_n\}$이 $\mathbb{R}^n$의 기저임을 보이기 위해서는 n개의 벡터가 선형 독립임을 보이기만 하면 충분하다. 다음을 가정하자.

$$c_1\mathbf{x}_1 + \cdots + c_r\mathbf{x}_r + c_{r+1}\mathbf{x}_{r+1} + \cdots + c_n\mathbf{x}_n = \mathbf{0}$$

여기서 $\mathbf{y} = c_1\mathbf{x}_1 + \cdots + c_r\mathbf{x}_r$이라 하고 $\mathbf{z} = c_{r+1}\mathbf{x}_{r+1} + \cdots + c_n\mathbf{x}_n$이라 하자. 이로부터 다음을 얻는다.

$$\begin{aligned} \mathbf{y} + \mathbf{z} &= \mathbf{0} \\ \mathbf{y} &= -\mathbf{z} \end{aligned}$$

그러므로 $\mathbf{y}$와 $\mathbf{z}$는 모두 $S \cap S^{\perp}$의 원소이다. 그런데 $S \cap S^{\perp} = \{0\}$이다. 그러므로

$$\begin{aligned} c_1\mathbf{x}_1 + \cdots + c_r\mathbf{x}_r &= \mathbf{0} \\ c_{r+1}\mathbf{x}_{r+1} + \cdots + c_n\mathbf{x}_n &= \mathbf{0} \end{aligned}$$

그런데 $\mathbf{x}_1, \cdots, \mathbf{x}_r$은 선형 독립이므로 다음이 성립한다.

$$c_1 = c_2 = \cdots = c_r = 0$$

마찬가지로 $\mathbf{x}_{r+1}, \cdots, \mathbf{x}_n$도 선형 독립이므로 다음이 성립한다.

$$c_{r+1} = c_{r+2} = \cdots = c_n = 0$$

그러므로 $\mathbf{x}_1, \mathbf{x}_2, \cdots, x_n$은 선형 독립이고 $\mathbb{R}^n$의 기저가 된다. ■

$\mathbb{R}^n$의 부분공간 S가 주어지면 정리 5.2.2를 이용하여 임의의 벡터 $\mathbf{x} \in \mathbb{R}^n$이 $\mathbf{y} \in S, \mathbf{z} \in S^{\perp}$인 $\mathbf{y} + \mathbf{z}$로 유일하게 결정됨을 증명할 것이다.

정의 U와 V가 벡터공간 W의 부분공간이고 벡터 $\mathbf{w} \in W$가 $w = \mathbf{u} + \mathbf{v}$로 유일하게 결정된다면(단 $\mathbf{u} \in U$이고, $\mathbf{v} \in V$), W를 U와 V의 **직합**(direct sum)이라고 하며 $W = U \oplus V$라고 표기한다.

정리 5.2.3 만일 S가 $\mathbb{R}^n$의 부분공간이면 다음이 성립한다.

$$\mathbb{R}^n = S \oplus S^{\perp}$$

증명 만일 $S = \{\mathbf{0}\}$이거나 $S = \mathbb{R}^n$이면 결과는 당연하다. $\dim S = r$이고 $0 < r < n$인 경우를 생각하자. 정리 5.2.2로부터 $\mathbb{R}^n$의 임의의 벡터 $\mathbf{x}$는 다음과 같이 표현된다.

$$\mathbf{x} = c_1\mathbf{x}_1 + \cdots + c_r\mathbf{x}_r + c_{r+1}\mathbf{x}_{r+1} + \cdots + c_n\mathbf{x}_n$$

그런데 여기서 $\{\mathbf{x}_1, \cdots, \mathbf{x}_r\}$은 S의 기저이고 $\{\mathbf{x}_{r+1}, \cdots, \mathbf{x}_n\}$은 $S^{\perp}$의 기저이다. $\mathbf{u}$와 $\mathbf{v}$를 다음과 같이 두자.

$$\mathbf{u} = c_1\mathbf{x}_1 + \cdots + c_r\mathbf{x}_r \qquad \text{그리고} \qquad \mathbf{v} = c_{r+1}\mathbf{x}_{r+1} + \cdots + c_n\mathbf{x}_n$$

해 생성된 공간이다. 여기서 $(-1, -2, 1)^T$는 $(1, 0, 1)^T$와 $(0, 1, 2)^T$ 모두와 직교함을 주목하라. ■

3장에서 행 공간과 열 공간이 동일한 차원을 갖는다고 공부했다. 만일 A의 랭크가 r이면 다음과 같다.

$$\dim R(A) = \dim R(A^T) = r$$

실제로 A를 이용하여 $R(A^T)$와 $R(A)$ 사이에 일대일 대응관계를 설정할 수 있다.

$m \times n$ 행렬 A를 $\mathbb{R}^n$에서 $\mathbb{R}^m$으로의 선형 변환으로 생각할 수 있다.

$$\mathbf{x} \in \mathbb{R}^n \rightarrow A\mathbf{x} \in \mathbb{R}^m$$

$R(A^T)$와 $N(A)$는 $\mathbb{R}^n$ 위에서 서로 직교여공간이므로 다음이 성립한다.

$$\mathbb{R}^n = R(A^T) \oplus N(A)$$

$\mathbb{R}^n$에 속한 각각의 벡터 $\mathbf{x}$는 다음과 같은 합으로 표현된다.

$$\mathbf{x} = \mathbf{y} + \mathbf{z}, \qquad \mathbf{y} \in R(A^T), \qquad \mathbf{z} \in N(A)$$

그러므로

$$A\mathbf{x} = A\mathbf{y} + A\mathbf{z} = A\mathbf{y} \qquad \text{각각의 } \mathbf{x} \in \mathbb{R}^n\text{에 대하여}$$

그래서 다음을 얻는다.

$$R(A) = \{A\mathbf{x} \mid \mathbf{x} \in \mathbb{R}^n\} = \{A\mathbf{y} \mid \mathbf{y} \in R(A^T)\}$$

그러므로, 만일 선형 변환 A의 정의역을 $R(A^T)$로 제한한다면 A는 $R(A^T)$에서 $R(A)$로의 함수가 된다. 더 나아가 이 함수는 일대일이다. 실제로 만일 $\mathbf{x}_1, \mathbf{x}_2 \in R(A^T)$이고

$$A\mathbf{x}_1 = A\mathbf{x}_2$$

이면, 다음이 성립한다.

$$A(\mathbf{x}_1 - \mathbf{x}_2) = \mathbf{0}$$

그러므로 다음을 얻는다.

$$\mathbf{x}_1 - \mathbf{x}_2 \in R(A^T) \cap N(A)$$

$R(A^T) \cap N(A) = \{\mathbf{0}\}$이므로 $\mathbf{x}_1 = \mathbf{x}_2$이다. 그러므로 행렬 A는 $R(A^T)$와 $R(A)$ 사이에 일대일 대응관계를 결정하는 것으로 볼 수 있다. 각각의 $\mathbf{b} \in R(A)$는 정확히 한 개의 $\mathbf{y} \in R(A^T)$에 대응되므로, $R(A)$에서 $R(A^T)$로 가는 역함수를 정의할 수 있다. 즉 모든 $m \times n$ 행렬 A는 $R(A^T)$에서 $R(A)$로 가는 함수라고 본다면 역이 존재한다.

예제 5 $A = \begin{pmatrix} 2 & 0 & 0 \\ 0 & 3 & 0 \end{pmatrix}$이라 하자. $R(A^T)$는 $\mathbf{e}_1$과 $\mathbf{e}_2$에 의해 생성된 공간이고 $N(A)$는 $\mathbf{e}_3$에 의해 생성된 공간이다. $\mathbb{R}^3$에 속한 임의의 벡터 $\mathbf{x}$는 다음과 같이 합으로 쓸 수 있는데

$$\mathbf{x} = \mathbf{y} + \mathbf{z}$$

여기서 $\mathbf{y}$와 $\mathbf{z}$는 다음을 만족한다.

$$\mathbf{y} = (x_1, x_2, 0)^T \in R(A^T) \quad \text{그리고} \quad \mathbf{z} = (0, 0, x_3)^T \in N(A)$$

만일 $R(A^T)$에 속한 벡터 $\mathbf{y}$로 제한한다면 다음이 성립한다.

$$\mathbf{y} = \begin{pmatrix} x_1 \\ x_2 \\ 0 \end{pmatrix} \rightarrow A\mathbf{y} = \begin{pmatrix} 2x_1 \\ 3x_2 \end{pmatrix}$$

$R(A) = \mathbb{R}^2$인 경우 $R(A)$에서 $R(A^T)$로 가는 역함수는 다음과 같이 정의된다.

$$\mathbf{b} = \begin{pmatrix} b_1 \\ b_2 \end{pmatrix} \rightarrow \begin{pmatrix} \frac{1}{2}b_1 \\ \frac{1}{3}b_2 \\ 0 \end{pmatrix}$$ ■

5.2 연습문제

1. 다음 각각의 행렬에 대하여 부분공간 $R(A^T)$, $N(A)$, $R(A)$, $N(A^T)$의 기저를 구하라.

(a) $A = \begin{pmatrix} 2 & 4 \\ -4 & -8 \end{pmatrix}$ **(b)** $A = \begin{pmatrix} 1 & 4 & 2 \\ 3 & 1 & 6 \end{pmatrix}$

(c) $A = \begin{pmatrix} 4 & 2 \\ -2 & 3 \\ 1 & 4 \\ 5 & 1 \end{pmatrix}$ **(d)** $A = \begin{pmatrix} 1 & 0 & 1 & 0 \\ 0 & 0 & 4 & 4 \\ 2 & 2 & 0 & 1 \\ 2 & 1 & 1 & 1 \end{pmatrix}$

2. S는 $\mathbb{R}^3$의 부분공간으로서 $\mathbf{x} = (1, -1, 1)^T$에 의해 생성된 공간이다.

(a) $S^\perp$의 기저를 구하라.

(b) S와 $S^\perp$를 기하학적으로 설명하라.

3. (a) S는 $\mathbb{R}^3$의 부분공간으로서 벡터 $\mathbf{x} = (x_1, x_2, x_3)^T$와 $\mathbf{y} = (y_1, y_2, y_3)^T$에 의해 생성된 공간이다. 행렬 A를 다음과 같이 두자.

$$A = \begin{pmatrix} x_1 & x_2 & x_3 \\ y_1 & y_2 & y_3 \end{pmatrix}$$

$S^\perp = N(A)$임을 증명하라.

(b) $\mathbb{R}^n$의 부분공간으로서 $(1, 2, 3)^T$와 $(2, 1, -1)^T$에 의해 생성된 공간의 직교여공간을 구하라.

4. S는 $\mathbb{R}^4$의 부분공간으로서 $\mathbf{x}_1 = (1, 0, 2, 3)^T$와 $\mathbf{x}_2 = (0, 1, 4, -1)^T$에 의해 생성된 공간이다. $S^\perp$의 기저를 구하라.

5. A가 3×2 행렬이고 랭크가 2라면, $R(A)$와 $N(A^T)$에 대하여 기하학적으로 설명하라. 그리고 이들 부분공간에 대한 기하학적 연관성을 설명하라.

6. 벡터 $(1, 2, 3)$을 열 공간에, 그리고 $(2, 1, -1)^T$를 영 공간에 포함하는 행렬이 존재할 수 있는가? 이를 설명하라.

7. $\mathbf{a}_j$는 $m \times n$ 행렬 A의 영이 아닌 열 벡터이다. 이러한 $\mathbf{a}_j$가 $N(A^T)$에 포함될 수 있는가? 이를 설명하라.

8. S는 $\mathbb{R}^n$의 부분공간으로 $\mathbf{x}_1, \mathbf{x}_2, \cdots, \mathbf{x}_k$에 의해 생성된 공간이다. $\mathbf{y} \in S^\perp$이기 위한 필요충분조건은 모든 $i = 1, 2, \cdots, k$에 대하여 $\mathbf{y} \perp \mathbf{x}_i$임을 증명하라.

9. 만일 A가 $m \times n$ 행렬이고 랭크가 r이라면, $N(A)$와

$N(A^T)$의 차원은 얼마인가? 이를 설명하라.

10. 따름정리 5.2.5를 증명하라.

11. 다음을 증명하라. A가 $m \times n$ 행렬이고 $\mathbf{x} \in \mathbb{R}^n$이면 $A\mathbf{x} = \mathbf{0}$이거나 혹은 $\mathbf{x}^T\mathbf{y} \neq 0$을 만족하는 벡터 $\mathbf{y}$가 $R(A^T)$에 존재한다. $N(A)$가 $\mathbb{R}^3$의 이차원 부분공간일 때 그림 5.2.2를 참조하여 이 결과를 기하학적으로 표현하는 그림을 그려라.

12. A는 $m \times n$ 행렬이라 하자. 다음이 왜 참인지 설명하라.

(a) $\mathbb{R}^n$에 속하는 임의의 벡터 $\mathbf{x}$는 $\mathbf{y} \in N(A)$와 $\mathbf{z} \in R(A^T)$의 합 $\mathbf{y} + \mathbf{z}$로 유일하게 표현된다.

(b) $\mathbb{R}^m$에 속하는 임의의 벡터 $\mathbf{b}$는 $\mathbf{u} \in N(A^T)$와 $\mathbf{v} \in R(A)$의 합 $\mathbf{u} + \mathbf{v}$로 유일하게 표현된다.

13. A는 $m \times n$ 행렬이라 하자. 다음을 증명하라.

(a) 만일 $\mathbf{x} \in N(A^TA)$이면 $A\mathbf{x}$는 $R(A)$와 $N(A^T)$ 모두에 속한다.

(b) $N(A^TA) = N(A)$

(c) A와 A^TA는 랭크가 동일하다.

(d) 만일 A의 열 벡터들이 모두 선형 독립이면 A^TA는 비특이 행렬이다.

14. A는 $m \times n$ 행렬이고 B는 $n \times r$ 행렬이며 $C = AB$라고 하자. 다음을 증명하라.

(a) $N(B)$는 $N(C)$의 부분공간이다.

(b) $N(C)^\perp$는 $N(B)^\perp$의 부분공간이며, 그러므로 $R(C^T)$는 $R(B^T)$의 부분공간이다.

15. U와 V는 벡터공간 W의 부분공간들이다. 만일 $W = U \oplus V$이면 $U \cap V = \{\mathbf{0}\}$임을 증명하라.

16. 만일 A가 랭크 r인 $m \times n$ 행렬이고 $\{\mathbf{x}_1, \cdots, \mathbf{x}_r\}$이 $R(A^T)$의 기저라 하자. $\{A\mathbf{x}_1, \cdots, A\mathbf{x}_r\}$이 $R(A^T)$의 기저임을 증명하라.

17. $\mathbb{R}^n$ 위의 벡터 $\mathbf{x}$와 $\mathbf{y}$는 선형 독립이고 $S = \text{Span}(\mathbf{x}, \mathbf{y})$이다. 이 $\mathbf{x}$와 $\mathbf{y}$를 이용하여 다음과 같은 행렬 A를 구성할 수 있다.

$$A = \mathbf{x}\mathbf{y}^T + \mathbf{y}\mathbf{x}^T$$

(a) A는 대칭 행렬임을 증명하라.

(b) $N(A) = S^\perp$임을 증명하라.

(c) A의 랭크는 2임을 증명하라.

5.3 최소제곱 문제

수학적 그리고 통계적 모델링의 표준적인 기법은 평면 위에 주어진 데이터 점들에 대한 최소제곱(least square)의 추정 곡선을 구하는 것이다. 여기서 최소제곱 추정 곡선은 대개 잘 알려진 표준화된 함수의 그래프인데, 그런 함수로는 일차 함수, 다항식 함수, 삼각 다항식 함수 등이 있다. 주어진 데이터들은 측정 오차나 실험의 부정확성으로 인하여 오류를 수반하기 때문에 추정 곡선이 데이터 모두를 지나갈 필요는 없다. 그보다는 추정 곡선식이 최적인 근사치가 되기를 요구하는데, 여기서 최적이라 함은 데이터의 y좌표와 추정하는 곡선식에서 이에 해당하는 y값의 차이의 제곱들의 합이 최소화되는 것이다.

최소제곱 기법은 A. M. 르장드르(Legendre)와 카를 프리드리히 가우스(Carl Friedrich Gauss) 각각에 의해서 독립적으로 개발되었다. 이 주제에 관한 최초의 논문은 1806년 르장드르에 의해서 발표되었지만 가우스는 이보다 9년 전에 그가 학생이었던 시절 이 기법을 개발하여 천문 계산에 사용했다는 명백한 증거가 있다. 그림 5.3.1은 가우스의 초상화이다.

Pearson Education, Inc.

그림 5.3.1 카를 프리드리히 가우스

응용 1 천문학—가우스가 다시 찾아낸 소행성 케레스의 궤적

1801년 1월 1일에 이탈리아의 천문학자 G. 피아치(Piazzi)는 소행성 케레스를 발견하였다. 그는 이 소행성을 6주간 추적했지만 태양광선의 방해로 인하여 곧 잃어버리고 말았다. 당시 최고의 천문학자들이 이 소행성의 궤적을 예측하는 논문들을 발표하였다. 가우스 역시 그의 예측을 발표했지만 그가 예측한 궤적은 다른 학자들의 예측과는 상당히 달랐다. 케레스는 그해 12월 7일에 다시 발견되었고 1802년 1월 1일에는 또 다른 학자에 의해서 다시 한번 발견되었다. 이 두 경우의 재발견에서 소행성의 위치는 가우스가 예측한 위치와 상당히 가까운 거리에 있었다. 가우스는 천문학자들 사이에서 곧바로 유명해졌고 한동안 수학자보다는 천문학자로서 더 유명했었다. 그의 성공의 관건은 바로 최소제곱 기법의 사용이었다.

식이 남는 연립방정식의 최소제곱 해

최소제곱 문제는 일반적으로 식이 남는 선형 연립방정식을 푸는 것이다. 식이 남는 연립방정식이란 미지수의 개수보다 방정식의 개수가 더 많은 연립방정식이다. 이런 방정식은 대개 해가 존재하지 않는다. 즉 $m > n$인 경우 $m \times n$ 행렬 A에 의한 선형 연립방정식 $A\mathbf{x} = \mathbf{b}$가 주어지면, $A\mathbf{x}$가 $\mathbf{b}$와 일치하는 벡터 $\mathbf{x} \in \mathbb{R}^n$가 일반적으로 존재할 것으로 기대하긴 어렵다. 대신에, $A\mathbf{x}$가 $\mathbf{b}$에 '근접하는' 벡터 $\mathbf{x} \in \mathbb{R}^n$를 찾아야만 한다. 예상했겠지만, 직교성은 이러한 x를 찾는 데 중요한 역할을 한다.

선형 연립방정식 $A\mathbf{x} = \mathbf{b}$를 생각하자. 여기서 A는 $m \times n$ 행렬이고 $m > n$이며 $\mathbf{b} \in \mathbb{R}^m$이다. 그러면 $\mathbb{R}^n$에 속하는 각각의 $\mathbf{x}$에 대해서 잉여분(residual)을 다음과 같이 구성하자.

$$r(\mathbf{x}) = \mathbf{b} - A\mathbf{x}$$

$\mathbf{b}$와 $A\mathbf{x}$ 간의 거리는 다음과 같이 주어진다.

$$\|\mathbf{b} - A\mathbf{x}\| = \|r(\mathbf{x})\|$$

바로 이 $\|r(\mathbf{x})\|$가 최소가 되는 벡터 $\mathbf{x} \in \mathbb{R}^n$를 찾고자 하는 것이다. $\|r(\mathbf{x})\|$를 최소화하는 것은 $\|r(\mathbf{x})\|^2$을 최소화하는 것과 마찬가지이다. 이를 만족하는 벡터 $\hat{\mathbf{x}}$를 연립방정식

$A\mathbf{x}=\mathbf{b}$에 대한 최소제곱 해(least square solution)라고 한다.

만일 $\hat{\mathbf{x}}$가 방정식 $A\mathbf{x}=\mathbf{b}$의 최소제곱 해이고 $\mathbf{p}=A\hat{\mathbf{x}}$이면 $\mathbf{p}$는 A의 열 공간에 속한 벡터로서 $\mathbf{b}$에 가장 근접한 벡터이다. 다음 정리는 그렇게 $\mathbf{p}$에 가장 근접한 벡터가 존재할 뿐만 아니라 유일함을 보장한다. 더 나아가 그러한 벡터의 중요한 하나의 성질을 설명한다.

정리 5.3.1 S를 $\mathbb{R}^m$의 부분공간이라 하자. 각각의 $\mathbf{b}\in\mathbb{R}^m$에 대하여 $\mathbf{b}$에 가장 가까운 벡터 $\mathbf{p}$가 S에 오직 한 개 존재한다. 즉 $\mathbf{p}$가 아닌 모든 $\mathbf{y}\in S$에 대해서 다음이 성립한다.

$$\|\mathbf{b}-\mathbf{y}\| > \|\mathbf{b}-\mathbf{p}\|$$

더 나아가, S의 어떤 벡터 $\mathbf{p}$가 $\mathbf{b}$에 가장 근접할 필요충분조건은 $\mathbf{b}-\mathbf{p}\in S^\perp$이다.

증명 $\mathbb{R}^n=S\oplus S^\perp$이므로 $\mathbb{R}^m$의 원소 $\mathbf{b}$는 유일하게 존재하는 $\mathbf{p}\in S$와 $\mathbf{z}\in S^\perp$에 대해서 다음과 같이 합으로 표현된다.

$$\mathbf{b}=\mathbf{p}+\mathbf{z}$$

만일 $\mathbf{y}$가 S의 또 다른 원소라면 다음이 성립한다.

$$\|\mathbf{b}-\mathbf{y}\|^2=\|(\mathbf{b}-\mathbf{p})+(\mathbf{p}-\mathbf{y})\|^2$$

$\mathbf{p}-\mathbf{y}\in S$이고 $\mathbf{b}-\mathbf{p}=\mathbf{z}\in S^\perp$이므로 피타고라스 법칙에 의하여 다음이 성립한다.

$$\|\mathbf{b}-\mathbf{y}\|^2=\|\mathbf{b}-\mathbf{p}\|^2+\|\mathbf{p}-\mathbf{y}\|^2$$

그러므로

$$\|\mathbf{b}-\mathbf{y}\| > \|\mathbf{b}-\mathbf{p}\|$$

그래서 만일 $\mathbf{p}\in S$이고 $\mathbf{b}-\mathbf{p}\in S^\perp$이면, $\mathbf{p}$는 S에서 $\mathbf{b}$에 가장 근접한 벡터이다. 역으로, 만일 $\mathbf{q}\in S$이고 $\mathbf{b}-\mathbf{q}\in S^\perp$이면 $\mathbf{q}\neq\mathbf{p}$이며, 위와 동일한 이유로($\mathbf{y}=\mathbf{q}$) 다음이 성립한다.

$$\|\mathbf{b}-\mathbf{q}\| > \|\mathbf{b}-\mathbf{p}\|$$ ■

처음부터 $\mathbf{b}$가 부분공간 S의 원소인 특별한 경우에는 다음이 성립한다.

$$\mathbf{b}=\mathbf{p}+\mathbf{z},\qquad \mathbf{p}\in S,\quad \mathbf{z}\in S^\perp$$
$$\mathbf{b}=\mathbf{b}+\mathbf{0}$$

직합(direct sum) 표현의 유일성으로 인하여 다음이 성립한다.

$$\mathbf{p}=\mathbf{b}\quad \text{그리고}\quad \mathbf{z}=\mathbf{0}$$

벡터 $\hat{\mathbf{x}}$가 최소제곱 문제 $A\mathbf{x}=\mathbf{b}$의 해가 되기 위한 필요충분조건은 $\mathbf{p}=A\hat{\mathbf{x}}$가 $R(A)$에 속하는 벡터로서 $\mathbf{b}$에 가장 근접하다는 것이다. 여기서 벡터 $\mathbf{p}$는 $R(A)$ 위로 $\mathbf{b}$의 투영이라 한다. 정리 5.3.1로부터 다음의 벡터는 $R(A)^\perp$의 원소여야 한다.

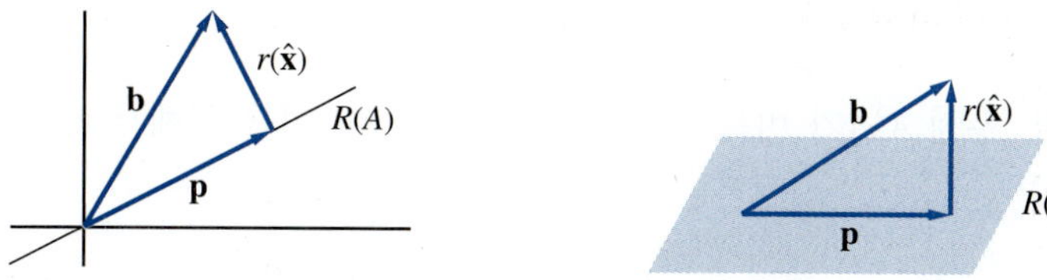

(a) $\mathbf{b} \in R^2$이고 A는 랭크가 1인 2×1 행렬이다.

(b) $\mathbf{b} \in R^2$이고 A는 랭크가 2인 3×2 행렬이다.

그림 5.3.2

$$\mathbf{b} - \mathbf{p} = \mathbf{b} - A\hat{\mathbf{x}} = r(\hat{\mathbf{x}})$$

그래서 $\hat{\mathbf{x}}$가 위의 최소제곱 문제의 해가 되기 위한 필요충분조건은 다음과 같다(그림 5.3.2 참조).

$$r(\hat{\mathbf{x}}) \in R(A)^{\perp} \tag{1}$$

식 (1)을 만족하는 벡터 $\hat{\mathbf{x}}$를 어떻게 구할 것인가? 최소제곱 문제를 푸는 관건은 정리 5.2.1에 이미 주어졌는데, 여기서는 다음을 말하고 있다.

$$R(A)^{\perp} = N(A^T)$$

벡터 $\hat{\mathbf{x}}$가 방정식 $A\mathbf{x} = \mathbf{b}$의 최소제곱 해이기 위한 필요충분조건은 다음과 같다.

$$r(\hat{\mathbf{x}}) \in N(A^T)$$

혹은

$$\mathbf{0} = A^T r(\hat{\mathbf{x}}) = A^T(\mathbf{b} - A\hat{\mathbf{x}})$$

그래서 $A\mathbf{x} = \mathbf{b}$의 최소제곱 해를 구하기 위해서는 다음의 방정식을 풀어야 한다.

$$A^T A\mathbf{x} = A^T\mathbf{b} \tag{2}$$

식 (2)는 $n \times n$ 선형 연립방정식을 나타낸다. 이를 **정규 연립방정식**이라고 한다. 일반적으로 정규 연립방정식은 복수의 해를 가질 수 있다. 그러나 만일 $\hat{\mathbf{x}}$와 $\hat{\mathbf{y}}$ 모두 해라면 $R(A)$ 위로 가는 $\mathbf{b}$의 투영 $\mathbf{p}$는 유일하기 때문에 다음이 성립한다.

$$A\hat{\mathbf{x}} = A\hat{\mathbf{y}} = \mathbf{p}$$

다음 정리는 최소제곱 문제 $A\mathbf{x} = \mathbf{b}$가 유일 해를 갖는 상황을 규정한다.

정리 5.3.2 만일 A가 랭크 n인 $m \times n$ 행렬이면 다음의 정규 연립방정식이 유일한 해를 가지며

$$A^T A\mathbf{x} = A^T\mathbf{b}$$

그 해는 다음과 같다.

$$\hat{\mathbf{x}} = (A^T A)^{-1} A^T\mathbf{b}$$

또한 $\hat{\mathbf{x}}$는 방정식 $A\mathbf{x}=\mathbf{b}$의 유일한 최소제곱 해이다.

증명 우선 A^TA가 비특이 행렬임을 증명하자. 이를 위해서 $\mathbf{z}$가 다음 연립방정식의 해라고 두자.

$$A^TA\mathbf{x}=\mathbf{0} \tag{3}$$

그러면 $A\mathbf{z} \in N(A^T)$이다. 명백히 $A\mathbf{z} \in R(A)=N(A^T)^{\perp}$도 성립한다. 그런데 $N(A^T) \cap N(A^T)^{\perp}=\{0\}$이므로 $A\mathbf{z}=\mathbf{0}$이다. 만일 A의 랭크가 n이면 A의 열 벡터들은 모두 선형 독립이며 그러므로 방정식 $A\mathbf{x}=\mathbf{0}$은 오직 자명한 해, 즉 $\mathbf{0}$만을 해로 갖는다. 또한 $\mathbf{z}=\mathbf{0}$이고 식 (3)은 0만을 해로 갖는다. 그러므로 정리 1.5.2에 의해서 A^TA는 비특이 행렬이다. 이로부터 $\hat{\mathbf{x}}=(A^TA)^{-1}A^T\mathbf{b}$는 정규 연립방정식의 유일한 해가 되며, 그렇기 때문에 방정식 $A\mathbf{x}=\mathbf{b}$의 유일한 최소제곱 해가 된다. ■

다음의 투영 벡터는

$$\mathbf{p}=A\hat{\mathbf{x}}=A(A^TA)^{-1}A^T\mathbf{b}$$

$R(A)$에 속하면서 최소제곱 관점에서 $\mathbf{b}$에 가장 근접한 벡터이다. 행렬 $P=A(A^TA)^{-1}A^T$를 투영 행렬(projection matrix)이라고 한다.

응용 2 스프링 계수

훅(Hooke)의 법칙에 의하면 스프링에 가하는 힘은 스프링이 늘어나는 거리에 비례한다. 즉 가해진 힘을 F라 하고 늘어난 거리를 x라 하면 $F=kx$이다. 여기서 비례 상수 k를 스프링 계수(spring constant)라고 한다.

물리학 수업을 수강하는 학생들이 주어진 스프링의 스프링 계수를 구하고자 한다. 우선 3, 5, 8파운드의 힘을 스프링에 가해서 4, 7, 11인치의 거리만큼 늘어나는 것을 측정하였다. 훅의 법칙을 사용하여 다음 세 개의 연립방정식을 얻는다.

$$\begin{aligned}4k&=3\\7k&=5\\11k&=8\end{aligned}$$

이 연립방정식은 명백히 해가 존재하지 않는데 그 이유는 각각의 1차식이 서로 다른 k값을 주기 때문이다. 이 중 어느 한 개의 값을 택하기보다는 이 방정식의 최소제곱 해를 구해 보자.

$$(4,7,11)\begin{bmatrix}4\\7\\11\end{bmatrix}(k)=(4,7,11)\begin{bmatrix}3\\5\\8\end{bmatrix}$$

$$186k=135$$

$$k\approx 0.726$$

예제 1 다음 연립방정식의 최소제곱 해를 구하라.

$$\begin{aligned} x_1 + \ \ x_2 &= 3 \\ -2x_1 + 3x_2 &= 1 \\ 2x_1 - \ \ x_2 &= 2 \end{aligned}$$

해답 위를 정규 연립방정식으로 변환하면 다음과 같다.

$$\begin{bmatrix} 1 & -2 & 2 \\ 1 & 3 & -1 \end{bmatrix} \begin{bmatrix} 1 & 1 \\ -2 & 3 \\ 2 & -1 \end{bmatrix} \begin{bmatrix} x_1 \\ x_2 \end{bmatrix} = \begin{bmatrix} 1 & -2 & 2 \\ 1 & 3 & -1 \end{bmatrix} \begin{bmatrix} 3 \\ 1 \\ 2 \end{bmatrix}$$

이는 결국 다음과 같은 간단한 2×2 연립방정식이 된다.

$$\begin{bmatrix} 9 & -7 \\ -7 & 11 \end{bmatrix} \begin{bmatrix} x_1 \\ x_2 \end{bmatrix} = \begin{bmatrix} 5 \\ 4 \end{bmatrix}$$

위의 2×2 연립방정식의 해는 $\left(\frac{83}{50}, \frac{71}{50}\right)^T$ 이다. ■

과학자들은 종종 데이터를 수집하여 어떤 변수들 간의 함수적 관계를 구하고자 시도한다. 예를 들어 시간 $t_0, t_1, \cdots, t_n$에서 측정한 어떤 액체의 온도 $T_0, T_1, \cdots, T_n$을 데이터라고 하자. 만일 온도 T가 시간 t의 함수로 표현된다면, 이 함수는 그 액체의 미래의 온도를 예측하는 데 사용될 수 있다. 만일 데이터가 평면 위에 $n+1$개의 점의 집합으로 주어지면 이 모든 점을 지나며 차수 n 혹은 그 이하인 다항식 함수를 결정할 수 있다. 이러한 다항식을 보간 다항식(interpolating polynomial)이라 한다. 실제로 수집한 데이터는 측정 오차를 수반하므로 구하고자 하는 함수의 그래프가 모든 점을 지나도록 요구할 수는 없다. 어쩌면 모든 점을 지나지도 않는 낮은 차수의 보간 다항식이 변수 간의 관계를 좀 더 정확하게 설명할지도 모른다. 예를 들어 변수들의 관계가 선형임에도 약간의 오차로 인하여 높은 차수의 보간 다항식을 사용하게 된다면 그 결과는 매우 엉뚱해질 것이다(그림 5.3.3 참조).

다음과 같은 데이터 테이블이 주어졌다고 하자.

x	x_1	x_2	$\cdots$	x_m
y	y_1	y_2	$\cdots$	y_m

이로부터 다음과 같은 직선의 관계를 구하고자 한다.

$$y = c_0 + c_1 x$$

이 직선은 주어진 데이터를 최소제곱의 관점에서 최적으로 추정하는 관계여야 한다. 만일 다음과 같이 둔다면

$$y_i = c_0 + c_1 x_i \qquad \text{for} \qquad i = 1, \ldots, m$$

이는 결국 m개의 방정식으로 이루어진 다음과 같은 연립방정식이 된다.

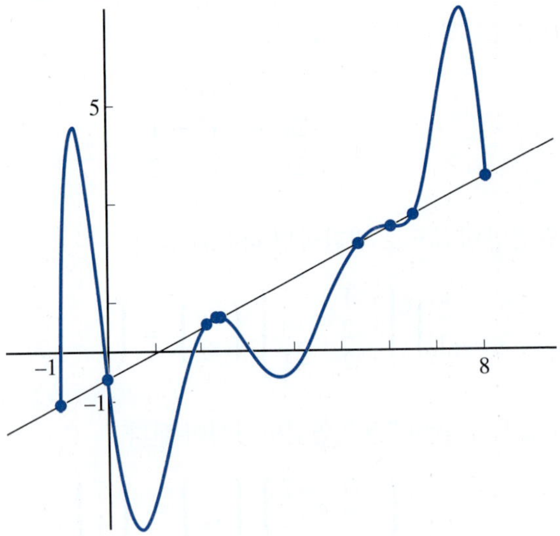

x	−1.00	0.00	2.10	2.30	2.40	5.30	6.00	6.50	8.00
y	−1.02	−0.52	0.55	0.70	0.70	2.13	2.52	2.82	3.54

그림 5.3.3

$$\begin{bmatrix} 1 & x_1 \\ 1 & x_2 \\ \vdots & \vdots \\ 1 & x_m \end{bmatrix} \begin{bmatrix} c_0 \\ c_1 \end{bmatrix} = \begin{bmatrix} y_1 \\ y_2 \\ \vdots \\ y_m \end{bmatrix} \tag{4}$$

식 (4)의 최소제곱 해를 계수로 갖는 직선의 방정식을 직선으로 만든 최적의 최소제곱 추정이라고 한다.

예제 2 데이터가 다음과 같이 주어져 있다.

x	0	3	6
y	1	4	5

직선으로 만든 최적의 최소제곱 추정을 구하라.

해답 이 문제에서 (4)의 연립방정식은 다음과 같다.

$$A\mathbf{c} = \mathbf{y}$$

여기서 $A, \mathbf{c}, \mathbf{y}$는 다음과 같다.

$$A = \begin{bmatrix} 1 & 0 \\ 1 & 3 \\ 1 & 6 \end{bmatrix}, \quad \mathbf{c} = \begin{bmatrix} c_0 \\ c_1 \end{bmatrix}, \quad \text{그리고} \quad \mathbf{y} = \begin{bmatrix} 1 \\ 4 \\ 5 \end{bmatrix}$$

정규 연립방정식은 다음과 같고

$$A^TA\mathbf{c} = A^T\mathbf{y}$$

이는 다음의 형태로 간단히 나타난다.

$$\begin{bmatrix} 3 & 9 \\ 9 & 45 \end{bmatrix} \begin{bmatrix} c_0 \\ c_1 \end{bmatrix} = \begin{bmatrix} 10 \\ 42 \end{bmatrix} \tag{5}$$

위 연립방정식의 해는 $\left(\frac{4}{3}, \frac{2}{3}\right)$이다. 그러므로 최적의 최소제곱 추정은 다음과 같다.

$$y = \frac{4}{3} + \frac{2}{3}x$$ ■

예제 2는 해석학적인 방법으로 해결될 수도 있다. 잉여분 $r(\mathbf{c})$는 다음으로 주어진다.

$$r(\mathbf{c}) = \mathbf{y} - A\mathbf{c}$$

그러므로 다음과 같이 표현된다.

$$\begin{aligned} \|r(\mathbf{c})\|^2 &= \|\mathbf{y} - A\mathbf{c}\|^2 \\ &= [1 - (c_0 + 0c_1)]^2 + [4 - (c_0 + 3c_1)]^2 + [5 - (c_0 + 6c_1)]^2 \\ &= f(c_0, c_1) \end{aligned}$$

그러므로 $\|r(\mathbf{c})\|^2$은 두 개의 변수를 갖는 함수 $f(c_0, c_1)$로 볼 수 있다. 이 함수는 도함수가 0이 될 때 최솟값을 가질 것이다.

$$\begin{aligned} \frac{\partial f}{\partial c_0} &= -2(10 - 3c_0 - 9c_1) = 0 \\ \frac{\partial f}{\partial c_1} &= -6(14 - 3c_0 - 15c_1) = 0 \end{aligned}$$

위 식의 양변을 −2로 나누어 정리하면 (5)와 같은 연립방정식을 얻는다(그림 5.3.4 참조). 보간 직선을 구하고 보니 데이터가 흩어져 있는 모양과 많이 다르다면, 더 높은 차수의 다항식으로 추정해야 한다. 다음과 같이 주어진 데이터를 생각하자.

x	x_1	x_2	$\cdots$	x_m
y	y_1	y_2	$\cdots$	y_m

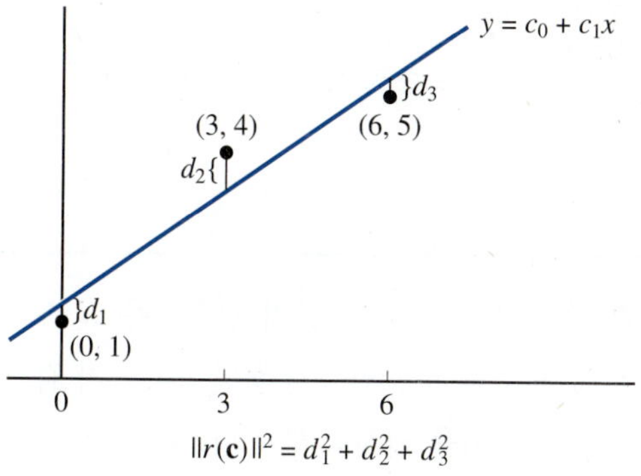

그림 5.3.4

이들을 차수 n인 다항식으로 만드는 최적의 최소제곱 추정을 결정하는 계수 $c_0, c_1, \cdots, c_n$을 구하기 위해서는 다음과 같은 연립방정식을 풀어서 최소제곱 해를 구해야 한다.

$$\begin{bmatrix} 1 & x_1 & x_1^2 & \cdots & x_1^n \\ 1 & x_2 & x_2^2 & \cdots & x_2^n \\ \vdots & & & & \\ 1 & x_m & x_m^2 & \cdots & x_m^n \end{bmatrix} \begin{bmatrix} c_0 \\ c_1 \\ \vdots \\ c_n \end{bmatrix} = \begin{bmatrix} y_1 \\ y_2 \\ \vdots \\ y_m \end{bmatrix} \tag{6}$$

예제 3 다음과 같이 주어진 데이터를 최적의 이차 함수로 만드는 최소제곱 추정을 구하라.

x	0	1	2	3
y	3	2	4	4

해답 여기서 (6)은 다음의 형태를 갖는다.

$$\begin{bmatrix} 1 & 0 & 0 \\ 1 & 1 & 1 \\ 1 & 2 & 4 \\ 1 & 3 & 9 \end{bmatrix} \begin{bmatrix} c_0 \\ c_1 \\ c_2 \end{bmatrix} = \begin{bmatrix} 3 \\ 2 \\ 4 \\ 4 \end{bmatrix}$$

그러므로 정규 방정식은 다음과 같다.

$$\begin{bmatrix} 1 & 1 & 1 & 1 \\ 0 & 1 & 2 & 3 \\ 0 & 1 & 4 & 9 \end{bmatrix} \begin{bmatrix} 1 & 0 & 0 \\ 1 & 1 & 1 \\ 1 & 2 & 4 \\ 1 & 3 & 9 \end{bmatrix} \begin{bmatrix} c_0 \\ c_1 \\ c_2 \end{bmatrix} = \begin{bmatrix} 1 & 1 & 1 & 1 \\ 0 & 1 & 2 & 3 \\ 0 & 1 & 4 & 9 \end{bmatrix} \begin{bmatrix} 3 \\ 2 \\ 4 \\ 4 \end{bmatrix}$$

이는 다음처럼 간단히 정리할 수 있다.

$$\begin{bmatrix} 4 & 6 & 14 \\ 6 & 14 & 36 \\ 14 & 36 & 98 \end{bmatrix} \begin{bmatrix} c_0 \\ c_1 \\ c_2 \end{bmatrix} = \begin{bmatrix} 13 \\ 22 \\ 54 \end{bmatrix}$$

이 방정식의 해는 $(2.75, -0.25, 0.25)$이다. 그러므로 데이터를 이차 함수로 만드는 최적의 최소제곱 추정은 다음과 같다.

$$p(x) = 2.75 - 0.25x + 0.25x^2$$

■

응용 3 좌표 측정

철봉, 원판, 파이프 등과 같은 많은 종류의 공업 생산품은 그 모양이 원통형이다. 생산 공장에서 만들어진 그와 같은 제품들이 산업규격을 만족하는지 검사하기 위해서 회사에서는 품질관리 엔지니어를 고용하여 이를 검사하게 된다. 측정 장비는 제품의 외곽선을 따라서

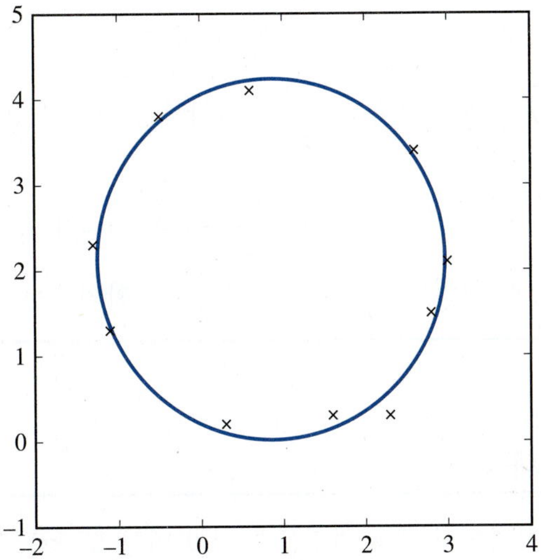

x	y
3.0	2.1
2.6	3.4
0.6	4.1
−0.5	3.8
−1.3	2.3
−1.1	1.3
0.3	0.2
1.6	0.3
2.3	0.3
2.8	1.5

그림 5.3.5

몇 개의 점을 선택하여 점의 좌표를 측정 및 기록하게 된다. 제품의 모양이 원에 얼마나 가까운지 결정하기 위하여 이 데이터를 원으로 만드는 최적의 최소제곱 추정을 구할 수 있으며, 측정한 데이터가 원과 얼마나 가까운지 확인할 수 있다(그림 5.3.5 참조).

원으로 추정하기 위하여 다음과 같은 원의 방정식을 생각하자.

$$(x - c_1)^2 + (y - c_2)^2 = r^2 \tag{7}$$

우리에게 주어진 데이터는 n개의 점의 좌표 $(x_1, y_1), (x_2, y_2), \cdots, (x_n, y_n)$이며, 이로부터 중심이 (c_1, c_2)이고 반지름 r인 원의 방정식을 결정해야 한다. 식 (7)을 다시 쓰면 다음을 얻는다.

$$2xc_1 + 2yc_2 + (r^2 - c_1^2 - c_2^2) = x^2 + y^2$$

$c_3 = r_2 - c_2 - c_2$로 두면 위의 식은 다음과 같은 형태가 된다.

$$2xc_1 + 2yc_2 + c_3 = x^2 + y^2$$

주어진 데이터의 좌표를 대입하면 다음과 같이 식이 남는 연립방정식을 얻는다.

$$\begin{bmatrix} 2x_1 & 2y_1 & 1 \\ 2x_2 & 2y_2 & 1 \\ \vdots & \vdots & \vdots \\ 2x_n & 2y_n & 1 \end{bmatrix} \begin{bmatrix} c_1 \\ c_2 \\ c_3 \end{bmatrix} = \begin{bmatrix} x_1^2 + y_1^2 \\ x_2^2 + y_2^2 \\ \vdots \\ x_n^2 + y_n^2 \end{bmatrix}$$

최소제곱 해 $\mathbf{c}$를 구하면 최소제곱 추정 원의 중심은 (c_1, c_2)이고 반지름은 다음과 같이 결정된다.

$$r = \sqrt{c_3 + c_1^2 + c_2^2}$$

샘플 데이터가 원의 모양과 얼마나 가까운지 알아보기 위하여 잉여 벡터 **r**을 다음과 같이 결정할 수 있다.

$$r_i = r^2 - (x_i - c_1)^2 - (y_i - c_2)^2 \quad i = 1, \ldots, n$$

그러면 $\|\mathbf{r}\|$은 이 점들이 원의 모양과 얼마나 가까운지 확인하는 측도로 사용될 수 있다.

응용 4 경영 과학: 분석 계층 프로세스 재검토

1.3절에서 우리는 수학과에서 채용 결정을 내리기 위한 도구로 경영 과학의 분석적 계층 프로세스를 어떻게 사용할 수 있는지에 대한 예를 살펴보았다. 이 프로세스에는 결정의 기반이 되는 기준을 선택하고 기준에 가중치를 할당하는 작업이 포함된다. 이 예에서 채용 결정은 연구, 교육 및 전문 활동 영역의 후보자 평가를 기반으로 했다. 이 영역 각각에 대해 위원회는 모든 후보자에게 가중치를 할당했다. 가중치는 각 영역에서 후보자의 상대적인 강점을 측정한 것이다. 모든 가중치가 할당되면 행렬에 벡터를 곱하여 후보의 전체 순위를 결정할 수 있다.

전체 프로세스의 핵심은 가중치 할당이다. 우리의 예에서 교육 평가에는 검색 위원회의 정성적 판단이 포함될 것이다. 그런 다음 이러한 판단을 가중치로 변환해야 한다. 연구 평가는 후보자가 저널에 게재한 페이지 수를 기반으로 하는 양적 평가와 출판된 논문의 질에 기반한 정성적 평가가 있다. 정성적 판단에 기초하여 가중치를 결정하는 표준 기술은 먼저 후보 간에 쌍대 비교를 수행한 다음 이러한 비교를 사용하여 가중치를 결정하는 것이다. 여기에서 설명하는 방법은 과결정 선형 시스템으로 이어진다. 시스템에 대한 최소제곱 해를 찾아 가중치를 계산한다.

6.8절의 뒷부분에서 쌍대 비교를 기반으로 가중치를 결정하는 데 일반적으로 사용되는 대체 "고유벡터" 방법을 검토한다. 그 방법에서, (i, j) 항목이 j번째 특성 또는 대안에 대한 i번째 특성 또는 대안의 가중치를 나타내는 비교 행렬 C를 형성한다. 이 방법은 6.8절에서 공부할 양의 행렬(즉, 원소가 모두 양의 실수인 행렬)에 대한 중요한 정리를 적용한다. "고유벡터" 방법은 분석 계층 프로세스 이론의 개발자인 T. L. Saaty가 권장하였다.

우리의 검색 예에서 위원회는 교육과 연구가 동등하게 중요하고 둘 다 전문 활동보다 두 배 중요하다는 질적 판단을 기반으로 세 가지 기준에 가중치를 할당했다. 이러한 판단을 반영하려면 연구, 교육 및 전문 활동에 대한 가중치 w_1, w_2, w_3이 다음을 충족해야 한다.

$$w_1 = w_2, \quad w_1 = 2w_3, \quad w_2 = 2w_3$$

또한 가중치는 모두 1이 되어야 한다. 따라서 가중치는 시스템에 대한 해여야 한다.

$$\begin{aligned} w_1 - w_2 + 0w_3 &= 0 \\ w_1 + 0w_2 - 2w_3 &= 0 \\ 0w_1 + w_2 - 2w_3 &= 0 \\ w_1 + w_2 + w_3 &= 1 \end{aligned}$$

시스템이 과잉 결정되었지만 고유해 $\mathbf{w} = (0.4, 0.4, 0.2)^T$가 있다. 일반적으로 과도하게 결정된 시스템은 일관성이 없다. 사실, 위원회가 4가지 기준을 사용하고 인간의 판단에 따라 쌍대 비교를 수행했다면, 그들이 최종적으로 갖게 될 시스템(7개의 방정식과 4개의 미지수)이 일치하지 않을 가능성이 크다. 일관성이 없는 시스템의 경우 선형 시스템에 대한 최소제곱해를 찾아 합이 1이 되는 가중치를 결정할 수 있다. 다음 예제에서 이것이 어떻게 수행되는지 설명한다.

예제 4 수학과 임용에 대한 검색 위원회가 Gauss 박사, Ipsen 박사, O'Leary 박사, Taussky 박사의 4명의 후보자로 분야를 좁혔다고 가정하자. 연구의 가중치를 결정하기 위해 위원회는 출판물의 양과 질을 모두 평가하기로 결정한다. 위원회는 양보다 질이 더 중요하다고 생각하여 두 가지를 비교할 때 논문의 양에 가중치 0.4, 질에 가중치 0.6을 부여한다. 결정 프로세스의 계층 구조는 그림 5.3.6에 나와 있다. 위원회에서 계산한 가중치는 모두 그림에 포함되어 있다. 논문의 양과 질에 대한 가중치가 어떻게 결정되었는지 확인한 다음 그림의 모든 가중치를 결합하여 후보자의 전체 평점을 포함하는 벡터 r을 계산한다.

정량적 연구 가중치는 후보자가 출판한 페이지 수를 모든 후보자가 출판한 총 페이지 수로 나누어 계산한다. 이러한 가중치는 표 5.3.1에 나와 있다.

연구의 질을 평가하기 위해 위원회는 각 후보자 쌍의 논문의 질을 비교했다. 특정 쌍에 대해 질이 동일하게 평가되면 후보자에게 동일한 가중치가 부여된다. 어떤 후보자도 다른 후보자의 비율보다 두 배 이상 높은 질 가중치를 받지 않는다는 데 동의했다. 따라서 후보 i가 후보 j보다 더 인상적인 논문을 가지고 있다면 가중치가 할당되어 다음과 같이 된다.

표 5.3.1 연구 가중치의 양

후보자	총 페이지	가중치
Gauss	700	0.35
Ipsen	400	0.20
O'Leary	500	0.25
Taussky	400	0.20
Total	2000	1.00

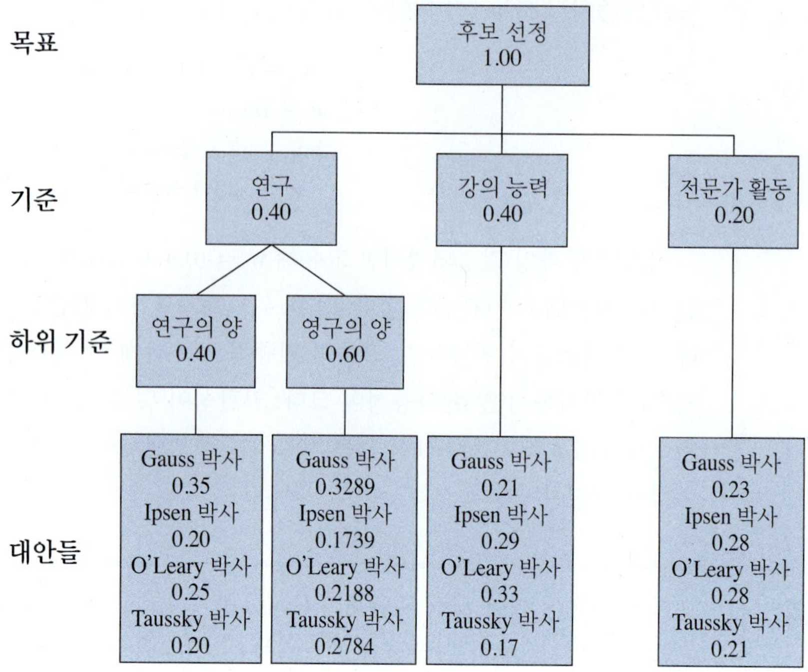

그림 5.3.6 분석 계층 프로세스 차트

$$w_i = \beta w_j \text{ or } w_j = \frac{1}{\beta} w_i \quad \text{where } 1 < \beta \leq 2$$

모든 후보자의 논문을 검토한 후, 위원회는 가중치의 다음 쌍대 비교에 동의했다.

$$w_1 = 1.75w_2,\ w_1 = 1.5w_3,\ w_1 = 1.25w_4,\ w_2 = 0.75w_3,\ w_2 = 0.50w_4,\ w_3 = 0.75w_4$$

이러한 조건은 선형 시스템으로 이어진다.

$$\begin{aligned}
1w_1 - 1.75w_2 + 0w_3 + 0w_4 &= 0\\
1w_1 + 0w_2 - 1.5w_3 + 0w_4 &= 0\\
1w_1 + 0w_2 + 0w_3 - 1.25w_4 &= 0\\
0w_1 + 1w_2 - 0.75w_3 + 0w_4 &= 0\\
0w_1 + 1w_2 + 0w_3 - 0.50w_4 &= 0\\
0w_1 + 0w_2 + 1w_3 - 0.75w_4 &= 0
\end{aligned}$$

해 **w**가 가중치 벡터가 되려면 해당 항목의 합이 1이 되어야 한다.

$$w_1 + w_2 + w_3 + w_4 = 1$$

AHP 가중치가 이 마지막 방정식을 정확히 충족해야 한다고 가정하면 w_4에 대해 풀 수 있다.

$$w_4 = 1 - w_1 - w_2 - w_3 \tag{8}$$

그리고 6 × 3 시스템이 되도록 다른 방정식을 다시 작성한다.

$$\begin{aligned} 1w_1 - 1.75w_2 + 0w_3 &= 0 \\ 1w_1 + 0w_2 - 1.5w_3 &= 0 \\ 2.25w_1 + 1.25w_2 + 1.25w_3 &= 1.25 \\ 0w_1 + 1w_2 - 0.75w_3 &= 0 \\ 0.5w_1 + 1.5w_2 + 0.5w_3 &= 0.5 \\ 0.75w_1 + 0.75w_2 + 1.75w_3 &= 0.75 \end{aligned}$$

이 시스템은 일관성이 없지만 고유한 최소제곱해 $w_1 = 0.3289$, $w_2 = 0.1739$, $w_3 = 0.2188$ 이 있다. 수식 (8)로부터 $w_4 = 0.2784$임을 알 수 있다.

결정 과정의 마지막 단계는 평가의 범주와 하위 범주의 평가 벡터를 결합하는 것이다. 이 벡터들 각각에 차트에 주어진 적절한 가중치를 곱한 다음 이를 결합하여 전체 등급 벡터 **r**을 결정한다.

$$\mathbf{r} = 0.40\left[0.40\begin{bmatrix}0.35\\0.20\\0.25\\0.20\end{bmatrix} + 0.60\begin{bmatrix}0.3289\\0.1739\\0.2188\\0.2784\end{bmatrix}\right] + 0.40\begin{bmatrix}0.21\\0.29\\0.33\\0.17\end{bmatrix} + 0.20\begin{bmatrix}0.23\\0.28\\0.28\\0.21\end{bmatrix}$$

$$= 0.40\begin{bmatrix}0.3373\\0.1843\\0.2313\\0.2470\end{bmatrix} + 0.40\begin{bmatrix}0.21\\0.29\\0.33\\0.17\end{bmatrix} + 0.20\begin{bmatrix}0.23\\0.28\\0.28\\0.21\end{bmatrix} = \begin{bmatrix}0.2649\\0.2457\\0.2805\\0.2088\end{bmatrix}$$

가장 높은 평가를 받은 후보는 O'Leary 박사이다. Gauss 박사가 2위를 차지했다. Ipsen 박사와 Taussky 박사는 각각 3위와 4위이다. ■

5.3 연습문제

1. 다음 연립방정식의 최소제곱 해를 구하라.

(a) $\begin{aligned} 2x_1 + x_2 &= 3 \\ x_1 + 3x_2 &= -1 \\ 0x_1 + 0x_2 &= 3 \end{aligned}$ **(b)** $\begin{aligned} x_1 - x_2 &= 10 \\ 5x_1 + x_2 &= 5 \\ x_1 + 5x_2 &= 15 \end{aligned}$

(c) $\begin{aligned} x_1 + x_2 + x_3 &= 4 \\ 2x_1 + x_2 + 2x_3 &= 7 \\ x_1 \quad - 2x_3 &= 3 \\ x_2 + 2x_3 &= 4 \end{aligned}$

2. 연습문제 1의해 $\hat{\mathbf{x}}$에 대하여 다음을 수행하라.

(a) 투영 $\mathbf{p} = A\hat{\mathbf{x}}$를 결정하라.

(b) 잉여 벡터 $r(\hat{\mathbf{x}})$를 계산하라.

(c) $r(\hat{\mathbf{x}}) \in N(A^T)$인지 확인하라.

3. 다음의 연립방정식 $A\mathbf{x} = \mathbf{b}$에 대해서 모든 최소제곱 해를 구하라.

(a) $A = \begin{bmatrix} 3 & -6 \\ 2 & -4 \\ -3 & 6 \end{bmatrix}$, $\mathbf{b} = \begin{bmatrix} 3 \\ 1 \\ 0 \end{bmatrix}$

(b) $A = \begin{bmatrix} 1 & 3 & -1 \\ 2 & 1 & 1 \\ 2 & 6 & -2 \end{bmatrix}$, $\mathbf{b} = \begin{bmatrix} 0 \\ 0 \\ 0 \end{bmatrix}$

4. 연습문제 3의 연립방정식 각각에 대하여, $R(A)$ 위로 가는 $\mathbf{b}$의 투영 $\mathbf{p}$를 구하고, $\mathbf{b} - \mathbf{p}$가 A의 모든 열 벡터와 직교함을 확인하라.

5. **(a)** 다음과 같은 데이터에 대하여 직선으로 만든 최적의 최소제곱 추정을 구하라.

x	-1	0	1	2
y	4	2	1	0

(b) 좌표 평면 위에 위의 데이터 점을 표시하고 (a)에서 구한 직선을 그려라.

6. 연습문제 5에 주어진 데이터에 대하여 이차 함수로 만든 최적의 최소제곱 추정을 구하라. $x = -1, 0, 1, 2$에서 위에서 구한 이차 함수의 값을 표시하고 그래프를 그려라.

7. 주어진 점 $(x_1, y_1), (x_2, y_2), \cdots, (x_n, y_n)$에 대해서 다음을 생각하자.

$$\mathbf{x} = (x_1, x_2, \ldots, x_n)^T \qquad \mathbf{y} = (y_1, y_2, \ldots, y_n)^T$$

$$\bar{x} = \frac{1}{n}\sum_{i=1}^{n} x_i \qquad \bar{y} = \frac{1}{n}\sum_{i=1}^{n} y_i$$

그리고 $y = c_0 + c_1 x$는 위의 점들에 대하여 직선으로 만든 최적의 최소제곱 추정이라고 두자. 만일 $\bar{x} = 0$이면 다음이 성립함을 증명하라.

$$c_0 = \bar{y} \quad \text{그리고} \quad c_1 = \frac{\mathbf{x}^T\mathbf{y}}{\mathbf{x}^T\mathbf{x}}$$

8. 연습문제 7에서 $(\bar{x}, \bar{y})$는 주어진 점들에 대한 무게중심이다. 최소제곱 추정 직선은 반드시 무게중심을 지나야 함을 증명하라[힌트: 좌표를 이동하는 새로운 변수 $z = x - \bar{x}$를 정의하여 새로 얻어지는 계에서 무게중심이 0이 되도록 조정하고 생각하라].

9. A는 랭크가 n인 $m \times n$ 행렬이고 $P = A(A^TA)^{-1}A^T$라 두자.

(a) 모든 $\mathbf{b} \in R(A)$에 대해서 $P\mathbf{b} = \mathbf{b}$임을 증명하라. 투영을 사용하여 이 결과를 설명하라.

(b) 만일 $\mathbf{b} \in R(A)^\perp$이면 $P\mathbf{b} = \mathbf{0}$임을 증명하라.

(c) $R(A)$가 $\mathbb{R}^3$에서 원점을 지나는 평면인 경우에 위의 (a)와 (b)의 결과를 기하학적으로 설명하라.

10. A는 랭크가 3인 8×5 행렬이고 $\mathbf{b}$는 $N(A^T)$에 속하는 영이 아닌 벡터이다.

(a) 연립방정식 $A\mathbf{x} = \mathbf{b}$는 반드시 해가 존재하지 않음을 증명하라.

(b) 연립방정식 $A\mathbf{x} = \mathbf{b}$에 대한 최소제곱 해의 개수는 몇 개인가? 이를 설명하라.

11. A는 랭크가 n인 $m \times n$ 행렬이고 $P = A(A^TA)^{-1}A^T$라 두자.

(a) $P^2 = P$임을 증명하라.

(b) 모든 $k = 1, 2, \cdots$에 대하여 $P^k = P$임을 증명하라.

(c) P는 대칭 행렬임을 증명하라[힌트: 만일 B가 비특이 행렬이면 $(B^{-1})^T = (B^T)^{-1}$이다].

12. 다음이 성립하면

$$\begin{pmatrix} A & I \\ O & A^T \end{pmatrix} \begin{pmatrix} \hat{\mathbf{x}} \\ \mathbf{r} \end{pmatrix} = \begin{pmatrix} \mathbf{b} \\ \mathbf{0} \end{pmatrix}$$

$\hat{\mathbf{x}}$는 연립방정식 $A\mathbf{x} = \mathbf{b}$에 대한 최소제곱 해이고 $\mathbf{r}$은 잉여 벡터임을 증명하라.

13. $A \in \mathbb{R}^{m \times n}$이고, $\hat{\mathbf{x}}$는 연립방정식 $A\mathbf{x} = \mathbf{b}$의 최소제곱 해라고 하자. $\mathbb{R}^n$에 속한 벡터 $\mathbf{y}$가 또 하나의 최소제곱 해가 되기 위한 필요충분조건은 $N(A)$에 속한 적당한 $\mathbf{z}$에 대해서 $\mathbf{y} = \hat{\mathbf{x}} + \mathbf{z}$를 만족하는 것임을 증명하라[힌트: $N(A^TA) = N(A)$].

14. 다음 네 개의 점 (2, 1), (1.2, 1.5), (−0.4, 0.6), (−1.4, −1.5)에 대한 최적의 최소제곱 추정 원의 방정식을 구하라.

15. 예제 4에 설명된 검색 절차에서 검색 위원회가 후보자의 교직 자격 증명을 평가할 때 다음과 같은 판단을 내렸다고 가정하자.

(i) Gauss 박사와 Taussky 박사는 동등한 교직 자격을 가지고 있다.

(ii) O'Leary 박사의 교직 자격 증명은 Ipsen 박사의 자격 증명 가중치의 1.25배, Gauss 박사와 Taussky 박사의 자격 증명 가중치의 1.75배를 부여해야 한다.

(iii) Ipsen 박사의 교육 자격 증명은 Gauss 박사와 Taussky 박사의 자격 증명에 주어진 가중치의 1.25배를 부여해야 한다.

(a) 응용 프로그램 4에 제공된 방법을 사용하여 후보자의 교직 자격을 평가하기 위한 가중치 벡터를 결

정하라.

(b) (a) 부분의 가중치 벡터를 사용하여 후보자의 전체 등급을 구하라.

5.4 내적공간

스칼라 곱은 $\mathbb{R}^n$에서뿐만 아니라 좀 더 일반적인 많은 경우에도 유용하다. 이를 다른 벡터 공간으로 일반화시키기 위하여 다음의 정의를 소개한다.

정의 및 예제

정의 벡터공간 V의 **내적**(inner product)은 V 위의 연산으로서 V에 속한 두 개의 벡터 $\mathbf{x}$와 $\mathbf{y}$에 대해 실수 $\langle \mathbf{x}, \mathbf{y} \rangle$를 대응시키는 데 다음 세 가지 조건을 만족해야 한다.

I. $\langle \mathbf{x}, \mathbf{y} \rangle \geq 0$이며, 여기서 등호가 성립하기 위한 필요충분조건은 $\mathbf{x} = \mathbf{0}$이다.

II. V의 임의의 벡터 $\mathbf{x}$와 $\mathbf{y}$에 대해서 $\langle \mathbf{x}, \mathbf{y} \rangle = \langle \mathbf{y}, \mathbf{x} \rangle$이다.

III. V의 임의의 벡터 $\mathbf{x}$, $\mathbf{y}$, $\mathbf{z}$와 임의의 스칼라 α에 대하여 $\langle \alpha\mathbf{x} + \beta\mathbf{y}, \mathbf{z} \rangle = \alpha\langle \mathbf{x}, \mathbf{z} \rangle + \langle \mathbf{y}, \mathbf{x} \rangle$이다.

내적이 정의된 벡터공간을 **내적공간**(inner product space)이라 한다.

벡터공간 $\mathbb{R}^n$

$\mathbb{R}^n$에서의 표준 내적은 다음의 스칼라 곱이다.

$$\langle \mathbf{x}, \mathbf{y} \rangle = \mathbf{x}^T \mathbf{y}$$

양의 성분을 갖는 벡터 $\mathbf{w}$가 주어졌을 때, $\mathbb{R}^n$의 내적을 다음과 같이 정의할 수도 있다.

$$\langle \mathbf{x}, \mathbf{y} \rangle = \sum_{i=1}^{n} x_i y_i w_i \tag{1}$$

이 경우 $\mathbf{w}$의 성분 w_i를 무게(weight)라고 한다.

벡터공간 $\mathbb{R}^{m\times n}$

$\mathbb{R}^{m\times n}$에 속한 행렬 A와 B에 대해 다음과 같은 내적을 정의할 수 있다.

$$\langle A, B \rangle = \sum_{i=1}^{m} \sum_{j=1}^{n} a_{ij} b_{ij} \tag{2}$$

위의 (2)가 정말 내적인지 확인하는 문제는 독자들에게 연습문제로 남기고 여기서는 생략한다.

벡터공간 $C[a,b]$

벡터공간 $C[a,b]$에서는 다음과 같은 내적을 정의할 수 있다.

$$\langle f,g\rangle = \int_a^b f(x)g(x)\,dx \tag{3}$$

다음이 성립함을 주목하라.

$$\langle f,f\rangle = \int_a^b (f(x))^2\,dx \geq 0$$

만일 $[a,b]$에 속하는 어떤 x_0에 대해서 $f(x_0) \neq 0$이면 $(f(x))^2$이 연속 함수이므로 $[a,b]$의 어떤 부분구간 I가 존재하여 I 내부의 모든 x에 대하여 $(f(x))^2 \geq (f(x_0))^2/2$를 만족하게 된다. 이런 구간 I의 길이를 p라 두면 다음이 성립한다.

$$\langle f,f\rangle = \int_a^b (f(x))^2\,dx \geq \int_I (f(x))^2\,dx \geq \frac{(f(x_0))^2 p}{2} > 0$$

그러므로 만일 $\langle f,f\rangle = 0$이면 함수 $f(x)$는 구간 $[a,b]$에서 항등적으로 0이다. 위의 (3)으로 정의된 연산이 내적이 되기 위한 나머지 두 개의 조건을 만족하는지에 대한 확인은 독자들에게 연습문제로 남기겠다.

만일 $w(x)$가 구간 $[a,b]$에서 양의 연속 함수라면 다음과 같이 정의된 연산

$$\langle f,g\rangle = \int_a^b f(x)g(x)w(x)\,dx \tag{4}$$

도 $C[a,b]$에서의 내적이 된다. 여기서 함수 $w(x)$를 무게 함수(weight function)라고 한다. 그러므로 $C[a,b]$에 다수의 내적 연산을 정의할 수 있다.

벡터공간 P_n

$x_1, x_2, \cdots, x_n$이 서로 다른 n개의 실수라고 하자. P_n에 속한 임의의 두 개의 다항식에 대하여 다음을 정의하자.

$$\langle p,q\rangle = \sum_{i=1}^{n} p(x_i)q(x_i) \tag{5}$$

그러면 식 (5)는 내적이 되기 위한 조건 (ii)와 (iii)을 만족함을 쉽게 확인할 수 있다. (i)을 만족하는지 확인하기 위하여 다음을 주목하라.

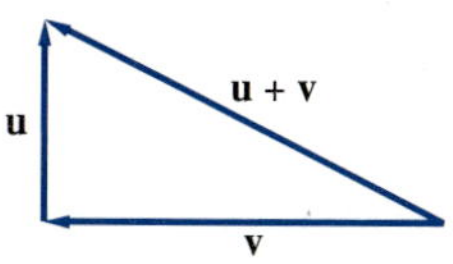

그림 5.4.1

$$\langle p, p\rangle = \sum_{i=1}^{n} (p(x_i))^2 \geq 0$$

만일 $\langle p, p\rangle = 0$이면 $x_1, x_2, \cdots, x_n$은 $p(x) = 0$의 해가 된다. 다항식 $p(x)$의 차수는 n보다 작기 때문에 $p(x)$는 항등적으로 0인 영 다항식이다.

만일 $w(x)$가 양의 다항식이면 다음과 같이 정의된 연산

$$\langle p, q\rangle = \sum_{i=1}^{n} p(x_i)q(x_i)w(x_i)$$

도 P_n에서의 내적이 된다.

내적공간의 기본 성질

5.1절에서 $\mathbb{R}^n$ 위에 정의된 스칼라 곱의 모든 성질이 내적공간으로 일반화된다. 특히 $\mathbf{v}$가 내적공간 V의 벡터이면 $\mathbf{v}$의 길이(length) 혹은 노옴(norm)은 다음과 같이 주어진다.

$$\|\mathbf{v}\| = \sqrt{\langle \mathbf{v}, \mathbf{v}\rangle}$$

두 벡터 $\mathbf{u}$와 $\mathbf{v}$에 대해 만일 $(\mathbf{u}, \mathbf{v}) = 0$이면 직교한다고 한다. $\mathbb{R}^n$에서와 마찬가지로 직교하는 두 벡터는 피타고라스 법칙을 만족한다.

정리 5.4.1 만일 $\mathbf{u}$와 $\mathbf{v}$가 내적공간 V에서 직교한다면 다음이 성립한다.

$$\|\mathbf{u} + \mathbf{v}\|^2 = \|\mathbf{u}\|^2 + \|\mathbf{v}\|^2$$

증명

$$\begin{aligned}\|\mathbf{u} + \mathbf{v}\|^2 &= \langle \mathbf{u} + \mathbf{v}, \mathbf{u} + \mathbf{v}\rangle \\ &= \langle \mathbf{u}, \mathbf{u}\rangle + 2\langle \mathbf{u}, \mathbf{v}\rangle + \langle \mathbf{v}, \mathbf{v}\rangle \\ &= \|\mathbf{u}\|^2 + \|\mathbf{v}\|^2\end{aligned}$$

■

위의 정리를 $\mathbb{R}^2$에 적용해 본다면 그림 5.4.1에 나타낸 것처럼 우리가 잘 아는 피타고라스의 정리가 된다.

예제 1 벡터공간 $C[-1, 1]$에서 식 (3)으로 정의된 내적을 생각하자. 벡터 1과 x는 다음을 만족하므로 직교한다.

$$\langle 1, x\rangle = \int_{-1}^{1} 1 \cdot x\,dx = 0$$

이들의 길이를 구하기 위하여 다음과 같이 계산하자.

$$\langle 1, 1\rangle = \int_{-1}^{1} 1 \cdot 1\,dx = 2$$

$$\langle x, x\rangle = \int_{-1}^{1} x^2\,dx = \frac{2}{3}$$

그러므로 다음을 얻는다.

$$\|1\| = (\langle 1, 1\rangle)^{1/2} = \sqrt{2}$$

$$\|x\| = (\langle x, x\rangle)^{1/2} = \frac{\sqrt{6}}{3}$$

1과 x는 직교하므로 피타고라스 법칙을 만족해야 한다.

$$\|1 + x\|^2 = \|1\|^2 + \|x\|^2 = 2 + \frac{2}{3} = \frac{8}{3}$$

독자들은 다음을 쉽게 확인할 수 있을 것이다.

$$\|1 + x\|^2 = \langle 1 + x, 1 + x\rangle = \int_{-1}^{1} (1 + x)^2\,dx = \frac{8}{3}$$

■

예제 2 벡터공간 $C[-\pi, \pi]$에서 상수 무게 함수 $w(x) = 1/\pi$를 이용하여 다음과 같이 내적을 정의하자.

$$\langle f, g\rangle = \frac{1}{\pi}\int_{-\pi}^{\pi} f(x)g(x)\,dx \tag{6}$$

그러면 다음이 성립한다.

$$\langle \cos x, \sin x\rangle = \frac{1}{\pi}\int_{-\pi}^{\pi} \cos x \sin x\,dx = 0$$

$$\langle \cos x, \cos x\rangle = \frac{1}{\pi}\int_{-\pi}^{\pi} \cos x \cos x\,dx = 1$$

$$\langle \sin x, \sin x\rangle = \frac{1}{\pi}\int_{-\pi}^{\pi} \sin x \sin x\,dx = 1$$

그러므로 $\cos x$와 $\sin x$는 위와 같은 내적에 대해서 직교하는 단위 벡터이다. 피타고라스 법칙으로부터 다음이 성립한다.

$$\|\cos x + \sin x\| = \sqrt{2}$$ ■

위의 내적 (6)은 임의의 함수를 삼각함수로 근사하는 푸리에 해석에 응용되어 매우 중요한 역할을 한다. 5.5절에서 이와 관련된 응용문제를 다룰 것이다.

벡터공간 $\mathbb{R}^{m\times n}$에서 식 (2)로 정의된 내적에 의한 노음을 **프로베니우스 노옴**(Frobenius norm)이라 하며 $\|\cdot\|_F$로 표기한다. 그러므로 만일 $A \in \mathbb{R}^{m\times n}$이면 다음이 성립한다.

$$\|A\|_F = (\langle A, A\rangle)^{1/2} = \left(\sum_{i=1}^{m}\sum_{j=1}^{n} a_{ij}^2\right)^{1/2}$$

예제 3 다음 두 행렬을 생각하자.

$$A = \begin{bmatrix} 1 & 1 \\ 1 & 2 \\ 3 & 3 \end{bmatrix} \quad \text{그리고} \quad B = \begin{bmatrix} -1 & 1 \\ 3 & 0 \\ -3 & 4 \end{bmatrix}$$

이들의 내적은 다음과 같다.

$$\langle A, B\rangle = 1\cdot -1 + 1\cdot 1 + 1\cdot 3 + 2\cdot 0 + 3\cdot -3 + 3\cdot 4 = 6$$

그러므로 A는 B와 직교하지 않는다. 이들의 노옴은 다음과 같다.

$$\|A\|_F = (1+1+1+4+9+9)^{1/2} = 5$$
$$\|B\|_F = (1+1+9+0+9+16)^{1/2} = 6$$ ■

예제 4 P_5에서 $i = 1, 2, \cdots, 5$에 대해 정의된 $x_i = (i-1)/4$를 가지고 식 (5)를 이용하여 내적을 정의하자. 함수 $p(x) = 4x$의 길이는 다음과 같다.

$$\|4x\| = (\langle 4x, 4x\rangle)^{1/2} = \left(\sum_{i=1}^{5} 16x_i^2\right)^{1/2} = \left(\sum_{i=1}^{5}(i-1)^2\right)^{1/2} = \sqrt{30}$$ ■

정의

> 만일 $\mathbf{u}$와 $\mathbf{v}$가 내적공간 V에 있고 $\mathbf{v} \neq \mathbf{0}$이면, $\mathbf{v}$ 위로 $\mathbf{u}$의 **스칼라 투영**(scalar projection)은 다음과 같이 정의하고
>
> $$\alpha = \frac{\langle \mathbf{u}, \mathbf{v}\rangle}{\|\mathbf{v}\|}$$
>
> $\mathbf{v}$ 위로 $\mathbf{u}$의 **벡터 투영**(vector projection)은 다음과 같이 정의한다.
>
> $$\mathbf{p} = \alpha\left(\frac{1}{\|\mathbf{v}\|}\mathbf{v}\right) = \frac{\langle \mathbf{u}, \mathbf{v}\rangle}{\langle \mathbf{v}, \mathbf{v}\rangle}\mathbf{v} \qquad (7)$$

관찰사항

만일 $\mathbf{v} \neq 0$이고 $\mathbf{v}$ 위로 $\mathbf{u}$의 벡터 투영이 $\mathbf{p}$라면 다음이 성립한다.

I. $\mathbf{u} - \mathbf{p}$와 $\mathbf{p}$는 직교한다.

II. $\mathbf{u} = \mathbf{p}$이기 위한 필요충분조건은 $\mathbf{u}$가 $\mathbf{v}$의 스칼라 배수라는 것이다.

증명 관찰사항 I 다음이 성립하고

$$\langle \mathbf{p}, \mathbf{p} \rangle = \left\langle \frac{\alpha}{\|\mathbf{v}\|}\mathbf{v}, \frac{\alpha}{\|\mathbf{v}\|}\mathbf{v} \right\rangle = \left(\frac{\alpha}{\|\mathbf{v}\|} \right)^2 \langle \mathbf{v}, \mathbf{v} \rangle = \alpha^2$$

그리고 또 다음이 성립하므로

$$\langle \mathbf{u}, \mathbf{p} \rangle = \frac{(\langle \mathbf{u}, \mathbf{v} \rangle)^2}{\langle \mathbf{v}, \mathbf{v} \rangle} = \alpha^2$$

다음을 얻는다.

$$\langle \mathbf{u} - \mathbf{p}, \mathbf{p} \rangle = \langle \mathbf{u}, \mathbf{p} \rangle - \langle \mathbf{p}, \mathbf{p} \rangle = \alpha^2 - \alpha^2 = 0$$

그러므로 $\mathbf{u} - \mathbf{p}$와 $\mathbf{p}$는 직교한다. ■

증명 관찰사항 II 만일 $\mathbf{u} = \beta\mathbf{v}$이면 $\mathbf{v}$ 위로 $\mathbf{u}$의 벡터 투영은 다음과 같다.

$$\mathbf{p} = \frac{\langle \beta\mathbf{v}, \mathbf{v} \rangle}{\langle \mathbf{v}, \mathbf{v} \rangle}\mathbf{v} = \beta\mathbf{v} = \mathbf{u}$$

역으로, 만일 $\mathbf{u} = \mathbf{p}$이면 (7)로부터 다음을 얻는다.

$$\mathbf{u} = \beta\mathbf{v} \quad \text{여기서} \quad \beta = \frac{\alpha}{\|\mathbf{v}\|}$$ ■

관찰사항 I과 II는 다음 정리를 증명하는 데 유용하다.

정리 5.4.2 **코시-슈워츠 부등식**

만일 $\mathbf{u}$와 $\mathbf{v}$가 내적공간 V에 속한 임의의 두 벡터라면 다음이 성립한다.

$$|\langle \mathbf{u}, \mathbf{v} \rangle| \leq \|\mathbf{u}\| \, \|\mathbf{v}\| \tag{8}$$

여기서 등호가 성립하기 위한 필요충분조건은 $\mathbf{u}$와 $\mathbf{v}$가 선형 종속이라는 것이다.

증명 만일 $\mathbf{v} = \mathbf{0}$이면 다음이 성립한다.

$$|\langle \mathbf{u}, \mathbf{v} \rangle| = 0 = \|\mathbf{u}\| \, \|\mathbf{v}\|$$

만일 $\mathbf{v} \neq \mathbf{0}$이면 $\mathbf{p}$를 $\mathbf{v}$ 위로 $\mathbf{u}$의 벡터 투영이라 두자. 그러면 $\mathbf{p}$는 $\mathbf{u} - \mathbf{p}$와 직교하므로 피타고라스 법칙에 의하여 다음이 성립한다.

$$\|\mathbf{p}\|^2 + \|\mathbf{u} - \mathbf{p}\|^2 = \|\mathbf{u}\|^2$$

그러므로

$$\frac{(\langle \mathbf{u}, \mathbf{v} \rangle)^2}{\|\mathbf{v}\|^2} = \|\mathbf{p}\|^2 = \|\mathbf{u}\|^2 - \|\mathbf{u} - \mathbf{p}\|^2$$

또한 그래서

$$(\langle \mathbf{u}, \mathbf{v} \rangle)^2 = \|\mathbf{u}\|^2\|\mathbf{v}\|^2 - \|\mathbf{u} - \mathbf{p}\|^2\|\mathbf{v}\|^2 \leq \|\mathbf{u}\|^2\|\mathbf{v}\|^2 \tag{9}$$

따라서 다음을 얻는다.

$$|\langle \mathbf{u}, \mathbf{v} \rangle| \leq \|\mathbf{u}\| \, \|\mathbf{v}\|$$

(9)에서 등호가 성립하기 위한 필요충분조건은 $\mathbf{u} = \mathbf{p}$이다. 관찰사항 II로부터 (8)에서 등호가 성립할 필요충분조건은 $\mathbf{v} = \mathbf{0}$이거나 $\mathbf{u}$가 $\mathbf{v}$의 스칼라 배수라는 것이다. 이를 간단히 표현하자면, 등호가 성립하기 위한 필요충분조건은 $\mathbf{u}$와 $\mathbf{v}$가 선형 종속이라는 것이다. ■

코시-슈워츠 부등식으로부터 얻는 하나의 중요한 결과는 0이 아닌 벡터 $\mathbf{u}$와 $\mathbf{v}$에 대한 다음의 관계이다.

$$-1 \leq \frac{\langle \mathbf{u}, \mathbf{v} \rangle}{\|\mathbf{u}\|\|\mathbf{v}\|} \leq 1$$

그러므로 $[0, \pi]$ 구간에 유일한 각 θ가 존재하여 다음을 만족한다.

$$\cos\theta = \frac{\langle \mathbf{u}, \mathbf{v} \rangle}{\|\mathbf{u}\|\|\mathbf{v}\|} \tag{10}$$

위의 식 (10)은 두 개의 0이 아닌 벡터의 사이각을 정의하는 데 사용될 수 있다.

노옴

일반적으로 수학에서 자주 다루는 용어인 노옴은 내적과 상관없는 고유한 의미를 가지며, 이를 여기서 사용하는 이유를 다음에서 설명하려고 한다.

정의 벡터공간 V에서 각각의 벡터 $\mathbf{v} \in V$에 대하여 다음의 조건을 만족하도록 $\mathbf{v}$의 **노옴**(norm)이라고 하는 실수 $\|\mathbf{v}\|$를 대응시킬 수 있다면 V를 **노옴공간**(normed linear space)이라고 한다.

I. $\|\mathbf{v}\| \geq 0$이며, 여기서 등호가 성립하기 위한 필요충분조건은 $\mathbf{v} = \mathbf{0}$이다.

II. 임의의 스칼라 α에 대하여 $\alpha\mathbf{v} = |\alpha| \, \|\mathbf{v}\|$이다.

III. 임의의 벡터 $\mathbf{v}, \mathbf{w} \in V$에 대하여 $\|\mathbf{v} + \mathbf{w}\| \leq \|\mathbf{v}\| + \|\mathbf{w}\|$이다.

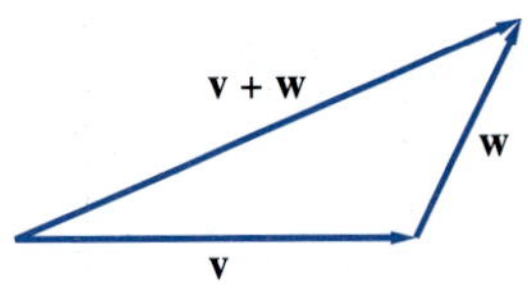

그림 5.4.2

세 번째 조건을 삼각형 부등식(triangle inequality)이라 한다(그림 5.4.2 참조).

정리 5.4.3 만일 V가 내적공간이면 다음의 관계가 V 위에서 노옴을 정의한다.

$$\|\mathbf{v}\| = \sqrt{\langle \mathbf{v}, \mathbf{v} \rangle} \qquad \text{모든 } \mathbf{v} \in V\text{에 대하여}$$

증명 정의에 있는 조건 I과 II를 만족함을 쉽게 확인할 수 있다. 이를 확인하는 작업은 독자들에게 연습문제로 남겨두고, 여기서는 조건 III을 만족하는 것을 보이고자 한다.

$$\begin{aligned}
\|\mathbf{u}+\mathbf{v}\|^2 &= \langle \mathbf{u}+\mathbf{v}, \mathbf{u}+\mathbf{v} \rangle \\
&= \langle \mathbf{u}, \mathbf{u} \rangle + 2\langle \mathbf{u}, \mathbf{v} \rangle + \langle \mathbf{v}, \mathbf{v} \rangle \\
&\le \|\mathbf{u}\|^2 + 2\|\mathbf{u}\|\,\|\mathbf{v}\| + \|\mathbf{v}\|^2 \qquad \text{(코시-슈워츠)} \\
&= (\|\mathbf{u}\| + \|\mathbf{v}\|)^2
\end{aligned}$$

그러므로 다음을 만족한다.

$$\|\mathbf{u}+\mathbf{v}\| \le \|\mathbf{u}\| + \|\mathbf{v}\| \qquad \blacksquare$$

주어진 벡터공간에 서로 다른 많은 노옴을 정의할 수 있다. 예를 들어 $\mathbb{R}^n$을 생각하면 $\mathbf{x} = (x_1, x_2, \cdots, x_n)^T$에 대해서 다음을 정의할 수 있다.

$$\|\mathbf{x}\|_1 = \sum_{i=1}^{n} |x_i|$$

그러면 $\mathbb{R}^n$ 위에서 $\|\cdot\|_1$은 노옴으로 정의됨을 쉽게 확인할 수 있다. $\mathbb{R}^n$ 위의 또 하나의 중요한 노옴은 균등노옴(uniform norm) 혹은 무한 노옴(infinity norm)인데 다음과 같이 정의된다.

$$\|\mathbf{x}\|_\infty = \max_{1 \le i \le n} |x_i|$$

좀 더 일반적으로 $\mathbb{R}^n$ 위에서 임의의 실수 $p \ge 1$에 대해 다음과 같은 노옴을 정의할 수 있다.

$$\|\mathbf{x}\|_p = \left(\sum_{i=1}^{n} |x_i|^p \right)^{1/p}$$

특별히 $p = 2$일 때는 다음과 같다.

$$\|\mathbf{x}\|_2 = \left(\sum_{i=1}^{n} |x_i|^2 \right)^{1/2} = \sqrt{\langle \mathbf{x}, \mathbf{x} \rangle}$$

위에서 정의한 노옴 $\|\cdot\|_2$는 $\mathbb{R}^n$ 위에서 내적 연산으로부터 유도된 노옴이다. 만일 $p \neq 2$이면 $\|\cdot\|_p$는 그 어떤 내적 연산과도 관련이 없다. 내적으로부터 유도되지 않은 노옴에 대해서는 피타고라스 법칙이 성립하지 않는다. 예를 들어 다음의 두 벡터는 직교한다.

$$\mathbf{x}_1 = \begin{pmatrix} 1 \\ 2 \end{pmatrix} \quad 그리고 \quad \mathbf{x}_2 = \begin{pmatrix} -4 \\ 2 \end{pmatrix}$$

그러나 다음을 주목하라.

$$\|\mathbf{x}_1\|_\infty^2 + \|\mathbf{x}_2\|_\infty^2 = 4 + 16 = 20$$

그런데 다음이 성립한다.

$$\|\mathbf{x}_1 + \mathbf{x}_2\|_\infty^2 = 16$$

반면에 만일 $\|\cdot\|_2$를 사용한다면 다음이 성립한다.

$$\|\mathbf{x}_1\|_2^2 + \|\mathbf{x}_2\|_2^2 = 5 + 20 = 25 = \|\mathbf{x}_1 + \mathbf{x}_2\|_2^2$$

예제 5 $\mathbb{R}^3$의 벡터 $\mathbf{x}$가 $(4, -5, 3)^T$라고 주어졌을 때, $\|\mathbf{x}\|_1$, $\|\mathbf{x}\|_2$, $\|\mathbf{x}\|_\infty$를 구하라.

$$\begin{aligned} \|\mathbf{x}\|_1 &= |4| + |-5| + |3| = 12 \\ \|\mathbf{x}\|_2 &= \sqrt{16 + 25 + 9} = 5\sqrt{2} \\ \|\mathbf{x}\|_\infty &= \max(|4|, |-5|, |3|) = 5 \end{aligned}$$

■

$\mathbb{R}^{m \times n}$ 위의 행렬에 대하여 서로 다른 노옴을 정의할 수 있다. 7장에서는 선형 시스템의 민감도(sensitivity)를 결정하는 데 유용한 여러 종류 행렬의 노옴에 대하여 알아볼 것이다. 일반적으로 노옴은 벡터들 사이의 거리를 측정하는 방법을 제시한다.

정의 $\mathbf{x}$와 $\mathbf{y}$가 노옴공간의 벡터라고 하자. $\mathbf{x}$와 $\mathbf{y}$ 사이의 거리는 $\|\mathbf{y} - \mathbf{x}\|$로 정의된다.

많은 응용분야가 벡터공간 V에서 주어진 벡터 $\mathbf{v}$와 가장 가까운 벡터를 부분공간 S에서 찾는 것과 연관되어 있다. V에서 사용되는 노옴이 내적 연산으로부터 유도된 것이라면 가장 근접한 벡터는 부분공간 S 위로 $\mathbf{v}$의 벡터 투영이 될 것이다. 다음 절에서 이런 종류의 근사화문제를 좀 더 자세히 다루겠다.

5.4 연습문제

1. $\mathbf{x} = (-1, -1, 1, 1)^T$이고 $\mathbf{y} = (1, 1, 5, -3)^T$이다. $\mathbf{x} \perp \mathbf{y}$임을 증명하라. $\|\mathbf{x}\|_2$, $\|\mathbf{y}\|_2$, $\|\mathbf{x} + \mathbf{y}\|_2$를 계산하고, 피타고라스 법칙이 성립하는지 확인하라.

2. $\mathbf{x} = (1, 1, 1, 1)^T$이고 $\mathbf{y} = (8, 2, 2, 0)^T$이다.

(a) $\mathbf{x}$와 $\mathbf{y}$의 사이각 θ를 구하라.

(b) $\mathbf{y}$ 위로 $\mathbf{x}$의 벡터 투영 $\mathbf{p}$를 구하라.

(c) $\mathbf{x}-\mathbf{p}$와 $\mathbf{p}$가 직교하는지 확인하라.

(d) $\|\mathbf{x}-\mathbf{p}\|_2$, $\|\mathbf{x}\|_2$, $\|\mathbf{p}\|_2$를 계산하고, 피타고라스 법칙이 성립하는지 확인하라.

3. 무게 벡터 $\mathbf{w}=\left(\frac{1}{6}, \frac{1}{3}, \frac{1}{2}\right)^T$와 식 (1)을 이용하여 위에서 내적을 정의하자. $\mathbf{x}=(2, 3, -6)^T$이고 $\mathbf{y}=(6, 4, 2)^T$이다.

(a) 여기서 정의한 내적에 대하여 $\mathbf{x}$와 $\mathbf{y}$가 직교함을 증명하라.

(b) 이 내적으로부터 유도된 노옴을 사용하여 $\|\mathbf{x}\|$와 $\|\mathbf{y}\|$의 값을 구하라.

4. 다음과 같이 주어진 행렬 A와 B에 대해

$$A=\begin{Bmatrix} 1 & 2 & 1 \\ 0 & 2 & -1 \\ 2 & -2 & -3 \end{Bmatrix} \quad \text{그리고} \quad B=\begin{Bmatrix} 4 & -2 & -2 \\ 1 & 0 & 1 \\ 2 & -1 & 1 \end{Bmatrix}$$

다음 각각을 구하라.

(a) $\langle A, B\rangle$ **(b)** $\|A\|_F$

(c) $\|B\|_F$ **(d)** $\|A+B\|_F$

5. 식 (2)가 $\mathbb{R}^{m\times n}$에서 내적이 된다는 사실을 증명하라.

6. 식 (3)으로 정의된 내적이 내적의 정의에 있는 마지막 두 개의 조건을 만족함을 증명하라.

7. $C[0, 1]$에서식 (3)으로 정의된 내적을 생각하자. 다음을 구하라.

(a) $\langle e^x, e^{-x}\rangle$ **(b)** $\langle x, \sin \pi x\rangle$ **(c)** $\langle x^2, x^3\rangle$

8. $C[0, 1]$에서 식 (3)으로 정의된 내적과 벡터 $1, x$를 생각하자.

(a) 1과 x의 사이각 θ를 구하라.

(b) x 위로 1의 벡터 투영 $\mathbf{p}$를 구하고, $1-\mathbf{p}$와 $\mathbf{p}$가 직교하는지 확인하라.

(c) $\|1-\mathbf{p}\|$, $\|\mathbf{p}\|$, $\|1\|$를 계산하고, 피타고라스 법칙이 성립하는지 확인하라.

9. $C[-\pi, \pi]$에서 식 (6)으로 정의된 내적을 생각하자. $\cos mx$와 $\sin nx$가 직교하고 둘 다 단위 벡터임을 증명하라. 이 두 벡터 간의 거리를 구하라.

10. P_5에서 식 (5)로 정의된 내적을 생각하자. 단, $i=1, 2, \cdots, 5$에 대하여 $x_i=(i-3)/2$이다. 이 내적에 대하여 함수 x와 x^2이 직교함을 증명하라.

11. P_5에서 연습문제 10과 같이 정의된 내적과 다음과 같이 정의된 노옴을 생각하자.

$$\|p\|=\sqrt{\langle p, p\rangle}=\left\{\sum_{i=1}^{5}[p(x_i)]^2\right\}^{1/2}$$

다음을 구하라.

(a) $\|\mathbf{x}\|$ **(b)** $\|\mathbf{x}\|^2$

(c) x와 x^2의 거리

12. 만일 V가 내적공간이면, 다음 관계식이 노옴의 정의에 있는 처음 두 조건을 만족함을 증명하라.

$$\|\mathbf{v}\|=\sqrt{\langle \mathbf{v}, \mathbf{v}\rangle}$$

13. 다음 관계식이 $\mathbb{R}^n$에서 노옴을 정의함을 증명하라.

$$\|\mathbf{x}\|_1=\sum_{i=1}^{n}|x_i|$$

14. 다음 관계식이 $\mathbb{R}^n$에서 노옴을 정의함을 증명하라.

$$\|\mathbf{x}\|_\infty=\max_{1\le i\le n}|x_i|$$

15. 위의 다음 각각의 벡터 $\mathbf{x}$에 대하여 $\|\mathbf{x}\|_1$, $\|\mathbf{x}\|_2$, $\|\mathbf{x}\|_\infty$를 구하라.

(a) $\mathbf{x}=(3, 0, -4)^T$ **(b)** $\mathbf{x}=(1, 0, 7)^T$

(c) $\mathbf{x}=(-2, 1, 2)^T$

16. $\mathbf{x}=(2, 3, 1)^T$이고 $\mathbf{y}=(5, -6, 2)^T$이다. $\|\mathbf{x}-\mathbf{y}\|_1$, $\|\mathbf{x}-\mathbf{y}\|_2$, $\|\mathbf{x}-\mathbf{y}\|_\infty$를 구하라. $\mathbf{x}$와 $\mathbf{y}$의 거리가 가장 가깝다는 결과를 주는 노옴은 무엇인가? 가장 멀다는 결과를 주는 노옴은 무엇인가?

17. $\mathbf{x}$와 $\mathbf{y}$는 내적공간의 벡터이다. 만일 $\mathbf{x}\perp\mathbf{y}$이면 이들 간의 거리가 다음과 같음을 증명하라.

$$\left(\|\mathbf{x}\|^2+\|\mathbf{y}\|^2\right)^{1/2}$$

18. 만일 $\mathbf{u}, \mathbf{v}$가 내적공간에서 정의된 벡터이고 다음과 같은 피타고라스 법칙을 만족할 때,

$$\|\mathbf{u}+\mathbf{v}\|^2 = \|\mathbf{u}\|^2 + \|\mathbf{v}\|^2$$

$\mathbf{u}, \mathbf{v}$는 반드시 직교함을 증명하라.

19. $\mathbb{R}^n$에서 다음과 같이 정의된 내적을 생각하자.

$$\langle \mathbf{x}, \mathbf{y} \rangle = \mathbf{x}^T \mathbf{y}$$

여기서 두 벡터 $\mathbf{x} = (x_1, \cdots, x_n)^T$와 $\mathbf{y} = (y_1, \cdots, y_n)^T$의 거리를 나타내는 공식을 유도하라.

20. A가 $n \times n$ 비특이 행렬이고, $\mathbb{R}^n$에서 정의된 벡터 $\mathbf{x}$에 대하여 다음과 같은 식을 정의한다.

$$\|\mathbf{x}\|_A = \|A\mathbf{x}\|_2 \tag{11}$$

식 (11)이 $\mathbb{R}^n$에서 노옴을 정의함을 보여라.

21. $\mathbf{x} \in \mathbb{R}^n$이다. $\|\mathbf{x}\|_\infty \le \|\mathbf{x}\|_2$임을 증명하라.

22. $\mathrm{x} \in \mathbb{R}^2$이다. $\|\mathbf{x}\|_2 \le \|\mathbf{x}\|_1$임을 증명하라[힌트: $\mathbf{x}$를 $x_1\mathbf{e}_1 + x_2\mathbf{e}_2$의 형태로 쓰고 삼각형 부등식을 이용하라].

23. 다음을 만족하는 0이 아닌 벡터 $\mathbf{x} \in \mathbb{R}^2$를 하나 찾아라.

$$\|\mathbf{x}\|_\infty = \|\mathbf{x}\|_2 = \|\mathbf{x}\|_1$$

24. 노옴이 정의된 그 어떤 벡터공간에서도 다음이 성립함을 증명하라.

$$\|-\mathbf{v}\| = \|\mathbf{v}\|$$

25. 임의의 주어진 노옴공간에 속하는 어떤 $\mathbf{u}$와 $\mathbf{v}$에 대해서도 다음이 성립함을 증명하라.

$$\|\mathbf{u}+\mathbf{v}\| \ge |\,\|\mathbf{u}\| - \|\mathbf{v}\|\,|$$

26. 임의의 주어진 내적공간에 속하는 어떤 $\mathbf{u}$와 $\mathbf{v}$에 대해서도 다음이 성립함을 증명하라.

$$\|\mathbf{u}+\mathbf{v}\|^2 + \|\mathbf{u}-\mathbf{v}\|^2 = 2\|\mathbf{u}\|^2 + 2\|\mathbf{v}\|^2$$

벡터공간 $\mathbb{R}^2$에 대해서 위의 결과를 기하학적으로 설명하라.

27. 연습문제 26의 결과는 내적으로부터 유도된 노옴은 아닌 노옴에 대해서는 성립하지 않는다. $\mathbb{R}^2$에서 $\|\cdot\|_1$을 이용하여 이에 관한 예를 찾아라.

28. 다음 각각이 $C[a, b]$에서 노옴으로 정의되는지 여부를 결정하라.

(a) $\|f\| = |f(a)| + |f(b)|$
(b) $\|f\| = \int_a^b |f(x)|\,dx$
(c) $\|f\| = \max_{a \le x \le b} |f(x)|$

29. $\mathbf{x} \in \mathbb{R}^n$이다. 다음을 증명하라.

(a) $\|\mathbf{x}\|_1 \le n\|\mathbf{x}\|_\infty$ **(b)** $\|\mathbf{x}\|_2 \le \sqrt{n}\,\|\mathbf{x}\|_\infty$

위의 (a)와 (b) 각각에 대하여 등호가 성립하는 벡터를 $\mathbb{R}^n$에서 찾아라.

30. $\mathbb{R}^2$에서 다음을 만족하는 점 $(x_1, x_2) = \mathbf{x}^T$들의 집합을 그림으로 표시하라.

(a) $\|\mathbf{x}\|_2 = 1$ **(b)** $\|\mathbf{x}\|_1 = 1$ **(c)** $\|\mathbf{x}\|_\infty = 1$

31. K가 다음과 같은 $n \times n$ 행렬이라고 하자.

$$K = \begin{pmatrix} 1 & -c & -c & \cdots & -c & -c \\ 0 & s & -sc & \cdots & -sc & -sc \\ 0 & 0 & s^2 & \cdots & -s^2c & -s^2c \\ \vdots & & & & & \\ 0 & 0 & 0 & \cdots & s^{n-2} & -s^{n-2}c \\ 0 & 0 & 0 & \cdots & 0 & s^{n-1} \end{pmatrix}$$

여기서, $c^2 + s^2 = 1$이다. $\|K\|_F = \sqrt{n}$임을 보여라.

32. $n \times n$ 행렬인 C의 대각합(trace)을 $\mathrm{tr}(C)$라고 표기하고, 대각선 성분들의 합으로 정의한다. 즉 다음과 같은 식으로 정의한다.

$$\mathrm{tr}(C) = c_{11} + c_{22} + \cdots + c_{nn}$$

만일 A, B가 $m \times n$ 행렬일 경우 다음을 증명하라.

(a) $\|A\|_F^2 = \mathrm{tr}(A^T A)$
(b) $\|A+B\|_F^2 = \|A\|_F^2 + 2\,\mathrm{tr}(A^T B) + \|B\|_F^2$

33. 벡터공간 $\mathbb{R}^n$과 내적 $\langle \mathbf{x}, \mathbf{y} \rangle = \mathbf{x}^T\mathbf{y}$를 생각하자. 임의의 $n \times n$ 행렬 A에 대하여 다음이 성립함을 증명하라.

(a) $\langle A\mathbf{x}, \mathbf{y} \rangle = \langle \mathbf{x}, A^T\mathbf{y} \rangle$
(b) $\langle A^T A\mathbf{x}, \mathbf{x} \rangle = \|A\mathbf{x}\|^2$

5.5 정규직교 집합

$\mathbb{R}^2$에서는 일반적으로 표준 기저 $\{\mathbf{e}_1, \mathbf{e}_2\}$를 사용하는 경우가 $\{(2, 1)^T, (3, 5)^T\}$와 같은 형태의 기저를 사용하는 경우보다 편리할 때가 많다. 예를 들어 표준 기저에 대한 좌표 $(x_1, x_2)^T$를 구하기가 훨씬 더 편리하기 때문이다. 표준 기저에 있는 벡터는 정규직교 벡터들이다. 일반적으로, 내적공간에서는 서로 직교하는 단위 벡터들로 이루어진 기저를 사용하여 모든 문제 해결을 시도함이 바람직하다. 벡터들의 좌표를 구하는 데뿐만 아니라 최소제곱 문제를 해결하는 데도 편리하기 때문이다.

정의 $\mathbf{v}_1, \mathbf{v}_2, \cdots, \mathbf{v}_n$이 내적공간 V의 영이 아닌 벡터라 하자. 만일 모든 $i \neq j$에 대해서 $\langle \mathbf{v}_i, \mathbf{v}_j \rangle = 0$이면 $\{\mathbf{v}_1, \mathbf{v}_2, \cdots, \mathbf{v}_n\}$을 벡터들의 **직교 집합**(orthogonal set)이라 한다.

예제 1 다음 집합 $\{(1, 1, 1)^T, (2, 1, -3)^T, (4, -5, 1)^T\}$는 $\mathbb{R}^3$에서 직교 집합이다. 왜냐하면 다음이 성립하기 때문이다.

$$\begin{aligned}(1, 1, 1)(2, 1, -3)^T &= 0\\ (1, 1, 1)(4, -5, 1)^T &= 0\\ (2, 1, -3)(4, -5, 1)^T &= 0\end{aligned}$$

■

정리 5.5.1 만일 $\{\mathbf{v}_1, \mathbf{v}_2, \cdots, \mathbf{v}_n\}$이 내적공간 V에서 0이 아닌 벡터들로 이루어진 직교 집합이면 $\mathbf{v}_1, \mathbf{v}_2, \cdots, \mathbf{v}_n$은 선형 독립이다.

증명 $\mathbf{v}_1, \mathbf{v}_2, \cdots, \mathbf{v}_n$은 서로 직교하면서 영이 아닌 벡터들이라 하자. 또한 다음이 성립한다고 가정하자.

$$c_1\mathbf{v}_1 + c_2\mathbf{v}_2 + \cdots + c_n\mathbf{v}_n = \mathbf{0} \tag{1}$$

각각의 $1 \leq j \leq n$에 대해서 식 (1)의 양변과 $\mathbf{v}_j$의 내적을 구해 보자. 그러면 다음을 얻는다.

$$\begin{gathered}c_1\langle \mathbf{v}_j, \mathbf{v}_1\rangle + c_2\langle \mathbf{v}_j, \mathbf{v}_2\rangle + \cdots + c_n\langle \mathbf{v}_j, \mathbf{v}_n\rangle = 0\\ c_j\|\mathbf{v}_j\|^2 = 0\end{gathered}$$

그러므로 모든 스칼라 $c_1, c_2, \cdots, c_n$은 0이 된다. ■

정의 벡터들의 **정규직교 집합**(orthonormal set)은 단위 벡터들의 직교 집합이다.

집합 $\{\mathbf{u}_1, \mathbf{u}_2, \cdots, \mathbf{u}_n\}$이 정규직교 집합이기 위한 필요충분조건은 다음과 같다.

$$\langle \mathbf{u}_i, \mathbf{u}_j \rangle = \delta_{ij}$$

여기서 δ_{ij}는 다음과 같다.

$$\delta_{ij} = \begin{cases} 1 & i = j\text{인 경우} \\ 0 & i \neq j\text{인 경우} \end{cases}$$

영이 아닌 벡터들의 직교 집합 $\{\mathbf{v}_1, \mathbf{v}_2, \cdots, \mathbf{v}_n\}$이 주어지면 다음과 같이 정의하여 정규직교 집합을 구성할 수 있다.

$$\mathbf{u}_i = \left(\frac{1}{\|\mathbf{v}_i\|} \right) \mathbf{v}_i \qquad \text{for} \quad i = 1, 2, \ldots, n$$

독자들은 $\{\mathbf{u}_1, \mathbf{u}_2, \cdots, \mathbf{u}_n\}$이 정규직교 집합임을 쉽게 확인해 볼 수 있을 것이다.

예제 2 예제 1에서 $\mathbf{v}_1 = (1, 1, 1)^T$, $\mathbf{v}_2 = (2, 1, -3)^T$, $\mathbf{v}_3 = (4, -5, 1)^T$라 두면 $\{\mathbf{v}_1, \mathbf{v}_2, \mathbf{v}_3\}$가 직교 집합임을 보았다. 이로부터 정규직교 집합을 구성하려면 다음과 같다.

$$\mathbf{u}_1 = \left(\frac{1}{\|\mathbf{v}_1\|} \right) \mathbf{v}_1 = \frac{1}{\sqrt{3}}(1, 1, 1)^T$$

$$\mathbf{u}_2 = \left(\frac{1}{\|\mathbf{v}_2\|} \right) \mathbf{v}_2 = \frac{1}{\sqrt{14}}(2, 1, -3)^T$$

$$\mathbf{u}_3 = \left(\frac{1}{\|\mathbf{v}_3\|} \right) \mathbf{v}_3 = \frac{1}{\sqrt{42}}(4, -5, 1)^T$$

■

예제 3 $C[-\pi, \pi]$에서 다음의 내적을 생각하자.

$$\langle f, g \rangle = \frac{1}{\pi} \int_{-\pi}^{\pi} f(x)g(x)\,dx \tag{2}$$

$\{1, \cos x, \cos 2x, \cdots, \cos nx\}$는 다음이 성립하므로 벡터들의 직교 집합이다. 즉 모든 양의 정수 j와 k에 대해서 다음이 성립한다.

$$\langle 1, \cos kx \rangle = \frac{1}{\pi} \int_{-\pi}^{\pi} \cos kx\,dx = 0$$

$$\langle \cos jx, \cos kx \rangle = \frac{1}{\pi} \int_{-\pi}^{\pi} \cos jx \cos kx\,dx = 0 \qquad (j \neq k)$$

함수 $\cos x, \cos 2x, \cdots, \cos nx$들은 그 자체로 이미 단위 벡터이다. 왜냐하면 다음이 성립하기 때문이다.

$$\langle \cos kx, \cos kx \rangle = \frac{1}{\pi}\int_{-\pi}^{\pi} \cos^2 kx\, dx = 1 \qquad \text{for} \quad k = 1, 2, \ldots, n$$

정규직교 집합이 되려면 벡터 1을 그 방향에 있는 단위 벡터로 대치해야 한다.

$$\|1\|^2 = \langle 1, 1 \rangle = \frac{1}{\pi}\int_{-\pi}^{\pi} 1\, dx = 2$$

이제 $1/\sqrt{2}$가 단위 벡터이고, 따라서 $\{1/\sqrt{2}, \cos x, \cos 2x, \cdots, \cos nx\}$는 정규직교 집합이 된다. ■

정리 5.5.1로부터 다음을 얻는다. 만일 $B = \{\mathbf{u}_1, \mathbf{u}_2, \cdots, \mathbf{u}_k\}$가 내적공간 V에서 정규직교 집합이면 B는 부분공간 $S = \text{Span}(\mathbf{u}_1, \mathbf{u}_2, \cdots, \mathbf{u}_k)$의 기저이다. 이 경우 B를 S의 **정규직교 기저**(orthonormal basis)라고 한다. 정규직교 기저를 이용하는 편이 그 어떤 다른 기저를 이용하는 것보다 일반적으로 더 편리하다. 특히 정규직교 기저에 관하여 주어진 벡터 $\mathbf{v}$의 좌표를 계산하기가 훨씬 쉽다. 이 좌표가 결정되면 $\mathbf{v}$를 계산하는 데 사용될 수 있다.

정리 5.5.2 $\{\mathbf{u}_1, \mathbf{u}_2, \cdots, \mathbf{u}_n\}$이 내적공간 V에서 벡터들의 정규직교 기저라 하자. 만일 $\mathbf{v} = \sum_{i=1}^{n} c_i\mathbf{u}_i$이면 $c_i = \langle \mathbf{v}, \mathbf{u}_i \rangle$이다.

증명

$$\langle \mathbf{v}, \mathbf{u}_i \rangle = \left\langle \sum_{j=1}^{n} c_j\mathbf{u}_j, \mathbf{u}_i \right\rangle = \sum_{j=1}^{n} c_j \langle \mathbf{u}_j, \mathbf{u}_i \rangle = \sum_{j=1}^{n} c_j\delta_{ji} = c_i$$

■

정리 5.5.2로부터 다음 두 개의 중요한 결과를 얻는다.

따름정리 5.5.3 $\{\mathbf{u}_1, \mathbf{u}_2, \cdots, \mathbf{u}_n\}$이 내적공간 V에서 벡터들의 정규직교 기저라 하자. 만일 $\mathbf{u} = \sum_{i=1}^{n} a_i\mathbf{u}_i$이고 또 $\mathbf{v} = \sum_{i=1}^{n} b_i\mathbf{u}_i$이면 다음이 성립한다.

$$\langle \mathbf{u}, \mathbf{v} \rangle = \sum_{i=1}^{n} a_ib_i$$

증명 정리 5.5.2로부터 다음이 성립한다.

$$\langle \mathbf{v}, \mathbf{u}_i \rangle = b_i \qquad i = 1, \ldots, n$$

그러므로 다음을 얻는다.

$$\langle \mathbf{u}, \mathbf{v} \rangle = \left\langle \sum_{i=1}^{n} a_i\mathbf{u}_i, \mathbf{v} \right\rangle = \sum_{i=1}^{n} a_i \langle \mathbf{u}_i, \mathbf{v} \rangle = \sum_{i=1}^{n} a_i \langle \mathbf{v}, \mathbf{u}_i \rangle = \sum_{i=1}^{n} a_ib_i$$

■

따름정리 5.5.4 **파서발(Parseval)의 공식**

$\{\mathbf{u}_1, \mathbf{u}_2, \cdots, \mathbf{u}_n\}$이 내적공간 V에서 벡터들의 정규직교 기저이고 $\mathbf{v} = \sum_{i=1}^{n} c_i \mathbf{u}_i$라 두자. 그러면 다음이 성립한다.

$$\|\mathbf{v}\|^2 = \sum_{i=1}^{n} c_i^2$$

증명 만일 $\mathbf{v} = \sum_{i=1}^{n} c_i \mathbf{u}_i$라면 따름정리 5.5.3으로부터 다음이 성립한다.

$$\|\mathbf{v}\|^2 = \langle \mathbf{v}, \mathbf{v} \rangle = \sum_{i=1}^{n} c_i^2$$ ■

예제 4 다음의 두 벡터를 생각하자.

$$\mathbf{u}_1 = \left(\frac{1}{\sqrt{2}}, \frac{1}{\sqrt{2}}\right)^T \quad 그리고 \quad \mathbf{u}_2 = \left(\frac{1}{\sqrt{2}}, -\frac{1}{\sqrt{2}}\right)^T$$

이들은 $\mathbb{R}^2$에서 정규직교 기저를 이룬다. 만일 $\mathbf{x} \in \mathbb{R}^2$이면 다음이 성립한다.

$$\mathbf{x}^T\mathbf{u}_1 = \frac{x_1 + x_2}{\sqrt{2}} \quad 그리고 \quad \mathbf{x}^T\mathbf{u}_2 = \frac{x_1 - x_2}{\sqrt{2}}$$

정리 5.5.2로부터 다음과 같은 관계를 얻는다.

$$\mathbf{x} = \frac{x_1 + x_2}{\sqrt{2}}\mathbf{u}_1 + \frac{x_1 - x_2}{\sqrt{2}}\mathbf{u}_2$$

그러므로 따름정리 5.5.4로부터 다음을 얻는다.

$$\|\mathbf{x}\|^2 = \left(\frac{x_1 + x_2}{\sqrt{2}}\right)^2 + \left(\frac{x_1 - x_2}{\sqrt{2}}\right)^2 = x_1^2 + x_2^2$$ ■

예제 5 $C[-\pi, \pi]$에서 $\{1/\sqrt{2}\,, \cos 2x\}$는 (예제 3의 내적에 관한 한) 정규직교 집합이다. 다음 정적분의 값 $\int_{-\pi}^{\pi} \sin^4 x\, dx$를 구하되 부정적분을 구하지 않고 얻어라.

해답 다음이 성립함을 주목하라.

$$\sin^2 x = \frac{1 - \cos 2x}{2} = \frac{1}{\sqrt{2}}\frac{1}{\sqrt{2}} + \left(-\frac{1}{2}\right)\cos 2x$$

그러므로 파서발의 공식으로부터 다음을 얻는다.

$$\int_{-\pi}^{\pi} \sin^4 x\, dx = \pi \|\sin^2 x\|^2 = \pi\left(\frac{1}{2}+\frac{1}{4}\right) = \frac{3\pi}{4}$$ ■

직교 행렬

$n \times n$ 행렬 중에서 열 벡터들이 $\mathbb{R}^n$에서 정규직교 집합을 구성하는 행렬들은 특별히 중요하게 다룰 필요가 있다.

정의 $n \times n$ 행렬 Q의 열 벡터들이 $\mathbb{R}^n$에서 정규직교 집합을 구성하면 Q는 **직교 행렬**(orthogonal matrix)이라 한다.

정리 5.5.5 $n \times n$ 행렬 Q가 직교 행렬이기 위한 필요충분조건은 $Q^TQ = I$이다.

증명 정의로부터 Q가 직교 행렬이므로 다음이 성립한다.

$$\mathbf{q}_i^T\mathbf{q}_j = \delta_{ij}$$

그런데 $\mathbf{q}_i^T\mathbf{q}_j$는 Q^TQ의 (i, j) 성분이다. 그러므로 Q가 직교 행렬이기 위한 필요충분조건은 $Q^TQ = I$이다. ■

위의 정리로부터 만일 Q가 직교 행렬이면 Q는 역이 존재하는 행렬이고 $Q^{-1} = Q^T$이다.

예제 6 임의의 고정된 θ에 대해서 다음의 행렬은 직교 행렬이다.

$$Q = \begin{bmatrix} \cos\theta & -\sin\theta \\ \sin\theta & \cos\theta \end{bmatrix}$$

또한 다음을 만족한다.

$$Q^{-1} = Q^T = \begin{bmatrix} \cos\theta & \sin\theta \\ -\sin\theta & \cos\theta \end{bmatrix}$$ ■

예제 6에 있는 행렬 Q는 $\mathbb{R}^2$ 위로 가는 $\mathbb{R}^2$의 선형 변환으로서 벡터의 길이는 바꾸지 않고 각도 θ만큼 회전시키는 효과를 갖는 것으로 볼 수 있다(4.2절의 예제 2 참조). 마찬가지로 Q^{-1}는 각도 $-\theta$만큼 회전시키는 선형 변환으로 볼 수 있다(그림 5.5.1 참조).

일반적으로, 내적 연산은 직교 행렬을 곱해도 변화하지 않는다[즉 $\langle \mathbf{x}, \mathbf{y}\rangle = \langle Q\mathbf{x}, Q\mathbf{y}\rangle$이다]. 그 이유는 다음과 같다.

$$\langle Q\mathbf{x}, Q\mathbf{y}\rangle = (Q\mathbf{y})^TQ\mathbf{x} = \mathbf{y}^TQ^TQ\mathbf{x} = \mathbf{y}^T\mathbf{x} = \langle \mathbf{x}, \mathbf{y}\rangle$$

특히 $\mathbf{x} = \mathbf{y}$이면 $\|Q\mathbf{x}\|^2 = \|\mathbf{x}\|^2$이므로 $\|Q\mathbf{x}\| = \|\mathbf{x}\|$가 된다. 직교 행렬을 곱해도 벡터의 길이는 변하지 않는다.

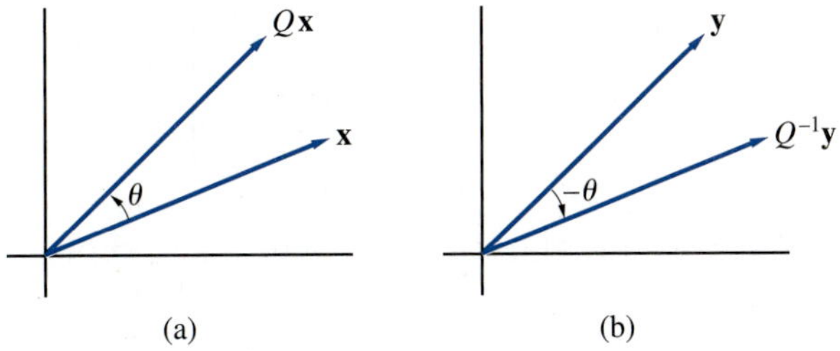

그림 5.5.1

> **직교 행렬의 성질**
>
> Q가 $n \times n$ 직교 행렬이면 다음을 만족한다.
>
> **(a)** Q의 열 벡터들은 $\mathbb{R}^n$의 정규직교 기저를 이룬다.
>
> **(b)** $Q^TQ = I$
>
> **(c)** $Q^T = Q^{-1}$
>
> **(d)** $\langle Q\mathbf{x}, Q\mathbf{y}\rangle = \langle \mathbf{x}, \mathbf{y}\rangle$
>
> **(e)** $\| Q\mathbf{x}\|_2 = \| \mathbf{x}\|_2$

순열 행렬

순열 행렬(permutation matrix)은 항등 행렬에서 열 벡터의 순서를 재배치하여 얻어진 행렬이다. 순열 행렬이 직교 행렬임은 명백하다. 만일 P가 항등 행렬 I로부터 열 벡터의 순서를 $(k_1, k_2, \cdots, k_n)$으로 바꾸어 얻어진 순열 행렬이라면 $P = (\mathbf{e}_{k_1}, \cdots, \mathbf{e}k_n)$이다. 만일 A가 $m \times n$ 행렬이면 다음이 성립한다.

$$AP = (A\mathbf{e}_{k_1}, \ldots, A\mathbf{e}_{k_n}) = (\mathbf{a}_{k_1}, \ldots, \mathbf{a}_{k_n})$$

A를 P의 오른쪽에 곱하면 A의 열 벡터가 $(k_1, \cdots, k_n)$의 순서로 재배치된다. 예를 들어 만일 A와 P가 다음과 같다면

$$A = \begin{bmatrix} 1 & 2 & 3 \\ 1 & 2 & 3 \end{bmatrix} \quad \text{그리고} \quad P = \begin{bmatrix} 0 & 1 & 0 \\ 0 & 0 & 1 \\ 1 & 0 & 0 \end{bmatrix}$$

AP는 다음과 같다.

$$AP = \begin{bmatrix} 3 & 1 & 2 \\ 3 & 1 & 2 \end{bmatrix}$$

$P = (\mathbf{e}_{k_1}, \cdots, \mathbf{e}k_n)$은 직교 행렬이므로 다음을 얻는다.

$$P^{-1} = P^T = \begin{pmatrix} \mathbf{e}_{k_1}^T \\ \vdots \\ \mathbf{e}_{k_n}^T \end{pmatrix}$$

P^T에서는 k_1번째 열 벡터가 $\mathbf{e}_1$이고 k_2번째 열 벡터가 $\mathbf{e}_2$이며 이를 계속하면 k_n번째 열 벡터가 e_n이다. 즉 P^T도 순열 행렬이 된다. 행렬 P^T는 항등 행렬 I의 행 벡터를 $(k_1, \cdots, k_n)$의 순서로 재배치하여 얻을 수도 있다. 일반적으로 순열 행렬은 항등 행렬의 행을 재배치하거나 열을 재배치하여 얻는다.

만일 Q가 I의 행 벡터를 $(k_1, \cdots, k_n)$의 순서로 재배치하여 얻은 순열 행렬이고, B가 $n \times r$ 행렬이면 다음이 성립한다.

$$QB = \begin{pmatrix} \mathbf{e}_{k_1}^T \\ \vdots \\ \mathbf{e}_{k_n}^T \end{pmatrix} B = \begin{pmatrix} \mathbf{e}_{k_1}^T B \\ \vdots \\ \mathbf{e}_{k_n}^T B \end{pmatrix} = \begin{pmatrix} \vec{\mathbf{b}}_{k_1} \\ \vdots \\ \vec{\mathbf{b}}_{k_n} \end{pmatrix}$$

그래서 QB는 B의 행 벡터를 $(k_1, \cdots, k_n)$의 순서로 재배치한 결과가 된다. 예를 들어 Q와 B가 다음과 같다면

$$Q = \begin{pmatrix} 0 & 0 & 1 \\ 1 & 0 & 0 \\ 0 & 1 & 0 \end{pmatrix} \quad \text{그리고} \quad B = \begin{pmatrix} 1 & 1 \\ 2 & 2 \\ 3 & 3 \end{pmatrix}$$

QB는 다음과 같다.

$$QB = \begin{pmatrix} 3 & 3 \\ 1 & 1 \\ 2 & 2 \end{pmatrix}$$

일반적으로 만일 P가 $n \times n$ 순열 행렬인 경우, $n \times r$ 행렬 B에 P를 왼쪽에 곱하면 B의 행 벡터 순서가 재배치되고 $m \times n$ 행렬 A에 P를 오른쪽에 곱하면 A의 열 벡터의 순서가 재배치된다.

정규직교 집합과 최소제곱

직교성은 최소제곱 문제를 해결하는 데 중요한 역할을 한다. A가 랭크 n인 $m \times n$ 행렬이라면 최소제곱 문제 $A\mathbf{x} = \mathbf{b}$의 정규 연립방정식 $A^TA\mathbf{x} = A^T\mathbf{b}$를 풀어서 결정되는 해 $\hat{\mathbf{x}}$는 유일함을 상기하라. 투영 $\mathbf{p} = A\hat{\mathbf{x}}$는 $R(A)$에 속한 벡터로서 $\mathbf{b}$에 가장 근접한 벡터이다. 최소제곱 문제는 특별히 A의 열 벡터들이 $\mathbb{R}^m$에서 정규직교 집합을 구성할 때 가장 쉽게 해결될 수 있다.

정리 5.5.6 만일 A의 열 벡터들이 $\mathbb{R}^m$에서 정규직교 집합을 구성한다면 $A^TA = I$이고 최소제곱 문제의 해는 다음과 같다.

$$\hat{\mathbf{x}} = A^T\mathbf{b}$$

증명 A^TA의 (i, j) 성분은 A^T의 i번째 행 벡터와 A의 j번째 열 벡터에 의해서 결정된다. 그러므로 이 성분은 A의 i번째 열 벡터와 j번째 열 벡터의 스칼라 곱이 된다. 그런데 A의 열 벡터들이 정규직교 집합을 구성하므로 다음이 성립한다.

$$A^TA = (\delta_{ij}) = I$$

그러므로 정규 연립방정식은 다음이 된다.

$$\mathbf{x} = A^T\mathbf{b} \qquad \blacksquare$$

만일 A의 열 벡터들이 정규직교하지 않으면 어떻게 해야 할까? 다음 절에서는 $R(A)$의 정규직교 기저를 찾는 방법을 공부할 것이다. 이로부터 A를 인수분해하여 QR이라는 곱의 형태로 얻을 수 있다. 여기서 Q의 열 벡터들은 정규직교 집합을 구성하고 R은 위쪽 삼각형 형태이다. 이러한 인수분해를 이용하면 최소제곱 문제는 빠르고도 정확하게 해결될 수 있다.

$R(A)$의 정규직교 기저가 주어진다면 투영 $\mathbf{p} = A\hat{\mathbf{x}}$는 이 기저 벡터들로 결정될 수 있다. 실제로 이는 내적공간 V에 속한 $\mathbf{x}$에 가장 근접한 벡터 $\mathbf{p}$를 V의 부분공간 S에서 찾는 일반적인 최소제곱 문제의 특별한 경우이다. S가 정규직교 기저를 갖는다면 이러한 문제는 쉽게 해결될 수 있다. 우선 다음 정리를 증명하자.

정리 5.5.7 S는 내적공간 V의 부분공간이고 $\mathbf{x} \in V$라 하자. $\{\mathbf{u}_1, \mathbf{u}_2, \cdots, \mathbf{u}_n\}$이 S의 정규직교 기저라 하자. $\mathbf{p}$를 다음과 같이 정의한다고 하자.

$$\mathbf{p} = \sum_{i=1}^{n} c_i\mathbf{u}_i \tag{3}$$

여기서 모든 i에 대해

$$c_i = \langle \mathbf{x}, \mathbf{u}_i \rangle \tag{4}$$

라고 하면, $\mathbf{p} - \mathbf{x} \in S^\perp$이다(그림 5.5.2 참조).

증명 우선, 모든 i에 대하여 $(\mathbf{p} - \mathbf{x}) \perp \mathbf{u}_i$임을 보이겠다.

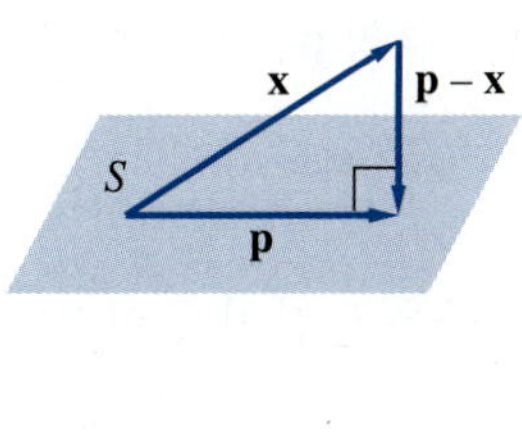

그림 5.5.2

$$\begin{aligned}\langle \mathbf{u}_i, \mathbf{p}-\mathbf{x}\rangle &= \langle \mathbf{u}_i, \mathbf{p}\rangle - \langle \mathbf{u}_i, \mathbf{x}\rangle \\ &= \left\langle \mathbf{u}_i, \sum_{j=1}^{n} c_j \mathbf{u}_j \right\rangle - c_i \\ &= \sum_{j=1}^{n} c_j \langle \mathbf{u}_i, \mathbf{u}_j\rangle - c_i \\ &= 0\end{aligned}$$

그러므로 $\mathbf{p}-\mathbf{x}$는 모든 u_i에 직교한다. 만일 $\mathbf{y} \in S$이면

$$\mathbf{y} = \sum_{i=1}^{n} \alpha_i \mathbf{u}_i$$

그러므로 다음이 성립한다.

$$\langle \mathbf{p}-\mathbf{x}, \mathbf{y}\rangle = \left\langle \mathbf{p}-\mathbf{x}, \sum_{i=1}^{n} \alpha_i \mathbf{u}_i \right\rangle = \sum_{i=1}^{n} \alpha_i \langle \mathbf{p}-\mathbf{x}, \mathbf{u}_i\rangle = 0$$ ■

만일 $\mathbf{x} \in S$이면 위의 결과는 너무 당연한 것이 된다. 그 이유는 정리 5.5.2에 의하여 $\mathbf{p} - \mathbf{x} = \mathbf{0}$이기 때문이다. 만일 $\mathbf{x} \notin S$이면 $\mathbf{p}$는 S의 원소로서 $\mathbf{x}$에 가장 근접한 것이 된다.

정리 5.5.8 정리 5.5.7과 같은 가정하에서 $\mathbf{p}$는 S의 원소로서 $\mathbf{x}$에 가장 근접한다. 즉 S에 속한 그 어떤 $\mathbf{y} \neq \mathbf{p}$에 대해서도 다음이 성립한다.

$$\|\mathbf{y}-\mathbf{x}\| > \|\mathbf{p}-\mathbf{x}\|$$

증명 만일 $\mathbf{y} \in S$이고 $\mathbf{y} \neq \mathbf{p}$이면 다음이 성립한다.

$$\|\mathbf{y}-\mathbf{x}\|^2 = \|(\mathbf{y}-\mathbf{p}) + (\mathbf{p}-\mathbf{x})\|^2$$

$\mathbf{y} - \mathbf{p} \in S$이므로 정리 5.5.7과 피타고라스 법칙으로부터 다음을 얻는다.

$$\|\mathbf{y}-\mathbf{x}\|^2 = \|\mathbf{y}-\mathbf{p}\|^2 + \|\mathbf{p}-\mathbf{x}\|^2 > \|\mathbf{p}-\mathbf{x}\|^2$$

그러므로 $\|\mathbf{y}-\mathbf{x}\| > \|\mathbf{p}-\mathbf{x}\|$이다. ■

식 (3)과 (4)에서 정의된 벡터 $\mathbf{p}$는 S 위로 x의 투영이라 한다.

따름정리 5.5.9 S는 영이 아닌 $\mathbb{R}^m$의 부분공간이고 $\mathbf{b} \in \mathbb{R}^m$이라 하자. 만일 $\{\mathbf{u}_1, \mathbf{u}_2, \cdots, \mathbf{u}_k\}$가 S의 정규직교 기저이고 $U = (\mathbf{u}_1, \mathbf{u}_2, \cdots, \mathbf{u}_k)$이면, S 위로 $\mathbf{b}$의 투영 $\mathbf{p}$는 다음과 같다.

$$\mathbf{p} = UU^T\mathbf{b}$$

증명 정리 5.5.7로부터 S 위로 $\mathbf{b}$의 투영 $\mathbf{p}$는 다음과 같이 주어진다.

$$\mathbf{p} = c_1\mathbf{u}_1 + c_2\mathbf{u}_2 + \cdots + c_k\mathbf{u}_k = U\mathbf{c}$$

여기서

$$\mathbf{c} = \begin{pmatrix} c_1 \\ c_2 \\ \vdots \\ c_k \end{pmatrix} = \begin{pmatrix} \mathbf{u}_1^T\mathbf{b} \\ \mathbf{u}_2^T\mathbf{b} \\ \vdots \\ \mathbf{u}_k^T\mathbf{b} \end{pmatrix} = U^T\mathbf{b}$$

그러므로

$$\mathbf{p} = UU^T\mathbf{b}$$ ■

따름정리 5.5.9에 있는 행렬 UU^T는 $\mathbb{R}^m$의 부분공간 S로 투영시키는 행렬이다. $\mathbb{R}^m$의 어떤 벡터 $\mathbf{b}$에 대해서도 S 위로 $\mathbf{b}$의 투영을 구하려면 S의 정규직교 기저 $\{\mathbf{u}_1, \mathbf{u}_2, \cdots, \mathbf{u}_k\}$를 찾아서 행렬 UU^T를 구성하고 이를 $\mathbf{b}$에 곱하기만 하면 된다.

만일 P가 $\mathbb{R}^m$의 부분공간 S로 투영시키는 행렬이면, 임의의 벡터 $\mathbf{b} \in \mathbb{R}^m$에 대한 S 위로의 투영 $\mathbf{p}$는 유일하게 존재한다. 만일 Q도 $\mathbb{R}^m$의 부분공간 S로 투영시키는 행렬이면 다음이 성립한다.

$$Q\mathbf{b} = \mathbf{p} = P\mathbf{b}$$

그러므로

$$\mathbf{q}_j = Q\mathbf{e}_j = P\mathbf{e}_j = \mathbf{p}_j \qquad j = 1, \ldots, m$$

따라서 $Q = P$이다. 그러므로 $\mathbb{R}^m$의 부분공간 S로 $\mathbb{R}^m$을 투영시키는 행렬도 유일하게 존재한다.

예제 7 S는 $\mathbb{R}^m$에서 $(x, y, 0)^T$의 형태를 지닌 모든 벡터의 집합이다. $\mathbf{w} = (5, 3, 4)^T$에 가장 근접한 벡터 $\mathbf{p}$를 S 내에서 찾아라(그림 5.5.3 참조).

해답 $\mathbf{u}_1 = (1, 0, 0)^T$이고 $\mathbf{u}_2 = (0, 1, 0)^T$라 하자. 그러면 $\mathbf{u}_1$과 $\mathbf{u}_2$는 S의 정규직교 기저이다. 이제 다음을 계산하자.

$$c_1 = \mathbf{w}^T\mathbf{u}_1 = 5$$
$$c_2 = \mathbf{w}^T\mathbf{u}_2 = 3$$

그러면 투영 $\mathbf{p}$는 다음과 같다.

$$\mathbf{p} = 5\mathbf{u}_1 + 3\mathbf{u}_2 = (5, 3, 0)^T$$

또 다른 방법으로, 투영 행렬 UU^T를 이용해서 $\mathbf{p}$를 구할 수 있다.

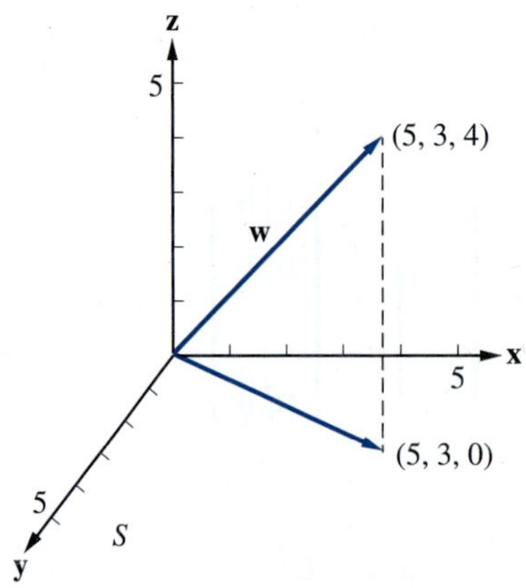

그림 5.5.3

$$\mathbf{p} = UU^T\mathbf{w} = \begin{bmatrix} 1 & 0 & 0 \\ 0 & 1 & 0 \\ 0 & 0 & 0 \end{bmatrix} \begin{bmatrix} 5 \\ 3 \\ 4 \end{bmatrix} = \begin{bmatrix} 5 \\ 3 \\ 0 \end{bmatrix}$$ ■

함수의 근사

많은 응용분야에서 연속 함수를 특별한 함수들의 결합으로 근사 함수를 구할 필요가 있다. 가장 흔하게 차수 n 혹은 그 이하의 다항식을 이용하는 근사를 사용한다. 정리 5.5.8을 이용하면 최소제곱 관점에서 최적인 근사 함수를 구할 수 있다.

예제 8 함수 e^x를 $[0, 1]$ 구간에서 최적의 최소제곱 근사하는 직선 식을 구하라.

해답 S를 $C[0, 1]$에서 모든 선형 함수들로 이루어진 부분공간이라 하자. 1과 x가 S를 생성하지만 직교하지는 않는다. 그러므로 $x - a$의 형태로 1과 직교하는 함수를 찾아야 한다.

$$\langle 1, x - a\rangle = \int_0^1 (x - a)\, dx = \frac{1}{2} - a$$

그러므로 $a = \frac{1}{2}$이다. 그런데 $\|x - \frac{1}{2}\| = 1/\sqrt{12}$이므로, 다음 두 개의 함수가 S의 정규직교 기저를 이룬다.

$$u_1(x) = 1 \quad \text{그리고} \quad u_2(x) = \sqrt{12}\left(x - \tfrac{1}{2}\right)$$

다음을 계산하자.

$$c_1 = \int_0^1 u_1(x)\, e^x\, dx = e - 1$$
$$c_2 = \int_0^1 u_2(x)\, e^x\, dx = \sqrt{3}\,(3 - e)$$

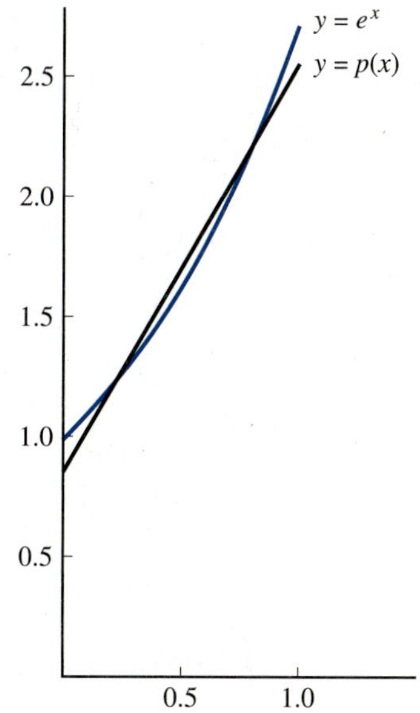

그림 5.5.4

그러면 다음의 투영 $p(x)$를 얻는다.

$$\begin{aligned} p(x) &= c_1u_1(x) + c_2u_2(x) \\ &= (e-1)\cdot 1 + \sqrt{3}(3-e)\left[\sqrt{12}\left(x-\tfrac{1}{2}\right)\right] \\ &= (4e-10) + 6(3-e)x \end{aligned}$$

$p(x)$가 구간 $[0, 1]$에서 함수 e^x을 최소제곱 관점에서 최적으로 근사하는 선형 함수이다(그림 5.5.4 참조). ■

삼각함수를 이용한 근사

삼각함수로 이루어진 다항식은 주기 함수를 근사하는 데 사용된다. n차 **삼각함수 다항식**(trigonometric polynomial)이란 정확히 다음과 같은 형태의 함수이다.

$$t_n(x) = \frac{a_0}{2} + \sum_{k=1}^{n}(a_k \cos kx + b_k \sin kx)$$

다음의 함수 집합이 식 (2)의 내적에 관해서 정규직교 집합을 구성한다는 것을 이미 잘 알고 있다.

$$\frac{1}{\sqrt{2}}, \cos x, \cos 2x, \dots, \cos nx$$

추가로 다음의 함수들을 포함시켜도 마찬가지로 정규직교 집합을 구성한다는 사실은 독자들이 직접 확인하도록 하고, 여기서는 생략하겠다.

$$\sin x, \sin 2x, \ldots, \sin nx$$

이제 정리 5.5.8을 이용하면 주기가 2π인 연속 함수 $f(x)$를 차수 n 혹은 그 이하의 삼각함수 다항식으로 최소제곱의 관점에서 최적인 근사 함수를 구할 수 있다. 다음을 주목하라.

$$\left\langle f, \frac{1}{\sqrt{2}} \right\rangle \frac{1}{\sqrt{2}} = \langle f, 1 \rangle \frac{1}{2}$$

그러므로, 만일

$$a_0 = \langle f, 1 \rangle = \frac{1}{\pi} \int_{-\pi}^{\pi} f(x)\, dx$$

또한 $k = 1, 2, \cdots, n$에 대하여

$$\begin{aligned} a_k = \langle f, \cos kx \rangle &= \frac{1}{\pi} \int_{-\pi}^{\pi} f(x) \cos kx\, dx \\ b_k = \langle f, \sin kx \rangle &= \frac{1}{\pi} \int_{-\pi}^{\pi} f(x) \sin kx\, dx \end{aligned}$$

이 계수들은 함수 f에 대한 최적의 최소제곱 근사 함수를 결정한다. 여기서 계산한 a_k들과 b_k들은 잘 알려진 푸리에 계수(Fourier coefficient)로서 삼각함수들의 결합으로 함수를 근사하는 수많은 응용분야에서 볼 수 있다.

어떤 물체가 수평선의 방향으로 좌측에서 우측으로 진동하면서 움직일 때 이 물체가 시간 x에서 위 또는 아래로 움직이는 위치를 $f(x)$라 하자. 또한 t_n을 f의 n차 푸리에 근사 함수라 하자. 만일

$$r_k = \sqrt{a_k^2 + b_k^2} \quad \text{그리고} \quad \theta_k = \text{Tan}^{-1}\left(\frac{b_k}{a_k}\right)$$

일 때 다음을 얻을 수 있다.

$$\begin{aligned} a_k \cos kx + b_k \sin kx &= r_k \left(\frac{a_k}{r_k} \cos kx + \frac{b_k}{r_k} \sin kx \right) \\ &= r_k \cos(kx - \theta_k) \end{aligned}$$

그러므로 함수 $f(x)$는 간단한 조화 운동의 합으로 나타낼 수 있다.

신호 처리(signal processing) 응용에서는 삼각근사 함수를 복소수 형태로 나타내는 것이 유용하다. 이를 위해서 우선 실수 푸리에 계수 a_k와 b_k로부터 복소수 푸리에 계수 c_k를 다음과 같이 정의하자.

$$c_k = \frac{1}{2}(a_k - ib_k) = \frac{1}{2\pi} \int_{-\pi}^{\pi} f(x)(\cos kx - i \sin kx)\, dx$$

$$= \frac{1}{2\pi}\int_{-\pi}^{\pi} f(x)e^{-ikx}dx \quad (k \geq 0)$$

위에서 두 번째 등호는 다음 관계로부터 얻어진 결과이다.

$$e^{i\theta} = \cos\theta + i\sin\theta$$

또한 c_{-k}를 c_k의 복소 공액(complex conjugate)으로 정의하자. 그러면 다음이 성립한다.

$$c_{-k} = \overline{c_k} = \frac{1}{2}(a_k + ib_k) \quad (k \geq 0)$$

이를 a_k와 b_k에 대하여 풀면 다음과 같은 관계를 얻는다.

$$a_k = c_k + c_{-k} \quad \text{그리고} \quad b_k = i(c_k - c_{-k})$$

그러므로

$$\begin{aligned} c_k e^{ikx} + c_{-k}e^{-ikx} &= (c_k + c_{-k})\cos kx + i(c_k - c_{-k})\sin kx \\ &= a_k\cos kx + b_k\sin kx \end{aligned}$$

따라서 다음의 삼각함수 가항식은

$$t_n(x) = \frac{a_0}{2} + \sum_{k=1}^{n}(a_k\cos kx + b_k\sin kx)$$

복소수 형태로 다음과 같은 모양이 된다.

$$t_n(x) = \sum_{k=-n}^{n} c_k e^{ikx}$$

응용 1 신호 처리

이산 푸리에 변환

그림 5.5.5(a)는 잡음이 섞여 있는 신호의 모양을 보여준다. 여기서 독립 변수 x는 시간을 나타내며 신호의 값은 시간의 함수로 그려져 있다. 이런 문제에서는 대개 시간 0에서 시작하는 신호를 다루게 된다. 그러므로 내적공간의 구간을 $[-\pi, \pi]$보다는 $[0, 2\pi]$로 택하도록 하겠다.

신호 $f(x)$를 다음과 같은 삼각함수 다항식으로 근사해 보자.

$$t_n(x) = \sum_{k=-n}^{n} c_k e^{ikx}$$

앞서 논의한 대로 삼각함수를 이용하여 근사하면 주어진 함수를 간단한 조화 함수의 합으로 표현할 수 있다. k차 조화 함수는 $r_k \cos(k_x - \theta_k)$로 쓰일 수 있다. 이 함수는 **각주파수**(angular frequency) k를 갖는다고 한다. 근사한 결과에서 k가 증가할수록 c_k가 급격히 0에 가까워지는 신호를 **부드러운**(smooth) 신호라고 한다. 주파수가 비교적 큰 쪽의 계수가 작지 않다면 그래프의 모양은 그림 5.5.5(a)와 같이 잡음이 섞여 있는 것으로 보인다. 이들 계수를 0으로 조정하여 신호를 정류(filter)할 수 있다. 그림 5.5.5(b)는 이처럼 고주파 성분의 계수를 0으로 조정하여 얻은 부드러운 신호의 모습을 보여준다.

실제 신호 처리 응용에서는 신호 함수 $f(x)$의 수학적 공식이 주어지지 않는다. 다만, 신호는 시간의 수열 $x_0, x_1, \cdots, x_N$에서 추출된다. 여기서 $x_j = \frac{2j\pi}{N}$이다. 그래서 함수 f는 다음과 같은 N개의 값으로 표현된다.

$$y_0 = f(x_0),\ y_1 = f(x_1), \ldots, y_{N-1} = f(x_{N-1})$$

[참고: $y_N = f(2\pi) = f(0) = y_0$이다]. 이런 경우 적분을 이용하여 푸리에 계수를 구할 수는 없다. 따라서 다음 식

$$c_k = \frac{1}{2\pi}\int_0^{2\pi} f(x)e^{-ikx}dx$$

을 이용하기보다는 수치적인 방법, 즉 사다리꼴 법칙을 이용하여 적분을 근사할 수 있다.

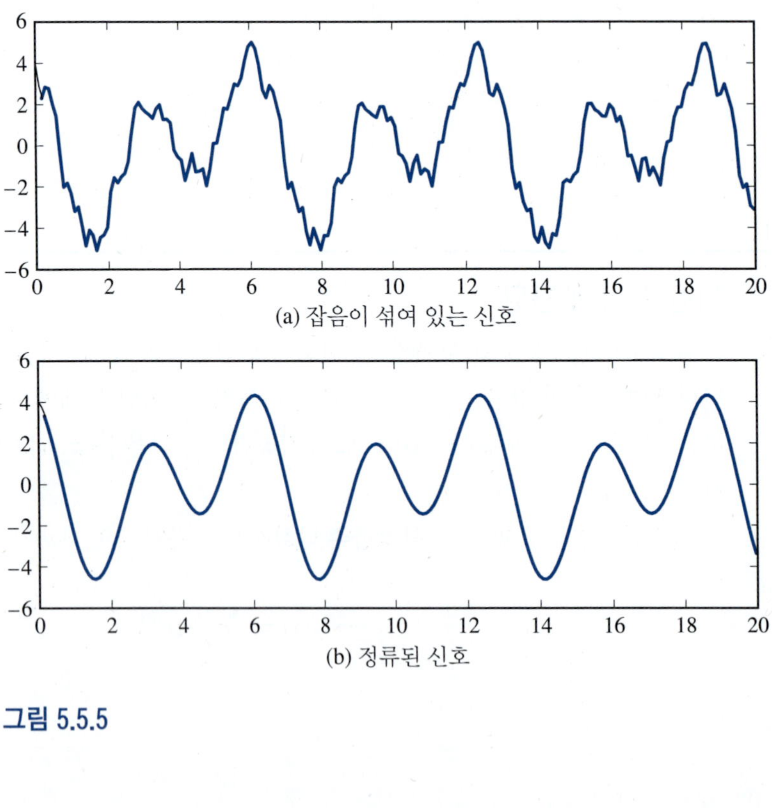

(a) 잡음이 섞여 있는 신호

(b) 정류된 신호

그림 5.5.5

이 경우 근사 결과는 다음과 같이 주어진다.

$$d_k = \frac{1}{N}\sum_{j=0}^{N-1} f(x_j)e^{-ikx_j} \tag{5}$$

여기서 계수 d_k는 푸리에 계수의 근삿값이다. 추출한 값의 개수 N이 증가할수록 근삿값 d_k는 c_k에 가까워질 것이다.

만일

$$\omega_N = e^{-\frac{2\pi i}{N}} = \cos\frac{2\pi}{N} - i\sin\frac{2\pi}{N}$$

라고 할 때 식 (5)는 다음과 같은 형태로 표현된다.

$$d_k = \frac{1}{N}\sum_{j=0}^{N-1} y_j\omega_N^{jk}$$

유한 수열 $\{d_0, d_1, \cdots, d_{N-1}\}$은 신호 $\{y_0, y_1, \cdots, y_{N-1}\}$의 **이산 푸리에 변환**(discrete Fourier transform)이라고 한다. 이산 푸리에 변환은 행렬과 벡터의 단 한 번의 곱으로 수행될 수 있다. 예를 들어 $N = 4$인 경우 푸리에 계수들은 다음과 같이 주어진다.

$$\begin{aligned}
d_0 &= \frac{1}{4}(y_0 + y_1 + y_2 + y_3) \\
d_1 &= \frac{1}{4}(y_0 + \omega_4 y_1 + \omega_4^2 y_2 + \omega_4^3 y_3) \\
d_2 &= \frac{1}{4}(y_0 + \omega_4^2 y_1 + \omega_4^4 y_2 + \omega_4^6 y_3) \\
d_3 &= \frac{1}{4}(y_0 + \omega_4^3 y_1 + \omega_4^6 y_2 + \omega_4^9 y_3)
\end{aligned}$$

만일

$$\mathbf{z} = \frac{1}{4}\mathbf{y} = \frac{1}{4}(y_0, y_1, y_2, y_3)^T$$

라고 할 때 벡터 $\mathbf{d} = (d_0, d_1, d_2, d_3)^T$는 $\mathbf{z}$에 다음의 행렬을 곱하여 얻어진 결과이다.

$$F_4 = \begin{pmatrix} 1 & 1 & 1 & 1 \\ 1 & \omega_4 & \omega_4^2 & \omega_4^3 \\ 1 & \omega_4^2 & \omega_4^4 & \omega_4^6 \\ 1 & \omega_4^3 & \omega_4^6 & \omega_4^9 \end{pmatrix} = \begin{pmatrix} 1 & 1 & 1 & 1 \\ 1 & -i & -1 & i \\ 1 & -1 & 1 & -1 \\ 1 & i & -1 & -i \end{pmatrix}$$

여기서 행렬 F_4를 **푸리에 행렬**(Fourier matrix)이라고 한다.

추출 값이 $y_0, y_1, \cdots, y_{N-1}$에서와 같이 N개인 경우는 다음과 같이 계산하여 푸리에 계수를 구한다.

$$\mathbf{z} = \frac{1}{N}\mathbf{y} \quad \text{그리고} \quad \mathbf{d} = F_N\mathbf{z}$$

여기서 $\mathbf{y} = (y_0, y_1, \cdots, y_{N-1})^T$이고 F_N은 $N \times N$ 행렬로서 (j, k) 성분은 $f_{j,k} = \omega_N^{(j-1)(k-1)}$로 주어진다. 위와 같이 F_N과 $\mathbf{z}$를 곱하여 이산 푸리에 변환 $\mathbf{d}$를 얻는 방법을 *DFT* 알고리즘이라고 한다. DFT 알고리즘에는 N^2의 상수배만큼의 산술 연산이 필요하다(복소수 연산이 필요하므로 대략 $8N^2$이다).

실제 신호 처리 응용에서는 N이 매우 큰 값이다. 그러므로 이산 푸리에 변환을 구하는 *DFT* 알고리즘을 수행하려면 오늘날의 첨단 컴퓨터를 이용해도 엄청나게 많은 시간과 비용이 든다. 그런데 1965년 J. W. 쿨리(Cooley)와 J. W. 투키(Tukey)에 의해서 놀랄 만큼 더 효과적으로 이산 푸리에 변환을 계산하는 방법이 개발되면서 신호 처리 분야는 혁명적으로 발전하게 되었다. 그런데 더욱 놀라운 사실은 1965년에 발표된 쿨리와 투키의 논문은 사실상 1805년에 가우스가 발표한 결과의 재발견이라는 것이다.

고속 푸리에 변환

고속 푸리에 변환(fast Fourier transform) 혹은 간단히 *FFT*라고 알려져 있는 쿨리와 투키의 방법은 이산 푸리에 변환을 계산하는 효율적인 방법이다. 이는 푸리에 행렬이 갖는 특별한 구조를 잘 이용한 결과이다. 이제 $N = 4$인 경우에 대해 이 방법을 구체적으로 설명하고자 한다. 그 특별한 구조를 파악하기 위하여 홀수 번째 열 벡터를 모두 짝수 번째 열 벡터의 왼쪽에 오도록 F_4의 열 벡터들을 재배치하자. 이러한 재배치는 다음과 같은 순열 행렬을 F_4의 오른쪽에 곱한 결과이기도 하다.

$$P_4 = \begin{pmatrix} 1 & 0 & 0 & 0 \\ 0 & 0 & 1 & 0 \\ 0 & 1 & 0 & 0 \\ 0 & 0 & 0 & 1 \end{pmatrix}$$

만일 $\mathbf{w} = P_4^T\mathbf{z}$라고 둔다면 다음을 얻는다.

$$F_4\mathbf{z} = F_4P_4P_4^T\mathbf{z} = F_4P_4\mathbf{w}$$

행렬 F_4P_4를 다음과 같은 모양의 2×2 블록의 형태로 구분하자.

$$F_4P_4 = \left(\begin{array}{cc|cc} 1 & 1 & 1 & 1 \\ 1 & -1 & -i & i \\ \hline 1 & 1 & -1 & -1 \\ 1 & -1 & i & -i \end{array}\right)$$

그러면 (1, 1)과 (2, 1) 블록 성분은 푸리에 행렬 F_2와 동일한 것을 알 수 있다. 다음과 같은 행렬 D_2를 생각하자.

$$D_2 = \begin{bmatrix} 1 & 0 \\ 0 & -i \end{bmatrix}$$

그러면 F_4P_4의 (1, 2)와 (2, 2) 블록 성분은 각각 D_2F_2와 $-D_2F_2$이다. 푸리에 변환을 수행하는 행렬의 곱셈은 이제 다음과 같은 블록 단위로 수행할 수 있다.

$$\mathbf{d}_4 = \begin{bmatrix} F_2 & D_2F_2 \\ F_2 & -D_2F_2 \end{bmatrix} \begin{bmatrix} \mathbf{w}_1 \\ \mathbf{w}_2 \end{bmatrix} = \begin{bmatrix} F_2\mathbf{w}_1 + D_2F_2\mathbf{w}_2 \\ F_2\mathbf{w}_1 - D_2F_2\mathbf{w}_2 \end{bmatrix}$$

계산 과정은 길이 2인 푸리에 변환을 두 번 수행하는 것으로 줄어들게 되었다. 만일 $\mathbf{q}_1 = F_2\mathbf{w}_1$, $\mathbf{q}_2 = D_2(F_2\mathbf{w}_2)$라고 둔다면 다음을 얻는다.

$$\mathbf{d}_4 = \begin{bmatrix} \mathbf{q}_1 + \mathbf{q}_2 \\ \mathbf{q}_1 - \mathbf{q}_2 \end{bmatrix}$$

지금까지 설명한 계산 과정은 일반적으로 추출 값의 개수 N이 짝수인 경우에 모두 적용할수 있다. 만일 $N = 2m$이면, F_{2m}의 열 벡터들을 재배치하여 홀수 번째 열 벡터를 모두 왼쪽으로 오게 하고, 푸리에 행렬 $F_{2m}P_{2m}$을 $m \times m$ 블록들로 다음과 같이 구분할 수 있다.

$$F_{2m}P_{2m} = \begin{bmatrix} F_m & D_mF_m \\ F_m & -D_mF_m \end{bmatrix}$$

여기서 D_m은 대각 행렬로서 대각선에 있는 (j, j) 성분이 ω_{2m}^{j-1}이다. 이제 이산 푸리에 변환은 길이 m인 두 개의 이산 푸리에 변환을 수행함으로써 얻어진다. 만일 m마저도 짝수라면 길이 m인 두 개의 이산 푸리에 변환 각각도 길이 $\frac{m}{2}$인 두 개의 푸리에 변환을 수행하여 얻을 수 있다.

만일 처음부터 N이 2의 제곱수 형태라면(예를 들어 $N = 2^k$), 위의 과정을 k번 재귀적으로 적용할 수 있다. 이렇게 얻어진 FFT 알고리즘을 수행하는 데 필요한 연산수는 $N_k = N \log_2 N$에 비례한다. 실제로 FFT 계산에 필요한 연산수는 대략 $5N \log_2 N$ 정도이다. 과연 얼마나 빨라진 것일까? 예를 들어 $N = 2^{20} = 1{,}048{,}576$인 경우를 생각하자. 이 경우 DFT 알고리즘을 수행하려면 대략 $8 \cdot 2^{40}$번의 연산이 필요하다. 이 수는 대략 8.8조에 해당한다. 반면에 FFT 알고리즘은 고작 $100N = 100 \cdot 2^{20}$, 즉 1억 번의 연산이면 충분하다. 이 두 수 간의 비는 다음과 같다.

$$r = \frac{8N^2}{5N \log_2 N} = 0.08 \cdot 1{,}048{,}576 = 83{,}886$$

이 경우, 결국 FFT 알고리즘은 DFT 알고리즘보다 약 84,000배 빠르다는 것을 알 수 있다.

5.5 연습문제

1. 다음 중 어느 집합이 $\mathbb{R}^2$에서 정규직교 기저인가?

(a) $\{(1,0)^T, (0,1)^T\}$

(b) $\left\{\left(\frac{3}{5}, \frac{4}{5}\right)^T, \left(\frac{5}{13}, \frac{12}{13}\right)^T\right\}$

(c) $\{(1,-1)^T, (1,1)^T\}$

(d) $\left\{\left(\frac{\sqrt{3}}{2}, \frac{1}{2}\right)^T, \left(-\frac{1}{2}, \frac{\sqrt{3}}{2}\right)^T\right\}$

2. 다음의 벡터를 생각하자.

$$\mathbf{u}_1 = \begin{bmatrix} \frac{1}{3\sqrt{2}} \\ \frac{1}{3\sqrt{2}} \\ -\frac{4}{3\sqrt{2}} \end{bmatrix}, \quad \mathbf{u}_2 = \begin{bmatrix} \frac{2}{3} \\ \frac{2}{3} \\ \frac{1}{3} \end{bmatrix}, \quad \mathbf{u}_3 = \begin{bmatrix} \frac{1}{\sqrt{2}} \\ -\frac{1}{\sqrt{2}} \\ 0 \end{bmatrix}$$

(a) 집합 $\{\mathbf{u}_1, \mathbf{u}_2, \mathbf{u}_3\}$는 $\mathbb{R}^3$에서 정규직교 기저임을 증명하라.

(b) $\mathbf{x} = (1, 1, 1)^T$라고 하자. 정리 5.5.2를 이용하여 $\mathbf{x}$를 $\mathbf{u}_1, \mathbf{u}_2, \mathbf{u}_3$의 선형 결합으로 표현하고 파서발의 공식을 이용하여 $\mathbf{x}$를 구하라.

3. S는 $\mathbb{R}^3$의 부분공간으로서 연습문제 2에 있는 $\mathbf{u}_2$와 $\mathbf{u}_3$에 의해 생성된 공간이라 하고 $\mathbf{x} = (1, 2, 2)^T$라 하자. S 위로 $\mathbf{x}$의 투영 $\mathbf{p}$를 구하라. $(\mathbf{p} - \mathbf{x}) \perp \mathbf{u}_2$이고 $(\mathbf{p} - \mathbf{x}) \perp \mathbf{u}_3$임을 증명하라.

4. θ는 고정된 실수이고 다음을 가정하자.

$$\mathbf{x}_1 = \begin{bmatrix} \cos\theta \\ \sin\theta \end{bmatrix} \quad \text{그리고} \quad \mathbf{x}_2 = \begin{bmatrix} -\sin\theta \\ \cos\theta \end{bmatrix}$$

(a) $\{\mathbf{x}_1, \mathbf{x}_2\}$가 $\mathbb{R}^2$에서 정규직교 기저임을 증명하라.

(b) $\mathbb{R}^2$에 속한 임의의 벡터 $\mathbf{y}$가 주어졌다고 하고 이를 선형 결합 $c_1\mathbf{x}_1 + c_2\mathbf{x}_2$의 형태로 표현하라.

(c) 다음을 증명하라.

$$c_1^2 + c_2^2 = \|\mathbf{y}\|^2 = y_1^2 + y_2^2$$

5. $\mathbf{u}_1$과 $\mathbf{u}_2$가 $\mathbb{R}^2$의 정규직교 기저를 이룬다고 하고 $\mathbf{u}$는 $\mathbb{R}^3$에 속한 임의의 단위 벡터라고 하자. 만일 $\mathbf{u}^T\mathbf{u}_1 = \frac{1}{2}$이라면 $|\mathbf{u}^T\mathbf{u}_2|$의 값을 구하라.

6. 집합 $\{\mathbf{u}_1, \mathbf{u}_2, \mathbf{u}_3\}$를 내적공간 V의 정규직교 기저라 하고 다음을 생각하자.

$$\mathbf{u} = \mathbf{u}_1 + 2\mathbf{u}_2 + 2\mathbf{u}_3 \quad \text{그리고} \quad \mathbf{v} = \mathbf{u}_1 + 7\mathbf{u}_3$$

다음 각각의 값을 구하라.

(a) $\langle \mathbf{u}, \mathbf{v} \rangle$ **(b)** $\|\mathbf{u}\|$와 $\|\mathbf{v}\|$

(c) $\mathbf{u}$와 $\mathbf{v}$의 사이각 θ

7. 집합 $\{\mathbf{u}_1, \mathbf{u}_2, \mathbf{u}_3\}$를 내적공간 V의 정규직교 기저라 하자. 만일 벡터 $\mathbf{x} = c_1\mathbf{u}_1 + c_2\mathbf{u}_2 + c_3\mathbf{u}_3$가 $\|\mathbf{x}\| = 5$, $(\mathbf{u}_1, \mathbf{x}) = 4$, $\mathbf{x} \perp \mathbf{u}_2$인 벡터라면 c_1, c_2, c_3가 가질 수 있는 값은 얼마인가?

8. 함수 $\cos x$와 $\sin x$는 $C[-\pi, \pi]$에서 정규직교 집합이다. 만일

$$f(x) = 3\cos x + 2\sin x \quad \text{그리고} \quad g(x) = \cos x - \sin x$$

라고 할 때 따름정리 5.5.3을 이용하여 다음의 값을 구하라.

$$\langle f, g \rangle = \frac{1}{\pi}\int_{-\pi}^{\pi} f(x)g(x)\,dx$$

9. 다음의 집합을 생각하자.

$$S = \left\{\frac{1}{\sqrt{2}}, \cos x, \cos 2x, \cos 3x, \cos 4x\right\}$$

이는 $C[-\pi, \pi]$에서 식 (2)의 내적에 관한 정규직교 집합이다.

(a) 삼각함수의 관계를 이용하여 $\sin^4 x$를 S의 함수들의 선형 결합으로 표현하라.

(b) 위의 (a)의 결과와 정리 5.5.2를 이용하여 다음 적분값을 구하라.

(i) $\int_{-\pi}^{\pi} \sin^4 x \cos x\,dx$ **(ii)** $\int_{-\pi}^{\pi} \sin^4 x \cos 2x\,dx$

(iii) $\int_{-\pi}^{\pi} \sin^4 x \cos 3x\,dx$ **(iv)** $\int_{-\pi}^{\pi} \sin^4 x \cos 4x\,dx$

10. 푸리에 행렬 F_8을 적어라. F_8P_8이 다음과 같은 블록 형태로 구분될 수 있음을 증명하라.

$$\begin{bmatrix} F_4 & D_4F_4 \\ F_4 & -D_4F_4 \end{bmatrix}$$

11. 직교 행렬의 전치 행렬도 역시 직교 행렬임을 증명하라.

12. Q가 $n \times n$ 직교 행렬이고 $\mathbf{x}$와 $\mathbf{y}$는 $\mathbb{R}^n$에 속하는 영이 아닌 벡터라면 $\mathbf{x}$와 $\mathbf{y}$의 사이각과 $Q\mathbf{x}$와 $Q\mathbf{y}$의 사이각을 비교하면 어떠한가? 여러분의 답을 증명하라.

13. Q는 $n \times n$ 직교 행렬이라 하자. 귀납법을 이용하여 다음 각각을 증명하라.

(a) 모든 양의 정수 m에 대하여 $(Q^m)^{-1} = (Q^T)^m = (Q^m)^T$이다.

(b) 임의의 $\mathbf{x} \in \mathbb{R}^n$에 대해 $\|Q^m\mathbf{x}\| = \|\mathbf{x}\|$

14. $\mathbf{u}$를 $\mathbb{R}^n$의 단위 벡터라 하고 $H = I - 2\mathbf{u}\mathbf{u}^T$라 하자. H는 직교 행렬이고 대칭 행렬임을 증명하고, 이로써 H의 역행렬은 H임을 증명하라.

15. Q를 직교 행렬이라 하고 $d = \det(Q)$라 하자. $|d| = 1$임을 증명하라.

16. 직교 행렬 두 개를 곱하면 그 결과도 직교 행렬임을 증명하라. 순열 행렬 두 개를 곱해도 순열 행렬이 되는가? 이를 설명하라.

17. $n \times n$ 순열 행렬의 총 개수는 몇 개인가?

18. 만일 P가 대칭 행렬이면서 순열 행렬이면 $P^{2k} = I$이고 $P^{2k+1} = P$임을 증명하라.

19. 만일 U가 $n \times n$ 직교 행렬이면 다음이 성립함을 증명하라.

$$\mathbf{u}_1\mathbf{u}_1^T + \mathbf{u}_2\mathbf{u}_2^T + \cdots + \mathbf{u}_n\mathbf{u}_n^T = I$$

20. 만일 $Q \in \mathbb{R}^{n\times n}$이 위쪽 삼각형 형태의 직교 행렬이면 모든 $j = 1, 2, \cdots, n$에 대하여 $\mathbf{q}j = \pm\mathbf{e}_j$임을 귀납적으로 증명하라.

21. 행렬 A는 다음과 같다.

$$A = \begin{pmatrix} -\frac{1}{2} & -\frac{1}{2} \\ -\frac{1}{2} & \frac{1}{2} \\ \frac{1}{2} & -\frac{1}{2} \\ -\frac{1}{2} & -\frac{1}{2} \end{pmatrix}$$

(a) A의 열 벡터들이 $\mathbb{R}^4$의 정규직교 집합임을 증명하라.

(b) 다음 $\mathbf{b}$에 대하여 최소제곱 문제 $A\mathbf{x} = \mathbf{b}$를 풀어라.

(i) $\mathbf{b} = (2, 2, 2, 2)^T$ **(ii)** $\mathbf{b} = (8, 2, 4, 6)^T$

(iii) $\mathbf{b} = (6, 0, -4, 2)^T$

22. 연습문제 21에 있는 행렬 A를 생각하자.

(a) $\mathbb{R}^4$에 있는 벡터를 $R(A)$ 위로 투영시키는 행렬 P를 구하라.

(b) 연습문제 21(b)에서 구한 각각의 $\mathbf{x}$에 대하 여 $A\mathbf{x}$와 $P\mathbf{b}$를 구하고 이들을 비교하라.

23. 연습문제 21에 있는 행렬 A를 생각하자.

(a) $N(A^T)$의 정규직교 기저를 구하라.

(b) $\mathbb{R}^4$에 있는 벡터를 $N(A^T)$ 위로 투영시키는 행렬 Q를 구하라.

24. A는 $m \times n$ 행렬이고 P는 $\mathbb{R}^m$의 벡터를 $R(A)$로 투영시키는 행렬이고 Q는 $\mathbb{R}^n$의 벡터를 $R(A^T)$로 투영시키는 행렬이라 하자. 다음을 증명하라.

(a) $I - P$는 $\mathbb{R}^m$을 $N(A^T)$ 위로 투영시키는 행렬이다.

(b) $I - Q$는 $\mathbb{R}^n$을 $N(A)$ 위로 투영시키는 행렬이다.

25. P는 $\mathbb{R}^m$을 부분공간 S로 투영시키는 행렬이라 하자. 다음을 증명하라.

(a) $P^2 = P$ **(b)** $P^T = P$

26. A는 $m \times n$ 행렬로서 열 벡터들이 서로 직교한다고 하고 $\mathbf{b} \in \mathbb{R}^m$이라 두자. 만일 $\mathbf{y}$가 최소제곱 문제 $A\mathbf{x} = \mathbf{b}$의 해이면 다음이 성립함을 증명하라.

$$y_i = \frac{\mathbf{b}^T\mathbf{a}_i}{\mathbf{a}_i^T\mathbf{a}_i} \qquad i = 1, \ldots, n$$

27. $\mathbf{v}$를 내적공간 V의 벡터이고 $\mathbf{p}$를 벡터 $\mathbf{v}$를 V의 n 차원 부분공간 S 위로 투영시킨 벡터라고 하자. $\|\mathbf{p}\| \le \|\mathbf{v}\|$ 임을 보여라. 어떠한 조건에서 등식이 성립되는가?

28. $\mathbf{v}$를 내적공간 V의 벡터이고 $\mathbf{p}$를 벡터 $\mathbf{v}$를 V의 n 차원 부분공간 S 위로 투영시킨 벡터라고 하자. $\|\mathbf{p}\|^2 = \langle \mathbf{p}, \mathbf{v}\rangle$ 임을 보여라.

29. 벡터공간 $C[-1, 1]$에서 다음의 내적과

$$\langle f, g\rangle = \int_{-1}^{1} f(x)g(x)\,dx$$

다음의 노옴이 주어졌다고 하자.

$$\|f\| = (\langle f, f\rangle)^{1/2}$$

(a) 벡터 1과 x가 직교함을 증명하라.

(b) $\|1\|$과 $\|x\|$를 구하라.

(c) 함수 $x^{1/3}$을 $[-1, 1]$ 구간에서 선형 함수 $l(x) = c_1 1 + c_2 x$로 만드는 최적의 최소제곱 근사 함수를 구하라.

(d) $[-1, 1]$ 구간에서 $x^{1/3}$과 $l(x)$의 그래프를 그려라.

30. 내적공간 $C[0, 1]$에서 다음과 같은 내적을 생각하자.

$$\langle f, g\rangle = \int_0^1 f(x)g(x)\,dx$$

S는 1과 $2x - 1$에 의해 생성된 부분공간이라 하자.

(a) 1과 $2x - 1$이 직교함을 증명하라.

(b) $\|1\|$과 $\|2x - 1\|$을 구하라.

(c) 함수 $\sqrt{x}$에 대한 최적의 최소제곱 근사 함수를 부분공간 S에서 구하라.

31. 다음 집합을 생각하자.

$$S = \{1/\sqrt{2}, \cos x, \cos 2x, \ldots, \cos nx, \\ \sin x, \sin 2x, \ldots, \sin nx\}$$

S는 $C[-\pi, \pi]$에서 식 (2)로 정의된 내적에 관한 정규직교 집합임을 증명하라.

32. 구간 $[-\pi, \pi]$에서 함수 $f(x) = |x|$에 대한 최적의 최소제곱 근사 함수를 차수 2 혹은 그 이하의 삼각함수 다항식으로 구하라.

33. $\{\mathbf{x}_1, \mathbf{x}_2, \cdots, \mathbf{x}_k, \mathbf{x}_{k+1}, \cdots, \mathbf{x}_n\}$이 내적공간 V의 정규직교 기저라 하자. S_1은 $\mathbf{x}_1, \mathbf{x}_2, \cdots, \mathbf{x}_k$에 의해 생성된 V의 부분공간이고 S_2는 $\mathbf{x}_{k+1}, \mathbf{x}_{k+2}, \cdots, \mathbf{x}_n$에 의해 생성된 부분공간이라 하자. $S_1 \perp S_2$임을 증명하라.

34. $\mathbf{x}$는 연습문제 33의 내적공간 V의 원소라 하고 $\mathbf{p}_1$과 $\mathbf{p}_2$는 각각 S_1과 S_2 위로 $\mathbf{x}$의 투영이라 하자. 다음을 증명하라.

(a) $\mathbf{x} = \mathbf{p}_1 + \mathbf{p}_2$

(b) 만일 $\mathbf{x} \in S_1^\perp$이면 $\mathbf{p}_1 = \mathbf{0}$이고, 그러므로 $S_1^\perp = S_2$이다.

35. S를 내적공간 V의 부분공간이라 하자. $\{\mathbf{x}_1, \cdots, \mathbf{x}_n\}$이 S의 정규직교 기저라 하고 $\mathbf{x} \in V$를 생각하자. $\mathbf{x}$를 S의 원소로 만드는 최적의 최소제곱 근사는 다음과 같음을 증명하라.

$$\mathbf{p} = \sum_{i=1}^{n} \frac{\langle \mathbf{x}, \mathbf{x}_i\rangle}{\langle \mathbf{x}_i, \mathbf{x}_i\rangle}\mathbf{x}_i$$

36. (실수 혹은 복소수) 스칼라 u를 방정식 $u^n = 1$에 대하여, 1에 대한 n차의 근 중 하나라고 하자.

(a) 만일 u가 $u \neq 1$인 1에 대한 n차의 근 중 하나라고 할 때 다음 식이 성립함을 증명하라.

$$1 + u + +u^2 + \cdots + u^{n-1} = 0$$

[힌트: $1 - u^n = (1 - u)(1 + u + u^2 + \cdots + u^{n-1})$]

(b) $\omega_n = e^{\frac{2\pi i}{n}}$이라고 하자. 오일러의 공식(Euler's formula : $e^{i\theta} = \cos\theta + i\sin\theta$)을 이용하여, ω_n이 1에 대한 n차의 근임을 보여라.

(c) 만일 j와 k가 양의 정수이고, $u_j = \omega_n^{j-1}$, $z_k = \omega_n^{-(k-1)}$라고 두면, u_j, z_k 그리고 $u_j z_k$ 또한 모두 1에 대한 n차의 근임을 보여라.

37. ω_n, u_j 그리고 z_k를 연습문제 36에서 정의된 것으로 하자. 만일 F_n이 $n \times n$ 푸리에 행렬이라고 하면, (j, s) 원소는 다음과 같다.

$$f_{js} = \omega_n^{(j-1)(s-1)} = u^{s-1}$$

G_n을 다음과 같이 정의된 행렬이라고 하자.

$$g_{sk} = \frac{1}{f_{sk}} = \omega^{-(s-1)(k-1)} = z_k^{s-1}, \quad 1 \le s \le n, \\ 1 \le k \le n$$

$F_n G_n$의 (j, k) 원소는 다음과 같음을 보여라.

$$1 + u_j z_k + (u_j z_k)^2 + \cdots + (u_j z_k)^{n-1}$$

38. 연습문제 36과 37의 결과를 이용하여, F_n이 비특이 행렬이고, 다음 식이 성립함을 보여라.

$$F_n^{-1} = \frac{1}{n}G_n = \frac{1}{n}\overline{F_n}$$

여기서, $\overline{F_n}$은 (i, j)의 요소가 f_{ij}의 복소 공액(complex conjugate)인 행렬이다.

5.6 그람-슈미트 직교화 과정

이 절에서는 n차원 내적공간 V에서 정규직교 기저를 구성하는 방법을 다루겠다. 이 방법은 임의의 기저 $\{\mathbf{x}_1, \mathbf{x}_2, \cdots, \mathbf{x}_n\}$을 투영을 통해서 정규직교 기저 $\{\mathbf{u}_1, \mathbf{u}_2, \cdots, \mathbf{u}_n\}$으로 변환시키는 것이다.

$\mathbf{u}_i$들은 $k = 1, 2, \cdots, n$에 대해서 다음을 만족하도록 구성될 것이다.

$$\mathrm{Span}(\mathbf{u}_1, \ldots, \mathbf{u}_k) = \mathrm{Span}(\mathbf{x}_1, \ldots, \mathbf{x}_k)$$

이를 위해서 우선 다음과 같이 $\mathbf{u}_1$을 구성하자.

$$\mathbf{u}_1 = \left(\frac{1}{\|\mathbf{x}_1\|}\right)\mathbf{x}_1 \tag{1}$$

그러면 $\mathbf{u}_1$은 $\mathbf{x}_1$방향으로의 단위 벡터이므로 $\mathrm{Span}(\mathbf{u}_1) = \mathrm{Span}(\mathbf{x}_1)$이 성립한다. 이제 $\mathbf{p}_1$을 $\mathrm{Span}(\mathbf{x}_1) = \mathrm{Span}(\mathbf{u}_1)$ 위로 $\mathbf{x}_2$의 투영이라 하자.

$$\mathbf{p}_1 = \langle \mathbf{x}_2, \mathbf{u}_1 \rangle \, \mathbf{u}_1$$

정리 5.5.7에 의해서

$$(\mathbf{x}_2 - \mathbf{p}_1) \perp \mathbf{u}_1$$

$\mathbf{x}_2 - \mathbf{p}_1 \neq 0$임을 주목하라. 그 이유는 다음 식이 성립하고

$$\mathbf{x}_2 - \mathbf{p}_1 = \frac{-\langle \mathbf{x}_2, \mathbf{u}_1 \rangle}{\|\mathbf{x}_1\|}\mathbf{x}_1 + \mathbf{x}_2 \tag{2}$$

그리고 $\mathbf{x}_1$과 $\mathbf{x}_2$가 선형 독립이기 때문이다. 만일 $\mathbf{u}_2$를 다음과 같이 구성하면

$$\mathbf{u}_2 = \frac{1}{\|\mathbf{x}_2 - \mathbf{p}_1\|}(\mathbf{x}_2 - \mathbf{p}_1) \tag{3}$$

$\mathbf{u}_2$는 $\mathbf{u}_1$과 직교하는 단위 벡터이다. (1), (2), (3)으로부터 $\mathrm{Span}(\mathbf{u}_1, \mathbf{u}_2) \subset \mathrm{Span}(\mathbf{x}_1, \mathbf{x}_2)$를 얻는다. 그런데 $\mathbf{u}_1$과 $\mathbf{u}_2$는 선형 독립이므로 $\{\mathbf{u}_1, \mathbf{u}_2\}$는 $\mathrm{Span}(\mathbf{x}_1, \mathbf{x}_2)$의 정규직교 기저이다. 그러므로 $\mathrm{Span}(\mathbf{x}_1, \mathbf{x}_2) = \mathrm{Span}(\mathbf{u}_1, \mathbf{u}_2)$이다.

$$\mathrm{Span}(\mathbf{x}_1, \mathbf{x}_2) = \mathrm{Span}(\mathbf{u}_1, \mathbf{u}_2)$$

$\mathbf{u}_3$를 구성하기 위해서 마찬가지 방법으로 계속하자. $\mathbf{p}_2$를 $\mathrm{Span}(\mathbf{x}_1, \mathbf{x}_2) = \mathrm{Span}(\mathbf{u}_1, \mathbf{u}_2)$ 위로 $\mathbf{x}_3$의 투영이라 하자.

$$\mathbf{p}_2 = \langle \mathbf{x}_3, \mathbf{u}_1 \rangle \, \mathbf{u}_1 + \langle \mathbf{x}_3, \mathbf{u}_2 \rangle \, \mathbf{u}_2$$

그리고 $\mathbf{u}_3$를 다음과 같이 구성한다.

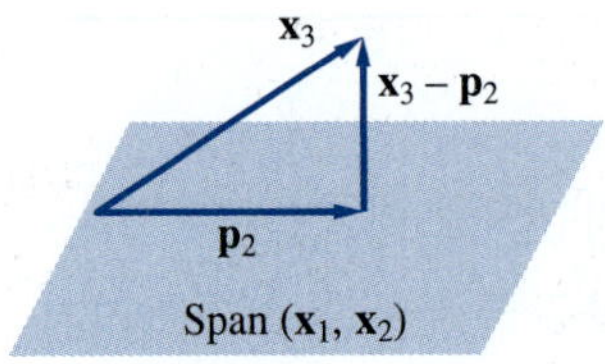

그림 5.6.1

$$\mathbf{u}_3 = \frac{1}{\|\mathbf{x}_3 - \mathbf{p}_2\|}(\mathbf{x}_3 - \mathbf{p}_2)$$

이를 계속한다(그림 5.6.1 참조).

정리 5.6.1 **그람-슈미트 과정**

$\{\mathbf{x}_1, \mathbf{x}_2, \cdots, \mathbf{x}_n\}$을 내적공간 V의 기저라 하자. 다음 $\mathbf{u}_1$을 구성하자.

$$\mathbf{u}_1 = \left(\frac{1}{\|\mathbf{x}_1\|}\right)\mathbf{x}_1$$

그리고 $\mathbf{u}_2, \cdots, \mathbf{u}_n$을 다음과 같이 재귀적으로 정의하자.

$$\mathbf{u}_{k+1} = \frac{1}{\|\mathbf{x}_{k+1} - \mathbf{p}_k\|}(\mathbf{x}_{k+1} - \mathbf{p}_k) \qquad k = 1, \ldots, n-1$$

여기서

$$\mathbf{p}_k = \langle \mathbf{x}_{k+1}, \mathbf{u}_1 \rangle \mathbf{u}_1 + \langle \mathbf{x}_{k+1}, \mathbf{u}_2 \rangle \mathbf{u}_2 + \cdots + \langle \mathbf{x}_{k+1}, \mathbf{u}_k \rangle \mathbf{u}_k$$

는 Span$(\mathbf{u}_1, \mathbf{u}_2, \cdots, \mathbf{u}_k)$ 위로 $\mathbf{x}_{k+1}$의 투영이다. 그러면 다음의 집합은 V의 정규직교 기저이다.

$$\{\mathbf{u}_1, \mathbf{u}_2, \ldots, \mathbf{u}_n\}$$

증명 귀납적으로 증명하겠다. 명백히 Span$(\mathbf{u}_1)$ = Span$(\mathbf{x}_1)$이다. 이제 $\mathbf{u}_1, \mathbf{u}_2, \cdots, \mathbf{u}_k$가 구성되어 $\{\mathbf{u}_1, \mathbf{u}_2, \cdots, \mathbf{u}_k\}$가 정규직교 집합이고 다음을 만족한다고 가정하자.

$$\text{Span}(\mathbf{u}_1, \mathbf{u}_2, \ldots, \mathbf{u}_k) = \text{Span}(\mathbf{x}_1, \mathbf{x}_2, \ldots, \mathbf{x}_k)$$

$\mathbf{p}_k$는 $\mathbf{u}_1, \mathbf{u}_2, \cdots, \mathbf{u}_k$의 선형 결합이므로 당연히 $\mathbf{p}_k$는 Span$(\mathbf{x}_1, \mathbf{x}_2, \cdots, \mathbf{x}_k)$에 속하고 $\mathbf{x}_{k+1} - \mathbf{p}_k$는 Span$(\mathbf{x}_1, \mathbf{x}_2, \cdots, \mathbf{x}_{k+1})$에 속한다. 그래서 다음이 성립한다.

$$\mathbf{x}_{k+1} - \mathbf{p}_k = \mathbf{x}_{k+1} - \sum_{i=1}^{k} c_i \mathbf{x}_i$$

$\mathbf{x}_1, \mathbf{x}_2, \cdots, \mathbf{x}_{k+1}$은 선형 독립이므로 $\mathbf{x}_{k+1} - \mathbf{p}_k$는 영이 아니며 정리 5.5.7에 의해서 $1 \le i \le k$의 모든 $\mathbf{u}_i$와 직교한다. 그러므로 $\{\mathbf{u}_1, \mathbf{u}_2, \cdots, \mathbf{u}_{k+1}\}$은 Span$(x1, \cdots, \mathbf{x}_{k+1})$에서 정규직

교 벡터들의 집합이다. 그런데 $\mathbf{u}_1, \mathbf{u}_2, \cdots, \mathbf{u}_{k+1}$은 선형 독립이므로 Span($\mathbf{x}_1, \cdots, \mathbf{x}_{k+1}$)의 기저를 이루고, 그 결과로 다음이 성립한다.

$$\text{Span}(\mathbf{u}_1, \ldots, \mathbf{u}_{k+1}) = \text{Span}(\mathbf{x}_1, \ldots, \mathbf{x}_{k+1})$$

이제 수학적 귀납법에 의해서 $\{\mathbf{u}_1, \mathbf{u}_2, \cdots, \mathbf{u}_n\}$은 V의 정규직교 기저이다. ■

예제 1 P_3의 내적이 다음과 같이 정의된다면 P_3의 정규직교 기저를 구하라.

$$\langle p, q \rangle = \sum_{i=1}^{3} p(x_i)q(x_i)$$

여기서 $\mathbf{x}_1 = -1, x_2 = 0, x_3 = 1$이다.

해답 기저 $\{1, x, x^2\}$으로부터 시작하자. 여기에 그람-슈미트 과정을 적용하여 정규직교 기저를 만들자. 우선

$$\|1\|^2 = \langle 1, 1 \rangle = 3$$

그러므로

$$\mathbf{u}_1 = \left(\frac{1}{\|1\|}\right)1 = \frac{1}{\sqrt{3}}$$

이제 다음을 계산하자.

$$p_1 = \left\langle x, \frac{1}{\sqrt{3}} \right\rangle \frac{1}{\sqrt{3}} = \left(-1 \cdot \frac{1}{\sqrt{3}} + 0 \cdot \frac{1}{\sqrt{3}} + 1 \cdot \frac{1}{\sqrt{3}}\right) \frac{1}{\sqrt{3}} = 0$$

그러므로

$$x - p_1 = x \quad \text{그리고} \quad \|x - p_1\|^2 = \langle x, x \rangle = 2$$

그 결과로 다음을 얻는다.

$$\mathbf{u}_2 = \frac{1}{\sqrt{2}}x$$

마지막으로

$$p_2 = \left\langle x^2, \frac{1}{\sqrt{3}} \right\rangle \frac{1}{\sqrt{3}} + \left\langle x^2, \frac{1}{\sqrt{2}}x \right\rangle \frac{1}{\sqrt{2}}x = \frac{2}{3}$$

$$\|x^2 - p_2\|^2 = \left\langle x^2 - \frac{2}{3}, x^2 - \frac{2}{3} \right\rangle = \frac{2}{3}$$

그 결과로 다음을 얻는다.

$$\mathbf{u}_3 = \frac{\sqrt{6}}{2}\left(x^2 - \frac{2}{3}\right)$$ ■

5.7절에서 직교 다항식에 대하여 좀 더 자세히 다룰 것이다.

예제 2 행렬 A는 다음과 같다.

$$A = \begin{bmatrix} 1 & -1 & 4 \\ 1 & 4 & -2 \\ 1 & 4 & 2 \\ 1 & -1 & 0 \end{bmatrix}$$

A의 열 공간에 대한 정규직교 기저를 구하라.

해답 A의 열 벡터들은 선형 독립이므로 $\mathbb{R}^4$의 삼차원 부분공간의 기저를 이룬다. 이제 그람-슈미트 과정을 적용하면 다음과 같이 정규직교 기저를 얻을 수 있다. 다음을 순서대로 계산하자.

$$\begin{aligned}
r_{11} &= \|\mathbf{a}_1\| = 2 \\
\mathbf{q}_1 &= \frac{1}{r_{11}}\mathbf{a}_1 = \left(\frac{1}{2}, \frac{1}{2}, \frac{1}{2}, \frac{1}{2}\right)^T \\
r_{12} &= \langle \mathbf{a}_2, \mathbf{q}_1 \rangle = \mathbf{q}_1^T\mathbf{a}_2 = 3 \\
\mathbf{p}_1 &= r_{12}\mathbf{q}_1 = 3\mathbf{q}_1 \\
\mathbf{a}_2 - \mathbf{p}_1 &= \left(-\frac{5}{2}, \frac{5}{2}, \frac{5}{2}, -\frac{5}{2}\right)^T \\
r_{22} &= \|\mathbf{a}_2 - \mathbf{p}_1\| = 5 \\
\mathbf{q}_2 &= \frac{1}{r_{22}}(\mathbf{a}_2 - \mathbf{p}_1) = \left(-\frac{1}{2}, \frac{1}{2}, \frac{1}{2}, -\frac{1}{2}\right)^T \\
r_{13} &= \langle \mathbf{a}_3, \mathbf{q}_1 \rangle = \mathbf{q}_1^T\mathbf{a}_3 = 2, \qquad r_{23} = \langle \mathbf{a}_3, \mathbf{q}_2 \rangle = \mathbf{q}_2^T\mathbf{a}_3 = -2 \\
\mathbf{p}_2 &= r_{13}\mathbf{q}_1 + r_{23}\mathbf{q}_2 = (2, 0, 0, 2)^T \\
\mathbf{a}_3 - \mathbf{p}_2 &= (2, -2, 2, -2)^T \\
r_{33} &= \|\mathbf{a}_3 - \mathbf{p}_2\| = 4 \\
\mathbf{q}_3 &= \frac{1}{r_{33}}(\mathbf{a}_3 - \mathbf{p}_2) = \left(\frac{1}{2}, -\frac{1}{2}, \frac{1}{2}, -\frac{1}{2}\right)^T
\end{aligned}$$

그러면 $\mathbf{q}_1, \mathbf{q}_2, \mathbf{q}_3$는 $R(A)$의 정규직교 기저를 이룬다. ■

만일 그람-슈미트 과정에서 계산한 모든 내적과 노옴을 잘 정리한다면 행렬 A의 유용한 인수분해를 얻을 수 있다. 예제 2의 행렬 A에 대해서 r_{ij}들을 이용하여 다음과 같이 행렬을 구성하고

$$R = \begin{bmatrix} r_{11} & r_{12} & r_{13} \\ 0 & r_{22} & r_{23} \\ 0 & 0 & r_{33} \end{bmatrix} = \begin{bmatrix} 2 & 3 & 2 \\ 0 & 5 & -2 \\ 0 & 0 & 4 \end{bmatrix}$$

다음과 같이 Q를 구성하면

$$Q = (\mathbf{q}_1, \mathbf{q}_2, \mathbf{q}_3) = \begin{bmatrix} \frac{1}{2} & -\frac{1}{2} & \frac{1}{2} \\ \frac{1}{2} & \frac{1}{2} & -\frac{1}{2} \\ \frac{1}{2} & \frac{1}{2} & \frac{1}{2} \\ \frac{1}{2} & -\frac{1}{2} & -\frac{1}{2} \end{bmatrix}$$

$QR = A$임을 쉽게 확인할 수 있다. 이 결과는 다음 정리를 증명한다.

정리 5.6.2 **그람-슈미트 QR 인수분해**

A가 $m \times n$ 행렬이고 랭크가 n이라 하자. 그러면 A는 QR의 형태로 인수분해할 수 있는데, 여기서 Q는 $m \times n$ 행렬로서 열 벡터들이 정규직교하고 R은 위쪽 삼각형의 $n \times n$ 행렬로서 대각 성분이 모두 양수이다[행렬 R은 $\det(R) > 0$이므로 비특이적 행렬임을 주목하라].

증명 $\mathbf{p}_1, \mathbf{p}_2, \cdots, \mathbf{p}_{n-1}$을 정리 5.6.1에서 정의된 투영 벡터라 하고, $\{\mathbf{q}_1, \mathbf{q}_2, \cdots, \mathbf{q}_n\}$을 $R(A)$의 정규직교 기저로서 그람-슈미트 과정으로 얻었다고 하자. 다음을 정의하자.

$$r_{11} = \|\mathbf{a}_1\|$$
$$r_{kk} = \|\mathbf{a}_k - \mathbf{p}_{k-1}\| \qquad k = 2, \ldots, n$$
$$r_{ik} = \mathbf{q}_i^T \mathbf{a}_k \qquad i = 1, \ldots, k-1 \quad \text{그리고} \quad k = 2, \ldots, n$$

그람-슈미트 과정에 의해서 다음이 성립한다.

$$\begin{aligned} r_{11}\mathbf{q}_1 &= \mathbf{a}_1 \\ r_{kk}\mathbf{q}_k &= \mathbf{a}_k - r_{1k}\mathbf{q}_1 - r_{2k}\mathbf{q}_2 - \cdots - r_{k-1,k}\mathbf{q}_{k-1} \qquad k = 2, \ldots, n \end{aligned} \tag{4}$$

연립방정식 (4)는 다음과 같이 다시 표현할 수 있다.

$$\begin{aligned} \mathbf{a}_1 &= r_{11}\mathbf{q}_1 \\ \mathbf{a}_2 &= r_{12}\mathbf{q}_1 + r_{22}\mathbf{q}_2 \\ &\vdots \\ \mathbf{a}_n &= r_{1n}\mathbf{q}_1 + \cdots + r_{nn}\mathbf{q}_n \end{aligned}$$

만일 Q를 다음과 같이 두면

$$Q = (\mathbf{q}_1, \mathbf{q}_2, \ldots, \mathbf{q}_n)$$

그리고 R을 위쪽 삼각형 형태로 다음과 같이 정의하면

$$R = \begin{pmatrix} r_{11} & r_{12} & \cdots & r_{1n} \\ 0 & r_{22} & \cdots & r_{2n} \\ \vdots & & & \\ 0 & 0 & \cdots & r_{nn} \end{pmatrix}$$

$j=1,2,\cdots,n$에 대해서, QR의 j번째 열 벡터는 다음과 같을 것이다.

$$Q\mathbf{r}_j = r_{1j}\mathbf{q}_1 + r_{2j}\mathbf{q}_2 + \cdots + r_{jj}\mathbf{q}_j = \mathbf{a}_j$$

그러므로 다음이 성립한다.

$$QR = (\mathbf{a}_1, \mathbf{a}_2, \ldots, \mathbf{a}_n) = A$$ ■

예제 3 다음 행렬의 그람-슈미트 인수분해를 구하라.

$$A = \begin{pmatrix} 1 & -2 & -1 \\ 2 & 0 & 1 \\ 2 & -4 & 2 \\ 4 & 0 & 0 \end{pmatrix}$$

해답

1단계. 다음을 계산하자.

$$r_{11} = \|\mathbf{a}_1\| = 5$$

$$\mathbf{q}_1 = \frac{1}{r_{11}}\mathbf{a}_1 = \left(\frac{1}{5}, \frac{2}{5}, \frac{2}{5}, \frac{4}{5}\right)^T$$

2단계. 다음을 계산하자.

$$\begin{aligned} r_{12} &= \mathbf{q}_1^T\mathbf{a}_2 = -2 \\ \mathbf{p}_1 &= r_{12}\mathbf{q}_1 = -2\mathbf{q}_1 \\ \mathbf{a}_2 - \mathbf{p}_1 &= \left(-\frac{8}{5}, \frac{4}{5}, -\frac{16}{5}, \frac{8}{5}\right)^T \\ r_{22} &= \|\mathbf{a}_2 - \mathbf{p}_1\| = 4 \\ \mathbf{q}_2 &= \frac{1}{r_{22}}(\mathbf{a}_2 - \mathbf{p}_1) = \left(-\frac{2}{5}, \frac{1}{5}, -\frac{4}{5}, \frac{2}{5}\right)^T \end{aligned}$$

3단계. 다음을 계산하자.

$$r_{13} = \mathbf{q}_1^T\mathbf{a}_3 = 1, \qquad r_{23} = \mathbf{q}_2^T\mathbf{a}_3 = -1$$

$$\mathbf{p}_2 = r_{13}\mathbf{q}_1 + r_{23}\mathbf{q}_2 = \mathbf{q}_1 - \mathbf{q}_2 = \left(\frac{3}{5}, \frac{1}{5}, \frac{6}{5}, \frac{2}{5}\right)^T$$

$$\mathbf{a}_3 - \mathbf{p}_2 = \left(-\frac{8}{5}, \frac{4}{5}, \frac{4}{5}, -\frac{2}{5}\right)^T$$

$$r_{33} = \|\mathbf{a}_3 - \mathbf{p}_2\| = 2$$

$$\mathbf{q}_3 = \frac{1}{r_{33}}(\mathbf{a}_3 - \mathbf{p}_2) = \left(-\frac{4}{5}, \frac{2}{5}, \frac{2}{5}, -\frac{1}{5}\right)^T$$

위의 각각의 과정에서 Q의 열 벡터와 R의 열 벡터를 결정하였다. 구하고자 하는 인수분해는 다음과 같다.

$$A = QR = \begin{bmatrix} \frac{1}{5} & -\frac{2}{5} & -\frac{4}{5} \\ \frac{2}{5} & \frac{1}{5} & \frac{2}{5} \\ \frac{2}{5} & -\frac{4}{5} & \frac{2}{5} \\ \frac{4}{5} & \frac{2}{5} & -\frac{1}{5} \end{bmatrix} \begin{bmatrix} 5 & -2 & 1 \\ 0 & 4 & -1 \\ 0 & 0 & 2 \end{bmatrix}$$ ■

5.5절에서 만일 $m \times n$ 행렬 A의 열 벡터들이 정규직교 집합을 이루면 $A\mathbf{x} = \mathbf{b}$의 최소제곱 해는 간단히 $\hat{\mathbf{x}} = A^T\mathbf{b}$임을 보았다. 만일 A의 랭크가 n이지만 열 벡터들이 $\mathbb{R}^m$에서 정규직교 집합은 아니라면 QR 인수분해를 이용해서 최소제곱 문제를 해결할 수 있다.

정리 5.6.3 만일 A가 $m \times n$ 행렬이고 랭크가 n이면 최소제곱 문제 $A\mathbf{x} = \mathbf{b}$의 해는 $\hat{\mathbf{x}} = R^{-1}Q^T\mathbf{b}$로 주어진다. 여기서 Q와 R은 정리 5.6.2에서 설명한 인수분해로 얻어진 행렬이다. 또한 $\hat{\mathbf{x}}$는 $R\mathbf{x} = Q^T\mathbf{b}$를 푸는 과정에서 역방향 대입 과정을 이용해서 얻을 수도 있다.

증명 $\hat{\mathbf{x}}$는 최소제곱 문제 $A\mathbf{x} = \mathbf{b}$에 대하여 정리 5.3.2에서 보장한 해라 하자. 즉 $\hat{\mathbf{x}}$는 다음 정규 연립방정식의 해이다.

$$A^TA\mathbf{x} = A^T\mathbf{b}$$

만일 A가 QR이라는 곱의 형태로 인수분해된다면 위의 방정식은 다음과 같이 바뀐다.

$$(QR)^TQR\mathbf{x} = (QR)^T\mathbf{b}$$

혹은

$$R^T(Q^TQ)R\mathbf{x} = R^TQ^T\mathbf{b}$$

Q는 정규직교하는 열 벡터를 가지므로 $Q^TQ = I$이고 그러므로 다음이 성립한다.

$$R^TR\mathbf{x} = R^TQ^T\mathbf{b}$$

그런데 R^T는 역이 존재하는 행렬이므로, 위는 다음과 같이 간단히 쓸 수 있다.

$$R\mathbf{x} = Q^T\mathbf{b} \quad \text{또는} \quad \mathbf{x} = R^{-1}Q^T\mathbf{b}$$ ■

예제 4 다음 방정식의 최소제곱 해를 구하라.

$$\begin{pmatrix} 1 & -2 & -1 \\ 2 & 0 & 1 \\ 2 & -4 & 2 \\ 4 & 0 & 0 \end{pmatrix} \begin{pmatrix} x_1 \\ x_2 \\ x_3 \end{pmatrix} = \begin{pmatrix} -1 \\ 1 \\ 1 \\ -2 \end{pmatrix}$$

해답 위 방정식의 계수 행렬은 예제 3에서 인수분해되었다. 그 인수분해를 이용하면 다음을 얻는다.

$$Q^T\mathbf{b} = \begin{pmatrix} \frac{1}{5} & \frac{2}{5} & \frac{2}{5} & \frac{4}{5} \\ -\frac{2}{5} & \frac{1}{5} & -\frac{4}{5} & \frac{2}{5} \\ -\frac{4}{5} & \frac{2}{5} & \frac{2}{5} & -\frac{1}{5} \end{pmatrix} \begin{pmatrix} -1 \\ 1 \\ 1 \\ -2 \end{pmatrix} = \begin{pmatrix} -1 \\ -1 \\ 2 \end{pmatrix}$$

방정식 $R\mathbf{x} = Q^T\mathbf{b}$는 역방향으로 대입하여 쉽게 풀린다.

$$\left(\begin{array}{ccc|c} 5 & -2 & 1 & -1 \\ 0 & 4 & -1 & -1 \\ 0 & 0 & 2 & 2 \end{array}\right)$$

그러므로 해는 $\mathbf{x} = \left(-\frac{2}{5}, 0, 1\right)^T$ 이다. ■

변형된 그람-슈미트 과정

5.7절에서 최소제곱 문제를 컴퓨터로 해결하는 방법을 다룰 것이다. 예제 4에서 다룬 QR 방법은 유한 정밀도를 갖는 컴퓨터를 이용하면 일반적으로 정확한 결과를 얻지 못한다. 실제로 $\mathbf{q}_1, \mathbf{q}_2, \cdots, \mathbf{q}_n$을 계산할 때 반올림 오차로 인하여 직교성이 만족하지 않을 수도 있기 때문이다. 그람-슈미트 과정을 변형시킨 방법을 사용한다면 수치적으로 좀 더 정확한 결과를 얻을 수 있다. 변형된 방법에서 $\mathbf{q}_1$은 다음과 같이 이전처럼 동일한 방법으로 구성된다.

$$\mathbf{q}_1 = \frac{1}{\|\mathbf{a}_1\|}\mathbf{a}_1$$

그러나 나머지 $\mathbf{a}_2, \mathbf{a}_3, \cdots, \mathbf{a}_n$은 $\mathbf{q}_1$과 직교하도록 조금 다르게 구성된다. 이는 각각의 벡터 $\mathbf{a}_k$로부터 $\mathbf{q}_1$ 위로 $\mathbf{a}_k$의 투영을 빼서 얻어진다.

$$\mathbf{a}_k^{(1)} = \mathbf{a}_k - (\mathbf{q}_1^T\mathbf{a}_k)\mathbf{q}_1 \qquad k = 2, \ldots, n$$

두 번째 과정으로 다음과 같이 두자.

$$\mathbf{q}_2 = \frac{1}{\|\mathbf{a}_2^{(1)}\|}\mathbf{a}_2^{(1)}$$

벡터 $\mathbf{q}_2$는 $\mathbf{q}_1$과 이미 직교한다. 그러므로 나머지 벡터들을 변형시켜 $\mathbf{q}_2$와 직교하도록 만든다.

$$\mathbf{a}_k^{(2)} = \mathbf{a}_k^{(1)} - (\mathbf{q}_2^T\mathbf{a}_k^{(1)})\mathbf{q}_2 \qquad k = 3, \ldots, n$$

이와 마찬가지로 $\mathbf{q}_3, \mathbf{q}_4, \cdots, \mathbf{q}_n$을 순서대로 결정한다. 마지막으로 다음과 같이 둔다면

$$\mathbf{q}_n = \frac{1}{\|\mathbf{a}_n^{(n-1)}\|}\mathbf{a}_n^{(n-1)}$$

정규직교 집합 $\{\mathbf{q}_1, \cdots, \mathbf{q}_n\}$이 얻어진다. 다음 알고리즘이 이 과정을 요약한다.

알고리즘 5.6.4 변형된 그람-슈미트 과정

For $k = 1, 2, \ldots, n$, *set*

$\quad r_{kk} = \|\mathbf{a}_k\|$

$\quad \mathbf{q}_k = \dfrac{1}{r_{kk}}\mathbf{a}_k$

$\quad$ *For* $j = k+1, k+2, \ldots, n$, *set*

$\quad\quad r_{kj} = \mathbf{q}_k^T\mathbf{a}_j$

$\quad\quad \mathbf{a}_j = \mathbf{a}_j - r_{kj}\mathbf{q}_k$

$\quad$ *End for loop*

End for loop ■

만일 위의 변형된 그람-슈미트 과정이 랭크 n인 $m \times n$ 행렬 A의 열 벡터들에 적용된다면 이전처럼 A의 QR 분해를 얻을 수 있다. 이 인수분해를 이용하여 $A\mathbf{x} = \mathbf{b}$에 대한 최소제곱 해를 수치적으로 구할 수 있다. 그러나 이 방법을 사용하여 $\mathbf{c} = Q^T\mathbf{b}$를 직접 계산할 수 없다. 그 대신 각 열벡터 $\mathbf{q}_k$를 구하고 우항의 벡터를 변형하여 $\mathbf{b}_k$를 얻고 $c_k = \mathbf{q}_k^T\mathbf{b}_k$라 둔다. 7.7절에 나와 있는 변형된 그람-슈미트 과정을 적용하여 최소곱 문제를 풀 수 있다.

5.6 연습문제

1. 다음 각각에 대하여 그람-슈미트 과정을 적용하여 $R(A)$의 정규직교 기저를 구하라.

(a) $A = \begin{pmatrix} 2 & 3 \\ 1 & -1 \end{pmatrix}$ **(b)** $A = \begin{pmatrix} 1 & 7 \\ 0 & 3 \end{pmatrix}$

2. 연습문제 1의 행렬 A를 QR 형태로 인수분해하라. 여기서 Q는 직교 행렬이고, R은 위쪽 삼각형 형태이다.

3. $\mathbb{R}^3$의 기저 $\{(1, 2, -2)^T, (4, 3, 2)^T, (1, 2, 1)^T\}$가 주어졌다. 그람-슈미트 과정을 적용하여 정규직교 기저를 구하라.

4. 다음과 같은 내적이 정의된 벡터공간 $C[-1, 1]$을 생각하자.

$$\langle f, g\rangle = \int_{-1}^{1} f(x)g(x)\,dx$$

$1, x, x^2$에 의해 생성된 부분공간에 대한 정규직교 기저를 구하라.

5. 다음을 생각하자.

$$A = \begin{pmatrix} 2 & 1 \\ -1 & -2 \\ 2 & -2 \end{pmatrix} \quad \text{그리고} \quad \mathbf{b} = \begin{pmatrix} -9 \\ -9 \\ -9 \end{pmatrix}$$

(a) 그람-슈미트 과정을 이용하여 A의 열 공간의 정규직교 기저를 구하라.

(b) A를 QR의 형태로 인수분해하라. 여기서 Q는 직교행렬이고, R은 위쪽 삼각형 형태이다.

(c) 다음의 최소제곱 문제를 풀어라.

$$A\mathbf{x} = \mathbf{b}$$

6. 다음 행렬에 대해서 연습문제 5를 반복하라.

$$A = \begin{pmatrix} -2 & 6 \\ 1 & -6 \\ -2 & 3 \end{pmatrix} \quad \text{그리고} \quad \mathbf{b} = \begin{pmatrix} 1 \\ -2 \\ 1 \end{pmatrix}$$

7. 다음 벡터

$$\mathbf{x}_1 = \tfrac{1}{2}(1, 1, 1, -1)^T \quad \text{그리고} \quad \mathbf{x}_2 = \tfrac{1}{6}(1, 1, 3, 5)^T$$

는 $\mathbb{R}^4$에서 정규직교 집합을 이룬다. 다음 행렬의 영공간에 대한 정규직교 기저를 구하고 이를 추가해서 위의 집합을 $\mathbb{R}^4$의 정규직교 기저로 확대하라.

$$\begin{pmatrix} 1 & 1 & 1 & -1 \\ 1 & 1 & 3 & 5 \end{pmatrix}$$

[힌트: 우선 영공간의 기저를 구하고 그다음 그람-슈미트 과정을 적용하라.]

8. 그람-슈미트 과정을 이용하여 $\mathbb{R}^4$의 부분공간으로서 $\mathbf{x}_1 = (4, 2, 2, 1)^T$, $\mathbf{x}_2 = (2, 0, 0, 2)^T$, $\mathbf{x}_3 = (1, 1, -1, 1)^T$에 의해 생성된 공간의 정규직교 기저를 구하라.

9. 연습문제 8을 다시 수행하되 이번에는 변형된 그람-슈미트 과정을 이용하고 그 결과를 비교하라.

10. A를 $m \times 2$ 행렬이라고 하자. 만일 기존의 그람-슈미트 과정과 변형된 그람-슈미트 과정이 A의 열 벡터에 적용된다면, 비록 유한 정밀도를 갖는 컴퓨터로 계산한다고 해도, 두 방법 모두 정확히 똑같은 QR 인수분해를 얻을 수 있음을 보여라(즉 두 방법 모두 동일한 산술적 계산을 수행함을 보여라).

11. A를 $m \times 3$ 행렬이라고 하자. QR을 A의 열 벡터에 기존의 그람-슈미트 과정을 적용하여 QR 인수분해를 통해 얻어진 행렬이라고 하고, $\bar{Q}\bar{R}$을 변형된 그람-슈미트 과정을 적용하여 QR 인수분해를 통해 얻어진 행렬이라고 하자. 만일 모든 계산이 정확한 정밀도의 연산을 통해 이루어졌다면 $\bar{Q} = Q$이고 $\bar{R} = R$임을 보여라. 만일 유한한 정밀도를 갖는 컴퓨터로 계산된다면, $\bar{r}_{23}$이 r_{23}과 일치하지 않을 수 있음을 보여라. 마찬가지로, $\bar{r}_{33}$와 $\bar{\mathbf{q}}_3$도 r_{33}과 $\mathbf{q}_3$와 일치하지 않을 수 있음을 보여라.

12. 만일 $\mathbf{v}_1$과 $\mathbf{v}_2$는 선형 독립이지만 $\mathbf{v}_3 \in \text{Span}(\mathbf{v}_1, \mathbf{v}_2)$인 집합 $\{\mathbf{v}_1, \mathbf{v}_2, \mathbf{v}_3\}$에 그람-슈미트 과정을 적용하면 그 결과는 어떻게 될 것인가? 기저를 못 얻을 것인가? 그렇다면 어느 시점에서 수행 과정이 그쳐지는가? 이를 설명하라.

13. A는 $m \times n$ 행렬이고 랭크가 n이며 $\mathbf{b} \in \mathbb{R}^m$이라 하자. Q와 R은 A의 열 벡터들에 그람-슈미트 과정을 적용하여 유도된 행렬이고 다음의 $\mathbf{p}$는

$$\mathbf{p} = c_1\mathbf{q}_1 + c_2\mathbf{q}_2 + \cdots + c_n\mathbf{q}_n$$

$R(A)$ 위로 $\mathbf{b}$의 투영이라 두자. 다음을 증명하라.

(a) $\mathbf{c} = Q^T\mathbf{b}$ **(b)** $\mathbf{p} = QQ^T\mathbf{b}$

(c) $QQ^T = A(A^TA)^{-1}A^T$

14. U를 $\mathbb{R}^n$의 m차원 부분공간이라 하고, V를 U의 k차원 부분공간이라 하자. 여기서 $0 < k < m$이다.

(a) V의 임의의 정규직교 기저 $\{\mathbf{v}_1, \mathbf{v}_2, \cdots, \mathbf{v}_k\}$는 $m - k$개의 벡터를 추가하여 U의 정규직교 기저 $\{\mathbf{v}_1, \mathbf{v}_2, \cdots, \mathbf{v}_k, \mathbf{v}_{k+1}, \cdots, \mathbf{v}_m\}$으로 확장될 수 있음을 증명하라.

(b) 만일 $W = \text{Span}(\mathbf{v}_{k+1}, \mathbf{v}_{k+2}, \cdots, \mathbf{v}_m)$이면 $U = V \oplus W$임을 증명하라.

15. (차원 정리) U와 V는 $\mathbb{R}^n$의 부분공간이라 하자. $U \cap V = \{\mathbf{0}\}$이면 다음과 같은 차원들의 관계를 얻는다.

$$\dim(U + V) = \dim U + \dim V$$

(3.4절에 있는 연습문제 18을 참조하라.) 연습문제 14의 결과를 이용하여 좀 더 일반적인 다음의 관계를 증명하라.

$$\dim(U + V) = \dim U + \dim V - \dim(U \cap V)$$

5.7 직교 다항식

다항식이 데이터 보간과 연속 함수의 근사에 어떻게 이용되는지 이미 다루어졌다. 이 두 문제는 최소제곱 문제이고 결국 근사하는 데 이용되는 함수 집합의 정규직교 기저를 먼저 구함으로써 간단히 해결할 수 있다. 이러한 이유로 직교 다항식이라는 개념이 출현하였다.

이 절에서는 $C[a, b]$의 여러 가지 내적에 관한 다양한 직교 다항식의 집합(family)을 살펴볼 것이다. 직교 다항식 집합은 세-항 재귀관계를 만족함을 보게 될 것이다. 이 재귀관계는 특히 컴퓨터 응용에 유용하다. 어떤 직교 다항식 집합은 수학의 여러 분야에서 매우 중요한 역할을 수행한다. 이들을 **고전적인 다항식**이라 하고, 좀 더 자세히 다룰 것이다. 특히, 어떤 고전적인 다항식은 물리수학 분야에서 많이 등장하는 편미분 방정식을 해결하는 과정에 필수적인 어떤 부류의 2계 선형 미분 방정식의 해이다.

직교 수열

정리 5.6.1의 증명에서 귀납법을 사용했기 때문에 그람-슈미트 과정은 가부번의 (denumerable) 집합에 대해서 타당하다. 그러므로 만일 $\mathbf{x}_1, \mathbf{x}_2, \cdots$가 내적공간 V에 속한 벡터들의 수열이고 $\mathbf{x}_1, \mathbf{x}_2, \cdots, \mathbf{x}_n$이 각각의 n에 대하여 선형 독립이면 그람-슈미트 과정을 적용하여 수열 $\mathbf{u}_1, \mathbf{u}_2, \cdots$를 구성할 수 있는데 여기서 $\{\mathbf{u}_1, \mathbf{u}_2, \cdots\}$는 정규직교 집합이고 각각의 n에 대하여 다음을 만족한다.

$$\text{Span}(\mathbf{x}_1, \mathbf{x}_2, \ldots, \mathbf{x}_n) = \text{Span}(\mathbf{u}_1, \mathbf{u}_2, \ldots, \mathbf{u}_n)$$

특히, 함수 수열 $1, x, x^2, \cdots$으로부터 다항식의 **정규직교 수열**(orthonormal sequence) $p_0(x)$, $p_1(x), \cdots$를 구성할 수 있다.

P를 모든 다항식의 집합이라 하고 P 위에 다음과 같은 내적을 정의하자.

$$\langle p, q\rangle = \int_a^b p(x)q(x)w(x)\,dx \tag{1}$$

여기서 $w(x)$는 연속인 양의 함수이다. 구간은 열렸거나 닫혔거나 상관없고 심지어 유한구간이거나 무한구간이거나 상관없다. 그러나 만일 다음 적분이 이상적분이라면

$$\int_a^b p(x)w(x)\,dx$$

위의 적분 값이 모든 $p \in P$에 대해서 수렴해야 한다.

정의 $p_0(x), p_1(x), \cdots$는 다항식의 수열인데 각각의 i에 대해서 $\deg p_i(x) = i$라 하자. 만일 모든 $i \neq j$에 대해서 $\langle p_i(x), p_j(x) \rangle = 0$이면 $\{p_n(x)\}$를 **직교 다항식 수열**(sequence of orthogonal polynomials)이라 한다. 만일 모든 i, j에 대해서 $\langle p_i, p_j \rangle = \delta_{ij}$이면 $\{p_n(x)\}$를 **정규직교 다항식 수열**(sequence of orthogonal polynomials)이라 한다.

정리 5.7.1 $p_0, p_1, \cdots$ 를 직교 다항식 수열이라 하자. 그러면 다음이 성립한다.

I. $p_0, p_1, \cdots, p_{n-1}$은 P_n의 기저를 이룬다.

II. $p_n \in p_n^{\perp}$(즉 p_n은 n보다 작은 차수의 모든 다항식과 직교한다).

증명 정리 5.5.1에 의해서 $p_0, p_1, \cdots, p_{n-1}$은 P_n에서 선형 독립이다. $\dim P_n = n$이므로 이 n개의 벡터는 P_n의 기저를 이룬다. $p(x)$를 차수가 n보다 작은 임의의 다항식이라 하자. 그러면 다음과 같이 쓸 수 있고

$$p(x) = \sum_{i=0}^{n-1} c_i p_i(x)$$

그러므로

$$\langle p_n, p \rangle = \left\langle p_n, \sum_{i=0}^{n-1} c_i p_i \right\rangle = \sum_{i=0}^{n-1} c_i \langle p_n, p_i \rangle = 0$$

따라서 $p_n \in P_n^{\perp}$이다. ■

만일 $\{p_0, p_1, \cdots, p_{n-1}\}$이 P_n에서 직교 집합이고 다음과 같이 u_i를 구성하면

$$u_i = \left(\frac{1}{\|p_i\|} \right) p_i \qquad i = 0, \ldots, n-1$$

$\{u_0, \cdots, u_{n-1}\}$은 P_n에 대한 정규직교 기저가 된다. 그러므로 만일 $p \in P_n$이면 다음을 얻는다.

$$\begin{aligned} p &= \sum_{i=0}^{n-1} \langle p, u_i \rangle \, u_i \\ &= \sum_{i=0}^{n-1} \left\langle p, \left(\frac{1}{\|p_i\|} \right) p_i \right\rangle \left(\frac{1}{\|p_i\|} \right) p_i \\ &= \sum_{i=0}^{n-1} \frac{\langle p, p_i \rangle}{\langle p_i, p_i \rangle} p_i \end{aligned}$$

마찬가지로 만일 $f \in C[a, b]$이면 P_n의 원소에 의한 f의 최적 최소제곱 근사 함수는 다음과 같다.

$$p = \sum_{i=0}^{n-1} \frac{\langle f, p_i \rangle}{\langle p_i, p_i \rangle} p_i$$

여기서 $p_0, p_1, \cdots, p_{n-1}$은 직교 다항식이다.

직교 다항식 수열의 또 하나의 멋진 성질은 세-항 재귀관계를 만족한다는 것이다.

정리 5.7.2 $p_0, p_1, \cdots$은 직교 다항식 수열이라 하자. 각각의 i에 대하여 a_i를 p_i의 최고차항의 계수라 하고 $p_{-1}(x)$를 항등적으로 0인 다항식이라 하자. 그러면 다음이 성립한다.

$$\alpha_{n+1} p_{n+1}(x) = (x - \beta_{n+1}) p_n(x) - \alpha_n \gamma_n p_{n-1}(x) \qquad (n \geq 0)$$

여기서 $\alpha_0 = \gamma_0 = 1$이고 다음을 만족한다.

$$\alpha_n = \frac{a_{n-1}}{a_n}, \qquad \beta_n = \frac{\langle p_{n-1}, x p_{n-1} \rangle}{\langle p_{n-1}, p_{n-1} \rangle}, \qquad \gamma_n = \frac{\langle p_n, p_n \rangle}{\langle p_{n-1}, p_{n-1} \rangle} \qquad (n \geq 1)$$

증명 $p_0, p_1, \cdots, p_{n+1}$은 P_{n+2}의 기저이므로 다음과 같이 쓸 수 있다.

$$x p_n(x) = \sum_{k=0}^{n+1} c_{nk} p_k(x) \tag{2}$$

여기서

$$c_{nk} = \frac{\langle x p_n, p_k \rangle}{\langle p_k, p_k \rangle} \tag{3}$$

(1)에 의해 정의된 어떤 내적에 대해서도 다음이 성립한다.

$$\langle xf, g \rangle = \langle f, xg \rangle$$

특히 다음도 성립한다.

$$\langle x p_n, p_k \rangle = \langle p_n, x p_k \rangle$$

정리 5.7.1에 의해서 만일 $k < n-1$이면 다음이 성립한다.

$$c_{nk} = \frac{\langle x p_n, p_k \rangle}{\langle p_k, p_k \rangle} = \frac{\langle p_n, x p_k \rangle}{\langle p_k, p_k \rangle} = 0$$

그러므로 (2)는 다음과 같이 간단해진다.

$$x p_n(x) = c_{n,n-1} p_{n-1}(x) + c_{n,n} p_n(x) + c_{n,n+1} p_{n+1}(x)$$

이는 다음과 같은 형태로 재구성될 수 있다.

$$c_{n,n+1}p_{n+1}(x) = (x - c_{n,n})p_n(x) - c_{n,n-1}p_{n-1}(x) \tag{4}$$

식 (4)의 양변의 최고차항의 계수를 비교하면 다음을 얻는다.

$$c_{n,n+1}a_{n+1} = a_n$$

혹은

$$c_{n,n+1} = \frac{a_n}{a_{n+1}} = \alpha_{n+1} \tag{5}$$

식 (4)로부터 다음을 얻는다.

$$\begin{aligned} c_{n,n+1}\langle p_n, p_{n+1}\rangle &= \big\langle p_n, (x - c_{n,n})p_n\big\rangle - c_{n,n-1}\langle p_n, p_{n-1}\rangle \\ 0 &= \langle p_n, xp_n\rangle - c_{nn}\langle p_n, p_n\rangle \end{aligned}$$

그러므로

$$c_{nn} = \frac{\langle p_n, xp_n\rangle}{\langle p_n, p_n\rangle} = \beta_{n+1}$$

식 (3)으로부터 다음을 얻는다.

$$\begin{aligned} \langle p_{n-1}, p_{n-1}\rangle\, c_{n,n-1} &= \langle xp_n, p_{n-1}\rangle \\ &= \langle p_n, xp_{n-1}\rangle \\ &= \langle p_n, p_n\rangle\, c_{n-1,n} \end{aligned}$$

그러므로 (5)에 의해서 다음이 성립한다.

$$c_{n,n-1} = \frac{\langle p_n, p_n\rangle}{\langle p_{n-1}, p_{n-1}\rangle}\alpha_n = \gamma_n\alpha_n$$ ■

정리 5.7.2에 있는 재귀관계를 가지고 직교 다항식 수열을 발생시키려면 매 과정마다 최고차항의 계수 a_{n+1}을 자유롭게 선택할 수 있다. 이는 참으로 당연한데 그 이유는 p_{n+1}에 대한 0이 아닌 그 어떤 상수배라도 $p_0, \cdots, p_n$과 직교하기 때문이다. 만일 특별히 a_i가 1이 되도록 선택한다면 재귀관계는 다음과 같이 간단해질 것이다.

$$p_{n+1}(x) = (x - \beta_{n+1})p_n(x) - \gamma_n p_{n-1}(x)$$

고전적인 직교 다항식

이제 몇 가지 예를 살펴보자. 이들은 매우 중요하기 때문에 가장 간단한 직교 다항식인 르장드르 다항식부터 다루겠다.

르장드르 다항식

르장드르(Legendre) 다항식은 다음의 내적에 관해서 직교한다.

$$\langle p, q\rangle = \int_{-1}^{1} p(x)q(x)\,dx$$

$P_n(x)$를 n차 르장드르 다항식이라 하자. 모든 n에 대하여 $P_n(1)=1$이 되도록 최고차항의 계수를 선택한다면 르장드르 다항식이 만족하는 재귀관계는 다음과 같게 된다.

$$(n+1)P_{n+1}(x) = (2n+1)xP_n(x) - nP_{n-1}(x)$$

위의 공식을 이용하여 르장드르 다항식 수열은 쉽게 생성될 수 있다. 이 수열에서 처음 다섯 개의 다항식은 다음과 같다.

$$\begin{aligned}
P_0(x) &= 1\\
P_1(x) &= x\\
P_2(x) &= \tfrac{1}{2}(3x^2-1)\\
P_3(x) &= \tfrac{1}{2}(5x^3-3x)\\
P_4(x) &= \tfrac{1}{8}(35x^4-30x^2+3)
\end{aligned}$$

체비쇼프 다항식

체비쇼프(Chebyshev) 다항식은 다음의 내적에 관해서 직교한다.

$$\langle p, q\rangle = \int_{-1}^{1} p(x)q(x)(1-x^2)^{-1/2}\,dx$$

최고차항의 계수를 조정하여 $a_0=1$이고 $k=1, 2, \cdots$에 대해서는 $a_k=2^{k-1}$이 되도록 만드는 경우가 보편적이다. 체비쇼프 다항식은 $T_n(x)$라 표기하며 다음과 같은 재미있는 성질을 갖는다.

$$T_n(\cos\theta) = \cos n\theta$$

다음의 삼각함수 관계식과 더불어

$$\cos(n+1)\theta = 2\cos\theta\cos n\theta - \cos(n-1)\theta$$

위의 성질은 다음의 재귀관계를 유도하는 데 사용될 수 있다.

$$\begin{aligned}
T_1(x) &= xT_0(x)\\
T_{n+1}(x) &= 2xT_n(x) - T_{n-1}(x) \qquad n \ge 1
\end{aligned}$$

야코비 다항식

르장드르 다항식과 체비쇼프 다항식은 둘 다 야코비(Jacobi) 다항식의 특별한 경우이다. 야코비 다항식 $P_n^{(\lambda,\mu)}$는 다음의 내적에 관해서 직교한다.

$$\langle p, q\rangle = \int_{-1}^{1} p(x)q(x)(1-x)^{\lambda}(1+x)^{\mu}\,dx$$

표 5.7.1 체비쇼프, 에르미트, 라게르 다항식

체비쇼프	에르미르	라게르 ($\lambda = 0$)
$T_{n+1} = 2xT_n - T_{n-1}, n \geq 1$	$H_{n+1} = 2xH_n - 2nH_{n-1}$	$(n+1)L_{n+1}^{(0)} = (2n+1-x)L_n^{(0)} - nL_{n-1}^{(0)}$
$T_0 = 1$	$H_0 = 1$	$L_0^{(0)} = 1$
$T_1 = x$	$H_1 = 2x$	$L_1^{(0)} = 1 - x$
$T_2 = 2x^2 - 1$	$H_2 = 4x^2 - 2$	$L_2^{(0)} = \frac{1}{2}x^2 - x + 2$
$T_3 = 4x^3 - 3x$	$H_3 = 8x^3 - 12x$	$L_3^{(0)} = \frac{1}{6}x^3 + 9x^2 - 18x + 6$

여기서 $\lambda, \mu > -1$이다.

에르미트 다항식

에르미트(Hermite) 다항식은 구간 $(-\infty, \infty)$에서 정의된다. 이들은 다음의 내적에 관해서 직교한다.

$$\langle p, q \rangle = \int_{-\infty}^{\infty} p(x)q(x)e^{-x^2}\,dx$$

에르미트 다항식에 대한 재귀관계는 다음으로 주어진다.

$$H_{n+1}(x) = 2xH_n(x) - 2nH_{n-1}(x)$$

라게르 다항식

라게르(Laguerre) 다항식은 구간 $(0, \infty)$에서 정의되며 다음의 내적에 관해서 직교한다.

$$\langle p, q \rangle = \int_{0}^{\infty} p(x)q(x)x^{\lambda}e^{-x}\,dx$$

여기서 $\lambda > -1$이다. 라게르 다항식에 대한 재귀관계는 다음으로 주어진다.

$$(n+1)L_{n+1}^{(\lambda)}(x) = (2n+\lambda+1-x)L_n^{(\lambda)}(x) - (n+\lambda)L_{n-1}^{(\lambda)}(x)$$

체비쇼프, 에르미트, 라게르 다항식을 표 5.7.1에서 비교하였다.

응용 1 수치적분

직교 다항식의 중요한 응용분야는 수치적분 계산이다. 다음 적분을 근사하기 위하여

$$\int_a^b f(x)w(x)\,dx \tag{6}$$

우선, 함수 $f(x)$를 보간 다항식으로 근사한다. 다음의 라그랑주 보간 공식(Lagranges interpolation formula)을 이용하여 구간 $[a, b]$에서 n개의 점 $x_1, x_2, \cdots, x_n$에서 $f(x)$와 일치하는 다항식 $P(x)$를 결정할 수 있다.

$$P(x) = \sum_{i=1}^{n} f(x_i)L_i(x)$$

여기서 라그랑주 함수 L_i는 다음과 같이 정의된다.

$$L_i(x) = \frac{\displaystyle\prod_{\substack{j=1\\ j\neq i}}^{n}(x - x_j)}{\displaystyle\prod_{\substack{j=1\\ j\neq i}}^{n}(x_i - x_j)}$$

적분 (6)에 대한 다음과 같은 근사치가 얻어진다.

$$\int_a^b P(x)w(x)\,dx = \sum_{i=1}^{n} A_i f(x_i) \tag{7}$$

여기서

$$A_i = \int_a^b L_i(x)w(x)\,dx \qquad i = 1, \ldots, n$$

$f(x)$가 n보다 작은 차수의 다항식이기만 하면 식 (7)이 정확한 적분 값을 준다는 것을 증명할 수 있다. 점 $x_1, x_2, \cdots, x_n$이 적절히 선택된다면 그보다 높은 차수의 다항식 함수에 대해서도 (7)의 공식은 정확한 값을 줄 것이다. 실제로, 만일 $p_0, p_1, p_2 \cdots$가 (1)에서 주어진 내적에 관해서 직교하는 다항식 수열이고, $x_1, x_2, \cdots, x_n$이 $p_n(x)$를 0으로 만드는 점들이라면 식 (7)은 차수가 $2n$보다 작은 모든 다항식에 대해서 정확한 값을 준다고 증명할 수 있다. 다음 정리는 p_n의 근이 모두 실수이고 열린 구간 (a, b)에 속한다는 것을 보장한다.

정리 5.7.3 만일 $p_0, p_1, p_2 \cdots$가 (1)에서 주어진 내적에 관해서 직교하는 다항식 수열이면, $p_n(x)$의 근들은 모두 실수이며, 서로 다르고, 열린 구간 (a, b)에 속한다.

증명 $p_n(x)$의 근 중에서 구간 (a, b)에 속하며 그 근의 좌우에서 $p_n(x)$의 부호가 바뀌는 근을 $x_1, \cdots, x_m$이라 하자. 그러므로 $p_n(x)$는 모든 $i = 1, 2, \cdots, m$에 대하여 $(x - x_i)^{k_i}$라는 인수를 가져야 하는데, 여기서 k_i는 홀수이다. 그러므로 다음과 같이 $p_n(x)$를 표현할 수 있다.

$$p_n(x) = (x - x_1)^{k_1}(x - x_2)^{k_2} \cdots (x - x_m)^{k_m} q(x)$$

여기서 $q(x)$는 구간 (a, b)에서 부호가 바뀌지 않으며 모든 $i = 1, \cdots, m$에 대하여 $q(x_i) \neq 0$이다. 그렇다면 명백히 $m \leq n$이다. 이제 $m = n$임을 증명하자. 다음과 같은 $r(x)$를 생각하자.

$$r(x) = (x - x_1)(x - x_2)\cdots(x - x_m)$$

다음의 곱은

$$p_n(x)r(x) = (x - x_1)^{k_1+1}(x - x_2)^{k_2+1}\cdots(x - x_m)^{k_m+1}q(x)$$

모든 i에 대하여 $(x - x_i)$의 짝수제곱만을 인수로 가지므로 구간 (a, b)에서 부호가 바뀌지 않는다. 그러므로 다음이 성립한다.

$$\langle p_n, r\rangle = \int_a^b p_n(x)r(x)w(x)\,dx \neq 0$$

p_n은 n보다 작은 차수의 모든 다항식과 직교하므로 $\deg(r(x)) = m \geq n$을 얻는다. ■

특히 x_i들이 직교 다항식의 근일 때, 식 (7)의 형태로 주어진 수치적분 공식을 **가우스 구적 공식**(Gaussian quadrature formula)이라 한다. 차수 $2n$보다 작은 다항식에 대하여 이것 이 정확한 값을 준다는 사실은 학부 수준의 거의 모든 수치해석 교재에 잘 설명되어 있다.

실제로, 구적 계수(quadrature coefficient) $A_1, \cdots, A_n$을 구하기 위하여 n번의 적분을 수행할 필요는 없다. 이들은 $n \times n$ 선형 연립방정식을 풀어서 구할 수 있다. 연습문제 16에서 $\int_{-1}^{1} f(x)dx$를 근사하는 구적법에서 르장드르 다항식 P_n의 근이 사용되는 경우, 이를 어떻게 수행하는지 설명한다.

5.7 연습문제

1. 재귀 공식을 사용하여 다음을 계산하라. (a) T_4, T_5 그리고 (b) H_4, H_5.

2. 다항식 $p_0(x), p_1(x), p_2(x)$가 다음의 내적에 관해서 서로 직교한다고 하자.

$$\langle p(x), q(x)\rangle = \int_{-1}^{1} \frac{p(x)q(x)}{1 + x^2}\,dx$$

정리 5.7.2를 이용하여 모든 다항식의 최고차항의 계수가 1일 때 $p_1(x)$와 $p_2(x)$를 구하라.

3. 체비쇼프 다항식이 다음의 성질을 갖는다는 사실을 증명하라.

(a) $2T_m(x)T_n(x) = T_{m+n}(x) + T_{m-n}(x)$, for $m > n$

(b) $T_m(T_n(x)) = T_{mn}(x)$

4. 다음의 내적에 관해서 구간 $[-1, 1]$에서 e^x에 대한 최적의 최소제곱 근사 포물선을 구하라.

$$\langle f, g\rangle = \int_{-1}^{1} f(x)g(x)\,dx$$

5. $p_0, p_1, \cdots$가 직교 다항식의 수열이고 a_n을 p_n의 최고차항의 계수라 하자. 다음을 증명하라.

$$\|p_n\|^2 = a_n\,\langle x^n, p_n\rangle$$

6. $T_n(x)$를 n차 체비쇼프 다항식이라 두고 $n = 1, 2, \cdots$에 대해 다음을 정의하자.

$$U_{n-1}(x) = \frac{1}{n}T_n'(x)$$

(a) $U_0(x), U_1(x), U_2(x)$를 구하라.

(b) 만일 $x = \cos\theta$라 하면 다음을 증명하라.

$$U_{n-1}(x) = \frac{\sin n\theta}{\sin\theta}$$

7. $U_{n-1}(x)$가 모든 $n \geq 1$에 대해서 연습문제 6에서와 같이 정의되었다고 하자. 그리고 $U_{-1}(x)=0$이라 하자. 다음을 증명하라.

(a) $T_n(x) = U_n(x) - xU_{n-1}(x)$, for $n \geq 0$

(b) $U_n(x) = 2xU_{n-1}(x) - U_{n-2}(x)$, for $n \geq 1$

8. 다음 내적에 관하여 연습문제 6에서 정의한 U_i들이 서로 직교함을 증명하라.

$$\langle p, q\rangle = \int_{-1}^{1} p(x)q(x)(1-x^2)^{1/2}\,dx$$

여기서 U_i들은 제2종 체비쇼프 다항식이라 한다.

9. $n=0, 1, 2$에 대하여 르장드르 다항식 $P_n(x)$가 다음 2계 미분 방정식을 만족함을 증명하라.

$$(1-x^2)y'' - 2xy' + n(n+1)y = 0$$

10. 다음 각각을 증명하라.

(a) $H_n'(x) = 2nH_{n-1}(x), \quad n = 0, 1, \ldots$

(b) $H_n''(x) - 2xH_n'(x) + 2nH_n(x) = 0, \quad n = 0, 1, \ldots$

11. 점 $(1, 2), (2, -1), (3, 4)$를 지나는 함수 $f(x)$가 주어졌을 때 라그랑주 보간 공식을 이용하여 이 점들 사이를 보간하는 이차 다항식을 결정하라.

12. 만일 $f(x)$가 n보다 작은 차수의 다항식이면 $f(x)$는 식 (7)에 있는 보간 다항식과 일치함을 증명하라. 이로써 (7)의 합이 적분 $\int_a^b f(x)w(x)dx$에 대한 정확한 값이 됨을 증명하라.

13. 르장드르 다항식 $P_2(x)$를 이용하여 다음의 2-포인트 구적 공식을 얻어라.

$$\int_{-1}^{1} f(x)\,dx \approx A_1 f(x_1) + A_2 f(x_2)$$

14. (a) 연습문제 13의 구적 공식이 정확한 값을 주는 다항식의 차수는 얼마인가?

(b) 연습문제 13의 공식을 이용하여 다음의 적분 값에 대한 근사치를 구하라.

$$\int_{-1}^{1} (x^3 + 3x^2 + 1)\,dx \quad \text{그리고} \quad \int_{-1}^{1} \frac{1}{1+x^2}\,dx$$

근사치가 실제 정확한 값과 얼마나 차이가 있는가?

15. $x_1, x_2, \cdots, x_n$이 구간 $[-1, 1]$에서 서로 다른 점들이고, 다음의 A_i를 생각하자.

$$A_i = \int_{-1}^{1} L_i(x)dx, \quad i = 1, \ldots, n$$

여기서 L_i는 점 $x_1, x_2, \cdots, x_n$에서의 라그랑주 함수이다.

(a) $f(x)$가 n보다 작은 차수의 다항식이기만 하면 왜 다음 구적 공식이 정확한 값을 주는지 설명하라.

$$\int_{-1}^{1} f(x)dx = A_1 f(x_1) + A_2 f(x_2) + \cdots + A_n f(x_n)$$

(b) 0차 다항식에 위의 구적 공식을 적용하여 다음을 증명하라.

$$A_1 + A_2 + \cdots + A_n = 2$$

16. $x_1, x_2, \cdots, x_n$이 르장드르 다항식 P_n의 근이라 하자. 만일 A_i가 연습문제 15에서와 마찬가지로 정의된다면, 다음의 구적 공식은 차수가 $2n$보다

$$\int_{-1}^{1} f(x)dx = A_1 f(x_1) + A_2 f(x_2) + \cdots + A_n f(x_n)$$

작은 모든 다항식에 대해서 정확한 값을 줄 것이다.

(a) 만일 $1 \leq j < 2n$이면 다음이 성립함을 증명하라.

$$P_j(x_1)A_1 + P_j(x_2)A_2 + \cdots + P_j(x_n)A_n = \langle 1, P_j\rangle = 0$$

(b) (a)의 결과와 연습문제 15의 결과를 이용하여 A_1, A_2, $\cdots$, A_n을 구하는 $n \times n$ 비동차(nonhomogeneous) 선형 연립방정식을 세워라.

17. $Q_0(x)$, $Q_1(x)$, $\cdots$를 다항식의 정규직교 수열이라 하자. 즉 이는 직교 다항식의 수열이며 모든 k에 대해 $\|Q_k\| = 1$이다.

(a) 정리 5.7.2에 나오는 재귀관계가 이러한 정규직교 다항식 수열에 대해서는 어떻게 간단해지는가?

(b) λ를 Q_n의 근이라 하자. λ가 다음의 행렬 방정식을 만족함을 증명하라.

$$\begin{bmatrix} \beta_1 & \alpha_1 & & & \\ \alpha_1 & \beta_2 & \alpha_2 & & \\ & \ddots & \ddots & \ddots & \\ & & \alpha_{n-2} & \beta_{n-1} & \alpha_{n-1} \\ & & & \alpha_{n-1} & \beta_n \end{bmatrix} \begin{bmatrix} Q_0(\lambda) \\ Q_1(\lambda) \\ \vdots \\ Q_{n-2}(\lambda) \\ Q_{n-1}(\lambda) \end{bmatrix} = \lambda \begin{bmatrix} Q_0(\lambda) \\ Q_1(\lambda) \\ \vdots \\ Q_{n-2}(\lambda) \\ Q_{n-1}(\lambda) \end{bmatrix}$$

여기서 α_i와 β_j는 재귀적 관계식으로부터 얻어지는 계수이다.

Chapter 5 연습문제

MATLAB 연습문제

1. $\mathbf{x} = [1:5, -6, 7, 2, 0]'$, $\mathbf{y} = \texttt{ones}(9, 1)$이라고 두자.

(a) MATLAB 함수 **norm**을 사용하여 $\|\mathbf{x}\|$, $\|\mathbf{y}\|$, $\|\mathbf{x}+\mathbf{y}\|$ 값을 계산하고 삼각형 부등식이 성립하는지 확인하라. 또한 MATLAB을 사용하여 평행 사변형 법칙이 $\|\mathbf{x}+\mathbf{y}\|^2 + \|\mathbf{x}-\mathbf{y}\|^2 = 2(\|\mathbf{x}\|^2 + \|\mathbf{y}\|^2)$가 충족됨을 보여라.

(b) $t = \dfrac{\mathbf{x}^T\mathbf{y}}{\|\mathbf{x}\|\|\mathbf{y}\|}$이면, $|t|$이 1보다 작거나 같아야 하나? MATLAB을 사용하여 t 값을 계산하고 MATLAB 함수 **acos**를 사용하여 **x**와 **y** 사이의 각도를 계산하라. $180/\pi$를 곱하여 각도 단위를 degree로 변환하라(MATLAB 의 **pi**는 수 π이다.)

(c) MATLAB을 사용하여 **y**에 대한 **x**의 벡터 투영 **p**를 계산하라. $\mathbf{z} = \mathbf{x} - \mathbf{p}$로 설정하고 두 벡터의 스칼라곱을 계산하여 **z**가 **p**와 직교하는지 확인하라. $\|\mathbf{x}\|^2$ 및 $\|\mathbf{z}\|^2 + \|\mathbf{p}\|^2$를 계산하고 피타고라스 법칙이 충족되는지 확인하라.

2. (선형 함수를 이용한 데이터 세트에 대한 최소제곱 피팅) 다음 x 및 y 값 표는 이 장의 5.3절에 나와 있다(그림 5.3.3 참조).

x	−1.0	0.0	2.1	2.3	2.4	5.3	6.0	6.5	8.0
y	−1.02	−0.52	0.55	0.70	0.70	2.13	2.52	2.82	3.54

9개의 데이터 포인트는 거의 선형이므로 데이터는 선형 함수 $z = c_1x + c_2$로 근사할 수 있다. 데이터 포인트의 x 및 y 좌표를 각각 열 벡터 **x** 및 **y**로 입력하라. $V = [\mathbf{x}, \texttt{ones}(\texttt{size}(\mathbf{x}))]$로 설정하고 MATLAB "\" 연산을 사용하여 계수 c_1 및 c_2를 9×2 선형 시스템 $V\mathbf{c} = \mathbf{y}$에 대한 최소제곱 해로 계산하라. 그래프로 나타내기 위해 $\mathbf{w} = -1 : 0.1 : 8$와 $\mathbf{z} = c(1) * \mathbf{w} + c(2) * \texttt{ones}(\texttt{size}(\mathbf{w}))$로 두자. MATLAB 명령 **Plot(x, y, 'x', w, z)**을 사용하여 원래 데이터 점과 최소제곱 선형 피팅을 플로팅하라.

3. (최소제곱 다항식에 의한 온도 프로파일 구성) 일기 예보 모델의 중요한 입력 중에는 대기의 다양한 부분에서 온도 값으로 구성된 데이터 세트가 있다. 이 값은 날씨 풍선을 사용하여 직접 측정하거나 기상 위성이 촬영한 원격 신호를 기반으로 한다. 다음은 전형적인 RAOB(날씨 풍선) 데이터 세트이다. 켈빈 단위의 온도 T는 데시바로 측정된 대기압인 p의 함수로 간주될 수 있다. 1~3 데시바 범위의 압력은 대기의 상부에 해당하고 9~10데시바 범위는 대기의 하부에 해당한다.

p	1	2	3	4	5	6	7	8	9	10
T	222	227	223	233	244	253	260	266	270	266

(a) $\mathbf{p} = [1 : 10]'$으로 설정하여 압력 값을 열 벡터 **p**로 입력하고 온도 값을 열 벡터 **T**로 입력하자. 선형 함수 $c_1x + c_2$에 의해 데이터에 가장 적합한 최소 자승을 찾으려면 과결정 시스템 $V\mathbf{c} = \mathbf{T}$로 두자. 계수 행렬 V는 MATLAB에서 $V = [\mathbf{p}, \texttt{ones}(10, 1)]$을 설정하거나 또는 $A = \texttt{vander}(\mathbf{p})$; $V = A(:, 9 : 10)$로 설정할 수 있다.

참고: 모든 벡터 $\mathbf{x} = (x_1, x_2, \cdots, x_{n+1})^T$에 대해 MATLAB 명령 **vander(x)**는 다음 형식의 전체 반데르몬드 행렬을 형성한다. 선형 피팅의 경우 전체 반데르몬드 행렬의 마지막 두 열만 사용된다. **vander** 기능에 대한 자세한 정보는 **help vander**를 입력하여 얻을 수 있다. V가 구성되면 MATLAB

"\" 연산을 사용하여 시스템의 최소제곱해 **c**를 계산할 수 있다.

$$\begin{pmatrix} x_1^n & x_1^{n-1} & \cdots & x_1 & 1 \\ x_2^n & x_2^{n-1} & \cdots & x_2 & 1 \\ \vdots & & & & \\ x_{n+1}^n & x_{n+1}^{n-1} & \cdots & x_{n+1} & 1 \end{pmatrix}$$

(b) 선형 함수가 데이터에 얼마나 잘 맞는지 확인하려면 **q** = 1 : 0.1 : 10으로 설정하여 압력 값 범위를 정의하라.
해당 함수 값은 **z** = **polyval**(**c**, **q**);로 설정하여 구한다. **plot**(**q**, **z**, **p**, **T**, 'x') 명령으로 함수와 데이터 포인트를 그릴 수 있다.

(c) 이제 3차 다항식 근사를 사용하여 더 나은 피팅값을 얻으려고 한다. 3차 다항식 $c_1x^3 + c_2x^2 + c_3x + c_4$의 계수를 계산하고자 한다.
과결정 시스템 V**c** = **T**의 최소제곱 솔루션을 찾으면 데이터에 가장 적합한 최소제곱을 제공한다. 계수 행렬 V는 행렬 A = **vander**(**p**)의 마지막 4개 열을 사용하여 결정된다. 결과를 그래픽으로 보려면 **z** = **polyval**(**c**, **q**)를 사용한다.
이전과 동일한 플롯 명령을 사용하여 3차 함수와 데이터 포인트를 플롯한다. 대기 상단 또는 하단 중 어느 곳에서 더 잘 맞는지 확인하라.

(d) 대기의 상단과 하단 모두에서 적절한 피팅을 위해 6차 다항식을 사용해 보자. A의 마지막 7개 열을 사용하여 이전과 같이 계수를 결정하자. **z** = **polyval** (**c**, **q**)로 설정하고 결과를 플로팅해 보라.

4. (최소제곱 원) 중심이 (2, 4)이고 반지름이 3인 원에 대한 매개변수 방정식 $x = 2 + 3\cos t, y = 4 + 3\sin t$이다. **t** = 0 : .5 : 6으로 설정하고 MATLAB을 사용하여 원의 해당 점에 대한 x 및 y 좌표의 벡터를 만들어라. 포인트에 노이즈를 **x** = **x** + 0.1 ∗ **rand**(1, 13), **y** = **y** + 0.1 ∗ **rand**(1, 13)로 두자.
MATLAB을 사용하여 점에 가장 적합한 최소제곱을 제공하는 원의 중심 **c**와 반지름 r을 결정하라.

t1 = 0 : 0.1 : 6.3
x1 = **c(1)** + **r** ∗ **cos(t1)**
y1 = **c(2)** + **r** ∗ **sin(t1)**

으로 두고 **plot**(**x1**, **y1**, **x**, **y**, '**x**') 함수를 사용하여 원과 데이터 포인트들을 플롯하라.

5. (기본 부분공간: 직교 기저) 벡터공간 $N(A), R(A), N(A^T)$ 및 $R(A^T)$는 행렬 A와 관련된 4개의 기본 부분공간이다. MATLAB을 사용하여 주어진 행렬과 관련된 기본 부분공간 각각에 대한 직교 기저를 구성할 수 있다. 그런 다음 각 부분공간에 해당하는 투영 행렬을 구성할 수 있다.

(a) A = **rand**(5, 2) ∗ **rand**(2, 5)로 두자. A의 랭크와 영계수(nullity)는 무엇인지 설명하라. MATLAB을 사용하여 **rank**(A) 및 Z = **null**(A)을 계산하여 답을 확인하라. Z의 열은 $N(A)$에 대한 직교 기준을 형성한다.

(b) Q = **orth**(A), W = **null**(A'), $S = [Q\ W]$라 두자. 행렬 S는 직교해야 한다. 그 이유를 설명하라. $S * S'$를 계산하고 그 결과를 **eye**(5)와 비교하라. 이론적으로 A^TW와 W^TA는 모두 0으로 구성되어야 한다. 그 이유를 설명하라. MATLAB을 사용하여 A^TW 및 W^TA를 계산하라.

(c) Q와 W가 정확한 산술로 계산되었다면 $I - WW^T = QQ^T$ 및 $QQ^TA = A$임을 증명하라.
[힌트: Q와 W를 이용하여 SS^T를 기술할 것.]
MATLAB을 사용하여 이러한 특징을 증명하라.

(d) Q가 정확한 산술로 계산되었다면 모든 **b** ∈ $R(A)$에 대해 QQ^T**b** = **b**임을 증명하라. MATLAB을 사용하여 **b** = A ∗ **rand**(5, 1)로 설정한 후 이 속성을 확인하라. 그런 다음 $Q * Q'$ ∗ **b**를 계산하고 b와 비교하라.

(e) Q의 열 벡터는 $R(A)$에 대한 직교 기저를 형성하므로 QQ^T는 $R(A)$에 해당하는 투영 행렬이 된다. 따라서 임의의 **c** ∈ $\mathbb{R}^5$에 대해, 벡터 **q** = QQ^T**c**는 $R(A)$에 대한 **c**의 투영이다. **c** = **rand**(5, 1)로 설정하고 투영 벡터 **q**를 계산하라. 벡터 **r** = **c** − **q**는 $N(A^T)$에 있어야 한다. 그 이유를 설명하라. MATLAB을 사용하여

$A' * \mathbf{r}$을 계산하라.

(f) 행렬 WW^T는 $N(A^T)$에 해당하는 투영 행렬이다. MATLAB을 사용하여 $N(A^T)$에 대한 $\mathbf{c}$의 투영 $\mathbf{w} = WW^T\mathbf{c}$를 계산하고 그 결과를 $\mathbf{r}$과 비교하라.

(g) $Y = \texttt{orth}(A')$를 설정하고 이를 사용하여 $R(A^T)$에 해당하는 투영 행렬 U를 계산하라. $\mathbf{b} = \texttt{rand}(5, 1)$이라고 두고 $\mathbf{b}$의 투영 벡터 $\mathbf{y} = U * \mathbf{b}$를 $R(A^T)$에 대해 계산하라. $U * \mathbf{y}$도 계산하고 $\mathbf{y}$와 비교하라. 벡터 $\mathbf{s} = \mathbf{b} - \mathbf{y}$는 $N(A)$에 있어야 한다. 그 이유를 설명하라. MATLAB을 사용하여 $\mathbf{A} * \mathbf{s}$를 계산하라.

(h) 행렬 $Z = \texttt{null}(A)$를 사용하여 $N(A)$에 해당하는 투영 행렬 V를 계산하라. $V * \mathbf{b}$를 계산하고 $\mathbf{s}$와 비교하라.

CHAPTER TEST A 참 또는 거짓

이어지는 각 문장에 대해 문장이 항상 참이면 참, 그렇지 않으면 거짓으로 답하라. 참된 진술의 경우 답을 설명하거나 증명하라. 거짓 진술의 경우 그 진술이 항상 참이 아님을 보여주는 예를 제시하라.

1. $\mathbf{x}$와 $\mathbf{y}$가 $\mathbb{R}^n$에서 0이 아닌 벡터이면 $\mathbf{y}$에 대한 $\mathbf{x}$의 벡터 투영은 $\mathbf{x}$에 대한 $\mathbf{y}$의 벡터 투영과 같다.

2. $\mathbf{x}$ 및 $\mathbf{y}$가 $\mathbb{R}^n$ 및 $|\mathbf{x}^T\mathbf{y}| = 1$의 단위 벡터이면 $\mathbf{x}$와 $\mathbf{y}$는 선형 독립이다.

3. U, V 및 W가 $\mathbb{R}^3$의 부분공간이고 $U \perp V$ 및 $V \perp W$이면 $U \perp W$이다.

4. $A\mathbf{y} = \mathbf{0}$이 되도록 A^T의 열 공간에서 0이 아닌 벡터 $\mathbf{y}$를 찾는 것이 가능하다.

5. A가 $m \times n$ 행렬이면 AA^T와 A^TA는 동일한 랭크를 갖는다.

6. $m \times n$ 행렬 A에 선형 종속 열이 있고 $\mathbf{b}$가 $\mathbb{R}^m$의 벡터이면 $\mathbf{b}$는 A의 열 공간에 대한 고유한 투영을 갖지 않는다.

7. A가 $R(A^T) = \mathbb{R}^n$인 $m \times n$ 행렬인 경우 시스템 $A\mathbf{x} = \mathbf{b}$는 고유한 최소제곱 해를 갖는다.

8. Q가 직교 행렬이면 Q^T도 직교행렬이다.

9. $\{\mathbf{u}_1, \mathbf{u}_2, \cdots, \mathbf{u}_k\}$는 $\mathbb{R}^n$에 있는 벡터의 직교정규 집합이고 $U = (\mathbf{u}_1, \mathbf{u}_2, ..., \mathbf{u}_k)$이면 $U^TU = I_k(k \times k$ 단위 행렬)이다.

10. $\{\mathbf{u}_1, \mathbf{u}_2, \cdots, \mathbf{u}_k\}$는 $\mathbb{R}^n$에 있는 벡터의 직교정규 집합이고 $U = (\mathbf{u}_1, \mathbf{u}_2, \cdots, \mathbf{u}_k)$이면 $UU^T = I_n(n \times n$ 단위 행렬)이다.

CHAPTER TEST B

1. $\mathbf{x} = \begin{pmatrix} 1 \\ 0 \\ 2 \\ 3 \end{pmatrix}$, $\mathbf{y} = \begin{pmatrix} 2 \\ 1 \\ 2 \\ 4 \end{pmatrix}$라고 두자.

(a) $\mathbf{y}$에 대한 $\mathbf{x}$의 벡터 투영 $\mathbf{p}$를 찾아라.

(b) $\mathbf{x} - \mathbf{p}$가 $\mathbf{p}$와 직교하는지 확인하라.

(c) $\mathbf{x}$, $\mathbf{p}$, $\mathbf{x} - \mathbf{p}$에 대해 피타고라스 법칙이 성립하는지 확인하라.

2. $\mathbf{v}_1$과 $\mathbf{v}_2$를 내적공간 V의 벡터라고 하자.

(a) $\|\mathbf{v}_1\|\,\|\mathbf{v}_2\|$가 $|\langle \mathbf{v}_1, \mathbf{v}_2 \rangle|$보다 클 가능성을 설명하라.

(b) 만약 $|\langle \mathbf{v}_1, \mathbf{v}_2 \rangle| = \|\mathbf{v}_1\|\,\|\mathbf{v}_2\|$이면, 벡터 $\mathbf{v}_1$과 $\mathbf{v}_2$에 대해 어떤 결론을 내릴 수 있는지 설명하라.

3. $\mathbf{v}_1$과 $\mathbf{v}_2$를 내적공간 V의 벡터라고 하자. $\|\mathbf{v}_1 + \mathbf{v}_2\|^2 \leq (\|\mathbf{v}_1\| + \|\mathbf{v}_2\|)^2$를 보여라.

4. A를 랭크가 5인 9×6 행렬이라고 하고 $\mathbf{b}$를 $\mathbb{R}^9$의 벡터라고 하자. A와 관련된 4개의 기본 부분공간은 $R(A)$, $N(A^T)$, $R(A^T)$ 및 $N(A)$이다.

(a) $N(A^T)$의 차원은 무엇이며 다른 기본 부분공간 중 $N(A^T)$의 직교 공간(complement)은 무엇인가?

(b) $\mathbf{x}$가 $R(A)$의 벡터이고 $A^T\mathbf{x} = \mathbf{0}$이면 $\|\mathbf{x}\|$의 값은 결정할 수 있는지 설명하라.

(c) $N(A^TA)$의 차원은 무엇인가? 최소제곱 시스템 $A\mathbf{x} = \mathbf{b}$의 해는 몇 개인가?

5. $\mathbf{x}$와 $\mathbf{y}$를 $\mathbb{R}^n$의 벡터라고 하고 Q를 $n \times n$ 직교 행렬이라고 하자. $\mathbf{z} = Q\mathbf{x}$ 및 $\mathbf{w} = Q\mathbf{y}$이면 $\mathbf{z}$와 $\mathbf{w}$ 사이의 각도는 $\mathbf{x}$와 $\mathbf{y}$ 사이의 각도와 같음을 보여라.

6. S를 $\mathbf{x}_1 = \begin{pmatrix} 1 \\ 0 \\ 4 \end{pmatrix}$과 $\mathbf{x}_2 = \begin{pmatrix} 0 \\ 1 \\ -8 \end{pmatrix}$로 생성되는 $\mathbb{R}^3$의 2차원 부분공간이라고 하자.

(a) $S^\perp$의 기저를 구하라.

(b) S 및 $S^\perp$를 기하학적으로 설명하라.

(c) $\mathbb{R}^3$의 벡터를 $S^{\perp}$에 투영하는 투영 행렬 P를 결정하라.

7. 데이터 포인트가 주어질 때, 선형 함수 $f(x) = c_1 + c_2 x$에 의해 가장 적합한 최소제곱을 찾아라.

x	1	2	3
y	2	4	4

8. $\{\mathbf{u}_1, \mathbf{u}_2, \mathbf{u}_3\}$를 내적공간 V의 3차원 부분공간 S에 대한 직교 기저라고 하고,

$\mathbf{x} = 6\mathbf{u}_1 - 3\mathbf{u}_2 + 2\mathbf{u}_3$ 및 $\mathbf{y} = 5\mathbf{u}_1 + 8\mathbf{u}_2 - 3\mathbf{u}_3$라고 하자.

(a) $\langle \mathbf{x}, \mathbf{y} \rangle$의 값을 구하라.

(b) $\|\mathbf{x}\|$의 값을 구하라.

9. A를 랭크 4의 7×5 행렬이라고 하자. P와 Q를 $\mathbb{R}^7$의 벡터를 각각 $R(A)$와 $N(A^T)$에 투영하는 투영 행렬이라고 하자.

(a) $PQ = O$임을 보여라.

(b) $P + Q = I$임을 보여라.

10. $A = \begin{pmatrix} 1 & 1 & 2 \\ -1 & -3 & -4 \\ 1 & -3 & 1 \\ -1 & 1 & -1 \end{pmatrix}$와 $\mathbf{b} = \begin{pmatrix} 4 \\ 0 \\ 5 \\ 1 \end{pmatrix}$가 주어진다. 그람-슈미트 프로세스가 $R(A)$에 대한 직교 정규식 기저를 결정하고 A의 QR 분해에 적용되는 경우 처음 두 개의 직교 정규식 벡터 $\mathbf{q}_1$ 및 $\mathbf{q}_2$가 계산된 후 다음을 얻는다.

$$Q = \begin{pmatrix} \frac{1}{2} & \frac{1}{2\sqrt{5}} & \_\_ \\ -\frac{1}{2} & -\frac{3}{2\sqrt{5}} & \_\_ \\ \frac{1}{2} & -\frac{3}{2\sqrt{5}} & \_\_ \\ -\frac{1}{2} & \frac{1}{2\sqrt{5}} & \_\_ \end{pmatrix} \qquad R = \begin{pmatrix} 2 & 0 & \_\_ \\ 0 & 2\sqrt{5} & \_\_ \\ 0 & 0 & \_\_ \end{pmatrix}$$

(a) 프로세스를 완료하라. $\mathbf{q}_3$를 결정하고 Q와 R의 세 번째 열을 채워라.

(b) QR 분해를 사용하여 $A\mathbf{x} = \mathbf{b}$의 최소제곱 해를 찾아라.

11. 함수 $\cos x$ 및 $\sin x$는 모두 $C[-\pi, \pi]$의 단위 벡터이며 내적은 $\langle f, g \rangle = \dfrac{1}{\pi} \displaystyle\int_{-\pi}^{\pi} f(x)g(x)dx$ 로 정의된다.

(a) $\cos x \perp \sin x$임을 보여라.

(b) $\|\cos x + \sin x\|_2$의 값을 구하라.

12. $L > 0$이라고 하고 내적이 $\langle f, g \rangle = \displaystyle\int_{-L}^{L} f(x)g(x)dx$ 로 정의된 벡터공간 $C[-L, L]$를 고려하자.

(a) $u_1(x) = \alpha$ 및 $u_2(x) = \beta x$가 벡터의 직교 정규 집합을 형성하도록 두 개의 양의 상수 α 및 β를 찾아라.

(b) $L = 1$로 설정하고 부분 (a)의 결과를 사용하여 선형 함수에 의해 $h(x) = x^{1/3} + x^{2/3}$에 대한 최적의 최소제곱 근사치를 찾아라.

CHAPTER

6

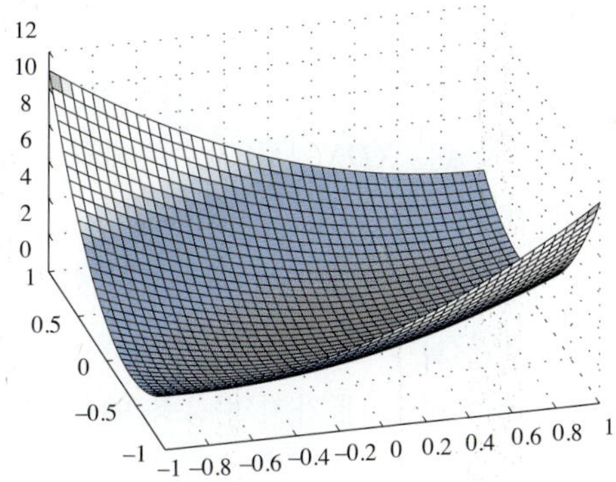

고윳값

6.1절에서는 방정식 $A\mathbf{x} = \lambda\mathbf{x}$에 대해 고찰한다. 이 방정식은 선형대수를 응용하는 여러 곳에서 나타난다. 이 방정식이 영이 아닌 해 $\mathbf{x}$를 갖는 경우 λ를 A의 **고윳값(eigenvalue)**이라 하고, x를 λ에 속한 **고유벡터(eigenvector)**라고 한다.

고윳값이란 우리가 인지하든 않든 간에 우리의 생활에서 많이 마주하는 현상이다. 진동이 있는 곳이라면 그 진동의 자연 주파수가 고윳값이 된다. 당신이 기타의 음을 조율했다면 당신은 이미 고윳값 문제를 푼 셈이 된다. 구조물을 설계할 때는 그 구조물의 진동 주파수에 신경을 써야 한다. 이는 캘리포니아처럼 지진이 빈번한 곳에서는 특히 중요한 문제이다. 경계값 문제에서의 고윳값은 원자의 에너지 상태나 대들보의 구부러짐을 야기하는 임계 하중을 결정하는 데 이용된다. 이 응용에 관해서는 6.1절에서 다룬다.

6.2절에서는 선형 미분 방정식을 풀 때 고윳값과 고유벡터를 이용하는 방법을 배우게 된다. 우리는 유체의 혼합, 스프링의 조화 운동, 빌딩의 진동 등과 같은 다양한 응용 예를 살펴볼 것이다. 빌딩의 움직임은 다음 형태의 이차 미분 방정식 시스템으로 모델링될 수 있다.

$$M\mathbf{Y}''(t) = K\mathbf{Y}(t)$$

이때 $\mathbf{Y}(t)$는 성분이 모두 t의 함수인 벡터이고, $\mathbf{Y}''(t)$는$\mathbf{Y}(t)$의 각 성분들의 이차 미분 값들로 구성된 벡터이다. 이 방정식의 해는 행렬 $A = M^{-1}K$의 고윳값과 고유벡터에 의해 결정된다.

일반적으로 고윳값은 선형 변환에 연관된 자연 주파수로 볼 수 있다. A가 $n \times n$ 행렬이면 A는 $\mathbb{R}^n$에서의 선형 변환을 나타내는 연산자로 볼 수 있다. 고윳값과 고유벡터는 연산자의 작용을 이해하는 데 결정적인 열쇠가 된다. 예를 들어 $\lambda > 0$인 경우, λ에 속한 고유벡터에 작용하는 연산자의 영향은 그 고유벡터를 어떤 상수만큼 확장 또는 축소한 것이 된다.

사실 연산자의 영향은 고유벡터의 선형 조합에 의해 쉽게 결정된다. 특히 $\mathbb{R}^n$에서 고유벡터들로 이루어진 기저를 생성하는 것이 가능하다면 연산자는 해당 기저에 대해 대각선 행렬 D로 표현될 수 있고 행렬 A는 XDX^{-1}로 인수분해될 수 있다. 이러한 과정과 더불어 다양한 응용 예가 6.3절에 언급되어 있다.

6.4절에서는 복소수 항을 갖는 행렬에 대해 알아본다. 여기서는 고유벡터들이 $\mathbb{C}^n$(복소수로 구성된 n차원 벡터공간)의 정규직교 기저가 되는 행렬에 대해 고찰한다. 6.5절에서는 행렬의 특이값 분해를 소개하고 네 가지의 응용 예를 살펴본다. 이에 대한 또 다른 중요한 응용 예는 7장에 나올 것이다.

6.6절에서는 여러 변수로 이루어진 이차 방정식에 고윳값을 적용하는 것과 역시 다변수 함수의 최댓값과 최솟값에 연관된 응용 예를 다루게 된다. 6.7절에서는 대칭인 양의 정부호 행렬에 대해 알아본다. 이러한 행렬의 고윳값은 실수이고 양수이다. 이러한 행렬의 응용 예 역시 다양한 곳에서 발견된다. 마지막으로 6.8절에서는 음이 아닌 값들로 구성된 행렬과 이의 경제학에서의 응용에 대해 공부한다.

6.1 고윳값과 고유벡터

많은 응용문제 중에는 주어진 벡터를 연속적으로 선형 변환하는 문제들이 있다. 이러한 문제를 푸는 열쇠는 어떤 좌표계나 기저를 선택해야 해당 연산자에 가장 자연스럽고, 그로 인해 계산이 훨씬 간단해지는가를 결정하는 것이다. 이렇게 결정된 새로운 기저 벡터(고유벡터)에 대해서는 그 연산자의 자연 주파수에 해당하는 비례 상수(고윳값)를 연관시킬 수 있다. 다음의 간단한 예를 보자.

예제 1 1.4절의 응용 1을 상기하자. 어떤 마을에서 결혼한 여성의 30%는 매년 이혼을 하고 혼자인 여성의 20%는 매년 결혼을 한다. 현재 8,000명의 결혼한 여성과 2,000명의 혼자인 여성이 있고 전체 인구는 변하지 않는다고 하자. 결혼율과 이혼율이 미래에도 영구히 계속 유지된다고 할 때 장기전망을 해 보자.

1년 후의 결혼한 여성 및 혼자인 여성 수를 알아내려면 벡터 $\mathbf{w}_0 = (8000, 2000)^T$에 다음 행렬 A를 곱한다.

$$A = \begin{bmatrix} 0.7 & 0.2 \\ 0.3 & 0.8 \end{bmatrix}$$

따라서 1년 후의 결혼한 여성 및 혼자인 여성의 수는 다음과 같다.

$$\mathbf{w}_1 = A\mathbf{w}_0 = \begin{bmatrix} 0.7 & 0.2 \\ 0.3 & 0.8 \end{bmatrix} \begin{bmatrix} 8000 \\ 2000 \end{bmatrix} = \begin{bmatrix} 6000 \\ 4000 \end{bmatrix}$$

2년 후의 결혼한 여성 및 혼자인 여성 수를 알려면 다음을 계산하게 되고

$$\mathbf{w}_2 = A\mathbf{w}_1 = A^2\mathbf{w}_0$$

일반적으로 n년 후의 각 인원 계산을 위해서는 $\mathbf{w}_n = A^n\mathbf{w}_0$를 계산해야 한다.

이런 식으로 $\mathbf{w}_{10}, \mathbf{w}_{20}, \mathbf{w}_{30}$을 계산하여 정수 값이 되도록 반올림한다면 다음을 얻게 된다.

$$\mathbf{w}_{10} = \begin{pmatrix} 4004 \\ 5996 \end{pmatrix}, \quad \mathbf{w}_{20} = \begin{pmatrix} 4000 \\ 6000 \end{pmatrix}, \quad \mathbf{w}_{30} = \begin{pmatrix} 4000 \\ 6000 \end{pmatrix}$$

어떤 시점 이후부터는 항상 동일한 답을 얻게 된다. 실제로 $\mathbf{w}_{12} = (4000, 6000)^T$이고

$$A\mathbf{w}_{12} = \begin{pmatrix} 0.7 & 0.2 \\ 0.3 & 0.8 \end{pmatrix} \begin{pmatrix} 4000 \\ 6000 \end{pmatrix} = \begin{pmatrix} 4000 \\ 6000 \end{pmatrix}$$

이므로, 그 이후의 계산된 결과는 변하지 않게 된다. 벡터 $(4000, 6000)^T$를 이 과정의 안정상태 벡터(steady-state vector)라고 한다.

최초의 결혼한 여성 및 혼자인 여성 수의 비율이 바뀐다면 어떻게 될까? 예를 들어 10,000명의 결혼한 여성만으로 출발했다고 하자. 즉 $\mathbf{w}_0 = (10{,}000, 0)^T$라 하고 $\mathbf{w}_n$을 구해 보면 $\mathbf{w}_{14} = (4000, 6000)^T$가 되어 이때도 역시 같은 안정상태로 끝나게 된다.

그렇다면 이 과정은 왜 수렴하고 또한 어떤 이유로 최초 벡터를 바꾸었음에도 불구하고 같은 안정상태 벡터를 얻게 되는 걸까? 만일 우리가 선형 변환 A의 효과를 쉽게 알 수 있는 벡터로 $\mathbb{R}^2$의 기저를 선택했다면 어렵지 않게 이 질문에 답할 수 있다. 특별히 우리가 안정상태 벡터의 배수가 되는, 예를 들어 $\mathbf{x}_1 = (2, 3)^T$를 기저 벡터의 하나로 선택했다면

$$A\mathbf{x}_1 = \begin{pmatrix} 0.7 & 0.2 \\ 0.3 & 0.8 \end{pmatrix} \begin{pmatrix} 2 \\ 3 \end{pmatrix} = \begin{pmatrix} 2 \\ 3 \end{pmatrix} = \mathbf{x}_1$$

이 된다. 따라서 $\mathbf{x}_1$ 역시 안정상태 벡터이다. $\mathbf{x}_1$에 대한 A의 효과가 더없이 간단하다는 점에서 $\mathbf{x}_1$은 자연스럽게 기저 벡터의 하나로 선택된다. 또 다른 안정상태 벡터가 있다면 그 역시 두 번째 기저 벡터로 선택하면 좋겠지만 실상 모든 안정상태 벡터는 $\mathbf{x}_1$의 배수들이므로 이는 불가능하다. 그러나 만일 $\mathbf{x}_2 = (-1, 1)^T$로 선택하면 $\mathbf{x}_2$에 대한 A의 효과 역시 다음에서 보듯이 무척 간단하다.

$$A\mathbf{x}_2 = \begin{pmatrix} 0.7 & 0.2 \\ 0.3 & 0.8 \end{pmatrix} \begin{pmatrix} -1 \\ 1 \end{pmatrix} = \begin{pmatrix} -\frac{1}{2} \\ \frac{1}{2} \end{pmatrix} = \frac{1}{2}\mathbf{x}_2$$

이제 $\mathbf{x}_1$과 $\mathbf{x}_2$를 기저 벡터로 사용하여 이 과정을 분석해 보자. 초기 벡터 $\mathbf{w}_0 = (8000, 2000)^T$를 $\mathbf{x}_1$과 $\mathbf{x}_2$의 선형 조합으로 표현하면 다음과 같고

$$\mathbf{w}_0 = 2000 \begin{pmatrix} 2 \\ 3 \end{pmatrix} - 4000 \begin{pmatrix} -1 \\ 1 \end{pmatrix} = 2000\mathbf{x}_1 - 4000\mathbf{x}_2$$

따라서

$$\mathbf{w}_1 = A\mathbf{w}_0 = 2000A\mathbf{x}_1 - 4000A\mathbf{x}_2 = 2000\mathbf{x}_1 - 4000\left(\frac{1}{2}\right)\mathbf{x}_2$$

$$\mathbf{w}_2 = A\mathbf{w}_1 = 2000\mathbf{x}_1 - 4000\left(\frac{1}{2}\right)^2\mathbf{x}_2$$

일반적으로는 다음과 같다.

$$\mathbf{w}_n = A^n\mathbf{w}_0 = 2000\mathbf{x}_1 - 4000\left(\frac{1}{2}\right)^n\mathbf{x}_2$$

위 식에서 첫 번째 항이 안정상태 벡터이고 두 번째 항은 영 벡터에 수렴하게 된다.

그렇다면 우리는 초깃값 $\mathbf{w}_0$에 무관하게 항상 동일한 안정상태 벡터를 얻게 될까? 최초의 결혼한 여성 수가 p명이었다면 혼자인 여성의 수는 $10{,}000 - p$이므로 초기 벡터는

$$\mathbf{w}_0 = \begin{bmatrix} p \\ 10{,}000 - p \end{bmatrix}$$

이 되고, $\mathbf{w}_0 = c_1\mathbf{x}_1 + c_2\mathbf{x}_2$로 표현된다면 같은 방법으로 $\mathbf{w}_n$은 다음과 같고

$$\mathbf{w}_n = A^n\mathbf{w}_0 = c_1\mathbf{x}_1 + \left(\frac{1}{2}\right)^n c_2\mathbf{x}_2$$

안정상태 벡터는 $c_1\mathbf{x}_1$이 될 것이다. c_1 값을 계산하기 위해 방정식

$$c_1\mathbf{x}_1 + c_2\mathbf{x}_2 = \mathbf{w}_0$$

을 선형 시스템으로 다시 쓰면 다음과 같다.

$$\begin{aligned} 2c_1 - c_2 &= p \\ 3c_1 + c_2 &= 10{,}000 - p \end{aligned}$$

이 두 방정식을 풀면 $c_1 = 2000$이 되므로 0 이상 10,000 이하의 정수 p에 대해서도 안정상태 벡터는 다음과 같다.

$$2000\mathbf{x}_1 = \begin{bmatrix} 4000 \\ 6000 \end{bmatrix}$$

■

두 벡터 $\mathbf{x}_1$과 $\mathbf{x}_2$는 다음에서 보듯이 행렬 A의 영향이 아주 간단하기 때문에

$$A\mathbf{x}_1 = \mathbf{x}_1 = 1\mathbf{x}_1 \quad \text{그리고} \quad A\mathbf{x}_2 = \tfrac{1}{2}\mathbf{x}_2$$

예제 1의 과정을 분석하기에 자연스러운 벡터였다. 각 벡터들에 대한 A의 영향은 단순히 그 벡터에 스칼라를 곱한 것과 같았다. 이 두 스칼라 값 1과 $\frac{1}{2}$은 이 선형 변환의 자연 주파수로 생각할 수 있다.

일반적으로 선형 변환이 $n \times n$ 행렬 A로 표현되고 $A\mathbf{x} = \lambda\mathbf{x}$를 만족하는 영이 아닌 벡터

$\mathbf{x}$가 어떤 스칼라 λ에 대해 존재한다면 이 변환에 대해서는 $\mathbb{R}^n$의 기저 벡터로 $\mathbf{x}$를 사용하는 것이 자연스러운 선택이며 스칼라 λ는 그 기저 벡터에 대응되는 자연 주파수가 된다. 좀 더 정확하게, $\mathbf{x}$와 λ에 대해 다음의 용어를 정의하자.

정의 A가 $n \times n$ 행렬이고, $A\mathbf{x} = \lambda\mathbf{x}$를 만족하는 영이 아닌 벡터 $\mathbf{x}$가 존재하는 경우, 스칼라 λ를 행렬 A의 **고윳값** 또는 **특성값**(characteristic value)이라고 한다. 벡터 $\mathbf{x}$는 λ에 속한 **고유벡터** 또는 **특성 벡터**(characteristic vector)라고 한다.

예제 2 다음의 행렬 A와 벡터 $\mathbf{x}$에 대해

$$A = \begin{pmatrix} 4 & -2 \\ 1 & 1 \end{pmatrix} \quad \text{그리고} \quad \mathbf{x} = \begin{pmatrix} 2 \\ 1 \end{pmatrix}$$

다음이 성립하므로

$$A\mathbf{x} = \begin{pmatrix} 4 & -2 \\ 1 & 1 \end{pmatrix} \begin{pmatrix} 2 \\ 1 \end{pmatrix} = \begin{pmatrix} 6 \\ 3 \end{pmatrix} = 3 \begin{pmatrix} 2 \\ 1 \end{pmatrix} = 3\mathbf{x}$$

$\lambda = 3$은 A의 고윳값이 되고 $\mathbf{x} = (2, 1)^T$는 λ에 속한 고유벡터가 된다. 실제로 $\mathbf{x}$의 임의의 영이 아닌 배수 역시 고유벡터가 되는데 그 이유는 다음과 같다.

$$A(\alpha\mathbf{x}) = \alpha A\mathbf{x} = \alpha\lambda\mathbf{x} = \lambda(\alpha\mathbf{x})$$

따라서, 예를 들어 $(4, 2)^T$ 역시 $\lambda = 3$에 속한 고유벡터이다.

$$\begin{pmatrix} 4 & -2 \\ 1 & 1 \end{pmatrix} \begin{pmatrix} 4 \\ 2 \end{pmatrix} = \begin{pmatrix} 12 \\ 6 \end{pmatrix} = 3 \begin{pmatrix} 4 \\ 2 \end{pmatrix}$$

■

고윳값과 고유벡터의 기하학적 형상화

양의 실수 λ_1이 2×2 행렬 A의 고윳값일 때, 해당 고유벡터들을 찾기 위해서는 $A\mathbf{x} = \lambda_1\mathbf{x}$를 만족하는 벡터 $\mathbf{x}$를 구할 필요가 있다. 고유벡터 $\mathbf{x}$의 방향은 다음과 같은 단위 벡터 $\mathbf{x}_1$으로 나타낼 수 있다.

$$\mathbf{x}_1 = \alpha\mathbf{x} \quad \text{이고} \quad \alpha = \frac{1}{||\mathbf{x}||}$$

여기서 주목할 사실은 고유벡터 $\mathbf{x}$에 영이 아닌 스칼라가 곱해진 이 방향 벡터 $\mathbf{x}_1$ 역시 고윳값 λ_1에 속한 고유벡터가 된다는 점이다. $\lambda_1 > 0$이므로 벡터 $A\mathbf{x}_1$은 단위 고유벡터 $\mathbf{x}_1$과 같은 방향의 벡터이고 그 길이는 $\|A\mathbf{x}_1\| = \lambda_1$이 된다. 만일 λ_1이 음수인 경우에는 두 벡터 $\mathbf{x}_1$과 $A\mathbf{x}_1$은 서로 반대 방향이고, $A\mathbf{x}_1$의 길이는 $\|A\mathbf{x}_1\| = |\lambda_1|$이 될 것이다. 일반적으로 실수 고윳값 λ_1에 속한 고유벡터를 찾는 문제는 2차원 평면에서 원점을 지나는 동일한 직선 위

에 있는 $\mathbf{x}_1$과 $A\mathbf{x}_1$을 찾는 문제로 볼 수 있다.

2차원 평면에서의 단위 벡터는 다음의 형태를 갖는다.

$$x = \begin{pmatrix} \cos t \\ \sin t \end{pmatrix} \quad 0 \le t \le 2\pi$$

기하학적으로 보면, 위의 벡터들은 원점에서 출발하고 끝 점이 원점을 중심으로 하는 반경 1의 원주 위에 위치하는 벡터들이다. 따라서 실수를 고윳값으로 갖는 2×2 행렬 A의 고유벡터를 찾는 하나의 방법은 t를 0에서 2π까지 변화시켜 가면서 어떤 점 $(\cos t, \sin t)$에서 $\mathbf{x}$와 $A\mathbf{x}$가 원점을 지나는 동일한 직선 위에 있는가를 찾는 것이다. 다음의 예제를 보자.

예제 3 다음의 행렬에서

$$A = \begin{pmatrix} \frac{1}{2} & \frac{3}{2} \\ \frac{3}{2} & \frac{1}{2} \end{pmatrix}$$

단위 벡터 $\mathbf{x} = (1, 0)^T$는 $\mathbf{x}$와 $A\mathbf{x}$가 원점을 지나는 동일한 직선 위에 있지 않으므로 고유벡터가 아님을 알 수 있다. 그림 6.1.1을 보라.

고유벡터를 찾기 위해 이 시작점 $\mathbf{x}$를 원주를 따라 반시계 방향으로 회전해 보자. 회전해 가면서 우리는 $\mathbf{x}$와 $A\mathbf{x}$의 방향을 비교할 수 있다. 만일 $\mathbf{x}$와 $A\mathbf{x}$가 같은 방향이거나 또는 서로 반대 방향이 되면 고유벡터를 찾은 것이다. 이 예제에서는 처음에서 45°를 회전했을 때 두 벡터가 동일 직선상에 위치한다. 이 방향의 단위 벡터 $\mathbf{x}_1$이 고유벡터가 된다.

$$\mathbf{x}_1 = \begin{pmatrix} \cos \frac{\pi}{4} \\ \sin \frac{\pi}{4} \end{pmatrix} = \begin{pmatrix} \frac{1}{\sqrt{2}} \\ \frac{1}{\sqrt{2}} \end{pmatrix} \text{이고} \quad A\mathbf{x}_1 = \begin{pmatrix} \frac{2}{\sqrt{2}} \\ \frac{2}{\sqrt{2}} \end{pmatrix} = 2\mathbf{x}_1$$

즉, $\mathbf{x}_1$이 고윳값 $\lambda_1 = 2$에 속하는 단위 고유벡터이다. 그림 6.1.2(a)를 보라.

여기서 추가로 90°를 더 회전하면 두 번째 단위 고유벡터를 찾게 된다.

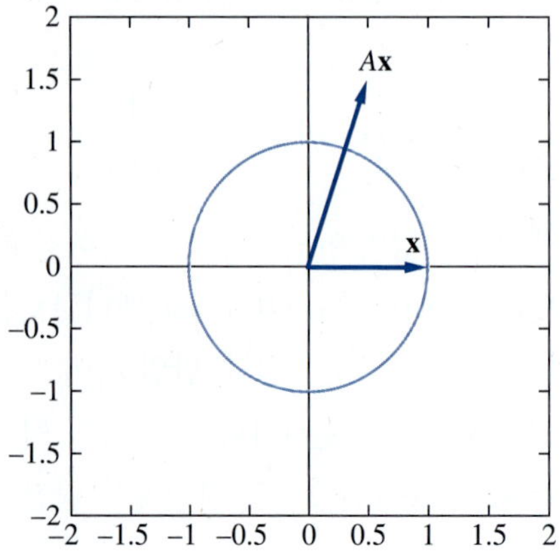

그림 6.1.1

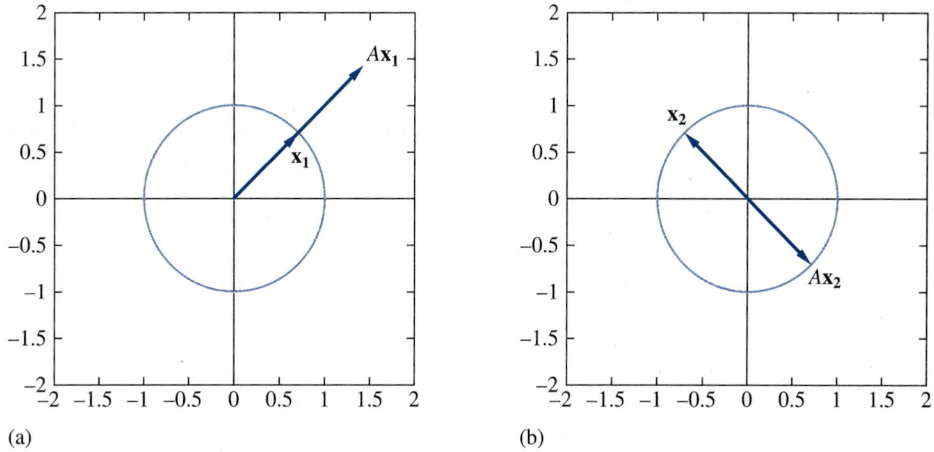

그림 6.1.2

$$\mathbf{x}_2 = \begin{bmatrix} \cos\frac{3\pi}{4} \\ \sin\frac{3\pi}{4} \end{bmatrix} = \begin{bmatrix} \frac{-1}{\sqrt{2}} \\ \frac{1}{\sqrt{2}} \end{bmatrix} \text{이고} \quad A\mathbf{x}_2 = \begin{bmatrix} \frac{1}{\sqrt{2}} \\ \frac{-1}{\sqrt{2}} \end{bmatrix} = -1\mathbf{x}_2$$

벡터 $\mathbf{x}_2$는 고윳값 $\lambda_2 = -1$에 속하는 단위 고유벡터이다. 그림 6.1.2(b)를 보라. ■

단위 고유벡터 $\mathbf{x}$를 찾았다면 해당 고윳값을 찾는 것은 쉽다. $\|\mathbf{x}\| = 1$이므로

$$\mathbf{x}^T A\mathbf{x} = \mathbf{x}^T(\lambda\mathbf{x}) = \lambda\|\mathbf{x}\|^2 = \lambda$$

따라서 고윳값은 $\lambda_2 = \mathbf{x}^T A\mathbf{x}$인 것이다.

다음에는 고윳값들을 직접 찾는 방법을 공부해 보자. 일단 고윳값들을 알고 있으면 해당 고유벡터들을 바로 계산해 내는 방법이 있다.

고윳값과 고유벡터 찾기

방정식 $A\mathbf{x} = \lambda\mathbf{x}$는 다음의 형태로 쓸 수 있다.

$$(A - \lambda I)\mathbf{x} = \mathbf{0} \tag{1}$$

따라서 λ가 A의 고윳값이기 위한 필요충분조건은 식 (1)이 자명하지 않은 해를 갖는 것이다. 식 (1)의 해들의 집합은 $\mathbb{R}^n$의 부분공간인 $N(A - \lambda I)$가 된다. 따라서 λ가 A의 고윳값이면, $N(A - \lambda I) \neq \{\mathbf{0}\}$이고 $N(A - \lambda I)$에 속한 임의의 영이 아닌 벡터가 λ에 속한 고유벡터이다. 부분공간 $N(A - \lambda I)$를 고윳값 λ에 해당하는 **고유공간**(**eigenspace**)이라고 한다.

식 (1)이 자명하지 않은 해를 가질 필요충분조건은 $A - \lambda I$가 특이 행렬이 되는 것이고, 이는 곧

$$\det(A - \lambda I) = 0 \tag{2}$$

을 의미한다. 식 (2)를 전개하면 변수 λ에 대한 n차 다항식

$$p(\lambda) = \det(A - \lambda I)$$

를 얻게 되는데, 이 다항식을 특성 다항식(characteristic polynomial)이라 하고, 식 (2)는 행렬 A의 특성 방정식(characteristic equation)이라 한다. 특성 다항식의 근들이 행렬 A의 고윳값이다. 중복도(multiplicity)까지 고려하면 특성 다항식은 정확히 n개의 근을 갖게 된다. 따라서 A는 n개의 고윳값을 갖고, 그중 일부는 중근일 수 있고 또 그중 일부는 복소근일 수 있다. 특히 후자와 같은 경우를 다루려면 스칼라가 속한 집합을 실수체에서 복소수체로 확장할 필요가 있고 벡터나 행렬의 구성 원소 역시 복소수로 확대할 수 있어야 한다.

다음은 λ가 A의 고윳값이라는 사실과 등가인 조건들이다.

> A를 $n \times n$ 행렬, λ를 스칼라라고 하자. 다음의 조건들은 모두 등가이다.
>
> **(a)** λ가 A의 고윳값이다.
> **(b)** $(A - \lambda I)\mathbf{x} = \mathbf{0}$이 자명하지 않은 해를 갖는다.
> **(c)** $N(A - \lambda I) \neq \{\mathbf{0}\}$
> **(d)** $A - \lambda I$가 특이 행렬이다.
> **(e)** $\det(A - \lambda I) = 0$

다음의 예제들에서는 앞의 명제 **(e)**를 이용하여 고윳값을 구하겠다.

예제 4 다음 행렬 A의 고윳값과 해당 고유벡터를 구하라.

$$A = \begin{bmatrix} 3 & 2 \\ 3 & -2 \end{bmatrix}$$

해답 특성 방정식은 다음과 같다.

$$\begin{vmatrix} 3-\lambda & 2 \\ 3 & -2-\lambda \end{vmatrix} = 0 \quad \text{또는} \quad \lambda^2 - \lambda - 12 = 0$$

따라서 A의 고윳값은 $\lambda_1 = 4$와 $\lambda_2 = -3$이 된다. $\lambda_1 = 4$에 속한 고유벡터를 구하려면 $A - 4I$의 영공간(null space)을 알아야 한다.

$$A - 4I = \begin{bmatrix} -1 & 2 \\ 3 & -6 \end{bmatrix}$$

$(A - 4I)\mathbf{x} = \mathbf{0}$을 풀면 해는 다음과 같다.

$$\mathbf{x} = (2x_2, x_2)^T$$

따라서, $(2, 1)^T$의 영이 아닌 임의의 배수는 λ_1에 속한 고유벡터이고, $\{(2, 1)^T\}$가 λ_1에 해당하는 고유공간의 기저이다. 마찬가지로 λ_2에 속한 고유벡터를 구하려면

$$(A + 3I)\mathbf{x} = \mathbf{0}$$

을 풀어야 하고, 이 경우 $\{(-1, 3)^T\}$가 $N(A + 3I)$의 기저가 되고 영이 아닌 $(-1, 3)^T$의 임의의 배수는 λ_2에 속한 고유벡터이다. ■

예제 5 다음 행렬 A의 고윳값과 해당하는 고유공간을 구하라.

$$A = \begin{bmatrix} 2 & -3 & 1 \\ 1 & -2 & 1 \\ 1 & -3 & 2 \end{bmatrix}$$

해답

$$\begin{vmatrix} 2-\lambda & -3 & 1 \\ 1 & -2-\lambda & 1 \\ 1 & -3 & 2-\lambda \end{vmatrix} = -\lambda(\lambda - 1)^2$$

따라서 특성 다항식의 근은 $\lambda_1 = 0, \lambda_2 = \lambda_3 = 1$이다. $\lambda_1 = 0$에 해당하는 고유공간은 $N(A)$이고 다음과 같이 구할 수 있다.

$$\left[\begin{array}{ccc|c} 2 & -3 & 1 & 0 \\ 1 & -2 & 1 & 0 \\ 1 & -3 & 2 & 0 \end{array}\right] \to \left[\begin{array}{ccc|c} 1 & 0 & -1 & 0 \\ 0 & 1 & -1 & 0 \\ 0 & 0 & 0 & 0 \end{array}\right]$$

$x_3 = \alpha$로 두면 $x_1 = x_2 = x_3 = \alpha$가 된다. 따라서 $\lambda_1 = 0$에 해당하는 고유공간은 형태가 $\alpha(1, 1, 1)^T$인 모든 벡터들로 구성되어 있다. $\lambda = 1$에 해당하는 고유공간을 구하려면 $(A - I)\mathbf{x} = \mathbf{0}$을 풀어야 한다.

$$\left[\begin{array}{ccc|c} 1 & -3 & 1 & 0 \\ 1 & -3 & 1 & 0 \\ 1 & -3 & 1 & 0 \end{array}\right] \to \left[\begin{array}{ccc|c} 1 & -3 & 1 & 0 \\ 0 & 0 & 0 & 0 \\ 0 & 0 & 0 & 0 \end{array}\right]$$

$x_2 = \alpha, x_3 = \beta$로 두면 $x_1 = 3\alpha - \beta$가 된다. 따라서 $\lambda = 1$에 해당하는 고유공간은 형태가 다음과 같은 모든 벡터들로 구성된다.

$$\begin{bmatrix} 3\alpha - \beta \\ \alpha \\ \beta \end{bmatrix} = \alpha \begin{bmatrix} 3 \\ 1 \\ 0 \end{bmatrix} + \beta \begin{bmatrix} -1 \\ 0 \\ 1 \end{bmatrix}$$

■

예제 6 다음 행렬 A의 고윳값을 계산하고 해당하는 고유공간의 기저를 구하라.

$$A = \begin{bmatrix} 1 & 2 \\ -2 & 1 \end{bmatrix}$$

해답

$$\begin{vmatrix} 1-\lambda & 2 \\ -2 & 1-\lambda \end{vmatrix} = (1-\lambda)^2 + 4$$

특성 방정식의 근은 $\lambda_1 = 1 + 2i, \lambda_2 = 1 - 2i$이다.

$$A - \lambda_1 I = \begin{bmatrix} -2i & 2 \\ -2 & -2i \end{bmatrix} = -2\begin{bmatrix} i & -1 \\ 1 & i \end{bmatrix}$$

$\{(1, i)^T\}$는 $\lambda_1 = 1 + 2i$에 해당하는 고유공간의 기저이다. 마찬가지로

$$A - \lambda_2 I = \begin{bmatrix} 2i & 2 \\ -2 & 2i \end{bmatrix} = 2\begin{bmatrix} i & 1 \\ -1 & i \end{bmatrix}$$

이므로, $\{(1, -i)^T\}$는 $N(A - \lambda_2 I)$의 기저이다. ■

응용 1 구조물—대들보의 구부러짐

물리학에서의 고윳값 문제의 예로 들보의 경우를 보자. 만일 힘 또는 하중이 들보의 한쪽 끝에 가해질 때 그 하중이 어떤 임계치에 도달하면 들보가 휘어진다. 만일 이 임계치를 넘어 계속 하중을 늘리게 되면 하중이 두 번째 임계치에 도달하는 순간 들보는 더 구부러지게 될 것이라고 예상할 수 있다. 들보의 길이를 L이라 하고 들보는 한쪽 지지대의 위치를 $x = 0$으로 하여 x축을 따라 놓여 있다고 가정하자. $y(x)$를 위치 x에서 들보의 수직 방향의 위치 값이라 하고 $y(0) = y(L) = 0$으로 가정하자(그림 6.1.3 참조).

이 들보의 물리적 시스템은 다음과 같은 경계값(boundary value) 문제로 모델링될 수 있다.

$$R\frac{d^2y}{dx^2} = -Py \qquad y(0) = y(L) = 0 \tag{3}$$

여기서 R은 들보의 변형 강도이고, P는 들보에 인가된 하중이다. 해 $y(x)$를 구하는 가장 정상적인 과정은 유한 차이(finite difference) 방법을 통해 이 미분 방정식을 근사화하는 것이다. 좀 더 자세히 말하면 구간 $[0, L]$을 n개의 같은 길이의 소구간으로 나누고

$$0 = x_0 < x_1 < \cdots < x_n = L \qquad \left(x_j = \frac{jL}{n}, j = 0, \ldots, n\right)$$

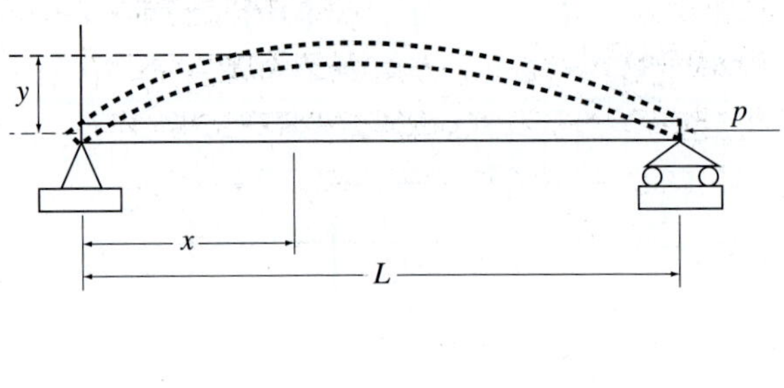

그림 6.1.3

각각의 j에 대해 $y''(x_j)$를 차이의 비율만큼으로 근사화시키는 것이다. 소구간 간격을 $h = \frac{L}{n}$이라 하고 $y(xk)$를 y_k로 간단히 표기한다면, 표준 차 근사(standard difference approximation)에 의해 다음과 같이 근사화된다.

$$y''(x_j) \approx \frac{y_{j+1} - 2y_j + y_{j-1}}{h^2} \quad j = 1, \ldots, n$$

이를 식 (3)에 대입하면 n개의 선형 방정식을 얻을 수 있다. 각 방정식에 $-\frac{h^2}{R}$을 곱하고 $\lambda = \frac{Ph^2}{R}$이라 두면 이 시스템은 $A\mathbf{y} = \lambda\mathbf{y}$ 형태의 행렬 방정식으로 쓸 수 있고 행렬 A는 다음과 같다.

$$A = \begin{bmatrix} 2 & -1 & 0 & \cdots & 0 & 0 & 0 \\ -1 & 2 & -1 & \cdots & 0 & 0 & 0 \\ 0 & -1 & 2 & \cdots & 0 & 0 & 0 \\ \vdots & & & & & & \vdots \\ 0 & 0 & 0 & \cdots & -1 & 2 & -1 \\ 0 & 0 & 0 & \cdots & 0 & -1 & 2 \end{bmatrix}$$

이 행렬의 고윳값들은 실수이고 양수이다(장 말의 MATLAB 연습문제 14 참조). n이 충분히 크면 A의 각 고윳값 λ로부터 해당 구부러짐 현상이 발생하게 되는 임계 하중 $P = \frac{R\lambda}{h^2}$를 근사하게 찾아낼 수 있다. 이 임계 하중들 중에서 가장 중요한 것은 가장 작은 고윳값과 관련된 하중이다. 그 이유는 이 값을 초과하는 하중에 대해서는 들보가 부서질 수 있기 때문이다.

응용 2 항공우주—우주왕복선의 방향 맞추기

4.2절에서 이미 항공기의 요(yaw), 피치(pitch), 롤(roll)에 대한 행렬 표현을 3×3 회전 행렬 Y, P, R을 이용하여 결정하는 것을 배웠다. 요란 항공기의 z축에 대한 회전을, 피치는 y축에 대한 회전, 그리고 롤은 x축에 대한 회전임을 상기하자. 또한 항공기의 응용에 있어 요 뒤에 피치, 또 그 뒤에 롤이 있는 경우는 행렬 곱인 $Q = Y\,P\,R$로 표현됨도 배웠다. 요, 피치, 롤이라는 동일한 용어를 써서 처음 위치로부터 새로운 방향으로의 우주왕복선의 회전을 표현해 보자. 우주왕복선의 경우, x축과 z축의 양의 방향을 종전과 반대 방향으로 잡는다는 것이 유일한 차이점이다. 그림 6.1.4는 우주 왕복선에서의 축 시스템을 비행기에서의 그것과 비교하여 보여주고 있다. 우주왕복선의 경우 요와 피치, 그리고 롤에 해당하는 축을 각각 Z_S, Y_S, X_S로 표현하기로 하자. 이 축 시스템의 원점은 우주왕복선의 무게중심이라고 하자. 요, 피치, 롤 변환을 통해 왕복선의 최초 위치로부터 방향을 재설정할 수 있지만 이때 세 가지 개별적인 회전을 수행하기보다는 하나의 회전을 사용하는 것이 훨씬 효율적이다.

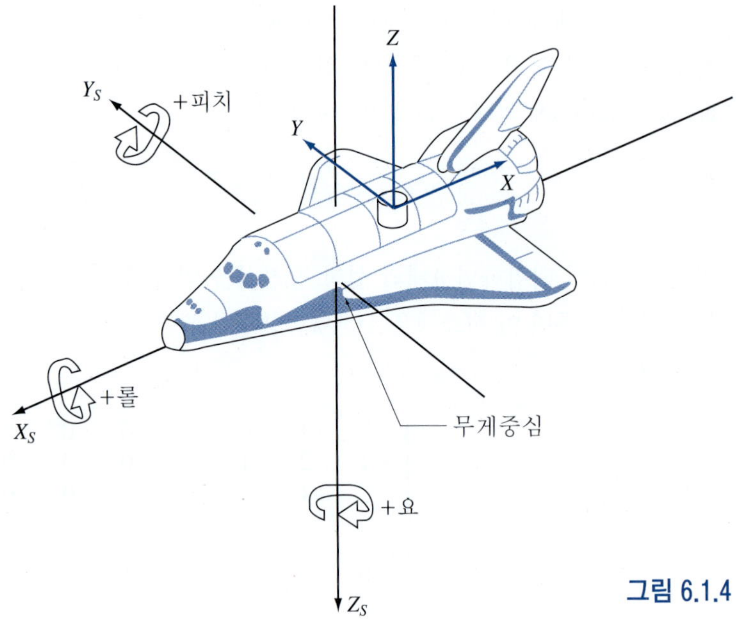

그림 6.1.4

요, 피치, 롤의 각도가 주어졌을 때 컴퓨터를 통해 이 회전 R을 나타내는 새로운 단일 축과 이 축상의 회전각 β를 결정하는 것이 바람직하다.

이차원 평면에서는 45° 회전 후 30° 회전을 하는 것은 처음부터 바로 75° 회전하는 것과 같다. 마찬가지로 삼차원 공간에서도 두 개 이상의 회전이 결합된 것과 등가인 하나의 단일 회전이 존재한다. 우주왕복선의 경우 요와 피치와 롤이 결합된 회전을 새로운 축 R에 대한 단일 회전으로 바꾸려고 한다. 새로운 축은 변환 행렬 Q의 고유벡터를 계산함으로써 결정할 수 있다.

요, 피치, 롤 변환이 결합된 행렬 Q는 각각 행렬식 값이 1인 세 개의 직교 행렬의 곱이다. 따라서 Q 역시 직교 행렬이고 $\det(Q) = 1$이다. Q는 반드시 $\lambda = 1$을 고윳값으로 가져야 한다(연습문제 23 참조). 만일 $\mathbf{z}$가 회전축 R 방향의 단위 벡터라면 $\mathbf{z}$는 이 변환에 의해 바뀌지 않아야 하므로 $Q\mathbf{z} = \mathbf{z}$가 된다. 즉 $\mathbf{z}$는 고윳값 $\lambda = 1$에 속한 Q의 단위 고유벡터이다. 이 고유벡터 $\mathbf{z}$가 회전축을 결정한다.

새로운 축 R에 대한 회전각을 결정하기 위해 $\mathbf{e}_1$이 X_S축의 최초 방향을 나타낸다고 하고 $\mathbf{q}_1 = Q\mathbf{e}_1$이 변환 후의 방향을 나타낸다고 하자. $\mathbf{e}_1$과 $\mathbf{q}_1$을 R축에 투영하면 두 벡터 모두 다음과 같은 동일한 벡터로 투영된다.

$$\mathbf{p} = (\mathbf{z}^T\mathbf{e}_1)\mathbf{z} = z_1\mathbf{z}$$

다음의 두 벡터

$$\mathbf{v} = \mathbf{e}_1 - \mathbf{p} \quad \text{그리고} \quad \mathbf{w} = \mathbf{q}_1 - \mathbf{p}$$

는 길이가 같고, 모두 R축에 수직이며 원점을 지나는 평면상에 놓이게 된다. $\mathbf{e}_1$이 회전하여

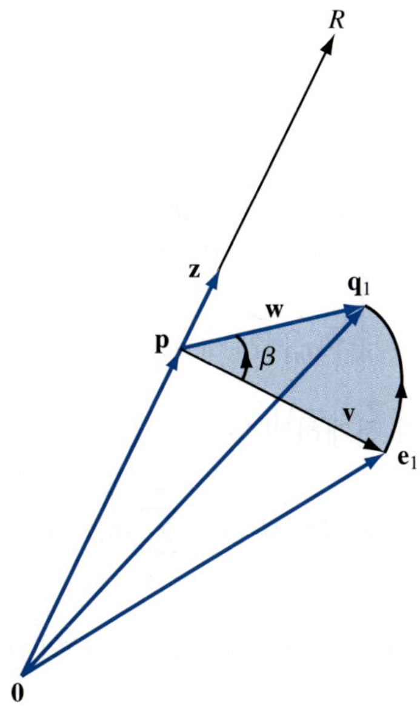

그림 6.1.5

$\mathbf{q}_1$이 된 것이므로 벡터 $\mathbf{v}$는 회전하면 $\mathbf{w}$가 된다(그림 6.1.5 참조). 회전각 β는 $\mathbf{v}$와 $\mathbf{w}$의 사이각이 된다.

$$\beta = \arccos\left(\frac{\mathbf{v}^T\mathbf{w}}{\|\mathbf{v}\|^2}\right)$$

복소 고윳값

A가 실수로 구성된 $n \times n$ 행렬이면 A의 특성 다항식의 계수는 실수가 되므로 복소근들은 반드시 공액 형태로 나타난다. 따라서, 만일 $\lambda = a + bi (b \neq 0)$가 A의 고윳값이면 $\overline{\lambda} = a - b_i$도 A의 고윳값이 된다. 여기서 $\overline{\lambda}$라는 표기법은 λ의 공액 복소수를 나타낸다. 비슷한 표기법을 행렬에 대해서도 적용할 수 있다. $A = (a_{ij})$가 복소수들로 구성된 행렬일 경우 $\overline{A} = (\overline{a_{ij}})$는 A의 각 구성 원소들의 공액을 취해서 만들어지는 행렬을 의미한다. $\overline{A} = A$를 만족하는 행렬을 실수 행렬(real matrix)이라고 정의한다. 일반적으로 A와 B가 복소수로 구성된 행렬이고 두 행렬의 곱 AB가 가능하다면 $\overline{AB} = \overline{A}\overline{B}$가 된다(연습문제 20 참조).

실수 행렬에서 공액 형태로 나타나는 것은 복소 고윳값만이 아니고 고유벡터도 마찬가지이다. 즉 λ가 $n \times n$ 실수 행렬 A의 고윳값이고 $\mathbf{z}$가 그에 속한 고유벡터인 경우

$$A\overline{\mathbf{z}} = \overline{A}\,\overline{\mathbf{z}} = \overline{A\mathbf{z}} = \overline{\lambda\mathbf{z}} = \overline{\lambda}\,\overline{\mathbf{z}}$$

이므로, $\overline{\mathbf{z}}$가 $\overline{\lambda}$에 속한 A의 고유벡터가 된다. 예제 6에서 고윳값 $\lambda = 1 + 2i$에 속한 고유벡터는 $\mathbf{z} = (1, i)^T$였고 $\overline{\lambda} = 1 - 2i$에 속하는 고유벡터는 $\overline{\mathbf{z}} = (1, -i)^T$였다.

$$\begin{aligned} p_B(\lambda) &= \det(B - \lambda I) \\ &= \det(S^{-1}AS - \lambda I) \\ &= \det(S^{-1}(A - \lambda I)S) \\ &= \det(S^{-1})\det(A - \lambda I)\det(S) \\ &= p_A(\lambda) \end{aligned}$$

행렬의 고윳값은 특성 다항식의 근이다. 두 행렬이 같은 특성 다항식을 갖기 때문에 동일한 고윳값을 가질 수밖에 없다. ■

예제 8 다음과 같은 두 행렬이 있다.

$$T = \begin{bmatrix} 2 & 1 \\ 0 & 3 \end{bmatrix} \quad \text{그리고} \quad S = \begin{bmatrix} 5 & 3 \\ 3 & 2 \end{bmatrix}$$

T의 고윳값은 $\lambda_1 = 2$와 $\lambda_2 = 3$이다. 만일 $A = S^{-1}AS$라면 A의 고윳값은 T의 고윳값과 같게 된다.

$$A = \begin{bmatrix} 2 & -3 \\ -3 & 5 \end{bmatrix} \begin{bmatrix} 2 & 1 \\ 0 & 3 \end{bmatrix} \begin{bmatrix} 5 & 3 \\ 3 & 2 \end{bmatrix} = \begin{bmatrix} -1 & -2 \\ 6 & 6 \end{bmatrix}$$

이 행렬의 고윳값 역시 $\lambda_1 = 2$와 $\lambda_2 = 3$임을 보이는 것은 독자에게 맡긴다. ■

6.1 연습문제

1. 다음의 각 행렬에 대해 고윳값과 해당 고유공간을 구하라.

(a) $\begin{bmatrix} 6 & 3 \\ 3 & 6 \end{bmatrix}$ **(b)** $\begin{bmatrix} 4 & 5 \\ 2 & 1 \end{bmatrix}$

(c) $\begin{bmatrix} 4 & -1 \\ 1 & 2 \end{bmatrix}$ **(d)** $\begin{bmatrix} 1 & 5 \\ -4 & 1 \end{bmatrix}$

(e) $\begin{bmatrix} 4 & 3 \\ -3 & 4 \end{bmatrix}$ **(f)** $\begin{bmatrix} 0 & 0 & 0 \\ 4 & 0 & 0 \\ 0 & 4 & 0 \end{bmatrix}$

(g) $\begin{bmatrix} 3 & 1 & 2 \\ 0 & 1 & -2 \\ 0 & 1 & 4 \end{bmatrix}$ **(h)** $\begin{bmatrix} 1 & -2 & 2 \\ 2 & 0 & 2 \\ 3 & -2 & 4 \end{bmatrix}$

(i) $\begin{bmatrix} 2 & 1 & 0 \\ -1 & 0 & 4 \\ 0 & 1 & 2 \end{bmatrix}$ **(j)** $\begin{bmatrix} 1 & 2 & 3 \\ 0 & 1 & 2 \\ 0 & 0 & 1 \end{bmatrix}$

(k) $\begin{bmatrix} 2 & 0 & 0 & 0 \\ 0 & 3 & 0 & 0 \\ 0 & 0 & 1 & 0 \\ 0 & 0 & 0 & 2 \end{bmatrix}$ **(l)** $\begin{bmatrix} 2 & 1 & 0 & 0 \\ 3 & 4 & 0 & 0 \\ 0 & 0 & 2 & 0 \\ 0 & 0 & 0 & 1 \end{bmatrix}$

2. 삼각형 행렬의 고윳값은 그 행렬의 대각선 원소들임을 보여라.

3. A를 $n \times n$ 행렬이라 할 때 A가 특이 행렬이기 위한 필요충분조건은 $\lambda = 0$이 A의 고윳값임을 증명하라.

4. A는 비특이 행렬이고 λ가 A의 고윳값이라 하자. $1/\lambda$가 A^{-1}의 고윳값임을 증명하라.

5. A와 B가 $n \times n$ 행렬이라고 하자. 1이 A의 고윳값이 아닌 경우, 다음으로 주어지는 행렬 방정식이 유일한 해를 가짐을 보여라.

$$XA + B = X$$

6. λ가 A의 고윳값이고, x는 λ에 속한 고유벡터라고 하자. 수학적 귀납법을 이용하여 λ^m이 A^m의 고윳값이고, $\mathbf{x}$가 λ^m에 속한 고유벡터임을 $m \geq 1$에 대해 증명하라.

7. A가 $n \times n$ 행렬이고, $B = I - 2A + A^2$이라고 하자.

(a) 만약 $\mathbf{x}$가 A의 고윳값 λ에 속한 고유벡터라면, $\mathbf{x}$가 B의 고윳값 μ에 속한 고유벡터이기도 함을 보여라. 이때 λ와 μ는 어떤 관계를 가지는가?

(b) 만약 $\lambda = 1$이 A의 고윳값이라면, 행렬 B는 특이 행렬임을 보여라.

8. $A^2 = A$를 만족하는 $n \times n$ 행렬 A를 제곱이 같은 행렬(idempotent matrix)이라 한다. λ가 제곱이 같은 행렬의 고윳값이라고 할 때 λ는 0 또는 1임을 증명하라.

9. 어떤 양의 정수 k에 대해 $A^k = O$를 만족하는 $n \times n$ 행렬 A를 거듭제곱이 영인 행렬(nilpotent matrix)이라 한다. 거듭제곱이 영인 행렬의 고윳값은 모두 0임을 증명하라.

10. A가 $n \times n$ 행렬이고 어떤 스칼라 α에 대해 $B = A - \alpha I$라고 하자. A와 B의 고윳값을 비교하고 설명하라.

11. A가 $n \times n$ 행렬이고, $B = A + I$라고 하자. 행렬 A와 행렬 B가 유사할 수 있는지 설명하라.

12. A와 A^T는 동일한 고윳값을 가짐을 증명하라. 고유벡터도 반드시 같아야 하는지 설명하라.

13. 다음 행렬

$$A = \begin{bmatrix} \cos\theta & -\sin\theta \\ \sin\theta & \cos\theta \end{bmatrix}$$

은 θ가 π의 배수가 아닌 경우에는 복소 고윳값을 가짐을 보여라. 이 결과에 대한 기하학적인 설명을 하라.

14. A는 2×2 행렬이다. $\text{tr}(A) = 8$이고 $\det(A) = 12$일 때 A의 고윳값을 구하라.

15. $A = (a_{ij})$는 고윳값 $\lambda_1, \cdots, \lambda_n$을 갖는 $n \times n$ 행렬이다. 다음을 증명하라.

$$\lambda_j = a_{jj} + \sum_{i \neq j}(a_{ii} - \lambda_i) \quad j = 1, \ldots, n$$

16. A는 2×2 행렬이고 $p(\lambda) = \lambda^2 + b\lambda + c$는 A의 특성 다항식이다. $b = -\text{tr}(A)$, $c = \det(A)$임을 보여라.

17. λ를 A의 영이 아닌 고윳값이라 하고, $\mathbf{x}$를 λ에 속한 고유벡터라고 하자. 임의의 양의 정수 m에 대해 $A^m\mathbf{x}$ 역시 λ에 속한 고윳값임을 증명하라.

18. A는 $n \times n$ 행렬이고 λ는 A의 고윳값이다. $A - \lambda I$의 랭크가 k이면 λ에 해당하는 고유공간의 차원은 얼마인가?

19. A는 $n \times n$ 행렬이다. $\mathbb{R}^n$에 속한 벡터 $\mathbf{x}$가 A의 고유벡터이기 위한 필요충분조건은 $\mathbf{x}$와 $A\mathbf{x}$로부터 생성되는 $\mathbb{R}^n$의 부분공간 S의 차원이 1임을 증명하라.

20. $\alpha = a + bi$와 $\beta = c + di$는 복소 스칼라이고 A와 B는 복소수로 구성된 행렬들이다.

(a) 다음을 증명하라.

$$\overline{\alpha + \beta} = \overline{\alpha} + \overline{\beta} \quad \text{그리고} \quad \overline{\alpha\beta} = \overline{\alpha}\,\overline{\beta}$$

(b) $\overline{AB}$와 $\overline{A}\,\overline{B}$의 (i, j) 원소가 같음, 즉

$$\overline{AB} = \overline{A}\,\overline{B}$$

임을 증명하라.

21. Q는 직교 행렬이다.

(a) λ가 Q의 고윳값이면 $|\lambda| = 1$임을 증명하라.

(b) $|\det(Q)| = 1$임을 증명하라.

22. Q는 고윳값 $\lambda_1 = 1$을 갖는 직교 행렬이고 $\mathbf{x}$는 λ_1에 속한 고유벡터이다. $\mathbf{x}$는 Q^T의 고유벡터이기도 함을 증명하라.

23. Q는 행렬식 값이 1인 3×3 직교 행렬이다.

(a) 만일 Q의 모든 고윳값이 실수이고 크기에 따라 $\lambda_1 \geq \lambda_2 \geq \lambda_3$라 하자. 가능한 모든 $(\lambda_1, \lambda_2, \lambda_3)$를 구하라.

(b) 만일 λ_2와 λ_3가 복소수라면 λ_1의 가능한 값은 얼마인가? 설명하라.

(c) 왜 $\lambda = 1$이 Q의 고윳값이어야 하는지 설명하라.

24. $\mathbf{x}_1, \cdots, \mathbf{x}_r$이 $n \times n$ 행렬 A의 고유벡터이고 S가 $\mathbf{x}_1, \mathbf{x}_2, \cdots, \mathbf{x}_r$로부터 생성된 $\mathbb{R}^n$의 부분공간이라 하자. S는 A에 의해 불변(즉 모든 $\mathbf{x} \in S$에 대해 $A\mathbf{x} \in S$)임을 보여라.

25. A가 $n \times n$ 행렬이고, λ가 A의 고윳값이라고 하자. 만약 B가 A와 교환법칙이 성립하는 임의의 행렬이라면, 고유공간 $N(A - \lambda I)$는 B에 의해 불변함을 보여라.

26. $B = S^{-1}AS$이고 $\mathbf{x}$는 B의 고윳값 λ에 속한 고유벡터이다. $S\mathbf{x}$는 A의 고윳값 λ에 속한 고유벡터임을 증명하라.

27. A가 $n \times n$ 행렬이고, λ가 A의 고윳값이며, $\mathbf{x}$는 λ에 속한 고유벡터라고 하자. 또한 S는 $n \times n$ 비특이 행렬이고, α가 스칼라라고 하자. 만약

$$B = \alpha I - SAS^{-1}, \quad \mathbf{y} = S\mathbf{x}$$

라면, $\mathbf{y}$가 B의 고유벡터임을 보여라. 그리고 $\mathbf{y}$에 해당하는 B의 고윳값을 구하라.

28. 두 $n \times n$ 행렬 A와 B가 공통의 고유벡터 $\mathbf{x}$를 갖는다고 하자(고윳값도 반드시 같다는 의미는 아니다). $\mathbf{x}$는 $C = \alpha A \times \beta B$ 형태의 모든 행렬의 고유벡터가 됨을 보여라.

29. A는 $n \times n$ 행렬이고 λ는 A의 영이 아닌 고윳값이다. 만일 $\mathbf{x}$가 λ에 속한 고유벡터라면 $\mathbf{x}$는 A의 열 공간에 속함을 보여라. 즉 λ에 해당하는 고유공간은 A의 열 공간의 부분공간이다.

30. $\{\mathbf{u}_1, \mathbf{u}_2, \cdots, \mathbf{u}_n\}$이 $\mathbb{R}^n$의 정규직교 기저이고, A를 랭크가 1인 행렬들 $\mathbf{u}_1\mathbf{u}_1^T, \mathbf{u}_2\mathbf{u}_2^T, \cdots, \mathbf{u}_n\mathbf{u}_n^T$의 선형 조합이라고 하자. A를 다음과 같이 표현했을 때

$$A = c_1\mathbf{u}_1\mathbf{u}_1^T + c_2\mathbf{u}_2\mathbf{u}_2^T + \cdots + c_n\mathbf{u}_n\mathbf{u}_n^T$$

A는 고윳값이 $c_1, c_2, \cdots, c_n$이고, 각각의 i에 대해 $\mathbf{u}_i$가 c_i에 속한 고유벡터가 되는 대칭 행렬임을 증명하라.

31. 행렬 A의 모든 열 벡터는 그 성분들의 합이 δ이다. δ가 A의 고윳값임을 증명하라.

32. λ_1과 λ_2는 A의 서로 다른 고윳값이다. $\mathbf{x}$는 λ_1에 속한 A의 고유벡터이고 $\mathbf{y}$는 λ_2에 속한 A^T의 고유벡터라 할 때 $\mathbf{x}$와 $\mathbf{y}$가 직교함을 보여라.

33. A와 B는 $n \times n$ 행렬들이다. 다음을 증명하라.

(a) λ가 AB의 영이 아닌 고윳값이면 그 λ는 BA의 고윳값이기도 하다.

(b) $\lambda = 0$이 AB의 고윳값이면 $\lambda = 0$은 BA의 고윳값이기도 하다.

34. 다음을 만족하는 $n \times n$ 행렬 A와 B는 존재하지 않음을 증명하라.

$$AB - BA = I$$

[힌트: 연습문제 10 및 33 참조]

35. $p(\lambda) = (-1)^n(\lambda^n - a_{n-1}\lambda^{n-1} - \cdots - a_1\lambda - a_0)$를 차수 $n \geq 1$인 다항식이라 하고 C가 다음과 같다고 하자.

$$C = \begin{bmatrix} a_{n-1} & a_{n-2} & \cdots & a_1 & a_0 \\ 1 & 0 & \cdots & 0 & 0 \\ 0 & 1 & \cdots & 0 & 0 \\ \vdots & & & & \\ 0 & 0 & \cdots & 1 & 0 \end{bmatrix}$$

(a) λ_i가 $p(\lambda) = 0$의 근이면 λ_i는 C의 고윳값이고 해당 고유벡터가 $\mathbf{x} = (\lambda_i^{n-1}, \lambda_i^{n-2}, \cdots, \lambda_i, 1)^T$임을 보여라.

(b) (a)의 결과를 이용하여 만일 $p(\lambda)$의 n개의 근이 모두 다르면 $p(\lambda)$는 C의 특성 다항식이 됨을 증명하라.

행렬 C는 $p(\lambda)$의 동반 행렬(companion matrix)이라고 한다.

36. 연습문제 35(b)는 $p(\lambda)$가 중근을 갖는 경우에도 성립한다. 다음의 과정을 거쳐 이를 증명하라.

(a) 다음의 행렬과

$$D_m(\lambda) = \begin{bmatrix} a_m & a_{m-1} & \cdots & a_1 & a_0 \\ 1 & -\lambda & \cdots & 0 & 0 \\ \vdots & & & & \\ 0 & 0 & \cdots & 1 & -\lambda \end{bmatrix}$$

수학적 귀납법을 사용하여 다음을 증명하라.

$$\det(D_m(\lambda)) = (-1)^m(a_m\lambda^m + a_{m-1}\lambda^{m-1} + \cdots + a_1\lambda + a_0)$$

(b) 다음을 증명하라.

$$\begin{aligned} &\det(C - \lambda I) \\ &= (a_{n-1} - \lambda)(-\lambda)^{n-1} - \det(D_{n-2}) \\ &= p(\lambda) \end{aligned}$$

6.2 선형 미분 방정식 시스템

고윳값은 선형 미분 방정식 시스템의 해를 구하는 데 중요한 역할을 한다. 이 절에서는 상수 계수를 갖는 선형 미분 방정식 시스템의 해에 어떻게 고윳값이 이용되는가를 알아보겠다. 다음 일차 미분 방정식 시스템을 생각해 보자.

$$\begin{aligned} y_1' &= a_{11}y_1 + a_{12}y_2 + \cdots + a_{1n}y_n \\ y_2' &= a_{21}y_1 + a_{22}y_2 + \cdots + a_{2n}y_n \\ &\vdots \\ y_n' &= a_{n1}y_1 + a_{n2}y_2 + \cdots + a_{nn}y_n \end{aligned}$$

여기서 모든 i에 대해 $y_i = f_i(t)$는 $C^1[a, b]$의 함수이다. $\mathbf{Y}$와 $\mathbf{Y}'$을 다음과 같이 두면

$$\mathbf{Y} = \begin{pmatrix} y_1 \\ y_2 \\ \vdots \\ y_n \end{pmatrix} \quad \text{그리고} \quad \mathbf{Y}' = \begin{pmatrix} y_1' \\ y_2' \\ \vdots \\ y_n' \end{pmatrix}$$

이 시스템은 다음 형태로 쓸 수 있고

$$\mathbf{Y}' = A\mathbf{Y}$$

$\mathbf{Y}$와 $\mathbf{Y}'$은 모두 t의 벡터 함수이다. 가장 간단한 경우부터 보자. $n = 1$이면 이 시스템은

$$y' = ay \tag{1}$$

가 된다. 따라서 다음 형태의 함수는 식 (1)을 만족한다.

$$y(t) = ce^{at} \qquad (c\text{는 임의의 상수})$$

$n > 1$인 경우로 이 해를 일반화하면 다음의 형태가 된다.

$$\mathbf{Y} = \begin{pmatrix} x_1e^{\lambda t} \\ x_2e^{\lambda t} \\ \vdots \\ x_ne^{\lambda t} \end{pmatrix} = e^{\lambda t}\mathbf{x}$$

여기서 $\mathbf{x} = (x_1, x_2, \cdots, x_n)^T$이다. 이 형태의 벡터 함수가 정말 맞는 답인지를 보기 위해 미분값을 구해 보자.

$$\mathbf{Y}' = \lambda e^{\lambda t}\mathbf{x} = \lambda\mathbf{Y}$$

이제 λ를 A의 고윳값, $\mathbf{x}$를 λ에 속한 고유벡터라 하면 다음이 성립한다.

$$A\mathbf{Y} = e^{\lambda t}A\mathbf{x} = \lambda e^{\lambda t}\mathbf{x} = \lambda\mathbf{Y} = \mathbf{Y}'$$

따라서 $\mathbf{Y}$는 이 시스템의 해이다. 즉 λ가 A의 고윳값이고 $\mathbf{x}$가 λ에 속한 고유벡터이면 $e^{\lambda t}\mathbf{x}$가 $\mathbf{Y}' = A\mathbf{Y}$의 해이다. 이는 λ가 실수든 복소수든 관계없이 사실이다. 또한 $\mathbf{Y}_1$과 $\mathbf{Y}_2$가 모두 $\mathbf{Y}' = A\mathbf{Y}$의 해이면 $\alpha\mathbf{Y}_1 + \beta\mathbf{Y}_2$ 역시 해가 된다. 그 이유는 다음과 같다.

$$\begin{aligned}(\alpha\mathbf{Y}_1 + \beta\mathbf{Y}_2)' &= \alpha\mathbf{Y}_1' + \beta\mathbf{Y}_2' \\ &= \alpha A\mathbf{Y}_1 + \beta A\mathbf{Y}_2 \\ &= A(\alpha\mathbf{Y}_1 + \beta\mathbf{Y}_2)\end{aligned}$$

이를 귀납법에 의해 일반화하면 $\mathbf{Y}_1, \cdots, \mathbf{Y}_n$이 $\mathbf{Y}' = A\mathbf{Y}$의 해가 되면 임의의 선형 조합 $\mathbf{c}_1\mathbf{Y}_1 + \cdots + \mathbf{c}_n\mathbf{Y}_n$ 역시 해가 된다고 할 수 있다.

일반적으로 다음 형태의 $n \times n$ 일차 미분 방정식 시스템의 해는

$$\mathbf{Y}' = A\mathbf{Y}$$

모든 연속적인 벡터 값을 갖는 함수로 구성된 벡터공간의 n차 부분공간을 이룬다. 게다가 만일 $\mathbf{Y}(t)$가 $t = 0$에서 $\mathbf{Y}_0$라는 정해진 값을 갖는다고 하면 미분 방정식의 표준 정리에 의해 이 문제는 항상 유일한 해를 갖게 된다. 다음과 같은 형태의 문제를

$$\mathbf{Y}' = A\mathbf{Y}, \qquad \mathbf{Y}(0) = \mathbf{Y}_0$$

초깃값 문제(initial value problem)라고 한다.

예제 1 다음 시스템의 해를 구하라.

$$\begin{aligned}y_1' &= 3y_1 + 4y_2 \\ y_2' &= 3y_1 + 2y_2\end{aligned}$$

해답

$$A = \begin{pmatrix} 3 & 4 \\ 3 & 2 \end{pmatrix}$$

A의 고윳값은 $\lambda_1 = 6$과 $\lambda_2 = -1$이다. 각각의 고윳값 λ에 대해 $(A - \lambda I)\mathbf{x} = 0$을 풀면 λ_1에 속한 고윳값 $\mathbf{x}_1 = (4, 3)^T$, 그리고 λ_2에 속한 고윳값 $\mathbf{x}_2 = (1, -1)^T$가 됨을 알 수 있다. 따라서 다음과 같은 형태의 임의의 벡터 함수는 이 시스템의 해가 된다.

$$\mathbf{Y} = c_1 e^{\lambda_1 t}\mathbf{x}_1 + c_2 e^{\lambda_2 t}\mathbf{x}_2 = \begin{pmatrix} 4c_1 e^{6t} + c_2 e^{-t} \\ 3c_1 e^{6t} - c_2 e^{-t} \end{pmatrix}$$ ■

예제 1에서 $t = 0$일 때 $y_1 = 6$이고 $y_2 = 1$이었다고 하자. 그렇다면

$$\mathbf{Y}(0) = \begin{pmatrix} 4c_1 + c_2 \\ 3c_1 - c_2 \end{pmatrix} = \begin{pmatrix} 6 \\ 1 \end{pmatrix}$$

이 되고, 따라서 $c_1 = 1$이고 $c_2 = 2$이다. 그러므로 이 초깃값 문제의 해는 다음과 같다.

$$\mathbf{Y} = e^{6t}\mathbf{x}_1 + 2e^{-t}\mathbf{x}_2 = \begin{bmatrix} 4e^{6t} + 2e^{-t} \\ 3e^{6t} - 2e^{-t} \end{bmatrix}$$

응용 1 액체 혼합

그림 6.2.1처럼 두 개의 탱크가 연결되어 있다고 하자. 초기에 탱크 A에는 60 g의 소금이 녹아 있는 200리터의 소금물이 담겨 있고 탱크 B에는 순수한 물 200리터가 담겨 있었다. 외부와 두 탱크 사이에는 그림에서 보는 것과 같은 속도로 용액이 섞이고 있다. 시간 t에서의 각 탱크 안의 소금의 양을 구하라.

해답 $y_1(t)$와 $y_2(t)$를 각각 시간 t에서 탱크 A와 탱크 B의 소금의 양(그램 단위로)이라고 하자. 최초에는 다음과 같다.

$$\mathbf{Y}(0) = \begin{bmatrix} y_1(0) \\ y_2(0) \end{bmatrix} = \begin{bmatrix} 60 \\ 0 \end{bmatrix}$$

각 탱크로 들어오는 용액의 양과 나가는 용액의 양은 같기 때문에 두 탱크의 용액의 양은 항상 200리터를 유지하게 된다. 각 탱크의 소금의 양의 변화율은 들어오는 소금 양의 변화율에서 나가는 소금 양의 변화율을 뺀 것과 같다. 탱크 A의 경우 들어오는 소금 양의 변화율은 다음 식과 같고

$$(5 \text{ L/min.}) \cdot \left(\frac{y_2(t)}{200} \text{g/L}\right) = \frac{y_2(t)}{40} \text{g/min.}$$

나가는 소금 양의 변화율은 다음과 같다.

$$(20 \text{ L/min.}) \cdot \left(\frac{y_1(t)}{200} \text{g/L}\right) = \frac{y_1(t)}{10} \text{g/min.}$$

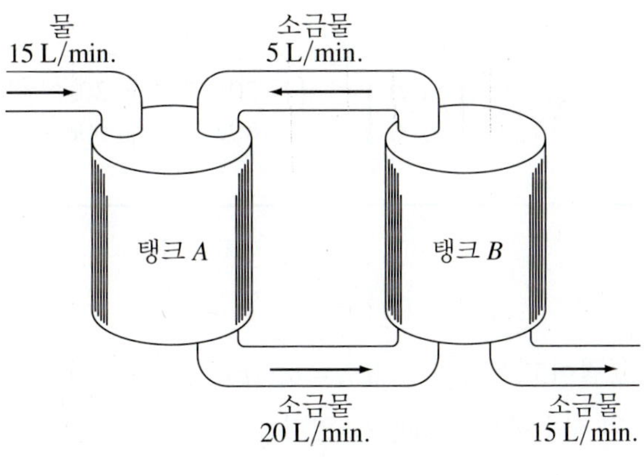

그림 6.2.1

따라서 탱크 A의 소금의 변화율은 다음과 같다.

$$y_1'(t) = \frac{y_2(t)}{40} - \frac{y_1(t)}{10}$$

마찬가지로 탱크 B에 대해서도 소금의 변화율을 구하면 다음 식과 같이 유도된다.

$$y_2'(t) = \frac{20y_1(t)}{200} - \frac{20y_2(t)}{200} = \frac{y_1(t)}{10} - \frac{y_2(t)}{10}$$

$y_1(t)$와 $y_2(t)$를 알아내려면 다음의 초깃값 문제를 풀어야 한다.

$$\mathbf{Y}' = A\mathbf{Y}, \quad \mathbf{Y}(0) = \mathbf{Y}_0$$

여기서 A와 $\mathbf{Y}_0$는 각각 다음과 같다.

$$A = \begin{bmatrix} -\frac{1}{10} & \frac{1}{40} \\ \frac{1}{10} & -\frac{1}{10} \end{bmatrix}, \qquad \mathbf{Y}_0 = \begin{bmatrix} 60 \\ 0 \end{bmatrix}$$

A의 고윳값은 $\lambda_1 = -\frac{3}{20}$, $\lambda_2 = -\frac{1}{20}$이고 해당 고유벡터는 다음과 같다.

$$\mathbf{x}_1 = \begin{bmatrix} 1 \\ -2 \end{bmatrix} \quad \text{그리고} \quad \mathbf{x}_2 = \begin{bmatrix} 1 \\ 2 \end{bmatrix}$$

따라서 해는 다음의 형태를 갖게 되고

$$\mathbf{Y} = c_1 e^{-3t/20}\mathbf{x}_1 + c_2 e^{-t/20}\mathbf{x}_2$$

$t = 0$일 때 $\mathbf{Y} = \mathbf{Y}_0$이므로 다음 식을 얻게 되고

$$c_1\mathbf{x}_1 + c_2\mathbf{x}_2 = \mathbf{Y}_0$$

그로부터 c_1과 c_2는

$$\begin{bmatrix} 1 & 1 \\ -2 & 2 \end{bmatrix} \begin{bmatrix} c_1 \\ c_2 \end{bmatrix} = \begin{bmatrix} 60 \\ 0 \end{bmatrix}$$

을 풀어 구할 수 있다. 그 결과 $c_1 = c_2 = 30$이고, 최종적으로 이 초깃값 문제의 해는 다음과 같다.

$$\mathbf{Y}(t) = \begin{bmatrix} y_1(t) \\ y_2(t) \end{bmatrix} = \begin{bmatrix} 30e^{-3t/20} + 30e^{-t/20} \\ -60e^{-3t/20} + 60e^{-t/20} \end{bmatrix}$$ ■

복소 고윳값

A는 $n \times n$ 실수 행렬이고 복소 고윳값 $\lambda = a + bi$와 그에 속한 고유벡터 $\mathbf{x}$를 갖는다고 하자. 벡터 $\mathbf{x}$는 실수부와 허수부로 분리할 수 있다.

$$\mathbf{x} = \begin{pmatrix} \operatorname{Re} x_1 + i \operatorname{Im} x_1 \\ \operatorname{Re} x_2 + i \operatorname{Im} x_2 \\ \vdots \\ \operatorname{Re} x_n + i \operatorname{Im} x_n \end{pmatrix} = \begin{pmatrix} \operatorname{Re} x_1 \\ \operatorname{Re} x_2 \\ \vdots \\ \operatorname{Re} x_n \end{pmatrix} + i \begin{pmatrix} \operatorname{Im} x_1 \\ \operatorname{Im} x_2 \\ \vdots \\ \operatorname{Im} x_n \end{pmatrix} = \operatorname{Re} \mathbf{x} + i \operatorname{Im} \mathbf{x}$$

A의 구성 성분들이 모두 실수이므로 $\bar{\lambda} = a - bi$ 역시 A의 고윳값이고 해당 고유벡터는 다음과 같다.

$$\bar{\mathbf{x}} = \begin{pmatrix} \operatorname{Re} x_1 - i \operatorname{Im} x_1 \\ \operatorname{Re} x_2 - i \operatorname{Im} x_2 \\ \vdots \\ \operatorname{Re} x_n - i \operatorname{Im} x_n \end{pmatrix} = \operatorname{Re} \mathbf{x} - i \operatorname{Im} \mathbf{x}$$

또한 $e^{\lambda t}\mathbf{x}$와 $e^{\bar{\lambda} t}\bar{\mathbf{x}}$는 모두 일차 시스템 $\mathbf{Y}' = A\mathbf{Y}$의 해가 된다. 두 행의 임의의 선형 조합 역시 해가 되므로 $\mathbf{Y}_1$과 $\mathbf{Y}_2$를 각각 다음과 같이 정의하면

$$\mathbf{Y}_1 = \frac{1}{2}(e^{\lambda t}\mathbf{x} + e^{\bar{\lambda} t}\bar{\mathbf{x}}) = \operatorname{Re}(e^{\lambda t}\mathbf{x})$$

$$\mathbf{Y}_2 = \frac{1}{2i}(e^{\lambda t}\mathbf{x} - e^{\bar{\lambda} t}\bar{\mathbf{x}}) = \operatorname{Im}(e^{\lambda t}\mathbf{x})$$

이 벡터 함수 $\mathbf{Y}_1$과 $\mathbf{Y}_2$는 $\mathbf{Y}' = A\mathbf{Y}$에 대한 실수 값의 해가 된다. $e^{\lambda t}\mathbf{x}$의 실수부와 허수부를 분리해 봄으로써

$$\begin{aligned} e^{\lambda t}\mathbf{x} &= e^{(a+ib)t}\mathbf{x} \\ &= e^{at}(\cos bt + i \sin bt)(\operatorname{Re} \mathbf{x} + i \operatorname{Im} \mathbf{x}) \end{aligned}$$

$\mathbf{Y}_1$과 $\mathbf{Y}_2$가 다음과 같이 정리됨을 알 수 있다.

$$\begin{aligned} \mathbf{Y}_1 &= e^{at}\,[(\cos bt) \operatorname{Re} \mathbf{x} - (\sin bt) \operatorname{Im} \mathbf{x}] \\ \mathbf{Y}_2 &= e^{at}\,[(\cos bt) \operatorname{Im} \mathbf{x} + (\sin bt) \operatorname{Re} \mathbf{x}] \end{aligned}$$

예제 2 다음의 시스템을 풀어라.

$$\begin{aligned} y_1' &= y_1 + y_2 \\ y_2' &= -2y_1 + 3y_2 \end{aligned}$$

해답

$$A = \begin{pmatrix} 1 & 1 \\ -2 & 3 \end{pmatrix}$$

라고 하면 A의 고윳값은 $\lambda = 2 + i$와 $\bar{\lambda} = 2 - i$이고 해당 고유벡터는 각각 $\mathbf{x} = (1, 1+i)^T$와 $\bar{\mathbf{x}} = (1, 1-i)^T$가 된다. 따라서

$$e^{\lambda t}\mathbf{x} = \begin{bmatrix} e^{2t}(\cos t + i\sin t) \\ e^{2t}(\cos t + i\sin t)(1+i) \end{bmatrix}$$
$$= \begin{bmatrix} e^{2t}\cos t + ie^{2t}\sin t \\ e^{2t}(\cos t - \sin t) + ie^{2t}(\cos t + \sin t) \end{bmatrix}$$

여기서 $\mathbf{Y}_1$과 $\mathbf{Y}_2$를 다음과 같이 두면

$$\mathbf{Y}_1 = \mathrm{Re}(e^{\lambda t}\mathbf{x}) = \begin{bmatrix} e^{2t}\cos t \\ e^{2t}(\cos t - \sin t) \end{bmatrix}$$
$$\mathbf{Y}_2 = \mathrm{Im}(e^{\lambda t}\mathbf{x}) = \begin{bmatrix} e^{2t}\sin t \\ e^{2t}(\cos t + \sin t) \end{bmatrix}$$

이들의 임의의 선형 조합인

$$\mathbf{Y} = c_1\mathbf{Y}_1 + c_2\mathbf{Y}_2$$

이 이 시스템의 해가 된다. ■

$\mathbf{Y}' = A\mathbf{Y}$의 $n \times n$ 계수 행렬 A의 n개의 고유벡터가 모두 선형 독립이면 방금 전의 방법으로 일반해를 구할 수 있다. 선형 독립인 고유벡터의 개수가 n보다 작은 경우는 좀 더 복잡하므로 6.3절에서 다루겠다.

고차 시스템

다음 형태의 이차 시스템이 주어졌을 때

$$\mathbf{Y}'' = A_1\mathbf{Y} + A_2\mathbf{Y}'$$

다음과 같이 함수들을 정해 주면 일차 시스템으로 바꿀 수 있다.

$$\begin{aligned} y_{n+1}(t) &= y_1'(t) \\ y_{n+2}(t) &= y_2'(t) \\ &\vdots \\ y_{2n}(t) &= y_n'(t) \end{aligned}$$

만일 $\mathbf{Y}_1$과 $\mathbf{Y}_2$를 다음과 같이 정의하면

$$\mathbf{Y}_1 = \mathbf{Y} = (y_1, y_2, \ldots, y_n)^T$$
$$\mathbf{Y}_2 = \mathbf{Y}' = (y_{n+1}, \ldots, y_{2n})^T$$

원래의 이차 시스템은 다음 두 식으로 바뀌게 된다.

$$\mathbf{Y}_1' = O\mathbf{Y}_1 + I\mathbf{Y}_2$$
$$\mathbf{Y}_2' = A_1\mathbf{Y}_1 + A_2\mathbf{Y}_2$$

이 방정식들은 다음과 같은 $2n \times 2n$ 일차 시스템이 된다.

$$\begin{pmatrix} \mathbf{Y}_1' \\ \mathbf{Y}_2' \end{pmatrix} = \begin{pmatrix} O & I \\ A_1 & A_2 \end{pmatrix} \begin{pmatrix} \mathbf{Y}_1 \\ \mathbf{Y}_2 \end{pmatrix}$$

만일 $t=0$에서 $\mathbf{Y}_1 = \mathbf{Y}$와 $\mathbf{Y}_2 = \mathbf{Y}'$의 값이 주어지면 이 초깃값 문제는 유일한 해를 갖게 된다.

예제 3 다음의 초깃값 문제를 풀어라.

$$\begin{aligned} y_1'' &= 2y_1 + y_2 + y_1' + y_2' \\ y_2'' &= -5y_1 + 2y_2 + 5y_1' - y_2' \end{aligned}$$
$$y_1(0) = y_2(0) = y_1'(0) = 4, \qquad y_2'(0) = -4$$

해답 $y_3 = y_1'$으로 $y_4 = y_2'$으로 두면 위 식은 다음과 같은 일차 시스템이 된다.

$$\begin{aligned} y_1' &= y_3 \\ y_2' &= y_4 \\ y_3' &= 2y_1 + y_2 + y_3 + y_4 \\ y_4' &= -5y_1 + 2y_2 + 5y_3 - y_4 \end{aligned}$$

이 시스템의 계수 행렬

$$A = \begin{pmatrix} 0 & 0 & 1 & 0 \\ 0 & 0 & 0 & 1 \\ 2 & 1 & 1 & 1 \\ -5 & 2 & 5 & -1 \end{pmatrix}$$

의 고윳값들은 다음과 같고

$$\lambda_1 = 1, \qquad \lambda_2 = -1, \qquad \lambda_3 = 3, \qquad \lambda_4 = -3$$

각 고윳값에 해당하는 고유벡터들은 다음과 같다.

$$\begin{aligned} \mathbf{x}_1 &= (1, -1, 1, -1)^T, & \mathbf{x}_2 &= (1, 5, -1, -5)^T \\ \mathbf{x}_3 &= (1, 1, 3, 3)^T, & \mathbf{x}_4 &= (1, -5, -3, 15)^T \end{aligned}$$

따라서 해는 다음 형태가 되며

$$c_1\mathbf{x}_1 e^t + c_2\mathbf{x}_2 e^{-t} + c_3\mathbf{x}_3 e^{3t} + c_4\mathbf{x}_4 e^{-3t}$$

초기 조건을 이용하여 c_1, c_2, c_3, c_4를 구할 수 있다. $t=0$일 때

$$c_1\mathbf{x}_1 + c_2\mathbf{x}_2 + c_3\mathbf{x}_3 + c_4\mathbf{x}_4 = (4, 4, 4, -4)^T$$

을 만족하면 이는 다음과 같이 쓸 수 있다.

$$\begin{bmatrix} 1 & 1 & 1 & 1 \\ -1 & 5 & 1 & -5 \\ 1 & -1 & 3 & -3 \\ -1 & -5 & 3 & 15 \end{bmatrix} \begin{bmatrix} c_1 \\ c_2 \\ c_3 \\ c_4 \end{bmatrix} = \begin{bmatrix} 4 \\ 4 \\ 4 \\ -4 \end{bmatrix}$$

이 시스템의 해는 $\mathbf{c} = (2, 1, 1, 0)^T$이고, 따라서 이 초깃값 문제의 해는 다음과 같다.

$$\mathbf{Y} = 2\mathbf{x}_1 e^t + \mathbf{x}_2 e^{-t} + \mathbf{x}_3 e^{3t}$$

따라서

$$\begin{bmatrix} y_1 \\ y_2 \\ y_1' \\ y_2' \end{bmatrix} = \begin{bmatrix} 2e^t + e^{-t} + e^{3t} \\ -2e^t + 5e^{-t} + e^{3t} \\ 2e^t - e^{-t} + 3e^{3t} \\ -2e^t - 5e^{-t} + 3e^{3t} \end{bmatrix}$$ ■

일반적으로 다음과 같은 m차 시스템이 있고

$$\mathbf{Y}^{(m)} = A_1\mathbf{Y} + A_2\mathbf{Y}' + \cdots + A_m\mathbf{Y}^{(m-1)}$$

여기서 각 A_i는 $n \times n$ 행렬일 때 이는 다음과 같이 새로운 변수들을 정의함으로써 일차 시스템으로 바꿀 수 있다.

$$\mathbf{Y}_1 = \mathbf{Y}, \mathbf{Y}_2 = \mathbf{Y}_1', \ldots, \mathbf{Y}_m = \mathbf{Y}_{m-1}'$$

따라서 다음과 같은 형태의 시스템이 된다.

$$\begin{bmatrix} \mathbf{Y}_1' \\ \mathbf{Y}_2' \\ \vdots \\ \mathbf{Y}_{m-1}' \\ \mathbf{Y}_m' \end{bmatrix} = \begin{bmatrix} O & I & O & \cdots & O \\ O & O & I & \cdots & O \\ \vdots & & & & \\ O & O & O & \cdots & I \\ A_1 & A_2 & A_3 & \cdots & A_m \end{bmatrix} \begin{bmatrix} \mathbf{Y}_1 \\ \mathbf{Y}_2 \\ \vdots \\ \mathbf{Y}_{m-1} \\ \mathbf{Y}_m \end{bmatrix}$$

추가적으로 $\mathbf{Y}, \mathbf{Y}', \cdots, \mathbf{Y}^{(m-1)}$이 $t = 0$에서 특정한 값들을 갖는다면 이 문제는 정확히 하나의 해를 갖게 된다.

만일 시스템이 단순히 $Y^{(m)} = A\mathbf{Y}$의 형태라면 새로운 변수를 도입할 필요가 없다. 이 경우 A의 고윳값의 m승근을 구하기만 하면 된다. λ가 A의 고윳값이고 $\mathbf{x}$가 λ에 속한 고유벡터이며, σ는 λ의 m승근이고 $\mathbf{Y} = e^{\sigma t}\mathbf{x}$라면

$$\mathbf{Y}^{(m)} = \sigma^m e^{\sigma t}\mathbf{x} = \lambda\mathbf{Y}$$

이 되고, 따라서 다음이 성립한다.

$$A\mathbf{Y} = e^{\sigma t}A\mathbf{x} = \lambda e^{\sigma t}\mathbf{x} = \lambda\mathbf{Y}$$

그러므로 $\mathbf{Y} = e^{\sigma t}\mathbf{x}$가 이 시스템의 해이다.

응용 2 조화 운동

그림 6.2.2에서 보듯이 두 개의 질량체가 용수철에 의해 연결되어 있고 양 끝 점 A와 B는 고정되어 있다고 하자. 질량체는 수평 방향으로 자유롭게 움직일 수 있다고 하자. 또한 세 개의 용수철은 동일한 것이고 시스템의 초기 조건은 평면 상태라고 하자. 외부에서 힘이 가해져서 질량체를 움직이기 시작한다. 질량체의 시간 t에서의 변위를 각각 $x_1(t)$와 $x_2(t)$라고 하자. 마찰과 같은 저항력은 없다고 가정하자. 즉 질량 m_1에 작용하는 힘은 오직 1번과 2번 용수철에만 의한다. 1번 용수철로부터의 힘은 $-kx_1$이고 2번 용수철로부터의 힘은 $k(x_2-x_1)$이다. 뉴턴의 운동 제2법칙에 의해 다음이 성립한다.

$$m_1x_1''(t) = -kx_1 + k(x_2 - x_1)$$

마찬가지로 두 번째 질량체에 작용하는 힘은 2번 용수철과 3번 용수철에만 의하며, 다시 뉴턴의 운동 제2법칙을 적용하면 다음이 성립한다.

$$m_2x_2''(t) = -k(x_2 - x_1) - kx_2$$

따라서 다음과 같은 이차 시스템을 얻게 된다.

$$x_1'' = -\frac{k}{m_1}(2x_1 - x_2)$$
$$x_2'' = -\frac{k}{m_2}(-x_1 + 2x_2)$$

이제 $m_1 = m_2 = 1$이고 $k = 1$이라 하고 각 질량체의 최초 속도는 초당 +2 단위 길이라 하자. 변위 x_1과 x_2를 t의 함수로 나타내기 위해 다음 형태의 시스템 식을 이용하자.

$$\mathbf{X}'' = A\mathbf{X} \tag{2}$$

계수 행렬

$$A = \begin{bmatrix} -2 & 1 \\ 1 & -2 \end{bmatrix}$$

은 고윳값 $\lambda_1 = -1$과 $\lambda_2 = -3$을 갖는다. λ_1에 속한 고유벡터 $\mathbf{v}_1 = (1, 1)^T$이고 $\sigma_1 = \pm i$이다. 따라서 $e^{it}\mathbf{v}_1$과 $e^{-it}\mathbf{v}_1$은 식 (2)의 해이다. 그러므로

$$\frac{1}{2}(e^{it} + e^{-it})\mathbf{v}_1 = (\operatorname{Re} e^{it})\mathbf{v}_1 = (\cos t)\mathbf{v}_1$$

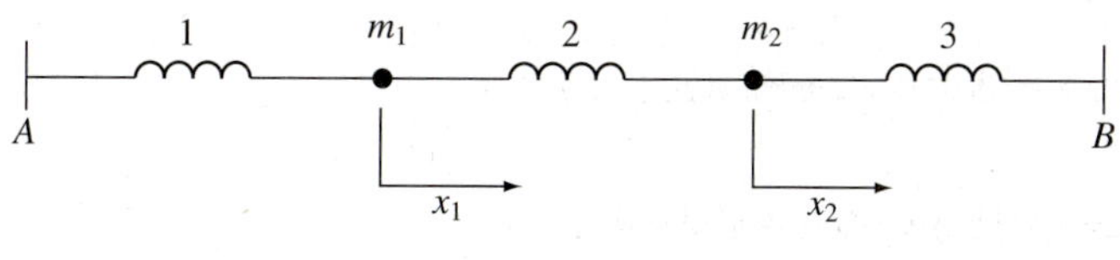

그림 6.2.2

과

$$\frac{1}{2i}(e^{it} - e^{-it})\mathbf{v}_1 = (\operatorname{Im} e^{it})\mathbf{v}_1 = (\sin t)\mathbf{v}_1$$

는 둘 다 식 (2)의 해가 된다. 마찬가지로 $\lambda_2 = -3$에 대한 고유벡터 $\mathbf{v}_2 = (1, -1)^T$이고 $\sigma_2 = \sqrt{3}i$ 이다. 따라서

$$(\operatorname{Re} e^{\sqrt{3}it})\mathbf{v}_2 = (\cos \sqrt{3}t)\mathbf{v}_2$$

과

$$(\operatorname{Im} e^{\sqrt{3}it})\mathbf{v}_2 = (\sin \sqrt{3}t)\mathbf{v}_2$$

역시 식 (2)의 해이다. 그러므로 일반해의 형태는 다음과 같다.

$$\begin{aligned}\mathbf{X}(t) &= c_1(\cos t)\mathbf{v}_1 + c_2(\sin t)\mathbf{v}_1 + c_3(\cos \sqrt{3}t)\mathbf{v}_2 + c_4(\sin \sqrt{3}t)\mathbf{v}_2 \\ &= \begin{pmatrix} c_1 \cos t + c_2 \sin t + c_3 \cos \sqrt{3}t + c_4 \sin \sqrt{3}t \\ c_1 \cos t + c_2 \sin t - c_3 \cos \sqrt{3}t - c_4 \sin \sqrt{3}t \end{pmatrix}\end{aligned}$$

시간 $t = 0$에서

$$x_1(0) = x_2(0) = 0 \quad \text{그리고} \quad x_1'(0) = x_2'(0) = 2$$

이므로 다음과 같다.

$$\begin{aligned} c_1 + c_3 &= 0 \\ c_1 - c_3 &= 0 \end{aligned} \quad \text{그리고} \quad \begin{aligned} c_2 + \sqrt{3}c_4 &= 2 \\ c_2 - \sqrt{3}c_4 &= 2 \end{aligned}$$

따라서 계수들의 값은

$$c_1 = c_3 = c_4 = 0 \quad \text{그리고} \quad c_2 = 2$$

그러므로 초깃값 문제의 해는 단순히

$$\mathbf{X}(t) = \begin{pmatrix} 2\sin t \\ 2\sin t \end{pmatrix}$$

이 된다. 즉 각 질량체는 주파수 1, 진폭 2로 진동한다.

응용 3 건물의 진동

물리적인 시스템의 또 다른 예로 건물의 진동을 들 수 있다. 만일 층수가 k인 건물이라면 각 층에서 시간 t에서의 수평 편차는 벡터 함수 $\mathbf{Y}(t) = (y_1(t), y_2(t), \cdots, y_k(t))^T$로 표현할 수 있다. 건물의 움직임은 다음 형태의 이차 미분 방정식 시스템으로 모델링될 수 있다.

$$M\mathbf{Y}''(t) = K\mathbf{Y}(t)$$

질량 행렬(mass matrix) M은 대각선 원소들이 각 층의 집중된 무게에 해당하는 대각선 행렬이다. 견고성 행렬(stiffness matrix) K의 원소들은 구조물의 탄성 계수(spring constant)에 의해 결정된다. 이 방정식의 해는 $\mathbf{Y}(t) = e^{i\sigma t}\mathbf{x}$ 형태이며, 여기서 $\mathbf{x}$는 $A = M^{-1}K$의 고윳값 λ에 속한 고유벡터이고 σ는 λ의 제곱근이다.

6.2 연습문제

1. 다음 각 시스템의 일반해를 구하라.

(a) $y_1' = 6y_1 + 3y_2$, $y_2' = 3y_1 + 6y_2$ **(b)** $y_1' = 4y_1 + 5y_2$, $y_2' = 2y_1 + y_2$

(c) $y_1' = 2y_1 + y_2$, $y_2' = 4y_1 + 2y_2$ **(d)** $y_1' = y_1 + 5y_2$, $y_2' = -4y_1 + y_2$

(e) $y_1' = 4y_1 + 3y_2$, $y_2' = -3y_1 + 4y_2$ **(f)** $y_1' = 2y_1 + y_2$, $y_2' = -y_1 + 4y_3$, $y_3' = y_2 + 2y_3$

2. 다음의 초깃값 문제들의 해를 구하라.

(a) $y_1' = -y_1 + 2y_2$
$y_2' = 2y_1 - y_2$
$y_1(0) = 3, y_2(0) = 1$

(b) $y_1' = y_1 - 2y_2$
$y_2' = 2y_1 + y_2$
$y_1(0) = 1, y_2(0) = -2$

(c) $y_1' = 2y_1 - 6y_3$
$y_2' = y_1 - 3y_3$
$y_3' = y_2 - 2y_3$
$y_1(0) = y_2(0) = y_3(0) = 2$

(d) $y_1' = y_1 + 2y_3$
$y_2' = y_2 - y_3$
$y_3' = y_1 + y_2 + y_3$
$y_1(0) = y_2(0) = 1, y_3(0) = 4$

3. 다음은

$$\mathbf{Y} = c_1 e^{\lambda_1 t}\mathbf{x}_1 + c_2 e^{\lambda_2 t}\mathbf{x}_2 + \cdots + c_n e^{\lambda_n t}\mathbf{x}_n$$

아래의 초깃값 문제의 해이다.

$$\mathbf{Y}' = A\mathbf{Y}, \qquad \mathbf{Y}(0) = \mathbf{Y}_0$$

(a) 다음을 증명하라.

$$\mathbf{Y}_0 = c_1\mathbf{x}_1 + c_2\mathbf{x}_2 + \cdots + c_n\mathbf{x}_n$$

(b) $X = (\mathbf{x}_1, \cdots, \mathbf{x}_n)$, $\mathbf{c} = (c_1, \cdots, c_n)^T$라고 하자. $\mathbf{x}_1, \cdots, \mathbf{x}_n$이 선형 독립이라는 가정하에 $\mathbf{c} = X^{-1}\mathbf{Y}_0$임을 보여라.

4. 소금물이 100 L씩 들어 있는 두 개의 탱크가 있다. 초기에 탱크 A에는 40 g의 소금이, 탱크 B에는 20 g의 소금이 녹아 있었다. 다음 그림과 같이 용액이 섞인다고 하자. 시간 t에서의 각 탱크의 소금의 양을 구하라.

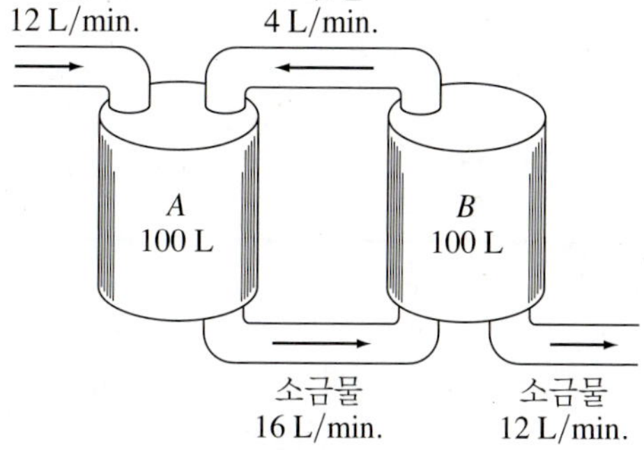

5. 다음의 일반해를 구하라.

(a) $y_1'' = -2y_2$, $y_2'' = y_1 + 3y_2$ **(b)** $y_1'' = 2y_1 + y_2'$, $y_2'' = 2y_2 + y_1'$

6. 다음의 초깃값 문제를 풀어라.

$$y_1'' = -2y_2 + y_1' + 2y_2'$$
$$y_2'' = 2y_1 + 2y_1' - y_2'$$

$$y_1(0) = 1,\ y_2(0) = 0,\ y_1'(0) = -3,\ y_2'(0) = 2$$

7. 응용 2에서 해가 $x_1 = a_1 \sin \sigma t$, $x_2 = a_2 \sin \sigma t$였다고 하

자. 이를 시스템에 대입하여 주파수 σ와 진폭 a_1, a_2를 구하라.

8. 다음과 같은 초기 조건하에서 응용 2의 해를 구하라.

$$x_1(0) = x_2(0) = 1,\ x_1'(0) = 4,\ \text{and } x_2'(0) = 2$$

9. 다음 그림과 같이 두 개의 질량체가 용수철로 연결되어 있다. 두 용수철의 탄성 계수는 동일하고 첫 번째 스프링의 한쪽 끝은 고정되어 있다. 두 질량체의 평형 상태 위치로부터의 변위를 각각 x_1, x_2라 하고 이 시스템의 움직임을 설명하는 이차 미분 방정식을 유도하라.

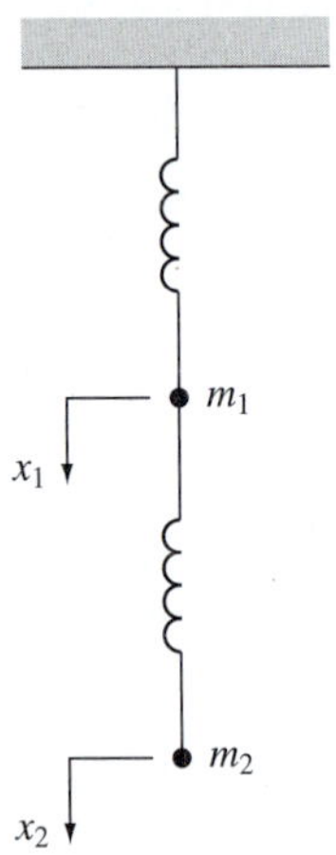

10. 다음 그림과 같이 세 개의 질량체가 용수철로 연결되어 있고 A와 B는 고정되어 있다고 하자. 모든 용수철의 탄성 계수가 같다고 가정하고 $x_1(t), x_2(t), x_3(t)$를 시간 t에서의 각 질량체의 변위라 하자.

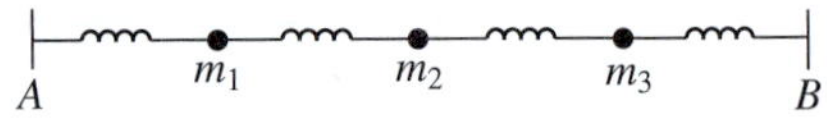

(a) 이 시스템의 움직임을 설명하는 이차 미분 방정식을 유도하라.

(b) $m_1 = m_3 = \frac{1}{3}, m_2 = \frac{1}{4}, k = 1$이라 할 때 다음의 초기 조건을 써서 시스템을 풀어라.

$$\begin{aligned} x_1(0) &= x_2(0) = x_3(0) = 1 \\ x_1'(0) &= x_2'(0) = x_3'(0) = 0 \end{aligned}$$

11. 다음과 같은 n차 미분 방정식을

$$y^{(n)} = a_0 y + a_1 y' + \cdots + a_{n-1} y^{(n-1)}$$

$y_1 = y, y_j = y_{j-1}', j = 2, \cdots, n$으로 두어 일차 미분 방정식 시스템으로 변형하라. 이 시스템의 계수 행렬의 특성 다항식을 구하라.

6.3 대각화

이 절에서는 $n \times n$ 행렬 A를 XDX^{-1}의 형태로 인수분해하는 문제를 알아보겠다. 여기서 D는 대각선 행렬을 의미한다. 이러한 인수분해가 존재하기 위한 필요충분조건을 알아보고 여러 예제를 풀어 보겠다. 서로 다른 고윳값에 속한 고유벡터는 선형 독립이라는 것을 증명하면서 이 절을 시작하고자 한다.

정리 6.3.1 $\lambda_1, \lambda_2, \cdots, \lambda_k$를 $n \times n$ 행렬 A의 서로 다른 고윳값이라 하고, 각각 고유벡터 $\mathbf{x}_1, \mathbf{x}_2, \cdots, \mathbf{x}_k$를 갖는다고 하자. 그러면 $\mathbf{x}_1, \mathbf{x}_2, \cdots, \mathbf{x}_k$는 선형 독립이다.

증명 $\mathbf{x}_1, \mathbf{x}_2, \cdots, \mathbf{x}_k$로부터 생성된 $\mathbb{R}^n$의 부분공간의 차원을 r이라 하고 $r < k$를 가정하자. $\mathbf{x}_1, \mathbf{x}_2, \cdots, \mathbf{x}_k$이 선형 독립이라 가정할 수 있다(필요에 따라 $\mathbf{x}_i$와 λ_i의 순서를 바꿀 수 있다). $\mathbf{x}_1, \mathbf{x}_2, \cdots, \mathbf{x}_k, \mathbf{x}_{k+1}$은 선형 종속이므로 다음을 만족하는 모두가 영은 아닌 스칼라 $c_1, \cdots, c_r, c_{r+1}$이 존재한다.

$$c_1\mathbf{x}_1 + \cdots + c_r\mathbf{x}_r + c_{r+1}\mathbf{x}_{r+1} = \mathbf{0} \tag{1}$$

c_{r+1}은 영이 될 수 없음에 주목하자. 왜냐하면 c_{r+1}이 영이면 $\mathbf{x}_1, \cdots, \mathbf{x}_r$이 선형 종속이 되기 때문이다. $c_{r+1}\mathbf{x}_{r+1} \neq 0$이므로 $c_1, \cdots, c_r$은 모두 영일 수 없다. 식 (1)에 A를 곱하면

$$c_1A\mathbf{x}_1 + \cdots + c_rA\mathbf{x}_r + c_{r+1}A\mathbf{x}_{r+1} = \mathbf{0}$$

또는

$$c_1A\mathbf{x}_1 + \cdots + c_rA\mathbf{x}_r + c_{r+1}A\mathbf{x}_{r+1} = \mathbf{0} \tag{2}$$

을 얻게 된다. 식 (2)에서 식 (1)의 λ_{r+1}배를 빼면 다음과 같고

$$c_1\lambda_1\mathbf{x}_1 + \cdots + c_r\lambda_r\mathbf{x}_r + c_{r+1}\lambda_{r+1}\mathbf{x}_{r+1} = \mathbf{0}$$

이는 $\mathbf{x}_1, \cdots, \mathbf{x}_r$이 선형 독립이라는 가정에 모순이다. 따라서 r과 k는 같다. ■

정의 다음을 만족하는 비특이 행렬 X와 대각선 행렬 D가 존재하면 $n \times n$ 행렬 A는 **대각화 가능하다**(diagonalizable)고 한다.

$$X^{-1}AX = D$$

이때 X가 A를 **대각화한다**고 한다.

정리 6.3.2 $n \times n$ 행렬 A가 대각화 가능할 필요충분조건은 A가 n개의 선형 독립인 고유벡터를 갖는 것이다.

증명 행렬 A가 n개의 선형 독립인 고유벡터 $\mathbf{x}_1, \mathbf{x}_2, \cdots, \mathbf{x}_n$을 가졌다고 하자. 각 i에 대해 $\mathbf{x}_i$에 해당하는 고윳값을 λ_i라고 하자(몇몇 λ_i는 같은 값일 수 있다). $j = 1, 2, \cdots, n$에 대해 j번째 열 벡터가 $\mathbf{x}_j$인 행렬을 X라고 하자. $A\mathbf{x}_j = \lambda_j\mathbf{x}_j$는 AX의 j번째 열 벡터임을 알 수 있다. 따라서 다음이 성립한다.

$$\begin{aligned} AX &= (A\mathbf{x}_1, A\mathbf{x}_2, \ldots, A\mathbf{x}_n) \\ &= (\lambda_1\mathbf{x}_1, \lambda_2\mathbf{x}_2, \ldots, \lambda_n\mathbf{x}_n) \\ &= (\mathbf{x}_1, \mathbf{x}_2, \ldots, \mathbf{x}_n)\begin{pmatrix} \lambda_1 & & & \\ & \lambda_2 & & \\ & & \ddots & \\ & & & \lambda_n \end{pmatrix} \\ &= XD \end{aligned}$$

X의 n개의 열은 선형 독립이므로 X는 비특이 행렬이다. 따라서 다음 식을 얻을 수 있다.

$$D = X^{-1}XD = X^{-1}AX$$

역으로, A가 대각화 가능하다고 하자. 이 말은 $AX = XD$를 만족하는 비특이 행렬 X가 존재

한다는 말이다. $\mathbf{x}_1, \mathbf{x}_2, \cdots, \mathbf{x}_n$을 X의 열 벡터라 하면 각각의 j에 대해 다음이 성립한다.

$$A\mathbf{x}_j = \lambda_j \mathbf{x}_j \qquad (\lambda_j = d_{jj})$$

따라서 각각의 j에 대해 λ_j는 A의 고윳값이 되고, $\mathbf{x}_j$는 λ_j에 속한 고유벡터이다. X의 열 벡터들이 선형 독립이므로 A는 n개의 선형 독립인 고유벡터를 갖는다. ■

주의

1. A가 대각화 가능하면 대각화 행렬 X의 열 벡터들이 A의 고유벡터들이고 D의 대각선 원소들은 이에 해당하는 고윳값들이다.
2. 대각화 행렬 X가 유일한 것은 아니다. 주어진 대각화 행렬 X의 열을 재배치하거나 또는 각 열에 영이 아닌 스칼라들을 곱하여 만들어지는 행렬은 역시 대각화 행렬이 된다.
3. A가 $n \times n$ 행렬이고 n개의 고윳값이 모두 다르면 A는 대각화 가능하다. 고윳값들 중 일부가 같은 경우에는 A의 n개의 고유벡터가 선형 독립인지 아닌지의 여부에 따라 A의 대각화 가능 여부가 결정된다.
4. A가 대각화 가능하면 A는 XDX^{-1}로 인수분해될 수 있다.

주의할 점 4에 의하면

$$A^2 = (XDX^{-1})(XDX^{-1}) = XD^2X^{-1}$$

이고, 일반적으로 다음이 성립한다.

$$\begin{aligned} A^k &= XD^kX^{-1} \\ &= X \begin{pmatrix} (\lambda_1)^k & & & \\ & (\lambda_2)^k & & \\ & & \ddots & \\ & & & (\lambda_n)^k \end{pmatrix} X^{-1} \end{aligned}$$

일단 A가 $A = XDX^{-1}$로 인수분해되면 A의 멱승을 계산하는 것은 쉽다.

예제 1 주어진 행렬 A에 대해

$$A = \begin{pmatrix} 2 & -3 \\ 2 & -5 \end{pmatrix}$$

A의 고윳값은 $\lambda_1 = 1$과 $\lambda_2 = -4$이다. 각 고윳값에 속한 고유벡터는 $\mathbf{x}_1 = (3, 1)^T$, $\mathbf{x}_2 = (1, 2)^T$이다.

$$X = \begin{pmatrix} 3 & 1 \\ 1 & 2 \end{pmatrix} \text{ 이고 } D = \begin{pmatrix} 1 & 0 \\ 0 & -4 \end{pmatrix}$$

라고 하면 다음이 성립한다.

$$X^{-1}AX = \frac{1}{5}\begin{bmatrix} 2 & -1 \\ -1 & 3 \end{bmatrix}\begin{bmatrix} 2 & -3 \\ 2 & -5 \end{bmatrix}\begin{bmatrix} 3 & 1 \\ 1 & 2 \end{bmatrix}$$

$$= \begin{bmatrix} 1 & 0 \\ 0 & -4 \end{bmatrix} = D$$

$$XDX^{-1} = \begin{bmatrix} 3 & 1 \\ 1 & 2 \end{bmatrix}\begin{bmatrix} 1 & 0 \\ 0 & -4 \end{bmatrix}\begin{bmatrix} \frac{2}{5} & -\frac{1}{5} \\ -\frac{1}{5} & \frac{3}{5} \end{bmatrix} = \begin{bmatrix} 2 & -3 \\ 2 & -5 \end{bmatrix} = A$$ ■

예제 2 주어진 행렬 A에 대해

$$A = \begin{bmatrix} 3 & -1 & -2 \\ 2 & 0 & -2 \\ 2 & -1 & -1 \end{bmatrix}$$

A의 고윳값은 $\lambda_1 = 0, \lambda_2 = 1, \lambda_3 = 1$이다. $\lambda_1 = 0$에 속한 고유벡터는 $(1, 1, 1)^T$이고 $\lambda = 1$에 속한 고유벡터는 $(1, 2, 0)^T$와 $(1, 0, 1)^T$이다.

$$X = \begin{bmatrix} 1 & 1 & 1 \\ 1 & 2 & 0 \\ 1 & 0 & 1 \end{bmatrix}$$

라고 하면 다음이 성립한다.

$$XDX^{-1} = \begin{bmatrix} 1 & 1 & 1 \\ 1 & 2 & 0 \\ 1 & 0 & 1 \end{bmatrix}\begin{bmatrix} 0 & 0 & 0 \\ 0 & 1 & 0 \\ 0 & 0 & 1 \end{bmatrix}\begin{bmatrix} -2 & 1 & 2 \\ 1 & 0 & -1 \\ 2 & -1 & -1 \end{bmatrix}$$

$$= \begin{bmatrix} 3 & -1 & -2 \\ 2 & 0 & -2 \\ 2 & -1 & -1 \end{bmatrix}$$

$$= A$$

비록 $\lambda = 1$은 중복도가 2인 고윳값이지만 행렬 A는 대각화 가능하고 그 이유는 세 고유벡터가 선형 독립이기 때문이다. 이 예제에서는 모든 $k \geq 1$에 대해

$$A^k = XD^kX^{-1} = XDX^{-1} = A$$

임을 주목하자. ■

$n \times n$ 행렬 A의 선형 독립인 고유벡터의 개수가 n보다 작으면 A를 부족 행렬(defective matrix)이라고 한다. 정리 6.3.2에 의하면 부족 행렬은 대각화 가능하지 않다.

예제 3 주어진 행렬 A에 대해

$$A = \begin{pmatrix} 1 & 1 \\ 0 & 1 \end{pmatrix}$$

A의 고윳값 두 개는 모두 1이다. $\lambda = 1$에 해당하는 고유벡터는 $\mathbf{x}_1 = (1, 0)^T$의 배수들밖에는 없다. 따라서 A는 부족 행렬이고 대각화 가능하지 않다. ■

예제 4 주어진 행렬 A와 B에 대해

$$A = \begin{pmatrix} 2 & 0 & 0 \\ 0 & 4 & 0 \\ 1 & 0 & 2 \end{pmatrix} \quad \text{그리고} \quad B = \begin{pmatrix} 2 & 0 & 0 \\ -1 & 4 & 0 \\ -3 & 6 & 2 \end{pmatrix}$$

A와 B는 모두 같은 고윳값들

$$\lambda_1 = 4, \qquad \lambda_2 = \lambda_3 = 2$$

을 갖는다. $\lambda_1 = 4$에 대한 고유공간은 $\mathbf{e}_2$에 의해 생성된 공간이고 $\lambda = 2$에 대한 고유공간은 $\mathbf{e}_3$에 의해 생성된 공간이다. A의 선형 독립인 고유벡터는 둘뿐이므로 A는 부족 행렬이다. 반면에 행렬 B의 $\lambda_1 = 4$에 속한 고유벡터는 $\mathbf{x}_1 = (0, 1, 3)^T$이고 $\lambda = 2$에 속한 고유벡터는 $\mathbf{x}_2 = (2, 1, 0)^T$와 $\mathbf{e}_3$이다. 따라서 B는 세 개의 선형 독립인 고유벡터를 갖고 있어 부족 행렬이 아니다. 비록 $\lambda = 2$가 중복도가 2인 고윳값이지만 해당하는 고유공간이 이차원 공간이므로 B가 부족 행렬이 아닌 것이다.

기하학적으로 행렬 B는 두 개의 선형 독립인 벡터를 2배로 늘리는 효과를 갖는다. 고유공간 $N(B - 2I)$의 차원이 2이므로 고윳값 $\lambda = 2$는 기하학적 중복도(geometric multiplicity) 2를 가진 것으로 생각할 수 있다. 반면에 행렬 A는 z축상의 벡터만을 2배로 늘리는 효과가 있다. 이 경우 고윳값 $\lambda = 2$의 대수학적 중복도(algebraic multiplicity)는 2이지만 dim $N(A - 2I) = 1$이므로 기하학적 중복도는 1에 불과하다(그림 6.3.1 참조). ■

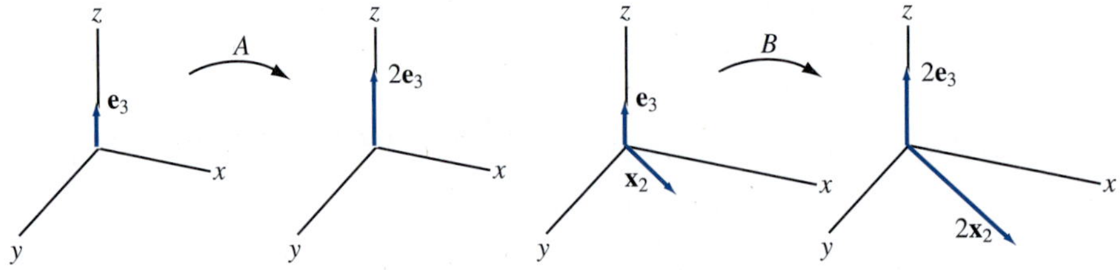

그림 6.3.1

응용 1 마르코프 사슬

6.1절에서 어느 마을의 결혼한 여성과 혼자인 여성의 수를 매년 예측하는 문제의 간단한 행렬 모델을 살펴본 바 있다. 현재 결혼한 여성의 수와 혼자인 여성의 수를 구성 성분으로 하는 초기 벡터 $\mathbf{x}_0$가 주어졌을 때 미래 시점에서의 각 숫자들을 다음과 같이 예측할 수 있었다.

$$\mathbf{x}_1 = A\mathbf{x}_0,\ \mathbf{x}_2 = A\mathbf{x}_1,\ \mathbf{x}_3 = A\mathbf{x}_2, \ldots$$

만일 초기 벡터의 구성 성분을 결혼한 여성과 혼자인 여성의 전체 여성 수에 대한 비가 되도록 조정했다면 $\mathbf{x}_n$의 구성 성분은 n년이 지난 후의 각 집단의 비가 될 것이다. 이런 식으로 생성된 일련의 벡터들이 **마르코프 사슬**(Markov chain)의 예이다. 마르코프 사슬 모델은 다양한 응용분야에서 나타난다.

다음은 마르코프 과정의 예이다.

정의 **확률 과정**(stochastic process)이란 매 단계에서의 결과가 확률에 근거하는 일련의 실험들을 의미한다. **마르코프 과정**(Markov process)은 다음의 성질을 갖는 확률 과정이다.

I. 가능한 결과(또는 상태)의 집합이 유한집합이다.
II. 다음 결과의 확률은 오로지 이전 결과에만 의존한다.
III. 시간에 따라 확률들이 불변이다.

예제 5 **자동차 리스**(Automobile Leasing) 자동차 딜러가 세단, 스포츠카, 미니밴, SUV(sports utility vehicles)의 4종류의 차량을 리스한다고 하자. 리스 기간은 2년이다. 리스 기간이 끝나면 고객은 리스 계약을 새로 맺고 차종을 바꿀 수 있다.

자동차 리스는 4개의 결과(outcome)를 가진 과정으로 볼 수 있다. 각 결과의 확률은 이전 리스 기록을 분석함으로써 추정할 수 있다. 기록에 따르면 현재 세단을 리스하고 있는

표 6.3.1 자동차 리스의 천이 확률

현재 리스				
세단	**스포츠카**	**미니밴**	**SUV**	**다음번 리스**
0.80	0.10	0.05	0.05	**세단**
0.10	0.80	0.05	0.05	**스포츠카**
0.05	0.05	0.80	0.10	**미니밴**
0.05	0.05	0.10	0.80	**SUV**

고객의 80%는 다음 리스에서도 세단을 선택한다. 또한 현재 스포츠카를 리스하고 있는 고객의 10%는 다음에 세단으로 바꾼다. 미니밴과 SUV를 리스하고 있는 고객의 5%도 다음번 리스 때는 세단을 선택한다. 이상은 표 6.3.1의 첫 번째 행에 요약되어 있다. 두 번째 행은 다음번 리스 때 스포츠카를 선택할 고객들의 백분율을, 그리고 나머지 두 행 역시 차례로 다음번에 미니밴과 SUV를 선택할 고객의 백분율을 나타내고 있다.

처음에 세단 200대와 나머지 차량들이 각각 100대씩 있었다고 하자. 행렬 A와 벡터 $\mathbf{x}_0$를 다음과 같이 두면

$$A = \begin{pmatrix} 0.80 & 0.10 & 0.05 & 0.05 \\ 0.10 & 0.80 & 0.05 & 0.05 \\ 0.05 & 0.05 & 0.80 & 0.10 \\ 0.05 & 0.05 & 0.10 & 0.80 \end{pmatrix} \qquad \mathbf{x}_0 = \begin{pmatrix} 200 \\ 100 \\ 100 \\ 100 \end{pmatrix}$$

2년 뒤에 얼마나 많은 사람들이 각 종류의 차량을 리스할 것인가를 다음 식으로 알 수 있다.

$$\mathbf{x}_1 = A\mathbf{x}_0 = \begin{pmatrix} 0.80 & 0.10 & 0.05 & 0.05 \\ 0.10 & 0.80 & 0.05 & 0.05 \\ 0.05 & 0.05 & 0.80 & 0.10 \\ 0.05 & 0.05 & 0.10 & 0.80 \end{pmatrix} \begin{pmatrix} 200 \\ 100 \\ 100 \\ 100 \end{pmatrix} = \begin{pmatrix} 180 \\ 110 \\ 105 \\ 105 \end{pmatrix}$$

다음의 식을 통해 미래의 각 차량의 리스 숫자를 예측할 수 있다.

$$\mathbf{x}_{n+1} = A\mathbf{x}_n \qquad n = 1, 2, \ldots$$

이런 식으로 만들어지는 벡터 $\mathbf{x}_i$를 상태 벡터(state vector)라 하고, 이 상태 벡터들의 수열을 **마르코프 사슬**(Markov chain)이라 한다. 행렬 A는 **천이 행렬**이라 한다. A의 각 열의 원소들은 음이 아닌 값으로 더하면 항상 1이 된다. 각 열은 **확률 벡터**(probability vector)로 볼 수 있다. 예를 들어 A의 첫 번째 열은 현재 세단을 리스하고 있는 사람들에 대한 것이다. 이 열의 각 구성 원소들은 이 사람들이 리스 재계약 시 각종 차량을 선택할 확률들이다.

일반적으로 그 구성 원소들이 모두 음이 아니고 각 열의 성분의 합이 1이 되는 행렬을 **확률 행렬**(stochastic matrix)이라고 한다. 확률 행렬의 열들은 확률 벡터로 볼 수 있다.

초기 벡터의 각 성분을 총 고객의 수인 500으로 나누면 이 초기 상태 벡터 $\mathbf{x}_0 = (0.4, 0.2, 0.2, 0.2)^T$의 각 성분은 해당 종류의 차량을 리스한 고객의 비율을 나타낸다. $\mathbf{x}_1$의 성분들은 그다음 리스 때의 비율을 나타낸다. 따라서 $\mathbf{x}_0$와 $\mathbf{x}_1$은 확률 벡터이고 이 이후의 상태 벡터들도 항상 확률 벡터가 된다.

이 마르코프 과정의 장시간 후의 움직임은 천이 행렬 A의 고윳값과 고유벡터에 의해 결정된다. A의 고윳값은 $\lambda_1 = 1, \lambda_2 = 0.8, \lambda_3 = \lambda_4 = 0.7$이다. A가 중복된 고윳값을 갖고 있긴 하지만 고유벡터 4개가 선형 독립이기 때문에 대각화 가능하다. 고유벡터를 이용하여 대각화 행렬 Y를 구성하면 다음 식을 얻을 수 있다.

$$
\begin{aligned}
A &= YDY^{-1} \\
&= \begin{pmatrix} 1 & -1 & 0 & 1 \\ 1 & -1 & 0 & -1 \\ 1 & 1 & 1 & 0 \\ 1 & 1 & -1 & 0 \end{pmatrix} \begin{pmatrix} 1 & 0 & 0 & 0 \\ 0 & \frac{8}{10} & 0 & 0 \\ 0 & 0 & \frac{7}{10} & 0 \\ 0 & 0 & 0 & \frac{7}{10} \end{pmatrix} \begin{pmatrix} \frac{1}{4} & \frac{1}{4} & \frac{1}{4} & \frac{1}{4} \\ -\frac{1}{4} & -\frac{1}{4} & \frac{1}{4} & \frac{1}{4} \\ 0 & 0 & \frac{1}{2} & -\frac{1}{2} \\ \frac{1}{2} & -\frac{1}{2} & 0 & 0 \end{pmatrix}
\end{aligned}
$$

상태 벡터들은 다음과 같이 계산된다.

$$
\begin{aligned}
\mathbf{x}_n &= YD^nY^{-1}\mathbf{x}_0 \\
&= YD^n(0.25,\ -0.05,\ 0,\ 0.10)^T \\
&= Y(0.25,\ -0.05(0.8)^n,\ 0,\ 0.10(0.7)^n)^T \\
&= 0.25\begin{pmatrix} 1 \\ 1 \\ 1 \\ 1 \end{pmatrix} - 0.05(0.8)^n \begin{pmatrix} -1 \\ -1 \\ 1 \\ 1 \end{pmatrix} + 0.10(0.7)^n \begin{pmatrix} 1 \\ -1 \\ 0 \\ 0 \end{pmatrix}
\end{aligned}
$$

n이 증가함에 따라 $\mathbf{x}_n$은 다음의 안정상태 벡터 x로 접근한다.

$$\mathbf{x} = (0.25,\ 0.25,\ 0.25,\ 0.25)^T$$

따라서 이 마르코프 사슬 모델에서는 아주 오랜 시간이 흐른 뒤에 4종류의 차량 각각은 같은 정도로 선호될 것이라고 예측할 수 있다. ■

일반적으로 마르코프 사슬의 초기 벡터 $\mathbf{x}_0$뿐만 아니라 모든 상태 벡터들이 확률 벡터라고 가정할 수 있다. 따라서 이 사슬이 안정상태 벡터 $\mathbf{x}$에 수렴하게 된다면 이 안정상태 벡터 역시 확률 벡터이다. 이러한 경우, 다음의 정리가 유도된다.

정리 6.3.3 $n \times n$ 천이 행렬 A를 갖는 마르코프 사슬이 안정상태 벡터 $\mathbf{x}$로 수렴한다면

(i) $\mathbf{x}$는 확률 벡터이다.

(ii) $\lambda_1 = 1$은 A의 고윳값이고 $\mathbf{x}$는 λ_1에 속한 고유벡터이다.

(i)의 증명 k번째 상태 벡터를 $\mathbf{x}_k = (\mathbf{x}_1^{(k)}, \mathbf{x}_2^{(k)}, \cdots, \mathbf{x}_n^{(k)})^T$라고 하자. $\mathbf{x}_k$의 성분들은 모두 음이 아니고 그 합이 1이다. 각각의 j에 대해 $\mathbf{x}$의 j번째 성분 $\mathbf{x}_j$는 다음의 두 식을 만족한다.

$$x_j = \lim_{k\to\infty} x_j^{(k)} \geq 0$$

$$x_1 + x_2 + \cdots + x_n = \lim_{k\to\infty} (x_1^{(k)} + x_2^{(k)} + \cdots + x_n^{(k)}) = 1$$

따라서 안정상태 벡터 $\mathbf{x}$는 확률 벡터이다. ■

(ii)의 증명 $\lambda_1 = 1$이 A의 고윳값이 된다는 것에 대한 증명은 독자에게 맡긴다(연습문제 27 참조). 다음의 이유로 $\mathbf{x}$는 $\lambda_1 = 1$에 속한 고유벡터이다.

$$A\mathbf{x} = A(\lim_{k\to\infty} \mathbf{x}_k) = \lim_{k\to\infty} (A\mathbf{x}_k) = \lim_{k\to\infty} \mathbf{x}_{k+1} = \mathbf{x}$$ ■

일반적으로 A가 $n \times n$ 확률 행렬일 경우 $\lambda_1 = 1$은 A의 고윳값이 되고 나머지 고윳값들은 다음을 만족한다.

$$|\lambda_j| \le 1 \qquad j = 2, 3, \dots, n$$

$\lambda_1 = 1$이 천이 행렬 A의 우세한 고윳값(dominant eigenvalue)이면 반드시 그 마르코프 사슬은 안정상태를 갖게 된다. 여기서 행렬 A의 고윳값 λ_1이 우세한 고윳값이라는 말은 λ_1의 크기가 나머지 고윳값들의 크기보다 가장 크다는 말이다. 즉 다음과 같은 경우이다.

$$|\lambda_j| < |\lambda_1| \qquad j = 2, 3, \dots, n$$

정리 6.3.4 $\lambda_1 = 1$이 확률 행렬 A의 우세한 고윳값이면 A를 천이 행렬로 갖는 마르코프 사슬은 안정상태 벡터로 수렴한다.

증명 A가 대각화 가능한 경우에는 $\mathbf{y}_1$을 $\lambda_1 = 1$에 속한 고유벡터라 하고 $Y = (\mathbf{y}_1, \mathbf{y}_2, \cdots, \mathbf{y}_n)$을 대각화 행렬이라고 하자. E가 (1, 1) 성분만 1이고 나머지 성분들이 모두 0인 $n \times n$행렬이라면 $k \to \infty$에 따라 다음이 성립한다.

$$D^k = \begin{bmatrix} \lambda_1^k & & & \\ & \lambda_2^k & & \\ & & \ddots & \\ & & & \lambda_n^k \end{bmatrix} \to \begin{bmatrix} 1 & & & \\ & 0 & & \\ & & \ddots & \\ & & & 0 \end{bmatrix} = E$$

$\mathbf{x}_0$가 초기 확률 벡터이고 $\mathbf{c} = Y^{-1}\mathbf{x}_0$라고 하면

$$\mathbf{x}_k = A^k\mathbf{x}_0 = YD^kY^{-1}\mathbf{x}_0 = YD^k\mathbf{c} \to YE\mathbf{c} = Y(c_1\mathbf{e}_1) = c_1\mathbf{y}_1$$

이므로, 벡터 $c_1\mathbf{y}_1$이 마르코프 사슬의 안정상태 벡터가 된다.

천이 행렬 A가 우세한 고윳값 $\lambda_1 = 1$을 갖는 부족 행렬일 경우에도 A의 조르단 표준형(Jordan canonical form)이라고 하는 특별한 행렬 J를 이용하여 증명할 수 있다. 이 주제는 8장에서 자세히 다룰 것이다. 그 내용을 보면 다음과 같다. 임의의 $n \times n$ 행렬 A는 $A = YJY^{-1}$ 형태로 분해할 수 있는데, 이때 J는 위쪽 두 줄 대각선(upper bidiagonal) 행렬로서 주대각선 성분은 A의 고윳값이, 그리고 바로 위 대각선에는 0 또는 1이 위치하고 있다. A가 우세한 고윳값 $\lambda_1 = 1$을 갖는 확률 행렬일 경우 J^k은 $k \to \infty$에 따라 E에 수렴하게 된다. 따라서 A가 부족 행렬일 때의 증명은 대각선 행렬 D가 두 줄 대각선 행렬 J로 바뀐 것만을 제외하고는 앞서와 똑같다. ■

모든 마르코프 사슬이 다 안정상태 벡터로 수렴하는 것은 아니다. 그러나 만일 천이 행렬 A의 모든 구성 성분이 양의 값이면 유일한 안정상태 벡터 $\mathbf{x}$가 존재하고 $A^n\mathbf{x}_0$는 초기 확

률 벡터 $\mathbf{x}_0$에 무관하게 항상 $\mathbf{x}$에 수렴함을 보일 수 있다. 사실 이러한 결과는 비록 A의 구성 성분 중 0이 있더라도 어떤 k에 대해 A^k의 구성 성분이 모두 양수라면 성립하게 된다. 어떤 k에 대해 A^k의 구성 성분이 모두 양수인 행렬 A를 천이 행렬로 갖는 마르코프 과정을 정칙(regular) 마르코프 과정이라고 한다.

6.8절에서는 이처럼 모든 구성 성분이 양수인 양의 행렬을 공부하게 된다. 그 절에서 가장 중요한 결과 중 하나는 페론(Perron)의 정리이다. 페론의 정리를 이용하면 마르코프 과정의 천이 행렬 A가 양의 행렬이면 $\lambda_1 = 1$이 A의 우세한 고윳값임을 증명할 수 있다.

응용 2 인터넷 검색과 페이지 순위

인터넷상에서 정보를 찾는 가장 보편적인 방법은 검색엔진을 통해 키워드를 검색하는 것이다. 일반적으로 검색엔진들은 해당 키워드를 포함하는 모든 페이지를 찾아내어 그들을 중요도에 따라 순위를 매긴다. 대략 200억 페이지 정도가 검색의 대상이고 키워드를 가진 페이지가 2만 페이지 정도 되는 일이 허다하다. 그리고 이런 경우 보통 첫 번째나 두 번째 순위의 페이지가 우리가 찾고 있던 페이지이기 마련이다. 그렇다면 검색엔진은 어떤 방법으로 페이지의 순위를 매길까? 이 응용 예에서는 구글이라는 검색엔진에서 사용되는 기법을 알아보자.

구글의 PageRank™라는 페이지 순위 매기기 알고리즘은 인터넷의 링크 구조에 기반을 둔 거대한 마르코프 과정이다. 이 알고리즘은 당초 스탠퍼드 대학의 두 대학원생에 의해 고안되었다. 래리 페이지(Larry Page)와 세르게이 브린(Sergey Brin)이라는 두 학생이 현재 인터넷에서 가장 널리 사용되고 있는 가장 성공적인 검색엔진을 개발한 장본인들이다.

PageRank 알고리즘에서는 인터넷 서핑을 랜덤 과정으로 본다. 이 마르코프 과정의 천이 행렬 A의 크기는 $n \times n$이고, 이때 n은 검색하려는 사이트의 총 개수에 해당한다. n이 200억 이상이므로(참고문헌 1 참조) 순위 매기기 계산은 '세계에서 가장 큰 행렬 연산'이라고 알려져 있다. A의 (i, j) 원소는 임의의 인터넷 검색자가 웹사이트 j에서 웹사이트 i로 연결할 확률이다. 페이지 순위 매기기 모델에서는 검색자가 현재 페이지에서 링크를 따라 움직일 확률을 정해 주고 그 외에는 무작위로 다른 페이지로 옮겨 간다고 가정한다.

예를 들어 현재 페이지 번호가 j이고 이 페이지는 5개의 다른 페이지와 연결되어 있다고 하자. 또한 이 검색자가 이 5개의 연결 페이지 중 하나로 움직일 확률은 85%이고 나머지 15%의 확률로 임의의 다른 페이지로 움직인다고 가정한다. 만일 페이지 j에서 페이지 i로의 연결이 없다면 a_{ij}는 다음과 같고

$$a_{ij} = 0.15\frac{1}{n}$$

페이지 j에서 페이지 i로의 연결이 있는 경우에는 다음과 같다.

$$a_{ij} = 0.85\frac{1}{5} + 0.15\frac{1}{n}$$

또한 현재 페이지 j가 어떤 다른 페이지와도 연결되어 있지 않다면 이 페이지는 **외톨이 페이지**(dangling page)라고 하며, 이 경우에는 검색자가 동일한 확률로 다른 페이지들로 옮겨가게 되므로 다음과 같다.

$$a_{ij} = \frac{1}{n} \quad 1 \leq i \leq n \tag{3}$$

일반적으로 페이지 j로부터 다른 페이지로의 연결의 숫자를 $k(j)$라고 하자. $k(j) \neq 0$이고 검색자가 현재 페이지와 연결된 다른 페이지로만 이동한다고 하면 페이지 j로부터 페이지 i로의 연결 확률 m_{ij}는 다음과 같다.

$$m_{ij} = \begin{cases} \frac{1}{k(j)} & (\text{페이지 } j\text{로부터 페이지 } i\text{로의 연결이 있는 경우}) \\ 0 & (\text{그 외의 경우}) \end{cases}$$

페이지 j가 외톨이 페이지이면 다음을 가정할 수 있다.

$$m_{ij} = \frac{1}{n}$$

이제 검색자가 현재 페이지에서 연결이 있는 페이지로 이동할 확률을 p, 무작위로 선택된 다른 페이지로 이동할 확률을 $(1-p)$라고 한다면 천이 확률 A의 (i, j) 구성 원소인 a_{ij}는 다음과 같이 주어진다.

$$a_{ij} = pm_{ij} + (1-p)\frac{1}{n} \tag{4}$$

페이지 j가 외톨이 페이지이면 식 (4)는 식 (3)이 됨을 주목하자.

무작위 검색이므로 A의 j번째 열의 모든 성분은 양수이다. A의 모든 구성원소가 양수이므로 페론의 정리(6.8절)를 적용하여 이 마르코프 과정이 유일한 안정상태 벡터 $\mathbf{x}$로 수렴함을 보일 수 있다. $\mathbf{x}$의 k번째 성분은 오랜 시간이 경과된 후 검색자가 웹사이트 k에 오게 될 확률이 된다. 이 안정상태 벡터의 성분이 페이지 순위를 제공한다. x_k의 값이 웹사이트 k의 전체 순위를 결정한다. 예를 들어 x_k가 $\mathbf{x}$의 성분 중 세 번째로 큰 값이라면 웹사이트 k가 전체 페이지 순위상 세 번째가 되는 것이다. 인터넷 검색이 시작되면 검색엔진은 키워드가 포함되어 있는 모든 사이트를 찾아낸 후 그 사이트들의 페이지 순위를 보고 내림차순으로 정렬시키는 것이다.

$M = (m_{ij})$라고 하고 $\mathbf{e}$를 성분이 모두 1인 $\mathbb{R}^n$상의 벡터라고 하자. 행렬 M은 대부분의 구성 원소가 0이다. $E = \mathbf{e}\mathbf{e}^T$라고 하면 E는 랭크가 1인 $n \times n$ 행렬이고 식 (4)는 행렬의 행태로 다음과 같이 쓸 수 있다.

$$A = pM + \frac{1-p}{n}\mathbf{e}\mathbf{e}^T = pM + \frac{1-p}{n}E \tag{5}$$

따라서 A는 특별한 구조를 갖는 두 행렬의 합이 된다. 안정상태 벡터를 구하기 위해서는 일련의 다음과 같은 계산을 수행해야 한다.

$$\mathbf{x}_{j+1} = A\mathbf{x}_j, \quad j = 0, 1, 2, \ldots$$

이 연산들은 M과 E의 특별한 구조를 이용하면 엄청나게 단순화될 수 있다(연습문제 29 참조).

참고문헌

1. Moler, Cleve, "The World's Largest Matrix Computation," *MATLAB News & Notes*, The Mathworks, Natick, MA, October 2002.
2. Page, Lawrence, Sergey Brin, Rajeev Motwani, and Terry Winograd, "The PageRank Citation Ranking: Bringing Order to the Web," November 1999. (dbpubs. stanford.edu/pub/1999−66)

응용 3 반성 유전자

반성 유전자(sex-linked genes)란 X 염색체에 위치한 유전자를 말한다. 예를 들어 청록 색맹 유전자는 열성 반성 유전자이다. 주어진 모집단 내의 색맹을 기술하는 수학적 모델을 만들려면 우선 전체 모집단을 남성과 여성의 두 부류로 나누어야 한다. $x_1^{(0)}$를 남성 집단에서의 색맹 유전자의 비, $x_2^{(0)}$는 여성 집단에서의 색맹 유전자의 비라고 하자[색맹 유전자는 열성 유전자이기 때문에 실제로 색맹인 여성의 비율은 $x_2^{(0)}$보다는 낮다]. 남성은 어머니에게서만 X 염색체를 받게 되므로 다음 세대의 색맹 남성의 비율인 $x_1^{(1)}$은 현 세대 여성에서의 열성 유전자의 비와 같다. 여성은 X 염색체를 양친으로부터 받게 되므로 다음 세대 여성에서의 열성 유전자의 비인 $x_2^{(1)}$은 $x_1^{(0)}$와 $x_2^{(0)}$의 평균이 된다. 따라서 다음이 성립한다.

$$\begin{aligned} x_2^{(0)} &= x_1^{(1)} \\ \tfrac{1}{2}x_1^{(0)} + \tfrac{1}{2}x_2^{(0)} &= x_2^{(1)} \end{aligned}$$

만일 $x_1^{(0)} = x_2^{(0)}$라면 다음 세대에서의 비가 변하지 않게 된다. 따라서 $x_1^{(0)} \neq x_2^{(0)}$를 가정하고 이 시스템을 행렬 방정식으로 표현하면 다음과 같다.

$$\begin{pmatrix} 0 & 1 \\ \frac{1}{2} & \frac{1}{2} \end{pmatrix} \begin{pmatrix} x_1^{(0)} \\ x_2^{(0)} \end{pmatrix} = \begin{pmatrix} x_1^{(1)} \\ x_2^{(1)} \end{pmatrix}$$

계수 행렬을 A로 표기하고 $x^{(n)} = (x_1^{(n)}, x_2^{(n)})^T$를 $(n+1)$번째 세대에서의 남성과 여성 집단

에서의 색맹 유전자 비라고 하면 $\mathbf{x}^{(n)}$은 다음과 같다.

$$\mathbf{x}^{(n)} = A^n \mathbf{x}^{(0)}$$

A가 고윳값 1과 $-\frac{1}{2}$을 가지므로 다음과 같이 분해되고

$$A = \begin{bmatrix} 1 & -2 \\ 1 & 1 \end{bmatrix} \begin{bmatrix} 1 & 0 \\ 0 & -\frac{1}{2} \end{bmatrix} \begin{bmatrix} \frac{1}{3} & \frac{2}{3} \\ -\frac{1}{3} & \frac{1}{3} \end{bmatrix}$$

따라서 다음이 성립된다.

$$\begin{aligned} \mathbf{x}^{(n)} &= \begin{bmatrix} 1 & -2 \\ 1 & 1 \end{bmatrix} \begin{bmatrix} 1 & 0 \\ 0 & -\frac{1}{2} \end{bmatrix}^n \begin{bmatrix} \frac{1}{3} & \frac{2}{3} \\ -\frac{1}{3} & \frac{1}{3} \end{bmatrix} \begin{bmatrix} x_1^{(0)} \\ x_2^{(0)} \end{bmatrix} \\ &= \frac{1}{3} \begin{bmatrix} 1-(-\frac{1}{2})^{n-1} & 2+(-\frac{1}{2})^{n-1} \\ 1-(-\frac{1}{2})^{n} & 2+(-\frac{1}{2})^{n} \end{bmatrix} \begin{bmatrix} x_1^{(0)} \\ x_2^{(0)} \end{bmatrix} \end{aligned}$$

그러므로

$$\begin{aligned} \lim_{n\to\infty} \mathbf{x}^{(n)} &= \frac{1}{3} \begin{bmatrix} 1 & 2 \\ 1 & 2 \end{bmatrix} \begin{bmatrix} x_1^{(0)} \\ x_2^{(0)} \end{bmatrix} \\ &= \begin{bmatrix} \dfrac{x_1^{(0)} + 2x_2^{(0)}}{3} \\ \dfrac{x_1^{(0)} + 2x_2^{(0)}}{3} \end{bmatrix} \end{aligned}$$

남성과 여성 집단에서의 색맹 유전자 비율은 세대가 내려감에 따라 동일한 값을 갖게 됨을 알 수 있다. 색맹인 남자의 비율이 p이고 세대가 진행되면서 집단 밖으로부터의 새로운 유입자가 없다면 여성 집단에서의 색맹 유전자의 비율도 역시 p라고 가정하는 것이 정당하다. 색맹 유전자는 열성이기 때문에 실제로 색맹인 여성의 비율은 대략 p^2이 될 것이다. 따라서 만일 남성 색맹자의 비율이 1%라면 여성 색맹자의 비율은 0.01% 정도일 것이라고 기대할 수 있다.

행렬의 지수함수

스칼라 a가 주어졌을 때 e^a는 다음과 같이 멱급수로 표현된다.

$$e^a = 1 + a + \frac{1}{2!}a^2 + \frac{1}{3!}a^3 + \cdots$$

마찬가지로 $n \times n$ 행렬 A에 대해서도 **행렬 지수함수**(matrix exponential) e^A를 다음과 같이 수렴하는 멱급수로 정의할 수 있다.

$$e^A = I + A + \frac{1}{2!}A^2 + \frac{1}{3!}A^3 + \cdots \tag{6}$$

식 (6)의 행렬 지수함수는 여러 응용에서 나타난다. 다음의 대각선 행렬 D에 대해서는

$$D = \begin{bmatrix} \lambda_1 & & & \\ & \lambda_2 & & \\ & & \ddots & \\ & & & \lambda_n \end{bmatrix}$$

행렬 지수함수의 계산이 쉽다.

$$\begin{aligned} e^D &= \lim_{m\to\infty}\left(I + D + \frac{1}{2!}D^2 + \cdots + \frac{1}{m!}D^m\right) \\ &= \lim_{m\to\infty}\begin{bmatrix} \sum_{k=0}^{m}\frac{1}{k!}\lambda_1^k & & \\ & \ddots & \\ & & \sum_{k=0}^{m}\frac{1}{k!}\lambda_n^k \end{bmatrix} = \begin{bmatrix} e^{\lambda_1} & & & \\ & e^{\lambda_2} & & \\ & & \ddots & \\ & & & e^{\lambda_n} \end{bmatrix} \end{aligned}$$

일반적인 $n \times n$ 행렬 A에 대해서는 행렬 지수함수 e^A의 계산은 훨씬 어렵다. 그러나 만일 A가 대각화 가능하다면 다음과 같이 쉽게 계산할 수 있다.

$$\begin{aligned} A^k &= XD^kX^{-1} \qquad \text{for} \quad k = 1, 2, \ldots \\ e^A &= X\left(I + D + \frac{1}{2!}D^2 + \frac{1}{3!}D^3 + \cdots\right)X^{-1} \\ &= Xe^DX^{-1} \end{aligned}$$

예제 6 다음 행렬 A에 대해 e^A을 계산하라.

$$A = \begin{bmatrix} -2 & -6 \\ 1 & 3 \end{bmatrix}$$

해답 A의 고윳값은 $\lambda_1 = 1$과 $\lambda_2 = 0$이고 해당 고유벡터는 $\mathbf{x}_1 = (-2, 1)^T$와 $\mathbf{x}_2 = (-3, 1)^T$이다. 따라서

$$A = XDX^{-1} = \begin{bmatrix} -2 & -3 \\ 1 & 1 \end{bmatrix}\begin{bmatrix} 1 & 0 \\ 0 & 0 \end{bmatrix}\begin{bmatrix} 1 & 3 \\ -1 & -2 \end{bmatrix}$$

그리고

$$\begin{aligned} e^A = Xe^DX^{-1} &= \begin{bmatrix} -2 & -3 \\ 1 & 1 \end{bmatrix}\begin{bmatrix} e^1 & 0 \\ 0 & e^0 \end{bmatrix}\begin{bmatrix} 1 & 3 \\ -1 & -2 \end{bmatrix} \\ &= \begin{bmatrix} 3-2e & 6-6e \\ e-1 & 3e-2 \end{bmatrix} \end{aligned}$$

■

행렬 지수함수는 6.2절에서 공부한 초깃값 문제에도 적용될 수 있다.

$$\mathbf{Y}' = A\mathbf{Y}, \qquad \mathbf{Y}(0) = \mathbf{Y}_0 \tag{7}$$

다음과 같은 단일 미지수의 단일 방정식인 경우에

$$y' = ay, \quad y(0) = y_0$$

해는 다음과 같다.

$$y = e^{at}y_0 \tag{8}$$

이를 일반화하면 식 (7)의 해를 행렬 지수함수 e^{tA}로 표현할 수 있다. 일반적으로 멱급수의 미분은 수렴 반경 내에서 항마다의 미분으로 가능하다. e^{tA}의 전개에서 수렴 반경은 무한대이므로 다음의 결과가 성립한다.

$$\begin{aligned}\frac{d}{dt}e^{tA} &= \frac{d}{dt}\left(I + tA + \frac{1}{2!}t^2A^2 + \frac{1}{3!}t^3A^3 + \cdots\right)\\ &= \left(A + tA^2 + \frac{1}{2!}t^2A^3 + \cdots\right)\\ &= A\left(I + tA + \frac{1}{2!}t^2A^2 + \cdots\right)\\ &= Ae^{tA}\end{aligned}$$

식 (8)에서와 같이

$$\mathbf{Y}(t) = e^{tA}\mathbf{Y}_0$$

라고 하면

$$\mathbf{Y}' = Ae^{tA}\mathbf{Y}_0 = A\mathbf{Y}$$

그리고

$$\mathbf{Y}(0) = \mathbf{Y}_0$$

$$\mathbf{Y}' = A\mathbf{Y}, \qquad \mathbf{Y}(0) = \mathbf{Y}_0$$

이므로, 식 (7)의 해는 단순히 다음과 같다.

$$\mathbf{Y} = e^{tA}\mathbf{Y}_0 \tag{9}$$

얼핏 보면 이 해는 6.2절에서의 해와 다르게 보이지만 실제로는 차이가 없다. 6.2절에서의 해는 다음과 같이 표현되었었는데

$$c_1e^{\lambda_1 t}\mathbf{x}_1 + c_2e^{\lambda_2 t}\mathbf{x}_2 + \cdots + c_ne^{\lambda_n t}\mathbf{x}_n$$

여기서 각 i값에 대해 $\mathbf{x}_i$는 λ_i에 속한 고유벡터였다. 초기 조건을 만족하는 c_i들은 다음 식을 통해서 결정되었고

$$X\mathbf{c} = \mathbf{Y}_0$$

이때 계수 행렬 X는 $X = (\mathbf{x}_1, \cdots, \mathbf{x}_n)$이었다.

A가 대각화 가능하면 식 (9)는 다음의 형태로 쓸 수 있다.

$$\mathbf{Y} = Xe^{tD}X^{-1}\mathbf{Y}_0$$

따라서 다음이 성립한다.

$$\begin{aligned}\mathbf{Y} &= Xe^{tD}\mathbf{c} \\ &= (\mathbf{x}_1, \mathbf{x}_2, \ldots, \mathbf{x}_n)\begin{pmatrix} c_1e^{\lambda_1 t} \\ c_2e^{\lambda_2 t} \\ \vdots \\ c_ne^{\lambda_n t}\end{pmatrix} \\ &= c_1e^{\lambda_1 t}\mathbf{x}_1 + \cdots + c_ne^{\lambda_n t}\mathbf{x}_n\end{aligned}$$

요약하면 식 (7)의 초깃값 문제의 해는 다음과 같다.

$$\mathbf{Y} = e^{tA}\mathbf{Y}_0$$

A가 대각화 가능하면 이 해는 다음과 같이 쓸 수 있는 것이다.

$$\begin{aligned}\mathbf{Y} &= Xe^{tD}X^{-1}\mathbf{Y}_0 \\ &= c_1e^{\lambda_1 t}\mathbf{x}_1 + c_2e^{\lambda_2 t}\mathbf{x}_2 + \cdots + c_ne^{\lambda_n t}\mathbf{x}_n \quad (\mathbf{c} = X^{-1}\mathbf{Y}_0)\end{aligned}$$

예제 7 행렬 지수함수를 이용하여 다음의 초깃값 문제를 풀어라.

$$\mathbf{Y}' = A\mathbf{Y}, \qquad \mathbf{Y}(0) = \mathbf{Y}_0$$

여기서

$$A = \begin{pmatrix} 3 & 4 \\ 3 & 2 \end{pmatrix}, \qquad \mathbf{Y}_0 = \begin{pmatrix} 6 \\ 1 \end{pmatrix}$$

(이 문제는 6.2절의 예제 1과 같은 문제이다.)

해답 A의 고윳값은 $\lambda_1 = 6$과 $\lambda_2 = -1$이고 해당 고유벡터는 $\mathbf{x}_1 = (4, 3)^T$와 $\mathbf{x}_2 = (1, -1)^T$이다. 따라서

$$A = XDX^{-1} = \begin{pmatrix} 4 & 1 \\ 3 & -1 \end{pmatrix}\begin{pmatrix} 6 & 0 \\ 0 & -1 \end{pmatrix}\begin{pmatrix} \frac{1}{7} & \frac{1}{7} \\ \frac{3}{7} & -\frac{4}{7} \end{pmatrix}$$

해는 다음과 같다.

$$\begin{aligned}\mathbf{Y} &= e^{tA}\mathbf{Y}_0 \\ &= Xe^{tD}X^{-1}\mathbf{Y}_0 \\ &= \begin{pmatrix} 4 & 1 \\ 3 & -1 \end{pmatrix}\begin{pmatrix} e^{6t} & 0 \\ 0 & e^{-t} \end{pmatrix}\begin{pmatrix} \frac{1}{7} & \frac{1}{7} \\ \frac{3}{7} & -\frac{4}{7} \end{pmatrix}\begin{pmatrix} 6 \\ 1 \end{pmatrix} \\ &= \begin{pmatrix} 4e^{6t} + 2e^{-t} \\ 3e^{6t} - 2e^{-t} \end{pmatrix}\end{aligned}$$

(b) A의 나머지 고윳값은

$$\lambda_n = \mathrm{tr} A = \mathbf{x}^T \mathbf{y}$$

이고, $\mathbf{x}$는 λ_n에 속한 고유벡터이다.

(c) $\lambda_n = \mathbf{x}^T\mathbf{y} \neq 0$이면 A는 대각화 가능하다.

18. A가 대각화 가능한 $n \times n$ 행렬이라고 하자. A와 유사한 임의의 행렬 B 역시 대각화 가능함을 증명하라.

19. 만일 두 개의 $n \times n$ 행렬인 A와 B가 같은 대각화 행렬 X를 가지면 $AB = BA$임을 증명하라.

20. T는 대각선 원소가 모두 다른(즉 $i \neq j$일 때 $t_{ii} \neq t_{jj}$) 위쪽 삼각형 행렬이다. T를 대각화하는 위쪽 삼각형 행렬 R이 존재함을 보여라.

21. 어떤 회사의 종업원들이 매년 월급에서 일정 금액을 공제하여 지역 자선 단체에 기부하는 제안을 받았다. 일반적으로 당해년도에 이 계획에 참여한 사람의 80%가 그다음 해에도 참여하고 당해년도에 참여하지 않은 사람의 30%는 다음 해에는 참여한다고 하자. 이 마르코프 과정의 천이 행렬을 구하고 안정상태 벡터를 구하라. 오랜 시간이 흐른 후 종국에는 몇 %의 종업원이 이 기부에 참여할까?

22. Mawtookit시의 인구는 매년 30만 명을 유지한다. 조사에 의하면 그중 15만 명은 무소속, 9만 명은 민주당원, 6만 명은 공화당원이었다. 매년 무소속인 주민의 20%는 민주당원이 되고 10%는 공화당원이 된다. 비슷하게 매년 현재 민주당원의 20%는 무소속이 되고 10%는 공화당원이 되며, 현재 공화당원의 10%는 민주당원이 되고 10%는 무소속이 된다. $\mathbf{x}$를 다음으로 두고

$$\mathbf{x} = \begin{pmatrix} 150{,}000 \\ 90{,}000 \\ 60{,}000 \end{pmatrix}$$

$\mathbf{x}^{(1)}$을 일 년 후의 각 그룹의 주민 수를 나타내는 벡터라고 하자.

(a) $A\mathbf{x} = \mathbf{x}^{(1)}$이 되는 행렬 A를 구하라.

(b) $\lambda_1 = 1.0$, $\lambda_2 = 0.5$, $\lambda_3 = 0.7$이 A의 고윳값이 됨을 보이고 A를 XDX^{-1}의 형태로 분해하라(여기서 D는 대각선 행렬을 의미함).

(c) 결국 가장 많은 인원을 갖는 그룹은 어떤 그룹일까? $\lim_{m\to\infty} A^n\mathbf{x}$를 계산함으로써 본인의 답을 정당화하라.

23. 마르코프 과정의 천이 행렬 A가 다음과 같이 주어졌다고 하자.

$$A = \begin{pmatrix} \frac{1}{2} & \frac{1}{3} & \frac{1}{5} \\ \frac{1}{4} & \frac{1}{3} & \frac{2}{5} \\ \frac{1}{4} & \frac{1}{3} & \frac{2}{5} \end{pmatrix}$$

(a) det(A)와 trace(A)를 구하고, 이를 활용하여 A의 고윳값들을 구하라.

(b) 주어진 마르코프 과정이 반드시 안정상태 벡터로 수렴하는 이유를 설명하라.

(c) $\mathbf{y} = (16, 15, 15)^T$가 A의 고유벡터임을 보여라. 이때 $\mathbf{y}$와 관련된 안정상태 벡터를 구하라.

24. 행렬 A는 두 열 벡터 $\mathbf{a}_1$과 $\mathbf{a}_2$가 모두 확률벡터인 3×2 행렬이다. p가 $\mathbb{R}^2$상의 확률벡터이고 $\mathbf{y} = A\mathbf{p}$라고 할 때 $\mathbf{y}$가 $\mathbb{R}^3$상의 확률벡터임을 보여라.

25. 연습문제 24를 일반화하라. 즉, 행렬 A가 모든 열 벡터가 확률벡터인 $m \times n$ 행렬이고 $\mathbf{p}$가 $\mathbb{R}^n$상의 확률벡터이면 벡터 $\mathbf{y} = A\mathbf{p}$는 $\mathbb{R}^m$상의 확률벡터임을 보여라.

26. 다음 그림에서 보듯이 4개의 사이트를 연결하는 인터넷 망이 있다고 하자. 이들의 순위를 매기기 위해 구글의 PageRank 알고리즘을 사용한다고 할 때 천이 행렬 A를 구하라. 단 인터넷 사용자는 85%의 확률로 다음의 연결을 따라 움직인다고 가정하자.

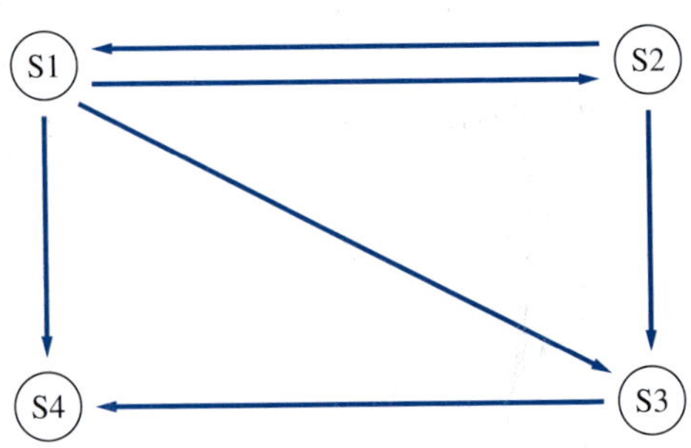

27. A는 $n \times n$ 확률 행렬이라 하고 $\mathbf{e}$는 성분이 모두 1인 $\mathbb{R}^n$상의 벡터라 하자. $\mathbf{e}$가 A^T의 고유벡터임을 증명하라.

왜 확률 벡터는 $\lambda = 1$을 반드시 고윳값으로 가져야 하는지를 설명하라.

28. 예제 5의 천이 행렬은 행 벡터 성분의 합도 1이고 열 벡터 성분의 합도 1인 성질을 갖고 있다. 일반적으로 A와 A^T 모두 확률 행렬이면 A는 이중 확률(doubly stochastic) 행렬이라고 한다. A가 $n \times n$ 이중 확률 행렬로서 다음과 같은 고윳값을 갖는다고 하자.

$$\lambda_1 = 1 \quad \text{그리고} \quad |\lambda_j| < 1 \quad j = 2, 3, \ldots, n$$

$\mathbf{e}$가 성분이 모두 1인 $\mathbb{R}^n$상의 벡터라고 하면 A를 천이 행렬로 갖는 마르코프 사슬은 최초 벡터 $\mathbf{x}_0$에 무관하게 항상 안정상태 벡터 $\mathbf{x} = \frac{1}{n}\mathbf{e}$로 수렴함을 증명하라. 즉 이중 확률 천이 행렬에 대한 안정상태 벡터는 가능한 모든 상태에 동일한 확률을 부여하게 된다.

29. A를 PageRank 알고리즘의 천이 행렬이라 하고 $\mathbf{x}_k$를 초기 확률 벡터 $\mathbf{x}_0$를 갖는 마르코프 사슬에서의 확률 벡터라 하자. n이 매우 큰 값이므로, $\mathbf{x}_{k+1} = A\mathbf{x}_k$의 계산은 상당히 많은 연산량을 필요로 한다. 그러나 식 (5)에 주어진 것과 같은 A의 특별한 구조를 활용하면 연산은 크게 간단해진다. M은 대부분의 원소가 0이기 때문에 $\mathbf{w}_k = M\mathbf{x}_k$의 연산은 훨씬 간단하다. 이제 $\mathbf{b}$를 다음과 같이 두면

$$\mathbf{b} = \frac{1-p}{n}\mathbf{e}$$

다음이 성립함을 증명하라.

$$E\mathbf{x}_k = \mathbf{e} \quad \text{그리고} \quad \mathbf{x}_{k+1} = p\mathbf{w}_k + \mathbf{b}$$

여기서 $M, E, \mathbf{e}, p$는 식 (5)에서 정의된 것과 같다.

30. 행렬 지수함수의 정의를 이용하여 다음 각 행렬에 대해 e^A를 구하라.

(a) $A = \begin{pmatrix} 2 & 1 \\ -4 & -2 \end{pmatrix}$ **(b)** $A = \begin{pmatrix} 1 & 0 \\ 0 & 3 \end{pmatrix}$

(c) $A = \begin{pmatrix} 1 & 0 & 0 \\ 0 & 1 & 0 \\ 1 & 0 & 1 \end{pmatrix}$

31. 다음 각 행렬에 대해 e^A를 구하라.

(a) $A = \begin{pmatrix} 2 & 1 \\ 1 & 2 \end{pmatrix}$ **(b)** $A = \begin{pmatrix} -1 & -2 \\ 3 & 4 \end{pmatrix}$

(c) $A = \begin{pmatrix} 1 & 1 & 1 \\ 2 & 2 & 2 \\ 1 & 1 & 1 \end{pmatrix}$

32. 다음의 각각에 대해, $\mathbf{Y}' = A\mathbf{Y}$, $\mathbf{Y}(0) = \mathbf{Y}_0$로 주어진 초깃값 문제를 $e^{tA}\mathbf{Y}_0$를 계산함으로써 풀어라.

(a) $A = \begin{pmatrix} 2 & 1 \\ 4 & 2 \end{pmatrix}$, $\mathbf{Y}_0 = \begin{pmatrix} -1 \\ 2 \end{pmatrix}$

(b) $A = \begin{pmatrix} 2 & 1 \\ 0 & 4 \end{pmatrix}$, $\mathbf{Y}_0 = \begin{pmatrix} 3 \\ 4 \end{pmatrix}$

(c) $A = \begin{pmatrix} 1 & 1 & 1 \\ 2 & 1 & 0 \\ -1 & 0 & 1 \end{pmatrix}$, $\mathbf{Y}_0 = \begin{pmatrix} 1 \\ -4 \\ 1 \end{pmatrix}$

(d) $A = \begin{pmatrix} 2 & -2 & 2 \\ 1 & 0 & 1 \\ -2 & 2 & -2 \end{pmatrix}$, $\mathbf{Y}_0 = \begin{pmatrix} 2 \\ 0 \\ -1 \end{pmatrix}$

33. λ를 $n \times n$ 행렬 A의 고윳값, $\mathbf{x}$를 λ에 속한 고유벡터라고 하자. e^λ가 e^A의 고윳값이고 $\mathbf{x}$가 e^λ에 속한 e^A의 고유벡터임을 증명하라.

34. A가 대각화 가능한 행렬이면 e^A는 비특이 행렬임을 증명하라.

35. A는 다음의 특성 다항식을 갖는 대각화 가능한 행렬이다.

$$p(\lambda) = a_1\lambda^n + a_2\lambda^{n-1} + \cdots + a_{n+1}$$

(a) D가 A의 고윳값들을 대각선 원소로 갖고 있는 대각선 행렬이라 할 때 다음을 보여라.

$$p(D) = a_1D^n + a_2D^{n-1} + \cdots + a_{n+1}I = O$$

(b) $p(A) = O$임을 증명하라.

(c) $a_{n+1} \neq 0$이면 A는 비특이 행렬이고 차수가 n 미만인 어떤 다항식 q에 대해 $A^{-1} = q(A)$가 됨을 증명하라.

6.4 에르미트 행렬

복소수로 구성된 n차원 벡터들의 벡터공간을 $\mathbb{C}^n$이라 하자. 집합 $\mathbb{C}$는 스칼라가 속한 복소체이다. 이미 실수로 구성된 행렬이라도 복소 고윳값과 복소 고유벡터를 가질 수 있다는 것은 보았다. 이 절에서는 복소수로 구성된 행렬을 공부하고 대칭 행렬이나 직교 행렬에 대응되는 복소 행렬들에 대해 알아본다.

복소 내적

$\alpha = \alpha + b_i$가 복소수 스칼라라 하자. α의 길이는 다음과 같다.

$$|\alpha| = \sqrt{\bar{\alpha}\alpha} = \sqrt{a^2 + b^2}$$

$\mathbb{C}^n$에 속한 벡터 $\mathbf{z} = (z_1, z_2, \cdots, z_n)^T$의 길이는 다음과 같다.

$$\begin{aligned} \|\mathbf{z}\| &= \left(|z_1|^2 + |z_2|^2 + \cdots + |z_n|^2\right)^{1/2} \\ &= (\bar{z}_1 z_1 + \bar{z}_2 z_2 + \cdots + \bar{z}_n z_n)^{1/2} \\ &= \left(\bar{\mathbf{z}}^T \mathbf{z}\right)^{1/2} \end{aligned}$$

표기상 편리를 위해 $\bar{\mathbf{z}}$의 전치(transpose)를 $\mathbf{z}^H$로 쓰기로 하자. 즉 다음과 같다.

$$\bar{\mathbf{z}}^T = \mathbf{z}^H \quad \text{그리고} \quad \|\mathbf{z}\| = (\mathbf{z}^H \mathbf{z})^{1/2}$$

정의 V가 복소수 위에 정의된 벡터공간이라고 하자. V상에서 정의된 **내적**(inner product)은 V의 벡터 쌍 $\mathbf{z}$와 $\mathbf{w}$에 대해 복소수 $\langle \mathbf{z}, \mathbf{w} \rangle$를 부여하는 연산으로, 다음 조건을 만족한다.

I. $\langle \mathbf{z}, \mathbf{z} \rangle \geq 0$이고 등호 성립의 필요충분조건은 $\mathbf{z} = 0$이다.

II. V상의 모든 $\mathbf{z}, \mathbf{w}$에 대해 $\langle \mathbf{z}, \mathbf{w} \rangle = \overline{\langle \mathbf{w}, \mathbf{z} \rangle}$

III. $\langle \alpha\mathbf{z} + \beta\mathbf{w}, \mathbf{u} \rangle = \alpha \langle \mathbf{z}, \mathbf{u} \rangle + \beta \langle \mathbf{w}, \mathbf{u} \rangle$

복소 내적공간에서는 $\langle \mathbf{z}, \mathbf{w} \rangle$는 $\langle \mathbf{w}, \mathbf{z} \rangle$와 같은 것이 아니고 $\overline{\langle \mathbf{w}, \mathbf{z} \rangle}$와 같은 것이라는 점에 주목하자. 이렇게 함으로써 5.5절에 나왔던 실수 내적공간에서의 정리들이 복소 내적공간에서도 모두 유효하게 된다. 특히 정리 5.5.2를 상기해 보자. 정리 5.5.2에서는 만일 $\{\mathbf{u}_1, \cdots, \mathbf{u}_n\}$이 실수 내적공간 V의 정규직교 기저이고

$$\mathbf{x} = \sum_{i=1}^{n} c_i \mathbf{u}_i$$

이면, 다음이 성립했었다.

$$c_i = \langle \mathbf{u}_i, \mathbf{x} \rangle = \langle \mathbf{x}, \mathbf{u}_i \rangle \quad \text{그리고} \quad \|\mathbf{x}\|^2 = \sum_{i=1}^{n} c_i^2$$

복소 내적공간의 경우, 만일 $\{\mathbf{w}_1, \cdots, \mathbf{w}_n\}$이 정규직교 기저이고

$$\mathbf{z} = \sum_{i=1}^{n} c_i \mathbf{w}_i$$

이라면, 다음이 성립한다.

$$c_i = \langle \mathbf{z}, \mathbf{w}_i \rangle, \bar{c}_i = \langle \mathbf{w}_i, \mathbf{z} \rangle \quad \text{그리고} \quad \|\mathbf{z}\|^2 = \sum_{i=1}^{n} c_i \bar{c}_i$$

이제 $\mathbb{C}^n$에서의 내적을, $\mathbb{C}^n$상의 모든 $\mathbf{z}$와 $\mathbf{w}$에 대해 다음과 같이 정의할 수 있다.

$$\langle \mathbf{z}, \mathbf{w} \rangle = \mathbf{w}^H \mathbf{z} \tag{1}$$

여기서 식 (1)이 $\mathbb{C}^n$에서의 유효한 내적의 정의가 되는가의 증명은 독자에게 맡긴다. 복소 내적공간 $\mathbb{C}^n$은 실수 내적공간 $\mathbb{R}^n$과 유사하다. 중요한 차이점은 복소의 경우 내적 계산에서 전치하기 전에 공액 복소수를 취해야 한다는 점이다.

$\mathbb{R}^n$	$\mathbb{C}^n$
$\langle \mathbf{x}, \mathbf{y} \rangle = \mathbf{y}^T \mathbf{x}$	$\langle \mathbf{z}, \mathbf{w} \rangle = \mathbf{w}^H \mathbf{z}$
$\mathbf{x}^T \mathbf{y} = \mathbf{y}^T \mathbf{x}$	$\mathbf{z}^H \mathbf{w} = \overline{\mathbf{w}^H \mathbf{z}}$
$\|\mathbf{x}\|^2 = \mathbf{x}^T \mathbf{x}$	$\|\mathbf{z}\|^2 = \mathbf{z}^H \mathbf{z}$

예제 1 만일 $\mathbf{z}$와 $\mathbf{w}$가 다음과 같다면

$$\mathbf{z} = \begin{pmatrix} 5+i \\ 1-3i \end{pmatrix} \quad \text{그리고} \quad \mathbf{w} = \begin{pmatrix} 2+i \\ -2+3i \end{pmatrix}$$

다음이 성립한다.

$$\begin{aligned} \mathbf{w}^H \mathbf{z} &= (2-i, \, -2-3i) \begin{pmatrix} 5+i \\ 1-3i \end{pmatrix} = (11-3i) + (-11+3i) = 0 \\ \mathbf{z}^H \mathbf{z} &= |5+i|^2 + |1-3i|^2 = 36 \\ \mathbf{w}^H \mathbf{w} &= |2+i|^2 + |-2+3i|^2 = 18 \end{aligned}$$

따라서 $\mathbf{z}$와 $\mathbf{w}$는 서로 직교이며 길이는 다음과 같다.

$$\|\mathbf{z}\| = 6, \qquad \|\mathbf{w}\| = 3\sqrt{2}$$

■

에르미트 행렬

$M=(m_{ij})$가 $m \times n$ 행렬이고 각각의 i, j에 대해 $m_{ij}=a_{ij}+ib_{ij}$라고 하자. M을 다음 형태로 쓸 수 있고

$$M = A + iB$$

여기서 $A=(a_{ij})$와 $B=(b_{ij})$는 실수로 구성된 행렬이다. $\overline{M}$의 공액을 다음과 같이 정의하자.

$$\overline{M} = A - iB$$

즉 $\overline{M}$는 M의 각 원소들의 공액을 취해서 얻은 행렬이다. $\overline{M}$의 전치는 M^H로 표기한다. 복소수로 구성된 모든 $m \times n$ 행렬의 벡터공간은 $\mathbb{C}^{m\times n}$으로 표기한다. 만일 A와 B가 $\mathbb{C}^{m\times n}$의 원소들이고 $C \in \mathbb{C}^{n\times r}$이면 다음의 규칙들이 쉽게 증명됨을 알 수 있다(연습문제 9 참조).

I. $(A^H)^H = A$
II. $(\alpha A + \beta B)^H = \overline{\alpha}A^H + \overline{\beta}B^H$
III. $(AC)^H = C^H A^H$

정의 $M = M^H$이면 행렬 M을 **에르미트 행렬**(Hermitian matrix)이라 한다.

예제 2 다음 행렬 M은 에르미트 행렬이다.

$$M = \begin{pmatrix} 3 & 2-i \\ 2+i & 4 \end{pmatrix}$$

그 이유는 다음과 같다.

$$M^H = \begin{pmatrix} \overline{3} & \overline{2-i} \\ \overline{2+i} & \overline{4} \end{pmatrix}^T = \begin{pmatrix} 3 & 2-i \\ 2+i & 4 \end{pmatrix} = M$$ ■

행렬 M이 실수로만 이루어졌다면 $M^H = M^T$가 된다. 즉 실수의 대칭 행렬은 에르미트 행렬이다. 따라서 에르미트 행렬을 실수 대칭 행렬의 복소수에서 유사한 짝으로 볼 수 있다. 다음 정리에서 볼 수 있듯이 에르미트 행렬에는 많은 좋은 성질이 있다.

정리 6.4.1 에르미트 행렬의 고윳값은 모두 실수이다. 또한 서로 다른 고윳값에 속한 고유벡터들은 서로 직교한다.

증명 A를 에르미트 행렬이라 하자. λ가 A의 고윳값이고 $\mathbf{x}$가 λ에 속한 고유벡터라고 하자. 만일 $\alpha = \mathbf{x}^H A\mathbf{x}$이면

$$\overline{\alpha} = \alpha^H = (\mathbf{x}^H A\mathbf{x})^H = \mathbf{x}^H A\mathbf{x} = \alpha$$

이 성립하여 α는 실수가 된다. 또한

$$\alpha = \mathbf{x}^H A\mathbf{x} = \mathbf{x}^H \lambda\mathbf{x} = \lambda\|\mathbf{x}\|^2$$

이므로

$$\lambda = \frac{\alpha}{\|\mathbf{x}\|^2}$$

는 실수이다. 만일 $\mathbf{x}_1$과 $\mathbf{x}_2$가 각각 서로 다른 고윳값 λ_1과 λ_2에 속한 고유벡터라 하면

$$(A\mathbf{x}_1)^H\mathbf{x}_2 = \mathbf{x}_1^H A^H\mathbf{x}_2 = \mathbf{x}_1^H A\mathbf{x}_2 = \lambda_2\mathbf{x}_1^H\mathbf{x}_2$$

과

$$(A\mathbf{x}_1)^H\mathbf{x}_2 = (\mathbf{x}_2^H A\mathbf{x}_1)^H = (\lambda_1\mathbf{x}_2^H\mathbf{x}_1)^H = \lambda_1\mathbf{x}_1^H\mathbf{x}_2$$

에 의해

$$\lambda_1\mathbf{x}_1^H\mathbf{x}_2 = \lambda_2\mathbf{x}_1^H\mathbf{x}_2$$

이 성립하고, $\lambda_1 \neq \lambda_2$이므로

$$\langle\mathbf{x}_2, \mathbf{x}_1\rangle = \mathbf{x}_1^H\mathbf{x}_2 = 0$$

이 된다. ■

정의

> 열 벡터들이 $\mathbb{C}^n$상의 정규직교 집합을 이루는 $n \times n$ 행렬 U를 **유니타리 행렬**(unitary matrix)이라 한다.

즉 U가 유니타리 행렬이기 위한 필요충분조건은 $U^H U = I$이다. 만일 U가 유니타리 행렬이면 열 벡터들이 정규직교이므로 U의 랭크는 n이다. 따라서

$$U^{-1} = IU^{-1} = U^H UU^{-1} = U^H$$

실수의 유니타리 행렬은 직교 행렬이다.

따름정리 6.4.2 만일 에르미트 행렬 A의 고윳값이 전부 다르면 A를 대각화하는 유니타리 행렬 U가 존재한다.

증명 A의 각 고윳값들 λ_i에 속한 고유벡터를 $\mathbf{x}_i$라 하자. $\mathbf{u}_i = (1/\|\mathbf{x}_i\|)\mathbf{x}_i$라고 두면 $\mathbf{u}_i$는 λ_i에 속한 단위 고유벡터이다. 정리 6.4.1에 의하면 $\{\mathbf{u}_1, \cdots, \mathbf{u}_n\}$은 $\mathbb{C}^n$의 정규직교 집합이다. 각각의 i에 대해 i번째 열 벡터가 $\mathbf{u}_i$인 행렬을 U라고 하면, U는 유니타리 행렬이고 A를 대각화한다. ■

예제 3 주어진 행렬 A에 대해

$$A = \begin{pmatrix} 2 & 1-i \\ 1+i & 1 \end{pmatrix}$$

A를 대각화하는 유니타리 행렬 U를 구하라.

해답 A의 고윳값은 $\lambda_1 = 3$과 $\lambda_2 = 0$이고 해당 고유벡터는 $\mathbf{x}_1 = (1-i,\ 1)^T$와 $\mathbf{x}_2 = (-1,\ 1+i)^T$이다. $\mathbf{u}_1$과 $\mathbf{u}_2$를 다음과 같이 두면

$$\mathbf{u}_1 = \frac{1}{\|\mathbf{x}_1\|}\mathbf{x}_1 = \frac{1}{\sqrt{3}}(1-i, 1)^T$$
$$\mathbf{u}_2 = \frac{1}{\|\mathbf{x}_2\|}\mathbf{x}_2 = \frac{1}{\sqrt{3}}(-1, 1+i)^T$$

U는 다음과 같고

$$U = \frac{1}{\sqrt{3}}\begin{pmatrix} 1-i & -1 \\ 1 & 1+i \end{pmatrix}$$

따라서 다음이 성립한다.

$$\begin{aligned} U^HAU &= \frac{1}{3}\begin{pmatrix} 1+i & 1 \\ -1 & 1-i \end{pmatrix}\begin{pmatrix} 2 & 1-i \\ 1+i & 1 \end{pmatrix}\begin{pmatrix} 1-i & -1 \\ 1 & 1+i \end{pmatrix} \\ &= \begin{pmatrix} 3 & 0 \\ 0 & 0 \end{pmatrix} \end{aligned}$$

■

사실 따름정리 6.4.2는 A의 고윳값이 서로 다르지 않더라도 성립한다. 이의 증명을 위해서는 우선 다음 정리를 증명해야 한다.

정리 6.4.3 **슈어(Schur)의 정리**

각 $n \times n$ 행렬 A에 대해 U^HAU가 위쪽 삼각형 행렬인 유니타리 행렬 U가 존재한다.

증명 증명은 n에 대한 귀납법에 의한다. $n = 1$인 경우는 자명하다. 위의 정리가 $k \times k$ 행렬에 대해 사실이라 가정하고 A를 $(k+1) \times (k+1)$ 행렬이라 하자. λ_1을 A의 고윳값이라 하고 $\mathbf{w}_1$이 λ_1에 속한 단위 고유벡터라 하자. 그람-슈미트 과정에 의해 $\{\mathbf{w}_1, \cdots, \mathbf{w}_{k+1}\}$이 $\mathbb{C}^{k+1}$의 정규직교 기저가 되도록 $\mathbf{w}_2, \cdots, \mathbf{w}_{k+1}$을 만들었다고 하자. $i = 1, \cdots, k+1$에 대해 i번째 열 벡터가 $\mathbf{w}_i$인 행렬을 W라고 하면 W는 유니타리 행렬이다. W^HAW의 첫 번째 열은 $W^HA\mathbf{w}_1$이 되고 이는 다음과 같다.

$$W^HA\mathbf{w}_1 = \lambda_1 W^H\mathbf{w}_1 = \lambda_1\mathbf{e}_1$$

따라서 W^HAW는 다음 형태의 행렬이고

$$\left[\begin{array}{c|ccc} \lambda_1 & \times & \times \cdots & \times \\ \hline 0 & & & \\ \vdots & & M & \\ 0 & & & \end{array}\right]$$

여기서 M은 $k \times k$ 행렬이다. 가정에 의해 $V_1^H M V_1 = T_1$이고 T_1이 삼각형 행렬이 되는 $k \times k$ 유니타리 행렬 V_1이 존재한다. 행렬 V를 다음과 같이 두면

$$V = \left[\begin{array}{c|ccc} 1 & 0 & \cdots & 0 \\ \hline 0 & & & \\ \vdots & & V_1 & \\ 0 & & & \end{array}\right]$$

다음이 성립한다.

$$V^H W^H A W V = \left[\begin{array}{c|ccc} \lambda_1 & \times & \cdots & \times \\ \hline 0 & & & \\ \vdots & & V_1^H M V_1 & \\ 0 & & & \end{array}\right] = \left[\begin{array}{c|ccc} \lambda_1 & \times & \cdots & \times \\ \hline 0 & & & \\ \vdots & & T_1 & \\ 0 & & & \end{array}\right] = T$$

이제 $U = WV$라고 하자. 행렬 U는 다음에서 알 수 있듯이 유니타리 행렬이고

$$U^H U = (WV)^H WV = V^H W^H W V = I$$

따라서 $U^H A U = T$이다. ■

$A = UTU^H$로 분해한 것을 A의 슈어 분해(Schur decomposition)라고 한다. 만일 A가 에르미트 행렬이면 T는 대각선 행렬이 된다.

정리 6.4.4 **스펙트럼 정리**

A가 에르미트 행렬이면 A를 대각화하는 유니타리 행렬 U가 존재한다.

증명 정리 6.4.3에 의해 $U^H A U = T$이고 T가 위쪽 삼각형 행렬이 되는 유니타리 행렬 U가 존재한다.

$$T^H = (U^H A U)^H = U^H A^H U = U^H A U = T$$

이므로 T는 에르미트 행렬이고, 따라서 대각선 행렬일 수밖에 없다. ■

예제 4 주어진 행렬 A에 대해

$$A = \begin{bmatrix} 0 & 2 & -1 \\ 2 & 3 & -2 \\ -1 & -2 & 0 \end{bmatrix}$$

A를 대각화하는 직교 행렬 U를 구하라.

해답 A의 특성 다항식

$$p(\lambda) = -\lambda^3 + 3\lambda^2 + 9\lambda + 5 = (1+\lambda)^2(5-\lambda)$$

는 $\lambda_1 = \lambda_2 = -1$, $\lambda_3 = 5$라는 근을 갖는다. 고유벡터를 구해 보면 벡터 $\mathbf{x}_1 = (1, 0, 1)^T$와 $\mathbf{x}_2 = (-2, 1, 0)^T$가 고유공간 $N(A+I)$의 기저를 형성함을 알 수 있다. 그람-슈미트 과정을 이용하여 $\lambda_1 = \lambda_2 = -1$에 해당하는 고유공간의 정규직교 기저 $\mathbf{u}_1$과 $\mathbf{u}_2$를 구하면 다음과 같다.

$$\begin{aligned}
\mathbf{u}_1 &= \frac{1}{\|\mathbf{x}_1\|}\mathbf{x}_1 = \frac{1}{\sqrt{2}}(1,0,1)^T \\
\mathbf{p} &= \left(\mathbf{x}_2^T\mathbf{u}_1\right)\mathbf{u}_1 = -\sqrt{2}\mathbf{u}_1 = (-1,0,-1)^T \\
\mathbf{x}_2 - \mathbf{p} &= (-1,1,1)^T \\
\mathbf{u}_2 &= \frac{1}{\|\mathbf{x}_2 - \mathbf{p}\|}(\mathbf{x}_2 - \mathbf{p}) = \frac{1}{\sqrt{3}}(-1,1,1)^T
\end{aligned}$$

$\lambda_3 = 5$에 해당하는 고유공간은 $\mathbf{x}_3 = (-1, -2, 1)^T$에 의해 생성된다. 정리 6.4.1에 의해 $\mathbf{x}_3$는 $\mathbf{u}_1, \mathbf{u}_2$와 직교하므로 길이가 1이 되도록 만들면 다음과 같다.

$$\mathbf{u}_3 = \frac{1}{\|\mathbf{x}_3\|}\mathbf{x}_3 = \frac{1}{\sqrt{6}}(-1,-2,1)^T$$

따라서 $\{\mathbf{u}_1, \mathbf{u}_2, \mathbf{u}_3\}$는 정규직교 집합이 되고

$$U = \begin{pmatrix} \frac{1}{\sqrt{2}} & -\frac{1}{\sqrt{3}} & -\frac{1}{\sqrt{6}} \\ 0 & \frac{1}{\sqrt{3}} & -\frac{2}{\sqrt{6}} \\ \frac{1}{\sqrt{2}} & \frac{1}{\sqrt{3}} & \frac{1}{\sqrt{6}} \end{pmatrix}$$

이 A를 대각화하는 행렬이다. ■

정리 6.4.4에 의하면 모든 에르미트 행렬 A는 유니타리 행렬 U와 대각선 행렬 D에 의해 UDU^H의 곱으로 분해될 수 있다. U가 A를 대각화하기 때문에 D의 대각선 원소들은 A의 고윳값들이고 U의 열 벡터들은 A의 고유벡터들이다. 즉 A는 부족 행렬일 수 없다. A의 고유벡터들의 집합은 $\mathbb{C}^n$의 정규직교 기저를 이룬다. 이는 어떤 면에서는 가장 이상적인 상황이다. 이미 우리는 주어진 벡터를 정규직교 기저 벡터들의 선형 조합으로 표현하는 것을 배웠고(정리 5.5.2) A가 고유벡터들의 선형 조합에 작용한 결과를 쉽게 알 수 있었다. 따라서 A의 고유벡터 $\{\mathbf{u}_1, \cdots, \mathbf{u}_n\}$이 정규직교 집합을 이루고 $\mathbf{x} = c_1\mathbf{u}_1 + \cdots + c_n\mathbf{u}_n$이라면

$$A\mathbf{x} = c_1\lambda_1\mathbf{u}_1 + \cdots + c_n\lambda_n\mathbf{u}_n$$

가 된다. 또한 계수 c_i들은

$$c_i = \langle \mathbf{x}, \mathbf{u}_i \rangle = \mathbf{u}_i^H\mathbf{x}$$

으로 표현되며, 이는 $\mathbf{c} = U^H\mathbf{x}$로 쓸 수 있다. 따라서 다음이 성립한다.

$$A\mathbf{x} = \lambda_1(\mathbf{u}_1^H\mathbf{x})\mathbf{u}_1 + \cdots + \lambda_n(\mathbf{u}_n^H\mathbf{x})\mathbf{u}_n$$

실수 슈어 분해

A가 $n \times n$ 실수 행렬이면, A의 슈어 분해와 유사하면서도 실수 행렬만을 포함하는 형태의 인수분해가 가능하다. 이와 같은 경우, $A = QTQ^T$와 같이 주어지며 이때 Q는 직교 행렬이고 T는 다음과 같은 형태의 실수 행렬이다.

$$T = \begin{Bmatrix} B_1 & \times & \cdots & \times \\ & B_2 & & \times \\ & O & \ddots & \\ & & & B_j \end{Bmatrix} \tag{2}$$

여기서, B_i는 1×1 혹은 2×2 행렬이다. 각각의 2×2 묶음은 A의 켤레 복소수 형태의 고윳값들에 속한다. 행렬 T는 A의 실수 슈어 형태(real Schure form)라고 불린다. 모든 $n \times n$ 실수 행렬 A가 이와 같은 인수분해를 가진다는 것은 A의 각 켤레 복소수 형태의 고윳값들마다 A에 의해 불변인 $\mathbb{R}^n$의 2차원 부분공간이 존재한다는 사실에 근거한다.

정의 모든 $\mathbf{x} \in S$를 만족하는 모든 $\mathbf{x}$에 대해 $A\mathbf{x} \in S$인 경우, $\mathbb{R}^n$의 부분공간 S는 행렬 A에 의해 **불변**이라고 한다.

보조정리 6.4.5 A가 고윳값 $\lambda_1 = a + b_i$(여기서 a와 b는 실수이며, $b \neq 0$)을 가지는 실수 $n \times n$ 행렬이라고 하고, $\mathbf{z}_1 = \mathbf{x} + i\mathbf{y}$(여기서 $\mathbf{x}$와 $\mathbf{y}$는 $\mathbb{R}^n$에 속하는 벡터)를 λ_1에 속하는 고유벡터라고 하자. 이때 $S = \text{Span}(\mathbf{x}, \mathbf{y})$라고 하면, $\dim S = 2$가 되고, S는 A에 의해 불변이다.

증명 λ가 복소수이므로, $\mathbf{y}$는 0이 아닌 값을 가진다. 그렇지 않으면 $A\mathbf{z} = A\mathbf{x}$(실수 벡터)라는 수식이 $\lambda\mathbf{z} = \lambda\mathbf{x}$(복소수 벡터)와 등가의 의미를 가지게 되어 모순이 된다. A는 실수 행렬이므로, $\lambda_2 = a - bi$ 역시 A의 고윳값이며, $\mathbf{z}_2 = \mathbf{x} - i\mathbf{y}$는 λ_2에 속하는 고유벡터가 된다. 만약 $\mathbf{x} = c\mathbf{y}$를 만족하는 스칼라 c가 존재한다면, $\mathbf{z}_1$과 $\mathbf{z}_2$ 모두 $\mathbf{y}$의 배수가 되며 서로 독립적일 수 없다. 그러나 $\mathbf{z}_1$과 $\mathbf{z}_2$는 서로 다른 고윳값에 속하므로, 두 벡터는 선형 독립적인 관계에 놓이게 되며 이는 $\mathbf{x}$가 $\mathbf{y}$의 배수로 이루어질 수 없음을 의미한다. 따라서 $S = \text{Span}(\mathbf{x}, \mathbf{y})$는

차수로서 2를 갖게 된다.

S의 불변성을 증명하기 위해, $A\mathbf{z}_1 = \lambda_1\mathbf{z}_1$이므로 양변의 실수부 및 허수부는 반드시 동일해야 함을 상기하자. 따라서,

$$\begin{aligned} A\mathbf{z}_1 &= A\mathbf{x} + iA\mathbf{y} \\ \lambda_1\mathbf{z}_1 &= (a+bi)(\mathbf{x}+i\mathbf{y}) = (a\mathbf{x} - b\mathbf{y}) + i(b\mathbf{x} + a\mathbf{y}) \end{aligned}$$

이 되고, 이로부터

$$A\mathbf{x} = a\mathbf{x} - b\mathbf{y} \quad \text{그리고} \quad A\mathbf{y} = b\mathbf{x} + a\mathbf{y}$$

임을 알 수 있다. $\mathbf{w} = c_1\mathbf{x} + c_2\mathbf{y}$를 S에 속하는 임의의 벡터라고 하면, 다음과 같은 관계를 알 수 있다.

$$A\mathbf{w} = c_1A\mathbf{x} + c_2A\mathbf{y} = c_1(a\mathbf{x} - b\mathbf{y}) + c_2(b\mathbf{x} + a\mathbf{y}) = (c_1a + c_2b)\mathbf{x} + (c_2a - c_1b)\mathbf{y}$$

따라서 $A\mathbf{w}$는 S에 속하게 되며, S는 A에 의해 불변함을 알 수 있다. ■

이와 같은 보조정리를 통해서 우리는 실수 성분들을 가지는 행렬에 대한 슈어의 정리를 증명할 수 있다. 이전과 마찬가지로 증명은 수학적 귀납법에 의거한다.

정리 6.4.6 **실수 슈어 분해**

A가 실수 성분들을 가지는 $n \times n$ 행렬이면, 직교 행렬 Q와 슈어 형태 (2)와 같은 T로 구성된 QTQ^T로 분해될 수 있다.

증명 $n = 2$이고 A의 고윳값들이 실수인 경우, $\mathbf{q}_1$을 첫 번째 고윳값 λ_1에 속한 단위 고유벡터로, 그리고 $\mathbf{q}_2$를 $\mathbf{q}_1$에 직교하는 임의의 단위 벡터라 하자. $Q = (\mathbf{q}_1, \mathbf{q}_2)$라 하면, Q는 직교 행렬이 된다. $T = Q^TAQ$라 하면, T의 첫 번째 열은 다음과 같다.

$$Q^TA\mathbf{q}_1 = \lambda_1Q^T\mathbf{q}_1 = \lambda_1\mathbf{e}_1$$

따라서 T는 위쪽 삼각형 행렬이며, $A = QTQ^T$로 주어진다. 만약 A의 고윳값들이 복소수라면, 간단히 $T = A$ 그리고 $Q = I$로 지정하면 된다. 따라서 모든 2×2 실수 행렬들이 실수 슈어 분해를 가진다는 것을 알 수 있다.

이제 $k \geq 3$인 경우에 대해, A가 $k \times k$ 행렬이라고 하고 $2 \leq m < k$에 대해 모든 $m \times m$ 실수 행렬들이 (2) 형태의 슈어 분해를 가진다고 가정하자. λ_1을 A의 고윳값이라 하자. λ_1이 실수인 경우, $\mathbf{q}_1$은 λ_1에 속하는 단위 고유벡터라 하고 $Q_1 = (\mathbf{q}_1, \mathbf{q}_2, \mathbf{q}_3, \cdots, \mathbf{q}_n)$이 직교 행렬이 되도록 $\mathbf{q}_2, \mathbf{q}_3, \cdots, \mathbf{q}_n$을 선택하자. 이 경우 슈어의 정리 증명에서와 같이, $Q_1^TAQ_1$의 첫 번째 열은 $\lambda_1\mathbf{e}_1$일 것이다. λ_1이 복소수인 경우, $\mathbf{z} = \mathbf{x} + i\mathbf{y}$($\mathbf{x}$와 $\mathbf{y}$는 실수)가 λ_1에 속하는 고유벡터라 하고, $S = \mathrm{Span}(\mathbf{x}, \mathbf{y})$라 하자. 보조정리 6.4.5에 의해, $\dim S = 2$이고 S는 A에 의해 불변이다. 이제 $\{\mathbf{q}_1, \mathbf{q}_2\}$를 S의 정규직교 기저라 하자. 그리고 $Q_1 = (\mathbf{q}_1, \mathbf{q}_2, \mathbf{q}_3, \cdots, \mathbf{q}_n)$이 직

교 행렬이 되도록 $\mathbf{q}_3, \cdots, \mathbf{q}_n$을 선택하자. S가 A에 의해 불변이므로, 특정한 스칼라 $b_{11}, b_{21}, b_{12}, b_{22}$에 대해서 다음과 같은 수식이 성립함을 알 수 있다.

$$A\mathbf{q}_1 = b_{11}\mathbf{q}_1 + b_{21}\mathbf{q}_2 \quad \text{그리고} \quad A\mathbf{q}_2 = b_{12}\mathbf{q}_1 + b_{22}\mathbf{q}_2$$

따라서 $Q_1^T AQ_1$의 처음 2개의 열은 다음과 같이 주어진다.

$$(Q_1^T A\mathbf{q}_1, Q_1^T A\mathbf{q}_2) = (b_{11}\mathbf{e}_1 + b_{21}\mathbf{e}_2, b_{12}\mathbf{e}_1 + b_{22}\mathbf{e}_2)$$

따라서 일반적으로 $Q_1^T AQ_1$은 다음과 같은 형태의 행렬이 된다.

$$Q_1^T AQ_1 = \begin{pmatrix} B_1 & X \\ O & A_1 \end{pmatrix}$$

이때

만약 λ_1이 실수라면, $B_1 = (\lambda_1)$이고 A_1은 $(\mathrm{k}-1) \times (k-1)$이다.
만약 λ_1이 복소수라면, $B_1 = 2 \times 2$이고 A_1은 $(k-2) \times (k-2)$이다.

어떤 경우에 대해서도, 우리는 A_1에 수학적 귀납법을 적용할 수 있으며, $A_1 = UT_1U^T$ 형태의 슈어 분해를 얻을 수 있다. 슈어 형태 T_1이 $B_2, B_3, \cdots, B_j$의 총 $j-1$개의 블록을 대각선에 가지고 있다고 가정하자. 다음과 같이 Q와 Q_2를 정의하면,

$$Q_2 = \begin{pmatrix} I & O \\ O & Q_1 \end{pmatrix} \quad \text{그리고} \quad Q = Q_1Q_2$$

Q_2와 Q 모두 $k \times k$ 직교 행렬임을 알 수 있다. 만약 우리가 $T = Q^T AQ$라고 설정하면, 우리는 슈어 형태 (2)와 같은 행렬을 얻을 것이며, 그 사실로부터 A가 QTQ^T와 같은 슈어 분해를 가진다는 것을 알 수 있다. ■

A의 모든 고윳값이 실수인 경우, 실수 슈어 형태인 T는 위쪽 삼각형 행렬이 된다. A의 모든 고윳값들이 실수이므로 A가 대칭인 실수 행렬인 경우, T는 반드시 위쪽 삼각형 행렬이 된다. 하지만 이 경우 T 또한 반드시 대칭이어야 한다. 이제 A의 대각화를 끝으로 마무리하자. 실수 대칭 행렬에 대해서, 우리는 스펙트럼 정리의 다음과 같은 버전을 정의할 수 있다.

따름정리 6.4.7 **실수 대칭 행렬에 대한 스펙트럼 정리**

A가 실수 대칭 행렬이라면, A를 대각화하는 직교 행렬 Q가 존재한다. 즉 $Q^T AQ = D$가 성립하며, D는 대각행렬이다.

정규 행렬

고유벡터들이 완벽한 정규직교 집합을 이루지만 에르미트 행렬이 아닌 경우도 있다. 예를 들어 반대칭 행렬이나 반에르미트 행렬들은 이러한 성질을 갖는다[$A_H = -A$일 때 A를 반

에르미트 행렬(skew Hermitian matrix)이라고 한다]. 일반적으로 A의 고유벡터들이 완벽한 정규직교 집합을 이루면 A는 유니타리 행렬 U와 대각선 행렬 D(D의 대각선 원소는 복소수일 수 있다)를 이용하여 $A = UDU^H$의 형태로 표현할 수 있다. 일반적으로는 $D^H \neq D$이므로

$$A^H = UD^H U^H \neq A$$

그러나 AA^H와 $A^H A$는 다음과 같다.

$$\begin{aligned} AA^H &= UDU^H UD^H U^H = UDD^H U^H \\ A^H A &= UD^H U^H UDU^H = UD^H DU^H \end{aligned}$$

여기서

$$D^H D = DD^H = \begin{pmatrix} |\lambda_1|^2 & & & \\ & |\lambda_2|^2 & & \\ & & \ddots & \\ & & & |\lambda_n|^2 \end{pmatrix}$$

이므로, 다음이 성립한다.

$$AA^H = A^H A$$

정의 행렬 A가 $AA^H = A^H A$를 만족하면 **정규 행렬**(normal matrix)이라고 한다.

우리는 행렬의 고유벡터들이 완벽한 정규직교 집합을 이루면 그 행렬이 정규 행렬이라는 것을 알았다. 그 역도 성립한다.

정리 6.4.8 행렬 A가 정규 행렬이기 위한 필요충분조건은 A의 고유벡터들이 완벽한 정규직교 집합을 이루는 것이다.

증명 앞서의 언급으로 필요조건에 대한 증명은 이미 되었기 때문에 정규 행렬의 고유벡터들이 완벽한 정규직교 집합을 이룬다는 것만을 보이면 된다. 정리 6.4.3에 의해 $T = U^H AU$를 만족하는 유니타리 행렬 U와 삼각형 행렬 T가 존재한다. 이제 T 역시 정규 행렬이라는 것을 보이겠다.

$$T^H T = U^H A^H UU^H AU = U^H A^H AU$$

과

$$TT^H = U^H AUU^H A^H U = U^H AA^H U$$

에서 $A^H A = AA^H$이므로 $T^H T = TT^H$가 된다. TT^H와 $T^H T$의 대각선 원소들을 비교하면 다음

이 성립함을 알 수 있다.

$$
\begin{aligned}
|t_{11}|^2 + |t_{12}|^2 + |t_{13}|^2 + \cdots + |t_{1n}|^2 &= |t_{11}|^2 \\
|t_{22}|^2 + |t_{23}|^2 + \cdots + |t_{2n}|^2 &= |t_{12}|^2 + |t_{22}|^2 \\
&\vdots \\
|t_{nn}|^2 &= |t_{1n}|^2 + |t_{2n}|^2 + |t_{3n}|^2 + \cdots + |t_{nn}|^2
\end{aligned}
$$

따라서 $i \neq j$이면 $t_{ij} = 0$이 된다. 그러므로 U는 A를 대각화하고 U의 열 벡터들은 A의 고유벡터들이다. ■

6.4 연습문제

1. $\mathbb{C}^2$상에 있는 다음의 벡터 $\mathbf{z}$와 $\mathbf{w}$에 대해 (i) $\|\mathbf{z}\|$, (ii) $\|\mathbf{w}\|$, (iii) $\langle \mathbf{z}, \mathbf{w} \rangle$, (iv) $\langle \mathbf{w}, \mathbf{z} \rangle$를 구하라.

(a) $\mathbf{z} = \begin{bmatrix} 3+4i \\ 12i \end{bmatrix}$, $\quad \mathbf{w} = \begin{bmatrix} 2-i \\ 2+4i \end{bmatrix}$

(b) $\mathbf{z} = \begin{bmatrix} i \\ 1-2i \\ 1+3i \end{bmatrix}$, $\quad \mathbf{w} = \begin{bmatrix} 2 \\ 3+2i \\ 2+2i \end{bmatrix}$

2. 다음의 벡터들에 대해

$$\mathbf{z}_1 = \begin{bmatrix} \dfrac{1+i}{\sqrt{3}} \\ \dfrac{i}{\sqrt{3}} \end{bmatrix} \quad \text{그리고} \quad \mathbf{z}_2 = \begin{bmatrix} \dfrac{i}{\sqrt{3}} \\ \dfrac{1-i}{\sqrt{3}} \end{bmatrix}$$

(a) $\{\mathbf{z}_1, \mathbf{z}_2\}$가 $\mathbb{C}^2$의 정규직교 집합임을 보여라.

(b) 벡터 $\mathbf{z} = \begin{bmatrix} 2+i \\ 3i-1 \end{bmatrix}$를 $\mathbf{z}_1$과 $\mathbf{z}_2$의 선형 조합으로 표현하라.

3. $\{\mathbf{u}_1, \mathbf{u}_2\}$를 $\mathbb{C}^2$의 정규직교 기저라고 하고 $\mathbf{z} = (10+i)\mathbf{u}_1 + (2-4i)\mathbf{u}_2$라고 하자.

(a) $\mathbf{u}_1^H\mathbf{z}, \mathbf{z}^H\mathbf{u}_1, \mathbf{u}_2^H\mathbf{z}, \mathbf{z}^H\mathbf{u}_2$를 구하라.

(b) $\|\mathbf{z}\|$를 구하라.

4. 다음의 행렬 중 에르미트 행렬은 무엇인가? 정규 행렬은 무엇인가?

(a) $\begin{bmatrix} 2 & 1+2i \\ 1-2i & 3 \end{bmatrix}$ **(b)** $\begin{bmatrix} i & 2 \\ 2i & 4 \end{bmatrix}$

(c) $\begin{bmatrix} 2i & -2i \\ 2i & 2i \end{bmatrix}$

(d) $\begin{bmatrix} \dfrac{3+i}{\sqrt{3}} & i \\ -i & \dfrac{7}{\sqrt{3}} \end{bmatrix}$

(e) $\begin{bmatrix} 0 & i & 3 \\ i & 0 & i-2 \\ 3 & i+2 & 0 \end{bmatrix}$

(f) $\begin{bmatrix} 1 & i & 1+i \\ -i & 1 & 1-i \\ 1-i & 1+i & 1 \end{bmatrix}$

5. 다음의 각각에 대해 직교(또는 유니타리) 대각화 행렬을 구하라.

(a) $\begin{bmatrix} 1 & -1 \\ -1 & 1 \end{bmatrix}$ **(b)** $\begin{bmatrix} 1 & -1-i \\ -1+i & 2 \end{bmatrix}$

(c) $\begin{bmatrix} 1 & i & 0 \\ -i & 0 & 1 \\ 0 & 1 & 1 \end{bmatrix}$ **(d)** $\begin{bmatrix} 1 & 1 & i \\ 1 & -1 & -i \\ -i & i & 1 \end{bmatrix}$

(e) $\begin{bmatrix} 0 & 0 & 0 \\ 0 & 1 & 1 \\ 0 & 1 & 1 \end{bmatrix}$ **(f)** $\begin{bmatrix} 1 & 1 & 1 \\ 1 & 1 & 1 \\ 1 & 1 & 1 \end{bmatrix}$

(g) $\begin{bmatrix} 4 & 2 & -2 \\ 2 & 1 & -1 \\ -2 & -1 & 1 \end{bmatrix}$

6. 에르미트 행렬의 대각선 원소는 반드시 실수임을 보여라.

7. A가 에르미트 행렬이고, $\mathbf{x}$는 $\mathbb{C}^n$에 속하는 벡터라고 하자. $c = \mathbf{x}^H A \mathbf{x}$이면, c가 실수임을 증명하라.

8. A가 에르미트 행렬이고, $B = iA$라고 하자. B가 반에르미트 행렬임을 증명하라.

9. A와 C는 $\mathbb{C}^{n\times n}$에 속한 행렬이고 $B \in \mathbb{C}^{n\times r}$이다. 다음의 각각을 증명하라.

(a) $(A^H)^H = A$

(b) $(\alpha A + \beta C)^H = \overline{\alpha}A^H + \overline{\beta}C^H$

(c) $(AB)^H = B^H A^H$

10. A와 B가 에르미트 행렬이라고 하자. 다음 주어진 각 문항에 대해 참 혹은 거짓으로 답하라. 그리고 각 경우에 대해 설명하라.

(a) AB의 고윳값들은 모두 실수이다.

(b) ABA의 고윳값들은 모두 실수이다.

11. 다음이 $\mathbb{C}^n$에서의 내적의 정의가 됨을 증명하라.

$$\langle \mathbf{z}, \mathbf{w} \rangle = \mathbf{w}^H \mathbf{z}$$

12. $\mathbf{x}, \mathbf{y}, \mathbf{z}$는 $\mathbb{C}^n$상의 벡터이고 α와 β는 복소 스칼라라고 하자. 다음을 증명하라.

$$\langle \mathbf{z}, \alpha\mathbf{x} + \beta\mathbf{y} \rangle = \overline{\alpha}\,\langle \mathbf{z}, \mathbf{x} \rangle + \overline{\beta}\,\langle \mathbf{z}, \mathbf{y} \rangle$$

13. $\{\mathbf{u}_1, \cdots, \mathbf{u}_n\}$은 복소 내적공간 V의 정규직교 기저이다. $\mathbf{z}$와 $\mathbf{w}$가 다음과 같을 때

$$\begin{aligned} \mathbf{z} &= a_1\mathbf{u}_1 + a_2\mathbf{u}_2 + \cdots + a_n\mathbf{u}_n \\ \mathbf{w} &= b_1\mathbf{u}_1 + b_2\mathbf{u}_2 + \cdots + b_n\mathbf{u}_n \end{aligned}$$

다음을 증명하라.

$$\langle \mathbf{z}, \mathbf{w} \rangle = \sum_{i=1}^{n} \overline{b}_i a_i$$

14. 다음의 행렬 A에 대해 $B^H B = A$를 만족하는 행렬 B를 구하라.

$$A = \begin{pmatrix} 1 & 0 & -i \\ 0 & 4 & 0 \\ i & 0 & 1 \end{pmatrix}$$

15. U가 유니타리 행렬일 때 다음들을 증명하라.

(a) U는 정규 행렬이다.

(b) $\mathbb{C}^n$에 속한 임의의 $\mathbf{x}$에 대해 $\|U\mathbf{x}\| = \|\mathbf{x}\|$이다.

(c) λ가 U의 고윳값이면 $|\lambda| = 1$이다.

16. $\mathbf{u}$는 $\mathbb{C}^n$의 단위 벡터이고 $U = I - 2\mathbf{u}\mathbf{u}^H$라고 하자. U는 유니타리 행렬이며 에르미트 행렬이어서 결국 $U^{-1} = U$가 됨을 보여라.

17. U가 유니타리 행렬이며 동시에 에르미트 행렬이면 U의 고윳값은 1 또는 -1임을 증명하라.

18. A는 슈어 분해가 UTU^H인 2×2 행렬이다. $t_{12} \neq 0$라고 할 때 다음을 증명하라.

(a) A의 고윳값은 $\lambda_1 = t_{11}$과 $\lambda_2 = t_{22}$이다.

(b) $\mathbf{u}_1$은 $\lambda_1 = t_{11}$에 속한 A의 고유벡터이다.

(c) $\mathbf{u}_2$는 $\lambda_2 = t_{22}$에 속한 A의 고유벡터가 아니다.

19. A는 실수 성분들을 가지는 5×5 행렬이라고 하자. A의 실수 슈어 분해를 $A = QTQ^T$라 하고, 이때 T는 수식 (2)에 주어진 것과 같은 블록행렬 형태라고 하자. 다음 각 경우에 대해서 T가 가질 수 있는 가능한 블록 구조들은 무엇인가?

(a) A의 모든 고윳값들이 실수이다.

(b) A는 3개의 실수 고윳값들과 2개의 복소수 고윳값들을 가진다.

(c) A는 1개의 실수 고윳값과 4개의 복소수 고윳값들을 가진다.

20. A는 슈어 분해가 UTU^H인 $n\times n$ 행렬이다. T의 대각선 원소들이 모두 다르면 A의 대각화 행렬 X가 $X = UR$로 표현되는 위쪽 삼각형 행렬 R이 존재함을 증명하라.

21. A, B가 실수 행렬일 때 $M = A + iB$가 반에르미트 행렬일 필요충분조건이 A가 반대칭 행렬이고 B가 대칭 행렬임을 증명하라.

22. A가 반에르미트 행렬이고 λ가 A의 고윳값이면 λ는 순허수(즉 $\lambda = bi$이고 b는 실수)임을 증명하라.

23. A가 정규 행렬이면 다음의 행렬들도 역시 정규 행렬임을 보여라.

(a) A^H **(b)** $I + A$ **(c)** A^2

24. A는 2×2 실수 행렬로서 $a_{21}a_{12} > 0$이다. 다음과 같이 r과 S를 정의하자.

$$r = \sqrt{a_{21}/a_{12}} \quad \text{그리고} \quad S = \begin{pmatrix} r & 0 \\ 0 & 1 \end{pmatrix}$$

$B = SAS^{-1}$를 계산하라. B의 고윳값과 고유벡터에 대해 어떤 결론을 내릴 수 있는가? A의 고윳값과 고유벡터에 대해서는 어떤 결론을 내릴 수 있는가? 설명하라.

25. $p(x) = -x^3 + cx^2 + (c+3)x + 1$이라 하고, 여기서 c는 실수이다. C가 다음과 같이 $p(x)$의 동반(companion) 행렬이고

$$C = \begin{pmatrix} c & c+3 & 1 \\ 1 & 0 & 0 \\ 0 & 1 & 0 \end{pmatrix}$$

A를 다음과 같이 정의할 때

$$A = \begin{pmatrix} -1 & 2 & -c-3 \\ 1 & -1 & c+2 \\ -1 & 1 & -c-1 \end{pmatrix}$$

(a) $A^{-1}CA$를 구하라.

(b) (a)의 결과를 이용하여 $p(x)$의 근들은 c와 관계없이 항상 실수가 됨을 증명하라.

26. A는 고윳값들 $\lambda_1, \cdots, \lambda_n$과 해당 정규직교 고유벡터들 $\mathbf{u}_1, \cdots, \mathbf{u}_n$을 갖는 에르미트 행렬이다. 다음을 증명하라.

$$A = \lambda_1 \mathbf{u}_1 \mathbf{u}_1^H + \lambda_2 \mathbf{u}_2 \mathbf{u}_2^H + \cdots + \lambda_n \mathbf{u}_n \mathbf{u}_n^H$$

27. 다음의 행렬 A를 $\lambda_1 \mathbf{u}_1 \mathbf{u}_1^T + \lambda_2 \mathbf{u}_2 \mathbf{u}_2^T$의 형태로 표현하라. 이때 λ_1과 λ_2는 고윳값, $\mathbf{u}_1$과 $\mathbf{u}_2$는 정규직교 고유벡터이다.

$$A = \begin{pmatrix} 0 & 1 \\ 1 & 0 \end{pmatrix}$$

28. A는 고윳값 $\lambda_1 \geq \lambda_2 \geq \cdots \geq \lambda_n$과 정규직교 고유벡터 $\mathbf{u}_1, \cdots, \mathbf{u}_n$을 갖는 에르미트 행렬이다. $\mathbb{R}^n$상의 임의의 영이 아닌 벡터 $\mathbf{x}$에 대해 레일리 몫(Rayleigh quotient) $\rho(\mathbf{x})$는 다음과 같이 정의된다.

$$\rho(\mathbf{x}) = \frac{\langle A\mathbf{x}, \mathbf{x}\rangle}{\langle \mathbf{x}, \mathbf{x}\rangle} = \frac{\mathbf{x}^H A\mathbf{x}}{\mathbf{x}^H\mathbf{x}}$$

(a) $\mathbf{x} = c_1\mathbf{u}_1 + \cdots + c_n\mathbf{u}_n$일 때 다음을 증명하라.

$$\rho(\mathbf{x}) = \frac{|c_1|^2\lambda_1 + |c_2|^2\lambda_2 + \cdots + |c_n|^2\lambda_n}{\|\mathbf{c}\|^2}$$

(b) 다음을 증명하라.

$$\lambda_n \leq \rho(\mathbf{x}) \leq \lambda_1$$

(c) 다음을 증명하라.

$$\max_{\mathbf{x}\neq\mathbf{0}} \rho(\mathbf{x}) = \lambda_1 \quad \text{그리고} \quad \min_{\mathbf{x}\neq\mathbf{0}} \rho(\mathbf{x}) = \lambda_n$$

29. 주어진 $A \in \mathbb{R}^{m\times m}, B \in \mathbb{R}^{n\times n}, C \in \mathbb{R}^{m\times n}$에 대해서, 다음과 같은 방정식을 실베스터 방정식(Sylvester's equation)이라 한다.

$$AX - XB = C \tag{3}$$

식 (3)을 만족하는 $m \times n$ 행렬인 X는 해당 방정식의 해가 된다.

(a) B가 $B = UTU^H$와 같은 슈어 분해를 가지면, 실베스터 방정식은 $Y = XU$, $G = CU$인 값을 가지는 $AY - YT = G$와 같은 형태가 됨을 증명하라.

(b) 다음을 증명하라.

$$\begin{aligned}(A - t_{11}I)\mathbf{y}_1 &= \mathbf{g}_1 \\ (A - t_{jj}I)\mathbf{y}_j &= \mathbf{g}_j + \sum_{i=1}^{j-1} t_{ij}\mathbf{y}_i, \quad j = 2, \ldots, n\end{aligned}$$

(c) A와 B가 공통된 고윳값을 가지지 않는다면, 실베스터 방정식에 해가 존재함을 증명하라.

6.5 특이값 분해

많은 응용에서 행렬의 랭크를 구한다든지 아니면 주어진 행렬의 랭크가 부족하지 않은지를 결정해야 할 필요가 발생한다. 이론적으로는 가우스 소거법을 적용하여 행렬을 행 사다리꼴 형태로 바꾼 다음 영이 아닌 행의 개수를 세면 된다. 그러나 이 방법은 유한 정밀도를

가진 계산에서는 실제적이지 못하다. 행렬 A가 최대 랭크를 갖지 못한 행렬이고 U를 계산된 사다리꼴 형태의 행렬이라 하면 소거 과정에서의 반올림에 의한 오차 때문에 U의 영이 아닌 행의 개수가 실제와 맞지 않을 수 있다. 실제 상황에서 계수 행렬 A는 보통 오류를 포함하고 있다. 이는 데이터상의 오류일 수도 있고 방금 언급한 유한 정밀도 시스템에 의한 것일 수도 있다. 따라서 A가 랭크가 부족한(rank deficient) 행렬에 얼마나'가까운가'를 묻는 것이 좀 더 실제적일 수 있다. 그러나 A가 랭크가 부족한 행렬에 가깝게 보이지만 계산된 행 사다리꼴 행렬 U는 그렇지 않은 경우도 자주 발생한다.

이 절에서는 A를 $m \times n$ 행렬이고 $m \geq n$이라고 가정하자(이 가정은 단순히 편이를 위한 것이다. 동일한 결과가 $m < n$인 경우에도 성립한다). 이제 행렬 A가 더 작은 랭크를 갖는 행렬과 얼마나 가까운지를 결정하는 방법을 알아보겠다. 이 방법에는 A를 $U\Sigma V^T$의 곱으로 분해하는 방법을 포함하는데, 여기서 U는 $m \times m$ 직교 행렬이고 V는 $n \times n$ 직교 행렬, Σ는 $m \times n$ 행렬로서 대각선 외의 원소는 모두 0이고 대각선 원소들이 다음을 만족하는 행렬이다.

$$\sigma_1 \geq \sigma_2 \geq \cdots \geq \sigma_n \geq 0$$

$$\Sigma = \begin{bmatrix} \sigma_1 & & & \\ & \sigma_2 & & \\ & & \ddots & \\ & & & \sigma_n \\ & & & \end{bmatrix}$$

이 분해에서 결정되는 σ_i들은 유일하며 A의 특이값(singular value)이라고 한다. $U\Sigma V^T$로의 분해를 A의 특이값 분해(singular value decomposition)라고 한다. 이제 A의 랭크란 영이 아닌 특이값의 개수와 같다는 사실과, 영이 아닌 특이값의 크기가 행렬 A가 좀더 작은 값의 랭크를 갖는 행렬에 얼마나 가까운지의 척도가 된다는 사실을 증명하겠다.

우선 이와 같은 분해가 항상 가능하다는 것을 보이면서 이 절을 시작하겠다.

정리 6.5.1 **SVD 정리**

A가 $m \times n$ 행렬이면 A는 항상 특이값 분해를 갖는다.

증명 A^TA는 $n \times n$ 대칭 행렬이다. 따라서 고윳값은 모두 실수이고 대각화 행렬 V는 직교 행렬이 된다. 더욱이 고윳값은 모두 음이 아니다. 그 이유는 λ를 A^TA의 고윳값, $\mathbf{x}$를 λ에 속한 고유벡터라고 할 때

$$\|A\mathbf{x}\|^2 = \mathbf{x}^TA^TA\mathbf{x} = \lambda\mathbf{x}^T\mathbf{x} = \lambda\|\mathbf{x}\|^2$$

이 성립하므로

$$\lambda = \frac{\|A\mathbf{x}\|^2}{\|\mathbf{x}\|^2} \geq 0$$

이기 때문이다. 이제 V의 열들을 해당 고윳값의 크기가 다음과 같도록 배열했다고 하자.

$$\lambda_1 \geq \lambda_2 \geq \cdots \geq \lambda_n \geq 0$$

A의 특이값은 다음과 같다.

$$\sigma_j = \sqrt{\lambda_j} \qquad j = 1, \ldots, n$$

r을 A의 랭크라 하자. 행렬 A^TA의 랭크 역시 r이다. A^TA는 대칭 행렬이기 때문에 랭크는 영이 아닌 고윳값의 개수와 같다. 따라서 다음과 같다.

$$\lambda_1 \geq \lambda_2 \geq \cdots \geq \lambda_r > 0 \quad \text{그리고} \quad \lambda_{r+1} = \lambda_{r+2} = \cdots = \lambda_n = 0$$

A의 특이값에 대해서도 같은 논리를 적용할 수 있다.

$$\sigma_1 \geq \sigma_2 \geq \cdots \geq \sigma_r > 0 \quad \text{그리고} \quad \sigma_{r+1} = \sigma_{r+2} = \cdots = \sigma_n = 0$$

이제 V_1, V_2, Σ_1을 다음과 같이 정의하자.

$$V_1 = (\mathbf{v}_1, \ldots, \mathbf{v}_r), \qquad V_2 = (\mathbf{v}_{r+1}, \ldots, \mathbf{v}_n)$$

$$\Sigma_1 = \begin{bmatrix} \sigma_1 & & & \\ & \sigma_2 & & \\ & & \ddots & \\ & & & \sigma_r \end{bmatrix} \tag{1}$$

즉 Σ_1은 대각선 원소가 영이 아닌 특이값들 $\sigma_1, \cdots, \sigma_r$로 구성된 $r \times r$ 대각선 행렬이다. $m \times n$ 행렬 Σ는 다음과 같다.

$$\Sigma = \begin{bmatrix} \Sigma_1 & O \\ O & O \end{bmatrix}$$

V_2의 열 벡터들은 A^TA의 고윳값 $\lambda = 0$에 속하는 고유벡터들이다. 그러므로

$$A^TA\mathbf{v}_j = \mathbf{0} \qquad j = r+1, \ldots, n$$

따라서 V_2의 열 벡터들은 $N(A^TA) = N(A)$의 정규직교 기저를 이룬다. 그러므로

$$AV_2 = O$$

이고, V가 직교 행렬이므로 다음이 성립한다.

$$\begin{aligned} I &= VV^T = V_1V_1^T + V_2V_2^T \\ A &= AI = AV_1V_1^T + AV_2V_2^T = AV_1V_1^T \end{aligned} \tag{2}$$

지금까지 특이값 분해에 있어 행렬 V와 Σ를 생성하는 방법을 보았다. 증명을 완성하기 위해서는

$$A = U\Sigma V^T$$

또는

$$AV = U\Sigma \tag{3}$$

을 만족하는 $m \times m$ 직교 행렬 U를 생성해야 한다. 식 (3)의 양변에서 처음 r개의 열을 비교하면

$$A\mathbf{v}_j = \sigma_j \mathbf{u}_j \qquad j = 1, \ldots, r$$

임을 알 수 있고, 따라서 $\mathbf{u}_j$와 U_1을 다음과 같이 정의하면

$$\mathbf{u}_j = \frac{1}{\sigma_j} A\mathbf{v}_j \qquad j = 1, \ldots, r \tag{4}$$

$$U_1 = (\mathbf{u}_1, \ldots, \mathbf{u}_r)$$

다음이 성립한다.

$$AV_1 = U_1\Sigma_1 \tag{5}$$

U_1의 열 벡터들은 다음의 이유로 정규직교 집합을 이룬다.

$$\begin{aligned}
\mathbf{u}_i^T \mathbf{u}_j &= \left(\frac{1}{\sigma_i}\mathbf{v}_i^T A^T\right)\left(\frac{1}{\sigma_j} A\mathbf{v}_j\right) \qquad 1 \le i \le r, \quad 1 \le j \le r \\
&= \frac{1}{\sigma_i \sigma_j}\mathbf{v}_i^T \left(A^T A \mathbf{v}_j\right) \\
&= \frac{\sigma_j}{\sigma_i}\mathbf{v}_i^T \mathbf{v}_j \\
&= \delta_{ij}
\end{aligned}$$

식 (4)로부터 $\mathbf{u}_j(1 \le j \le r)$들은 A의 열 공간에 속해 있다. 열 공간의 차원은 r이므로 $\mathbf{u}_1, \cdots, \mathbf{u}_r$은 $R(A)$의 정규직교 기저를 이룬다. 벡터공간 $R(A)^\perp = N(A^T)$는 $m - r$차원의 벡터공간이다. 이제 $\{\mathbf{u}_{r+1}, \mathbf{u}_{r+2}, \cdots, \mathbf{u}_m\}$을 $N(A^T)$의 정규직교 기저라고 하고, U_2와 U를 다음과 같이 두면

$$U_2 = (\mathbf{u}_{r+1}, \mathbf{u}_{r+2}, \ldots, \mathbf{u}_m)$$

$$U = \begin{pmatrix} U_1 & U_2 \end{pmatrix}$$

정리 5.2.2에 의해 $\mathbf{u}_1, \cdots, \mathbf{u}_m$은 $\mathbb{R}^m$의 정규직교 기저가 된다. 따라서 U는 직교 행렬이다. 마지막으로 $U\Sigma V^T$와 A가 같음은 식 (5)와 (2)로부터 다음과 같이 보일 수 있다.

$$\begin{aligned}
U\Sigma V^T &= \begin{pmatrix} U_1 & U_2 \end{pmatrix} \begin{pmatrix} \Sigma_1 & O \\ O & O \end{pmatrix} \begin{pmatrix} V_1^T \\ V_2^T \end{pmatrix} \\
&= U_1 \Sigma_1 V_1^T \\
&= AV_1 V_1^T \\
&= A
\end{aligned}$$

■

관찰사항

A가 $m \times n$ 행렬이고 특이값 분해 $U\Sigma V^T$를 갖는다고 하자.

1. A의 특이값들인 $\sigma_1, \cdots, \sigma_n$은 유일하다. 그러나 행렬 U와 V는 유일하지 않다.
2. V가 A^TA를 대각화하기 때문에 v_j들은 A^TA의 고유벡터들이다.
3. $AA^T = U\Sigma\Sigma^T U^T$이므로 U는 AA^T를 대각화하고 $\mathbf{u}_j$들은 AA^T의 고유벡터들이다.
4. 다음 식 양변의 j번째 열을 비교하면

$$AV = U\Sigma$$

다음을 얻을 수 있다.

$$A\mathbf{v}_j = \sigma_j \mathbf{u}_j \qquad j = 1, \ldots, n$$

마찬가지로

$$A^T U = V\Sigma^T$$

이므로, 따라서

$$\begin{aligned} A^T\mathbf{u}_j &= \sigma_j \mathbf{v}_j \qquad && j = 1, \ldots, n \\ A^T\mathbf{u}_j &= \mathbf{0} && j = n+1, \ldots, m \end{aligned}$$

$\mathbf{v}_j$들은 A의 우 특이 벡터(right singular vector)라고 하고, $\mathbf{u}_j$들은 A의 좌 특이 벡터(left singular vector)라고 한다.

5. A의 랭크가 r이면
   (i) $\mathbf{v}_1, \cdots, \mathbf{v}_r$은 $R(A^T)$의 정규직교 기저를 이룬다.
   (ii) $\mathbf{v}_{r+1}, \cdots, \mathbf{v}_n$은 $N(A)$의 정규직교 기저를 이룬다.
   (iii) $\mathbf{u}_1, \cdots, \mathbf{u}_r$은 $R(A)$의 정규직교 기저를 이룬다.
   (iv) $\mathbf{u}_{r+1}, \cdots, \mathbf{u}_m$은 $N(A^T)$의 정규직교 기저를 이룬다.
6. 행렬 A의 랭크는 영이 아닌 특이값의 개수와 같다(개수를 셀 때는 중근들을 중복해서 세어야 한다). 영이 아닌 고윳값의 개수와 상관있다고 착각해서는 안 된다. 예를 들어 다음의 행렬은

$$M = \begin{pmatrix} 0 & 1 & 0 & 0 \\ 0 & 0 & 1 & 0 \\ 0 & 0 & 0 & 1 \\ 0 & 0 & 0 & 0 \end{pmatrix}$$

랭크가 3이지만 고윳값은 모두 0이다.

7. A의 랭크 r이 $r < n$인 경우에 U_1과 V_1을 다음과 같이 두고

$$U_1 = (\mathbf{u}_1, \mathbf{u}_2, \ldots, \mathbf{u}_r) \qquad V_1 = (\mathbf{v}_1, \mathbf{v}_2, \ldots, \mathbf{v}_r)$$

Σ_1을 식 (1)과 같이 정의하면 다음이 성립한다.

$$A = U_1 \Sigma_1 V_1^T \tag{6}$$

식 (6)의 분해를 A의 **특이값 분해의 간략형**이라 한다. 이 형태도 많은 응용에서 유용하다.

예제 1 다음 행렬 A의 특이값을 계산하고 A의 특이값 분해를 구하라.

$$A = \begin{bmatrix} 1 & 1 \\ 1 & 1 \\ 0 & 0 \end{bmatrix}$$

해답 행렬

$$A^TA = \begin{bmatrix} 2 & 2 \\ 2 & 2 \end{bmatrix}$$

은 고윳값 $\lambda_1 = 4$와 $\lambda_2 = 0$을 갖는다. 따라서 A의 특이값은 $\sigma_1 = \sqrt{4} = 2$와 $\sigma_2 = 0$이다. λ_1에 속한 고유벡터는 $\alpha(1, 1)^T$ 형태이고 λ_2에 속한 고유벡터는 $\beta(1, -1)^T$이다. 따라서 직교행렬

$$V = \frac{1}{\sqrt{2}} \begin{bmatrix} 1 & 1 \\ 1 & -1 \end{bmatrix}$$

이 A^TA를 대각화한다. 관찰사항 4로부터

$$\mathbf{u}_1 = \frac{1}{\sigma_1} A\mathbf{v}_1 = \frac{1}{2} \begin{bmatrix} 1 & 1 \\ 1 & 1 \\ 0 & 0 \end{bmatrix} \begin{bmatrix} \frac{1}{\sqrt{2}} \\ \frac{1}{\sqrt{2}} \end{bmatrix} = \begin{bmatrix} \frac{1}{\sqrt{2}} \\ \frac{1}{\sqrt{2}} \\ 0 \end{bmatrix}$$

이 되고, U의 나머지 열 벡터들은 $N(A^T)$의 정규직교 기저를 이루어야 하므로 통상의 방법으로 $N(A^T)$의 기저 $\{\mathbf{x}_2, \mathbf{x}_3\}$를 구하면 다음과 같다.

$$\mathbf{x}_2 = (1, -1, 0)^T \quad \text{그리고} \quad \mathbf{x}_3 = (0, 0, 1)^T$$

이미 이 벡터들은 서로 직교하므로 그람-슈미트 과정 없이도 다음과 같이 정규직교 기저를 구할 수 있다.

$$\mathbf{u}_2 = \frac{1}{\|\mathbf{x}_2\|}\mathbf{x}_2 = \left(\frac{1}{\sqrt{2}}, -\frac{1}{\sqrt{2}}, 0\right)^T$$

$$\mathbf{u}_3 = \mathbf{x}_3 = (0, 0, 1)^T$$

따라서 특이값 분해는 다음과 같다.

$$A = U\Sigma V^T = \begin{bmatrix} \frac{1}{\sqrt{2}} & \frac{1}{\sqrt{2}} & 0 \\ \frac{1}{\sqrt{2}} & -\frac{1}{\sqrt{2}} & 0 \\ 0 & 0 & 1 \end{bmatrix} \begin{bmatrix} 2 & 0 \\ 0 & 0 \\ 0 & 0 \end{bmatrix} \begin{bmatrix} \frac{1}{\sqrt{2}} & \frac{1}{\sqrt{2}} \\ \frac{1}{\sqrt{2}} & -\frac{1}{\sqrt{2}} \end{bmatrix}$$ ■

SVD의 형상화

랭크 r인 $m \times n$ 행렬 A를 A의 행 공간에서 A의 열 공간으로의 매핑으로 생각한다면 앞서 본 관찰사항 (4)와 (5)로부터, 행 공간의 정규직교 기저로 자연스럽게 $\mathbf{v}_1, \mathbf{v}_2, \cdots, \mathbf{v}_r$을 선택할 수 있고, 그들의 매핑 결과인

$$A\mathbf{v}_1 = \sigma_1\mathbf{u}_1, A\mathbf{v}_2 = \sigma_2\mathbf{u}_2, \ldots, A\mathbf{v}_r = \sigma_r\mathbf{u}_r$$

들은 상호 직교이므로 해당 단위 벡터들인 $\mathbf{u}_1, \mathbf{u}_2, \cdots, \mathbf{u}_r$은 A의 열 공간의 정규직교 기저가 될 것이다. 2×2 행렬의 경우, 다음의 예제에서는 단위원의 원주 상의 점들을 움직여 가면서 A의 우 특이 벡터들을 찾는 방법을 기하학적으로 잘 보여준다.

예제 2 다음의 행렬 A에 대해

$$A = \begin{bmatrix} 0.4 & -0.3 \\ 0.9 & 1.2 \end{bmatrix}$$

A의 한 쌍의 우 특이 벡터들을 찾기 위해서는 $A\mathbf{x}$와 $A\mathbf{y}$가 서로 수직이 되는 두 정규 직교 벡터 $\mathbf{x}$와 $\mathbf{y}$를 찾아야 한다. 예를 들어, $\mathbf{x}$와 $\mathbf{y}$를 $\mathbb{R}^2$의 표준 기저로 두는 것은 성립하지 않는다. 그 이유는 $\mathbf{x} = \mathbf{e}_1, \mathbf{y} = \mathbf{e}_2$이면 그 상 벡터들은

$$A\mathbf{e}_1 = \mathbf{a}_1 = \begin{bmatrix} 0.4 \\ 0.9 \end{bmatrix} \quad \text{and} \quad A\mathbf{e}_2 = \mathbf{a}_2 = \begin{bmatrix} -0.3 \\ 1.2 \end{bmatrix}$$

가 되어 서로 직교하지 않기 때문이다. 그림 6.5.1을 보라.

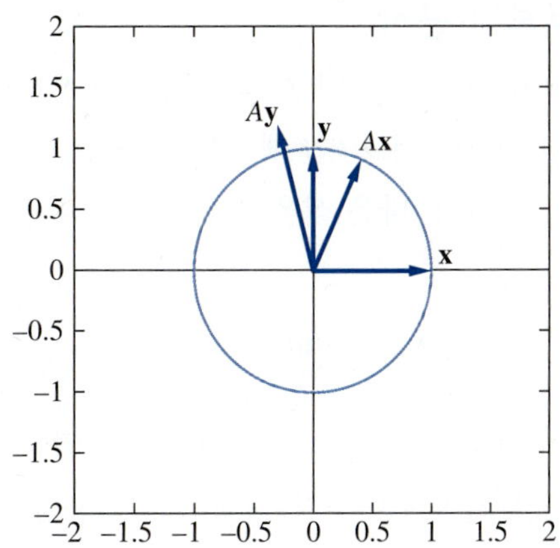

그림 6.5.1

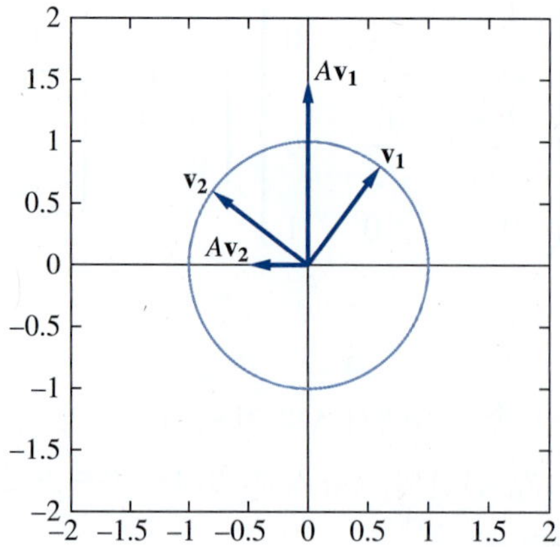

그림 6.5.2

우 특이 벡터를 찾는 한 가지 방법은 이 시작점인 $\mathbf{x}$와 $\mathbf{y}$를 단위원의 원주를 따라 동시에 회전하여 얻은

$$\mathbf{x}_1 = \begin{bmatrix} \cos t \\ \sin t \end{bmatrix}, \quad \mathbf{y} = \begin{bmatrix} -\sin t \\ \cos t \end{bmatrix}$$

에서 $A\mathbf{x}_1$과 $A\mathbf{y}_1$이 수직인가를 보는 것이다. 이 예제에서는 벡터 $\mathbf{x}$가 점 (0.6, 0.8)로 회전했을 때 이 현상이 발견된다. 따라서 우 특이 벡터는

$$\mathbf{v}_1 = \begin{bmatrix} 0.6 \\ 0.8 \end{bmatrix}, \quad \mathbf{v}_2 = \begin{bmatrix} -0.8 \\ 0.6 \end{bmatrix}$$

이 되고, 그 이유는

$$A\mathbf{v}_1 = \begin{bmatrix} 0 \\ 1.5 \end{bmatrix} = 1.5\mathbf{e}_2, \quad \text{and} \quad A\mathbf{v}_2 = \begin{bmatrix} -0.5 \\ 0 \end{bmatrix} = -0.5\mathbf{e}_1$$

가 되기 때문이다. 따라서 특이값은 $\sigma_1 = 1.5$와 $\sigma_2 = 0.5$가 되며 좌 특이 벡터는 $\mathbf{u}_1 = \mathbf{e}_2$, $\mathbf{u}_2 = -\mathbf{e}_1$가 된다. 그림 6.5.2를 보라. ■

수치적 랭크와 작은 랭크로의 근사

A가 랭크 r인 $m \times n$ 행렬이고 $0 < k < r$이면 특이값 분해를 이용하여 프로베니우스 노옴의 관점에서 A에 가장 가까운 $\mathbb{R}^{m\times n}$상의 랭크 k인 행렬을 찾을 수 있다. $\mathcal{M}$을 랭크가 k 이하인 모든 $m \times n$ 행렬의 집합이라고 하자. 다음 식을 만족하는 행렬 X가 집합 $\mathcal{M}$ 안에 있음을 보일 수 있다.

$$\|A - X\|_F = \min_{S\in\mathcal{M}} \|A - S\|_F \tag{7}$$

증명은 이 책의 범위를 벗어나므로 생략한다. 다만 그러한 행렬 X를 어떤 방식으로 A의 특이값 분해로부터 얻어낼 수 있는지를 보이겠다. 다음의 보조정리는 유용하다.

보조정리 6.5.2 A가 $m \times n$ 행렬이고 Q가 $m \times m$ 직교 행렬이면 다음과 같다.

$$\|QA\|_F = \|A\|_F$$

증명

$$\begin{aligned}\|QA\|_F^2 &= \|(Q\mathbf{a}_1, Q\mathbf{a}_2, \ldots, Q\mathbf{a}_n)\|_F^2 \\ &= \sum_{i=1}^{n} \|Q\mathbf{a}_i\|_2^2 \\ &= \sum_{i=1}^{n} \|\mathbf{a}_i\|_2^2 \\ &= \|A\|_F^2\end{aligned}$$

■

만일 A의 특이값 분해가 $U\Sigma V^T$이면 보조정리로부터

$$\|A\|_F = \|\Sigma V^T\|_F$$

이 된다. 그런데

$$\|\Sigma V^T\|_F = \|(\Sigma V^T)^T\|_F = \|V\Sigma^T\|_F = \|\Sigma^T\|_F$$

이므로, $\|A\|_F$는 다음과 같다.

$$\|A\|_F = \left(\sigma_1^2 + \sigma_2^2 + \cdots + \sigma_n^2\right)^{1/2}$$

정리 6.5.3 $A = U\Sigma V^T$가 $m \times n$ 행렬이고 $\mathcal{M}$이 랭크 k 이하의 모든 $m \times n$ 행렬의 집합이라고 하자. 이때 $0 < k < \text{rank}(A)$이다. $\mathcal{M}$에 속한 행렬 X가 식 (7)을 만족하면

$$\|A - X\|_F = \left(\sigma_{k+1}^2 + \sigma_{k+2}^2 + \cdots + \sigma_n^2\right)^{1/2}$$

이다. 특히 $A' = U\Sigma' V^T$이고

$$\Sigma' = \left[\begin{array}{ccc|c} \sigma_1 & & & \\ & \ddots & & O \\ & & \sigma_k & \\ \hline & O & & O \end{array}\right] = \begin{bmatrix} \Sigma_k & O \\ O & O \end{bmatrix}$$

이면 다음과 같다.

$$\|A - A'\|_F = \left(\sigma_{k+1}^2 + \cdots + \sigma_n^2\right)^{1/2} = \min_{S \in \mathcal{M}} \|A - S\|_F$$

증명 $\mathcal{M}$에 속한 행렬 X가 식 (7)을 만족한다고 하자. $A' \in \mathcal{M}$이므로 다음이 성립한다.

$$\|A - X\|_F \leq \|A - A'\|_F = \left(\sigma_{k+1}^2 + \cdots + \sigma_n^2\right)^{1/2} \tag{8}$$

우리가 증명하고자 하는 것은

$$\|A - X\|_F \geq \left(\sigma_{k+1}^2 + \cdots + \sigma_n^2\right)^{1/2}$$

이고, 그렇게 되면 식 (8)에서 등호가 성립하게 된다는 뜻이다. $Q\Omega P^T$를 X의 특이값 분해라고 하자.

$$\Omega = \left[\begin{array}{cccc|c} \omega_1 & & & & \\ & \omega_2 & & & \\ & & \ddots & & O \\ & & & \omega_k & \\ \hline & & O & & O \end{array}\right] = \begin{bmatrix} \Omega_k & O \\ O & O \end{bmatrix}$$

$B = Q^T AP$로 두면 $A = QBP^T$가 되고, 따라서 다음이 성립한다.

$$\|A - X\|_F = \|Q(B - \Omega)P^T\|_F = \|B - \Omega\|_F$$

행렬 B도 Ω와 같은 식으로 나누어 보면 다음과 같고

$$B = \left[\begin{array}{c|c} \overbrace{B_{11}}^{k\times k} & \overbrace{B_{12}}^{k\times(n-k)} \\ \hline \underbrace{B_{21}}_{(m-k)\times k} & \underbrace{B_{22}}_{(m-k)\times(n-k)} \end{array}\right]$$

따라서 $\|A - X\|_F^2$은 다음과 같다.

$$\|A - X\|_F^2 = \|B_{11} - \Omega_k\|_F^2 + \|B_{12}\|_F^2 + \|B_{21}\|_F^2 + \|B_{22}\|_F^2$$

여기서 $B_{12} = O$이다. 그렇지 않다면 다음과 같이 정의된 Y는

$$Y = Q \begin{bmatrix} B_{11} & B_{12} \\ O & O \end{bmatrix} P^T$$

$\mathcal{M}$에 속한 행렬이고

$$\|A - Y\|_F^2 = \|B_{21}\|_F^2 + \|B_{22}\|_F^2 < \|A - X\|_F^2$$

이 되는데, 이는 X의 정의에 모순이기 때문이다. 따라서 $B_{12} = 0$이다. 같은 방식으로 B_{21} 역시 $B_{21} = O$가 됨을 보일 수 있다. 다음과 같이 Z를 정의하면

$$Z = Q \begin{bmatrix} B_{11} & O \\ O & O \end{bmatrix} P^T$$

$Z \in \mathcal{M}$이고

$$\|A-Z\|_F^2 = \|B_{22}\|_F^2 \le \|B_{11}-\Omega_k\|_F^2 + \|B_{22}\|_F^2 = \|A-X\|_F^2$$

이 된다. X의 정의로부터 B_{11}은 Ω_k와 같아야 한다. 만일 B_{22}의 특이값 분해가 $U_1\Lambda V_1^T$라면

$$\|A-X\|_F = \|B_{22}\|_F = \|\Lambda\|_F$$

이 된다. U_2와 V_2를 다음과 같이 두면

$$U_2 = \begin{bmatrix} I_k & O \\ O & U_1 \end{bmatrix} \quad \text{그리고} \quad V_2 = \begin{bmatrix} I_k & O \\ O & V_1 \end{bmatrix}$$

다음 식에 의해

$$U_2^T Q^T A P V_2 = \begin{bmatrix} \Omega_k & O \\ O & \Lambda \end{bmatrix}$$

$$A = (QU_2)\begin{bmatrix} \Omega_k & O \\ O & \Lambda \end{bmatrix}(PV_2)^T$$

Λ의 대각선 원소들이 A의 특이값들이 된다. 따라서

$$\|A-X\|_F = \|\Lambda\|_F \ge \left(\sigma_{k+1}^2 + \cdots + \sigma_n^2\right)^{1/2}$$

식 (8)로부터 다음이 성립된다.

$$\|A-X\|_F = \left(\sigma_{k+1}^2 + \cdots + \sigma_n^2\right)^{1/2} = \|A-A'\|_F$$ ■

만일 A의 특이값 분해가 $U\Sigma V^T$라면 A를 $U\Sigma$와 V^T의 곱으로 생각할 수 있다. $U\Sigma$를 열로, V^T는 행으로 표현하여

$$U\Sigma = (\sigma_1\mathbf{u}_1, \sigma_2\mathbf{u}_2, \ldots, \sigma\mathbf{u}_n)$$

라고 하면, A를 외적 전개(outer product expansion) 식으로 표현한 다음을 얻을 수 있다.

$$A = \sigma_1\mathbf{u}_1\mathbf{v}_1^T + \sigma_2\mathbf{u}_2\mathbf{v}_2^T + \cdots + \sigma_n\mathbf{u}_n\mathbf{v}_n^T \tag{9}$$

만일 A의 랭크가 n이면 다음이

$$A' = U\begin{bmatrix} \sigma_1 & & & & \\ & \sigma_2 & & & \\ & & \ddots & & \\ & & & \sigma_{n-1} & \\ & & & & 0 \\ & & & & \end{bmatrix}V^T$$

$$= \sigma_1\mathbf{u}_1\mathbf{v}_1^T + \sigma_2\mathbf{u}_2\mathbf{v}_2^T + \cdots + \sigma_{n-1}\mathbf{u}_{n-1}\mathbf{v}_{n-1}^T$$

프로베니우스 노옴 관점에서 A에 가장 가까운 랭크 $n-1$의 행렬이 된다. 같은 방식으로 다음이

$$A'' = \sigma_1 \mathbf{u}_1 \mathbf{v}_1^T + \sigma_2 \mathbf{u}_2 \mathbf{v}_2^T \cdots + \sigma_{n-2} \mathbf{u}_{n-2} \mathbf{v}_{n-2}^T$$

랭크 $n-2$인 행렬 중 가장 가까운 행렬이 된다. 특히 A가 $n \times n$ 비특이 행렬이면 A'은 특이 행렬이고 $\|A - A'\|_F = \sigma_n$이 된다. 따라서 σ_n은 정사각형 행렬이 특이 행렬과 얼마나 가까운가의 척도가 될 수 있다.

독자들은 이 척도로 det(A)를 사용하는 우를 범하지 않기를 바란다. 예를 들어 A가 100×100 대각선 행렬이고 대각선 원소들이 모두 $\frac{1}{2}$이면 $\det(A) = 2^{-100}$이지만 $\sigma_{100} = \frac{1}{2}$이 된다. 반면에 다음 예에서 보는 행렬은 특이 행렬과 아주 가깝지만 행렬식은 1이고 모든 고윳값 역시 1인 행렬이다.

예제 3 A가 $n \times n$ 위쪽 삼각형 행렬로서 대각선 원소는 모두 1이고 대각선 윗부분은 모두 -1이라고 하자.

$$A = \begin{pmatrix} 1 & -1 & -1 & \cdots & -1 & -1 \\ 0 & 1 & -1 & \cdots & -1 & -1 \\ 0 & 0 & 1 & \cdots & -1 & -1 \\ \vdots & & & & & \\ 0 & 0 & 0 & \cdots & 1 & -1 \\ 0 & 0 & 0 & \cdots & 0 & 1 \end{pmatrix}$$

$\det(A) = \det(A^{-1}) = 1$이고 A의 모든 고윳값은 1임에 주목하자. 그러나 n이 커지면 A는 거의 특이 행렬에 가깝다. 이를 보기 위해 다음과 같이 B를 정의하면

$$B = \begin{pmatrix} 1 & -1 & -1 & \cdots & -1 & -1 \\ 0 & 1 & -1 & \cdots & -1 & -1 \\ 0 & 0 & 1 & \cdots & -1 & -1 \\ \vdots & & & & & \\ 0 & 0 & 0 & \cdots & 1 & -1 \\ \frac{-1}{2^{n-2}} & 0 & 0 & \cdots & 0 & 1 \end{pmatrix}$$

$B\mathbf{x} = \mathbf{0}$은 자명하지 않은 해 $\mathbf{x} = (2^{n-2}, 2^{n-3}, \cdots, 2^0, 1)^T$를 가지므로 B는 특이 행렬이다. 그런데 A와 B는 오직 $(n, 1)$ 위치에서만 다르고

$$\|A - B\|_F = \frac{1}{2^{n-2}}$$

이다. 정리 6.5.3에 의해 다음과 같다.

$$\sigma_n = \min_{X \text{ singular}} \|A - X\|_F \le \|A - B\|_F = \frac{1}{2^{n-2}}$$

따라서 $n = 100$이면 $\sigma_n \leq 1/2^{98}$이고, 결과적으로 A는 특이 행렬에 아주 가깝다. ■

응용 1 수치적 랭크

대부분의 실제 응용에서 행렬 계산은 유한 정밀도 연산을 사용하는 컴퓨터에 의해 수행되기 마련이다. 만일 계산 과정에서 특이 행렬과 아주 가까운 비특이 행렬이 나타나면 이 행렬은 계산적으로 볼 때는 특이 행렬처럼 행동하게 된다. 이런 경우, 선형 시스템에 대해 계산된 해는 완전히 정확성을 잃을 수 있다. 일반적으로 만일 $m \times n$ 행렬 A가 m과 n의 최솟값보다 작은 r이라는 랭크를 갖는 행렬과 충분히 가깝다면 A는 유한 정밀도 연산에서는 랭크 r인 행렬처럼 행동한다. 특이값은 주어진 행렬이 더 작은 랭크를 갖는 행렬에 얼마나 가까운가를 재는 척도가 된다. 그러나 여기서 '매우 가깝다'는 뜻을 분명히 해 둘 필요가 있다. 얼마나 가까워야 충분히 가깝다는 것인지를 결정해야 한다. 이에 대한 해답은 사용하는 컴퓨터의 기계 정밀도(machine precision)에 달려 있다.

기계 정밀도는 그 기계의 단위 반올림 오차로 측정할 수 있다. 이 단위 반올림의 다른 이름이 기계 엡실론(machine epsilon)이다. 이 개념을 이해하기 위해서는 컴퓨터에서 숫자들이 어떤 방식으로 표현되는지를 알아야 한다. 만일 컴퓨터가 β진법을 쓰고 n자릿수까지 기록한다면 실수 x는 $fl(x)$로 표기되는 부동소수점 수(floating-point number)로 나타나며 그 형태는 $\pm 0.d_1d_2 \cdots d_n \times \beta_k$이고, 이때 d_i는 $0 \leq d_i < \beta$인 정수이다. 예를 들어 $-0.54321469 \times 10^{25}$은 8자리의 10진 부동소수점 수이고 $0.110100111001 \times 2^{-9}$은 12자리의 2진 부동소수점 수이다. 7.1절에서는 부동소수점 수에 대해 좀 더 자세히 알아보고 기계 엡실론에 대해서도 좀 더 정확한 정의를 내릴 것이다. 기계 엡실론 ϵ은 실수를 부동소수점 수로 근사화할 때의 상대 오차의 한계값을 의미한다. 즉 다음의 식으로 나타낼 수 있다.

$$\left| \frac{fl(x) - x}{x} \right| < \epsilon \tag{10}$$

8자리의 10진 부동소수점 연산에서의 기계 엡실론은 5×10^{-8}이다. 12자리의 2진 부동소수점 연산에서의 기계 엡실론은 $(\frac{1}{2})^{-12}$이 되고 일반적으로 n자리 β진 연산에서의 기계 엡실론은 $\frac{1}{2} \times \beta^{-n+1}$이 된다.

식 (10)을 보면 기계 엡실론이 반올림에 따른 오차를 측정하는 기본 단위로 가장 적합한 선택이라는 것을 알 수 있다. 예를 들어 A가 랭크 n인 행렬이고 A의 특이값 중 k개가 기계 엡실론의 '작은' 배수보다 작다고 하면 A는 랭크가 $n-k$인 행렬에 충분히 가까워서 부동소수점 연산에서는 그 차이를 구별하는 것이 불가능하다는 것이다. 이 경우 '행렬 A의 수치적 랭크가 $n-k$이다'라고 한다. 수치적 랭크를 결정하는 기준을 기계 엡실론의 몇 배로 할 것인가는 행렬의 크기와 가장 큰 특이값에 따라 다르다. 흔히 사용하는 수치적 랭크의 정의는 다음과 같다.

정의 $m \times n$ 행렬 A의 가장 큰 특이값을 σ_1, ϵ을 기계 엡실론이라 할 때 A의 **수치적 랭크**(numerical rank)는 $\sigma_1 \max(m, n)$보다 큰 특이값의 개수를 말한다.

유한 정밀도를 가지고 연산에서 사용되는 '랭크'라는 용어는 실제로 '수치적 랭크'를 일컫게 된다. 예를 들어 MATLAB에서 사용되는 `rank(A)` 라는 명령어는 행렬 A의 수치적 랭크를 계산하는 것이며, 실제 행렬 A의 랭크를 계산하는 것이 아니다.

예제 4 A가 5×5 행렬이고 특이값이 다음과 같다.

$$\sigma_1 = 4,\ \sigma_2 = 1,\ \sigma_3 = 10^{-12},\ \sigma_4 = 3.1 \times 10^{-14},\ \sigma_5 = 2.6 \times 10^{-15}$$

기계 엡실론이 5×10^{-15}이라고 하자. 수치적 랭크를 결정하려면 A의 특이값들과 다음 값을 비교해야 한다.

$$\sigma_1 \max(m, n)\epsilon = 4 \cdot 5 \cdot 5 \times 10^{-15} = 10^{-13}$$

특이값 중 세 개가 10^{-13}보다 크므로 이 행렬의 수치적 랭크는 3이다. ■

응용 2 디지털 영상 처리

비디오 영상이나 사진은 화면을 픽셀(pixel)이라고 하는 작은 사각형 배열의 셀로 잘게 나눈 후 각 셀의 명암 레벨을 측정함으로써 디지털화된다. 이 정보는 $m \times n$ 행렬 A의 형태로 저장되거나 전송된다. 행렬 A의 원소는 각 픽셀의 명암 레벨의 측정값에 해당하는 음이 아닌 수이다. 일반적으로 한 픽셀의 명암 레벨은 이웃 픽셀들의 명암 레벨과 비슷한 값인 경우가 많기 때문에 저장할 정보량을 mn에서 $(m + n + 1)$의 수배 정도로 감소시키는 것이 가능하다. 일반적으로 A는 작은 특이값을 많이 갖고 있기 때문에 훨씬 작은 랭크의 행렬로 근사화할 수 있다.

A의 특이값 분해가 $U\Sigma V^T$라면 A는 외적 전개에 의해 다음과 같이 나타낼 수 있다.

$$A = \sigma_1 \mathbf{u}_1 \mathbf{v}_1^T + \sigma_2 \mathbf{u}_2 \mathbf{v}_2^T + \cdots + \sigma_n \mathbf{u}_n \mathbf{v}_n^T$$

처음의 k개의 항만을 남겨 두고 나머지를 잘라 버림으로써 랭크가 k인 가장 가까운 행렬 A_k를 얻을 수 있다.

$$A_k = \sigma_1 \mathbf{u}_1 \mathbf{v}_1^T + \sigma_2 \mathbf{u}_2 \mathbf{v}_2^T + \cdots + \sigma_k \mathbf{u}_k \mathbf{v}_k^T$$

A_k를 위한 총 저장 용량은 $k(m + n + 1)$이다. k를 n보다 훨씬 작게 두더라도 A_k로부터 원래의 영상과 아주 가까운 디지털 영상을 얻을 수 있다. 통상 k 값은 A_k 저장에 필요한 저장 공

그림 6.5.3 오크리지(Oakridge) 국립 연구소 제공

간이 원래 A를 위한 저장 공간의 20% 미만이 되도록 정한다.

그림 6.5.3은 176 × 260 행렬 A와 A를 근사화한 훨씬 작은 랭크의 행렬 세 개로부터의 디지털 영상들이다. 사진 속의 세 명의 신사들은 왼쪽부터 제임스 H. 윌킨슨(James H. Wilkinson), 월리스 기븐스(Wallace Givens), 조지 포사이드(George Forsythe)이다(이들은 수치적 선형대수의 개척자들이다).

응용 3 정보 검색—잠재적 의미 지수화

1.3절과 5.1절에서 언급했던 정보 검색 응용으로 돌아가 보자. 이 응용에서는 문서의 데이터베이스가 데이터베이스 행렬 Q로 표현되었다. 데이터베이스를 검색하려면 단위 검색 벡터 $\mathbf{x}$를 생성하고 $\mathbf{y} = Q^T\mathbf{x}$로 둔다. 검색 기준에 가장 잘 맞는 문서들은 1에 가까운 $\mathbf{y}$의 성분들에 해당한다.

의미가 여러 개인 말들과 의미가 유사한 말들이 있기 때문에 데이터베이스는 근사체(approximation)로 볼 수 있다. 데이터베이스 행렬의 원소 중 일부는 단어의 다중 의미로 인해 관련 없는 성분을 가지고 있을 수도 있고 일부는 동의어로 인해 성분이 없을 수도 있

다. 이제 이런 문제들을 바로잡을 수 있어서 완벽한 데이터베이스 행렬 P를 얻었다고 하자. $E=Q-P$라고 두면 $Q=P+E$이므로 행렬 E를 데이터베이스 행렬 Q의 오류를 나타내는 행렬로 볼 수 있다. 물론 E를 알 수 없기 때문에 P를 정확히 만들어 낼 수는 없다. 그러나 Q에 대한 좀 더 간단한 근사체 Q_1을 찾아낼 수 있다면 Q_1은 P의 근사체이기도 하다. 즉 $Q_1=P+E_1$이 된다. 잠재적 의미 지수화(LSI : latent semantic indexing) 방법에서는 데이터베이스 행렬 Q가 낮은 랭크의 Q_1로 근사화된다. 이 방법의 기저에 깔린 생각은 랭크가 낮은 행렬도 P의 훌륭한 근사체가 될 수 있고 또한 간단한 구조로 인해 오류도 적을 것이라는, 즉 $\|E_1\| < \|E\|$라는 생각이다.

랭크가 낮은 행렬로의 근사화는 Q의 특이값 분해의 외적 전개의 뒷부분을 잘라내는 방법으로 가능하다. 이는

$$\sigma_{r+1}=\sigma_{r+2}=\cdots=\sigma_n=0$$

으로 두고 Q_1을 랭크 r인 행렬의 특이값 분해의 간략형인 $Q_1=U_1\Sigma_1V_1^T$로 표현하는 것과 마찬가지 의미이다. 또한 $r<\min(m,n)/2$이면 이 분해는 계산적으로도 훨씬 효율적이기 때문에 검색 시간을 단축하는 효과도 있다. 계산 속도는 사용되는 연산량에 비례한다. 행렬과 벡터의 곱인 $Q^T\mathbf{x}$는 mn개의 스칼라 곱(n개 성분 각각에 대한 m개의 곱)을 필요로 한다. 반면에 $Q_1^T=V_1\Sigma_1U_1^T$와 $Q_1^T\mathbf{x}=V_1(\Sigma_1(U_1\mathbf{x}^T))$는 총 $r(m+n+1)$개의 스칼라 곱을 필요로 한다. 예를 들어 $m=n=1000$이고 $r=200$이면 $mn=10^6$인 반면, $r(m+n+1)=200\cdot 2001=400{,}200$이 되어 낮은 랭크의 행렬을 이용한 검색이 두 배 이상 빠르게 된다.

응용 4 심리학—주성분 분석

5.1절에서 심리학자 찰스 스페어만이 상관 행렬을 이용하여 적성 검사의 점수를 비교하는 것을 보았다. 관찰된 상관성에 근거하여 스페어만은 테스트 결과는 공통의 기본 함수의 증거를 제공한다고 결론내렸다. 지능을 구성하는 공통의 인자가 무엇인지에 대한 많은 심리학자들의 추후 연구를 통해 소위 **인자 분석**(factor analysis)이라는 분야의 연구가 개발되었다.

스페어만의 연구보다 몇 년 앞선 연구로 3,000명의 범죄자로부터 일곱 가지의 신체적 변수를 측정하여 얻은 상관 행렬을 분석한 1901년의 칼 피어슨(Karl Pearson)의 논문이 있다. 1933년의 유명한 논문에서부터 각광을 받게 된 H. 호텔링(Hotelling) 방법의 뿌리도 이 논문이었다. 이 방법이 **주성분 분석**(principal component analysis)이라는 방법이다.

이 방법의 기본 개념은 다음과 같다. n개의 적성 검사가 m명의 집단에 시행되었고 평균으로부터의 편차들이 $m\times n$ 행렬 X의 열을 이룬다. 실제로는 X의 열 벡터들은 양의 상관값을 갖게 마련이지만 점수를 설명하는 가설의 인자들은 상관성이 없어야 한다. 따라서 가설의 인자에 해당하는 상호 직교하는 벡터 $\mathbf{y}_1, \mathbf{y}_2, \cdots, \mathbf{y}_r$을 도입한다. 이 벡터들은 $R(X)$를 생

성해야 하므로 벡터의 개수 r은 X의 랭크와 같아야 한다. 또한 이 벡터들은 분산이 줄어드는 순서로 이름 붙인다.

첫 번째 주성분 벡터 $\mathbf{y}_1$은 가장 큰 분산을 설명해야 한다. $\mathbf{y}_1$은 X의 열 공간에 속해 있으므로 이 벡터는 $\mathbb{R}^n$상의 어떤 벡터 $\mathbf{v}_1$에 대해 $X\mathbf{v}_1$으로 표현된다. 공분산 행렬은 다음과 같고

$$S = \frac{1}{n-1}X^TX$$

$\mathbf{y}_1$의 분산은 다음과 같다.

$$\text{var}(\mathbf{y}_1) = \frac{(X\mathbf{v}_1)^TX\mathbf{v}_1}{n-1} = \mathbf{v}_1^TS\mathbf{v}_1$$

벡터 $\mathbf{v}_1$은 $\mathbf{v}^TS\mathbf{v}$를 최대로 하는 단위 벡터로 선택한다. 이렇게 하려면 $\mathbf{v}_1$을 X^TX의 가장 큰 고윳값 λ_1에 속한 단위 고유벡터로 선택하면 된다(6.4절의 연습문제 28 참조). X^TX의 고유벡터들은 X의 우 특이 벡터들이다. 따라서 $\mathbf{v}_1$은 X의 가장 큰 특이값 $\sigma_1 = \sqrt{\lambda_1}$ 에 해당하는 X의 우 특이 벡터이다. 만일 $\mathbf{u}_1$이 해당하는 좌 특이 벡터이면 다음이 성립한다.

$$\mathbf{y}_1 = X\mathbf{v}_1 = \sigma_1\mathbf{u}_1$$

두 번째 주성분 벡터는 $\mathbf{y}_2 = X\mathbf{v}_2$ 형태를 갖는다. $\mathbf{v}_1$과 직교하는 단위 벡터 중 $\mathbf{v}^TS\mathbf{v}$를 최대화하는 벡터는 X의 두 번째 우 특이 벡터 $\mathbf{v}_2$이다. $\mathbf{v}_2$를 이런 식으로 선택하고 $\mathbf{u}_2$를 해당하는 좌 특이 벡터라고 하면

$$\mathbf{y}_2 = X\mathbf{v}_2 = \sigma_2\mathbf{u}_2$$

이 되고, 다음의 이유로

$$\mathbf{y}_1^T\mathbf{y}_2 = \sigma_1\sigma_2\mathbf{u}_1^T\mathbf{u}_2 = 0$$

$\mathbf{y}_1$과 $\mathbf{y}_2$는 직교한다. 나머지 $\mathbf{y}_i$들도 같은 식으로 결정된다.

일반적으로 특이값 분해는 주성분 문제를 풀 수 있다. X의 랭크가 r이고 특이값 분해가 간략형으로 $X = U_1\Sigma_1V_1^T$로 표현된다면 주성분 벡터들은 다음과 같다.

$$\mathbf{y}_1 = \sigma_1\mathbf{u}_1,\ \mathbf{y}_2 = \sigma_2\mathbf{u}_2,\ \ldots,\ \mathbf{y}_r = \sigma_r\mathbf{u}_r$$

좌 특이 벡터 $\mathbf{u}_1, \cdots, \mathbf{u}_n$들은 정규화된 주성분 벡터들이다. $W = \Sigma_1V_1^T$라고 하면 X는 다음과 같다.

$$X = U_1\Sigma_1V_1^T = U_1W$$

행렬 U_1의 열들은 가설의 지능 요인들에 해당한다. 각 열의 성분들은 학생 개개인의 특정 지적능력 수준을 측정한다. 행렬 W는 각각의 검사가 가설의 인자에 어느 정도 의존하는가를 측정하게 된다.

6.5 연습문제

1. A와 A^T가 같은 영이 아닌 특이값을 가짐을 증명하라. 각각의 특이값 분해는 어떤 관계인가?

2. 예제 1에서의 방법을 이용하여 다음 각 행렬의 특이값 분해를 구하라.

(a) $\begin{pmatrix} 1 & -1 \\ -1 & 1 \end{pmatrix}$ (b) $\begin{pmatrix} 5 & -3 \\ 0 & 4 \end{pmatrix}$

(c) $\begin{pmatrix} 1 & 1 \\ 1 & 1 \\ 0 & 0 \\ 0 & 0 \end{pmatrix}$ (d) $\begin{pmatrix} 3 & 0 & 0 \\ 0 & 1 & -1 \\ 0 & -1 & 1 \\ 0 & 0 & 0 \end{pmatrix}$

3. 연습문제 2의 각각의 행렬에 대해

(a) 랭크를 구하라.

(b) 프로베니우스 노옴 관점에서 가장 가까운 랭크 1인 행렬을 구하라.

4. 다음 행렬 A에 대해

$$A = \begin{pmatrix} 18 & 9 & 0 \\ 18 & 0 & 0 \\ 0 & 18 & 0 \end{pmatrix} = \begin{pmatrix} -\frac{\sqrt{5}}{3} & 0 & -\frac{2}{3} \\ -\frac{4}{3\sqrt{5}} & -\frac{1}{\sqrt{5}} & \frac{2}{3} \\ -\frac{2}{3\sqrt{5}} & \frac{2}{\sqrt{5}} & \frac{1}{3} \end{pmatrix} \begin{pmatrix} 27 & 0 & 0 \\ 0 & 18 & 0 \\ 0 & 0 & 0 \end{pmatrix} \begin{pmatrix} -\frac{2}{\sqrt{5}} & -\frac{1}{\sqrt{5}} & 0 \\ -\frac{1}{\sqrt{5}} & \frac{2}{\sqrt{5}} & 0 \\ 0 & 0 & 1 \end{pmatrix}$$

프로베니우스 노옴 관점에서 A와 가장 가까운 랭크 1인 행렬과 랭크 2인 행렬을 구하라.

5. 다음 행렬 A의

$$A = \begin{pmatrix} 3 & 0 & 0 \\ 3 & 0 & 0 \\ 0 & 1 & -1 \\ 0 & -1 & 1 \end{pmatrix}$$

특이값 분해는 다음과 같다.

$$\begin{pmatrix} -\frac{1}{\sqrt{2}} & 0 & \frac{1}{2} \\ -\frac{1}{\sqrt{2}} & 0 & -\frac{1}{2} \\ 0 & -\frac{1}{\sqrt{2}} & \frac{1}{2} \\ 0 & \frac{1}{\sqrt{2}} & \frac{1}{2} \end{pmatrix} \begin{pmatrix} \sqrt{18} & 0 & 0 \\ 0 & 2 & 0 \\ 0 & 0 & 0 \end{pmatrix} \begin{pmatrix} -1 & 0 & 0 \\ 0 & -\frac{1}{\sqrt{2}} & \frac{1}{\sqrt{2}} \\ 0 & \frac{1}{\sqrt{2}} & \frac{1}{\sqrt{2}} \end{pmatrix}$$

(a) 특이값 분해를 이용하여 $R(A^T)$와 $N(A)$의 정규직교 기저를 구하라.

(b) 특이값 분해를 이용하여 $R(A)$와 $N(A^T)$의 정규직교 기저를 구하라.

6. A가 고윳값 $\lambda_1, \lambda_2, \cdots, \lambda_n$을 갖는 대칭 행렬이면 A의 특이값이 $|\lambda_1|, |\lambda_2|, \cdots, |\lambda_n|$임을 증명하라.

7. A는 특이값 분해가 $U\Sigma V^T$인 $m \times n$ 행렬이다. A의 랭크가 r, $r < n$이라고 가정할 때 $\{\mathbf{v}_1, \cdots, \mathbf{v}_r\}$이 $R(A^T)$의 정규직교 기저임을 보여라.

8. A가 $n \times n$ 행렬이다. A^TA와 AA^T는 서로 유사 행렬임을 증명하라.

9. A를 특이값 $\sigma_1, \sigma_2, \cdots, \sigma_n$와 고윳값 $\lambda_1, \lambda_2, \cdots, \lambda_n$을 가지는 $n \times n$ 행렬이라 하자. 다음을 증명하라.

$$|\lambda_1 \lambda_2 \cdots \lambda_n| = \sigma_1 \sigma_2 \cdots \sigma_n$$

10. A를 $U\Sigma V^T$와 같은 특이값 분해를 가지는 $n \times n$ 행렬이라 하고, B는 다음과 같다고 하자.

$$B = \begin{pmatrix} O & A^T \\ A & O \end{pmatrix}$$

$\mathbf{x}_i$와 $\mathbf{y}_i$가 다음과 같이 주어진다면,

$$\mathbf{x}_i = \begin{pmatrix} \mathbf{v}_i \\ \mathbf{u}_i \end{pmatrix}, \quad \mathbf{y}_i = \begin{pmatrix} -\mathbf{v}_i \\ \mathbf{u}_i \end{pmatrix}, \quad i = 1, \ldots, n$$

$\mathbf{x}_i$와 $\mathbf{y}_i$가 B의 고유벡터임을 증명하라. B의 고윳값들은 A의 특이값들과 어떤 관계를 가지는가?

11. σ가 A의 특이값이면 다음을 만족하는 영이 아닌 벡터 $\mathbf{x}$가 존재함을 증명하라.

$$\sigma = \frac{\|A\mathbf{x}\|_2}{\|\mathbf{x}\|_2}$$

12. A는 특이값 분해가 $U\Sigma V^T$이고 랭크가 n인 $m \times n$ 행렬이다. Σ^+를 다음과 같은 $n \times m$ 행렬이라 정의하고

$$\begin{bmatrix} \frac{1}{\sigma_1} & & & \\ & \frac{1}{\sigma_2} & & O \\ & & \ddots & \\ & & & \frac{1}{\sigma_n} \end{bmatrix}$$

$A^+ = V\Sigma^+U^T$라고 하자. $\hat{\mathbf{x}} = A^+\mathbf{b}$가 정규 방정식 $A^TAx = A^T\mathbf{b}$의 해가 됨을 증명하라.

13. A^+를 연습문제 12에서와 같이 정의하고 $P = AA^+$라 하자. $P^2 = P$이고 $P^T = P$임을 증명하라.

6.6 이차 형식

이제 선형 방정식의 연구에 있어 행렬이 얼마나 큰 역할을 하는지는 충분히 알 것이다. 이 절에서는 행렬이 이차 방정식의 연구에서도 중요한 역할을 한다는 것을 보게 될 것이다. 이차 방정식마다 벡터 함수 $f(\mathbf{x}) = \mathbf{x}^TA\mathbf{x}$를 대응시킬 수 있다. 이러한 벡터 함수를 **이차 형식**(quadratic form)이라고 한다. 이차 형식은 다양한 응용문제에서 볼 수 있다. 특히 최적 이론(optimization theory) 연구에서 중요하다.

정의 두 변수 x와 y로 표현되는 **이차 방정식**의 형태는 다음과 같다.

$$ax^2 + 2bxy + cy^2 + dx + ey + f = 0 \tag{1}$$

식 (1)은 다음의 형태로 다시 쓸 수 있다.

$$\begin{bmatrix} x & y \end{bmatrix}\begin{bmatrix} a & b \\ b & c \end{bmatrix}\begin{bmatrix} x \\ y \end{bmatrix} + \begin{bmatrix} d & e \end{bmatrix}\begin{bmatrix} x \\ y \end{bmatrix} + f = 0 \tag{2}$$

이제

$$\mathbf{x} = \begin{bmatrix} x \\ y \end{bmatrix} \quad \text{그리고} \quad A = \begin{bmatrix} a & b \\ b & c \end{bmatrix}$$

라고 할 때, 다음 항

$$\mathbf{x}^TA\mathbf{x} = ax^2 + 2bxy + cy^2$$

은 식 (1)에 연관된 **이차 형식**이라고 한다.

원뿔 곡선

식 (1) 형태의 방정식의 그래프를 원뿔 곡선(conic section)이라 한다[만일 식 (1)을 만족하는 (x, y)가 존재하지 않으면 그 방정식은 가상의 원뿔을 나타낸다고 한다]. 만일 식 (1)의 그래

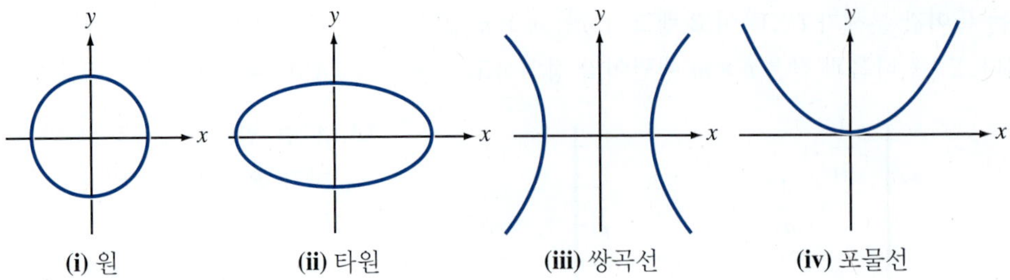

그림 6.6.1

프가 한 점이나 한 직선 또는 한 쌍의 직선이 되는 경우는 식 (1)이 축퇴된 원뿔(degenerate conic)을 나타낸다고 한다. 축퇴되지 않은(non-degenerate) 원뿔이 관심의 대상이다. 축퇴되지 않은 원뿔은 원, 타원, 포물선 또는 쌍곡선이 된다(그림 6.6.1 참조). 원뿔의 그래프는 그 방정식이 다음과 같은 표준형으로 표현되었을 때 그리기 쉽다.

(i) $x^2 + y^2 = r^2$ (원)

(ii) $\dfrac{x^2}{\alpha^2} + \dfrac{y^2}{\beta^2} = 1$ (타원)

(iii) $\dfrac{x^2}{\alpha^2} - \dfrac{y^2}{\beta^2} = 1$ 또는 $\dfrac{y^2}{\alpha^2} - \dfrac{x^2}{\beta^2} = 1$ (쌍곡선)

(iv) $x^2 = \alpha y$ 또는 $y^2 = \alpha x$ (포물선)

위에서 α, β, r는 영이 아닌 실수들이다. 원은 타원의 특별한 경우($\alpha = \beta = r$)임을 주목하자. 원뿔 곡선의 식이 위의 네 가지 표준 형태 중 하나로 쓰였을 때 **표준 위치**(standard position)에 있다고 한다. 그림 6.6.1에서 보듯이 (i), (ii), (iii)의 그래프는 양축과 원점에 대해 대칭이다. 이 경우 곡선이 원점에 중심을 두고 있다고 한다. 표준 위치에 있는 포물선은 원점을 지나며 한 축에 대해 대칭이다.

표준 위치에 있지 않은 원뿔 곡선은 어떨까? 다음의 경우를 보자.

경우 1. 표준 위치로부터 수평 방향으로 이동된 경우로 식 (1)에서 x^2과 x의 계수가 모두 영이 아닐 때 발생한다.

경우 2. 표준 위치로부터 수직 방향으로 이동된 경우로 식 (1)에서 y^2과 y의 계수가 모두 영이 아닐 때(즉 $c \neq 0$이고 $e \neq 0$) 발생한다.

경우 3. 표준 위치로부터 θ만큼(단 θ는 90°의 배수가 아님) 회전된 경우로 xy의 계수가 영이 아닐 때(즉 $b \neq 0$) 발생한다.

일반적으로는 위의 세 가지 중 하나 혹은 세 가지 경우가 조합된 경우를 보게 된다. 표준 위치에 있지 않은 원뿔 곡선의 그래프를 그릴 때는 새로운 축 x'과 y'을 찾아 이 새로운 축에 대해서는 원뿔 곡선이 표준 위치가 되도록 하는 것이 보통이다. 원뿔 곡선이 수직 방향이나 수평 방향으로 이동한 경우는 쉽게 이 새로운 축을 찾을 수 있다. 다음의 예제를 보자.

예제 1 다음 방정식의 그래프를 그려라.

$$9x^2 - 18x + 4y^2 + 16y - 11 = 0$$

해답 새로운 축을 찾기 위해서는 제곱의 형태를 만든다.

$$9(x^2 - 2x + 1) + 4(y^2 + 4y + 4) - 11 = 9 + 16$$

위 식을 간략화하면

$$\frac{(x-1)^2}{2^2} + \frac{(y+2)^2}{3^2} = 1$$

이 되고, x'과 y'을 다음과 같이 두면

$$x' = x - 1 \quad \text{그리고} \quad y' = y + 2$$

방정식은 다음과 같이 새로운 변수 x'과 y'에 대해 표준 위치에 있다.

$$\frac{(x')^2}{2^2} + \frac{(y')^2}{3^2} = 1$$

따라서 그림 6.6.2에서 보듯이 x'축과 y'축에 대해 표준 위치에 있는 타원이 된다. 이 타원의 중심은 $x'y'$ 평면의 원점[즉 $(x, y) = (1, -2)$]이다. x'축의 방정식은 $y' = 0$이므로 $y = -2$라는 직선이 되고 마찬가지로 y'축은 $x = 1$로 표현된다. ■

원뿔 곡선이 단순히 이동된 경우에는 큰 문제가 없으나 원뿔 곡선이 표준 위치로부터 회전된 경우에는 새 좌표축 x'과 y'을 써서 식을 표현했을 때 $x'y'$항의 계수가 0이 되도록 좌표축을 변환해야 한다. $\mathbf{x} = (x, y)^T$, $x' = (x', y')^T$라 하자. 새 좌표는 옛날 좌표로부터 회전된 것이므로 다음 식을 얻는다.

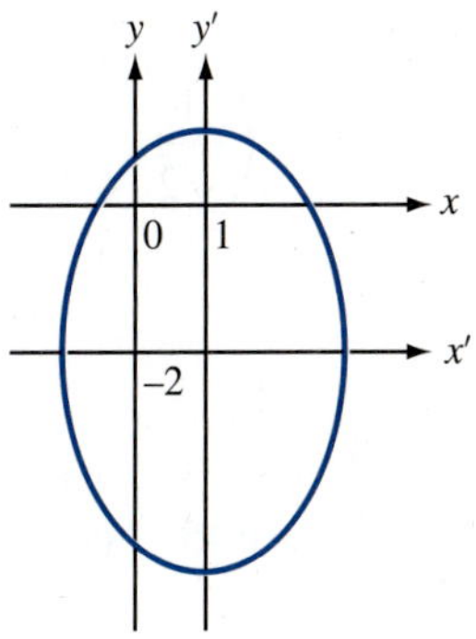

그림 6.6.2

$$\mathbf{x} = Q\mathbf{x}' \quad \text{또는} \quad \mathbf{x}' = Q^T\mathbf{x}$$

여기서

$$Q = \begin{bmatrix} \cos\theta & \sin\theta \\ -\sin\theta & \cos\theta \end{bmatrix} \quad \text{또는} \quad Q^T = \begin{bmatrix} \cos\theta & -\sin\theta \\ \sin\theta & \cos\theta \end{bmatrix}$$

만일 $0 < \theta < \pi$라면 행렬 Q는 시계 방향으로 θ만큼의 회전에 해당하고 Q^T는 반시계 방향으로 θ만큼의 회전에 해당한다(4.2절의 예제 2 참조). 이렇게 변수 변환을 하게 되면 식 (2)는

$$(\mathbf{x}')^T(Q^TAQ)\mathbf{x}' + \begin{bmatrix} d' & e' \end{bmatrix}\mathbf{x}' + f = 0 \tag{3}$$

이 되고, 여기서 $\begin{bmatrix} d' & e' \end{bmatrix} = \begin{bmatrix} d & e \end{bmatrix}Q$이다. 이 식이 $x'y'$ 항이 없기 위해서는 Q^TAQ가 대각선 행렬이어야 한다. A가 대칭 행렬이므로 한 쌍의 정규직교 고유벡터 $\mathbf{q}_1 = (x_1, -y_1)^T$와 $\mathbf{q}_2 = (y_1, x_1)^T$를 찾을 수 있다. 따라서 $\cos\theta = x_1, \sin\theta = y_1$이라 두면 다음의 행렬이

$$Q = \begin{bmatrix} \mathbf{q}_1 & \mathbf{q}_2 \end{bmatrix} = \begin{bmatrix} x_1 & y_1 \\ -y_1 & x_1 \end{bmatrix}$$

A를 대각화하고 식 (3)은 다음과 같이 간략화된다.

$$\lambda_1(x')^2 + \lambda_2(y')^2 + d'x' + e'y' + f = 0$$

예제 2 다음의 원뿔 곡선을 보자.

$$3x^2 + 2xy + 3y^2 - 8 = 0$$

이 식은 다음과 같이 쓸 수 있다.

$$\begin{bmatrix} x & y \end{bmatrix}\begin{bmatrix} 3 & 1 \\ 1 & 3 \end{bmatrix}\begin{bmatrix} x \\ y \end{bmatrix} = 8$$

행렬

$$\begin{bmatrix} 3 & 1 \\ 1 & 3 \end{bmatrix}$$

은 고윳값 $\lambda = 2$와 $\lambda = 4$를 가지며, 해당하는 단위 고유벡터들은 다음과 같다.

$$\left(\frac{1}{\sqrt{2}}, -\frac{1}{\sqrt{2}}\right)^T \quad \text{그리고} \quad \left(\frac{1}{\sqrt{2}}, \frac{1}{\sqrt{2}}\right)^T$$

이제 Q를 다음과 같이 두고

$$Q = \begin{bmatrix} \frac{1}{\sqrt{2}} & \frac{1}{\sqrt{2}} \\ -\frac{1}{\sqrt{2}} & \frac{1}{\sqrt{2}} \end{bmatrix} = \begin{bmatrix} \cos 45^\circ & \sin 45^\circ \\ -\sin 45^\circ & \cos 45^\circ \end{bmatrix}$$

이어 다음과 같이 두면

$$\begin{bmatrix} x \\ y \end{bmatrix} = \begin{bmatrix} \frac{1}{\sqrt{2}} & \frac{1}{\sqrt{2}} \\ -\frac{1}{\sqrt{2}} & \frac{1}{\sqrt{2}} \end{bmatrix} \begin{bmatrix} x' \\ y' \end{bmatrix}$$

다음을 얻게 되고

$$Q^T A Q = \begin{bmatrix} 2 & 0 \\ 0 & 4 \end{bmatrix}$$

원뿔 곡선의 방정식은 다음과 같이 된다.

$$2(x')^2 + 4(y')^2 = 8$$

또는

$$\frac{(x')^2}{4} + \frac{(y')^2}{2} = 1$$

새 좌표 시스템에서 x'축의 방향은 $x' = 1, y' = 0$이라는 점에 의해 결정된다. 이를 xy좌표 시스템으로 보려면 다음 식에 의하면 된다.

$$\begin{bmatrix} \frac{1}{\sqrt{2}} & \frac{1}{\sqrt{2}} \\ -\frac{1}{\sqrt{2}} & \frac{1}{\sqrt{2}} \end{bmatrix} \begin{bmatrix} 1 \\ 0 \end{bmatrix} = \begin{bmatrix} \frac{1}{\sqrt{2}} \\ -\frac{1}{\sqrt{2}} \end{bmatrix} = \mathbf{q}_1$$

x'축은 $\mathbf{q}_1$의 방향이고, 마찬가지로 y'축의 방향을 알아내려면 다음 식에 의하면 된다.

$$Q\mathbf{e}_2 = \mathbf{q}_2$$

즉 Q의 열을 구성하는 고유벡터들이 새로운 좌표축의 방향이다(그림 6.6.3 참조). ■

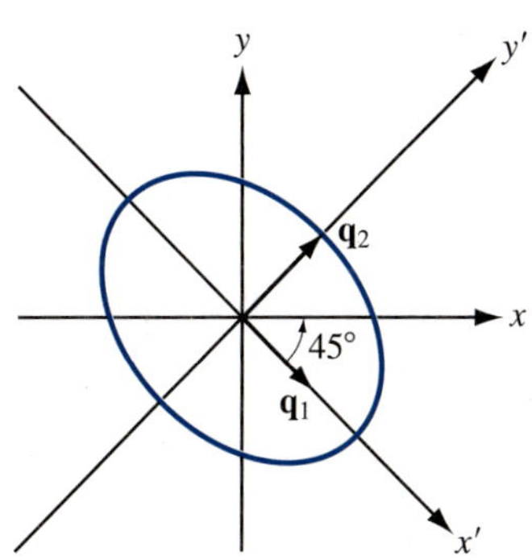

그림 6.6.3

$$\lambda_1(x')^2 + \lambda_2(y')^2 + \lambda_3(z')^2 + \alpha = 0$$

여기서 $\lambda_1, \lambda_2, \lambda_3$는 A의 고윳값이다. 일반적인 n차원의 경우 이차 형식은 항상 간단한 대각선 형식으로 바뀔 수 있다. 다음의 정리를 통해 좀 더 자세히 알아보자.

정리 6.6.1 **주축 정리**

A가 실수의 $n \times n$ 대칭 행렬이면 변수 변환 $\mathbf{u} = Q^T\mathbf{x}$를 통해 $\mathbf{x}^TA\mathbf{x} = \mathbf{u}^TD\mathbf{u}$를 만족하는 대각선 행렬 D를 찾을 수 있다.

증명 A가 실수의 $n \times n$ 대칭 행렬이면 따름정리 6.4.7에 의해 A를 대각화하는 직교 행렬 Q가 존재한다. 즉 $Q^TAQ = D$(대각선 행렬)이다. 이제 $\mathbf{u} = Q^T\mathbf{x}$라고 두면 $\mathbf{x} = Q\mathbf{u}$가 되고, 따라서

$$\mathbf{x}^TA\mathbf{x} = \mathbf{u}^TQ^TAQ\mathbf{u} = \mathbf{u}^TD\mathbf{u}$$ ■

최적화 : 계산에의 적용

여러 변수의 함수를 최대화/최소화하는 문제를 알아보자. 좀 더 구체적으로 말하면 실수값을 갖는 벡터 함수 $w = F(\mathbf{x})$의 임계점(critical point)의 성질을 결정하는 문제이다. 함수가 이차 형식 $w = \mathbf{x}^TA\mathbf{x}$이면 0이 임계점이다. 어떤 점이 이 함수의 최대점, 최소점 또는 안장점(saddle point)인가의 여부는 A의 고윳값에 달려 있다. 좀 더 일반적으로는 함수가 충분히 미분 가능하면 국소적으로는 이차 형식처럼 행동한다. 즉 각 임계점은 연관된 이차 형식 행렬의 고윳값 부호를 결정함으로써 알 수 있다.

정의 $F(\mathbf{x})$가 $\mathbb{R}^n$상에서 정의된 실수 값을 갖는 벡터 함수라 하자. $\mathbb{R}^n$상의 한 점 $\mathbf{x}_0$에서 F의 모든 일차 편미분 값이 존재하고 또한 그 값이 영이면 이 점 $\mathbf{x}_0$를 F의 **정류점**(stationary point)이라고 한다.

$F(\mathbf{x})$가 점 $\mathbf{x}_0$에서 국소적인(local) 최댓값이나 최솟값을 갖고 그 점에서 F의 일차 편미분이 존재하면 그 값은 영이 된다. 즉 $F(\mathbf{x})$가 전 구간에서 일차 편미분을 갖는다면 국소적인 최댓값과 최솟값들은 정류점에서 나타나게 된다.

다음의 이차 형식을 보자.

$$f(x, y) = ax^2 + 2bxy + cy^2$$

f의 일차 편미분들은 다음과 같다.

$$f_x = 2ax + 2by$$
$$f_y = 2bx + 2cy$$

이 값들이 영이라고 하여 풀면 (0, 0)이 정류점이 됨을 알 수 있다. 더욱이 행렬

$$A = \begin{bmatrix} a & b \\ b & c \end{bmatrix}$$

이 비특이 행렬이라면 임계점은 단 하나만 존재하게 된다. 즉 A가 비특이 행렬이면 f는 점 (0, 0)에서 전역적(global) 최댓값, 최솟값 또는 안장점을 갖게 된다.

이제 함수 f를 다음의 형태로 표현하자.

$$f(\mathbf{x}) = \mathbf{x}^T A\mathbf{x} \quad \text{여기서} \quad \mathbf{x} = \begin{bmatrix} x \\ y \end{bmatrix}$$

$f(\mathbf{0}) = 0$이므로 f가 0에서 전역적 최솟값을 갖기 위한 필요충분조건은 다음과 같고

$$\mathbf{x}^T A\mathbf{x} > 0 \quad (\text{모든 } \mathbf{x} \neq \mathbf{0}\text{에 대해})$$

f가 $\mathbf{0}$에서 전역적 최댓값을 갖기 위한 필요충분조건은 다음과 같다.

$$\mathbf{x}^T A\mathbf{x} < 0 \quad (\text{모든 } \mathbf{x} \neq \mathbf{0}\text{에 대해})$$

만일 $\mathbf{x}^T A\mathbf{x}$의 부호가 바뀌면 0은 안장점이 된다.

일반적으로 f가 n개의 변수를 갖는 이차 형식이면 f는 임의의 $\mathbf{x} \in \mathbb{R}^n$에서 다음과 같이 쓸 수 있고

$$f(\mathbf{x}) = \mathbf{x}^T A\mathbf{x}$$

여기서 A는 $n \times n$ 대칭 행렬이다.

정의

> 이차 형식 $f(\mathbf{x}) = \mathbf{x}^T A\mathbf{x}$가 $\mathbb{R}^n$상의 영이 아닌 모든 $\mathbf{x}$에서 부호가 같으면 **정부호**(definite) 이차 형식이라고 한다. 이 형식이 $\mathbb{R}^n$상의 영이 아닌 모든 $\mathbf{x}$에서 $\mathbf{x}^T A\mathbf{x} > 0$을 만족하면 **양의 정부호**(positive definite) 이차 형식이라 하고 $\mathbb{R}^n$상의 영이 아닌 모든 $\mathbf{x}$에서 $\mathbf{x}^T A\mathbf{x} < 0$을 만족하면 **음의 정부호**(negative definite) 이차 형식이라고 한다. 서로 다른 부호의 값을 갖는 이차 형식은 **부정부호**(indefinite) 이차 형식이라고 한다. 만일 $f(\mathbf{x}) = \mathbf{x}^T A\mathbf{x} \geq 0$이고 영이 아닌 어떤 $\mathbf{x}$에서 함수값이 0이면 $f(\mathbf{x})$는 **양의 준정부호**(positive semidefinite) 이차 형식이라고 한다. 만일 $f(\mathbf{x}) \leq 0$이고 영이 아닌 어떤 $\mathbf{x}$에서 함수값이 0이면 $f(\mathbf{x})$는 **음의 준정부호**(negative semidefinite) 이차 형식이라 한다.

이차 형식이 양의 정부호인가 또는 음의 정부호인가는 행렬 A에 달려 있다. 이차 형식이 양의 정부호이면 단순히 행렬 A가 양의 정부호라고 말한다. 앞서의 정의는 다음과 같이 다시 표현되기도 한다.

정의 실수 대칭 행렬 A는

I. $\mathbb{R}^n$상의 영이 아닌 모든 $\mathbf{x}$에 대해 $\mathbf{x}^T A\mathbf{x} > 0$이면 **양의 정부호**라고 한다.
II. $\mathbb{R}^n$상의 영이 아닌 모든 $\mathbf{x}$에 대해 $\mathbf{x}^T A\mathbf{x} < 0$이면 **음의 정부호**라고 한다.
III. $\mathbb{R}^n$상의 영이 아닌 모든 $\mathbf{x}$에 대해 $\mathbf{x}^T A\mathbf{x} \geq 0$이면 **양의 준정부호**라고 한다.
IV. $\mathbb{R}^n$상의 영이 아닌 모든 $\mathbf{x}$에 대해 $\mathbf{x}^T A\mathbf{x} \leq 0$이면 **음의 준정부호**라고 한다.
V. $\mathbf{x}^T A\mathbf{x}$가 부호가 다른 값들을 취할 수 있으면 **부정부호**라고 한다.

A가 비특이 행렬이면 $\mathbf{0}$이 $f(\mathbf{x}) = \mathbf{x}^T A\mathbf{x}$의 유일한 정류점이 된다. 이때 A가 양의 정부호 행렬이면 이는 전역적 최소점이 되고 A가 음의 정부호 행렬이면 전역적 최대점이 된다. A가 부정부호 행렬이면 $\mathbf{0}$은 안장점이 된다. 정류점을 분류하기 위해서는 행렬 A를 분류해야 한다. 행렬이 양의 정부호인지를 알아내는 여러 가지 방법이 있다. 이 중 일부는 다음 절에서 공부할 것이다. 다음의 정리는 아마도 양의 정부호 행렬의 가장 중요한 특성을 말해 주는 정리일 것이다.

정리 6.6.2 A가 실수인 $n \times n$ 대칭 행렬이라 하자. A가 양의 정부호 행렬이기 위한 필요충분조건은 A의 고윳값이 모두 양수라는 것이다.

증명 A가 양의 정부호이고 λ가 A의 고윳값이면 λ에 속한 임의의 고유벡터 $\mathbf{x}$에 대해서 다음이 성립한다.

$$\mathbf{x}^T A\mathbf{x} = \lambda \mathbf{x}^T\mathbf{x} = \lambda \|\mathbf{x}\|^2$$

따라서

$$\lambda = \frac{\mathbf{x}^T A\mathbf{x}}{\|\mathbf{x}\|^2} > 0$$

역으로 A의 모든 고윳값이 양수라 하고 $\{\mathbf{u}_1, \cdots, \mathbf{u}_n\}$을 A의 고유벡터들로 구성된 정규직교 집합이라고 하자. $\mathbb{R}^n$에 속한 임의의 영이 아닌 벡터 $\mathbf{x}$는 다음과 같이 쓸 수 있다.

$$\mathbf{x} = c_1\mathbf{u}_1 + c_2\mathbf{u}_2 + \cdots + c_n\mathbf{u}_n$$

여기서

$$c_i = \mathbf{x}^T\mathbf{u}_i \quad i = 1, \ldots, n \quad \text{그리고} \quad \sum_{i=1}^n c_i^2 = \|\mathbf{x}\|^2 > 0$$

따라서 다음이 성립하고

$$\begin{aligned}\mathbf{x}^T A\mathbf{x} &= \mathbf{x}^T(c_1\lambda_1\mathbf{u}_1 + \cdots + c_n\lambda_n\mathbf{u}_n) \\ &= \sum_{i=1}^n c_i^2\lambda_i \\ &\geq (\min \lambda_i)\|\mathbf{x}\|^2 > 0\end{aligned}$$

그러므로 A는 양의 정부호이다. ■

A의 고윳값이 모두 음수이면 $-A$가 양의 정부호가 되므로 결과적으로 A는 음의 정부호이다. A의 고윳값들 중 부호가 다른 것이 있다면 A는 부정부호이다. 실제로 λ_1이 A의 양의 고윳값이고 $\mathbf{x}_1$이 그에 속한 고유벡터라면 다음이 성립하고

$$\mathbf{x}_1^T A\mathbf{x}_1 = \lambda_1 \mathbf{x}_1^T \mathbf{x}_1 = \lambda_1 \|\mathbf{x}_1\|^2 > 0$$

λ_2가 A의 음의 고윳값이고 해당 고유벡터가 $\mathbf{x}_2$라면 다음이 성립한다.

$$\mathbf{x}_2^T A\mathbf{x}_2 = \lambda_2 \mathbf{x}_2^T \mathbf{x}_2 = \lambda_2 \|\mathbf{x}_2\|^2 < 0$$

예제 4 그림 6.6.5는 이차 형식 $f(x, y) = 2x^2 - 4xy + 5y^2$의 그래프이다. 그래프를 통해서는 정류점 $(0, 0)$이 전역적인 최소점인지 아니면 안장점인지가 불분명하다. 이 이차식의 행렬 A를 통해 이 문제를 해결하자.

$$A = \begin{bmatrix} 2 & -2 \\ -2 & 5 \end{bmatrix}$$

A의 고윳값은 $\lambda_1 = 6$과 $\lambda_2 = 1$이다. 두 고윳값 모두 양수이므로 A는 양의 정부호이고 따라서 정류점 $(0, 0)$은 전역적 최소점이다. ■

함수 $F(x, y)$의 정류점이 (x_0, y_0)라고 하자. 만일 (x_0, y_0) 근처에서 F가 연속인 삼차 편미분을 갖고 있다면 F는 테일러(Taylor) 급수로 다음과 같이 전개된다.

$$\begin{aligned} F(x_0 + h, y_0 + k) &= F(x_0, y_0) + \left[hF_x(x_0, y_0) + kF_y(x_0, y_0)\right] \\ &\quad + \tfrac{1}{2}\left[h^2 F_{xx}(x_0, y_0) + 2hkF_{xy}(x_0, y_0) + k^2 F_{yy}(x_0, y_0)\right] + R \\ &= F(x_0, y_0) + \tfrac{1}{2}(ah^2 + 2bhk + ck^2) + R \end{aligned}$$

여기서

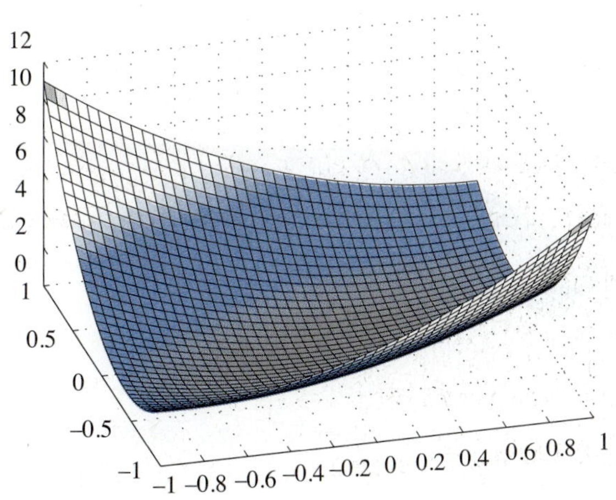

그림 6.6.5

$$a = F_{xx}(x_0, y_0), \qquad b = F_{xy}(x_0, y_0), \qquad c = F_{yy}(x_0, y_0)$$

이고, 나머지 항들에 해당하는 R은 다음과 같다.

$$R = \frac{1}{6}\left[h^3 F_{xxx}(\mathbf{z}) + 3h^2 k F_{xxy}(\mathbf{z}) + 3hk^2 F_{xyy}(\mathbf{z}) + k^3 F_{yyy}(\mathbf{z})\right]$$
$$\mathbf{z} = (x_0 + \theta h, y_0 + \theta k), \qquad 0 < \theta < 1$$

만일 h와 k가 충분히 작다면 $|R|$이 $\frac{1}{2}|ah^2 + 2bhk + ck^2|$보다 작게 될 것이고 따라서 $[F(\mathbf{x}_0 + h, y_0 + k) - F(x_0, y_0)]$와 $(ah^2 + 2bhk + ck^2)$은 같은 부호를 갖게 된다. 함수

$$f(h, k) = ah^2 + 2bhk + ck^2$$

은 변수 h와 k의 이차 형식이다. 따라서 $F(x, y)$가 (x_0, y_0)에서 국소적 최솟값(또는 최댓값)을 가질 필요충분조건은 $f(h, k)$가 $(0, 0)$에서 최솟값(또는 최댓값)을 갖는 것이다. 다음과 같이 H를 정의하고

$$H = \begin{pmatrix} a & b \\ b & c \end{pmatrix} = \begin{pmatrix} F_{xx}(x_0, y_0) & F_{xy}(x_0, y_0) \\ F_{xy}(x_0, y_0) & F_{yy}(x_0, y_0) \end{pmatrix}$$

λ_1과 λ_2를 H의 고윳값이라 하자. H가 비특이 행렬이면 λ_1과 λ_2는 영이 아니고 정류점 (x_0, y_0)는 다음과 같이 분류될 수 있다.

(i) $\lambda_1 > 0, \lambda_2 > 0$이면 F는 (x_0, y_0)에서 최솟값을 갖는다.

(ii) $\lambda_1 < 0, \lambda_2 < 0$이면 F는 (x_0, y_0)에서 최댓값을 갖는다.

(iii) λ_1과 λ_2의 부호가 다르면 (x_0, y_0)는 F의 안장점이 된다.

예제 5 그림 6.6.6은 다음 함수의 그래프이다.

$$F(x, y) = \frac{1}{3}x^3 + xy^2 - 4xy + 1$$

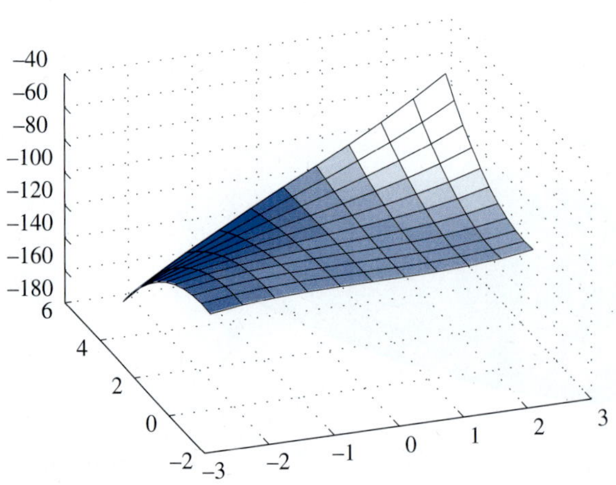

그림 6.6.6

표 6.6.1 $F(x, y)$의 정류점들

정류점 (x_0, y_0)	λ_1	λ_2	분류
$(0, 0)$	4	-4	안장점
$(0, 4)$	4	-4	안장점
$(2, 2)$	4	4	국소적 최소점
$(-2, 2)$	-4	-4	국소적 최대점

모든 정류점이 그래프상에는 존재하지만 알아보기는 어렵다. 그러나 해당 행렬의 이차 편미분을 근사함으로써 정류점들을 분석하여 각 정류점들이 어떻게 분류되는지 볼 수 있다.

해답 F의 일차 편미분은 다음과 같다.

$$F_x = x^2 + y^2 - 4y$$
$$F_y = 2xy - 4x = 2x(y-2)$$

$F_y = 0$으로 두면 $x = 0$ 또는 $y = 2$를 얻는다. $F_x = 0$으로 두면 $x = 0$일 때 y는 0 또는 4여야 하고 $y = 2$일 때는 $x = \pm 2$가 된다. 따라서 $(0, 0), (0, 4), (2, 2), (-2, 2)$가 F의 정류점들이다. 정류점의 분류를 위해 이차 편미분을 계산하면 다음과 같다.

$$F_{xx} = 2x, \qquad F_{xy} = 2y - 4, \qquad F_{yy} = 2x$$

각 정류점 (x_0, y_0)에 대해 다음 행렬의 고윳값을 결정해 보면 그 결과는 표 6.6.1과 같다.

$$\begin{bmatrix} 2x_0 & 2y_0 - 4 \\ 2y_0 - 4 & 2x_0 \end{bmatrix}$$

■

이제 정류점 분류 방법을 세 변수 이상의 함수에 대해 일반화해 보자. $F(\mathbf{x}) = F(x_1, x_2, \cdots, x_n)$을 3차 편미분이 모두 연속함수인 실수 값을 갖는 함수라 하자. $\mathbf{x}_0$를 F의 정류점이라 하고 다음과 같이 행렬 $H = H(\mathbf{x}_0)$를 정의하자.

$$h_{ij} = F_{x_i x_j}(\mathbf{x}_0)$$

$H(\mathbf{x}_0)$는 $\mathbf{x}_0$에서의 F의 헤시안(Hessian)이라 한다. 정류점은 다음과 같이 분류된다.

(i) $H(\mathbf{x}_0)$가 양의 정부호이면 F는 $\mathbf{x}_0$에서 국소적 최솟값을 갖는다.

(ii) $H(\mathbf{x}_0)$가 음의 정부호이면 F는 $\mathbf{x}_0$에서 국소적 최댓값을 갖는다.

(iii) $H(\mathbf{x}_0)$가 부정부호이면 $\mathbf{x}_0$는 F의 안장점이다.

예제 6 다음 함수의 국소적 최댓값, 국소적 최솟값, 그리고 모든 안장점들을 구하라.

$$F(x, y, z) = x^2 + xz - 3\cos y + z^2$$

해답 F의 일차 편미분은 다음과 같다.

$$F_x = 2x + z$$
$$F_y = 3\sin y$$
$$F_z = x + 2z$$

따라서 (x, y, z)가 F의 정류점일 필요충분조건은 $x = z = 0$, $y = n\pi$, n은 정수이다. $\mathbf{x}_0 = (0, 2k\pi, 0)^T$라고 하자. $\mathbf{x}_0$에서 F의 헤시안은 다음과 같다.

$$H(\mathbf{x}_0) = \begin{bmatrix} 2 & 0 & 1 \\ 0 & 3 & 0 \\ 1 & 0 & 2 \end{bmatrix}$$

$H(\mathbf{x}_0)$의 고윳값은 3, 3, 1이다. 고윳값이 모두 양수이므로 $H(\mathbf{x}_0)$는 양의 정부호이고 따라서 F는 $\mathbf{x}_0$에서 국소적 최솟값을 갖는다. 반면에 $\mathbf{x}_1 = (0, (2k-1)\pi, 0)^T$ 형태의 정류점에서 헤시안은 다음과 같다.

$$H(\mathbf{x}_1) = \begin{bmatrix} 2 & 0 & 1 \\ 0 & -3 & 0 \\ 1 & 0 & 2 \end{bmatrix}$$

$H(\mathbf{x}_1)$의 고윳값은 -3, 3, 1이다. 따라서 $H(\mathbf{x}_1)$은 부정부호 행렬이므로 $\mathbf{x}_1$은 F의 안장점이다. ■

6.6 연습문제

1. 다음의 이차 형식들과 연관된 행렬을 구하라.

(a) $4x^2 - 6xy + 9y^2$
(b) $2x^2 + y^2 - 3z^2 + xy - 2xz - yz$
(c) $x^2 + 9y^2 - 7z^2 + xy - 2xz - yz$

2. 예제 2의 고윳값을 $\lambda_1 = 4$, $\lambda_2 = 2$로 두고 다시 풀어라. 양의 x'축과 y'축이 놓이는 사분면을 말하라. 그래프를 그리고 그림 6.6.3과 비교하라.

3. 다음의 각각에 대해 원뿔 곡선이 표준 형태가 되도록 회전과 이동을 사용한 좌표축 변환을 하라. 어떤 곡선인지를 밝히고 그래프를 그려라.

(a) $2x^2 + 2xy + 2y^2 - 9 = 0$
(b) $5x^2 + 24xy + 5y^2 + 119 = 0$
(c) $6x^2 - 4xy + 3y^2 - 28 = 0$
(d) $x^2 - 2xy + y^2 + \sqrt{2}x + 5\sqrt{2}y + 2 = 0$

4. λ_1과 λ_2를 다음 행렬의 고윳값이라 하자.

$$A = \begin{bmatrix} a & b \\ b & c \end{bmatrix}$$

$\lambda_1\lambda_2 < 0$이라면 다음 방정식은 어떤 원뿔 곡선이 되는지 설명하라.

$$ax^2 + 2bxy + cy^2 = 1$$

5. A는 2×2 대칭 행렬이고 α는 $\mathbf{x}^T A\mathbf{x} = \alpha$가 모순이 아니도록 하는 영이 아닌 스칼라라고 하자. 해당 원뿔 곡선이 축퇴되지 않기 위한 필요충분 조건이 A가 비특이 행렬이라는 것을 증명하라.

6. 다음 행렬 중 양의 정부호, 음의 정부호, 부정부호인 것을 각각 밝혀라.

(a) $\begin{bmatrix} 3 & 2 \\ 2 & 2 \end{bmatrix}$ **(b)** $\begin{bmatrix} 3 & 4 \\ 4 & 1 \end{bmatrix}$

(c) $\begin{bmatrix} 3 & \sqrt{2} \\ \sqrt{2} & 4 \end{bmatrix}$ (d) $\begin{bmatrix} -2 & 0 & 1 \\ 0 & -1 & 0 \\ 1 & 0 & -2 \end{bmatrix}$

(e) $\begin{bmatrix} 1 & 2 & 1 \\ 2 & 1 & 1 \\ 1 & 1 & 2 \end{bmatrix}$ (f) $\begin{bmatrix} 2 & 0 & 0 \\ 0 & 5 & 3 \\ 0 & 3 & 5 \end{bmatrix}$

7. 다음에 주어진 함수들에 대해 주어진 정류점이 각각 국소적 최소점, 국소적 최대점, 안장점 어디에 해당되는지 밝혀라.

(a) $f(x,y) = 6x^2 + 2xy - 3y^2 \quad (0,0)$

(b) $f(x,y) = 2\cos x + y^3 + 4x^2 + 3xy - 4y \quad (\frac{1}{3}, 1)$

(c) $f(x,y) = \frac{1}{3}x^2 + \frac{1}{6}y^2 + xy - 5x + 3y - 6 \quad (-6, 9)$

(d) $f(x,y) = \dfrac{y}{x^2} - \dfrac{x}{y^2} + xy \quad (1, -1)$

(e) $f(x,y,z) = \frac{1}{6}(x^3+y^3-z^3) - xy + yz + xz - 1 \quad (4, 4, -4)$

(f) $f(x,y,z) = x^3 + \frac{y^4}{4} + z^3 + 2xz + y - 80 \quad (-\frac{2}{3}, -1, -\frac{2}{3})$

8. A가 대칭인 양의 정부호 행렬이면 $\det(A) > 0$임을 증명하라. 행렬식은 양수이지만 양의 정부호 행렬이 아닌 2×2 행렬의 예를 들어 보라.

9. A가 대칭인 양의 정부호 행렬이면 A는 비특이 행렬이고 A^{-1} 역시 양의 정부호 행렬이 됨을 증명하라.

10. A는 $n \times n$ 특이 행렬이다. A^TA는 양의 정부호 행렬이 아니고 양의 준정부호 행렬임을 보여라.

11. A는 $n \times n$ 대칭 행렬로 고윳값 $\lambda_1, \cdots, \lambda_n$을 갖는다. $\mathbb{R}^n$ 상에 있는 모든 $\mathbf{x}$에 대해 다음을 만족하는 정규직교 집합 $\{\mathbf{x}_1, \cdots, \mathbf{x}_n\}$이 존재함을 증명하라.

$$\mathbf{x}^T A \mathbf{x} = \sum_{i=1}^{n} \lambda_i \left(\mathbf{x}^T \mathbf{x}_i\right)^2$$

12. A는 대칭인 양의 정부호 행렬이다. A의 대각선 원소들이 모두 양수임을 증명하라.

13. A는 대칭인 $n \times n$ 양의 정부호 행렬이고 S는 비특이 $n \times n$ 행렬이다. S^TAS가 양의 정부호임을 증명하라.

14. A는 대칭인 $n \times n$ 양의 정부호 행렬이다. A는 QQ^T로 분해되고 이때 Q는 열이 서로 직교하는 $n \times n$ 행렬이 됨을 증명하라[힌트: 따름정리 6.4.7 참조].

6.7 양의 정부호 행렬

6.6절에서는 대칭 행렬이 양의 정부호이기 위한 필요충분조건이 모든 고윳값이 양수라는 것을 보았다. 이런 종류의 행렬은 다양한 응용 예에서 발견할 수 있다. 유한 차이 방법이나 유한 원소 방법을 이용하여 경계값 문제를 컴퓨터로 풀 때 자주 나타난다. 응용수학에 있어 양의 정부호 행렬이 차지하는 비중이 높기 때문에 이 절에서는 그 성질을 공부하겠다.

$\mathbb{R}^n$상의 모든 벡터 $\mathbf{x}$에 대해 $\mathbf{x}^TA\mathbf{x} > 0$이 되는 $n \times n$ 대칭 행렬 A를 양의 정부호 행렬이라 했었다. 정리 6.6.2에서 대칭인 양의 정부호 행렬은 모든 고윳값이 양수라는 조건으로 특징지어졌다. 이 특징들로부터 다음의 성질을 알 수 있다.

성질 I A가 대칭인 양의 정부호 행렬이면 A는 비특이 행렬이다.

성질 II A가 대칭인 양의 정부호 행렬이면 $\det(A) > 0$이다.

A가 특이 행렬이라면 $\lambda = 0$은 A의 고윳값이다. 그런데 A의 고윳값은 모두 양수여야 하므로 A는 비특이 행렬이다. 두 번째 성질 역시 정리 6.6.2로부터 다음과 같이 보일 수 있다.

$$\det(A) = \lambda_1 \cdots \lambda_n > 0$$

$n \times n$ 행렬 A가 주어졌을 때 A'을 A의 마지막 $(n-r)$개의 행과 열들을 제거하여 만든 행렬이라 하자. A'을 A의 차수 r인 선행 주 부분 행렬(leading principal submatrix)이라고 한다. 이제 양의 정부호 행렬의 세 번째 성질에 대해 알아보자.

성질 III A가 대칭인 양의 정부호 행렬이면 선행 주 부분 행렬들인 $A_1, A_2, \cdots, A_n$은 모두 양의 정부호 행렬이다.

증명 $1 \le r \le n$이라고 할 때 A_r이 양의 정부호 행렬임을 보이기 위해 $\mathbf{x}_r = (x_1, \cdots, x_r)^T$를 $\mathbb{R}^r$의 임의의 영이 아닌 벡터라 하고 $\mathbf{x}$를 다음과 같이 둔다.

$$\mathbf{x} = (x_1, \ldots, x_r, 0, \ldots, 0)^T$$

다음의 이유로

$$\mathbf{x}_r^T A_r \mathbf{x}_r = \mathbf{x}^T A \mathbf{x} > 0$$

A_r은 양의 정부호 행렬이다. ■

성질 I, II, III으로부터 A_r이 대칭인 양의 정부호 행렬 A의 선행 주 부분 행렬이면 A_r은 비특이 행렬이고 $\det(A_r) > 0$임을 알 수 있다. 이 사실은 가우스 소거법에 연관되어 중요한 의미를 갖는다. 일반적으로 $n \times n$ 행렬 A의 모든 선행 주 부분 행렬들이 비특이 행렬이면 A는 행 연산 III만을 이용하여 위쪽 삼각형 행렬로 변형될 수 있다. 즉 소거 과정 중에 대각선 원소가 0이 되는 일이 없기 때문에 행의 자리바꿈 없이도 가우스 소거법을 진행할 수 있다.

성질 IV A가 대칭인 양의 정부호 행렬이면 A는 행 연산 III만을 이용하여 위쪽 삼각형 행렬 형태로 변형될 수 있고 축 원소(pivot)들은 모두 양수이다.

대칭인 4×4 양의 정부호 행렬 A를 통해 성질 IV를 설명해 보자. 우선 다음을 상기하자.

$$a_{11} = \det(A_1) > 0$$

따라서 a_{11}은 축 원소로 사용할 수 있고 첫 번째 행이 첫 번째 축 행이 된다. 그림 6.7.1에서 보듯이 첫 번째 열의 마지막 세 원소들이 모두 제거된 후의 $(2, 2)$ 위치의 값을 $a_{22}^{(1)}$이라고 하자.

이 단계에서 부분 행렬 A_2는 다음의 행렬로 변환되었다.

$$\underset{A}{\begin{pmatrix} a_{11} & x & x & x \\ x & a_{22} & x & x \\ x & x & a_{33} & x \\ x & x & x & a_{44} \end{pmatrix}} \xrightarrow{1} \underset{A^{(1)}}{\begin{pmatrix} a_{11} & x & x & x \\ 0 & a_{22}^{(1)} & x & x \\ 0 & x & a_{33}^{(1)} & x \\ 0 & x & x & a_{44}^{(1)} \end{pmatrix}} \xrightarrow{2} \underset{A^{(2)}}{\begin{pmatrix} a_{11} & x & x & x \\ 0 & a_{22}^{(1)} & x & x \\ 0 & 0 & a_{33}^{(2)} & x \\ 0 & 0 & x & a_{44}^{(2)} \end{pmatrix}} \xrightarrow{3} \underset{A^{(3)} = U}{\begin{pmatrix} a_{11} & x & x & x \\ 0 & a_{22}^{(1)} & x & x \\ 0 & 0 & a_{33}^{(2)} & x \\ 0 & 0 & 0 & a_{44}^{(3)} \end{pmatrix}}$$

그림 6.7.1

$$\begin{bmatrix} a_{11} & a_{12} \\ 0 & a_{22}^{(1)} \end{bmatrix}$$

오로지 행 연산 III만을 이용했기 때문에 행렬식 값은 변화가 없다. 따라서

$$\det(A_2) = a_{11}a_{22}^{(1)}$$

그러므로

$$a_{22}^{(1)} = \frac{\det(A_2)}{a_{11}} = \frac{\det(A_2)}{\det(A_1)} > 0$$

$a_{22}^{(1)} \neq 0$이므로 소거 과정의 두 번째 단계에서 $a_{22}^{(1)}$을 축 원소로 쓸 수 있다. 두 번째 단계가 끝난 직후에는 A_3가 다음 행렬로 변환되었다.

$$\begin{bmatrix} a_{11} & a_{12} & a_{13} \\ 0 & a_{22}^{(1)} & a_{23}^{(1)} \\ 0 & 0 & a_{33}^{(2)} \end{bmatrix}$$

역시 행 연산 III만을 사용했기 때문에

$$\det(A_3) = a_{11}a_{22}^{(1)}a_{33}^{(2)}$$

이고, 따라서

$$a_{33}^{(2)} = \frac{\det(A_3)}{a_{11}a_{22}^{(1)}} = \frac{\det(A_3)}{\det(A_2)} > 0$$

그러므로 $a_{33}^{(2)}$는 마지막 단계의 축 원소로 쓸 수 있고 세 번째 단계 후의 남아 있는 대각선 원소는 다음과 같다.

$$a_{44}^{(3)} = \frac{\det(A_4)}{\det(A_3)} > 0$$

일반적으로 $n \times n$ 행렬 A가 행의 자리바꿈 없이 위쪽 삼각형 행렬 U로 바뀌면 A는 대각선 원소가 모두 1인 아래쪽 삼각형 행렬 L과의 곱인 LU로 분해될 수 있다. L의 대각선 아래의 (i, j) 원소는 소거 과정에서 j번째 행에서 차감되었던 i번째 행의 배수에 해당하는 값이 된다. 다음의 3×3 행렬 예를 통해 살펴보자.

예제 1 다음의 행렬에서

$$A = \begin{bmatrix} 4 & 2 & -2 \\ 2 & 10 & 2 \\ -2 & 2 & 5 \end{bmatrix}$$

행렬 L은 다음과 같이 구할 수 있다. 소거의 첫 번째 단계에서 첫 번째 행의 $\frac{1}{2}$배가 두 번째

U의 대각선 원소를 다시 한번 분해하면 다음을 얻는다.

$$A = \begin{bmatrix} 1 & 0 & 0 \\ \frac{1}{2} & 1 & 0 \\ -\frac{1}{2} & \frac{1}{3} & 1 \end{bmatrix} \begin{bmatrix} 4 & 0 & 0 \\ 0 & 9 & 0 \\ 0 & 0 & 3 \end{bmatrix} \begin{bmatrix} 1 & \frac{1}{2} & -\frac{1}{2} \\ 0 & 1 & \frac{1}{3} \\ 0 & 0 & 1 \end{bmatrix} = LDL^T$$ ■

D의 대각선 원소들인 $u_{11}, \cdots, u_{nn}$이 모두 양수이므로 다음과 같이 한 단계 더 분해할 수도 있다. $D^{1/2}$을 다음과 같이 두고

$$D^{1/2} = \begin{bmatrix} \sqrt{u_{11}} & & & \\ & \sqrt{u_{22}} & & \\ & & \ddots & \\ & & & \sqrt{u_{nn}} \end{bmatrix}$$

$L_1 = LD^{1/2}$이라고 하면 다음이 성립한다.

$$A = LDL^T = LD^{1/2}(D^{1/2})^T L^T = L_1 L_1^T$$

이 분해를 A의 콜레스키 분할(Cholesky decomposition)이라고 한다.

성질 VI(콜레스키 분할) A가 대칭인 양의 정부호 행렬이면 A는 LL^T의 형태로 분해되고 이때 L은 대각선 원소가 모두 양수인 아래쪽 삼각형 행렬이다.

대칭인 양의 정부호 행렬의 콜레스키 분할 $A = LL^T$는 위쪽 삼각형 행렬 $R=L^T$의 관점으로도 쓸 수 있다. 즉, $R=L^T$이므로

$$A = LL^T = R^T R$$

예제 3 예제 1과 2의 행렬 A에서 L_1을 다음과 같이 두면

$$L_1 = LD^{1/2} = \begin{bmatrix} 1 & 0 & 0 \\ \frac{1}{2} & 1 & 0 \\ -\frac{1}{2} & \frac{1}{3} & 1 \end{bmatrix} \begin{bmatrix} 2 & 0 & 0 \\ 0 & 3 & 0 \\ 0 & 0 & \sqrt{3} \end{bmatrix} = \begin{bmatrix} 2 & 0 & 0 \\ 1 & 3 & 0 \\ -1 & 1 & \sqrt{3} \end{bmatrix}$$

다음이 성립한다.

$$\begin{aligned} L_1 L_1^T &= \begin{bmatrix} 2 & 0 & 0 \\ 1 & 3 & 0 \\ -1 & 1 & \sqrt{3} \end{bmatrix} \begin{bmatrix} 2 & 1 & -1 \\ 0 & 3 & 1 \\ 0 & 0 & \sqrt{3} \end{bmatrix} \\ &= \begin{bmatrix} 4 & 2 & -2 \\ 2 & 10 & 2 \\ -2 & 2 & 5 \end{bmatrix} = A \end{aligned}$$ ■

예제 3의 대칭인 양의 정부호 행렬 A의 콜레스키 분할 역시 위쪽 삼각형 행렬 $R = L_1^T$의 관점으로 표현할 수 있다.

$$A = L_1 L_1^T = R^T R$$

일반적으로 비특이 행렬 B에 대해 $B^T B$가 항상 양의 정부호 행렬이 된다는 것도 어렵지 않게 보일 수 있다. 이상의 결과들을 전부 종합하면 다음의 정리가 된다.

정리 6.7.1 A가 $n \times n$ 대칭 행렬일 때 다음의 문장들은 전부 등가이다.

(a) A는 양의 정부호 행렬이다.

(b) 선행 주 부분 행렬 $A_1, \cdots, A_n$이 모두 양의 행렬식을 갖는다.

(c) A는 행 연산 III만을 사용하여 위쪽 삼각형 행렬로 변형될 수 있고 축 원소는 전부 양수이다.

(d) A는 콜레스키 분할 LL^T를 갖는다(이때 L은 대각선 원소가 양수인 아래쪽 삼각형 행렬이다).

(e) A는 어떤 비특이 행렬 B를 이용하여 $B^T B$로 분해된다.

증명 앞서 이미 (a)가 (b)를, (b)가 (c)를, (c)가 (d)를 의미한다는 것은 보았다. (d)가 (e)를 의미한다는 것을 보기 위해 $A = LL^T$라 두자. $B = L^T$로 두면 B는 비특이 행렬이고, 따라서

$$A = LL^T = B^T B$$

마지막으로 (e) $\Rightarrow$ (a)를 보려면 $A = B^T B$이고 B가 비특이 행렬이라 하자. $\mathbb{R}^n$의 임의의 영이 아닌 벡터 $\mathbf{x}$에 대해 $\mathbf{y} = B\mathbf{x}$라고 두자. B가 비특이 행렬이므로 $\mathbf{y} \neq \mathbf{0}$이고, 따라서 다음이 성립한다.

$$\mathbf{x}^T A\mathbf{x} = \mathbf{x}^T B^T B\mathbf{x} = \mathbf{y}^T \mathbf{y} = \|\mathbf{y}\|^2 > 0$$

즉 A는 양의 정부호 행렬이다. ■

정리 6.7.1은 양의 준정부호 행렬에 대해서는 성립하지 않는다. 예를 들어 다음의 행렬을 보자.

$$A = \begin{pmatrix} 1 & 1 & -3 \\ 1 & 1 & -3 \\ -3 & -3 & 5 \end{pmatrix}$$

선행 주 부분 행렬들은 모두 음이 아닌 행렬식 값을 갖는다.

$$\det(A_1) = 1, \qquad \det(A_2) = 0, \qquad \det(A_3) = 0$$

그러나 A의 고윳값 중 $\lambda = -1$이 있기 때문에 A는 양의 준정부호 행렬이 아니다. 실제로 $\mathbf{x} = (1, 1, 1)^T$는 $\lambda = -1$에 속한 고유벡터이고, 다음과 같다.

$$\mathbf{x}^T A\mathbf{x} = -3$$

6.7 연습문제

1. 다음의 각 행렬에 대해 모든 선행 주 부분 행렬의 행렬식을 구하고 그 값들을 이용하여 주어진 행렬들이 양의 정부호 행렬인지를 밝혀라.

(a) $\begin{bmatrix} 3 & 2 \\ 2 & -1 \end{bmatrix}$ **(b)** $\begin{bmatrix} 8 & 2 \\ 2 & 1 \end{bmatrix}$

(c) $\begin{bmatrix} 2 & 3 & 7 \\ 3 & 6 & 5 \\ 7 & 5 & -3 \end{bmatrix}$ **(d)** $\begin{bmatrix} 8 & -1 & 3 \\ -1 & 4 & 2 \\ 3 & 2 & 3 \end{bmatrix}$

2. A는 대칭인 4×4 양의 정부호 행렬이고 $\det(A_1) = 3$, $\det(A_2) = 12$, $\det(A_3) = \det(A_4) = 18$이다. 행 연산 III만을 사용하여 가우스 소거법을 적용할 때 축 원소는 얼마가 되는가?

3. 다음의 행렬에 대해

$$A = \begin{bmatrix} 3 & 2 & 0 & 0 \\ 0 & 1 & 4 & 0 \\ 2 & 2 & 1 & 0 \\ 0 & 0 & 0 & 2 \end{bmatrix}$$

(a) A의 LU 분해를 구하라.

(b) 왜 A가 양의 정부호 행렬인지를 설명하라.

4. 다음의 각 행렬에 대해 LDL^T 분해를 하라. 여기서 L은 대각선 원소가 1인 아래쪽 삼각형 행렬이고, D는 대각선 행렬이다.

(a) $\begin{bmatrix} 32 & 24 \\ 24 & 34 \end{bmatrix}$ **(b)** $\begin{bmatrix} 2 & 12 \\ 12 & 75 \end{bmatrix}$

(c) $\begin{bmatrix} 4 & 2 & -4 \\ 2 & 5 & -4 \\ -4 & -4 & 9 \end{bmatrix}$ **(d)** $\begin{bmatrix} 1 & -3 & 0 \\ -3 & 11 & -2 \\ 0 & -2 & 4 \end{bmatrix}$

5. 연습문제 4의 각 행렬에 대해 콜레스키 분할 LL^T를 구하라.

6. A는 대칭인 $n \times n$ 양의 정부호 행렬이다. $\mathbb{R}^n$에 속한 임의의 $\mathbf{x}, \mathbf{y}$에 대해 다음과 같이 정의하자.

$$\langle \mathbf{x}, \mathbf{y} \rangle = \mathbf{x}^T A \mathbf{y}$$

$\langle\ ,\ \rangle$이 $\mathbb{R}^n$에서의 내적이 됨을 증명하라.

7. 다음을 각각 증명하라.

(a) U가 위쪽 삼각형 행렬이고 단위 행렬이면 U는 비특이 행렬이고 U^{-1} 역시 위쪽 삼각형인 단위 행렬이다.

(b) U_1과 U_2 모두 위쪽 삼각형 행렬이고 단위 행렬이면 그 곱인 U_1U_2 역시 위쪽 삼각형인 단위 행렬이다.

8. A는 $n \times n$ 비특이 행렬이고 대각선 행렬 D_1, D_2, 아래쪽 삼각형 행렬 L_1, L_2, 위쪽 대각선 행렬 U_1, U_2에 대해 $A = L_1D_1U_1 = L_2D_2U_2$라고 가정하자. 이때 L_1, L_2, U_1, U_2의 대각선 원소들은 모두 1이다. $L_1 = L_2$이고 $D_1 = D_2$ 그리고 $U_1 = U_2$임을 증명하라[힌트: L_2^{-1}는 아래쪽 삼각형 행렬이고 U_1^{-1}는 위쪽 삼각형 행렬이다. 방정식 $D_2^{-1}L_2^{-1}L_1D_1 = U_2U_1^{-1}$의 양변을 비교하라].

9. A는 대칭인 양의 정부호 행렬이고 콜레스키 분할이 $A = LL^T = R^TR$라고 하자. 이때 아래쪽 삼각형 행렬 L(또는 위쪽 삼각형 행렬 R)이 유일함을 증명하라.

10. A는 랭크가 n인 $m \times n$ 행렬이다. A^TA가 대칭인 양의 정부호 행렬임을 증명하라.

11. A는 랭크가 n인 $m \times n$ 행렬이고 A의 열 벡터를 대상으로 그람-슈미트 과정을 통해 QR 분할이 되었다고 하자. A^TA의 콜레스키 분할이 $R_1^TR_1$이라고 할 때, $R_1 = R$임을 증명하라. 즉, A의 그람-슈미트 QR 분할에서와 A^TA의 콜레스키 분할에서의 위쪽 삼각형 행렬 부분이 동일함을 보여라.

12. A는 대칭인 양의 정부호 행렬이고 Q는 직교 대각화 행렬이다. $A = QDQ^T$ 분해를 이용하여 $B^TB = A$가 되는 비특이 행렬 B를 구하라.

13. A는 $n \times n$ 대칭 행렬이다. e^A 역시 대칭이고 양의 정부호 행렬임을 증명하라.

14. B가 대칭이고 비특이 행렬이면 B^2이 양의 정부호 행렬임을 증명하라.

15. 다음의 행렬에 대해

$$A = \begin{bmatrix} 1 & -\frac{1}{2} \\ -\frac{1}{2} & 1 \end{bmatrix} \text{ 이고 } B = \begin{bmatrix} 1 & -1 \\ 0 & 1 \end{bmatrix}$$

(a) A는 양의 정부호 행렬이고 모든 $\mathbf{x} \in \mathbb{R}^2$에 대해 $\mathbf{x}^T A\mathbf{x} = \mathbf{x}^T B\mathbf{x}$임을 증명하라.

(b) B는 양의 정부호 행렬이나 B_2은 그렇지 않음을 보여라.

16. A는 대칭인 $n \times n$ 음의 정부호 행렬이다.

(a) n이 짝수일 때 $\det(A)$의 부호는 어떻게 되는가? n이 홀수일 때는?

(b) A의 선행 주 부분 행렬들이 음의 정부호 행렬임을 증명하라.

(c) A의 선행 주 부분 행렬의 행렬식의 부호가 번갈아 가면서 바뀜을 보여라.

17. A는 대칭인 $n \times n$ 양의 정부호 행렬이다.

(a) $k < n$이면 선행 주 부분 행렬 A_k와 A_{k+1}은 모두 양의 정부호 행렬이고 각각 콜레스키 분할 $L_k L_k^T$와 $L_{k+1}L_{k+1}^T$를 갖는다. 만일 A_{k+1}이 $\mathbf{y}_k \in \mathbb{R}^k$와 스칼라 β_k를 이용해 다음과 같이 표현되면

$$A_{k+1} = \begin{pmatrix} A_k & \mathbf{y}_k \\ \mathbf{y}_k^T & \beta_k \end{pmatrix}$$

L_{k+1}은 다음 형태를 갖게 됨을 증명하고, $\mathbf{x}_k$와 α_k를 $L_k, \mathbf{y}_k, \beta_k$로 표현하라.

$$L_{k+1} = \begin{pmatrix} L_k & \mathbf{0} \\ \mathbf{x}_k^T & \alpha_k \end{pmatrix}$$

(b) 선형 주 부분 행렬 A_1은 콜레스키 분할 $L_1 L_1^T$를 갖는다(이때 $L_1 = (\sqrt{a_{11}})$). (a)의 결과를 이용해 이후의 $A_2, \cdots, A_n$의 콜레스키 분할을 계산하는 방법을 설명하라. 1개의 루프문으로 $L_2, L_3, \cdots, L_n$을 계산해 내는 알고리즘을 설계하라. $A = A_n$이므로 A의 콜레스키 분할은 $L_n L_n^T$이다(이 알고리즘은 보통 LU 분해에 드는 계산량의 절반 정도만을 소요하는 효율적인 알고리즘이다).

6.8 음이 아닌 행렬

선형 시스템을 다루는 여러 응용에서 계수 행렬의 원소가 음이 아닌 어떤 값들을 나타내는 경우가 있다. 이 절에서는 그러한 행렬과 그 성질들을 알아보자.

정의 실수로 구성된 $n \times n$ 행렬의 모든 원소 $a_{ij} \geq 0$이면 그 행렬은 **음이 아닌 행렬**, 모든 $a_{ij} > 0$이면 **양의 행렬**이라 한다.

유사하게 벡터 $\mathbf{x} = (x_1, \cdots, x_n)^T$의 경우도 모든 성분 $x_i \geq 0$이면 **음이 아닌 벡터**, 모든 성분 $x_i > 0$이면 **양의 벡터**라고 한다.

음이 아닌 행렬을 이용하는 한 예로써 레온티예프(Leontief) 입출력 모델을 보자.

응용 1 개방 모델

n개의 서로 다른 제품을 만들어 내는 n개의 기업이 있다고 하자. 각 기업은 제품 생산을 위해 자신을 포함한 다른 기업들의 제품을 필요로 한다. 개방 모델(open model)에서는 외부로부터의 수요도 있다고 가정한다. 해결하고자 하는 문제는 각 기업이 총 수요를 맞추기

위해서는 자기 제품을 얼마나 생산해야 하는가이다.

이제 이 문제가 선형 방정식의 시스템으로 표현되고 유일한 음이 아닌 해를 갖고 있다는 것을 증명하겠다. a_{ij}를 j번째 기업 제품 1단위를 생산하는 데 필요한 i번째 기업 제품의 입력량이라고 하자. 여기서 제품 1단위란 1달러의 가치를 갖는 양으로 정의하자. 따라서 1달러의 가치에 해당하는 j번째 제품을 생산하는 데 드는 총 비용은 다음과 같다.

$$a_{1j} + a_{2j} + \cdots + a_{nj}$$

행렬 A의 원소들인 a_{ij}는 모두 음이 아니므로 위의 합은 $\|\mathbf{a}_j\|_1$이 된다. 당연히 $\|\mathbf{a}_j\|_1 < 1$이 아니면 j번째 제품 생산은 이득을 내지 못한다. d_i를 외부로부터의 i번째 제품에 대한 수요라고 하자. 마지막으로 x_i를 총 수요를 만족시키기 위해 필요한 i번째 제품의 생산량이라고 하자. j번째 기업에서 x_j만큼의 제품을 생산하려면 i번째 기업으로부터 $a_{ij}x_j$만큼의 입력이 필요하다. 따라서 i번째 제품의 총 수요는 다음과 같고

$$a_{i1}x_1 + a_{i2}x_2 + \cdots + a_{in}x_n + d_i$$

따라서 $i = 1, \cdots, n$에 대해 다음 식이 성립하고

$$x_i = a_{i1}x_1 + a_{i2}x_2 + \cdots + a_{in}x_n + d_i$$

결과적으로 다음과 같은 선형 시스템이 구성된다.

$$\begin{aligned}
(1 - a_{11})x_1 + \quad (-a_{12})x_2 + \cdots + \quad (-a_{1n})x_n &= d_1 \\
(-a_{21})x_1 + (1 - a_{22})x_2 + \cdots + \quad (-a_{2n})x_n &= d_2 \\
&\vdots \\
(-a_{n1})x_1 + \quad (-a_{n2})x_2 + \cdots + (1 - a_{nn})x_n &= d_n
\end{aligned}$$

앞의 식들은 다음 형태로 쓸 수 있다.

$$(I - A)\mathbf{x} = \mathbf{d} \tag{1}$$

A의 원소들은 다음과 같은 두 가지 중요한 성질을 갖는다.

(i) 모든 i와 j에 대해 $a_{ij} \geq 0$이다.

(ii) 각각의 j에 대해 $\|\mathbf{a}_j\|_1 = \sum_{i=1}^{n} a_{ij} < 1$이다.

벡터 $\mathbf{x}$는 식 (1)의 해이기도 하지만 자체로 반드시 음이 아니어야 한다(음의 생산량이란 말도 되지 않는다).

이 시스템이 유일한 음이 아닌 해를 가짐을 보이려면 5.4절에서 소개되었던 벡터의 1-노옴과 연관된 행렬 노옴(matrix norm)을 이용해야 한다. 행렬 노옴은 1-노옴이라고도 하며 $\|\cdot\|_1$로 표기된다. 행렬에 대한 1-노옴의 정의와 성질들은 7.4절에서 살펴보겠다. 거기서는 임의의 $m \times n$ 행렬 B에 대해 다음이 성립됨을 증명할 것이다.

$$\|B\|_1 = \max_{1\leq j\leq n}\left(\sum_{i=1}^{m}|b_{ij}|\right) = \max(\|\mathbf{b}_1\|_1, \|\mathbf{b}_2\|_1, \ldots, \|\mathbf{b}_n\|_1) \tag{2}$$

또한 1-노옴은 다음과 같은 곱셈 성질이 있음도 보일 것이다.

$$\begin{aligned} \|BC\|_1 &\leq \|B\|_1\|C\|_1 \quad (\text{임의의 행렬 } C \in \mathbb{R}^{n\times r}\text{에 대해}) \\ \|BC\|_1 &\leq \|B\|_1\|C\|_1 \quad (\text{임의의 행렬 } \mathbf{x} \in \mathbb{R}^{n}\text{에 대해}) \end{aligned} \tag{3}$$

특별히 A가 조건 (i)과 (ii)를 만족하는 $n \times n$ 행렬이면 식 (2)에 의해 $\|A\|_1 < 1$이 된다. 또한 λ가 A의 고윳값이고 $\mathbf{x}$가 λ에 속한 고유벡터이면 다음이 성립하게 되어

$$|\lambda|\|\mathbf{x}\|_1 = \|\lambda\mathbf{x}\|_1 = \|A\mathbf{x}\|_1 \leq \|A\|_1\|\mathbf{x}\|_1$$

그 결과

$$|\lambda| \leq \|A\|_1 < 1$$

이 된다. 따라서 1은 A의 고윳값이 아니다. 그러므로 $I - A$는 비특이 행렬이고 식 (1)로 표현된 시스템은 다음과 같은 유일한 해를 갖는다.

$$\mathbf{x} = (I - A)^{-1}\mathbf{d}$$

이제 이 해가 음이 아님을 보여야 한다. 이를 위해 $(I - A)^{-1}$가 음이 아님을 보이겠다. 우선 곱셈 성질 (3)에 의해 다음이 성립됨을 주목하자.

$$\|A^m\|_1 \leq \|A\|_1^m$$

$\|A\|_1 < 1$이므로 $m \to \infty$에 따라 다음이 성립하고

$$\|A^m\|_1 \to 0$$

따라서 $m \to \infty$에 따라 A^m은 영 행렬에 접근한다.

다음과 같은 이유로

$$(I - A)(I + A + \cdots + A^m) = I - A^{m+1}$$

다음이 성립된다.

$$I + A + \cdots + A^m = (I - A)^{-1} - (I - A)^{-1}A^{m+1}$$

$m \to \infty$에 따라

$$(I - A)^{-1} - (I - A)^{-1}A^{m+1} \to (I - A)^{-1}$$

이 되며, 따라서 급수 $I + A + \cdots + A^m$은 $m \to \infty$에 따라 $(I - A)^{-1}$로 수렴하게 된다. 조건 (i)에 의해 $I + A + \cdots + A^m$은 모든 m에 대해 음이 아니고, 따라서 $(I - A)^{-1}$는 음이 아닐 수밖에 없다. $\mathbf{d}$ 역시 음이 아니므로 해 x도 음이 아니다. 즉 조건 (i)과 (ii)가 식 (1)의 시스템이 유일한 음이 아닌 해 $\mathbf{x}$를 갖는다는 것을 보증하는 것이다.

아마 여러분들도 짐작했겠지만 레온티에프 입출력 모델에는 폐쇄형(closed version)도 있다. 폐쇄 모델에서는 외부로부터의 수요가 없이 모든 기업은 오직 자신과 다른 기업으로부터의 입력 수요를 만족하도록 제품을 생산하게 된다. 즉 식 (1)의 시스템 대신

$$(I - A)\mathbf{x} = \mathbf{0}$$

이 되고 $\mathbf{x}$는 양의 해가 되어야 한다. 그러한 해 $\mathbf{x}$가 존재한다는 것을 보이는 것은 개방 모델에서의 경우보다 훨씬 어렵고 훨씬 높은 수준의 정리를 필요로 한다.

정리 6.8.1 **페론의 정리**

A가 양의 $n \times n$ 행렬이면 A는 다음의 성질을 갖는 양의 실수 고윳값 r을 갖는다.

(i) r은 특성 다항식의 단일 근이다.
(ii) r은 양의 고유벡터 $\mathbf{x}$를 갖는다.
(iii) λ가 A의 다른 고윳값이면 $|\lambda| < r$이다.

페론의 정리는 좀 더 일반적인 프로베니우스 정리의 특별한 경우로 볼 수 있다. 프로베니우스의 정리는 음이 아닌 기약 행렬에 적용된다.

정의 음이 아닌 $n \times n$ 행렬 A가 있고 색인(index) 집합 $\{1, 2, \cdots, n\}$이 두 개의 비어 있지 않고 겹치지 않는 집합 I_1과 I_2로 분할되어 모든 $i \in I_1, j \in I_2$에 대해 $a_{ij} = 0$을 만족하면 이 행렬 A를 **가약 행렬**(reducible matrix)이라 하고 그렇지 않으면 **기약 행렬**(irreducible matrix)이라 한다.

예제 1 A가 다음 형태의 행렬이라 하자.

$$\begin{bmatrix} \times & \times & 0 & 0 & \times \\ \times & \times & 0 & 0 & \times \\ \times & \times & \times & \times & \times \\ \times & \times & \times & \times & \times \\ \times & \times & 0 & 0 & \times \end{bmatrix}$$

$I_1 = \{1, 2, 5\}, I_2 = \{3, 4\}$라 하면 $I_1 \cup I_2 = \{1, 2, 3, 4, 5\}$이고 $i \in I_1, j \in I_2$이면 $a_{ij} = 0$이 된다. 따라서 A는 가약 행렬이다. 만일 P가 항등 행렬 I의 세 번째 행과 다섯 번째 행을 자리바꿈한 순열 행렬(permutation matrix)이라면, PA는 다음과 같고

$$PA = \begin{bmatrix} \times & \times & 0 & 0 & \times \\ \times & \times & 0 & 0 & \times \\ \times & \times & 0 & 0 & \times \\ \times & \times & \times & \times & \times \\ \times & \times & \times & \times & \times \end{bmatrix}$$

PAP^T는 다음과 같다.

$$PAP^T = \left[\begin{array}{ccc|cc} \times & \times & \times & 0 & 0 \\ \times & \times & \times & 0 & 0 \\ \times & \times & \times & 0 & 0 \\ \hline \times & \times & \times & \times & \times \\ \times & \times & \times & \times & \times \end{array}\right]$$

일반적으로 $n \times n$ 행렬 A가 가약 행렬일 필요충분조건은 PAP^T가 다음의 형태를 갖는 순열 행렬 P가 존재하는 것이라는 것을 보일 수 있다.

$$\left[\begin{array}{c|c} B & O \\ \hline X & C \end{array}\right]$$

여기서 B와 C는 정사각형 행렬이다. ■

정리 6.8.2 **프로베니우스의 정리**

A가 음이 아닌 기약 행렬이면 A는 다음 성질들을 만족하는 양의 실수 고윳값 r을 갖는다.

(i) r은 양의 고유벡터 $\mathbf{x}$를 갖는다.

(ii) λ가 A의 다른 고윳값이면 $|\lambda| \le r$이다. 절댓값 크기가 r인 고윳값들은 모두 특성 다항식의 단일 근들이다. 실제로 크기가 r인 고윳값이 m개 있다면 그것들은 다음의 형태를 갖는다.

$$\lambda_k = re^{2k\pi i/m} \qquad k = 0, 1, \ldots, m-1$$

이 정리의 증명은 이 책의 범위를 넘는다. 관심 있는 독자들은 Gantmacher[4, Vol. 2]를 참조하라. 페론의 정리는 프로베니우스 정리의 특별한 경우이다.

응용 2 폐쇄 모델

폐쇄형 레온티에프 입출력 모델에서는 외부로부터의 수요는 없다고 가정하고 모든 n개 기업의 수요를 만족하는 출력 값을 찾는다. 즉 x_i와 a_{ij}는 개방 모델에서와 같이 정의하면 $i = 1, \cdots, n$에 대해 다음이 성립한다.

$$x_i = a_{i1}x_1 + a_{i2}x_2 + \cdots + a_{in}x_n$$

이 시스템은 다음 형태로 쓸 수 있다.

$$(A - I)\mathbf{x} = \mathbf{0} \tag{4}$$

앞의 경우에서와 마찬가지로 다음 조건이 성립한다.

$$a_{ij} \ge 0 \tag{i}$$

외부로부터의 수요가 없기 때문에 j번째 기업 제품의 생산량은 그 기업의 총 입력과 같아

야 한다. 따라서

$$x_j = \sum_{i=1}^{n} a_{ij} x_j$$

이 성립하고, 그러므로 두 번째 조건인

$$\sum_{i=1}^{n} a_{ij} = 1 \qquad j = 1, \ldots, n \tag{ii}$$

을 얻을 수 있다. 조건 (ii)는 $A - I$의 행 벡터의 합이 0이 되어 $A - I$가 특이 행렬이라는 것을 의미한다. 그러므로 1이 A의 고윳값이고 $\|A\|_1 = 1$이므로 A의 모든 고윳값은 크기가 1 이하가 된다. 이제 A의 원소들이 충분히 영이 아니어서 A가 기약 행렬이라 가정하자. 그러면 정리 6.8.2에 의해 $\lambda = 1$은 양의 고유벡터 $\mathbf{x}$를 갖게 된다. 따라서 $\mathbf{x}$의 임의의 양의 배수들은 식 (4)의 양의 해가 되는 것이다.

응용 3 마르코프 사슬 재조명

음이 아닌 행렬은 마르코프 과정의 이론에서도 중요한 역할을 한다. A가 $n \times n$ 확률 행렬일 때 $\lambda_1 = 1$이 A의 고윳값이고 나머지 고윳값들은 다음 식을 만족했었다는 것을 상기하자.

$$|\lambda_j| \leq 1 \qquad j = 2, \ldots, n$$

A가 확률 행렬이고 A의 원소가 모두 양수인 경우에는 페론의 정리에 의해 $\lambda_1 = 1$은 반드시 우세한 고윳값이 되고 따라서 천이 행렬 A를 갖는 마르코프 사슬은 초기 확률 벡터 $\mathbf{x}_0$에 무관하게 안정상태 벡터로 수렴하게 된다. 실제로 어떤 k에 대해 A_k가 양의 행렬이면 역시 페론의 정리에 의해 $\lambda_1 = 1$이 A_k의 우세한 고윳값이 된다. 그러면 $\lambda_1 = 1$은 A의 우세한 고윳값이 된다는 것을 증명할 수 있다(연습문제 12 참조). 천이 행렬의 어떤 멱승의 모든 원소가 양수이면 그 마르코프 과정은 정칙 마르코프 과정이라고 한다. 정칙 마르코프 과정의 천이 행렬은 $\lambda_1 = 1$을 우세한 고윳값으로 갖게 되고 따라서 이 마르코프 사슬은 항상 안정상태 벡터로 수렴하게 된다.

응용 4 분석적인 계층 과정: 가중치의 고유벡터 계산

5.3절에서 큰 종합대학의 정교수 임용 과정에 대한 예를 보았다. 4명의 후보자들의 연구 논문의 상대적인 질을 비교하기 위해 임용위원회는 후보들의 연구능력에 대한 가중치를 매겼다. 모든 후보자들의 게재 논문을 조사한 후 위원회는 다음과 같은 가중치를 결정하였다.

$$w_1 = 1.75w_2,\ w_1 = 1.5w_3,\ w_1 = 1.25w_4,\ w_2 = 0.75w_3,\ w_2 = 0.50w_4,\ w_3 = 0.75w_4$$

여기서, 예를 들어 $w_2 = 0.50w_4$라는 식은 2번 후보자의 연구의 질은 4번 후보자의 연구의 질의 절반에 해당한다고 해석하면 된다. 5장에서 이미 우리는 이 가중치들의 합이 1이 되어야 한다는 조건을 보았다. 이 조건을 이용하면 w_4를 w_1, w_2, w_3의 함수로 표현할 수 있고 6×3 선형 시스템의 최소제곱 해를 계산함으로써 w_1, w_2, w_3의 값을 알아낼 수 있다. 그렇게 계산된 가중치 벡터는 다음과 같다.

$$\mathbf{w}_1 = (0.3289, 0.1739, 0.2188, 0.2784)^T$$

이제 고윳값 계산에 기초한 또 다른 방법의 가중치 계산법에 대해 알아보자. 이 방법을 쓰려면 우선 비교행렬(comparison matrix) C를 만들어야 한다. 행렬 C의 (i, j) 원소는 i번 후보자의 연구의 질이 j번 후보자의 연구의 질에 비해 몇 배인가를 나타낸다. 예를 들어 $w_2 = 0.50w_4$라면 $c_{24} = 2, c_{42} = \frac{1}{2}$이 된다. 위의 가중치 식으로부터 얻은 비교행렬은 다음과 같다.

$$C = \begin{Bmatrix} 1 & \frac{7}{4} & \frac{3}{2} & \frac{5}{4} \\ \frac{4}{7} & 1 & \frac{3}{4} & \frac{1}{2} \\ \frac{2}{3} & \frac{4}{3} & 1 & \frac{3}{4} \\ \frac{4}{5} & 2 & \frac{4}{3} & 1 \end{Bmatrix}$$

행렬 C는 모든 i, j에 대해 $c_{ji} = \frac{1}{c_{ij}}$의 성질을 가지고 있어 역수행렬(reciprocal matrix)로도 불린다. 행렬 C는 양의 행렬이고 페론의 정리에 의해 양의 고유벡터를 갖는 우세한 고윳값을 갖는다. 위 행렬의 우세한 고윳값은 $\lambda_1 = 4.0106$이다. λ_1에 속한 고유벡터 중 그 성분들의 합이 1이 되는 고유벡터를 구하면 다음과 같다.

$$\mathbf{w}_2 = (0.3255, 0.1646, 0.2177, 0.2922)^T$$

이 고유벡터 해인 $\mathbf{w}_2$는 최소제곱을 이용해서 구한 가중치 벡터 $\mathbf{w}_1$과 아주 가깝다. 그렇다면 고유벡터를 이용한 방법은 어떤 이유로 잘 들어맞는 것일까? 이 질문의 답을 주기 위해 우선 두 가지 방법 모두 동일한 답을 주는 아주 간단한 예를 살펴보자.

작은 단과대학의 수학과에서 조교수를 모집한다고 하자. 후보자들은 '교육', '연구', '대외활동'의 세 가지 영역에서 평가받는다. 임용위원회는 '교육'이 '연구'보다 2배 중요하고 '대외활동'보다는 8배 중요하고, 또한 '연구'는 '대외활동'보다 4배 중요하다고 결정하였다. 이 경우는 세 영역에 대한 상대적 중요도가 모순 없이 잘 일치되는(consistent) 경우이기 때문에 가중치 벡터를 구하는 것이 쉽다.

w_3가 '대외활동'에 할당된 가중치라면 '연구'의 가중치 w_2는 $4w_3$여야 하고 '교육'의 가중치 w_1은 $8w_3$여야 한다. 그렇게 되면 w_1은 자동적으로 $2w_2$가 되어 가중치 벡터는 $\mathbf{w} = (8w_3, 4w_3, w_3)^T$의 형태가 된다. $\mathbf{w}$의 성분의 합이 1이 되려면 w_3는 $\frac{1}{13}$이다. 5.3절의 최소제곱 방법을 쓰려면 $w_3 = 1 - w_1 - w_2$로 두어야 한다. 그러면 가중치 벡터는 3×2 선형

시스템의 최소제곱 해를 구함으로써 얻을 수 있다. 이 경우, 3×2 시스템이 모순이 아니기(consistent) 때문에 최소제곱 해는 정확한 해가 되고 그 결과는 $\mathbf{w} = (\frac{8}{13}, \frac{4}{13}, \frac{1}{13})^T$이 된다.

이제 고유벡터 방법으로 가중치 벡터를 구해 보자. 우선 비교행렬 C는 다음과 같다.

$$C = \begin{pmatrix} 1 & 2 & 8 \\ \frac{1}{2} & 1 & 4 \\ \frac{1}{8} & \frac{1}{4} & 1 \end{pmatrix}$$

$c_{12} = 2$는 '교육'이 '연구'에 비해 2배 중요하기 때문이고 $c_{23} = 4$는 '연구'가 '대외활동'에 비해 4배 중요하기 때문이라는 점에 주목하자. 세 영역에 대한 상대적 중요도가 모순 없이 잘 일치되는 경우이기 때문에 '교육'의 '대외활동'에 대한 상대적 중요도인 c_{13}는 다음과 같을 수밖에 없다.

$$c_{13} = 2 \cdot 4 = c_{12}c_{23}$$

이처럼 각 영역에 대한 상대적 중요도가 잘 일치되도록 정해진 경우라면 비교행렬의 성분들은 모든 i, j, k에 대해 $c_{ij} = c_{ik}c_{kj}$를 만족하게 된다. 이러한 성질을 가진 역수행렬은 모순 없이 일치된다(consistent)고 한다. 이 예제에서의 행렬 C의 랭크는 1이다. 그 이유는

$$\mathbf{c}_1 = \frac{1}{8}\mathbf{c}_3 \text{ 이고} \quad \mathbf{c}_2 = \frac{1}{4}\mathbf{c}_3$$

이기 때문이다.

일반적으로 C가 $n \times n$ 모순 없이 일치된 비교행렬이면 C의 열 벡터 c_j와 c_k는 다음을 만족한다.

$$\mathbf{c}_j = \begin{pmatrix} c_{1j} \\ c_{2j} \\ \vdots \\ c_{nj} \end{pmatrix} = \begin{pmatrix} c_{1k}c_{kj} \\ c_{2k}c_{kj} \\ \vdots \\ c_{nk}c_{kj} \end{pmatrix} = c_{kj}\mathbf{c}_k$$

따라서 C의 랭크는 1일 수밖에 없다. 이는 C의 고윳값 중에는 0이 있고 0에 대한 고유공간의 차원, 즉, C의 영계수가 $n-1$이 된다는 의미이다. 다시 말해 고윳값 0은 중복도가 $n-1$이다. 나머지 고윳값 λ_1은 C의 대각합과 같아야 하므로 $\lambda_1 = n$이고 이것이 C의 우세한 고윳값이 된다. 게다가 C의 랭크가 1이기 때문에 C의 열 벡터는 모두 이 우세한 고윳값에 속하는 고유벡터가 된다(6.3절의 연습문제 17을 보라).

이 예제에서는 C의 우세한 고윳값은 $\lambda_1 = 3$이고 c_3가 λ_1에 속한 고유벡터이며 그 성분의 합이 1이 되는 고유벡터가 가중치 벡터 $\mathbf{w} = (\frac{8}{13}, \frac{4}{13}, \frac{1}{13})^T$이 된다.

일반적으로 상대적 중요도에 대한 결정이 모순 없이 일치하게 되면 가중치 벡터를 구하는 최소제곱 방법이나 고유벡터 방법 모두 동일한 가중치 벡터를 주게 된다. 이제 상대적 중요도의 결정이 일치되지 않는 경우를 보자. 중요도를 사람이 판단하는 경우에는 이런 현

표 6.8.1 비교행렬의 비교

행렬	고윳값	가중치		
		교육	연구	대외활동
C	3	0.6154	0.3077	0.0769
C_1	3.0092	0.6282	0.2854	0.0864

상이 보편적으로 드물지 않게 나타난다. 최소제곱 방법에서 변수 w_1, w_2, w_{n-1}로 구성되는 선형 시스템은 모순이 아니더라도 항상 최소제곱의 해는 존재하게 마련이다. 만일 이런 경우에 고유벡터 방법을 사용한다면 비교행렬 C_1은 모순될 수밖에 없다. 페론의 정리에 의하면 C_1은 양의 우세한 고윳값 λ와 양의 고유벡터 $\mathbf{x}_1$을 갖는다. 이 고유벡터로부터 성분의 합이 1이 되도록 조정하여 벡터 $\mathbf{w}_1$을 구할 수 있다. 이 벡터 $\mathbf{w}_1$이 항목들의 가중치 벡터로 사용된다. 상대적 중요도의 결정이 아주 크게 모순이 되는 경우가 아니어서 어느 정도 일치되는 것에 가깝다면 이 벡터 $\mathbf{w}_1$은 가중치 벡터로서의 합당한 후보가 될 수 있다. 이런 경우, 행렬 C_1은 어떤 면에서는 모순 없이 일치된 역수 비교행렬과 근사하다고 볼 수 있고, λ_1과 $\mathbf{w}_1$ 역시 모순 없이 일치된 비교행렬의 우세한 고윳값과 고유벡터에 근접한다.

예를 들어 바로 전 예제에서 임용위원회가 '교육'은 '연구'에 비해 2배 중요하고 '대외활동'에 비해서는 8배 중요하나, '연구'가 '대외활동'에 비해 3배만 중요하다고 결정을 내린 경우를 보자. 이 경우 비교행렬은 다음과 같다.

$$C_1 = \begin{bmatrix} 1 & 2 & 8 \\ \frac{1}{2} & 1 & 3 \\ \frac{1}{8} & \frac{1}{3} & 1 \end{bmatrix}$$

행렬 C_1은 모순이 되고 우세한 고윳값은 $\lambda_1 = 3.0092$이다(물론 3은 아니나 3에 아주 가깝다). λ_1에 대한 고유벡터는 $\mathbf{w}_1 = (0.6282, 0.2854, 0.0864)^T$이다. 표 6.8.1에서는 모순 없이 일치된 비교행렬 문제와 모순된 경우의 결과를 비교, 요약하였다. 각각의 비교행렬에 대해 우세한 고윳값과 계산된 가중치가 요약되어 있다. 계산된 값은 소수 넷째 자리로 반올림된 결과이다.

6.8 연습문제

1. 다음의 행렬들에 대해 고윳값을 계산하고 정리 6.8.1의 조건 (i), (ii), (iii)이 성립함을 보여라.

(a) $\begin{bmatrix} 3 & 2 \\ 4 & 1 \end{bmatrix}$ **(b)** $\begin{bmatrix} 1 & 2 \\ 2 & 4 \end{bmatrix}$

(c) $\begin{bmatrix} 1 & 1 & 1 \\ 1 & 1 & 1 \\ 1 & 1 & 1 \end{bmatrix}$

2. 다음의 행렬들에 대해 고윳값을 구하고 정리 6.8.2의 조건 (i), (ii)가 성립함을 보여라.

(a) $\begin{bmatrix} 0 & 1 \\ 3 & 2 \end{bmatrix}$ **(b)** $\begin{bmatrix} 0 & 1 \\ 1 & 0 \end{bmatrix}$

(c) $\begin{bmatrix} 0 & 0 & 2 \\ 2 & 0 & 0 \\ 0 & 2 & 0 \end{bmatrix}$

3. 다음과 같은 개방형 레온티에프 입출력 모델의 출력 벡터 $\mathbf{x}$를 구하라.

$$A = \begin{bmatrix} 0.6 & 0.3 & 0.1 \\ 0.2 & 0.4 & 0.4 \\ 0.0 & 0.1 & 0.6 \end{bmatrix} \quad \text{그리고} \quad \mathbf{d} = \begin{bmatrix} 3,500 \\ 5,000 \\ 10,500 \end{bmatrix}$$

4. 다음의 입력 행렬을 갖는 폐쇄형 레온티에프 입출력 모델에서

$$A = \begin{bmatrix} 0.6 & 0.2 & 0.2 \\ 0.2 & 0.7 & 0.1 \\ 0.0 & 0.5 & 0.5 \end{bmatrix}$$

$\mathbf{x} = (x_1, x_2, x_3)^T$가 이 모델의 출력 벡터라면 x_1, x_2, x_3의 관계식은 무엇인가?

5. 어떤 양의 정수 m에 대해 $A^m = O$이면 $I - A$가 비특이 행렬임을 증명하라.

6. 다음의 행렬에 대해

$$A = \begin{bmatrix} 2 & 0 & 1 \\ 0 & 0 & 1 \\ -4 & 0 & -2 \end{bmatrix}$$

(a) $(I - A)^{-1}$를 계산하라.

(b) A^2과 A^3을 계산하라. $(I - A)^{-1} = I + A + A^2$임을 보여라.

7. 다음 행렬들 중 가약 행렬을 찾아라. 찾은 가약 행렬에 대해 PAP^T가 다음의 형태가 되는 순열 행렬 P를 구하라.

$$\left[\begin{array}{c|c} B & O \\ \hline X & C \end{array}\right]$$

여기서 B와 C는 정사각형 행렬이다.

(a) $\begin{bmatrix} 1 & 1 & 1 & 0 \\ 1 & 1 & 1 & 0 \\ 1 & 1 & 1 & 1 \\ 1 & 1 & 1 & 1 \end{bmatrix}$ **(b)** $\begin{bmatrix} 1 & 0 & 1 & 1 \\ 1 & 1 & 1 & 1 \\ 1 & 0 & 1 & 1 \\ 1 & 0 & 1 & 1 \end{bmatrix}$

(c) $\begin{bmatrix} 1 & 0 & 1 & 0 & 0 \\ 0 & 1 & 1 & 1 & 1 \\ 1 & 0 & 1 & 0 & 0 \\ 1 & 1 & 0 & 1 & 1 \\ 1 & 1 & 1 & 1 & 1 \end{bmatrix}$

(d) $\begin{bmatrix} 1 & 1 & 1 & 1 & 1 \\ 1 & 1 & 0 & 0 & 1 \\ 1 & 1 & 1 & 1 & 1 \\ 1 & 1 & 0 & 0 & 1 \\ 1 & 1 & 0 & 0 & 1 \end{bmatrix}$

8. A는 음이 아닌 3×3 기약 행렬이고 고윳값이 $\lambda_1 = 2 = |\lambda_2| = |\lambda_3|$를 만족한다. λ_2와 λ_3를구하라.

9. B와 C가 정사각형 행렬인 다음 형태의 행렬 A에 대해

$$A = \left[\begin{array}{c|c} B & O \\ \hline O & C \end{array}\right]$$

(a) λ가 B의 고윳값이고 $\mathbf{x} = (x_1, \cdots, x_k)^T$가 해당 고유벡터일 때 이 λ는 A의 고윳값이기도 하고 해당 고유벡터는 $\tilde{\mathbf{x}} = (x_1, \cdots, x_k, 0, \cdots, 0)^T$임을 증명하라.

(b) B와 C가 양의 행렬이면 A는 양의 실수 고윳값 r을 갖고 r이 아닌 모든 고윳값 λ에 대해 $|\lambda| < r$이 됨을 증명하라. 또한 r의 중복도는 최대 2이고 r에 속한 고유벡터는 음이 아님을 증명하라.

(c) $B = C$인 경우에는 (b)에서의 고윳값 r이 중복도가 2이고 양의 고유벡터를 가짐을 보여라.

10. 2×2 행렬 A가 가약 행렬일 필요충분조건이 $a_{12}a_{21} = 0$임을 증명하라.

11. A가 2×2 행렬이라 하고 프로베니우스의 정리를 증명하라.

12. $n \times n$ 확률 행렬은 $\lambda_1 = 1$을 고윳값으로 갖고 나머지 고윳값들은 반드시 다음을 만족한다는 사실은 증명 가능하다.

$$|\lambda_j| \leq 1 \quad j = 2, \ldots, n$$

(7.4절의 연습문제 24 참조) 만일 $n \times n$ 확률 행렬 A가 어떤 양의 정수 k에 대해 A^k가 양의 행렬일 경우

$$|\lambda_j| < 1 \quad j = 2, \ldots, n$$

임을 보여라.

13. A는 $n \times n$ 양의 확률 행렬이고 $\lambda_1 = 1$은 우세한 고윳값이며 고유벡터들 $\mathbf{x}_1, \mathbf{x}_2, \cdots, \mathbf{x}_n$은 선형 독립이라 하자. 그리고 $\mathbf{y}_0$를 다음 마르코프 사슬의 초기 확률 벡터라 하자.

$$\mathbf{y}_0,\ \mathbf{y}_1 = A\mathbf{y}_0,\ \mathbf{y}_2 = A\mathbf{y}_1,\ \ldots$$

(a) $\lambda_1 = 1$은 양의 고유벡터 $\mathbf{x}_1$을 가짐을 보여라.

(b) $j = 0, 1, \cdots$에 대해 $\|y_j\|_1 = 1$임을 보여라.

(c) 만일 다음을 가정하면

$$\mathbf{y}_0 = c_1\mathbf{x}_1 + c_2\mathbf{x}_2 + \cdots + c_n\mathbf{x}_n$$

계수 c_1이 영이 아님을 보여라.

(d) 마르코프 사슬의 상태 벡터 y_j가 안정상태 벡터로 수렴함을 보여라.

(e) c_1이 다음과 같이 주어짐을 보여라.

$$c_1 = \frac{1}{\|\mathbf{x}_1\|_1}$$

그리고 안정상태 벡터는 초기 확률 벡터 $\mathbf{y}_0$에 무관함을 증명하라.

14. 연습문제 13의 (c)와 (d)의 결과는 확률 행렬 A가 양의 행렬이 아니더라도 성립하는가? A가 음이 아닌 확률 행렬일 경우와 어떤 양의 정수 k에 대해 A^k가 양의 행렬일 경우도 같은 질문에 답하라.

15. 경영학을 전공하려는 학생이 4개의 대학으로부터 장학금을 제안받았고 그중 하나를 선택하여야 한다. 이 학생은 다음의 4가지 기준에 따라 분석적 계층 과정을 통해 하나의 대학을 선택한다고 하자.

(i) 재정적 문제—등록금과 장학금
(ii) 해당 대학의 평판
(iii) 대학에서의 사회생활
(iv) 지리적 요인—대학의 위치에 대한 선호도

각각의 기준에 대한 가중치를 부여하기 위해 '재정적 문제'와 '대학의 평판'은 같은 정도로 중요하고, 그 각각은 '사회생활'에 비해 4배 중요하고 '지리적 요인'에 비해 6배 중요하다고 판단하였다. 또한 '사회생활'은 '지리적 요인'에 비해 2배 중요하다고 판단하였다.

(a) 역수 비교행렬 C를 구하라.

(b) 행렬 C는 일치하지 않음을 보여라.

(c) 문제를 모순 없이 일치하도록 만들기 위해 한 쌍의 기준에 대한 상대적 중요도를 변경하였다고 할 때, 이 새로운 모순 없이 일치된 비교행렬 C_1를 구하라.

(d) C_1의 우세한 고윳값에 속한 고유벡터를 구하고 이를 이용하여 가중치 벡터를 구하라.

Chapter 6 연습문제

MATLAB 연습문제

| 들보의 임계 하중 |

1. 6.1절에서 나왔던 들보의 임계 하중과 관련된 응용이다. 문제를 간단히 하기 위해 들보의 길이는 1로 하고 변형 강도도 1로 두자. 앞에서 기술된 방법을 따라 만일 구간 $[0, 1]$이 n개의 소구간으로 나누어졌다고 하면 이 문제는 행렬 방정식 $A\mathbf{y} = \lambda\mathbf{y}$로 해석될 수 있다. 들보의 임계 하중은 s를 A의 가장 작은 고윳값이라 할 때 $P = sn^2$이라고 둠으로써 근사화될 수 있다. $n = 100, 200, 400$에 대해 다음과 같이 계수 행렬을 생성하라.

```
D = diag(ones(n - 1, 1), 1);
A = 2 * eye(n) - D - D';
```

각 경우의 가장 작은 고윳값을 다음에 의해 결정하고

```
s = min(eig(A))
```

해당 임계 하중의 근삿값을 계산하라.

| 대각화 가능 행렬과 부족 행렬 |

2. 다음에 의해 대칭 행렬 A를 생성하라.

```
A = round(10 * rand(7));      A = A + A'
```

`e = eig(A)`로 두어 A의 고윳값을 계산하라.

(a) A의 대각합은 MATLAB 명령어 `trace(A)`로 계산할 수 있고 A의 고윳값의 합은 `sum(e)` 명령어로 계산할 수 있다. 두 값을 계산하여 비교하라. 명령어 `prod(e)`를 써서 A의 고윳값을 구하고 `det(A)`의 결과와 비교하라.

(b) `[X, D] = eig(A)`로 두어 A의 고유벡터를 구하라. MATLAB을 써서 $X^{-1}AX$를 계산하고 그 결과를 D와 비교하라. A^{-1}와 $XD^{-1}X^{-1}$를 구하고 결과를 비교하라.

3. A를 다음과 같이 둔다.

```
A = ones(9) + 2 * eye(9)
```

(a) $A-2I$의 랭크는 얼마인가? $\lambda=2$가 중복도 8의 고윳값인 이유는 무엇인가? MATLAB 함수 **trace**를 써서 A의 대각합을 구하라. 마지막 고윳값 λ_9은 11이다. 그 이유는 무엇인가? **e** = **eig**(A)로 두고 A의 고윳값을 계산하라. **format long**을 이용하여 고윳값을 구하라. 계산된 고윳값에서 정확한 자릿수는 몇 개인가?

(b) 고윳값을 계산하는 MATLAB 과정은 7.6절에서 소개될 QR 알고리즘에 기초하고 있다. A의 고윳값은 특성 다항식의 근을 구함으로써 계산할 수 있다. A의 특성 다항식의 계수를 결정하려면 **p** = **poly**(A)로 둔다. A의 특성 다항식의 계수는 정수이다. 그 이유는 무엇인가? **p** = **round**(**p**)라고 두면 A의 특성 다항식의 정확한 계수를 구할 수 있다. **p**의 근을

```
r = roots(p)
```

로 두고 계산하고 결과를 **format long**을 이용하여 표시하라. 계산된 결과에서 정확한 자릿수는 몇 개인가? 고윳값을 계산하는 방법 중 **eig** 함수를 사용하는 방법과 특성 다항식의 근을 계산하는 방법, 어느 것이 더 정확한가?

4. 다음의 행렬을 보자.

$$A=\begin{pmatrix}5 & -3\\ 3 & -5\end{pmatrix} \quad \text{그리고} \quad B=\begin{pmatrix}5 & -3\\ 3 & 5\end{pmatrix}$$

위의 두 행렬은 (2, 2) 위치의 원소만 다르고 똑같다는 점에 주목하자.

(a) MATLAB을 써서 A와 B의 고윳값을 구하라. 두 행렬은 같은 타입의 고윳값을 가졌는가? 행렬의 고윳값은 특성 다항식의 근이다. 다음의 MATLAB 명령어를 사용하여 다항식을 생성하고 그 그래프를 그려라.

```
p = poly(A);
q = poly(B);
x = -8 : 0.1 : 8;
z = zeros(size(x));
y = polyval(p, x);
w = polyval(q, x);
plot(x, y, x, w, x, z)
hold on
```

hold on 명령어는 (b)의 그래프가 추가되는 데 필요하다. A의 고윳값을 예측하는 데 그래프를 어떻게 사용할 수 있는가? 그래프로부터 B의 고윳값에 대해 무엇을 알 수 있는가?

(b) (2, 2) 위치의 원소가 변함에 따라 고윳값이 어떻게 변하는가를 보기 위해 (2, 2) 위치의 원소가 변수인 행렬 C를 만들어 보자. 다음과 같이 둔다.

$$t = \texttt{sym}('t') \qquad C = [5, -3; 3, t-5]$$

t가 0에서 10까지 변화함에 따라 (2, 2) 위치의 원소는 -5에서 5까지 변화하게 된다. 다음의 MATLAB 명령어를 써서 $t=1, 2, \ldots, 9$ 각각에 해당하는 행렬들의 특성 다항식의 그래프를 그려라.

```
p = poly(C)
for j = 1 : 9
    s = subs(p, t, j);
    ezplot(s, [-10, 10])
    axis([-10, 10, -20, 220])
    pause(2)
end
```

어느 행렬이 실수의 고윳값을 가졌고 어느 행렬이 복소 고윳값을 가졌는가? 행렬 C의 특성 다항식은 계수가 t의 함수인 이차 다항식이다. 정확히 어디서 고윳값이 실수에서 복소수로 바뀌는가를 보기 위해 이 이차식의 판별식을 t의 함수로 표현해 그 근을 구하라. 하나의 근은 반드시 구간 (0, 10) 안에 존재한다. 그 t의 값을 행렬 C에 다시 대입하여 행렬의 고윳값을 구하라. 그 결과들이 그래프와 어떻게 대응되는지 설명하라. 고유벡터는 직접 손으로 계산하여 구하라. 이 행렬은 대각화 가능한가?

5. 다음과 같이 두자.

$$B = \texttt{toeplitz}(0:4, 0:-1:-4)$$

행렬 B는 대칭 행렬이 아니므로 항상 대각화 가능하다고는 할 수 없다. MATLAB을 써서 B의 랭크가 2임을 보여라. 왜 0이 반드시 B의 고윳값이어야 하고 해당하는 고유공간의 차원이 2여야 하는지 설명하라. [X, D] = **eig**(B)라고 하자. $X^{-1}BX$를 계산하고 D와 비교하라. XD^5X^{-1}를 계산하고 B^5과 비교하라.

6. 다음과 같이 두자.

$$C = \texttt{triu}(\texttt{ones}(4), 1) + \texttt{diag}([1, -1], -2)$$

$$[X, D] = \texttt{eig}(C)$$

$X^{-1}CX$를 계산하고 그 결과를 D와 비교하라. C는 대각화 가능한가? X의 랭크와 조건수(condition number)를 계산하라. X의 조건수가 크면 계산된 고윳값이 정확하지 않을 수 있다. C의 감소된 행 사다리꼴 형태를 구하라. 왜 0이 C의 고윳값이고 해당 고유공간의 차원이 1인지를 설명하라. MATLAB을 써서 C^4을 계산하라. 이 행렬은 영 행렬이어야 한다. $C^4 = O$라는 가정하에 C의 다른 세 개의 고윳값에 대해서 어떤 결론을 내릴 수 있는지 설명하라. C는 부족 행렬인가? 설명하라.

7. 다음과 같은 방법으로 부족 행렬을 생성하라.

$$A = \texttt{ones}(6); \qquad A = A - \texttt{tril}(A) - \texttt{triu}(A, 2)$$

어렵지 않게 $\lambda = 0$이 A의 유일한 고윳값이고 고유공간은 $\mathbf{e}_1$에 의해 생성된다는 것을 알 수 있다. MATLAB으로 A의 고윳값과 고유벡터를 구함으로써 이 사실을 증명하라. 고유벡터를 **format long**을 이용하여 조사하라. 계산된 고유벡터는 $\mathbf{e}_1$의 배수인가? 이제 A에 닮음변환(similarity transformation)을 적용하자. 다음과 같이 둔다.

$$Q = \texttt{orth}(\texttt{rand}(6)); \qquad \text{그리고} \qquad B = Q' * A * Q$$

정확한 계산이 되었다면 행렬 B는 A와 닮은 행렬이고 따라서 부족 행렬이다. MATLAB을 써서 B의 고윳값을 계산하고 B의 고유벡터로 구성된 행렬 X의 고윳값도 계산하라. X의 랭크를 구하라. 계산된 행렬 B는 부족 행렬인가? 반올림 오차로 인해 합리적인 질문은 행렬 B가 부족 행렬과 가까운가(즉, X의 열 벡터들이 선형 종속에 가까운가)를 묻는 것일 것이다. 이를 답하기 위해 X의 조건수의 역수인 **rcond**(X)를 MATLAB으로 계산하라. 영에 가까운 **rcond** 값은 X가 거의 랭크가 부족한 행렬임을 나타낸다.

8. 다음과 같이 행렬 A를 생성하라.

$$B = [\,2,\ -2;\ 2,\ -2\,],$$
$$A = [B, \texttt{eye}(2);\ \texttt{eye}(2),\ \texttt{zeros}(2)]$$

(a) 행렬 A의 고윳값은 $\lambda_1 = 1$과 $\lambda_2 = -1$이다. MATLAB을 써서 $A - I$와 $A + I$의 감소된 행 사다리꼴 형태를 계산함으로써 이를 입증하라. λ_1과 λ_2의 고유공간의 차원은 얼마인가?

(b) **trace**$(A) = 0$이고 **det**$(A) = 1$임을 쉽게 알 수 있다. MATLAB을 써서 이를 입증하라. 대각합과 행렬식의 값을 이용하여 1과 -1이 모두 중복도 2인 고윳값임을 보여라. A는 부족 행렬인가? 설명하라.

(c) $\mathbf{e} = \texttt{eig}(A)$로 두고 **format long**을 이용하여 고윳값을 조사하라. 계산된 고윳값에서 정확한 자릿수는 얼마인가? $[X, D] = \texttt{eig}(A)$로 두고 X의 조건수를 구하라. 조건수의 로그 함수는 A의 고윳값의 계산에서 얼마나 많은 자릿수의 정확도를 잃는지를 예상하는 지표가 된다.

(d) X의 랭크를 계산하라. 계산된 고유벡터는 선형 독립인가? MATLAB을 써서 $X^{-1}AX$를 계산하라. 계산된 행렬 X는 A를 대각화하는가?

| 응용: 반성 유전자 |

9. 태평양의 한 섬에 10,000명의 남자와 10,000의 여자가 살고 있다 하자. 또한 200명의 남자와 9명의 여자가 색맹이라 하자. $x(1)$이 남성 인구 중 색맹 유전자의 비율이고 $x(2)$가 여성 인구 중의 색맹 유전자의 비율이라 하자. $x(1)$은 색맹인 남자의 비율이고 $x(2)^2$은 색맹인 여자의 비율과 같다고 하자. $x(1)$과 $x(2)$를 구하고 그 결과를 MATLAB에 열 벡터 x로 둔다. 6.3절의 응용 3에 나왔던 행렬 A로 입력하라. **format long**으로 두고 행렬 A를 이용하여 각 성별로 5세대, 10세대, 20세대, 40세대에서의 색맹 유전자의 비율을 구하라. 이 집단에 있어 색맹 유전자의 극한 비율은 얼마인가? 종국에는 몇 %의 남자와 몇 %의 여자가 색맹이 될까?

| 닮음 |

10. 다음과 같이 두자.

$$\begin{aligned} S &= \texttt{round}(10 * \texttt{rand}(6)); \\ S &= \texttt{tril}(S, -1) + \texttt{eye}(6) \\ S &= S * S' \\ T &= \texttt{inv}(S) \end{aligned}$$

(a) S의 정확한 역행렬은 정수 원소를 가져야 한다. 그 이유는 무엇인가? **format long**을 이용하여 T의 원소들을 확인하라. $T =$ **round**(T)를 이용하여 T의 원소들을 반올림하라. $T * S$를 계산하고 **eye**(6)와 비교하라.

(b) 다음과 같이 둔다.

$$A = \mathbf{tril}(\mathbf{ones}(6), -1) + \mathbf{diag}(1:6),$$
$$B = S * A * T$$

행렬 A와 B는 모두 고윳값 $1, 2, 3, 4, 5, 6$을 갖는다. MATLAB을 써서 B의 고윳값을 계산하라. 계산된 고윳값에서 정확한 자릿수는 몇 자리인가? 다음을 MATLAB을 써서 계산하고 그 값을 비교하라.

(i) $\det(A)$ and $\det(B)$
(ii) **trace**(A) and **trace**(B)
(iii) SA^2T and B^2
(iv) $SA^{-1}T$ and B^{-1}

| 에르미트 행렬 |

11. 다음과 같이 복소 에르미트 행렬을 생성하라.

```
j = sqrt(-1);
A = rand(6) + j * rand(6);
A = (A + A')/2
```

(a) A의 고윳값은 실수여야 한다. 그 이유는 무엇인가? 고윳값을 구하고 그 결과를 **format long**으로 조사하라. 계산된 고윳값은 실수인가? 다음에 의해 고유벡터를 구하라.

$$[X, D] = \mathbf{eig}(A)$$

X는 어떤 종류의 행렬일까? MATLAB 명령어 $X' * X$를 써서 X^HX를 계산하라. 이 결과는 당신의 예상과 잘 맞는가?

(b) 다음과 같이 둔다.

$$E = D + j * \mathbf{eye}(6) \quad \text{그리고} \quad B = X * E/X$$

B는 어떤 종류의 행렬일까? MATLAB을 써서 B^HB와 BB^H를 계산하고 그 둘을 비교하라.

| 최적화 |

12. 다음의 MATLAB 명령어를 사용하여 기초 함수(symbolic function)를 생성하라.

```
syms x y
f = (y + 1)^3 + x * y^2 + y^2 - 4 * x * y - 4 * y + 1
```

f의 일차 편미분과 f의 헤시안을 다음에 의해 계산하여라.

```
fx = diff(f, x), fy = diff(f, y)
H = [diff(fx, x), diff(fx, y); diff(fy, x), diff(fy, y)]
```

subs 명령어를 사용하여 주어진 (x, y) 쌍에 대한 헤시안을 구할 수 있다. 예를 들어 $x = 3, y = 5$일 때의 헤시안을 구하려면 다음과 같이 두면 된다.

```
H1 = subs(H, [x, y], [3, 5])
```

MATLAB 명령어 **solve**(fx, fy)를 이용하여 정류점의 x좌표와 y좌표를 갖고 있는 벡터 **x**와 **y**를 구할 수 있다. 각 정류점에서 헤시안을 구하고 그 정류점이 국소적 최소인지 국소적 최대인지 아니면 안장점인지를 결정하라.

| 양의 정부호 행렬 |

13. 다음과 같이 두자.

$$C = \mathbf{ones}(7) + 4 * \mathbf{eye}(7)$$

그리고

$$[X, D] = \mathbf{eig}(C)$$

(a) $\lambda = 4$이 중복도 6인 고윳값이지만 행렬 C는 부족 행렬이 아니다. 그 이유는 무엇인가? X의 랭크를 구해서 C가 부족 행렬이 아닌 것을 확인하라. X^TX를 계산하라. X는 어떤 종류의 행렬인가? 설명하라. $C - 4I$의 랭크를 계산하라. $\lambda = 4$에 해당하는 고유공간의 차원은 얼마인지 설명하라.

(b) 행렬 C는 대칭인 양의 정부호 행렬이어야 한다. 그 이유를 설명하라. C는 콜레스키 분할 LL^T를 갖는다. MATLAB 명령어 $R =$ **chol**(C)는 L^T에 해당하는 위쪽 삼각형 행렬 R을 생성한다. 이 방법으로 R을 계산하고 $L = R'$으로 두어라. MATLAB을 써서

다음을 증명하라.

$$C = LL^T = R^T R$$

(c) 또 다른 방법으로 콜레스키 인수를 구하는 것은 C의 LU 분해로부터이다. 다음과 같이 두자.

$$[L\ \ U] = \mathtt{lu}(C)$$

$$D = \mathtt{diag}(\mathtt{sqrt}(\mathtt{diag}(U))) \quad \text{그리고} \quad W = (L * D)'$$

R과 W를 비교하라. 이 방법으로 콜레스키 분해를 하는 것은 **chol** 함수를 쓰는 방법에 비해 덜 효율적이다.

14. 다음과 같이 두어 다양한 k 값에 대한 $k \times k$ 행렬을 생성하라.

$$D = \mathtt{diag}(\mathtt{ones}(k-1, 1), 1);$$
$$A = 2 * \mathtt{eye}(k) - D - D';$$

각각의 경우에 대해 A의 LU 분해를 계산하고 행렬식을 구하라. A가 이 형태의 $n \times n$ 행렬이라 할 때 A의 LU 분해는 어떻게 되는가? A의 행렬식은? 왜 이 행렬은 양의 정부호 행렬이 되어야 하는가?

15. 임의의 양의 정수 n에 대해 MATLAB 명령어 $P =$ **pascal**(n)은 구성 원소들이 다음과 같은 $n \times n$ 행렬 P를 생성한다.

$$p_{ij} = \begin{cases} 1 & i = 1 \quad \text{또는} \quad j = 1 \\ p_{i-1,j} + p_{i,j-1} & i > 1 \quad \text{그리고} \quad j > 1 \end{cases}$$

pascal이라는 이름은 이항 계수(binomial coefficient)를 만들어 낼 때 쓰는 삼각형 형태의 숫자의 배열인 파스칼의 삼각형에서 유래되었다. 행렬 P의 원소들은 파스칼 삼각형의 일부분을 이룬다.

(a) 다음과 같이 두고

$$P = \mathtt{pascal}(7)$$

이 행렬의 행렬식을 계산하라. 다음에 의해 P의 (7, 7) 위치의 원소에서 1을 빼고

$$P(7, 7) = P(7, 7) - 1$$

이 새로운 행렬 P의 행렬식을 구하라. 7×7 파스칼 행렬의 (7, 7) 위치의 원소에서 1을 빼는 것은 전체적으로 어떤 효과를 내는가?

(b) (a)에서 7×7 파스칼 행렬의 행렬식이 1이고 (7, 7) 위치의 원소에서 1을 빼게 되면 행렬이 특이 행렬이 됨을 관찰할 수 있다. 이런 현상은 일반적인 $n \times n$ 파스칼 행렬에서도 발생하는가? 이 문제의 답을 구하기 위해 $n = 8, 9, 10$의 경우를 고려해 보자. 각 경우 $P =$ **pascal**(n)으로 행렬을 생성하고 행렬식을 계산하라. 그다음 (n, n) 위치의 원소에서 1을 빼고 다시 행렬식을 구하라. (a)에서 발견한 현상이 일반적인 파스칼 행렬에서도 성립하는가?

(c) 다음과 같이 두고

$$P = \mathtt{pascal}(9)$$

선행 주 부분 행렬을 조사하라. 모든 파스칼 행렬의 행렬식이 1이라고 가정한다면 왜 P는 양의 정부호 행렬이어야 하는가? P의 콜레스키 인수인 위쪽 삼각형 행렬 R을 계산하라. R의 영이 아닌 원소들이 어떻게 파스칼 행렬로부터 만들어지는가? 일반적으로 양의 정부호 행렬의 행렬식과 콜레스키 인수인 행렬들의 행렬식 간의 관계는 무엇인가? 왜 $\det(P) = 1$이어야 하는가?

(d) 다음과 같이 두자.

$$R(9, 9) = 0 \quad \text{그리고} \quad Q = R' * R$$

행렬 Q는 특이 행렬이어야 한다. 그 이유를 설명하라. 왜 P와 Q는 (9, 9) 위치의 원소를 제외하고는 같아야 하는가? 왜 $q_{99} = p_{99} - 1$이어야 하는가? $P - Q$를 계산함으로써 P와 Q의 관계를 확인하라.

CHAPTER TEST A 참 또는 거짓

다음의 각각의 명제에 대해 항상 옳으면 참, 아니면 거짓이라고 답하라. 참인 명제에 대해서는 설명하거나 증명을 하고, 거짓인 명제에 대해서는 반례를 들어라.

1. A가 고윳값이 모두 영이 아닌 $n \times n$ 행렬이면 A는 비특이 행렬이다.

2. A가 $n \times n$ 행렬이면 A와 A^T는 동일한 고유벡터를 갖는다.

CHAPTER

7

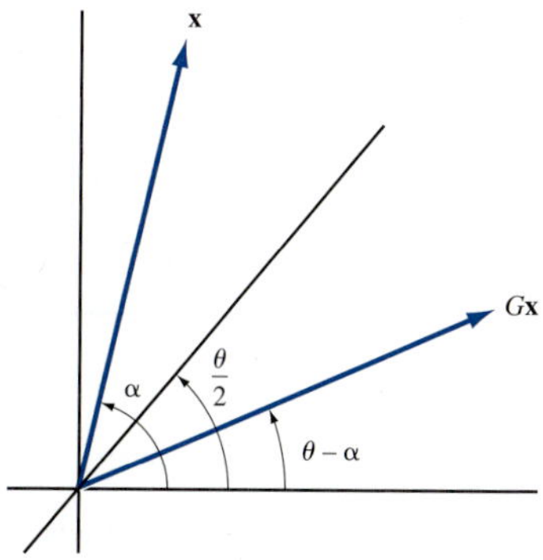

수치 선형대수

이 장에서는 선형대수 문제를 풀기 위한 컴퓨터 방법들에 대하여 살펴본다. 이 방법들을 이해하기 위해서는 컴퓨터에서 사용하는 수 체계에 친숙해져야 한다. 데이터가 컴퓨터로 읽힐 때, 데이터는 유한한 수로 변환된다. 이 변환은 보통 반올림 오차와 관계된다. 게다가 반올림 오차는 알고리즘의 대수적 연산이 수행되는 동안에도 발생할 것이다. 이러한 이유 때문에 원 문제의 정확한 해답을 기대할 수 없다. 바랄 수 있는 최선은 약간 교란된 문제로 적당한 근사를 하는 것이다. 예를 들어 $A\mathbf{x} = \mathbf{b}$를 풀기 원한다고 가정해 보자. A와 $\mathbf{b}$의 원소들이 컴퓨터로 읽힐 때, 일반적으로 반올림 오차가 발생할 것이다. 그러므로 프로그램은 실제로는 $(A + E)\mathbf{x} = \mathrm{b} + \mathrm{e}$ 형태의 시스템에 대한 적절한 해를 계산하고자 할 것이다. 만약 알고리즘이 약간 교란된 문제에 대하여 적절한 해를 낳는다면, 알고리즘이 안정적이라고 말한다. 정확한 대수적 계산을 이용하여 해에 수렴하는 알고리즘은 안정적이지 못하기 쉽다. 왜냐하면 대수적 과정에서 오차가 증가하기 때문이다.

안정적인 알고리즘을 사용한다고 해도, 교란에 매우 민감한 문제들과 마주치게 된다. 예를 들어 A가 거의 특이 행렬에 가깝다면, $A\mathbf{x} = \mathbf{b}$와 $(A + E)\mathbf{x} = \mathbf{b}$의 정확한 해는 비록 E의 원소들이 크지 않다고 하더라도 크게 변할지도 모른다. 이 장은 주로 선형 시스템을 풀기 위한 수치 방법들을 설명할 것이다. 특히 오차의 커짐과 작은 변화에 대한 시스템의 민감도에 대해 집중할 것이다.

수치해석 응용에서 매우 중요한 또 다른 문제는 행렬의 고윳값을 찾는 문제이다. 고윳값들을 계산하기 위한 반복적 방법 두 가지가 7.6절에서 제시된다. 이 방법들 중 두 번째 방법은 강력한 QR 알고리즘이다. 이 방법은 7.5절에서 제시될 특별한 유형의 수직 변환들을 이용한다.

7.7절에서는 최소제곱 문제를 풀기 위한 수치 방법들을 살펴볼 것이다. 계수 행렬이 랭크 부족일 경우에 가장 작은 2-노옴을 갖는 특별한 최소제곱 해를 찾기 위하여 특이값 분해

방법을 사용할 것이다. 특이값 분해 계산을 위한 골럽-라인쉬(Golub-Reinsch) 알고리즘이 7.7절에서 제시될 것이다.

7.1 부동소수점 수

컴퓨터상에서 수치해석 문제를 풀 때, 일반적으로 정확한 답을 얻을 것을 기대하지 않는다. 얼마간의 오차는 피할 수 없다. 반올림 오차는 데이터가 컴퓨터의 유한한 수체계로 표현될 때 발생할 것이다. 더 많은 반올림 오차들이 대수 연산을 수행할 때 발생한다. 이 오차들은 계산된 결과를 완전히 믿을 수 없을 정도로 커질 수 있다. 이를 피하기 위해서는 어떻게 계산상의 오차가 발생하는지를 (이해해야) 한다. 이를 위하여 컴퓨터에서 이용되는 수의 유형에 익숙해져야 한다.

정의 기수 b의 **부동소수점 수**(floating-point number)는 다음과 같은 형태의 수이다.

$$\pm\left(\frac{d_1}{\beta}+\frac{d_2}{\beta^2}+\cdots+\frac{d_t}{\beta^t}\right)\times\beta^e$$

여기서 $t, d_1, d_2, \cdots, d_t, b, e$는 모두 정수이고

$$0 \le d_i \le \beta - 1 \qquad i = 1, \ldots, t$$

정수 t는 디지트(digit, 자릿수)를 참조하고, 이 수는 컴퓨터의 워드 길이(word length)에 따른다. 지수 e는 특정한 범위 $L \le e \le U$ 안에 제한되고, 이 범위는 컴퓨터별로 다르다. 일반적으로 컴퓨터는 보통 소수점 숫자에 대해 표준 2진법 표현을 사용한다. 이 표준 표현은 IEEE(Institute for Electrical and Electronics Engineers)에서 설정했다. IEEE 754 표준 부동소수점 표현에 대해서는 이 절의 끝에서 더 자세히 논의할 것이다. 이 표현은 MATLAB과 같은 주요 소프트웨어 패키지에서 사용된다.

예제 1 다음은 다섯 자리 십진수의 부동소수점 수들이다.

$$\begin{array}{rcl} 0.53216 & \times & 10^{-4} \\ -0.81724 & \times & 10^{21} \\ 0.00112 & \times & 10^{8} \\ 0.11200 & \times & 10^{6} \end{array}$$

수 0.00112×10^8과 0.11200×10^6은 동일한 수이다. 그러므로 수의 부동소수점 표현이 유

일할 필요는 없다. 선행 영들 없이 쓰인 부동소수점 수들은 **정규화**되어 있다고 한다. ■

선행 영들 없이 쓰인 부동소수점 수들은 정규화되어 있다고 한다. 0이 아닌 2진수 부동소수점 숫자의 경우 선두 자리는 항상 1이다. 따라서 숫자가 정규화되면

$$1.b_1b_2 \cdots b_t \times 2^e$$

으로 나타낼 수 있다. 이러한 형식을 사용하면 메모리에 t자리만 저장하면서 정규화된 $t+1$자리 숫자를 나타낼 수 있다.

예제 2 $(0.236)_8 \times 8^2$과 $(1.01011)_2 \times 2^4$은 정규화된 부동소수점 숫자이다. 여기서 $(0.236)_8$은

$$\frac{2}{8} + \frac{3}{8^2} + \frac{6}{8^3}$$

을 표현한다. 따라서 $(0.236)_8 \times 8^2$은 십진수 19.75에 대한 기수 8 부동소수점 표현이다. 유사하게

$$(1.01011)_2 \times 2^4 = \left(1 + \frac{1}{2^2} + \frac{1}{2^4} + \frac{1}{2^5}\right) \times 2^4$$

은 10진수 21.5의 정규화된 2진법 표현이다. ■

앞으로 다룰 수체계의 유형을 좀 더 이해하기 위해 매우 간단한 다음 예제를 살펴보는 것이 도움이 될 것이다.

예제 3 $t = 1, L = -1, U = 1, \beta = 10$이라고 하자. 이 수체계에는 모두 55개의 한 자리 부동소수점 수들이 있다. 이 수들은 다음과 같다.

$$\begin{gathered} 0, \pm 0.1 \times 10^{-1}, \pm 0.2 \times 10^{-1}, \ldots, \pm 0.9 \times 10^{-1} \\ \pm 0.1 \times 10^{0}, \pm 0.2 \times 10^{0}, \ldots, \pm 0.9 \times 10^{0} \\ \pm 0.1 \times 10^{1}, \pm 0.2 \times 10^{1}, \ldots, \pm 0.9 \times 10^{1} \end{gathered}$$

이 수들이 비록 $[-9, 9]$ 범위에 있지만, 수들의 1/3 이상이 0.1보다 작은 절댓값을 갖는다. 또한 2/3 이상은 절댓값이 1보다 작다. 그림 7.1.1은 부동소수점 수들이 범위 $[0, 2]$에서 어떻게 분포되고 있는지를 보여준다. ■

대부분의 실수들은 t-디지트 부동소수점 수들로 표현되기 위하여 반올림된다. 부동소수점 수 x'과 원래의 수 x와의 차이를 **반올림 오차**(round off error)라고 한다. 반올림 오차의 크기는 원래의 수의 크기와 비교할 때 좀 더 의미를 갖게 된다. 표 7.1.1은 실수가 4자리의 10

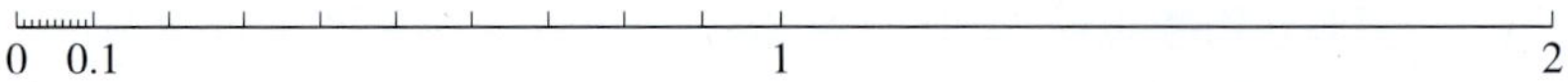

그림 7.1.1

표 7.1.1 4자리 10진수 부동소수점 숫자에 대한 반올림 오차

실수 x	네 자리 십진수 x'	절대 오차 $x' - x$	상대 오차 $(x' - x)/x$
62,133	0.6213×10^5	-3	$\frac{-3}{62{,}133} \approx -4.8 \times 10^{-5}$
0.12658	0.1266×10^0	2×10^{-5}	$\frac{1}{6329} \approx 1.6 \times 10^{-4}$
47.213	0.4721×10^2	-3.0×10^{-3}	$\frac{-0.003}{47.213} \approx -6.4 \times 10^{-5}$
π	0.3142×10^1	$3.142 - \pi \approx 4 \times 10^{-4}$	$\frac{3.142 - \pi}{\pi} \approx 1.3 \times 10^{-4}$

진 부동소수점 숫자로 근사하는 데 있어 절대 오차와 상대 오차를 보여준다.

정의 만약 x가 실수이고 x'이 부동소수점 근사라면, 차이 $x' - x$는 **절대 오차**(absolute error)라고 하고, $(x' - x)/x$는 **상대 오차**(relative error)라고 한다.

일반적으로 최신 컴퓨터는 2진 부동소수점 숫자를 사용한다. 10진수가 2진 부동소수점 숫자로 변환되면 일부 반올림이 발생할 수 있다. 다음 예제는 10진수를 2진 부동소수점 숫자로 변환하는 방법을 보여준다.

예제 4 10진수 11.31을 10자리 2진 부동소수점 숫자로 나타내는 문제를 고려해 보자. 숫자의 정수 부분을 2진수로 표현하는 방법을 쉽게 알 수 있다. $11 = 2^3 + 2^1 + 2^0$이므로 2진수 표현은 $(1011)_2$이다. 이제 소수 부분 $m = 0.31$을 2진수 $(0.b_1b_2b_3b_4b_5b_6)_2$로 표현해야 한다. m이 1/2 보다 작기 때문에 숫자 b_1은 0이어야 한다. $2m = 2 \times 0.31 = 0.62$이므로 b_1은 0.62의 정수 부분이다. b_2를 결정하기 위해 0.62에 2를 곱하고 b_2는 1.24의 정수 부분과 동일하게 설정한다. 따라서 $b_2 = 1$이다. 다음으로 결과 1.24의 소수 부분에 2를 곱한다. $2 \times 0.24 = 0.48$이므로 $b_3 = 0$ 이다. 이러한 방식으로 계속하면 다음을 얻는다.

$$
\begin{aligned}
2 \times 0.48 &= 0.96 \quad b_4 = 0 \\
2 \times 0.96 &= 1.92 \quad b_5 = 1 \\
2 \times 0.92 &= 1.84 \quad b_6 = 1
\end{aligned}
$$

1.84는 정수가 아니므로 0.31을 6자리 2진수로 정확하게 표현할 수 없다. b_7 한 자리 더 계산하면 1이 된다. 다음 숫자가 1일 경우에는 반올림을 한다. 따라서 $(.010011)_2$ 대신 $(.010100)_2$로 끝난다. 따라서 11.31의 10자리 2진 표현은 $(1011.010100)_2$이다. 정규화된 2진 부동소수점 표현은 $(1.0110100)_2 \times 2^3$이다.

10자리 2진 부동소수점 표현으로 11.31을 근사하는 데 있어 절대 오차는 0.0025이고 상대 오차는 근사적으로 2.2×10^{-4}이다. ■

대수 연산이 부동소수점 수들에 적용될 때, 부가적으로 반올림 오차가 발생하게 된다.

예제 5 $a' = 0.263 \times 10^4$, $b' = 0.466 \times 10^1$을 세 자리 십진 부동소수점 수라고 하자. 이 수들을 더하면, 정확한 답은

$$a' + b' = 0.263446 \times 10^4$$

일 것이다. 그러나 이 합의 부동소수점 표현은 0.263×10^4이다. 이 값은 계산된 합이다. 부동소수점 합을 $fl(a' + b')$이라고 쓰자. 합의 절대 오차는

$$fl(a' + b') - (a' + b') = -4.46$$

이고, 상대 오차는 다음과 같다.

$$\frac{-4.46}{0.26344 \times 10^4} \approx -0.17 \times 10^{-2}$$

$a'b'$의 실제 값은 11,729.8이다. 그러나 $fl(a'b') = 0.117 \times 10^5$이다. 곱에 있어서 절대 오차는 -29.8이고 상대 오차는 근사적으로 -0.25×10^{-2}이다. 부동소수점 뺄셈과 나누기는 비슷한 방식으로 이루어진다. ■

수 x를 부동소수점 x'으로 근사하는 데 있어 상대 오차는 일반적으로 기호 δ로 표기된다. 즉,

$$\delta = \frac{x' - x}{x} \quad \text{또는} \quad x' = x(1 + \delta) \tag{1}$$

$|\delta|$는 기계 정밀도 또는 기계 엡실론이라고 하는 양의 상수 ϵ에 의하여 제한될 수 있다. 기계 엡실론은 가장 작은 부동소수점 수 ϵ으로 정의되는데, 다음이 성립한다.

$$fl(1 + \epsilon) > 1$$

예를 들어 컴퓨터가 세 자리 십진 부동소수점 수들을 사용한다면,

$$fl(1 + 0.499 \times 10^{-2}) = 1$$

반면에

$$fl(1 + 0.500 \times 10^{-2}) = 1.01$$

이 경우 기계 엡실론은 0.500×10^{-2}이다. 더 일반적으로, t-디지트 수가 β 부동소수점 연산의 경우 기계 엡실론은 $\frac{1}{2}\beta^{-t+1}$이다. 특히 t-디지트 기수 2 연산의 경우 기계 엡실론은 다음과 같다.

$$\epsilon = \frac{1}{2} \times 2^{-t+1} = 2^{-t}$$

(1) 로부터 a'과 b'이 부동소수점 수라면

$$\begin{aligned} fl(a' + b') &= (a' + b')(1 + \delta_1) \\ fl(a'b') &= (a'b')(1 + \delta_2) \\ fl(a' - b') &= (a' - b')(1 + \delta_3) \\ fl(a' \div b') &= (a' \div b')(1 + \delta_4) \end{aligned}$$

δ_i들은 상대 오차이고, ϵ보다 작은 절댓값을 가질 것이다. 예제 5에서 $\delta_1 \approx -0.17 \times 10^{-2}$, $\delta_2 \approx -0.25 \times 10^{-2}$ 그리고 $\epsilon = 0.5 \times 10^{-2}$임을 주목하라.

어느 정도 오차에 영향을 받는 수체계를 사용한다면, 대수 연산은 이 오차들을 만들어 낸다. 만약 두 수가 k자리 십진수이고, 한 수를 다른 수로부터 뺀다면, 당신의 답에는 중요한 자릿수의 손실이 있을 것이다. 이 경우 차 값에서 상대 오차는 매우 커질 것이다.

예제 6 $c = 3.4215298$이고 $d = 3.4213851$이라고 하자. 여섯 자리 십진 부동소수점 연산을 이용하여 $c - d$를 구하라.

해답

I. 첫 번째로 c와 d를 6자리 십진 부동소수점 수들로 표현하자.

$$\begin{aligned} c' &= 0.342153 \times 10^1 \\ d' &= 0.342139 \times 10^1 \end{aligned}$$

c와 d에 있어 상대 오차는 다음과 같다.

$$\frac{c' - c}{c} \approx 0.6 \times 10^{-7} \quad \text{그리고} \quad \frac{d' - d}{d} \approx 1.4 \times 10^{-6}$$

II. $fl(c' - d') = c' - d' = 0.140000 \times 10^{-3}$이다. $c - d$의 실제 값은 0.1447×10^{-3}이다. $c - d$를 $fl(c' - d')$로 근사함에 있어서 절대 및 상대 오차들은 다음과 같다.

$$fl(c' - d') - (c - d) = -0.47 \times 10^{-5}$$

그리고

$$\frac{fl(c' - d') - (c - d)}{c - d} \approx -3.2 \times 10^{-2}$$

이다. 차 값에 있어 상대 오차의 크기는 c 또는 d의 상대 오차의 10^4배 이상임을 주목하라. ■

예제 6은 서로 가까운 두 숫자로 뺄셈을 수행할 때 정확도의 손실을 보여준다. 예제에서 c와 d의 부동소수점 표현은 6자리까지 정확했지만, $c - d$가 계산되었을 때에는 4자리의 정확도를 잃었다.

IEEE 표준 754 부동소수점 표현

표준 IEEE 단정밀도 형식은 32비트 시퀀스를 사용하여 부동소수점 수를 나타낸다:

$$b_1 b_2 \cdots b_9 b_{10} \cdots b_{31} b_{32}$$

여기서 각 비트 b_j는 0 또는 1이다. 첫 번째 비트 b_1은 부동소수점 수의 부호를 결정하는 데 사용되고, 비트 b_2에서 b_9는 기수 $\beta = 2$의 지수를 결정하는 데 사용되며, 나머지 비트는 정규화된 가수의 소수 부분을 결정하는 데 사용된다. 2진수 표현 $(b_2 b_3 \cdots b_9)_2$는 $0 \le e \le 255$ 범위의 정수 e를 나타낸다. 이 숫자 e는 항상 음수가 아니므로 부동소수점 수의 지수로 사용되지 않는다. 대신 2의 음의 거듭제곱을 허용하기 위해 숫자 $k = e - 127$이 사용된다. 이 값은 -127에서 128 사이의 지수에서 산출한다. $s = b_1$으로 설정하고 m을 2진수 표현 $b_{10} b_{11} \cdots b_{32}$라 하면 비트 시퀀스 $b_1 b_2 \cdots b_{32}$로 표현되는 정규화된 부동소수점 수 x는 다음과 같다.

$$x = (-1)^s \times (1.m)_2 \times 2^k$$

예제 7 비트 시퀀스 01000001100011000000000000000000으로 표현되는 IEEE 단정밀도 부동소수점 수를 결정하라.

해답

첫 번째 비트가 0이므로 수는 양의 부호를 갖는다. 다음 8비트는 지수를 결정하는 데 사용된다. 만약

$$e = (100011)_2 = 2^0 + 2^1 + 2^7 = 131$$

이라 하면, 지수는 $k = e - 127 = 4$가 된다. 주어진 비트 시퀀스에 해당하는 부동소수점 수는 $(1.0001100\cdots0)_2 \times 2^4$이며 다음과 같다.

$$\left(1+\frac{1}{2^4}+\frac{1}{2^5}\right)\times 2^4 = 17.5$$ ■

표준 IEEE 배정밀도 형식은 64비트 시퀀스를 사용하여 부동소수점 수를 나타낸다.

$$b_1 b_2 \cdots b_{12} b_{13} \cdots b_{63} b_{64}$$

이전과 마찬가지로 수의 부호는 첫 번째 비트 b_1에 의해 결정된다. 지수는 비트 $b_2, b_3, \cdots$ b_{12}에 의해 결정된다. 이 경우 e가 2진수 $(b_2 b_3 \cdots b_{12})_2$로 표현되는 정수라면 기수 $\beta=2$의 지수는 이동된 값 $k=e-1023$이 된다. 나머지 52비트 $b_{13}, \cdots, b_{64}$는 가수의 소수 부분인 m을 결정하는 데 사용된다. 따라서 배정밀도의 경우 정규화된 부동소수점 표현은 다음과 같은 형식이다.

$$x = (-1)^s \times (1.m)_2 \times 2^k$$

IEEE 산술 배정밀도의 경우 $t=52$이므로 기계 엡실론은 다음과 같다.

$$\epsilon = 2^{-52} \approx 2.22 \times 10^{-16}$$

따라서 십진수의 배정밀도 부동소수점 표현은 십진수 약 16자리까지 정확해야 한다. 소프트웨어 패키지 MATLAB은 IEEE 배정밀도 또는 단정밀도 형식을 사용하여 부동소수점 숫자를 나타낸다. 기본값은 배정밀도다. 명령 **eps**가 MATLAB에 입력되면 2^{-52}의 10진수 표현이 반환된다.

정확도 및 불안정성의 손실

이 장의 나머지 절에서는 선형 시스템, 최소제곱 문제 및 고윳값 문제를 해결하기 위한 수치 알고리즘을 고려한다. 이러한 문제를 해결하기 위해 1~6장에서 배운 이전 방법은 정확한 산술이 사용될 때 작동한다. 그러나 유한 정밀도 산술을 사용하여 계산을 수행하면 정확한 답을 얻지 못할 수 있다(즉, 알고리즘이 불안정할 수 있음). 안정적인 알고리즘을 설계할 때 자릿수의 정확도를 잃지 않도록 노력해야 한다. 예제 6에서 보았듯이 서로 가까운 두 숫자를 사용하여 뺄셈을 수행하면 자릿수의 정확도가 손실될 수 있다. 이 경우, 우리는 그 결과로 생긴 불안정성은 자릿수의 치명적인 취소 때문이라고 말한다. 예를 들어, 이차 방정식의 근을 계산하는 문제를 고려해 보자:

$$ax^2 + bx + c = 0$$

정확한 산술이 사용되는 경우 근은 일반적으로 2차 공식을 사용하여 계산된다.

$$x = \frac{-b \pm \sqrt{b^2 - 4ac}}{2a} \tag{2}$$

부동소수점 산술에 식 (2)를 사용하여 $|b|$의 값이 $|4ac|$의 값보다 훨씬 크다면, 근 중 하나에 대해 자릿수의 정확도가 취소될 것으로 예상할 수 있다. 이를 방지하기 위해 먼저 유효 자릿수가 취소되지 않는 근 r_1을 찾는다. 그러기 위해

$$s = \begin{cases} 1 & \text{if } b \geq 0 \\ -1 & \text{if } b < 0 \end{cases}$$

이라 설정하고

$$r_1 = \frac{-b - s\sqrt{b^2 - 4ac}}{2a} \tag{3}$$

을 계산한다. r_2가 또 다른 근이라면, ax^2+bx+c를 인수분해할 수 있다.

$$ax^2 + bx + c = a(x - r_1)(x - r_2)$$

이 방정식에서 상수 항을 동일시하면 $c = ar_1r_2$임을 알 수 있다. 따라서 아래와 같이 간단히 두 번째 근을 찾을 수 있다.

$$r_2 = \frac{c}{ar_1} \tag{4}$$

예제 8 $a = 1, b = -(10^7 + 10^{-7})$ 그리고 $c = 1$이면 이차 다항식 ax^2+bx+c는 다음과 같이 인수된다.

$$x^2 - (10^7 + 10^{-7})x + 1 = (x - 10^7)(x - 10^{-7})$$

정확한 근은 $r_1 = 10^7$이고 r_2는 10^{-7}이다. 근은 두 가지 방법으로 표준 IEEE 배정밀도 산술과 함께 MATLAB을 사용하여 계산되었다. 먼저 식 (2)의 2차 공식을 사용하여 근을 계산했다. MATLAB은 계산된 근에 대해 다음 값을 반환했다.

$$r_1 = 10000000 \quad \text{and} \quad r_2 = 9.965151548385620\,e - 008$$

다음으로 식 (3)과 (4)를 사용하여 근을 계산했다. 이번에 MATLAB은 다음 답을 반환했다.

$$r_1 = 10000000 \quad \text{and} \quad r_2 = 1.000000000000000\,e - 007$$

알고리즘은 치명적인 취소 또는 대수 프로세스의 반올림 오류 누적으로 인해 수치적으로 안정적이지 않을 수 있다. 예제 8에서 설명한 것처럼 치명적인 취소를 피하기 위해 취할 수 있는 간단한 예방 조치가 종종 있다(이 절 끝에 있는 연습문제 10 참조).

알고리즘에서 반올림 오류의 축적을 피하기 위해 취할 수 있는 예방 조치도 있다. 선형 시스템을 풀기 위해 1장에서 소개된 가우시안 소거법은 사용되는 행 연산 선택에 주의를

기울이지 않는 한 반올림의 누적으로 인해 불안정할 수 있다. 7.3절에서는 알고리즘의 수치적 안정성을 보장하기 위해 일반적으로 사용되는 제거 과정에서 행을 교환하는 전략을 학습한다. 6장에서 우리는 행렬의 특성 다항식의 근을 찾아 행렬의 고윳값을 계산하는 방법을 배웠다. 이 방법은 유한 정밀도 산술을 사용할 때 잘 작동하지 않는다. 계수의 작은 오류 또는 산술 계산의 반올림 오류는 계산된 근에 상당한 변화를 초래할 수 있다. 7.6절에서 우리는 수치적으로 안정적인 고윳값과 고유벡터를 계산하기 위한 대안적인 방법을 배울 것이다. 5장에서 우리는 정규 방정식과 고전적인 그람-슈미트 과정에서 파생된 QR 분해를 사용하여 최소제곱 문제를 푸는 방법을 배웠다. 이러한 방법 중 어느 것도 유한 정밀도 산술에서 수행될 때 정확한 솔루션을 제공한다고 보장되지 않는다. 7.7절에서 우리는 최소제곱 문제를 풀기 위한 몇 가지 수치적으로 안정적인 대안을 제시할 것이다.

7.1 연습문제

1. 다음 각 수들에 대하여 세 자리 십진 부동소수점 표현을 구하라.

(a) 12.39 **(b)** 0.00000612
(c) 1.399 **(d)** 1,267,849.35

2. 연습문제 1의 수들이 세 자리 십진 부동소수점 수로 표현될 때, 절대 오차와 상대 오차를 구하라.

3. 다음 각각을 가수의 소수 부분을 나타내기 위해 네 자리를 사용하여 정규화된 2진법 부동소수점으로 구하라. 즉 숫자를 $\pm(1.b_1b_2b_3b_4)_2 \times 2^k$ 형식으로 표현하라.

(a) 25 **(b)** $\frac{5}{16}$
(c) 2.424 **(d)** -0.21

4. 네 자리 십진 부동소수점 연산을 이용하여 다음 각각을 구하고, 절대 및 상대 오차를 계산하라.

(a) $15{,}342 + 0.0022$ **(b)** $17{,}421 - 17{,}428$
(c) $0.12349 - 0.12341$ **(d)** $(5{,}134.6) \cdot (14.567)$

5. $x_1 = 94{,}210$, $x_2 = 8631$, $x_3 = 1440$, $x_4 = 133$, $x_5 = 34$이다. 네 자리 십진 부동소수점 연산을 이용하여 다음 각각을 구하라.

(a) $(((x_1 + x_2) + x_3) + x_4) + x_5$
(b) $x_1 + ((x_2 + x_3) + (x_4 + x_5))$
(c) $(((x_5 + x_4) + x_3) + x_2) + x_1$

6. 16자리 10진수 부동소수점 연산을 이용하는 컴퓨터의 기계 엡실론은 무엇인가?

7. 36자리 2진수 부동소수점 연산을 이용하는 컴퓨터의 기계 엡실론은 무엇인가?

8. $t = 2, L = -2, U = 2, \beta = 2$라면, 얼마나 많은 부동소수점 수들이 있는가?

9. 다음 각각에서 부동소수점 수의 IEEE 단정밀도 표현에 해당하는 비트 시퀀스가 제공된다. 각각의 경우에, 수의 2진수 부동소수점 표현과 십진수 표현을 결정하라.

(a) 01000001000110100000000000000000
(b) 10111100010110000000000000000000
(c) 11000100010010000000000000000000

10. 다음 함수가 0에 가까운 x 값에서 계산되면 정확도가 상당히 손실된다. 각 함수에 대해 (i) 유효 숫자의 취소를 방지하는 함수의 대체 표현을 찾기 위해 항등식 또는 Taylor 급수 근사를 사용하고, (ii) 손 계산기나 컴퓨터를 사용하여 값 $x = 10^{-8}$을 대입하여 함수를 계산하고 또한 $x = 10^{-8}$ 지점에서 대체 표현된 함수로 계산하라.

(a) $f(x) = \dfrac{1 - \cos x}{\sin x}$ **(b)** $f(x) = e^x - 1$

(c) $f(x) = \sec x - \cos x$ **(d)** $f(x) = \dfrac{\sin x}{x} - 1$

7.2 가우스 소거법

이 절에서는 가우스 소거법을 이용하여 n개의 미지수를 갖는 n개 선형 방정식들의 시스템을 푸는 문제에 대하여 다룬다. 가우스 소거법은 최소의 대수 연산이 사용되기 때문에, 일반적으로 가장 효율적인 계산 방법이라고 간주된다. 계수 행렬 A가 불특이 행렬이면 행 연산 I과 III만 사용하여 엄밀한 삼각형 형태로 축약될 수 있다. 행을 교환할 필요가 없고 행 연산 III만 사용하여 모든 소거를 수행할 수 있는 경우 알고리즘은 훨씬 간단하다. 일반적으로 수치적 안정성을 달성하기 위해 행을 교환하는 것이 필요하다는 점을 지적해야 하지만 단순화를 위해 이를 먼저 고려할 것이다. 행 교환을 통합하는 것보다 일반적인 제거 알고리즘은 이 책의 다음 절에서 다룰 것이다.

행 교환이 없는 가우스 소거법

$A = A^{(1)} = (a_{ij}^{(1)})$은 비특이 행렬이라고 하자. 그러면 A는 행 연산 I과 III을 이용하여 완전한 삼각형 행렬 형태로 축약될 수 있다. 간단하게 축약이 오직 행 연산 III만을 이용하여 될 수 있다고 가정하자.

$$A = A^{(1)} = \begin{bmatrix} a_{11}^{(1)} & a_{12}^{(1)} & \cdots & a_{1n}^{(1)} \\ a_{21}^{(1)} & a_{22}^{(1)} & \cdots & a_{2n}^{(1)} \\ \vdots & & & \\ a_{n1}^{(1)} & a_{n2}^{(1)} & \cdots & a_{nn}^{(1)} \end{bmatrix}$$

1단계. $k = 2, \cdots, n$에 대해 $l_{k1} = a_{k1}^{(1)}/a_{11}^{(1)}$이라고 하자[$a_{11}^{(1)} \neq 0$이라 가정하자]. 소거 과정의 첫 단계는 행 연산 III을 $n-1$번 적용하여 A의 첫 행에 있는 대각선 아래의 원소들을 소거하는 것이다. l_{k1}은 k번째 행으로부터 뺄 첫 행의 배수임을 주목하라. 얻어진 새로운 행렬은 다음과 같다.

$$A^{(2)} = \begin{bmatrix} a_{11}^{(1)} & a_{12}^{(1)} & \cdots & a_{1n}^{(1)} \\ 0 & a_{22}^{(2)} & \cdots & a_{2n}^{(2)} \\ \vdots & & & \\ 0 & a_{n2}^{(2)} & \cdots & a_{nn}^{(2)} \end{bmatrix}$$

여기서

$$a_{kj}^{(2)} = a_{kj}^{(1)} - l_{k1}a_{1j}^{(1)} \qquad (2 \le k \le n,\ 2 \le j \le n)$$

소거 과정의 첫 단계에서는 $n-1$번의 나눗셈과 $(n-1)^2$의 곱셈 그리고 $(n-1)^2$의 덧셈/뺄셈이 사용된다.

2단계. 만약 $a_{22}^{(2)} \neq 0$이라면, 이것은 $a_{32}^{(2)}, \cdots, a_{n2}^{(2)}$를 소거하기 위하여 축 원소로 사용될 수 있다. $k = 3, \cdots, n$에 대하여

$$l_{k2} = \frac{a_{k2}^{(2)}}{a_{22}^{(2)}}$$

이라 놓고, $A^{(2)}$의 두 번째 행을 l_{k2}배 하여 k번째 행에서 뺀다. 계산된 새로운 행렬은 다음과 같다.

$$A^{(3)} = \begin{bmatrix} a_{11}^{(1)} & a_{12}^{(1)} & a_{13}^{(1)} & \cdots & a_{1n}^{(1)} \\ 0 & a_{22}^{(2)} & a_{23}^{(2)} & \cdots & a_{2n}^{(2)} \\ 0 & 0 & a_{33}^{(3)} & \cdots & a_{3n}^{(3)} \\ \vdots & \vdots & \vdots & & \vdots \\ 0 & 0 & a_{n3}^{(3)} & \cdots & a_{nn}^{(3)} \end{bmatrix}$$

두 번째 단계는 $n-2$번의 나눗셈과 $(n-2)^2$의 곱셈 그리고 $(n-2)^2$의 덧셈/뺄셈을 필요로 한다.

$n-1$번의 단계를 반복한 후 완전한 삼각형 행렬 $U = A^{(n)}$을 얻게 되는데, 전 과정에 필요한 연산은 다음과 같이 결정된다.

나눗셈 : $(n-1) + (n-2) + \cdots + 1 = \dfrac{n(n-1)}{2}$

곱셈 : $(n-1)^2 + (n-2)^2 + \cdots + 1^2 = \dfrac{n(2n-1)(n-1)}{6}$

덧셈과(또는) 뺄셈 : $(n-1)^2 + \cdots + 1^2 = \dfrac{n(2n-1)(n-1)}{6}$

소거 과정은 다음 알고리즘으로 요약된다.

알고리즘 7.2.1 **교환 없는 가우시안 소거법**

```
For i = 1, 2, ..., n − 1
    For k = i + 1, ..., n
        Set l_ki = a_ki^(i) / a_ii^(i)   [provided that a_ii^(i) ≠ 0]
        For j = i + 1, ..., n
            Set a_kj^(i+1) = a_kj^(i) − l_ki a_ij^(i)
        End for loop
    End for loop
End for loop
```

■

시스템 $A\mathbf{x} = \mathbf{b}$을 풀기 위하여 A를 $\mathbf{b}$만큼 확장할 수 있다. 따라서 $\mathbf{b}$는 A의 추가 열로서 저장될 것이다. 축약 과정은 알고리즘 7.2.1을 사용하며, 단 j 반복을 $i+1$에서 n까지를 $i+1$에서 $n+1$로 놓으면 된다. 삼각형 행렬 시스템은 역방향 대입을 이용하여 풀 수 있다.

삼각형 분해를 사용하여 $A_x = b$를 푸는 방법

$A\mathbf{x} = \mathbf{b}$를 푸는 데 관련된 대부분의 작업은 A를 완전한 삼각형 행렬 형태로 축약할 때 일어난다. $A\mathbf{x} = \mathbf{b}$를 푼 다음 또 다른 시스템 $A\mathbf{x} = \mathbf{b}_1$을 풀기 원한다고 가정하자. 첫 단계로부터 삼각형 행렬 U를 알아야 하고, 결과적으로 전체 축약 과정을 다시 실행하지 않고서 새로운 시스템을 풀기를 원한다. 1.5절에서 논의된 LU 분해를 사용하면 된다. 행렬 L은 대각 원소가 모두 1인 아래쪽 삼각형 행렬이다. L의 sub대각 원소는 알고리즘 7.2.1에서 사용된 숫자 l_{ki}이다. l_{ki}는 간소화 과정의 i번째 단계 동안 k번째 행에서 빼는 i번째 행의 배수이기 때문에 이러한 숫자를 승수라고 한다. 행렬 U는 소거 과정에서 얻은 외쪽 삼각형 행렬이다. 분해가 작동하는 방식을 검토하기 위해 다음 예제를 고려해 보자.

예제 1 다음 행렬 A에 대해

$$A = \begin{bmatrix} 2 & 3 & 1 \\ 4 & 1 & 4 \\ 3 & 4 & 6 \end{bmatrix}$$

소거는 다음 두 단계로 수행된다.

$$\begin{bmatrix} 2 & 3 & 1 \\ 4 & 1 & 4 \\ 3 & 4 & 6 \end{bmatrix} \xrightarrow{1} \begin{bmatrix} 2 & 3 & 1 \\ 0 & -5 & 2 \\ 0 & -\frac{1}{2} & \frac{9}{2} \end{bmatrix} \xrightarrow{2} \begin{bmatrix} 2 & 3 & 1 \\ 0 & -5 & 2 \\ 0 & 0 & 4.3 \end{bmatrix}$$

1단계를 위한 승수들은 $l_{21} = 2$와 $l_{31} = \frac{3}{2}$이며, 2단계를 위한 승수는 $l_{32} = \frac{1}{10}$이다.

$$L = \begin{bmatrix} 1 & 0 & 0 \\ l_{21} & 1 & 0 \\ l_{31} & l_{32} & 1 \end{bmatrix} = \begin{bmatrix} 1 & 0 & 0 \\ 2 & 1 & 0 \\ \frac{3}{2} & \frac{1}{10} & 1 \end{bmatrix}$$

이라 놓고

$$U = \begin{bmatrix} 2 & 3 & 1 \\ 0 & -5 & 2 \\ 0 & 0 & 4.3 \end{bmatrix}$$

이라 하자. 독자들은 $LU = A$를 보일 수 있을 것이다. ■

용하여 다음과 같이 선택된 각각의 b에 대하여 $A\mathbf{x} = \mathbf{b}$를 풀어라.

(a) $(7, -1, 30)^T$ **(b)** $(15, -17, 18)^T$
(c) $(0, 1, 1)^T$

3. A와 B가 $n \times n$ 행렬이고 $\mathbf{x} \in \mathbb{R}^n$이라고 하자.

(a) 곱 $A\mathbf{x}$를 계산하기 위하여 얼마나 많은 스칼라 덧셈과 곱셈이 필요한가?

(b) 곱 AB를 계산하기 위하여 얼마나 많은 스칼라 덧셈과 곱셈이 필요한가?

(c) $(AB)\mathbf{x}$를 계산하기 위하여 얼마나 많은 스칼라 덧셈과 곱셈이 필요한가? $A(B\mathbf{x})$에 대해서는 어떠한가?

4. $A \in \mathbb{R}^{m\times n}$, $B \in \mathbb{R}^{n\times r}$, $\mathbf{x}, \mathbf{y} \in \mathbb{R}^n$이라고 하자. 곱 $A\mathbf{x}\mathbf{y}^T B$를 다음과 같은 방법으로 계산한다고 하자.

(i) $(A(\mathbf{x}\mathbf{y}^T))B$ **(ii)** $(A\mathbf{x})(\mathbf{y}^T B)$
(iii) $((A\mathbf{x})\mathbf{y}^T)B$

(a) 각각의 계산을 위하여 얼마나 많은 스칼라 덧셈과 곱셈이 필요한가?

(b) $m = 5$, $n = 4$, $r = 3$일 때, 위 각각의 세 경우에 대하여 필요한 스칼라 덧셈과 곱셈의 수를 비교하라. 어떤 방법이 이 경우에 가장 효율적인가?

5. 단위 행렬의 i번째 행에 α를 곱하여 k번째 행에서 뺄 경우의 기본 행렬을 E_{ki}라고 하자.

(a) $E_{ki} = I - \alpha\mathbf{e}_k\mathbf{e}_i^T$임을 보여라.

(b) $E_{ji} = I - \beta\mathbf{e}_j\mathbf{e}_i^T$라고 하자. $E_{ji}E_{ki} = I - (\alpha\mathbf{e}_k + \beta\mathbf{e}_j)\mathbf{e}_i^T$임을 보여라.

(c) $E_{ki}^{-1} = I + \alpha\mathbf{e}_k\mathbf{e}_i^T$임을 보여라.

6. A가 삼각형 분해 LU를 갖는 $n \times n$ 행렬이라고 하자. 다음을 증명하라.

$$\det(A) = u_{11}u_{22}\cdots u_{nn}$$

7. A가 삼각형 분해 LU를 갖는 $n \times n$ 대칭 행렬이라고 하자. 그러면 A는 LDL^T로 더 분해될 수 있다(여기서 D는 대각선 행렬이다). $LDL^T\mathbf{x} = \mathbf{b}$를 풀기 위해 알고리즘 7.2.2와 같은 알고리즘을 만들어 보라.

8. 다음 삼각형 시스템의 해를 구하는 알고리즘을 작성하라.

$$\begin{bmatrix} a_1 & b_1 & & & \\ c_1 & a_2 & \ddots & & \\ & \ddots & \ddots & & \\ & & \ddots & a_{n-1} & b_{n-1} \\ & & & c_{n-1} & a_n \end{bmatrix} \begin{bmatrix} x_1 \\ x_2 \\ \vdots \\ x_{n-1} \\ x_n \end{bmatrix} = \begin{bmatrix} d_1 \\ d_2 \\ \vdots \\ d_{n-1} \\ d_n \end{bmatrix}$$

이때 대각선 원소들을 피봇(pivot)으로 한 가우스 소거법을 이용하라. 얼마나 많은 덧셈/뺄셈 그리고 곱셈/나눗셈이 필요한가?

9. $A = LU$라고 하자. 단, L은 대각선 원소 값이 1인 아래쪽 삼각형 행렬이고, U는 위쪽 삼각형 행렬이다.

(a) $L\mathbf{y} = \mathbf{e}_j$를 순방향 대입을 이용하여 풀 때, 얼마나 많은 스칼라 덧셈과 곱셈이 필요한가?

(b) $A\mathbf{x} = \mathbf{e}_j$를 풀기 위해 얼마나 많은 스칼라 덧셈/뺄셈, 그리고 곱셈/나눗셈이 필요한가? $A\mathbf{x} = \mathbf{e}_j$의 해 $\mathbf{x}_j$는 A^{-1}의 j번째 열이 될 것이다.

(c) 분해 $A = LU$가 주어져 있을 때, A^{-1}를 계산하기 위하여 얼마나 많은 스칼라 덧셈/뺄셈, 그리고 곱셈/나눗셈이 필요한가?

10. A의 A^{-1}와 LU 분해가 결정되어 있다고 하자. $A^{-1}\mathbf{b}$를 계산하기 위하여 얼마나 많은 스칼라 덧셈과 곱셈이 필요한가? 이 값을 알고리즘 7.2.2를 이용하여 $LU\mathbf{x} = \mathbf{b}$를 풀기 위해 소요되는 연산의 개수와 비교하라. 동일한 계수 행렬 A를 갖는 다수의 시스템이 있다고 하자. A^{-1}를 계산할 필요가 있는가? 그 이유를 설명하라.

11. A가 3×3 행렬이라 하고, 열 연산 III만을 이용하여 아래쪽 삼각형 행렬 L로 변환될 수 있다고 가정하자. 즉,

$$AE_1E_2E_3 = L$$

여기서 E_1, E_2, E_3는 유형 III의 기본 행렬들이다.

$$U = (E_1E_2E_3)^{-1}$$

이라고 놓자. U는 대각선 원소들이 1인 위쪽 삼각형 행렬이고 $A = LU$임을 보여라(이 문제는 가우스 소거의 열 버전을 설명한다).

7.3 피보팅 전략

이 절에서는 행 교환이 있는 가우스 소거 알고리즘을 소개한다. 알고리즘의 각 단계에서 피봇 행(pivotal row)을 선택할 필요가 있다. 통상적인 방법으로 축 행들을 선택함으로써, 불필요하게 큰 오차가 축척되는 것을 피할 수 있다.

행 교환이 있는 가우스 소거법

다음 예제를 고려해 보자.

예제 1 다음 행렬 A에 대해

$$A = \begin{bmatrix} 6 & -4 & 2 \\ 4 & 2 & 1 \\ 2 & -1 & 1 \end{bmatrix}$$

행 연산 I과 III을 이용하여 A를 삼각형 행렬로 축약하려 한다. 행 교환들을 추적하기 위하여 행 벡터 $\mathbf{p}$를 사용할 것이다. $\mathbf{p}$의 좌표들은 $p(1), p(2), p(3)$과 같이 표기한다. 처음 $\mathbf{p} = (1, 2, 3)$이라고 놓는다. 축약 과정의 첫 단계에서 세 번째 행이 축 행으로 선택되었다고 가정하자. 첫 번째와 세 번째 행들을 교환하는 대신에 $\mathbf{p}$의 첫 번째와 세 번째 원소들을 교환할 것이다. $p(1) = 3$, $p(3) = 1$이라고 놓음으로써, 벡터 $\mathbf{p}$는 $(3, 2, 1)$이 된다. 벡터 $\mathbf{p}$는 행을 재정렬하는 것을 유지하기 위해 사용된다. 벡터 $\mathbf{p}$는 행들에 다시 수(좌표)들을 부여한 것이다. 행들의 실질적 그리고 물리적 재정렬은 축약 과정이 완료될 때까지 유보된다. 축약 단계의 첫 번째 단계로 다음과 같이 수행된다.

$$\begin{matrix} \text{row} \\ p(3) = 1 \\ p(2) = 2 \\ p(1) = 3 \end{matrix} \quad \begin{bmatrix} 6 & -4 & 2 \\ 4 & 2 & 1 \\ \mathbf{2} & \mathbf{-1} & \mathbf{1} \end{bmatrix} \rightarrow \begin{bmatrix} 0 & -1 & -1 \\ 0 & 4 & -1 \\ 2 & -1 & 1 \end{bmatrix}$$

만약 두 번째 단계에서 $p(3)$가 축 행으로 선택된다면, $p(3)$와 $p(2)$의 원소들은 교환된다. 다음 축약 과정의 첫 단계가 수행된다.

$$\begin{matrix} p(2) = 1 \\ p(3) = 2 \\ p(1) = 3 \end{matrix} \quad \begin{bmatrix} 0 & \mathbf{-1} & \mathbf{-1} \\ 0 & 4 & -1 \\ 2 & -1 & 1 \end{bmatrix} \rightarrow \begin{bmatrix} 0 & -1 & -1 \\ 0 & 0 & -5 \\ 2 & -1 & 1 \end{bmatrix}$$

만약 행들이 순서 $(p(1), p(2), p(3)) = (3, 1, 2)$로 재정렬된다면, 결과 행렬은 완전한 삼각형 형태이다.

$$\begin{matrix} p(1)=3 \\ p(2)=1 \\ p(3)=2 \end{matrix} \quad \begin{bmatrix} 2 & -1 & 1 \\ 0 & -1 & -1 \\ 0 & 0 & -5 \end{bmatrix}$$

행들이 순서 (3, 1, 2)로 정렬된 채 시작한다면, 축약은 정확하게 행 교환이 필요하지 않다는 점을 제외하고는 동일하다. A의 행들을 (3, 1, 2)로 재정렬하는 것은 A에 순열 행렬

$$P = \begin{bmatrix} 0 & 0 & 1 \\ 1 & 0 & 0 \\ 0 & 1 & 0 \end{bmatrix}$$

을 미리 곱하는 것과 동일하다. A와 PA에 대한 축약을 동시에 수행하고, 그 결과를 비교해 보자. 축약 과정에 사용되는 승수들은 3, 2, −4이다. 이들은 소거된 항들의 자리에 저장될 것이며, 이들을 행렬의 다른 원소와 구분하기 위하여 박스로 둘러싸도록 하자.

$$A = \begin{bmatrix} 6 & -4 & 2 \\ 4 & 2 & 1 \\ 2 & -1 & 1 \end{bmatrix} \rightarrow \begin{bmatrix} \boxed{3} & -1 & -1 \\ \boxed{2} & 4 & -1 \\ 2 & -1 & 1 \end{bmatrix} \rightarrow \begin{bmatrix} \boxed{3} & -1 & -1 \\ \boxed{2} & \boxed{-4} & -5 \\ 2 & -1 & 1 \end{bmatrix}$$

$$PA = \begin{bmatrix} 2 & -1 & 1 \\ 6 & -4 & 2 \\ 4 & 2 & 1 \end{bmatrix} \rightarrow \begin{bmatrix} 2 & -1 & 1 \\ \boxed{3} & -1 & -1 \\ \boxed{2} & 4 & -1 \end{bmatrix} \rightarrow \begin{bmatrix} 2 & -1 & 1 \\ \boxed{3} & -1 & -1 \\ \boxed{2} & \boxed{-4} & -5 \end{bmatrix}$$

만약 A의 축약된 형태의 행들이 재정렬된다면, 결과 축약 행렬들은 동일할 것이다. PA의 축약 형태는 삼각형 분해를 결정하기 위해 필요한 정보를 갖고 있다. 사실

$$PA = LU$$

이며, 여기서

$$L = \begin{bmatrix} 1 & 0 & 0 \\ 3 & 1 & 0 \\ 2 & -4 & 1 \end{bmatrix} \quad \text{그리고} \quad U = \begin{bmatrix} 2 & -1 & 1 \\ 0 & -1 & -1 \\ 0 & 0 & -5 \end{bmatrix}$$ ■

컴퓨터상에서 A의 행들을 실제로 교환할 필요는 없다. 단지 $p(k)$를 k번째 행으로 취급하고 $a_{p(k)j}$를 a_{kj}로 사용하면 된다.

알고리즘 7.3.1 **교환 있는 가우시안 소거법**

```
┌─ For i = 1, ..., n
│      Set p(i) = i
└→ End for loop
```

For $i = 1, \ldots, n$

(1) *Choose a pivot element* $a_{p(j)i}$ *from the elements*

$$a_{p(i)i}, a_{p(i+1)i}, \ldots, a_{p(n)i}$$

(*Strategies for doing this will be discussed later in this section.*)

(2) *Switch the ith and jth entries of p.*

(3) *For* $k = i+1, \ldots, n$

Set $l_{p(k)i} = a_{p(k)i}/a_{p(i)i}$

For $j = i+1, \ldots, n$

Set $a_{p(k)j} = a_{p(k)j} - l_{p(k)i}a_{p(i)j}$

End for loop

End for loop

End for loop ■

주의

1. 승수들 $l_{p(k)i}$는 소거될 원소 $a_{p(k)i}$의 자리에 저장된다.
2. 벡터 **p**는 순열 행렬 P를 만들기 위해 사용될 수 있는데, P의 i번째 행은 항등 행렬의 $p(i)$번째 행이다.
3. 행렬 PA는 곱 LU 분해될 수 있는데, 여기서

$$l_{ki} = \begin{cases} l_{p(k)i} & \text{if} \quad k > i \\ 1 & \text{if} \quad k = i \\ 0 & \text{if} \quad k < i \end{cases} \qquad \text{그리고} \qquad u_{ki} = \begin{cases} a_{p(k)i} & \text{if} \quad k \le i \\ 0 & \text{if} \quad k > i \end{cases}$$

4. P는 비특이 행렬이므로, 시스템 $A\mathbf{x} = \mathbf{b}$는 시스템 $PA\mathbf{x} = P\mathbf{b}$와 동일하다. $\mathbf{c} = P\mathbf{b}$라 하자. $PA = LU$이므로, 시스템은

$$LU\mathbf{x} = \mathbf{c}$$

와 동일하다.

5. $PA = LU$라면, $A = P^{-1}LU = P^TLU$이다.

주의 4와 5로부터 $A = P^TLU$라면, 시스템 $A\mathbf{x} = \mathbf{b}$는 다음 세 단계로 풀릴 수 있다.

1단계. *재정렬.* $\mathbf{c} = P\mathbf{b}$를 만들기 위하여 $\mathbf{b}$의 원소들을 재정렬한다.

2단계. *순방향 대입.* 시스템 $L\mathbf{y} = \mathbf{c}$를 $\mathbf{y}$에 대하여 푼다.

3단계. *역방향 대입.* $U\mathbf{x} = \mathbf{y}$를 푼다.

예제 2 다음 시스템을 풀어라.

$$\begin{aligned} 6x_1 - 4x_2 + 2x_3 &= -2 \\ 4x_1 + 2x_2 + x_3 &= 4 \\ 2x_1 - x_2 + x_3 &= -1 \end{aligned}$$

해답

이 시스템의 계수 행렬은 예제 1의 행렬 A이다. P, L, U는 이미 결정되었고, 이 행렬들은 다음과 같이 시스템을 풀기 위하여 사용된다.

1단계. $\mathbf{c} = P\mathbf{b} = (-1, -2, 4)^T$

2단계.
$$\begin{aligned} y_1 &= -1 \qquad & y_1 &= -1 \\ 3y_1 + y_2 &= -2 & y_2 &= -2+3 = 1 \\ 2y_1 - 4y_2 + y_3 &= 4 & y_3 &= 4+2+4 = 10 \end{aligned}$$

3단계.
$$\begin{aligned} 2x_1 - x_2 + x_3 &= -1 \qquad & x_1 &= 1 \\ - x_2 - x_3 &= 1 & x_2 &= 1 \\ - 5x_3 &= 10 & x_3 &= -2 \end{aligned}$$

해는 $\mathbf{x} = (1, 1, -2)^T$이다. ■

만약 대각선 원소들 $a_{ii}^{(i)}$가 각 단계에서 영이 아니라면, 행 교환 없이 가우스 소거를 할 수 있다. 그러나 유한 정확도 연산에서 영에 가까운 축들 $a_{ii}^{(i)}$는 문제를 발생시킬 수 있다.

예제 3 다음 시스템을 고려해 보자.

$$\begin{aligned} 0.0001x_1 + 2x_2 &= 4 \\ x_1 + x_2 &= 3 \end{aligned}$$

이 시스템에 대한 정확한 해는 다음과 같다.

$$\mathbf{x} = \left(\frac{2}{1.9999}, \frac{3.9997}{1.9999} \right)^T$$

네 자리 십진수로 반올림하면, 해는 $(1.0001, 1.9999)^T$이다. 시스템을 풀기 위하여 세 자리 십진 부동소수점 연산을 사용한다고 하자.

$$\left[\begin{array}{cc|c} 0.0001 & 2 & 4 \\ 1 & 1 & 3 \end{array}\right] \rightarrow \left[\begin{array}{cc|c} 0.0001 & 2 & 4 \\ 0 & -0.200 \times 10^5 & -0.400 \times 10^5 \end{array}\right]$$

계산된 해는 $\mathbf{x}' = (0, 2)^T$이다. x_1의 좌표에는 100%의 오차가 존재한다. 한편 작은 값의 축을 피하기 위하여 행 교환을 한다면, 세 자리 십진 연산은

$$\left[\begin{array}{cc|c} 1 & 1 & 3 \\ 0.0001 & 2 & 4 \end{array}\right] \rightarrow \left[\begin{array}{cc|c} 1 & 1 & 3 \\ 0 & 2.00 & 4.00 \end{array}\right]$$

과 같이 된다. 이 경우 계산된 해는 $\mathbf{x}' = (1, 2)^T$이다. ■

축 $a_{ii}^{(i)}$의 절댓값이 작다면, 승수들 $l_{ki} = a_{ki}^{(i)}/a_{ii}^{(i)}$는 큰 절댓값을 가질 것이다. 만약 $a_{ij}^{(i)}$의 계산된 값에 오차가 존재한다면, 오차는 l_{ki}에 의하여 곱해진다. 일반적으로 큰 승수들은 오차의 전파에 기여한다. 한편 절댓값이 1보다 작은 승수들은 일반적으로 오차의 증가를 지체시킨다. 축 원소들의 주의 깊은 선택에 의하여 축이 작은 값을 갖는 것을 피할 수 있으며, 동시에 승수들의 절댓값을 1보다 작게 유지시킬 수 있다. 이를 위하여 가장 일반적으로 사용되는 전략을 부분 피보팅(partial pivoting)이라고 한다.

부분 피보팅

축약 과정의 i번째 단계에는 피봇 원소로서 $n - i + 1$개의 대안들이 있다.

$$a_{p(i)i}, a_{p(i+1)i}, \ldots, a_{p(n)i}$$

절댓값이 가장 큰 대안 $a_{p(j)i}$를 선택하라.

$$|a_{p(j)i}| = \max_{i \le k \le n} |a_{p(k)i}|$$

그리고 $\mathbf{p}$의 i번째 원소와 j번째 원소를 교환하라. 피봇 원소 $a_{p(i)i}$는 $k = i + 1, \cdots, n$에 대하여 다음 성질을 갖는다.

$$|a_{p(i)i}| \ge |a_{p(k)i}|$$

따라서 승수들은 다음을 만족하게 될 것이다.

$$|l_{p(k)i}| = \left| \frac{a_{p(k)i}}{a_{p(i)i}} \right| \le 1$$

항상 한 단계를 더 수행하고 완전 피보팅(complete pivoting)을 하게 될 것이다. 피보팅을 함에 있어서 피봇 원소는 남아 있는 행과 열들의 모든 원소들 가운데 가장 큰 절댓값을 갖는 원소로서 선택된다. 이 경우 행과 열들에 대한 추적을 해야 한다. i번째 단계에서 원소 $a_{p(j)q(k)}$는

$$|a_{p(j)q(k)}| = \max_{\substack{i \le s \le n \\ i \le t \le n}} |a_{p(s)q(t)}|$$

이 되도록 선택된다. $\mathbf{p}$의 i 및 j번째 원소들이 교환되고, $\mathbf{q}$의 i번째와 k번째 원소들이 교환된다. 새로운 축 원소는 $a_{p(i)q(i)}$이다. 완전 피보팅의 주 단점은 각 단계에서 $(n - i + 1)^2$개의 원소들로부터 피봇 원소를 찾아야 한다는 점이다. 이는 컴퓨터 사용 시간으로 볼 때 매우 큰 비용이다. 가우스 소거법은 부분 피보팅 혹은 완전 피보팅으로 수행할 때 수치적으로 안정적이지만 부분 피보팅을 사용하는 것이 더 효율적이다. 결과적으로 부분 피보팅 전략은 모든 표준 수치 소프트웨어 패키지에 대한 선택 방법이다.

$$\|A\mathbf{x}\|_2 = \left[\sum_{i=1}^{m}\left(\sum_{j=1}^{n} a_{ij}x_j\right)^2\right]^{1/2} = \left[\sum_{i=1}^{m}(\vec{\mathbf{a}}_i\mathbf{x})^2\right]^{1/2}$$

$$\le \left[\sum_{i=1}^{m}\|\mathbf{x}\|_2^2\|\vec{\mathbf{a}}_i^T\|_2^2\right]^{1/2} \qquad \text{(코시-슈워츠)}$$

$$= \|A\|_F\ \|\mathbf{x}\|_2$$

IV. $B=(\mathbf{b}_1,\cdots,\mathbf{b}_r)$이 $n\times r$ 행렬이라면, 성질 I과 III으로부터 다음이 만족된다.

$$\begin{aligned}\|AB\|_F &= \|(A\mathbf{b}_1, A\mathbf{b}_2, \ldots, A\mathbf{b}_r)\|_F\\ &= \left(\sum_{i=1}^{r}\|A\mathbf{b}_i\|_2^2\right)^{1/2}\\ &\le \|A\|_F\left(\sum_{i=1}^{r}\|\mathbf{b}_i\|_2^2\right)^{1/2}\\ &= \|A\|_F\|B\|_F\end{aligned}$$

프로베니우스 노옴뿐만 아니라 $\mathbb{R}^{m\times n}$에 대해 사용할 수 있는 많은 다른 노옴들이 존재한다. 일반적으로 노옴을 정의하는 다음 세 가지 조건들을 만족하면 그 어떤 것도 노옴이다.

(i) $A=O$일 때만 $A\ge 0$이고 $A=0$이다.

(ii) $\|\alpha A\| = |\alpha|\,\|A\|$

(iii) $\|A+B\| \le \|A+B\|$

가장 유용하다고 판명된 행렬 노옴들의 군은 다음의 부가적인 성질을 만족한다.

(iv) $\|AB\| \le \|A\|\,\|B\|$

결과적으로 부가적인 성질을 갖는 노옴 군들만을 고려할 것이다. 성질 (iv)의 중요한 결과 중 하나는 다음과 같다.

$$\|A^n\| \le \|A\|^n$$

특히 $\|A\|<1$이라면, $n\to\infty$에 따라 $\|A^n\|\to 0$이다.

일반적으로 $\mathbb{R}^{m\times n}$상의 행렬 노옴 $\|\cdot\|_M$과 $\mathbb{R}^n$상의 벡터 노옴 $\|\cdot\|_V$는, 만약

$$\|A\mathbf{x}\|_V \le \|A\|_M\|\mathbf{x}\|_V$$

가 모든 $\mathbf{x}\in\mathbb{R}^n$에 대하여 만족되면, 양립한다고 말한다. 특히 프로베니우스 노옴의 성질 III으로부터 행렬 노옴 $\|\cdot\|_F$과 벡터 $\|\cdot\|_2$ 노옴은 양립한다. 표준 벡터 노옴들의 각각에

대하여, 벡터 노옴을 행렬에 대한 연산 노옴을 계산하는 데 사용함으로써, 양립하는 행렬 노옴을 정의할 수 있다. 이러한 방식으로 정의된 행렬 노옴은 벡터 노옴에 종속한다고 말한다.

종속 행렬 노옴

$m \times n$ 행렬을 $\mathbb{R}^n$으로부터 $\mathbb{R}^m$으로의 선형 변환으로서 생각할 수 있다. 벡터 노옴들의 어떤 군에 대해서도 영이 아닌 각각의 $\mathbf{x}$에 대해 $\|A\mathbf{x}\|$와 $\|\mathbf{x}\|$를 비교하고, 다음

$$\|A\| = \max_{\mathbf{x}\neq\mathbf{0}} \frac{\|A\mathbf{x}\|}{\|\mathbf{x}\|} \tag{2}$$

을 취함으로써 연산 노옴(operator norm)을 정의할 수 있다.

$\|A\mathbf{x}\| / \|\mathbf{x}\|$를 최대화하는 $\mathbb{R}^n$ 공간의 특정한 $\mathbf{x}_0$가 존재함을 보일 수 있다. 그러나 그 증명은 이 책의 범위를 넘는다. $\|A\mathbf{x}\| / \|\mathbf{x}\|$가 항상 최대화될 수 있다고 가정하고 실질적으로 식 (2)가 $\mathbb{R}^{m\times n}$상의 노옴을 정의함을 보일 수 있다. 이를 위하여 그 정의에 대하여 다음 세 조건들이 만족됨을 보여야 한다.

(i) 각각의 $\mathbf{x} \neq \mathbf{0}$에 대하여

$$\frac{\|A\mathbf{x}\|}{\|\mathbf{x}\|} \geq 0$$

결과적으로

$$\|A\| = \max_{\mathbf{x}\neq\mathbf{0}} \frac{\|A\mathbf{x}\|}{\|\mathbf{x}\|} \geq 0$$

만약 $\|A\| = 0$이라면 모든 $\mathrm{x} \in \mathbb{R}^n$에 대하여 $A\mathbf{x} = \mathbf{0}$이다. 이는

$$\mathbf{a}_j = A\mathbf{e}_j = \mathbf{0} \qquad \text{for} \qquad j = 1, \ldots, n$$

임을 의미하고, 따라서 A는 영 행렬이어야 한다.

(ii) $\|\alpha A\| = \max_{\mathbf{x}\neq\mathbf{0}} \frac{\|\alpha A\mathbf{x}\|}{\|\mathbf{x}\|} = |\alpha| \max_{\mathbf{x}\neq\mathbf{0}} \frac{\|A\mathbf{x}\|}{\|\mathbf{x}\|} = |\alpha|\ \|A\|$

(iii) 만약 $\mathbf{x} \neq \mathbf{0}$이라면 다음과 같다.

$$\begin{aligned}
\|A + B\| &= \max_{\mathbf{x}\neq\mathbf{0}} \frac{\|(A+B)\mathbf{x}\|}{\|\mathbf{x}\|} \\
&\leq \max_{\mathbf{x}\neq\mathbf{0}} \frac{\|A\mathbf{x}\| + \|B\mathbf{x}\|}{\|\mathbf{x}\|} \\
&\leq \max_{\mathbf{x}\neq\mathbf{0}} \frac{\|A\mathbf{x}\|}{\|\mathbf{x}\|} + \max_{\mathbf{x}\neq\mathbf{0}} \frac{\|B\mathbf{x}\|}{\|\mathbf{x}\|} \\
&= \|A\| + \|B\|
\end{aligned}$$

따라서 식 (2)는 $\mathbb{R}^{m\times n}$상의 노옴을 정의한다. 벡터 노옴들 $\|\cdot\|$의 각 군에 대하여, 식 (2)에 의하여 행렬 노옴들의 군을 정의할 수 있다. 식 (2)에 의하여 정의된 행렬 노옴들은 벡터 노옴들 $\|\cdot\|$에 종속된다고 말한다.

정리 7.4.1 만약 행렬 노옴들 $\|\cdot\|_M$의 군이 벡터 노옴 $\|\cdot\|_V$의 군에 종속된다면, $\|\cdot\|_M$과 $\|\cdot\|_V$는 양립하고, $\|\cdot\|_M$은 성질 (iv)를 만족한다.

증명 x가 $\mathbb{R}^n$의 임의의 영이 아닌 벡터라면,

$$\frac{\|A\mathbf{x}\|_V}{\|\mathbf{x}\|_V} \leq \max_{\mathbf{y}\neq\mathbf{0}} \frac{\|A\mathbf{y}\|_V}{\|\mathbf{y}\|_V} = \|A\|_M$$

이고, 따라서

$$\|A\mathbf{x}\|_V \leq \|A\|_M\|\mathbf{x}\|_V$$

마지막 부등식은 $\mathbf{x}=\mathbf{0}$일 때 자명하기 때문에 $\|\cdot\|_M$과 $\|\cdot\|_V$는 양립한다. 행렬 B가 $n\times r$ 행렬이라면, $\|\cdot\|_M$과 $\|\cdot\|_V$가 양립하기 때문에 다음 식이 성립한다.

$$\|AB\mathbf{x}\|_V \leq \|A\|_M\|B\mathbf{x}\|_V \leq \|A\|_M\|B\|_M\|\mathbf{x}\|_V$$

따라서 모든 $\mathbf{x}\neq\mathbf{0}$에 대하여

$$\frac{\|AB\mathbf{x}\|_V}{\|\mathbf{x}\|_V} \leq \|A\|_M\|B\|_M$$

이고, 따라서

$$\|AB\|_M = \max_{\mathbf{x}\neq\mathbf{0}} \frac{\|AB\mathbf{x}\|_V}{\|\mathbf{x}\|_V} \leq \|A\|_M\|B\|_M$$ ■

행렬의 프로베니우스 노옴을 계산하는 것은 간단한 문제이다. 예를 들어

$$A = \begin{bmatrix} 4 & 2 \\ 0 & 4 \end{bmatrix}$$

이라면, 노옴은 다음과 같다.

$$\|A\|_F = (4^2 + 0^2 + 2^2 + 4^2)^{1/2} = 6$$

한편 $\|\cdot\|$가 종속 행렬 노옴이라면 $\|A\|$를 어떻게 계산해야 할지가 그렇게 명확하지 않다. 그러나 행렬 노옴

$$\|A\|_1 = \max_{\mathbf{x}\neq\mathbf{0}} \frac{\|A\mathbf{x}\|_1}{\|\mathbf{x}\|_1} \quad \text{and} \quad \|A\|_\infty = \max_{\mathbf{x}\neq\mathbf{0}} \frac{\|A\mathbf{x}\|_\infty}{\|\mathbf{x}\|_\infty}$$

은 쉽게 계산할 수 있다.

정리 7.4.2 만약 A가 $m \times n$행렬이라면 다음과 같다.

$$\|A\|_1 = \max_{1 \le j \le n} \left(\sum_{i=1}^{m} |a_{ij}| \right)$$

$$\|A\|_\infty = \max_{1 \le i \le m} \left(\sum_{j=1}^{n} |a_{ij}| \right)$$

증명 먼저

$$\|A\|_1 = \max_{1 \le j \le n} \left(\sum_{i=1}^{m} |a_{ij}| \right)$$

을 증명하고, 두 번째에 대한 증명은 연습문제로 남겨 두고자 한다.

$$\alpha = \max_{1 \le j \le n} \sum_{i=1}^{m} |a_{ij}| = \sum_{i=1}^{m} |a_{ik}|$$

이라고 놓자. 즉 k는 최댓값이 발생하는 열의 색인이다. $\mathbf{x}$를 $\mathbb{R}^n$의 임의의 벡터라고 하자. 그러면

$$A\mathbf{x} = \left(\sum_{j=1}^{n} a_{1j}x_j, \sum_{j=1}^{n} a_{2j}x_j, \ldots, \sum_{j=1}^{n} a_{mj}x_j \right)^T$$

따라서

$$\begin{aligned}
\|A\mathbf{x}\|_1 &= \sum_{i=1}^{m} \left| \sum_{j=1}^{n} a_{ij}x_j \right| \\
&\le \sum_{i=1}^{m} \sum_{j=1}^{n} |a_{ij}x_j| \\
&= \sum_{j=1}^{n} \left(|x_j| \sum_{i=1}^{m} |a_{ij}| \right) \\
&\le \alpha \sum_{j=1}^{n} |x_j| \\
&= \alpha \|\mathbf{x}\|_1
\end{aligned}$$

그러므로 $\mathbb{R}^n$ 안의 임의의 영이 아닌 벡터 $\mathbf{x}$에 대하여

$$\frac{\|A\mathbf{x}\|_1}{\|\mathbf{x}\|_1} \leq \alpha$$

따라서

$$\|A\|_1 = \max_{\mathbf{x}\neq\mathbf{0}} \frac{\|A\mathbf{x}\|_1}{\|\mathbf{x}\|_1} \leq \alpha \tag{3}$$

한편

$$\|A\mathbf{e}_k\|_1 = \|\mathbf{a}_k\|_1 = \alpha$$

$\|\mathbf{e}_k\|_1 = 1$이므로 결과적으로 다음이 성립한다.

$$\|A\|_1 = \max_{\mathbf{x}\neq\mathbf{0}} \frac{\|A\mathbf{x}\|_1}{\|\mathbf{x}\|_1} \geq \frac{\|A\mathbf{e}_k\|_1}{\|\mathbf{e}_k\|_1} = \alpha \tag{4}$$

(3)과 (4)는 $\|A\|_1 = \alpha$임을 의미한다. ■

예제 1 다음 행렬에 대해

$$A = \begin{bmatrix} -3 & 2 & 4 & -3 \\ 5 & -2 & -3 & 5 \\ 2 & 1 & -6 & 4 \\ 1 & 1 & 1 & 1 \end{bmatrix}$$

$\|A\|_1$과 $\|A\|_\infty$는 다음과 같다.

$$\|A\|_1 = |4| + |-3| + |-6| + |1| = 14$$
$$\|A\|_\infty = |5| + |-2| + |-3| + |5| = 15$$
■

행렬의 2-노옴은 계산하기가 더 어렵다. 왜냐하면 그것은 행렬의 특이값들에 의존하기 때문이다. 사실상 행렬의 2-노옴은 그것의 가장 큰 특이값이다.

정리 7.4.3 만약 A가 특이값 분해 $U\Sigma V^T$를 갖는 $m \times n$ 행렬이라면 다음이 성립한다.

$$\|A\|_2 = \sigma_1 \qquad \text{(가장 큰 특이값)}$$

증명 U와 V가 직교하므로 다음과 같다(연습문제 42 참조).

$$\|A\|_2 = \|U\Sigma V^T\|_2 = \|\Sigma\|_2$$

이제

$$\|\Sigma\|_2 = \max_{\mathbf{x}\neq\mathbf{0}} \frac{\|\Sigma\mathbf{x}\|_2}{\|\mathbf{x}\|_2}$$

$$= \max_{\mathbf{x}\neq\mathbf{0}} \frac{\left(\sum_{i=1}^{n}(\sigma_i x_i)^2\right)^{1/2}}{\left(\sum_{i=1}^{n} x_i^2\right)^{1/2}}$$

$$\leq \sigma_1$$

그러나 $x = \mathbf{e}_1$을 선택하면

$$\frac{\|\Sigma\mathbf{x}\|_2}{\|\mathbf{x}\|_2} = \sigma_1$$

이고, 따라서 결과적으로 다음이 성립한다.

$$\|A\|_2 = \|\Sigma\|_2 = \sigma_1$$ ■

따름정리 7.4.4 만약 $A = U\Sigma V^T$인 비특이 행렬이라면, 다음이 성립한다.

$$\|A^{-1}\|_2 = \frac{1}{\sigma_n}$$

증명 작아지는 순으로 $A^{-1} = V\Sigma^{-1}U^T$의 특이값들은 다음과 같다.

$$\frac{1}{\sigma_n} \geq \frac{1}{\sigma_{n-1}} \geq \cdots \geq \frac{1}{\sigma_1}$$

그러므로

$$\|A^{-1}\|_2 = \frac{1}{\sigma_n}$$ ■

조건수

행렬 노옴은 계수 행렬에서의 작은 변화에 대한 선형 시스템의 민감도를 추정하는 데 사용될 수 있다. 다음 예제를 고려해 보자.

예제 2 다음 시스템을 풀어라.

$$\begin{aligned} 2.0000x_1 + 2.0000x_2 &= 6.0000 \\ 2.0000x_1 + 2.0005x_2 &= 6.0010 \end{aligned} \tag{5}$$

만약 다섯 자리 십진 부동소수점 연산을 사용한다면 계산된 해는 정확한 해 $\mathbf{x} = (1, 2)^T$가 될 것이다. 그러나 네 자리 십진 부동소수점 수들을 사용해야만 한다고 가정하자. 따라서 식 (5)의 자리에

$$\begin{aligned} 2.000x_1 + 2.000x_2 &= 6.000 \\ 2.000x_1 + 2.001x_2 &= 6.001 \end{aligned} \tag{6}$$

을 갖게 된다. 시스템 식 (6)에 대한 계산된 해는 정확한 해 $\mathbf{x}' = (2, 1)^T$이다.

시스템 (5)와 (6)은 계수 a_{22}를 제외하고는 동일하다. 이 계수의 상대 오차는 다음과 같다.

$$\frac{a'_{22} - a_{22}}{a_{22}} \approx 0.00025$$

그렇지만 $\mathbf{x}$와 $\mathbf{x}'$의 좌표들에 있어 상대 오차는 다음과 같다.

$$\frac{x'_1 - x_1}{x_1} = 1.0 \quad \text{그리고} \quad \frac{x'_2 - x_2}{x_2} = -0.5$$ ■

정의 행렬 A는 원소들의 상대적으로 작은 변화가 $A\mathbf{x} = \mathbf{b}$의 해에 상대적으로 큰 변화를 발생시키는 경우 **불량 조건**(ill-condition)이라고 한다. A의 원소들의 상대적으로 작은 변화가 $A\mathbf{x} = \mathbf{b}$의 해에 상대적으로 작은 변화를 낳는다면 A는 **좋은 조건**(well-condition)이라고 한다.

만약 A가 불량 조건이라면 $A\mathbf{x} = \mathbf{b}$의 계산된 해는 매우 정확하지 않을 것이다. A의 원소들이 정확하게 부동소수점 수들로 표현되기도 한다면, 축약 과정에서의 작은 반올림 오차들도 계산된 결과에 매우 큰 영향을 주게 될 것이다. 만약 행렬이 좋은 조건이고 적절한 피보팅 전략이 사용된다면, 정확하게 해를 계산할 수 있을 것이다. 일반적으로 해의 정확도는 행렬의 조건에 좌우된다. A의 조건을 측정할 수 있다면, 이 척도는 계산된 해의 상대 오차에 대한 한계를 유도하게 될 것이다.

A를 $n \times n$ 비특이 행렬이라 하고, 시스템 $A\mathbf{x} = \mathbf{b}$를 고려해 보자. 만약 x가 시스템에 대한 정확한 해이고, $\mathbf{x}'$을 계산된 해라고 한다면, 오차는 벡터 $\mathbf{e} = \mathbf{x} - \mathbf{x}'$에 의해 표현된다. 만약 $\|\cdot\|$가 $\mathbb{R}^n$의 노옴이라면, $\|\mathbf{e}\|$는 절대 오차에 대한 척도이며, $\|\mathbf{e}\| / \|\mathbf{x}\|$는 상대오차에 대한 척도이다. 일반적으로 $\|\mathbf{e}\|$와 $\|\mathbf{e}\| / \|\mathbf{x}\|$를 정확하게 계산하기 위한 방법은 없다. $\mathbf{x}'$의 정확도를 계산하는 한 가지 가능한 방법은 계산된 해를 다시 원 시스템에 대입하고, $\mathbf{b}' = A\mathbf{x}'$이 $\mathbf{b}$에 얼마나 근접한지를 살펴보는 것이다. 벡터

$$\mathbf{r} = \mathbf{b} - \mathbf{b}' = \mathbf{b} - A\mathbf{x}'$$

은 잉여(residual)라고 하고, 이는 쉽게 계산될 수 있다. 다음 값을 상대 잉여(relative residual)라고 한다.

$$\frac{\|\mathbf{b} - A\mathbf{x}'\|}{\|\mathbf{b}\|} = \frac{\|\mathbf{r}\|}{\|\mathbf{b}\|}$$

상대 잉여는 상대 오차에 대한 좋은 예측인가? 답은 행렬 A의 조건에 따라 좌우된다. 예제 2에서 계산된 해 $\mathbf{x}' = (2, 1)^T$에 대한 잉여는 다음과 같다.

$$\mathbf{r} = \mathbf{b} - A\mathbf{x}' = (0, 0.0005)^T$$

상대 잉여를 ∞-노옴을 사용하여 쓰면

$$\frac{\|\mathbf{r}\|_\infty}{\|\mathbf{b}\|_\infty} = \frac{0.0005}{6.0010} \approx 0.000083$$

이고, 상대 오차는 다음과 같이 주어진다.

$$\frac{\|\mathbf{e}\|_\infty}{\|\mathbf{x}\|_\infty} = 0.5$$

상대 오차는 상대 잉여의 6000배 이상이다. 일반적으로 A가 불량 조건이면 상대 잉여는 상대 오차보다 훨씬 작아질 수 있다. 한편, 좋은 조건 행렬들에 대하여 상대 잉여와 상대 오차는 매우 가깝다. 이를 보이기 위하여 행렬 노옴을 사용할 필요가 있다. $\|\cdot\|$ 가 $\mathbb{R}^{n\times n}$상에서 행렬 노옴과 양립한다면, 임의의 $n \times n$ 행렬 C와 임의의 $\mathbf{y} \in \mathbb{R}^n$ 벡터에 대하여 다음이 만족됨을 상기하자.

$$\|C\mathbf{y}\| \leq \|C\|\,\|\mathbf{y}\| \tag{7}$$

이제

$$\mathbf{r} = \mathbf{b} - A\mathbf{x}' = A\mathbf{x} - A\mathbf{x}' = A\mathbf{e}$$

결과적으로

$$\mathbf{e} = A^{-1}\mathbf{r}$$

성질 (7)로부터 다음이 만족된다.

$$\|\mathbf{e}\| \leq \|A^{-1}\|\,\|\mathbf{r}\|$$
$$\|\mathbf{r}\| = \|A\mathbf{e}\| \leq \|A\|\,\|\mathbf{e}\|$$

그러므로

$$\frac{\|\mathbf{r}\|}{\|A\|} \leq \|\mathbf{e}\| \leq \|A^{-1}\|\,\|\mathbf{r}\| \tag{8}$$

이제 $\mathbf{x}$는 $A\mathbf{x} = \mathbf{b}$의 정확한 해이고, 따라서 $\mathbf{x} = A^{-1}\mathbf{b}$이다. 식 (8)을 유도하는 데 사용된 똑같은 이유로 다음이 성립한다.

$$\frac{\|\mathbf{b}\|}{\|A\|} \le \|\mathbf{x}\| \le \|A^{-1}\| \, \|\mathbf{b}\| \tag{9}$$

(8)과 (9)로부터 다음을 얻는다.

$$\frac{1}{\|A\| \, \|A^{-1}\|} \frac{\|\mathbf{r}\|}{\|\mathbf{b}\|} \le \frac{\|\mathbf{e}\|}{\|\mathbf{x}\|} \le \|A\| \, \|A^{-1}\| \frac{\|\mathbf{r}\|}{\|\mathbf{b}\|} \tag{9}$$

수 $\|A\| \ \|A^{-1}\|$를 A의 조건수라고 하고, cond(A)로 표기한다. 따라서

$$\frac{1}{\operatorname{cond}(A)} \frac{\|\mathbf{r}\|}{\|\mathbf{b}\|} \le \frac{\|\mathbf{e}\|}{\|\mathbf{x}\|} \le \operatorname{cond}(A) \frac{\|\mathbf{r}\|}{\|\mathbf{b}\|} \tag{10}$$

부등식 (10)은 상대 오차 $\|\mathbf{e}\| / \|\mathbf{x}\|$의 양을 상대 잉여 $\|\mathbf{r}\| / \|\mathbf{b}\|$와 연결시킨다. 만약 조건수가 1에 가깝다면, 상대 오차와 상대 잉여는 매우 근접하다. 만약 조건수가 큰 값이라면, 상대 오차는 상대적 잉여의 수배일 수 있다.

예제 3 다음 행렬 A에 대해

$$A = \begin{bmatrix} 3 & 3 \\ 4 & 5 \end{bmatrix}$$

역행렬은 다음과 같다.

$$A^{-1} = \frac{1}{3} \begin{bmatrix} 5 & -3 \\ -4 & 3 \end{bmatrix}$$

$\|A\|_\infty = 9$이고 $\|A^{-1}\|_\infty = 8/3$이다(계산하기 쉽기 때문에 $\| \cdot \|_\infty$를 이용한다). 따라서

$$\operatorname{cond}_\infty(A) = 9 \cdot \tfrac{8}{3} = 24$$

이론적으로 시스템 $A\mathbf{x} = \mathbf{b}$에 대한 계산된 해의 상대 오차는 상대 잉여의 24배일 것이다. ■

예제 4 $\mathbf{x}' = (2.0, 0.1)^T$를 다음 시스템의 계산된 해라고 가정하자.

$$\begin{aligned} 3x_1 + 3x_2 &= 6 \\ 4x_1 + 5x_2 &= 9 \end{aligned}$$

잉여 $\mathbf{r}$과 상대 잉여 $\|\mathbf{r}\|_\infty / \|\mathbf{b}\|_\infty$를 구하라.

해답

$$\mathbf{r} = \begin{bmatrix} 6 \\ 9 \end{bmatrix} - \begin{bmatrix} 3 & 3 \\ 4 & 5 \end{bmatrix} \begin{bmatrix} 2.0 \\ 0.1 \end{bmatrix} = \begin{bmatrix} -0.3 \\ 0.5 \end{bmatrix}$$

$$\frac{\|\mathbf{r}\|_\infty}{\|\mathbf{b}\|_\infty} = \frac{0.5}{9} = \frac{1}{18}$$ ■

위 예제 4에서 시스템에 대한 실제 해는 $\mathbf{x} = \begin{pmatrix} 1 \\ 1 \end{pmatrix}$임을 살펴볼 수 있다. 오차 **e**는

$$\mathbf{e} = \mathbf{x} - \mathbf{x}' = \begin{pmatrix} -1.0 \\ 0.9 \end{pmatrix}$$

과 같이 주어진다. 상대 오차는

$$\frac{\|\mathbf{e}\|_\infty}{\|\mathbf{x}\|_\infty} = \frac{1.0}{1} = 1$$

으로 주어진다. 상대 오차는 상대 잉여의 18배이다. 이는 cond(A) = 24이기 때문에 놀랍지 않다. 결과는 $\|\cdot\|_1$을 사용해도 유사하다. 이 경우

$$\frac{\|\mathbf{r}\|_1}{\|\mathbf{b}\|_1} = \frac{0.8}{15} = \frac{4}{75} \quad \text{그리고} \quad \frac{\|\mathbf{e}\|_1}{\|\mathbf{x}\|_1} = \frac{1.9}{2} = \frac{19}{20}$$

비특이 행렬의 조건수는 실질적으로 A의 조건에 대한 값진 정보를 준다. A'을 A의 원소를 약간 변경하여 얻어진 새로운 행렬이라고 하자. $E = A' - A$라고 놓자. 따라서 $A' = A + E$이고, E의 원소들은 A의 원소들에 비하여 상대적으로 작다. 어떤 E에 대하여 $A'\mathbf{x} = \mathbf{b}$와 $A\mathbf{x} = \mathbf{b}$의 해들이 크게 변화된다면, A는 불량 조건일 것이다. $\mathbf{x}'$을 $A'\mathbf{x} = \mathbf{b}$의 해라고 하고, $\mathbf{x}$를 $A\mathbf{x} = \mathbf{b}$의 해라고 하자. 조건수들은 $\mathbf{x}'$에 대한 해의 변화와 행렬 A에 있어 상대적 변화를 비교할 수 있도록 도와준다.

$$\mathbf{x} = A^{-1}\mathbf{b} = A^{-1}A'\mathbf{x}' = A^{-1}(A + E)\mathbf{x}' = \mathbf{x}' + A^{-1}E\mathbf{x}'$$

따라서

$$\mathbf{x} - \mathbf{x}' = A^{-1}E\mathbf{x}'$$

부등식 (7)을 이용하여

$$\|\mathbf{x} - \mathbf{x}'\| \le \|A^{-1}\|\,\|E\|\,\|\mathbf{x}'\|$$

이거나

$$\frac{\|\mathbf{x} - \mathbf{x}'\|}{\|\mathbf{x}'\|} \le \|A^{-1}\|\,\|E\| = \text{cond}(A)\frac{\|E\|}{\|A\|} \tag{11}$$

임을 살펴볼 수 있다.

예제 2로 돌아가서 부등식 (11)이 어떻게 적용되는지 살펴보자. A와 A'을 예제 2의 두 계수 행렬이라고 하자.

$$E = A' - A = \begin{bmatrix} 0 & 0 \\ 0 & 0.0005 \end{bmatrix}$$

그리고

$$A^{-1} = \begin{bmatrix} 2000.5 & -2000 \\ -2000 & 2000 \end{bmatrix}$$

∞-노옴을 이용하여, A에 있어 상대 오차

$$\frac{\|E\|_\infty}{\|A\|_\infty} = \frac{0.0005}{4.0005} \approx 0.0001$$

을 얻으며, 조건수는 다음과 같다.

$$\text{cond}(A) = \|A\|_\infty \|A^{-1}\|_\infty = (4.0005)(4000.5) \approx 16{,}004$$

식 (11)에 주어진 상대 오차의 한계는

$$\text{cond}(A)\frac{\|E\|}{\|A\|} = \|A^{-1}\| \, \|E\| = (4000.5)(0.0005) \approx 2$$

이고, 예제 2에서 실제 상대 오차는 다음과 같다.

$$\frac{\|\mathbf{x} - \mathbf{x}'\|_\infty}{\|\mathbf{x}'\|_\infty} = \frac{1}{2}$$

A가 비특이 $n \times n$ 행렬이고 조건수를 2-노옴을 이용하여 계산한다면, 다음이 성립한다.

$$\text{cond}_2(A) = \|A\|_2 \|A^{-1}\|_2 = \frac{\sigma_1}{\sigma_n}$$

σ_n이 작다면, $\text{cond}_2(A)$는 클 것이다. 가장 작은 특이값 σ_n은 행렬이 얼마나 특이 행렬에 가까운가에 대한 척도이다. 따라서 행렬이 특이 행렬에 가까울수록 더욱 불량 조건이 된다. 선형 시스템의 계수 행렬이 특이 행렬이라면, 행렬에 있어 반올림 때문에 발생하는 작은 값의 변화는 시스템의 해에 대한 매우 큰 변화를 초래할 수도 있다. 조건과 특이성에 대한 근접도의 관계를 설명하기 위하여 6장의 예를 다시 한번 살펴보자.

예제 5 6.5절에서 다음과 같은 100×100 비특이 행렬 A가 특이 행렬에 매우 가까움을 살펴보았다.

$$A = \begin{bmatrix} 1 & -1 & -1 & \cdots & -1 & -1 \\ 0 & 1 & -1 & \cdots & -1 & -1 \\ 0 & 0 & 1 & \cdots & -1 & -1 \\ \vdots & & & & & \\ 0 & 0 & 0 & \cdots & 1 & -1 \\ 0 & 0 & 0 & \cdots & 0 & 1 \end{bmatrix}$$

이 행렬을 특이 행렬로 만들기 위하여 오로지 A의 (100, 1) 원소 값을 0으로부터 $-\frac{1}{2^{98}}$로 바꾸기만 하면 된다. 정리 6.5.2로부터

$$\sigma_n = \min_{X \text{ singular}} \|A - X\|_F \leq \frac{1}{2^{98}}$$

이고, 따라서 $\mathrm{cond}_2(A)$는 매우 커야만 한다. 무한 노옴을 이용하여, A가 극단적으로 불량 조건임을 살펴보는 것은 어렵지 않다. A의 역행렬은 다음과 같이 주어진다.

$$A^{-1} = \begin{pmatrix} 1 & 1 & 2 & 4 & \cdots & 2^{98} \\ 0 & 1 & 1 & 2 & \cdots & 2^{97} \\ \vdots & & & & & \\ 0 & 0 & 0 & 0 & \cdots & 2^1 \\ 0 & 0 & 0 & 0 & \cdots & 2^0 \\ 0 & 0 & 0 & 0 & \cdots & 1 \end{pmatrix}$$

A와 A^{-1}의 무한 노옴은 모두 행렬들의 첫 번째 행을 이용하여 계산된다.

$$\mathrm{cond}_\infty A = \|A\|_\infty \|A^{-1}\|_\infty = 100 \times 2^{99} \approx 6.34 \times 10^{31}$$

■

7.4 연습문제

1. 다음 각 행렬에 대하여 $\|\cdot\|_F$, $\|\cdot\|_\infty$, $\|\cdot\|_1$을 구하라.

(a) $\begin{pmatrix} 1 & 0 \\ 0 & 1 \end{pmatrix}$ **(b)** $\begin{pmatrix} 1 & 2 \\ 2 & 4 \end{pmatrix}$

(c) $\begin{pmatrix} \frac{3}{4} & \frac{3}{4} \\ \frac{3}{4} & \frac{3}{4} \end{pmatrix}$ **(d)** $\begin{pmatrix} 5 & 3 & 2 \\ 4 & 1 & 6 \\ 2 & 1 & 5 \end{pmatrix}$

(e) $\begin{pmatrix} 5 & 0 & 1 \\ 5 & 0 & 2 \\ 5 & 0 & 1 \end{pmatrix}$

2. 다음과 같이 주어질 때

$$A = \begin{pmatrix} 2 & 0 \\ 0 & -2 \end{pmatrix} \quad \text{그리고} \quad \mathbf{x} = \begin{pmatrix} x_1 \\ x_2 \end{pmatrix}$$

$$f(x_1, x_2) = \|A\mathbf{x}\|_2 / \|\mathbf{x}\|_2$$

모든 $(x_1, x_2) \neq (0, 0)$에 대하여 f의 최댓값을 구함으로써 $\|A\|_2$ 값을 구하라.

3. 다음 행렬 A에 대해

$$A = \begin{pmatrix} 1 & 0 \\ 0 & 0 \end{pmatrix}$$

연습문제 2의 방법을 이용하여 $\|A\|_2$를 구하라.

4. 다음 행렬 D에 대해

$$D = \begin{pmatrix} 3 & 0 & 0 & 0 \\ 0 & -5 & 0 & 0 \\ 0 & 0 & -2 & 0 \\ 0 & 0 & 0 & 4 \end{pmatrix}$$

(a) D의 특이값 분해를 계산하라.

(b) $\|D\|_2$의 값을 구하라.

5. D가 $n \times n$ 대각선 행렬일 때 다음이 성립함을 보여라.

$$\|D\|_2 = \max_{1 \leq i \leq n} (|d_{ii}|)$$

6. D가 $n \times n$ 대각선 행렬이라면 $\|D\|_1$, $\|D\|_2$, $\|D\|_\infty$의 값들을 비교해 보고, 당신의 답을 설명하라.

7. I는 $n \times n$ 항등 행렬을 표기한다고 하자. $\|I\|_1$, $\|I\|_\infty$, $\|I\|_F$의 값을 구하라.

8. $\|\cdot\|_M$은 $\mathbb{R}^{n\times n}$의 행렬 노옴을 표기하고, $\|\cdot\|_V$는 $\mathbb{R}^n$상의 벡터 노옴을 표기하고, I는 $n \times n$ 항등 행렬이라고 하자. 다음을 보여라.

(a) 만약 $\|\cdot\|_M$과 $\|\cdot\|_V$가 양립한다면 $\|I\|_M \geq 1$이다.

(b) 만약 $\|\cdot\|_M$이 $\|\cdot\|_V$에 종속이라면, $\|I\|_M = 1$이다.

9. $\mathbb{R}^n$ 안의 벡터 $\mathbf{x}$는 $n \times 1$ 행렬 X로 간주할 수 있다. 다음

$$\mathbf{x} = X = \begin{pmatrix} x_1 \\ x_2 \\ \vdots \\ x_n \end{pmatrix}$$

이 주어져 있다.

(a) 행렬 노옴 $\|X\|_\infty$와 벡터 노옴 $\|\mathbf{x}\|_\infty$는 어떻게 비교되는가? 설명하라.

(b) 행렬 노옴 $\|X\|_1$과 벡터 노옴 $\|\mathbf{x}\|_1$은 어떻게 비교되는가? 설명하라.

10. $\mathbb{R}^n$ 안의 벡터 $\mathbf{y}$는 $n \times 1$ 행렬 $Y = (\mathbf{y})$로도 간주할 수 있다. 다음을 보여라.

(a) $\|Y\|_2 = \|\mathbf{y}\|_2$ **(b)** $\|Y^T\|_2 = \|\mathbf{y}\|_2$

11. $A = \mathbf{w}\mathbf{y}^T$라고 하자. 여기서 $\mathbf{w} \in \mathbb{R}^m$이고 $\mathbf{y} \in \mathbb{R}^n$이다. 다음을 보여라.

(a) $\mathbb{R}^n$ 안의 영이 아닌 모든 $\mathbf{x}$에 대해서 $\dfrac{\|A\mathbf{x}\|_2}{\|\mathbf{x}\|_2} \leq \|\mathbf{y}\|_2 \|\mathbf{w}\|_2$

(b) $\|A\|_2 = \|\mathbf{y}\|_2\|\mathbf{w}\|_2$

12. 다음 행렬 A에 대해

$$A = \begin{pmatrix} 3 & -1 & -2 \\ -1 & 2 & -7 \\ 4 & 1 & 4 \end{pmatrix}$$

(a) $\|A\|_\infty$를 구하라.

(b) $\|A\mathbf{x}\|_\infty = \|A\|_\infty$가 되도록 좌표값이 ± 1인 벡터 $\mathbf{x}$를 구하라($\|\mathbf{x}\|_\infty = 1$이고 따라서 $\|A\|_\infty = \|A\mathbf{x}\|_\infty / \|\mathbf{x}\|_\infty$임을 주목하라).

13. 정리 7.4.2는

$$\|A\|_\infty = \max_{1\leq i\leq m}\left(\sum_{j=1}^n |a_{ij}|\right)$$

임을 말한다. 두 단계로 이를 증명하라.

(a) 먼저 다음을 증명하라.

$$\|A\|_\infty \leq \max_{1\leq i\leq m}\left(\sum_{j=1}^n |a_{ij}|\right)$$

(b) 다음 식이 만족되도록 좌표값이 ± 1인 벡터 $\mathbf{x}$를 만들어라.

$$\frac{\|A\mathbf{x}\|_\infty}{\|\mathbf{x}\|_\infty} = \|A\mathbf{x}\|_\infty = \max_{1\leq i\leq m}\left(\sum_{j=1}^n |a_{ij}|\right)$$

14. $\|A\|_F = \|A^T\|_F$임을 보여라.

15. A가 $n \times n$ 대칭 행렬이라고 하자. $\|A\|_\infty = \|A\|_1$임을 보여라.

16. A가 특이값 $\sigma_1 = 5, \sigma_2 = 3, \sigma_3 = \sigma_4 = 1$을 갖는 5×4 행렬이라고 하자. $\|A\|_2$와 $\|A\|_F$의 값을 구하라.

17. A는 $m \times n$ 행렬이다.

(a) $\|A\|_2 \leq \|A\|_F$임을 보여라.

(b) 어떤 조건하에서 $\|A\|_2 = \|A\|_F$가 되겠는가?

18. $\|\cdot\|$는 벡터 노옴의 군을 표기하고 $\|\cdot\|_M$은 종속인 행렬 노옴이라고 하자. 다음을 증명하라.

$$\|A\|_M = \max_{\|\mathbf{x}\|=1} \|A\mathbf{x}\|$$

19. A를 $m \times n$ 행렬이라 하고 $\|\cdot\|_{\mathrm{v}}$와 $\|\cdot\|_{\mathrm{w}}$를 각각 $\mathbb{R}^n$과 $\mathbb{R}^m$의 벡터 노옴이라고 하자. 다음을 보여라.

$$\|A\|_{(\mathrm{v},\mathrm{w})} = \max_{\mathbf{x}\neq\mathbf{0}} \frac{\|A\mathbf{x}\|_{\mathrm{w}}}{\|\mathbf{x}\|_{\mathrm{v}}}$$

$\mathbb{R}^{m\times n}$의 행렬 노옴을 정의하라.

20. A를 $m \times n$ 행렬이라 하자. A의 (1,2)-노옴이 다음과 같이

$$\|A\|_{(1,2)} = \max_{\mathbf{x}\neq\mathbf{0}} \frac{\|A\mathbf{x}\|_2}{\|\mathbf{x}\|_1}$$

주어졌다(연습문제 19 참조). 다음을 보여라.

$$\|A\|_{(1,2)} = \max(\|\mathbf{a}_1\|_2, \|\mathbf{a}_2\|_2, \ldots, \|\mathbf{a}_n\|_2)$$

21. A를 $m \times n$ 행렬이라 하자. 다음을 보여라.

$$\|A\|_{1,2} \leq \|A\|_2$$

22. $A \in \mathbb{R}^{m\times n}$이고 $B \in \mathbb{R}^{n\times r}$이라 하자. 다음을 보여라.

(a) $\mathbb{R}^n$ 안의 모든 $\mathbf{x}$에 대해 $\|A\mathbf{x}\|_2 \leq \|A\|_{(1,2)}\|\mathbf{x}\|_1$

(b) $\|AB\|_{(1,2)} \leq \|A\|_2\|B\|_{(1,2)}$

(c) $\|AB\|_{(1,2)} \leq \|A\|_{(1,2)}\|B\|_1$

23. A를 $n \times n$ 행렬이라 하고, $\|\cdot\|_M$을 $\mathbb{R}^n$상의 어떤 벡터 노옴과 양립하는 행렬 노옴이라고 하자. λ가 A의 고윳값이라면, $|\lambda| \leq \|A\|_M$임을 보여라.

24. 연습문제 23의 결과를 이용하여 λ가 불규칙 행렬의 고윳값이라면 $|\lambda| \leq 1$임을 보여라.

25. 스도쿠(sudoku)는 행렬을 포함하는 대중적인 퍼즐이다. 이 퍼즐에서 9×9 행렬 A의 원소들이 주어지고, 모르는 원소를 채워야 한다. 행렬 A는 다음과 같은 블록 구조를 갖는다.

$$A = \begin{pmatrix} A_{11} & A_{12} & A_{13} \\ A_{21} & A_{22} & A_{23} \\ A_{31} & A_{32} & A_{33} \end{pmatrix}$$

여기서 각각의 부행렬 A_{ij}는 3×3이다. 이 퍼즐의 규칙은 각각의 행, 각각의 열, 그리고 A의 부행렬은 반드시 정수 1부터 9까지로 구성된다. 이런 행렬을 스도쿠(sudoku) 행렬이라 한다. 만약 A가 스도쿠 행렬이면, $\lambda = 45$가 가장 큰 고윳값이 됨을 보여라.

26. A_{ij}를 스도쿠 행렬 A의 부행렬이라 하자(연습문제 25 참조). 만약 λ가 A_{ij}의 고유치라면, $|\lambda| \leq 22$임을 보여라.

27. A가 $n \times n$ 행렬이고 $\mathbf{x} \in \mathbb{R}^n$이라고 하자. 다음을 증명하라.

(a) $\|A\mathbf{x}\|_\infty \leq n^{1/2}\|A\|_2\|\mathbf{x}\|_\infty$

(b) $\|A\mathbf{x}\|_2 \leq n^{1/2}\|A\|_\infty\|\mathbf{x}\|_2$

(c) $n^{-1/2}\|A\|_2 \leq \|A\|_\infty \leq n^{1/2}\|A\|_2$

28. A가 $n \times n$ 대칭 행렬이고, 정규직교 고유벡터 $\mathbf{u}_1, \cdots, \mathbf{u}_n$을 갖는다고 하자. $\mathbf{x} \in \mathbb{R}^n$이고 $i = 1, 2, \cdots, n$에 대하여 $c_i = \mathbf{u}_i^T\mathbf{x}$라고 하자. 다음을 증명하라.

(a) $\|A\mathbf{x}\|_2^2 = \sum_{i=1}^{n}(\lambda_i c_i)^2$

(b) if $\mathbf{x} \neq \mathbf{0}$, then

$$\min_{1\leq i\leq n} |\lambda_i| \leq \frac{\|A\mathbf{x}\|_2}{\|\mathbf{x}\|_2} \leq \max_{1\leq i\leq n} |\lambda_i|$$

(c) $\|A\|_2 = \max_{1\leq i\leq n} |\lambda_i|$

29. 다음 행렬 A에 대해, A^{-1}와 $\text{cond}_\infty(A)$를 구하라.

$$A = \begin{pmatrix} 1 & -1 \\ -1 & 0.99 \end{pmatrix}$$

30. 다음 두 시스템을 풀고 해를 비교해 보라. 계수 행렬들은 좋은 조건인가 아니면 불량 조건인가? 설명하라.

$$\begin{aligned} 1.0x_1 + 2.0x_2 &= 1.12 \\ 2.0x_1 + 3.9x_2 &= 2.16 \end{aligned} \qquad \begin{aligned} 1.000x_1 + 2.011x_2 &= 1.120 \\ 2.000x_1 + 3.982x_2 &= 2.160 \end{aligned}$$

31. 다음 행렬 A에 대해 $\text{cond}_\infty(A) = \|A\|_\infty\|A^{-1}\|_\infty$를 계산하라.

$$A = \begin{pmatrix} 3 & -2 & 0 \\ 2 & 1 & 4 \\ 0 & 1 & 2 \end{pmatrix}$$

32. A를 $n \times n$ 비특이 행렬이라 하고, $\|\cdot\|_M$을 $\mathbb{R}^n$상의 한 벡터 노옴과 양립하는 행렬 노옴이라고 하자. 다음을 증명하라.

$$\text{cond}_M(A) \geq 1$$

33. 각각의 양의 정수 n에 대하여

$$A_n = \begin{pmatrix} 1 & 1 \\ 1 & 1 - \frac{1}{n} \end{pmatrix}$$

이라고 하자. 다음을 계산하라.

(a) A_n^{-1} **(b)** $\text{cond}_\infty(A_n)$ **(c)** $\lim_{n\to\infty} \text{cond}_\infty(A_n)$

34. A가 $\|A\|_2 = 8$, $\text{cond}_2(A) = 2$, $\|A\|_F = 12$인 5×3 행렬이라 하자. A의 특이값들을 구하라.

35. 다음 행렬에 대해

$$A = \begin{pmatrix} 3 & 2 \\ 1 & 1 \end{pmatrix} \quad \text{그리고} \quad \mathbf{b} = \begin{pmatrix} 5 \\ 2 \end{pmatrix}$$

두 자리 십진 부동소수점 연산을 이용하여 계산된 해가 $\mathbf{x} = (1.1, 0.88)^T$라고 하자.

(a) 잉여 벡터 $\mathbf{r}$과 상대 잉여 $\|\mathbf{r}\|_\infty / \|\mathbf{b}\|_\infty$를 구하라.

(b) $\text{cond}_\infty(A)$의 값을 구하라.

(c) 정확한 해를 계산하지 않고, (a)와 (b)의 결과를 이용하여 계산된 해의 상대 오차의 한계를 구하라.

(d) 정확한 해 $\mathbf{x}$를 계산하라. 그리고 실제 상대 오차를 구하라. 이를 (c)에서 얻어진 한계 값과 비교하라.

36. 다음 행렬 A에 대해 $\text{cond}_1(A) = \|A\|_1 \, \|A^{-1}\|_1$을 계산하라.

$$A = \begin{bmatrix} 1.25 & -0.75 & 0.25 \\ -0.25 & 0.25 & 0.00 \\ 0.75 & -0.50 & 0.25 \end{bmatrix}$$

37. A를 연습문제 36의 행렬이라 하고,

$$A' = \begin{bmatrix} 1.3 & -0.8 & 0.3 \\ -0.3 & 0.3 & 0.0 \\ 0.8 & -0.5 & 0.3 \end{bmatrix}$$

이라고 하자. $\mathbf{x}$와 $\mathbf{x}'$을 $\mathbf{b} \in \mathbb{R}^3$에 대한 $A\mathbf{x} = \mathbf{b}$ 와 $A'\mathbf{x} = \mathbf{b}$의 해라고 하자. 상대 오차 $(\|\mathbf{x} - \mathbf{x}'\|_1)/\|\mathbf{x}'\|_1$을 구하라.

38. 다음 행렬에 대해

$$A = \begin{bmatrix} 1 & -1 & -1 & -1 \\ 0 & 1 & -1 & -1 \\ 0 & 0 & 1 & -1 \\ 0 & 0 & 0 & 1 \end{bmatrix}, \quad \mathbf{b} = \begin{bmatrix} 5.00 \\ 1.02 \\ 1.04 \\ 1.10 \end{bmatrix}$$

$A\mathbf{x} = \mathbf{b}$에 대한 한 근사해가 $\mathbf{b}$의 원소들을 가까운 정수로 반올림하고 정수 연산을 이용하여 반올림된 시스템을 풀어 얻는다고 하자. 계산된 해는 $\mathbf{x}' = (12, 4, 2, 1)^T$이다. $\mathbf{r}$을 잉여 벡터라고 하자.

(a) $\|\mathbf{r}\|_\infty$와 $\text{cond}_\infty(A)$의 값을 구하라.

(b) (a) 항의 당신의 답을 이용하여 해에 있어 상대 오차의 범위를 계산하라.

(c) 정확한 해 $\mathbf{x}$를 계산하고 상대 오차 $\dfrac{\|\mathbf{x} - \mathbf{x}'\|_\infty}{\|\mathbf{x}\|_\infty}$를 계산하라.

39. A와 B를 $n \times n$ 비특이 행렬이라고 하자. 다음을 증명하라.

$$\text{cond}(AB) \le \text{cond}(A)\,\text{cond}(B)$$

40. D를 $n \times n$ 비특이 대각선 행렬이라 하고,

$$d_{\max} = \max_{1 \le i \le n} |d_{ii}| \qquad \text{그리고} \qquad d_{\min} = \min_{1 \le i \le n} |d_{ii}|$$

이라고 놓자. 다음을 증명하라.

(a) $\text{cond}_1(D) = \text{cond}_\infty(D) = \dfrac{d_{\max}}{d_{\min}}$

(b) $\text{cond}_2(D) = \dfrac{d_{\max}}{d_{\min}}$

41. Q를 $n \times n$ 직교 행렬이라고 하자. 다음을 증명하라.

(a) $\|Q\|_2 = 1$ **(b)** $\text{cond}_2(Q) = 1$

(c) $\mathbf{b} \in \mathbb{R}^n$인 임의의 벡터에 대하여, $Q\mathbf{x} = \mathbf{b}$의 해에 있어 상대 오차는 상대 잉여와 같음을 보여라. 즉,

$$\frac{\|\mathbf{e}\|_2}{\|\mathbf{x}\|_2} = \frac{\|\mathbf{r}\|_2}{\|\mathbf{b}\|_2}$$

임을 보여라.

42. A가 $n \times n$ 행렬이고 Q와 V는 $n \times n$ 직교 행렬이라 하자. 다음을 증명하라.

(a) $\|QA\|_2 = \|A\|_2$ **(b)** $\|AV\|_2 = \|A\|_2$

(c) $\|QAV\|_2 = \|A\|_2$

43. A를 $m \times n$ 행렬이라 하고 σ_1을 A의 가장 큰 특이값이라고 하자. 만약 $\mathbf{x}$와 $\mathbf{y}$가 $\mathbb{R}^n$상의 영이 아닌 벡터라면, 다음 각각이 성립함을 보여라.

(a) $\dfrac{|\mathbf{x}^T A\mathbf{y}|}{\|\mathbf{x}\|_2 \, \|\mathbf{y}\|_2} \le \sigma_1$

[힌트: 코시-슈워츠 부등식을 이용하라.]

(b) $\displaystyle\max_{\mathbf{x} \ne \mathbf{0}, \mathbf{y} \ne \mathbf{0}} \frac{|\mathbf{x}^T A\mathbf{y}|}{\|\mathbf{x}\| \, \|\mathbf{y}\|} = \sigma_1$

44. A를 $m \times n$ 행렬이라 하고 특이값 분해가 $U\Sigma V^T$라고 하자. 다음을 증명하라.

$$\min_{\mathbf{x} \ne \mathbf{0}} \frac{\|A\mathbf{x}\|_2}{\|\mathbf{x}\|_2} = \sigma_n$$

45. A를 $m \times n$ 행렬이라 하고 특이값 분해가 $U\Sigma V^T$라고 하자. $\mathbf{x} \in \mathbb{R}^n$에 대하여 다음을 증명하라.

$$\sigma_n \|\mathbf{x}\|_2 \le \|A\mathbf{x}\|_2 \le \sigma_1 \|\mathbf{x}\|_2$$

46. A를 $n \times n$ 비특이 행렬이라 하고 Q를 $n \times n$ 직교 행렬이라고 하자. 다음을 증명하라.

(a) $\text{cond}_2(QA) = \text{cond}_2(AQ) = \text{cond}_2(A)$

(b) $B = Q^TAQ$일 때, $\text{cond}_2(B) = \text{cond}_2(A)$이다.

47. A를 $n \times n$ 대칭 비특이 행렬이라 하고, 이 행렬의 고윳값을 $\lambda_1, \cdots, \lambda_n$이라고 하자. 다음을 증명하라.

$$\text{cond}_2(A) = \frac{\max_{1 \le i \le n} |\lambda_i|}{\min_{1 \le i \le n} |\lambda_i|}$$

7.5 직교 변환

직교 변환은 수치 선형대수에서 가장 중요한 도구들 중의 하나이다. 이 절에서 소개할 직교 변환의 유형은 작업하기에 매우 간단하고 많은 저장 장소를 필요로 하지 않는다. 직교 변환과 연관된 가장 중요한 과정들은 그 성질상 안정적이다. 예를 들어 $\mathbf{x} \in \mathbb{R}^n$이라 하고, $\mathbf{x}' = \mathbf{x} + \mathbf{e}$를 $\mathbf{x}$에 대한 근사라고 하자. 만약 Q가 직교 행렬이라면, 다음과 같다.

$$Q\mathbf{x}' = Q\mathbf{x} + Q\mathbf{e}$$

$Q\mathbf{x}'$에서 오차는 $Q\mathbf{e}$이다. 2-노옴의 측면에서 벡터 $Q\mathbf{e}$는 $\mathbf{e}$와 같은 크기이다.

$$\|Q\mathbf{e}\|_2 = \|\mathbf{e}\|_2$$

비슷하게 $A' = A + E$라면 다음이 성립한다.

$$QA' = QA + QE$$
$$\|QE\|_2 = \|E\|_2$$

직교 변환이 벡터 또는 행렬에 적용될 때, 오차는 2-노옴의 측면에서 증가하지 않는다.

기본 직교 행렬

기본 직교 행렬(elementary orthogonal matrix)은 다음과 같은 형태의 행렬을 의미한다.

$$Q = I - 2\mathbf{u}\mathbf{u}^T$$

여기서 $\mathbf{u} \in \mathbb{R}^n$이고 $\|\mathbf{u}\|_2 = 1$이다. Q가 직교임을 보이기 위하여 다음을 주목하자.

$$Q^T = (I - 2\mathbf{u}\mathbf{u}^T)^T = I - 2\mathbf{u}\mathbf{u}^T = Q$$

그리고

$$\begin{aligned} Q^TQ = Q^2 &= (I - 2\mathbf{u}\mathbf{u}^T)(I - 2\mathbf{u}\mathbf{u}^T) \\ &= I - 4\mathbf{u}\mathbf{u}^T + 4\mathbf{u}(\mathbf{u}^T\mathbf{u})\mathbf{u}^T \\ &= I \end{aligned}$$

따라서 Q가 기본 직교 행렬이라면 다음과 같다.

$$Q^T = Q^{-1} = Q$$

행렬 $Q = I - 2\mathbf{u}\mathbf{u}^T$는 단위 벡터 u에 의해 완전히 결정된다. Q의 n^2개의 원소들에 대한 저장이 필요하다기보다는 오직 벡터 $\mathbf{u}$만을 저장하면 된다. $Q\mathbf{x}$를 계산하기 위하여 다음을 주목하라.

$$Q\mathbf{x} = (I - 2\mathbf{u}\mathbf{u}^T)\mathbf{x} = \mathbf{x} - 2\alpha\mathbf{u}$$

여기서 $\alpha = U^T\mathbf{x}$이다.

행렬 곱 QA는 다음과 같이 계산된다.

$$QA = (Q\,\mathbf{a}_1, Q\,\mathbf{a}_2, \ldots, Q\,\mathbf{a}_n)$$

여기서

$$Q\mathbf{a}_i = \mathbf{a}_i - 2\alpha_i\mathbf{u} \qquad \alpha_i = \mathbf{u}^T\mathbf{a}_i$$

기본 직교 변환들은 A의 QR 변환을 얻기 위하여 사용되고, 다음 선형 시스템 $A\mathbf{x} = \mathbf{b}$를 풀기 위하여 사용된다. 가우스 소거법과 마찬가지로 기본 행렬들은 계수 행렬에 영들을 발생시키도록 선택된다. 이것이 어떻게 이루어지는지를 살펴보기 위하여, 주어진 벡터 $\mathbf{x} \in \mathbb{R}^n$에 대하여

$$(I - 2\mathbf{u}\mathbf{u}^T)\mathbf{x} = (\alpha, 0, \ldots, 0)^T = \alpha\mathbf{e}_1$$

을 만족하는 단위 벡터 $\mathbf{u}$를 구하는 문제를 고려해 보자.

하우스홀드 변환

$H = I - 2\mathbf{u}\mathbf{u}^T$라고 하자. $H\mathbf{x} = \alpha\mathbf{e}_1$이라면, H가 직교하기 때문에 다음을 만족한다.

$$|\alpha| = \|\alpha\mathbf{e}_1\|_2 = \|H\mathbf{x}\|_2 = \|\mathbf{x}\|_2$$

$\alpha = \|\mathbf{x}\|_2$ 또는 $\alpha = -\|\mathbf{x}\|_2$ 이라면, $H\mathbf{x} = \alpha\mathbf{e}_1$이고 H는 그 자체가 역행렬이기 때문에 다음이 성립한다.

$$\mathbf{x} = H(\alpha\mathbf{e}_1) = \alpha(\mathbf{e}_1 - (2u_1)\mathbf{u}) \tag{1}$$

따라서

$$\begin{aligned} x_1 &= \alpha(1 - 2u_1^2) \\ x_2 &= -2\alpha u_1 u_2 \\ &\vdots \\ x_n &= -2\alpha u_1 u_n \end{aligned}$$

u_i들을 풀면

$$u_1 = \pm\left(\frac{\alpha - x_1}{2\alpha}\right)^{1/2}$$
$$u_i = \frac{-x_i}{2\alpha u_1} \qquad i = 2, \dots, n$$

을 얻는다. 만약

$$u_1 = -\left(\frac{\alpha - x_1}{2\alpha}\right)^{1/2} \quad \text{그리고} \quad \beta = \alpha(\alpha - x_1)$$

이라고 놓는다면

$$-2\alpha u_1 = [2\alpha(\alpha - x_1)]^{1/2} = (2\beta)^{1/2}$$

따라서

$$\begin{aligned}\mathbf{u} &= \left(-\frac{1}{2\alpha u_1}\right)(-2\alpha u_1^2, x_2, \dots, x_n)^T \\ &= \frac{1}{\sqrt{2\beta}}(x_1 - \alpha, x_2, \dots, x_n)^T\end{aligned}$$

만약 $\mathbf{v} = (x_1 - \alpha, x_2, \cdots, x_n)^T$라고 놓으면

$$\|\mathbf{v}\|_2^2 = (x_1 - \alpha)^2 + \sum_{i=2}^{n} x_i^2 = 2\alpha(\alpha - x_1)$$

따라서

$$\|\mathbf{v}\|_2 = \sqrt{2\beta}$$

그러므로

$$\mathbf{u} = \frac{1}{\sqrt{2\beta}}\mathbf{v} = \frac{1}{\|\mathbf{v}\|_2}\mathbf{v}$$

이고

$$H = I - 2\mathbf{u}\mathbf{u}^T = I - \frac{1}{\beta}\mathbf{v}\mathbf{v}^T \tag{2}$$

이다. 이론적으로 식 (2)는 $\alpha = \pm\|x\|_2$이면 유효하지만, 유한 정확도 연산에서는 부호를 선택하는 방법이 중요하다. $\mathbf{v}$의 첫 번째 항목은 $v_1 = x_1 - \alpha$이므로 x_1과 α가 거의 동일하고 부호가 같으면 중요한 자릿수의 정확도 손실이 있다. 이 상황을 피하기 위해, 스칼라 α는 다음과 같이 정의되어야 한다.

예제 2 $\mathbf{y} = (3, 1, 2, 2)^T$의 첫 두 원소는 변화시키지 않고 마지막 두 원소를 영으로 만들기 위한 하우스홀드 행렬을 구하라.

해답

하우스홀드 행렬은 오직 $\mathbf{y}$의 마지막 세 원소들을 변경시킬 것이다. 이 원소들은 $\mathbb{R}^3$ 안의 벡터 $\mathbf{x} = (1, 2, 2)^T$에 해당한다. 그러나 이 벡터는 예제 1에서 마지막 두 원소가 영이 되었던 벡터이다. 예제 1의 3×3 하우스홀드 행렬은 4×4 행렬

$$H = \begin{bmatrix} 1 & 0 & 0 & 0 \\ 0 & -\frac{1}{3} & -\frac{2}{3} & -\frac{2}{3} \\ 0 & -\frac{2}{3} & \frac{2}{3} & -\frac{1}{3} \\ 0 & -\frac{2}{3} & -\frac{1}{3} & \frac{2}{3} \end{bmatrix}$$

을 만들기 위하여 사용될 수 있는데, 이 행렬은 $\mathbf{y}$에 원하는 효과를 줄 것이다. $H\mathbf{y} = (3, -3, 0, 0)^T$임을 증명하는 것은 독자들에게 남겨 둔다. ■

이제 하우스홀드 변환을 선형 시스템을 풀기 위해 적용할 준비가 되었다. 만약 A가 $n \times n$ 비특이 행렬이라면, 하우스홀드 행렬을 사용하여 A를 완전한 삼각형 행렬로 축약할 수 있다. 축약 과정 시작을 위해 하우스홀드 행렬 $H_1 = I - (1/\beta_1)\mathbf{v}_1\mathbf{v}_1^T$를 구할 수 있다. 이 행렬이 A의 첫 열에 적용될 때, $\mathbf{e}_1$의 배수를 얻을 것이다. 따라서 H_1A는

$$\begin{bmatrix} \times & \times & \cdots & \times \\ 0 & \times & \cdots & \times \\ 0 & \times & \cdots & \times \\ \vdots & & & \\ 0 & \times & \cdots & \times \end{bmatrix}$$

의 형태일 것이다. H_1A의 두 번째 열에서 첫 원소는 변하지 않도록 하면서 마지막 $n-2$개의 원소를 영으로 만들기 위한 하우스홀드 행렬 H_2를 구할 수 있다. 주목할 점 2로부터 H_2는 H_1A의 첫 열에는 아무 영향을 주지 않을 것이다.

$$H_2H_1A = \begin{bmatrix} \times & \times & \times & \cdots & \times \\ 0 & \times & \times & \cdots & \times \\ 0 & 0 & \times & \cdots & \times \\ \vdots & & & & \\ 0 & 0 & \times & \cdots & \times \end{bmatrix}$$

이러한 방식으로 R이라고 표기할 위쪽 삼각형 행렬이 될 때까지 하우스홀드 변환을 연속적으로 적용할 수 있다. 따라서

$$H_{n-1} \cdots H_2H_1A = R$$

그러므로

$$\begin{aligned} A &= H_1^{-1} H_2^{-1} \cdots H_{n-1}^{-1} R \\ &= H_1 H_2 \cdots H_{n-1} R \end{aligned}$$

$Q = H_1 H_2 \cdots H_{n-1}$이라고 하자. 행렬 Q는 직교이고, A는 직교 행렬과 위쪽 삼각형 행렬의 곱

$$A = QR$$

로 분해된다. 일단 A가 QR의 곱으로 분해되면, 시스템 $A\mathbf{x} = \mathbf{b}$는 쉽게 풀린다. 실제로 Q^T를 곱하면 위쪽 삼각형 시스템 $R\mathbf{x} = \mathbf{c}$가 된다. 여기서 $\mathbf{c} = Q^T\mathbf{b}$이다. Q는 하우스홀드 행렬의 곱이므로 Q를 명시적으로 계산하기 위해 행렬 곱셈을 수행할 필요가 없다. 대신 $\mathbf{b}$에 대해 일련의 하우스홀드 변환을 수행하여 c를 직접 계산할 수 있다.

$$\mathbf{c} = H_{n-1} \cdots H_2 H_1 \mathbf{b} \tag{5}$$

그런 다음 시스템 $R\mathbf{x} = \mathbf{c}$은 역방향 대입을 사용하여 풀 수 있다.

연산 수 하우스홀드 변환을 이용하여 $n \times n$ 시스템을 풀기 위한 대부분의 작업은 A를 삼각형 행렬로 축약하는 것이다. 필요한 연산들의 수는 근사적으로 $\frac{2}{3}n^3$개의 곱셈, $\frac{2}{3}n^3$개의 덧셈 그리고 $n-1$제곱근이다.

회전과 반사

종종 벡터의 한 원소만을 제거하는 변환을 갖는 것이 바람직하다. 이 경우에 회전 또는 반사를 이용하는 것이 편리하다. 이차원인 경우를 먼저 고려해 보자.

$$R = \begin{bmatrix} \cos\theta & -\sin\theta \\ \sin\theta & \cos\theta \end{bmatrix} \quad \text{그리고} \quad G = \begin{bmatrix} \cos\theta & \sin\theta \\ \sin\theta & -\cos\theta \end{bmatrix}$$

이고

$$\mathbf{x} = \begin{bmatrix} x_1 \\ x_2 \end{bmatrix} = \begin{bmatrix} r\cos\alpha \\ r\sin\alpha \end{bmatrix}$$

가 $\mathbb{R}^2$의 벡터라고 하자.

$$R\mathbf{x} = \begin{bmatrix} r\cos(\theta+\alpha) \\ r\sin(\theta+\alpha) \end{bmatrix} \quad \text{그리고} \quad G\mathbf{x} = \begin{bmatrix} r\cos(\theta-\alpha) \\ r\sin(\theta-\alpha) \end{bmatrix}$$

R은 각도 θ만큼의 평면상의 회전을 의미한다. 행렬 G는 $\mathbf{x}$를 직선 $x_2 = [\tan(\theta/2)]x_1$에 대하여 반사시킨 효과를 갖는다(그림 7.5.1 참조). 만약 $\cos\theta = x_1/r$이고 $\sin\theta = -x_2/r$이라면

$$R\mathbf{x} = \begin{bmatrix} x_1\cos\theta - x_2\sin\theta \\ x_1\sin\theta + x_2\cos\theta \end{bmatrix} = \begin{bmatrix} r \\ 0 \end{bmatrix}$$

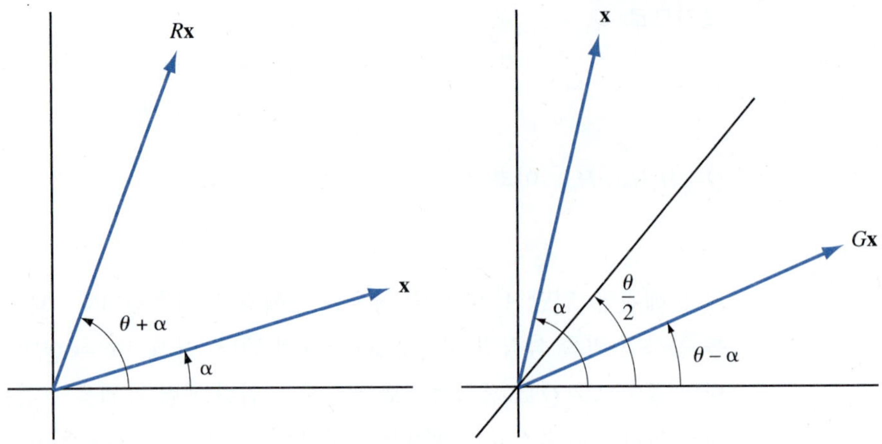

그림 7.5.1

이고, 만약 $\cos\theta = x_1/r$이고 $\sin\theta = x_2/r$이라면

$$G\mathbf{x} = \begin{bmatrix} x_1\cos\theta + x_2\sin\theta \\ x_1\sin\theta - x_2\cos\theta \end{bmatrix} = \begin{bmatrix} r \\ 0 \end{bmatrix}$$

이다. R과 G 모두 직교 행렬이다. 행렬 G는 또한 대칭이다. G는 기본 직교 행렬이다. 만약 $\mathbf{u} = (\sin\theta/2, -\cos\theta/2)^T$라고 놓으면 $G = I - 2\mathbf{u}\mathbf{u}^T$이다.

예제 3 $\mathbf{x} = (-3, 4)^T$라고 놓자. $\mathbf{x}$의 두 번째 좌표를 영으로 만들기 위한 회전 행렬 R을 구하기 위하여

$$r = \sqrt{(-3)^2 + 4^2} = 5$$

$$\cos\theta = \frac{x_1}{r} = -\frac{3}{5}$$

$$\sin\theta = -\frac{x_2}{r} = -\frac{4}{5}$$

$$R = \begin{bmatrix} \cos\theta & -\sin\theta \\ \sin\theta & \cos\theta \end{bmatrix} = \begin{bmatrix} -\frac{3}{5} & \frac{4}{5} \\ -\frac{4}{5} & -\frac{3}{5} \end{bmatrix}$$

이라고 놓자. 독자들은 $R\mathbf{x} = 5\mathbf{e}_1$임을 증명할 수 있을 것이다.

$\mathbf{x}$의 두 번째 좌표를 영으로 만들기 위한 반사 행렬 G를 구하기 위하여 회전 행렬에 대해서와 똑같은 방식으로 r과 θ를 계산하고, 이때

$$\sin\theta = \frac{x_2}{r} = \frac{4}{5}$$

$$G = \begin{bmatrix} \cos\theta & \sin\theta \\ \sin\theta & -\cos\theta \end{bmatrix} = \begin{bmatrix} -\frac{3}{5} & \frac{4}{5} \\ \frac{4}{5} & \frac{3}{5} \end{bmatrix}$$

이라고 놓자. 독자들은 $G\mathbf{x} = 5\mathbf{e}_1$임을 증명할 수 있을 것이다. ■

이제 n차원 경우를 고려해 보자. R과 G는 모든 다른 원소들에 대하여

$$r_{ii} = r_{jj} = \cos\theta \qquad g_{ii} = \cos\theta, g_{jj} = -\cos\theta$$
$$r_{ji} = \sin\theta, r_{ij} = -\sin\theta \qquad g_{ji} = g_{ij} = \sin\theta$$

그리고 $r_{st} = g_{st} = \delta_{st}$인 $n \times n$ 행렬이라고 하자. 그러므로 R과 G는 $(i, i), (i, j), (j, j), (j, i)$ 위치를 제외하고는 항등 행렬을 닮았다. $c = \cos\theta$라고 놓고 $s = \sin\theta$라고 하자. 만약 $\mathbf{x} \in \mathbb{R}^n$이라면

$$R\mathbf{x} = (x_1, \ldots, x_{i-1}, x_i c - x_j s, x_{i+1}, \ldots, x_{j-1}, x_i s + x_j c, x_{j+1}, \ldots, x_n)^T$$
$$G\mathbf{x} = (x_1, \ldots, x_{i-1}, x_i c + x_j s, x_{i+1}, \ldots, x_{j-1}, x_i s - x_j c, x_{j+1}, \ldots, x_n)^T$$

이다. 변환 R과 G는 단지 벡터의 i번째 그리고 j번째 원소들만을 변경시킨다. 다른 좌표들에는 영향을 미치지 않는다. R을 평면 회전(plane rotation)이라 하고, G를 기븐스 변환(Givens transformation) 또는 기븐스 반사(Givens reflection)라고 한다. 만약

$$c = \frac{x_i}{r} \quad \text{그리고} \quad s = -\frac{x_j}{r} \qquad \left(r = \sqrt{x_i^2 + x_j^2}\right)$$

이라고 놓으면 $R\mathbf{x}$의 j번째 원소는 0일 것이다. 만약

$$c = \frac{x_i}{r} \quad \text{그리고} \quad s = \frac{x_j}{r}$$

이라고 놓으면 $G\mathbf{x}$의 j번째 원소는 0일 것이다.

예제 4 $\mathbf{x} = (5, 8, 12)^T$라고 하자. $\mathbf{x}$의 세 번째 원소를 영으로 만들면서 두 번째 원소는 변화시키지 않는 회전 행렬 R을 구하라.

해답

R은 오직 x_1과 x_3에만 작용하기 때문에

$$r = \sqrt{x_1^2 + x_3^2} = 13$$
$$c = \frac{x_1}{r} = \frac{5}{13}$$
$$s = -\frac{x_3}{r} = -\frac{12}{13}$$
$$R = \begin{bmatrix} c & 0 & -s \\ 0 & 1 & 0 \\ s & 0 & c \end{bmatrix} = \begin{bmatrix} \frac{5}{13} & 0 & \frac{12}{13} \\ 0 & 1 & 0 \\ -\frac{12}{13} & 0 & \frac{5}{13} \end{bmatrix}$$

이라고 놓자. 독자들은 $R\mathbf{x} = (13, 8, 0)^T$임을 보여도 좋다. ■

주어진 $n \times n$ 비특이 행렬 A에 대하여 평면 회전 또는 기븐스 변환을 이용하여 A의 QR 변환을 얻을 수 있다. G_{21}을 첫 번째와 두 번째 좌표에 작용하는 변환이라고 하자. 이 변환을 A에 적용할 때 (2, 1) 위치의 원소는 영이 된다. (3, 1) 위치에 영을 얻기 위하여 $G_{21}A$에 또 다른 기븐스 변환 G_{31}을 적용할 수 있다. 이 과정은 첫 열의 마지막 $n-1$개의 원소들이 제거될 때까지 연속적으로 적용된다.

$$G_{n1} \cdots G_{31}G_{21}A = \begin{bmatrix} \times & \times & \cdots & \times \\ 0 & \times & \cdots & \times \\ 0 & \times & \cdots & \times \\ \vdots & & & \\ 0 & \times & \cdots & \times \end{bmatrix}$$

다음 단계에서 기븐스 변환들 $G_{32}, G_{42}, \cdots, G_{n2}$는두 번째 열의 $n-2$ 원소들을 제거하기 위하여 사용된다. 이 과정은 대각선 밑의 모든 원소들이 제거될 때까지 연속적으로 적용된다.

$$(G_{n,n-1}) \cdots (G_{n2} \cdots G_{32})(G_{n1} \cdots G_{21})A = R \qquad (R \text{ 위쪽 삼각형 행렬})$$

만약 $Q^T = (G_{n,n-1}) \cdots (G_{n2} \cdots G_{32})(G_{n1} \cdots G_{21})$이라고 놓으면, $A = QR$이고 시스템 $A\mathbf{x} = \mathbf{b}$는 시스템

$$R\mathbf{x} = Q^T\mathbf{b}$$

와 같다. 이 시스템은 역방향 대입을 이용하여 풀린다.

연산 수 기븐스 변환들 또는 평면 회전을 이용한 QR 분해는 대략 $\frac{4}{3}n^3$개의 곱셈, $\frac{2}{3}n^3$개의 덧셈, 그리고 $\frac{1}{2}n^2$제곱근을 필요로 한다.

일반 선형 시스템을 풀기 위한 QR 분해

n개의 미지수를 갖는 n개 선형 방정식으로 구성된 선형 시스템 $A\mathbf{x} = \mathbf{b}$가 주어지면, 하우스홀드 행렬, 회전 또는 기븐스 변환을 사용하여 A의 QR 분해를 계산할 수 있다. $\mathbf{c} = Q^T\mathbf{b}$로 설정하고 역방향 대입을 하여 $R\mathbf{x} = \mathbf{c}$를 풀면 선형 시스템을 구할 수 있다. 하우스홀드 행렬을 사용하여 QR 분해를 계산하는 경우 연산 횟수는 대략 $\frac{2}{3}n^3$번의 곱셈 그리고 $\frac{2}{3}n^3$ 덧셈이 필요하며, 회전 또는 기븐스 변환을 사용할 경우 그 두 배가 된다. 그러나 가우스 소거법을 사용하여 동일한 시스템을 풀면 대략 $\frac{1}{3}n^3$ 곱셈과 $\frac{1}{3}n^3$ 덧셈만 필요하다. 따라서 가우스 소거법을 사용하여 시스템을 풀면 하우스홀드 QR 분해를 사용하여 푸는 것보다 2배, 평면 회전 또는 기븐스 변환을 기반으로 QR 분해를 사용하여 시스템을 푸는 것보다 4배 더 빠르다.

식이 남는 시스템 $A\mathbf{x} = \mathbf{b}$의 경우 최소제곱 해를 찾아야 한다. 정규 방정식을 세운 다음 가우스 소거법을 사용하여 풀 수 있지만, 유한 정확도 연산으로 계산할 때 문제가 있다. 반

면에, 계수 행렬 A가 $m \times n$이고 rank가 n이면 하우스홀드 행렬을 사용하여 QR 분해 A를 얻을 수 있으며, 이를 사용하여 최소제곱 문제를 풀 수 있다. 최소제곱 문제를 풀기 위한 수치적 기법은 7.7절에서 더 자세히 논의할 예정이다.

7.5 연습문제

1. 각 벡터 $\mathbf{x}$에 대하여 $R\mathbf{x} = \|\mathbf{x}\|_2\mathbf{e}_1$이 되도록 회전 행렬 R을 구하라.

(a) $\mathbf{x} = (1, 1)^T$ **(b)** $\mathbf{x} = (\sqrt{3}, -1)^T$
(c) $\mathbf{x} = (-4, 3)^T$

2. 주어진 $\mathbf{x} \in \mathbb{R}^3$에 대하여

$$r_{ij} = \left(x_i^2 + x_j^2\right)^{1/2} \qquad i, j = 1, 2, 3$$

을 정의하자. 다음 각각에 대하여 G_{ij}의 i번째 그리고 j번째 좌표들이 각각 r_{ij}와 0이 되도록 기븐스 변환 $G_{ij}\mathbf{x}$를 구하라.

(a) $\mathbf{x} = (3, 1, 4)^T, i = 1, j = 3$
(b) $\mathbf{x} = (1, -1, 2)^T, i = 1, j = 2$
(c) $\mathbf{x} = (4, 1, \sqrt{3})^T, i = 2, j = 3$
(d) $\mathbf{x} = (4, 1, \sqrt{3})^T, i = 3, j = 2$

3. 다음 각 벡터 $\mathbf{x}$에 대해 벡터의 마지막 두 원소를 0으로 만드는 하우드홀드 변환을 구하라.

(a) $\mathbf{x} = (-3, 6, -6)^T$ **(b)** $\mathbf{x} = (0, 3, 4)^T$
(c) $\mathbf{x} = (2, -3, 6)^T$

4. 다음 각각에 대하여 벡터의 마지막 두 좌표들을 영으로 만드는 하우스홀드 변환을 구하라.

(a) $\mathbf{x} = (9, 4, -1, 8)^T$
(b) $\mathbf{x} = (7, -5, -4, -3, 0)^T$

5. 다음 행렬 A에 대해

$$A = \begin{Bmatrix} 1 & 3 & -2 \\ 1 & 1 & 1 \\ 1 & -5 & 1 \\ 1 & -1 & 2 \end{Bmatrix}$$

(a) $\mathbf{a}_1$의 마지막 세 원소들을 영으로 만드는 하우스홀드 변환 $H = I - (1/\beta)\mathbf{v}\mathbf{v}^T$의 스칼라 β와 벡터 $\mathbf{v}$를 구하라.

(b) 행렬 H를 명시적으로 만들지 않고서, 곱 HA를 계산하라.

6. 다음 행렬에 대해

$$A = \begin{Bmatrix} -1 & \frac{3}{2} & \frac{1}{2} \\ 2 & 8 & 8 \\ -2 & -7 & 1 \end{Bmatrix} \quad \text{그리고} \quad \mathbf{b} = \begin{Bmatrix} \frac{11}{2} \\ 0 \\ 1 \end{Bmatrix}$$

(a) 하우스홀드 변환을 이용하여 A를 위쪽 삼각형 행렬 R로 변환하라. 또한 벡터 $\mathbf{b}$를 변환하라. 즉 $\mathbf{c} = H_2H_1\mathbf{b}$를 계산하라.

(b) $R\mathbf{x} = \mathbf{c}$를 $\mathbf{x}$에 대해 풀고, 잉여 $\mathbf{r} = \mathbf{b} - A\mathbf{x}$를 계산함으로써 답을 점검하라.

7. 다음 각각의 시스템에 대하여 기븐스 반사를 이용하여 시스템을 위쪽 삼각형 행렬로 변환하고, 위쪽 삼각형 시스템을 풀어라.

(a)
$$\begin{aligned} 3x_1 + 8x_2 &= 5 \\ 4x_1 - x_2 &= -5 \end{aligned}$$

(b)
$$\begin{aligned} x_1 + 4x_2 &= 5 \\ x_1 + 2x_2 &= 1 \end{aligned}$$

(c)
$$\begin{aligned} 4x_1 - 4x_2 + x_3 &= 2 \\ x_2 + 3x_3 &= 2 \\ -3x_1 + 3x_2 - 2x_3 &= 1 \end{aligned}$$

8. 벡터 $\mathbf{x}$의 첫 $n-2$ 좌표를 변경시키지 않고 마지막 좌표만을 제거하기 원한다고 가정하자. 이것이 기븐스 변환 행렬 G에 의해 이루어진다면, 얼마나 많은 연산이 필요한가? 하우스홀드 변환 H를 이용한다면 어떠한가? 만약 A가 $n \times n$ 행렬이라면 GA와 HA를 계산하기 위하여 얼마나 많은 연산이 필요한가?

9. $H_k = I - 2\mathbf{u}\mathbf{u}^T$를

$$\mathbf{u} = (0, \ldots, 0, u_k, u_{k+1}, \ldots, u_n)^T$$

인 하우스홀드 변환이라고 하자. $\mathbf{b} \in \mathbb{R}^n$이라 하고, A는 $n \times n$ 행렬이라 하자. 얼마나 많은 덧셈과 곱셈이 (a) $H_k\mathbf{b}$, (b) H_kA를 계산하기 위해 필요한가?

10. $Q^T = G_{n-k} \cdots G_2G_1$이라 하자. 단, 각각의 G_i는 기븐스 변환이다. $\mathbf{b} \in \mathbb{R}^n$이고, A를 $n \times n$ 행렬이라 하자. (a) $Q^T\mathbf{b}$, (b) Q^TA를 계산하기 위하여 얼마나 많은 덧셈과 곱셈이 필요한가?

11. R_1과 R_2를 2×2 회전 행렬이라 하고, G_1 및 G_2를 기븐스 변환이라고 하자. 다음 각각은 어떤 유형의 변환인가?

(a) R_1R_2 **(b)** G_1G_2
(c) R_1G_1 **(d)** G_1R_1

12. $\mathbb{R}^n$에서 $\mathbf{x}$와 $\mathbf{y}$는 구별되는 벡터들이고 $\|\mathbf{x}\|_2 = \|\mathbf{y}\|_2$라고 하자.

$$\mathbf{u} = \frac{1}{\|\mathbf{x} - \mathbf{y}\|_2}(\mathbf{x} - \mathbf{y}) \quad \text{그리고} \quad Q = I - 2\mathbf{u}\mathbf{u}^T$$

을 정의하자. 다음을 증명하라.

(a) $\|\mathbf{x} - \mathbf{y}\|_2^2 = 2(\mathbf{x} - \mathbf{y})^T\mathbf{x}$

(b) $Q\mathbf{x} = \mathbf{y}$

13. $\mathbf{u}$를 $\mathbb{R}^n$의 단위 벡터라 하고,

$$Q = I - 2\mathbf{u}\mathbf{u}^T$$

이라고 하자.

(a) 벡터 $\mathbf{u}$는 Q의 고유벡터임을 보여라. 이 고유벡터에 상응하는 고윳값은 무엇인가?

(b) $\mathbf{z}$가 $\mathbf{u}$와 직교인 $\mathbb{R}^n$의 영이 아닌 벡터라고 하자. $\mathbf{z}$가 고윳값 $\lambda = 1$인 Q의 고유벡터임을 보여라.

(c) $\lambda = 1$이 중복도가 $n - 1$인 고윳값이어야 함을 보여라. $\det(Q)$는 무엇인가?

14. R을 $n \times n$ 평면 회전이라고 하자. $\det(R)$은 얼마인가? R이 기본 직교 행렬이 아님을 보여라.

15. $A = Q_1R_1 = Q_2R_2$라 하자. 여기서 Q_1과 Q_2는 수직이고, R_1과 R_2는 둘 다 위쪽 삼각형 비특이 행렬이다.

(a) $Q_1^TQ_2$가 대각선 행렬임을 보여라.

(b) R_1과 R_2를 비교하고 설명해 보라.

16. $A = \mathbf{x}\mathbf{y}^T$라고 하자. 단 $\mathbf{x} \in \mathbb{R}^m$, $\mathbf{y} \in \mathbb{R}^n$이고 $\mathbf{x}$와 $\mathbf{y}$ 둘 다 영이 아닌 벡터이다. A가 $H_1\Sigma H_2$ 형태의 특이값 분해를 가짐을 보여라. 여기서 H_1과 H_2는 하우스홀드 변환이고

$$\sigma_1 = \|\mathbf{x}\|\,\|\mathbf{y}\|, \qquad \sigma_2 = \sigma_3 = \cdots = \sigma_n = 0$$

이다.

17.
$$R = \begin{bmatrix} \cos\theta & -\sin\theta \\ \sin\theta & \cos\theta \end{bmatrix}$$

이라고 놓자. 만약 θ가 π의 정수배가 아니라면, R은

$$U = \begin{bmatrix} 1 & \frac{\cos\theta - 1}{\sin\theta} \\ 0 & 1 \end{bmatrix} \quad \text{그리고} \quad L = \begin{bmatrix} 1 & 0 \\ \sin\theta & 1 \end{bmatrix}$$

인 경우 곱 $R = ULU$로 분해될 수 있음을 보여라. 회전에 대한 이러한 분해는 웨이브릿(wave-let) 및 필터 기저들과 깊게 연관된다.

7.6 고윳값 문제

이 절에서는 $n \times n$ 행렬 A의 고윳값과 고유벡터를 계산하기 위한 수치 방법에 대하여 다룬다. 승수 방법은 행렬의 우세한 고윳값과 이에 해당하는 고유벡터를 구하기 위한 반복적인 방법이다. 우세한 고윳값이라 함은 $i = 2, \cdots, n$에 대하여 $|\lambda_1| > |\lambda_i|$ 임을 의미한다. 만약 A의 고윳값들이

$$|\lambda_1| > |\lambda_2| > \cdots > |\lambda_n|$$

을 만족한다면, 승수 방법은 한 번에 하나의 고윳값을 계산하기 위하여 사용될 수 있다. 두 번째 방법은 *QR* 알고리즘이라고 한다. *QR* 알고리즘은 직교 유사성(similarity) 변환을 이용하는 반복적인 방법이다. 승수 방법에 대하여 여러 이점들이 있다. *QR* 알고리즘은 A가 우세한 고윳값이 아니더라도 이에 관계없이 수렴하고 동시에 모든 고윳값을 계산한다.

6장의 예제들에서 고윳값들은 특성 다항식과 근을 구하여 결정되었다. 그러나 이러한 방법은 수치 계산에서는 일반적으로 추천되지 않는다. 이 방법의 문제점은 특성 다항식의 계수들의 작은 변화가 계산된 다항식의 근을 상대적으로 크게 바꿀 수 있다는 것이다. 예를 들어 $p(x)=x^{10}$을 생각해 보자. 선행 계수는 1이고 나머지 모든 계수들은 0이다. 만약 상수항이 -10^{-10}을 더해 변경되었다면, 다항식 $q(x)=x^{10}-10^{-10}$을 얻을 것이다. $p(x)$와 $q(x)$의 계수들은 단지 10^{-10}만큼만 다르지만, $p(x)$의 근들이 모두 0인 반면 $q(x)$의 근들은 절댓값이 모두 $\frac{1}{10}$이다. 따라서 특성 다항식의 계수가 정확하게 결정된 경우에도 고윳값들은 심각한 오차를 가질 수 있다. 이러한 이유로 이 절에서 설명되는 방법들은 특성 다항식과 연관되지 않는다. 행렬 A와 직접 작업하는 이점을 살펴보기 위하여, A의 작은 변화들이 고윳값들에 얼마나 영향을 미치는지 결정해야 한다. 이는 다음 정리에 의해 이루어진다.

정리 7.6.1 A가 선형 독립 고유벡터들을 가진 $n \times n$ 행렬이고, X가 A를 대각화시키는 행렬이다.

$$X^{-1}AX = D = \begin{pmatrix} \lambda_1 & & & \\ & \lambda_2 & & \\ & & \ddots & \\ & & & \lambda_n \end{pmatrix}$$

만약 $A' = A + E$이고 λ'이 A'의 고윳값이라면, 다음과 같다.

$$\min_{1 \le i \le n} |\lambda' - \lambda_i| \le \text{cond}_2(X)\|E\|_2 \tag{1}$$

증명 λ'이 λ_i의 어느 하나와도 같지 않다고 가정하자(그렇지 않다면 증명할 필요가 없다). 따라서, 만약 $D_1 = D - \lambda' I$라고 놓으면 D_1은 비특이 대각선 행렬이다. λ'이 A'의 고윳값이기 때문에 또한 $X^{-1}A'X$의 고윳값이기도 하다. 그러므로 $X^{-1}A'X - \lambda' I$는 특이 행렬이며, 따라서 $D_1^{-1}(X^{-1}A'X - \lambda' I)$ 또한 특이 행렬이다. 그러나

$$\begin{aligned} D_1^{-1}(X^{-1}A'X - \lambda' I) &= D_1^{-1}X^{-1}(A + E - \lambda' I)X \\ &= D_1^{-1}X^{-1}EX + I \end{aligned}$$

그러므로 -1은 $D_1^{-1}X^{-1}EX$의 고윳값이다. 그 결과 다음이 만족된다.

$$|-1| \le \|D_1^{-1}X^{-1}EX\|_2 \le \|D_1^{-1}\|_2 \,\text{cond}_2(X)\|E\|_2$$

D_1^{-1}의 2-노옴은 다음과 같이 주어진다.

$$\|D_1^{-1}\|_2 = \max_{1\le i\le n} |\lambda' - \lambda_i|^{-1}$$

$|\lambda' - \lambda_i|^{-1}$를 최대화하는 색인 i는 $|\lambda' - \lambda_i|$를 최소화하는 색인과 동일하다. 따라서

$$\min_{1\le i\le n} |\lambda' - \lambda_i| \le \text{cond}_2(X)\|E\|_2$$ ■

A가 대칭이라면, 직교 대각화 행렬을 선택할 수 있다. 일반적으로 Q가 직교 행렬이면

$$\text{cond}_2(Q) = \|Q\|_2\|Q^{-1}\|_2 = 1$$

이다. 그러므로 (1)은 다음과 같이 간략화된다.

$$\min_{1\le i\le n} |\lambda' - \lambda_i| \le \|E\|_2$$

따라서 A가 대칭이고 $\|E\|_2$가 작다면, A'의 고윳값들은 A의 고윳값들과 가까울 것이다.

이제 $n \times n$ 행렬 A의 고윳값들과 고유벡터에 대해 설명할 준비가 되었다. 설명할 첫 번째 방법은 A의 고유벡터 $\mathbf{x}$를 $\mathbb{R}^n$ 공간의 주어진 벡터에 A를 연속적으로 적용하여 얻는다. 이 방법의 배경 아이디어를 살펴보기 위하여, A가 n개의 선형 독립 고유벡터들 $\mathbf{x}_1, \cdots, \mathbf{x}_n$을 가지며, 상응하는 고윳값들이

$$|\lambda_1| > |\lambda_2| \ge \cdots \ge |\lambda_n| \tag{2}$$

을 만족한다고 가정하자. $\mathbb{R}^n$ 공간의 임의의 벡터 $\mathbf{v}_0$에 대하여

$$\begin{aligned}\mathbf{v}_0 &= \alpha_1\mathbf{x}_1 + \cdots + \alpha_n\mathbf{x}_n\\ A\mathbf{v}_0 &= \alpha_1\lambda_1\mathbf{x}_1 + \alpha_2\lambda_2\mathbf{x}_2 + \cdots + \alpha_n\lambda_n\mathbf{x}_n\\ A^2\mathbf{v}_0 &= \alpha_1\lambda_1^2\mathbf{x}_1 + \alpha_2\lambda_2^2\mathbf{x}_2 + \cdots + \alpha_n\lambda_n^2\mathbf{x}_n\end{aligned}$$

과 같이 쓸 수 있으며, 일반적으로

$$A^k\mathbf{v}_0 = \alpha_1\lambda_1^k\mathbf{x}_1 + \alpha_2\lambda_2^k\mathbf{x}_2 + \cdots + \alpha_n\lambda_n^k\mathbf{x}_n$$

이다.

$$\mathbf{v}_k = A^k\mathbf{v}_0 \qquad k = 1, 2, \ldots$$

이라고 정의하면

$$\frac{1}{\lambda_1^k}\mathbf{v}_k = \alpha_1\mathbf{x}_1 + \alpha_2\left(\frac{\lambda_2}{\lambda_1}\right)^k\mathbf{x}_2 + \cdots + \alpha_n\left(\frac{\lambda_n}{\lambda_1}\right)^k\mathbf{x}_n \tag{3}$$

이다.

$$\left|\frac{\lambda_i}{\lambda_1}\right| < 1 \qquad \text{for} \qquad i = 2, 3, \ldots, n$$

이므로 다음을 만족한다.

$$\frac{1}{\lambda_1^k}\mathbf{v}_k \to \alpha_1\mathbf{x}_1 \quad (k \to \infty\text{에 따라})$$

따라서 $\alpha_1 \neq 0$이라면, $\{(1/\lambda_1^k)\mathbf{v}_k\}$는 A의 고유벡터 $\alpha_1\mathbf{x}_1$에 수렴할 것이다. 지금까지 설명한 것처럼 이 방법에는 몇몇의 명백한 어려운 점들이 있다. $(1/\lambda_1^k)\mathbf{v}_k$를 계산할 수 없는데, 왜냐하면 λ_1을 모르기 때문이다. λ_1을 알고 있다고 가정해도, λ_k는 0 또는 $\pm\infty$에 수렴하기 때문에, 여전히 문제가 존재한다. 그러나 $1/\lambda_1^k$을 이용해서 수열 $\{\mathbf{v}_k\}$을 스케일할 필요가 없다. 만약 $\mathbf{v}_k$가 매 단계마다 단위 벡터를 얻도록 스케일된다면, 벡터 수열은 $\mathbf{x}_1$ 방향으로의 단위 벡터로 수렴할 것이다. 고윳값 λ_1은 동시에 계산될 수 있다. 가장 큰 값의 고윳값과 상응하는 고유벡터를 구하는 이 방법을 승수 방법(power method)이라고 한다. 이 방법은 다음과 같이 요약된다.

승수 방법

두 수열 $\{\mathbf{v}_k\}$와 $\{\mathbf{u}_k\}$는 반복적으로 정의된다. 시작하기 위해 $\mathbf{u}_0$는 $\mathbb{R}^n$에서 임의의 영이 아닌 벡터라고 하자. 일단 $\mathbf{u}_k$가 결정되면, 벡터들 $\mathbf{v}_{k+1}$과 $\mathbf{u}_{k+1}$은 다음과 같이 계산된다.

1. $\mathbf{v}_{k+1} = A\mathbf{u}_k$라고 놓자.
2. 최대 절댓값을 갖는 $\mathbf{v}_{k+1}$의 j_{k+1} 좌표를 구하라.
3. $\mathbf{u}_{k+1} = (1/v_{j_{k+1}})\mathbf{v}_{k+1}$이라고 놓자.

수열 $\{\mathbf{u}_k\}$는 $k \geq 1$에 대하여 $\|\mathbf{u}_k\|_\infty = u_{j_k} = 1$의 성질을 갖는다. 만약 A의 고윳값들이 식 (2)를 만족하고, $\mathbf{u}_0$는 고유벡터들의 선형 결합 $\alpha_1\mathbf{x}_1 + \cdots + \alpha_n\mathbf{x}_n$으로 쓰일 수 있고, $\alpha_1 \neq 0$이라면 수열 $\{\mathbf{u}_k\}$는 λ_1의 고유벡터 $\mathbf{y}$로 수렴할 것이다. 만약 k가 크다면, $\mathbf{u}_k$는 $\mathbf{y}$에 대한 훌륭한 근사가 될 것이고, $\mathbf{v}_{k+1} = A\mathbf{u}_k$는 $\lambda_1\mathbf{y}$에 대한 좋은 근사가 될 것이다. $\mathbf{u}_k$의 j_k번째 좌표가 1이기 때문에, $\mathbf{v}_{k+1}$의 j_k번째 좌표는 λ_1에 대한 훌륭한 근사이다.

식 (3)을 살펴보면 $\mathbf{u}_k$는 $\mathbf{y}$에 $(\lambda_2/\lambda_1)^k$이 0으로 수렴하는 동일한 속도로 수렴할 것을 기대할 수 있다. 따라서 $|\lambda_2|$가 $|\lambda_1|$과 비슷한 값을 갖는다면, 수렴 속도는 느릴 것이다.

예제 1 다음 행렬 A에 대해

$$A = \begin{pmatrix} 2 & 1 \\ 1 & 2 \end{pmatrix}$$

A의 정확한 고윳값들을 계산하는 것은 어렵지 않다. $\lambda_1 = 3$ 그리고 $\lambda_2 = 1$이며 상응하는 고유벡터들은 $\mathbf{x}_1 = (1, 1)^T$, $\mathbf{x}_2 = (1, -1)^T$이다. 승수 방법에 의하여 발생되는 벡터들이 수렴하는 것을 살펴보기 위하여 $\mathbf{u}_0 = (2, 1)^T$를 이 방법에 적용할 것이다.

$$\mathbf{v}_1 = A\mathbf{u}_0 = \begin{bmatrix} 5 \\ 4 \end{bmatrix}, \qquad \mathbf{u}_1 = \frac{1}{5}\mathbf{v}_1 = \begin{bmatrix} 1.0 \\ 0.8 \end{bmatrix}$$

$$\mathbf{v}_2 = A\mathbf{u}_1 = \begin{bmatrix} 2.8 \\ 2.6 \end{bmatrix}, \qquad \mathbf{u}_2 = \frac{1}{2.8}\mathbf{v}_2 = \begin{bmatrix} 1 \\ \frac{13}{14} \end{bmatrix} \approx \begin{bmatrix} 1.00 \\ 0.93 \end{bmatrix}$$

$$\mathbf{v}_3 = A\mathbf{u}_2 = \frac{1}{14}\begin{bmatrix} 41 \\ 40 \end{bmatrix}, \quad \mathbf{u}_3 = \frac{14}{41}\mathbf{v}_3 = \begin{bmatrix} 1 \\ \frac{40}{41} \end{bmatrix} \approx \begin{bmatrix} 1.00 \\ 0.98 \end{bmatrix}$$

$$\mathbf{v}_4 = A\mathbf{u}_3 \approx \begin{bmatrix} 2.98 \\ 2.95 \end{bmatrix}$$

$\mathbf{u}_3 = (1.00, 0.98)^T$를 근사 고유벡터로 취한다면, 2.98은 λ_1에 대한 근삿값이다. 따라서 오직 몇 번의 적은 반복을 통해, λ_1에 대한 근사는 단지 오차 0.02를 갖는다. ■

승수 방법은 우세한 고윳값과 고유벡터 중 소수만 필요한 응용에서 특히 유용하다. 예를 들어, 계층 분석법(analytic hierarchy process; AHP)에서, 우세한 고윳값에 속하는 고유벡터만 의사결정 과정의 가중치 벡터를 결정하는 데 필요하다(6.8절 참조).

응용 1 AHP 가중치 벡터 계산

6.8절의 응용 4에서는 대학의 임용위원회가 AHP를 사용하여 채용을 하는 예를 살펴보았다. 예를 들어, 위원회는 가르치는 것이 연구보다 2배, 대외활동보다 8배 더 중요하다고 결정했다. 또한 연구가 대외활동보다 3배 더 중요해야 한다고 결정했다. 이 문제의 비교 행렬은 다음과 같다.

$$C = \begin{bmatrix} 1 & 2 & 8 \\ \frac{1}{2} & 1 & 3 \\ \frac{1}{8} & \frac{1}{3} & 1 \end{bmatrix}$$

우세한 고윳값에 속하는 고유벡터는 승수 방법을 사용하여 계산한다. 우세한 고윳값은 3에 가깝고 나머지 고윳값은 0에 가까우므로 승수 방법은 빠르게 수렴해야 한다. $\mathbf{u}_0 = (1, 1, 1)^T$를 시작 벡터로 사용하고 $\mathbf{u}_k$ $(k \geq 1)$의 항목이 모두 1이 되도록 각 단계에서 정규화한다. 이 과정을 통해 다음과 같은 벡터 수열을 얻을 수 있다.

$$\mathbf{u}_1 = \begin{bmatrix} 0.6486 \\ 0.2654 \\ 0.0860 \end{bmatrix}, \quad \mathbf{u}_2 = \begin{bmatrix} 0.6286 \\ 0.2854 \\ 0.0860 \end{bmatrix}, \quad \mathbf{u}_3 = \begin{bmatrix} 0.6281 \\ 0.2854 \\ 0.0864 \end{bmatrix}, \quad \mathbf{u}_4 = \begin{bmatrix} 0.6282 \\ 0.2854 \\ 0.0864 \end{bmatrix}$$

여기서 모든 원소는 네 자릿수 정확도로 표시된다. $k \geq 3$의 경우, 계산된 벡터 $\mathbf{u}_k$는 모두 세 자릿수 정확도이다. 따라서 가중치 벡터 $\mathbf{w} = \mathbf{u}_4$라면, 세 자릿수까지 정확해야 한다.

$n \times n$ 비교 행렬 C의 경우 AHP 가중치를 계산하기 위한 승수 방법 알고리즘은 다음과 같이 요약된다.

1. $\mathbf{u}_0 = \mathbf{e}$라 하자. 여기서 $\mathbf{e}$는 원소가 모두 1인 $\mathbb{R}^n$의 벡터이다.

2. $k = 1, 2, \ldots$에 대해 다음과 같다.

$$\mathbf{v} = A\mathbf{u}_k$$
$$s = \sum_{i=1}^{n} v_i$$
$$\mathbf{u}_{k+1} = \frac{1}{s}\mathbf{v}$$

$\mathbf{u}_k$와 $\mathbf{u}_{k+1}$이 원하는 자릿수가 되면 반복을 종료한다. 그런 다음 계산된 고유벡터 $\mathbf{u}_{k+1}$을 AHP 가중치 벡터로 사용한다.

승수 방법은 가장 크기가 큰 고윳값 λ_1과 상응 고유벡터 $\mathbf{y}_1$을 계산하기 위하여 사용될 수 있다. 나머지 고윳값들과 고유벡터는 어떻게 구할 수 있는가? 만약 A의 나머지 고윳값을 찾는 문제를 어떤 $(n-1) \times (n-1)$ 행렬 A_1의 고윳값들을 찾는 문제로 줄일 수 있다면, 승수 방법을 A_1에 적용할 수 있을 것이다. 이를 수축(deflation)이라고 한다.

수축

수축의 배경 아이디어는 HAH^{-1}가

$$\left[\begin{array}{c|ccc} \lambda_1 & \times & \cdots & \times \\ \hline 0 & & & \\ \vdots & & A_1 & \\ 0 & & & \end{array}\right] \tag{4}$$

과 같은 형태가 되도록 비특이 행렬 H를 구하는 것이다. A와 HAH^{-1}가 유사하기 때문에 두 행렬은 같은 특성 다항식을 가질 것이다. 그러므로 HAH^{-1}가 식 (4)의 형태라면

$$\det(A - \lambda I) = \det(HAH^{-1} - \lambda I) = (\lambda_1 - \lambda)\det(A_1 - \lambda I)$$

이고, 그 결과 A의 나머지 $n-1$개의 고윳값들은 A의 고윳값들과 같다. 남은 질문은 다음과

같다. 어떻게 행렬 H를 구할 것인가? 식 (4)의 형태는 HAH^{-1}의 첫 열이 $\lambda_1\mathbf{e}_1$이어야 함을 요구한다. HAH^{-1}의 첫 열은 $HAH^{-1}\mathbf{e}_1$이다. 즉,

$$HAH^{-1}\mathbf{e}_1 = \lambda_1\mathbf{e}_1$$

또는 동등하게

$$A(H^{-1}\mathbf{e}_1) = \lambda_1(H^{-1}\mathbf{e}_1)$$

따라서 $H^{-1}\mathbf{e}_1$은 λ_1에 해당하는 고유공간이다. 그러므로 고유벡터 $\mathbf{x}_1$은 λ_1에 속한다.

$$H^{-1}\mathbf{e}_1 = \mathbf{x}_1 \quad \text{또는} \quad H\mathbf{x}_1 = \mathbf{e}_1$$

λ_1에 속하는 고유벡터 $\mathbf{x}_1$에 대해 $H\mathbf{x}_1 = \mathbf{e}_1$을 만족하는 H를 구해야 한다. 이것은 하우스홀드 변환을 이용하여 이루어질 수 있다. $\mathbf{y}_1$을 λ_1에 속하는 계산된 고유벡터라고 한다면,

$$\mathbf{x}_1 = \frac{1}{\|\mathbf{y}_1\|_2}\mathbf{y}_1$$

이라고 놓자. $\|\mathbf{x}_1\|_2 = 1$이기 때문에,

$$H\mathbf{x}_1 = \mathbf{e}_1$$

인 하우스홀드 변환 H를 구할 수 있다. H는 하우스홀드 변환이기 때문에 $H^{-1} = H$이고 따라서 HAH는 원했던 유사 변환이다.

헤센버그 형태로 축약

고윳값들을 구하는 표준 방법들은 모두 반복적인 방법들이다. A가 초기에 다루기 쉬운 특별한 형태가 아니라면, 각 반복 단계에서 필요로 하는 계산량은 종종 매우 크다. 만약 이러한 경우가 아니라면, 표준 절차는 A를 유사 변환을 이용하여 간단한 형태로 축약하는 것이다. 일반적으로 하우스홀드 행렬들은 A를 다음과 같은 형태의 행렬로 변환한다.

$$\begin{bmatrix} \times & \times & \cdots & \times & \times & \times \\ \times & \times & \cdots & \times & \times & \times \\ 0 & \times & \cdots & \times & \times & \times \\ 0 & 0 & \cdots & \times & \times & \times \\ \vdots & & & & & \\ 0 & 0 & \cdots & \times & \times & \times \\ 0 & 0 & \cdots & 0 & \times & \times \end{bmatrix}$$

이러한 형태의 행렬을 위쪽 헤센버그 형태(upper Hessenberg form)라고 한다. 따라서 만약 $i \geq j+2$인 모든 경우에 $b_{ij} = 0$이라면 B는 위쪽 헤센버그 행렬이다.

행렬 A는 다음과 같은 방법으로 위쪽 헤센버그 행렬로 변환될 수 있다. 먼저 H_1A가

$$\begin{bmatrix} a_{11} & a_{12} & \cdots & a_{1n} \\ \times & \times & \cdots & \times \\ 0 & \times & \cdots & \times \\ \vdots & & & \\ 0 & \times & \cdots & \times \end{bmatrix}$$

의 형태가 되도록 하우스홀드 행렬 H_1을 선택한다. 행렬 H_1은

$$\begin{bmatrix} 1 & 0 & \cdots & 0 \\ 0 & \times & \cdots & \times \\ \vdots & & & \\ 0 & \times & \cdots & \times \end{bmatrix}$$

과 같은 형태가 될 것이고, 따라서 H_1을 H_1A의 뒤에다 곱하는 것은 첫 번째 열을 변화시키지 않을 것이다. 만약 $A^{(1)} = H_1AH_1$이라면, $A^{(1)}$은 다음과 같은 형태의 행렬이 된다.

$$\begin{bmatrix} a_{11}^{(1)} & a_{12}^{(1)} & \cdots & a_{1n}^{(1)} \\ a_{21}^{(1)} & a_{22}^{(1)} & \cdots & a_{2n}^{(1)} \\ 0 & a_{32}^{(1)} & \cdots & a_{3n}^{(1)} \\ \vdots & & & \\ 0 & a_{n2}^{(1)} & \cdots & a_{nn}^{(1)} \end{bmatrix}$$

H_1은 하우스홀드 행렬이기 때문에 $H_1^{-1} = H_1$이고, 따라서 $A^{(1)}$은 A와 유사하다. 다음을 만족시키도록 하우스홀드 행렬 H_2를 선택한다.

$$H_2(a_{12}^{(1)}, a_{22}^{(1)}, \ldots, a_{n2}^{(1)})^T = (a_{12}^{(1)}, a_{22}^{(1)}, \times, 0, \ldots, 0)^T$$

행렬 H_2은 다음과 같은 형태일 것이다.

$$\begin{bmatrix} 1 & 0 & 0 & \cdots & 0 \\ 0 & 1 & 0 & \cdots & 0 \\ 0 & 0 & \times & \cdots & \times \\ \vdots & & & & \\ 0 & 0 & \times & \cdots & \times \end{bmatrix} = \left[\begin{array}{c|c} I_2 & O \\ \hline O & X \end{array}\right]$$

$A^{(1)}$의 왼쪽에 H_2을 곱하면 첫 두 행들과 첫 열은 변하지 않을 것이다.

$$H_2A^{(1)} = \begin{bmatrix} a_{11}^{(1)} & a_{12}^{(1)} & a_{13}^{(1)} & \cdots & a_{1n}^{(1)} \\ a_{21}^{(1)} & a_{22}^{(1)} & a_{23}^{(1)} & \cdots & a_{2n}^{(1)} \\ 0 & \times & \times & \cdots & \times \\ 0 & 0 & \times & \cdots & \times \\ \vdots & & & & \\ 0 & 0 & \times & \cdots & \times \end{bmatrix}$$

$H_2A^{(1)}$의 오른쪽에 H_2를 곱하면, 첫 두 열은 변하지 않는다. 따라서 $A^{(2)} = H_2A^{(1)}H_2$는 다음의 형태이다.

$$\begin{bmatrix} \times & \times & \times & \cdots & \times \\ \times & \times & \times & \cdots & \times \\ 0 & \times & \times & \cdots & \times \\ 0 & 0 & \times & \cdots & \times \\ \vdots & & & & \\ 0 & 0 & \times & \cdots & \times \end{bmatrix}$$

이 과정을 연속적으로 위쪽 헤센버그 행렬

$$H = A^{(n-2)} = H_{n-2} \cdots H_2 H_1 A H_1 H_2 \cdots H_{n-2}$$

에 이를 때까지 수행한다. 이 행렬은 A와 유사하다.

특히 A가 대칭이라면

$$\begin{aligned} H^T &= H_{n-2}^T \cdots H_2^T H_1^T A^T H_1^T H_2^T \cdots H_{n-2}^T \\ &= H_{n-2} \cdots H_2 H_1 A H_1 H_2 \cdots H_{n-2} \\ &= H \end{aligned}$$

이기 때문에, H는 삼대각(tridiagonal) 행렬이다. 따라서 임의의 $n \times n$ 행렬 A는 유사 변환에 의하여 위쪽 헤센버그 형태로 축약될 수 있다. A가 대칭 행렬이라면, 축약은 대칭 삼대각 행렬을 만들 것이다.

행렬의 고윳값들을 계산하기 위한 최적의 방법들 중 하나를 소개하면서 이 절을 끝맺고자 한다. 이 방법은 QR 알고리즘이라 하고, 1961년 John G. F. Francis에 의해 제안되었다.

QR 알고리즘

주어진 $n \times n$ 행렬 A에 대해, 행렬을 Q_1R_1의 곱으로 분해하자. 여기서 Q_1은 직교 행렬이고 R_1는 위쪽 삼각형 행렬이다.

$$A_1 = A = Q_1R_1$$

과

$$A_2 = Q_1^T A Q_1 = R_1Q_1$$

이라고 정의하자. A_2를 Q_2R_2의 곱으로 분해하자. 여기서 Q_2는 직교 행렬이고, R_2는 위쪽 삼각형 행렬이다.

$$A_3 = Q_2^T A_2 Q_2 = R_2Q_2$$

이라고 정의하자. $A_2 = Q_1^TAQ_1$과 $A_3 = (Q_1Q_2)^TA(Q_1Q_2)$는 모두 A와 유사함에 주목하라. 이

러한 방식으로 연속적으로 유사 행렬들을 얻을 수 있다. 일반적으로 만약

$$A_k = Q_k R_k$$

이라면, A_{k+1}은 $R_k Q_k$로 정의된다. 매우 일반적인 조건하에서 이러한 방식으로 정의된 행렬들의 열은 다음과 같은 형태의 행렬로 수렴한다.

$$T = \begin{pmatrix} B_1 & \times & \cdots & \times \\ & B_2 & & \times \\ & O & \ddots & \\ & & & B_s \end{pmatrix}$$

여기서 B_i는 1×1 또는 2×2 대각 블록 행렬이다. 각 2×2 블록 행렬은 A의 복소 공액 고윳값들의 쌍에 해당한다. A의 고윳값들은 B_i의 고윳값들일 것이다. A가 대칭인 경우 A_k 또한 대칭이며, 수열은 대각선 행렬에 수렴할 것이다.

예제 2 A_1이 예제 1의 행렬이라고 하자. A_1의 QR 분해는 오직 단일 기븐스 변환

$$G_1 = \frac{1}{\sqrt{5}} \begin{pmatrix} 2 & 1 \\ 1 & -2 \end{pmatrix}$$

을 필요로 한다. 따라서

$$A_2 = G_1 A G_1 = \frac{1}{5} \begin{pmatrix} 2 & 1 \\ 1 & -2 \end{pmatrix} \begin{pmatrix} 2 & 1 \\ 1 & 2 \end{pmatrix} \begin{pmatrix} 2 & 1 \\ 1 & -2 \end{pmatrix} = \begin{pmatrix} 2.8 & -0.6 \\ -0.6 & 1.2 \end{pmatrix}$$

A_2의 QR 분해는 기븐스 변환

$$G_2 = \frac{1}{\sqrt{8.2}} \begin{pmatrix} 2.8 & -0.6 \\ -0.6 & -2.8 \end{pmatrix}$$

을 이용하여 이루어진다. 따라서 결과적으로 다음과 같다.

$$A_3 = G_2 A_2 G_2 \approx \begin{pmatrix} 2.98 & 0.22 \\ 0.22 & 1.02 \end{pmatrix}$$

각 단계 후에 비대각선 원소들은 0에 가까워지고, 대각선 원소들은 고윳값들 $\lambda_1 = 3$ 그리고 $\lambda_2 = 1$에 근접해 간다. ■

주의

1. QR 알고리즘의 각 반복 단계에서 필요한 작업량 때문에 시작 행렬 A가 헤센버그 또는 대칭 삼대각 행렬인 것이 매우 중요하다. 이러한 경우가 아니라면, A에 유사 변환을 수행하여 이러한 형태 중 하나인 행렬 A_1을 얻어야만 한다.
2. 만약 A_k가 위쪽 헤센버그 행태라면, QR 분해는 $n-1$번의 기븐스 변환

$$G_{n,n-1} \cdots G_{32}G_{21}A_k = R_k$$

를 이용하여 수행될 수 있다.

$$Q_k^T = G_{n,n-1} \cdots G_{32}G_{21}$$

이라고 놓으면

$$A_k = Q_kR_k$$

와

$$A_{k+1} = Q_k^TA_kQ_k$$

를 얻는다. A_{k+1}을 계산하기 위하여 Q_k가 명시적으로 필요한 것은 아니다. 오직 $n-1$번의 기븐스 변환들을 추적하여 보관하면 된다. R_k가 G_{21}에 의하여 뒤쪽(오른쪽)에 곱해질 때, 결과 행렬은 채워질 (2, 1) 원소를 가질 것이다. 대각선 원소들 밑의 다른 원소들은 모두 0이 될 것이다. R_kG_{21}에 G_{32}를 뒤쪽에 곱하는 것은 (3, 2) 위치에 채우는 효과가 있을 것이다. $R_kG_{21}G_{32}$에 G_{43}을 뒤쪽에 곱하는 것은 (4, 3) 위치에 채울 것이다. 따라서 결과로 얻어지는 행렬 $A_{k+1} = R_kG_{21}G_{32} \cdots G_{n,n-1}$은 위쪽 헤센버그 행렬의 형태이다. 만약 A_1이 대칭 삼대각 행렬이라면, 각각의 연속적인 A_i는 위쪽 헤센버그이고 대칭 행렬이다. 따라서 $A_2, A_3, \cdots$는 모두 삼대각 행렬이다.

3. 승수 방법에서와 같이 수렴은 고윳값들의 몇몇이 근접한 값을 가질 때, 느릴 수 있다. 수렴을 빠르게 하기 위하여 **원점 이동**(origin shift)을 도입하는 것이 보통이다. k번째 단계에서 스칼라 α_k가 선택되고 A_k보다는 $A_k - \alpha_kI$가 Q_kR_k의 형태로 분해된다. 행렬 A_{k+1}은

$$A_{k+1} = R_kQ_k + \alpha_kI$$

으로서 정의된다.

$$Q_k^TA_kQ_k = Q_k^T(Q_kR_k + \alpha_kI)Q_k = R_kQ_k + \alpha_kI = A_{k+1}$$

이고, 따라서 A_k와 A_{k+1}이 유사함에 주목하라. 이동 값 α_k를 적절히 선택하여, 수렴 속도는 크게 빨라질 수 있다.

4. 간단한 설명을 통해 QR 알고리즘 방법의 개요만을 보였다. 원점 이동을 어떻게 선택할 것인가와 같은 다른 상세한 사항들은 생략되었다. 더 완전한 설명과 수렴성 증명을 위해 참고문헌 Wilkinson[39]를 참고하라.

7.6 연습문제

1. 다음 행렬 A에 대해

$$A = \begin{bmatrix} 1 & 1 \\ 1 & 1 \end{bmatrix}$$

(a) 임의의 영이 아닌 초기 벡터를 대상으로 승수 방법의 한 반복 단계를 적용해 보라.

(b) A에 QR 알고리즘의 한 단계를 적용하라.

(c) 특성 다항식을 풀어 A의 정확한 고윳값들을 구하고, 가장 큰 값에 해당하는 고유공간을 구하라. 그 결과를 (a)와 (b)의 결과와 비교하라.

2. 다음 행렬에 대해

$$A = \begin{bmatrix} 0 & -1 & -1 \\ 0 & 1 & 1 \\ 1 & 1 & -1 \end{bmatrix} \quad \text{그리고} \quad \mathbf{u}_0 = \begin{bmatrix} 1 \\ 1 \\ 1 \end{bmatrix}$$

(a) 승수 방법을 이용하여 $\mathbf{v}_1, \mathbf{u}_1, \mathbf{v}_2, \mathbf{u}_2, \mathbf{v}_3$를 계산하라(십진 두 자릿수에서 반올림하라).

(b) $\mathbf{v}_3$의 좌표들로부터 A의 가장 큰 고윳값의 근사 λ_1'을 구하라. 정확한 고윳값 λ_1를 구하고 λ_1'과 비교하라. 상대 오차는 얼마인가?

3. 다음 행렬에 대해

$$A = \begin{bmatrix} 1 & 2 \\ -3 & -1 \end{bmatrix} \quad \text{그리고} \quad \mathbf{u}_0 = \begin{bmatrix} 1 \\ -1 \end{bmatrix}$$

(a) 승수 방법을 이용하여 $\mathbf{u}_1, \mathbf{u}_2, \mathbf{u}_3, \mathbf{u}_4$를 계산하라.

(b) 이 경우 왜 승수 방법이 수렴하는 데 실패했는지 설명하라.

4. 다음 행렬에 대해

$$A = A_1 = \begin{bmatrix} 1 & 1 \\ 1 & 3 \end{bmatrix}$$

QR 알고리즘을 이용하여 A_2와 A_3를 계산하라. A의 정확한 고윳값들을 계산하고 A_3의 대각선 원소들의 값과 비교하라. 그들은 얼마나 많은 자릿수에서 일치하는가?

5. 다음 행렬 A에 대해

$$A = \begin{bmatrix} 5 & 2 & 2 \\ -2 & 1 & -2 \\ -3 & -4 & 2 \end{bmatrix}$$

(a) $\lambda_1 = 4$가 A의 고유벡터이고 $\mathbf{y}_1 = (2, -2, 1)^T$가 λ_1에 속하는 고유벡터임을 보여라.

(b) HAH가 다음과 같은 형태인 하우스홀드 변환 H를 구하라.

$$\begin{bmatrix} 4 & \times & \times \\ 0 & \times & \times \\ 0 & \times & \times \end{bmatrix}$$

(c) HAH를 계산하고, A의 나머지 고윳값들을 계산하라.

6. A가 구별된 실수 고윳값들 $\lambda_1, \lambda_2, \cdots, \lambda_n$을 갖는 $n \times n$ 행렬이라고 하자. λ가 A의 고윳값이 아닌 스칼라 값이라 하고 $B = (A - \lambda I)^{-1}$라고 놓자. 다음을 증명하라.

(a) 스칼라 $\mu_j = 1/(\lambda_j - \lambda), j = 1, \cdots, n$은 B의 고윳값들이다.

(b) $\mathbf{x}_j$가 μ_j에 속하는 B의 고유벡터라면, $\mathbf{x}_j$는 λ_j에 속하는 A의 고유벡터이다.

(c) 승수 방법이 B에 적용된다면 벡터들의 수열은 λ와 가장 가까운 고윳값에 속하는 A의 고유벡터에 수렴할 것임을 보여라[수렴은 λ가 다른 것들보다 하나의 λ_i에 가까울수록 빨라진다. $(A - \lambda I)^{-1}$의 승수 방법을 이용하여 고유벡터를 계산하는 이 방법을 역승수 방법(inverse power method)이라 한다].

7. $\mathbf{x} = (x_1, \cdots, x_n)^T$를 A의 λ에 속하는 고유벡터라고 하자. 만약 $|x_i| = \|\mathbf{x}\|_\infty$라면 다음을 증명하라.

(a) $\displaystyle\sum_{j=1}^{n} a_{ij}x_j = \lambda x_i$

(b) $\displaystyle|\lambda - a_{ii}| \le \sum_{\substack{j=1 \\ j\ne i}}^{n} |a_{ij}|$ [거쉬고린(Gerschgorin)의 정리]

8. λ를 $n \times n$ 행렬 A의 고윳값이라 하자. 다음을 보여라:

$$|\lambda - a_{jj}| \le \sum_{\substack{i=1 \\ i\ne j}}^{n} |a_{ij}| \quad \text{[거쉬고린의 정리의 열 버전]}$$

9. A가 고윳값 $\lambda_1, \cdots, \lambda_n$인 행렬이고 λ를 $A + E$의 고윳값

이라고 하자. X가 A를 대각화하는 행렬이고 $C = X^{-1}EX$라고 하자. 다음을 증명하라.

(a) 어떤 i에 대하여 다음이 성립한다.

$$|\lambda - \lambda_i| \le \sum_{j=1}^{n} |c_{ij}|$$

[힌트: λ는 $X^{-1}(A+E)X$의 고윳값이다. 연습문제 7의 거쉬고린 정리를 적용하라.]

(b) $\min_{1 \le j \le n} |\lambda - \lambda_j| \le \operatorname{cond}_\infty(X)\|E\|_\infty$

10. $A_k = Q_k R_k (k = 1, 2 \cdots)$는 QR 알고리즘을 적용하여 $A = A_1$으로부터 얻어지는 행렬의 수열이라고 하자. 각각의 양의 정수 k에 대하여

$$P_k = Q_1 Q_2 \cdots Q_k \quad \text{그리고} \quad U_k = R_k \cdots R_2 R_1$$

을 정의하자. 모든 $k \ge 1$에 대하여 다음이 성립함을 보여라.

$$P_k A_{k+1} = A P_k$$

11. P_k와 U_k를 연습문제 10에서 정의된 행렬이라고 하자. 다음을 증명하라.

(a) $P_{k+1}U_{k+1} = P_k A_{k+1} U_k = A P_k U_k$

(b) $P_k U_k = A^k$이고, 따라서

$$(Q_1 Q_2 \cdots Q_k)(R_k \cdots R_2 R_1)$$

은 A^k의 QR 분해이다.

12. R_k가 $k \times k$ 위쪽 삼각형 행렬이고,

$$R_k U_k = U_k D_k$$

라고 가정하자. 여기서 U_k는 대각선 원소가 1인 위쪽 삼각형 행렬, D_k는 대각선 행렬이다. R_{k+1}을 다음과 같은 형태의 위쪽 삼각형 행렬이라고 하자.

$$\begin{pmatrix} R_k & \mathbf{b}_k \\ \mathbf{0}^T & \beta_k \end{pmatrix}$$

여기서 β_k는 R_k의 고윳값이 아니다. 다음과 같은 형태의 $(k+1) \times (k+1)$ 행렬들 U_{k+1}과 D_{k+1}을 구하라.

$$U_{k+1} = \begin{pmatrix} U_k & \mathbf{x}_k \\ \mathbf{0}^T & 1 \end{pmatrix}, \quad D_{k+1} = \begin{pmatrix} D_k & \mathbf{0} \\ \mathbf{0}^T & \beta \end{pmatrix}$$

단, 다음을 만족한다.

$$R_{k+1} U_{k+1} = U_{k+1} D_{k+1}$$

13. R을 모두 구별된 대각선 원소를 갖는 $n \times n$ 위쪽 삼각형 행렬이라고 하자. R_k가 차수 k의 R의 선행 주 부분행렬을 표기한다고 하고, $U_1 = (1)$이라고 놓자.

(a) 연습문제 12의 결과를 이용하여 R의 고유벡터들을 구하는 알고리즘을 만들어 보라. 고유벡터들의 행렬 U는 대각선 값이 1인 위쪽 삼각형 행렬이어야 한다.

(b) 알고리즘은 대략 $\frac{n^3}{6}$ 번의 부동소수점 곱셈/나눗셈을 필요로 함을 보여라.

7.7 최소제곱 문제

이 절에서는 식이 남는(초과조건식) 시스템의 최소제곱 해들을 구하는 계산적 방법에 대하여 살펴본다. A가 $m \ge n$인 $m \times n$ 행렬이고, $b \in \mathbb{R}^m$이라고 하자. $\|\mathbf{b} - A\mathbf{x}\|_2^2$을 최소화하는 벡터 $\mathbf{x}$를 계산하기 위한 몇 가지 방법에 대해 고찰한다.

정규 방정식

5장에서 $\hat{\mathbf{x}}$이 정규 방정식

$$A^TA\mathbf{x} = A^T\mathbf{b}$$

을 만족하면, $\hat{\mathbf{x}}$는 최소제곱 해임을 보았다. 만약 A가 완전 랭크(랭크 n)라면 A^TA는 비특이 행렬이고, 따라서 시스템은 유일한 해를 가질 것이다. 그러므로 A^TA의 역행렬이 존재한다면, 최소제곱 문제를 푸는 한 가지 가능한 방법은 정규 방정식을 만들고, 정규 방정식을 가우스 소거법을 이용하여 푸는 것이다. 이를 위한 알고리즘은 다음 주요 두 단계로 구성된다.

1. $B = A^TA$와 $\mathbf{c} = A^T\mathbf{b}$를 계산하라.

2. $B\mathbf{x} = \mathbf{c}$를 풀어라.

정규 방정식을 만드는 데 대충 $mn^2/2$번의 곱셈이 필요함에 주목하라. A^TA가 비특이 행렬이기 때문에 B는 양의 정부호 행렬이다. 대칭 양의 정부호 행렬들에 대하여, 오직 반절의 곱셈들만을 요구하는 축약 알고리즘이 있다. 따라서 $B\mathbf{x} = \mathrm{c}$의 해는 대충 $n^3/6$의 곱셈 수를 필요로 한다. 대부분의 계산은 해를 구하는 단계보다는 정규 방정식을 만드는 데 쓰인다. 그러나 이 방법의 주요 문제점은 정규 방정식을 만들 때 문제를 불량 조건의 시스템으로 변환할 수 있다는 점이다. 7.4절로부터 $\mathbf{x}'$이 $B\mathbf{x} = \mathbf{c}$의 해이고 $\mathbf{x}$가 정확한 해라면, 부등식

$$\frac{1}{\mathrm{cond}(B)}\frac{\|\mathbf{r}\|}{\|\mathbf{c}\|} \le \frac{\|\mathbf{x} - \mathbf{x}'\|}{\|\mathbf{x}\|} \le \mathrm{cond}(B)\frac{\|\mathbf{r}\|}{\|\mathbf{c}\|}$$

은 상대 오차가 어떻게 상대 잉여와 비교되는지를 보여준다. 만약 A가 특이값 $\sigma_1 \ge \sigma_2 \ge \cdots \ge \sigma_n > 0$들을 갖는다면 $\mathrm{cond}_2(A) = \sigma_1/\sigma_n$이다. B의 특이값들은 $\sigma_1^2, \sigma_2^2, \cdots \sigma_n^2$이다. 따라서

$$\mathrm{cond}_2(B) = \frac{\sigma_1^2}{\sigma_n^2} = [\mathrm{cond}_2(A)]^2$$

예를 들어 $\mathrm{cond}_2(A) = 10^4$이라면, 정규 방정식의 계산된 해의 상대 오차는 상대 잉여의 10^8배일 것이다. 정규 방정식을 형성함으로써 시스템에 대한 최소제곱 해를 계산할 때 손실되는 정확도 자릿수를 두 배로 늘릴 수 있다. 이러한 이유로 정규 방정식을 사용하여 최소제곱 해를 계산하는 것은 매우 주의해야 한다.

최소제곱 문제를 풀기 위한 수정된 그람-슈미트 방법

A가 랭크가 n인 $m \times n$ 행렬($m > n$)이라면 그람-슈미트 방법을 통해 인수분해 $A = QR$을 얻을 수 있다. 여기서 Q는 직교 열이 있는 $m \times n$ 행렬이고 R은 대각선 원소가 모두 양수인 $n \times n$ 위쪽 삼각형 행렬이다. 이론상으로 시스템 $A\mathbf{x} = \mathbf{b}$에 대한 최소제곱 해를 두 단계로 구할 수 있다.

(i) $\mathbf{c} = Q^T\mathbf{b}$라고 하자.

(ii) 역방향 대입을 사용하여 x에 대한 위쪽 삼각형 시스템 $R\mathbf{x} = \mathbf{c}$를 구하라.

하지만 고전적인 그람-슈미트 방법은 유효 자릿수의 취소로 인해 Q의 계산된 열 벡터가 직교하지 않을 수 있으며 결과적으로 단계 (ii)에서 계산된 해 $\mathbf{x}$가 그다지 정확하지 않을 수 있다. 실제로, 고전적인 그람-슈미트 방법을 사용하면 치명적인 취소가 발생하고 어떤 자릿수도 정확하지 않은 계산된 해 $\mathbf{x}$로 끝날 수 있다.

그 대신에 수정된 그람-슈미트 알고리즘을 통해 A의 QR 분해를 계산할 수 있다. Q의 계산된 열 벡터에는 여전히 약간의 직교성이 손실된다. 그러나 이 경우에는 일반적으로 손실이 훨씬 적다. 직교성의 손실이 있기는 하지만 수정된 그람-슈미트 QR 분해를 사용하고 단계 (i)에서 벡터 $\mathbf{b}$를 연속적으로 수정하여 벡터 $\mathbf{c}$를 계산하면 알고리즘이 수치적으로 안정적임을 보여주었다. 따라서 $c_k = \mathbf{q}_k^T\mathbf{b}$를 계산하는 대신 $c_k = \mathbf{q}_k^T\mathbf{b}_k$라고 하자. 여기서 $\mathbf{b}_k$는 $\mathbf{b}$의 수정된 버전이다. 분석이 상당히 복잡하기 때문에 수치적 안정성은 증명하지 않는다. 식이 남는 시스템 $A\mathbf{x} = \mathbf{b}$에 대한 최소제곱 해를 계산하기 위한 수정된 그람-슈미트 방법은 다음 알고리즘에 요약되어 있다.

알고리즘 7.7.1 **순방향 대입과 역방향 대입**

주어진 A는 랭크가 n인 $m \times n$ 행렬이고 $\mathbf{b}$는 $\mathbb{R}^m$ 벡터이다.

알고리즘 5.6.1을 사용하여 A의 수정된 그람-슈미트 QR 분해의 인수 Q와 R을 계산한다.
$\mathbf{b}_1 = \mathbf{b}$라 하자.
$k = 1, 2, \ldots, n$에 대해
$c_k = \mathbf{q}_k^T\mathbf{b}_k$
$\mathbf{b}_{k+1} = \mathbf{b}_k - c_k\mathbf{q}_k$라고 하자.
루프 종료
역방향 대입을 통해 $\mathbf{x}$에 대한 $R\mathbf{x} = \mathbf{c}$를 구하라.

하우스홀드 QR 분해

최소제곱 문제의 그람-슈미트 해의 경우에는 QR 분해 $A = QR$을 사용한다. 여기서 Q는 직교 열이 있는 $m \times n$ 행렬이고 R은 $n \times n$ 위쪽 삼각형 행렬이다. 최소제곱 문제를 푸는 또 다른 일반적인 방법은 다른 유형의 QR 분해를 사용한다. 인수분해는 A에 일련의 하우스홀드 변환을 적용하여 구한다. 이 경우 Q는 $m \times m$ 직교 행렬이 되고 R은 대각 원소가 모두 0인 $m \times n$ 행렬이 된다.

주어진 완전 랭크의 $m \times n$ 행렬 A에 대해 n개의 하우스홀드 변환들을 적용하여 대각선 아래의 원소들을 영으로 만들 수 있다. 따라서

$$H_n H_{n-1} \cdots H_1 A = R$$

여기서 R은 영이 아닌 대각선을 갖는

$$\begin{pmatrix} R_1 \\ O \end{pmatrix} = \begin{pmatrix} \times & \times & \times & \cdots & \times \\ & \times & \times & \cdots & \times \\ & & \times & \cdots & \times \\ & & & \ddots & \vdots \\ & & & & \times \\ & & & & \end{pmatrix}$$

의 형태이다.

$$Q^T = H_n \cdots H_1 = \begin{pmatrix} Q_1^T \\ Q_2^T \end{pmatrix}$$

이라고 하자. 여기서 Q_1^T는 Q_1^T의 첫 n개의 행을 구성하는 $n \times m$ 행렬이다. $Q^T A = R$이기 때문에 결과적으로

$$A = QR = (Q_1 \quad Q_2) \begin{pmatrix} R_1 \\ O \end{pmatrix} = Q_1 R_1$$

이다.

$$\mathbf{c} = Q^T \mathbf{b} = \begin{pmatrix} Q_1^T \mathbf{b} \\ Q_2^T \mathbf{b} \end{pmatrix} = \begin{pmatrix} \mathbf{c}_1 \\ \mathbf{c}_2 \end{pmatrix}$$

이라고 놓자. 정규 방정식을 다음의 형태로 쓸 수 있다.

$$R_1^T Q_1^T Q_1 R_1 \mathbf{x} = R_1^T Q_1^T \mathbf{b}$$

$Q_1^T Q_1 = I$이고 R_1^T가 비특이 행렬이기 때문에, 이는 간단히 다음과 같이 된다.

$$R_1 \mathbf{x} = \mathbf{c}_1$$

이 시스템은 역방향 대입을 통해 풀 수 있다. 해 $\mathbf{x} = R_1^{-1}\mathbf{c}_1$은 최소제곱 문제에 대한 유일한 해가 될 것이다. 잉여 성분을 계산하기 위하여 다음을 주목하자.

$$Q^T \mathbf{r} = \begin{pmatrix} \mathbf{c}_1 \\ \mathbf{c}_2 \end{pmatrix} - \begin{pmatrix} R_1 \\ O \end{pmatrix} \mathbf{x} = \begin{pmatrix} \mathbf{0} \\ \mathbf{c}_2 \end{pmatrix}$$

따라서

$$\mathbf{r} = Q \begin{pmatrix} \mathbf{0} \\ \mathbf{c}_2 \end{pmatrix} \quad \text{그리고} \quad \|\mathbf{r}\|_2 = \|\mathbf{c}_2\|_2$$

요약하면, A가 완전 랭크를 갖는 $m \times n$ 행렬일 때 최소제곱 문제는 다음과 같이 풀 수 있다.

1. 하우스홀드 변환을 이용하여 다음을 계산하라.

$$R = H_n \cdots H_2 H_1 A \quad \text{그리고} \quad \mathbf{c} = H_n \cdots H_2 H_1 \mathbf{b}$$

2. R과 $\mathbf{c}$를 다음과 같은 블록 형태로 나눈다.

$$R = \begin{bmatrix} R_1 \\ O \end{bmatrix} \qquad \mathbf{c} = \begin{bmatrix} \mathbf{c}_1 \\ \mathbf{c}_2 \end{bmatrix}$$

여기서 R_1과 $\mathbf{c}_1$은 각각 n개의 행을 갖는다.

3. $R_1\mathbf{x} = \mathbf{c}_1$을 풀기 위하여 역방향 대입을 이용하라.

유사 역행렬

이제 A가 $r < n$인 랭크 r을 갖는 경우를 고려해 보자. 특이값 분해는 이 경우 최소제곱 문제를 푸는 단서를 제공한다. 특이값 분해는 A의 일반화된 역행렬을 만들기 위하여 사용될 수 있다. A가 특이값 분해 $U\Sigma V^T$를 갖는 $n \times n$ 비특이 행렬인 경우에, 역행렬은 다음과 같다.

$$A^{-1} = V\Sigma^{-1}U^T$$

좀 더 일반적으로 $A = U\Sigma V^T$인 랭크 r의 $m \times n$ 행렬이라면, 행렬 Σ는 다음과 같은 형태의 $m \times n$ 행렬일 것이다.

$$\Sigma = \left[\begin{array}{c|c} \Sigma_1 & O \\ \hline O & O \end{array}\right] = \left[\begin{array}{cccc|c} \sigma_1 & & & & \\ & \sigma_2 & & & O \\ & & \ddots & & \\ & & & \sigma_r & \\ \hline & & O & & O \end{array}\right]$$

그리고 A^+를

$$A^+ = V\Sigma^+U^T \tag{1}$$

과 같이 정의할 수 있는데, Σ^+는 다음과 같은 $n \times m$ 행렬이다.

$$\Sigma^+ = \left[\begin{array}{c|c} \Sigma_1^{-1} & O \\ \hline O & O \end{array}\right] = \left[\begin{array}{ccc|c} \frac{1}{\sigma_1} & & & \\ & \ddots & & O \\ & & \frac{1}{\sigma_r} & \\ \hline & O & & O \end{array}\right]$$

식 (1)은 행렬의 역에 대한 자연스러운 일반화이다. 식 (1)로 정의된 행렬 A^+는 A의 유사 역행렬(pseudoinverse matrix)이라고 한다.

또한 A^+를 대수적 성질에 의하여 정의할 수도 있다. 이 성질들은 다음 네 가지 조건에 의하여 주어진다.

펜로스(Penrose) 조건

1. $AXA = A$
2. $XAX = X$
3. $(AX)^T = AX$
4. $(XA)^T = XA$

만약 A가 $m \times n$ 행렬이라면 이 조건들을 만족하는 유일한 $n \times m$ 행렬 X가 존재한다고 주장한다. 실제로 $X = A^+ = V\Sigma^+U^T$라면, X가 위 네 조건 모두를 만족함을 쉽게 보일 수 있다. 증명은 독자들에게 연습문제로 남겨 둔다. 유일성을 보이기 위하여 Y가 또한 펜로스 조건들을 만족한다고 가정하자. 이 조건들을 연속적으로 적용하여, 다음을 주장할 수 있다.

$$
\begin{aligned}
X &= XAX && (2) \qquad & Y &= YAY && (2)\\
&= A^TX^TX && (4) & &= YY^TA^T && (3)\\
&= (AYA)^TX^TX && (1) & &= YY^T(AXA)^T && (1)\\
&= (A^TY^T)(A^TX^T)X && & &= Y(Y^TA^T)(X^TA^T) &&\\
&= YAXAX && (4) & &= YAYAX && (3)\\
&= YAX && (1) & &= YAX && (1)
\end{aligned}
$$

그러므로 $X = Y$이다. 그러므로 A^+는 네 가지 펜로스 조건들을 만족하는 유일한 행렬이다. 이 조건들은 종종 유사 역행렬을 정의하기 위해 사용되고 A^+는 무어-펜로스(Moore-Penrose) 유사 역행렬이라고 한다.

유사 역행렬이 어떻게 최소제곱 문제를 푸는 데 이용되는지를 살펴보기 위하여, 먼저 A가 랭크 n인 $m \times n$ 행렬의 경우를 고려해 보자. 따라서 Σ는 다음과 같은 형태이다.

$$\Sigma = \begin{bmatrix} \Sigma_1 \\ O \end{bmatrix}$$

여기서 Σ_1은 $n \times n$ 비특이 대각선 행렬이다. 행렬 A^TA는 비특이 행렬이고, 역행렬은 다음과 같다.

$$(A^TA)^{-1} = V(\Sigma^T\Sigma)^{-1}V^T$$

정규 방정식에 대한 해는 다음과 같다.

$$\begin{aligned}\mathbf{x} &= (A^TA)^{-1}A^T\mathbf{b}\\ &= V(\Sigma^T\Sigma)^{-1}V^TV\Sigma^TU^T\mathbf{b}\\ &= V(\Sigma^T\Sigma)^{-1}\Sigma^TU^T\mathbf{b}\\ &= V\Sigma^+U^T\mathbf{b}\\ &= A^+\mathbf{b}\end{aligned}$$

따라서 A가 완전 랭크를 가지면, $A^+\mathbf{b}$는 최소제곱 문제에 대한 해이다. A의 랭크 r이 $r < n$인 경우는 어떠한가? 이 경우에는 최소제곱 문제에 대해 무한히 많은 해들이 존재한다. 다음 정리는 $A^+\mathbf{b}$가 해일 뿐만 아니라 또한 2-노옴에 대해 최소 해이다.

정리 7.7.1 A가 고윳값 분해 $U\Sigma V^T$를 갖는 랭크 r이 $r < n$인 $m \times n$ 행렬이라면, 벡터

$$\mathbf{x} = A^+\mathbf{b} = V\Sigma^+U^T\mathbf{b}$$

는 $\|\mathbf{b} - A\mathbf{x}\|_2^2$을 최소화한다. 더욱이 $\mathbf{z}$가 $\|\mathbf{b} - A\mathbf{x}\|_2^2$을 임의의 다른 벡터라고 한다면, $\|\mathbf{z}\|_2 > \|\mathbf{x}\|_2$이다.

증명 $\mathbf{x}$가 $\mathbb{R}^n$상의 벡터라 하고, 다음을 정의하자.

$$\mathbf{c} = U^T\mathbf{b} = \begin{pmatrix}\mathbf{c}_1\\ \mathbf{c}_2\end{pmatrix} \quad \text{그리고} \quad \mathbf{y} = V^T\mathbf{x} = \begin{pmatrix}\mathbf{y}_1\\ \mathbf{y}_2\end{pmatrix}$$

여기서 $\mathbf{c}_1$과 $\mathbf{y}_1$은 $\mathbb{R}^r$상의 벡터이다. U^T가 직교 행렬이므로 다음이 성립한다.

$$\begin{aligned}\|\mathbf{b} - A\mathbf{x}\|_2^2 &= \|U^T\mathbf{b} - \Sigma(V^T\mathbf{x})\|_2^2\\ &= \|\mathbf{c} - \Sigma\mathbf{y}\|_2^2\\ &= \left\|\begin{pmatrix}\mathbf{c}_1\\ \mathbf{c}_2\end{pmatrix} - \begin{pmatrix}\Sigma_1 & O\\ O & O\end{pmatrix}\begin{pmatrix}\mathbf{y}_1\\ \mathbf{y}_2\end{pmatrix}\right\|_2^2\\ &= \left\|\begin{pmatrix}\mathbf{c}_1 - \Sigma_1\mathbf{y}_1\\ \mathbf{c}_2\end{pmatrix}\right\|_2^2\\ &= \|\mathbf{c}_1 - \Sigma_1\mathbf{y}_1\|_2^2 + \|\mathbf{c}_2\|_2^2\end{aligned}$$

$\mathbf{c}_2$와 $\mathbf{x}$는 독립이기 때문에

$$\|\mathbf{c}_1 - \Sigma_1\mathbf{y}_1\| = 0$$

이 만족될 때만 $\|\mathbf{b} - A\mathbf{x}\|^2$은 최소이다. 따라서 $\mathbf{x}$는 $\mathbf{x} = V\mathbf{y}$일 때만 최소제곱 문제의 해이다. 여기서 $\mathbf{y}$는 다음과 같은 형태의 벡터이다.

$$\begin{pmatrix}\Sigma_1^{-1}\mathbf{c}_1\\ \mathbf{y}_2\end{pmatrix}$$

특히

$$\begin{aligned}\mathbf{x} &= V\begin{pmatrix}\Sigma_1^{-1}\mathbf{c}_1\\ \mathbf{0}\end{pmatrix}\\ &= V\begin{pmatrix}\Sigma_1^{-1} & O\\ O & O\end{pmatrix}\begin{pmatrix}\mathbf{c}_1\\ \mathbf{c}_2\end{pmatrix}\\ &= V\Sigma^+U^T\mathbf{b}\\ &= A^+\mathbf{b}\end{aligned}$$

은 한 해가 된다. 만약 $\mathbf{z}$가 다른 해라면, $\mathbf{z}$는 다음과 같은 형태여야 한다.

$$\mathbf{z} = V\mathbf{y} = V\begin{pmatrix}\Sigma_1^{-1}\mathbf{c}_1\\ \mathbf{y}_2\end{pmatrix}$$

여기서 $\mathbf{y}_2 \neq 0$이다. 따라서

$$\|\mathbf{z}\|^2 = \|\mathbf{y}\|^2 = \|\Sigma_1^{-1}\mathbf{c}_1\|^2 + \|\mathbf{y}_2\|^2 > \|\Sigma_1^{-1}\mathbf{c}_1\|^2 = \|\mathbf{x}\|^2 \qquad \blacksquare$$

A의 특이값 분해 $U\Sigma V^T$가 알려져 있다면, 최소제곱 문제의 해를 계산하는 것은 간단한 문제이다. 만약 $U = (\mathbf{u}_1, \cdots, \mathbf{u}_m)$이고 $V = (\mathbf{v}_1, \cdots, \mathbf{v}_n)$이라면, $y = \Sigma^+U^T\mathbf{b}$라고 정의하여

$$\begin{aligned} y_i &= \frac{1}{\sigma_i}\mathbf{u}_i^T\mathbf{b} \qquad i = 1, \ldots, r \qquad (r = A\text{의 랭크})\\ y_i &= 0 \qquad\qquad\quad i = r+1, \ldots, n \end{aligned}$$

을 얻고, 따라서

$$\begin{aligned} A^+\mathbf{b} = V\mathbf{y} &= \begin{pmatrix} v_{11}y_1 + v_{12}y_2 + \cdots + v_{1r}y_r\\ v_{21}y_1 + v_{22}y_2 + \cdots + v_{2r}y_r\\ \vdots\\ v_{n1}y_1 + v_{n2}y_2 + \cdots + v_{nr}y_r \end{pmatrix}\\ &= y_1\mathbf{v}_1 + y_2\mathbf{v}_2 + \cdots + y_r\mathbf{v}_r \end{aligned}$$

그러므로 해 $\mathbf{x} = A^+\mathbf{b}$는 다음 두 단계로 계산될 수 있다.

1. $i = 1, \cdots, r$에 대하여 $y_i = (1/\sigma_i)\mathbf{u}_i^T\mathbf{b}$라고 놓자.
2. $\mathbf{x} = y_1\mathbf{v}_1 + \cdots + y_r\mathbf{v}_r$이라고 하자.

행렬의 특이값을 계산하기 위한 방법을 개괄적으로 설명하면서 이 절을 끝맺고자 한다. 앞 절에서 대칭 행렬은 행렬의 원소 값들에 대해서 상대적으로 교란에 강함을 살펴보았다. $m \times n$ 행렬의 특이값들에 대해서도 마찬가지로 적용된다. 만약 두 행렬 A와 B가 서로 가깝

다면, 그들의 특이값 또한 매우 가까워야 한다. 좀 더 정밀하게 말하자면, 만약 A가 특이값들 $\sigma_1 \geq \sigma 2 \geq \cdots \geq \sigma_n$을, B는 특이값들 $\omega_1 \geq \omega_2 \geq \cdots \geq \omega_n$을 갖는다면,

$$|\sigma_i - \omega_i| \leq \|A - B\|_2 \qquad i = 1, \ldots, n$$

이다(Datta[23] 참조). 그러므로 행렬 A의 특이값들을 계산함에 있어 A 원소들의 작은 변화들이 계산된 특이값들을 크게 변화시킬지를 걱정할 필요가 없다.

특이값들을 계산하는 문제는 직교 변환들을 이용하여 간단하게 표현될 수 있다. 만약 A가 특이 변환 $U\Sigma V^T$를 갖고 있고 $B = HAP^T$라면(여기서 H는 $m \times m$ 직교 행렬이고, P는 $n \times n$ 직교 행렬임), B는 특이값 분해 $(HU)\ \Sigma\ (PV)^T$를 갖는다. 행렬 A와 B는 동일한 특이값을 가질 것이다. 그리고 B가 A보다 훨씬 간결한 구조를 갖는다면, 그것의 특이값들을 계산하기 쉬워질 것이다. 실제로 G. H. 골럽(Golub)과 W. 카한(Kahan)은 A가 이중대각화(bidiagonal) 행렬로 축약될 수 있으며 축약이 하우스홀드 변환들을 이용하여 수행될 수 있음을 보였다.

이중대각화

H_1이 A의 첫 번째 열의 대각선 아래 모든 원소들을 제거하는 하우스홀드 변환이라고 하자. P_1을 하우스홀드 변환이라 하고, P_1을 H_1A의 뒤쪽에 곱하여 H_1A의 첫 번째 열은 변화시키지 않은 채 첫 번째 행의 마지막 $n-2$ 원소들을 제거한다고 하자.

$$H_1AP_1 = \begin{bmatrix} \times & \times & 0 & \cdots & 0 \\ 0 & \times & \times & \cdots & \times \\ & & & & \\ \vdots & & & & \\ & & & & \\ 0 & \times & \times & \cdots & \times \end{bmatrix}$$

다음 단계는 H_1AP_1의 첫 번째 행과 열을 변화시키지 않고서 두 번째 열의 대각선 아래 원소들을 제거하는 하우스홀드 변환 H_2를 적용하는 것이다.

$$H_2H_1AP_1 = \begin{bmatrix} \times & \times & 0 & \cdots & 0 \\ 0 & \times & \times & \cdots & \times \\ 0 & 0 & \times & \cdots & \times \\ \vdots & & & & \\ & & & & \\ 0 & 0 & \times & \cdots & \times \end{bmatrix}$$

$H_2H_1AP_1$은 하우스홀드 변환 P_2에 의해 뒤쪽에서 곱해지는데, P_2 처음 두 개의 열과 첫 행을 변화시키지 않고 두 번째 행의 마지막 $n-3$ 원소들을 제거한다.

$$H_2H_1AP_1P_2 = \begin{bmatrix} \times & \times & 0 & 0 & \cdots & 0 \\ 0 & \times & \times & 0 & \cdots & 0 \\ 0 & 0 & \times & \times & \cdots & \times \\ & & & & & \\ \vdots & & & & & \\ & & & & & \\ 0 & 0 & \times & \times & \cdots & \times \end{bmatrix}$$

이러한 방법을 행렬

$$B = H_n \cdots H_1AP_1 \cdots P_{n-2}$$

을 얻을 때까지 계속 적용한다. 단, 행렬 B는 다음과 같은 형태이다.

$$\begin{bmatrix} \times & \times & & & \\ & \times & \times & & \\ & & \ddots & \ddots & \\ & & & \times & \times \\ & & & & \times \end{bmatrix}$$

$H = H_n \cdots H_1$ 그리고 $P^T = P_1 \cdots P_{n-2}$는 직교이기 때문에, B는 A와 동일한 특이값들을 갖는다.

문제는 이제 위쪽 이중대각화 행렬 B의 특이값들을 구하는 문제로 귀결되었다. 이 시점에서 대칭 삼대각 행렬 B^TB를 만들 수 있으면, QR 알고리즘을 이용하여 고윳값들을 계산할 수 있다. 이러한 접근 방법의 문제는 B^TB를 형성함에 있어 조건수를 제곱할 것이며 결과적으로 계산된 해가 훨씬 덜 신뢰할 만하다는 점이다. 개요를 설명한 이 방법은 대각선 행렬 Σ로 수렴하는 이중대각화 행렬들 $B_1, B_2, \cdots$의 수열을 낳는다. 이 방법은 B의 오른쪽과 왼쪽에 교대로 기븐스 변환들의 열을 적용하는 것을 수반한다.

골럽-라인쉬 알고리즘

$$R_k = \begin{bmatrix} I_{k-1} & O & O \\ O & G(\theta_k) & O \\ O & O & I_{n-k-1} \end{bmatrix}$$

그리고

$$L_k = \begin{bmatrix} I_{k-1} & O & O \\ O & G(\varphi_k) & O \\ O & O & I_{n-k-1} \end{bmatrix}$$

이라고 하자. 2×2 행렬들 $G(\theta_k)$와 $G(\varphi_k)$는 각도 θ_k와 φ_k에 대하여 다음과 같이 주어진다.

$$G(\theta_k) = \begin{bmatrix} \cos\theta_k & \sin\theta_k \\ \sin\theta_k & -\cos\theta_k \end{bmatrix} \quad \text{그리고} \quad G(\varphi_k) = \begin{bmatrix} \cos\varphi_k & \sin\varphi_k \\ \sin\varphi_k & -\cos\varphi_k \end{bmatrix}$$

$B = B_1$인 행렬은 첫 번째로 R_1에 의해 오른쪽에 곱해진다. 이는 (2, 1) 위치를 채우는 효과가 있다.

$$B_1R_1 = \begin{bmatrix} \times & \times & & & \\ \times & \times & \times & & \\ & & \times & & \\ & & & \ddots & \times \\ & & & & \times \\ & & & & \end{bmatrix}$$

L_1은 R_1에 의해 채워진 원소를 제거하도록 선택된다. 또한 L_1은 (1, 3) 위치를 채우는 효과가 있을 것이다. 따라서

$$L_1B_1R_1 = \begin{bmatrix} \times & \times & \times & & \\ & \times & \times & & \\ & & & \ddots & \\ & & & & \times \\ & & & & \times \\ & & & & \end{bmatrix}$$

R_2는 (1, 3) 원소를 제거하도록 선택된다. 이 행렬은 $L_1B_1R_1$의 (3, 2) 원소를 채울 것이다. 다음 L_2는 (3, 2) 원소를 제거할 것이고 (2, 4) 원소를 채운다.

$$\underset{L_1B_1R_1R_2}{\begin{bmatrix} \times & \times & & & \\ & \times & \times & & \\ & \times & \times & \times & \\ & & & \ddots & \\ & & & & \times \\ & & & & \times \\ & & & & \end{bmatrix}}, \quad \underset{L_2L_1B_1R_1R_2}{\begin{bmatrix} \times & \times & & & \\ & \times & \times & \times & \\ & & \times & \times & \\ & & & \ddots & \\ & & & & \times \\ & & & & \times \\ & & & & \end{bmatrix}}$$

이러한 과정을 새로운 이중대각화 행렬

$$B_2 = L_{n-1} \cdots L_1B_1R_1 \cdots R_{n-1}$$

에 도달할 때까지 계속적으로 수행한다. 왜 B_1보다 B_2가 더 수월한가? 만약 첫 변환 행렬 R_1이 올바르게 선택된다면 $B_2^TB_2$는 $B_1^TB_1$에 이동을 갖는 QR 알고리즘을 한 번 적용하여 얻어짐을 보일 수 있다. 동일한 과정을 B_2에 적용하여 새로운 이중대각화 행렬 B_3를 얻을 수 있는데, $B_3^TB_3$는 $B_1^TB_1$에 이동을 갖는 QR 알고리즘을 두 번 적용하여 얻어지는 행렬이다. 비록 ${B_i}^TB_i$가 계산되지 않을지라도, 이동의 적절한 선택에 의해 행렬들은 대각선 행렬로 빠르게 수렴할 수 있다. 그러면 B_i는 또한 대각선 행렬 Σ에 수렴해야만 한다. 각각의 B_i들

은 B와 동일한 특이값을 갖기 때문에, Σ의 대각선 원소는 B의 특이값들일 것이다. 행렬 U와 V^T는 모든 직교화 과정을 추적하여 보관하여 결정될 수 있다.

이 책에서는 알고리즘의 간략한 개요만이 설명되었다. 더 심도 있는 설명은 이 교재의 범위를 넘는다. 알고리즘의 완벽한 이해를 위해 독자들은 골럽과 라인쉬의 논문([37], p. 135)을 참조하기 바란다.

7.7 연습문제

1. 다음 각 경우에 있어 $A = QR$이라고 주어진 최소제곱 문제에 대한 해 $\mathbf{x}$를 구하라.

(a) $Q = \begin{pmatrix} \frac{1}{\sqrt{2}} & \frac{1}{\sqrt{2}} \\ \frac{1}{\sqrt{2}} & -\frac{1}{\sqrt{2}} \\ 0 & 0 \end{pmatrix}$,

$R = \begin{pmatrix} 1 & 1 \\ 0 & 1 \end{pmatrix}$, $\mathbf{b} = \begin{pmatrix} 1 \\ 1 \\ 1 \end{pmatrix}$

(b) $Q = \begin{pmatrix} 1 & 0 & 0 \\ 0 & \frac{1}{\sqrt{2}} & -\frac{1}{\sqrt{2}} \\ 0 & \frac{1}{\sqrt{2}} & \frac{1}{\sqrt{2}} \\ 0 & 0 & 0 \end{pmatrix}$,

$R = \begin{pmatrix} 1 & 1 & 0 \\ 0 & 1 & 1 \\ 0 & 0 & 1 \end{pmatrix}$, $\mathbf{b} = \begin{pmatrix} 1 \\ 3 \\ 1 \\ 2 \end{pmatrix}$

(c) $Q = \begin{pmatrix} 1 & 0 & 0 \\ 0 & \frac{1}{\sqrt{2}} & -\frac{1}{\sqrt{2}} \\ 0 & \frac{1}{\sqrt{2}} & \frac{1}{\sqrt{2}} \end{pmatrix}$,

$R = \begin{pmatrix} 1 & 1 \\ 0 & 1 \\ 0 & 0 \end{pmatrix}$, $\mathbf{b} = \begin{pmatrix} 1 \\ \sqrt{2} \\ -\sqrt{2} \end{pmatrix}$

(d) $Q = \begin{pmatrix} \frac{1}{2} & \frac{1}{\sqrt{2}} & 0 & \frac{1}{2} \\ \frac{1}{2} & 0 & \frac{1}{\sqrt{2}} & -\frac{1}{2} \\ \frac{1}{2} & 0 & -\frac{1}{\sqrt{2}} & -\frac{1}{2} \\ \frac{1}{2} & -\frac{1}{\sqrt{2}} & 0 & \frac{1}{2} \end{pmatrix}$,

$R = \begin{pmatrix} 1 & 1 & 0 \\ 0 & 1 & 1 \\ 0 & 0 & 1 \\ 0 & 0 & 0 \end{pmatrix}$, $\mathbf{b} = \begin{pmatrix} 2 \\ -2 \\ 0 \\ 2 \end{pmatrix}$

2.

$$A = \begin{pmatrix} D \\ E \end{pmatrix} = \begin{pmatrix} d_1 & & & \\ & d_2 & & \\ & & \ddots & \\ & & & d_n \\ \hline e_1 & & & \\ & e_2 & & \\ & & \ddots & \\ & & & e_n \end{pmatrix}$$

$$\mathbf{b} = \begin{pmatrix} b_1 \\ b_2 \\ \vdots \\ b_{2n} \end{pmatrix}$$

라고 하자. 정규 방정식을 이용하여 최소제곱 문제에 대한 해 $\mathbf{x}$를 구하라.

3. 주어진

$$A = \begin{pmatrix} 1 & 0 \\ 1 & 3 \\ 1 & 3 \\ 1 & 0 \end{pmatrix}, \quad \mathbf{b} = \begin{pmatrix} -4 \\ 2 \\ 2 \\ 2 \end{pmatrix}$$

에 대하여 다음 문제를 풀어라.

(a) 하우스홀드 변환을 이용하여 A를 다음과 같은 형태로 축약하라.

$$\begin{pmatrix} R_1 \\ O \end{pmatrix} = \begin{pmatrix} \times & \times \\ 0 & \times \\ 0 & 0 \\ 0 & 0 \end{pmatrix}$$

그리고 같은 변환을 $\mathbf{b}$에도 적용하라.

(b) (a)의 결과를 이용하여 $A\mathbf{x} = \mathbf{b}$에 대한 최소제곱 해를 구하라.

4.

$$A = \begin{pmatrix} 1 & 5 \\ 1 & 3 \\ 1 & 11 \\ 1 & 5 \end{pmatrix} \quad \text{그리고} \quad \mathbf{b} = \begin{pmatrix} 1 \\ -1 \\ 3 \\ 5 \end{pmatrix}$$

(a) 알고리즘 5.6.1을 사용하여 A의 수정된 그람-슈미트 QR 분해에서의 Q와 R를 구하라.

(b) 알고리즘 7.7.1을 사용하여 선형 시스템 $A\mathbf{x} = \mathbf{b}$에 대한 최소제곱 해를 구하라.

5. ρ가 작은 스칼라일 때

$$A = \begin{pmatrix} 1 & 1 \\ \rho & 0 \\ 0 & \rho \end{pmatrix}$$

이라고 하자.

(a) A의 특이값들을 정확하게 구하라.

(b) ρ가 충분히 작고 ρ^2가 기계 엡실론보다 작다고 가정하자. 계산된 A^TA의 고윳값들을 구하라. 그리고 고윳값들의 제곱근을 (a)의 해와 비교하라.

6. 유사 역행렬 A^+가 네 가지 펜로스 조건을 만족함을 보여라.

7. B가 펜로스 조건 1과 3을 만족하는 행렬이라 하고, $\mathbf{x} = B\mathbf{b}$라고 하자. $\mathbf{x}$가 정규 방정식 $A^TA\mathbf{x} = A^T\mathbf{b}$의 해임을 보여라.

8. $\mathbf{x} \in \mathbb{R}^m$이라면, $\mathbf{x}$를 $m \times 1$ 행렬이라고 생각할 수 있다. $\mathbf{x}$가 영 벡터가 아니라면, $1 \times m$ 행렬 X를

$$X = \frac{1}{\|\mathbf{x}\|_2^2}\mathbf{x}^T$$

과 같이 정의할 수 있다. X와 $\mathbf{x}$가 네 가지 펜로스 조건들을 만족하고 결과적으로

$$\mathbf{x}^+ = X = \frac{1}{\|\mathbf{x}\|_2^2}\mathbf{x}^T$$

임을 보여라.

9. A가 랭크 n인 $m \times n$ 행렬이라면 $A^+ = (A^TA)^{-1}A^T$임을 보여라.

10. A가 $m \times n$ 행렬이고, $\mathbf{b} \in \mathbb{R}^m$라고 하자. $\mathbf{b} \in R(A)$이기 위한 필요충분조건은

$$\mathbf{b} = AA^+\mathbf{b}$$

임을 보여라.

11. A를 특이값 분해 $U\Sigma V^T$를 갖는 $m \times n$ 행렬이라 하고, A는 $r < n$인 랭크 r을 갖는다고 하자. 또한 $\mathbf{b} \in \mathbb{R}^m$라고 하자. $\mathbf{x} \in \mathbb{R}^n$인 벡터는

$$\mathbf{x} = A^+\mathbf{b} + c_{r+1}\mathbf{v}_{r+1} + \cdots + c_n\mathbf{v}_n$$

일 경우에만 $\|\mathbf{b} - A\mathbf{x}\|_2$를 최소화함을 보여라. 여기서 $c_{r+1}, \cdots, c_n$은 스칼라이다.

12. 다음 행렬 A에 대해

$$A = \begin{pmatrix} 1 & 1 \\ 1 & 1 \\ 0 & 0 \end{pmatrix}$$

A^+를 구하고, A와 A^+는 네 가지 펜로스 조건을 만족함을 보여라(6.5절의 예제 1 참조).

13. 다음 행렬에 대해

$$A = \begin{pmatrix} 1 & 2 \\ -3 & -6 \end{pmatrix} \quad \text{그리고} \quad \mathbf{b} = \begin{pmatrix} 100 \\ 100 \end{pmatrix}$$

(a) A의 특이값 분해를 구하고, 이를 이용하여 A^+를 구하라.

(b) A^+를 이용하여 시스템 $A\mathbf{x} = \mathbf{b}$에 대한 최소제곱 해를 구하라.

(c) $A\mathbf{x} = \mathbf{b}$의 최소제곱 문제의 모든 해를 구하라.

14. 다음 각각을 증명하라.

(a) $(A^+)^+ = A$ **(b)** $(AA^+)^2 = AA^+$

(c) $(A^+A)^2 = A^+A$

15. $A_1 = U\Sigma_1 V^T$이고 $A_2 = U\Sigma_2 V^T$라고 하자. 여기서

$$\Sigma_1 = \begin{pmatrix} \sigma_1 & & & & & \\ & \ddots & & & & \\ & & \sigma_{r-1} & & & \\ & & & 0 & & \\ & & & & \ddots & \\ & & & & & 0 \end{pmatrix}$$

$$\Sigma_2 = \begin{pmatrix} \sigma_1 & & & & & & \\ & \ddots & & & & & \\ & & \sigma_{r-1} & & & & \\ & & & \sigma_r & & & \\ & & & & 0 & & \\ & & & & & \ddots & \\ & & & & & & 0 \end{pmatrix}$$

이며, $\sigma_r = \rho > 0$이다. $\| A_1 - A_2 \|_F$와 $\| A_1^+ - A_2^+ \|_F$의 값은 얼마인가? $\rho \to 0$이면 이 값들에게 어떤 일이 발생하는가?

16. $A = XY^T$라고 하자. 여기서 X는 $m \times r$ 행렬이고 Y^T는 $r \times n$ 행렬이며, X^TX와 Y^TY는 둘 다 비특이 행렬이다.

$$B = Y(Y^TY)^{-1}(X^TX)^{-1}X^T$$

행렬은 펜로스 조건들을 만족하며, 따라서 A^+와 같아야 함을 보여라. 그러므로 A^+는 이러한 형태의 어떠한 분해로부터 결정될 수 있다.

7.8 반복법

이 절에서는 선형 시스템 $A\mathbf{x} = \mathbf{b}$를 풀기 위한 반복법(Iterative Methods) 에 대하여 살펴본다. 반복법은 초기 근사 $\mathbf{x}^{(0)}$에서 정해진 절차를 통해 더 나은 근사 $\mathbf{x}^{(1)}$을 얻고 동일한 절차를 반복하여 개선된 근사 $\mathbf{x}^{(2)}$를 얻는 방법으로 원하는 정확도가 달성되면 반복이 종료된다.

반복법은 계수가 듬성하고 방대한 시스템의 해를 구하는 경우에 가장 유용하다. 예를 들어 편미분 방정식에서 경곗값을 구하는 문제를 푼다고 가정해 보자. $n \times n$ 선형 시스템을 풀 때, 필요한 flop의 수는 반복법을 사용하면 n^2에 비례하지만 가우스 소거법을 사용하면 n^3에 비례한다. 따라서 n이 클수록 반복법이 가장 효율적이다. 또한, 반복법에서는 계수 행렬 A가 듬성할 경우 계수 저장을 위한 메모리 요구량은 n에 비례하지만, 일반적으로 가우스 소거법이나 앞서 다른 장에서 설명한 방법들은 A에 0을 채워 n^2에 비례하는 저장 공간이 필요하기 때문에 n이 매우 클 경우 문제가 생길 수 있다.

반복법은 각 반복에서 벡터 R^n에 A번을 곱한다. A가 듬성한 경우에는 A 계수 중에서 단지 작은 비율의 일부만 가지고 체계적인 방법으로 수행된다. 반복법은 $A\mathbf{x} = \mathbf{b}_1$을 풀고 나면 $A\mathbf{x} = \mathbf{b}_2$를 풀기 위해 처음으로 되돌아가는 단점이 하나 있다.

행렬 분할

주어진 시스템 $A\mathbf{x}=\mathbf{b}$에 대해, 계수 행렬 A는 $A=C-M$으로 표현된다. 행렬 C는 비특이 행렬이며, 역(예를 들어 대각선 행렬 또는 삼각형 행렬)이 존재한다. $A=C-M$을 행렬 분할(matrix splittings)이라고 하며, 원 시스템에 대입하면 다음과 같다.

$$\begin{aligned} C\mathbf{x} &= M\mathbf{x}+\mathbf{b} \\ \mathbf{x} &= C^{-1}M\mathbf{x}+C^{-1}\mathbf{b}' \end{aligned}$$

$$B=C^{-1}M=I-C^{-1}A \quad \text{그리고} \quad \mathbf{c}=C^{-1}\mathbf{b}$$

이라고 하자, 그러면

$$\mathbf{x}=B\mathbf{x}+\mathbf{c} \tag{1}$$

을 얻는다.

시스템을 풀기 위해 R^n의 벡터 중 하나를 초기 추측 $\mathbf{x}^{(0)}$으로 시작한다.

$$\begin{aligned} \mathbf{x}^{(1)} &= B\mathbf{x}^{(0)}+\mathbf{c} \\ \mathbf{x}^{(2)} &= B\mathbf{x}^{(1)}+\mathbf{c} \end{aligned}$$

그리고 일반적으로

$$\mathbf{x}^{(k+1)}=B\mathbf{x}^{(k)}+\mathbf{c}$$

이다.

$\mathbf{x}$를 선형 시스템의 답이라고 하자. R^n의 일부 벡터 노옴을 $\|\cdot\|$으로 표기하고 B의 해당 행렬 노옴이 1보다 작으면 $k\to\infty$로 갈 때, $\|\mathbf{x}^{(k)}-\mathbf{x}\|\to 0$으로 수렴한다고 할 수 있다. 실제로

$$\begin{aligned} \mathbf{x}^{(1)}-\mathbf{x} &= (B\mathbf{x}^{(0)}+\mathbf{c})-(B\mathbf{x}+\mathbf{c})=B(\mathbf{x}^{(0)}-\mathbf{x}) \\ \mathbf{x}^{(2)}-\mathbf{x} &= (B\mathbf{x}^{(1)}+\mathbf{c})-(B\mathbf{x}+\mathbf{c})=B(\mathbf{x}^{(1)}-\mathbf{x})=B^2(\mathbf{x}^{(0)}-\mathbf{x}) \end{aligned}$$

위와 같이 계속 진행되며, 일반적으로 다음과 같다.

$$\mathbf{x}^{(k)}-\mathbf{x}=B^k(\mathbf{x}^{(0)}-\mathbf{x}) \tag{2}$$

그리고

$$\begin{aligned} \|\mathbf{x}^{(k)}-\mathbf{x}\| &= \|B^k(\mathbf{x}^{(0)}-\mathbf{x})\| \\ &\le \|B^k\|\,\|\mathbf{x}^{(0)}-\mathbf{x}\| \\ &\le \|B\|^k\|\mathbf{x}^{(0)}-\mathbf{x}\| \end{aligned}$$

이다. 따라서 $\|B\|<1$면 $k\to\infty$로 갈 때, $\|\mathbf{x}^{(k)}-\mathbf{x}\|\to 0$으로 수렴한다.

앞선 결과는 R^n에 대한 모든 표준 노옴에 적용되지만 실제로는 $\|\cdot\|_\infty$ 또는 $\|\cdot\|_1$을 사용하는 것이 가장 간단하다. 기본적으로 행렬 C는 쉽게 역행렬을 구할 수 있어야 하고 C^{-1}

이 A^{-1}에 충분히 근사해야

$$\|I - C^{-1}A\| = \|B\| < 1$$

이 된다.

이 마지막 조건은 B의 모든 고윳값이 계수에서 1보다 작다는 것을 의미한다.

정의 $\lambda_1, ..., \lambda_n$은 B의 고윳값이고 $\rho(B) = \max_{1 \le i \le n} |\lambda_i|$이라 하자. 상수 $\rho(B)$는 B의 **스펙트럼 반경**이라 한다.

정리 7.8.1 $\mathbf{x}^{(0)}$은 R^n의 임의 벡터이고 $i = 0, 1, ...$에 대해 $\mathbf{x}^{(i+1)} = B\mathbf{x}^{(i)} = \mathbf{c}$라 정의한다. $\mathbf{x}$가 (1)의 해일 경우 $\mathbf{x}^{(k)} \to \mathbf{x}$에 대한 필요충분조건은 $\rho(B) < 1$이다.

증명 B가 n개의 선형 독립 고유벡터를 갖는 경우만 정리를 증명한다. B를 대각화할 수 없는 경우는 이 책의 범위를 넘는다. $\mathbf{x}_1, ..., \mathbf{x}_n$이 B의 n개의 선형 독립 고유벡터라면

$$\mathbf{x}^{(0)} - \mathbf{x} = \alpha_1\mathbf{x}_1 + \cdots + \alpha_n\mathbf{x}_n$$

과 같이 쓸 수 있으며 (2)로부터 아래와 같이 얻는다.

$$\begin{aligned}\mathbf{x}^{(k)} - \mathbf{x} &= B^k(\alpha_1\mathbf{x}_1 + \cdots + \alpha_n\mathbf{x}_n) \\ &= \alpha_1\lambda_1^k\mathbf{x}_1 + \cdots + \alpha_n\lambda_n^k\mathbf{x}_n\end{aligned}$$

따라서

$$\mathbf{x}^{(k)} - \mathbf{x} \to \mathbf{0}$$

여기서 $i = 1, ... n$에 대하여 $|\lambda_i| < 1$일 때만 만족한다. 그러므로 $\mathbf{x}^{(k)} \to \mathbf{x}$와 $\rho(B) < 1$는 필요충분조건이다. ■

C를 A의 대각선 원소를 대각선 원소로 가지는 대각 행렬로 만드는 것이 가장 간단한 방법이다. 이러한 C의 선택을 반복하는 방식을 Jacobi 반복(Jacobi iteration)이라 한다.

Jacobi 반복(Jacobi iteration)

$$C = \begin{pmatrix} a_{11} & 0 & \cdots & 0 \\ 0 & a_{22} & & \\ \vdots & & \ddots & \\ 0 & 0 & & a_{nn} \end{pmatrix}$$

$$M = -\begin{pmatrix} 0 & a_{12} & \cdots & a_{1n} \\ a_{21} & 0 & & a_{2n} \\ \vdots & & \ddots & \\ a_{n1} & a_{n2} & & 0 \end{pmatrix}$$

$B = C^{-1}M$이고 $\mathbf{c} = C^{-1}\mathbf{b}$이라 하자. 그러면

$$B = \begin{pmatrix} 0 & \frac{-a_{12}}{a_{11}} & \cdots & \frac{-a_{1n}}{a_{11}} \\ \frac{-a_{21}}{a_{22}} & 0 & \cdots & \frac{-a_{2n}}{a_{22}} \\ \vdots & & & \\ \frac{-a_{n1}}{a_{nn}} & \frac{-a_{n2}}{a_{nn}} & \cdots & 0 \end{pmatrix} \quad \text{그리고} \quad \mathbf{c} = \begin{pmatrix} \frac{b_1}{a_{11}} \\ \frac{b_2}{a_{22}} \\ \vdots \\ \frac{b_n}{a_{nn}} \end{pmatrix}$$

이다. (i+1)번째 반복에서 $\mathbf{x}^{(i+1)}$은 다음과 같다.

$$x_j^{(i+1)} = \frac{1}{a_{jj}}\left(-\sum_{\substack{k=1 \\ k\neq j}}^{n} a_{jk}x_k^{(i)} + b_j\right) \qquad j = 1, \ldots, n \tag{3}$$

벡터 $\mathbf{x}^{(i)}$는 $\mathbf{x}^{(i+1)}$를 계산할 때 사용된다. 따라서 두 벡터는 별도로 저장되어야 한다.

A의 대각선 원소가 비대각선 원소보다 훨씬 크면 B의 원소는 모두 작아야 하고 Jacobi 반복은 수렴해야 한다. 만약

$$|a_{ii}| > \sum_{\substack{j=1 \\ j\neq i}}^{n} |a_{ij}| \qquad \text{for} \qquad i = 1, \ldots, n$$

라면 A는 대각선으로 우세하다고 한다.

A가 대각선으로 우세할 경우 Jacobi 반복의 행렬 B는 다음과 같은 속성을 갖는다.

$$\sum_{j=1}^{n} |b_{ij}| = \sum_{\substack{j=1 \\ j\neq i}}^{n} \frac{|a_{ij}|}{|a_{ii}|} < 1 \qquad \text{for} \qquad i = 1, \ldots, n$$

그러므로

$$\|B\|_\infty = \max_{1\leq i\leq n}\left(\sum_{j=1}^{n} |b_{ij}|\right) < 1$$

이다. 따라서 A가 대각선으로 우세하면 Jacobi 반복은 $A\mathbf{x} = \mathbf{b}$의 해로 수렴한다.

Jacobi 반복의 대안으로 A의 아래쪽 삼각형 부분을 C로 취한다(즉, $i \geq j$이면 $c_{ij} = a_{ij}$이

고 $i < j$이면 $c_{ij} = 0$이다. C는 Jacobi 반복에서 대각선 행렬보다 A에 더 근사하기 때문에 C^{-1}이 A^{-1}에 더 근사할 것이고 B는 더 작은 노옴을 가질 것이다. 이러한 C의 선택을 반복하는 방식을 가우스-자이델(Gauss-Seidel) 반복이라 한다. 일반적으로 Jacobi 반복보다 빠르게 수렴한다.

Gaiss-Seidel 반복

$$L = -\begin{bmatrix} 0 & 0 & \cdots & 0 & 0 \\ a_{21} & 0 & \cdots & 0 & 0 \\ \vdots & & & & \\ a_{n-1,1} & a_{n-1,2} & & 0 & 0 \\ a_{n1} & a_{n2} & \cdots & a_{n,n-1} & 0 \end{bmatrix}$$

$$D = \begin{bmatrix} a_{11} & 0 & \cdots & 0 \\ 0 & a_{22} & \cdots & 0 \\ \vdots & & & \\ 0 & 0 & \cdots & a_{nn} \end{bmatrix}$$

$$U = -\begin{bmatrix} 0 & a_{12} & \cdots & a_{1,n-1} & a_{1n} \\ 0 & 0 & \cdots & a_{2,n-1} & a_{2n} \\ \vdots & & & & \\ 0 & 0 & & 0 & a_{n-1,n} \\ 0 & 0 & & 0 & 0 \end{bmatrix}$$

라 하자.

$C = D - L$이고 $M = U$라고 놓는다. $\mathbf{x}^{(0)}$은 R^n의 임의의 0이 아닌 벡터라 하자.

$$\begin{aligned} C\mathbf{x}^{(i+1)} &= M\mathbf{x}^{(i)} + \mathbf{b} \\ (D-L)\mathbf{x}^{(i+1)} &= U\mathbf{x}^{(i)} + \mathbf{b} \\ D\mathbf{x}^{(i+1)} &= L\mathbf{x}^{(i+1)} + U\mathbf{x}^{(i)} + \mathbf{b} \end{aligned}$$

$\mathbf{x}^{(i+1)}$에 대한 마지막 식은 한 번에 한 좌표로 풀 수 있다. $\mathbf{x}^{(i+1)}$의 첫 번째 좌표는 다음과 같다.

$$x_1^{(i+1)} = \frac{1}{a_{11}}\left(-\sum_{k=2}^{n} a_{1k}x_k^{(i)} + b_1\right)$$

$\mathbf{x}^{(i+1)}$의 두 번째 좌표는 첫 번째 좌표와 $\mathbf{x}^{(i)}$의 마지막 $n-2$ 좌표로 얻을 수 있다.

$$x_2^{(i+1)} = \frac{1}{a_{22}}\left(-a_{21}x_1^{(i+1)} - \sum_{k=3}^{n} a_{2k}x_k^{(i)} + b_2\right)$$

일반적으로

$$x_j^{(i+1)} = \frac{1}{a_{jj}}\left(-\sum_{k=1}^{j-1} a_{jk}x_k^{(i+1)} - \sum_{k=j+1}^{n} a_{jk}x_k^{(i)} + b_j\right) \tag{4}$$

이다.

(3)과 (4)의 비교는 흥미롭다. Jacobi 반복과 Gauss-Seidel 반복의 차이점은 후자의 경우 다음 반복이 아니라 계산되는 즉시 $\mathbf{x}^{(i+1)}$ 좌표를 사용하는 것이다. 실제로 Gauss-Seidel 반복 프로그램은 Jacobi 반복 프로그램보다 간단하다. 벡터 $\mathbf{x}^{(i)}$와 $\mathbf{x}^{(i+1)}$ 모두 같은 벡터 x에 저장된다. $\mathbf{x}^{(i+1)}$ 좌표가 계산되면 $\mathbf{x}^{(i)}$에 해당하는 좌표를 대체한다.

정리 7.8.2 A가 대각선으로 우세하면 Gauss-Seidel 반복은 $A\mathbf{x} = \mathbf{b}$의 해로 수렴한다.

증명

$i = 1, ..., n$에 대하여

$$\alpha_j = \sum_{i=1}^{j-1} |a_{ji}|, \qquad \beta_j = \sum_{i=j+1}^{n} |a_{ji}| \quad \text{그리고} \quad M_j = \frac{\beta_j}{(|a_{jj}| - \alpha_j)}$$

라 하자. A가 대각선으로 우세하므로 다음과 같다.

$$|a_{jj}| > \alpha_j + \beta_j$$

결론적으로 $j = 1, ..., n$에 대하여 $M_j < 1$이다. 따라서

$$M = \max_{1 \le j \le n} M_j < 1$$

이다.

$$\|B\|_\infty = \max_{\mathbf{x} \ne \mathbf{0}} \frac{\|B\mathbf{x}\|_\infty}{\|\mathbf{x}\|_\infty} \le M < 1$$

$\mathbf{x}$는 R^n의 0이 아닌 벡터이고 $\mathbf{y} = B\mathbf{x}$라고 하자. 아래 식을 만족하는 k를 선택한다.

$$\|\mathbf{y}\|_\infty = \max_{1 \le i \le n} |y_i| = |y_k|$$

B의 정리에 따르면

$$\mathbf{y} = B\mathbf{x} = (D - L)^{-1}U\mathbf{x}$$

이고

$$\mathbf{y} = D^{-1}(L\mathbf{y} + U\mathbf{x})$$

이다. 각 부분의 k번째 좌표를 비교하면 다음과 같다.

$$y_k = \frac{1}{a_{kk}}\left(-\sum_{i=1}^{k-1} a_{ki}y_i - \sum_{i=k+1}^{n} a_{ki}x_i\right)$$

따라서

$$\|\mathbf{y}\|_\infty = |y_k| \le \frac{1}{|a_{kk}|}(\alpha_k\|\mathbf{y}\|_\infty + \beta_k\|\mathbf{x}\|_\infty) \tag{5}$$

로부터 다음이 만족된다.

$$\frac{\|B\mathbf{x}\|_\infty}{\|\mathbf{x}\|_\infty} = \frac{\|\mathbf{y}\|_\infty}{\|\mathbf{x}\|_\infty} \le M_k \le M$$

그러므로 다음과 같다.

$$\|B\|_\infty = \max_{\mathbf{x}\ne\mathbf{0}} \frac{\|B\mathbf{x}\|_\infty}{\|\mathbf{x}\|_\infty} \le M < 1$$

따라서 반복은 $A\mathbf{x} = \mathbf{b}$의 해로 수렴된다.

7.8 연습문제

1. 다음과 같이 주어질 때

$$A = \begin{bmatrix} 10 & 1 \\ 2 & 10 \end{bmatrix}, \quad \mathbf{b} = \begin{bmatrix} 11 \\ 12 \end{bmatrix}, \quad \mathbf{x}^{(0)} = \begin{bmatrix} 0 \\ 0 \end{bmatrix}$$

Jacobi 반복을 이용하여 $\mathbf{x}^{(1)}$과 $\mathbf{x}^{(2)}$를 구하라[정확한 해는 $\mathbf{x} = (1, 1)^T$이다].

2. 다음과 같이 주어질 때

$$A = \begin{bmatrix} 1 & 1 & 1 \\ 0 & 1 & 1 \\ 0 & 0 & 1 \end{bmatrix}, \quad \mathbf{b} = \begin{bmatrix} 3 \\ 2 \\ 1 \end{bmatrix}, \quad \mathbf{x}^{(0)} = \begin{bmatrix} 1 \\ 0 \\ 0 \end{bmatrix}$$

Jacobi 반복을 이용하여 $\mathbf{x}^{(1)}, \mathbf{x}^{(2)}, \mathbf{x}^{(3)}, \mathbf{x}^{(4)}$를 구하라.

3. Gauss-Seidel 반복을 이용하여 연습문제 1번을 풀어라.

4. 다음과 같이 주어질 때

$$A = \begin{bmatrix} 5 & 1 & 2 \\ 1 & 5 & 1 \\ 2 & 1 & 5 \end{bmatrix}, \quad \mathbf{b} = \begin{bmatrix} 8 \\ 7 \\ 8 \end{bmatrix}, \quad \mathbf{x}^{(0)} = \begin{bmatrix} 1 \\ 0 \\ 0 \end{bmatrix}$$

(a) Jacobi 반복을 이용하여 $\mathbf{x}^{(1)}$을 구하라.

(b) Gauss-Seidel 반복을 이용하여 $\mathbf{x}^{(1)}$을 구하라.

(c) (a) 답과 (b) 답을 정확한 해 $\mathbf{x} = (1, 1, 1)^T$와 비교하라. 어떤 방법이 정확한 해에 더 가까운가?

5. 다음 반복 설계에 대하여 $\mathbf{x} = B\mathbf{x} + \mathbf{c}$에 수렴하는 행렬을 고르고 설명하라.

$$\mathbf{x}^{(k+1)} = B\mathbf{x}^{(k)} + \mathbf{c}$$

(a) $B = \begin{bmatrix} 1 & 1 & 1 \\ 0 & 1 & 1 \\ 0 & 0 & 1 \end{bmatrix}$

(b) $B = \begin{bmatrix} 0.9 & 1 & 1 \\ 0 & 0.9 & 1 \\ 0 & 0 & 0.9 \end{bmatrix}$

(c) $B = \begin{bmatrix} \frac{1}{2} & 10 & 100 \\ 0 & \frac{1}{2} & 10 \\ 0 & 0 & \frac{1}{2} \end{bmatrix}$

(d) $B = \begin{bmatrix} \frac{1}{4} & \frac{1}{4} & \frac{1}{4} \\ \frac{1}{4} & \frac{1}{2} & \frac{1}{8} \\ \frac{1}{2} & \frac{1}{4} & \frac{1}{8} \end{bmatrix}$

(e) $B = \begin{bmatrix} \frac{1}{3} & \frac{1}{3} & \frac{1}{3} \\ \frac{1}{2} & \frac{1}{3} & \frac{1}{6} \\ 0 & \frac{1}{6} & \frac{1}{3} \end{bmatrix}$

6. $\mathbf{x}$는 $\mathbf{x}=B\mathbf{x}+\mathbf{c}$의 해라고 하자. $\mathbf{x}^{(0)}$는 $R^{(n)}$의 임의의 벡터이고 $k=0, 1, ...$에 대하여 정의하라.

$$\mathbf{x}^{(k+1)} = B\mathbf{x}^{(k)} + \mathbf{c}$$

B^m이 영행렬이면 $\mathbf{x}^{(m)}=\mathbf{x}$임을 증명하라.

7. A를 불특이 위쪽 삼각형 행렬이라 하자. Jacobi 반복이 정확한 산술을 이용하여 수행되면 n번 반복 후 $A\mathbf{x}=\mathbf{b}$에 대한 정확한 해를 구함을 보여라.

8. C는 불특이 행렬이고, $A=C-M$로 분할에 기반을 둔 반복적인 방법에 대해서, 다음을 보여라.

$$\mathbf{x}^{(k+1)} = \mathbf{x}^{(k)} + C^{-1}\mathbf{r}^{(k)}$$

여기서, $\mathbf{r}^{(k)}$는 $\mathbf{b}-A\mathbf{x}^{(k)}$의 나머지를 의미한다.

9. $A=D-L-U$라 하자. D, L, U는 Gauss-Seidel 반복에 의해 정의되고 ω는 0이 아닌 상수이다. 시스템 $\omega A\mathbf{x}=\omega\mathbf{b}$는 ωA를 $C-M$으로 분할하여 반복적으로 풀 수 있다. 여기서 $C=D-\omega L$이다. 이 splitting에 상응하는 B와 $\mathbf{c}$를 구하라(상수 ω는 relaxation 매개변수라 하며, $\omega=1$인 경우 Gauss-Seidel 반복에 해당한다).

10. $\mathbf{x}$는 $\mathbf{x}=B\mathbf{x}+\mathbf{c}$의 해라고 하자. $\mathbf{x}^{(0)}$은 R^n의 임의의 벡터이고 $i=0, 1, ...$에 대해 $\mathbf{x}^{(i+1)}=B\mathbf{x}^{(i)}+\mathbf{c}$라고 한다. $\|B\|=\alpha<1$일 경우 다음을 구하라.

$$\|\mathbf{x}^{(k)}-\mathbf{x}\| \le \frac{\alpha}{1-\alpha}\|\mathbf{x}^{(k)}-\mathbf{x}^{(k-1)}\|$$

Chapter 7 연습문제

MATLAB 연습문제

선형 시스템의 감도

이 연습문제에서 우리는 선형 방정식 시스템의 수치적 답에 관심이 있다. 계수 행렬 A와 우변 **b***의 항목은 데이터 정확도의 제한으로 인해 종종 작은 오류를 포함할 수 있다. A 또는* **b***에 오류가 없더라도 해당 항목이 컴퓨터의 유한 정밀도 시스템으로 변환될 때 반올림 오류가 발생한다. 따라서 일반적으로 계수 행렬과 우변에 작은 오류가 포함될 것으로 예상한다. 컴퓨터가 해결하는 시스템은 원래 시스템의 약간 불안한(perturbed) 버전이다. 원래 시스템이 매우 민감한 경우 해당 솔루션은 불안한 시스템의 솔루션과 크게 다를 수 있다.*

일반적으로 솔루션의 불안이 데이터의 불안과 같은 차수일 경우 문제는 좋은 조건이다. 솔루션의 변화가 데이터의 변화보다 훨씬 클 경우 문제는 나쁜 조건이다. 문제가 얼마나 잘 조절되는지는 솔루션의 불안 크기가 데이터의 불안 크기와 어떻게 비교되는지에 따라 달라진다. 선형 시스템의 경우 이는 계수 행렬이 더 낮은 순위의 행렬에 얼마나 가까운지에 따라 달라진다. 시스템의 조건은 MATLAB 함수 **cond***로 계산할 수 있는 행렬의 조건 번호를 사용하여 측정할 수 있다. MATLAB 계산은 16자리의 정확도로 수행된다. 시스템이 얼마나 민감한지에 따라 자릿수의 정확도를 잃게 된다. 조건수가 지수 표기법을 사용하여 표현되는 경우 지수가 클수록 더 많은 정확도를 잃을 수 있다.*

1.

$$\begin{aligned} A &= \mathtt{round}(10 * \mathtt{rand}(6)) \\ \mathbf{s} &= \mathtt{ones}(6, 1) \\ \mathbf{b} &= A * \mathbf{s} \end{aligned}$$

을 입력하라. 선형 시스템 $A\mathbf{x}=b$의 답은 분명히 $\mathbf{s}$다. MATLAB \ 연산을 사용하여 시스템을 풀어라. 오차 $\mathbf{x}-\mathbf{s}$를 계산하라. ($\mathbf{s}$는 완전히 1로 구성되어 있으므로 $\mathbf{x}-1$과 동일하다.) 이제 시스템을 약간 불안정시켜라.

$$\begin{aligned} t &= 1.0\text{e}{-12}, \\ E &= \mathtt{rand}(6) - 0.5, \\ \mathbf{r} &= \mathtt{rand}(6, 1) - 0.5 \end{aligned}$$

를 입력하고,

$$M = A + t * E, \qquad \mathbf{c} = \mathbf{b} + t * \mathbf{r}$$

를 입력하라. $\mathbf{z}$에 불안정 시스템 $M\mathbf{z}=\mathbf{c}$를 풀어라. $\mathbf{z}-1$을 계산하여 솔루션 $\mathbf{z}$를 원래 시스템의 솔루션과 비교하라. 솔루션의 불안정 크기는 A 및 $\mathbf{b}$의 불안정 크기와 어떻게 비교되는가? $t=1.0\text{e}{\sim}04$와 $t=1.0\text{e}{\sim}02$를 사용

하여 불안정 분석을 반복하라. 시스템 $A\mathbf{x}=\mathbf{b}$는 좋은 조건인가? 설명하라. MATLAB을 사용하여 A의 조건수를 계산하라.

2. 벡터 $\mathbf{y} \in \mathbb{R}^n$가 $n \times n$ Vandermonde 행렬 V를 구성하는 데 사용되면 $y_1, y_2, ..., y_n$이 모두 별개인 경우 V는 비특이형이 된다.

(a) $$\mathbf{y} = \mathbf{rand}(6,1), \quad V = \mathbf{vander}(\mathbf{y})$$

을 입력하여 Vandermonde 시스템을 구성하고

$$\mathbf{b} = \mathbf{sum}(V')', \quad \mathbf{s} = \mathbf{ones}(6,1)$$

을 입력하여 $\mathbb{R}^6$에서 벡터 $\mathbf{b}$ 및 $\mathbf{s}$를 생성하라. V와 $\mathbf{b}$가 정확한 산술로 계산되었다면 $V\mathbf{x}=\mathbf{b}$의 정확한 해는 $\mathbf{s}$가 될 것이다. 이유를 설명하라. \연산을 사용하여 $V\mathbf{x}=\mathbf{b}$를 풀어라. MATLAB 형식 **format long**을 사용하여 계산된 솔루션 $\mathbf{x}$를 정확한 솔루션 $\mathbf{s}$와 비교하라. 몇 개의 유효 자릿수가 손실되었는가? V의 조건수를 결정하라.

(b) Vandermonde 행렬은 차원 n이 증가함에 따라 조건이 점점 나빠진다. n의 작은 값에 대해서도 두 점을 서로 가깝게 취함으로써 행렬을 나쁜 조건으로 만들 수 있다.

$$x(2) = x(1) + 1.0\mathrm{e}{-12}$$

을 입력하라. 그리고 V를 다시 계산하기 위해 새로운 $x(2)$ 값을 사용하라. 새로운 행렬 V에 대해 $\mathbf{b}=\mathbf{sum}(V')'$을 입력하고 시스템 $V\mathbf{z}=\mathbf{b}$를 풀어라. 몇 자릿수의 정확도가 손실되었는가? V의 조건수를 계산하라.

3. 다음과 같이 행렬 C를 구성하라.

$$\begin{aligned} A &= \mathbf{round}(100 * \mathbf{rand}(5)) \\ R &= \mathbf{triu}(A,1) + \mathbf{eye}(5) \\ C &= R' * R \end{aligned}$$

(a) 행렬 C는 정수 항목이 있는 대칭 행렬이고 행렬식이 1이라는 점에서 좋은 행렬이다. MATLAB을 사용하여 이러한 주장을 확인하라. 행렬식이 1과 같을 것임을 미리 아는 이유는 무엇인가? 이론적으로 정확한 역수 항목은 모두 정수여야 한다. 이유를 설명하라. 이것은 계산적으로 발생하는가? $D = \mathbf{inv}(C)$를 계산하고 **format long** 형식을 사용하여 항목을 확인하라. $C * D$를 계산하고 **eye**(5)와 비교하라.

(b)

$$\mathbf{r} = \mathbf{ones}(5,1), \quad \mathbf{b} = \mathbf{sum}(C')'$$

을 입력하라. 정확한 산술에서 시스템 $C\mathbf{x}=\mathbf{b}$의 해는 $\mathbf{r}$이어야 한다. \를 사용하여 해를 계산하고 솔루션을 **format long** 형식으로 표시하라. 몇 자릿수의 정확도가 손실되었는가? e를 1.0e − 12와 같은 작은 스칼라로 간주하고 시스템의 오른쪽을 다음과 같이 교체하여 시스템을 약간 변동시킬 수 있다.

$$\mathbf{b1} = \mathbf{b} + e * [1,-1,1,-1,1]'$$

섭동 시스템을 먼저 케이스 $e = 1.0\mathrm{e}-12$에 대해 푼 다음 케이스 $e = 1.0\mathrm{e}-06$에 대해 풀어라. 각 경우에 $\mathbf{x}-1$을 표시하여 솔루션 $\mathbf{x}$를 원래 솔루션과 비교하라. **cond**(C)를 계산하라. C는 조건이 좋지 않은가? 설명하라.

4. $n \times n$ 힐베르트 행렬 H는 다음과 같이 정의된다.

$$h(i,j) = 1/(i+j-1) \qquad i,j = 1,2,\ldots,n$$

MATLAB 함수 **hilb**를 사용하여 생성할 수 있다. 힐베르트 행렬은 악명 높은 조건을 가지고 있다. 행렬 계산의 위험을 설명하기 위해 예제에서 자주 사용된다. MATLAB 함수 **invhilb**는 힐베르트 행렬의 정확한 역함수를 제공한다. $n = 5, 7, 9, 11$인 경우 $H\mathbf{x}=\mathbf{b}$가 정확한 산술의 해가 **ones**(n, 1)이어야 하는 힐베르트 시스템이 되도록 H 및 $\mathbf{b}$를 구성하라. 각각의 경우에 **invhilb**를 사용하여 시스템의 해 $\mathbf{x}$를 결정하고 $\mathbf{x}$를 **format long** 형식으로 검토하라. 각 경우에 몇 자릿수의 정확도가 손실되었는가? 각 Hilbert 행렬의 조건수를 계산하라. n이 증가함에 따라 조건수는 어떻게 변하는가?

고윳값의 민감도

A가 $n \times n$ 행렬이고 X가 A를 대각화하는 행렬이면 A의 고윳값 민감도는 X의 조건수에 따라 달라진다. A가 결함이 있는 경우 고윳값 문제의 조건수는 무한대가 된다. 고윳값

의 민감도에 대한 자세한 내용은 Wilkinson [39], 2장을 참조하라.

5. MATLAB을 사용하여 랜덤 8×8 행렬 B의 고윳값과 고유벡터를 계산하라. 고유벡터 행렬의 조건수를 계산하라. 고윳값 문제의 조건이 좋은가?

$$B1 = B + 1.0\text{e} - 04 * \texttt{rand}(8)$$

와 같이 입력하여 B를 약간 변동하라. 고윳값을 계산하고 B의 고윳값과 비교하라.

6.
$$A = \texttt{round}(10 * \texttt{rand}(6)); A = A + A'$$
$$[X, D] = \texttt{eig}(A)$$

을 입력하라. $\texttt{cond}(X)$ 및 $X^T X$를 계산하라. X는 어떤 유형의 행렬인가? 고윳값 문제의 조건이 좋은가? 설명하라.

$$A1 = A + 1.0\text{e}{-06} * \texttt{rand}(6)$$

와 같이 입력하여 A를 변동하라. $A1$의 고윳값을 계산하고 A의 고윳값과 비교하라.

7. $A = \texttt{magic}(5)$ 및 $t = \texttt{trace}(A)$이라 하자. 스칼라 t는 A의 고윳값이어야 하고 나머지 고윳값은 합이 0이 되어야 한다. 이유를 설명하라. MATLAB을 사용하여 $A - tI$가 특이 행렬인지 확인하라. A의 고윳값과 고유벡터의 행렬 X를 계산하라. A와 X의 조건수를 결정하라. 고윳값 문제의 조건이 좋은가? 설명하라.

$$A1 = A + 1.0\text{e}{-04} * \texttt{rand}(5)$$

와 같이 입력하여 A를 변동하라. $A1$의 고윳값은 A의 고윳값과 어떻게 비교되는가?

8.

$$A = \texttt{diag}(12:-1:1) + 10 * \texttt{diag}(\texttt{ones}(1, 11),$$
$$[X, D] = \texttt{eig}(A)$$

을 입력하라. X의 조건수를 계산하라. 고윳값 문제는 조건이 좋은가? 좋지 않은가? 설명하라.

$$A1 = A; \qquad A1(1, 12) = 0.1$$

와 같이 입력하여 A를 변동하라. $A1$의 고윳값을 계산하고 A의 고윳값과 비교하라.

9. 다음과 같이 행렬 A를 구성하라.

```
A = diag(11 : −1 : 1, −1);
for j = 0 : 11
  A = A + diag(12 − j : −1 : 1, j);
end
```

(a) A의 고윳값과 A의 행렬식 값을 계산하라. MATLAB 함수 **prod**를 사용하여 고윳값의 곱을 계산하라. 곱은 행렬식과 어떻게 비교되는가?

(b) A의 고유벡터와 고윳값 문제에 대한 조건수를 계산하라. 문제의 조건이 좋은가? 좋지 않은가? 설명하라.

(c)
$$A1 = A + 1.0\text{e}{-04} * \texttt{rand}(\texttt{size}(A))$$

을 입력하라. $A1$의 고윳값을 계산하라. 다음을 계산하여 A의 고윳값과 비교하라.

$$\texttt{sort}(\texttt{eig}(A1)) - \texttt{sort}(\texttt{eig}(A))$$

그리고 결과를 **format long** 형식으로 표시하라.

Householder 변환

Householder 행렬은 $I - \frac{1}{b}\mathbf{v}\mathbf{v}^T$ 형식의 $n \times n$ 직교 행렬이다. 주어진 0이 아닌 벡터 $\mathbf{x} \in \mathbb{R}^n$에 대해 $H\mathbf{x}$가 $\mathbf{e}_1$의 배수가 되도록 b와 $\mathbf{v}$를 선택할 수 있다.

10. (a) MATLAB에서 주어진 벡터 $\mathbf{x}$의 항목을 0으로 만드는 Householder 행렬을 계산하는 가장 간단한 방법은 $\mathbf{x}$의 QR 분해를 계산하는 것이다. 따라서 벡터 $\mathbf{x} \in \mathbb{R}^n$이 주어지면 MATLAB 명령

$$[H, R] = \texttt{qr}(\mathbf{x})$$

는 원하는 Householder 행렬 H를 계산한다. $\mathbf{e} = \texttt{ones}(4, 1)$의 마지막 세 항목을 0으로 만드는 Householder 행렬 H를 계산하라.

$$C = [\mathbf{e}, \texttt{rand}(4, 3)]$$

라 입력하고 $H * \mathbf{e}$ 및 $H * C$를 계산하라.

(b) 주어진 벡터의 항목을 0으로 만드는 Householder 변환을 결정하는 벡터 $\mathbf{v}$와 스칼라 b를 계산할 수도 있다. 주어진 벡터 $\mathbf{x}$에 대해 수행하려면 다음을 입력하라.

$$a = ((x(1) <= 0) - (x(1) > 0)) * \mathbf{norm}(\mathbf{x});$$
$$\mathbf{v} = \mathbf{x}; \qquad v(1) = v(1) - a$$
$$b = a * (a - x(1))$$

(a) 부분의 벡터 **e**에 대해 이러한 방식으로 **v**와 b를 구성하라. $K = I - \frac{1}{b}\mathbf{v}\mathbf{v}^T$이면

$$K\mathbf{e} = \mathbf{e} - \left(\frac{\mathbf{v}^T\mathbf{e}}{b}\right)\mathbf{v}$$

이다. MATLAB을 사용하여 이러한 양을 모두 계산하고 동일한지 확인하라. $K\mathbf{e}$는 (a) 부분의 $H\mathbf{e}$와 어떻게 비교되는가? $K * C$와 $C - \mathbf{v} * ((\mathbf{v}' * C)/b)$도 계산하고 두 값이 동일한지 확인하라.

11. $\mathbf{x1} = (1:5)'; \quad \mathbf{x2} = [1, 3, 4, 5, 9]'; \quad \mathbf{x} = [\mathbf{x1}; \mathbf{x2}]$

을 입력하라. 형식의 Householder 행렬을 구성하라.

$$H = \begin{bmatrix} I & O \\ O & K \end{bmatrix}$$

여기서 K는 **x2**의 마지막 4개 항목을 0으로 만드는 5 × 5 Householder 행렬이다. 곱 $H\mathbf{x}$를 계산하라.

회전과 반사

12. $y = \sin(x)$를 표시하려면 x 및 y 값의 벡터를 정의한 다음 **plot** 명령을 사용해야 한다. 이것은 다음과 같이 할 수 있다.

$$\mathbf{x} = 0:0.1:6.3; \quad \mathbf{y} = \sin(\mathbf{x});$$
$$\mathbf{plot}(\mathbf{x}, \mathbf{y})$$

(a) 회전 행렬을 정의하고 이를 사용하여 $y = \sin(x)$의 그래프를 회전시키자.

$$t = \mathbf{pi}/4; \quad c = \cos(t); \quad s = \sin(t);$$
$$R = [c, -s; s, c]$$

을 입력하라. 회전된 좌표를 찾기 위해

$$Z = R * [\mathbf{x}; \mathbf{y}]; \ \mathbf{x1} = Z(1,:); \ \mathbf{y1} = Z(2,:);$$

을 입력하라. 벡터 **x1** 및 **y1**는 회전된 곡선의 좌표를 포함한다.

$$\mathbf{w} = [0, 5]; \qquad \mathbf{axis\ square}$$

라 입력하고 MATLAB 명령을 사용하여 **x1**과 **y1**을 표시하라.

$$\mathbf{plot}(\mathbf{x1}, \mathbf{y1}, \mathbf{w}, \mathbf{w})$$

그래프는 어떤 각도와 방향으로 회전되었는가?

(b) (a) 부분의 모든 변수를 유지하고

$$G = [c, s; s, -c]$$

를 입력하라. 행렬 G는 기븐스 반사를 나타낸다. 반사 좌표를 결정하려면 다음을 입력하라.

$$Z = G * [\mathbf{x}; \mathbf{y}];$$
$$\mathbf{x2} = Z(1,:); \ \mathbf{y2} = Z(2,:);$$

MATLAB 명령을 사용하여 반사 곡선을 표시하라.

$$\mathbf{plot}(\mathbf{x2}, \mathbf{y2}, \mathbf{w}, \mathbf{w})$$

곡선 $y = \sin(x)$는 x축과 $\pi/8$의 각도를 이루는 원점을 통과하는 선에 대해 반사되었다. 이것을 보려면

$$\mathbf{w1} = [0, 6.3 * \cos(t/2)];$$
$$\mathbf{z1} = [0, 6.3 * \sin(t/2)];$$

을 입력하라. 그리고 MATLAB 명령

$$\mathbf{plot}(\mathbf{x}, \mathbf{y}, \mathbf{x2}, \mathbf{y2}, \mathbf{w1}, \mathbf{z1})$$

을 사용하여 새 축과 두 곡선을 모두 표시하라.

(c) (a) 부분의 회전 행렬 R을 사용하여 곡선 $y = -\sin(x)$를 회전시켜라. 회전된 곡선을 표시하라. 그래프는 (b) 부분의 곡선과 어떻게 비교되는가? 설명하라.

특이값 분해

13.

$$A = \begin{bmatrix} 4 & 5 & 2 \\ 4 & 5 & 2 \\ 0 & 3 & 6 \\ 0 & 3 & 6 \end{bmatrix}$$

이라 하자. MATLAB에 행렬 A를 입력하고 $\mathbf{s} = \mathbf{svd}(A)$를 입력하여 특이값을 계산하라.

(a) 값 $\|A\|_2$와 $\|A\|_F$를 결정하기 위해 **s**의 항목을 어떻게 사용할 수 있는가?

$$p = \mathbf{norm}(A), \quad q = \mathbf{norm}(A, \text{'fro'})$$

을 입력하여 이러한 노옴을 계산하라. 그리고 결과를 $s(1)$ 및 **norm**(**s**)과 비교하라.

(b) A의 전체 특이값 분해를 얻으려면 다음을 입력하라.

$$[U, D, V] = \mathbf{svd}(A)$$

다음을 입력하여 A에 대한 랭크 1의 가장 가까운 행렬을 계산하라.

$$B = s(1) * U(:, 1) * V(:, 1)'$$

B의 행 벡터는 A의 별개의 두 행 벡터와 어떤 관련이 있는가?

(c) 행렬 A와 B는 동일한 2-노옴을 가져야 한다. 이유를 설명하라. MATLAB을 사용하여 $\|B\|_2$ 및 $\|B\|_F$를 계산하라. 일반적으로 랭크 1 행렬의 경우 2-노옴과 프로베니우스 노옴이 같아야 한다. 이유를 설명하라.

14. $A = \mathbf{round}(10 * \mathbf{rand}(10, 5)), \quad \mathbf{s} = \mathbf{svd}(A)$

라 입력하라.

(a) MATLAB을 사용하여 $\|A\|_2$, $\|A\|_F$ 및 $\text{cond}_2(A)$를 계산하고 결과를 각각 $s(1)$, **norm**(**s**), $s(1)/s(5)$와 비교하라.

(b)
$$[U, D, V] = \mathbf{svd}(A);$$
$$D(5,5) = 0;$$
$$B = U * D * V'$$

라 입력하라. 행렬 B는 랭크 4에서 A에 가장 가까운 행렬이어야 한다(여기서 거리는 Frobenius 노옴으로 측정됨). $\|A\|_2$와 $\|B\|_2$를 계산하라. 이 값을 어떻게 비교하는가? 두 행렬의 프로베니우스 노옴을 계산하고 비교하라. 또한 $\|A - B\|_F$를 계산하고 결과를 $s(5)$와 비교하라. $r = \mathbf{norm}(s(1:4))$을 입력하고 결과를 $\|B\|_F$와 비교하라.

(c) MATLAB을 사용하여 Frobenius 노옴과 관련하여 A에 대한 랭크 3의 가장 가까운 행렬인 행렬 C를 구성하라. $\|C\|_2$ 및 $\|C\|_F$를 계산하라. 이 값을 각각 $\|A\|_2$ 및 $\|A\|_F$에 대해 계산된 값과 어떻게 비교하는가?

$$p = \mathbf{norm}(\mathbf{s}(1:3))$$

와

$$q = \mathbf{norm}(\mathbf{s}(4:5))$$

를 입력하라. $\|C\|_F$ 및 $\|A - C\|_F$를 계산하고 결과를 각각 p 및 q와 비교하라.

15.
$$A = \mathbf{rand}(8, 4) * \mathbf{rand}(4, 6),$$
$$[U, D, V] = \mathbf{svd}(A)$$

을 입력하라.

(a) A의 랭크는 얼마인가? V의 열 벡터를 사용하여 열이 각각 $R(A^T)$ 및 $N(A)$에 대한 직교 기저를 형성하는 두 개의 행렬 $V1$ 및 $V2$를 생성하라.

$$P = V2 * V2',$$
$$\mathbf{r} = P * \mathbf{rand}(6, 1),$$
$$\mathbf{w} = A' * \mathbf{rand}(8, 1)$$

를 입력하라. **r**과 **w**가 정확한 산술로 계산되었다면 직교할 것이다. 이유를 설명하라. MATLAB을 사용하여 $\mathbf{r}^T\mathbf{w}$를 계산하라.

(b) U의 열 벡터를 사용하여 열 벡터가 각각 $R(A)$ 및 $N(A^T)$에 대한 직교 기저를 형성하는 두 행렬 $U1$ 및 $U2$를 생성하라.

$$Q = U2 * U2',$$
$$\mathbf{y} = Q * \mathbf{rand}(8, 1),$$
$$\mathbf{z} = A * \mathbf{rand}(6, 1)$$

을 입력하라. 모든 계산이 정확한 산술로 수행된다면 왜 **y**와 **z**가 직교하는지 이유를 설명하라. MATLAB을 사용하여 $\mathbf{y}^T \mathbf{z}$를 계산하라.

(c) $X = \mathbf{pinv}(A)$를 입력하라. MATLAB을 사용하여 4가지 Penrose 조건을 확인하라.

(i) $AXA = A$ **(ii)** $XAX = X$
(iii) $(AX)^T = AX$ **(iv)** $(XA)^T = XA$

(d) AX와 $U1(U1)^T$를 계산하고 비교하라. 모든 계산이 정확한 산술로 수행되었다면 두 행렬은 같을 것이다. 이유를 설명하라.

거쉬고린 서클

16. 각 $A \in \mathbb{R}^{n\times n}$을 사용하여 복잡한 평면에서 n개의 닫힌 원형 디스크를 연결할 수 있다. i번째 디스크는 a_{ii}의 중심에 있고 반지름

$$r_i = \sum_{\substack{j=1 \\ j\neq i}}^{n} |a_{ij}|$$

을 갖는다. A의 각 고윳값은 디스크 중 하나 이상에 포함된다(7.6절의 연습문제 7 참조).

(a)

$$A = \texttt{round}(10 * \texttt{rand}(5))$$

를 입력하라. A의 거쉬고린 디스크의 반지름을 계산하고 벡터 $\mathbf{r}$에 저장하라. 디스크를 표시하려면 원을 매개변수화해야 한다. 이것은

$$t = [0 : 0.1 : 6.3]'$$

을 입력하여 수행할 수 있다. 그런 다음 열에 원의 x 및 y 좌표가 포함된 두 개의 행렬 X 및 Y를 생성할 수 있다. 먼저 다음을 입력하여 X와 Y를 0으로 초기화한다.

$$X = \texttt{zeros}(\texttt{length}(t), 5); \qquad Y = X;$$

행렬은 다음 명령으로 생성할 수 있다.

```
for i = 1 : 5
    X(:, i) = r(i) * cos(t) + real(A(i, i));
    Y(:, i) = r(i) * sin(t) + imag(A(i, i));
end
```

$\mathbf{e} = \texttt{eig}(A)$를 입력하고 명령

$$\texttt{plot}(X, Y, \texttt{real}(\mathbf{e}), \texttt{imag}(\mathbf{e}), \text{'}x\text{'})$$

을 사용하여 고윳값과 디스크를 표시하라. 모든 것이 올바르게 수행되면 A의 모든 고윳값은 원형 디스크의 결합 내에 있어야 한다.

(b) 거쉬고린 디스크의 k가 다른 디스크와 격리된 복소 평면에서 연결된 영역을 형성하면 행렬의 고윳값 중 정확히 k가 해당 영역에 있게 된다.

$$B = [3 \quad 0.1 \quad 2; \quad 0.1 \quad 7 \quad 2; \quad 2 \quad 2 \quad 50];$$

를 입력하라.

(i) 파트 (a)에서 설명한 방법을 사용하여 B의 거쉬고린 디스크를 계산하고 표시하라.

(ii) B는 대칭이므로 고윳값은 모두 실수이고 모두 실수 축에 있어야 한다. 고윳값 계산 없이, 구간에서 B가 정확히 하나의 고윳값을 가져야 하는 이유를 설명하라[46, 54]. B의 처음 두 행에 0.1을 곱한 다음 처음 두 열에 10을 곱하라. MATLAB에서 다음을 입력하여 수행할 수 있다.

$$D = \texttt{diag}([0.1, 0.1, 1])$$

그리고

$$C = D * B/D$$

새로운 행렬 C는 B와 동일한 고윳값을 가져야 한다. 그 이유를 설명하라. C를 사용하여 다른 두 고윳값을 포함하는 구간을 찾는다. C에 대한 거쉬고린 디스크를 계산하고 표시하라.

(iii) C^T의 고윳값은 B와 C의 고윳값과 어떤 관련이 있는가? C^T에 대한 거쉬고린 디스크를 계산하고 표시하라. C^T의 행 중 하나를 사용하여 C^T의 가장 큰 고윳값을 포함하는 구간을 찾아라.

조건수의 분포와 랜덤 행렬의 고윳값

17. 다음으로 랜덤 10×10 대칭 행렬을 생성하자.

$$A = \texttt{rand}(10);\ A = (A + A')/2$$

A는 대칭이므로 고윳값은 모두 실수이다. 양의 고윳값의 수는 다음과 같이 계산할 수 있다.

$$y = \texttt{sum}(\texttt{eig}(A) > 0)$$

(a) $j = 1, 2, \ldots, 100$에 대해 랜덤 10×10 대칭 행렬을 생성하고 양의 고윳값 수를 결정한다. j번째 행렬의 양의 고윳값 수를 $y(j)$로 나타낸다. $\mathbf{x} = 0 : 10$이라고 하고 $\mathbf{n} = \texttt{hist}(\mathbf{y}, \mathbf{x})$로 설정하여 $\mathbf{y}$ 데이터의 분포를 결정한다. MATLAB 명령어 $\texttt{mean}(\mathbf{y})$을 사용하여 $y(j)$ 값의 평균을 결정한다. MATLAB 명령어 $\texttt{hist}(\mathbf{y}, \mathbf{x})$을 사용하여 히스토그램 그림을 생

성한다.

(b) 다음과 같은 설정을 통해 입력이 $[-1, 1]$ 간격에 있는 랜덤 10×10 대칭 행렬을 생성할 수 있다.

$$A = 2 * \texttt{rand}(10) - 1; \qquad A = (A + A')/2$$

이러한 방식으로 생성된 임의의 행렬을 사용하여 (a) 부분을 반복한다. $\mathbf{y}$ 데이터의 분포는 (a) 부분에서 얻은 분포와 비교하라.

18. 비대칭 행렬 A는 복소 고윳값을 가질 수 있다. 다음과 같은 MATLAB 명령어를 사용하여 실수와 양수인 A의 고윳값 수를 결정할 수 있다.

$$\mathbf{e} = \texttt{eig}(A)$$
$$y = \texttt{sum}(\mathbf{e} > 0 \ \& \ \texttt{imag}(\mathbf{e}) == 0)$$

100개의 랜덤 10×10 비대칭 행렬을 생성하라. 각 행렬에 대해 양의 실수 고윳값 수를 결정하고 그 수를 벡터 z의 원소로 저장한다. $z(j)$ 값의 평균을 결정하고 이를 연습문제 17번의 (a) 부분에서 계산된 평균과 비교하라. 분포를 결정하고 히스토그램을 그려라.

19. (a) 100개의 랜덤 5×5 행렬을 생성하고 각 행렬의 조건수를 계산하라. 조건수의 평균을 결정하고 분포의 히스토그램을 그려라.

(b) 10×10 행렬을 사용하여 (a) 부분을 반복하라. 결과를 (a) 부분에서 얻은 결과와 비교하라.

CHAPTER TEST A 참 또는 거짓

다음 각 문장에서 그 문장이 항상 참이면 참, 그렇지 않으면 거짓으로 답하라. 참일 경우 답을 설명하거나 증명하라. 거짓일 경우 항상 참이 아님을 보여주는 예를 제시하라.

1. b, c 및 c가 부동소수점 숫자인 경우

$$fl(fl(a+b)+c) = fl(a+fl(b+c))$$

이다.

2. $A(BC)$ 연산은 $(AB)C$ 연산과 동일한 수의 부동소수점 연산이 필요하다.

3. A가 불특이 행렬이고 수치적으로 안정적인 알고리즘을 사용하여 구한 시스템 $A\mathbf{x} = \mathbf{b}$의 해의 상대 오차는 항상 작다.

4. A가 대칭 행렬이고 수치적으로 안정적인 알고리즘을 사용하여 구한 A의 고윳값의 상대 오차는 항상 작아야 한다.

5. A가 비대칭 행렬이고 수치적으로 안정적인 알고리즘을 사용하여 구한 A의 고윳값의 상대 오차는 항상 작아야 한다.

6. A^{-1}과 $n \times n$ 행렬 A의 LU 분해가 이미 모두 계산된 경우 $A^{-1}\mathbf{b}$를 곱하는 것보다 $LU\mathbf{x} = \mathbf{b}$를 순방향과 역방향 대입으로 시스템 $A\mathbf{x} = \mathbf{b}$를 푸는 것이 더 효율적이다.

7. A가 $n \times n$ 행렬이면 $\|A\|_1 = \|A\|_\infty$이다.

8. A가 $m \times n$ 행렬이고 $\text{rank}(A) \leq 1$이면 $\|A\|_2 = \|A\|_F$이다.

9. 최소제곱 문제에서 계수 행렬 A의 차원이 $m \times n$이고 rank가 n이면 7.7절에서 논의된 정규 방정식, 그람-슈미트 및 하우스홀드 QR 분해, 특이값 분해, 모두 매우 정확한 답을 계산한다.

10. 두 개의 $m \times n$ 행렬 A와 B는 어떤 작은 양수 e에 대해 $\|A - B\|_2 < e$라는 점에서 비슷하다면, 두 행렬의 의사 역행렬도 가깝다. 즉, 일부 작은 양수 δ에 대해 $\|A^+ - B^+\|_2 < \delta$이다.

CHAPTER TEST B

1. A와 B는 $n \times n$ 행렬이고 $\mathbf{x}$는 $\mathbb{R}^n$의 벡터라고 하자. $(AB)\mathbf{x}$를 계산하는 데 필요한 스칼라 덧셈과 곱셈은 몇 개이고 $A(B\mathbf{x})$를 계산하는 데 필요한 스칼라 덧셈과 곱셈은 몇 개인가? 어떤 계산이 더 효율적인가?

2.

$$A = \begin{pmatrix} 3 & 5 & 7 \\ 1 & 1 & 2 \\ 9 & 6 & 3 \end{pmatrix} \quad \mathbf{b} = \begin{pmatrix} 3 \\ 5 \\ 9 \end{pmatrix} \quad \mathbf{c} = \begin{pmatrix} 5 \\ 2 \\ 6 \end{pmatrix}$$

이라고 하자.

(a) 부분 피보팅과 가우스 소거법을 사용하여 $A\mathbf{x} = \mathbf{b}$를 구하라.

(b) (a) 부분 피보팅 전략에 해당하는 순열 행렬 P를 구하고 PA의 LU 분해를 하라.

(c) P, L, U를 사용하여 시스템 $A\mathbf{x} = \mathbf{c}$를 구하라.

3. Q가 9×9 직교 행렬이면, $\|Q\|_2 = 1$ 그리고 $\|Q\|_F = 3$이다.

4.

$$H = \begin{bmatrix} 1 & \frac{1}{2} & \frac{1}{3} & \frac{1}{4} \\ \frac{1}{2} & \frac{1}{3} & \frac{1}{4} & \frac{1}{5} \\ \frac{1}{3} & \frac{1}{4} & \frac{1}{5} & \frac{1}{6} \\ \frac{1}{4} & \frac{1}{5} & \frac{1}{6} & \frac{1}{7} \end{bmatrix},$$

$$H^{-1} = \begin{bmatrix} 16 & -120 & 240 & -140 \\ -120 & 1200 & -2700 & 1680 \\ 240 & -2700 & 6480 & -4200 \\ -140 & 1680 & -4200 & 2800 \end{bmatrix}$$

$\mathbf{b} = (10, -10, 20, 10)^T$이라고 하자.

(a) $\|H\|_1$과 $\|H-1\|_1$를 구하라.

(b) MATLAB을 사용하여 시스템 $H\mathbf{x} = \mathbf{b}$를 풀고 계산된 답 $\mathbf{x}'$를 사용하여 잉여 벡터 $\mathbf{r} = \mathbf{b} - H\mathbf{x}'$를 계산하면 $\|r\|_1 = 0.36 \times 10^{-11}$이 된다. 이 정보를 사용하여 다음 상대 오차의 한계를 구하라.

$$\frac{\|\mathbf{x} - \mathbf{x}'\|_1}{\|\mathbf{x}\|_1}$$

$\mathbf{x}$는 시스템의 정확한 해이다.

5. A를 $\text{cond}_\infty(A) = 5 \times 10^6$인 10×10 행렬이라고 하자. 시스템 $A\mathbf{x} = \mathbf{b}$의 해가 15자리 십진수이고 상대 잉여 $\|\mathbf{r}\|_\infty / \|\mathbf{b}\|_\infty$이 기계 엡실론의 약 2배라고 가정하자. 계산된 솔루션의 정확도는 몇 자릿수인가? 설명하라.

6. $\mathbf{x} = (1, 2, -2)^T$이라고 하자.

(a) $H\mathbf{x}$가 $(r, 0, 0)^T$ 형식의 벡터가 되도록 하우스홀드 행렬 H를 구하라.

(b) $G\mathbf{x}$가 $(1, s, 0)^T$ 형식의 벡터가 되도록 기븐스 변환 G를 구하라.

7. Q를 $n \times n$ 직교 행렬이라고 하고 R을 $n \times n$ 위쪽 삼각형 행렬이라고 하자. $A = QR$이고 $B = RQ$인 경우 A와 B의 고윳값과 고유벡터의 관계는 어떠한가? 설명하라.

8. A는

$$A = \begin{bmatrix} 4 & 2 \\ 5 & 1 \end{bmatrix}$$

이라고 하자. 승수 방법을 5회 반복하여 A의 최대 고윳값과 해당 고유벡터를 추정하라. 0이 아닌 벡터 $\mathbf{u}_0$으로 시작하라.

9.

$$A = \begin{bmatrix} 5 & 2 & 4 \\ 5 & 2 & 4 \\ 3 & 6 & 0 \\ 3 & 6 & 0 \end{bmatrix} \quad \text{그리고} \quad \mathbf{b} = \begin{bmatrix} 5 \\ 1 \\ -1 \\ 9 \end{bmatrix}$$

이라고 하자.

A의 특이값 분해는 다음과 같다.

$$\begin{bmatrix} \frac{1}{2} & \frac{1}{2} & \frac{1}{2} & \frac{1}{2} \\ \frac{1}{2} & \frac{1}{2} & -\frac{1}{2} & -\frac{1}{2} \\ \frac{1}{2} & -\frac{1}{2} & -\frac{1}{2} & \frac{1}{2} \\ \frac{1}{2} & -\frac{1}{2} & \frac{1}{2} & -\frac{1}{2} \end{bmatrix} \begin{bmatrix} 12 & 0 & 0 \\ 0 & 6 & 0 \\ 0 & 0 & 0 \\ 0 & 0 & 0 \end{bmatrix} \begin{bmatrix} \frac{2}{3} & \frac{2}{3} & \frac{1}{3} \\ \frac{1}{3} & -\frac{2}{3} & \frac{2}{3} \\ -\frac{2}{3} & -\frac{1}{3} & \frac{2}{3} \end{bmatrix}$$

특이값 분해를 사용하여 가장 작은 2-노옴을 갖는 시스템 $A\mathbf{x} = \mathbf{b}$의 최소제곱 해를 구하라.

10.

$$A = \begin{bmatrix} 1 & 5 \\ 1 & 5 \\ 1 & 6 \\ 1 & 2 \end{bmatrix}, \quad \mathbf{b} = \begin{bmatrix} 2 \\ 4 \\ 5 \\ 3 \end{bmatrix}$$

이라고 하자.

(a) 하우스홀드 행렬을 사용하여 A를 4×2 위쪽 삼각형 행렬 R로 변환하라.

(b) $\mathbf{b}$에 동일한 하우스홀드 변환을 적용하여 시스템 $A\mathbf{x} = \mathbf{b}$의 최소제곱 해를 구하라.

CHAPTER

8

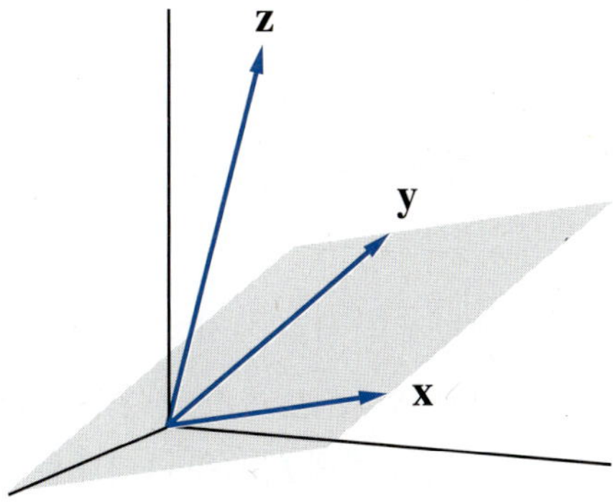

표준형

8.1 영인 연산자

n차원 복소수 벡터공간을 자체로 매핑하는 선형 변환 L이 n개의 선형 독립 고유벡터를 가진다면 고유벡터의 기저에 대해 L을 나타내는 행렬은 대각 행렬이 된다. 이 장에서는 L이 V를 생성할 만큼의 선형 독립 고유벡터가 충분하지 않은 경우에 주의를 기울인다. 이 경우 V의 정렬된 기저를 선택하고 L은 거의 대각선 행렬에 가까운 행렬이 된다. 문제를 단순화하기 위해 이 첫 번째 절에서는 다중도 n의 단일 고윳값 λ를 갖는 연산자만 고려한다. 그러한 연산자는 대각 요소가 모두 λ와 같고 초대각(superdiagonal) 요소가 모두 0과 1인 이중 대각화(bidiagonal) 행렬로 나타낼 수 있음을 보여준다. 이를 위해서는 몇 가지 사전 정의와 정리가 필요하다.

5.2절에서 벡터공간 V는 각 $\mathbf{v} \in V$가 $\mathbf{x}_1 \in S_1$ 및 $\mathbf{x}_2 \in S_2$인 $\mathbf{x}_1 + \mathbf{x}_2$ 형식으로 고유하게 표현될 수 있는 경우에만 부분공간 S_1과 S_2의 직접합이라는 점을 상기하자. 이 직접합은 $S_1 \oplus S_2$로 표시한다.

보조정리 8.1.1 $B_1 = \{\mathbf{x}_1, ..., \mathbf{x}_r\}$ 및 $B_2 = \{\mathbf{y}_1, ..., \mathbf{y}_k\}$를 각각 벡터공간 V의 부분공간 S_1 및 S_2에 대한 기저인 서로소 집합(disjoint set)이라고 가정하자. 그러면 $B = B_1 \cup B_2$가 V의 기저인 경우와 $V = S_1 \oplus S_2$는 동치이다.

증명 연습 ■

정의 L을 벡터공간 V를 자신에 매핑하는 선형 연산자라고 하자. V의 부분공간 S는 각 $\mathbf{x} \in S$에 대해 $L(\mathbf{x}) \in S$인 경우 L 아래에서 **불변**이라고 한다.

예를 들어, L이 고윳값 λ를 갖고 S_λ가 λ에 해당하는 고유 공간이면 S_λ는 L에서 불변이다. 이는 각 $\mathbf{x} \in S_\lambda$에 대해 $L(\mathbf{x}) = \lambda\mathbf{x} \in S_\lambda$이기 때문이다.

S가 L의 불변 부분공간인 경우 S의 제약사항은 $L_{[S]}$는 S를 자신에 매핑하는 선형 연산자라는 것이다.

보조정리 8.1.2 L을 벡터공간 V를 자신에 매핑하는 선형 연산자라고 하고 S_1과 S_2를 $S_1 \cap S_2 = \{\mathbf{0}\}$을 갖는 L의 불변 부분공간이라고 하자. $S = S_1 \oplus S_2$인 경우 S는 L하에서 불변이다. 또한, $A = (a_{ij})$가 S_1의 정렬된 기저 $[\mathbf{x}_1, \ldots, \mathbf{x}_r]$에 대해 $L_{[S_1]}$을 나타내는 행렬이고 $B = (b_{ij})$가 S_2의 정렬된 기저 $[\mathbf{y}_1, \ldots, \mathbf{y}_k]$에 대한 $L_{[S_2]}$를 나타내는 행렬인 경우, $[\mathbf{x}_1, \ldots, \mathbf{x}_r, \mathbf{y}_1, \ldots, \mathbf{y}_k]$에 대한 $L_{[S]}$를 나타내는 행렬 C는 다음과 같이 주어진다.

$$
\begin{aligned}
C &= \begin{pmatrix} A & O \\ O & B \end{pmatrix} \\
&= \begin{pmatrix}
a_{11} & \cdots & a_{1r} & 0 & & 0 \\
\vdots & & & & & \\
a_{r1} & \cdots & a_{rr} & 0 & & 0 \\
0 & & 0 & b_{11} & \cdots & b_{1k} \\
\vdots & & & & & \\
0 & & 0 & b_{k1} & & b_{kk}
\end{pmatrix}
\end{aligned} \tag{1}
$$

증명 먼저 $S_1 \cap S_2 = \{\mathbf{0}\}$이므로 $\mathbf{x}_1, \ldots, \mathbf{x}_r, \mathbf{y}_1, \ldots, \mathbf{y}_k$는 선형 독립이고 V의 부분공간 S에 대한 기저를 형성한다. 보조정리 8.1.1에 의해 $S = S_1 \oplus S_2$이므로 S_1과 S_2의 직접합을 말하는 것이 합리적이다. $\mathbf{s} \in S$이면 $\mathbf{s} = \mathbf{x} + \mathbf{y}$가 되는 $\mathbf{x} \in S_1$과 $\mathbf{y} \in S_2$가 존재한다. $L(\mathbf{x}) \in S_1$ 및 $L(\mathbf{y}) \in S_2$이므로

$$L(\mathbf{s}) = L(\mathbf{x}) + L(\mathbf{y})$$

는 $S_1 \oplus S_2 = S$의 요소이다. 따라서 S는 L 아래에서 불변이다.

$i = 1, \ldots, r$에 대해 $\mathbf{s}_i^{(1)} = L(\mathbf{x}_i)$, $j = 1, \ldots, k$에 대해 $\mathbf{s}_i^{(2)} = L(\mathbf{y}_j)$라고 하자. 각 $\mathbf{s}_i^{(1)}$은 S_1에 있고 각 $\mathbf{s}_i^{(2)}$가 S_2에 있으면 다음을 따른다.

$$
\begin{aligned}
L_{[S]}(\mathbf{x}_i) &= \mathbf{s}_i^{(1)} + \mathbf{0} \\
&= a_{1i}\mathbf{x}_1 + a_{2i}\mathbf{x}_2 + \cdots + a_{ri}\mathbf{x}_r + 0\mathbf{y}_1 + \cdots + 0\mathbf{y}_k
\end{aligned}
$$

따라서 $L_{[S]}$를 나타내는 행렬 C의 i번째 열은

$$\mathbf{c}_i = (a_{1i}, a_{2i}, \ldots, a_{ri}, 0, \ldots, 0)^T$$

마찬가지로,

$$
\begin{aligned}
L_{[S]}(\mathbf{y}_j) &= 0 + \mathbf{s}_j^{(2)} \\
&= 0\mathbf{x}_1 + \cdots + 0\mathbf{x}_r + b_{1j}\mathbf{y} + \cdots + b_{kj}\mathbf{y}_k
\end{aligned}
$$

따라서 $\mathbf{c}_{j+r}$은 다음과 같이 주어진다.

$$\mathbf{c}_{j+r} = (0, \ldots, 0, b_{1j}, \ldots, b_{kj})^T$$

따라서 $[\mathbf{x}_1, ..., \mathbf{x}_r, \mathbf{y}_1, ..., \mathbf{y}_k]$에 대한 $L_{[S]}$를 나타내는 행렬 C는 식 (1) 형태가 된다. ■

두 행렬 이상의 직접합을 갖는 게 가능하다. 일반적으로 $S_1, S_2, ..., S_r$이 벡터공간 V의 부분공간이면 $V = S_1 \oplus \cdots \oplus S_r$라는 표현은 각 $\mathbf{v} \in V$가 합 $\mathbf{s}_1 + \cdots + \mathbf{s}_r$로 고유하게 표현될 수 있다는 사실과 동치이다. 여기서 $\mathbf{s}_i \in S_i$는 $i = 1, ..., r$이다.

수학적 귀납법을 사용하면 2개 이상의 부분공간의 직접합에 대한 보조정리로 일반화할 수 있다. 따라서 각 부분공간 S_i가 기저 B_i를 갖고 B_i가 모두 서로소 집합(disjoint set)이면 $B = B_1 \cup B_2 \cup \cdots \cup B_r$이 V에 대한 기저인 경우에만 $V = S_1 \oplus \cdots \oplus S_r$이다. $S_1, ..., S_r$은 선형 변환 L에서 불변이고 $S = S_1 \oplus \cdots \oplus S_r$이면, S는 L 아래에서 불변이고 $L_{[S]}$는 블록 대각 행렬로 나타낼 수 있다.

$$A = \begin{pmatrix} A_1 & & & \\ & A_2 & & \\ & & \ddots & \\ & & & A_r \end{pmatrix} \tag{2}$$

L을 n차원 벡터공간 V를 자신에 매핑하는 선형 연산자라고 하자. V가 L의 불변 부분공간의 직접합으로 표현될 수 있다면, L을 형식 (2)의 블록 대각 행렬 A로 표현하는 것이 가능하다.

이러한 가장 단순한 표현은 L이 대각화 가능한 경우에만 존재한다. 이것은 고유 공간의 차원이 고윳값의 다중도와 같을 때 발생한다. 이 경우 각 대각 블록 A_i가 대각 행렬이므로 행렬 A도 대각 행렬이 되도록 A를 선택할 수 있다.

그러나 고윳값의 차원이 고윳값의 다중도보다 작은 고윳값이 있는 경우 부분공간 $S_{\lambda_1} \oplus \cdots \oplus S_{\lambda_r}$은 n보다 작은 차원을 가지므로 V의 고유 부분공간이 된다. 이 경우, 부족한 S_{λ_i}를 어떻게든 늘리고 $S_1 \oplus \cdots \oplus S_r$ 형식의 V 직접합으로 표현하는 것이다. 여기서 각 S_i는 L 아래에서 불변한다. 또한, L의 해당 블록을 가능한 한 대각 형태로 표현하고자 한다. 실제로, 각 $L_{[S_i]}$가 특정 형태의 이중대각화 행렬로 표현될 수 있도록 불변 부분공간 S_i를 찾는 것이 가능하다는 것을 보여줄 것이다.

간단한 예로써, L을 나타내는 행렬 A가 삼중 고윳값 λ를 갖는 3×3 행렬이고 고유 공간 S_λ의 차원이 1인 경우를 고려하자. 이 경우 L이 3×3 행렬은

$$J = \begin{pmatrix} \lambda & 1 & 0 \\ 0 & \lambda & 1 \\ 0 & 0 & \lambda \end{pmatrix}$$

그러한 표현이 가능하다면 A는 J와 닮음관계여야 한다. 즉, 일부 비특이(nonsingular) 행렬

X에 대한 $AX = XJ$이다. $\mathbf{x}_1, \mathbf{x}_2, \mathbf{x}_3$이 X의 열 벡터를 나타내도록 하면 다음과 같다.

$$A(\mathbf{x}_1, \mathbf{x}_2, \mathbf{x}_3) = (\mathbf{x}_1, \mathbf{x}_2, \mathbf{x}_3)J$$

따라서

$$\begin{aligned} A\mathbf{x}_1 &= \lambda\mathbf{x}_1 \\ A\mathbf{x}_2 &= \mathbf{x}_1 + \lambda\mathbf{x}_2 \\ A\mathbf{x}_3 &= \mathbf{x}_2 + \lambda\mathbf{x}_3 \end{aligned}$$

또는,

$$\begin{aligned} (A - \lambda I)\mathbf{x}_1 &= \mathbf{0} \\ (A - \lambda I)\mathbf{x}_2 &= \mathbf{x}_1 \\ (A - \lambda I)\mathbf{x}_3 &= \mathbf{x}_2 \end{aligned}$$

이러한 방정식은 다음을 의미한다.

$$(A - \lambda I)^3\mathbf{x}_3 = (A - \lambda I)^2\mathbf{x}_2 = (A - \lambda I)\mathbf{x}_1 = \mathbf{0} \tag{3}$$

따라서, 다음과 같은 벡터 $\mathbf{x}$를 찾는다면

$$(A - \lambda I)^3\mathbf{x} = \mathbf{0} \quad \text{그리고} \quad (A - \lambda I)^2\mathbf{x} \neq \mathbf{0} \tag{4}$$

$$\mathbf{x}_3 = \mathbf{x}, \qquad \mathbf{x}_2 = (A - \lambda I)\mathbf{x} \quad \text{그리고} \quad \mathbf{x}_1 = (A - \lambda I)^2\mathbf{x} \tag{5}$$

(4)에 주어진 방정식은 실제로 우리 문제의 핵심을 제공한다. (4)를 만족하는 벡터 $\mathbf{x}$를 찾을 수 있다면, (5)에 정의된 벡터 $\mathbf{x}_1, \mathbf{x}_2, \mathbf{x}_3$이 선형 독립이므로 $X = (\mathbf{x}_1, \mathbf{x}_2, \mathbf{x}_3)$는 가역적이다. 식 (3)은 다음을 의미한다. 모든 $\mathbf{x} \in R(X)$에 대해서

$$(A - \lambda I)^3\mathbf{x} = \mathbf{0}$$

이때

$$(A - \lambda I)^2\mathbf{x}_1 \neq \mathbf{0}$$

이러한 유형의 조건은 우리가 전개하려는 이론에서 중요한 역할을 한다. 다음 정의에서 일반 선형 연산자 L에 대해 이 조건을 명시한다.

정의 L을 벡터공간 V를 자신에 매핑하는 선형 연산자라고 하자. 모든 $\mathbf{v} \in V$에 대해 $L^k(\mathbf{v}) = \mathbf{0}$이고 일부 $\mathbf{v}_0 \in V$에 대해 $L^{k-1}(\mathbf{v}_0) \neq \mathbf{0}$이면 L을 인덱스 k의 영인(nilpotent) 연산자라고 한다.

보조정리 8.1.3 L을 벡터공간 V를 자신에 매핑하는 선형 연산자라고 하고 $\mathbf{v} \in V$라고 하자. 만약 $L^k(\mathbf{v})$ 일부 정수 $k \geq 1$에 대해 0 및 $L^{k-1}(\mathbf{v}) \neq \mathbf{0}$이면 벡터 $\mathbf{v}, L(\mathbf{v}), L^2(\mathbf{v}), \ldots, L^{k-1}(\mathbf{v})$는 선형 독립이다.

증명 증명은 귀납법으로 진행한다.

$$\mathbf{v} = L^0(\mathbf{v}) \neq \mathbf{0} \text{ 및 } L(\mathbf{v}) = \mathbf{0}$$

이므로 $k = 1$인 경우 결과는 명확하게 성립된다. 따라서 0이 아닌 벡터 $\mathbf{v}$만 증명하면 된다 (여기서 L^0은 항등 연산자로 간주된다). 이제 결과가 모든 $j < k$에 대해 유지되는 k 값이 있고 다음을 만족하는 벡터 $\mathbf{v}$가 있다고 가정하자.

$$L^{k-1}(\mathbf{v}) \neq \mathbf{0} \text{ 와 } \quad L^k(\mathbf{v}) = \mathbf{0}$$

선형 독립성을 나타내기 위해 다음 방정식을 고려하자.

$$\alpha_1\mathbf{v} + \alpha_2 L(\mathbf{v}) + \cdots + \alpha_k L^{k-1}(\mathbf{v}) = \mathbf{0} \tag{6}$$

$\mathbf{w} = L(\mathbf{v})$라고 하고 (6)의 양변에 L을 적용하면 다음과 같다.

$$\alpha_1 L(\mathbf{v}) + \alpha_2 L^2(\mathbf{v}) + \cdots + \alpha_{k-1} L^{k-1}(\mathbf{v}) = \mathbf{0}$$

또는

$$\alpha_1\mathbf{w} + \alpha_2 L(\mathbf{w}) + \cdots + \alpha_{k-1} L^{k-2}(\mathbf{w}) = \mathbf{0}$$

$$L^{k-2}(\mathbf{w}) = L^{k-1}(\mathbf{v}) \neq \mathbf{0} \text{ 과 } \quad L^{k-1}(\mathbf{w}) = L^k(\mathbf{v}) = \mathbf{0}$$

이므로 귀납 가설로부터

$$\mathbf{w}, L(\mathbf{w}), \ ..., L^{k-2}(\mathbf{w})$$

는 서로 선형독립이고

$$\alpha_1 = \alpha_2 = \cdots = \alpha^{k-1} = 0$$

이다. 따라서 (6)은 다음과 같이 귀결된다.

$$\alpha_k L^{k-1}(\mathbf{v}) = \mathbf{0}$$

α_k도 0이어야 하므로 $\mathbf{v}, L(\mathbf{v}), ..., L^{k-1}(\mathbf{v})$는 선형 독립이다. ■

일부 $\mathbf{v} \in V$에 대해 $L^{k-1}(\mathbf{v}) \neq \mathbf{0}$ 및 $L^k(\mathbf{v}) = \mathbf{0}$이면 벡터 $\mathbf{v}, L(\mathbf{v}), ..., L^{k-1}(\mathbf{v})$는 부분공간 $C_L(\mathbf{v})$의 기저를 형성한다. 부분공간 $C_L(\mathbf{v})$은 L 아래에서 불변이다.

$$\mathbf{w} = \alpha_1\mathbf{v} + \alpha_2 L(\mathbf{v}) + \cdots + \alpha_k L^{k-1}(\mathbf{v})$$

부분공간 $C_L(\mathbf{v})$ 안에서 $\mathbf{w} = \alpha_1 \mathrm{v} + \alpha_2 L(\mathbf{v}) + \cdots + \alpha_k L^{k-1}(\mathbf{v})$이므로

$$L(\mathbf{w}) = \alpha_1 L(\mathbf{v}) + \ \alpha_2 L^2(\mathbf{v}) + \cdots + \alpha_{k-1} L^{k-1}(\mathbf{v})$$

이 된다. 따라서 $L(\mathbf{w})$도 $C_L(\mathbf{v})$ 안에 존재한다. $C_L(\mathbf{v})$를 $\mathbf{v}$에 의해 만들어진 **L-순환 부분공간**(L-cyclic subspace)이라고 한다. 특히, L이 인덱스 k의 영인 연산자이면, 각 0이 아닌 벡터

$\mathbf{v}_0 \in V$에 대해 $L^{k_0-1}(\mathbf{v}_0) \neq \mathbf{0}$ 및 $L^{k_0}(\mathbf{v}) = \mathbf{0}$를 만족하는 정수 k_0, $1 \le k_0 \le k$가 존재한다. 따라서 L이 V에서 영인 영산자이면 L 순환 부분공간 $C_L(\mathbf{v})$을 V의 각 0이 아닌 벡터 $\mathbf{v}$와 연관시킬 수 있다. L-순환 부분공간은 L에서 불변임을 쉽게 알 수 있다.

$C_L(\mathbf{v})$를 기저 $\{\mathbf{v}, L(\mathbf{v}), ..., L^{k-1}(\mathbf{v})\}$를 갖는 V의 L 순환 부분공간이라고 하자.

$$i = 1, \; ..., k\text{에 대해 } \mathbf{y}_i = L^{k-i}(\mathbf{v})\text{라고 하자}(L^0 = I\text{이라 두자}).$$

그러면

$$[\mathbf{y}_1, \mathbf{y}_2, ..., \mathbf{y}_k] = [L^{k-1}(\mathbf{v}), L^{k-2}(\mathbf{v}), ..., \mathbf{v}]$$

은 $C_L(\mathbf{v})$의 정렬된 기저가 된다.

$$\begin{aligned} L(\mathbf{y}_1) &= 0 \\ L(\mathbf{y}_j) &= \mathbf{y}_{j-1} \qquad \text{for} \qquad j = 2, \ldots, k \end{aligned}$$

이므로, $[\mathbf{y}_1, ..., \mathbf{y}_k]$에 대해 $L_{[C_L(\mathbf{v})]}$을 나타내는 행렬은 다음과 같다.

$$A = \begin{pmatrix} 0 & 1 & 0 & \cdots & 0 & 0 \\ 0 & 0 & 1 & \cdots & 0 & 0 \\ 0 & 0 & 0 & \cdots & 0 & 0 \\ & & & & & \\ 0 & 0 & 0 & \cdots & 0 & 1 \\ 0 & 0 & 0 & \cdots & 0 & 0 \end{pmatrix}$$

따라서 $L_{[C_L(\mathbf{v})]}$는 주대각선을 따라 0이고 초대각선(superdiagonal)을 따라 1인 이중대각화 행렬로 나타낼 수 있다.

보조정리 8.1.4 L을 벡터공간 V를 자신에 매핑하는 선형 연산자라고 하자. L이 V에서 인덱스 k의 영인 연산자이고 $L^{k-1}(\mathbf{v}_1), L^{k-1}(\mathbf{v}_2), ..., L^{k-1}(\mathbf{v}_r)$이 선형 독립이면 kr 벡터는

$$\begin{aligned} &\mathbf{v}_1, L(\mathbf{v}_1), \ldots, L^{k-1}(\mathbf{v}_1) \\ &\mathbf{v}_2, L(\mathbf{v}_2), \ldots, L^{k-1}(\mathbf{v}_2) \\ &\quad \vdots \\ &\mathbf{v}_r, L(\mathbf{v}_r), \ldots, L^{k-1}(\mathbf{v}_r) \end{aligned}$$

선형 독립이다.

증명 증명은 k에 대한 귀납법을 따른다. $k = 1$이면 증명할 게 없다. 결과가 k보다 작은 모든 인덱스에 대해 성립되고 L이 인덱스 k의 영인 연산자라고 가정하자.

$$\begin{aligned} &\alpha_{11}\mathbf{v}_1 + \alpha_{12}L(\mathbf{v}_1) + \cdots + \alpha_{1k}L^{k-1}(\mathbf{v}_1) \\ &+ \alpha_{21}\mathbf{v}_2 + \alpha_{22}L(\mathbf{v}_2) + \cdots + \alpha_{2k}L^{k-1}(\mathbf{v}_2) \\ &\vdots \\ &+ \alpha_{r1}\mathbf{v}_r + \alpha_{r2}L(\mathbf{v}_r) + \cdots + \alpha_{rk}L^{k-1}(v_r) \\ &= \mathbf{0} \end{aligned} \tag{7}$$

만일 (7)이 성립하면 (7)의 양변에 L을 적용하면 (8)과 같다.

$$\begin{aligned}
&\alpha_{11}\mathbf{y}_1 + \alpha_{12}L(\mathbf{y}_1) + \cdots + \alpha_{1,k-1}L^{k-2}(\mathbf{y}_1)\\
&+ \alpha_{21}\mathbf{y}_2 + \alpha_{22}L(\mathbf{y}_2) + \cdots + \alpha_{2,k-1}L^{k-2}(\mathbf{y}_2)\\
&\vdots\\
&+ \alpha_{r1}\mathbf{y}_r + \alpha_{r2}L(\mathbf{y}_r) + \cdots + \alpha_{r,k-1}L^{k-2}(\mathbf{y}_r)\\
&= \mathbf{0}
\end{aligned} \tag{8}$$

여기서 $i = 1, \ldots, r$에 대한 $\mathbf{y}_i = L(\mathbf{v}_i)$이다. 각 i에 대해 $L^{k-2}(\mathbf{y}_i) = L^{k-1}(\mathbf{v}_i)$이므로 $L^{k-2}(\mathbf{y}_1), \ldots, L^{k-2}(\mathbf{y}_n)$은 선형 독립이다. S를 다음에 의해 생성되는 V의 부분공간이라고 하자.

$$\mathbf{y}_1, L(\mathbf{y}_1), \ldots, L^{k-2}(\mathbf{y}_1), \ldots, \mathbf{y}_r, L(\mathbf{y}_r), \ldots, L^{k-2}(\mathbf{y}_r)$$

L이 인덱스 $k-1$인 영인 연산자이므로 귀납 가설에 의해

$$\begin{aligned}
&\mathbf{y}_1, L(\mathbf{y}_1), \ldots, L^{k-2}(\mathbf{y}_1)\\
&\mathbf{y}_2, L(\mathbf{y}_2), \ldots, L^{k-2}(\mathbf{y}_2)\\
&\vdots\\
&\mathbf{y}_r, L(\mathbf{y}_r), \ldots, L^{k-2}(\mathbf{y}_r)
\end{aligned}$$

는 선형 독립니다. 따라서,

$$\alpha_{ij} = 0 \text{ for } 1 \le i \le r,\ 1 \le j \le k-1$$

이고, (8)과 같다.

$$\alpha_{1k}L^{k-1}(\mathbf{v}_1) + \alpha_{2k}L^{k-1}(\mathbf{v}_2) + \cdots + \alpha_{rk}L^{k-1}(\mathbf{v}_r) = 0$$

$L^{k-1}(\mathbf{v}_1), \ldots, L^{k-1}(\mathbf{v}_r)$이 선형 독립이므로 다음과 같다.

$$\alpha_{1k} = \alpha_{2k} = \cdots = \alpha_{rk} = 0$$

이므로

$$\begin{aligned}
&\mathbf{v}_1, L(\mathbf{v}_1), \ldots, L^{k-1}(\mathbf{v}_1)\\
&\mathbf{v}_2, L(\mathbf{v}_2), \ldots, L^{k-1}(\mathbf{v}_2)\\
&\vdots\\
&\mathbf{v}_r, L(\mathbf{v}_r), \ldots, L^{k-1}(\mathbf{v}_r)
\end{aligned}$$

은 선형 독립이다. ■

정리 8.1.5 L을 n차원 벡터공간 V를 자신에 매핑하는 선형 연산자라고 하자. L이 V에 대한 인덱스 k의 영인 연산자이면 V는 L 순환 부분공간의 직접합으로 분해될 수 있다.

증명 증명은 k에 대한 귀납법으로 진행한다. k가 1이면 L은 V에 대한 제로 연산자이다. 따라서 $\{\mathbf{v}_1, \ldots, \mathbf{v}_n\}$이 V의 기저이면 $C_L(\mathbf{v}_i)$는 각 i에 대해 $\mathbf{v}_i$로 생성되는 1차원 부분공간이므로

$$V = C_L(\mathbf{v}_1) \oplus \cdots \oplus C_L(\mathbf{v}_n)$$

이제 결과가 k보다 작은 모든 인덱스에 대해 유지되고 L이 인덱스 k의 영인 연산자인 정수 $k>1$이 있다고 가정하자. $\{\mathbf{v}_1, ..., \mathbf{v}_m\}$을 $\ker(L^{k-1})$의 기저라고 하자. 이 기저는 V의 기저 $\{\mathbf{v}_1, ..., \mathbf{v}_m, \mathbf{y}_1, ..., \mathbf{y}_r\}$로 생성될 수 있다(여기서 $r=n-m$).

$\mathbf{y}_i \notin \ker(L^{k-1})$이므로 $L^{k-1}(\mathbf{y}_i) \neq 0$이 된다.

$$B_1 = \{\mathbf{y}_1, L(\mathbf{y}_1), \ldots, L^{k-1}(\mathbf{y}_1), \ldots, \mathbf{y}_r, L(\mathbf{y}_r), \ldots, L^{k-1}(\mathbf{y}_r)\}$$

이라고 하자. B_1이 V의 부분공간 S_1의 기저라 할 수 있다. 보조정리 8.1.4에 의해 $L^{k-1}(\mathbf{y}_1)$, $L^{k-1}(\mathbf{y}_2), ..., L^{k-1}(\mathbf{y}_r)$이 서로 선형 독립임을 보일 수 있다. 만일

$$\alpha_1 L^{k-1}(\mathbf{y}_1) + \alpha_2 L^{k-1}(\mathbf{y}_2) + \cdots + \alpha_r L^{k-1}(\mathbf{y}_r) = 0$$

이면

$$L^{k-1}(\alpha_1\mathbf{y}_1 + \cdots + \alpha_r\mathbf{y}_r) = 0$$

이 된다. 따라서 $\alpha_1\mathbf{y}_1 + \cdots + \alpha_r\mathbf{y}_r \in \ker(L^{k-1})$. 그러나 $\alpha_1 = \alpha_2 = \cdots = \alpha_r = 0$; 그렇지 않으면 $\mathbf{v}_1, ..., \mathbf{v}_m, \mathbf{y}_1, ..., \mathbf{y}_r$이 선형 종속이 된다. 따라서 $L^{k-1}(\mathbf{y}_1), ..., L^{k-1}(\mathbf{y}_r)$은 선형 독립이므로 B_1은 V의 부분공간 S_1에 대한 기저이다. 보조정리 8.1.1 로부터

$$S_1 = C_L(\mathbf{y}_1) \oplus \cdots \oplus C_L(\mathbf{y}_r)$$

$S_1 \neq V$인 경우 B_1을 V에 대한 기저 B로 확장하자. B_2를 추가 기저 요소 집합(즉, $B = B_1 \cup B_2$ 및 $B_1 \cap B_2 = \varnothing$)이라고 하자. B_2는 V의 부분공간 S_2에 대한 기저이며, 보조정리 8.1.1에 의해, $V = S_1 \oplus S_2$이다. 이때 S_2는 $\ker(L^{k-1})$의 부분공간이 된다. ($\mathbf{s} \in S_2$이면 $\mathbf{s} = \alpha_1\mathbf{v}_1 + \cdots + \alpha_m\mathbf{v}_m + 0\mathbf{y}_1 + \cdots + 0\mathbf{y}_r$ 형식이어야 한다.) 따라서 L은 S_2에서 인덱스 $k_1 < k$의 영인 연산자이다. 귀납 가설에 의해 S_2는 L-순환 부분공간의 직접합으로 쓸 수 있다. 그리고 $V = S_1 \oplus S_2$이므로 V는 L-순환 부분공간의 직접합이다. ■

따름정리 8.1.6 L이 n차원 벡터공간 V를 자신에 매핑하는 선형 연산자이고 L이 V에 대한 인덱스 k의 영인 연산자이면 L은 다음 행렬로 나타낼 수 있다.

$$A = \begin{bmatrix} J_1 & & & \\ & J_2 & & \\ & & \ddots & \\ & & & J_s \end{bmatrix}$$

여기서 각 J_i는 $k_i \times k_i$ 이중대각화 행렬($1 \le k_i \le k$ 및 $\sum_{i=1}^{s} k_i = n$)과 함께 주 대각선을 따라 0과 초대각선을 따라 1이다.

증명 정리 8.1.5에 따라

$$V = C_L(\mathbf{v}_1) \oplus \cdots \oplus C_L(\mathbf{v}_s)$$

로 나타낼 수 있다. 만일 $C_L(\mathbf{v}_1)$이 k_i 차원을 가지면, $[L^{k_i-1}(\mathbf{v}_i), ..., \mathbf{v}_i]$에 대한 $L_{[C_L(\mathbf{v}_i)]}$을 나타내는 행렬은

$$J_i = \begin{pmatrix} 0 & 1 & & & \\ & 0 & 1 & & \\ & & \ddots & \ddots & \\ & & & 0 & 1 \\ & & & & 0 \end{pmatrix}$$

따라서 보조정리 8.1.2와 같다. ■

따름정리 8.1.6에 따르면 L이 n차원 벡터공간 V에서 영인 연산자이면 모든 고윳값은 0이다. 반대로 L의 모든 고윳값이 0이면 정리 6.4.3에 따라 L은 대각 요소가 모두 0인 삼각행렬 T로 나타낼 수 있다. 따라서 일부 k의 경우 T^k는 0 행렬이 되므로 L^k는 0 연산자가 된다. 따라서 L이 n차원 벡터공간 V를 자체로 매핑하는 선형 연산자이면 L은 모든 고윳값이 0인 경우에만 영인 연산자이다.

따름정리 8.1.7 L을 n차원 벡터공간 V를 자신에 매핑하는 선형 연산자라고 하자. L에 고윳값 λ가 하나만 있는 경우 L은 다음 형식의 행렬 A로 나타낼 수 있다.

$$A = \begin{pmatrix} J_1(\lambda) & & & \\ & J_2(\lambda) & & \\ & & \ddots & \\ & & & J_s(\lambda) \end{pmatrix} \tag{9}$$

여기서 각 $J_i(\lambda)$는 다음의 이중대각화 행렬이다.

$$J_i(\lambda) = \begin{pmatrix} \lambda & 1 & & & \\ & \lambda & 1 & & \\ & & \ddots & \ddots & \\ & & & \lambda & 1 \\ & & & & \lambda \end{pmatrix} \tag{10}$$

증명 $\mathcal{I}$를 V의 항등 연산자라고 하자. 연산자 $L-\lambda\mathcal{I}$의 고윳값은 모두 0이므로 $L-\lambda\mathcal{I}$는 영인 연산자이다. 따름정리 8.1.6에서 V의 일부 정렬된 기저 $[\mathbf{v}_1, ..., \mathbf{v}_n]$와 관련하여 연산자 $L-\lambda\mathcal{I}$는 다음 형식의 행렬로 나타낼 수 있다.

$$J = \begin{pmatrix} J_1(0) & & & \\ & J_2(0) & & \\ & & \ddots & \\ & & & J_s(0) \end{pmatrix}, \text{ where } \quad J_i(0) = \begin{pmatrix} 0 & 1 & & & \\ & 0 & 1 & & \\ & & \ddots & \ddots & \\ & & & 0 & 1 \\ & & & & 0 \end{pmatrix}$$

$[\mathbf{v}_1, \ldots, \mathbf{v}_n]$에 대한 λI를 나타내는 행렬은 간단히 $\lambda\mathcal{I}$이다. $L=(L-\lambda\mathcal{I})+\lambda\mathcal{I}$, $[\mathbf{v}_1, \ldots, \mathbf{v}_n]$에 대한 L을 나타내는 행렬은 다음과 같다.

$$J+\lambda I=\begin{bmatrix} J_1(\lambda) & & & \\ & J_2(\lambda) & & \\ & & \ddots & \\ & & & J_s(\lambda) \end{bmatrix}$$ ■

형식 (10)의 행렬은 **단순 조르단 행렬(simple Jordan matrix)**이라고 한다. 따라서 단순 조르단 행렬은 대각선 요소가 모두 동일한 값 λ를 갖고 초대각선 요소가 모두 1인 이중대각화 행렬이다.

예제 1

$$A=\begin{bmatrix} 1 & 2 & 1 & 1 & 1 \\ 0 & 1 & 1 & 2 & 1 \\ 0 & 0 & 1 & 1 & 0 \\ 0 & 0 & 0 & 1 & 0 \\ 0 & 0 & 0 & 0 & 1 \end{bmatrix}$$

A는 R^5에서 R^5로의 연산자를 나타내는 것으로 생각할 수 있다. $\lambda=1$이 유일한 고윳값이기 때문에 A는 대각선 블록이 대각선과 초대각선 모두에 1이 있는 단순한 조던 행렬인 블록 대각 행렬과 유사하다. $\lambda=1$에 해당하는 고유 공간은 벡터 $\mathbf{x}=(1,0,0,0,0)^T$ 및 $\mathbf{y}=(0,0,-1,0,1)^T$에 걸쳐 있다. 따라서 이중대각화 행렬은 두 개의 간단한 조던 블록 $J_1(1)$과 $J_2(1)$로 구성된다. 첫 번째 블록이 가장 크도록 블록을 정렬하면 블록 대각 행렬의 유일한 가능성은 다음과 같다.

$$\left[\begin{array}{ccc|cc} 1 & 1 & 0 & & \\ 0 & 1 & 1 & & \\ 0 & 0 & 1 & & \\ \hline & & & 1 & 1 \\ & & & 0 & 1 \end{array}\right] \quad \text{또는} \quad \left[\begin{array}{cccc|c} 1 & 1 & 0 & 0 & 0 \\ 0 & 1 & 1 & 0 & 0 \\ 0 & 0 & 1 & 1 & 0 \\ 0 & 0 & 0 & 1 & 0 \\ \hline 0 & 0 & 0 & 0 & 1 \end{array}\right]$$

이 형태가 맞는지 확인하기 위해 $A-I$ 제곱 연산을 해야 한다.

$$A-I=\begin{bmatrix} 0 & 2 & 1 & 1 & 1 \\ 0 & 0 & 1 & 2 & 1 \\ 0 & 0 & 0 & 1 & 0 \\ 0 & 0 & 0 & 0 & 0 \\ 0 & 0 & 0 & 0 & 0 \end{bmatrix} \quad (A-I)^2=\begin{bmatrix} 0 & 0 & 2 & 5 & 2 \\ 0 & 0 & 0 & 1 & 0 \\ 0 & 0 & 0 & 0 & 0 \\ 0 & 0 & 0 & 0 & 0 \\ 0 & 0 & 0 & 0 & 0 \end{bmatrix}$$

$$(A-I)^3=\begin{bmatrix} 0 & 0 & 0 & 2 & 0 \\ 0 & 0 & 0 & 0 & 0 \\ 0 & 0 & 0 & 0 & 0 \\ 0 & 0 & 0 & 0 & 0 \\ 0 & 0 & 0 & 0 & 0 \end{bmatrix} \quad (A-I)^4=O$$

따라서 $A-I$는 지수 4의 영인 연산자이다. k와 j가 3보다 크면 분명히

$$(A-I)^k\mathbf{s}=\mathbf{x} \text{ 및 } (A-I)^j\mathbf{s}=\mathbf{y}$$

는 서로 일치하지 않는다. 이러한 시스템이 일치하는 최대 k와 최대 j를 결정해야 한다. $k=3$인 경우 시스템

$$(A-I)^3\mathbf{s}=\mathbf{x}$$

은 일관성이 있으며 무한히 많은 해를 가진다. 다음 해 중 하나를 선택한다.

$$\mathbf{x}_1 = \left(0,0,0,\tfrac{1}{2},0\right)^T$$

나머지 순환 부분공간을 생성하기 위해 다음을 계산한다.

$$\begin{aligned}\mathbf{x}_2 &= (A-I)\mathbf{x}_1 = \left(\tfrac{1}{2},1,\tfrac{1}{2},0,0\right)^T\\ \mathbf{x}_3 &= (A-I)\mathbf{x}_2 = (A-I)^2\mathbf{x}_1 = \left(\tfrac{5}{2},\tfrac{1}{2},0,0,0\right)^T\end{aligned}$$

정렬된 기저 $[\mathbf{x},\mathbf{x}_3,\mathbf{x}_2,\mathbf{x}_1]$에 대해 이 부분공간에 대한 연산자 A를 나타내는 행렬은 다음과 같은 형태이다.

$$J_1(1) = \begin{pmatrix} 1 & 1 & 0 & 0\\ 0 & 1 & 1 & 0\\ 0 & 0 & 1 & 1\\ 0 & 0 & 0 & 1\end{pmatrix}$$

시스템

$$(A-I)^j\mathbf{s}=\mathbf{y}$$

은 모든 양의 정수 j에 대해 일관성이 없다. 따라서 $\mathbf{y}$를 포함하는 순환 부분공간은 차원 1을 갖는다. 따라서 $[\mathbf{x},\mathbf{x}_3,\mathbf{x}_2,\mathbf{x}_1,\mathbf{y}]$에 대해 A를 나타내는 행렬은 다음과 같다.

$$J = \begin{pmatrix} J_1(1) & \\ & J_2(1)\end{pmatrix} = \left(\begin{array}{cccc|c} 1 & 1 & 0 & 0 & 0\\ 0 & 1 & 1 & 0 & 0\\ 0 & 0 & 1 & 1 & 0\\ 0 & 0 & 0 & 1 & 0\\ \hline 0 & 0 & 0 & 0 & 1\end{array}\right)$$

Y가 열이 각각 $\mathbf{x},\mathbf{x}_3,\mathbf{x}_2,\mathbf{x}_1,\mathbf{y}$인 행렬인 경우 다음을 확인할 수 있다.

$$YJY^{-1}=A$$ ■

다음 절에서는 서로 다른 고윳값 $\lambda_1, \ldots, \lambda_m$을 갖는 행렬 A는 다음 형식의 행렬 J와 닮음관계임을 보일 것이다.

$$J = \begin{pmatrix} B_1 & & & \\ & B_2 & & \\ & & \ddots & \\ & & & B_m\end{pmatrix}$$

여기서 각 B_i는 대각선 요소가 λ_i와 같은 (9) 형식이다.

$$B_i = \begin{bmatrix} J_1(\lambda_i) & & & \\ & J_2(\lambda_i) & & \\ & & \ddots & \\ & & & J_s(\lambda_i) \end{bmatrix}$$

여기서 $J_k(\lambda_i)$는 간단한 조르단 행렬이다. J는 A의 조르단 표준형이라고 한다. 조르단 표준형은 블록의 재정렬을 제외하고는 고유하다.

8.1 연습문제

1. L을 차원 5의 벡터공간 V에 대한 선형 연산자라고 하고 A를 L을 나타내는 임의의 행렬이라고 하자. L이 인덱스 3의 영인 연산자이면 A의 가능한 조르단 표준형(Jordan canonical form)은 무엇인가?

2. A를 유일한 고윳값이 $\lambda = 2$인 4×4 행렬이라고 하자. A의 가능한 조르단 표준형 무엇인가?

3. L을 차원 6의 벡터공간 V에 대한 선형 연산자라고 하고 A를 L을 나타내는 행렬이라고 하자. L이 하나의 고윳값 λ를 갖고 고유 공간 S_λ가 차원 3을 갖는다면 가능한 A의 조르단 표준형은 무엇인가?

4. 다음 각각에 대해 $S^{-1}AS$가 간단한 조르단 행렬이 되도록 하는 행렬 S를 찾아라.

(a) $\begin{bmatrix} 3 & 1 & 2 \\ 0 & 1 & -2 \\ 0 & 1 & 4 \end{bmatrix}$ **(b)** $\begin{bmatrix} 1 & 9 & 0 & 0 \\ 0 & 1 & 4 & 0 \\ 0 & 0 & 1 & 9 \\ 0 & 0 & 0 & 1 \end{bmatrix}$

5. 다음 각각에 대해 $S^{-1}AS$가 A의 조르단 표준형이 되도록 하는 행렬 S를 찾아라.

(a) $\begin{bmatrix} 1 & 1 & 1 & 0 \\ 0 & 1 & 1 & 0 \\ 0 & 0 & 1 & 0 \\ 0 & 0 & 0 & 1 \end{bmatrix}$ **(b)** $\begin{bmatrix} 0 & 1 & 1 & 1 & 1 \\ 0 & 0 & 1 & 1 & 1 \\ 0 & 0 & 0 & 1 & 1 \\ 0 & 0 & 0 & 0 & 0 \\ 0 & 0 & 0 & 0 & 0 \end{bmatrix}$

6. S_1과 S_2를 유한 차원 벡터의 부분공간이라고 하자. $V = S_1 \oplus S_2$는 $V = S_1 + S_2$이고 $S_1 \cap S_2 = \{0\}$임을 증명하라.

7. 보조정리 8.1.1을 증명하라.

8. L을 벡터공간 V를 자신에 매핑하는 선형 연산자라고 하자. $\ker(L)$과 $R(L)$이 L 아래 V의 불변 부분공간임을 보여라.

9. L이 벡터공간 V에 대한 선형 연산자라고 하자. $S_k[\mathbf{v}]$가 $\mathbf{v}, L(\mathbf{v}), ..., L^{k-1}(\mathbf{v})$에 의해 생성되는 부분공간을 나타낸다고 하자. $S_k[\mathbf{v}]$가 L에서 불변임은 $L_k(\mathbf{v}) \in S_k[\mathbf{v}]$와 동치임을 보여라.

10. L을 벡터공간 V의 선형 연산자라고 하고 S를 V의 부분공간이라고 하자. 항등 연산자를 나타내고 λ를 스칼라라고 하자. $L - \lambda\mathcal{I}$가 S에서 불변인 경우에만 L이 S에서 불변임을 보여라.

11. S를 $x, xe^x, xe^x + x^2e^x$로 생성되는 $C[a, b]$의 부분공간이라고 하자. D를 S상의 미분 연산자라고 하자.

(a) $[e^x, xe^x, xe^x + x^2e^x]$에 대한 D를 나타내는 행렬 A를 찾아라.

(b) A의 조르단 표준형 행렬 형태를 구하고 상응하는 S의 기저를 구하라.

12. D를 $p \in P_n$인 $D(p) = p'$에 의해 정의된 P_n에 대한 선형 연산자라고 하자. D가 영인 연산자이고 간단한 조르단 행렬로 나타낼 수 있음을 보여라.

8.2 조르단 표준형

이 절에서는 n차원 벡터공간 V의 모든 선형 연산자 L이 대각선 블록이 단순 조르단 행렬인 블록 대각 행렬로 나타낼 수 있음을 보여준다. 이 결과를 결함(defective) 있는 행렬 A의 $Y' = AY$ 형식의 선형 미분 방정식 풀이 시스템에 적용할 것이다.

L이 하나 이상의 고윳값을 갖는 경우를 고려하여 시작하자. L이 고유한 고윳값 $\lambda_1, ..., \lambda_k$를 갖는다면 V는 불변 부분공간 $S_1, ..., S_k$의 직접합으로 분해될 수 있음을 보여주고자 한다. 여기서 $L - \lambda_i I$는 S_i에 대해 전능하다. 이를 위해서는 먼저 다음 보조정리와 정리를 증명해야 한다.

보조정리 8.2.1 L이 n차원 벡터공간 V를 자체로 매핑하는 선형 연산자이면 모든 $k > 0$에 대해 $\ker(L^{k_0}) = \ker(L^{k_0+k})$가 되는 양의 정수 k_0이 존재한다.

증명 $i < j$이면 분명히 $\ker(L^i)$는 $\ker(L^j)$의 부분공간이다. 일부 i에 대해 $\ker(L^i) = \ker(L^{i+1})$이면 모든 $k \geq 1$에 대해 $\ker(L^i) = \ker(L^{i+k})$라고 하자. $k = 1$인 경우에는 증명할 것이 없다. 일부 $k > 1$에 대해 결과가 k보다 작은 모든 인덱스를 보유한다고 가정하자. $\mathbf{v} \in \ker(L^{i+k})$이면

$$0 = L^{i+k}(\mathbf{v}) = L^{i+k-1}(L(\mathbf{v}))$$

따라서, $L(\mathbf{v}) \in \ker(L^{i+k-1})$이다. 귀납 가설에 의해, $\ker(L^{i+k-1}) = \ker(L^i)$이다. 따라서, $L(\mathbf{v}) \in \ker(L^i)$이고 $\mathbf{v} \in \ker(L^{i+1})$. $\ker(L^{i+1}) = \ker(L^i)$이므로, $\mathbf{v} \in \ker(L^i)$이며 $\ker(L^i) = \ker(L^{i+k})$이다. 그러므로 만일 어떤 i에 대해 $\ker(L^{i+1}) = \ker(L^i)$이면,

$$\ker(L^i) = \ker(L^{i+1}) = \ker(L^{i+1}) = \dots$$

V는 유한 차원이므로 $\ker(L^k)$의 차원은 k가 증가하면서 계속 증가할 수 없다. 따라서 일부 k_0에 대해 $\dim(\ker(L^{k_0})) = \dim(\ker(L^{k_0+1}))$이 있어야 하므로 $\ker(L^{k_0})$ 및 $\ker(L^{k_0+1})$은 동일해야 한다. 따라서

$$\ker(L^{k_0}) = \ker(L^{k_0+1}) = \ker(L^{k_0+2}) = \dots \qquad \blacksquare$$

정리 8.2.2 L이 n차원 벡터공간 V에 대한 선형 변환이면 $V = X \oplus Y$, L이 X에서 전능, $L_{[Y]}$가 가역적인 불변 부분공간 X와 Y가 존재한다.

증명 $\ker(L^{k_0}) = \ker(L^{k_0+1})$이 되도록 k_0을 가장 작은 양의 정수로 선택한다. 보조정리 8.2.1에서 모든 $j \geq 1$에 대해 $\ker(L^{k_0}) = \ker(L^{k_0+1})$이다. $X = \ker(L^{k_0})$이라고 하자. 분명히, X는 $\mathbf{x} \in X$이면 $L(\mathbf{x}) \in \ker(L^{k_0+1})$에 대해 L 아래에서 불변하며, 이는 $\ker(L^{k_0})$의 적절한 부분공간이다. $Y = R(L^{k_0})$이라고 하자. $\mathbf{w} \in X \cap Y$이면 일부 $\mathbf{v}$에 대해 $\mathbf{w} = L^{k_0}(\mathbf{v})$이므로

$$\mathbf{0} = L^{k_0}(\mathbf{w}) = L^{k_0}(L^{k_0}(\mathbf{v})) = L^{2k_0}(\mathbf{v})$$

따라서, $\mathbf{v} \in \ker(L^{2k_0}) = \ker(L^{k_0})$이고

$$\mathbf{w} = L^{k_0}(\mathbf{v}) = \mathbf{0}$$

그러므로 $X \cap Y = \{\mathbf{0}\}$이다. $V = X \oplus Y$라고 하자. $\{\mathbf{x}_1, ..., \mathbf{x}_r\}$을 X에 대한 기저라고 하고 $\{\mathbf{y}_1, ..., \mathbf{y}_{n-r}\}$을 Y에 대한 기저라고 하자. 보조정리 8.2.1에 $\mathbf{x}_1, ..., \mathbf{x}_r, \mathbf{y}_1, ... \mathbf{y}_{n-r}$이 선형 독립이므로 V의 기저를 형성함을 보여준다. 만일

$$\alpha_1\mathbf{x}_1 + \cdots + \alpha_r\mathbf{x}_r + \beta_1\mathbf{y}_1 + \cdots + \beta_{n-r}\mathbf{y}_{n-r} = 0 \tag{1}$$

이고 양변에 L^{k_0}를 적용하면

$$\beta_1 L^{k_0}(\mathbf{y}_1) + \cdots + \beta_{n-r}L^{k_0}(\mathbf{y}_{n-r}) = \mathbf{0}$$

또는

$$L^{k_0}(\beta_1\mathbf{y}_1 + \cdots + \beta_{n-r}\mathbf{y}_{n-r}) = 0$$

따라서, $\beta_1\mathbf{y}_1 + \cdots + \beta_{n-r}\mathbf{y}_{n-r} \in X \cap Y$이고

$$\beta_1\mathbf{y}_1 + \cdots + \beta_{n-r}\mathbf{y}_{n-r} = \mathbf{0}$$

$\mathbf{y}_i$는 선형 독립이므로

$$\beta_1 = \beta_2 = \cdots = \beta_{n-r} = 0$$

이고 (1)은 다음과 같이 간략화된다.

$$\alpha_1\mathbf{x}_1 + \cdots + \alpha_r\mathbf{x}_r = \mathbf{0}$$

$\mathbf{x}_i$는 선형 독립이므로 다음을 따른다.

$$\alpha_1 = \alpha_2 = \cdots = \alpha_r = 0$$

따라서 $\mathbf{x}_1, ..., \mathbf{x}_r, \mathbf{y}_1, ..., \mathbf{y}_{n-r}$은 선형 독립이므로 $V = X \oplus Y$이다. L은 X에 대해 불변이고 영인 연산자이다. L이 Y에 대해 불변이고 가역적이라고 하자. $\mathbf{y} \in y$; 어떤 $\mathbf{v} \in V$에 대해 $\mathbf{y} = L^{k_0}(\mathbf{v})$이다. 따라서,

$$L(\mathbf{y}) = L(L^{k_0}(\mathbf{v})) = L^{k_0+1}(\mathbf{v}) = L^{k_0}(L(\mathbf{v}))$$

따라서 $L(\mathbf{y}) \in Y$이므로 Y는 L에서 불변이다. $L_{[Y]}$가 가역임을 증명하려면 다음을 증명하는 것으로 충분하다.

$$\ker(L_{[Y]}) = Y \cap \ker(L) = \{\mathbf{0}\}$$

그러나 이는 $\ker(L) \subset X$ 및 $X \cap Y = \{\mathbf{0}\}$이므로 즉시 성립된다. ■

이제 이 절의 주요 결과를 증명할 준비가 되었다.

정리 8.2.3 L을 유한 차원 벡터공간 V를 자신에 매핑하는 선형 연산자라고 하자. 만약 $\lambda_1, ..., \lambda_k$는 L의 고유한 고윳값이면, V는 다음과 같은 직접합으로 분해될 수 있다.

$$X_1 \oplus X_2 \oplus \cdots \oplus X_k$$

여기서 $L - \lambda_i \mathcal{I}$는 X_i에서 nilpotent이고 X_i의 차원은 λ_i의 다중도와 같다.

증명 $L_1 = L - \lambda_1 \mathcal{I}$라고 하자. 정리 8.2.2에 따르면, $V = X_1 \oplus Y_1$, L_1이 X_1에서 전능, $L_{1[Y]}$가 가역적이도록 L_1 아래에서 불변인 부분공간 X_1 및 Y_1이 존재한다. 따라서 X_1과 Y_1은 L에서 불변하다. 따름정리 8.1.2에 따르면 $L_{[X_1]}$은 블록 대각 행렬 A_1으로 나타낼 수 있다. 여기서 대각 블록은 대각선 요소가 모두 λ_1과 동일한 간단한 조르단 행렬이다. 그러므로,

$$\det(A_1 - \lambda I) = (\lambda_1 - \lambda)^{m_1}$$

여기서 m_1은 X_1의 차원이다. B_1을 $L_{[Y_1]}$을 나타내는 행렬이라고 하자. L_1은 Y_1에서 역변환이 가능하므로 λ_1은 B_1의 고윳값이 아니다. 그러므로,

$$\det(B_1 - \lambda I) = q(\lambda)$$

여기서 $q(\lambda_1) \neq 0$이다. 보조정리 8.1.2에 따르면 V에 대한 연산자 L은 다음 행렬로 나타낼 수 있다.

$$A = \begin{bmatrix} A_1 & \\ & B_1 \end{bmatrix}$$

따라서, L의 각 고윳값 λ_i가 다중도 r_i를 갖는다면,

$$\begin{aligned}(\lambda_1 - \lambda)^{r_1}(\lambda_2 - \lambda)^{r_2} \cdots (\lambda_k - \lambda)^{r_k} &= \det(A - \lambda I) \\ &= \det(A_1 - \lambda I)\det(B_1 - \lambda I) \\ &= (\lambda_1 - \lambda)^{m_1} q(\lambda)\end{aligned}$$

따라서, $r_1 = m_1$이고

$$q(\lambda) = (\lambda_2 - \lambda)^{r_2} \cdots (\lambda_k - \lambda)^{r_k}$$

벡터공간 Y_1에서 연산자 $L_2 = L - \lambda_2 \mathcal{I}$를 고려하면 Y_1을 직접합 $X_2 \oplus Y_2$로 분해하여 X_2와 Y_2가 L 아래에서 불변이고 L_2는 X_2에서 전능하며 $L_{[Y_2]}$는 가역적이다. 실제로 Y_i를 직접합 $X_{i+1} \oplus Y_{i+1}$로 분해하는 과정을 다음 형식을 얻을 때까지 계속할 수 있다.

$$V = X_1 \oplus X_2 \oplus \cdots \oplus X_{k-1} \oplus Y_{k-1}$$

벡터공간 Y_{k-1}은 단일 고윳값 λk를 갖는 차원 r_k가 된다. 따라서 $X_k = Y_{k-1}$을 설정하면 $L - \lambda_k \mathcal{I}$는 X_k에서 영인 연산자가 되고 원하는 V의 분해를 갖게 된다. ■

정리 8.2.3에 따르면 n차원 벡터공간 V를 자체로 매핑하는 각 연산자 L은 다음 형식의 블록 대각 행렬로 나타낼 수 있다.

$$J = \begin{pmatrix} A_1 & & & \\ & A_2 & & \\ & & \ddots & \\ & & & A_k \end{pmatrix}$$

여기서 각 A_i는 $r_i \times r_i$ 블록 대각 행렬(λ_i의 r_i 다중도)이며, 블록은 주 대각선을 따라 λ_i가 있는 단순 조르단 행렬로 구성된다.

A가 $n \times n$ 행렬이면 A는 R^n에 대한 표준 기저에 대한 연산자 L_A를 나타낸다. 여기서 L_A는 다음과 같이 정의된다.

$$L_A(\mathbf{x}) = A\mathbf{x} \qquad \text{for each } \mathbf{x} \in R^n$$

앞의 설명에서 L_A는 방금 설명한 형식의 행렬 J로 나타낼 수 있다. A는 J와 유사하다. 따라서 고윳값 $\lambda_1, ..., \lambda_k$를 갖는 각 $n \times n$ 행렬 A는 다음 형식의 행렬 J와 유사하다.

$$J = \begin{pmatrix} A_1 & & & \\ & A_2 & & \\ & & \ddots & \\ & & & A_k \end{pmatrix} \tag{2}$$

여기서 A_i는 다음 형식의 $r_i \times r_i$ 행렬($r_i = \lambda_i$의 다중도)이다.

$$A_i = \begin{pmatrix} J_1(\lambda_i) & & & \\ & J_2(\lambda_i) & & \\ & & \ddots & \\ & & & J_s(\lambda_i) \end{pmatrix} \tag{3}$$

$J(\lambda_i)$는 간단한 조던 행렬이다. (2)와 (3)에 의해 정의된 행렬 J는 A의 **조르단 표준형**(Jordan canonical form)이라고 한다. 행렬의 조르단 표준형은 대각선을 따라 간단한 조르단 블록의 재정렬을 제외하고는 고유하다.

예제 1 행렬의 조르단 표준형을 찾아라.

$$A = \begin{pmatrix} -3 & 1 & 0 & 1 & 1 \\ -3 & 1 & 0 & 1 & 1 \\ -4 & 1 & 0 & 2 & 1 \\ -3 & 1 & 0 & 1 & 1 \\ -4 & 1 & 0 & 1 & 2 \end{pmatrix}$$

해답 A의 특성 다항식은 다음과 같다.

$$|A - \lambda I| = \lambda^4(1 - \lambda)$$

$\lambda=1$에 해당하는 고유 공간은 $\mathbf{x}_1=(1,1,1,1,2)^T$에 의해 생성되고, $\lambda=0$에 해당하는 고유 공간은 $\mathbf{x}_2=(1,1,0,1,1)^T$ 및 $\mathbf{x}_3=(0,0,1,0,0)^T$에 의해 생성된다. 따라서 A의 조르단 표준형은 세 개의 간단한 조던 블록으로 구성된다. 블록 재정렬을 제외하고는 두 가지 가능성만 있다.

$$\left(\begin{array}{c|c|ccc} 1 & & & & \\ \hline & 0 & & & \\ \hline & & 0 & 1 & \\ & & & 0 & 1 \\ & & & & 0 \end{array}\right) \quad \text{or} \quad \left(\begin{array}{c|cc|cc} 1 & & & & \\ \hline & 0 & 1 & & \\ & & 0 & & \\ \hline & & & 0 & 1 \\ & & & & 0 \end{array}\right)$$

이러한 형식 중 어느 것이 올바른지 결정하기 위해 $(A-0I)^2=A^2$을 계산한다.

$$A^2=\begin{pmatrix} -1 & 0 & 0 & 0 & 1 \\ -1 & 0 & 0 & 0 & 1 \\ -1 & 0 & 0 & 0 & 1 \\ -1 & 0 & 0 & 0 & 1 \\ -2 & 0 & 0 & 0 & 2 \end{pmatrix}$$

다음 시스템을 고려하자

$$A^2\mathbf{x}=\mathbf{x}_i$$

$i=2,3$이다. 이러한 시스템이 일관성이 없는 것으로 판명되었기 때문에 A의 조르단 표준형은 3×3개의 단순 조르단 블록을 가질 수 없으므로 결과적으로 다음 형식이어야 한다.

$$J=X^{-1}AX=\left(\begin{array}{c|cc|cc} 1 & & & & \\ \hline & 0 & 1 & & \\ & & 0 & & \\ \hline & & & 0 & 1 \\ & & & & 0 \end{array}\right)$$

X를 찾기 위해 다음을 풀어야 한다.

$$A\mathbf{x}=\mathbf{x}_i$$

$i=2,3$이다. 시스템 $A\mathbf{x}=\mathbf{x}_2$에는 무한히 많은 해가 있다. $\mathbf{x}_4=(1,3,0,0,1)^T$ 중 하나만 선택하면 된다. 마찬가지로 $A\mathbf{x}=\mathbf{x}_3$에는 무한히 많은 해가 있으며 그중 하나는 $\mathbf{x}_5=(1,0,0,2,1)$ ^{T}이다. 만일

$$X=\begin{pmatrix}\mathbf{x}_1 & \mathbf{x}_2 & \mathbf{x}_3 & \mathbf{x}_4 & \mathbf{x}_5\end{pmatrix}=\begin{pmatrix} 1 & 1 & 0 & 1 & 1 \\ 1 & 1 & 0 & 3 & 0 \\ 1 & 0 & 1 & 0 & 0 \\ 1 & 1 & 0 & 0 & 2 \\ 2 & 1 & 0 & 1 & 1 \end{pmatrix}$$

$X^{-1}AX=J$임을 쉽게 증명할 수 있다. ■

조르단 표준형의 주요 응용 프로그램 중 하나는 결합 계수 행렬이 있는 선형 미분 방정식의 시스템을 푸는 것이다. 그런 시스템을 감안하면

$$\mathbf{Y}'(t) = A\mathbf{Y}(t)$$

A의 조르단 표준형을 사용하여 단순화할 수 있다. 실제로 $A = XJX^{-1}$이면

$$\mathbf{Y}' = (XJX^{-1})\mathbf{Y}$$

따라서 $\mathbf{Z} = X^{-1}Y$로 설정하면 $\mathbf{Y}' = X\mathbf{Z}'$이고 시스템은 다음과 같이 단순화된다.

$$X\mathbf{Z}' = XJ\mathbf{Z}$$

X^{-1}으로 곱하면

$$\mathbf{Z}' = J\mathbf{Z} \tag{4}$$

J의 구조 때문에 이 새로운 시스템은 훨씬 더 쉽게 풀 수 있다. (4)를 풀기 위해 각 형식의 작은 시스템의 수만 풀면 된다.

$$\begin{aligned} z_1' &= \lambda z_1 + z_2 \\ z_2' &= \lambda z_2 + z_3 \\ &\vdots \\ z_{k-1}' &= \lambda z_{k-1} + z_k \\ z_k' &= \lambda z_k \end{aligned}$$

이 방정식은 마지막부터 시작하여 한 번에 하나씩 풀 수 있다. 마지막 방정식의 해는 다음과 같다.

$$z_k = ce^{\lambda t}$$

다음 방정식

$$z'(t) - \lambda z(t) = u(t)$$

의 해는 아래 식과 같다.

$$z(t) = e^{\lambda t} \int e^{-\lambda t} u(t)dt$$

따라서 z_{k-1}에 대해 풀면

$$z_{k-1}' - \lambda z_{k-1} = z_k$$

z_{k-2}에 대해 풀면

$$z_{k-2}' - \lambda z_{k-2} = z_{k-1}$$

예제 2 다음의 초기 조건 문제를 풀어라.

$$\begin{pmatrix} y_1' \\ y_2' \\ y_3' \\ y_4' \end{pmatrix} = \begin{pmatrix} 1 & 0 & 0 & -1 \\ 0 & 1 & 1 & 0 \\ 0 & -1 & 1 & 2 \\ 1 & 0 & 2 & 1 \end{pmatrix} \begin{pmatrix} y_1 \\ y_2 \\ y_3 \\ y_4 \end{pmatrix}$$
$$y_1(0) = y_2(0) = y_3(0) = 0, \; y_4(0) = 2$$

해답 계수 행렬 A는 각각 다중도 2인 두 개의 고윳값 $\lambda_1 = 0$ 및 $\lambda_2 = 2$를 갖는다. 해당 고유공간은 모두 차원 1이다. 이 절의 방법을 사용하여 A는 곱 XJX^{-1}로 인수분해될 수 있다. 여기서

$$J = \begin{pmatrix} 0 & 1 & 0 & 0 \\ 0 & 0 & 0 & 0 \\ 0 & 0 & 2 & 1 \\ 0 & 0 & 0 & 2 \end{pmatrix}$$

X의 선택은 고유하지 않다. 여기서 계산한 것을 확인해 볼 수 있다.

$$X = \begin{pmatrix} 1 & 1 & -1 & 1 \\ 1 & 1 & 1 & -1 \\ -1 & 0 & 1 & 0 \\ 1 & 0 & 1 & 0 \end{pmatrix}$$

이제 변수를 변경하고 $Z = X^{-1}Y$를 설정하면 다음 형식으로 시스템을 다시 작성할 수 있다.

$$Z' = JZ$$

J의 블록 구조를 사용하면 시스템을 두 개의 더 간단한 시스템으로 나눌 수 있다.

$$\begin{aligned} z_1' &= z_2 \\ z_2' &= 0 \end{aligned} \quad \text{그리고} \quad \begin{aligned} z_3' &= 2z_3 + z_4 \\ z_4' &= 2z_4 \end{aligned}$$

첫 번째 시스템은 쉽게 풀 수 있다.

$$\begin{aligned} z_1 &= c_1t + c_2 \\ z_2 &= c_1 \qquad (c_1\text{와 } c_2\text{는 상수}) \end{aligned}$$

두 번째 시스템을 풀 기 위해, 우선 다음을 푼다.

$$z_4' = 2z_4$$

일반 해는

$$z_4 = c_3e^{2t}$$

따라서

$$z_3' - 2z_3 = c_3e^{2t}$$

그러므로

$$z_3 = e^{2t} \int e^{-2t}(c_3e^{2t})dt = e^{2t}(c_3t + c_4)$$

따라서 다음 식을 얻게 된다.

$$Y = XZ = \begin{pmatrix} (c_1t + c_2) + c_1 - (c_3t + c_4)e^{2t} + c_3e^{2t} \\ (c_1t + c_2) + c_1 + (c_3t + c_4)e^{2t} - c_3e^{2t} \\ -(c_1t + c_2) + (c_3t + c_4)e^{2t} \\ (c_1t + c_2) + (c_3t + c_4)e^{2t} \end{pmatrix}$$

만일 $t = 0$이라고 두고 c_i를 풀기 위해 초기 조건을 이용하면, 다음을 얻을 수 있다.

$$c_1 = -1, \qquad c_2 = c_3 = c_4 = 1$$

따라서, 초기 조건 문제의 해는

$$\begin{aligned} y_1 &= -t - te^{2t} \\ y_2 &= -t + te^{2t} \\ y_3 &= -1 + t + (1 + t)e^{2t} \\ y_4 &= 1 - t + (1 + t)e^{2t} \end{aligned}$$

■

조르단 표준형은 연산자를 잘 나타낼 뿐만 아니라 계수 행렬에 결함이 있는 경우에도 $\mathbf{Y}' = A\mathbf{Y}$ 형식의 시스템을 풀 수 있다. 이론적 관점에서 그 중요성은 의심의 여지가 없다. 그러나 실제 적용에 관한 한 일반적으로 그다지 유용하지 않다.

$n \geq 5$이면 일반적으로 어떤 수치적 방법으로 A의 고윳값을 계산할 필요가 있다. 계산된 λ_i는 실제 고윳값에 대한 근사치일 뿐이다. 따라서 실제로 $\lambda_1 = \lambda_2$인 동안 같지 않은 λ_1' 및 λ_2' 값을 계산할 수 있다. 따라서 실제로는 고윳값의 정확한 다중도를 결정하는 것이 어려울 수 있다. 또한 $\mathbf{Y}' = A\mathbf{Y}$를 풀기 위해 $A = XJX^{-1}$이 되는 유사성 행렬 X를 찾아야 한다. 그러나 A가 다중 고윳값을 가질 때 행렬 X는 다음과 같을 수 있다. 섭동에 매우 민감하며 실제로 계산된 유사성 행렬의 항목이 어떤 자릿수라도 정확도를 가질 것이라고 보장할 수 없다. 권장되는 대안은 행렬 지수 e^A를 계산하고 이를 사용하여 시스템 $\mathbf{Y}' = A\mathbf{Y}$를 푸는 것이다.

8.2 연습문제

1. 유일한 고윳값이 $\lambda = 1$인 행렬 A를 5×5 행렬이라고 하자. A에 대해 가능한 조르단 표준형은 무엇인가?

2. 행렬 A를 5×5 행렬이라고 하자. $A^2 \neq 0$이고 $A^3 = 0$이면 A에 대해 가능한 조르단 표준형은 무엇인가?

3. 다음 행렬에 대한 조르단 표준형 J를 찾고 $X^{-1}AX = J$ 다음을 만족하는 행렬 X를 구하라.

(a) $A = \begin{pmatrix} 1 & 0 & 1 \\ 1 & 0 & 2 \\ 1 & -1 & 2 \end{pmatrix}$

(b) $A = \begin{pmatrix} 0 & 0 & 0 & 1 \\ 0 & 0 & 0 & 1 \\ 1 & 2 & 0 & 0 \\ 0 & 0 & 0 & -1 \end{pmatrix}$

(c) $A = \begin{pmatrix} 1 & 2 & 0 & 0 \\ 0 & 1 & 2 & 0 \\ 0 & 0 & 1 & 2 \\ 0 & 0 & 0 & 1 \end{pmatrix}$

(d) $A = \begin{pmatrix} 1 & 1 & 1 & 1 & 1 \\ 0 & 1 & 1 & 1 & 1 \\ 0 & 0 & 1 & 1 & 1 \\ 0 & 0 & 0 & 0 & 1 \\ 0 & 0 & 0 & 0 & 0 \end{pmatrix}$

(e) $A = \begin{pmatrix} 2 & 1 & 1 & 1 & 1 & 1 \\ 0 & 2 & 1 & 1 & 1 & 1 \\ 0 & 0 & 0 & 1 & 1 & 1 \\ 0 & 0 & 0 & 0 & 1 & 1 \\ 0 & 0 & 0 & 0 & 1 & 1 \\ 0 & 0 & 0 & 0 & 1 & 1 \end{pmatrix}$

4. L을 유한차원 벡터공간 V의 선형 연산자라고 하자.

(a) $i > j$일 때 $R(L^i) \subset R(L^j)$임을 보여라.

(b) 어떤 k_0에 대해 $R(L^{k_0}) = R(L^{k_0+1})$이면 모든 $k \geq 1$에 대해 $R(L^{k_0}) = R(L^{k_0+k})$임을 보여라.

5. 문제 4와 같은 L이라고 하자.

(a) $R(L^{k_0}) = R(L^{k_0+1})$이 되도록 하는 최소 양의 정수 k_0가 존재함을 보여라.

(b) $\ker(L^{k_1}) = \ker(L^{k_1+1})$인 최소 양의 정수 k_1에 대해 $k_1 = k_0$임을 보여라.

6. 초기 조건 문제를 풀어라.

$$\begin{aligned} y_1' &= 0 \\ y_2' &= -y_1 - y_2 + y_3 \\ y_3' &= y_1 - y_2 + y_3 \\ y_1(0) &= 1,\ y_2(0) = y_3(0) = 2 \end{aligned}$$

부록 MATLAB

MATLAB은 행렬 계산을 위한 프로그램이다. MATLAB은 *matrix laboratory*의 약어로서 맨 처음에는 Linpack and Eispack 소프트웨어 라이브러리 회사의 클리브 몰러(Cleve Moler)에 의해 개발되었다. 그 이후로 MATLAB은 다양한 방법으로 확장되고 수정되며 발전해 왔다. 그리하여 오늘날 자연과학 분야의 계산을 위한 최고의 소프트웨어가 되었다. MATLAB은 매사추세츠주 Natick에 소재한 MathWorks Inc. 회사에 의해서 시판된다.

여러 대학에서 학생들이 사용할 수 있도록 MATLAB 라이선스를 보유하고 있다. 그렇지 못한 경우에는 개별적인 학생용 라이선스를 저렴한 가격으로 구입해도 된다. MATLAB은 이제 산업 및 공학 분야에서 널리 쓰일 뿐만 아니라 대한 학부과정의 선형대수학 교육을 위한 표준 도구로도 자리매김하였다.

MATLAB 화면 구성

MATLAB을 시작하면 컴퓨터 화면에 세 개의 창이 뜬다. 맨 오른쪽 창은 명령창(command window)으로서 MATLAB 명령어가 입력되고 수행되는 과정을 보여준다. 왼쪽 상단의 창은 토글링 버튼의 선택에 따라서 현재 폴더창(Current Directory Browser) 혹은 작업창(Workspace Browser)이 된다.

작업창에서는 사용자가 현재의 작업공간에서 무슨 일이 벌어지는지 볼 수 있고 그 내용을 수정할 수 있다. 또한 작업창을 이용하여 데이터 집합을 그림으로 표현할 수도 있다. 그리고자 하는 데이터 집합을 선택하고 그림의 종류를 선택하기만 하면 MATLAB이 나머지는 모두 알아서 새로운 그림창을 열어서 그림으로 보여줄 것이다. 현재 폴더창에서는 MATLAB 파일이나 컴퓨터에 있는 다른 파일을 볼 수 있으며 파일 검색, 파일 열기, 파일 편집 등의 파일 작업을 수행할 수 있다.

지금까지 입력된 모든 명령어들의 기록(Command History)을 보여주는 네 번째 창을 열 수 있다. 이것은 명령창에서 입력된 모든 명령어의 기록(log)을 보여준다. 이 창은 위쪽 화살표 키를 눌러서 명령창으로부터 접근할 수 있다. 이전의 명령을 반복 수행하려면, 해당 명령어를 선택하여 클릭하기만 하면 된다. 선택된 명령어가 명령창에서 현재 라인으로 나타날 것이고, 그러면 편집이나 실행을 하면 된다.

창의 우측 상단에 있는 삼각형(solid triangle)을 클릭하고 원하는 옵션을 선택하여 닫기, 최대화, 독에 넣기, 독에서 나오기 등을 할 수 있다.

기본 데이터 원소

MATLAB이 사용하는 기본 데이터는 행렬이다. 일단 하나의 행렬 또는 다수의 행렬이 입력되거나 새로 생성되면 사용자는 최소한의 프로그램 입력으로 이들에 관한 복잡한 계산을 수행할 수 있다.

행렬을 입력하기는 매우 쉽다. 다음 행렬을 입력해 보자.

$$\begin{pmatrix} 1 & 2 & 3 & 4 \\ 5 & 6 & 7 & 8 \\ 9 & 10 & 11 & 12 \\ 13 & 14 & 15 & 16 \end{pmatrix}$$

이를 위해서는 다음과 같이 키보드에서 입력하면 된다.

$$A = [1 \quad 2 \quad 3 \quad 4; \quad 5 \quad 6 \quad 7 \quad 8; \quad 9 \quad 10 \quad 11 \quad 12; \quad 13 \quad 14 \quad 15 \quad 16]$$

또 다른 방법으로는 행별로 한 행씩 다음과 같이 입력하는 것이다.

$$\begin{aligned} A = \ [1 \quad & 2 \quad 3 \quad 4 \\ 5 \quad & 6 \quad 7 \quad 8 \\ 9 \quad & 10 \quad 11 \quad 12 \\ 13 \quad & 14 \quad 15 \quad 16\,] \end{aligned}$$

일단 행렬이 입력된 후에는 다음 두 가지 방법으로 행렬을 수정할 수 있다. 명령창에서 명령어를 이용하여 행렬의 어느 성분이라도 수정할 수 있다. 예를 들어 명령어 $A(1, 3) = 5$를 입력하면 행렬 A의 첫 행의 세 번째 성분이 5로 수정된다. 또한 작업창에서 행렬의 성분을 수정할 수 있다. 작업창에서 행렬 A의 (1, 3) 성분을 수정하려면, 이름열(Name column)에서 A를 찾고 A의 좌측에 있는 배열 아이콘(array icon)을 클릭하여 그 행렬의 배열이 화면에 보이도록 열어야 한다. (1, 3) 성분을 5로 수정하려면 이제 보이는 배열에서 해당 셀(cell)을 클릭하고 5를 입력하면 된다.

동일 간격의 성분으로 이루어진 행 벡터를 생성하려면 MATLAB의 : 연산을 이용할 수 있다. 명령어 $\mathbf{x} = 2 : 6$를 입력하면 2에서 6까지의 정수를 성분으로 갖는 행 벡터가 생성된다.

$$\mathbf{x} =$$

$$2 \quad 3 \quad 4 \quad 5 \quad 6$$

값이 정수가 아니거나 간격이 1이 아닌 벡터도 생성할 수 있다. 예를 들어 명령어 **x** = 1.2 : 0.2 : 2를 입력하면 다음과 같은 벡터가 생성된다.

```
x =
    1.2000    1.4000    1.6000    1.8000    2.0000
```

부분 행렬

이미 입력한 행렬 A의 부분 행렬을 표현하려면 위의 연산 :을 사용하여 해당 행과 열을 선택하기만 하면 된다. 예를 들어 A에서 2번째부터 2개의 행과 2번째 열에서부터 4번째 열까지로 이루어진 부분 행렬은 $A(2:3, 2:4)$로 얻을 수 있다. 그러므로 다음을 입력하면

$$C = A(2:3, 2:4)$$

다음과 같은 부분 행렬이 얻어진다.

```
C =
     6     7     8
    10    11    12
```

명령어의 입력 변수 두 개 중에 어느 쪽이라도 콜론(:)이 숫자 없이 사용되면 모든 행 또는 모든 열이 포함되는 부분 행렬을 생성한다. 예를 들어 $A(:, 2:3)$은 A의 두 번째와 세 번째 열을 모두 포함하는 부분 행렬을 생성하고, $A(4, :)$는 A의 4번째 행 벡터를 생성한다. 붙어 있지 않은 행이나 열을 포함하는 부분 행렬도 선택하고자 하는 행과 열을 벡터 입력 변수로 표현하여 얻을 수 있다. 예를 들어 A에서 첫째, 셋째 행과 둘째, 넷째 열의 성분만을 포함하는 부분 행렬을 생성하려면 다음과 같이 입력하라.

$$E = A([1, 3], [2, 4])$$

그 결과는 다음과 같다.

```
E =
     2     4
    10    12
```

행렬의 생성

사용자의 직접 입력이 아니라 MATLAB에 내장된 함수를 이용해서도 행렬을 생성해 낼 수 있다. 예를 들어 다음 명령어는

$$B = \mathbf{rand}(4)$$

0과 1 사이의 임의의 수를 성분으로 갖는 4×4 행렬을 생성할 것이다. 이처럼 행렬을 생성하는 함수로는 **eye**, **zeros**, **ones**, **magic**, **hilb**, **pascal**, **toeplitz**, **compan**, **vander** 등이 있다. 위쪽 혹은 아래쪽 삼각형 행렬이나 대각 행렬을 생성하려면 MATLAB 함수 **triu**, **tril**, **diag**를 이용할 수 있다.

행렬을 생성하는 여러 명령은 행렬이 부분 블록으로 나뉜 모습으로 생성되도록 동시에 쓰일 수 있다. 예를 들어 다음의 MATLAB 명령어를 생각하자.

$$E = [\ \mathbf{eye}(2),\ \mathbf{ones}(2,3);\ \mathbf{zeros}(2),\ [1:3;\quad 3:-1:1]\ ]$$

위 명령어가 생성하는 행렬은 다음과 같다.

```
E =
     1  0  1  1  1
     0  1  1  1  1
     0  0  1  2  3
     0  0  3  2  1
```

행렬의 연산

행렬의 덧셈과 곱셈

MATLAB에서 행렬의 연산은 지극히 간편하다. 앞서 입력한 행렬 A와 B를 곱하려면 단순히 $A * B$를 입력하면 된다. A와 B의 합과 차는 각각 $A+B$와 $A-B$로 얻어진다. 실수 행렬 A의 전치(transpose)는 A'로 얻어진다. 복소수 행렬 C에 대한 연산 $'$는 복소공액 변환과 함께 전치를 수행한다. 즉 MATLAB에서는 C^H마저도 C'로 주어진다.

역슬래시 또는 행렬 좌측 나누기

만일 W가 $n \times n$ 행렬이고 $\mathbf{b}$가 R^n 위의 벡터라면 연립방정식 $W\mathbf{x} = \mathbf{b}$의 해는 MATLAB의 역슬래시 연산을 사용하여 구할 수 있다.

$$\mathbf{x} = W \backslash \mathbf{b}$$

예를 들어 W가 다음과 같고

$$W = [1 \quad 1 \quad 1 \quad 1; \quad 1 \quad 2 \quad 3 \quad 4; \quad 3 \quad 4 \quad 6 \quad 2; \quad 2 \quad 7 \quad 10 \quad 5]$$

그리고 $\mathbf{b} = [3; \quad 5; \quad 5; \quad 8]$이면, 다음의 명령어는

$$\mathbf{x} = W \backslash \mathbf{b}$$

다음 결과를 준다.

$$\mathbf{x} = \begin{matrix} 1.0000 \\ 3.0000 \\ -2.0000 \\ 1.0000 \end{matrix}$$

만일 $n \times n$ 계수 행렬의 역이 존재하지 않아도, 즉 랭크가 n보다 작아도 역슬래시 연산은 해를 만들어 내지만, MATLAB은 경고 문구도 함께 보여줄 것이다. 예를 들어 앞에서 주어진 4×4 행렬 A가 역이 존재하지 않는 행렬이면서 다음과 같은 명령어를 입력하면

$$\mathbf{x} = A \backslash \mathbf{b}$$

다음과 같은 경고 문구와 함께 해를 보여 줄 것이다.

```
Warning: Matrix is close to singular or badly scaled.
Results may be inaccurate. RCOND = 1.387779e-018.
```

$$\mathbf{x} =$$

$$1.0e + 015*$$

$$\begin{matrix} 2.2518 \\ -3.0024 \\ -0.7506 \\ 1.5012 \end{matrix}$$

값 $1.0e + 015$는 $\mathbf{x}$의 모든 성분이 갖는 멱수(exponent)를 나타낸다. 그러므로 그 아래 표시된 4개의 값에는 실제로 10^{15}이 곱해져야 한다. RCOND의 값은 계수 행렬의 조건수(condition number)의 역수를 추정한 값이다. 계수 행렬의 역이 존재하더라도 만일 조건수가 대략 10^{18}의 크기라면 계산 결과를 십진수로 표현할 때 정밀도 면에서 18자리까지는 믿을 수 없게 된다. 컴퓨터는 오직 16자리까지만 가지고 계산하므로 이는 계산 결과에 전혀 신빙성이 없음을 의미한다.

연립방정식의 계수 행렬에 열의 수보다 행의 수가 많으면 MATLAB은 자동적으로 최소제곱 해를 구해 낸다. 다음과 같이 입력하자.

$$C = A(:, 1 : 2)$$

그러면 C는 4×2 행렬이고 명령어를 다음과 같이 입력하면

$$\mathbf{x} = C \backslash \mathbf{b}$$

그 결과는 아래와 같은 최소제곱 해를 준다.

$$\mathbf{x} = \begin{matrix} -2.2500 \\ 2.6250 \end{matrix}$$

만일 다음과 같이 입력하면

$$C = A(:, 1:3)$$

그 결과로 C는 4×3 행렬이지만 랭크가 2이다. 최소제곱 해는 일반적으로 유일하지 않지만 MATLAB은 하나의 최소제곱 해를 구해 낼 것이며 행렬의 랭크가 부족하다는 경고 문구도 함께 보여 줄 것이다. 위의 경우 다음과 같은 명령어는

$$\mathbf{x} = C\backslash\mathbf{b}$$

다음 결과를 보여 준다.

```
Warning: Rank deficient, rank = 2, tol = 1.7852e-014.
```

$$\mathbf{x} = \begin{matrix} -0.9375 \\ 0 \\ 1.3125 \end{matrix}$$

멱 계산

행렬의 멱 계산도 아주 쉽게 수행된다. MATLAB에서 A^5을 구하기 위해서는 A^5를 입력하면 된다. 행렬의 성분별 멱 계산을 위해서는 행렬 다음에 마침표를 삽입하여 입력하면 된다. 예를 들어 만일 $V = [1 \quad 2; \quad 3 \quad 4]$이면 V^2는 다음의 결과를 주지만

$$\text{ans} = \begin{matrix} 7 & 10 \\ 15 & 22 \end{matrix}$$

반면에 V.^2는 다음과 같은 결과를 줄 것이다.

$$\text{ans} = \begin{matrix} 1 & 4 \\ 9 & 16 \end{matrix}$$

MATLAB 함수

정사각형 행렬 A의 고윳값(eigenvalue)을 계산하려면 **eig**(A)라고 입력하면 충분하다. 고유벡터와 고윳값은 다음과 같이 입력하면 얻어진다.

$$[X \quad D] = \mathbf{eig}(A)$$

마찬가지로 행렬의 행렬식, 역행렬, 조건수, 노옴, 랭크 등은 단순히 한 단어짜리 함수를 사용하여 구할 수 있다. LU 분해, QR 분해, 콜레스키(Cholesky) 분해, 슈어(Schur) 분해, 특이

값 분해 등과 같은 행렬의 인수분해도 단순 명령어 한 개로 계산할 수 있다. 예를 들어 다음의 명령어는

$$[Q \quad R] = \mathbf{qr}(A)$$

$A = QR$을 만족하는 직교 행렬(혹은 단위 행렬) Q와 위쪽 삼각형 행렬 R을 계산해 낼 것이다.

프로그래밍 특성

MATLAB에는 **for** 루프, **while** 루프, **if** 등과 같이 상위 수준의 컴퓨터 언어가 갖는 거의 대부분의 조건 흐름 구조가 있다. 이를 이용하면 사용자 스스로 자신만의 MATLAB 프로그램을 작성할 수 있으며 내장된 것 외에 추가적으로 MATLAB 함수를 만들 수 있다. 주목할 사실은 명령어가 세미콜론(;)으로 끝나지만 않는다면 MATLAB은 자동적으로 모든 명령어의 결과를 출력하여 프린트한다는 것이다. 그러므로 루프와 같은 반복구조를 사용하는 경우 사용자는 루프 내부의 명령어를 세미콜론으로 마치도록 작성하기를 권장하는데 만일 그렇게 하지 않으면 계산의 모든 중간 결과를 프린트할 것이기 때문이다.

M-파일

MATLAB은 사용자가 자기 자신의 프로그램을 추가하여 확장될 수 있다. 모든 MATLAB 프로그램 파일의 이름은 **.m**을 확장자로 가지며, 이들을 *M*-파일이라 한다. 기본적으로 두 가지의 M-파일이 있다.

스크립트 파일

스크립트 파일(script file)은 몇 개의 연속된 MATLAB 명령어를 포함한다. 이들 명령어에서 사용되는 모든 변수는 글로벌(global) 변수이며, 그러므로 MATLAB이 수행되는 과정에서 이 변수들의 값은 매번 이 스크립트 파일이 수행될 때마다 바뀌게 된다. 예를 들어 행렬의 영계수를 구하고자 하면 **nullity.m**으로 명명된 다음의 명령어를 포함하는 스크립트 파일을 만들 수 있다.

```
[m,n]  = size(A);
nuldim = n - rank(A)
```

명령어 **nullity**를 입력하면 위의 스크립트 파일에 들어 있는 두 줄의 명령어가 수행될 것이다. 이런 방법으로 행렬의 영계수를 구하려면 행렬의 이름이 A로 되어 있어야 한다는 단

점이 있다. 게다가, 만일 변수 m과 n을 사용해 왔다면, 이 변수들의 값은 여러분이 스크립트 파일을 실행할 때 다시 할당될 것이다. 또 다른 방법은 **함수 파일**(function file)을 만들어 사용하는 것이다.

함수 파일

함수 파일은 함수를 선언하는 다음과 같은 문장으로 시작된다.

```
function [oarg1,...,oargj] = fname(inarg1,...,inargk)
```

함수 파일에 사용되는 모든 변수는 로컬(local) 변수이다. MATLAB이 함수 파일을 불러 수행하면 오직 결과로 얻어지는 변수의 값만 바뀌게 된다. 예를 들어 행렬의 영계수를 구하기 위해 다음과 같은 명령문을 포함하며 **nullity.m**이라 명명된 함수 파일을 만들어 보자.

```
function k = nullity(A)
% The command nullity(A) computes the dimension
% of the nullspace of A.
[m,n] = size(A);
k = n - rank(A);
```

위에서 **%**로 시작되는 문장은 설명문으로서 MATLAB에서 수행되지는 않는다. 이 문장은 사용자가 MATLAB을 수행하는 과정에서 **help nullity**를 입력할 때마다 화면에 출력될 것이다. 이 함수는 일단 저장되면 MATLAB 수행 과정에서 내장된 MATLAB 함수와 동일한 방법으로 사용할 수 있다. 예를 들어 다음을 생각하자.

$$B = [1\ 2\ 3;\ 4\ 5\ 6;\ 7\ 8\ 9];$$

그리고 다음 명령어를 입력하자.

```
n = nullity(B)
```

그러면 MATLAB은 **n** = 1이라고 계산한 결과를 보여줄 것이다.

MATLAB 경로

사용자가 개발하여 만들어 낸 M-파일이 저장된 폴더는 *MATLAB* 경로에 포함되어야 하는데, 이 폴더는 MATLAB이 M-파일을 찾는 데 사용하는 경로이다. 여러분이 만들어 낸 M-파일들은 기본 MATLAB 경로(default MATLAB path)에 추가될 수 있는 폴더들에 저장되는데, 이 폴더들의 목록은 MATLAB이 자동적으로 M-파일을 찾도록 한다. MATLAB 경로로부터 어느 폴더를 더하거나 제거하거나 혹은 경로에서 폴더들의 순서를 바꾸려면, 페이지 상단에 있는 홈탭을 선택하고 Set Path 옵션을 클릭하면 된다.

관계 연산과 논리 연산

MATLAB에는 6개의 관계 연산이 있는데, 이들은 모두 스칼라 값을 비교하거나 행렬의 성분별 비교를 수행한다. 이들은 다음과 같다.

관계 연산	
<	보다 작다
<=	보다 작거나 같다
>	보다 크다
>=	보다 크거나 같다
==	와 같다
~=	와 같지 않다

두 개의 $m \times n$ 행렬 A와 B가 주어지면, 다음의 명령어는

$$C = A < B$$

0과 1로 이루어진 $m \times n$ 행렬을 생성할 것이다. 여기서 (i, j) 성분은 오직 $a_{ij} < b_{ij}$일 때만 1이다. 예를 들어 다음과 같은 행렬 A를 생각하자.

$$A = \begin{bmatrix} -2 & 0 & 3 \\ 4 & 2 & -5 \\ -1 & -3 & 2 \end{bmatrix}$$

명령어 $A >= 0$는 다음과 같은 답을 출력한다.

ans =

$$\begin{matrix} 0 & 1 & 1 \\ 1 & 1 & 0 \end{matrix}$$

MATLAB에는 또한 다음 표와 같은 3개의 논리 연산이 있다.

논리 연산	
&	AND
|	OR
~	NOT

이 논리 연산들은 0이 아닌 모든 스칼라 값을 TRUE로 여기며 0은 FALSE로 여긴다. 연산 &는 논리곱(logical AND)에 해당한다. 만일 a와 b가 스칼라이면 a & b와 같은 표현은 a와 b가 모두 0이 아닐 때만 1의 값을 가지며, 나머지 모든 경우에 0의 값을 갖는다. 연산 j는 논리합(logical OR)에 해당한다. $a | b$와 같은 표현은 a와 b가 모두 0일 때만 0의 값을 가지며 나머지 모든 경우에 1의 값을 갖는다. 연산 ~는 논리부정(logical NOT)에 해당한다. 스칼라 a에 대해서 a는 $a = 0$(FALSE)일 때 1(TRUE)이며, $a = 0$(TRUE)일 때 0(FALSE)이 된다.

행렬에 대해서는 위의 연산이 성분별로 적용된다. 그러므로 만일 A와 B가 모두 $m \times n$

행렬이면 A & B는 0과 1로 이루어진 $m \times n$ 행렬이면서 (i, j) 성분은 $a(i, j)\&b(i, j)$와 같다. 예를 들어 다음과 같은 A, B를 생각하자.

$$A = \begin{bmatrix} 1 & 0 & 1 \\ 0 & 1 & 1 \\ 0 & 0 & 1 \end{bmatrix} \quad \text{그리고} \quad B = \begin{bmatrix} -1 & 2 & 0 \\ 1 & 0 & 3 \\ 0 & 1 & 2 \end{bmatrix}$$

그러면 다음과 같다.

$$A\&B = \begin{bmatrix} 1 & 0 & 0 \\ 0 & 0 & 1 \\ 0 & 0 & 1 \end{bmatrix}, \quad A|B = \begin{bmatrix} 1 & 1 & 1 \\ 1 & 1 & 1 \\ 0 & 1 & 1 \end{bmatrix}, \quad \sim A = \begin{bmatrix} 0 & 1 & 0 \\ 1 & 0 & 0 \\ 1 & 1 & 0 \end{bmatrix}$$

관계 연산이나 논리 연산은 **if** 문장 구조에서 자주 사용된다.

열별 배열 연산

MATLAB에는 행 벡터 또는 열 벡터 **x**에 적용하여 스칼라 값을 얻어 내는 함수들이 여럿 있다. 예를 들어 명령어 **max**(**x**)는 벡터 **x**의 성분 중에서 최댓값을 찾으며, **sum**(**x**)는 **x**의 성분들의 합을 구한다. 이런 형태의 다른 함수로는 **min**, **prod**, **mean**, **all**, **any** 등이 있다. 만일 이런 명령 함수를 행렬에 적용하면 각각의 열 벡터에 적용되며 그 결과는 행 벡터의 모양으로 나타난다. 예를 들어 다음과 같은 행렬 A를 생각하자.

$$A = \begin{bmatrix} -3 & 2 & 5 & 4 \\ 1 & 3 & 8 & 0 \\ -6 & 3 & 1 & 3 \end{bmatrix}$$

그러면 다음의 결과를 얻는다.

$$\begin{aligned} \mathbf{min}(A) &= (-6, 2, 1, 0) \\ \mathbf{max}(A) &= (1, 3, 8, 4) \\ \mathbf{sum}(A) &= (-8, 8, 14, 7) \\ \mathbf{prod}(A) &= (18, 18, 40, 0) \end{aligned}$$

그래픽스

만일 **x**와 **y**가 동일한 길이의 벡터라면 명령어 **plot**(**x**, **y**)는 모든 순서쌍 (x_i, y_i)에 해당하는 점을 찍고 이 점들을 차례로 연결하여 선으로 보여 주는 그림을 만들어 낸다. 만일 x 좌표의 간격이 충분히 작다면 그래프의 모양은 부드러운 곡선으로 보일 것이다. 명령어

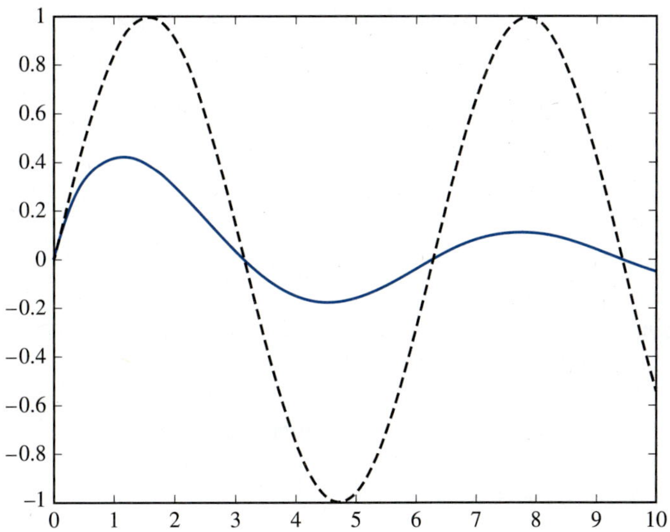

그림 A.1

plot(**x**, y, 'x')는 순서쌍에 해당하는 점의 그림을 그리지만 이 점들을 연결하지는 않는다.

예를 들어 함수 $f(x) = \dfrac{\sin x}{x+1}$를 구간 [0, 10]에서 그리려면 우선 다음과 같이 입력하라.

$$\mathbf{x} = 0:0.2:10 \quad \text{그리고} \quad \mathbf{y} = \sin(\mathbf{x})./(\mathbf{x}+1)$$

이제 명령어 **plot**(**x**, **y**)는 이 함수의 그래프를 그릴 것이다. 이 그래프와 $\sin x$의 그래프를 비교하기 위해, $\mathbf{z} = \sin(\mathbf{x})$라 두고 명령어 **plot**(**x**, **y**, **x**, **z**)를 입력하여 두 곡선을 동시에 그릴 수 있다. 각 그림의 형태를 구별하는 명령어에 추가적인 사항들을 포함할 수 있다. 예를 들면, 아래와 같은 명령어는 첫 함수는 밝은 파랑색(cyan)으로, 둘째 함수는 끊어진 실선(dashed line)으로 그릴 것이다. 그림 A.1 참조.

plot(**x**, **y**, '**c**', **x**, **z**, ' −−')

극좌표, 3차원 곡면, 등고선 그림 등과 같은 좀 더 복잡한 그림도 MATLAB에서는 쉽게 그릴 수 있다.

심벌 도구함

숫자를 가지고 수행하는 계산 외에도 MATLAB의 심벌 도구함(symbolic toolbox)을 이용하면 심벌 그 자체의 계산이 가능하다. 심벌 도구함이 있기 때문에 사용자는 심벌 표현을 다룰 수 있다. 방정식을 풀거나 함수의 미분 혹은 적분을 구하고자 할 때 행렬의 심벌 연산을 사용할 수 있다.

MATLAB의 명령어 **sym**은 MATLAB의 어떤 데이터 구조라도 심벌로 변경한다. 예를 들어 명령어 **sym**('**t**')는 스트링 변수 '**t**'를 심벌 변수 **t**로 변경하며, 명령어 **sym**(**hilb**(3))은 다음과 같은 모양의 3 × 3 힐버트 심벌 행렬을 만든다.

$$\begin{matrix} [\ 1, & \frac{1}{2}, & \frac{1}{3}\ ] \\ [\ \frac{1}{2}, & \frac{1}{3}, & \frac{1}{4}\ ] \\ [\ \frac{1}{3}, & \frac{1}{4}, & \frac{1}{5}\ ] \end{matrix}$$

만일 **syms**라는 명령어를 이용하면 다수의 심벌 변수를 만들 수 있다. 예를 들어 다음의 명령어는

```
syms a b c
```

세 개의 심벌 변수 **a**, **b**, **c**를 만든다. 만일 다음과 같이 두면

A = **[a, b, c; b, c, a; c, a, b]**

그 결과로 다음과 같은 심벌 행렬을 얻는다.

```
A =
    [ a,  b,  c ]
    [ b,  c,  a ]
    [ c,  a,  b ]
```

MATLAB 명령어 **subs**는 심벌 변수에 어떤 표현이나 값을 대입하는 데 사용된다. 예를 들어 명령어 **subs**(**A**, **c**, 3)은 심벌 행렬 A에 있는 모든 **c**에 3을 대입한다. 여러 개의 변수에 각각 서로 다른 값을 한꺼번에 대입하는 작업도 가능하다. 다음의 명령어는

```
subs(A,[a,b,c],[a-1,b+1,3])
```

행렬 A의 **a**, **b**, **c**에 각각 **a** − 1, **b** + 1, 3을 대입한다.

행렬의 표준 연산인 $*, \hat{}, +, -, '$ 등은 모두 심벌 행렬에 적용할 수 있으며 심벌 행렬과 숫자 행렬의 조합에도 적용할 수 있다. 만일 어느 연산이 두 개의 행렬을 가지고 연산을 수행하는데 그중 하나가 심벌 행렬이면 그 결과는 심벌 행렬로 구해진다. 예를 들어 다음의 명령어를 생각하자.

```
sym(hilb(3)) + eye(3)
```

이 연산의 결과는 다음과 같은 심벌 행렬이 된다.

$$\begin{matrix} [\ 2, & \frac{1}{2}, & \frac{1}{3}\ ] \\ [\ \frac{1}{2}, & \frac{4}{3}, & \frac{1}{4}\ ] \\ [\ \frac{1}{3}, & \frac{1}{4}, & \frac{6}{5}\ ] \end{matrix}$$

행렬을 다루는 다음과 같은 MATLAB의 표준 명령어들은 모두 심벌 행렬에 적용할 수 있다.

det, eig, inv, null, trace, sum, prod, poly

그러나 다음의 명령어들은 적용되지 않는다.

rref, orth, rank, norm

마찬가지로, 행렬의 인수분해를 수행하는 모든 표준 연산도 심벌 행렬에는 적용되지 않는다.

도움말

MATLAB에는 MATLAB의 모든 내용에 대해 도움말을 제공하는 기능이 포함되어 있다. MATLAB의 도움말을 보여 주는 창을 열기 위해서는 해당 윈도 창의 맨 위 툴바에 있는 도움말 버튼(이는 ?를 포함한 버튼이다)을 클릭하거나 명령창 **doc**를 입력하면 된다. 도움말에는 MATLAB을 처음 시작하는 방법, 사용법, 사용자에게 맞추어 편리하게 화면을 구성하는 방법 등에 관한 정보가 들어 있다. 도움말은 모든 MATLAB 함수와 연산과 명령어를 나열하여 설명한다.

MATLAB 명령어에 대한 도움말은 명령창에서 직접 볼 수도 있다. 단순히 **help**에 이어서 궁금한 명령어의 이름을 입력하라. 예를 들어 MATLAB 명령어 **eig**는 행렬의 고윳값을 계산하는 명령이다. 이 명령어 사용법에 관한 도움말은 도움말창에서 찾아보거나 혹은 명령창에 **help eig**를 입력하여 볼 수 있다.

명령창에서는 또한 모든 MATLAB 연산에 관한 도움말을 볼 수 있다. 단순히 **help**에 이어서 궁금한 연산의 심볼을 입력하라. 예를 들어 역슬래시 연산에 대한 도움말을 보려면 우선 **help **를 입력하라.

결론

MATLAB은 행렬 계산을 수행하는 강력한 도구이며 동시에 사용자 편리성을 추구한다. 가장 중요한 몇 가지 사용법은 아주 쉽게 익힐 수 있으며 그러므로 학생들은 최소한의 준비과정을 거쳐 곧바로 수치적인 실험을 수행해 볼 수 있다. 실제로 이 부록에 수록된 내용과 MATLAB 도움말 사용법 정도만 이해해도 첫 시작으로는 충분할 것이다.

매 장의 뒤에 수록된 MATLAB 연습문제는 선형대수학을 더 잘 이해하는 데 도움이 되도록 설계되었다. 이 연습문제를 해결하기 위해서 학생들이 MATLAB에 익숙해져야 할 필요는 없다. 종종 구체적인 MATLAB 명령어를 제시하였고 이를 통하여 학생들이 스스로 좀 더 복잡한 MATLAB 함수나 스크립트를 구성할 수 있도록 하였다. 그렇기 때문에, 굳이 다른 종류의 MATLAB 관련 서적이나 매뉴얼을 미리 공부하지 않아도 그 연습문제들을 해결할 수 있어야 한다.

이 부록에서는 오직 학부과정의 선형대수학을 공부하는 수준의 MATLAB 사용법에 관한 간략한 특징을 설명했을 뿐이며 실제로 훨씬 더 고급 수준의 MATLAB 기능은 생략하였다. 좀 더 자세한 MATLAB에 대한 설명을 원한다면 참고문헌 [20]과 [29]를 보기 바란다.

참고문헌

선형대수 및 행렬 이론

[1] Brualdi, Richard A., and Herbert J. Ryser, *Combinatorial Matrix Theory*. New York: Cambridge University Press, 1991.

[2] Carlson, David, Charles R. Johnson, David C. Lay, and A. Duane Porter, *Linear Algebra Gems: Assets for Undergraduate Mathematics*. Washington, DC: MAA, 2001.

[3] Carlson, David, Charles R. Johnson, David C. Lay, A. Duane Porter, AnnWatkins, and William Watkins, eds., *Resources for Teaching Linear Algebra*. Washington, DC: MAA, 1997.

[4] Gantmacher, Felix R., *The Theory of Matrices*, 2 vols. New York: Chelsea Publishing Co., 1960.

[5] Hill, David R., and David E. Zitarelli, *Linear Algebra Labs with MATLAB*, 3rd ed. Upper Saddle River, NJ: Prentice Hall, 2004.

[6] Hogben, Leslie, ed., *Handbook of Linear Algebra*, 2nd ed. Boca Raton, FL: Chapman and Hall/CRC Press, 2013.

[7] Horn, Roger A., and Charles R. Johnson, *Matrix Analysis*, 2nd ed. New York: Cambridge University Press, 2012.

[8] Horn, Roger A., and Charles R. Johnson, *Topics in Matrix Analysis*. New York: Cambridge University Press, 1991.

[9] Keith, Sandra, *Visualizing Linear Algebra Using Maple*. Upper Saddle River, NJ: Prentice Hall, 2001.

[10] Kleinfeld, Erwin, and Margaret Kleinfeld, *Understanding Linear Algebra Using MATLAB*. Upper Saddle River, NJ: Prentice Hall, 2001.

[11] Lancaster, Peter, and M. Tismenetsky, *The Theory of Matrices with Applications*, 2nd ed. New York: Academic Press, 1985.

[12] Leon, Steven J., Eugene Herman, and Richard Faulkenberry, *ATLAST Computer Exercises for Linear Algebra*, 2nd ed. Upper Saddle River, NJ: Prentice Hall, 2003.

[13] Ortega, James M., *Matrix Theory: A Second Course*. New York: Plenum Press, 1987.

[14] Strang, Gilbert, *Essays in Linear Algebra*. Wellesley, MA: Wellesley-Cambridge Press, 2012.

응용 및 수치 선형대수

[15] Anderson, E., Z. Bai, C. Bischof, J. Demmel, J. Dongarra, J. Du Croz, A. Greenbaum, S. Hammarling, A. McKenney, S. Ostrouchov, and D. Sorenson, *LAPACK Users' Guide*, 3rd ed. Philadelphia: SIAM, 1999.

[16] Bellman, Richard, *Introduction to Matrix Analysis*, 2nd ed. New York: McGraw-Hill Book Co., 1970.

[17] Björck, Åke, *Numerical Methods for Least Squares Problems*. Philadelphia: SIAM, 1996.

[18] Björck, Åke, *Numerical Methods in Matrix Computations*, New York: Springer, 2015.

[19] Chan, Raymond H., Chen Grief, and Dianne P. O'Leary, Milestones in *Matrix Computation: The SelectedWorks of Gene H. GolubWith Commentaries*. Oxford: Oxford University Press, 2007.

[20] Coleman, Thomas F., and Charles Van Loan, *Handbook for Matrix Computations*. Philadelphia: SIAM, 1988.

[21] Conte, S. D., and C. deBoor, *Elementary Numerical Analysis: An Algorithmic Approach*, Philadelphia: SIAM, 2017.

[22] Dahlquist, G., and Å. Björck, *Numerical Methods in Scientific Computing*, Vol. 1. Philadelphia: SIAM, 2008.

[23] Datta, Biswa Nath, *Numerical Linear Algebra and Applications*, 2nd ed. Philadelphia: SIAM 2010.

[24] Demmel, James W., *Applied Numerical Linear Algebra*. Philadelphia: SIAM, 1997.

[25] Fletcher, Trevor J., *Linear Algebra Through Its Applications*. New York: Van Nostrand Reinhold, 1972.

[26] Gander, Walter, Martin Gander, and Felix Kwok, *Scientific Computing - An Introduction using Maple and MATLAB*, New York: Springer, 2014

[27] Golub, Gene H., and Charles F. Van Loan, *Matrix Computations*, 4th ed. Baltimore, MD: Johns Hopkins University Press, 2013.

[28] Greenbaum, Anne, *Iterative Methods for Solving Linear Systems*. Philadelphia: SIAM, 1997.

[29] Higham, Desmond J., and Nicholas J. Higham, *MATLAB Guide*. Philadelphia: SIAM, 2000.

[30] O'Leary, Dianne P., *Scientific Computing with Case Studies*. Philadelphia: SIAM, 2009.

[31] Parlett, Beresford N., *The Symmetric Eigenvalue Problem*. Philadelphia: SIAM, 1997. (Reprint of Prentice-Hall 1980 edition)

[32] Saad, Yousef, *Iterative Methods for Sparse Linear Systems*, 2nd ed. Philadelphia: SIAM, 2003.

[33] Stewart, G. W., *Matrix Algorithms, Volume I: Basic Decompositions*. Philadelphia: SIAM, 1998.

[34] Stewart, G.W., *Matrix Algorithms, Volume II: Eigensystems*. Philadelphia: SIAM, 2001.

[35] Strang, Gilbert, *Essays in Linear Algebra*. Wellesley, MA: Wellesley-Cambridge Press, 2012.

[36] Trefethen, Loyd N., *Numerical Linear Algebra*. Philadelphia: SIAM, 1997.

[37] Watkins, David S., *Fundamentals of Matrix Computation*, 2nd ed. NewYork: John Wiley & Sons, 2002.

[38] Watkins, David S., *The Matrix Eigenvalue Problem GR and Krylov Subspace Methods*, Philadelphia: SIAM, 2007.

[39] Wilkinson, J. H., *The Algebraic Eigenvalue Problem*. New York: Oxford University Press, 1965.

[40] Wilkinson, J. H., and C. Reinsch, *Handbook for Automatic Computation, Vol. II: Linear Algebra*. New York: Springer-Verlag, 1971.

관련 분야 참고도서

[41] Chiang, Alpha C., *Fundamental Methods of Mathematical Economics*. New York: McGraw-Hill Book Co., 1967.

[42] Courant, R., and D. Hilbert, *Methods of Mathematical Physics*, Vol. I. New York: Wiley-Interscience, 1953.

[43] Edwards, Allen L., *Multiple Regression and the Analysis of Variance and Covariance*. New York: W. H. Freeman and Co., 1985.

[44] Gander, Walter, and Jiří Hřebíček, *Solving Problems in Scientific Computing Using Maple and MATLAB*, 4th ed. Berlin: Springer-Verlag, 2004.

[45] Higham, Nicholas J., *Accuracy and Stability of Numerical Algorithms*, 2nd ed. Philadelphia: SIAM, 2002.

[46] Rivlin, Theodore J., *The Chebyshev Polynomials*. New York: Wiley-Interscience, 1974.

[47] Van Loan, Charles, *Computational Frameworks for the Fast Fourier Transform*. Philadelphia: SIAM, 1992.

참고문헌 [5], [12], [20], [29]는 MATLAB 코드를 갖고 있다. 보다 자세한 사항은 다음 참고문헌에 포함되어 있다: [4], [7], [23], [27], [31], [32], [39].

선택된 문제의 해답

1장

1.1 1. (a) $(4,3)$; (b) $(1,2,7)$; (c) $(1,0,-1,2)$;
(d) $(\frac{1}{2},-\frac{1}{2},\frac{1}{4},\frac{1}{3},0)$

2. (a) $\begin{bmatrix}1&1\\0&2\end{bmatrix}$; (b) $\begin{bmatrix}1&1&1\\0&2&1\\0&0&2\end{bmatrix}$;

(c) $\begin{bmatrix}1&2&3&4\\0&7&-1&2\\0&0&1&-4\\0&0&0&4\end{bmatrix}$

3. (a) 하나의 해. 두 직선이 점 (3, 1)에서 교차한다.
(b) 해 없음. 직선들이 평행하다.
(c) 무한히 많은 해가 있음. 두 식 모두 똑같은 직선을 나타낸다.
(d) 해 없음. 각 직선들의 쌍은 한 점을 교차한다. 하지만 세 직선 모두가 지나는 점은 존재하지 않는다.

4. (a) $\left[\begin{array}{rr|r}1&1&4\\1&-1&2\end{array}\right]$; (c) $\left[\begin{array}{rr|r}2&-1&3\\-4&2&-6\end{array}\right]$;

(d) $\left[\begin{array}{rr|r}1&1&1\\1&-1&1\\-1&3&3\end{array}\right]$

6. (a) $(5,-6)$; (b) $(3,7)$; (c) $(\frac{3}{7},\frac{4}{7})$;
(d) $(1,-2,3)$; (e) $(-4,2,5)$;
(f) $(1,2,-1)$; (g) $(0,1,1)$;
(h) $(1,2,3,-4)$

7. (a) $(2,3)$; (b) $(3,2)$

8. (a) $(1,2,-1)$; (b) $(2,3,-1)$

1.2 1. 행 사다리꼴 형태 : (a), (c), (d), (g), (h)
감소된 행 사다리꼴 형태 : (c), (d), (g)

2. (a) 모순이 아님, $(10,3)$;
(c) 모순이 아님, $(3,0,-2)$;
(d) 모순이 아님, 무한히 많은 해를 가짐;
(e) 모순임;
(f) 모순이 아님, $(0,0,2)$

3. (b) $\{(\alpha,-3,15)\mid\alpha$는 실수$\}$;
(c) $\emptyset$;
(d) $\{(2\alpha+5,\alpha,-1)\mid\alpha$는 실수$\}$;
(e) $\{(6\alpha+5\beta,\alpha,-3\beta-6,\beta)\mid\alpha,\beta$는 실수$\}$;
(f) $\{(-2\alpha-\beta,\alpha,\beta,3)\mid\alpha,\beta$는 실수$\}$

4. (a) x_1,x_2,x_3는 선도 변수이다.
(c) x_1,x_3는 선도 변수이고 x_2는 자유 변수이다.
(e) x_1,x_4는 선도 변수이고 x_2,x_3는 자유 변수이다.

5. (a) $(7,-3)$ (b) 모순임 (c) $(0,0)$
(d) $\left\{\left(\frac{8}{5}\alpha+\frac{9}{5},-\frac{1}{5}\alpha+\frac{2}{5},\alpha\right)\middle|\,\alpha\text{는 실수}\right\}$;
(e) $\left\{\left(-\frac{7}{11}\alpha-1,\frac{1}{11}\alpha+2,\alpha\right)\middle|\,\alpha\text{는 실수}\right\}$;
(f) 모순임; (g) $(-3,4,-\frac{1}{2},-\frac{1}{2})$;
(h) 모순임; (i) $(-1,2,-1)$;
(j) $\left\{\left(\alpha+4,\frac{4}{5}\alpha+\frac{2}{5},-\frac{2}{5}\alpha+\frac{4}{5},\alpha\right)\middle|\,\alpha\text{는 실수}\right\}$;
(k) $\{(\alpha-9,-2\alpha+12,\alpha,0)|\alpha$는 실수$\}$;

6. (a) $(1,-1)$;
(b) $\{(1,4-\alpha,-1,\alpha)\}$;
(d) $\{(-\frac{14}{25}\alpha+\frac{24}{25},-\frac{2}{25}\alpha+\frac{7}{25},-\frac{1}{5}\alpha+\frac{6}{5},\alpha)\mid\alpha$는 실수$\}$

8. $a\neq-4$

9. (b) $\beta=2$

10. (a) $a=5,b=4$; (b) $a=5,b\neq4$

11. (a) $(-2,2)$; (b) $(-7,4)$

12. (a) $(-3,2,1)$; (b) $(2,-2,1)$

15. $x_1 = 280, x_2 = 230, x_3 = 350, x_4 = 590$

19. $x_1 = 2,\ x_2 = 3,\ x_3 = 12,\ x_4 = 6$

20. 6몰의 N_2, 18몰의 H_2, 21몰의 O_2

21. 세 변수 모두 같아야 한다. 즉, $x_1 = x_2 = x_3$

22. (a) $(5, 3, -2)$; (b) $(2, 4, 2)$;
(c) $(2, 0, -2, -2, 0, 2)$

1.3 1. (a) $\begin{bmatrix} 6 & 2 & 8 \\ -4 & 0 & 2 \\ 2 & 4 & 4 \end{bmatrix}$;

(b) $\begin{bmatrix} 4 & 1 & 6 \\ -5 & 1 & 2 \\ 3 & -2 & 3 \end{bmatrix}$;

(c) $\begin{bmatrix} 3 & 2 & 2 \\ 5 & -3 & -1 \\ -4 & 16 & 1 \end{bmatrix}$;

(d) $\begin{bmatrix} 3 & 5 & -4 \\ 2 & -3 & 16 \\ 2 & -1 & 1 \end{bmatrix}$;

(f) $\begin{bmatrix} 5 & 5 & 8 \\ -10 & -1 & -9 \\ 15 & 4 & 6 \end{bmatrix}$;

(h) $\begin{bmatrix} 5 & -10 & 15 \\ 5 & -1 & 4 \\ 8 & -9 & 6 \end{bmatrix}$

2. (a) $\begin{bmatrix} 15 & 19 \\ 4 & 0 \end{bmatrix}$; (c) $\begin{bmatrix} 19 & 21 \\ 17 & 21 \\ 8 & 10 \end{bmatrix}$;

(f) $\begin{bmatrix} 6 & 4 & 8 & 10 \\ -3 & -2 & -4 & -5 \\ 9 & 6 & 12 & 15 \end{bmatrix}$

(b)와 (e)는 불가능이다.

3. (a) 3×3; (b) 1×2

4. (a) $\begin{bmatrix} 1 & -2 \\ 2 & 4 \end{bmatrix} \begin{bmatrix} x_1 \\ x_2 \end{bmatrix} = \begin{bmatrix} 3 \\ -6 \end{bmatrix}$;

(b) $\begin{bmatrix} 2 & 1 & -1 \\ 1 & 2 & 2 \\ 1 & 0 & -1 \end{bmatrix} \begin{bmatrix} x_1 \\ x_2 \\ x_3 \end{bmatrix} = \begin{bmatrix} -1 \\ 0 \\ 2 \end{bmatrix}$;

(c) $\begin{bmatrix} 1 & 1 & -1 \\ 2 & -1 & 3 \\ 3 & -7 & 9 \end{bmatrix} \begin{bmatrix} x_1 \\ x_2 \\ x_3 \end{bmatrix} = \begin{bmatrix} -1 \\ 1 \\ 2 \end{bmatrix}$

9. (a) $\mathbf{b} = 2\mathbf{a}_1 + 3\mathbf{a}_2$

10. (a) 모순임 (b) 모순이 아님
(c) 모순임

13. (b) $\mathbf{b} = (8, -7, -1, 7)^T$

14. $\mathbf{w} = (\frac{1}{2}, \frac{1}{3}, \frac{1}{6})^T$, $\mathbf{r} = (\frac{43}{120}, \frac{45}{120}, \frac{32}{120})^T$

18. $b = a_{22} - \dfrac{a_{12}a_{21}}{a_{11}}$

1.4 7. $A^2 = \begin{bmatrix} 2 & -1 \\ 2 & -1 \end{bmatrix}$, $A^3 = \begin{bmatrix} 2 & -1 \\ 2 & -1 \end{bmatrix}$,
$A^n = \begin{bmatrix} 2 & -1 \\ 2 & -1 \end{bmatrix}$

8. $A^{2n} = I, A^{2n+1} = A$

13. (a) $\begin{bmatrix} -\frac{1}{3} & \frac{2}{3} \\ \frac{2}{3} & -\frac{1}{3} \end{bmatrix}$; (c) $\begin{bmatrix} -2 & 1 \\ \frac{3}{2} & -\frac{1}{2} \end{bmatrix}$

31. 결혼한 여성 4500, 혼자인 여성 5500

32. (b) V_2로부터 V_3까지 길이 2로 0걸음과 V_2로부터 V_5까지 길이 2로 3걸음
(c) V_2로부터 V_3까지 길이 3으로 6걸음과 V_2로부터 V_5까지 길이 3으로 2걸음

33. (a) $A = \begin{bmatrix} 0 & 1 & 0 & 1 & 0 \\ 1 & 0 & 1 & 1 & 0 \\ 0 & 1 & 0 & 0 & 0 \\ 1 & 1 & 0 & 0 & 1 \\ 0 & 0 & 0 & 1 & 0 \end{bmatrix}$;

(c) V_2로부터 V_4까지 길이 3으로 5걸음과 길이 3 또는 작게 7걸음

1.5 1. (a) 형태 I (b) 기본 행렬이 아님
(c) 형태 III (d) 형태 II

3. (a) $\begin{bmatrix} -2 & 0 \\ 0 & 2 \end{bmatrix}$; (b) $\begin{bmatrix} 0 & 0 & 1 \\ 0 & 1 & 0 \\ 1 & 0 & 0 \end{bmatrix}$;

(c) $\begin{bmatrix} 1 & 0 & 0 \\ 0 & 1 & 2 \\ 0 & 0 & 1 \end{bmatrix}$

4. (a) $\begin{bmatrix} 1 & 0 & 0 \\ 0 & 2 & 0 \\ 0 & 0 & 1 \end{bmatrix}$; (b) $\begin{bmatrix} 0 & -1 \\ -1 & 0 \end{bmatrix}$;

(c) $\begin{bmatrix} 0 & 1 & 0 \\ 1 & 0 & 0 \\ 0 & 0 & 1 \end{bmatrix}$

5. (a) $E = \begin{bmatrix} 1 & 0 & 0 \\ 0 & 1 & 0 \\ 1 & 0 & 1 \end{bmatrix}$;

(b) $F = \begin{bmatrix} 1 & 0 & -1 \\ 0 & 1 & 0 \\ 0 & 0 & 1 \end{bmatrix}$

6. (a) $E_1 = \begin{bmatrix} 1 & 0 & 0 \\ 3 & 1 & 0 \\ 0 & 0 & 1 \end{bmatrix}$;

(b) $E_2 = \begin{bmatrix} 1 & 0 & 0 \\ 0 & 1 & 0 \\ 2 & 0 & 1 \end{bmatrix}$;

(c) $E_3 = \begin{bmatrix} 1 & 0 & 0 \\ 0 & 1 & 0 \\ 0 & -1 & 1 \end{bmatrix}$

8. (a) $\begin{bmatrix} 1 & 0 \\ 3 & 1 \end{bmatrix} \begin{bmatrix} 3 & 1 \\ 0 & 2 \end{bmatrix}$;

(c) $\begin{bmatrix} 1 & 0 & 0 \\ 3 & 1 & 0 \\ -2 & 2 & 1 \end{bmatrix} \begin{bmatrix} 1 & 1 & 1 \\ 0 & 2 & 3 \\ 0 & 0 & 3 \end{bmatrix}$

9. (b) (i) $(0, -1, 1)^T$, (ii) $(-4, -2, 5)^T$, (iii) $(0, 3, -2)^T$

10. (a) $\begin{bmatrix} 0 & 1 \\ 1 & 1 \end{bmatrix}$; (b) $\begin{bmatrix} 3 & -5 \\ -1 & 2 \end{bmatrix}$;

(c) $\begin{bmatrix} -4 & 3 \\ \frac{3}{2} & -1 \end{bmatrix}$; (d) $\begin{bmatrix} \frac{1}{3} & 0 \\ -1 & \frac{1}{3} \end{bmatrix}$;

(f) $\begin{bmatrix} 3 & 0 & -5 \\ 0 & \frac{1}{3} & 0 \\ -1 & 0 & 2 \end{bmatrix}$;

(g) $\begin{bmatrix} 2 & -3 & 3 \\ -\frac{3}{5} & \frac{6}{5} & -1 \\ -\frac{2}{5} & -\frac{1}{5} & 0 \end{bmatrix}$;

(h) $\begin{bmatrix} -\frac{1}{2} & -1 & -\frac{1}{2} \\ -2 & -1 & -1 \\ \frac{3}{2} & 1 & \frac{1}{2} \end{bmatrix}$

11. (a) $\begin{bmatrix} \frac{1}{5} & 4 \\ \frac{1}{5} & -1 \end{bmatrix}$; (b) $\begin{bmatrix} \frac{3}{5} & \frac{1}{5} \\ \frac{4}{5} & -\frac{7}{5} \end{bmatrix}$

12. (a) $\begin{bmatrix} 20 & -5 \\ -34 & 7 \end{bmatrix}$; (c) $\begin{bmatrix} 0 & -2 \\ -2 & 2 \end{bmatrix}$

1.6 1. (b) $\begin{bmatrix} I \\ A^{-1} \end{bmatrix}$; (c) $\begin{bmatrix} A^TA & A^T \\ A & I \end{bmatrix}$;

(d) $AA^T + I$; (e) $\begin{bmatrix} I & A^{-1} \\ A & I \end{bmatrix}$

3. (a) $A\mathbf{b}_1 = \begin{bmatrix} 5 \\ -5 \end{bmatrix}$, $A\mathbf{b}_2 = \begin{bmatrix} 3 \\ 4 \end{bmatrix}$;

(b) $\vec{\mathbf{a}_1}B = \begin{bmatrix} 5 & 3 \end{bmatrix}$, $\vec{\mathbf{a}_2}B = \begin{bmatrix} -5 & 4 \end{bmatrix}$;

(c) $AB = \begin{bmatrix} 5 & 3 \\ -5 & 4 \end{bmatrix}$

4. (a) $\left[\begin{array}{cc|cc} 1 & 0 & 0 & 1 \\ 2 & 1 & 1 & 3 \\ \hline 1 & 2 & 3 & 1 \\ 1 & 2 & 0 & 0 \end{array}\right]$;

(c) $\left[\begin{array}{cc|cc} 3 & 6 & 9 & 3 \\ 3 & 6 & 0 & 0 \\ \hline 1 & 0 & 0 & 1 \\ 2 & 1 & 1 & 3 \end{array}\right]$;

(d) $\left[\begin{array}{cc|cc} 1 & 2 & 0 & 0 \\ 1 & 2 & 3 & 1 \\ \hline 2 & 1 & 1 & 3 \\ 1 & 0 & 0 & 1 \end{array}\right]$

(c) $AB = \begin{bmatrix} 5 & 3 \\ -5 & 4 \end{bmatrix}$

4. (a) $\left[\begin{array}{cc|cc} 1 & 0 & 0 & 1 \\ 2 & 1 & 1 & 3 \\ \hline 1 & 2 & 3 & 1 \\ 1 & 2 & 0 & 0 \end{array}\right]$;

(c) $\left[\begin{array}{cc|cc} 3 & 6 & 9 & 3 \\ 3 & 6 & 0 & 0 \\ \hline 1 & 0 & 0 & 1 \\ 2 & 1 & 1 & 3 \end{array}\right]$;

(d) $\left[\begin{array}{cc|cc} 1 & 2 & 0 & 0 \\ 1 & 2 & 3 & 1 \\ \hline 2 & 1 & 1 & 3 \\ 1 & 0 & 0 & 1 \end{array}\right]$

5. (b) $\left[\begin{array}{ccc|c} 10 & -3 & 3 & 5 \\ 8 & -3 & 6 & 4 \\ 8 & -4 & 12 & 4 \\ \hline 2 & -1 & 3 & 1 \end{array}\right]$;

(d) $\left[\begin{array}{cc} 3 & -8 \\ 2 & -9 \\ 1 & 0 \\ \hline 5 & -6 \\ 4 & -7 \end{array}\right]$

13. $A^2 = \begin{bmatrix} B & O \\ O & B \end{bmatrix}$, $A^4 = \begin{bmatrix} B^2 & O \\ O & B^2 \end{bmatrix}$

14. (a) $\begin{bmatrix} O & I \\ I & O \end{bmatrix}$; (b) $\begin{bmatrix} I & O \\ -B & I \end{bmatrix}$

CHAPTER TEST A

1. 거짓 2. 참 3. 참 4. 참 5. 거짓 6. 거짓
7. 거짓 8. 거짓 9. 거짓 10. 참 11. 참
12. 참 13. 참 14. 거짓 15. 참

14. 거짓 15. 참

2장

2.1 1. (a) $\det(M_{21}) = -11$, $\det(M_{22}) = 19$, $\det(M_{23}) = 14$;
(b) $A_{21} = 11, A_{22} = 19, A_{23} = -14$

2. (a)와 (c)가 비특이

3. (a) -2 (b) 28 (c) 0 (d) 0
(e) 6 (f) 77 (g) 0 (h) -192

4. (a) -27 (b) 10 (c) 0 (d) 0

5. $-x^3 + ax^2 + bx + c$

6. $\lambda = 6$ 또는 -1

2.2 1. (a) 1; (b) 3; (c) -1

2. (a) 123 (b) 246

3. (b)와 (d)는 특이, (a), (c), (e), (f)는 비특이

4. $c = 4$ 또는 -2

7. (a) 24; (b) 648; (c) 750; (d) $\frac{1}{24}$

9. (a) -6; (c) 6; (e) 1

13. $\det(A) = u_{11}u_{22}u_{33}$

2.3 1. (a) $\det(A) = -5$, $\operatorname{adj} A = \begin{bmatrix} -3 & -4 \\ -2 & -1 \end{bmatrix}$,
$A^{-1} = -\frac{1}{5}\operatorname{adj} A$

(c) $\det(A) = -19$, $\operatorname{adj} A = \begin{bmatrix} -13 & 9 & 1 \\ -5 & 2 & -4 \\ 6 & -10 & 1 \end{bmatrix}$,
$A^{-1} = -\frac{1}{19}\operatorname{adj} A$

2. (a) $(\frac{1}{2}, \frac{1}{3})$; (b) $(-\frac{1}{27}, \frac{47}{27})$;
(c) $(2, 0, -9)$; (d) $(\frac{20}{9}, \frac{23}{9}, \frac{2}{9})$;
(e) $(-\frac{1}{2}, \frac{9}{4}, \frac{3}{4}, \frac{13}{4})$

3. 1

4. $(0, 1, -\frac{1}{2})^T$

5. (a) $\det(A) = -4$, 비특이
(b) $\operatorname{adj} A = \begin{bmatrix} -5 & -2 & 11 \\ -2 & 0 & 2 \\ 9 & 2 & -19 \end{bmatrix}$ 그리고
$A \operatorname{adj} A = \begin{bmatrix} -4 & 0 & 0 \\ 0 & -4 & 0 \\ 0 & 0 & -4 \end{bmatrix}$

9. (a) $\det(\operatorname{adj}(A)) = 8$ 그리고 $\det(A) = 2$
(b) $A = \begin{bmatrix} 1 & 0 & 0 & 0 \\ 0 & 4 & -1 & 1 \\ 0 & -6 & 2 & -2 \\ 0 & 1 & 0 & 1 \end{bmatrix}$

14. 과제로 해 볼 것

CHAPTER TEST A

1. 참 2. 거짓 3. 거짓 4. 참 5. 거짓
6. 참 7. 참 8. 참 9. 거짓 10. 참

3장

3.1 1. (a) $\|\mathbf{x}_1\| = 10$, $\|\mathbf{x}_2\| = \sqrt{17}$;
(b) $\|\mathbf{x}_3\| = 13 < \|\mathbf{x}_1\| + \|\mathbf{x}_2\|$

2. (a) $\|\mathbf{x}_1\| = \sqrt{5}$, $\|\mathbf{x}_2\| = 3\sqrt{5}$;
(b) $\|\mathbf{x}_3\| = 4\sqrt{5} = \|\mathbf{x}_1\| + \|\mathbf{x}_2\|$

7. 벡터공간 모든 x에 대해 $\mathbf{x} + \mathbf{y} = \mathbf{x}$이면, $\mathbf{0} = \mathbf{0} + \mathbf{y} = \mathbf{y}$이다.

8. $\mathbf{x} + \mathbf{y} = \mathbf{x} + \mathbf{z}$이면 $-\mathbf{x} + (\mathbf{x} + \mathbf{y}) = -\mathbf{x} + (\mathbf{x} + \mathbf{z})$이고 공리 1, 2, 3, 4를 사용하여 결론을 내린다.

11. V는 벡터공간이 아니다. 공리 6은 성립하지 않는다.

3.2 1. (a), (c)는 부분공간이고 (b), (d), (e)는 아니다.

2. (b), (c)는 부분공간이고 (a), (d)는 아니다.

3. (a), (c), (e), (f)는 부분공간이고 (b), (d), (g)는 아니다.

4. (a) $\{(0, 0)^T\}$;
(b) Span($(-4, 5, 1, 0)$T, $(4, -5, 0, 1)^T$);
(c) Span($(-15, 8, 1)^T$);
(d) Span($(2, 0, 2, 1)^T$)

5. 단지, (c) 부분에 있는 집합이 P_4의 부분공간이다.

6. (a), (b), (d)는 부분공간

11. (b), (c), (d), (e)는 생성 집합

12. (b), (c). (d)는 생성 집합

20. (b), (c)

3.3 1. (b), (e)는 선형 독립. (a), (c), (d)는 선형 종속

2. (c), (d, (e)는 선형 독립. (a), (b)는 선형 종속

3. (a) $(0, 0, 0)$을 통과하는 평면
(b) 3-공간;
(c) 3-공간;
(d) 3-공간;
(e) $(0, 0, 0)$을 통과하는 평면

4. (a) 선형 독립;

(b) 선형 독립;

(c) 선형 종속

8. (a), (b)는 선형 종속. (c), (d)는 선형 독립.

11. α가 $\pi/2$의 홀수 배수일 때. $y = \cos x$의 그래프가 $\pi/2$의 홀수 배수만큼 왼쪽이나 오른쪽으로 이동하면 $\sin x$ 또는 $-\sin x$의 그래프를 얻는다.

3.4 1. 오직 (b)와 (e) 부분에서만 기저를 형성

2. 오직 (c)와 (d) 부분에서만 기저를 형성

3. (c) 2

4. 1

5. (c) 2;

(d) a plane through $(0, 0, 0)$ in 3-space

6. (b) $\{(1, 1, 1)^T\}$, dimension 1;

(c) $\{(1, 0, 1)^T, (0, 1, 1)^T\}$, dimension 2

7. basis $\{(1, 1, 0, 0)^T, (1, -1, 1, 0)^T, (0, 2, 0, 1)^T\}$

11. $\{x^2 + 2, x + 3\}$

12. (a) $\{E_{11}, E_{22}\}$; (c) $\{E_{11}, E_{21}, E_{22}\}$;

(e) $\{E_{12}, E_{21}, E_{22}\}$;

(f) $\{E_{11}, E_{22}, E_{21} + E_{12}\}$

13. 2

14. (a) 3; (b) 3; (c) 2; (d) 2

15. (a) $\{x, x^2\}$; (b) $\{x - 1, (x - 1)^2\}$;

(c) $\{x(x - 1)\}$

3.5 1. (a) $\begin{pmatrix} 1 & 1 \\ -1 & 2 \end{pmatrix}$; (b) $\begin{pmatrix} 2 & 4 \\ 3 & 7 \end{pmatrix}$;

(c) $\begin{pmatrix} 1 & 0 \\ 0 & 1 \end{pmatrix}$

2. (a) $\begin{pmatrix} \frac{2}{3} & -\frac{1}{3} \\ \frac{1}{3} & \frac{1}{3} \end{pmatrix}$; (b) $\begin{pmatrix} \frac{7}{2} & -2 \\ -\frac{3}{2} & 1 \end{pmatrix}$;

(c) $\begin{pmatrix} 1 & 0 \\ 0 & 1 \end{pmatrix}$

3. (a) $\begin{pmatrix} \frac{7}{3} & \frac{5}{3} \\ \frac{8}{3} & \frac{4}{3} \end{pmatrix}$; (b) $\begin{pmatrix} \frac{23}{2} & \frac{17}{2} \\ -\frac{9}{2} & -\frac{7}{2} \end{pmatrix}$;

(c) $\begin{pmatrix} 5 & 3 \\ 3 & 1 \end{pmatrix}$

4. $[\mathbf{x}]_E = (-1, 1)^T$, $[\mathbf{y}]_E = (1, -1)^T$, $[\mathbf{z}]_E = (-2, 3)^T$

5. (a) $\begin{pmatrix} 2 & 0 & -1 \\ -1 & 2 & -1 \\ 0 & -1 & 1 \end{pmatrix}$; (b) $(1, -4, 3)^T$;

(c) $(0, -1, 1)^T$; (d) $(2, 2, -1)^T$

6. (a) $\begin{pmatrix} 1 & -1 & -2 \\ 1 & 1 & 0 \\ 1 & 0 & 1 \end{pmatrix}$; (b) $\begin{pmatrix} 7 \\ 5 \\ -2 \end{pmatrix}$

7. $\mathbf{w}_1 = (2, 0)^T$ 그리고 $\mathbf{w}_2 = (-3, 1)^T$

8. $\mathbf{u}_1 = (4, 9)^T$ 그리고 $\mathbf{u}_2 = (-3, -7)^T$

9. (a) $\begin{pmatrix} 2 & 2 \\ -1 & 1 \end{pmatrix}$; (b) $\begin{pmatrix} \frac{1}{4} & -\frac{1}{2} \\ \frac{1}{4} & \frac{1}{2} \end{pmatrix}$

10. $\begin{pmatrix} 0 & 0 & 1 \\ 0 & \frac{1}{2} & -1 \\ 1 & -\frac{1}{2} & 0 \end{pmatrix}$

3.6 2. (a) 3; (b) 2; (c) 2

3. (a) $\mathbf{u}_2, \mathbf{u}_4, \mathbf{u}_5$는 자유 변수에 해당하는 U의 열 벡터

$\mathbf{u}_2 = 2\mathbf{u}_1, \mathbf{u}_4 = 5\mathbf{u}_1 - \mathbf{u}_3, \mathbf{u}_5 = -3\mathbf{u}_1 + 2\mathbf{u}_3$

4. (a) 모순 아님; (b) 모순;

(e) 모순 아님

5. (a) 무한히 많은 해를 가짐;

(c) 유일한 해

8. A의 랭크는 3; $\dim N(B) = 1$;

18. (b) $n - 1$

32. 만일 $\mathbf{x}_j$가 $j = 1, \ldots, m$에 대한 $A\mathbf{x} = \mathbf{e}_j$의 해이고 $X = (\mathbf{x}_1, \mathbf{x}_2, \ldots, \mathbf{x}_m)$이면, $AX = I_m$이다.

CHAPTER TEST A

1. 참 2. 거짓 3. 거짓 4. 거짓 5. 참 6. 참
7. 거짓 8. 참 9. 참 10. 거짓 11. 참 12. 거짓
13. 참 14. 거짓 15. 거짓

4장

4.1 1. (a) x_2 축에 대한 반사

(b) 원점에 대한 반사

(c) $x_2 = x_1$ 직선에 대한 반사

(d) 벡터의 길이가 반으로 줄어든다.

(e) x_2 축으로의 투영

4. $(7, -14)^T$

5. (c)와 (d)를 제외한 모든 것은 $\mathbb{R}^3$에서 $\mathbb{R}^2$로의 선형 변환이다.

6. (b) 및 (d)는 $\mathbb{R}^2$에서 $\mathbb{R}^3$로의 선형 변환이다.

7. (a), (b), (d)는 선형 변환이다.

9. (a) 및 (c)는 P_2에서 P_3로의 선형 변환이다.

10. $L(e^x) = e^x - 1, L(x_2) = x^3/3.$

11. (a) 및 (c)는 $C[0, 1]$에서 R^1으로의 선형 변환이다.

17. (a) $\ker(L) = \{\mathbf{0}\}, L(R^3) = R^3$;
    (c) $\ker(L) = \text{Span}(\mathbf{e}_2, \mathbf{e}_3)$,
    $L(R^3) = \text{Span}((1, 1, 1)^T)$

18. (a) $L(S) = \text{Span}(\mathbf{e}_2, \mathbf{e}_3)$;
    (b) $L(S) = \text{Span}(\mathbf{e}_1, \mathbf{e}_2)$

19. (a) $\ker(L) = P_1, L(P_3) = \text{Span}(x_2, x)$;
    (c) $\ker(L) = \text{Span}(x^2 - x), L(P_3) = P_2$

23. (a) 부분의 연산자는 일대일 대응이다.

4.2 1. (a) $\begin{bmatrix} -1 & 0 \\ 0 & 1 \end{bmatrix}$; (c) $\begin{bmatrix} 0 & 1 \\ 1 & 0 \end{bmatrix}$;
(d) $\begin{bmatrix} \frac{1}{2} & 0 \\ 0 & \frac{1}{2} \end{bmatrix}$; (e) $\begin{bmatrix} 0 & 0 \\ 0 & 1 \end{bmatrix}$

2. (a) $\begin{bmatrix} 0 & 0 & 1 \\ 0 & 0 & 1 \end{bmatrix}$; (b) $\begin{bmatrix} 1 & 1 & 1 \\ 0 & 0 & 0 \end{bmatrix}$;
(c) $\begin{bmatrix} 3 & 0 & 0 \\ 0 & -2 & 0 \end{bmatrix}$

3. (a) $\begin{bmatrix} 1 & 1 & 0 \\ 0 & 1 & 1 \\ 1 & 0 & 1 \end{bmatrix}$; (b) $\begin{bmatrix} 1 & 0 & 0 \\ 2 & 0 & 0 \\ 3 & 0 & 0 \end{bmatrix}$;
(c) $\begin{bmatrix} 1 & 0 & 0 \\ 0 & 0 & -4 \\ 0 & 1 & 2 \end{bmatrix}$

4. (a) $(0, 2, 0)^T$; (b) $(-4, 3, -7)^T$;
(c) $(11, 12, -2)^T$

5. (a) $\begin{bmatrix} \frac{1}{\sqrt{2}} & \frac{1}{\sqrt{2}} \\ -\frac{1}{\sqrt{2}} & \frac{1}{\sqrt{2}} \end{bmatrix}$; (b) $\begin{bmatrix} 0 & 1 \\ 1 & 0 \end{bmatrix}$;
(c) $\begin{bmatrix} \sqrt{3} & -1 \\ 1 & \sqrt{3} \end{bmatrix}$; (d) $\begin{bmatrix} 0 & 1 \\ 0 & 0 \end{bmatrix}$

6. $\begin{bmatrix} 1 & 0 \\ 0 & 1 \\ 1 & 1 \end{bmatrix}$

7. (b) $\begin{bmatrix} 0 & 0 & 1 \\ 0 & 1 & -1 \\ 1 & -1 & 0 \end{bmatrix}$

8. (a) $\begin{bmatrix} 1 & 0 & 2 \\ 2 & 4 & -2 \\ 2 & 0 & -3 \end{bmatrix}$;
(b) (i) $1\mathbf{y}_1 + 2\mathbf{y}_2 + 2\mathbf{y}_3$, (ii) $9\mathbf{y}_1 - 10\mathbf{y}_2 - 24\mathbf{y}$
(iii) $6\mathbf{y}_1 - 12\mathbf{y}_2 - 24\mathbf{y}_3$

9. (a) 정사각형 (b) (i) 1/2만큼의 축소, (ii) 45°시계 방향 회전, (iii) 오른쪽으로 2 그리고 아래로3 평행 이동

10. (a) $\begin{bmatrix} -\frac{1}{2} & -\frac{\sqrt{3}}{2} & 0 \\ \frac{\sqrt{3}}{2} & -\frac{1}{2} & 0 \\ 0 & 0 & 1 \end{bmatrix}$;
(b) $\begin{bmatrix} 1 & 0 & -3 \\ 0 & 1 & 5 \\ 0 & 0 & 1 \end{bmatrix}$; (d) $\begin{bmatrix} -1 & 0 & 0 \\ 0 & 1 & 2 \\ 0 & 0 & 1 \end{bmatrix}$

13. $\begin{bmatrix} 1 & \frac{1}{2} \\ 1 & 0 \end{bmatrix}$;

14. $\begin{bmatrix} 1 & \frac{1}{2} & \frac{1}{2} \\ -2 & 0 & 0 \end{bmatrix}$; (a) $\begin{bmatrix} \frac{1}{2} \\ -2 \end{bmatrix}$ (d) $\begin{bmatrix} 5 \\ -8 \end{bmatrix}$

15. $\begin{bmatrix} 1 & 1 & 0 \\ 0 & 1 & 2 \\ 0 & 0 & 1 \end{bmatrix}$;

18. (a) $\begin{bmatrix} -1 & -3 & 1 \\ 0 & 2 & 0 \end{bmatrix}$; (c) $\begin{bmatrix} 2 & -2 & -4 \\ -1 & 3 & 3 \end{bmatrix}$

4.3 1. 행렬 A의 경우 4.2절 연습문제 1에 대한 답변을 참조하라.
(a) $B = \begin{bmatrix} 0 & 1 \\ 1 & 0 \end{bmatrix}$; (b) $B = \begin{bmatrix} -1 & 0 \\ 0 & -1 \end{bmatrix}$;
(c) $B = \begin{bmatrix} 1 & 0 \\ 0 & -1 \end{bmatrix}$; (d) $B = \begin{bmatrix} \frac{1}{2} & 0 \\ 0 & \frac{1}{2} \end{bmatrix}$;
(e) $B = \begin{bmatrix} \frac{1}{2} & \frac{1}{2} \\ \frac{1}{2} & \frac{1}{2} \end{bmatrix}$

2. (a) $\begin{bmatrix} 1 & -3 \\ -1 & 5 \end{bmatrix}$; (b) $\begin{bmatrix} -7 & -4 \\ 12 & 7 \end{bmatrix}$

3. $B = A = \begin{bmatrix} 2 & -1 & -1 \\ -1 & 2 & -1 \\ -1 & -1 & 2 \end{bmatrix}$

(참고: 이 경우 행렬 A와 U는 교환법식이 성립한다; 따라서 $B = U^{-1}AU = U^{-1}UA = A$.)

4. $V = \begin{bmatrix} 1 & 0 & 1 \\ 2 & 3 & 0 \\ 0 & -1 & 1 \end{bmatrix}$, $B = \begin{bmatrix} -1 & -8 & 6 \\ -1 & 3 & -4 \\ 2 & 7 & -4 \end{bmatrix}$

5. (a) $\begin{bmatrix} 0 & 0 & 2 \\ 0 & 1 & 0 \\ 0 & 0 & 2 \end{bmatrix}$; (b) $\begin{bmatrix} 0 & 0 & 0 \\ 0 & 1 & 0 \\ 0 & 0 & 2 \end{bmatrix}$;

(c) $\begin{bmatrix} 1 & 0 & 1 \\ 0 & 1 & 0 \\ 0 & 0 & 1 \end{bmatrix}$; (d) $a_1x + a_2 2^n(1 + x^2)$

6. (a) $\begin{bmatrix} 1 & 0 & 0 \\ 0 & 1 & 1 \\ 0 & 1 & -1 \end{bmatrix}$; (b) $\begin{bmatrix} 0 & 0 & 0 \\ 0 & 0 & 1 \\ 0 & 1 & 0 \end{bmatrix}$;

(c) $\begin{bmatrix} 0 & 0 & 0 \\ 0 & 1 & 0 \\ 0 & 0 & -1 \end{bmatrix}$

CHAPTER TEST A

1. 거짓 2. 참 3. 참 4. 거짓 5. 거짓
6. 참 7. 참 8. 참 9. 참 10. 거짓

5장

5.1 1. (a) $0°$; (b) $53.13°$

2. (a) $\frac{52}{\sqrt{104}}$ (스칼라 투영), $(1, 3, 4)^T$(벡터 투영)

(b) $\frac{6}{\sqrt{10}}, \left(\frac{3}{5}, \frac{9}{5}\right)^T$; (c) $0, \mathbf{0}$;

(d) $\frac{13}{\sqrt{26}}, \left(\frac{3}{2}, 2, \frac{1}{2}\right)^T$

3. (a) $\mathbf{p} = (3, 0)^T, \mathbf{x} - \mathbf{p} = (0, 4)^T$,
$\mathbf{p}^T(\mathbf{x} - \mathbf{p}) = 3 \cdot 0 + 0 \cdot 4 = 0$;

(c) $\mathbf{p} = (3, 3, 3)^T, \mathbf{x} - \mathbf{p} = (-1, 1, 0)^T$,
$\mathbf{p}^T(\mathbf{x} - \mathbf{p}) = -1 \cdot 3 + 1 \cdot 3 + 0 \cdot 3 = 0$

5. $(1.8, 3.6)$

6. $(1.4, 3.8)$

7. 0.4

8. (a) $2x + 4y + 3z = 0$; (c) $z - 4 = 0$

9. $6(x - 2) + 16(y - 4) + (z - 1) = 0$

10. $\frac{8}{7}$

20. 소수점 이하 자릿수는 반올림된 원소를 갖는 상관 행렬

$$\begin{bmatrix} 1.00 & -0.04 & 0.41 \\ -0.04 & 1.00 & 0.87 \\ 0.41 & 0.87 & 1.00 \end{bmatrix}$$

5.2 1. (a) $N(A)$에 대한 $\{(-2, 1)^T\}$ 기저,
$\{(1, 2)^T\}$ $R(A^T)$에 대한 기저,
$\{(2, 1)^T\}$ $N(A^T)$에 대한 기저,
$\{(1, -2)^T\}$ $R(A)$에 대한 기저;

(d) $N(A)$에 대한 $\{(0, 0, 0, 0)^T\}$ 기저:
$\{\mathbf{e}_1, \mathbf{e}_2, \mathbf{e}_3, \mathbf{e}_4\}$는 $R(A^T)$의 기저이다.
$N(A^T) = N(A)$ 및 $R(A) = R(A^T)$

2. (a) $\{(1, 1, 0)^T, (-1, 0, 1)^T\}$

3. 직교 보수는 $(5, -7, 3)^T$에 의해 생성된다.

4. $\{(1, -5, 1, -1)^T, (-3, 1, 0, 1)^T\}$는 $S^\perp$에 대한 하나의 기저이다.

6. 아니요, 직교하지 않는다.

10. $\dim N(A) = n - r, \dim N(A^T) = m - r$

5.3 1. (a) $(2, -1)^T$; (c) $(1.8, 3.7, -0.3)^T$

2. (1a) $\mathbf{p} = (3, -1, 0)^T, \mathbf{r} = (0, 0, 3)^T$

(1c) $\mathbf{p} = (5.2, 6.7, 2.4, 3.1)^T$,
$\mathbf{r} = (-1.2, 0.3, 0.6, 0.9)^T$

3. (a) $\{(\frac{1+4\alpha}{2}, \alpha)^T \mid \alpha$는 실수$\}$;

(b) $\{(-\frac{4\alpha}{5}, \frac{3\alpha}{5}, \alpha)^T \mid \alpha$는 실수$\}$

4. (a) $\mathbf{p} = (\frac{3}{2}, 1, -\frac{3}{2})^T, \mathbf{b} - \mathbf{p} = (\frac{3}{2}, 0, \frac{3}{2})^T$;

(b) $\mathbf{p} = (0, 0, 0)^T, \mathbf{b} - \mathbf{p} = (0, 0, 0)^T$

5. (a) $y = 2.4 - 1.3x$

6. $p(x) = 2.15 - 1.55x + 0.25x^2$

14. 최소제곱 원은 중심(1.07, −1.12) 및 반경 2.43(소수점 이하 두 자리까지 반올림)을 가진다.

15. (a) $\mathbf{w} = (0.1995, 0.2599, 0.3412, 0.1995)^T$

(b) $\mathbf{r} = (0.2605, 0.2337, 0.2850, 0.2208)^T$

5.4 1. $\|\mathbf{x}\|_2 = 2, \|\mathbf{y}\|_2 = 6, \|\mathbf{x} + \mathbf{y}\|_2 = 2\sqrt{10}$

2. (a) $\theta = \frac{\pi}{4}$; $\mathbf{p} = (\frac{4}{3}, \frac{1}{3}, \frac{1}{3}, 0)^T$

3. (b) $\|\mathbf{x}\| = \sqrt{\frac{65}{3}}, \|\mathbf{y}\| = \sqrt{\frac{40}{3}}$

4. (a) 0; (b) $\sqrt{28}$; (c) $\sqrt{32}$; (d) $\sqrt{60}$

7. (a) 1; (b) $\frac{1}{\pi}$

8. (a) $\frac{\pi}{6}$; (b) $\mathbf{p} = \frac{3}{2}x$

11. (a) $\frac{\sqrt{10}}{2}$; (b) $\frac{\sqrt{34}}{4}$

15. (a) $\|\mathbf{x}\|_1 = 7, \|\mathbf{x}\|_2 = 5, \|\mathbf{x}\|_\infty = 4$;

(b) $\|\mathbf{x}\|_1 = 8, \|\mathbf{x}\|_2 = \sqrt{50}, \|\mathbf{x}\|_\infty = 7$;

(c) $\|\mathbf{x}\|_1 = 5, \|\mathbf{x}\|_2 = 3, \|\mathbf{x}\|_\infty = 2$

16. $\|\mathbf{x}-\mathbf{y}\|_1 = 13, \|\mathbf{x}-\mathbf{y}\|_2 = \sqrt{91}, \|\mathbf{x}-\mathbf{y}\|_\infty = 9$
그것들은 무한 노옴하에서 가장 가깝고, 1-노옴하에서 가장 멀리 떨어져 있다.

28. (a) 노옴이 아님 (b) 노옴 (c) 노옴

5.5 1. (a)와 (d)

2. (b) $\mathbf{x} = -\frac{\sqrt{2}}{3}\mathbf{u}_1 + \frac{5}{3}\mathbf{u}_2$,
$$\|\mathbf{x}\| = \left[\left(-\frac{\sqrt{2}}{3}\right)^2 + \left(\frac{5}{3}\right)^2\right]^{1/2} = \sqrt{3}$$

3. $\mathbf{p} = (\frac{23}{18}, \frac{41}{18}, \frac{8}{9})^T, \mathbf{p}-\mathbf{x} = (\frac{5}{18}, \frac{5}{18}, -\frac{10}{9})^T$

4. (b) $c_1 = y_1\cos\theta + y_2\sin\theta$,
$c_2 = -y_1\sin\theta + y_2\cos\theta$

6. (a) 15; (b) $\|\mathbf{u}\| = 3, \|\mathbf{v}\| = 5\sqrt{2}$; (c) $\frac{\pi}{4}$

9. (b) (i) 0, (ii) $-\frac{\pi}{2}$, (iii) 0, (iv) $\frac{\pi}{8}$

21. (b) (i) $(-2,-2)^T$, (ii) $(-6,-8)^T$, (iii) $(-6,-2)^T$

22. (a) $P = \begin{bmatrix} \frac{1}{2} & 0 & 0 & \frac{1}{2} \\ 0 & \frac{1}{2} & -\frac{1}{2} & 0 \\ 0 & -\frac{1}{2} & \frac{1}{2} & 0 \\ \frac{1}{2} & 0 & 0 & \frac{1}{2} \end{bmatrix}$;

23. (b) $Q = \begin{bmatrix} \frac{1}{2} & 0 & 0 & -\frac{1}{2} \\ 0 & \frac{1}{2} & \frac{1}{2} & 0 \\ 0 & \frac{1}{2} & \frac{1}{2} & 0 \\ -\frac{1}{2} & 0 & 0 & \frac{1}{2} \end{bmatrix}$

29. (b) $\|1\| = \sqrt{2}, \|x\| = \frac{\sqrt{6}}{3}$; (c) $l(x) = \frac{9}{7}x$

5.6 1. (a) $\left\{\left(\frac{2}{\sqrt{5}}, \frac{1}{\sqrt{5}}\right)^T, \left(\frac{1}{\sqrt{5}}, -\frac{2}{\sqrt{5}}\right)^T\right\}$

(b) $\{(1,0)^T, (0,1)^T\}$

2. (a) $\begin{bmatrix} \frac{2}{\sqrt{5}} & \frac{1}{\sqrt{5}} \\ \frac{1}{\sqrt{5}} & -\frac{2}{\sqrt{5}} \end{bmatrix} \begin{bmatrix} \sqrt{5} & \sqrt{5} \\ 0 & \sqrt{5} \end{bmatrix}$;

(b) $\begin{bmatrix} 1 & 0 \\ 0 & 1 \end{bmatrix} \begin{bmatrix} 1 & 7 \\ 0 & 3 \end{bmatrix}$

3. $\{(\frac{1}{3}, \frac{2}{3}, -\frac{2}{3})^T, (\frac{2}{3}, \frac{1}{3}, \frac{2}{3})^T, (-\frac{2}{3}, \frac{2}{3}, \frac{1}{3})^T\}$

4. $u_1(x) = \frac{1}{\sqrt{2}}, u_2(x) = \frac{\sqrt{6}}{2}x$,
$u_3(x) = \frac{3\sqrt{10}}{4}\left(x^2 - \frac{1}{3}\right)$

5. (a) $\left\{\frac{1}{3}(2,-1,2)^T, \frac{1}{3}(1,-2,-2)^T\right\}$;

(b) $Q = \begin{bmatrix} \frac{2}{3} & \frac{1}{3} \\ -\frac{1}{3} & -\frac{2}{3} \\ \frac{2}{3} & -\frac{2}{3} \end{bmatrix}$; $R = \begin{bmatrix} 3 & 0 \\ 0 & 3 \end{bmatrix}$;

(c) $\mathbf{x} = \begin{bmatrix} -3 \\ 3 \end{bmatrix}$

6. (b) $Q = \begin{bmatrix} -\frac{2}{3} & \frac{2}{3\sqrt{17}} \\ \frac{1}{3} & -\frac{10}{3\sqrt{17}} \\ -\frac{2}{3} & -\frac{7}{3\sqrt{17}} \end{bmatrix}$; $R = \begin{bmatrix} 3 & -8 \\ 0 & \sqrt{17} \end{bmatrix}$;

(c) $\mathbf{x} = \frac{1}{17}\begin{bmatrix} 2 \\ 5 \end{bmatrix}$

7. $\left\{\left(-\frac{1}{\sqrt{2}}, \frac{1}{\sqrt{2}}, 0, 0\right)^T, \left(\frac{\sqrt{2}}{3}, \frac{\sqrt{2}}{3}, -\frac{\sqrt{2}}{2}, \frac{\sqrt{2}}{6}\right)^T\right\}$

8. $\left\{\begin{bmatrix} \frac{4}{5} \\ \frac{2}{5} \\ \frac{2}{5} \\ \frac{1}{5} \end{bmatrix}, \begin{bmatrix} \frac{1}{5} \\ -\frac{2}{5} \\ -\frac{2}{5} \\ \frac{4}{5} \end{bmatrix}, \begin{bmatrix} 0 \\ \frac{1}{\sqrt{2}} \\ -\frac{1}{\sqrt{2}} \\ 0 \end{bmatrix}\right\}$

5.7 1. (a) $T_4 = 8x^4 - 8x^2 + 1, T_5 = 16x^5 - 20x^3 + 5x$;
(b) $H_4 = 16x^4 - 48x^2 + 12$,
$H_5 = 32x^5 - 160x^3 + 120x$

2. $p_1(x) = x, p_2(x) = x^2 - \frac{4}{\pi} + 1$

4. $p(x) = (\sinh 1)P_0(x) + \frac{3}{e}P_1(x) +$
$5\left(\sinh 1 - \frac{3}{e}\right)P_2(x)$
$p(x) \approx 0.9963 + 1.1036x + 0.5367x^2$

6. (a) $U_0 = 1, U_1 = 2xU_2 = 4x^2 - 1$

11. $p(x) = (x-2)(x-3) + (x-1)(x-3) +$
$2(x-1)(x-2)$

13. $1 \cdot f\left(-\frac{1}{\sqrt{3}}\right) + 1 \cdot f\left(\frac{1}{\sqrt{3}}\right)$

14. (a) 3도 이하; (b) 공식은 첫 번째 적분에 대한 정확한 답을 제공함. 두 번째 적분에 대한 대략적인 값은 1.5이지만 정확한 답은 $\pi/2$

CHAPTER TEST A

1. 거짓 2. 거짓 3. 거짓 4. 거짓 5. 참
6. 거짓 7. 참 8. 참 9. 참 10. 거짓

6장

6.1 1. (a) $\lambda_1=9$, 고유공간은 $(1, 1)^T$에 의해 생성되고, $\lambda_2=3$, 고유공간은 $(-1, 1)^T$에 의해 생성된다.

(b) $\lambda_1=6$, 고유공간은 $(5, 2)^T$에 의해 생성되고, $\lambda_2=-1$, 고유공간은 $(-1, 1)^T$에 의해 생성된다.

(c) $\lambda_1=\lambda_2=3$, 고유공간은 $(1, 1)^T$에 의해 생성된다.

(d) $\lambda_1=1+2\sqrt{5}i$, 고유공간은 $(-\sqrt{5}i, 2)^T$에 의해 생성되고, $\lambda_2=1-2\sqrt{5}i$, 고유공간은 $(\sqrt{5}i, 2)^T$에 의해 생성된다.

(e) $\lambda_1=4+3i$, 고유공간은 $(-i, 1)^T$에 의해 생성되고, $\lambda_2=4-3i$, 고유공간은 $(i, 1)^T$에 의해 생성된다.

(f) $\lambda_1=\lambda_2=\lambda_3=0$, 고유공간은 $(0, 0, 1)^T$에 의해 생성된다.

(g) $\lambda_1=2$, 고유공간은 $(0. -2, 1)^T$에 의해 생성되고, $\lambda_2=\lambda_3=3$, 고유공간은 $(1, 0, 0)^T$에 의해 생성된다.

(h) $\lambda_1=0$, 고유공간은 $(-2, 1, 2)^T$에 의해 생성되고, $\lambda_2=2$, 고유공간은 $(0, 1, 1)^T$에 의해 생성되고, $\lambda_3=3$, 고유공간은 $(1, 4, 5)^T$에 의해 생성된다.

(i) $\lambda_1=-1$, 고유공간은 $(1, -3, 1)^T$에 의해 생성되고, $\lambda_2=2$, 고유공간은 $(4, 0, 1)^T$에 의해 생성되고, $\lambda_3=3$, 고유공간은 $(1, 1, 1)^T$에 의해 생성된다.

(j) $\lambda_1=\lambda_2=\lambda_3=1$, 고유공간은 $(1, 0, 0)^T$에 의해 생성된다.

(k) $\lambda_1=\lambda_4=2$, 고유공간은 $\mathbf{e}_1$과 $\mathbf{e}_4$에 의해 생성되고, $\lambda_2=3$, 고유공간은 $\mathbf{e}_2$에 의해 생성되고, $\lambda_3=1$, 고유공간은 $\mathbf{e}_3$에 의해 생성된다.

(l) $\lambda_1=\lambda_2=1$, 고유공간은 $(0, 0, 0, 1)^T$와 $(-1, 1, 0, 0)^T$에 의해 생성되고, $\lambda_3=2$, 고유공간은 $(0, 0, 1, 0)^T$에 의해 생성되고, $\lambda_4=5$, 고유공간은 $(1, 3, 0, 0)^T$에 의해 생성된다.

10. β가 B의 고윳값이기 위한 필요충분조건은 A의 고윳값 λ에 대해 $\beta=\lambda-\alpha$이다.

14. $\lambda_1=6, \lambda_2=2$;

24. $\lambda_1\mathbf{x}^T\mathbf{y}=(A\mathbf{x})^T\mathbf{y}=\mathbf{x}^TA^T\mathbf{y}=\lambda_2\mathbf{x}^T\mathbf{y}$

6.2 1. (a) $\begin{bmatrix} c_1e^{9t} - c_2e^{3t} \\ c_1e^{9t} + c_2e^{3t} \end{bmatrix}$;

(b) $\begin{bmatrix} 5c_1e^{6t} - c_2e^{-t} \\ 2c_1e^{6t} + c_2e^{-t} \end{bmatrix}$;

(c) $\begin{bmatrix} c_1e^{4t} - c_2 \\ 2c_1e^{4t} + 2c_2 \end{bmatrix}$;

(d) $\begin{bmatrix} \sqrt{5}c_1e^t\sin 2\sqrt{5}t - \sqrt{5}c_2e^t\cos 2\sqrt{5}t \\ 2c_1e^t\cos 2\sqrt{5}t + 2c_2e^t\sin 2\sqrt{5}t \end{bmatrix}$;

(e) $\begin{bmatrix} c_1e^{4t}\sin 3t - c_2e^{4t}\cos 3t \\ c_1e^{4t}\cos 3t + c_2e^{4t}\sin 3t \end{bmatrix}$;

(f) $\begin{bmatrix} c_1e^{-t} + 4c_2e^{2t} + c_3e^{3t} \\ -3c_1e^{-t} + c_3e^{3t} \\ c_1e^{-t} + c_2e^{2t} + c_3e^{3t} \end{bmatrix}$

2. (a) $\begin{bmatrix} e^{-3t} + 2e^t \\ -e^{-3t} + 2e^t \end{bmatrix}$;

(b) $\begin{bmatrix} e^t\cos 2t + 2e^t\sin 2t \\ e^t\sin 2t - 2e^t\cos 2t \end{bmatrix}$;

(c) $\begin{bmatrix} -6e^t + 2e^{-t} + 6 \\ -3e^t + e^{-t} + 4 \\ -e^t + e^{-t} + 2 \end{bmatrix}$;

(d) $\begin{bmatrix} -2 - 3e^t + 6e^{2t} \\ 1 + 3e^t - 3e^{2t} \\ 1 + 3e^{2t} \end{bmatrix}$

4. $y_1(t) = 15e^{-0.24t} + 25e^{-0.08t}$,
$y_2(t) = -30e^{-0.24t} + 50e^{-0.08t}$

5. (a) $\begin{bmatrix} -2c_1e^t - 2c_2e^{-t} + c_3e^{\sqrt{2}t} + c_4e^{-\sqrt{2}t} \\ c_1e^t + c_2e^{-t} - c_3e^{\sqrt{2}t} - c_4e^{-\sqrt{2}t} \end{bmatrix}$

(b) $\begin{bmatrix} c_1e^{2t} + c_2e^{-2t} - c_3e^t - c_4e^{-t} \\ c_1e^{2t} - c_2e^{-2t} + c_3e^t - c_4e^{-t} \end{bmatrix}$

6. $y_1(t) = -e^{2t} + e^{-2t} + e^t$;
$y_2(t) = -e^{2t} - e^{-2t} + 2e^t$

8. $x_1(t) = \cos t + 3\sin t + \frac{1}{\sqrt{3}}\sin\sqrt{3}t$,
$x_2(t) = \cos t + 3\sin t - \frac{1}{\sqrt{3}}\sin\sqrt{3}t$

10. (a) $m_1x_1''(t) = -kx_1 + k(x_2 - x_1)$
$m_2x_2''(t) = -k(x_2 - x_1) + k(x_3 - x_2)$

$m_3x_3''(t) = -k(x_3 - x_2) - kx_3$

(b) $\begin{bmatrix} 0.1\cos 2\sqrt{3}t + 0.9\cos\sqrt{2}t \\ -0.2\cos 2\sqrt{3}t + 1.2\cos\sqrt{2}t \\ 0.1\cos 2\sqrt{3}t + 0.9\cos\sqrt{2}t \end{bmatrix}$

11. $p(\lambda) = (-1)^n(\lambda^n - a_{n-1}\lambda^{n-1} - \cdots - a_1\lambda - a_0)$

6.3 8. (b) $\alpha = 2$; (c) $\alpha = 3$ 또는 $\alpha = -1$;
(d) $\alpha = 1$; (e) $\alpha = 0$; (g) 모든 α

21. 마르코프 사슬의 천이 행렬과 안정상태 벡터는 다음과 같다.

$$\begin{bmatrix} 0.80 & 0.30 \\ 0.20 & 0.70 \end{bmatrix} \quad \mathbf{x} = \begin{bmatrix} 0.60 \\ 0.40 \end{bmatrix}$$

궁극적으로는 종업원의 60%가 참여하게 된다.

22. (a) $A = \begin{bmatrix} 0.70 & 0.20 & 0.10 \\ 0.20 & 0.70 & 0.10 \\ 0.10 & 0.10 & 0.80 \end{bmatrix}$

(c) n이 커짐에 따라 세 그룹 모두, 인원이 10만 명에 육박한다.

26. 천이 행렬은 아래와 같다.

$$A = 0.85\begin{bmatrix} 0 & \frac{1}{2} & 0 & \frac{1}{4} \\ \frac{1}{3} & 0 & 0 & \frac{1}{4} \\ \frac{1}{3} & \frac{1}{2} & 0 & \frac{1}{4} \\ \frac{1}{3} & 0 & 1 & \frac{1}{4} \end{bmatrix} + 0.15\begin{bmatrix} \frac{1}{4} & \frac{1}{4} & \frac{1}{4} & \frac{1}{4} \\ \frac{1}{4} & \frac{1}{4} & \frac{1}{4} & \frac{1}{4} \\ \frac{1}{4} & \frac{1}{4} & \frac{1}{4} & \frac{1}{4} \\ \frac{1}{4} & \frac{1}{4} & \frac{1}{4} & \frac{1}{4} \end{bmatrix}$$

30. (b) $\begin{bmatrix} e & 0 \\ 0 & e^3 \end{bmatrix}$

31. (a) $\frac{1}{2}\begin{bmatrix} e^3+e & e^3-e \\ e^3-e & e^3+e \end{bmatrix}$;

(c) $\frac{1}{4}\begin{bmatrix} e^4+3 & e^4-1 & e^4-1 \\ 2e^4-2 & 2e^4+2 & 2e^4-2 \\ e^4-1 & e^4-1 & e^4+3 \end{bmatrix}$

32. (a) $\begin{bmatrix} -1 \\ 2 \end{bmatrix}$; (b) $\begin{bmatrix} e^{2t}+2e^{4t} \\ 4e^{4t} \end{bmatrix}$;

(c) $\begin{bmatrix} -e^{2t}+2 \\ -2e^{2t}+2e^t-4 \\ e^{2t}-2e^t+2 \end{bmatrix}$

6.4 1. (a) $\|\mathbf{z}\| = 13$, $\|\mathbf{w}\| = 5$, $\langle \mathbf{z}, \mathbf{w}\rangle = 50 + 35i$, $\langle \mathbf{w}, \mathbf{z}\rangle = 50 - 35i$;

(b) $\|\mathbf{z}\| = 4$, $\|\mathbf{w}\| = 5$, $\langle \mathbf{z}, \mathbf{w}\rangle = 7 - 2i$, $\langle \mathbf{w}, \mathbf{z}\rangle = 7 + 2i$

2. (b) $\mathbf{z} = 2\sqrt{3}\mathbf{z}_1 - \sqrt{3}\mathbf{z}_2$

3. (a) $\mathbf{u}_1^H\mathbf{z} = 10 + i$, $\mathbf{z}^H\mathbf{u}_1 = 10 - i$, $\mathbf{u}_2^H\mathbf{z} = 2 - 4i$, $\mathbf{z}^H\mathbf{u}_2 = 2 + 4i$;
(b) $\|\mathbf{z}\| = 11$

4. (a)와 (f)는 에르미트 행렬, (a), (c), (f)는 정규 행렬

14. $B = \begin{bmatrix} 0 & 2 & 0 \\ i & 0 & 1 \\ 0 & 0 & 0 \end{bmatrix}$

15. U는 유니타리이다. 이유는 $U^HU = (I - 2\mathbf{u}\mathbf{u}^H)^2 = I - 4\mathbf{u}\mathbf{u}^H + 4\mathbf{u}(\mathbf{u}^H\mathbf{u})\mathbf{u}^H = I$이기 때문이다.

24. $\lambda_1 = 1, \lambda_2 = -1$,
$\mathbf{u}_1 = \left(\frac{1}{\sqrt{2}}, \frac{1}{\sqrt{2}}\right)^T$, $\mathbf{u}_2 = \left(-\frac{1}{\sqrt{2}}, \frac{1}{\sqrt{2}}\right)^T$,

$$A = 1\begin{bmatrix} \frac{1}{2} & \frac{1}{2} \\ \frac{1}{2} & \frac{1}{2} \end{bmatrix} + (-1)\begin{bmatrix} \frac{1}{2} & -\frac{1}{2} \\ -\frac{1}{2} & \frac{1}{2} \end{bmatrix}$$

6.5 2. (a) $\sigma_1 = 2, \sigma_2 = 0$;
(b) $\sigma_1 = \sqrt{40}, \sigma_2 = \sqrt{10}$;
(c) $\sigma_1 = 2, \sigma_2 = 0$;
(d) $\sigma_1 = 3, \sigma_2 = 2, \sigma_3 = 0$. 행렬 U와 V가 유일한 것은 아니다. 답이 맞는지는 $U\Sigma V^T$ 계산을 해서 보라.

3. (b) A의 랭크는 2이고, $A = 2, A' = \begin{bmatrix} 4 & -4 \\ -2 & 2 \end{bmatrix}$

4. 가장 가까운 랭크 2인 행렬은 $\begin{bmatrix} 18 & 9 & 0 \\ 18 & 0 & 0 \\ 0 & 18 & 0 \end{bmatrix}$,

가장 가까운 랭크 1인 행렬은 $\frac{1}{5}\begin{bmatrix} 90 & 45 & 0 \\ 72 & 36 & 0 \\ 36 & 18 & 0 \end{bmatrix}$.

5. (a) $R(A^T)$의 기저:
$\{\mathbf{v}_1 = (-1, 0, 0)^T, \mathbf{v}_2 = (0, -\frac{1}{\sqrt{2}}, \frac{1}{\sqrt{2}})^T\}$;

$N(A)$의 기저: $\mathbf{v}_3 = (0, \frac{1}{\sqrt{2}}, \frac{1}{\sqrt{2}})^T$

6.6 1. (a) $\begin{bmatrix} 4 & -3 \\ -3 & 9 \end{bmatrix}$; (b) $\begin{bmatrix} 2 & \frac{1}{2} & -1 \\ \frac{1}{2} & 1 & -\frac{1}{2} \\ -1 & -\frac{1}{2} & -3 \end{bmatrix}$

3. (a) $Q = \frac{1}{\sqrt{2}}\begin{bmatrix} 1 & -1 \\ 1 & 1 \end{bmatrix}$, $\frac{(x')^2}{3} + \frac{(y')^2}{9} = 1$, 타원;

(d) $Q = \frac{1}{\sqrt{2}} \begin{pmatrix} -1 & 1 \\ 1 & 1 \end{pmatrix}$,
$2(x'+1)^2 = -6y'$ 또는 $(x'')^2 = -3y''$, 포물선

6. (a) 양의 정부호; (b) 부정부호;
(d) 음의 정부호; (e) 부정부호

7. (a) 안장점; (b) 국소적 최솟값;
(c) 국소적 최솟값; (f) 국소적 최솟값;

6.7 1. (a) $\det(A_1) = 3, \det(A_2) = -7$, 양의 정부호가 아님;
(b) $\det(A_1) = 8, \det(A_2) = 4$, 양의 정부호;
(c) $\det(A_1) = 2, \det(A_2) = 3, \det(A_3) = -143$, 양의 정부호가 아님;
(d) $\det(A_1) = 8, \det(A_2) = 31, \det(A_3) = 13$, 양의 정부호;

2. $a_{11} = 3, a_{22}^{(1)} = 4, a_{33}^{(2)} = \frac{3}{2}, a_{44}^{(3)} = 1$

4. (a) $\begin{pmatrix} 1 & 0 \\ \frac{3}{4} & 1 \end{pmatrix} \begin{pmatrix} 32 & 0 \\ 0 & 16 \end{pmatrix} \begin{pmatrix} 1 & \frac{3}{4} \\ 0 & 1 \end{pmatrix}$;

(b) $\begin{pmatrix} 1 & 0 \\ 6 & 1 \end{pmatrix} \begin{pmatrix} 2 & 0 \\ 0 & 3 \end{pmatrix} \begin{pmatrix} 1 & 6 \\ 0 & 1 \end{pmatrix}$;

(c) $\begin{pmatrix} 1 & 0 & 0 \\ \frac{1}{2} & 1 & 0 \\ -1 & -\frac{1}{2} & 1 \end{pmatrix} \begin{pmatrix} 4 & 0 & 0 \\ 0 & 4 & 0 \\ 0 & 0 & 4 \end{pmatrix} \begin{pmatrix} 1 & \frac{1}{2} & -1 \\ 0 & 1 & -\frac{1}{2} \\ 0 & 0 & 1 \end{pmatrix}$;

(d) $\begin{pmatrix} 1 & 0 & 0 \\ -3 & 1 & 0 \\ 0 & -1 & 1 \end{pmatrix} \begin{pmatrix} 1 & 0 & 0 \\ 0 & 2 & 0 \\ 0 & 0 & 2 \end{pmatrix} \begin{pmatrix} 1 & -3 & 0 \\ 0 & 1 & -1 \\ 0 & 0 & 1 \end{pmatrix}$

5. (a) $\begin{pmatrix} 4\sqrt{2} & 0 \\ 3\sqrt{2} & 4 \end{pmatrix} \begin{pmatrix} 4\sqrt{2} & 3\sqrt{2} \\ 0 & 4 \end{pmatrix}$;

(b) $\begin{pmatrix} \sqrt{2} & 0 \\ 6\sqrt{2} & \sqrt{3} \end{pmatrix} \begin{pmatrix} \sqrt{2} & 6\sqrt{2} \\ 0 & \sqrt{3} \end{pmatrix}$;

(c) $\begin{pmatrix} 2 & 0 & 0 \\ 1 & 2 & 0 \\ -2 & -1 & 2 \end{pmatrix} \begin{pmatrix} 2 & 1 & -2 \\ 0 & 2 & -1 \\ 0 & 0 & 2 \end{pmatrix}$;

(d) $\begin{pmatrix} 1 & 0 & 0 \\ -3 & \sqrt{2} & 0 \\ 0 & -\sqrt{2} & \sqrt{2} \end{pmatrix} \begin{pmatrix} 1 & -3 & 0 \\ 0 & \sqrt{2} & -\sqrt{2} \\ 0 & 0 & \sqrt{2} \end{pmatrix}$

6.8 1. (a) $\lambda_1 = 5, \lambda_2 = -1, \mathbf{x}_1 = (1,1)^T$;
(b) $\lambda_1 = 5, \lambda_2 = 0, \mathbf{x}_1 = (1,2)^T$;
(c) $\lambda_1 = 3, \lambda_2 = \lambda_3 = 0, \mathbf{x}_1 = (1,1,1)^T$

2. (a) $\lambda_1 = 3, \lambda_2 = -1, \mathbf{x}_1 = (1,3)^T$;
(b) $\lambda_1 = 1 = \exp(0)$,
$\lambda_2 = -1 = \exp(\pi i), \mathbf{x}_1 = (1,1)^T$;
(c) $\lambda_1 = 2 = 2\exp(0)$,
$\lambda_2 = -1 + \sqrt{3}i = 2\exp\left(\frac{2\pi i}{3}\right)$,
$\lambda_3 = -1 - \sqrt{3}i = 2\exp\left(\frac{4\pi i}{3}\right)$,
$\mathbf{x}_1 = (1,1,1)^T$

3. $x_1 = 60{,}000, x_2 = 55{,}000, x_3 = 40{,}000$

4. $x_1 = x_2 = x_3$

5. $(I - A)^{-1} = I + A + \cdots + A^{m-1}$

6. (a) $(I - A)^{-1} = \begin{pmatrix} 3 & 0 & 1 \\ -4 & 1 & -1 \\ -4 & 0 & -1 \end{pmatrix}$;

(b) $A^2 = \begin{pmatrix} 0 & 0 & 0 \\ -4 & 0 & -2 \\ 0 & 0 & 0 \end{pmatrix}$,

$A^3 = \begin{pmatrix} 0 & 0 & 0 \\ 0 & 0 & 0 \\ 0 & 0 & 0 \end{pmatrix}$

7. (b)와 (c)는 가약이다.

15. (d) $\mathbf{w} = (\frac{12}{29}, \frac{12}{29}, \frac{3}{29}, \frac{2}{29})^T$
$\approx (0.4138, 0.4138, 0.1034, 0.0690)^T$

CHAPTER TEST A

1. 참 2. 거짓 3. 참 4. 거짓 5. 거짓
6. 참 7. 참 8. 거짓 9. 참 10. 참
11. 참 12. 참 13. 참 14. 거짓 15. 참

7장

7.1 1. (a) 0.124×10^2; (b) 0.612×10^{-5};
(c) 0.140×10^1; (d) 0.127×10^7

2. (a) $\epsilon = 0.01; \delta \approx 8.1 \times 10^{-4}$;
(b) $\epsilon = 0; \delta = 0$;
(c) $\epsilon = 0.001; \delta \approx 7.1 \times 10^{-4}$;
(d) $\epsilon = 2,150.65; \delta \approx 1.7 \times 10^{-3}$

3. (a) $(1.1001)_2 \times 2^4$; (b) $(1.0100)_2 \times 2^{-2}$;
(c) $(1.0100)_2 \times 2^1$; (d) $-(1.1011)_2 \times 2^{-3}$

4. (a) 15,340, $\epsilon = -2.0022, \delta \approx -1.3 \times 10^{-4}$;
(b) $-10, \epsilon = -3, \delta \approx 0.4286$;
(c) 0.0001, $\epsilon = 2 \times 10^{-5}, \delta \approx 0.25$;
(d) 74,820, $\epsilon \approx 24.28, \delta \approx 3.2 \times 10^{-4}$

5. (a) 0.1043×10^6; (b) 0.1045×10^6;
(c) 0.1045×10^6

8. 23

9. (a) $(1.0011100000000000000000)_2 \times 2^3$ or 9.75

7.2 1. $A = \begin{pmatrix} 1 & 0 & 0 \\ -1 & 1 & 0 \\ 2 & 3 & 1 \end{pmatrix} \begin{pmatrix} 2 & 1 & 4 \\ 0 & 5 & 1 \\ 0 & 0 & -2 \end{pmatrix}$

2. (a) $(1,1,1)^T$; (b) $(2,-1,3)^T$;
(c) $(-2,0,1)^T$

3. (a) n^2 곱셈과 $n(n-1)$ 덧셈
(b) n^3 곱셈과 $n^2(n-1)$ 덧셈
(c) $(AB)x$는 n^3+n^2 곱셈과 n^3-n 덧셈 필요
$A(B\mathbf{x})$는 $2n^2$ 곱셈과 $2n(n-1)$ 덧셈 필요

4. (b) (i) 156개의 곱셈과 105개의 덧셈,
(ii) 47개의 곱셈과 24개의 덧셈,
(iii) 100개의 곱셈과 60개의 덧셈

8. $5n-4$ 곱셈/나눗셈, $3n-3$ 덧셈/뺄셈

9. (a) $[(n-j)(n-j+1)]/2$ 곱셈과 $[(n-j-1)(n-j)]/2$ 덧셈;
(c) 주어진 LU 분해에서 A^{-1} 을 계산하기 위해 $\frac{2}{3}n^3$ 단위의 추가적인 곱셈/나눗셈이 필요

7.3 1. (a) $(2,-1,1)$;
(b) $\begin{pmatrix} 0 & 1 & 0 \\ 1 & 0 & 0 \\ 0 & 0 & 1 \end{pmatrix} \begin{pmatrix} 1 & 0 & 0 \\ 0.5 & 1 & 0 \\ -0.5 & 1 & 1 \end{pmatrix} \begin{pmatrix} 2 & 1 & 2 \\ 0 & 0.5 & 4 \\ 0 & 0 & -1 \end{pmatrix}$

2. (a) $(4,-3,1)$; (b) $(0,9,-1)$;
(c) $(1,2,3)$

3. $P = \begin{pmatrix} 0 & 0 & 1 \\ 1 & 0 & 0 \\ 0 & 1 & 0 \end{pmatrix}$, $L = \begin{pmatrix} 1 & 0 & 0 \\ -\frac{3}{4} & 1 & 0 \\ -\frac{3}{4} & \frac{1}{5} & 1 \end{pmatrix}$,

$U = \begin{pmatrix} -4 & 2 & -2 \\ 0 & \frac{5}{2} & \frac{1}{2} \\ 0 & 0 & \frac{7}{5} \end{pmatrix}$, $\mathbf{x} = \begin{pmatrix} 2 \\ 4 \\ -1 \end{pmatrix}$

4. $P = Q = \begin{pmatrix} 0 & 1 \\ 1 & 0 \end{pmatrix}$,
$PAQ = LU = \begin{pmatrix} 1 & 0 \\ -\frac{3}{4} & 1 \end{pmatrix} \begin{pmatrix} 4 & -3 \\ 0 & -\frac{1}{4} \end{pmatrix}$,
$\mathbf{x} = \begin{pmatrix} 2 \\ -3 \end{pmatrix}$

5. (a) $\hat{\mathbf{c}} = P\mathbf{c} = (-7,5)^T$,
$\mathbf{y} = L^{-1}\hat{\mathbf{c}} = (-7, -\frac{1}{4})^T$,
$\mathbf{z} = U^{-1}\mathbf{y} = (-1,1)^T$;
(b) $\mathbf{x} = Q\mathbf{z} = (1,-1)^T$

6. (b) $P = \begin{pmatrix} 0 & 0 & 1 \\ 0 & 1 & 0 \\ 1 & 0 & 0 \end{pmatrix}$, $Q = \begin{pmatrix} 0 & 0 & 1 \\ 1 & 0 & 0 \\ 0 & 1 & 0 \end{pmatrix}$,

$L = \begin{pmatrix} 1 & 0 & 0 \\ -\frac{1}{2} & 1 & 0 \\ \frac{1}{2} & \frac{2}{3} & 1 \end{pmatrix}$, $U = \begin{pmatrix} 8 & 6 & 2 \\ 0 & 6 & 3 \\ 0 & 0 & 2 \end{pmatrix}$

7. 오차 $\dfrac{-2000e}{0.6} \approx -3333e$. 만일 $e = 0.001$이면 $\delta = -\frac{2}{3}$이다.

8. $(1.667, 1.001)$

9. $(5.002, 1.000)$

10. $(5.001, 1.001)$

7.4 1. (a) $\|A\|_F = \sqrt{2}$, $\|A\|_\infty = 1$, $\|A\|_1 = 1$;
(b) $\|A\|_F = 5$, $\|A\|_\infty = \|A\|_1 = 6$;
(c) $\|A\|_F = \|A\|_\infty = \|A\|_1 = 1.5$;
(d) $\|A\|_F = \|A\|_\infty = 11$, $\|A\|_1 = 13$;
(e) $\|A\|_F = 9$, $\|A\|_\infty = 7$, $\|A\|_1 = 15$

2. 2

4. $\|I\|_1 = \|I\|_\infty = 1$, $\|I\|_F = \sqrt{n}$;

6. (a) 10; (b) $(-1,1,-1)^T$

27. $\mathbb{R}^n$의 모든 벡터 y에 대해

$$\|\mathbf{y}\|_\infty \le \|\mathbf{y}\|_2 \le \sqrt{n}\,\|\mathbf{y}\|_\infty$$

가 있으므로

$$\begin{aligned} \|A\mathbf{x}\|_\infty &\le \|A\mathbf{x}\|_2 \\ &\le \|A\|_2\|\mathbf{x}\|_2 \le \sqrt{n}\,\|A\|_2\|\mathbf{x}\|_\infty \end{aligned}$$

를 따른다.

29. $\text{cond}_\infty(A) = 400$

30. 해는 $\begin{pmatrix} -0.48 \\ 0.8 \end{pmatrix}$, $\begin{pmatrix} -2.902 \\ 2.0 \end{pmatrix}$ 이다.

31. $\text{cond}_\infty(A) = 77$

33. (a) $A_n^{-1} = \begin{pmatrix} 1-n & n \\ n & -n \end{pmatrix}$;
(b) $\text{cond}_\infty A_n = 4n$;
(c) $\lim_{n\to\infty} \text{cond}_\infty A_n = \infty$;

34. $\sigma_1 = 8$, $\sigma_2 = 8$, $\sigma_3 = 4$

35. (a) $\mathbf{r} = (-0.06, 0.02)^T$이고 상대 잉여는 0.012이다.
(b) 20;
(d) $\mathbf{x} = (1,1)^T$, $\|\mathbf{x} - \mathbf{x}'\|_\infty = 0.12$;

36. $\text{cond}_1(A) = 36$

37. 2.3

38. (a) $\|\mathbf{r}\|_\infty = 0.10$, $\text{cond}_\infty(A) = 32$;
(b) 0.64;
(c) $\mathbf{x} = (12.50, 4.26, 2.14, 1.10)^T$, $\delta = 0.04$

7.5 1. (a) $\begin{pmatrix} \frac{1}{\sqrt{2}} & \frac{1}{\sqrt{2}} \\ -\frac{1}{\sqrt{2}} & \frac{1}{\sqrt{2}} \end{pmatrix}$; (b) $\begin{pmatrix} \frac{\sqrt{3}}{2} & -\frac{1}{2} \\ \frac{1}{2} & \frac{\sqrt{3}}{2} \end{pmatrix}$;

(c) $\begin{pmatrix} -\frac{4}{5} & \frac{3}{5} \\ -\frac{3}{5} & -\frac{4}{5} \end{pmatrix}$

2. (a) $\begin{pmatrix} \frac{3}{5} & 0 & \frac{4}{5} \\ 0 & 1 & 0 \\ \frac{4}{5} & 0 & -\frac{3}{5} \end{pmatrix}$;

(b) $\begin{pmatrix} \frac{1}{\sqrt{2}} & -\frac{1}{\sqrt{2}} & 0 \\ -\frac{1}{\sqrt{2}} & -\frac{1}{\sqrt{2}} & 0 \\ 0 & 0 & 1 \end{pmatrix}$;

(c) $\begin{pmatrix} 1 & 0 & 0 \\ 0 & \frac{1}{2} & \frac{\sqrt{3}}{2} \\ 0 & \frac{\sqrt{3}}{2} & -\frac{1}{2} \end{pmatrix}$;

(d) $\begin{pmatrix} 1 & 0 & 0 \\ 0 & -\frac{\sqrt{3}}{2} & \frac{1}{2} \\ 0 & \frac{1}{2} & \frac{\sqrt{3}}{2} \end{pmatrix}$

3. $H = I - \frac{1}{\beta}\mathbf{v}\mathbf{v}^T$
(a) $\beta = 108$, $\mathbf{v} = (-12, 6, -6)^T$;
(b) $\beta = 25$, $\mathbf{v} = (-5, 3, 4)^T$;
(c) $\beta = 63$, $\mathbf{v} = (9, -3, 6)^T$

4. (a) $\beta = 45$, $\mathbf{v} = (0, -5, -1, 8)^T$;
(b) $\beta = 45$, $\mathbf{v} = (0, 0, -9, -3, 0)^T$

6. (a) $H_2H_1A = R$, where $H_i = I - \dfrac{1}{\beta_i}\mathbf{v}_i\mathbf{v}_i^T$, $i = 1, 2$, and $\beta_1 = 12$, $\beta_2 = 45$.

$$\mathbf{v}_1 = \begin{pmatrix} -4 \\ 2 \\ -2 \end{pmatrix}, \quad \mathbf{v}_2 = \begin{pmatrix} 0 \\ 9 \\ -3 \end{pmatrix},$$

$$R = \begin{pmatrix} 3 & \frac{19}{2} & \frac{9}{2} \\ 0 & -5 & -3 \\ 0 & 0 & 6 \end{pmatrix},$$

$$\mathbf{c} = H_2H_1\mathbf{b} = \begin{pmatrix} -\frac{5}{2} \\ -5 \\ 0 \end{pmatrix};$$

(b) $\mathbf{x} = (-4, 1, 0)^T$

7. (a) $G = \begin{pmatrix} \frac{3}{5} & \frac{4}{5} \\ \frac{4}{5} & -\frac{3}{5} \end{pmatrix}$, $\quad \mathbf{x} = \begin{pmatrix} -1 \\ 1 \end{pmatrix}$

8. H를 결정하기 위해서는 곱셈 3번, 덧셈 2번, 제곱근 1번이 필요하다. G를 구하기 위하여 곱셈/나눗셈 4번, 덧셈 1번 및 제곱근 1번이 필요하다. GA의 계산은 곱셈 $4n$번 및 덧셈 $2n$번이 필요하지만 계산은 HA의 곱셈/나눗셈 $3n$번과 덧셈 $3n$번이 필요하다.

9. (a) $n - k + 1$ 곱셈/나눗셈, $2n - 2k + 1$ 덧셈
(b) $n(n - k + 1)$ 곱셈/나눗셈, $n(2n - 2k + 1)$ 덧셈

10. (a) $4(n - k)$ 곱셈/나눗셈, $2(n - k)$ 덧셈
(b) $4n(n - k)$ 곱셈, $2n(n - k)$ 덧셈

11. (a) 회전; (b) 회전
(c) 기븐스 변환
(d) 기븐스 변환

7.6 1. (a) $\mathbf{u}_1 = \begin{pmatrix} 1 \\ 1 \end{pmatrix}$; (b) $A_2 = \begin{pmatrix} 2 & 0 \\ 0 & 0 \end{pmatrix}$;
(c) $\lambda_1 = 2, \lambda_2 = 0$; λ_1에 해당하는 고유 공간은 $\mathbf{u}_1$에 의해 생성

2. (a) $\mathbf{v}_1 = \begin{pmatrix} -2 \\ 2 \\ 1 \end{pmatrix}$, $\quad \mathbf{u}_1 = \begin{pmatrix} -1 \\ 1 \\ 0.5 \end{pmatrix}$,

$\mathbf{v}_2 = \begin{pmatrix} -1.5 \\ 1.5 \\ -0.5 \end{pmatrix}$, $\quad \mathbf{u}_2 = \begin{pmatrix} -1 \\ 1 \\ -0.33 \end{pmatrix}$,

$\mathbf{v}_3 = \begin{pmatrix} -0.67 \\ 0.67 \\ 0.33 \end{pmatrix}$;

(b) $\lambda_1' = 0.67$, $\lambda_1 = 1$, $\delta = -0.33$

3. (c) A는 우세한 고윳값을 갖지 않는다.

4. $A_2 = \begin{pmatrix} 3 & -1 \\ -1 & 1 \end{pmatrix}$, $A_3 = \begin{pmatrix} 3.4 & 0.2 \\ 0.2 & 0.6 \end{pmatrix}$,
$\lambda_1 = 2 + \sqrt{2} \approx 3.414$, $\lambda_2 = 2 - \sqrt{2} \approx 0.586$

5. (b) $H = I - \dfrac{1}{\beta}\mathbf{v}\mathbf{v}^T$, where $\beta = \frac{1}{3}$ and $\mathbf{v} = (-\frac{1}{3}, -\frac{2}{3}, \frac{1}{3})^T$;

(c) $\lambda_2 = 3, \lambda_3 = 1, HAH = \begin{pmatrix} 4 & 0 & 3 \\ 0 & 5 & -4 \\ 0 & 2 & -1 \end{pmatrix}$

7.7 1. (a) $(\sqrt{2}, 0)^T$; (b) $(1 - 3\sqrt{2}, 3\sqrt{2}, -\sqrt{2})^T$;
(c) $(1, 0)^T$; (d) $(1 - \sqrt{2}, \sqrt{2}, -\sqrt{2})^T$

2. $x_i = \dfrac{d_i b_i + e_i b_{n+i}}{d_i^2 + e_i^2}, i = 1, \ldots, n$

4. (a) $Q = \begin{pmatrix} \frac{1}{2} & -\frac{1}{6} \\ \frac{1}{2} & -\frac{1}{2} \\ \frac{1}{2} & \frac{5}{6} \\ \frac{1}{2} & -\frac{1}{6} \end{pmatrix}, \quad R = \begin{pmatrix} 2 & 12 \\ 0 & 6 \end{pmatrix}$

(b) $\mathbf{x} = \begin{pmatrix} 0 & \frac{1}{3} \end{pmatrix}^T$

5. (a) $\sigma_1 = \sqrt{2 + \rho^2}, \sigma_2 = \rho$;
(b) $\lambda_1' = 2, \lambda_2' = 0, \sigma_1' = \sqrt{2}, \sigma_2' = 0$

12. $A^+ = \begin{pmatrix} \frac{1}{4} & \frac{1}{4} & 0 \\ \frac{1}{4} & \frac{1}{4} & 0 \end{pmatrix}$

13. (a) $A^+ = \begin{pmatrix} \frac{1}{50} & -\frac{3}{50} \\ \frac{1}{25} & -\frac{3}{25} \end{pmatrix}$;

(b) $A^+\mathbf{b} = \begin{pmatrix} -4 \\ -8 \end{pmatrix}$;

(c) $\left\{ \mathbf{y} \,\middle|\, \mathbf{y} = \begin{pmatrix} -4 \\ -8 \end{pmatrix} + \alpha \begin{pmatrix} -2 \\ 1 \end{pmatrix} \right\}$

15. $\|A_1 - A_2\|_F = \rho$, $\|A_1^+ - A_2^+\|_F = 1/\rho$. As $\rho \to 0$, $\|A_1 - A_2\|_F \to 0$ 그리고 $\|A_1^+ - A_2^+\|_F \to \infty$.

CHAPTER TEST A

1. 거짓 2. 거짓 3. 거짓 4. 참 5. 거짓
6. 거짓 7. 거짓 8. 참 9. 거짓 10. 거짓

찾아보기

한글순

ㄱ

ㄴ

ㄷ

ㄹ

ㅁ

ㅂ

ㅈ

ㅊ

ㅋ

ㅌ

ㅍ

ㅎ

영문순

A

B

C

D

E

F

G

H

I

J

K

L

M

N

O

P

Q

R

S